大国工程测量技术创新与发展

宋超智　陈翰新　温宗勇　主编

中国建筑工业出版社

图书在版编目（CIP）数据

大国工程测量技术创新与发展/宋超智，陈翰新，温
宗勇主编. —北京：中国建筑工业出版社，2019.9
ISBN 978-7-112-23865-1

Ⅰ. ①大… Ⅱ. ①宋… ②陈… ③温… Ⅲ. ①工
程测量-技术发展-中国 Ⅳ. ①TB22-12

中国版本图书馆 CIP 数据核字（2019）第 114559 号

本书分为 13 章。第 1 章绪言，系统性地介绍了我国超大型工程的总体情况，工程测量的技术发展以及其在超大型工程中的作用；第 2 章现代工程测量技术及发展，介绍了应用较广泛的 16 种工程测量技术及发展；第 3～13 章分别为高速铁路、桥梁隧道、水利水电、异型结构、大型场馆、高耸建筑、精密科学、城市轨道交通、大型设备安装与检测、海岛礁与港口航道和健康安全监测等 11 类大型工程的工程测量案例，共收集了 38 个具有代表性的大型工程建设项目，分别介绍了各工程项目的测量工作中遇到的关键问题、技术难点和解决方案，以及其中应用到的测量新技术和多技术融合的情况，并对未来同类型工程项目的测量技术发展进行了展望。

本书适合从事测量技术研究、应用的专业人士阅读，也可供高等院校相关专业师生参考。

责任编辑：武晓涛
责任设计：李志立
责任校对：姜小莲

大国工程测量技术创新与发展

宋超智　陈翰新　温宗勇　主编

*

中国建筑工业出版社出版、发行（北京海淀三里河路 9 号）
各地新华书店、建筑书店经销
霸州市顺浩图文科技发展有限公司制版
天津翔远印刷有限公司印刷

*

开本：880×1230 毫米　1/16　印张：50¼　字数：1590 千字
2019 年 9 月第一版　2019 年 9 月第一次印刷
定价：**160.00** 元
ISBN 978-7-112-23865-1
（34155）

《大国工程测量技术创新与发展》
编写委员会

主　编：宋超智　陈翰新　温宗勇

编　委：陈品祥　顾建祥　胡　珂　谢征海　杨伯钢

　　　　邹进贵　李广云　杜明义　杨志强　王长进

　　　　张凤录　张胜良　王厚之　陈大勇　李宗春

　　　　林　鸿　储征伟　易致礼　徐亚明　项谦和

　　　　胡　炜　胡　波　贾光军　赫建忠　王昌翰

前　言

新中国成立初期，满目疮痍、百废待兴。中国人民在中国共产党的领导下，经过 70 年的持续奋斗，祖国的基础设施建设实现了突飞猛进的发展，取得了举世瞩目的成就，建设完成了多项高技术含量的超大型工程，引领了世界工程建设的发展方向。我国建设了纵横交错的国家高速铁路和高速公路网络，四通八达的城市轨道交通网络，众多让天堑变通途的大型桥梁和横贯山川海洋的超长隧道，连通了祖国的四面八方，极大地改变了中国人的出行方式。标新立异的地标性建筑、大体量综合性建筑、完善的水利水电设施等一系列大型工程美化了居住环境、让人民的生活越来越美好。高技术含量的精密科学工程和大型设备安装和检测提升了我国探索新的科学领域的能力，增强了国际竞争力。

工程建设离不开工程测量，工程测量是利用现代测绘地理信息技术为工程建设全生命周期提供技术支撑的，涉及工程建设在勘测设计、施工建设和运营管理各个阶段。为满足广大人民群众日益增长的居住、出行、娱乐、休闲和国家对科学技术探索的需求，三峡大坝、水立方、央视新址大楼、中国尊、港珠澳大桥、北京大兴国际机场、500 米口径球面射电望远镜（FAST）、散列中子源、高速铁路和公路网络等一系列超级工程陆续建设完成。为满足这些精度要求高、体量大、结构复杂的大型工程建设项目的需求，近景摄影测量技术、无人机测量技术、传感器技术、惯性测量与测姿技术、三维激光扫描技术、激光跟踪测量技术、雷达干涉测量技术、多波束测深技术、BIM 技术和测量机器人技术等各种先进测量技术得到融合应用发展，极大地促进了工程测量理论、方法、技术的创新与发展，使工程测量发生了深刻变化。

为庆祝中华人民共和国成立 70 周年，中国测绘学会和中国测绘学会工程测量分会成立 60 周年，在中国测绘学会指导下，由工程测量分会牵头，组织了北京市测绘设计研究院、重庆市勘测院、上海市测绘院、天津市测绘院、北京测绘学会等 40 余个工程测量分会会员单位、100 余位专家，共同编写了《大国工程测量技术创新与发展》一书，总结归纳了多年来工程测量科技发展成果，作为科学性、知识性、科普性的读物奉献给全国读者，作为测绘地理信息工作者献给伟大祖国 70 周年诞辰的礼物。

本书分为 13 章，共 67 节。第 1 章绪言，系统性地介绍了我国超大型工程的总体情况，工程测量的技术发展及其在超大型工程建筑中的作用；第 2 章现代工程测量技术及发展，介绍了应用较广泛的 16 种工程测量技术及发展；第 3～13 章分别为高速铁路、桥梁隧道、水利水电、异型结构、大型场馆、高耸建筑、精密科学、城市轨道交通、大型设备安装与检测、海岛礁与港口航道和健康安全监测等 11 类大型工程的工程测量案例，共收集了 38 个具有代表性的大型工程建设项目，分别介绍了各工程项目在测量工作中遇到的关键问题、技术难点和解决方案，以及其中应用到的测量新技术和多技术融合的情况，并对未来同类型工程项目的测量技术发展进行了展望。

本书编撰过程中得到了广大从事工程测量技术研究、应用的专家学者的大力支持，参加编写的人员既有全国勘察设计大师、教授，也有工程项目的组织者和广大的工程测量技术人员，在此对他们的辛勤工作和无私奉献表示感谢！

目　录

第1章 绪 言

新中国成立 70 年以来，中国共产党带领中国人民极大改变了中国的面貌，在中华民族的历史上谱就了一曲感天动地、气壮山河的奋斗赞歌，描绘了一幅波澜壮阔、气势恢宏的历史画卷，书写了一篇洋洋洒洒、震古烁今的鸿篇巨制！现在，我国已是世界第二大经济体、制造业第一大国、货物贸易第一大国、商品消费第二大国、外资流入第二大国，我国外汇储备连续多年位居世界第一，中国人民在富起来、强起来的征程上迈出了决定性的步伐，中华民族正以崭新姿态屹立于世界的东方！

70 年来，我国基础设施建设成就显著，信息畅通，公路成网，铁路密布，高坝蓄立，西气东输，南水北调，高铁飞驰，巨轮远航，飞机翱翔，天堑变通途。中华大地上，一个个超级工程傲然屹立，彰显着 70 年的发展成就。中国正成为超级工程大国，北京大兴国际机场、高速铁路、水立方、央视新址大楼、中国尊、港珠澳大桥、500 米口径球面射电望远镜（FAST）、散列中子源等超级工程的涌现书写着国家强大的新篇章，它们昭示着中国已经在许多领域走在了世界的前列，这些超级工程因此被称作大国工程。大国工程的意义，在于其规格、体积等外在特征和内在的科技含量所带给人的震撼感，更在于人们在工艺或技术上克服了前人无法跨越的时空障碍。这些大国工程让我们不断感知崛起，与之相伴的国家、民族自豪感也不断地传导给每一个国民，并怀着强国国民的自信心态呈现出新的精神面貌。几乎每个大国工程都离不开测绘技术的支撑，离不开测绘人的奉献。

1.1 大国工程概览

70 年来，中国从无到有，建设了世界上最大的高速公路网络，建成了世界上里程最长的高速铁路。中国也是世界上桥梁和隧道工程最多、最复杂的地方，架设了众多全球技术难度最高的桥梁，让天堑变通途。中国水电装机容量居世界第一，也创造了一系列引以为傲的水电工程建设的世界纪录，三峡水电站是世界最大的水力发电站，溪洛渡、向家坝、小湾、水布垭、糯扎渡、构皮滩、锦屏等一系列巨型水电站相继建设，让我国在世界水电领域继续保持领先的地位。北京大兴国际机场航站楼的总建筑面积达到 103 万 m^2，其屋盖为不规则自由曲面，难度堪称世界之最，2019 年开通运营之后将成为全球最大的机场航站楼。在目前世界已建成和在建的十大高楼排行榜中，中国占了大半壁江山，已占据超高层建筑的龙头地位。截至 2018 年年末，我国城市轨道交通线路运营里程达到 5766.6km，居世界第一。在中国的海岸线上，世界吞吐量排名前十的港口，就有 7 个位于中国。除了工程建设领域，中国正在越来越多的科技领域走进世界前列甚至世界第一，大家较为熟悉的就有墨子传信、神舟飞天、天眼探空、北斗组网等等，不胜枚举。

1.1.1 高速铁路工程

经过 70 年的发展，到 2018 年底我国铁路运营里程达 13.1 万 km。中国高速铁路更是从无到有，从追赶到超越，从引进消化吸收再创新到系统集成创新，再到完全自主创新，已经练就成世界铁路科技的集大成者。自 2008 年京津城际迈出中国高铁的"第一步"，随后，世界上第一条穿越高寒季节性冻土地区的哈大高铁，世界上运营里程最长的京广高铁，世界上一次性建设里程最长的兰新高铁等高铁干线相继通车运营，一步步将中国高铁从"追赶者"推向世界的"领跑者"。"四纵四横"高速铁路网已然架设在祖国广袤的大地上，"八纵八横"高速铁路网也已经在建设当中。中国高铁运营里程达到 2.9 万 km，超过世界高铁总里程的三分之二，覆盖百万人口以上城市比例达 65%，成为世界上高铁里程最长、运输密度最高、成网运营场景最复杂的国家，中国高铁动车组已累计运输旅客突破 90 亿人次，成为中国铁路旅客运输的主渠道，中国高铁的安全可靠性和运输效率世界领先。

高铁改变的不仅是不断刷新的"中国速度"，更为区域与城市发展带来新的模式与机遇。高铁从无到有的十年也是中国城镇化快速发展的十年，无数大中小城市因高铁而串联，人、钱、物在城市间、地区间的流通更加便捷和高效，高铁网络正以前所未有的速度改变着中国城市的格局，借力高铁，一座座城市正在崛起。以 350km/h 的速度奔跑的是处于世界领先地位的高速机车，从冰雪覆盖的高原地带到热带的海岛，这个庞大的网络每天都在高速运行。同时高效而迅速的建造能力也让这个网络时刻都处在延伸之中，这是中国人最雄心勃勃的超级工程。中国高铁因其高强度大密度的运营维护需要，积累了举世无双的经验和原始数据，对开展世界铁路科研、建设和运营都具有较大的利用价值。

中国高铁的发展，犹如一颗璀璨的东方之星，照亮着中国，闪耀着世界，成为展示中国改革发展新成果的"国家名片"。高铁网越织越密，不仅拉近了地域间的时空距离，改变了人们的出行和生活方式，也在逐渐改变着中国的"经济版图"。中国高铁承载着人民走向共同富裕。

1.1.2　桥梁隧道工程

中国是桥的故乡，自古就有"桥的国度"之称，中国桥梁在古代基本上保持了领先水平。举世闻名的赵州桥建于隋朝年间（公元 595 年-605 年），由著名匠师李春设计建造，距今已有 1400 多年。该桥是一座空腹式的圆弧形石拱桥，是中国现存最早、保存最好的巨大石拱桥。赵州桥是入选世界纪录协会世界最早的敞肩石拱桥，创造了世界之最。

近代我国的建桥技术一度远远落后于发达国家，但新中国成立后特别是改革开放以来，我们奋起直追。从斜拉桥到悬索桥，从铁路大桥到公铁两用桥，从跨江大桥到跨海大桥，中国桥梁建设者步步探索，自主创新，中国"桥梁家族"不断壮大，以令世人惊叹的规模和速度迈向世界前列。"最长、最高、最大"的纪录不断被写进世界桥梁和隧道建设史，"中国桥、中国隧"成为展示中国形象的新品牌。

2008 年 6 月建成通车的苏通长江大桥，全长 32.4km，跨径 1088m，是当时世界上最大的斜拉桥，创造了多项世界纪录。2011 年 1 月建成通车的南京大胜关长江大桥，是世界首座六线铁路大桥，设计时速 300km/h，代表了中国当时桥梁建造的最高水平，被誉为"世界铁路桥之最"，是目前世界上设计荷载最大的高速铁路大桥。2011 年 6 月建成通车的丹昆特大桥位于京沪高铁江苏段，起自丹阳，途经常州、无锡、苏州，终到昆山，全长 164.851km，是目前世界第一长桥，也是世界最长的高铁桥。2016 年 12 月建成通车的北盘江大桥，跨越云贵两省交界的北盘江大峡谷，与云南省的杭瑞高速普立至宣威段相接，大桥全长 1341.4m，桥面到谷底垂直高度 565m，相当于 200 层楼高，是目前世界最高的大桥。在建的五峰山长江公铁大桥主跨达 1120m，在世界悬索桥中位列第一；2014 年 3 月开工建设的沪通长江大桥，是沪通铁路全线的控制性工程，是世界最大跨度（1092m）的公路铁路两用斜拉桥，也是世界首座跨度超过千米的公铁两用桥梁，大桥全长 11072m，副航道桥主跨 336m，合龙精度控制在毫米级。

在建设五纵七横主干公路的同时，中国开始了跨海工程建设。先后建成了东海、杭州湾、胶州湾和舟山连岛等 10 多个跨海大桥工程。2011 年 6 月建成通车的青岛胶州湾跨海大桥，全长 36.48km，是当时世界最长的跨海大桥，获得国际桥梁组织颁发的乔治·理查德森奖，为中国桥梁工程获得的最高国际奖项。2018 年 10 月 24 日正式通车运营的港珠澳大桥，如一条海上巨龙连接珠海、香港与澳门。它是中国第一例集桥、双人工岛、隧道为一体的跨海通道，是世界建筑史上里程最长、投资最多、施工难度最大的跨海大桥，被英国卫报评为"新的世界七大奇迹"之一。港珠澳大桥荣膺数项世界之最：港珠澳大桥全长 55km，是目前世界最长的跨海大桥；港珠澳大桥有 15km 是全钢结构钢箱梁，是目前世界最长钢铁大桥；港珠澳大桥海底沉管隧道全长 6.7km，是目前最长海底沉管隧道；沉管隧道标准管节，每一节长 180m，排水量超过 75000t，最深处在海底 48m，是目前最大沉管隧道和最深沉管隧道。能抵抗 8 级地震、16 级台风、设计使用寿命高达 120 年。正在建设中的福平铁路平潭海峡公铁两用跨海大桥，是中国首座公铁两用跨海大桥，大桥建成后，将成为世界最长公铁两用跨海大桥。由于大桥桥址处风大、浪高、水深、流急、潮汐明显，自然条件恶劣，地质复杂，也是世界在建难度最大的跨海公铁两用大桥。

隧道和地下工程施工从矿山法发展到新奥法、盾构法，从深埋到浅埋，从山岭到城市，从陆上到水下，从过江河到穿江越洋，已达到世界领先水平。在隧道建设方面，近年来我国相继建成了一批世界之最：世界最长的双洞高速公路隧道——秦岭终南山隧道，世界最大直径的盾构隧道——上海长江隧道，世界海拔最高的公路特长隧道——川藏线雀儿山隧道，世界最长的高原铁路隧道——青藏铁路新关角隧道，世界海拔最高的高铁隧道——祁连山隧道，世界最大断面的公路隧道——港珠澳大桥拱北隧道，世界最长的海底沉管隧道——港珠澳大桥沉管隧道。

资料显示，目前世界排名前 10 位的跨海长桥，中国占据 6 座；世界排名前 10 位的斜拉桥，中国占据 7 座；世界排名前 10 位的悬索桥，中国占据 6 座。中国桥隧建造能力实现了从跟跑到领跑的历史性跨越。随着高速公路和铁路的不断延伸，逢山开路，遇水架桥，我国特大桥隧建造技术达到世界先进水平。

1.1.3 水利水电工程

水，国之命脉。善治国者，必先治水。对于我们中华民族而言，大自然仿佛显得格外眷顾，灵巧的造化之手在这块锦绣大地上"勾勒"出万千河流，有黄河、长江、澜沧江，有淮河、黑龙江、雅鲁藏布江……数千年来，它们朝着大海，永不停息地奔流，为我们孕育了沃野千里。

中国作为四大文明古国之一，在政治、经济、文化方面都曾遥遥领先于世界，在水利工程方面也创造了举世无双的辉煌，其中的部分工程在今天都发挥着巨大的作用，不得不令人感叹古人卓绝的智慧。战国末年秦国修建了郑国渠，它充分利用了当地的地形地势，可以最大限度地控制灌溉面积，并且形成了一套自发控制的灌溉系统。在此之后的 100 年里郑国渠都发挥了极大的灌溉作用，而且深深地影响了后世的引泾灌溉工程。秦昭王末年李冰在蜀地主持修建了闻名中外的都江堰水利工程，是世界迄今为止仅存的无坝引水的水利工程。都江堰主要由鱼嘴分水堤、飞沙堰溢洪道和宝瓶口引水口三大主体工程构成，并且在江水自动分流、排沙、控制引水量等方面表现出了极为科学的理念和方法。直到今天都江堰都发挥着非常巨大的作用，为沿岸人民的生活提供了安全和保障。隋朝开凿的京杭大运河是世界上里程最长、工程最大的古代大运河。京杭大运河的开凿使得隋朝的政治中心与经济中心紧密地联系在了一起，后世历代王朝都以京杭大运河为基础建立了经各地物资运往首都的漕运体系。南方与北方的经济联系大大加强，物产交流与经济交流愈发地丰富，使得古代中国的经济得到了极大的发展。2000 年 11 月，都江堰被联合国教科文组织列入世界文化遗产名录。2014 年 6 月，中国大运河也被列入世界文化遗产名录，成为我国第二项入选世界文化遗产的古代水利工程。2018 年 5 月，都江堰、灵渠、姜席堰、长渠全部成功入选 2018 年世界灌溉工程遗产名录。至此，我国已有 17 处世界灌溉工程遗产项目，成为遗产工程类型最丰富、灌溉效益最突出、分布范围最广泛的国家。

改革开放之初，中国水电装机容量和发电量仅为 1727 万 kW 和 446 亿 kWh。改革开放后，中国水电建设步伐明显加快。20 世纪 80 年代，广蓄、岩滩、漫湾、隔河岩、水口等水电站"五朵金花"相继建成；20 世纪 90 年代，五强溪、李家峡、天荒坪抽水蓄能电站开工建设；到 2000 年底，随着万家寨、二滩、小浪底、天生桥、大朝山等一大批水电站相继建成投产，中国水电装机容量达 7700 万 kW，居世界第二。2004 年，以公伯峡水电站 1 号机组投产为标志，中国水电装机容量突破 1 亿 kW，居世界第一。2010 年，以小湾水电站 4 号机组为标志，中国水电装机容量突破 2 亿 kW。2012 年，三峡水电站最后一台机组投产，成为世界最大的水力发电站和清洁能源生产基地。此后，溪洛渡、向家坝、小湾、水布垭、糯扎渡、构皮滩、锦屏等一系列巨型水电站相继建设，中国在世界水电领域保持领先的地位。白鹤滩、乌东德等一批具有国际领先水平的巨型水电工程正在推进建设之中。2017 年，中国水力发电装机为 3.41 亿 kW，发电量 1.1945 万亿 kWh，分别较改革开放之初增长了近 20 倍和 26 倍，分别占到全球水电总装机容量、发电量的 26.9% 和 28.5%。

在我国众多的水利水电工程中，长江三峡大坝和南水北调工程是名副其实的大国重器。三峡大坝全长 2309.5m，最大坝高 181m，装机容量 2240 万 kW，是目前世界上最大的水利枢纽工程。如果说小浪底工程驯服了桀骜的黄河，那么三峡驯服了奔腾的长江。三峡工程的效益主要体现在防洪、发电和航运方面。三峡工程成为防汛抗旱的中流砥柱，2010 年、2012 年长江流域两次遭遇比 1998 年还要大的洪水，通过科学调度三峡工程拦蓄洪水，7 万 m³/s 的洪峰削减到 4.5 万 m³/s 下泄，保障了长江中下游广大防洪保护区的安全。三峡工程每年的发电量相当于为国家创造数以万亿计的经济效益。三峡的建立使得长江上游地区可以通过万吨级货船，极大地增加了长江的航运能力。

南水北调工程是世界上规模最大的调水工程，通过东、中、西三条调水线路，与长江、黄河、淮河和海河四大江河连通，构成四横三纵、南北调配、东西互济的水网格局，是实现中国水资源优化配置、促进可持续发展、保障改善民生、推动生态文明建设的重大战略性基础设施。南水北调中线工程主要供水目标为京、津、华北平原，主要任务是满足城市生活、工业、生态环境等用水需求。建设南水北调中线工程是解决京、津、华北平原缺水问题的重大战略工程，是一项特大型跨流域调水工程，对缓解京、津、华北平原严重缺水现状，支撑京、津、华北平原经济社会的可持续发展具有重大的意义。南水北调东中线工程全面通水四年来，累计调水 222 亿 m³，南水成为京津冀豫鲁地区 40 余座大中型城市的主力水源，使黄淮海平原地区 1 亿多人直接受益，有力支撑了中部崛起和京津冀协调发展，为区域协调发展提供了水资源保障，强力支撑着受水区和水源区经济社会发展。

中国水电资源的特点和难点决定了水电开发面临问题的独特性和挑战性，也造就了中国水电科技的雄厚实力，创造了一系列引以为傲的水电工程建设的世界纪录：2008 年全面投产的水布垭水电站，其拥有世界最高的 233m 混凝土面板堆石坝；2009 年全面投产的龙滩水电站，其拥有世界最高的 216m 碾压混凝土坝；2010 年全面投产的小湾水电站，其拥有当时世界最高的混凝土拱坝；2014 年全面投产的糯扎渡水电站，是目前亚洲第一、世界第三高的黏土心墙堆石坝；锦屏一级 305m 双曲拱坝、长河坝深厚覆盖层上 240m 堆石坝和在建的双江口 312m 堆石坝均为世界第一。它们是中国水电走向世界，赢得国际尊重和信赖的最扎实的品牌工程。

中国水利水电工程不仅为国家经济社会发展提供了源源不断的清洁电能，同时为保障国家能源安全和改善民生、大江大河束水安澜、宝贵淡水资源充分综合利用，以及推进全球节能减排、应对气候变化等做出了巨大贡献。

1.1.4　异型结构工程

随着技术的不断进步，我国建筑业突飞猛进。人们对建筑的要求也不仅仅限于遮风挡雨，更要求其外表美观、造型独特、结构新颖、功能多样、布局灵活。因此，现代建筑中异型结构建筑不断涌现，越来越多的建筑摆脱传统技术的束缚，以更加自由的姿态走进人们的视野，给人们创造了极高的文化价值和审美价值。

由于异型建筑的独特性、复杂性，往往需要通过三维建筑模型去实现，越来越多的建筑开始使用 BIM 技术。异型建构筑物的体量越来越大，结构越来越复杂，建筑内部的空间跨度也在不断增加。中央电视台新台址的双向倾斜及悬挑结构、鸟巢的异型拼装结构、广州塔上下宽中间细超高的特殊结构成为异型建筑的典型代表。中央电视台新台址主楼，两座塔楼双向倾斜6°，顶部通过14层高、1.8万t的悬臂在234m高空连为一体，形成一种挑战重力原则的结构形式。由于建筑物结构的几何中心和物理中心不重合，尤其是在没有合龙前，双塔受力不均匀，造成双斜塔结构施工不断升高的过程中时时在变形。如何保证两座塔楼各自在空中的位置形态以及两座塔楼的精确合龙，给现场的施工带来很大的挑战。国家体育场（鸟巢）工程为特级体育建筑，主体建筑是异型钢结构，由一系列钢桁架围绕碗状座席区编制而成的椭圆鸟巢外形。"鸟巢"钢结构总重4.2万t，最大跨度343m，而且结构异常复杂，是一个大跨度的曲线结构，有大量的曲线箱形结构，其三维扭曲像麻花一样，相关施工技术难题还被列为科技部重点攻关项目。鸟巢的设计和施工均极具挑战性，采用了大量的先进的建筑科技。广州塔又称广州新电视塔，俗称"小蛮腰"。它是2010广州亚运会标志工程，也是广州市重要的地标性建筑，是已建成的世界第一高自立式电视塔。广州地处热带地区，每年遭受台风袭击的频度和强度较大。广州塔高度高、体形细、结构布置独特，属于风敏感结构，强风、地震是广州塔需要考虑的主要外部影响，必须确保该塔在强风和地震作用下不发生过大的振动和破坏。

人们期待更加优秀的异型建筑不断涌现，希望这些造型独特的建筑既能够更加和谐地融入城市环境，更加绿色、环保，又能够成为城市风景中新的亮点，为城市增添了新的魅力。

1.1.5 大型场馆工程

1.1.5.1 大型体育场馆

在中国经济快速发展，居民收入不断提高，居民生活水平稳步提升，居民生活娱乐消费升级的宏观背景下，体育产业迎来了"全民体育"时代。发展体育事业和产业是提高中华民族身体素质和健康水平的必然要求，有利于满足人民群众多样化的体育需求、保障和改善民生，有利于扩大内需、增加就业、培育新的经济增长点，有利于弘扬民族精神、增强国家凝聚力和文化竞争力。国家也在努力营造重视体育、支持体育、参与体育的社会氛围，将全民健身上升为国家战略，把体育产业作为绿色产业、朝阳产业培育扶持。根据《国务院关于加快发展体育产业促进体育消费的若干意见》（国发〔2014〕46号），体育产业下一步的发展目标是：到2025年，基本建立布局合理、功能完善、门类齐全的体育产业体系，体育产品和服务更加丰富，市场机制不断完善，消费需求愈加旺盛，对其他产业带动作用明显提升，体育产业总规模超过5万亿元，成为推动经济社会持续发展的重要力量。建设健康中国，全民健身上升为国家战略，为体育发展提供了新机遇，促进了我国体育产业快速发展。从2008年北京奥运会（第29届夏季奥林匹克运动会）开始，大型体育赛事在中国几乎就没有停息过。2009年第24届世界大学生冬季运动会在哈尔滨举办，2010年第16届亚洲运动会在广州举办，2011年第26届世界大学生夏季运动会在深圳举办，2014年第2届夏季青年奥林匹克运动会在南京举办，2019年第七届世界军人运动会在武汉举办……2022年第24届冬季奥林匹克运动会将在北京市和张家口市联合举办。大型赛事离不开大型场馆，近年来我国的大型体育场馆建设如火如荼。

提到大型体育场馆，人们首先想到的应该就是国家体育场（鸟巢）和国家游泳中心（水立方）。鸟巢是第29届夏季奥运会的主体育场，位于北京奥林匹克公园中心区，占地20.4公顷，建筑面积25.8万平方米，可容纳观众9.1万人。国家体育场工程为特级体育建筑，主体建筑是异型钢结构，由一系列钢桁架围绕碗状座席区编制而成的椭圆鸟巢外形。北京奥运会期间，国家体育场作为主会场，承担了开闭幕式、田径赛事和足球决赛。精彩绝伦的开闭幕式表演与鸟巢大气宏伟的结构相得益彰，令世人惊艳。北京奥运会后，鸟巢又成功举办了2015年北京田径世锦赛，还将成为2022年北京冬奥会开闭幕式场地。作为史上首个举办过夏季和冬季奥运会开闭幕式的体育场，鸟巢将成为代表国家形象的标志性建筑。水立方也是北京奥运会标志性建筑之一，最主要的使命是为2008年北京奥运会的游泳、跳水、花样游泳、水球比赛等提供场地，因其外观酷似一个充满了水泡的蓝色方盒子而被称为"水立方"，这种大胆而巧妙的设计在世界建筑史上还没有先例。为了实现这种多面体空间钢框架结构，工程建设中钢结构安装方法只能采取在空中把一根根钢杆件当成气泡的边棱，逐个在空中按照设计好的位置固定，再与钢球焊接，制成气泡形状。

1.1.5.2　大型机场

新中国成立以来，我国通用航空业发展迅速。据统计，截至 2015 年底，通用机场超过 300 个，通用航空企业 281 家，在册通用航空器 1874 架，2015 年飞行量达 73.2 万小时。根据《国务院办公厅关于促进通用航空业发展的指导意见》（国办发〔2016〕38 号），通用航空业下一步的发展目标是：到 2020 年，建成 500 个以上通用机场，基本实现地级以上城市拥有通用机场或兼顾通用航空服务的运输机场，覆盖农产品主产区、主要林区、50% 以上的 5A 级旅游景区；通用航空器达到 5000 架以上，年飞行量 200 万小时以上，培育一批具有市场竞争力的通用航空企业；通用航空器研发制造水平和自主化率有较大提升，国产通用航空器在通用航空机队中的比例明显提高；通用航空业经济规模超过 1 万亿元，初步形成安全、有序、协调的发展格局。

上述指导意见的提出，为机场建设提供了新的动力。在新建、改扩建的机场中，北京大兴国际机场的建设最为引人注目。北京大兴国际机场的建设目标是建成国际一流、世界领先，代表新世纪、新水平的标志性工程。航站区工程总建筑面积约 143 万 m²，以 2025 年满足 7200 万年旅客吞吐量为设计容量目标。其建设以航站楼为核心，航站楼是由综合服务楼、东西停车楼等四栋建筑共同组成的一组布局紧凑、连接方便的大型建筑综合体。北京大兴国际机场航站楼区南北长 1753m，东西宽 1591m，航站楼总建筑面积达到 103 万 m²，将成为全球最大的机场航站楼。航站楼的屋盖为不规则自由曲面，其难度堪称世界之最。北京大兴国际机场航站区工程具有项目规模大、建筑功能复合，专业系统众多、协调环节密集，质量标准严格、建设周期紧迫等特点，对工程建设的规划、设计、施工、管理都提出了很高的要求。

1.1.6　高耸建筑工程

中国的传统社会崇尚大壮之形、崇高之美，古代城市多以高台式建筑表现这种追求，如台榭、楼阁、门关。"危楼高百尺，手可摘星辰。"唐代诗人李白《夜宿山寺》一诗反映出了古人的这种追求，其根源在于人类对天空和高度的本能梦想。现代西方城市也是将高大构筑物或超高层建筑作为手段表现空间理想的外化、建筑形象的更新以及"城市性"的提升，帝国大厦之于纽约、埃菲尔铁塔之于巴黎便是如此。正是人们对于高度的不断追求，造就了一个个高耸的超高层建筑。

超高层建筑的发展经历了三个阶段，其发展脉络与建筑技术的提升和一国的经济发展水平息息相关。19 世纪到 20 世纪为初步发展期，美国、英国、比利时、西班牙、瑞典等国家竞相建造超高层建筑，这一时期以美国纽约为典型代表，如帝国大厦。20 世纪至 21 世纪初为蓬勃发展期，由美国逐渐东移到中东和亚洲，如吉隆坡的石油双塔、迪拜的哈利法塔。改革开放以来，随着我国社会与经济的迅猛发展，我国超高层建筑呈现出蓬勃的发展趋势，引领着超高层建筑进入了第三阶段——持续发展期，中国已占据超高层建筑的龙头地位。截至 2017 年，在世界已建成和在建的十大高楼排行榜中，中国占据大半壁江山。

在目前已建成的世界十大高楼中，上海中心大厦排名第二，仅次于迪拜的哈利法塔。上海中心大厦是一幢集商务、办公、酒店、商业、娱乐、观光等功能的超高层建筑，它位于上海市浦东新区的陆家嘴金融贸易核心区。上海中心大厦地上共 127 层，地下 5 层，总高为 632m，结构高度为 580m，基地面积 3.0 万 m²，总建筑面积 57.8 万 m²，其中地上 41 万 m²，地下 16.8 万 m²。上海中心大厦项目于 2008 年 11 月 29 日开工建设，2010 年 3 月完成大底板混凝土浇筑，2013 年 8 月实现主体结构封顶，2014 年

8 月全面结构封顶，2016 年 3 月建筑主体正式全部完工。2016 年 4 月部分投入试运营，2017 年 1 月全面投入运营。建筑外观像一条盘旋上升的龙，顶部"龙尾"上翘，又如一支倒放着的祥云火炬，建筑表面的开口由底部旋转贯穿至顶部。

深圳平安国际金融中心大厦是目前深圳第一高楼，同时也是华南最高大厦。深圳平安国际金融中心大厦是深圳发展的里程碑建筑，是深圳的新地标，浓缩了深圳这座改革开放之都不断开拓创新的精神，和深圳人民一起见证着这座城市的发展繁荣。深圳平安国际金融中心位于深圳市福田区中心区，益田路与福华路交会处西南角，毗邻购物公园，与深圳会展中心相对。周边建筑物密集，分布有高档商场、住宅及办公区，人流密集。深圳平安国际金融中心大厦项目占地面积 18931m²，地下 5 层，地上分塔楼和裙楼，其中裙楼 11 层，塔楼 118 层，总建筑面积 459187m²，塔楼主体结构高度 585.5m，总建筑高度 600m，功能包括商业、观光娱乐、会议中心和交易中心等，已于 2017 年竣工。

北京"中国尊"位于北京市朝阳区 CBD 核心区，是北京市最高的地标建筑。"中国尊"外部形态以中国古代盛酒器皿"尊"为整体造型，寓意这座建筑是以"时代之尊"的显赫身份，奉献"华夏之礼"。"中国尊"的建筑形态具有大气之美和时尚之气，体现出世界潮流的当代建筑风格。其建筑用地面积 11478m²，总建筑面积 43.7 万 m²，建筑总高 528m，其中地上 108 层，地下 7 层。中国尊底部基座呈正四方形，从底部基座到中上部，其平面尺寸逐渐向内收紧，从腰线最窄处到顶部平台，平面尺寸逐渐放大。"中国尊"采用核心筒巨型框架外伸臂转换桁架结构，基础采用基础桩筏板加锚杆结构，是全球抗震性能最佳的超过 500m 的超高层建筑，具有高度超高，结构异型，构造曲线的曲率变化大等特点，并在建造的全过程采用 BIM 技术对结构进行预拼装。

1.1.7 精密科学工程

近年来，随着现代科学技术的不断进步和我国综合国力的不断提高，我国大型工程项目尤其是大科学工程得到了蓬勃的发展。大科学工程是指为了进行基础性和前沿性科学研究，大规模集中人、财、物等各种资源建造大型研究设施，或者多学科、多机构协作的科学研究项目。大科学工程在国家现代化建设中占有非常重要的地位，对政治、经济、社会、科技、国防等有着巨大的战略作用，也真切地反映了一个国家的综合实力，500m 口径球面射电望远镜（Five-hundred-meter Aperture Spherical Radio Telescope，FAST）工程、探月工程、上海光源（Shanghai Synchrotron Radiation Facility，SSRF）、中国散裂中子源（CSNS）等工程均属大科学工程。

FAST 是目前世界上最大的单口径望远镜。FAST 与号称"地面最大的机器"的德国波恩 100m 望远镜相比，灵敏度提高约 10 倍；与排在阿波罗登月之前、被评为人类 20 世纪十大工程之首的美国 Arecibo 300m 望远镜相比，其综合性能提高约 10 倍。作为世界最大的单口径望远镜，FAST 将在未来 20～30 年保持世界一流设备的地位。

上海光源（SSRF）是继北京正负电子对撞机（BEPC）等重大科学研究工程之后的第三代同步辐射光源。普通的 X 光就能清晰拍摄出人体的组织和器官，而上海光源释放的光，亮度是普通 X 光的一千亿倍。通俗说来，上海光源相当于一个超级显微镜集群，能够帮助科研人员看清病毒的结构、材料的微观构造和特性。SSRF 已经成为生命科学、材料科学、环境科学、地球科学、物理学、化学、信息科学等众多学科研究中不可替代的先进手段和综合研究平台，也是微电子、制药、新材料、生物工程、精细石油化工等先进产业技术研发的重要手段。还将直接带动中国电子工业、精密机械加工业、超大系统自动控制技术、高稳定建筑技术，以及其他相关工业的快速发展。上海光源对推动中国多学科领域的科技创新和产业升级产生重大作用。

2018 年 8 月，在历经 6 年半的艰苦建设后，中国散裂中子源（CSNS）项目顺利通过国家验收，投入正式运行，成为世界四大散裂中子源之一，与美国散裂中子源（SNS）、日本散裂中子源（J-PARC）和英国散裂中子源（ISIS）构成目前世界上主要的四大脉冲式散裂中子源。中国散裂中子源（CSNS）

是世界一流的大型中子散射多学科研究平台,与我国已建成的同步辐射光源等先进设施相互配合、优势互补,为材料科学、生命科学、化学、物理学、资源环境、新能源等领域的基础研究和高新技术开发提供强有力的研究手段,为解决国家发展战略需求的若干瓶颈问题提供先进平台,促进我国在重要前沿领域实现新突破,为多学科在国际上取得一流的创新性成果提供重要的技术条件保障。

这些大科学工程包含的大型精密工业部件,其自身结构十分复杂,往往包含有多达数十个各种用途的核心部件。这些部件在施工、安装、检测、控制和监测等领域,都对精密工程测量提出了更高的要求,其位置测量精度从毫米提高到亚毫米级甚至是微米级,而姿态精度也从分级提高到秒级。这些更高精度需求的出现,促使精密测量得到了飞速的发展,成为影响工程整体质量的重要因素。

1.1.8 城市轨道交通工程

随着中国经济的发展和人均 GDP 增加,全国民用汽车保有量从 2007 年的 0.57 亿辆逐年增加至 2017 年的 2.17 亿辆,其中 40 个城市的汽车保有量超过百万辆,北京、成都、深圳、上海等城市的汽车保有量超过 200 万辆。伴随着日益增长的人口和汽车保有量,城市交通拥堵已成为居民生活中亟待解决的问题之一,城市交通的需求因而日益强烈。城市轨道交通具有大容量、集约高效、节能环保等突出优点,既是大城市公共交通系统的骨干,也是城市综合交通运输体系的重要组成部分,能合理地提高城市交通工具的运载能力,对城市发展起着支撑和引领作用。

自 1969 年北京开通第一条城市轨道交通线路以来,我国城市轨道交通用不到 50 年时间走过了国外发达国家 150 年的发展历程。我国城市轨道交通建设始于 20 世纪 50~70 年代,直到 20 世纪 80 年代末,我国仅北京和天津有地铁 40km。20 世纪 80 年代末~90 年代初期,以上海地铁一号线、北京地铁复八线、广州地铁一号线建设为标志,我国真正意义上开始了以交通为目的的城市轨道交通建设。进入 21 世纪初,北京、上海、广州三市共拥有地铁运营里程 105km。2012 年底,我国 17 个城市开通 70 条轨道交通运营线路,运营里程 2064km,其中地铁线路 1726km。据中国城市轨道交通协会发布的《城市轨道交通 2017 年度统计和分析报告》显示,截至 2017 年年末,我国城市轨道交通运营里程和在建里程均居世界第一。我国 34 个城市开通了 165 条城市轨道交通线路,运营里程达到 5033km,其中地铁线路里程 3884km,占比 77.2%;轻轨、单轨、市域快轨、现代有轨电车、磁浮交通、APM(乘客自动运输系统)等其他制式运营线路约 1149km,占比 22.8%。上海轨道交通运营里程 732km,世界排名第一,日均客运量 969.2 万人次。北京轨道交通运营里程 685km,世界排名第二,日均客运量 1035 万人次,全年累计客运量 37.8 亿人次,位居全国首位。随着运营里程的延长,客运量稳步增长。报告显示,截至 2017 年末,中国内地城市轨道交通全年累计完成客运量 184.8 亿人次。城市轨道交通已成为大城市居民日常出行的重要方式。另外,中国内地共 56 个城市开工建设轨道交通,共计在建线路 254 条,在建线路里程 6246.3km。中国城市轨道交通正在经历跨越式发展,客运量、客运强度等指标位居世界前列。

当前,在全国各中心城市以及各城市群之间通过高速铁路网络连接,多层级、大规模的网络化轨道交通系统正在中国快速建立。在大城市的中心区域采用大运量的地铁;在中心城区与卫星城之间、卫星城相互之间以及郊区和旅游区采用中运量的单轨、磁悬浮和现代有轨电车等;在城市群中的中心城市与卫星城之间以及各卫星城之间,采用市域铁路及城际铁路等。同时,近两年中运量轨道交通系统的制式多样化成为新的趋势,涌现出了"云轨"(跨座式单轨)、"智轨"、"空轨"、"中低速磁浮"等多种新的轨道交通制式。

我国城市轨道交通快速发展,在满足人民群众出行需求、优化城市结构布局、缓解城市交通拥堵、促进经济社会发展等方面发挥了越来越重要的作用。因为轨道交通,城市不断扩张,城市的经济不断得到发展,城市的形象不断得以提升。因为轨道交通,生活在城市中的人们出行更加便利,出行体验也越来越舒适。

1.1.9 海岛礁与港口航道工程

1.1.9.1 海岛礁测绘

我国是一个大陆国家，也是一个海洋国家。我国东、南两面濒临渤海、黄海、东海、南海。我国 300 万 km^2 海域的 10000 多座海岛礁，其中面积在 500m^2 以上的海岛有近 7000 个。海岛礁是维护国家海洋权益、建设海洋强国的战略支撑点和制高点。但以前我国海岛礁测绘地理信息严重匮乏，在广阔海域特别是远海及敏感海域存在测绘"盲区"和"空白区"，导致我国长期以来海岛礁"家底"不清，缺少维护国家安全、海洋权益和海防建设等所需的精确海岛礁地理信息和海战场环境保障能力。随着国家不断加强维护海洋权益，积极拓展海洋资源开发利用，海岛礁对海洋的控制作用日益显著，精确测绘的海底地形地貌和海岛礁地理空间信息是解决国与国之间海洋国土及海洋资源争端的重要依据，也是进行海岛礁管理和经济开发的重要基础！

20 世纪 90 年代开始，有关部门相继开展了"我国专属经济区和大陆架勘测专项"、"我国近海海洋综合调查与评价专项"等一系列海洋勘查工作，并组织了两次全国范围的海岛调查，对重点海岛（礁）的分布、类型等信息进行了较全面的普查。党的十六大提出了"实施海洋开发"战略，是为我国现代化建设和经济社会可持续发展做出的英明决策。"实施海洋开发"首先需要获取海洋和海岛（礁）地理信息。2007 年 9 月，国土资源部和总参谋部联合向国务院和中央军委提交了《关于开展我国海岛（礁）测绘工程专项建设的请示》，国务院和中央军委领导人对提交的请示作了重要批示，同意我国海岛（礁）测绘工程立项（927 工程）。海岛礁测绘正受到越来越多的重视，其主要内容包括：建立海岛礁测绘基准，利用航空航天技术进行海岛礁识别定位与遥感测图，开展海岛礁潮位与岸线综合判定，生产海岛礁矢量地形数据、数字高程模型、数字正射影像图，编制海岛礁地图，实现海岛礁地理环境动态表达与三维可视化等。

1.1.9.2 港口航道工程

改革开放后，我国的经济增长速度非常快，尤其是贸易方面。目前，我国是全球排名第一的贸易大国，每年动辄以万亿美元计的货物进出我国的港口，中国已经和世界融为一体。据统计，自 20 世纪 80 年代以来，90% 的国际贸易是通过航运和港口实现的。随着世界经济一体化和中国经济的快速发展，对港口与航道的需求非常强劲，港口与航道工程已进入发展繁荣时期。

我国建造港口和航道工程有先天的自然条件，而且随着科学技术的不断提高，港口与航道建设取得了巨大成就。根据交通运输部《2017 年交通运输行业发展统计公报》，截至 2017 年年末，全国内河航道通航里程 12.70 万 km，其中等级航道 6.62 万 km，三级及以上航道 1.25 万 km。各水系内河航道通航里程分别为：长江水系 64857km，珠江水系 16463km，黄河水系 3533km，黑龙江水系 8211km，京杭运河 1438km，闽江水系 1973km，淮河水系 17507km。长江干线航道设有 27 个水上交通流量观测断面，年平均日船舶流量 702.9 艘。

截至 2017 年年末，全国港口拥有生产用码头泊位 27578 个，其中沿海港口生产用码头泊位 5830 个，内河港口生产用码头泊位 21748 个。全国港口拥有万吨级及以上泊位 2366 个，其中沿海港口万吨级及以上泊位 1948 个，内河港口万吨级及以上泊位 418 个。全国万吨级及以上泊位中，专业化泊位 1254 个，10 万吨级及以上泊位 371 个。目前我国亿吨大港数量达 34 个，形成了环渤海、长三角、东南沿海、珠三角和西南沿海 5 个港口群。据统计，截至 2017 年年底，在全球港口货物吞吐量和集装箱吞吐量排名前 10 名的港口中，我国港口占有 7 席。其中，上海港以 4030 万标箱吞吐量位居世界第一，深圳港、宁波舟山港、香港港分列第三、四、五位，广州港和青岛港分列第七、八位。如今，中国港口已与世界 200 多个国家和地区、600 多个主要港口建立了航线联系，成为经济往来的重要纽带，并在"一带一路"建设中扮演着重要角色。上海洋山深水港是世界最大的海岛型人工深水港，也是上海国际航运中心建设的战略和枢纽型工程。洋山深水港连续七年保持为世界集装箱第一大港，洋山四期也成为全球最大无人自动化集装箱码头，标志着中国港口行业的运营模式和技术应用迎来里程碑式的跨越升级与重大变革，为上海港加速跻身世界航运中心前列注入全新动力。

1.2 大国工程与工程测量

1.2.1 工程测量内容与价值

工程测量是研究各种工程建设在勘测设计、施工建设和运营管理阶段所进行的各种测量工作的学科，是研究地球空间（地面、地下、水下、空中）中具体几何实体的测量描绘和抽象几何实体的测设实现的理论方法和技术的一门应用性学科。它主要以建筑工程、机器和设备为研究服务对象。

勘测设计阶段的测量工作主要是进行各种比例尺地形图测绘，以及为工程地质勘探、水文地质勘探及水文测验等提供测量服务；施工建设阶段的测量工作主要是将设计在现场标定出来（即所谓的定线放样），施工过程质量控制，进行高层建筑竖直度、地下工程施工断面、变形监测和工程竣工测量，还有大型设备安装测量等工作；运营阶段的测量工作主要是工程的安全健康监测，包括建筑物的水平位移、沉陷、倾斜和摆动等进行定期或持续监测，大型工业设备的经常性检测和调校。

工程测量按服务对象分为线路（高速铁路、公路、城市轨道交通）工程测量、建筑（大型、异型、高耸建筑）工程测量、桥隧（公路、铁路桥梁，地面、地下隧道）工程测量、水利水电工程测量、海洋（港口、滩涂、海岛、海地）工程测量、工业设备工程测量等内容。

工程测量贯穿于工程项目勘测设计、建设和运行维护的全生命周期，以建筑物工程项目为例，首先依据工程测量提供的地形图、建设范围内的地质勘探结果，结合规划要求，设计建筑物的建筑规模（占地面积、高度、形状）和位置；其次，根据设计到实地进行定线放样，并在建设过程中，监测建筑的位置和高度变化，以及建筑物的变形等情况，及时进行调整，建筑竣工后，进行竣工测量，为后续运行维护提供资料；第三，运行维护期间的安全监测，受建筑周边环境及建筑物本身质量的变化，建筑物的外形、结构会逐渐偏离设计，监测其偏离在安全、合理的区间内，保证建筑物使用的安全健康；第四，建筑物的监测数据超出安全警戒范围，进行加固调整或拆除。

1.2.2 大国工程与工程测量的关系

如果没有工程测量的技术支撑，许多大国工程将无法建设。没有工程测量的技术支撑，城市规划就没有基础地图数据；没有工程测量的技术支撑，中国第一高楼上海中心就不可能立起来；没有工程测量的技术支撑，海底隧道就不能贯通；没有工程测量的技术支撑，世界最长的跨海大桥——港珠澳大桥就不可能建成；没有工程测量的技术支撑，世界上最大的水利枢纽工程——三峡工程的施工与安全运营就得不到保障；没有工程测量的技术支撑，就不可能保证高速铁路的顺利施工和平稳运行……可以这样说，没有工程测量的技术支撑，任何大型工程建设都无法顺利施工和运营。

高速铁路一般设计时速 350km/h 或更高，高速运行的列车要求轨道结构稳定性高、刚度均匀和结构耐久性强，CRTS Ⅱ型板式无砟轨道要求轨道沿线 60m 内相邻标点平面相对精度优于 1mm，高程相对精度优于 0.5mm。超长隧道和大跨度桥梁越来越多，建设过程中一般都是对向或多作业面同时施工，对于两开挖洞口间长度在 8～10km 的隧道，贯通精度横向优于 200mm、竖向优于 70mm，桥梁上部构造施工误差大部控制在毫米级精度。

高耸建筑相对高而细，异型建筑由于外形独特，形状不规则导致结构的几何中心和物理中心不重合。在施工过程中，随着高度的增加，结构时时在变形，对于建筑高度150～200m的建筑物，在施工过程中，建筑轴线上层投测精度在平面优于30mm、竖向优于30mm。

大型场馆建筑体量大、同时开工点多、钢结构安装精度要求高，建设期间需对场区进行很好的整体性控制。北京新机场航站楼区南北长1753m、东西宽1591m，多个项目部、多个工点同时施工建设。航站楼屋顶钢结构设计为不规则自由曲面，投影面积约为35万m²，南北长约1000m，东西宽约1100m，梁间距放样误差优于4mm。

水利水电工程关系到国计民生，与人民的生活密切相关。水利工程一般跨度大、整体性强，南水北调中线工程总干渠长达1432km，全线过水以自流为主，坡比一般为1/25000，部分地区达到1/30000。水电工程一般施工场地狭窄、带状分布、施工精度要求高，白鹤滩右岸地下电站设置的两条出线竖井滑模浇筑段最大高差约为278.8m，竖井垂直度不大于1‰，即底、顶部相同坐标点较差不能大于2.8cm，平面贯通误差小于2cm、高程贯通误差小于2cm。

人的身体需要定期进行检查和调整，大国工程投入使用后，也需要进行健康安全监测和维护。在内、外部环境条件变化情况下，获取大国工程涉及安全的敏感部位毫米级、甚至亚毫米级的变形数据和其他监测数据，对大国工程进行安全健康评估。

为了保证大国工程建设的顺利实施和运行期间的安全，就需要提供施工场区统一高精度的空间定位，工程测量就是解决这个问题的，工程测量为大国工程在设计、施工和管理各阶段中保驾护航。

工程测量的发展主要依赖于工程建设的需求、新型的仪器设备以及工程测量理论的发展。可以这样认为：工程建设对工程测量不断提出新任务、新课题和新要求，使工程测量的服务领域不断拓宽，有力地推动工程测量事业的发展与进步，这是推动工程测量发展的外在原动力；随着科学技术的新成就，如电子计算机技术、网络通信技术、激光技术、微电子技术、空间技术等新技术的发展与应用，新型测量仪器设备不断涌现，推动工程测量技术和方法的进步。通过工程项目的顺利实施，推动了新技术、新装备和新方法在工程测量领域的应用，创新了技术理论方法，创建了新的技术体系，促进了工程测量学科的发展。

1.2.3 工程测量的关键技术

"人民对美好生活的向往就是我们的奋斗目标"，为了不断满足人民对居住、出行、教育、娱乐等多方面的追求，国家加大了基础设施的投入。快速便捷的高速铁路和高速公路，四通八达的城市轨道交通，地标性的各种大型和异型建筑，规模宏大的水利水电设施，服务于高新技术的大型精密工业设备，诸如此类的体量大、结构复杂、空间变化不规则和精度要求高的各种大型工程建设项目，需要工程测量不断进行理论创新、技术创新、装备创新、流程创新。

工程测量是一门综合程度高的应用型学科，充分应用了大地测量、摄影测量和地理信息等学科的成果，集成了空间定位技术、地理信息技术、激光技术、无线通信技术和计算机技术等技术，创造性地应用在工程测量中。目前，在大国工程测量中得到广泛应用的主要是无人机摄影测量、多传感器集成移动测量、三维激光扫描、测量机器人和激光跟踪测量等技术。

无人机摄影测量系统简单说就是使用无人飞机携带高清相机在空中对所测物体连续拍照，获取高重合度的影像照片的一套设备，该套系统由无人机、云台、相机、地面控制站、相片处理软件组成，主要分两类，一种是通过单镜头相机拍摄以正射影像为主要数据的系统（无人机航空摄影测量系统），一种是通过多个镜头以提供三维建模数据为主要数据的系统（无人机倾斜摄影测量系统）。

惯性技术是以力学、机械学、光电子学、控制学和计算机学等为基础的多学科综合的尖端技术，广泛应用于航空航天航海及重要车辆陆地导航中。惯性导航系统无需任何外来信息，也不向外辐射任何信息，仅靠系统本身就能在全天候条件下、全球范围内和所有介质里自主地、隐蔽地进行三维定位和三维定向。惯性技术的核心传感器是陀螺仪和加速度计。陀螺仪作为惯性定向技术的重要代表，有着不可替代的技术优势。由于陀螺是通过敏感地球自转角动量实现其寻北定向测量，无需任何外部辅助信息，具有较好的自主性和灵活性，且观测时间较短，不受气象等外部因素的影响。陀螺全站仪（经纬仪）是一种将陀螺仪与全站仪（经纬仪）集成连接于一体，通过敏感地球自转角动量独立测定任意测线真北方位角的敏感型寻北定向仪器，由于其具有全天候、全天时无依托自主定向的功能，而被广泛地应用于矿山、隧道、城市地铁等地下工程的建设及国防建设领域。

多传感器集成移动测量系统通过在移动载体上装配全球定位系统（GNSS）、惯性测量单元（IMU）、摄影成像相机（CCD）、三维激光雷达（LS）等传感器和设备，在载体行进过程中，快速采集空间位置数据和属性数据、高密度激光点云和高清连续全景影像数据，并通过系统配备的数据加工处理、海量数据管理和应用服务软件，为用户提供快速、机动、灵活的一体化三维移动测量完整解决方案，系统可完成高精度三维坐标测量、矢量地图数据建库、三维地理数据制作和可量测实景数据生产等，全方位满足三维数字城市、街景地图服务、城管部件普查、公安应急、安保部署、交通基础设施测量、矿山三维测量、航道堤岸测量、海岛礁岸线三维测量、电力巡线、高精度无人驾驶地图等应用需求。

三维激光扫描技术又称为高清晰测量（High Definition Surveying，HDS），它是利用激光测距的原理，通过记录被测物体表面大量密集点的三维坐标信息和反射率信息，将各种大实体或实景的三维数据完整地采集到电脑中，进而快速复建出被测目标的三维模型及线、面、体等各种图件数据。结合其他各领域的专业应用软件，所采集的点云数据还可进行各种后处理应用。

测量机器人（Measurement Robot；Geo-robot）是一种能代替人进行自动搜索、跟踪、辨识和精确照准目标并获取角度、距离、三维坐标等信息的电子全站仪，亦称测地机器人或智能全站仪。它是在全站仪基础上集成步进马达、CCD 影像传感器构成的视频成像系统，并配置智能化的控制及应用软件而发展形成的。

激光跟踪测量系统的工作基本原理是在目标点上安置一个反射器，跟踪头发出的激光射到反射器上，又返回到跟踪头，当目标移动时，跟踪头调整光束方向来对准目标。同时，返回光束为检测系统所接收，用来测算目标的空间位置。简单地说，激光跟踪测量系统的所要解决的问题是静态或动态地跟踪一个在空间中运动的点，同时确定目标点的空间坐标。

本章主要参考文献

［1］　新华网. 习近平：在庆祝改革开放 40 周年大会上的讲话［EB/OL］.（2018-12-18）［2018-12-31］. http：//www. xinhuanet. com/politics/leaders/2018-12/18/c_1123872025. htm.

［2］　国家统计局. 波澜壮阔四十载 民族复兴展新篇：改革开放 40 年经济社会发展成就系列报告之一［R/OL］.（2018-08-27）［2018-12-31］. http：//www. stats. gov. cn/ztjc/ztfx/ggkf40n/201808/t20180827_1619235. html.

［3］　国家统计局. 建筑业持续快速发展 企业结构优化行业实力增强：改革开放 40 年经济社会发展成就系列报告之九［R/OL］.（2018-09-07）［2018-12-31］. http：//www. stats. gov. cn/ztjc/ztfx/ggkf40n/201809/t20180907_1621436. html.

［4］　国家统计局. 交通运输网络跨越式发展 邮电通信能力显著提升：改革开放 40 年经济社会发展成就系列报告之十三［R/OL］.（2018-09-11）［2018-12-31］. http：//www. stats. gov. cn/ztjc/ztfx/ggkf40n/201809/t20180911_1622071. html.

［5］　人民网. 交通运输改革开放 40 年：高速铁路、高速公路均居世界第一［EB/OL］.（2018-12-21）［2018-12-31］. http：//politics. people. com. cn/n1/2018/1221/c1001-30481119. html.

［6］　新华网. 誓将天堑变通途：中国桥梁发展综述［EB/OL］.（2017-6-12）［2018-12-31］. http：//www. xinhuanet. com//2017-06/12/c_1121129519. htm.

[7] 人民网. 改革开放 40 年 中国桥 不断刷新世界级 [EB/OL]. (2018-10-26) [2018-12-31]. http：//finance. people. com. cn/n1/2018/1026/c1004-30363906. html.

[8] 中国水力发电工程学会. 改革开放 成就中国水电走向辉煌 [R/OL]. (2018-09-26) [2018-12-31]. http：// www. hydropower. org. cn/showNewsDetail. asp? nsId＝24429.

[9] 人民网. 水电中国造福世界 [EB/OL]. (2018-7-4) [2018-12-31]. http：//energy. people. com. cn/n1/ 2018/0704/c71661-30126016. html.

[10] 中国水利. 水利发展：造福惠民 鼎基强国 [EB/OL]. (2018-12-18) [2018-12-31]. http：//www. china-water. com. cn/newscenter/kx/201812/t20181218_726613. html.

[11] 国务院. 国务院关于加快发展体育产业促进体育消费的若干意见：国发〔2014〕46 号 [A/OL]. (2014-10-2) [2018-12-31]. http：//www. gov. cn/zhengce/content/2014-10/20/content_9152. htm.

[12] 国务院办公厅. 国务院办公厅关于促进通用航空业发展的指导意见：国办发〔2016〕38 号 [A/OL]. (2016-05-17) [2018-12-31]. http：//www. gov. cn/zhengce/content/2016-05/17/content_5074120. htm.

[13] 李广云，范百兴. 精密工程测量技术及其发展 [J]. 测绘学报，2017 (10)：1742-1751.

[14] 社会科学文献出版社. 城市轨道交通蓝皮书：中国城市轨道交通运营发展报告（2017～2018）[R/OL]. (2018-03-20) [2018-12-31]. https：//chassc. ssap. com. cn/c/2018-03-20/544859. shtml.

[15] 国务院办公厅. 国务院办公厅关于进一步加强城市轨道交通规划建设管理的意见：国办发〔2018〕52 号 [A/OL]. (2018-07-13) [2018-12-31]. http：//www. gov. cn/zhengce/content/2016-05/17/content_5074120. htm.

[16] 城市轨道交通协会. 城市轨道交通 2017 年度统计和分析报告. [R/OL]. (2018-04-19) [2018-12-31]. http：//www. camet. org. cn/index. php? m＝content&c＝index&a＝show&catid=18&id=13532.

[17] 中国政府网. 改革开放 40 年我国交通运输业发展成绩斐然 [EB/OL]. (2018-8-10) [2018-12-31]. http：// www. gov. cn/xinwen/2018-08/10/content_5312865. htm.

[18] 交通运输部综合规划司. 2017 年交通运输行业发展统计公报 [R/OL]. (2018-03-30) [2018-12-31]. http：//zizhan. mot. gov. cn/zfxxgk/bnssj/zhghs/201803/t20180329_3005087. html.

[19] 丁国鑫，袁斌，陈扬. 徕卡 iCON robot60 测量机器人在 BIM 施工中的应用 [J]. 测绘通报，2016 (10)：144-145.

[20] 党亚民，程鹏飞，章传银，等. 海岛礁测绘技术与方法 [M]. 北京：测绘出版社，2012.

[21] 党亚民，章传银，周一，等. 海岛礁测量技术 [M]. 武汉：武汉大学出版社，2017.

[22] 李兵，岳京宪，李和军. 无人机摄影测量技术的探索与应用研究 [J]. 北京测绘，2008 (01)：1-3.

[23] 梅文胜，杨红. 测量机器人开发与应用 [M]. 武汉：武汉大学出版社，2011.

[24] 杨志强，石震，杨建华. 磁悬浮陀螺寻北原理与测量应用 [M]，北京：测绘出版社，2017.

[25] 张瑞菊. 基于三维激光扫描数据的古建筑构件的三维重建技术研究 [D]. 武汉：武汉大学，2006.

本章主要编写人员（排名不分先后）

北京市测绘设计研究院：陈品祥　张凤录　易致礼　贾光军

第 2 章　现代工程测量技术及发展

2.1　CPⅢ控制测量技术

2.1.1　技术起源

轨道控制网的概念源于德国博格公司，引入时称为轨道设标网（GVN），我国铁路测量科技工作者将其命名为轨道控制网，并简称为 CPⅢ。博格公司带来的只是一个点对形式的线状交叉网的网形图，如图 2.1-1 所示，至于测量技术流程、技术指标和计算方法及精度指标等一概是没有的，是空白的，这点可从我国首条高铁——京津铁路测量技术人员的培养和项目的实践过程的不断认知和完善中深有体会。例如轨道控制点的测量次数、设站位置与间距、上级网点的联测关系，等等。当时计算模型和软件在国内也是空白，国外公司的数据处理技术处于保密状态，其提供的数据处理软件价格昂贵且不符合中国的作业习惯。

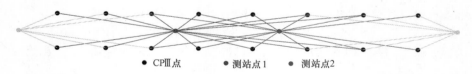

● CPⅢ点　　　● 测站点1　　　● 测站点2

图 2.1-1　CPⅢ控制网网形图

在我国高速铁路发展初期，主要参照德国测量标准体系。当时铁道部有关部门组织国内的高校和设计院对已有高铁国家的技术经济材料进行搜集整理和分析，收集到的测量资料主要有以下内容。

1）德铁 DS833 标准（暂行规定），将高速铁路测量控制网分为四级，见表 2.1-1。

德铁 DS833 标准（暂行规定）中控制网测量分级及精度指标　　　　表 2.1-1

控制网级别	精度要求	
一级控制点 PS1	点间距离	800～1000m
	平面位置精度	单点平面位置误差≤8mm
		相邻点相对位置误差≤10mm
	高程精度	单点高程误差≤2mm
		相邻点相对高程误差≤5×$\sqrt{R}$mm(R 为相邻两水准点之间的距离,单位为 km)
二级控制点 PS2	点间距离	150～250m
	平面位置精度	单点平面位置误差≤8mm
		相邻点相对位置误差≤10mm
	高程精度	无

续表

控制网级别	精度要求	
三级控制点 PS3	点间距离	700～1000m
	高程精度	单点高程误差≤2mm
		相邻点相对高程误差≤5×√R̄ mm(R 为相邻两水准点之间的距离,单位为 km)
四级控制点 PS4	点间距离	50～60m
	平面位置精度	单点平面位置误差≤5mm
		相邻点相对位置误差≤6mm
	高程精度	单点高程误差≤2mm

2）德铁 RIL883 规程（现行规范）将控制网分为五级，见表 2.1-2。

德铁 RIL883 规程（现行规范）中控制网测量分级及精度指标　表 2.1-2

控制网级别	精度要求	
零级控制点 PS0	点间距离	约4000m
	平面位置精度	单点平面位置误差≤10mm
		相邻点相对位置误差≤5mm
一级控制点 PS1	点间距离	800～1000m
	平面位置精度	单点平面位置误差≤15mm
		相邻点相对位置误差≤10mm
二级控制点 PS2	点间距离	约150m
	平面位置精度	单点平面位置误差≤15mm
		相邻点相对位置误差≤10mm
三级控制点 PS3	点间距离	700～1000m
	高程精度	单点高程误差≤5mm
		相邻点相对高程误差≤5×√R̄ mm(R 为相邻两水准点之间的距离,单位为 km)
四级控制点 PS4		根据要求

3）德国博格公司在京津城际铁路建设咨询过程中，提出了博格板式无砟轨道铺设测量的技术指标，见表 2.1-3。

博格公司在京津城际铁路建设中提出的控制测量分级及精度指标　表 2.1-3

控制网级别	精度要求
基础网	每 1000m,水平位置 10mm,高程 2mm
线路导线	约每 250m,水平位置 5mm,高程 1mm
建筑物特殊网	小于 100m,水平位置 3mm,高程 1mm
轨道设标网	每 60m 有两个点,水平位置 1mm,高程 0.5mm
轨道基准网	每块板接缝处有一个点,水平位置 0.2mm,高程 0.1mm

德国高速铁路工程测量体系和标准经历了一个发展和完善的过程，对我国高速铁路测量具有一定的借鉴作用。CPⅢ的测量及数据处理技术是在对国外的测量方法进行了深入的研究，通过引进、吸收、再创新，总结提出了"自由测站边角交会法"，采用测量机器人进行外业全方向距离自动观测，中国铁路设计集团有限公司最先在京津城际运用此方法进行轨道控制网（CPⅢ）的测量，并在国内最先研制

了具有自主知识产权的测量标志（图 2.1-2）、全站仪机载测量程序和平差计算软件（图 2.1-3），在其他项目的建设过程中，国内多家企业也先后研制出了自主知识产权的测量标志、全站仪机载测量程序和平差计算软件。

图 2.1-2   自主研制的测量标志

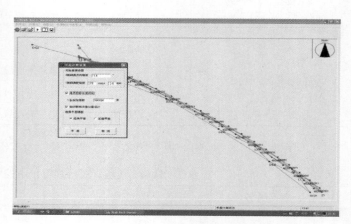

图 2.1-3   自主开发的数据处理软件

2.1.2   技术原理与内容

轨道控制网 CPⅢ是沿线路布设的三维控制网，起闭于基础平面控制网（CPⅠ）或线路控制网（CPⅡ）及线路水准基点，在线下工程竣工，通过沉降变形评估后施测，为无砟轨道铺设和运营维护提供三维基准。

2.1.2.1   CPⅢ网平面测量

CPⅢ控制网平面观测采用自由测站边角交会的测量方法，全站仪测角精度不低于 1″，测距精度不低于±（2mm＋2ppm×D），并具有自动目标搜索、自动照准、自动观测、自动记录功能。水准仪不低于 DS1 级的电子水准仪及其配套铟瓦尺。水准测量按照精密水准测量等级进行。

CPⅢ网采用自由测站边角交会法测量。测量时每次置镜自由测站，以前后各 3 对共 12 个 CPⅢ点为测量目标，每个自由站与上站重叠观测 4 对 CPⅢ点、递进 2 对 CPⅢ点，以保证每个 CPⅢ点被测量 3 次，一般应尽量选择无风的阴天或夜间进行观测，并准确测定每站测量时的温度和气压。其测量网形式见图 2.1-1。

CPⅢ控制网观测的自由测站间距一般约为 120m，自由测站到 CPⅢ点的最远观测距离不应大于 180m；每个 CPⅢ点至少应保证有三个自由测站的方向和距离观测量。

CPⅢ控制网水平方向应采用全圆方向观测法进行观测。当观测方向较多时，也可以采用分组全圆方向观测法。全圆方向观测应满足表 2.1-4 的规定。

CPⅢ平面网水平方向观测技术要求 表 2.1-4

仪器等级	测回数	半测回归零差	测回间同一方向 2C 互差	同一方向归零后方向值较差
0.5″	2	6″	9″	6″
1″	3	6″	9″	6″

CPⅢ平面网距离测量应满足表 2.1-5 的规定。

测回数	盘左和盘右半测回距离较差	测回间距离较差
	CPⅢ平面网距离观测技术要求 表 2.1-5	
3	±1mm	±1mm

注：距离测量一测回是全站仪盘左、盘右各测量一次的过程。

当 CPⅢ平面网外业观测的水平方向和距离的技术要求不满足以上技术要求时，该测站外业观测值应部分或全部重测。

CPⅢ平面网与上一级 CPⅠ、CPⅡ控制点联测时，应至少通过 2 个连续的自由测站或 2 个以上 CPⅢ点进行联测。

2.1.2.2 CPⅢ网高程测量

CPⅢ控制点高程的水准测量应采用图 2.1-4 所示的水准路线形式。测量时，左边第一个闭合环的四个高差应该由两个测站完成，其他闭合环的三个高差可由一个测站按照后-前-前-后或前-后-后-前的顺序进行单程观测。

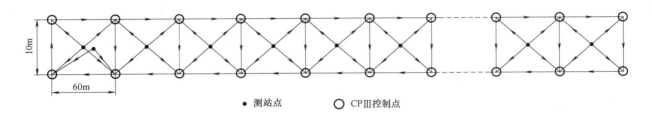

●测站点　　○CPⅢ控制点

图 2.1-4　矩形法 CPⅢ水准测量原理示意图

CPⅢ控制网水准测量单程观测所形成的闭合环如图 2.1-5 所示。

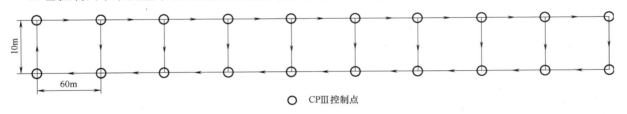

○CPⅢ控制点

图 2.1-5　CPⅢ水准网单程观测形成的闭合环示意图

2.1.2.3 CPⅢ网数据处理原理

由于其独特的网形，大量的多余观测和观测量，数据处理也不同常规的平面边角网，在计算速度、坐标概算、平差模型、粗差探测、合理地确定边、角的权比等均有更高的要求。

观测数据存储之前，必须对观测数据的质量进行检核。包括仪器高、棱镜高；观测者、记录者、复核者签名；观测日期、天气等气象要素记录。

检核方法可以采用手工或程序检核。观测数据经检核不满足要求时，及时提出重测，经检核无误并满足要求时，进行轨道控制网平差计算。

在进行轨道控制网平差计算时，分别采用拟稳平差选择兼容的起算点，采用 Helmert 方差分量估计合理地确定边、角观测值的权比，在平差前采用 Baarda 粗差探测和剔除方法剔除粗差。

2.1.2.4 平差成果精度

CPⅢ平面网的平差成果满足表 2.1-6 和表 2.1-7 的要求。

CPⅢ平面网的主要技术指标　　　　　　　　　　　　　　表 2.1-6

方向观测中误差	距离观测中误差	相邻点的相对点位坐标方向中误差	同精度复测坐标较差
1.8″	1.0mm	±1mm	±3mm

CPⅢ平面网平差后的主要精度指标　　　　　　　　　　　表 2.1-7

与CPⅠ、CPⅡ联测		与CPⅢ联测		距离中误差	点位中误差
方向改正数	距离改正数	方向改正数	距离改正数		
3″	3mm	2.5″	1.8mm	1mm	1.8mm

CPⅢ控制网高程测量按精密水准测量要求观测，相邻两对CPⅢ点所构成的水准闭合环的环闭合差应不大于 1.0mm，平差结果满足相邻点高差中误差优于±0.5mm。

2.1.2.5　CPⅢ网分段与测段衔接

CPⅢ网可以根据施工需要分段测量，分段测量的测段长度不宜小于 4km。测段间应重复观测不少于 6 对 CPⅢ点，作为分段重叠观测区域以便进行测段衔接。区段搭接不应位于车站范围内。施工时 CPⅢ网两端应分别预留 6 对 CPⅢ点区段，作为后续 CPⅢ控制网连接区域。

测段之间衔接时，前后测段独立平差重叠点坐标差值应满足≤±3mm。满足该条件后，后一测段 CPⅢ网平差，应采用本测段联测的 CPⅠ、CPⅡ控制点及重叠段前测段连续的 1～3 对 CPⅢ点进行约束平差。再次平差后，其他未约束的公共点在两个区段分别平差后的坐标差值应不大于 1mm。完成全部平差后，重叠点的坐标应采用前一区段 CPⅢ网的平差结果。

坐标换带处 CPⅢ平面网计算时，应分别采用相邻两个投影带的 CPⅠ、CPⅡ坐标进行约束平差，并分别提交相邻投影带两套 CPⅢ平面网的坐标成果。两套坐标成果都应该满足上面的精度要求。提供两套坐标的 CPⅢ测段长度不应小于 800m。

2.1.3　技术应用与发展

在高速铁路建设初期，由于缺乏工程实践经验，我国没有自己的成熟可靠的精密测量控制技术标准体系，参考了德国高铁测量的一些方法，没有形成一个适用于我国的完整、高效的测量系统，测量规范和测量技术还不能完全适应高速铁路建设的要求。在京沪高速铁路建设中，我国铁路测量工程师对精密测量控制技术进行了系统而完整的研究，解决了高速铁路勘测设计、施工、轨道平顺性测量、运营维护测量等一系列技术问题，建立一套完整、有效的中国高速铁路工程测量技术标准和管理体系。

2.1.3.1　确立 CPⅢ控制测量应用管理体系

我国高速铁路测量标准体系明晰了建设单位、勘察设计单位、施工单位、监理单位、咨询评估单位间的关系和职责，在高铁建设过程中实现了全线统一测量技术方案、统一测量标志、统一平差计算软件，全线整网平差计算的目标，在各个环节全程引入测量咨询评估验收体制，对高铁精密测量各方职责明晰、管理体系严谨。

2.1.3.2　系统地确立了平面和高程基准的解决方案

1）提出 CP0 框架基准网作为高铁平面控制网的坐标框架起算基准，不仅可以克服国家高等级平面控制点稀少的问题，还可以有效提高 CPⅠ控制网的精度。使高速铁路勘测、施工、运营有了一套稳固的、高精度的起算基准。2008 年 7 月 1 日启用中国现代大地基准——中国大地坐标系 2000（三维地心坐标系 CGCS2000）以后，部分 CP0 点可由 CGCS2000 系统下国家 A/B 级 GNSS 点代替。

2）针对中国部分地区区域地面沉降严重的现实问题，提出并建立了高速铁路高程控制所用的基岩水准点、深埋水准点的解决方案，为高速铁路提供了稳定可靠的高程基准。

2.1.3.3 形成了较为完整的测量技术标准体系

1）2006 年编制的《客运专线无碴轨道铁路工程测量暂行规定》和《客运专线铁路无碴轨道铺设条件评估技术指南》（铁建设［2006］158 号），指导了郑西客专、武广客专等高铁的建设。

2）2009 年 12 月编制的《高速铁路工程测量规范》TB 10601—2009 和《高速铁路无砟轨道工程施工精调作业指南》（铁建设函［2009］674 号）在吸收已建成高速铁路经验的基础上，更具系统性和科学性。

2.1.3.4 高铁测量软硬件的自主研发取得突破，完全实现自主知识产权

1）掌握 CPⅢ网自由测站边角交会测量方法；测量标志、全站仪机载测量软件、平差计算软件等具有完全知识产权。

2）经引进、吸收到再创新，在短暂几年内，掌握了轨道板精调测量、轨道检测技术，并彻底实现了精调设备、轨道检测设备及其软件的国产化。

3）轨道控制网 CPⅢ测量原理和方法已经在中国铁路建设和运营中全面推广使用，极大地满足高速铁路轨道施工和运营对控制基准的需求，提高了施工和运营维护效率。同时，该技术已推广到城市轨道交通建设项目中，在长沙中低速磁浮线和北京 S1 磁浮线也参照 CPⅢ测量技术方法建立了磁浮轨道施工的控制网，均较好满足了轨道工程的施工建设。

2.2 跨河高程传递技术

2.2.1 技术起源

线路高程控制测量中因地形限制往往需要进行跨河，因此跨河水准测量是大地控制测量中跨越水域进行高程传递的必要手段之一。跨河水准测量可以采用几何水准法、测距三角高程法和 GPS 测量法。几何水准测量是高程测量中历史最为悠久的方法，其精度高但效率低。为了提高精密水准测量的作业效率，德累斯顿技术大学教授 F·Deumlich 在 1983 年提出了水准测量的自动化研究。1990 年，徕卡公司制造出世界上第一台电子水准仪 NA2000 并为精密高程测量开辟了新的天地。根据现行《国家一、二等水准测量规范》GB/T 12897，规定一等水准测量视距要小于 50m，二等水准测量视距小于 60m，而大部分河流水域宽度往往超过了该项限制。当河流宽度大于 100m 时，由于距离较长，数字水准尺条形码成像模糊，无法将像转换为数字信号。

后来人们发明了三角高程测量的方法，但其精度受测角、测距精度限制，最好的结果仅能达到三等几何水准精度。1983 年，奥地利维也纳技术大学卡口教授首次提出了测量机器人的概念。卡口教授等人还提出了用视觉经纬仪改制而成，并且将其应用于矿区的地表移动监测的第一台测量机器人。随着光电技术、机械、自动控制和计算机等技术的发展，徕卡（Leica）公司于 1994 年生产的全站仪 TPS1000 具有了自动目标识别、马达驱动和锁定跟踪等功能。1998 年，徕卡推出高精度全站仪 TCA 系列，在测角、测距精度上大幅提升。三角高程测量的精度在理论上有了新的提升空间，许多专家相继提出了三角高程测量代替高等级水准测量的可能。

1983 年，佩利年在《理论大地测量学》中提出的严密三角高程计算公式，在一定条件下得到两点的高差能够满足二等水准测量。2005 年，武汉大学的张正禄教授在《精密三角高程代替一等水准测量

的研究》中，指出了用三角高程测量代替一等水准测量的关键问题，第一次从理论上提出了在特定条件下用三角高程测量代替一等水准是完全可行的。2007 年 4 月 9 日，武汉大学和铁道第四勘察设计院共同完成"精密三角高程测量方法研究"课题项目，并通过了国家测绘局主持的项目成果认定。该研究是依据精密三角高程测量的方法，使用两台高精度能够自动目标识别的智能全站仪，进行了必要的加装改进实现同时对向观测。该先进的方法开创了国内外长距离、大范围的使用精密三角高程测量代替二等水准测量的先河。

随着 GPS 技术的发展，它以自身的全天候、无需通视等优势被应用于高程传递。通过建立地球重力场模型求取高程异常值这种方法在地形复杂的地方使用起来时非常实用，比如山区和丘陵地带。但是在地形条件好的地方这种方法过于复杂，因为这种方法要有大量的重力测量资料，并且这些资料的精度要高，这个条件在一般情况下比较难以实现，所以也限制了重力测量法转换高程的应用。

2.2.2　技术原理与内容

跨河水准测量（river-crossing leveling）是指为跨越超过一般水准测量视线长度的障碍物（江河、湖泊、沟谷等）而采用特殊方法（光学测微法、倾斜螺旋法、经纬仪三角高程法、测距三角高程法、GPS 测量法）进行的水准测量。现在常用的跨河水准方法，各有优缺点，总结见表 2.2-1。

跨河水准技术分类   表 2.2-1

序号	观测方法	方法概要	最长跨距(m)
1	一般方法	在测站上应变换仪器高度观测两次,两次高差之差应不大于 1.5mm,取用两次结果的中数	100
2	光学测微法	使用一台精密光学水准仪,用水平视线照准觇板标志,并读记测微鼓分划值,求出两岸高差	500
3	倾斜螺旋法	使用两台水准仪对向观测,用倾斜螺旋或气泡移动来测定水平视线上、下两标志的倾角,计算水平视线位置,求出两岸高差	1500
4	经纬仪倾角法	使用两台经纬仪对向观测,用垂直度盘测定水平视线上、下两标志的倾角,计算水平视线位置,求出两岸高差	3500
5	测距三角高程法	使用两台经纬仪或全站仪对向观测,测定偏离水平视线的标志倾角,用测距仪量测距离,从而求出两岸高差	3500
6	GPS 测量法	使用 GPS 接收机和水准仪分别测定两岸点位的大地高差和同岸点位的水准高差,求出两岸的高程异常和两岸高差	3500

2.2.2.1　一般方法

水准规范规定，当一、二等水准路线跨越江河障碍物的视线长度在 100m 以内时，可用一般观测方法进行，但在测站上应变换一次仪器高度，观测两次的高差之差应不超过 1.5mm，取用两次观测的中数。由于跨越障碍物的视线较长，使观测时前后视线不能相等，仪器 i 角误差的影响随着视线长度的增长而增大。跨越障碍的视线较长，必然使大气折光影响增大，这种影响随地面覆盖物、水面情况、视线离水面高度等因素不同而不同，同时还随空气温度变化而变化，因而也随着时间变化。为了尽可能使往返跨越障碍物的视线受着相同的折光影响，对跨越地点选择应特别注意。

要尽量选择在两岸地形相似、高度相差不大而跨越距离较短的地点；草丛、沙滩、芦苇等受日光照射后，上面空气层中的温度分布情况变化很快，产生的折光影响很复杂，所以要力求避免通过它们的上方；两岸测站至水面的一段河滩，距离应相等，并应大于 2m；立尺点应打带有帽钉的木桩，以利于立尺。两岸仪器视线离水面的高度应相等，当跨河视线长度小于 300m 时，视线离水面高度应不低于 2m；大于 300m 时，应不低于 $4\sqrt{S_m}$，S 为跨河视线的公里数；若水位受潮汐影响时，应按最高水位计算；当视线高度不能满足要求时，须埋设牢固的标尺桩，并建造稳固的观测台或标架。

为了消除仪器 i 角的误差影响和折光影响的问题，跨河水准测量场地如图 2.2-1 布设，水准路线由北向南推进，须跨过一条河流。此时可在河的两岸选定立尺点 b_1、b_2 和测站 I_1、I_2。I_1、I_2 同时又是立尺点。选点时使 $b_1 I_1$ 与 $b_2 I_2$ 相等。观测时，仪器先在 I_1 处后视 b_1，在水准标尺上读数为 B_1，再前视 I_2（此时 I_2 点上竖立水准标尺），在水准标尺上读数为 A_1。设水准仪具有某一定值的 i 角误差，其值为正，由此对读数 B_1 的误差影响为 Δ_1，对于读数 A_1 的误差影响为 Δ_2，则由 I_1 站所得观测结果，可按下式计算 b_2 相对于 b_1 的正确高差：

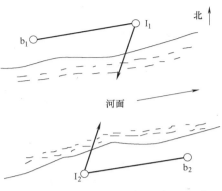

图 2.2-1 "之"字形水准跨河观测

$$h'_{b_1 b_2} = (B_1 - \Delta_1) - (A_1 - \Delta_2) + h_{I_2 b_2} \qquad （式 2.2-1）$$

将水准仪迁至对岸 I_2 处，原在 I_2 的水准标尺迁至 I_1 作后视尺，原在 b_1 的水准标尺迁至 b_2 作前视尺。在 I_2 观测得后视水准标尺读数为 B_2，其中 i 角的误差影响为 Δ_2，前视水准尺读数为 A_2，其中 i 角的误差影响为 Δ_1。则由 I_2 站所得观测结果，可按下式计算 b_2 相对 b_1 的正确高差：

$$h''_{b_1 b_2} = h_{b_1 I_1} + (B_2 - \Delta_2) - (A_2 - \Delta_1) \qquad （式 2.2-2）$$

取 I_1、I_2 测站所得高差的平均值，即：

$$h_{b_1 b_2} = \frac{1}{2}(h'_{b_1 b_2} + h''_{b_1 b_2}) = \frac{1}{2}\left[(B_1 - A_1) + (B_2 - A_2) + (h_{b_1 I_1} + h_{I_2 b_2})\right] \qquad （式 2.2-3）$$

由此可知，由于在两个测站上观测时，远、近视距是相等的，所以由于仪器 i 角误差对水准标尺上读数的影响，在平均高差中得到抵消。

仪器在 I_1 站观测为上半测回观测，在 I_2 站观测为下半测回观测，由此构成一个测回的观测。观测测回数，跨河视线长度和测量等级在水准规范中有明确规定。跨河水准测量的全部观测测回数，应分别在上午和下午观测各占一半，或分别在白天和晚间观测。测回间应间歇 30min，再开始下一测回的观测。

为了更好地消除仪器 i 角的误差影响和折光影响，最好用两架同型号的仪器在两岸同时进行观测，两岸的立尺点 b_1、b_2 和仪器观测站 I_1、I_2 应布置成如图 2.2-2 所示的两种形式。布置时尽量使 $b_1 I_1 = b_2 I_2$、$I_1 b_2 = I_2 b_1$。

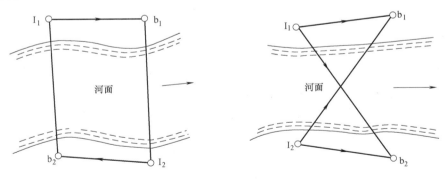

图 2.2-2 四边形水准跨河观测

2.2.2.2 测距三角高程

三角高程测量的基本思想是根据由测站向照准点所观测的垂直角（或天顶距）和它们之间的水平距离，计算测站点与照准点之间的高差。这种方法简便灵活，受地形条件的限制较少。

1. 三角高程测量的基本公式

如图 2.2-3 所示，设 s_0 为 A、B 两点间的实测水平距离。仪器置于 A 点，仪器高度为 i_1。B 为照准点，觇标高度为 v_2，R 为参考椭球面上 $\overset{\frown}{A'B'}$ 的曲率半径。$\overset{\frown}{PE}$、$\overset{\frown}{AF}$ 分别为过 P 点和 A 点的水准面。$\overline{PC}$

是 PE 在 P 点的切线，PN 为光程曲线。当位于 P 点的望远镜指向与 PN 相切的 PM 方向时，由于大气折光的影响，由 N 点出射的光线正好落在望远镜的横丝上。这就是说，仪器置于 A 点测得 P、M 间的垂直角为 $\alpha_{1,2}$。那么，A、B 两地面点间的高差为：

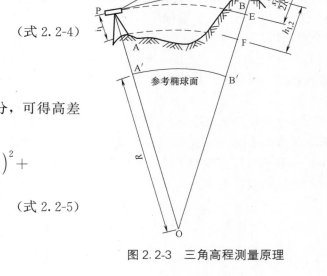

$$h_{1,2}=s_0\tan\alpha_{1,2}+\frac{1-K}{2R}s_0^2+i_1-v_2 \qquad (式2.2\text{-}4)$$

式中，K 称为大气垂直折光系数。

2. 三角高程测量的精度

根据误差传播定律，对式（2.2-4）进行微分，可得高差中误差为：

$$m_{1,2}^2=(\sin\alpha_{1,2}\cdot m_s)^2+\left(\cos\alpha_{1,2}\cdot S\cdot\frac{m_\alpha}{\rho}\right)^2+$$

$$\left(\frac{1}{2R}S^2\cdot\cos^2\alpha_{1,2}\cdot m_k\right)^2+m_i^2+m_v^2 \qquad (式2.2\text{-}5)$$

图 2.2-3　三角高程测量原理

式中：$S=s_0/\cos\alpha_{1,2}$；

m_s——全站仪距离测量中误差；

m_α——全站仪竖直角测量中误差；

m_k——大气折光系数中误差；

m_i——仪器高量取误差；

m_v——目标高量取误差。

由上式可知：

（1）测距误差 m_s 对高差的影响与垂直角 $\alpha_{1,2}$ 的大小有关。一般中短程全站仪的测距精度（$5+5\times10^{-6}S$）mm，它对高差精度的影响很小，如表 2.2-2 所列。

（2）测角误差 m_α 对高差的影响随着水平距离的增加成正比例增大，其影响远远超过测距误差，是制约高差精度的主要误差源。为了削弱其影响，一是控制距离的长度，通常不宜超过 1km，二是增加垂直角测回数，改进照准标志，提高测角的精度。

（3）大气折光系数误差 m_k 对所测高差的影响随着距离的增加而急剧增大。

（4）量高误差 m_i 和 m_v 对观测高差呈系统性，作业时量取仪器高和目标高各两次并取中数。

取 $m_s=(5+5\times10^{-6})$mm、$m_\alpha=2''$、$m_k=0.042S^2$cm、$m_i=m_v=1$mm，分别代入式（2.2-5），求出测距误差、测角误差、大气折光差、量高误差对高差的影响。

测距三角高程的误差来源及其大小（单位：mm）　　　　　　　　　　　　　　　　表 2.2-2

垂直角	误差源	0.2km	0.4km	0.6km	0.8km	1km
3°	测距	0.31	0.37	0.42	0.47	0.52
	测角	1.94	3.87	5.81	7.75	9.68
	折光差	0.06	0.25	0.56	1.00	1.57
	量高	2.00	2.00	2.00	2.00	2.00
	$m_{1,2}$	2.80	4.38	6.18	8.08	10.02

续表

垂直角	误差源	0.2km	0.4km	0.6km	0.8km	1km
15°	测距	1.55	1.81	2.07	2.33	2.59
	测角	1.87	3.75	5.62	7.49	9.37
	折光差	0.06	0.23	0.53	0.94	1.46
	量高	2.00	2.00	2.00	2.00	2.00
	$m_{1,2}$	3.15	4.62	6.34	8.15	10.03

3. 三角高程测量方法改进

1) 间视法三角高程测量原理

如图 2.2-4 所示，在已知高程点 A 和待测高程点 B 上安置反光棱镜，在 A、B 之间选择与两点均通视的 O 点安置全站仪，测得倾斜距离 S_A、S_B，竖直角 α_A、α_B，据三角高程测量原理，O、A 两点间高差 h_1：

$$h_1 = S_A \cdot \sin\alpha_A + f_1 + i_O - v_A \qquad \text{（式 2.2-6）}$$

式中：$f_1 = \dfrac{1-K_1}{2R} S_A^2 \cdot \cos^2\alpha_A$——地球曲率和大气折光差；

$\qquad\quad i_O$——仪器高；

$\qquad\quad v_A$——A 点目标高；

$\qquad\quad K_1$——O 至 A 的大气折光系数；

$\qquad\quad R$——地球曲率半径（$R = 6371km$）。

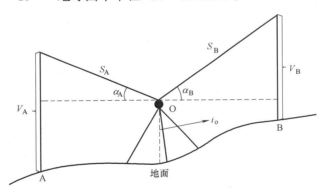

图 2.2-4　间视法三角高程测量

同理，可得 O、B 两点间高差 h_2：

$$h_2 = S_B \cdot \sin\alpha_B + f_2 + i_O - v_B \qquad \text{（式 2.2-7）}$$

式中：$f_2 = \dfrac{1-K_2}{2R} S_B^2 \cdot \cos^2\alpha_B$——地球曲率和大气折光差；

$\qquad\quad i_O$——仪器高；

$\qquad\quad v_B$——B 点目标高；

$\qquad\quad K_2$——O 至 B 的大气折光系数；

$\qquad\quad R$——地球曲率半径（$R = 6371km$）。

则 A、B 两点间高差 h_{AB}：

$$h_{AB} = h_2 - h_1 = S_B \cdot \sin\alpha_B - S_A \cdot \sin\alpha_A + f_2 - f_1 + v_A - v_B \qquad \text{（式 2.2-8）}$$

如果已知高程点 A 和待测高程点 B 上安置同一高度的反光棱镜，则上式可简化为：

$$h_{AB} = h_2 - h_1 = S_B \cdot \sin\alpha_B - S_A \cdot \sin\alpha_A + f_2 - f_1 \qquad \text{（式 2.2-9）}$$

由式（2.2-9）可知，此方法具有不需观测点之间互相通视，操作灵活，并且不需量取仪器高、棱

23

镜高等优点，消除了量高对三角高程测量精度的影响。

2）对向观测法三角高程测量原理

一般要求三角高程测量进行对向观测，也就是在图 2.2-3 中，首先仪器置于 A 点，棱镜置于 B 点，由测站 A 向 B 点观测；然后对换仪器、棱镜位置，由测站 B 向 A 点观测。按式（2.2-4）有下列两个计算高差的式子。

由测站 A 观测 B 点：

$$h_{1,2} = s_0 \tan\alpha_{1,2} + f_{1,2} + i_1 - v_2 \qquad (\text{式 } 2.2\text{-}10)$$

由测站 B 观测 A 点：

$$h_{2,1} = s_0 \tan\alpha_{2,1} + f_{2,1} + i_2 - v_1 \qquad (\text{式 } 2.2\text{-}11)$$

$$f_{1,2} = \frac{1-K_1}{2R}s_0^2, \quad f_{2,1} = \frac{1-K_2}{2R}s_0^2$$

式中：i_1，v_1 和 i_2，v_2——A、B 点的仪器和觇标高度；

$f_{1,2}$ 和 $f_{2,1}$——由 A 观测 B 和 B 观测 A 时的球气差改正。

如果观测是在相同的情况下进行，特别是在同一时间作对向观测，则可以近似地假设折光系数对于对向观测是相同地，因此 $f_{1,2}=f_{2,1}$。在上面两个式子中，$h_{1,2}$ 与 $h_{2,1}$ 的大小相等而符号相反。

从以上两个式子可得到对向观测计算高差的基本公式：

$$h_{对向} = \frac{1}{2}(s_0 \tan\alpha_{1,2} - s_0 \tan\alpha_{2,1} + i_1 - i_2 + v_1 - v_2) \qquad (\text{式 } 2.2\text{-}12)$$

由式（2.2-12）可知，此方法可消除或大大削弱大气折光对三角高程测量精度的影响。因此，随着高精度全站仪的出现，使竖直角和测距精度显著提高，利用高精度全站仪作三角高程测量有很好的应用前景。

4. 精密三角高程测量

精密三角高程测量是指通过一系列加装改进措施，减弱和消除相关误差影响因子对测量结果的影响，使测量结果的精度得到很大的提高。通过利用两台高精度测量机器人，经加装改进，实现了同时对向观测，削弱了大气折光、地球曲率等因素的影响。利用中间站观测法，对测段按偶数边进行观测，无需量取仪器高和觇标高，有效避免了由此带来的量高误差，可以达到二等水准测量的精度要求。

1）加装改进措施

前面经过分析得到，三角高程测量精度短距离测量受测距误差影响较大，远距离测量时受测角误差影响较大。为了提高测角、测距精度，实现精密三角高程测量，首先采用高精度智能全站仪 2 台，测角标称精度为 1″或 0.5″，测距标称精度为（1+1ppm）mm。其次，为实现真正意义上对向观测，保证时间同步性，通过在全站仪的提把上安装连接头［见图 2.2-5（c）］，将 2 个高低双棱镜分别安装在全站仪提把上。最后，为实现免量高，在测段起点、终点使用同一高度的对中杆［见图 2.2-5（b）］。

(a) (b) (c)

图 2.2-5 仪器加装示意图

2) 加装后全站仪对向观测

如图 2.2-6 所示，P_1、P_2 两点的高程分别为 H_1 和 H_2。对向观测 P_1、P_2 低棱镜两点高差计算公式为：

$$h_{12(对向)} = \frac{1}{2}(D_{1,2}\tan Z_{1,2} - D_{2,1}\tan Z_{2,1}) + \frac{1}{2}(f_2 - f_1) + \frac{1}{2}(i_1 - i_2 + v_1 - v_2) \quad (式\ 2.2\text{-}13)$$

式中：$D_{1,2}$、$Z_{1,2}$——P_1 观测 P_2 点低棱镜所获得的平距和天顶距；

$\quad\quad D_{2,1}$、$Z_{2,1}$——P_2 观测 P_1 点低棱镜所获得的平距和天顶距；

$\quad\quad f_1$、f_2——由 P_1 观测 P_2 和 P_2 观测 P_1 时的球气差系数；

i_1，v_1 和 i_2，v_2——P_1、P_2 点的仪器和觇标高度；

ΔP_1、ΔP_2——低棱镜中心与全站仪中心的距离（见图 2.2-6）。

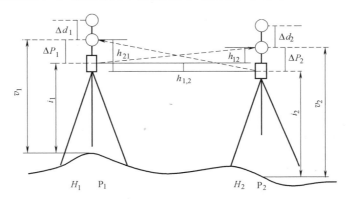

图 2.2-6　精密三角高程对向观测示意图

同理，对向观测 P_1、P_2 高棱镜两点高差计算公式为：

$$h_{12(对向)} = \frac{1}{2}(D_{1,2}\tan Z'_{1,2} - D_{2,1}\tan Z'_{2,1}) + \frac{1}{2}(f_2 - f_1)$$
$$+ \frac{1}{2}(i_1 - i_2 + v_1 - v_2 + \Delta d_1 - \Delta d_2) \quad\quad\quad (式\ 2.2\text{-}14)$$

由于对向观测是在短时间内完成，且对向低棱镜观测完立即进行高棱镜对向观测，故整个观测过程中，球气差系数值接近相等，即 $f_2 = f_1$。此外，由于采用高低双棱镜对向观测方式，可获得多余观测的两点高差值，可提高观测精度。

当测段包含多个连续测站时，如图 2.2-7 所示，可以得出精密三角高程对向测量总的观测方程为：

$$h_{TP1\_TPN} = \frac{1}{2}\sum_{i=1}^{n}(D_{i,i+1} \cdot \tan Z_{i,i+1} - D_{i+1,i} \cdot \tan Z_{i+1,i}) + \frac{1}{2}(i_1 - i_n + v_1 - v_n)$$

$$(式\ 2.2\text{-}15)$$

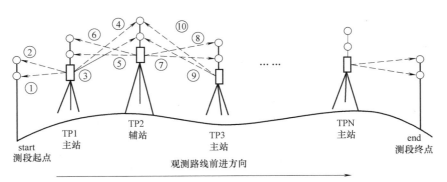

图 2.2-7　精密三角高程测量作业流程

$$h_{\text{TP1\_start}} = D_{1,0} \cdot \tan Z_{1,0} + i_1 - v_{\text{start}} \qquad \text{（式 2.2-16）}$$

$$h_{\text{TPN\_end}} = D_{n,n+1} \cdot \tan Z_{n,n+1} + i_n - v_{\text{end}} \qquad \text{（式 2.2-17）}$$

式中，当测段起点、终点安置同一高度的对中杆，即 $v_{\text{start}} = v_{\text{end}}$。

由式（2.2-15）、式（2.2-16）、式（2.2-17）可得：

$$h_{\text{start\_end}} = h_{\text{TPN\_end}} - h_{\text{TP1\_start}} + h_{\text{TP1\_TPN}}$$

$$h_{\text{start\_end}} = D_{n,n+1} \cdot \tan Z_{n,n+1} - D_{1,0} \cdot \tan Z_{1,0} + sum + \frac{1}{2}\left[v_1 - i_1 - (v_n - i_n)\right] \qquad \text{（式 2.2-18）}$$

式中，$sum = \dfrac{1}{2}\sum_{i=1}^{n}(D_{i,i+1} \cdot \tan Z_{i,i+1} - D_{i+1,i} \cdot \tan Z_{i+1,i})$。

观察图 2.2-6 可得：$\Delta P_1 = v_1 - i_1$，$\Delta P_n = v_n - i_n$，故 $\Delta P_1 - \Delta P_n = v_1 - i_1 - (v_n - i_n)$。为了能够满足测量精度要求，必须满足 $\Delta P_1 = \Delta P_n$，即保证两个高低棱镜的低棱镜至仪器中心的高度一致。

3）精密三角高程测量流程与规范

（1）作业流程

① 检测加装的棱镜（高低双棱镜）是否符合测量要求，如棱镜符合要求则精确测量高低棱镜的棱镜互差。

② 在起点架设棱镜杆，在离棱镜杆 20m 以内架设主站，分别观测起点棱镜杆上的低棱镜和高棱镜，指标差检核合格后在下一个点架设辅站，旋转主站的望远镜大致瞄准辅站，分别观测辅站上的低棱镜和高棱镜，待指标差检核合格后辅站开始观测，使辅站大致照准主站然后分别观测主站上的低棱镜和高棱镜，待指标差检核合格后转移主站至下一个观测点，旋转辅站大致照准主站，分别观测主站上的低棱镜和高棱镜，待指标差检核合格之后主站开始观测，观测流程同辅站，以此类推直至观测到终点之前。

③ 在终点上架设和起点上相同的棱镜杆，确保主站观测棱镜杆，与终点距离在 20m 范围内，结束本测段的观测。

需要强调的是，测段起点与终点安置同一高度的棱镜杆；均是主站观测棱镜杆且主站与棱镜杆距离在 20m 以内。观测时各站上要在观测前测定温度和气压，在全站仪上设置，以便对边长进行改正。精密三角高程测量，观测时间的选择取决于成像是否稳定。但在日出、日落时，大气垂直折光系数变化较大，不宜进行长边观测。在有太阳的中午前、后一段时间，望远镜成像受大气湍流影响而跳动，严重影响观测高度角的精度，最好不要观测或者是缩短观测边长。对边观测边长一般在 200～500m，丘陵地区、山地最长为 1000m。竖角一般不超过 10°。

精密三角高程测量方法通过缩短起、末点的观测距离，有效削弱了起、末点带来的误差影响，在转点通过同时对向观测，极大减弱了大气折光和垂线偏差的影响，完全消除了地球曲率的影响。为了保证测量精度，精密三角高程测量方法还对测回数、指标差和棱镜互差等作了要求，具体要求见相关参考规范。

（2）精密三角高程二等水准测量规范

详见表 2.2-3、表 2.2-4。

观测边长与测回数的关系　　　　　　　　　　　　　　　　　　表 2.2-3

边长 D(m)	测回数
$D<100$	2
$100 \leqslant D < 500$	4
$500 \leqslant D < 800$	6
$800 \leqslant D < 1000$	8
$1000 \leqslant D$	8

注：全站仪盘左、盘右均观测完毕才是一个测回。

精密三角高程测量各项限差　　　　　　　　　　　表 2.2-4

类　　别	限　差　值
指标差	4″
指标差互差	4″
竖直角互差	4″
一测回测距互差	5mm
测回间测距互差	5mm
高低棱镜观测高差之差与高低棱镜中心距离之差	$4\sqrt{L}$mm（L 为单站观测平距，单位 km）
测段高差不符合值	$4\sqrt{S}$mm（S 为路线测段平距，单位 km）

2.2.3　技术应用与发展

近年来，国家加大了对高铁、高速公路等大型项目的建设力度，穿越大江大河的项目越来越多，为了保证两岸有比较精确且统一的高程系统，这就对跨河高程传递的方法提出更高的要求：测量周期短，视距长，精度高。在较长视距（如大于 1.5km）情况下，测距三角高程法具有明显优势，常用于跨河高程传递。

2.2.3.1　技术应用

1. 高程传递应用

武广铁路客运专线从长沙南到韶关，测量线路的长度超过 400km，所经过的地区是丘陵和山区，多处跨越江河，测量条件较复杂。这种情况下，主要采用三角高程测量代替二等水准测量，按较差统计计算的每公里测量的全中误差为 1.9mm，测量成果能达到二等水准测量精度。经施工单位二等水准测量复测，测量成果符合要求。因此，可以说明所采用的三角高程测量方法代替二等水准测量是确实可行的。

武咸铁路乌龙泉至土地堂段，地形起伏，多丘陵土山，难以用水准仪施测。采取全站仪对向观测中间法进行三角高程测量，武咸城际铁路乌龙泉至土地堂段工程实践证明，三角高程测量新方法代替二等水准测量高程的方法是可行的。

此外，还有海岛（礁）跨海高程传递和青岛海湾大桥、杭州湾跨海大桥等重、特大跨海工程的长距离跨海高程传递。

2. 变形监测应用

黄冈公铁长江大桥 2 号、3 号主塔墩为实现同步沉降变形观测，采用两台徕卡 TS30 全站仪进行同步对向观测能获得较高的沉降观测精度，精密三角高程测量对大跨度桥梁水中塔墩进行沉降观测是切实可行的，对大型桥梁主塔墩的沉降观测及类似的精密高程传递具有一定的借鉴意义。

为了提高高寒地区高速铁路路基冻胀监测的效率和自动化程度，精密三角高程冻胀监测的方法是可行的，使用 0.5″ 的 TS30 全站仪在气温不低于 −15℃ 时，偶然中误差小于 1mm，能够达到二等水准测量的精度要求，在不低于 −25℃ 的条件下能达到精密水准测量的精度。

大坝在建成后，为了确保大坝能够安全高效地运行，必须对其进行安全监测，其中大坝外部的垂直位移。但是我国的大坝大多数建立在地形复杂的山区或丘陵地带，使用几何水准的方法不仅作业效率低下，而且受地形和环境条件的制约较大。为了满足大坝垂直位移监测的精度要求，利用精密三角高程测量布设三角高程监测网，能满足大坝外部垂直位移监测网的精度要求，并具有速度快、效率高的特点，在同类型工程中具有广阔的应用前景。

3. 控制网布设应用

青海黄河班多水电站进场公路位于青海省兴海县境内,平均海拔 2800m,公路总长 5km。由于山脊冲沟较多,所以采用精密三角高程测量进行控制网的测设。该网共有 14 个网点,控制相对高度 130m,网边长为 73512.34m,高差闭合差为 -43.18mm,精度高于四等几何水准的高差闭合限差 ±54.23mm。

青海省湟源县至贵德县的二级公路主要在山区,要翻越海拔 3700 多米的拉基山,地形起伏高差比较大。该高程控制网的点数为 29 个,相对高度为 370m,边长为 4566.23m,整网的高差闭合差为 +31mm,精度还略高于四等几何水准的高差闭合限差 ±42.74mm。

2.2.3.2 发展

1. 自动化三角高程传递

2010 年,研究人员研究了自动化精密三角高程测量的原理与关键技术,利用多传感器的集成实现了车载自动化高程测量系统,通过实践检验,证明可达到二等水准测量的精度要求,对高程测量的全自动化提供了新思路。

2. 长距离三角高程传递

我国沿海存在大量未开发、面积较小的岛屿,这些海岛周边缺乏重力资料,高精度的正常高基准统一很难满足精度要求。三角高程测量因其操作简单、快速,受地形限制条件少,成为一种颇受测量人员喜爱的方法,通过一些技术手段的控制,用三角高程进行海岛礁高程基准统一的精度可达到二等甚至是一等水准的要求。

随着 GPS 空间定位技术的不断发展,使用 GAMIT 软件进行高精度长基线向量解算的精度可以达到 10^{-9} 量级,可以弥补跨海高程传递时全站仪测距测程(最远距离为 2~3km)不足的缺陷。如果能够综合水准测量、三角高程和卫星定位观测技术,制定合理的观测和数据处理方案,海岛(礁)高程基准统一的精度会进一步提高,10km 以内的跨海高程传递精度完全可以达到二等水准的精度。采用 GPS 水准法和精密测距三角高程测量结合似大地水准面拟合模型计算进行了琼州海峡精密高程传递计算。试验完成后,为海南岛的高程测量纳入 85 国家高程基准打下坚实的基础,对琼州海峡跨海通道建设具有积极的现实意义,同时也对我国的海岛(礁)中长距离跨海高程传递具有一定的参考作用。

2.3 测量机器人技术

测量机器人(Measurement Robot;Georobot)是一种能代替人进行自动搜索、跟踪、辨识和精确照准目标并获取角度、距离、三维坐标等信息的电子全站仪,亦称测地机器人或智能全站仪。它是在全站仪基础上集成步进马达、CCD 影像传感器构成的视频成像系统等功能,并配置智能化的控制及应用软件而发展形成的。

2.3.1 技术起源

20 世纪 60 年代末期,小型化红外测距仪与电子经纬仪的结合,促使了全站仪的诞生。1968 年,原联邦德国 Opton 厂生产出世界上第一台全站型电子速测仪 RegElta14,其测距精度为 ±(5~10)mm,水平和垂直方向观测中误差分别为 ±3″和 ±4.5″,用纸带记录所有观测值,重量达 21.5kg。同年,瑞典 AGA 厂也生产出 AGA710 全站仪。

20 世纪 70 年代是全站仪生产相对稳定、探索的阶段,应用尚不广泛。这一时期的典型产品有 1977 年美国 HP 公司生产的 HP3820A(图 2.3-1),其测距精度为 ±(5mm+5×10-6×D),水平和垂直方向观测中误差分别为±2″和±4″，重量（含电池）9.1kg。同年瑞士 WILD 厂和 SERCEL 公司协作生产出了 TC1 全站仪（图 2.3-2）。

图 2.3-1 HP3820A 全站仪

图 2.3-2 WILD TC1 全站仪

随着电子测角技术和数据微处理与存储性能的提高，全站仪在 20 世纪 80 年代得到了迅速的发展。瑞典 Geotronics 公司于 1982 年生产了具有动态测角系统的全站仪 Geodimeter140。该仪器在测量时产生高频场，由感应器获取度盘读数。因在整个度盘上采集数据，消除了偏心差和分划误差的影响。该仪器还能进行单向无线电通话，测量数据存储在 Geodat 半导体存储器内。1983 年，瑞士 WILD 厂也同样生产了采用动态测角原理的电子经纬仪 T2000，它可与该厂提供的其他型号的测距仪以及数据终端 GRE3 构成积木式的全站仪。同时 WILD 厂也生产电子测角和电子测距为整体结构的全站仪 TC2000（图 2.3-3）。TC2000 全站仪的测距精度为 $\pm(3mm+2\times10-6\times D)$，水平和垂直方向的一测回中误差均为±0.5″，主机重量为 9.6kg。

图 2.3-3 TC2000 全站仪

20 世纪 90 年代，由于大规模集成电路和微处理机及半导体发光元件性能的不断完善和提高，使全站仪进入了成熟与蓬勃发展阶段，其表现特征是小型、轻巧、精密、耐用、并具有强大的软件功能。首先，世界上生产全站仪的厂商日益增加，并且各品牌的全站仪都成系列化，如：徕卡（LEICA）的 TPS 系列、索佳（SOKKIA）SET 系列、拓普康（TOPCON）GTS 系列、尼康（NIKON）的 DTM 系列等。国内生产全站仪的主要厂家有南方测绘仪器公司、苏州一光仪器有限公司、北京博飞仪器股份有限公司、常州大地测距仪厂等。

全站仪的软、硬件功能进一步加强，如 Leica 公司的 TPS 系列全站仪，在测距功能方面既可红外有棱镜测距，也可激光无棱镜测距；角度测量功能方面，在轴系马达驱动和望远镜 CCD 目标照准功能的配合下，可以实现对静态目标的自动照准和对动态目标的跟踪测量。徕卡全站仪既可机载运行用户自主开发的应用程序（GeoBasic 模式），也可在 PC 微机上开发程序，远程在线控制全站仪的操作（GeoCOM 模式）。使仪器按照用户的需要来工作，改变了过去用户机械被动地只能使用仪器所提供功能的局面。可以针对特殊的工程领域，开发专业化测量系统，如隧道断面测量系统，变形监测软件等。随着全球空间定位系统（GPS）和电子水准仪等测绘仪器的发展，全站仪开始具有共享功能，实现仪器与其他测绘仪器的数据交流和数据共享，从而减少重复性作业和降低劳动强度，实现内、外业之间的良好的衔接。可以说，正是全站仪的自动化、智能化发展，将地面测量仪器带入了测量机器人的时代。

2.3.2 技术原理与内容

2.3.2.1 自动目标识别及定位技术

自动目标识别技术（Automatic Target Recognition，ATR），是仪器在伺服马达的驱动下自动寻找并照准目标，然后按照设定的测量模式进行测量。ATR 功能在野外地形测量、放样测量和动态目标跟踪测量中具有重要的应用。

自动目标识别（ATR）部件被安装在全站仪的望远镜上。红外光束通过光学部件被同轴地投影在望远镜轴上，从物镜口发射出去。反射回来的光束，形成光点，由内置 CCD 相机接收，其位置以 CCD 相机的中心作为参考点来精确地确定。假如 CCD 相机的中心与望远镜光轴的调整是正确的，则以 ATR 方式测得的水平角和垂直角，可从 CCD 相机上光点的位置直接计算出来。

ATR 自动目标识别分为三个过程：目标搜索过程、目标照准过程和测量过程。启动 ATR 测量时，全站仪中的 CCD 相机视场内如果没有棱镜，则先进行目标搜索；一旦在视场内出现棱镜，即刻进入目标照准过程；达到照准允许精度后，启动距离和角度的测量。

启动 ATR 测量时，全站仪首先发射红外光束，根据接收反射信号的情况来确定 CCD 相机的视场内有无棱镜。定位时，马达驱动望远镜来照准棱镜的中心并使之处于预先设定的限差之内，一般情况下，十字丝只是位于棱镜中心附近，它之所以没有定位于棱镜中心，是为了优化测量速度，因为确定十字丝和棱镜中心的偏差比靠马达准确地定位于棱镜中心要快。ATR 具体测量过程如图 2.3-4 所示（以 TCA2003 为例）。

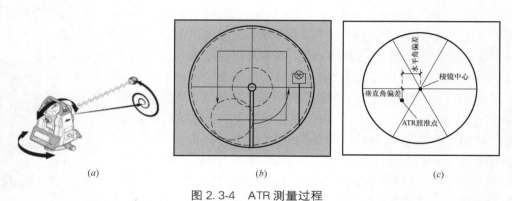

图 2.3-4　ATR 测量过程
(a) 目标搜索示意图；(b) ATR 照准过程；(c) ATR 测量过程

ATR 在工作过程中，使用了全站仪的光、电、机等诸多部件的功能。在利用 ATR 对运动目标进行跟踪测量时，严格意义上讲，ATR 测量具有滞后性，即 ATR 测量的是在 CCD 所接收的信号的反射时刻的位置。当仪器在 CCD 相机的视场内搜索到反射目标后，首先测量 CCD 与视准轴的中心和棱镜中心的偏差，将偏差分解为水平和垂直分量，计算出水平方向和垂直方向的改正量，然后进行距离测量。ATR 的工作原理和过程如图 2.3-5 所示。

ATR 是一种自动控制系统或反馈环（如图 2.3-6 所示），它不仅仅提供实际值，而且也提供实际值与所需值之间的偏差，以及来自电子或光学视准线的在水平和垂直方向上的改正值。自动控制系统试图使测量值偏差最小，而不考虑目标的速度和加速度。通过仪器控制电路来确定马达转动所得水平和垂直分量，以便获得所需目标位置。

这个过程连续运行在整个测量活动中。如果与目标的联系丢失，例如，棱镜员走到了障碍物的后面，跟踪就会中断。此时代替上述偏差值的为一估计值，该值基于一个运动模型，这个模型假定棱镜员在水平和垂直方向的速度是不变的。这个假定的速度源自对失去目标前几秒钟内运动的数学处理，即滤波。滤波的作用是为了消除重叠的抖动如行走时垂直部分的运动。由于该模型只是对以前运动的估计值，所以它的应用周期仅有几秒的时间。

例如，当棱镜员走到一些小的障碍物后，如树、小建筑物或者卡车，ATR 将会中断一小会儿。在这种情况下，仪器将保持在它所预测的棱镜的轨迹移动 3 秒钟。这种预测的根据是其对失去目标前几秒钟里棱镜的移动情况计算出来的平均速度和方向。一旦棱镜重新进入望远镜的视场，仪器将会立即锁住它。然而，如果在 3 秒钟内没有找到棱镜，仪器将会自动开始对失去棱镜前后的区域进行搜索。此时实

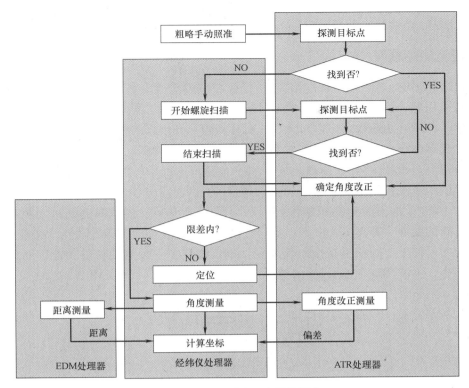

图 2.3-5　ATR 测量过程的顺序

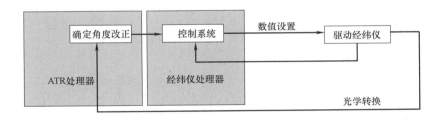

图 2.3-6　目标跟踪反馈环

际的搜索窗口大小依赖于它预测的路径长度和方向。

　　在许多应用里，当进入目标跟踪方式后，棱镜主要在水平方向移动而不是在垂直方向移动。为了提高效率，将经常性的搜索集中在水平方向上（图 2.3-7），可使获得目标的速度得到加快。

　　在实际工作中进行 ATR 测量时还会遇到视场中出现多个棱镜时如何识别的问题。Leica 全站仪识别 CCD 视场中出现多个棱镜的方法是缩小视场，但是如果缩小后的视场内仍有 2 个以上的棱镜，则不能正常测量。Sokkia 全站仪解决视场内有多个棱镜的识别方法是"就近法则"。即通过特别的数学计算规则，查看视场内距离望远镜十字丝中心最近的棱镜是哪一个，全站仪就自动驱动轴系照准该棱镜（如图 2.3-8 所示）。"就近法则"可以识别出间距更小的 2 个或多个棱镜目标。而 Trimble S8 全站仪则采用

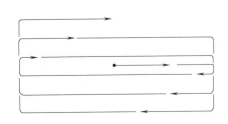

图 2.3-7　搜索路径的形状

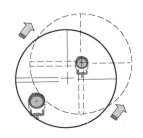

图 2.3-8　Sokkia 棱镜就近照准示意图

了主动觇标 ID 方法，由棱镜主动发射信号来辅助识别，保证在同一个工作地点可以使用多个棱镜。

2.3.2.2　无棱镜测距原理

无棱镜（reflector less）测距，又称无接触测距，指的就是全站仪光束经自然表面反射后直接测距。无棱镜测距一般采用脉冲测距，即测量测距信号的往返时间，对时间的测量精度要求很高。早期以激光脉冲作为测距信号的脉冲测距仪，可以对无合作目标测距，并以长测程著称，但其测距精度一般为厘米级甚至为米级，仪器体积也较大，因此在军事武器装备中应用较多，而在测绘领域应用较少。20 世纪80 年代末出现毫米级小型化激光脉冲测距仪，如 WILD 厂 DI3000 系列中的 DIOR3002 激光脉冲测距仪，无合作目标的距离测程约为 200m，但测距精度可达±（5～10）mm。

徕卡公司于 1998 年推出的无棱镜测距全站仪，开创了整体式全站仪具有两种测距功能的先河，也代表了此类仪器新的发展。其真正含义是，既具有传统的用棱镜配合测距的功能，又具有创新的无棱镜测距的功能。比起以前生产的积木型全站仪来说，不仅增加了一台测距仪的功能，而且体积小，重量轻，价格增加不多，不需调整三轴平行性，使用非常方便。其工作原理见图 2.3-9。

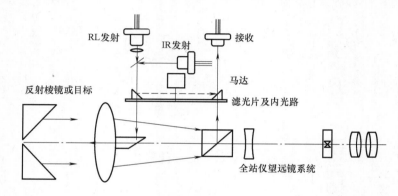

图 2.3-9　无反射棱镜全站仪的光学部分设计

在一台全站仪测距头里，安装有两个光路同轴的发射管，提供两种测距方式。一种方式为 IR（Infrared Reflector），它可以发射利用棱镜和反射片进行测距的红外光束，具有 780nm 的波长；一种方式为 RL（Reflector Less），它可以发射可见的红色激光束，其波长为 670nm。这两种测量方式的转换可通过仪器键盘上的操作控制内部光路来实现，由此引起的不同的常数改正会由系统自动修正到测量结果上。为了保证无棱镜测距的准确度采用了动态频率校正、多次测量取平均等方式，使有棱镜测距和无棱镜测距两种方式的精度几乎相等，如 Sokkia 公司推出的无棱镜测距全站仪的测距精度达到±1mm。

无反射棱镜测量通过收集整个返回信号来计算距离。当垂直于较大的目标表面测量，光点全部落在被测目标上时，所有反射回的光线代表基本一样的距离〔见图 2.3-10（a）〕。这种情况下，光斑大小的优劣不易发现。

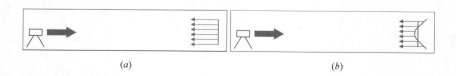

（a）　　　　　　　　　　　　　　　（b）

图 2.3-10　无反射棱镜测距的信号示意

对于无合作目标测距仪，除需考虑其测程、测距精度外，还需特别注意对某些特殊目标的测量性能。因在无合作目标条件下，测距仪接收被测物体表面漫反射的平均信号进行测距。当测距光斑较大，测距精度又不够高时，对某些拐角等特殊目标，测量结果将不能正确反映出被测物体的几何形状。

在拐角测量中，来自仪器的光束落在不同的距离上。对外拐角而言，得出的距离将大于真正的拐角边缘几毫米［见图 2.3-10（b）］；对内拐角，将短几毫米。如图 2.3-11 所示，对同一被测拐角目标，其测量结果真实反映出了不同型号无合作目标测距仪的性能优劣。

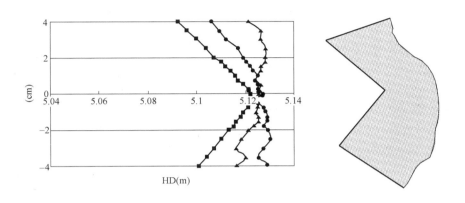

图 2.3-11　不同测距仪无合作目标测量性能的比较

图 2.3-12　刻制有激光束直径的十字丝板

在有棱镜合作的红外测距中，如果在测站与镜站之间有临时障碍物挡住棱镜，因返回的测距信号减弱或消失，测距仪在信号大小判别功能的作用下会自动停测，待障碍物消失后再重新恢复测距。但在无合作目标测距中情况会有所不同，如果在测站与待测目标之间有临时障碍物，因障碍物的反射作用，测距仪仍能收到足够强度的返回信号，测距工作不会停止，但此时是对障碍物测距，而不是对待测目标的正常测量。为了克服这一缺陷，某些型号的无合作目标测距仪（如 Nikon 的 NPL821 脉冲测距全站仪）采用望远镜同轴调焦技术，把同轴聚焦的激光束直径刻制在望远镜的十字丝板上（如图 2.3-12 所示），以便评估测量光束尺寸的大小。在对待测目标进行测距之前先调焦，即可避免对上述测线上临时障碍物等错误目标的识别。

2.3.2.3　在线通信控制技术

全站仪内嵌的微处理器（CPU），不但用于对距离测量、角度测量等光电系统单元的自动控制，并且可做到对测量数据的自动处理、存储和传输。全站仪测量数据在微处理器（CPU）的控制下存入内存中，同时通过通信接口可实现与计算机的联机通信及在线控制。

1. 全站仪联机通信

全站仪与计算机等设备之间的数据通信是现代全站仪必备的功能之一。但因全站仪生产厂家的不同，其提供的 RS-232C 异步串行通信接口在机械和引脚功能特性等方面存在差异。下面以国内外几种典型全站仪的型号为例，介绍全站仪与计算机之间实现信息交换的主要方法。

1）徕卡（Leica）全站仪通信接口

徕卡全站仪数据记录根据其型号的不同可存储在内存文件或 PCMCIA 卡文件中，也可通过其 GSI 串口传输给计算机等其他设备。徕卡 GSI（Geo Serial Interface）接口是一种通用异步半双工串行接口，机械部分采用国际上使用比较广泛的雷蒙（LEMO）5 芯插座，接口电平和 RS-232C 逻辑电平略有不同，其他参数遵从 RS-232C 的通信标准。仪器端插座接口针脚分布和功能定义如图 2.3-13 所示。

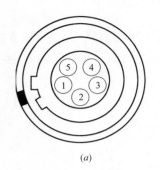

针脚号	信号功能
1	+12V电源
2	空留
3	信号地(GND)
4	数据接收(RXD)
5	数据发送(TXD)

逻辑0	+5V
转换过渡区	0~+3V
转换过渡区	0~-3V
逻辑1	-5V

(a)　　　　　　　　　　(b)　　　　　　　　　　(c)

图 2.3-13　徕卡全站仪 GSI 通信接口
(a) 插座针脚分；(b) 针脚功能；(c) 接口电平

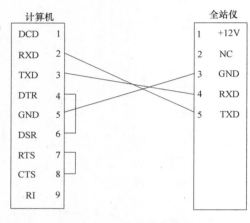

图 2.3-14　徕卡全站仪通信接口连线

徕卡全站仪与计算机数据通信电缆的接线方法如图 2.3-14 所示。

2) 拓普康（Topcon）全站仪通信接口

拓普康 GTS-210、GTS-311 系列普及型全站仪数据记录采用 RS-232 接口与电子手簿通信。电脑型 GTS600、GTS700 系列数据记录采用内存或机载 PCM-CIA 卡；也可以用 RS-232 接口与计算机通信。GTS710 全站仪还可以与打印机联机通信。

拓普康全站仪采用 6 针脚异步串行通信接口，其仪器端插座针脚分布和功能定义如图 2.3-15 所示。

拓普康全站仪与计算机数据通信电缆的接线方法如图 2.3-16 所示。

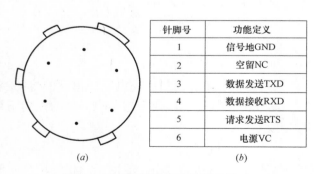

针脚号	功能定义
1	信号地GND
2	空留NC
3	数据发送TXD
4	数据接收RXD
5	请求发送RTS
6	电源VC

(a)　　　　　　(b)

图 2.3-15　拓普康全站仪通信接口
(a) 插座针脚分布；(b) 针脚信号功能

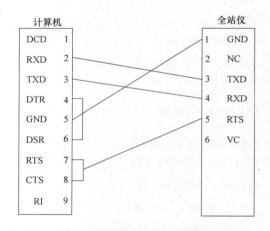

图 2.3-16　拓普康全站仪通信接口连线

索佳（Sokkia）全站仪、国产苏一光全站仪的通信接口和与计算机的电缆连线方式与拓普康全站仪相同。

3) 尼康（Nikon）全站仪通信接口

在日本产的全站仪中，尼康全站仪虽然也采用 6 针脚通信接口，但其信号功能定义有所不同，仪器端插座针脚分布和功能定义如图 2.3-17 所示。

尼康全站仪与计算机数据通信电缆的接线方法如图 2.3-18 所示。

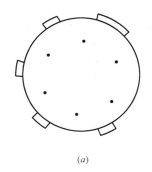

针脚号	功能定义
1	数据接收RXD
2	数据发送TXD
3	电源VC
4	空留NC
5	信号地GND
6	空留NC

(a)　　　　　　　　　(b)

图 2.3-17　尼康全站仪通信接口

(a) 插座针脚分布；(b) 针脚信号功能

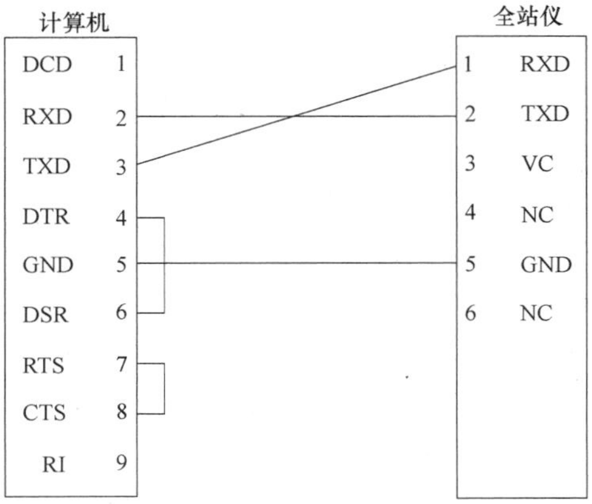

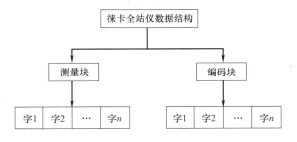

图 2.3-18　尼康全站仪通信接口连线

要实现全站仪与计算机之间的数据通信，除了需要有正确的通信接口电缆连接之外，还需要相应的计算机通信程序的支持。

在计算机通信程序的控制下，全站仪的测量数据以字符（串）的形式传输给计算机。要从字符串中截取角度、距离、坐标等测量信息，还需了解全站仪的数据结构。因不同品牌的全站仪有不同的数据结构，并且有的全站仪数据结构还比较复杂，可进一步参阅相关全站仪的数据通信手册。

下面以徕卡全站仪为例，对全站仪数据通信中的数据结构做一简要介绍。

徕卡全站仪的数据结构总体上可描述为块结构（如图 2.3-19 所示），即由"测量块"和"编码块"组成，每个数据块都以回车（CR）或回车/换行

图 2.3-19　徕卡全站仪数据结构

（CR/LF）符结束。数据块结构又包含许多"字"，具体"字"数因仪器型号和软件版本的不同略有差别，其中 TPS1100 系列全站仪的测量块最多包含 12 个字，编码块最多包含 9 个字。每一字有 16 个字符（GSI8 格式）或 24 个字符（GSI16 格式）的固定长度。

以 GSI8 格式为例，16 个字符长度的字结构如图 2.3-20 所示。

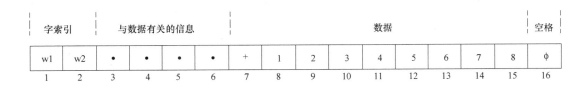

图 2.3-20　徕卡全站仪数据"字"结构

2. 全站仪在线控制

随着计算机技术的发展，菜单或图标等可视性操作技术在全站仪中得到应用。全站仪的操作功能越来越多，操作面板已无法实现按键与功能的一一对应设置，因此出现了不专门指定功能的"软按键"，并大都以 F1、F2、F3 等来表示。此时，计算机已不能通过键盘按键模拟操作的方式来控制使用全站仪。为了解决此类问题，各全站仪的生产厂家都设计了各具特色的一套字符串指令集，计算机通过发送相应的字符串控制指令，实现对全站仪的在线自动化操作。

例如，在 Visual Basic 计算机通信程序实例中，计算机通过发送"＄MSR"指令启动尼康全站仪的

精密测距功能；然后再发"＄REC"指令让全站仪把所有测量数据传送回计算机。在拓普康全站仪中，启动距离测量并把测量结果发送给计算机的控制指令为"C067"＋CR/LF。

计算机通过字符串指令只能对全站仪进行较为简单的操作，返回的信息也非常有限，许多工作还需通过全站仪键盘人工操作来完成。为了实现对全站仪的完全控制，徕卡公司为其 TPS1000/2000/1100 系列的全站仪提供了一种新的在线控制技术——GeoCOM。

GeoCOM 的概念基于美国 SUN 公司的微系统远程程序访问 RPC（Remote Procedure Call）协议。它以计算机为客户端，全站仪为服务端，通过 RS232C 接口实现点对点的通信，如图 2.3-21 所示。

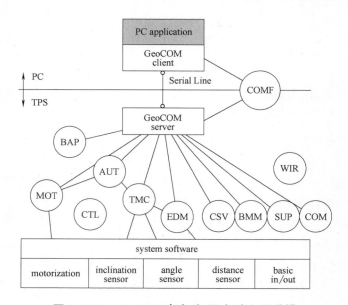

图 2.3-21　GeoCOM 客户端/服务端应用总揽

GeoCOM 有两种通信模式：低级模式，即 ASCII 码方式；高级模式，即函数调用模式。这里主要讨论高级模式的通信。

GeoCOM 开发环境更确切的应该是应用开发接口，是徕卡公司为用户进行全站仪应用程序开发所提供的一种支持形式，GeoCOM 函数包内封装了用户与徕卡全站仪进行通信交互时调用仪器上的子系统所需要的客户端调用接口，这些接口类似于全站仪上的各个功能模块，被组织成一个个子系统的形式封装在 GeoCOM.dll（或者 GeoCOM32.dll，这两者的差别仅在于支持的操作系统的位数）和 Visual Basic 代码模块中。而在仪器端，相应的子系统的底层已经实现，具体的实施过程和原理，用户无法也无需了解。这也正是 GeoCOM 函数包的意义，即用户无需了解具体的实施过程和原理，就可以在这些现有的功能基础上开发出合乎自己需要的高级功能。

GeoCOM.dll（或 GeoCOM32.dll）作为接口的意义在于，它是计算机客户端调用全站仪上已有子系统的一个入口，通过该接口发出的请求还需要在仪器端的 GeoCOM 服务器进行调度并将这些请求转交给相应的子系统处理，处理结果或获取的数据再沿同样的路径返回给客户端，这个过程是按照美国 SUN 公司的 RPC（Remote Procedure Call，远程调用协议）技术标准来开发的。

GeoCOM 的功能函数必须借助于一定的编程环境来实现对全站仪的控制操作。目前已知的 Geo-COM 可以在 Visual Basic、VC＋＋和 eVC 中进行程序编译，也可以采用传统全站仪的通信方式，即发送和接收 ASCII 字符串的 ASCII 协议。

在高级通信模式下，GeoCOM 提供 VB 和 VC 的各种功能函数调用接口，各种操作通过调用相应的函数来完成，也正因为此，GeoCOM 的函数种类和数量非常庞大，各个函数的参数和返回值也十分复杂，对于初学者来说，无论是记忆还是应用都是十分困难的。在仪器处于 GeoCOM 模式时，仪器上的按键将被禁止，操作只能通过计算机来控制，这就要求必须首先初始化 GeoCOM 和通信端口参数的设置，使 TPS 仪器和计算机处于正确的连接状态。

在 VB 下调用 GeoCOM 函数，其形式如下：

VB_COM_OpenConnection（ByVal Port As Integer，ByVal Baud As Integer，ByVal Retries As Integer）

在程序中运行这个函数，即可实现打开一个通信接口的功能。但问题是，VB 本身并没有提供关于 GeoCOM 函数的函数库，因此必须首先在一个 VB 工程中建立一个类模板，将所要用到的 GeoCOM 函数、常量、数据类型和返回量等进行声明。这项工作已经由 Leica 公司附带的软件中完成了，建立工程时只需要把该模板加入到该工程中即可。

因此，在 Visual Basic 中开发 GeoCOM 程序时，要遵循以下步骤：

1）将 GCOM105.Dll 添加到 C：\Windows\System 路径下；

2）打开或新建一个 Visual Basic 工程，将 Stubs32p.bas 模板添加到该工程中；

3）按照 Visual Basic 语法进行程序编译、调试，直至程序编译成功。

除去 GeoCOM 函数、常量、数据类型和返回量等进行声明外，其他语法完全符合 Visual Basic 环境的语法规则，甚至可以认为，GeoCOM 模板只不过是 Visual Basic 下进行的一些数据类型和公共函数的调用。但是，必须将 GeoCOM 所需的动态库函数加入到 Windows 的系统库函数中。正是由于 GeoCOM 函数包需要实现的功能很多，因此其种类和数量势必庞大。GeoCOM 共有 12 类，130 余个函数，常量将近 500 个，20 余个自定义的数据类型，主要函数按照功能可分为以下几类：

AUT——自动化函数，提供诸如自动目标识别、翻面或定位功能；

BAP——基本应用函数，主要用来获取测量数据；

BMM——基本人机对话函数，控制基本的输入输出函数功能；

COM——通信函数，处理基本通信参数及类似功能；

CSV——中心服务函数，获取/设置 TPS 全站仪的中心/基本信息；

CTL——控制任务函数，有关系统控制方面的；

EDM——电子测距函数，有关测距设置和功能方面的；

MOT——马达驱动化函数，控制仪器的运动及运动速度，只有对 TCA 系列的仪器才有用；

SUP——监控函数，控制 TPS 仪器的一些常用值；

TMC——经纬仪测量与计算，是获取测量数据的核心函数；

WIR——字索引记录函数，主要是有关 GSI 记录方面；

AUS——ALT 用户函数，主要是关于子系统，其主要功能在 FNC 按钮下。

Visual Basic 代码模块是 GeoCOM 的一种封装形式，与 GeoCOM.dll 的功能完全相同，只是针对 VBA 环境开发的一个解决方案，在程序编译时，可以直接把将 VB 代码模块添加到工程中，就可以在整个工程中调用 GeoCOM 函数。而 GeoCOM.dll 适合于更广泛的 C/C++语言开发环境。但无论在何种编程环境中，都是通过函数调用协议来实现与全站仪服务端的连接。

GeoCOM 进行联机控制的最大优点是可以对测量的数据进行现场处理，并且可以对测量数据进行查询、分析等一系列复杂的操作，及时地获得观测结果，对于变形监测等工作移动性小、数据处理复杂和观测结果要求紧急的测量工作均具有重要的意义。

但是 GeoCOM 在具体实现通信接口的时候，仅设计了一对数据缓冲区，即一个发送数据缓冲区和一个接收数据缓冲区。该项技术使得计算机在同一时刻只能给一台全站仪发送指令或者接收指令，虽然通过多端口的硬件扩展，可以将一台计算机与多台全站仪在硬件上连接，并保持全站仪同时是 On—Line 模式，但用这一版本的 GeoCOM 开发的应用程序却无法充分利用 Windows 的多任务特性，采用多线程编程方法来实现用一台计算机对多个全站仪同时进行数据和指令的接收、发送，即与多台全站仪同时保持软联系。

要实现计算机与多台全站仪同时保持软连接，首先必须解决多对数据收发缓冲区的管理问题，采用微软的 COM 技术，可以编写出 ActiveX 控件，其本质是分配了一对数据缓冲区。在程序中多添加几个这种控件，就可以实现对多个数据收发缓冲区的自动管理。

创建的 ActiveX 控件，可以灵活地进行二次重用。采用 ActiveX 控件创建自己的通信控件时，是以 MSComm 控件作为组成控件，创建出适合自己需要的新的通信控件。ActiveX 控件几个常用的重要的属性如表 2.3-1 所示。

表 2.3-1

ActiveX 控件常用重要属性

对　象	描　述
UserControl_ReadProperties	当加载具有保存状态的对象的旧实例时,发生该事件。
UserControl_WriteProperties	当保存对象的实例时,发生该事件。该事件通知对象此时需要保存对象的状态,以便将来可恢复该状态。大多数情况下,对象的状态仅包括属性值。
UserControl_Initialize	用户控件被初始化时调用,处理控件的初始参数。
ReadProperty 方法	从 PropertyBag 类对象中返回保存的数值。
Contents 属性	返回或设置一个字节数组,表示一个 propertyBag 对象的内容。
WriteProperty 方法	将要保存的数值写入 PropertyBag 类对象。

尽管 ASCII 协议支持在收到应答信号前就发送下一个请求信号，但在实际中一般并不这样做，因为请求信号暂时保存在缓冲区中，当数量超过缓冲区容量时，数据将会丢失。ASCII 协议是线程协议，采用线程终端来区分不同的请求和应答，请求信号必须有结束标志符，最常采用的是"^m"作结束标志符。采用 Y 形电缆进行通信，通信前全站仪要处于关闭状态，通信过程中全站仪处于 On-Line 模式，全站仪和计算机的通信参数必须一致。

ASCII 协议只支持双精度型、布尔型、字符串型等 8 种最基本的数据类型，不支持结构体和自定义数据类型，字符串的发送都采用十六进制。ASCII 协议通信是通过 Terminal.exe 来实现的，MS-Windows 3.1/3.11 和徕卡软件包都提供了终端仿真，在 Terminal.exe 中，可以定义功能键，最多可以定义 32 个功能键。定义完成后，只要点击该键，工作区中就显示 ASCII 请求信号，指令执行完成后，将显示应答信号。具体例子如下：

%R1Q,5004：　　'请求指令，调用函数 CSV_GetInstr.Name，发送字符串%R1Q,5004：^m
%R1P,0,0：0," TC1500"　　'返回应答字符串，得到仪器名称为 TC1500
%R1Q,17017：2　　'请求指令，调用函数 BAP_MeasDistanceAngle，发送字符串% R1Q,17017：2^m
%R1P,0,0：0,1.227735507254754,1.350089140743085,3.724029690178598,2　　'返回应答字符串，得到水平角、垂直角（弧度）和斜距。

2.3.3　技术应用与发展

纵观测量机器人的发展历程，其将来的发展趋势将体现在以下几个方面：

1）小型化、系列化发展趋势。自从全站仪诞生以来，全站仪的小型化工作就从未间断过。从最初的 20 多千克，到现在的几千克，全站仪的小型化工作已取得重大成果。但作为外业用测量设备，全站仪在保证精度的前提下，进一步实现小型、轻型化，对减轻外业测量的劳动强度仍具有十分重要的意义。

由于全站仪的功能不断增加，每一品牌全站仪的"家族"也不断加大。新功能、新系列全站仪的不断推出，可以满足各部门测量人员的"追新"需求，同时推动测绘技术的向前发展。

2）自动化发展趋势。在电磁波测距的基础上，全站仪的发展首先在度盘角度读数上实现了自动化。随着微电子和微处理技术的不断发展，全站仪的自动化程度不断提高，目前轴系误差等内容的补偿与改正实现了自动化，并出现了目标自动识别与照准的全站仪。将来全站仪在自动安平、自动对中、自动量取仪器高等方面会有新的突破。

21世纪以来，全站仪更加智能化、集成化，各家仪器公司都应用新的专利技术来提高全站仪的工作效率和精度。如徕卡生产的TS30全站仪（图2.3-22）使用了压电陶瓷驱动技术、抛物镜面反射角度探测技术、Point EDM技术；天宝生产的S9全站仪（图2.3-23）采用特有的轴系结构配合Mag Drive磁驱伺服技术实现了精确定点和目标跟踪的功能；索佳生产的NET05全站仪（图2.3-24）采用了独特的IACS（独立角度校正系统）技术和增强的绝对编码度盘RAB（随意双向编码）技术；拓普康生产的MS05A全站仪（图2.3-25）采用了RED-tech EX测距技术、多棱镜目标识别技术等。

图2.3-22　Leica TS30 全站仪

图2.3-23　Trimble S9 全站仪

图2.3-24　Sokkia NET05 全站仪

图2.3-25　TopconMS05A 全站仪

3）本地化发展趋势。世界民族繁多，各民族各国家不仅有独特的语言，也具有独特的思维和行为方式。为了让一个世界性品牌的全站仪更具有民族化、地区化，许多具有远见的全站仪生产厂家正在不断加强其产品的本地化工作，以进一步提高在世界范围内的应用水平。全站仪的本地化不仅体现在语言上，同时要让全站仪的操作使用更加接近本地用户的作业规范。

4）全站仪的功能集成化发展趋势。全站仪开放性发展的目的是要实现全站仪与非全站仪测量设备之间的数据共享，形成不间断的"数据流"。同时新系列的全站仪也集成了摄影、陀螺仪、GPS、扫描仪等技术，出现了具备图像采集与处理功能的摄影全站仪（图2.3-26）、具备自动寻北定位功能的陀螺全站仪（图2.3-27）、把全站仪与全球空间定位系统（GPS）无缝集成的超站仪（图2.3-28）、扫描全站仪（图2.3-29）和影像扫描仪（图2.3-30）等功能更加强大的新仪器。其操作系统也升级为Windows CE嵌入式操作系统或者Android系统，显示屏增大、真彩色并具有触摸功能，以及图形显示功能GUI

（图形化用户界面），融合了蓝牙通信技术、USB 数据传输接口等。新操作系统的应用使全站仪的二次开发更加便捷，易于融入物联网的应用大大提升了全站仪人机交互体验，在建筑工程、交通与水利工程施工测量，以及大型工业生产设备和构件的安装调试、轮船设计施工、大桥水坝的变形测量、地质灾害监测、文物保护及体育竞技评判等领域中都得到了广泛应用。

图 2.3-26　三维影像拍照全站仪

图 2.3-27　陀螺全站仪

图 2.3-28　超站仪

图 2.3-29　扫描全站仪

图 2.3-30　影像扫描仪

2.4　近景摄影测量技术

2.4.1　技术起源

摄影测量学是对研究对象进行摄影，根据所获得的构像信息，从几何方面和物理方面加以分析研究，从而对所摄对象的本质提供各种资料的一门学科。按照研究对象的不同，摄影测量学可分为地形摄影测量和非地形摄影测量两大类，前者的研究对象是地区表面的形态，后者一般是指近景摄影测量，研究各类物体的外形和运动状态。近景摄影测量大多应用在专题科学研究和考察，如工业、医学、考古等，应用于工业测量领域时则称之为工业摄影测量。

工业摄影测量是实施工业测量的一种重要方法，利用相机对被测目标拍摄相片，通过图像处理和摄影测量处理，以获取目标的几何形状和运动状态，属于近景摄影测量范畴。

在国外，从 20 世纪 60 年代开始便有学者对近景摄影测量的相关理论、算法及硬件进行研究，并逐步将其应用到工业测量领域。到 90 年代，随着计算机技术的快速发展和日益普及，工业摄影测量技术逐渐步入数字化时代。到目前为止，已有多家公司推出了自己的工业摄影测量系统，比较典型的有美国 GSI 的 V-STARS 系统、挪威 Metronor 公司的 Metronor 系统、德国 Gom 公司的 TRITOP 系统、德国 Aicon3D 公司的 DPA-Pro 系统等，见图 2.4-1。

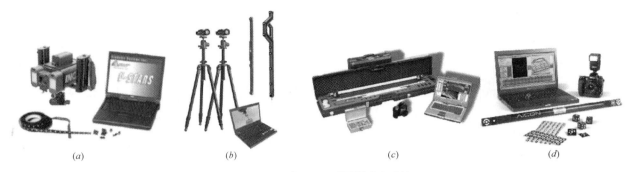

图 2.4-1　典型工业摄影测量系统

(*a*) V-STARS/S8；(*b*) Metronor；(*c*) TRITOP；(*d*) DPA-Pro

国内对近景摄影测量的研究始于 20 世纪 70 年代。在其后较长一段时间内，由于工业制造水平的限制，相关工业部门对先进测量技术的依赖程度不高，从而使得摄影测量技术迟迟未能深入到工业测量领域。到 80 年代末、90 年代初，以冯文灏教授为代表的摄影测量工作者开始关注国内高精度工业摄影测量技术的发展，对国外相关理论及工程实践进行研究，并针对近景摄影测量技术如何应用到工业测量领域提出了一系列创新理论。

近年来，随着国内工业尤其是重大基础装备工业的飞速发展，对高精度测量技术的需求越来越迫切，国外各家公司纷纷将自己的产品推向中国市场。与此同时，国内许多高校和研究机构也在引进、吸收国外先进测量产品、理念、技术的基础上，逐步推出各自的工业摄影测量系统。

西安交通大学在国家 863 项目"大型复杂曲面产品的反求和三维快速检测系统研究"的基础上，推出了基于数码单反相机的 XJTUDP 三维光学点测量系统，以及相应的静态和动态变形分析软件。该系统测量精度为 ±0.1mm/4m，可用于汽车工业、航空航天工业、船舶工业、建筑工业等领域。

信息工程大学于 2005 年在国内率先引进 V-STARS/S8 系统，经过十余年的研究，在相关理论和工程实践方面积累了一定的经验，开发了 DPM 工业摄影测量系统，先后完成了"探月工程"50m、65m 测控天线精密安装与校准测量、星载可展开式天线测量、星载天线真空条件下高低温检测等众多高精度工业测量任务。

2.4.2　技术原理与内容

2.4.2.1　基本原理

工业摄影测量的测量原理是三角形交会法。其基本的数学模型是共线方程（构像方程），即摄影时物点 P、镜头中心 S、像点 p 这三点位于同一直线上，如图 2.4-2 所示。

共线方程可表示为如下方程：

$$\left.\begin{aligned}
x-x_0 &= -f\frac{a_1(X-X_S)+b_1(Y-Y_S)+c_1(Z-Z_S)}{a_3(X-X_S)+b_3(Y-Y_S)+c_3(Z-Z_S)} \\
y-y_0 &= -f\frac{a_2(X-X_S)+b_2(Y-Y_S)+c_2(Z-Z_S)}{a_3(X-X_S)+b_3(Y-Y_S)+c_3(Z-Z_S)}
\end{aligned}\right\}$$

（式 2.4-1）

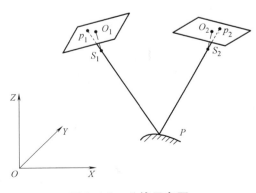

图 2.4-2　共线示意图

41

式中：$(x，y)$——像点在像平面坐标系中的坐标；

$(x_0，y_0)$——像点在像平面坐标系中的坐标；

f——相机主距；

$(X，Y，Z)$——物点在物方空间坐标系中的坐标；

$(X_S，Y_S，Z_S)$——镜头中心在物方空间坐标系中的坐标。

设 $\boldsymbol{M}=\begin{pmatrix} a_1 & a_2 & a_3 \\ b_1 & b_2 & b_3 \\ c_1 & c_2 & c_3 \end{pmatrix}$ 为像空间坐标系相对物方空间坐标的旋转矩阵，若采用 R_x、R_y、R_z 转角顺序，其表达式如下：

$$\boldsymbol{M}=\begin{bmatrix} \cos R_y\cos R_z & -\cos R_y\sin R_z & \sin R_y \\ \sin R_x\sin R_y\cos R_z+\cos R_x\sin R_z & -\sin R_x\sin R_y\sin R_z+\cos R_x\cos R_z & -\sin R_x\cos R_y \\ -\cos R_x\sin R_y\cos R_z+\sin R_x\sin R_z & \cos R_x\sin R_y\sin R_z+\sin R_x\cos R_z & \cos R_x\cos R_y \end{bmatrix}$$

（式 2.4-2）

$(x_0，y_0，f)$ 称为相片的内方位元素，用来确定投影中心在像空间坐标系中对相片的相对位置；$(X_S，Y_S，Z_S，R_x，R_y，R_z)$ 称为相片的外方位元素，又称为摄站参数，用来确定相片和投影中心在物方坐标系中的方位。

按照测量方式的不同，工业摄影测量可分为采用单相机的脱机测量模式和采用多相机的联机测量模式。前者主要测量静态目标，采用单台数码相机在两个或多个位置对被测物进行拍摄，然后将图像导入计算机即可进行处理；后者主要测量动态目标，采用多台数码相机同时对被测物进行拍摄，并通过连接线将图像传输至计算机进行实时处理。

2.4.2.2　系统构成及测量流程

工业摄影测量系统主要由人工测量标志及编码标志、定向靶、基准尺等附件、高精度相机以及数据处理软件组成，如图 2.4-3 所示。

工业摄影测量的一般流程如下：

1. 布设标志

在待测目标表面粘贴测量标志、编码标志，放置定向靶和基准尺。测量标志的数量依据待测目标尺寸、测量需求确定。编码标志的数量应确保每张相片中至少有 4 个编码标志成像。定向靶和基准尺的方式位置较为任意，但在整个拍摄过程中应保持固定不动。

2. 拍摄照片

在待测目标前方拍摄照片。摄影距离一般控制在 2～10m 范围内，摄站尽可能均匀分布，并保证每个测量标志至少在 5 张以上相片中成像。

3. 数据处理

将拍摄的相片导入软件进行数据处理。依次进行标志图像识别与中心坐标定位、相片自动概略定向、像点自动匹配、自检校光束法平差等操作，最终得到测量点三维坐标值。

2.4.2.3　人工标志及附件

摄影测量一般要求被测目标表面具有丰富、明显的纹理信息，以在图像处理中提取出足够的、准确的特征点，而工业部件表面通常缺乏纹理，不能满足这一要求。因此，在工业摄影测量中，多采用布设人工标志点的方式产生足够数量且对比明显的特征点。

回光反射标志是工业摄影测量系统常用的人工测量标志，V-STARS、DPA-Pro、DPM 等系统均采用此种标志。回光反射标志由回光反射材料加工而成，能将入射光线按原路反射回光源处，在近轴光源照射下能在相片上形成灰度反差明显的"准二值"图像（图 2.4-4），特别适合用作摄影测量中的高精

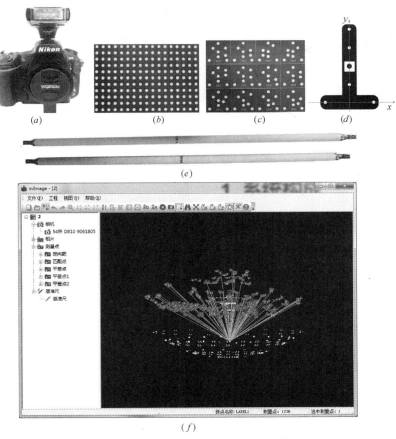

图 2.4-3　工业摄影测量系统组成

（a）相机；（b）测量标志；（c）编码标志；（d）定向靶；（e）基准尺；（f）数据处理软件

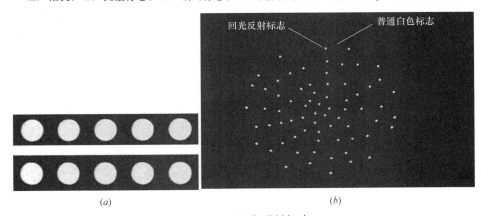

图 2.4-4　回光反射标志

（a）回光反射标志；（b）回光反射标志与普通白色标志成像效果对比

度特征点，实现自动化测量，提高测量精度和效率。

编码标志是一种自身带有数字编码信息的人工标志。编码标志可以通过图像处理等方法进行自动识别，实现工业摄影测量中人工标志的自动匹配，还可以作为不同相片之间的公共点实现自动拼接，而且编码标志是一种提供后方交会控制点非常有用的方法。编码标志是实现摄影测量自动化的关键。

图 2.4-5 所示的是一种点状编码标志及其设计原理图，该点状编码标志由 8 个大小相同的圆形标志点组成。其中，点 A、B、C、D、E 为 5 个模板点，它们定义了编码标志的坐标系，E 点为定位点。其余 3 个点为编码点，分布在 20 个设计位置上，每个编码点根据设计坐标不同分别赋予一个唯一的数字。解码时通过恢复编码点的位置信息而得到点的数字标识，通过编码点的数字标识实现对编码标志的解

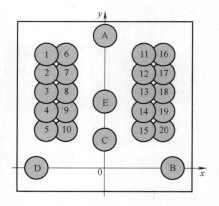

定位点E

图 2.4-5　DPM 编码标志及其设计原理

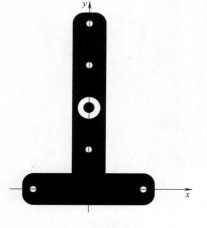

图 2.4-6　定向靶示意图

码。实际应用时为了在图像处理过程中准确对编码标志进行识别与定位，3 个编码点中任意两个点都不能相邻。

定向靶是一种可以自动识别的概略定向装置，主要由中心的环形标志和周围 5 个圆形点标志构成，这些标志均由回光反射材料制成，如图 2.4-6 所示。定向靶本身确定一个物方空间坐标系，各标志点在该坐标系中的坐标已知。定向靶上的环形标志的作用是在图像处理时自动识别定向靶，其余 5 个标志点可作为控制点，利用空间后方交会技术确定各相片在该物方空间坐标系中的位置和姿态。

基准尺的作用是在测量过程中提供长度基准。基准尺一般由碳纤维或铟钢材料制成，具有极低的热膨胀系数（图 2.4-7）。其两端各固定一个回光反射标志点，两标志点间的距离可用双频激光干涉仪精确测定。

图 2.4-7　铟钢基准尺

2.4.2.4　相机畸变检校技术

根据透视投影成像原理，物方点、镜头中心和像点三点在理论上是共线的。但在实际成像过程中，由于各种干扰因素的存在，使得像点在焦平面上相对其理论位置存在偏差（Δx，Δy），如图 2.4-8 所

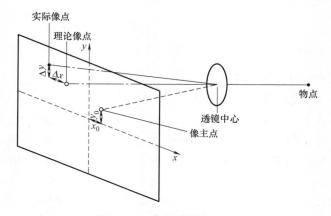

实际像点
理论像点
透镜中心
像主点
物点

图 2.4-8　实际成像示意图

示。此时，共线方程要成立必须顾及像点的实际偏差值，式（2.4-3）为顾及实际像点偏差的共线条件方程式。

$$
\left.
\begin{aligned}
x-x_0+\Delta x &= -f\frac{a_1(X-X_S)+b_1(Y-Y_S)+c_1(Z-Z_S)}{a_3(X-X_S)+b_3(Y-Y_S)+c_3(Z-Z_S)} = -f\frac{\overline{X}}{\overline{Z}} \\
y-y_0+\Delta y &= -f\frac{a_2(X-X_S)+b_2(Y-Y_S)+c_2(Z-Z_S)}{a_3(X-X_S)+b_3(Y-Y_S)+c_3(Z-Z_S)} = -f\frac{\overline{Y}}{\overline{Z}}
\end{aligned}
\right\}
\qquad (\text{式 } 2.4\text{-}3)
$$

对数码相机而言，干扰成像的因素主要有相机镜头的径向畸变和偏心畸变、像平面畸变和像平面内的比例及正交畸变。另外，如果采用的内方位元素（x_0，y_0，f）不准确，则从数学上来说也会干扰共线方程的成立。这些内部参数所引起的像点坐标误差成系统性，故称之为像点的系统误差。

1. 径向畸变

径向畸变主要是由透镜曲面上的瑕疵造成的，有正负两种偏移效应，使得图像点相对理想位置发生向内或向外的偏移（图 2.4-9）。负的径向畸变使得外部的点向内部集中，尺寸随之缩小，称为枕形畸变；反之，正的径向畸变使得内部的点向外扩散，尺寸随之变大，称为桶形畸变。径向畸变关于主光轴严格对称。

径向畸变表达式为

$$\Delta r=K_1 r^3+K_2 r^5+K_3 r^7+\cdots \qquad (\text{式 } 2.4\text{-}4)$$

将其分解到像平面坐标系的 x 轴和 y 轴上，则有

$$
\left.
\begin{aligned}
\Delta x_r &= K_1\overline{x}r^2+K_2\overline{x}r^4+K_3\overline{x}r^6+\cdots \\
\Delta y_r &= K_1\overline{y}r^2+K_2\overline{y}r^4+K_3\overline{y}r^6+\cdots
\end{aligned}
\right\}
\qquad (\text{式 } 2.4\text{-}5)
$$

式中，$\overline{x}=(x-x_0)$，$\overline{y}=(y-y_0)$，$r=\sqrt{\overline{x}^2+\overline{y}^2}$（余同），$K_1$、$K_2$、$K_3$ 为径向畸变系数。

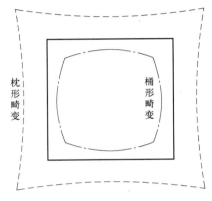

图 2.4-9　径向畸变示意图

2. 偏心畸变

偏心畸变是镜头系统各单元透镜因装配不到位或震动冲击而偏离了轴线，从而引起像点偏离其理想位置而产生的误差，如图 2.4-10 所示。

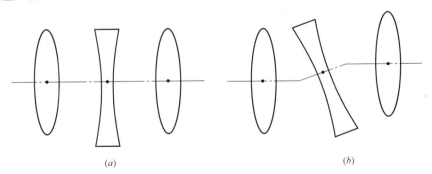

图 2.4-10　偏心畸变示意图

（a）理想状态；（b）实际状态

偏心畸变既含有关于镜头主光轴对称的径向畸变，又含有关于镜头主光轴不对称的切向畸变。一般情况下，偏心畸变比径向畸变小，其表达式如下

$$
\left.
\begin{aligned}
\Delta x_d &= P_1(r^2+2\overline{x}^2)+2P_2\overline{x}\cdot\overline{y} \\
\Delta y_d &= P_2(r^2+2\overline{y}^2)+2P_1\overline{x}\cdot\overline{y}
\end{aligned}
\right\}
\qquad (\text{式 } 2.4\text{-}6)
$$

式中，P_1、P_2——偏心畸变系数。

3. 像平面畸变

像平面畸变可以分为两类：像平面不平引起的畸变和像平面内的平面畸变。传统相机的像平面畸变

即为胶片平面不平引起的畸变，它可以用多项式来建模并改正。对于数码相机，由于制造工艺限制，CCD 芯片也不是标准平面，但目前还无法用多项式来建模、准确描述像平面不平所引起的像点畸变。

由于像素的采样时钟不同步造成的 A/D 转换和信号转移误差则会引起像点在像平面内的平面畸变，通常可以简化成像素的长宽尺度比例因子和像平面 x 轴与 y 轴不正交所产生的畸变，其表达式如下

$$\left.\begin{aligned}\Delta x_{\mathrm{m}} &= b_1\overline{x} + b_2\overline{y}\\\Delta y_{\mathrm{m}} &= 0\end{aligned}\right\}$$
（式 2.4-7）

式中：b_1、b_2——平面内畸变系数。

综合三类畸变，相机畸变模型可表示为如下形式

$$\left\{\begin{aligned}\Delta x &= K_1\overline{x}r^2 + K_2\overline{x}r^4 + K_3\overline{x}r^6 + P_1(r^2 + 2\overline{x}^2) + 2P_2\overline{x}\cdot\overline{y} + b_1\overline{x} + b_2\overline{y}\\\Delta y &= K_1\overline{y}r^2 + K_2\overline{y}r^4 + K_3\overline{y}r^6 + P_2(r^2 + 2\overline{y}^2) + 2P_1\overline{x}\cdot\overline{y}\end{aligned}\right.$$
（式 2.4-8）

在该模型中，除主距 f、主点坐标 $(x_0，y_0)$ 等 3 个相机内参数外还包含 7 个畸变参数，故称为 10 参数模型。该模型是一种物理模型，依据相机成像过程中各种物理因素的影响而设计，是摄影测量领域尤其是工业摄影测量领域应用最为广泛的相机畸变模型。

在实际成像过程中，除上述 3 种畸变外，还可能存在某些局部性畸变，如像平面不平引起的畸变、镜头局部瑕疵引起的畸变等。该类畸变在局部范围内分布具有一定规律，但无法用 10 参数模型表示，其导致的结果即为 10 参数模型检校后的像点坐标残差分布仍呈现出一种复杂的规律性。为此，可采用有限元模型作为辅助，对相机畸变进行组合检校。

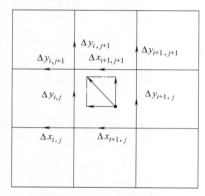

图 2.4-11　直接补偿式有限元相机检校

有限元模型将像平面等分为若干单元，每个节点 $(i，j)$ 具有两个方向的畸变差 $\Delta x_{i,j}$ 和 $\Delta y_{i,j}$，用以表示该位置处的像点坐标畸变值。像平面内任一位置处的畸变可利用其所在单元的 4 个节点经双线性内插得到，如图 2.4-11 所示。

相机畸变组合检校即先利用 10 参数模型进行自检校，再利用有限元模型补偿剩余系统误差。检校过程如下：

1）计算初值。相机主距初值设为标称值，主点位置及畸变参数初值均为 0。经图像处理、相片概略定向、像点匹配后得到像点坐标以及标志点坐标和摄站参数的初值。

2）利用 10 参数模型进行自检校光束法平差，得到各类参数准确值。

3）利用各像点剩余坐标残差平差计算有限元模型各节点畸变值，并改正各像点坐标观测值。

4）重复步骤 2）～4），直至各节点畸变值变化量小于给定阈值。

2.4.2.5　标志图像中心坐标提取技术

数字影像传感器利用数字图像取代了传统的胶片式相片，使得摄影测量自动化成为可能。在航空摄影测量中，一般利用特征提取算法找出各种自然地物特征作为像点，并采用各种定位算子实现像点坐标的"子像素"级定位。而在工业摄影测量中，回光反射标志使图像内容变得异常简单：仅有亮度对比明显的标志和背景（图 2.4-12），从而更加有利于标志点的快速提取和高精度定位。

与自然目标相比，利用回光反射材料制作的人工标志点在近轴闪光灯照射下所成图像具有其自身的特点：

1）反光标志一般为圆形，其图像为圆形（垂直摄影）或椭圆形（倾斜摄影）；

2）标志图像与背景的亮度对比明显，即"准二值"图像；

3）所有标志图像的灰度分布规律（纹理特征）基本一致。

针对回光反射标志图像的这些特点，在提取像点坐标时通常先利用各种识别算法从图像中找出标志

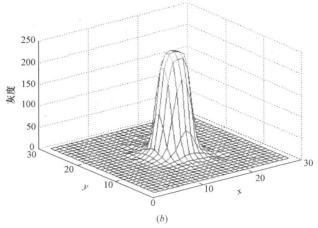

(a) (b)

图 2.4-12 回光反射标志图像灰度分布规律

（a）标志图像；（b）图像灰度二维分布

点，然后利用中心定位算法确定其中心坐标。

标志图像识别的目的是从整幅图像中识别测量标志，并确定各标志包含的像素，是进行标志中心定位的前提。由于回光反射标志图像是封闭的圆形或椭圆形，一般先采用各种边缘检测算法寻找其边缘像素，如 Canny 算子边缘检测法、定向行扫描法、递归填充法、形态学方法等，进而确定整个标志包含的所有像素。为避免虚假标志，在识别完成后，通常需对标志进行各种几何、灰度检验，判断其是否符合圆形或椭圆形标志图像特点。

标志图像中心定位即利用标志包含的像素确定标志中心在像平面坐标系内的坐标。标志图像中心定位算法有多种，如椭圆拟合法、灰度加权质心法、高斯（累积）分布拟合法、最小二乘模板匹配法等。其中，椭圆拟合法只利用边缘像素的位置信息通过拟合椭圆方程确定标志图像中心，其余算法则基于标志内所有像素的位置信息和灰度信息。例如，灰度加权质心法，即以像素的灰度值为权，计算标志图像内所有像素坐标的加权平均值，计算公式为：

$$
\begin{cases}
x_0 = \dfrac{\displaystyle\sum_{(i,j)\in S} i W_{i,j}}{\displaystyle\sum_{(i,j)\in S} W_{i,j}} \\[6mm]
y_0 = \dfrac{\displaystyle\sum_{(i,j)\in S} j W_{i,j}}{\displaystyle\sum_{(i,j)\in S} W_{i,j}}
\end{cases}
\qquad\text{（式 2.4-9）}
$$

式中：(x_0,y_0)——标志点中心坐标；

        $W_{i,j}$——权值，即像素 (i,j) 的灰度值；

        S——标志图像区域。

作为权值，标志图像各像素的灰度值对定位精度影响很大，因此，该算法对标志成像质量的要求较高。尤其当标志图像较小时，应将噪声控制在较低的范围内，否则会严重影响定位精度。

2.4.2.6 相片自动概略定向技术

相片定向的目的是确定相片在物方空间坐标系中的位置和姿态，即摄站参数或相片外方位元素，以实现相片坐标系（像平面坐标系、像空间坐标系）与物方空间坐标系之间的相互转换。摄站参数包括 3 个坐标参数（X_S、Y_S、Z_S）和 3 个角度参数（R_x、R_y、R_z）。在工业摄影测量中，相片自动概略定向需分别解决单张相片定向和多张相片定向两个问题。

单张相片定向又称为空间后方交会，即利用至少 3 个控制点计算 1 张相片的外方位元素（摄站参数)，在工业摄影测量中主要采用基于 4 个非共线控制点的直接解法计算初值，然后再利用共线条件方程进行平差计算精确值。其初值计算的基本思想是：首先，计算 3 个控制点在像空间坐标系中的坐标；然后，通过分解旋转矩阵线性计算摄站参数；最后，利用第 4 个控制点消除多余解。

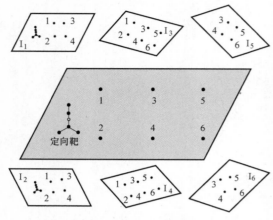

图 2.4-13　多张相片概略定向示意图

在工业摄影测量中，初始物方空间坐标系由定向靶确定，定向靶点可作为控制点对相片实施概略定向。然而，在测量大尺寸目标或较复杂目标（如球外表面）时，所有相片都能拍摄到定向靶，此时，需要利用编码标志作为连接点完成所有相片的自动概略定向。

以图 2.4-13 为例说明多张相片的概略定向过程。1~6 号点为编码标志点，相片 I_1、I_2 均含有定向靶，故首先对其进行定向；然后，利用相片 I_1、I_2 进行空间前方交会，计算 1~4 号点坐标，并以其作为控制点对相片 I_3、I_4 进行定向；最后，利用相片 I_3、I_4 通过空间前方交会计算 5、6 号点坐标，并以 3~6 号点作为控制点完成相片 I_5、I_6 的定向。

可以看出，利用定向靶和编码标志实施多张相片自动概略定向的步骤为：

1) 对所有含自动定向棒的相片，利用单像空间后方交会方法进行定向；

2) 对各编码标志点，判断其是否在 2 张以上（含 2 张）已定向相片上成像。若是，则利用空间前方交会方法计算该编码标志点在物方空间坐标系中坐标；

3) 对所有未定向相片，判断其是否含有 4 个以上（含 4 个）已知物方坐标的编码标志点。若有，则利用单像空间后方交会方法进行定向；

4) 重复步骤 2)~4)，直至没有新相片完成定向。

需指出的是，为抑制定向过程中的误差累积，在每次前方交会计算出新编码标志点坐标或后方交会计算出新摄站参数后，需进行一次光束法平差，并将精度过低的相片和编码标志点作为粗差予以去除。

2.4.2.7　像点自动匹配技术

像点匹配即确定物方点在不同相片上对应的同名像点，是实现摄影测量自动化的关键技术之一。当采用回光反射标志作为测量点时，各标志的图像具有基本一致的灰度分布规律，采用基于灰度相关的匹配算法难以实现其自动匹配。因此，在工业摄影测量中，像点自动匹配只能利用同名像点间的空间几何关系完成，即基于核线约束的像点匹配。

核线约束是解决摄影测量同名像点匹配的重要约束条件。如图 2.4-14 所示为一个立体像对，物方

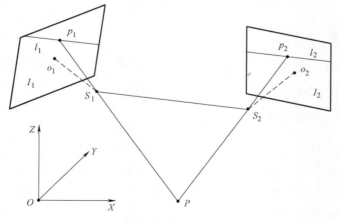

图 2.4-14　核线示意图

点 P 在相片 I_1 和 I_2 上分别成像为 p_1 和 p_2，即同名像点；物方点 P、投影中心 S_1 和 S_2 三点共面，该平面即为物方点 P 对应的核面；核面与各像平面的交线（l_1、l_2）称为核线。显然，同名像点 p_1 和 p_2 一定在其相应核线 l_1 和 l_2 上。受相机畸变及其他误差的影响，实际像点可能不会严格位于核线上，而与其有一微小距离 d。

理论上，只要有 2 张相片就可以进行像点自动匹配。但在工业摄影测量中，由于各标志点成像的相片数量都很多，为保证匹配的准确性，像点匹配一般以 3 张相片为一组。基于核线约束的匹配过程分两步进行：首先经初始匹配确定初始匹配像点，然后精确匹配确定唯一的同名像点。

以图 2.4-15 为例，物方点 P 在相片 I_1 上的像点 p_1 为目标像点，p_2、p_3 为其分别在待匹配相片 I_1、I_2 上的同名像点，L_{2-1}、L_{3-1} 为相应核线。核线匹配的过程大致如下：

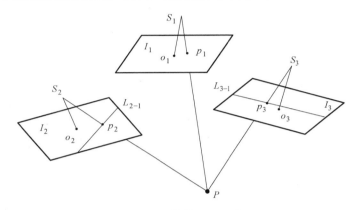

图 2.4-15 核线匹配示意图

1) 初始匹配。如前所述，由于各种误差的影响，同名像点通常偏离相应核线一定的距离。因此，在初始匹配过程中，给定距离阈值 ε，在待匹配相片 I_1、I_2 上分别搜索所有到核线 L_{2-1}、L_{3-1} 距离小于 ε 的像点，分别记为初始匹配像点集合 G_1、G_2，如图 2.4-16 所示。$G_1=\{p_2,p_{2-1},p_{2-2},p_{2-3}\}$，$G_2=\{p_2,p_{3-1},p_{3-2},p_{3-3}\}$。

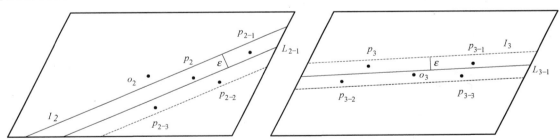

图 2.4-16 初始匹配结果

2) 精确匹配。对 G_1 中的所有初始匹配像点，按上述方法分别计算其在相片 I_3 上的相应核线 L_{3-2}、L_{3-2-1}、L_{3-2-2}、L_{3-2-3}，与 L_{3-1} 的交点记为 $G_3=\{p_{3-2},p_{3-2-1},p_{3-2-2},p_{3-2-3}\}$，如图 2.4-17 所示。找出 G_3 和 G_2 两组像点之间距离最小的两点，则其分别在相片 I_2 和 I_3 上的对应像点就是相片 I_1 上 p_1 点的同名像点。如图 2.4-17 中，最近的两点为 p_{3-2} 和 p_3，在相片 I_2 和 I_3 上的对应像点分别为 p_2、p_3，即 p_1 的同名像点为 p_2、p_3。

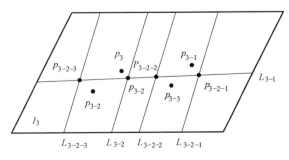

图 2.4-17 精确匹配结果

以上即为基于 3 张相片的核线匹配过程，若相片多于 3 张，可将其按每 3 张一组进行分组匹配，并将各组的匹配结果进行综合即可得到最终匹配结果。

2.4.2.8　自检校光束法平差快速计算技术

光束法平差以像点坐标为观测值，将共线条件方程线性化作为主要误差方程式，利用平差方法同时计算物方点坐标和摄站参数，是摄影测量的核心算法之一。若将相机参数（相机内参数和畸变参数）作为未知参数附加在误差方程中，在计算物方点坐标和摄站参数的同时得到相机参数值，则为自检校光束法平差。由于无需额外增加观测值便能精确检校相机畸变差以有效提高测量精度，自检校光束法平差在工业摄影测量中具有广泛应用。

自检校光束法平差包含 3 类未知参数：物方点坐标、摄站参数和相机参数。由于测量中通常布设大量的标志点和摄站，参与平差的误差方程式数量和法方程系数矩阵的阶数都非常大。例如，假设对 500 个标志点拍摄 100 张相片，每个标志在所有相片上均成像，相机畸变模型采用 10 参数模型，则仅由共线条件方程线性化得到的误差方程式就有 $500 \times 100 \times 2 = 10^5$ 个，法方程系数矩阵的阶数高达 $500 \times 3 + 100 \times 6 + 10 = 2110$ 阶。若利用误差方程式组建整体法方程式，并同时解算所有未知参数，则计算速度将极慢。

逐点法化消元法是摄影测量中实现光束法平差快速计算的常用方法，其基本原理是在每个像点对应的误差方程式中消去物方点坐标，仅保留摄站参数，且不组建整体误差方程式矩阵，而直接构建法方程式，以提高平差速度。如上例中，若消去物方点坐标，则法方程系数矩阵的阶数将从 2110 阶锐减至 610 阶，计算量明显减小。在航空摄影测量中，相机检校通常在测量前完成，故光束法平差中一般只含物方点坐标和摄站参数两类未知参数。

在高精度工业摄影测量中，多采用自检校光束法平差以在计算物方点坐标的同时对相机进行检校，且一般不使用控制点。

2.4.3　技术应用与发展

数字工业摄影测量技术经过数十年的发展，在理论研究和产品化等方面都日臻完善。国外成熟测量系统在现有基础上不断推陈出新，国内相关机构也在理论研究不断深入的基础上，逐步迈向实用化、产品化，在航空、航天、电子、汽车、船舶、能源、重工等众多行业得到了广泛应用。

例如，我国主导研制的国际大科学工程"平方公里阵列射电望远镜"（SKA），该望远镜包含主副两个反射面，主反射面是一个 $15m \times 20m$ 的长六边形，面积达 $235m^2$，超过半个篮球场大，见图 2.4-18。

在望远镜安装过程中，采用工业摄影测量系统对主副反射面面型精度、副面位姿以及馈源位姿等参数进行测量以指导调整。在其俯仰工作范围内，主反射面的精度达到 0.3mm，副反射面面型和位置精度达到 0.2mm，角度精度优于 $30''$，馈源位置精度达到 0.2mm，角度精度优于 $2'$。

纵览数字工业摄影测量技术的发展历程和现状，可以预见其今后将呈现如下发展趋势：

1）相机呈多样化、专业化发展。目前用于数字工业摄影测量的相机已经有专业量测型相机、数码单反相机、红外相机、工业摄像头等多种类型。GSI 公司生产的 INCA 系列相机是专业量测型相机的典型代表，该系列相机基于科学级

图 2.4-18　SKA 望远镜

CCD 相机改装而成,具有极佳的成像性能和稳定的机械结构,而且配备微处理器,能够对摄影参数进行自动设置、对像片进行预处理并提示测量标志的成像信息。数码单反相机以其相对低廉的价格和日益强大的成像性能,正越来越成为数字工业摄影测量的常用传感器。许多学者、厂家也开始尝试对单反相机进行专业化改装,以使其更加适用于摄影测量。不难想象,随着 CCD、CMOS 等影像传感器技术的不断进步,必将会有更多类型、更加专业化的相机应用于数字工业摄影测量领域。

2) 测量精度、自动化程度不断提高。随着工业部件的制造精度、表面复杂程度不断提高,数字工业摄影测量必然要向着高精度、超高精度和高度自动化方向发展。测量精度的提高主要依赖于影像传感器性能的日益强大、对畸变差的检校精度逐步提高以及像点定位等算法的不断优化。而测量自动化程度的增强则需要更多的自动化测量附件、稳健的标志识别算法、像片定向算法和像点匹配算法。

3) 对动态测量理论的研究逐步深入和实用化。摄影测量的数据源(图像)是瞬时获取的,这一特点使得数字工业摄影测量技术特别适用于动态目标测量,如风洞变形实验、汽车碰撞测试、工件振动变形测量等。目前的很多测量系统,如 V-STARS/D、Metronor、Metris K600 等都具备动态测量功能,但在测量精度、范围以及采样频率等方面都有待于进一步加强。数字工业摄影测量技术用于动态目标测量需解决的关键问题主要包括:多传感器高速同步、图像快速获取与存储、海量数据快速处理以及测量基准确定等。

4) 三维数据分析软件日益专用化、精细化。获取被测目标(点)的三维坐标信息是数字工业摄影测量的基本功能,同时,对三维坐标数据进行深入分析也是其重要功能之一。测量点坐标信息在不同领域的用途不尽相同,如逆向工程中利用点云数据进行几何造型,工业制造中利用离散点坐标与 CAD 设计模型进行比对,而动态测量数据则多用于目标的动态变形分析。应用领域的多样性和复杂性决定了难以集成一套涵盖各种功能的、通用的数据分析系统,而必然是针对不同用户开发各种专用的、精细的数据分析软件。

5) 更加注重与其他测量传感器的融合。多传感器融合是测量技术的发展特点,也是数字工业摄影测量技术发展的必然结果。通过不同测量系统融合,能够充分发挥摄影测量自动、快速、精确的优点,极大地提高其他测量系统的性能,如电子经纬仪系统、全站仪系统以及激光扫描仪系统等。

2.5 无人机测量技术

2.5.1 技术起源

目前,无论是智慧城市、数字地球的建设还是对各种资源的实时动态监测,抑或是对地震滑坡泥石流等重大自然灾害的应急保障服务,都需要及时、精确的地理空间信息作为支持。航空摄影测量技术作为快速、高效地获取和更新地理信息数据的重要手段,在灾害应急处理、地理国情监测等多项领域具有独特优势,正逐步成为国家基础建设的重要课题。

近年来,基于无人机平台的测量技术迅速发展,具有独特的优势。无人机技术具有在云下低空飞行的能力,有效地避开云层和天气的干扰,弥补了卫星光学遥感和普通航空摄影易受云层遮挡影响的缺陷,已成为遥感不可或缺的技术手段。与传统测量方法、卫星遥感和航空遥感相比,无人机测量具有高时效、高分辨率、低成本、低损耗、低风险及可重复等诸多优势,能够在大面积区域、常规航摄困难地区和突发自然灾害地区进快速获取高分辨率影像,可以更快、更高效地制作大比例尺地形图、DEM、DOM 和 DSM 等数字产品,从而更快速获取国土、资源、环境等地理信息的空间要素,已广泛应用到大比例尺地形图绘制与更新、自然灾害与地质环境勘查、土地利用动态监测、电力工程、海洋资源与环境监测、风能开发勘测、交通、军事等领域。同时，无人机在应急测绘、中小区域测绘、农村和困难地区测绘中都发挥着重要的作用。

伴随着科学技术的飞速发展，基于多旋翼无人机的航空摄影测量技术与激光雷达测绘技术在社会各行各业中的应用日趋广泛，"无人机＋"概念下的多旋翼无人机测量测绘系统正向着自动化、智能化、全面化、高效化的方向快速发展，其在大比例尺地形测绘、地籍测绘、森林测绘、海岛礁测绘中都有着广泛的应用，为国家桥梁工程建设、水利工程建设、电网工程建设、地下地上管网建设、智慧城市建设、智慧港口建设、旅游资源大数据管理、自然资源勘查、不动产管理、国土资源普查等各行各业提供了准确的测量测绘数据与高效的测量测绘手段。

2.5.2　技术原理与内容

2.5.2.1　无人机测量系统简介

无人机摄影测量系统简单说就是使用无人飞机携带高清相机在空中对所测物体连续拍照，获取高重合度的影像照片的一套设备，该套系统由无人机、云台、相机、地面控制站、相片处理软件组成，主要分两类，一种是通过单镜头相机拍摄以正射影像为主要数据的系统（无人机航空摄影测量系统），一种是通过多个镜头以提供三维建模数据为主要数据的系统（无人机倾斜摄影测量系统）。

无人机激光雷达（LiDAR）是一种相对较新的测量技术，使用了高精度激光扫描仪、全球定位系统（GPS）以及惯性导航系统（INS）。这三者组合可以实现令人难以置信的精确 3D 绘图。

相对于涉及了从大量照片合成数据的摄影测量技术而言，LiDAR 技术革命性的一面是允许测量员直接穿过叶枝和其他干扰碎片，以实现景观详细地形图的构建，而无需进行实地勘察。

1. 无人机航空摄影测量

无人机航空摄影测量仅仅只能获取垂直地面向下的影像，它以无人驾驶飞机作为平台，以机载遥感设备，如高分辨率 CCD 数码相机、轻型光学相机、红外扫描仪等获取影像信息，用计算机对图像信息进行处理，并按照一定精度要求制作成图像。因集成了高空拍摄、遥控、遥测技术和计算机影像信息处理的新型应用技术，航摄影像可为城市规划建设提供有力的手段，被广泛应用于土地利用的动态监测、征迁拆违工作的调查以及衍生各类最新时相的专题图，通过影像可及时修编和更新地图，建立最新的地理数据库等。

无人机航空摄影测量系统特点：

1）分辨率高。无人机飞行平台搭载非量测单反相机，可以进行航空飞行，这样更加容易接近目标区域，可以获取高分辨率航摄影像。

2）操作简单，成本低。无人机平台体积小，质量轻，运输方便，操作简单；单反相机自动化程度高，易于培训和掌握，且成本较低，维护简便。

3）机动灵活，适宜进行小范围大比例尺地形图测绘。传统的航空航天测量技术成本较高，且现势性不强，无法满足大比例尺测图精度要求，而无人机机动灵活，时效性强，非常适用于小范围大比例尺地形图测绘。

2. 无人机倾斜摄影测量

倾斜摄影测量技术（oblique photography technique）因其能快速、高效获取客观丰富的地面数据信息，近年来在信息化测绘领域进行了诸多探索。该技术颠覆了以往正射影像只能从垂直角度拍摄的局限，通过搭载多台传感器从一个垂直、多个倾斜等不同角度采集影像，获得具有较高分辨率、较大视场角、更详细的地物信息数据。

无人机倾斜摄影测量系统特点：

1）反映地物真实情况并且能对地物进行量测

倾斜摄影测量所获得三维数据可真实地反映地物的外观、位置、高度等属性，相对于正射影像，倾斜影像能让用户从多个角度观察地物，更加真实地反映地物的实际情况，极大地弥补了基于正射影像应用的不足，增强了三维数据所带来的真实感，增强了倾斜摄影技术的应用。

2）高性价比

倾斜摄影测量数据是带有空间位置信息的可量测的影像数据，可实现单张影像量测，通过配套软件的应用，能输出 DSM、DOM、DLG 等数据成果，并可直接基于成果影像进行包括高度、长度、面积、角度、坡度等的量测，可在满足传统航空摄影测量的同时获得更多的数据，扩展了倾斜摄影技术在行业中的应用。同时建筑物侧面纹理可采集，针对各种三维数字城市应用，利用航空摄影大规模成图的特点，加上从倾斜影像批量提取及贴纹理的方式，能够有效地降低城市三维建模成本。

3）高效率

倾斜摄影测量技术借助无人机等飞行载体可以快速采集影像数据，实现全自动化的三维建模。

4）数据量小易于互联网络发布

相较于三维 GIS 技术应用庞大的三维数据，应用倾斜摄影技术获取的影像的数据量要小得多，其影像的数据格式可采用成熟的技术快速进行网络发布，实现共享应用。

3. 无人机载激光 LiDAR 测量

激光扫描技术近几年取得了迅猛的进展，无论从体积、测量速度、测量距离和精度上，都有了巨大的进步。因此使无人机搭载激光 LiDAR 系统进行数据获取成为可能，并逐渐被电力、农业、环境、测绘等多个行业所广泛应用。

无人机激光雷达系统，集无人机技术和机载激光雷达的双重优势。飞行高度低，可在超低空安全作业，无需繁复的空域申请。与无人机航摄相比，有以下优势：可直接获得地表及地物真三维信息安全的保障；可到人员无法进入的危险区域完成作业。

2.5.2.2 无人机摄影测量系统组成

无人机摄影测量系统主要由无人机飞行平台、飞行控制系统、影像传感器组成。

1. 无人机飞行平台

飞行平台指的是无人机机体，是其他任务荷载的载体。按外形结构划分，无人机主要分为固定翼无人机、无人直升机、多旋翼无人机。

1）固定翼无人机（图 2.5-1）

图 2.5-1 固定翼无人机

固定翼无人机是自稳定系统，其在升空后动力系统工作正常的情况下，固定翼无人机可以自主抵抗气流的干扰保持稳定。另外，从飞行器姿态控制来说，固定翼是完整驱动系统，它在任何姿态下可以调整到任何姿态，并且保持住这个姿态。从实际操作来看，固定翼飞行器可以在正常飞行情况下，进入到另外一个复杂的飞行姿态并能够恢复到之前的状态。

固定翼无人机是军用和多数民用无人机的主流平台，适合长航程、大面积作业。广泛应用于地形图测绘、应急监测、国土监测、环境监测、矿山资源监测等领域。

2）无人直升机（图 2.5-2）

无人直升机一般体型较大、油动驱动、需要专业操作人员操控，使用性不灵活和技术难度造成无人直升机在民用市场并不多见。无人直升机的特点是可垂直起降、无需跑道、地形适应能力强，缺点是机械结构复杂、维护成本高、续航及速度都低于固定翼无人机。

3）多旋翼无人机（图 2.5-3）

多旋翼无人机，也可叫做多轴无人机，根据螺旋桨数量，又可细分为四旋翼、六旋翼、八旋翼等。一般认为，螺旋桨数量越多，飞行越平稳，操作越容易。多旋翼无人机具有可折叠、垂直起降、可悬停、对场地要求低等优点，被广大民众所青睐。

多旋翼无人机的特点是能够实现垂直起降，并且自身机械结构简单，无机械磨损；缺点是其续航及载重在三种无人机当中是最低的。

图 2.5-2　无人直升机

图 2.5-3　多旋翼无人机

2. 飞行控制系统

飞行控制系统是为实现对无人机飞行平台的飞行控制和对任务荷载的管理，包括机载自主控制系统和地面人工控制系统两大部分。地面人员通过地面控制系统来控制无人机的发射过程和回收过程，在飞机升空到达预先设定的高度后，再通过机载控制系统进行自主驾驶，在飞行过程中，可以自由切换自主和人工操作两种模式。

机载控制系统包括飞控计算机、导航定位装置、姿态陀螺和电源控制器等，以此实现对无人机姿态、位置、速度、高度、航线的精准控制。POS 系统通过动态高频 RTK 和惯性测量装置 IMU 在航测飞行过程中实时测定无人机的位置和姿态，并由数据通信系统进行传输，通过地面控制平台显示飞行姿态、速度、高度、方位等相关参数。地面控制系统可以对无人机航测系统进行全方位的控制和调整，包括飞行状态显示、任务航线规划、航线回放、数据浏览等，实时掌握无人机和任务荷载的信息。

3. 影像传感器

影像传感器主要指搭载在无人机飞行平台上的各种传感器设备，主要有相机（非量测型相机、量测型相机）、倾斜摄影相机、红外热像仪等。

1）非量测型相机

非量测型相机是相对于量测型相机而言的，主要包括单反相机、微单相机和普通数码相机等，它的特点是空间分辨率高，价格低，操作简便，随着无人机技术、成像技术和飞控技术的发展，非量测型相机在数字摄影测量领域崭露头角。

单反相机作为重要的非量测型相机，是用单个镜头并通过该镜头进行反光来获取影像的。计算机技术的发展，CCD 和 CMOS 等感光元件的改进，使得单反相机的性能不断提高，广泛应用于无人机航空摄影测量中。

单反相机有以下优点：

（1）分辨率高，成像质量好。

（2）快门的时滞较短，按下快门后立即成像，并可进行连续拍摄。

（3）通过镜头反光进行拍照，场景真实，颜色自然。

（4）镜头可更换，可以根据不同的航摄任务进行镜头的选择。

2）倾斜摄影相机

多角度相机是倾斜摄影相机的一种。徕卡公司 2000 年推出的 ADS40 三线阵数码相机是世界上较早的倾斜摄影相机，提供地物前视、正视和后视 3 个视角方向的影像。此后美国 Pictometry 公司和天宝公司（Trimble）则专门研制了倾斜摄影用的多角度相机，可以同时获取一个地区多个角度的影像。这些典型多角度相机系统的参数和性能对比如表 2.5-1 所示。

典型多角度相机系统参数和特点 表 2.5-1

相机类型	相机名称	主要参数	特点
三线阵	ADS40/80	三个全色线阵 CCD，每个 2×12000 像元，四个多光谱线阵 CCD，每个 12000 像元；像元大小 6.8μ；焦距 62.77mm	推扫式成像；前视后视可获得较好的倾斜影像；需集成 POS 系统
3 镜头	AOS	单机幅面 7228×5428；像元大小 6.8μ；焦距 47mm；倾角 30°～40°	一台相机获取垂直影像，两台获取倾斜影像；镜头在曝光一次后自动旋转
5 镜头	SWDC-5	单机幅面 5412×7216；像元大小 6.8μ；焦距 100mm/80mm；倾角 40°～45°	一台相机获取垂直影像，四台获取倾斜影像；集成测量型 GPS 和 POS
	Pictometry	单机幅面 4008×2672；像元大小 9μ；焦距 65mm/85mm；倾角 40°～60°	一台相机获取垂直影像，四台获取倾斜影像；产品包含两级影像

2.5.2.3 无人机摄影测量关键技术

1. 无人机航空摄影测量关键技术

无人机航空摄影测量系统通过将 POS 定位定姿技术和精密授时技术进行整合，来确定每一张相片在曝光瞬间的准确位置，如图 2.5-4 所示。这种精密定位技术可以直接获得每张像片的三维空间信息，即每张像片均可以作为控制点均匀的覆盖整个测区，然后将所有像片预处理后进行空中三角测量，计算出每张像片的 6 个外方位元素，完成空三加密，并在此基础上通过建立密集点云，生成格网和纹理，获得高分辨率的 DOM 和 DSM。

1）相机检校

由于无人机大多都是体积小、荷载轻，所以通常搭载非量测型相机作为传感器。对于非量测型相机，按照成像原理，光线在经过理想的镜头中心之后，应该成像于焦平面的像面中心，但是，由于在镜头制作的时候，经常会被各种各样的综合性因素影响，同时物镜在安装调试过程中也会存在一定的误差，这些原因使得光束在几何路径上发生改变，从而造成实际像点与理想像点相比较，发生了偏移或者变形，即为镜头畸变，主要包括像主点偏移、径向畸变和切向畸变，由此产生的像点位移会极大地影响后期空中三角测型量及地形图制作的精度，所以，在进行航空摄影测量时必须首先对非量测型相机进行检校，这是进行大比例尺测图的前提保证。

图 2.5-4 无人机航空摄影
测量示意图

（1）检校内容

相机检校是利用一定的算法建立相应的参数改正数学模型，然后通过对参数进行解算，进而恢复影像光束的正确形状，使影像光束严格共线。

对于非量测型相机，通常情况下，检校内容包括：主距，像主点坐标；物镜的光学畸变差。

光学畸变差包括径向畸变、切向畸变和偏心畸变，如图 2.5-5 所示。其中，径向畸变是因为物镜的径向曲率造成的像主点的径向偏移，根据弯曲方向的不同可以分为枕形畸变和桶形畸变；切向畸变和偏心畸变是由于相机的透镜组之间轴心不共线和与成像平面不平行造成的。

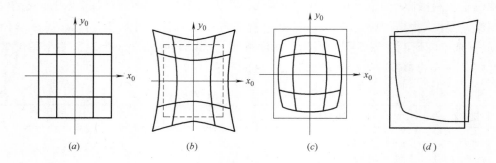

图 2.5-5　物镜光学畸变示意图

(a) 理想镜头；(b) 枕形畸变；(c) 桶状畸变；(d) 切向畸变

（2）非量测型相机检校方法

对于非量测型相机，通常采用直接线性变换法和空间后方交会法等方法进行检校。

直接线性变换法对相机进行检校，通过对共线条件方程组进行解算，可以得到像点的二维坐标与对应地面点三维坐标的转换关系，方法比较简单，且精度相对较高。

2）空中三角测量

空中三角测量依据少量的野外控制点，利用连续拍摄的并且具有一定重叠度的航空影像，通过摄影测量的方法建立与实地相符合的单航线模型或区域网模型，以此来确定每张影像的外方位元素。

（1）空中三角测量原理

空中三角测量是依据少量已知的野外控制点，在航摄影像上进行控制点加密，通过数学运算求得加密点的平面位置和高程，为缺少野外控制点的地区进行测图提供用于绝对定向的加密控制点。在传统的摄影测量当中，空中三角测量是通过对加密点进行点位测定来实现，也就是根据少量的野外控制点的大地坐标和影像的像点量测坐标来求解加密点的大地坐标和影像外方位元素，所以该过程也叫作空三加密。

（2）像控点布设

在传统航测中，像控点的布设是航测的基础，主要包括飞后布控和飞前布控两种方式。

飞后布控即是在获取目标区域的影像之后，由内业数据处理人员在影像上选取具有明显特征的点作为控制点并进行刺点，然后外业人员根据刺点的位置进行实地踏勘并测量，获得控制点的实际坐标。所以，在进行飞后布控时，要求内外业工作人员具有较高的专业知识和实际生产经验，通过相互配合和交流，才可以避免出现刺点偏差，同时要求控制点具有清晰性、易读性、远离边缘和避免重复等特点。

飞前布控由于在测量之前进行了控制点的布控，而且控制点都具有明显的标志性特征，所以在对影像进行判读时，控制点的位置易于识别，但是由于控制点在摄影测量作业进行之前进行布设，所以控制点的精度容易受到自然条件的影响，在外业人员对控制点进行测量时，有可能会出现精度损失。所以，飞前布控需要控制点具有稳定性、明显性和不易损坏的特点。

不论是飞前布控还是飞后布控，都占用着大量的人力物力，同时，控制点的布设方式和稳定性以及内业刺点都直接影响着测量结果的精度。无人机所搭载的非量测相机，镜头畸变大，且所获取的影像成像幅面较小，单幅影像地面覆盖范围有限，导致空三解算需要更多的控制点来保证精度。

（3）空三流程

通常情况下，空中三角测量包括相对定向、模型连接、平差解算和绝对定向等步骤。

首先进行立体像对的相对定向，目的是恢复构成立体像对的相邻两张影像的摄影光束的相互关系，使同名光线对对相交，以此恢复两张影像的相对位置，然后建立目标的几何模型，进而可以计算得到每个模型的相对定向参数。

相对定向完成之后，即建立了影像之间的相对位置关系，但是各个模型之间的坐标系没有统一，此时需要通过各个模型之间的同名点通过空间相似变换来进行模型连接，将每个模型统一到同一坐标系下。利用立体像对的相对定向可以构成单航带自由网，确定每一条航带内的影像之间的相对空间位置关系。然后，利用单航带之间的物方同名点和空间相似变换将每条单航带自由网进行拼接，将所有的单航带自由网统一到同一坐标系，形成区域自由网。

在相对定向和模型连接时，存在着误差的传递和积累，这会导致自由网的变形和扭曲，因此需要进行自由网平差来减小误差。然后再导入控制点坐标进行区域网平差，以实现整个区域网的误差配赋和绝对定向。

绝对定向是对无人机航空影像进行空中三角测量的重要环节，可以实现经过相对定向后的立体模型由摄影测量坐标到大地坐标的转换。绝对定向的实质是求解摄影测量坐标系和大地坐标系两个坐标空间的 7 个坐标转换参数，包括 3 个平移参数、3 个旋转角参数和 1 个比例参数。绝对定向完成后，便可以根据无人机影像的摄影测量坐标求取目标的大地坐标。

3）影像匹配

影像匹配的实质是通过特定的匹配方法，在两幅或者多幅影像之间识别同名点并进行匹配的过程。无人机航空摄影测量技术能够获取同一位置大重叠度的数字影像，航向重叠度 60%～80%，旁向重叠度 15%～60%，影像匹配就是利用重叠的影像找出每张影像之间的相对位置，并通过特定的变换模型把每张影像都变换到同一坐标系下，然后在这个统一的坐标系下来描述每一张影像。

根据无人机飞行的特点，无人机航摄影像的匹配具有以下的难点：

（1）在相邻影像之间，航向重叠度和旁向重叠度变化比较大，并且航空摄影时一般是大比例尺摄影，所以很难确定初始搜索范围。

（2）相邻影像之间的旋偏角比较大，灰度相关比较困难。

（3）无人机飞行高度、俯仰角等变化比较大，使得影像的比例尺不同，大大降低灰度相关的可靠性。

与基于灰度信息的影像匹配相比较，基于特征的影像匹配在畸变、噪声等方面具有更好的可靠性，方法是先提取影像的特征信息，再根据提取出来的这些特征进行特征匹配，最后在这些匹配后的特征的基础上，实现整个影像的匹配。影像的特征信息主要包括以下三点：

（1）特征点，如角点和高曲率点等；

（2）特征线，如直线和边缘曲线等；

（3）特征面，如闭合区域和特征结构等。

基于特征的匹配主要包括以下步骤：

（1）特征提取。特征信息提取的好坏直接决定着影像配准的精度与速度，所以需要满足特征明显、数量多且分布广。

（2）特征匹配。根据特征的属性对特征进行描述，先在影像之间建立特征集的相对关系，然后通过算法剔除错误匹配。

（3）模型参数估计。依照建立的特征匹配相对关系来确定影像之间的变换关系，计算得到影像几何变换模型的相关参数。

（4）影像变换与差值。参照影像的几何变换模型的参数，把影像进行变换，统一到同一坐标系下，完成影像匹配。

2. 无人机倾斜摄影测量关键技术

无人机倾斜摄影技术是通过在无人机飞行平台上搭载多台数码相机，同时从垂直和倾斜多个不同的角度采集高分辨率影像。一般常用的是五镜头倾斜摄影系统，结合无人飞行平台搭载的 GPS/IMU 系统获取的 POS 数据和像控点数据，经过相关软件处理获取数字表面模型、数字正射影像和三维模型的摄影测量技术。

1）多角度相机及处理系统

美国 Pictometry 公司和天宝公司（Trimble）专门研制了倾斜摄影用的多角度相机，可以同时获取一个地区多个角度的影像；我国的四维远见公司也研制了自主知识产权的多角度相机。

伴随多角度相机的是倾斜影像处理系统的快速发展。美国 Pictometry 公司推出的 Pictometry 倾斜影像处理软件，能够较好地实现倾斜影像的定位量测、轮廓提取、纹理聚类等处理功能。法国 Infoterra 公司的像素工厂（Pixel Factory）作为新一代遥感影像自动化处理系统，Street Factory 子系统可以对倾斜影像进行精确的三维重建和快速的并行处理。此外，徕卡公司的 LPS 工作站、AeroMap 公司的 MultiVision 系统、Intergraph 公司的 DMC 系统等，都陆续开发了针对倾斜影像的量测、匹配、提取、建模等模块。

倾斜影像是通过具有一定倾角的倾斜航摄相机获取的，具有如下的特点：

（1）可以获取多个视点和视角的影像，从而得到更为详尽的侧面信息；

（2）具有较高的分辨率和较大的视场角；

（3）同一地物具有多重分辨率的影像；

（4）倾斜影像地物遮挡现象较突出。

针对这些特点，倾斜摄影测量技术通常包括影像预处理、区域网联合平差、多视影像匹配、DSM 生成、真正射纠正、三维建模等关键内容。

2）倾斜影像联合空中三角测量

多视影像不仅包含垂直摄影数据，还包括倾斜摄影数据，而部分传统空中三角测量系统无法较好地处理倾斜摄影数据，因此，多视影像联合平差需充分考虑影像间的几何变形和遮挡关系。结合 POS 系统提供的多视影像外方位元素，采取由粗到精的金字塔匹配策略，在每级影像上进行同名点自动匹配和自由网光束法平差，得到较好的同名点匹配结果。同时，建立连接点和连接线、控制点坐标、GPU/IMU 辅助数据的多视影像自检校区域网平差的误差方程，通过联合解算，确保平差结果的精度。

3）多视影像密集匹配

影像匹配是摄影测量的基本问题之一，多视影像具有覆盖范围大、分辨率高等特点。因此，如何在匹配过程中充分考虑冗余信息，快速准确获取多视影像上的同名点坐标，进而获取地物的三维信息，是多视影像匹配的关键。由于单独使用一种匹配基元或匹配策略往往难以获取建模需要的同名点，因此近年来随着计算机视觉发展起来的多基元、多视影像匹配，逐渐成为人们研究的焦点。

根据多视角倾斜影像数据及平差纠正后精确的内、外方位元素进行密集匹配。目前，主要通过 CMVS、PMVS 实现多视角影像的密集匹配，首先在影像密集匹配前，通过 CMVS 对影像聚类分类来减少数据量，然后在聚类分类后的影像上提取 DoG 与 Harris 特征点，采用相关系数匹配算法获得同名特征点并生产点云模型，以匹配的系数同名点作为样本点定义为种子面片，然后向周围扩散获得稠密的面片，最后对稠密的面片约束、剔除等得到密集的同名点对。

4）数字表面模型生成和真正射影像纠正

多视影像密集匹配能得到高精度高分辨率的数字表面模型（DSM），充分表达地形地物起伏特征，已经成为新一代空间数据基础设施的重要内容。由于多角度倾斜影像之间的尺度差异较大，加上较严重的遮挡和阴影等问题，基于倾斜影像的 DSM 自动获取存在新的难点。可以首先根据自动空三解算出来的各影像外方位元素，分析与选择合适的影像匹配单元进行特征匹配和逐像素级的密集匹配，并引入并行算法，提高计算效率。在获取高密度 DSM 数据后，进行滤波处理，并将不同匹配单元进行融合，形成统一的 DSM。

多视影像真正射纠正涉及物方连续的数字高程模型（DEM）和大量离散分布粒度差异很大的地物对象，以及海量的像方多角度影像，具有典型的数据密集和计算密集特点。因此，多视影像的真正射纠正，可分为物方和像方同时进行。在有 DSM 的基础上，根据物方连续地形和离散地物对象的几何特征，通过轮廓提取、面片拟合、屋顶重建等方法提取物方语义信息；同时在多视影像上，通过影像分割、边缘提取、纹理聚类等方法获取像方语义信息，再根据联合平差和密集匹配的结果建立物方和像方的同名点对应关系，继而建立全局优化采样策略和顾及几何辐射特性的联合纠正，同时进行整体匀光处理，实现多视影像的真正射纠正。

5）自动纹理关联

实现三维 TIN 模型纹理关联包括三维 TIN 模型与纹理图像的配准和纹理贴附。因倾斜摄影获取的是多视角影像，同一地物会出现在多张影像上，选择最适合的目标影像非常重要。采用模型表面的每个三角形面片的法线方程与二维图像之间的角度关系来为三角网模型衡量合适的纹理影像，夹角越小，说明该三角形面片与图像平面越接近平行，纹理质量越高，通过此方法，使三维 TIN 模型上的三角形面片都唯一对应了一幅目标图像。然后计算三维 TIN 模型的每个三角形与影像中对应区域之间的几何关系，找到每个三角形面片在纹理影像中对应的实际纹理区域，实现三维 TIN 模型与纹理图像的配准。把配准的纹理图像反投影到对应的三角面片上，以便随时对模型进行真实感的绘制，实现纹理贴附。

2.5.2.4 无人机搭载激光 LiDAR 系统

1. 无人机载激光 LiDAR 系统原理

激光 LiDAR 是一种先进的非接触式、高精度三维测绘成像手段，当无人机携带机载 LiDAR 航摄飞行时，通过机载三维激光扫描仪向地表发射激光脉冲，根据激光脉冲从发射至返回

激光扫描仪所经过的时间来确定扫描仪中心至地表激光光斑之间的距离，而由动态差分 GPS 确定扫描仪中心坐标，利用姿态测量装置 IMU 记录每个激光发射点的瞬间空间姿态参数，根据这些集合参数以及空间几何关系便可确定地激光反射点的空间位置。可快速获取条带状地表数据，与此同时，DGPS 确定扫描投影中心的空间位置，IMU 记录实时的空间姿态参数，经过特定方程解算处理，即可获取高密度的三维激光点云数据。

2. 无人机载激光 LiDAR 系统关键技术

1）三维激光扫描技术

机载三维激光扫描仪部件采集三维激光点云数据，测量地形同时记录回波强度及波形激光扫描仪，是 LiDAR 的核心，一般由激光发射器、接收器、时间间隔测量装置、传动装置、计算机和软件组成。

激光发射器一般是半导体激光器，以脉冲的形式向地面发射激光并测距，输出的功率大，峰值功率可达到几 MW，脉冲式激光 LiDAR 的测距分辨率 ΔH 由下式给出：

$$\Delta H = C \cdot t_P / 2 \tag{式 2.5-1}$$

式中：C——光速；

t_P——光的一个脉冲周期时间。

线激光器发出的光平面扫描物体表面，面阵 CCD 采集被测物面上激光扫描线的漫反射图像，在计算机中对激光扫描线图像进行处理，依据空间物点与 CCD 面阵像素的对应关系计算物体的景深信息，得到物体表面的三维坐标数据，可快速建立原型样件的三维模型。

2）摄影测量技术

测量过程中，可以利用高分辨率数码相机拍摄采集航空影像数据，并获取测量区域的地物地貌真彩数字影像信息，经过纠正、镶嵌可形成彩色数字正射影像，可对目标进行分类识别，或作为纹理数据源。由于激光扫描系统可以将三维点云直接生成数字高程模型 DEM，并在获得的巡检区域的坐标信息的基础上，采用摄影测量技术正射纠正内容，用于生成文档对象模型 DOM，从而得到数字正射影像。

3）差分 GPS 与惯导技术

差分后处理主要使用载波相位差分原理，用基站的载波相位观测值改正数对移动站的观测值进行改正，可达厘米级定位精度。

在差分 GPS 获取高精度的定位信息后，再将定位数据与 IMU 测量数据进行卡尔曼滤波，得到组合导航数据，包含航迹上每个采样点的精确坐标和 3 个姿态角（翻滚、俯仰、航向），此航迹即可为激光测距值提供解算大地坐标的依据，同时提供每张影像的外方位元素。

2.5.3　技术应用与发展

2.5.3.1　无人机测量技术的发展

初期，无人飞行器大多是应用在军事领域，从开始用作靶机到逐渐应用于侦查和作战任务，20 世纪 80 年代以来，由于电子计算机技术和通信技术的快速发展，各种新型智能传感器相继出现，无人机技术也逐渐发展起来，性能不断提高，应用领域越来越广泛。目前，无人机已广泛应用于影视拍摄、电子商务、农业植保、电力巡检、测绘遥感等各个领域。无人机在测绘方面主要应用于基础地理信息测绘、应急测绘保障、数字城市建设、工程变化检测、国土资源监测等。

2.5.3.2　无人机测量技术在工程中的典型应用

1. 在工程建设中的应用

无人机测量在工程建设前期中的应用包括利用航片进行各种专题内容判释及航测测图，为工程实施方案比选和勘测设计提供资料，同时结合航片进行地形勘测，以配合施工方案比选，满足工程设计初测用图的需要以及动迁阶段取证与沟通。

无人机测量在工程建设中期的应用包括实时施工监测、安全巡查、土方计量、竣工测量。

无人机的强大视觉和空间无约束优势使它在工程施工中有着更广阔的应用前景。事实上，市场对于从独特视角拍摄工程项目有着庞大需求，通过无人机搭载三维扫描设备从各个角度快速获取在建项目形态的关键点云数据，可以建立起逆向三维重构模型，通过与前期设计模型进行对比分析，施工单位可以尽早发现问题，避免犯下代价高昂的错误。

通过迅速捕捉该建筑的三维数据，可以生成高密度的彩色点云数据库，结合计算机图形学原理，建立起建筑现状的三维实体图无人机搭载数字化三维扫描模型，对该模型进行测量，即可实现建筑物尺寸、面积等属性的校验，进而对建设成果进行精确控制。

无人机测量技术在工程建设后期主要用于工程项目的运维养护，包括病害检测和日常巡检。对于大坝、核电站、历史建筑、桥梁、石化等大型工程建设，尤其是那些具有难以精确测量和获得准确数据的大型复杂曲面工程，基于无人机的相关技术应用给这些工程施工检验带来了极大便利，为进一步保障工程质量提供了强有力的技术支撑。

2. 在城市建设中的应用

随着我国当前城市的快速发展、科技的进步，无人机航测是城市发展中非常重要的一个部分，无人机测量能够随着城市发展的不断变化来合理处理变化区域的测绘信息，从而使测绘信息更加准确、更新及时，是城市建设和管理的依据，如图 2.5-6 所示。

1）城市规划

在城市建设中，规划先行，无人机航测高新技术的应用势在必行。规划前期，现场踏勘和调研是规划设计的前导性工作，规划设计人员通过无人机航测影像图，可以更为直观地了解周围环境、地形地物、地貌特征、周边建设条件等现状情况，有助于总体规划，总图布局和竖向设计方案的构思与成型。同时，经过三维场景下多源数据的加载还可以进一步完善设计基础资料的收集，加深设计人员对地形图、规划图纸的理解，降低因资料不全、理解偏差等原因造成城市规划中的缺陷，对总体规划、总体方案水平和保证后期设计质量有着重要的作用。在进行现场踏勘和调研工作时，通过高效三维可视化的航测资料，用以提高规划设计工作的效率，避免规划设计院因数据缺乏，真正规划设计方案的时候发现缺少关键信息，而往返现场，造成返工，延误工期还增加工程成本，也为后续工程勘测定界、不动产、地形测绘、BIM 建模等工作的开展提供真实有效的依据。

2）城市三维建模

通过无人机携带高效的数据采集设备及专业的数据处理软件，生成的三维模型直观反映了建筑物的外观、材质、位置、高度、宽度、形状等属性，以大范围、高精度、高清晰的方式全面感知城市复杂场景，为真实效果和测绘精度提供保证。

图 2.5-6 无人机在城市建设中的应用

3）城市路网规划及施工图设计

城市路网规划是一个城市综合交通规划的重要组成部分，它是在城市总体规划确定道路网的基础上，分析、评价、调整、完善城市道路系统的结构和布局，以及确定主要道路的断面构成等，其目的是建成以快速路、主干路为主骨架，次干路、支路为补充，功能完善、快捷、方便，等级合理，具有相当容量的城市道路系统，以满足城市的交通需求。

无人机航测不但提供规划部门所需的正射影像图，同时还提供设计部门需求的坐标、高程，满足城市路网竖向规划、道路施工图设计。

4）城市改造

通过无人机航测可以得到古城改造拆迁过程中的影像图。依据规划，原有古城路网纹理、密度、巷道、形态不得改变，重要历史建筑必须保护，航测影像图清晰可见，直观明了，为古城改造起到了决策作用。

5）智慧城市建设

智慧城市建设的基础是资料齐全、直观、真实，航测为智慧城市的应用插上了"真实"的翅膀。无人机航测可以快速采集影像数据，实现全自动化的三维建模。应用在智慧城市特定区域，区域内的现状模型，拆迁改造后的规划模型，辅助领导决策不同建设方案与当前城市实景的匹配程度，方便规划设计人员形成初步规划方案。

6）城市不动产登记

无人机航测用于不动产登记，通过获取正射影像图，建立三维模型，辅助外业指界签字调查。在图上进行坐标量测，形成矢量图形，极大程度上提高了不动产登记的效率，更反映建筑小区、公建的真实情况。

3. 利用无人机进行大比例尺地图测绘

传统的航空摄影测量技术不但受天气条件的影响较大，而且对机场有较强的依赖性，造成航测的成本较高，并且生产周期较长，此外，如果是在环境复杂的地区，会大大提高作业的危险性，以上这些因素使得传统航测广泛应用于大范围小比例尺的测量任务，却限制了其在小范围大比例尺地形测量中的应用。但是，以无人机为飞行平台的航空摄影测量系统则是通过在无人机上搭载数码相机等影像传感器，配合 GPS、IMU 等技术来获取地面影像数据，经过数据处理，进而获得被摄物体的地理空间信息及其相互关系，被广泛应用于小范围大比例尺测图任务。

2.5.3.3 无人机测量技术在测绘中的其他应用

1. 国土测绘

通过获取无人机航摄数据，能够快速掌握测区的详细情况，应用于国土资源动态监测与调查、土地利用和覆盖图更新、土地利用动态变化监测、特征信息分析等，高分辨率的航空影像还可用于区域规划等。

2. 环境监测

高效快速获取高分辨率航空影像能够及时地对环境污染进行监测，尤其是排污污染方面。此外，海洋监测、溢油监测、水质监测、湿地监测、固体污染物监测、海岸带监测、植被生态等方面都可以借助遥感无人机拍摄的航空影像或视频数据实施。

3. 应急救灾

无论是汶川地震、玉树地震，还是舟曲泥石流、茂县山体滑坡，测绘无人机都在第一时间到达了现场，并充分发挥机动灵活的特点，获取灾区的影像数据，对救灾部署和灾后重建工作的开展，都起到了重要作用。

2.6　三维激光扫描技术

2.6.1　技术起源

激光雷达（Light Detection and Ranging，LiDAR），也称三维激光扫描，是近年来发展起来的一项高新技术，可全天候、快速、主动、高精度地采集大范围区域的精细三维空间信息，部分设备还能获取到目标的反射强度信息。由于激光在单色性、方向性、相干性和高亮度等方面具有优良的特性，从1988年德国斯图加特大学的研究人员将激光技术应用到航空测量领域中以后，激光雷达在精度、速度、便捷性等方面均表现出巨大的优势，引发了一场现代测量技术的革命性变革。

根据激光雷达承载方式的不同分为星载激光雷达、机载激光雷达、车载激光雷达、地面激光雷达等几类。星载LIDAR采用卫星平台，运行轨道高、观测视野广，基本可以测量到地球的每一个角落，为三维控制点和数字地面模型（Digital Elevation Model，DEM）的获取提供了新的途径，无论对于国防还是科学研究都具有十分重大的意义，有些星载LiDAR还具有观察整个天体的能力。机载激光雷达是一种安装在飞机上的近地激光探测和测距系统，通过在飞机飞行过程中量测地面物体的三维坐标，生成LiDAR数据影像。机载激光雷达系统与数字航摄仪、机载GPS及惯性导航系统（INS）相结合，可在空中完成地面高程模型DEM及数字正射影像图DOM的大规模生产，提供较大范围内更为丰富的地理信息，武汉大学在这方面已经具有较为成熟的应用经验和数据处理软件。地面激光雷达是一种集成了多种高新技术的新型测绘仪器，采用非接触式高速激光测量方式，以点云的形式获取地形及复杂物体三维表面的阵列式三维坐标数据。随着激光雷达承载平台距地表距离的不断降低，激光雷达获取数据的分辨率不断升高，星载激光雷达的分辨率从几百米到几分米，机载激光雷达分辨率从几米到几厘米，而地面激光雷达的分辨率则最高，其分辨率从几毫米甚至到手持关节臂的微米级分辨率。

激光雷达最初只是用于一维测距，到20世纪末，激光测量技术获得了巨大的发展，实现了激光雷达从一维测距向二维、三维扫描发展，使得测量数据（距离和角度）由传统人工单点获取变为连续自动获取数据，特别是近些年来，欧、美、加、日等国的几十家高新技术公司开展了对三维激光扫描技术的研究开发，激光雷达硬件设备（三维激光扫描仪）发展迅速，在精度、速度、易操作性、轻便、抗干扰能力等性能方面逐步提升，而价格则逐步下降，这些因素都使得激光雷达已逐步成为快速获取空间数据的主要方式之一。到20世纪90年代中后期，三维激光扫描仪已形成了颇具规模的产业，其产品在精度、速度、易操作性等方面达到了很高的水平。国内在激光雷达硬件的研究起步于20世纪90年代中期，稍落后于西方，近些年来，三维激光扫描技术在我国已经逐步实现国产化，国内中科天维及中海达等公司都推出了国产激光扫描仪。

激光雷达测量技术的出现和发展，是测量技术的重大突破，掀起了一场立体测量技术的新革命。它克服了传统测量技术的局限性，能够对立体实物进行扫描，解决了将立体世界的信息快速地转换成计算机可以处理的数据。它速度快、实时性强、精度高、主动性强、全数字特征、性能更强，可以极大地降低成本，节约时间。近年来，随着三维激光扫描技术在测量精度、空间解析度等方面的进步和价格的降低，以及计算机三维数据处理技术、计算机图形学、空间三维可视化等相关技术的发展和对空间三维场景模型的迫切需求，三维激光扫描测量技术越来越多地用于获取被测物体表面的空间三维信息，其应用领域日益广泛。经过近几年的不断发展，激光雷达系统的测量范围、测量精度、测量效率在不断提高，应用领域也日益广阔。与传统摄影测量技术相比，激光雷达技术有很多的优点，如：激光雷达采集的点云数据密度高，采集的三维点间距从米级到毫米级甚至更小；数据获取方式便捷，扫描速度快，采集的点云可以实时三维观察；由于激光具有极高的方向性，较少受到环境的影响，数据精度高；由于光波的特性，有些激光雷达还具备地物穿透能力，可透过狭小的空隙探测到被遮挡的物体；不但能够采集到三维空间几何数据，而且可以获取地物的反射率等信息，有些激光雷达通过加装与激光雷达配准好的高分辨率相机，实现彩色纹理的高精度自动匹配，通过加装位置与姿态装置，实现多站点云的自动配准，最终形成整体彩色点云模型等等。不难预测，激光雷达系统必将成为三维空间数据获取的主要设备，它将与其他数据获取技术，如近景摄影测量、控制测量、全球卫星定位等技术，一道推动空间信息技术的发展。

2.6.2 技术原理与内容

激光雷达是以发射激光束探测目标的位置、速度等特征量的雷达系统，工作波段在红外与可见光波段，一般由激光发射机、光学接收机、转台和信息处理系统构成。激光雷达系统采用的是极坐标几何定位原理，可以直接获取地物目标表面的三维坐标信息，它实现了从现实三维世界到三维数字化世界的直接转换。

激光雷达获取数据的仪器为三维激光扫描仪，利用激光作为信号源，对三维目标按照一定的分辨率进行扫描。激光雷达测量由测距和测角两部分组成：在测距上，利用激光探测回波技术获取激光往返的时间差或相位差等进而计算目标至扫描中心的距离 S；测角上，由精密时钟控制编码器同步测量每个激光信号发射瞬间仪器的横向扫描角度观测值 α 和纵向扫描角度观测值 θ。测点的空间三维坐标可由空间三维几何关系通过一个线元素和两个角元素计算空间点位的 X、Y、Z 坐标，空间点位的关系如图2.6-1所示。

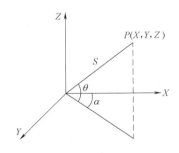

图 2.6-1　坐标测量原理图

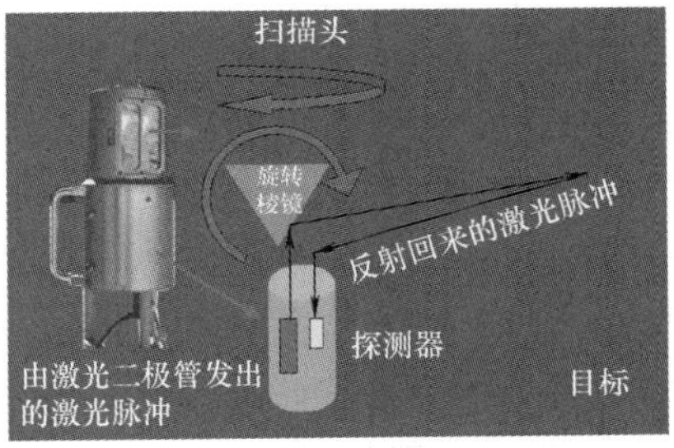

图 2.6-2　激光雷达扫描原理

空间点位的计算模型见式（2.6-1）：

$$\begin{cases} X = S\cos\theta\cos\alpha \\ Y = S\cos\theta\sin\alpha \\ Z = S\sin\theta \end{cases} \qquad （式2.6-1）$$

还有少部分激光扫描仪采用激光发射和接收两个装置与目标点构成的角度来测量距离，这类激光扫描仪主要用于短距离目标测量。激光扫描系统一般使用仪器自己定义的坐标系统，部分扫描仪器可以输入控制坐标来设定仪器坐标系（如莱卡的 Scanstation 系列地面激光扫描仪）。

基于不同的测距原理，地面激光扫描仪存在较大差异，主流的地面激光扫描仪主要包含三种测距原理，即：基于脉冲飞行时间（如图 2.6-2 所示）、基于相位、基于三角测距原理。

2.6.2.1 基于脉冲飞行时间差测距的原理

此类三维激光扫描仪利用激光脉冲发射器周期地驱动一激光二极管向物体发射近红外波长的激光束，然后由接收器接收目标表面后向反射信号，产生一接收信号，利用一稳定的石英时钟对发射与接收时间差作计数，确定发射的激光光波从扫描中心至被测目标往返传播一次需要的时间 t，又因光的速度 C 是常量，所以可由式（2.6-2）计算被测目标至扫描中心的距离 S，精密时钟控制编码器同步测量每个激光脉冲横向扫描角度观测值 α 和纵向扫描角度观测值 θ。

$$S = \frac{1}{2} Ct \tag{式 2.6-2}$$

由于采用的是脉冲式的激光源，通过一些技术可以很容易得到高峰值功率的脉冲，所以飞行时间法适用于超长距离的距离测量。其测量精度主要受到脉冲计数器的工作频率与激光源脉冲宽度的限制，精度可以达到 m 数量级。

2.6.2.2 基于相位差测距的原理

此类系统将发射光波的光强调制成正弦波的形式，通过检测调幅光波发射和接收的相位移来获取距离信息。正弦光波震荡一个周期的相位移是 2π，发射的正弦光波经过从扫描中心至被测目标的距离后的相位移为 φ，则 φ 可分解为个 2π 的正数周期和不足一个整数周期相位移 $\Delta\varphi$，即有

$$\varphi = 2\pi N + \Delta\varphi \tag{式 2.6-3}$$

正弦光波振荡频率 f 的意义是一秒钟震荡的次数，则正弦光波经过秒钟后震荡的相位移为

$$\varphi = 2\pi ft \tag{式 2.6-4}$$

由式（2.6-3）和式（2.6-4）可解出 t 为

$$t = \frac{2\pi N + \Delta\varphi}{2\pi f} \tag{式 2.6-5}$$

将式（2.6-5）代入式（2.6-2），则从扫描中心至被测目标的距离 S 为

$$S = \frac{C}{2f}\left(N + \frac{\Delta\varphi}{2\pi}\right) = \frac{\lambda_s}{2}\left(N + \frac{\Delta\varphi}{2\pi}\right) \tag{式 2.6-6}$$

式中：λ_s——正弦波的波长；

C——光速。

由于相位差检测只能测量 $0 \sim 2\pi$ 的相位差 $\Delta\varphi$，当测量距离超过整数倍时，测量出的相位差是不变的，即检测不出整周数 N，因此测量的距离具有多义性。消除多义性的方法有两种，一是事先知道待测距离的大致范围，二是设置多个不同的调整频率的激光正弦波分别进行测距，然后将测距结果组合起来。

由于相位以 2π 为周期，所以相位测距法会有测量距离上的限制，测量范围约数十米。由于采用的是连续光源，功率一般较低，所以测量范围也较小。其测量精度主要受相位比较器的精度和调制信号的频率限制，增大调制信号的频率可以提高精度，但测量范围也随之变小，所以为了在不影响测量范围的前提下提高测量精度，一般都设置多个调频频率。通常的测量精度达到 mm 数量级。

2.6.2.3 基于激光三角形的原理

基本原理是一束激光经光学系统将一亮点或直线条纹投射在待测物体表面，由于物体表面形状起伏及曲率变化，投射条纹也会随着轮廓变化而发生扭曲变形，被测表面漫反射的光线通过成像物镜汇聚到光电探测器光接收面上，被测点的距离信息由该激光点在探测器接收面上所形成的像点位置决定，当被测物面移动时，光斑相对于物镜的位置发生改变，相应的其像点在光电探测器接收面上的位置也将发生

横向位移，借助 CCD 摄像机撷取激光光束影像，即可依据 CCD 内成像位置及激光光束角度等数据，利用三角几何函数关系计算出待测点的距离或位置坐标等资料。原理图见图 2.6-3。

采用该原理的三维激光扫描仪的精度可以达到微米级，但对于远距离测量，必须要伸长发射器与接收机间的距离，所以不适于远距离测距。

1）通常将三维激光扫描仪所获得的三维空间的点集称为点云（Point Cloud），这类数据有如下特点：

（1）数据量大。一站扫描得到的点云数据中可以包含几十万到上百万个扫描点。

（2）密度高。扫描数据点的平均间隔在测量时可由仪器设置，一些仪器设置的最小平均间隔可达 1～2mm。

（3）带有扫描物体光学特征信息。由于三维激光扫描技术可以接受反射光的强度，因此扫描得到的点一般具有反射强度信息，有些三维激光扫描仪还可以获得点的色彩信息。这些特点使得三维激光扫描数据具有十分广泛的应用，同时也使数据处理变得复杂和困难。

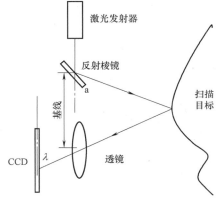

图 2.6-3 三角测距原理

2）依据扫描方式的不同，得到点云的分布情况也存在差异，根据点云的分布特征（如排列方式、密度等）将点云分为 4 类（如图 2.6-4 所示）：

（1）散乱点云，其特点为没有明显的几何分布特征，呈散乱无序状态。这是由于扫描过程中，扫描仪并非按照固定的线路或方法去获取三维数据得到点云，如关节臂扫描仪器或由摄影测量方法生成的特征点点云。

（2）扫描线点云，由一组扫描线组成，扫描线上的所有点位于扫描平面内。

（3）网格化点云，点云中所有点都与参数域中一个均匀网格的顶点对应。许多地面激光扫描仪都采用空间球状网格划分策略，得到的点为空间网格阵列格式。

（4）多边形点云，测量点分布在一系列平行平面内，用小线段将同一平面内距离最小的若干相邻点依次连接形成一组有嵌套的平面多边形，莫尔等高线测量、工业 CT、层切法等系统的测量"点云"呈现多边形特征。

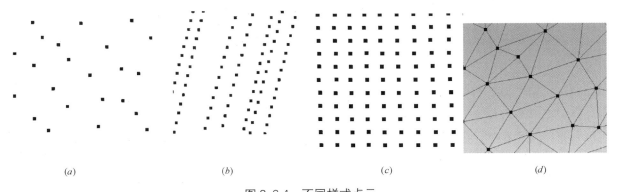

(a)　　　　　　　　(b)　　　　　　　　(c)　　　　　　　　(d)

图 2.6-4 不同样式点云
(a) 散乱点云；(b) 扫描线点云；(c) 网格化点云；(d) 多边形点云

激光雷达仪器根据设计的不同有不同的原始数据格式，包含极坐标系、球坐标系、柱坐标系等多种数据存储类型，一般显示采用反射强度影像或者点图像方式。

图 2.6-5 为反射强度影像示例，该图像由穹形地面激光扫描系统获得的建筑内部数据，将阵列点云的反射强度按照一定数学法则展开到矩形区域构成一幅全景的灰度影像。

图 2.6-6 为点图像示例，直接将三维点阵按照一定的投影法则输出到屏幕显示终端，一般三维点云数据处理采用此种显示方式。

图 2.6-5 反射强度影像

图 2.6-6 点图像显示

激光雷达技术引起了一场三维测绘的技术革命，它与传统测量及摄影测量等学科密切相关，它本身属于遥感领域，相对于传统测量技术有巨大的优势，能够为 GIS、快速三维建模及相关应用领域提供快速密集且精确的三维信息。

通过近年的激光雷达测量系统的发展与应用，形成比较完善的激光雷达扫描测量的数据处理模式。在工程应用方面，目前国内的地面激光雷达扫描主要集中应用在大型建筑形变监测、土木工程建设和文化遗产保护等领域，而且测量方式和方法也比较新颖和完善，如北京建筑大学在故宫三维重建和天津高铁西站中的应用。在数据处理方面，国内的诸多学者针对该技术的不用应用方向，提出了不同的数据处理方案。

如在文化遗产保护领域，王国利等提出了地面激光雷达数据采集与处理的主要技术流程，包括数据采集、数据预处理、数据分割、模型重建和模型分析处理及可视化表达等内容。其中数据预处理过程包含点云数据的噪声滤除与平滑、多站扫描数据的配准；模型重建包括三维模型的重建、模型重建后的平滑和优化处理、模型简化、分割和纹理映射等；模型分析处理包括特征提取、剖面分析、形变分析等，如图 2.6-7 所示。

在土木工程应用领域，郑德华等人结合三维激光扫描仪的特点，总结了三维激光扫描数据的处理过程，提出可分为数据获取、数据配准、特征提取、三维建模与应用等顺序流程，如图 2.6-8 所示。张爱武等人在简要分析了国内国际三维激光扫描技术应用与处理现状的基础上，提出了地面三维激光数据处理的基本框架，主要包括三维数据组织与调度、多站点三维数据配准与三维建模等内容。

相对国内技术的发展，国外学者对地面激光雷达数据处理的研究开展较早，也比较深入，主要集中在多视点云配准、数据精简与去噪、几何对象分割与提取、点云数据三维重建、纹理映射、交互式编辑与可视化等方面，取得了很多有价值的成果。在工业工程领域，Tahir Rabbani Shah 利用点云和影像数据对工业设施进行重建，将数据处理流程归结为：数据获取、数据分割、目标探测、基于目标的配准、

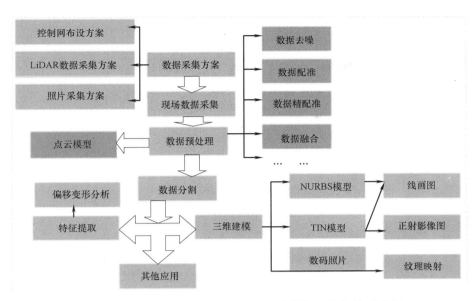

图 2.6-7 文化遗产保护领域激光雷达数据采集与处理流程

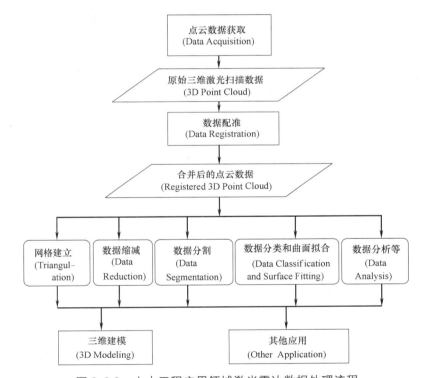

图 2.6-8 土木工程应用领域激光雷达数据处理流程

CSG 模型拟合、生成 CSG 模型等部分，流程图如图 2.6-9 所示。在文化遗产保护领域，英国政府历史环境咨询机构 English Heritage 的专家提出了一套针对三维遗产的点云数据处理流程，包括基础测量、现场扫描、点云配准、数据建模、数据分析等几大部分，见图 2.6-10，并分析了三维激光扫描项目的几种成果数据类型与格式。

综合上述，从国内外现有的地面激光雷达点云数据处理流程来看，针对地面激光扫描技术在不同领域的应用，点云数据处理过程各有不同，本质相通，概括起来包括数据重组织与调度、数据配准、数据去噪与精简、数据分割与分类、三维模型构建（模型包含 TIN 模型、DTM 模型、NURBS 模型、规则体模型、CAD 模型等）、纹理映射、数据分析、输出成果数据等 8 个步骤。地面激光雷达扫描原始点云

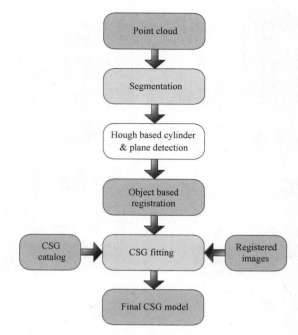

图 2.6-9　国外工业设施重建方面点云数据处理流程

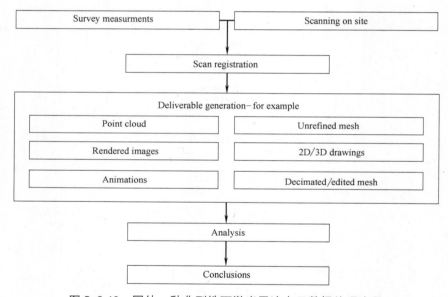

图 2.6-10　国外一种典型地面激光雷达点云数据处理流程

数据较大（＞100M），原始点云经配准操作后形成多视点云数据的叠加，即使经过简单的去噪与精简操作，最终生成的点云模型数据总量依旧庞大（往往＞50GB），大场景的三维激光扫描项目的数据处理工作就更困难（点云数据总量甚至会超过 TB 级别）。采用目前的点云数据处理流程保留了绝大部分原始点云，包括离散点云数据，并将冗余数据甚至是噪声点带入后处理过程，增加了数据处理工作难度，也对计算机硬件、处理软件提高了要求，最关键的是降低成果数据的整体精度。在实际工程项目应用中，对最后的成果数据（包括点云模型和结构图等）不需要如此精细。推进实际的应用，降低数据处理难度，关键是消除原始数据中的冗余和噪声，经过点云数据预处理后形成一个精简、整体性强的点云模型，方便后处理工作针对整体点云模型进行操作。

获取精简、整体性强的点云模型需要将三维激光扫描点云的原始信息纳入处理范畴，修改传统的数据处理流程。三维激光扫描点云的原始信息包括点云（具体说就是深度图）中三维点与点之间的空间排列关系与拓扑关系（我们把具有这种隐含空间关系的数据称为深度图像，原始点云称为点图像）。点图像模型具有数据量大（海量性）、按扫描线排列（栅格性）、数据未经任何处理（原始性）等特点，以点图像为起点，构建一种新型的数据处理流程，更好更快地完成海量点云数据的处理与管理工作。

总结起来，三维激光扫描数据的处理过程主要包括以下四个方面，如图 2.6-11 所示。

图 2.6-11 激光点云数据处理流程

最常用的密集三维数据采集方法有雷达与摄影测量方法。摄影测量方法通过相对密集匹配结合控制测量方法，获得目标表面三维数据，而成像雷达系统则是通过比较发射信号与接收信号的时延或相位等方法实现距离测量。按发射信号的波长，雷达可分为声雷达、激光雷达、毫米波雷达等。本书主要以激光雷达数据为对象，按照不同指标可有多种分类：按工作原理可分为脉冲飞行时间法、相位差法、差频法、深度图法；按承载平台分，可分为星载、机载、车载、手持、站载、台式激光雷达扫描仪，如图 2.6-12 所示。

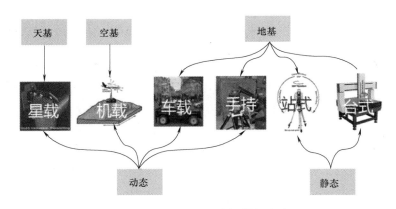

图 2.6-12 激光雷达扫描仪分类

在动态测量激光雷达中，星载激光雷达是指把激光雷达系统放在地球轨道平台上进行大气和地面目标探测的一种装置；机载激光雷达主要是以直升机或其他飞机为航空激光扫描测量系统进行作业的空间载体和操作平台，用来装载航空激光扫描测量系统所需要的各种仪器仪表和操作人员；车载激光雷达又称车载三维激光扫描仪，是一种移动型三维激光扫描系统，是目前城市建模的最有效的工具之一，以上三种平台设备一般适用于大范围目标扫描，扫描精度也在厘米甚至分米级别。手持激光雷达扫描设备一般适用于小型目标，绝对测量几何精度一般可以达到微米级。

地面激光雷达则是以地面静态平台为基础获取目标三维几何数据的设备。

激光雷达的信息获取注重场景的三维建设和获取，能够比较全面地反映被测环境的色彩信息和位置信息等，图 2.6-13 为某激光雷达扫描的一站的数据，能够充分反映激光雷达的相关特点和数据特点。

经过近几年的不断发展，激光雷达系统在测量范围、测量精度、测量效率等方面不断提高，应用领域也日益广阔，在现实应用中显示出无可比拟的优势。

3）与传统测量技术相比较，具有如下特点：

（1）接触性测量，无须设置反射棱镜进行非接触性测量，在技术人员难以到达的危险地段有明显优势。

（2）数据采样率高，突破单点模式，以高密度、高分辨率等特点主动获取实体表面的丰富且全面的点云数据信息。

（3）在常规距离（一般大于 10m）测量精度上来讲，该技术较全站仪来说相对较低。但是在短距离范围内，部分新型地面激光扫描仪绝对测量精度可达亚毫米乃至微米级。

图 2.6-13　地面三维激光雷达扫描效果

（4）部分点云数据可以带有反射强度信息，能够反映出目标材质差异。

4）与摄影测量技术相比有如下特点：

（1）三维激光扫描技术获取的是实体的三维点云数据，而摄影测量获取的是实体的影像照片，两者的数据格式不相同。点云数据密度高、精度高、扫描速度快，可实时三维观察。

（2）三维激光扫描技术对多视点云的拼接一般采用的是坐标匹配方式，而摄影测量数据拼接采用对影像照片进行相对或绝对定向方式。其拼接方法不同，通过加装与激光雷达配准好的高分辨率相机，可实现彩色纹理的高精度自动匹配，通过加装位置与姿态装置，可实现多站点云的自动配准。

（3）解析方法不一、测量精度不同。三维激光扫描直接获取的点位精度高于摄影测量中基于影像的解析获得的点位精度，且精度分布相对均匀。

（4）测量外界环境的要求不同。由于激光具有极高的方向性，较少受到环境的影响，三维激光扫描测量对白天和黑夜等无条件要求，而摄影测量对光线、温度等要求高。

（5）实体纹理信息的获取方式不同。三维激光扫描技术获取纹理信息是通过反射的激光信号强度来匹配与真实色彩相类似的颜色或从内置或外置的数码相机中获取的影像中提取，而摄影测量技术是直接利用影像照片获得真实的色彩信息。

2.6.3　技术应用与发展

三维激光扫描测量应用技术的发展经历了三个发展阶段：

第一阶段为逆向工程阶段，主要用于工业制造及检测领域，典型的包含零件模型构建、加工和质量检测等，目前这类技术仍广泛应用于工业制造业（例如船舶制造、汽车制造、飞机制造等）、模型检验探测、工厂三维管线规划测量等。

第二个阶段则为应用于古文化遗产研究和保护阶段，20 世纪以来，激光扫描测量以其快速、无接触、全天候及高精度、测量数据全面丰富等特点介入古文化遗产研究保护中并逐渐为世界文化遗产同行接受。文化遗产数字化的发展程度已经成为评价一个国家信息基础设施的重要标志之一。用现代信息技术使文化遗产数字化，具有重要的社会意义和经济意义。文化遗产数字化可以保存一份完整、真实的数字文物记录，一旦文化遗产遭受意外破坏，可以根据这些真实的数据进行修复和完善。1992 年，联合国教科文组织开始推动"世界的记忆"项目，该项目的目的是在世界范围内，在不同水准上，用现代信息技术使文化遗产数字化，以便永久性地保存，以最大限度地使社会公众能够公平地享有文化遗产。国外文化遗产保护如美国斯坦福大学（Bernardini 1999；Levoy 2000）的"数字化米开朗基罗"项目、美洲考古研究所以及匹兹堡大学艺术史学的专家重建的虚拟庞贝博物馆等。我国在文化遗产数字化方面也有显著的成就，壁画方面如敦煌壁画的数字化与数字莫高窟建设、河南博物院西汉"四神云气图"壁画综合保护研究项目，北京建筑大学采用三维激光扫描技术，对壁画破坏现状进行了记录，局部记录分辨率达到 0.5mm；并采用三维处理软件对所获数据进行了后期数据分析及壁画尺寸和局部破坏的高精度测量；古建筑方面如北京建筑大学的故宫博物院古代建筑数字化测量项目、西藏白居寺修缮保护数字化工程等，其他方面如大足的千手观音、广西宁明的花山岩画等多处文物古迹也都进行了三维激光数字化测量记录。目前国内文物有绝大部分都不具备完整的现状三维数据资料，因此激光扫描测量今后在该领域还有相当的应用推广价值。

第三阶段则是大规模的城市建设、规划及地形测量应用。地面激光扫描的无合作目标测量及测量数据的完整与全局特性使其在大型建筑的施工测量与监测中有用武之地，车载及机载激光扫描仪的出现，也直接推动了城市三维建模、导航、建设规划以及地形测量等应用，还有其他方面的个例应用，如堆积物测定、目标找寻等，武汉大学在 5·12 汶川地震抗震救灾期间曾用机载 LiDAR 寻找失事飞机残骸，这就是利用了不同材料对激光反射率的差异来进行的。

随着三维激光扫描技术在测量精度、空间解析度等方面的进步和优势，计算机三维数据处理技术、计算机图形学、空间三维可视化等相关技术的不断发展，测量成本的降低以及对空间三维场景模型的迫切需求，三维激光扫描技术越来越多地用于获取被测物体表面的空间三维信息，其应用领域日益广泛，逐步从科学研究发展到人们日常生活的领域。

1）制造业。基于三维激光扫描数据的快速原型法为产品模型设计开发提供了另一种思路，缩短了设计和制造周期、降低开发费用，极大地满足了工业生产的需求，它与虚拟制造技术（Virtual Manufacturing）一起，被称为未来制造业的两大支柱技术，目前已成为各国制造科学研究的前沿学科和研究焦点。

2）数字城市建模，通过三维激光扫描数据可以直接对城市进行精细三维建模，为城市的数字化管理、分析及智慧城市的建设提供基础数据。

3）医学领域。在牙齿矫正和颅骨修复等医疗领域利用三维激光扫描技术进行三维数据重构和造型。

4）电脑游戏业。制作者尽量追求游戏的真实和画面的华丽，于是三维游戏应运而生，从人物到场景，利用三维激光扫描仪获取数据构建三维场景，不但具有很好的视觉效果和冲击力，而且人物设计及豪华的 3D 场景刻画极为精致细腻，对比以前比较呆板的 2D 游戏，其在真实性和吸引力上的优势是显而易见的。

5）电影特技制作。演员、道具等由扫描实物建立计算机三维模型后，许多危险的镜头只需要在计算机前操作鼠标就可以完成，而且制作速度快、效果好。最近几年，三维建模技术运用于电影制作取得了令人惊异的进展。三维激光扫描技术的介入促进了应用领域的发展，同时应用领域的大量需求成为研究的动力。

6）文化遗产保护。三维激光扫描测量技术在文化遗产保护领域具有非常广阔的应用前景和研究价值。就文化遗产保护来说，人类有着珍贵而丰富的自然、文化遗产，但由于年代久远，很多文物难以保存或者易被腐蚀，再加上现代社会人类活动的影响，这些遗产遭受破坏的程度与日俱增，因此，很难满足人们研究和参观欣赏的需求。利用先进的科学技术来保护这些宝贵的遗产成为迫在眉睫的全球性问题。利用三维激光扫描技术，将珍贵文物的几何、颜色、纹理信息记录下来，构建虚拟的三维模型，不仅可以使人们通过虚拟场景漫游仿佛置身于真实的环境中，从各个角度观察欣赏这些历史瑰宝，而且还可以为这些历史遗迹保存一份完整、真实的数据记录，一旦遭受意外破坏，也可以根据这些真实的数据进行修复和完善。

7）现代施工测量。如在进行某项工程设计中，如果建立计算机仿真平台，通过这个平台的仿真来验证设计方案的可行性及对此操作的成功率指标进行评估，这样通过仿真还可以对设计方案和有关参数进行验证和修正，不仅可以提高设计计划的成功率，而且可以节省设计的时间和资金。又如厂矿竣工测量、精密变形监测等方面均有应用。

8）建筑领域。在建筑领域，一个建筑物如果用普通二维图片（比如照片）表示，对于普通人来说，这样表现出来的建筑物很不直观，对某些细节部位或内部构造的观察也很不方便。建造时使用的图纸虽然包含了大量的信息，对于非专业人士来说却不容易看懂。如果使用三维建模的方法重建出这个建筑的三维模型，那么就可以直接观察这个建筑的各个侧面，整体构造，甚至内部的构造，这无论对于建筑师观看设计效果，还是对于客户观看都是很方便的。

9）网络应用。随着网上购物越来越多地走入人们的生活，我们可以某些商品建成可视化的模型，人们在选购的时候可以用鼠标和键盘对模型进行各种操作，从而用更直观，更便捷的方法来了解商品的性能，而不是对着大篇幅的数字指标发呆。

10）城市设计规划与管理。在城市设计规划与管理中，当我们打算新建一幢高楼、新开一条道路或者对城市进行其他方面的规划时，我们可以通过对城市的场景建模，模拟新建筑对周围环境的影响，决定如何规划用地。

11）虚拟现实。利用获取的三维数据建立相应的虚拟环境模型，从而展现一个逼真的三维空间世界。场景的三维信息可以帮助人们更加安全、有效地管理。准确地掌握场景的构造，可以有效地避免安全隐患，如果一旦发生地震、火灾等突发事件，能及时找出逃生和施救的方案。

2.7　激光跟踪测量技术

2.7.1　技术起源

在精密工业测量发展的早期阶段，测距精度远低于测角精度，导致全站仪的三维坐标测量误差主要受测距误差的影响，使得全站仪的三维坐标测量误差为亚毫米级，很难满足工业测量中更高精度、更高自动化要求，因此，精密测距技术的发展是激光跟踪测量技术发展的一条重要主线。

20 世纪 80 年代末，国际著名军事航天器生产公司 BAE 寻求合作伙伴，要求研发一套测量系统，不仅能提高航天器零部件的拼接精度，而且降低对测量工作者的要求以及劳动强度。瑞士徕卡公司与其合作，于 1990 年研制成功世界上第一套激光跟踪仪 SMART310，该仪器采用美国专利生产的激光跟踪仪，1993 年又推出了 SMART310 的新一代产品。早期的激光跟踪仪为了解决全站仪中相位法进行绝对测距（Absolute Distance Meter，ADM）精度较低的缺点，采用单频激光干涉测距技术（Interferometer，IFM），大幅度提高了测距精度。同时，激光跟踪仪采用 PSD 技术，成功实现了测量目标的自动识别和锁定跟踪，实现了自动化测量。

由于激光干涉测距只能测量得到靶球移动的相对距离值，为了解决绝对距离测量问题，早期的激光跟踪仪在机身上定义一个距离零点（"鸟巢"），激光测距中心到"鸟巢"的长度规定为基准距离，该距离值在出厂前已经校准得到。测量时将反射器从"鸟巢"移动到测量点，激光跟踪仪保持跟踪并实时测量相对距离，该相对距离与基准距离之和就是测量点的斜距观测值。

基于"鸟巢"的绝对距离测量方法在使用过程中不能断光，否则靶球就需要重新回到"鸟巢"测量基距值，这就给实际测量造成了很大的不方便。为解决"断光续接"问题，瑞士徕卡公司于 1996 年推出了 LT500/LTD500，其中 LTD500 采用了徕卡专利的高精度绝对测距技术，在任意断光位置采用 ADM 测距离值作为基距值，解决了在任意位置断光续接的难题。但此时由于 ADM 测距精度低于干涉测距的精度，因此在高精度时，还需要从"鸟巢"开始并保持不断光，实际上，第二代激光跟踪仪都保留了"鸟巢"装置，如徕卡 AT901 系列、API 公司的 Radian 等。与第二代激光跟踪仪配套的测量软件也得到了极大的完善，其典型代表即为徕卡统一工业测量系统平台 Axyz/LTM。同时，第二代激光跟踪仪和图像处理技术相结合，逐步发展起来了六自由度测量技术，包括 T-CAM、T-Probe、I-Probe、T-CAM 等，极大地扩展了激光跟踪仪的应用范围。

随着 ADM 测距技术快速发展，其测距频率从 150MHZ 提高到 2.4GHZ，测距精度大幅度提高，在 20m 测量距离上，ADM 测距精度已经和 IFM 测距精度相等，因此 ADM 测距值可以完全代替"鸟巢"的基距值。正是得益于 ADM 测距技术的发展，先后研制成功了基于 ADM 测距的激光跟踪仪，如徕卡 AT40X 系列、API 的 OT 系列仪器均取消了 IFM 测距功能和"鸟巢"点，只保留 ADM 测距模块。但是 ADM 测距属于相位法测距原理，无法满足动态测量要求，因此最新一代的激光跟踪仪采用了 AIFM 技术，综合了 ADM 好 IFM 的优点，完全取消了"鸟巢"点，同时又具备了快速动态测量的要求。第三代激光跟踪仪配套软件功能也得到了发展，出现了基于激光跟踪仪六自由度测量技术对测量机器人标定的典型技术。

目前，瑞士徕卡公司、美国 API 公司、美国 FARO 公司等都相继推出了各自的激光跟踪仪系列产品。激光跟踪仪在中国的应用始于 1996 年，沈阳飞机工业（集团）有限公司在国内首次引进了 LTD500 激光跟踪测量系统用于飞机的装配测量。目前中科院等单位也在开展国产激光跟踪仪的研制工作。

2.7.2 技术原理与内容

激光跟踪测量技术主要包括角度测量、距离测量和跟踪控制三部分。

2.7.2.1 测角原理

激光跟踪仪的测角原理和全站仪的测角原理相同，主要采用光栅度盘测角，其累计显示指示光栅相对光栅度盘的转动信息，该信息是一个过程概念，没有具体的物质载体，因此当仪器关机后该信息即刻消失，不能保留，即意味着关机后原有激光跟踪仪坐标系信息将丢失。光栅度盘测角的这一缺点，就给工业测量带来了极大的不方便，为了解决测量数据的保存问题，采用光栅度盘测量的激光跟踪仪在每次开机后都需要将反射棱镜放置到"鸟巢"位置进行初始化测量（回"鸟巢"），以"鸟巢"和仪器中心连线在水平度盘上的投影为起始角度方向。

以徕卡 LTD500 激光跟踪仪为例，其采用 Heidenhain 公司生产的 RON286 增量式度盘，整个度盘刻画有 18000 条刻线，角度测量分辨率为 $0.14''$，单次测量精度为 $\pm2.5''$，但在测量静态目标时，激光跟踪仪的采样频率可以高达 1000 次/s，当对静态目标点测量 100 次取平均时，角度测量精度即可优于 $\pm2.0''$。

激光跟踪仪的角度测量模块主要包括水平编码度盘和垂直编码度盘、驱动马达和读数系统等。目前，最高的测角采样率（数据采集速度）可达到 3000 点/s，角度分辨率 $0.14''$，角度测量重复性精度 $\pm(7.5\mu m+3\mu m/m)$，测角精度 $\pm(15\mu m+6\mu m/m)$。

2.7.2.2 干涉测距原理

早期的激光跟踪仪均采用干涉法测距，该技术充分利用激光辐射优良的空间相干性、时间相干性以及极高的亮度，常采用稳频氦氖激光为光源构成具有干涉功能的测量系统，使测距精度得到了空前的提高。以英国 Renishaw 公司生产的系列产品为例，其最高测速可以达到 1000mm/s，最高测速时的分辨率为 1.24nm，最高测速时的测量范围为 80m。目前，激光干涉测距主要分为单频激光干涉测距和双频激光干涉测距，激光跟踪仪主要采用单频激光干涉测距，其测距原理如图 2.7-1 所示。

从图 2.7-1 中可以看出，IFM 测距系统由 He-Ne 激光器、分光镜、固定反射镜、移动棱镜、干涉条纹检测、计数器组成。由 He-Ne 激光器发出的激光束到达分光镜后分成光束 1 和光束 2，反射光束 1 经固定反射镜反射后仍然回到分光镜，透射光束 2 经移动棱镜（可在空间任意移动）反射也回到分光镜，两束反射光在分光镜处汇合并产生干涉，如图 2.7-2 所示。

光束 1 的光程长度不变，光束 2 的光程长度随移动棱镜的移动产生变化。依据干涉原理，当两束光

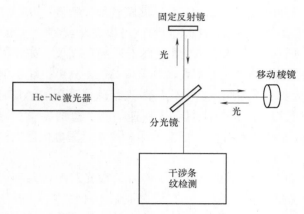

图 2.7-1 激光干涉仪测距原理图

的光程差是激光半波长的偶数倍时，光束相互叠加而加强，在接收器上形成亮条纹；当两束光的光程差是激光半波长的奇数倍时，两束光波相互抵消，在接收器上形成暗条纹。结果，两束合成光的强度加强或减弱，完全是由两束光的光程差来决定，而光束 1 的光程固定不变，光束 2 的光程随移动棱镜的移动距离而变化。因此，由干涉条纹的明暗变化，可以直接测出移动棱镜的移动距离。

进一步，分光镜分出一部分反射光至光电位置探测器，当目标反射器在空间移动时，入射光和出射光在空间产生偏移，该偏移量由光电位置探测器测得，转换为误差信号，经放大和处理后控制伺服系统驱动跟踪平面镜转动，直到光电位置探测器输出为零，此时，入射光线对准反射器中心，出射光和入射光重合，由于位置探测器可探测双向偏移量，误差信号驱动跟踪镜绕两个正交轴转动，故跟踪仪可跟踪空间运动目标，计数器给出目标移动引起的距离变化量，测量原理如图 2.7-3 所示。当这种叠加波达到波峰，代表着在 1/2 波长时的改变，在 IFM 的情况下，是 $0.32\mu m$。干涉信号进入计数器计数并且由外插振荡器得到运动方向，就可以把波峰的个数乘以 1/2 的波长来精确计算距离的变化，不仅能达到很高的精度，速度也非常快，目前最快可以达到 3000 点/s。

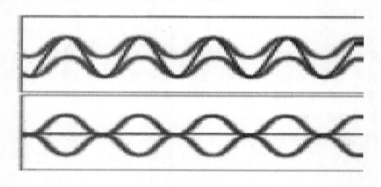

图 2.7-2 IFM 测距信号干涉

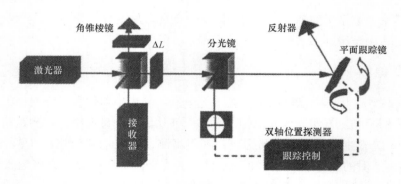

图 2.7-3 激光跟踪仪测距原理

目前，激光跟踪仪 IFM 测距的激光束一般是波长为 633～795nm 的可见光，在进行干涉测量时微小的移动即可导致干涉条纹的变化，因此激光干涉测距的分辨率可以达到 $0.158\mu m$，但激光斑随距离的增加而变大，其测距误差和距离密切相关，目前可以优于 $\pm 0.5\mu m/m$。

从 IFM 测距原理即可看出，激光干涉测距只能测量出棱镜移动的距离（相对距离），并且在测距过程中，激光束不允许被打断（断光），这给实际测量工作带来了很大的不方便。为了得到仪器中心（激光发射中心）到反射棱镜之间的距离，激光跟踪仪都设置了一个基准距离位置（"鸟巢"），其到仪器中心的距离值在出厂时已精密测量得到，可以作为已知值。因此，激光跟踪仪在测量之前，都需要把反射棱镜放置在"鸟巢"位置，进行初始化测量（回"鸟巢"）后，才可移动棱镜进行目标点测量，此时激光跟踪仪保持跟踪并实时测量相对距离，该相对距离与基准距离之和就是仪器中心到测量点的斜距观测值。

此外，由于激光干涉测量得到的是相对距离，因此当激光束在测量过程中由于被遮挡等原因导致断光时，相对距离值即会丢失，此时必须将反射棱镜重新放置回"鸟巢"位置进行基准距离测量后，才可继续进行目标点测量。

但单频激光干涉测距在测量环境恶劣、测量距离较长时，测距精度受环境影响很大，其原因在于它是一种直流测量系统，具有电平零漂等缺点，当反光镜移动时，光电接收器输出信号如果超过了计数器的触发电平就会被记录下来，如果激光束强度发生变化使光电信号低于计数器的触发电平时，使计数器就停止计数。而恶劣测量环境（如空气湍流）等很容易使激光器强度或干涉信号强度发生变化，导致测距误差增大甚至测量错误。

2.7.2.3 绝对测距原理

ADM 测距主要分为脉冲法测距和相位法测距两种模式，激光跟踪仪主要采用相位法进行 ADM 测距，其基本原理是测定仪器发出的连续正弦信号在被测距离上往返传播所产生的相位差，并根据相位差求得距离。

从相位法测距原理可以知道，电磁波测距信号的频率越高，测距精度就越高，频率带宽越小，最小距离观测值越大。以早期的 Kern ME5000 测距仪为例，其激光频率为 510MHz，带宽 20MHz，测量的最小距离值为 20m，最大测程可以达到 8000m，测距精度达到 $\pm$（$200\mu m + 0.2\mu m/m$），使传统相位法测距仪的精度达到了一个新的高度，在大地测量、精密工程测量、长度基线测量等领域得到了广泛应用。

正是基于此，徕卡公司将 ME5000 测距仪的相位法精密测距技术率先应用到 LTD 系列激光跟踪仪中，在对 ME5000 的测距技术进行优化后，实现了激光跟踪仪的绝对距离测量。为了解决测距最小值和测距精度问题，徕卡将 LTD 激光跟踪仪的 ADM 测距频率提高到 900MHz，带宽为 150MHz，使最小测距值可以达到 0m，测量精度达 $\pm 50\mu m$。

此后，徕卡公司在 IFM 和 ADM 测距技术的基础上，研制了 AIFM 精密测距技术，该技术将调制频率提升到 2.4GHz，带宽为 300MHz，全量程内的测距精度能达到 IFM 干涉测距精度，可以优于 $\pm 10\mu m$，该技术已经成功应用于 AT901/AT401 跟踪仪以及 μ-BASE 型测距仪上。AIFM 融合了 IFM 和 ADM 两项技术优点。测量原理就是当激光束断开后，反射器可在激光束出射线上任意位置续接，用 ADM 计算从跟踪头中心到反射器中心距离的同时，IFM 记录反射器的距离移动情况，直到 ADM 计算出续接点处的反射器位置再加上 IFM 的相对变化量就可以得到目标的实时坐标。影响测量精度的因素主要是 ADM 重新获取反射器位置的时间（Integration time），因为在这个时间段内，目标的振动或者偏移就会产生误差，目前 Integration time 最快为 0.2s。另外，AIFM 克服了 ADM 单频测距的缺点，采用较宽范围内的光谱进行测量，能消除微米级的偏振误差，使测量精度优于 $5\mu m$。

以 AT401 激光跟踪仪为例，其完全采用 ADM 测距技术，全量程精度优于 $\pm 10\mu m$，和 IFM 测距精度完全相同，但 ADM 测距技术获取目标位置的速度较慢，导致 AT401 激光跟踪仪不能对运动物体进行快速实时跟踪测量，所以一般用于静态测量，为了实现对目标的有效跟踪，AT401 激光跟踪仪采用了超强锁定技术（Power Lock），可以大视场范围内快速捕捉到目标，实现断光续接，其捕获和锁定测量靶标的性能已经达到 AT901 跟踪仪。综合激光跟踪仪 ADM 测距原理的发展，其不同阶段的测距参数如表 2.7-1 所示。

几种主要 ADM 测距仪器参数 表 2.7-1

仪器型号	激光频率	带宽	测距精度	测量范围
ME5000	510MHz	20MHz	$\pm(200\mu m+0.2\mu m/m)$	20～8000m
LTD500	900MHz	150MHz	$\pm 50\mu m$	0～40m
AT901	2.4GHz	300MHz	$\pm 10\mu m$	0～160m

从表 2.7-1 中可以看出，随着测距频率和测距带宽的不断增加，测距精度也不断提高，以 AT901 为例，在 20m 距离上其 IFM 的测距误差已经大于 ADM 的测距误差。目前，徕卡公司推出的 AT401/402、API 的 OT 跟踪仪都属于 ADM 测距，并且不再具备 IFM 测距功能。

需要指出的是，由于受到 ADM 测距原理的限制，ADM 的测量速度较慢，每秒钟约为 6 个点，无法实现动态跟踪测量。但与 IFM 测距相比，ADM 受外界环境影响较小，可以很好地适应野外测量的需求。

2.7.2.4 跟踪控制原理

绝大部分 IFM 测距的激光跟踪仪都采用基于位置检测器（Phase-Sensitive Detector，PSD）的跟踪控制技术，实现对目标（球棱镜）的快速跟踪。

PSD 技术的内部光路如图 2.7-4 所示，当目标靶镜处于静止状态时，由激光发生器发出的激光束经过复杂内部光路反射到靶镜中心。反射光由靶镜中心按原路径返回，经分光镜后将光斑投射到 PSD 中心。此时，PSD 探测到没有位置偏移，输出零电压信号，控制电路维持当前稳定状态。

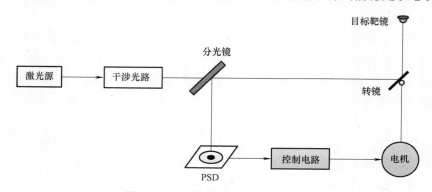

图 2.7-4 目标静止时的 PSD 光路

激光跟踪仪在测量时，激光跟踪仪发射的激光束经过分光镜分成两束光，一束光到达反射棱镜后被反射回来，用于距离值测量。而另一束光进入 PSD，当反射棱镜发生移动时，PSD 就会探测并计算返回激光束入射角产生的偏移量，随着反射棱镜不断的移动，PSD 位置探测器就连续记录入射角的偏移量并将偏移信号传输到控制器，PSD 根据偏移量信号就会驱动马达转动直到偏移量为零，此时，即实现了目标的跟踪，如图 2.7-5 所示。

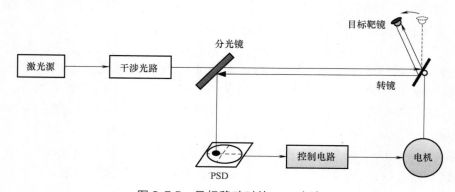

图 2.7-5 目标移动时的 PSD 光路

因此激光跟踪仪要实现高速的目标跟踪，除了 PSD 部件外，还需要良好的马达驱动和定位系统。目前，通过 PSD 部件实现目标跟踪控制功能的激光跟踪仪，其横向跟踪速度可以达到 4m/s，径向跟踪速度可以达到 6m/s。

2.7.2.5 激光跟踪定位原理

激光跟踪仪的空间三维坐标采用空间球坐标测量系统原理得到，设激光跟踪仪对空间点 P 的水平度盘读数、垂直度盘读数和斜距测量值分别为 (α, β, D)，如图 2.7-6 所示。

按照右手坐标系即可计算被测点 P 的三维坐标值：

$$\begin{cases} x = D \cdot \sin(\beta) \cdot \cos(\alpha) \\ y = D \cdot \sin(\beta) \cdot \sin(\alpha) \\ z = D \cdot \cos(\beta) \end{cases} \quad (式 2.7\text{-}1)$$

需要指出的是，激光跟踪仪可以在不整平状态下进行测量，其坐标系的类型有很多种定义方法，以徕卡 AT901 系列为例，以激光跟踪仪的中心坐标为 O（0，0，0），总共定义了 8 种坐标系，实际中常用的有右手直角坐标系（Right Handed Rectangular，RHR）和逆时针球坐标系（Spherical Counter-Clockwise system，SCC），其坐标系的定义如图 2.7-7 所示。

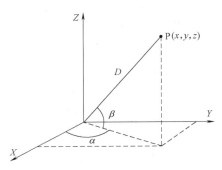

图 2.7-6 激光跟踪仪测量示意图

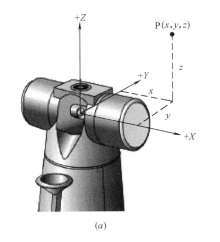 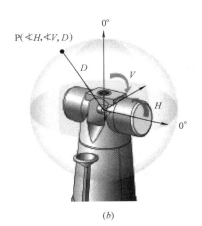

(a)　　　　　　　　　　　　　　　　(b)

图 2.7-7 AT901 定义的 8 种坐标系
(a) RHR；(b) SCC

在 ADM 和 AIFM 测距原理的激光跟踪仪取消"鸟巢"和基准距离后，激光跟踪仪坐标系的＋X 轴定义以水平度盘零方向，坐标系原点仍旧为仪器中心，过中心指向天顶方向为＋Z 轴，按照右手坐标系确定＋Y 轴。

2.7.2.6 六自由度测量原理

激光跟踪仪除了得到空间点的三维坐标值外，各类型的激光跟踪仪都配备了空间六自由度测量设备，徕卡系列主要有 T/B-Probe、T-Cam、T-Scan、T-Mac 等，API 系列主要有 I-Probe、STS6D、I-Scan 等。六自由度测量设备极大地拓展了激光跟踪仪的应用范围，并且实现了空间位置和姿态的实时测量。从测量原理上讲，徕卡系列的六自由度测量主要基于数字图像测量技术，而 API 系列则基于二维倾斜传感器测量。

基于激光跟踪仪的 T-Probe 六自由度测量技术（Six Degree of Freedom，6DOF，又称驻机定位技术），被称为"轻便型测量机（Walk Around CMM）"，如图 2.7-8 所示。T-Probe 配合 T-Cam 可以实现空间目标的六自由度测量，如图 2.7-9 所示。该系统的测量范围可达 30m，在 8.5m 范围内，距离测量误差不超过 $60\mu m$。

6DOF 测量技术区别于常规坐标测量方式，增加了三个姿态参数。它是在激光跟踪仪上安装摄像头并配合附件的一种特殊测量手段，相应的测量附件有很多，T-Cam 是精密测量型相机，安装在跟踪仪上或者内置到激光跟踪仪内部，用于获取影像信息并解算目标姿态参数。T-Probe 是测笔，结构类似于近景摄影测量系统中的光笔，笔端可以测量任意点空间坐标。

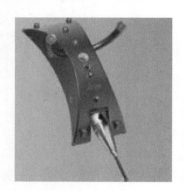

图 2.7-8　T-Probe

图 2.7-9　T-Cam

以 T-Probe 为例，其主要由底座、工具球反射棱镜（Tooling Ball Reflector，TBR）、十个姿态二极管、六自由度显示灯和可更换的探针等部分组成，如图 2.7-10 所示。T-Probe 独立坐标系以 TBR 为坐标系原点，TBR 指向探针端的二极管为 $-Y$ 轴，平行于指向右侧二极管为 $+X$ 轴，按照右手系确定 $+Z$ 轴，如图 2.7-11 所示。

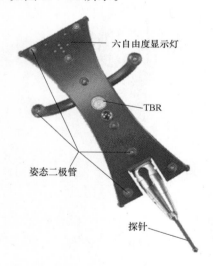

图 2.7-10　T-Probe 组成

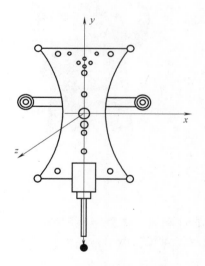

图 2.7-11　T-Probe 坐标系定义

T-Cam 是一个高精度的量测型相机，T-Cam 相机坐标系和激光跟踪仪坐标系在仪器出厂时已经标定，T-Cam 相机坐标系相对于激光跟踪仪坐标系的旋转参数、平移参数及相机的内方位元素可视为已知，如图 2.7-12 所示。在测量时，激光跟踪仪对 T-Probe 上放置的 TBR 进行跟测量得到 TBR 的中心坐标，同时利用架设在激光跟踪仪上的 T-Cam 相机对 T-Probe 上按一定位置分布的十个红外发光二极管进行测量，解算得到 T-Probe 的姿态参数，进而根据给定的参数得出测头探针针头中心的坐标，从而实现利用探针来测量被测对象。在测量状态下，激光跟踪仪获取球棱镜的中心坐标 (X_0, Y_0, Z_0)，T-Cam 通过测量标志点获取 T-Probe 的姿态，如图 2.7-13 所示。

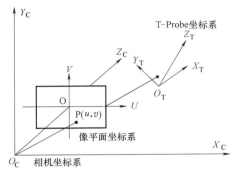

图 2.7-12 T-Cam 相机坐标系

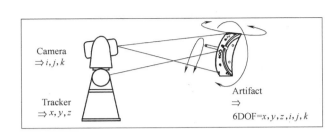

图 2.7-13 T-Cam 测量 T-Probe 姿态

以像点坐标及 TBR 中心在激光跟踪仪坐标系下的坐标作为观测值,即可解得目标坐标系在激光跟踪仪坐标系下的转换参数。由于探头中心在目标坐标系下的坐标已知,可以很方便地利用已求解的转换参数求解出探头中心在激光跟踪仪坐标系下的坐标。

在 T-Probe 上的 10 个发光二极管每一个都有唯一的特征标识,并根据空间分布分为 4 组,而为了得到良好的测量效果,每组至少有一个发光二极管(总共 4 个)要能被 T-Cam 连续的被观察到,以保证对 T-Probe 的 6 个自由度的计算。T-Probe 的探针位置和姿态可以直接在用户所定义的坐标系中获取,其姿态参数返回值为三个旋转角(R_x、R_y、R_z)或者四元素(q_0,q_1,q_2,q_3)。

从测量原理上讲,徕卡所有的六自由度产品都是基于图像测量姿态、跟踪仪测量位置的方法首先得到六自由度,在此基础上再进行隐藏点测量、三维激光扫描测量等。

六自由度测量技术极大地扩展了激光跟踪仪的功能,拓展了激光跟踪仪在姿态测量、动态跟踪测量等领域的应用范围,尤其对于机器人标定、复杂产品测量、交会对接、安装测量等具有重要意义。

2.7.3 技术应用与发展

2.7.3.1 激光跟踪测量技术的发展

由于激光跟踪测量技术的快速、动态、高精度等特点,被广泛应用于航天、航空、汽车、造船、机械制造、核工业等精密工业测量领域。目前,主要型号激光跟踪仪的性能参数如表 2.7-2 所示。

常见激光跟踪仪的主要技术参数　　　　　　　　　　　　　　表 2.7-2

仪器型号	徕卡 AT901	徕卡 AT402	API T3	API Radian	法如 ION
主机尺寸(mm)	240×290×620	221×188×290	190×190×360	177×177×355	311×311×556
控制器尺寸(mm)	510×485×200	250×112×63	315×250×100	310×160×110	288×158×214
主机重量(kg)	22	7.3	8.5	9	17.7
控制器重量(kg)	17	0.8	4	3.2	5.2
水平范围(°)	±360	±360	±320	±320	±270
垂直范围(°)	−45~+45	−45~+45	−60~+80	−59~+79	+75~−50
横向跟踪速度	4m/s	3m/s	4m/s	4m/s	
径向跟踪速度	6m/s	3m/s	6m/s	6m/s	4m/s
测角分辨率	0.14″	0.07″	0.05″	0.018″	
测角重复性	7.5μm+3μm/m	7.5μm+3μm/m			10μm+2.5μm/m
全量程测角精度	15μm+6μm/m	15μm+6μm/m		3.5μm/m	
ADM测距波长	795nm	780nm			

续表

仪器型号	徕卡 AT901	徕卡 AT402	API T3	API Radian	法如 ION
ADM 分辨率	$0.1\mu m$	$0.1\mu m$	$1.0\mu m$	$0.1\mu m$	$0.5\mu m$
ADM 精度	$10\mu m$	$10\mu m$(MPE)	$1.5\mu m/m$	$10\mu m$	$8\mu m+0.4\mu m/m$
ADM 测量范围	$1\sim80$	160m	60m	50m	
IFM 测距波长	633nm				
IFM 分辨率	$0.32\mu m$		$0.1\mu m$	$0.08\mu m$	$0.158\mu m$
IFM 精度	0.5×10^{-6}		0.5×10^{-6}	0.5×10^{-6}	$2\mu m+0.4\mu m/m$
IFM 测量范围	$0\sim40$		60m	50m	
全量程点位精度	$15\mu m+6\mu m/m$	$15\mu m+6\mu m/m$	$5\mu m/m$	$\pm10\mu m$ 或 5×10^{-6}	0.049mm
点位重复性				$2.5\mu m/m$	
测量速度(点/s)	3000		3000		
工作温度(℃)	$0\sim40$	$0\sim40$	$-10\sim45$	$-10\sim45$	$-15\sim50$

从表中可以看出，激光跟踪仪技术的发展，主要体现在以下三个方面：

1. 测距技术的发展

第一代激光跟踪仪主要采用单频激光干涉测距原理，保留"鸟巢"和基准距离值，测量过程中不能断光，否则就需要重新返回"鸟巢"测量基准距离，典型代表是 SMART310、LT500、TrackerII 等型号。

第二代激光跟踪仪具备 ADM 测距功能，实现了在任意位置的断光续接，但是 ADM 的测距精度较低，任意位置的断光续接会降低测距精度，因此第二代激光跟踪仪都还保留了"鸟巢"和基准距离测量，测量仪器的体积较大，典型代表是 LTD500/700 系列、AT901 系列、Radian、ION 等。

第三代激光跟踪仪是随着精密 ADM 测距精度的大幅度提高的发展而产生的，完全采用 ADM 测距技术，取消了"鸟巢"和基准距离测量，使得测距范围达到了 160m，且更加适应室外测量环境，同时测角精度在一定程度上得到提高，使得三维坐标测量精度没有降低，仪器体积进一步减小。但是由于取消了 IFM 测距和基准距离测量，测量速度较慢，无法实现动态跟踪仪测量，只能用于静态测量，典型代表是 AT40X 系列、OT 系列。

第四代激光跟踪仪综合采用了 IFM 和 ADM 的特点，使得激光跟踪仪同时具备了测程大、测量速度快等特点，取消了"鸟巢"和基准距离测量，实现任意位置断光续接且精度不降低，同时满足动态测量和静态测量需求，测量仪器体积进一步减小。典型代表是 AT930/960 系列。

2. 六自由度测量技术的发展

早期激光跟踪仪主要用于三维点坐标测量，后期随着数字图像处理技术的发展，基于激光跟踪测量技术发展了内容丰富、功能强大的六自由度测量技术，实现了空间物体的位置和姿态测量、大范围动态跟踪测量、复杂产品的隐藏点测量、三维点云扫描测量等，极大地扩展了激光跟踪仪的应用领域。

以徕卡为代表的激光跟踪仪六自由度测量技术主要基于数字图像处理技术实现，而 API 系列则主要采用数字图像处理技术测量得到方位值、二维倾斜传感器得到俯仰和翻滚姿态值的方法，实现了空间六自由度测量。

3. 测量功能的发展

早期的激光跟踪仪主要用于测量工业产品，因此可以在任意倾斜状态甚至是倒置状态下进行测量，而随着激光跟踪仪测量范围的扩大和测量精度的进一步提高，越来越多地应用于精密工程测量领域，如粒子加速器安装等。因此，激光跟踪仪逐步具备了二维倾斜测量和补偿功能，从外置倾斜测量发展到内置倾斜测量，测量模式在满足工业测量需求的基础上，更多地兼顾了精密工程测量的需求。

2.7.3.2 激光跟踪测量技术的发展

激光跟踪仪由于具有测量精度高、测量范围大、测量功能丰富等的特点，被广泛应用于精密工业与工程测量等领域，主要体现在以下几个领域：

1. 航天器测量

随着中国航天事业的快速发展，对航天器发射前的地面标定测量在精度和测量效率方面提出了更高的要求，以确保航天器的而运行性能和对地观测精度，因此航天器精度测量一致是航天事业发展中的重要环节。航天器在制造、装配和总装等各个环节中都存在精度测量的需求，主要测量任务包括基准坐标系建立、外形尺寸测量、各个敏感器位置和姿态测量、安装检测量等，并且随着大型复杂航天器的发展，航天器上安装的设备和敏感器越来越多，各个敏感器的测量精度要求在不断提高，尤其是狭窄的测量环境，极大地限制了其他测量仪器的使用。

激光跟踪仪在测量效率和测量精度方面都具有较明显的优势，尤其在面型测量中具有明显优势。目前激光跟踪仪在航天器测量领域主要应用于航天器机械部件在加工阶段的形面检测、星载天线形面测量、基准圆环精密测量、星箭对接面测量、交会对接测量等。

2. 大型天线安装测量

随着国防事业和科学研究的发展，中国先后建造了直径 50m、65m、500m 的大型天线。大型天线的生产、安装和调试过程复杂，在安装完成后，必须保证天线的形面精度才能满足天线功能和性能要求，因此需要在天线研制和生产的各个环节，都必须进行精密测量。目前，激光跟踪仪大型天线测量领域的应用主要集中在天线模胎生产、部件检测、基座安装、面型安装与调整、天线测试、天线变形等。

3. 大型发电产品安装与检测

随着环保发展的需求，作为污染小、利用率高的换热器（热交换器、废热锅炉、过热器）产品不断增多，在换热器管束组件中布置有若干块管板、支撑板，其主要功能是确保传热管管束在换热器装配、运输和运行过程中的定位和固定。因此，对管板、支撑板的装配位置精度要求极高（与蒸发器管板安装的技术要求不相上下），安装的准确与否，不仅关系到传热管束的准确穿管，还影响到支撑板与传热管管束之间的转配残余应力。同时作为清洁能源的风能、核能、水力发电等都得到了快速发展。

在发电产品中，激光跟踪仪得到了广泛应用，主要包括锅炉换热器管板安装测量、锅炉法兰面安装测量、风力发电叶面形状精度测量、核电控制测量、水力发电机组转子安装测量等。

4. 钢铁生产设备安装与检测

钢铁联合生产线具有空间范围大、结构复杂、测量精度要求高、测量时间有限等特点，主要包括冷轧生产线和热轧生产线检测。以某 DRAP 冷轧工程是为例，该生产线包含直接轧制、退火、酸洗不锈钢的全连续生产环节，由 48 个辊冷连轧机组及配套设备组成，整个轧钢生产线的带钢宽度为 800～1250mm，分布在近 600m 长的范围内，各个辊的高差超过 5m，各个轧辊间的平行度要求小于 1mm。钢铁联合生产线因工艺复杂、质量要求高，生产线设备的管理和要求高，故要求检测精度高、检测内容多。目前，激光跟踪仪成为生产线日常及大修的主要设备，其检测项和对应检测参数如表 2.7-3 所示。

钢铁生产线设备检测内容   表 2.7-3

检测分类	主要检测项	检测参数
单体设备	开卷机扇形块	直径检测
	轧机牌坊	开档、对称度检测
	拉矫机	窗口尺寸测量、对称度
	焊机	空间位置测量、导轨精度
	卸卷小车防滑转装置	轨道精度
	圆盘剪、双边剪	角度、对称度、垂直度检测
	步进梁轨道	空间位置测量、轨道精度

续表

检测分类	主要检测项	检测参数
辊子	开卷机卷筒	垂直度检测、水平度检测
	张力辊（组）	
	沉没辊	
	炉辊辊系	
	转向辊、板型辊	
	卷取机卷筒	
	活套辊	
	皮带助卷机	
	纠偏辊	垂直度检测、水平度检测
	刷辊框架	垂直度检测、空间相对位置测量

5. 高能粒子加速器准直测量

加速器是进行物理基础实验的大型科学装置，随着中国基础科研水平的提高，中国先后兴建了多项高能粒子加速器装置，如中国散裂中子源（CSNS）、北京正负电子对撞机（BEPC）、兰州重离子加速器（CSR）、上海光源（SSRF）等。以 CSNS 为例，其系统构成主要包括 200m 直线加速器、400m 同步环形加速器、靶站、谱仪和束流输运线等装置，对六级磁铁的位置安装误差小于 0.15mm，姿态安装误差小于 0.15mrad。

加速器准直测量属于大型精密工程测量，涵盖了大地测量学、精密工程测量学的交叉内容，其特点是范围大、过程烦琐、精度要求高等。

从广义上来看，加速器准直测量包括地面和地下两个部分。地面部分是指地面控制网测量，主要包括 GPS 测量、三角高程测量、水准测量、导线测量等内容。地下部分是指隧道控制网测量、设备安装测量和变形监测，是加速器准直测量的主要内容，也是一直以来的研究难点和热点。激光跟踪仪在高能粒子加速器准直测量中主要用于隧道三维控制网测量、四/六极磁铁位姿安装测量、超导铁和弯转铁位姿安装测量、安装检测等。

除了上述五项典型应用外，激光跟踪仪还在武器装备外形尺寸测量、大型舰船拼装测量、舰船动态位姿检测、航空器安装检测等领域有广泛的应用。

2.8　雷达干涉测量技术

2.8.1　技术起源

20 世纪 90 年代初，星载 InSAR 形变探测技术急剧发展的同时也促进了雷达系统在不同平台的应用。1992 年初欧洲联合研究中心（Joint Research Center）成立了雷达成像系统实验室，专门从事地基雷达系统的研制与应用研究工作。地基合成孔径雷达系统（GB-SAR）作为一种新型的对地形变监测设备，通过合成孔径技术和步进频率技术实现雷达影像方位向和距离向的高空间分辨率，克服了星载影像受时空失相干严重和时空分辨率低的缺点，通过干涉技术可实现亚毫米级微变形监测。从 20 世纪 90 年代末，地基雷达系统的研制由实验室内雷达系统设计与制造、信号处理技术等研究工作正式转向实际环境下的变形探测应用研究。1999 年 C. Farrar 等初步实现利用一维的地基干涉雷达系统进行大型结构的振动变形监测。与此同时，欧洲联合研究中心的学者开发完成了 LiSA（Linear SAR）系统，D. Tarchi

等较早地利用 GB-SAR 干涉测量技术获取目标区域二维雷达视线向（Light of Sight，LOS）形变场，在论文中，首次出现了地基合成孔径雷达（GB-SAR）的实验数据，论证了 GB-SAR 技术的可行性，通过 GB-SAR 干涉技术获取的大坝表面形变信息与传统测量手段的结果进行比对，通过在建筑物和山体滑坡灾害方面的应用研究，验证了 GB-SAR 在变形监测中具有较高的精度，并且 GB-SAR 可提供变形体整体变形信息，在获取变形体外观形变信息方面是传统测量手段的一种有效补充。

2003 年，Ellegi-LiSALab 公司获得欧洲联盟综合研究中心（Joint Research Centre of the European Commission，JRC）利用 LiSA（Linear SAR）技术的许可，商业开发的第 1 个系统称为 LiSA 系统，后来发展为 LiSALab 系统。LiSA 系统采用线性调频信号体制，发射和接收天线放置在电脑控制的定位器上，在方位向定位器移动合成线性孔径。工作波段在 C 波段和 Ku 波段，发射功率为 25dBm，极化方式有 VV，HH，VH 和 HV。测量频率范围 16.70GHz～16.78GHz，频率采样点数为 1601 点，频率步进值为 50kHz，合成孔径长度为 2.8m，相对应的采样数是 401，研究区域的平均距离是 1000m，成像区域的距离和方位范围都是 800m。理想的距离和方位分辨力是 1.9m 和 3.2m，天线 3dB 波束宽度约为 20°，天线照射在 1000m 处方位范围为 350m。每天可获得 40 幅图像（约 30min 每幅图像），标准的测量形变精确度是 0.02～4mm。对奥地利一个村庄的斜坡进行了监测，验证了系统的实用性。

L. Noferini 等首次将星载 PSInSAR 技术的思想引入 GB-SAR 中，并做了初步试验研究与分析，其估计结果与 GPS 测量结果基本一致。此思路为后期 GB-SAR 技术的发展应用奠定了坚实的基础。

2.8.2 技术原理与内容

地基雷达干涉系统，主要一维的地基干涉雷达系统和二维的地基合成孔径雷达系统。前者雷达主机固定在某一位置对观测对象进行监测，关注点在距离向上的变形分析，后者雷达主机在线性导轨上完成对观测对象监测，关注点包括距离向和方位向，因此重点讲述地基合成孔径雷达系统。GB-SAR 在利用宽带雷达探测技术获取距离向分辨率的基础上，进一步利用合成孔径雷达技术获取方位向分辨率，通过干涉技术实现亚毫米级微变形监测。

2.8.2.1 GB-SAR 信号波形

GB-SAR 系统主要有调频连续波（Frequency Modulation Continuous Wave，FMCW）和步进频连续波（Stepped Frequency Continuous Wave，SFCW）两种主要波形。FMCW 和 SFCW 都容易产生大的信号带宽，从而获得高距离分辨力，与毫米波雷达技术的结合，使得雷达的体积、成本、重量降低，在近距离成像、形变监测、小物体探测等方面的应用格外引人注目。

线性调频连续波的表达式为：

$$s_t(t) = \omega(t)\exp\{j(2\pi f_c t + \pi K_r t^2)\}$$ （式 2.8-1）

其中，$\omega(t)$ 为矩形窗函数 $\text{rect}(t/T_p)$，T_p 为脉冲宽度，脉冲重复时间为 $T_r = T_p$，线性调频率 K_r，f_c 是信号载频，信号的瞬时频率为 $f_c + K_r t$。

调频连续波的波形载频如图 2.8-1 所示。

步进频连续波是一串载频步进的窄带脉冲，具有 N 个脉冲载频均匀步进的 SFCW 信号表达式为：

$$s(t) = \sum_{n=0}^{N-1} S_t(t - nT_r) \quad n = 0, \cdots, N-1$$ （式 2.8-2）

其中，单一脉冲的信号表达式为：

$$s_t(t) = \omega(t)\exp\{j2\pi(f_c + n\Delta f)t\}$$ （式 2.8-3）

其中，$\omega(t)$ 为矩形窗函数 $\text{rect}(t/T_p)$，T_p 为脉冲宽度，脉冲重复时间为 $T_r = T_p$。

步进频连续波通过发射一串载频逐步递增的窄带子脉冲来合成宽带信号，频率值可认为是整个带宽

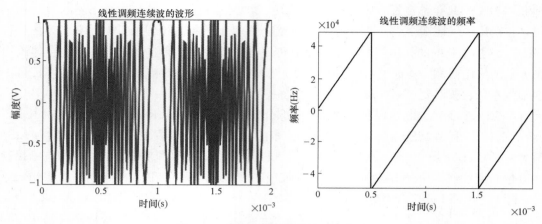

图 2.8-1　调频连续波的波形及频率

的频率采样点，如图 2.8-2 所示。

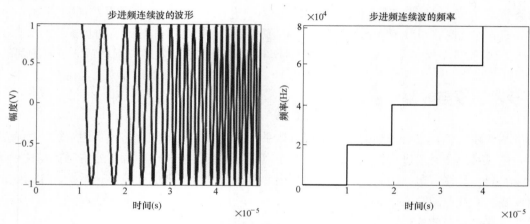

图 2.8-2　调频连续波的波形及频率

2.8.2.2　GB-SAR 成像处理

讨论条带式成像模式，雷达几何关系如图 2.8-3 所示，图中的 L_s 是目标在雷达波束照射期间雷达传感器所经过的路径，即合成孔径。

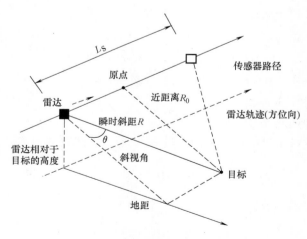

图 2.8-3　雷达几何关系图

整个雷达安装在长度为 L_s 的线性导轨上，监测区域为以雷达为中心点，雷达最大作用距离为半径的扇形区域，雷达沿距离向和方位向将监测区域划分为若干个分辨单元，如图 2.8-4 所示。

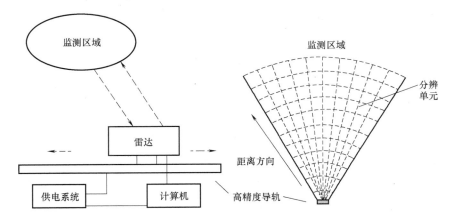

图 2.8-4 地基合成孔径雷达工作示意图及监测区域图

调频连续波和步进频连续波的信号模型不同，其回波模型也不同，进而其后续的成像处理过程也不同。对于距离向成像处理，前者是先去调频（De-chirp）处理，后进行快速傅里叶变换（FFT）处理；后者是先对距离向进行采样，然后对频域样本进行逆离散傅里叶变换（IDFT）处理。对于方位向成像处理，与常规脉冲 SAR 信号一样，通常都是通过匹配滤波实现的。重点介绍距离向成像。

调频连续波和步进频连续波成像原理如图 2.8-5 所示。前者，距离向成像过程为：发射 FMCW 信号，在 T_p 内收到很多回波。对回波进行去调频处理，即回波与参考信号进行混频处理，再进行 FFT，就可以得到距离向压缩信号。后者，距离向成像过程：雷达在运动期间，发射多帧 SFCW 信号，每帧含有 N 个窄带子脉冲。对其中一帧的回波信号进行 IDFT 处理就可以得到距离向压缩信号。

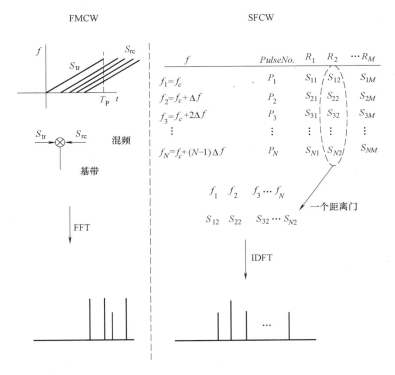

图 2.8-5 调频连续波和步进频连续波成像原理图

距离分辨率是由傅里叶变换的频率分辨率来决定。当与所发送的信号进行滤波时，返回波形产生压缩脉冲，其持续时间大约是经调制的脉冲的光谱宽度的倒数 $\tau \approx 1/B$。因此可得出雷达的距离分辨

率 ΔR。

$$\Delta R = \frac{c\tau}{2} \approx \frac{c}{2B} \qquad (式\ 2.8\text{-}4)$$

式中：c——光速；

　　　τ——压缩脉冲的持续时间；

　　　B——雷达电磁波的光谱宽度。

类似于距离向利用脉冲压缩的技术来获取径向分辨率，方位向上的角度分辨率也是对方位向的连续距离观测进行压缩来获取的。在方位向将观测到的多个距离测量压缩到一个简单的雷达图像中。方位向的角度分辨率定义为：

$$\Delta\varphi = \frac{\lambda}{2L} \qquad (式\ 2.8\text{-}5)$$

式中：λ——波长；

　　　L——合成天线长度。

2.8.2.3　干涉测量技术

微波干涉测量技术就是比较天线馈送信号的波程差。图 2.8-6 展示了干涉测量的基本原理。雷达首先发射天线（图中 TX）馈送微波信号，信号经与目标的相互作用形成后向散射信号，最终被接收天线（图中 RX）接收，经过相关信号处理与数据处理步骤我们即可得到该次测量的一个采样复信号，包含了信号强度和相位观测值 φ_1。雷达系统持续对辐射场区的目标进行采样，假设第二次采样开始时目标发生了形变 Δr，那么雷达得到第二个采样复信号，包含了相应的信号强度和观测相位 φ_2。

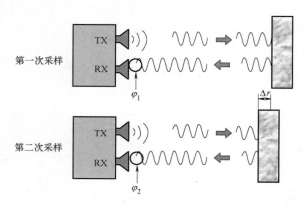

图 2.8-6　微波信号干涉测量基本原理

形变相位实际上就是两个观测相位值的差值，按照式（2.8-6）计算：

$$\Delta\varphi = \varphi_1 - \varphi_2 = -2\frac{2\pi}{\lambda}\Delta r \qquad (式\ 2.8\text{-}6)$$

现代较为先进的地基雷达干涉测量系统（如 I-BIS 等）具有较高的稳定性和较低的热噪声水平，使得观测相位值对目标的位置变化敏感度非常高，通常能够探测到目标 0.1mm 的形变。值得注意的是相位值被规划至区间（$-\pi$，π），连续两次观测相位值是有严格限制的。如果预先知道目标变形方向，那么两次信号采样之间的变形不能大于 1/2 波长，而如果变形方向未知，则两次采样实际形变不能大于 1/4 波长，否则形变相位可能发生相位缠绕从而无法直接进行形变计算。

2.8.2.4　形变监测算法

GB-SAR 干涉图像中的每个像素是由给定的一对 SAR 图像的干涉相位得到，这样的图像称为干涉图。φ_1 和 φ_2 表示不同时刻对同一目标采集数据处理得到两幅 SAR 图像相对应的相位值，干涉相位为：

$$\Delta\varphi = \varphi_1 - \varphi_2 = -2\frac{2\pi}{\lambda}\Delta r \qquad (式\ 2.8\text{-}7)$$

根据干涉相位，可计算出点的位移量：

$$\Delta r = \frac{\lambda}{4\pi}\Delta\varphi \qquad (式\ 2.8\text{-}8)$$

上述公式是理想情形，实际情况下，干涉相位存在着噪声和大气的影响：

$$\Delta\varphi = \varphi_1 - \varphi_2 = -2\frac{2\pi}{\lambda}\Delta r + \varphi_{Atmo} + \varphi_{noise} + 2n\pi \qquad (式\ 2.8\text{-}9)$$

式中：φ_{Atmo}——大气相位；

φ_{noise}——噪声相位；

$2n$——解缠项，其中 n 是未知的整数。

整个形变监测处理目的是使用 GB-SAR 图像把形变引入的相位与其他相位区分开来，主要步骤是：GB-SAR 图像聚焦成像、图像配准、干涉图和相干图生成、像素选择、干涉图滤波、相位解缠、大气校正及形变计算。成像部分在第 2.8.2.2 节已经解释，对其他部分进行介绍。

1. 图像配准

固定的直线轨道在使用过程中存在轨道、视角或时间偏差，导致获得的 SAR 复图像出现一定程度的扭曲错位，使复图像间的相干性降低，最终对监测系统的测量精度造成影响。所以在数据处理中首先必须对两幅地基 SAR 复图像进行高精度配准，使两幅图像中的同一位置的像素对应同一回波点。为了保证干涉相位质量，进行这个操作可以达到亚像素精度。事实上，一个像素的配准误差可能会产生相干损失，进而可能影响干涉测量。

两幅 GB-SAR 复图像，主图像 M 是参考图像，辅图像 S 需要被配准到 M。图像配准的过程主要包含三步：图像匹配、转换估计和图像重采样。

图像匹配包含：两幅图像相同点的识别，估计图像在距离和方位向偏移。偏移估计可以使用不同的方法。现在使用的方法是非相干相关（Incoherent Correlation），使用两幅图像幅度平方的互相关来估计偏移。相关函数的最大值是表明图像 S 和 M 之间的偏移量。当相关性很高，可以获得估计的偏移精确度达到 0.05 个像素。偏移的估计通过从主图像 M 选择一系列的点，点的选择需要保证在场景中一个好的空间分布，为了避免对最后干涉图的系统影响或者相关损失。对于每个从主图像选择像素 (x, y)，估计的偏移由 $h_{xy} = (h_x, h_y)$ 给出：

$$C(h_{xy}) = \frac{\sum\limits_{i,j \in W_{xy}} [M(i,j) - \mu_M][S(i - h_x, j - h_y) - \mu_S]}{\sigma_M \sigma_S}$$ （式 2.8-10）

其中，W_{xy} 是 $n \times m$ 的窗，μ_M、μ_S、σ_M、σ_S 分别是图像 M 和图像 S 在窗 W_{xy} 内均值和方差。

函数 C 的取值范围是 $[0, 1]$，经过这个步骤处理，对于每个选择的像素，可以获得距离向的偏移、方位向的偏移和互相关值。对于这一步骤主要的输入参数是 W_{xy} 的大小，对于 GB-SAR 数据配准，窗大小的典型值是 32×32。

转换估计：估计 S 和 M 之间的转换参数，使用的模型是二维的多项式：

$$\begin{cases} p_x(x,y) = a_x + b_x x + c_x y + d_x x^2 + e_x xy + f_x y^2 \\ p_y(x,y) = a_y + b_y x + c_y y + d_y x^2 + e_y xy + f_y y^2 \end{cases}$$ （式 2.8-11）

其中，(x, y) 是主图像中给定点的坐标，使用最小二乘法来估计转换参数 (a_x, b_x, c_x, d_x) 和 (a_y, b_y, c_y, d_y)，观测模型为：

$$\begin{cases} x_s = x_M + p_x(x,y) + \zeta_x \\ y_s = y_M + p_y(x,y) + \zeta_y \end{cases}$$ （式 2.8-12）

其中，(x_M, y_M) 是主图像上的坐标，对应的辅图像的坐标为 (x_S, y_S)，(ζ_x, ζ_y) 是残留的误差值，根据估计的偏移 (h_x, h_y) 可以计算转换参数，为：

$$\begin{cases} h_x = p_x(x,y) + \zeta_x \\ h_y = p_y(x,y) + \zeta_y \end{cases}$$ （式 2.8-13）

在上一步骤，可以获得估计的偏移值，但是一般选用高相关的像素值来估计偏移，典型的互相关门限为 0.7。

重采样：对于主图像 M 中每个像素值 (x_M, y_M)，计算在辅图像 S 中 (x_S, y_S) 的 (I, Q) 值，本节选用截断的 Sinc 插值，截断 Sinc 核的大小是关键参数，典型的插值核的大小是 8 个像素。本步骤的输出是辅图像转换到主图像，也就是主辅图像的每个像素点匹配测量区域的相同位置。

2. 干涉图生成

形变估计步骤的主要输入是干涉图，计算每一幅干涉图，都是从复图像对得到的。选用一对配准后的 GB-SAR 图像，形成干涉图。

观测相位和相位差均被规划至区间 $[-\pi, \pi)$ 中，计算角度差时需要判断角度所处象限。但为了避免频繁地判断角度所处象限，通常按照下式利用复数的共轭相乘提取干涉相位：

$$S_1 = A_1 \cdot e^{j\varphi_1}, S_2 = A_2 \cdot e^{j\varphi_2}$$

$$S_{\text{int}} = S_1 \cdot S_2^* = A_1 A_2 e^{j\Delta\varphi} \tag{式 2.8-14}$$

式中，S 是采样复信号，A 和 φ 分别是观测信号强度和相位值。

干涉图是复图像，但通常仅仅计算干涉相位为：

$$\Delta\varphi_{\text{MS}} = \varphi_{\text{M}} - \varphi_{\text{S}} = \arg(M \cdot S^*) \tag{式 2.8-15}$$

其中，$\Delta\varphi_{\text{MS}}$ 是干涉的缠绕相位，M 是主图像，S^* 是辅图像 S 的共轭。

干涉相位是缠绕的，需要进行解缠处理，即需要计算未知整数 n 的值。相位解缠的方法通常根据干涉相位的质量来确定，主要使用相干图来分析相位数据的质量，GB-SAR 系统处理过程中对高相干性的相位数据感兴趣。两幅 GB-SAR 图像的相干性理论上定义为：

$$\gamma_c = \left| \frac{E\{M \cdot S^*\}}{\sqrt{E\{M \cdot M^*\} E\{S \cdot S^*\}}} \right| \tag{式 2.8-16}$$

$E\{\}$ 表示期望，γ_c 在区间 $[0, 1]$ 之间，γ_c 越大表示相干性越大。计算相干性通常是使用 $n \times m$ 像素的窗，相干性计算公式为：

$$\gamma = \frac{\frac{1}{nm} \sum_n \sum_m M \cdot S^*}{\sqrt{\frac{1}{nm} \sum_n \sum_m |M|^2 \cdot \frac{1}{nm} \sum_n \sum_m |S|^2}} \tag{式 2.8-17}$$

3. 像素选择

借鉴星载 PSInSAR 中的相干点目标分析（IPTA）的分析思路，采用热信噪比阈值法、振幅离差阈值法（ADI）、相干系数阈值法以及相位离差阈值法等多种阈值手段相结合的方法，实现从 GB-SAR 影像序列中提取高相干点目标。在地面气象参数不断变化的条件下，地基 SAR 的所谓稳定点目标只能在相对较短的时间内保持稳定，在长时间序列下受周期波动变化的气象扰动影响较为严重。而由于波束宽度和辐射几何视场的差异，地基 SAR 影像中存在大量虚假信号。边缘区域实际上没有任何反射目标，但在原始影像数据中仍然形成了微弱的信号值。虚假信号的时序解缠相位序列同样具有一定的稳定性和较低的 ADI 数值。因此，地基 SAR PS 点的选取，采用多种阈值方法综合的手段，以达到可靠性和提取更多 PS 点的目的。

地基 SAR 的热性噪比（TSNR）由信号强度数据直接计算得来。TSNR 图能够直观显示能量的相对强弱，强度图则反映了信号的真实强度信息。对 TSNR 设定一定的阈值，计算分析虚假信号的去除效果并进行调整，以达到去除大部分虚假信号以及部分低 SNR 像元的目的。同样分析相关系数的分布情况并合理设定阈值，对 PS 候选点的进行预选工作。为确保目标像元变化的稳定性，也应用 ADI 阈值方法对 PS 候选点做进一步的分析和剔除。按照下式计算影像的振幅离差或振幅离散指数（Amplitude Dispersion Index，ADI）值。

$$D_{\text{A}} = \frac{\sigma_{\text{A}}}{m_{\text{A}}} \tag{式 2.8-18}$$

式中，σ_{A}、m_{A} 分别对应影像像素点振幅值 A 的标准差和均值。ADI 阈值设置得较为苛刻，才能将虚假信号去除彻底，但同时提取的点目标势必大量减少。对于地基 SAR 连续变形监测影像序列，能够在长时间内依然保持稳定的点目标是非常少的，相应地长时间序列下各像元的 ADI 数值实际上偏低，因此该步骤一般设定较为宽松的阈值。

4. 干涉图滤波

因为系统本身存在噪声，同时数据的处理过程中也会引入噪声，导致干涉相位图信噪比降低，相位相干性降低，后续的数据处理受到影响，使 GB-SAR 系统的测量精度受到影响。

1）基于相关系数的 Goldstein 自适应滤波

Goldstein 滤波是经典的 InSAR 滤波算法。Goldstein 滤波采用频域滤波技术，利用快速傅里叶变换将含噪信号变换到频域，然后进行滤波。基于相关系数的 Goldstein 自适应滤波是一种频域加权的滤波方法，在 Goldstein 滤波的基础上，利用干涉相位图质量与复相关系数之间的关系，构造一种自适应的频域加权系数，实现自适应滤波。

2）基于梯度的自适应滤波

该算法的简要原理是通过计算二维信号的梯度，计算滤波窗口中心数据的权系数，信号梯度越大，则权系数越小，然后对窗口内元素进行加权平均，代替窗口中心点的数据，该算法实际上是均值滤波的一种改进，通过判断信号梯度，对干涉条纹边缘数据即梯度很大的数据进行小的加权，弱化干涉条纹边缘的滤波，从而有效地保留干涉条纹的边缘细节信息。

3）基于相干性加权的圆周期均值滤波

圆周期均值滤波是一种比较常用的 InSAR 干涉相位滤波方法。该方法前提假设干涉相位值本身取样是相对缓慢的，通过对干涉相位进行统计局部均值的方法来实现滤波。

5. 相位解缠

由于干涉相位图中各像素的相位取值都以 2π 为模，范围在（$-\pi$，π]间，目标区域真实的相位值需要加上 2π 的整数倍。相位解缠就是由干涉相位得到真实相位值的过程，是 GB-SAR 系统数据处理过程中非常重要的一步。一维相位解缠的方法很多，常用的有相位差积分法和 Itoh 法等，常见的二维相位解缠算法有与路径相关的枝切法、质量引导法和与路径无关的基于最小二乘原理的方法。

最小二乘相位解缠方法的基本思想：使缠绕相位的离散偏微分导数和解缠相位的离散偏微分导数差的平方和最小。二维相位解缠可以看作是对干涉图像中的每个像素点加上或减去 2π 的整数倍而得到的一个真实的相位值。

对 PS 点的相位解缠流程为：首先需要根据 PS 点的分布构建不规则三角网（Triangulated Irregular Network，TIN），如图 2.8-7 所示。图 2.8-8 所示常规解缠方法中，要求像素点只能连接其水平和垂直方向的相邻点。不规则三角网中，一个 PS 点可以连接满足阈值的任何点。如图 2.8-7 所示，限定阈值（比如距离）后，PS 点 i 可以与其周围的 6 个 PS 点相连，使得网的密度比图 2.8-8 中的矩形网更大，且 PS 处理过程只涉及图中相连的 PS 点，不包括非 PS 像素，所以数据量相比矩形网变小。

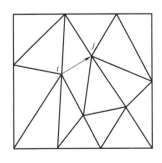

图 2.8-7　PS 点的分布及不规则三角网

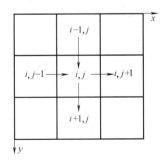

图 2.8-8　相位差示意图

以 PS 网络中所连接的弧段为基础模型，根据缠绕相位 $\phi(x, y)$ 的相位梯度 $\nabla_w\varphi(x, y)$ 与真实相位梯度 $\nabla\varphi(x, y)$ 的关系以及客观存在的未知量建立观测方程。以图 2.8-7 中 PS 点 i、j 所连弧段为例：

$$\Delta\varphi_{ij} = \varphi_i - \varphi_j \tag{式 2.8-19}$$

其中，φ_i 与 φ_j 分别表示干涉图中 PS 点 i 与 j 的缠绕相位；$\Delta\varphi_{ij}$ 为 PS 点 i 与 j 之间的缠绕相位差，亦即缠绕相位梯度。

用 Δv_{ij} 表示 PS 点 i、j 解缠前后相位梯度的增量，$\hat{\varphi}_i$ 与 $\hat{\varphi}_j$ 表示 PS 点 i、j 的待估解缠相位，$\Delta\varphi_{ij}$ 表示真实相位梯度增量。任意两个 PS 点（比如 i 和 j）所构弧段解缠前后相位梯度值之间的关系为：

$$\Delta v_{ij} = (\hat{\varphi}_i - \hat{\varphi}_j) - \Delta\varphi_{ij} \tag{式 2.8-20}$$

观测方程可以用矩阵的方式表示为：

$$\underset{T \times 1}{\Delta \boldsymbol{V}} = \underset{T \times Q}{\boldsymbol{B}} \cdot \underset{Q \times 1}{\boldsymbol{X}} - \underset{T \times 1}{\boldsymbol{L}} \tag{式 2.8-21}$$

式中：T——弧段数目；

　　　Q——PS 点的个数；

　$\boldsymbol{L}$ 和 $\Delta\boldsymbol{V}$——观测量增量和残差向量；

　　　B——由 1 和 -1 组成的稀疏系数矩阵，如式（2.8-22）所示。

$$\begin{bmatrix} \Delta v_{ij} \\ \Delta v_{iq} \\ \cdots \\ \cdots \\ \cdots \\ \cdots \\ \cdots \\ \Delta v_{yz} \end{bmatrix} = \begin{bmatrix} 1 & -1 & 0 & 0 & \cdots & 0 \\ 0 & 1 & -1 & 0 & \cdots & 0 \\ 0 & 0 & 1 & -1 & \cdots & 0 \\ \vdots & \vdots & \vdots & \vdots & \vdots & \vdots \\ 0 & \cdots & 0 & 1 & -1 & 0 \\ 0 & 0 & \cdots & 0 & 1 & -1 \end{bmatrix} \begin{bmatrix} \hat{\varphi}_i \\ \hat{\varphi}_j \\ \vdots \\ \hat{\varphi}_y \\ \hat{\varphi}_z \end{bmatrix} - \begin{bmatrix} \Delta\varphi_{ij} \\ \Delta\varphi_{iq} \\ \vdots \\ \Delta\varphi_{yz} \end{bmatrix} \tag{式 2.8-22}$$

由此，未知量 X 的最小二乘解为 $X = (B^{\mathrm{T}}PB)^{-1}B^{\mathrm{T}}PL$。其中 P 为权阵，既可以根据一定的准则（如最小相位方差准则、最小相位梯度准则、最大伪相干准则等）从干涉图中确定，也可以根据先验信息直接给定，可以通过权的设置分为等权最小二乘方法和加权最小二乘方法。

6. 大气校正

大气对电磁波信号传播的影响主要是能够引起信号延迟和传播路径弯曲，从而导致信号传播路径和方向发生变化。大气效应影响在很小的尺度上就能发生，因此对其不能用一种确定性的方法来模拟。大气效应影响相当于在干涉图中附加了一个相位，是干涉相位误差的重要来源。

1）大气模型改正

大气延迟在短距离内可近似认为沿直线路径，即

$$d_{\mathrm{atm}\cdot\mathrm{p}(i)} = 10^{-6}\int_{L_P} N(\vec{r}(l), i)\,\mathrm{d}l \tag{式 2.8-23}$$

式中：d——大气延迟；

　　　L_P——目标的延迟路径；

　　　N——大气延迟指数，该指数与目标空间位置 $\vec{r}(l)$、信号获取时间 i 有关，该指数的数学模型为

$$N(P, T, H) = 0.2589\frac{P_\mathrm{d}}{T} + \left(71.7 + \frac{3.744 \times 10^5}{T}\right)\frac{e}{T} \tag{式 2.8-24}$$

式中：T——温度；

　　　e——水汽；

　　　P_d——干气气压。

当雷达波频率为 f_c，目标点与雷达之间距离为 r_n，假设观测场景内稳定点的大气延迟只受时间 i 影响，即其变化与距离 r_n 无关，在雷达传播往返时间间隔内大气保持稳定，则获取的雷达相位值 $\varphi(i)$ 为

$$\varphi(i) = \frac{4\pi f_c r_\mathrm{n} n(i)}{c} \tag{式 2.8-25}$$

式中 c 为雷达波传播速度。故稳定点在不同观测时间内因大气变化产生的相位差 $\Delta\varphi$ 为

$$\Delta\varphi = \frac{4\pi f_c r_\mathrm{n}}{c}(n(i_2) - n(i_1)) \tag{式 2.8-26}$$

由于地基雷达不含空间基线，所以相位受目标形变、大气延迟和观测噪声影响，其观测周期短且信号频率高，稳定点的信噪比较高，故干涉相位的平均偏差相对环境影响较小。将噪声影响与大气延迟统一到环境中，则干涉相位 φ 可表示为

$$\varphi = \varphi_{\text{dis}} + \varphi_{\text{atm}} \tag{式 2.8-27}$$

式中 φ_{dis}，φ_{atm} 分别表示目标位移和环境变化引起的相位变化。

当环境变化较小，观测距离较近时可假设大气变化对相位影响与雷达与目标物之间视线向的距离 r 呈线性关系为

$$\varphi_{\text{atm}} = ar \tag{式 2.8-28}$$

式中常数 a 可根据稳定点获取的环境影响值解算得到。经过改正后的相位值 φ_{corr} 为

$$\varphi_{\text{corr}} = \varphi - ar \tag{式 2.8-29}$$

2）永久散射体技术

利用大气模型基于稳定点进行气象改正时，需要准确选取观测场景内的稳定点，而在实际应用中，由于可获取的外部信息不足，有时无法准确获取观测场景内的稳定点。同时，当观测场景内环境较复杂时，需要利用均匀分布的大量稳定点才能准确估算出场景内不同位置的气象扰动影响值。上述影响导致传统的选点气象改正方法无法取得良好效果。

针对传统选点气象改正存在的不足，基于 PS 气象改正网的气象改正方法应运而生。首先利用 PS 技术提取出观测区域内的相位稳定点，并对稳定点相位进行统计分析，筛选观测场景内稳定点，设定距离阈值构建 PS 气象改正的 Delaunay 三角网，利用构建的 PS 气象改正网对目标点进行气象改正。其中位于网内的目标点利用该点所处三角形的顶点进行改正，网外的目标点利用距离最近的 3 个 PS 点进行改正。

主要包括筛选 PS 点和建立 PS 网两步，首先，根据 PS 点具有散射性强和稳定性高的特点，利用幅值阈值、相干系数阈值和幅值离散指数阈值结合的多重阈值方法逐层筛选观测场景中的 PS 点，然后，利用筛选的点构建用于全场景气象改正的 PS 网。

7. 形变计算

地基 SAR 的监测空间基线为零，它的干涉相位模型如下：

$$\varphi_{\text{int}} = \varphi_{\text{def}} + \varphi_{\text{atm}} + \varphi_{\text{noi}} \tag{式 2.8-30}$$

对应的差分干涉模型为：

$$\varphi_{\text{diff}} = -\frac{4\pi}{\lambda}\delta r + \varphi_{\text{atm}} + \varphi_{\text{noi}} \tag{式 2.8-31}$$

地基 SAR 监测的形变中既包括线性变化的形变，也包括非线性变化的形变，因此差分干涉模型可线性表示为：

$$\varphi_{\text{diff}} = k_1 vT + \varphi_{\text{nonlinear}} + \varphi_{\text{res}} \tag{式 2.8-32}$$

式中：$k_1 = -4\pi/\lambda$；

　　　T——时间间隔；

　$\varphi_{\text{nonlinear}}$——非线性形变；

　φ_{res}——残余相位，包括气象扰动和噪声引起的相位变化。

在地表有限区域的变形监测中，先建立 PS 点网，对网中的各 PS 网边进行干涉处理，在空间上各网边之间形成稳定的空间图形，在时间上用模型进行拟合，建立 PS 点的邻域差分相位模型。假设两个邻近 PS 点 $(x_{\text{m}}, y_{\text{m}})$ 和 $(x_{\text{n}}, y_{\text{n}})$，在分别与主影像对应点干涉基础上，再进行干涉计算，其差分相位如下：

$$\delta\varphi_{\text{diff}}(x_{\text{m}}, y_{\text{m}}, x_{\text{n}}, y_{\text{n}}, T_i) = -\frac{4\pi}{\lambda}[v(x_{\text{m}}, y_{\text{m}}) - v(x_{\text{n}}, y_{\text{n}})] \cdot T_i$$
$$+ [\varphi_{\text{nonlinear}}(x_{\text{m}}, y_{\text{m}}) - \varphi_{\text{nonlinear}}(x_{\text{n}}, y_{\text{n}})] + \Delta\varphi_{\text{res}}$$
$$\tag{式 2.8-33}$$

长周期变形信号包括长周期的线性形变和长周期非线性形变，属于低频信号。对于 GB-SAR 高频连续监测影像中邻近的 PS 点对，长周期非线性形变一般较小。而周日性变化的气象扰动以及其他噪声干扰都可以看作高频信号，这样 GB-SAR PS 点对的差分相位就演变为线性相位模型。

$$\delta\varphi_{\text{model}}(x_{\text{m}}, y_{\text{m}}, x_{\text{n}}, y_{\text{n}}, T_i) = \frac{4\pi}{\lambda}\Delta v(x_{\text{m}}, y_{\text{m}}, x_{\text{n}}, y_{\text{n}})T_i \qquad (\text{式 } 2.8\text{-}34)$$

PS 点之间的线性形变速率相差关系，类似于观测了 PS 边上两点的几何参数，类似水准点高差或者 GPS 基线。每条有效的 PS 边相当于一条观测边，先对这些网边进行回归分析，再由他们之间的几何关系采用类似于水准网和 GPS 网，对他们进行间接平差。平差过程中的观测量为相邻 PS 点之间的线性变形速率差，根据它可以建立平差模型。设 v_{m} 为 PS 点 m 的线性变形速率，v_{n} 为 PS 点 n 的线性变形速率，根据 m 和 n 之间的线性速率差函数模型可以得到线性变形速率差 $\Delta v_{\text{m,n}}$。

$$\Delta v_{\text{m,n}} = v_{\text{n}} - v_{\text{m}} \qquad (\text{式 } 2.8\text{-}35)$$

利用回归分析的思想得到它的估值，然后列出误差方程：

$$r_{\text{v}} = \hat{v}_{\text{n}} - \hat{v}_{\text{m}} - \Delta v_{\text{m,n}} \qquad (\text{式 } 2.8\text{-}36)$$

式中 r_{v} 为相邻 PS 点变形速率差的残差值，建立观测方程组有：

$$L = \boldsymbol{B} \cdot X + R \qquad (\text{式 } 2.8\text{-}37)$$

式中：$\boldsymbol{B}$——系数矩阵；

　　　L——观测值；

　　　X——PS 点的待估线性变形速率；

　　　R——残差。

可以根据线性速率差初始估值的中误差确定各 PS 网边的先验权：

$$p_{\text{m,n}} = \frac{1}{\text{std}(\Delta v_{\text{m,n}})} \qquad (\text{式 } 2.8\text{-}38)$$

利用间接平差可以计算 X 的加权最小二乘解：

$$X = (\boldsymbol{B}^{\text{T}}PB)^{-1}\boldsymbol{B}^{T}PL \qquad (\text{式 } 2.8\text{-}39)$$

2.8.3　技术应用与发展

2.8.3.1　技术应用

地基雷达干涉系统包含一维的地基干涉雷达系统和二维的地基合成孔径雷达系统。

1. 一维地基干涉雷达系统的应用

1999 年 C. Farrar 等初步实现利用一维的地基干涉雷达系统进行大型结构的振动变形监测。2008 年，刁建鹏，黄声享等对北京 CCTV 新台址主楼进行变形监测研究，表明该系统精度高，能监测到建筑的微小变形，可真实地反映高层建筑的变形规律。2012 年，黄声享、罗力等在武汉阳逻长江公路大桥所开展的动态挠度测试表明，该技术不仅可以精细地测量桥梁挠度的动态变化，且精度高，可以真实地反映结构物的动态变形特征。2013 年，徐亚明、王鹏等对某长江大桥近岸桥跨部分零荷载与静力荷载作用下的形变状态进行了监测，表明该方法在实际桥梁结构安全监测中的可行性。

2. 二维地基合成孔径雷达系统的应用

1）斜坡

GB-SAR 系统最成熟的应用是对斜坡的监测。2003 年，Leba 等人使用 LiSA 系统对奥地利村庄的滑坡进行监视，得到的形变估计图与 GPS 的测量一致，表明了 GB-SAR 技术是对滑坡监测的有效手段。2009 年，Herrera 等人对滑坡进行了研究，对比了传统监测技术（全站仪、差分 GPS）和 GB-

SAR 监测技术，提出了滑坡的预测模型。2011 年，*Del Ventisette* 研究 GB-SAR 监视滑坡，预防紧急事件的发生，保证高速公路的安全。

斜坡监测应用也包含对露天煤矿的斜坡监测。2014 年，福建一家公司对紫金山金铜矿利用 GB-SAR 系统进行了连续多天边坡形变监测，获取了长时间序列回波，结果表明 GB-SAR 系统具有更高的监测精确度和有效性。事实上，GB-SAR 技术对露天煤矿的监视经历了系统和数据处理水平的强劲发展，可作为早期预警工具。

2）大坝

1999 年，*Tarchi* 等使用 *LiSA* 系统，证实了其在实际监测大型结构的形变的可行性，并提供足够的精确度，而且可生成结构整个表面的形变图。2008 年，*Alba* 使用 IBIS 系统对拱形大坝进行监测，测量的形变结果与安装在大坝中心的坐标测量仪的测量结果相符。西班牙的测绘研究所 *Luzi* 等在 2010 年，使用地基雷达技术，对大坝进行了监视实验。

2013 年，武汉大学测量工程研究所对隔河岩水电站利用 IBIS-L 系统对水电站主坝等目标物进行了连续监测，观测距离为 1300m 左右，在观测周期内，大坝的整体形变未超过 1.5mm，表明 GB-SAR 系统可获取高精确度的大坝表面整体形变信息。

3）冰川和雪

可用于冰川高度的变化监测，可监测被雪覆盖的斜坡，其中雪水当量和雪崩探测仍处在初期研究阶段。*Morrison* 在 2007 年使用 GB-SAR 系统对奥地利阿尔卑斯山脉的冰雪变化进行测量。*Martinez-Vazquez* 在 2005 年到 2008 年间，使用 *LiSA* 系统，对冰雪覆盖区域进行监测，对获得的图像进行处理，依据从所有图像提取的数据和区域的特征对雪崩进行分类。

2.8.3.2 发展

20 世纪 90 年代末，GB-SAR 系统对大坝位移的研究，首次展示了 GB-SAR 系统在民用工程上的应用潜力。系统主要是矢量网络分析仪（VNA），一个连贯的发射和接收设置，一个机械指导和控制数据采集过程的电脑。在 2003 年，*Ellegi-LiSALab* 公司获得欧洲联盟综合研究中心（*Joint Research Centre of the European Commission*，JRC）利用 *LiSA*（*linear SAR*）技术的许可。以发射线性调频信号为基础的 VNA，表现出了在谐振产生的高度灵活性和集成 GB-SAR 系统为简单的电子硬件的可能性。后来又发展为 *LiSALab* 系统。

之后发展的先进传感器提高了 GB-SAR 的稳定性、带宽能力和通用性。在这些传感器中，中国科学院电子学研究所（*Institute of Electronics，Chinese Academy of Sciences*，IECAS）微波成像国家级重点实验室研制了 ASTRO 系统（*Advanced Scannable Two-dimensional Rail Observation System*），该系统 VNA 采用 SFCW 体制来产生、采集和记录信号，而且有多种工作模式，可以进行 2D 扫描，可获得多基线 SAR 和曲线 SAR。而意大利 *Ingegneria Dei Sistemi*（IDS）公司提供的 IBIS-L（*Image By Interferometry Survey*），也采用的是 SFCW 体制雷达，展示出了大量的应用，是目前最受欢迎的商用的 GB-SAR 传感器。由于 VNA 的高度灵活性，仍然存在很多研究的系统中，例如，英国（UK）的谢菲尔德大学（*the University of Sheffield*）研究的 GB-SAR 系统，日本的东北大学（*the University of Tohoku*）研究的地基宽带极化 GB-SAR（*Ground Based Polarimetric Broadband Synthetic Aperture Radar*，GBPBSAR）系统。这些系统都是通过线性扫描来获得合成孔径，而韩国的地球科学和矿产资源研究所（*Korea Institute of Geoscience and Mineral Resources*，KIGAM）研究的地基 ArcSAR（*Arc-Scanning SAR*）系统采用的是角扫描。

在最近的十年里，雷达的结构被高速率的 SFMCW 信号的模型所取代。与 VNA 结构的 GB-SAR 对比，SFMCW SAR 传感器能够更快地扫描，扫描时间减少一个数量级。这不仅对对流层的干扰影响降到最低，也减少了由于目标在扫描时不稳定的振幅和相位失真。*MetaSensing* 公司的 *FastGB-SAR*（*Fast Ground Based Synthetic Aperture Radar*）概念，就是利用的 SFMCW SAR 传感器，快速扫描时间提到 4s 得到一幅图像。更快地扫描导致 GB-SAR 使用永久散射干涉（Permanent ScattersInter-ferometry，PSI）技术检测地面位移的性能得到显著改善。极化 RiskSAR 传感器（polarimetric Risk-SAR）就是这样一个实例，自 2004 年以来，西班牙的加泰罗尼亚理工大学（Universitat Politècnica de Catalunya，UPC）的遥感实验室（Remote Sensing Laboratory，RSLab）在发展极化 RiskSAR 传感器。

最近几年，出现了新型的结构模型。一方面，瑞士 Gamma Remote Sensing 公司提出以实孔径（Real Aperture Radar，RAR）为基础的 GPR（IGamma Portable Radar Interferometer）系统，具有与 SAR 相同的监测性能。另一方面，乌克兰国家科学院（the National Academy of Sciences of Ukraine，NASU）的放射物理电子研究所（the Institute for Radio Physics and Electronics）发展的以噪声雷达（Noise Radar）技术为基础的 GB-NWSAR（Ground Based Noise Waveform SAR）传感器。武汉大学测绘学院的科研人员研制出了可搭载在无人机上的 PicoSAR 和地基合成孔径雷达 GB-PicoSAR。

2.9 多波束测深技术

2.9.1 技术起源

20 世纪 70 年代出现的多波束测深系统（Multibeam Bathymetric System，MBS），是在回声测深仪基础上发展起来的测深设备。MBS 能够在与航迹垂直的平面内一次获得几十个到几百个测深点，形成一条一定宽度的全覆盖水深条带，能够精确快速地测出沿航线一定宽度范围内水下目标大小、形状和高低变化，从而比较可靠地描绘出海底地形地貌的精细特征。与单波束回声测深仪相比，MBS 具有测量范围大、速度快、精度和效率高、记录数字化和实时自动绘图等优点，将传统的测深技术从原来的点、线扩展到面，并进一步发展到立体测深和自动成图，使海底地形完成得又快又好。这使水深测量又经历了一场革命性的变革，深刻地改变了海洋学科领域的调查研究方式及最终的成果质量。

MBS 研制起源于 20 世纪 60 年代美国海军研究署资助的军事项目。1962 年美国国家海洋调查局（NOAA）在 Surveyor 号上进行了新问世的窄波束回声测深仪（NBES）海上实验。第一套原始 MBS 采用两个换能器阵列，长发射阵沿船龙骨安装，波束发射角为 2.66°×54°；接收阵列与船龙骨垂直，产生 16 个 20°×2.66° 波束，接收信号来自发射和接收波束的交织部分，形成 16 个 2.66°×2.66° 窄波束。早期系统采用垂直参考单元来稳定发射波束，并通过相邻波束内差形成纵横摇稳定的窄波束，数字化后以海底剖面形式显示在记录纸上。随着计算机技术发展，美国通用仪器公司认识到 NBES 系统可以进行宽幅度的水下地形测量。1976 年数字化计算机处理及控制硬件应用于多波束系统，产生了第一台扫描测深系统 SeaBeam。SeaBeam 有 16 个波束，波束宽度 2.66°×2.66°，扇面开角为 42.67°。系统还增加了微型计算机处理系统，同时处理 16 个波束。SeaBeam 的横向测量幅度约为水深 0.8 倍。SeaBeam 的工作频率为 12kHz，最大测深量程为 11000m。进入 80 年代，美国海洋研究集团（NECOR）完善了 SeaBeam 数据采集、综合处理和显示能力。尽管 SeaBeam 拥有强大的声呐系统，但缺少导航功能，为实现海陆数据编绘和整理，先后将先进的计算机应用于 MBS 数据提取、整理，使其能够为多任务、多用户提供足够的储存能力。经过近 60 年的发展，目前的 MBS 主要有 SeaBeam、FANSWEEP、EM、Seabat、R2SONIC 等系列及我国自主研发的多个型号的浅水多波束，已形成了全海深、全覆盖、高精度、高分辨、高效率测量态势。高分辨、宽带信号处理及测深假象消除、CUBE 测深估计等技术的采用，大幅度提高了测深精度、分辨率和可信度，测深覆盖已扩展到 6~8 倍，Ping 波束从上百个发展为几百个，设备的小型化和便于安装特点突出。测深数据采集与处理目前主要采用 CARIS、PDS、Hypack、Qinsy Evia、Triton 等软件，我国自主研发的测深数据处理软件也已投入应用。

2.9.2　技术原理与内容

2.9.2.1　多波束系统组成

多波束系统是由多个子系统组成的综合系统。不同的多波束系统虽然单元组成不同，但大体上可将系统分为多波束声学系统（MBES）、多波束数据采集系统（MCS）、数据处理系统、外围辅助传感器和成果输出系统。图 2.9-1 给出了 $Simrad\ EM950/1000$ 系统的单元组成。

换能器为 MBS 的声学系统，负责波束的发射和接收。MBS 数据采集系统完成波束的形成和将接收到的声波信号转换为数字信号，并反算其测量距离或记录其往返程时间。数据采集系统包括用于底部波束检测的操作和检测单元、用于实时数据处理的工作站、数据存储器、声呐影像记录单元以及导航和显示单元。操作和检测单元主要完成波束的发送、接收以及有效波束的获取，是多波束测量的基本单元，也是测量成果质量控制的第一环节。数据存储器、声呐影像记录单元主要完成各种多波束测量数据的收集和记录工作，包括外围辅助设备的测量数据。导航单元主要确保测量船沿着设计航线完成数据的采集。显示单元是根据实测的多波束每 $Ping$ 的测量数据，通过简单的一级近似计算，显示每 $Ping$ 测量断面的波束情况，是监测实时测量成果，根据实际情况适时调整测量参数，确保数据采集质量的一个重要环节。外围设备主要包括定位、姿态、定向等传感器及声速断面仪。定位多采用 $GNSS$。姿态传感器（$Motion\ Reference\ Unit$，MRU）主要负责纵摇（$Pitch$）、横摇（$Roll$）以及涌浪（$Heave$）参数的采集。电罗经主要提供船体在地理坐标系下的航向（$Heading$）。声速剖面仪用于测量测量水域声速的空间变换结构，即声速剖面（$Sound\ Velocity\ Profile$，SVP）。成果输出系统包括数据的后处理以及最终成果的输出。综合各类外业测量数据，通过专用的数据处理软件对这些数据进行处理，最终获得各有效波束海底投射点在地理坐标系下坐标。

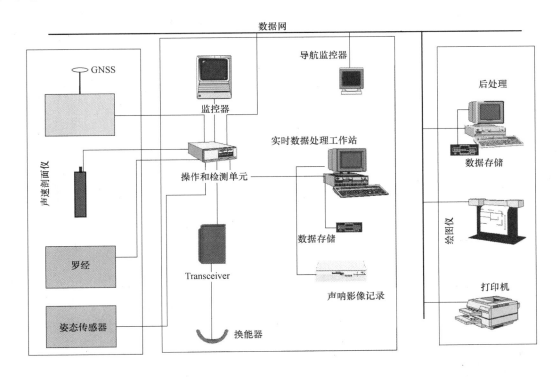

图 2.9-1　Simrad EM950/1000 多波束声呐系统组成单元

2.9.2.2　多波束系统的工作原理

1. 声学原理

1）相长干涉和相消干涉以及换能器的指向性

一个单波束在水中发射后，是球形等幅度传播，所以方向上的声能相等。这种均匀传播称为等方向性传播，发射阵也叫等方向性源（如图 2.9-2 所示）。

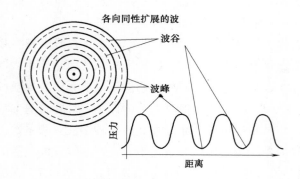

图 2.9-2　波的等方向性传播

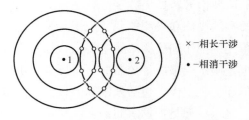

图 2.9-3　相长干涉和相消干涉

如果两个相邻的发射器发射相同的等方向性的声信号，声波图将互相重叠和干涉（如图 2.9-3 所示）。两个波峰或者两个波谷之间的叠加会增强波的能量，波峰与波谷的叠加正好互相抵消，能量为零。一般地，相长干涉发生在距离每个发射器相等的点或者整波长处，而相消干涉发生在相距发射器半波长或者整波长加半波长处。显然，水听器需要放置在相长干涉处。一个典型的声呐，基阵的间距 d（图 2.9-3 中 1、2 点的距离）是 $\lambda/2$（半波长），则相长和相消干涉发生时的点位处于最有利的角度（点位与基阵中心的连线与水平线的夹角），相长干涉发生在 $\theta=0°$ 和 180°，相消干涉发生在 $\theta=90°$ 和 270°，如图 2.9-4 所示。

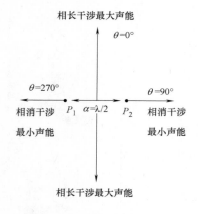

图 2.9-4　相长和相消干涉

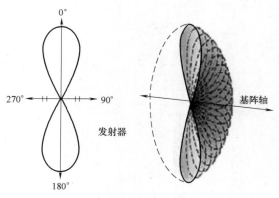

图 2.9-5　波束指向性图

图 2.9-5 是两个发射器间距 $\lambda/2$ 时的波束指向性图，左边为平面图，右边为三维图，从图上可以清楚地看到能量的分布，不同的角度有不同的能量，这就是波束的指向性（directivity）。如果一个发射阵的能量分布在狭窄的角度中，就称该系统指向性高。真正的发射阵由多个发射器组成，有直线阵和圆形阵等。这里只讨论离散直线阵，其他阵列类似可以推导出。如图 2.9-6 所示，根据两个发射器的基阵可以推导出多个发射器组成的直线阵的波束图。

图 2.9-6 中，能量最大的波束叫主瓣，侧边的一些小瓣是旁瓣，也是相长干涉的地方引起了能量的泄漏。旁瓣也可能产生回波，对主瓣回波产生干扰。旁瓣可以通过加权的方法降低旁瓣的水平，但是加

权后旁瓣水平值降低了，波束却展宽了。主瓣的中心轴叫最大响应轴，主瓣半功率处（相对于主瓣能量的－3dB）相对于发射基阵中心的角度就是波束角。发射器越多，基阵越长，则波束角越小，指向性就越高。设基阵的长度为D，则波束角θ为：

$$\theta = 50.6 \times \lambda/D \qquad (式 2.9-1)$$

从上式可以看出，减小波长或者增大基阵的长度都可以提高波束的指向性。基阵的长度不可能无限增大，而波长越小，在水中衰减得越快，所以指向性不可能无限提高。

2）换能器基阵的束控

换能器基阵发射或接收的波束信号不但包括主叶瓣，还包括侧叶瓣和背叶瓣信号（图2.9-7），为了获得有效的测量信息，减少扰动信号的影响，要尽可能将发射和接收信号的能量聚集在主叶瓣，对侧叶瓣和背叶瓣的信号进行抑制，即需要进行换能器基阵束控。基阵束控

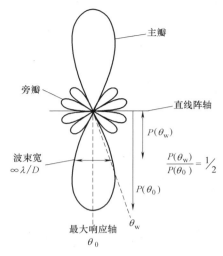

图 2.9-6 多基元线性基阵的波束图

通常采用相位加权和幅度加权两种方法，相位加权是利用基元间距的不同排列来改变基元相位响应，而幅度加权则通过控制基阵中各基元的灵敏度响应实现束控。对于幅度加权而言，只要保证基阵灵敏度分布中间大，两边逐渐减小，就能使侧叶瓣有不同程度的降低。

3）波束的形成

根据基阵形成波束的特点，当线性阵列的方向在 $\theta_0 = 0$ 时，由于各个方向基元接收到的声信号具有相同的相位，因而输出响应最大。但要在其他方向形成波束，则需要引入时延，确保各基元的输出仍能满足同向叠加要求，获得最大的输出响应。

根据图2.9-8，当阵列由N个基元组成时，平面波束从 θ 方向入射到波阵面时，第 $i-1$ 个基元收到的信号比第 i 个基元在空间距离上（声程）多经历了 $l\sin\theta$，声速为 C 时延时量为：

$$\tau = \frac{l\sin\theta}{C} \qquad (式 2.9-2)$$

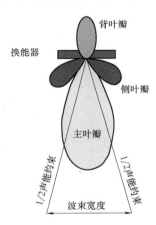

图 2.9-7 波束束控及波束宽度

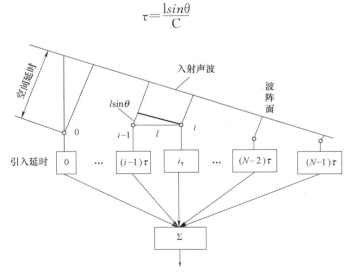

图 2.9-8 线性阵列波束形成原理图

以第 N－1 个基元为参数基准，则第 i 个基元相对于第 N－1 个基元的声程为：

$$S_i = (N-1-i)l\sin\theta \qquad\qquad (式\ 2.9\text{-}3)$$

由此产生的时延 τ_i' 为：

$$\tau_i' = \frac{S_i}{C} = \frac{(N-1-i)}{C}l\sin\theta \qquad\qquad (式\ 2.9\text{-}4)$$

为了控制线性基阵在 θ_0 方向形成波束，需要引入延时 $\tau_i'' = i\dfrac{1}{C}\sin\theta_0 = i\tau$，则总延时 τ_i 为：

$$\tau_i = \tau_i' + \tau_i'' \qquad\qquad (式\ 2.9\text{-}5)$$

当 $\theta = \theta_0$ 时，总延时量为：

$$\tau = \frac{(N-1)l\sin\theta}{C} \qquad\qquad (式\ 2.9\text{-}6)$$

可见，总延时量 τ 与 i 的大小无关，这意味着沿 θ_0 方向入射的声信号经延时处理后，经波阵面同时到达不同的基元，因而声信号相加后必然出现最大的声响应。这种波束形成的方法称之为时间域波束形成。

除此之外，还可在频率域通过快速傅立叶变换形成波束，即所谓的 *FFT* 波束形成。*FFT* 波束形成实际上是基于对相位的运算，前已提到，线性阵列的波束输出响应为：

$$V = \sum_{i=0}^{N-1} V_i \mathrm{e}^{-i\varphi_i} \qquad \varphi_i = i2\pi l\sin\theta_0/\lambda \qquad\qquad (式\ 2.9\text{-}7)$$

式中 φ_i 为第 i 个基元引入的相位延时，V_i 为第 i 个基元的复电压。设 $\theta_0(k)$ 为第 k 个波束的空间方位角，则第 k 个波束的输出响应为：

$$V(k) = \sum_{i=0}^{N-1} V_i \mathrm{e}^{-j\varphi_i(k)} = \sum_{i=0}^{N-1} V_i \mathrm{e}^{-ji\Delta\varphi_i(k)}$$

$$\Delta\varphi_i(k) = \frac{2\pi l}{\lambda}\sin\theta_0(k) = \frac{2\pi}{N}k \quad 0 \leqslant k \leqslant \frac{Nl}{\lambda} \qquad\qquad (式\ 2.9\text{-}8)$$

则：
$$\theta_0(k) = arcsin k\lambda/Nl$$

第 k 个波束的输出响应表达为：

$$V(k) = \sum_{i=0}^{N-1} V_i \mathrm{e}^{-ji\frac{2\pi}{N}k} \qquad\qquad (式\ 2.9\text{-}9)$$

上式为基元复电压 V_i 的 *FFT* 变化在 $\theta_0(k)$ 方向上形成的第 k 个波束，则 V_i 的 *FFT* 变化为：

$$V_i = V_i(P\Omega)\sum_{i=0}^{N_s-1} V_i(nT)\mathrm{e}^{-i\frac{2\pi}{N_s}mp}$$

$$n = \frac{2\pi}{N_s T} = 2\pi f_s/N_s = 2\pi\Omega \qquad\qquad (式\ 2.9\text{-}10)$$

其中 Ω 称为频率分辨率，N_s 为单位时间内的采样数，f_s 为输入采样频率。

2. 波束的发射、接收流程及其工作模式

多波束换能器基元的物理结构是压电陶瓷，其作用在于实现声能和电能之间的相互转化。换能器也正是利用这点实现波束的发射和接收。多波束发射的不是一个单一波束，而是形成一个具有一定扇面开角的多个波束，发射角由发射模式参数决定。船姿参数可通过船姿传感器和发射模式信号一起发送给信号处理器并计算出发射脉冲信号和波束数，并传送到多通道变换器，形成多个波束发射信号，这些信号再经过前置放大器进行功率放大，分别形成多个发射声波脉冲信号，同时，前置放大器控制着收、发转换开关电路，这些声波脉冲信号再通过换能器阵列发送出去。具体发射原理见图 2.9-9。

同样，波束的接收也不同于单波束接收那样简单。返回波束打击压电陶瓷表面，产生高频振荡电压，由于电压比较弱，因而必须进行放大，担负这一工作的仍然是多通道前置放大器，该过程受控于 *TVG*（时间增益补偿）。放大后的模拟信号送到数据采集电路，为了保证采集信号的可靠性，需要采集数据两次，两次得到的相位相同或正交，该过程同波束形成及控制电路结合，完成最终的波束形成。由

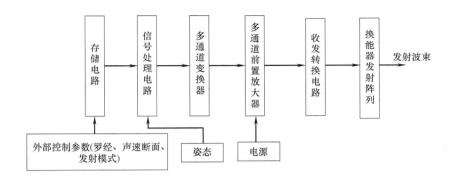

图 2.9-9　多波束的波束发射原理图

于声波在水中的传播路径不但取决于入射角，还受控于波束在水中传播的速度，因而必须利用多通道信号处理电路进行声线改正，获得波束在海底的投射点（波束脚印中心）在船体坐标系中的位置。波束接收原理如图 2.9-10 所示。

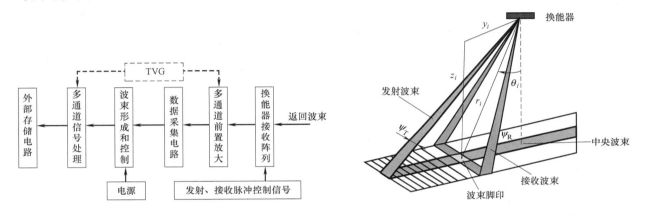

图 2.9-10　多波束的波束接收原理图　　　　图 2.9-11　多波束的几何构成

实际测量时，换能器的发射和接收是按照一定的模式进行的。通常，发射波束的宽度横向大于纵向，接收波束宽度纵向大于横向。发射波束在海底的投影区同接收波束海底投影区重叠，对于每个接收波束，在海底实际有效接收区为重叠区，即波束脚印（如图 2.9-11 所示）。

3. 底部检测及系统探测能力的估算

随着波束入射角增大，波束脚印面积随之增大。入射角较小时，波束在海底的投射面积较小，能量相对集中，回波主要表现为反射波；随着入射角增加，海底投射面积增大，回波主要表现为散射特征。除入射角对回波产生影响外，船姿变化对波束接收也有一定的影响。上述情况造成的回波特性可通过振幅变化反映出来。入射角较小时，回波振幅大，反射波的尖脉冲特征比较明显；随着入射角增大，回波振幅变小，尖脉冲特征模糊；入射角足够大时，即边缘波束，微弱的回波信号在背景噪声中将变得无法检测，即振幅检测失败。为了精确地检测到边缘波束的射程变化，多波束系统采用了相位相干技术，通过比较两给定接收单元之间的相位差，来检测波束的到达角，从而达到确定射程的目的。随着入射角的增大，相位变化愈明显，检测精度也得到了进一步的提高。新型多波束底部检测中同时采用了振幅和相位检测，提高了波束检测精度的同时，也改善了 $ping$ 断面内测量精度不均匀所造成的影响。

多波束系统借助声波实现测量，声波在水中的传播距离和特性受控于水文因素和海底的地质和地貌因素。为了获得真实的测量成果，系统选型时对其测距能力估算十分必要。系统的测距能力可根据声能方程中的发射源能级 SL、传播损失 TL、波束脚印面积对声能的影响能级、波束入射角的影响能级、海洋噪声的影响能级以及指向性指数来确定。

2.9.2.3 测深点位置的归位计算

由于多波束的最终测量成果需要在地理框架下和基于某一垂直基准下来表达，因此波束脚印的归位计算便成为多波束数据处理中的一个关键问题。多波束采用广角度定向发射、多阵列信号接收和多个波束形成处理等技术，为了更好地确定波束的空间关系和波束脚印的空间位置，必须首先定义多波束船体参考坐标系 VFS（*Vessel Frame System*），并根据船体坐标系同当地坐标系 LLS（*Local Location System*）之间的关系，将波束脚印的船体坐标转化到地理坐标系（或当地坐标系）和某一深度基准面下的平面坐标和水深。该过程即为波束脚印的归位。

船体坐标系 VFS 原点一般选择在船体中心，通常在该位置安装换能器，使换能器中心与测量船中心重合；x 轴通过 VFS 原点，平行测量船龙骨指向船首；z 轴通过 VFS 原点，垂直向下；y 轴通过 VFS 原点，指向侧向，与 x、z 轴构成右手正交坐标系。

当地坐标系 LLS 原点为换能器中心，x 轴指向地北子午线，y 同 x 垂直指向东，z 与 x、y 轴构成右手正交坐标系。

归位计算需要船位、潮位、船姿、声速断面、波束到达角和往返程时间等参数。

归位过程包括如下下四个步骤：

1. 姿态改正

换能器的动吃水对深度有着直接影响；横摇对波束到达角有一定的影响，对于补偿性多波束系统，船体的横摇在波束接收时已经得到改正；对于无补偿性系统，通过扩大扇面角来实现回波的接收。纵摇一般较小，可以不考虑，但当纵摇达到一定的程度，深度和平面位置的计算均会受到影响，因此必须考虑。

2. 船体坐标系下波束脚印位置的计算

根据波束到达角（即波束入射角）、往返程时间和声速断面，计算波束脚印在船体坐标系下的平面位置和水深。

3. 波束脚印地理坐标的计算

根据航向、船位和姿态参数计算船体坐标系 VFS 和地理坐标系之间的转换关系，并将船体坐标系下的波束脚印坐标转化为地理坐标。

4. 海底点高程的计算

根据船体坐标系 VFS 原点与某一已知高程基准面之间的关系，将船体坐标系下的水深转化为高程。测量船在动态情况下实施测量，通常情况下，测量船所在位置的潮位通过固定潮位站的观测潮位通过一定的潮位内插模型来获得。

为便于波束脚印船体坐标的计算，现作如下假设：

1）换能器处于一个平均深度，静、动吃水仅对深度有影响，而对平面坐标没有影响。

2）波束的往、返程声线重合。

3）对于高频发射系统，换能器航向变化影响可以忽略。因为高频发射系统的数据更新率非常快，如 *RESON Seabat* 8081 系统，数据更新率为 30*pings/s*，波束的纵向行距仅为十几厘米。该假设仅适用高频发射系统使用于浅水测量的情况，对于深水测量系统则不再适用。

波束脚印船体坐标的计算需要用到三个参量，即垂直参考面下的波束到达角、传播时间和声速断面。由于海水的作用，声线在海水中不是沿一直线传播，而是在不同介质层的界面处发生折射，因此波束在海水中的传播路径为一折线。为了得到波束脚印的真实位置，就必须沿着波束的实际传播路线跟踪波束，该过程即为声线跟踪。通过声线跟踪得到波束脚印船体坐标的计算过程称为声线弯曲改正。在声线弯曲改正中，声速断面扮演着十分重要的角色，为了计算方便，对声速断面作如下假设：

4）声速断面是精确的，无代表性误差。声速断面反映的是测量海域海水中声速的传播特性。因而在每次测量前后需对声速断面进行测定，遇到水域变化复杂的情况，需要加密声速断面采样站和减小站内采样的层厚度，全面、真实地反映测区内海水中的声速变化特性。

5）声速在波束传播的垂面内发生变化，不存在侧向变化。对于不满足该要求的水团，需要加密声速断面采样站和减小层采样厚度。

6）声速在海水中的传播特性遵循 *Snell* 法则。

7）换能器动吃水引起的声速断面变化对深度计算的影响可以忽略不计。

根据上述讨论和假设，波束脚印的计算模型可表达为式（2.9-11）～式（2.9-15）。

Snell 法则：
$$\frac{sin\theta_0}{C_0} = \frac{sin\theta_1}{C_1} = \cdots = \frac{sin\theta_n}{C_n} = p \qquad (式2.9-11)$$

式中：C_i——层 i 内声速；

　　　θ_i——层 i 的入射角。

设换能器在船体坐标系下的坐标为（x_0，y_0，z_0），则波束脚印的船体坐标（x，y，z）为：
$$z = z_0 + \sum_{i=1}^{N} C_i \cos\theta_i \Delta t_i, \quad y = y_0 + \sum_{i=1}^{N} C_i \sin\theta_i \Delta t_i, \quad x = 0 \qquad (式2.9-12)$$

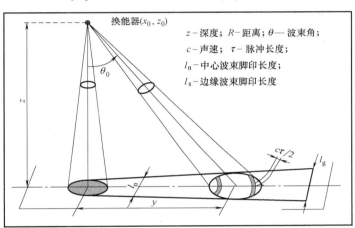

换能器(x_0, z_0)

z-深度；R-距离；θ——波束角；
c-声速；τ-脉冲长度；
l_n-中心波束脚印长度；
l_s-边缘波束脚印长度

图 2.9-12　单个波束信号的接收

式中：θ_i——波束在层 i 表层处的入射角；

　　　C_i——波束在层 i 内的声速；

　　　Δt_i——波束在层 i 内的传播时间。

结合图 2.9-12，其一级近似式为：
$$z = z_0 + C_0 T_p \cos\theta_0/2, \quad y = y_0 + C_0 T_p \sin\theta_0/2, \quad x = 0 \qquad (式2.9-13)$$

式中：T_p——波束往返程时间；

　　　θ_0——波束初始入射角；

　　　C_0——表层声速。

波束脚印的船体坐标确定后，下一步便可将之转化为地理坐标。转换关系为：
$$\begin{bmatrix} x \\ y \end{bmatrix}_{LLS} = \begin{bmatrix} x_0 \\ y_0 \end{bmatrix}_G + R(r,p,h) \begin{bmatrix} x \\ y \end{bmatrix}_{VFS} \qquad (式2.9-14)$$

式中，下脚 *LLS*、*G*、*VFS* 分别代表波束脚印的地理坐标（或地方坐标）、*GNSS* 确定的船体坐标系原点坐标（也为地理坐标系下坐标，是船体坐标系和地理坐标系间的平移参量）和波束脚印在船体坐标系下的坐标；R（h，r，p）为船体坐标系与地理坐标系的旋转关系，航向 h、横摇 r 和纵摇 p 是三个欧拉角。

若换能器中心被选作船体坐标系的原点，式（2.9-13）确定的深度 z 仅为换能器面到达海底的垂直距离，测点的实际深度还应考虑换能器的静吃水 h_{ss}、动吃水 h_{ds}、船体姿态对深度的影响 h_a，若潮位

h_{tide} 是根据某一深度基准面或者高程基准面确定的，则波束脚印的高程为：

$$h_g = h_{tide} - (z + h_{ss} + h_{ds} + h_a)$$

（式 2.9-15）

换能器的静吃水在换能器被安装后量定，作为一个常量输入到多波束数据处理单元中；动吃水是因船体的运动而产生的，它可通过姿态传感器 *Heaven* 参数确定。船体姿态对波束脚印地理坐标也有一定的影响，它会使 *ping* 扇面绕 x 或 y 轴产生一定的旋转，其旋转角量可通过姿态传感器的横摇 r 和纵摇 p 参数确定。上述参数的测定及其对波束脚印平面位置和深度的影响和补偿将在后续章节中详细讨论，这里不再赘述。

当测区处于验潮站或水文站的有效作用距离范围内时，潮位 h_{tide} 的变化可以通过潮位观测获得，否则需通过潮位外推或其他方法获得。由于潮位是相对某一深度或高程基准面确定的，因而经过潮汐改正后，水深已经完成了向高程的转换。

2.9.2.4　无验潮模式的精密多波束测深技术

在多波束测量中，两个主要误差源限制着多波束最终测量成果精度，一为多波束测深精度，二为多波束换能器瞬时高程精度。现有的多波束系统已基本上满足了 *IHO-44* 的测深精度要求（*Duncan Mallace*，2003）。在上一节传统多波束测深数据处理中，潮位、*Squat*（吃水参数）和 *Heave*（涌浪参数）联合为换能器提供了一个瞬时高程，理想情况下，该高程可较真实地呈现换能器的实际垂直运动。然而，实际测量中，这三者也成为制约换能器瞬时高程精度的主要影响因素。潮位模型误差、船速突变引起的 *Heave* 不能真实反映船体垂直运动的低频特征（*John E. Hughes Clarke*，1996）、联合提供的瞬时高程丢失了 15*s* 到 15*min* 间的频段信号，从而在垂直方向最大可造成约 ±80*cm* 的误差，严重地影响了多波束的测量精度。分米级甚至厘米级的 *GNSS* 垂直定位精度已被测量人员认可。基于 *GNSS* 垂直解和 *Heave* 信息联合解决换能器的瞬时高程变换，再结合实测水深的多波束测量和数据处理技术被称为无验潮模式下的精密多波束测深技术。

1. 换能器处 GNSS 高程、Heave 的获取

GNSS 高程信号和 *Heave* 信号融合首先需保证两个一致，即时间系统和位置上的一致。*Heave* 源于 *MRU*，*GNSS* 高程反映的是 *GNSS* 天线相位中心的垂直变化。为了获得二者位置上的一致，必须通过姿态改正这两个时序到换能器中心。若 *GNSS* 天线在船体坐标系 *VFS*（*Vessel Frame System*）下的初始杠杆臂为（x，y，z），纵横摇分别为 r、p 时，则 *GNSS* 天线与换能器间的瞬时杠杆臂（x'，y'，z'）为：

$$\begin{bmatrix} x' \\ y' \\ z' \end{bmatrix} = R(r)R(p)\begin{bmatrix} x_0 \\ y_0 \\ z_0 \end{bmatrix} = \begin{bmatrix} 1 & 0 & 0 \\ 0 & cosr & sinr \\ 0 & -sinr & cosr \end{bmatrix}\begin{bmatrix} 1 & 0 & 0 \\ 0 & cosp & sinp \\ 0 & -sinp & cosp \end{bmatrix}\begin{bmatrix} x \\ y \\ z \end{bmatrix}$$

（式 2.9-16）

式中，R（r）和 R（p）为 r 和 p 构成的旋转矩阵。

若 *GNSS* 高程信号和 *Heave* 信号严格同步，H_{GNSS} 为 *GNSS* 天线处的瞬时高程，则换能器处的瞬时 *GNSS* 高程 H_{rp} 为：

$$H_{rp} = H_{GPS} + z'$$

（式 2.9-17）

同样采用姿态改正，也可获得换能器处的 *Heave* 时序。

2. GNSS UTC 时间和多波束系统时间同步

GNSS 采用的是 *UTC* 时间，*Heave* 信号通常输入到多波束系统中，采用多波束系统内部时钟来标定。由于多波束系统内部时钟的初始设定误差、长时间时钟的飘逸误差、系统间时间偏差导致 *GNSS* 高程信号和 *Heave* 信号时间存在着不同步。这种不同步是随机的，且变化是异常显著的，这会给 *Heave* 与 *GNSS* 高程信号的融合带来比较大的影响。为了消除该问题，必须探测和确定两个系统之间的时间偏差或时间偏差序列。

多波束在数据采集时，*GNSS RTK NMEAN*0183 格式数据中的平面位置被输入到多波束系统中，标定为系统内部时间，并保存为 *NAV* 电文。由于 *NMEAN*0183 格式中包含 *UTC* 时间和定位的三维坐

标。若在多波束作业时，将原始的 $NMEAN0183$ 格式电文也保存下来，比较相同 NAV 电文和 $NMEAN0183$ 电文中相同位置信息的时标，便可确定不同记录时刻 UTC 时间和多波束系统内部时钟之间的时间偏差。

上述思想确定下来的偏差为一个时间序列，利用该序列，可修正 RTK 高程时间为多波束系统内部时间，从而实现 RTK 高程信号和 $Heave$ 信号之间的同步。

3. GNSS 高程信号和 Heave 信号的融合

获得了可靠的、同步的换能器处的 $GNSS$ 高程和 $Heave$ 信号后，便可实施对二者的融合。

$GNSS$ 高程信号和 $Heave$ 信号的融合实际上就是从前者中抽取出有效的中低频信号 $H_{LF-GNSS}$ 和从后者中抽取出有效的高频 $H_{HF-Heave}$ 信号，并将这两个信号合成产生一个新的信号 H_T。

$$H_T = H_{LF-GPS} + H_{HF-Heave} \qquad\qquad (式 2.9\text{-}18)$$

这两个信号的融合需要一个高通和一个低通滤波器。FFT 频谱分析技术能够实现信号在时域和频域之间的相互转换，同时也能够保证处理信号和处理后信号之间严格的同步以及最大的幅度响应（$John\ G.\ Proakis$，1996），为此下面引进 FFT 频谱处理技术来设计这两个滤波器。其滤波器设计和信号提取过程如下：

1）利用 FFT 变换，转变时域的 $GNSS$ 高程信号和 $Heave$ 信号到频域。

2）结合源信号的采样频率和截止频率，抽出高于截止频率的 $Heave$ 信号，提取出低于截止频率的 $GNSS$ 高程信号，从而在频域获得了换能器运动的高频信号和低频信号。

3）利用 FFT 逆变换，转变频域的高频和低频信号到时域，获得 $H_{HF-Heave}$ 和 $H_{LF-GNSS}$。

4）获得这两个信号后，利用式（2.9-18）合成信号 H_T。

$Heave$ 信号正确地反映了周期小于 $15s$ 的垂直运动，$GNSS$ 高程信号可反映周期大于 $2s$ 的垂直运动，因而，它们的合成信号将是一个全频段信号。为了获得一个有效的、全频段的合成信号，需要设计一个截止频率，这个截止频率应该在 $GNSS$ 高程信号和 $Heave$ 信号的公共频段中选取，即周期段在 $2\sim15s$ 之间。大量的实验表明，$0.1Hz$（$10s$）作为截止频率是比较恰当的。

2.9.3 技术应用与发展

2.9.3.1 技术应用

1. 海底精细地形的获取

相对单波束，多波束测深系统实现了对海底地形信息由"点"到"面"的获取，可以对海底地形变化进行精细反映。新型多波束测深系统 1 次测量在与航迹正交的扇面内可以获得 501 个波束，双探头多波束系统可以获得 1002 个波束，可以获得精细的断面地形。走航过程中不断获取断面地形数据，形成高分辨率条带地形，可真实反映测量路线海底一定宽度的地形精细变化。多个条带地形拼接，利用密集的测深点，全覆盖反映测量区域的地形变化。

2. 海底地形演变监测

海洋工程对海底地形的稳定性非常重视。海底地形的稳定性通常利用钻孔取芯数据来评估，周期长，费用高。海床的稳定性可借助海底地形的变化来评估。基于多波束回声测深技术可以获取海底地形，但因受潮位、动吃水、声速等因素影响，传统的多波束测深尚无法满足海底地形变化的监测要求。近年来，随着无验潮模式下的精密多波束测深技术发展，浅水实现厘米级的海底地形高程监测已成为可能。借助该技术，通过对多期地形测量，获取地形的 DEM，以首期地形 DEM 为参考，可评估不同次海底地形的变化，进而获得海底地形演变的几何量。若辅以潮汐潮流等海洋水文要素数据，可分析演变的成因，预报演变的趋势。

3. 海底目标形状和位置确定

水下目标如沉船、桩体等需要确定其在水下的形状和位置，全覆盖、高密度多波束测深为该任务的实现提供了条件。围绕水下目标开展多波束测深，获取目标上的点云数据，利用点云数据对目标形状进行复原，提取目标的中心位置以及形态特征参数。

4. 海底抛石状态监测及抛石作业指导

水下抛石需监测抛石量、抛石后形态，并据此指导下一步施工。单波束测深系统因波束角大，易形成多次回波，造成测深数据紊乱，无法监测该变化。多波束波束角小，借助 CUBE 数据滤波和地形形态滤波等处理，消除异常测深数据，基于测深点云反映抛石后地形，与设计地形比较，分析抛石量、不同位置的盈余量，进而指导下一步抛石作业。

5. 海底底质声学分类

除能够获取测深信息外，多波束还可以获得来自海底的回波强度。利用回波强度与波束入射角、海底底质等之间的相关性，可以开展底质的声学分类，获取海底不同底质类型的分布，为海底地形演变分析、锚地选择等应用提供快速、低成本支持。

6. 水体目标探测及形状恢复

多波束除能够获取来自海底的回波外，还能够获取每个波束经历水体的回波序列，据此形成水柱图像，探测水体中的目标，并根据目标的回波，形成点云数据，进而对水体中目标定位、形状复原和形态参数提取。

2.9.3.2　发展趋势

1. 多波束测深系统

超宽覆盖、高精度、高分辨率是多波束系统未来的发展方向。覆盖宽度和测量精度是影响多波束测深的两个重要指标。换能器扇面开角影响覆盖宽度，为提高覆盖宽度，国内外学者和厂家正致力于换能器基阵形式研发，采用 U 形、V 形阵列分布替代传统的 Mill's 交叉阵，尤其是 V 形阵，利用两套均能独立收发基阵构成 V 形安装，使每套基阵水平夹角合理设置后发射波束主轴偏离基阵正下方，增强边缘波束方向的能量，利于接收边缘波束海底回波信号。为精确检测边缘波束的回波和实现宽覆盖、全 Ping 扇面所有波束精确测量，一些学者利用分裂子阵相位差检测法、多子阵检测法等实现波束检测，提高了检测精度和可靠性。分辨率是衡量多波束测深水平的另一个重要指标，决定了水下小目标及复杂地形的精细探测能力。除采用双基阵提高数据分辨率外，近年来，相干研究从机理上解决了多波束测深分辨率受波束数限制的问题。因具有算法简单、波束数显著增加、不增加硬件成本等优点，相干声呐技术受到越来越多的科研单位及生产厂商重视。

2. 测深数据处理

声速影响改正、复杂海底地形下测深数据的滤波以及海床地形表达问题一直以至未来都是测深数据处理研究的热点。声速剖面实时获取和高精度、快速声线跟踪算法，对于解决声速的代表性误差以及由此产生的边缘波束测深数据异常问题、深海海量多波束 Ping 测深数据的快速处理问题等具有重要的作用。随着深海调查活动的深入，以上两个问题将会成为影响测深精度的关键问题。目前的测深数据滤波方法多基于地形/测深数据变化的一致性原则设计算法来实现滤波，该前提假设在复杂海床，如碎石区或工程抛石区将会遇到挑战，只有结合地形特征、多波束测量机理开展测深数据滤波，才能更好地剔除粗差和确保测深数据质量。此外，基于测深数据，如何准确的构建海床数字模型，满足航行、地形调查等不同需求的研究是当前研究一个难点问题，也是未来测深数据处理发展的一个方向。

3. 无人船海底地形测量技术

船基测量是目前获取海底地形精度较高的一种作业模式。船基测量需要根据测量范围、设计测线开展长程走航测量，尤其对于单波束系统，作业枯燥、烦琐、费时费力问题突出。无人船测量技术解决了浅水、低海况时海底地形的自动获取问题，提高了作业效率，显著降低了作业成本。但现有无人船海底地形测量系统在抗风浪、自治作业、全方位参数获取、海量测量数据实时传输、高海况下测量数据的高精度处理等方面研究仍需要深入，系统性能尚需进一步完善。无人船海底地形测量是未来的一个主要发展方向。

2.10　传感器技术

2.10.1　技术起源

随着技术进步，工程测量工作过程已大量依托现代测绘技术开展数据获取、处理工作，技术应用的广度和深度也得到显著加强。同时，在现代工程测量中，也大量汲取和引入了其他行业的技术和方法开展工程测量工作，以求获得更加全面、准确、可靠的数据信息，为工程建设提供全方位的技术保障。传感器技术就是一种在工程测量工作中被广泛应用的方法，传感器的基本思想是将现实世界中的物理量、化学量、生物量转换为可供处理的数字信号，为分析现有现象提供信号源，常见的感知对象包括压力、形变、流量、温湿度、气体浓度等。该技术正式起源于 20 世纪中期，随着信息化产业的高速发展，不断推动传感器的研发水平提升。总体来看，传感器技术大致经历了三个发展阶段，最先提出的是结构型传感器、接着是固体型传感器，现阶段发展较快的融合信息获取、存储、处理、传输及智能计算于一体的智能传感器。

结构型传感器是利用结构参数的变化来感受和转化信号。如电阻式传感器是将被测物理量的变化转换为电阻值的变化，再经相应的测量电路显示或记录被测量值的变化，常见的包括电阻式位移传感器、电阻式应变片。

固体传感器发展于 20 世纪 70 年代，由半导体、电介质、磁性材料等元固件组成。该类传感器利用热电效应、霍尔效应、光敏效应，分别研制成热电偶传感器、霍尔传感器、光敏传感器。随着集成技术、分子合成技术、微电子及计算机技术的高速发展，集成传感器也高速发展。目前，光纤光栅类传感器在各个行业领域得到了广泛的应用，可实时获取各类环境、形变、结构参数信息，用于后续的数据分析与评估。

智能传感器发展于 20 世纪 80 年代末，通过相关技术的集成，可对外界信息具备一定检测、自诊断、数据处理以及自适应能力。初期的智能化以微处理器为核心，将传感器信号的调节电路、微处理器、存储器及外部接口集成到一块芯片上，实现了初始阶段的智能化。现阶段的智能化以高性能芯片、多源传感设备集成为主，开展多参量的同步采集、处理、分析与诊断。

为了更好地了解传感器技术，在工程实践中，可以根据传感器获取的结构参数来进行分类。工程测量中常用的传感器包括应变传感器、温度传感器、加速度传感器、静力水准传感器、环境传感器等。以静力水准传感器为例，就有基于不同传感机理设计制作的设备，既有传统的压力式静力水准仪，也有新研制的光纤光栅、电容、差动变压式、CCD 式、磁致伸缩式静力水准仪。不同传感设备由于工作原理、加工工艺原因，在精度、稳定也会存在一定差异，根据实际工程环境需要进行针对性应用。

2.10.2　技术原理与方法

2.10.2.1　电阻式传感技术

该类传感器是将敏感元器件与结构组合，再设计相应的测量电路，通过电路电阻的变化检测，进而获取结构的参数变化。以电阻应变式传感器为例，利用电阻应变效应将应变转换为电阻变化，从而实现位移、力、温度等的测量。

电阻应变式传感器的核心是电阻应变片，常用的为金属丝，可以随着机械变形（伸长或缩短）的大小而发生变化。一段长为 L、截面为 S、电阻系数为 ρ 的金属丝，其电阻为：

$$R = \rho \frac{L}{S} \qquad\qquad (式 2.10\text{-}1)$$

式中：R——金属丝的电阻值（Ω）；

　　　ρ——电阻丝系数（$\Omega \cdot mm^2 \cdot m^{-1}$）；

　　　L——电阻丝长度（m）；

　　　S——电阻丝截面积（mm^2）；

对 R 取全微分：

$$dR = \frac{\rho}{S}dL + \frac{L}{S}d\rho - \frac{\rho L}{S^2}dS \qquad\qquad (式 2.10\text{-}2)$$

对上式左端除以 R，右端除以 $\rho \dfrac{L}{S}$ 得

$$\frac{dR}{R} = \frac{dL}{L} - \frac{dS}{S} + \frac{d\rho}{\rho} \qquad\qquad (式 2.10\text{-}3)$$

其中：

$$\frac{dS}{S} = 2\frac{dr}{r} \qquad\qquad (式 2.10\text{-}4)$$

式中：r——金属丝半径。

若令 $\varepsilon_x = \dfrac{dL}{L}$ 为金属丝的轴向应变；$\varepsilon_y = \dfrac{dr}{r}$ 为金属丝的径向应变，则金属丝受到外力作用时，二者之间的关系为：

$$\varepsilon_y = -\mu\varepsilon_x \qquad\qquad (式 2.10\text{-}5)$$

其中，μ 为金属材料的泊松比。

通过公式推导，可得：

$$\frac{dR/R}{\varepsilon_x} = (1 + 2\mu) + \frac{d\rho/\rho}{\varepsilon_x} \qquad\qquad (式 2.10\text{-}6)$$

设 $K_s = \dfrac{dR/R}{\varepsilon_x} = (1 + 2\mu) + \dfrac{d\rho/\rho}{\varepsilon_x}$ 为金属丝的灵敏系数，即发生单位应变时电阻相对变化的大小，与电阻变化正相关。K_s 变化的两个影响因素如下：一是（$1 + 2\mu$），金属丝受拉伸以后，材料几何尺寸发生变化引起；二是 $\dfrac{d\rho/\rho}{\varepsilon_x}$，材料发生形变时，自由电子活动能力和数量共同发生变引起。忽略第二项 $\dfrac{d\rho/\rho}{\varepsilon_x}$ 对灵敏系数的影响，将 K_s 视为常量，则轴向应变与电阻变化的关系如下：

$$\frac{dR}{R} = K_s \cdot \frac{dL}{L} \qquad\qquad (式 2.10\text{-}7)$$

由上式可知，通过测定电阻值的变化，即可获得金属丝应变的变化，进而获取结构的位移、压力等参数的变化。电阻值的变化通过惠斯通直流电桥电路进行检测，相关研究表明位移测量精度可达到 1nm。

电阻应变式传感器的敏感元器件易受温度影响产生温度误差，同时受压敏特性带来非线性误差，这些误差会给测量精度带来一定影响。在实际电路测量过程中，会设计相应的桥路补偿电路减少温度误差，增加温度测量，补偿信号的温度误差、零点温度漂移及非线性误差。

2.10.2.2　振弦式传感技术

振弦式传感器主要由振弦、激振与拾振线圈、保护外套和线圈电缆等部分组成，其中，振弦是传感器主要信号检测单元，单线圈振弦式传感器简化物理模型如图 2.10-1 所示。

当被测量（如位移）发生变化时，由转换元件引带动振弦发生等效刚度的变化，导致振弦的固有频率发生变化，从而通过测量振弦固有频率的变化，即可得知被测物理量（如位移）的变化。因此，当振弦传感器用于监测系统中，需要配备二次仪表振弦数据采集器，通过获得传感器内部振弦固有频率，进而得出被测物理量的大小。

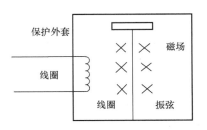

图2.10-1 单线圈振弦式传感器
简化物理模型

由于单线圈振弦传感器激振线圈与拾振线圈为同一线圈，振弦采集仪工作时采用分时共用的方式，在完成对振弦的扫频激振后，再通过同一线圈实现对输出信号的拾振测频。振弦数据采集器首先通过线圈发送激励脉冲信号激振传感器振弦，使其处于共振状态；当撤销激振信号后，振弦做有阻尼振荡运动切割磁感线，并由线圈输出幅值为毫伏级的感应电动势；最后，将线圈输出毫伏级小信号经过放大、滤波、整形等步骤，完成振弦固有频率的拾振测频。

大量文献与研究由振弦机械振动的固有频率推导得出振弦对应测量物理量的大小，即振弦式传感器工作的数学模型，如式（2.10-8）所示：

$$L = K(f_r^2 - f_0^2) + A \qquad (式\ 2.10\text{-}8)$$

式中：L——振弦式传感器测量物理量；

f_r——振弦自振频率；

f_0——零点自振频率；

K——常数，与传感器材料与结构有关；

A——温度补偿量。

由振弦式传感器工作数学模型（式2.10-8）可以看出，振弦传感器测量精度与振弦自振频率灵敏度有关，微小的测量物理量变化将导致振弦固有频率的变化。为分析振弦式传感器测量精度，以振弦式裂缝计为例进行分析，若被测信号量变化为 Δl，引起振弦共振频率变化为 Δf，且满足振弦式传感器工作的数学模型，即：

$$L + \Delta l = K\left[(f_r + \Delta f)^2 - f_0^2\right] + A \qquad (式\ 2.10\text{-}9)$$

由式（2.10-8）、式（2.10-9）可得出被测信号变化 Δl，表示为：

$$\Delta l = K(2f_r\Delta f + \Delta f^2) \qquad (式\ 2.10\text{-}10)$$

通常振弦裂缝计 f_r 一般在2500Hz以上，若 Δf 变化量小于1Hz，则被测信号量 Δl 可近似表示为：

$$\Delta l \approx K \times 2f_r\Delta f \qquad (式\ 2.10\text{-}11)$$

以某型振弦式裂缝计为例，成型振弦材料系数数量级大致为 4×10^{-5}，振弦固有频率范围 f_r 大致在2500Hz左右，通常振弦采集器频率变化量 Δf 测量精度可达到0.5Hz测量精度，由式（2.10-11）得出 Δl 的测量精度满足：

$$\Delta l \approx K \times 2f_r\Delta f \approx 4 \times 10^{-5} \times 2 \times 2500 \times 0.5 \approx 0.1\text{mm} \qquad (式\ 2.10\text{-}12)$$

即振弦式裂缝计振弦测量分辨率可实现亚毫米监测精度。振弦式传感器测量精度建立在振弦固有频率测量精度的基础之上。振弦采集器在实现振弦固有频率测量的过程中，最主要的是激振和拾振这两个环节。激振是要使振弦能被可靠地激发振动起来，并产生感应电动势，此电动势的频率就是振弦的振动频率。拾振就是通过滤波、放大、测频电路测量感应电动势的频率。在这两个环节中，存在如下可能影响测量精度的因素：

1）传感器振弦激振方式。现有振弦式采集仪大部分基于低压扫频激振工作原理设计，相比于传统的高压拨弦激振方式，具有触发传感器输出信号幅值大、持续时间长、测量精度高的特点。但是，低压扫频激振有可能出现振弦激振不成功情况，影响测量精度。

2）拾振测频时间段选择。当振弦实现共振后，振弦做自由振动切割磁感线，输出固定频率信号，由振弦采集器对其进行测量获得振弦的固有频率。但是，由于传感器振弦输出信号幅值较小，持续时间较短，拾振测频时间段的选择将影响测量精度。

3）拾振电路电磁干扰影响。由于振弦传感器感生电动势幅值较小，拾振电路环境中存在电池干扰将影响测量频率的准确性。

4）环境温度影响。传感器内部振弦共振频率将随着环境温度的变化而改变，因此为保证振弦测量精度，振弦采集器需要测量传感器内部温度，进行补偿计算。

2.10.2.3　光纤光栅传感技术

光纤是光波的传输介质，易受外界因素的影响产生几何参数和光学参数的变化。光纤传感技术就是通过光纤内传输光参数（如强度、相位、频率、偏振态等）变化的测量，获得环境参数（如应力、温度、压力、形变等）的变化。1978 年，加拿大渥太华通信研究中心刻写出世界上第一根光纤光栅。2012 年以来，光纤传感技术得到高度发展。现阶段，利用复用技术建立的分布式光纤传感在工程技术中心应用极为广泛，其中具有代表性的是光纤布拉格传感技术（Fiber Bragg Grating，FBG）和布里渊时域反射传感技术（Brillouin Optic Time Domain ReflRctometry，BOTDR）。

1. FBG 光纤传感

布拉格光栅是一种在光纤中制成的折射率周期变化的光栅，反射光的波长受光栅周期变化。当带有该光栅的光纤受到拉伸或压缩以及环境温度发生变化时，自身周期会发生变化，进而发射光的波长也改变，通过测定发射光波长的变化，即可得知光纤光栅所受应力或温度的变化。基本原理如图 2.10-2 所示。

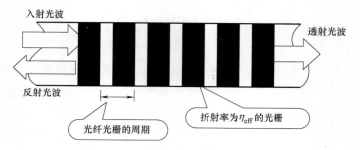

图 2.10-2　布拉格光栅基本原理图

根据麦克斯韦方程组的电磁场基本方程组，可推导出严密的布拉格光栅的理论公式为：

$$\lambda_B = 2\eta_{eff}\Lambda \tag{式 2.10-13}$$

式中：Λ——相位掩模光栅的周期；

　　　η_{eff}——光纤纤芯对自由空间中心波长的折射率；

　　　λ_B——入射光通过光纤布拉格光栅反射回来的中心波长。

通过光谱分析仪检测反射光或透射光的中心波长变化，即可间接测定出外界环境参数的变化。

1）应变测量

反射光波长变化量 $\Delta\lambda_{BS}$ 和光纤所受纵向应变 $\Delta\epsilon$ 的计算公式为：

$$\Delta\lambda_{BS} = \lambda_B(1-\rho_a)\Delta\epsilon \tag{式 2.10-14}$$

$$\rho_a = \frac{n^2}{2}[\rho_{12} - \nu(\rho_{11} - p_{12})] \tag{式 2.10-15}$$

式中：ρ_a——光纤的弹光系数；

ρ_{11} 和 ρ_{12}——光纤的光学应力张量分量；

　　　ν——泊松系数。

通过对光纤传感器的结构性封装加工设计，可实现对加速度、超声波、形变的测量。

2）温度测量

光纤环境温度的变化 ΔT 与光纤中心波长的变化 $\Delta\lambda_{BT}$ 计算公式为：

$$\Delta\lambda_{BT} = \lambda_B(1+\xi)\Delta T \tag{式 2.10-16}$$

式中：ξ——光纤的热光系数。

3）应力测量

光纤所受应力的变化 ΔP 与光纤中心波长的变化 $\Delta\lambda_{BP}$ 计算公式为：

$$\Delta\lambda_{BP}=\lambda_B\left[-\frac{1-2\nu}{E}+\frac{n^2}{2E}(1-2\nu)(2\rho_{12}-p_{11})\right]\Delta P \qquad （式 2.10-17）$$

式中：E——光纤的杨氏模量。

2. BOTRD 光纤传感

光波在光纤中传播过程中，与不规则颗粒发生碰撞引起光散射，散射光在强度、方向上与泵浦光（入射脉冲光）不同，而且部分散射光的偏振态、频谱特性与泵浦光也不同。研究发现，光纤中的光散射主要包括瑞利散射、拉曼散射和布里渊散射。布里渊散射是一种非弹性散射，包括自发布里渊散射和受激布里渊散射。如图 2.10-3 所示。

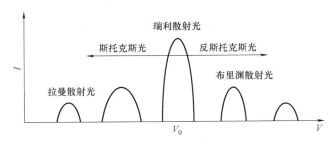

图 2.10-3 光纤中的光散射

光纤中存在热光效应和弹光效应，温度和应变利用热光效应和弹光效应使光纤折射率发生变化，研究推导得到的布里渊散射的基本公式如下：

$$\nu_B(T,\varepsilon)=2n(T,\varepsilon)\sqrt{\frac{[1-k(T,\varepsilon)]E(T,\varepsilon)}{[1+k(T,\varepsilon)][1-2k(T,\varepsilon)]\rho(T,\varepsilon)}}\Big/\lambda_\rho \qquad （式 2.10-18）$$

式中：λ_ρ——泵浦光波长；

n——光纤折射率；

E——光纤弹性模量；

k——介质泊松比；

ρ——密度。

n，E，k，ρ 均表示为 T，ε 的函数。

由上式可知，布里渊频移同时与温度和应变有关，因此可由频移变化测定温度或应变变化。根据 OTDR 光时域定位技术，测定任意点离光源的距离 s：

$$s=\frac{ct}{2n}$$

式中：c——光波在光纤中传播速度；

n——光纤折射率；

t——光波传播时间。

在温度保持恒定的情况下，可得

$$\nu_B(0,\varepsilon)=2n(0,\varepsilon)\sqrt{\frac{[1-k(T0,\varepsilon)]E(0,\varepsilon)}{[1+k(0,\varepsilon)][1-2k(0,\varepsilon)]\rho(0,\varepsilon)}}\Big/\lambda_\rho \qquad （式 2.10-19）$$

在 $\varepsilon=\varepsilon_0$ 进行泰勒级数展开，保留一次项，得到简化公式：

$$\nu_B(0,\varepsilon)=\nu_B(0,\varepsilon_0)(1+C_\varepsilon\Delta\varepsilon) \qquad （式 2.10-20）$$

式中：ν_B——布里渊频移；

C_ε——应变灵敏度系数；

ν_{B0}——初始状态下的频移；

ε——应变；

ε_0——初始应变。

在假定光纤应变不变的情况下，同理可推导出频移与温度的简化公式：

$$\nu_B(T,0)=\nu_B(T_0,0)(1+C_T\Delta T) \tag{式 2.10-21}$$

式中，C_T、T、T_0分别为布里渊频移温度灵敏度系数、温度和初始温度。

最后可得布里渊频移与温度和应变的关系为：

$$\nu_B(T,\varepsilon)=\nu_{B0}(T_0,\varepsilon_0)+C_T\Delta T+C_\varepsilon\Delta\varepsilon \tag{式 2.10-22}$$

再根据上述公式进行布里渊传感器的结构设计与封装工艺设计，即可构建分布式的传感监测系统。从原理可知布里渊频移受温度和应变影响，在实际状态监测过程中，应同时进行温度补偿，提高数据获取精度。因此在实际工程中，在进行应力测量的同时，需要布设温度传感器进行应力的补偿修正。

2.10.2.4　图像传感技术

图像传感技术是利用光电器件的敏感特性，将光信号转换为电信号，再进行电信号的检测，从而实现对现实世界的解译和识别的一种技术。该技术的核心元器件是图像传感器，目前主流的图像传感器包括电子耦合器件传感器（CCD）和 CMOS 两种。通过图像传感器加工可形成各种固态光传感、微波影像、红外光成像等系统。

1. CCD 传感技术

CCD 以电荷为信号，基本单元是 MOS（金属-氧化物-半导体）结构，基本功能是进行电荷的存储和转移。采样过程中，电荷的多少与光强呈线性关系。电荷读出时，在一定相位关系的移位脉冲作用下，从一个位置移动到下一个位置，直到移出 CCD，经过电荷-电压变换，转换为模拟信号。CCD 中单个像元的势阱受到容纳电荷能力的限制，光照太强会导致电子产生"溢出"现象。同时，在电荷读出转移过程中，存在电荷的转移效率和转移损失问题。

CCD 图像传感器工作原理如图 2.10-4 所示，首先光敏元器件完成曝光后将光子转换为电子电荷包，电荷包顺序转移到共同的输出端，通过输出放大器将大小不同的电荷包（对应不同强弱的光信号）转换为电压信号，缓冲并输出到芯片外的信号处理电路，再利用信号处理电路进行信息的存储、分析。

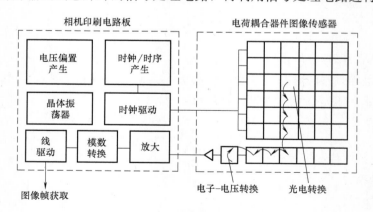

图 2.10-4　CCD 图像传感器工作原理图

CCD 图像传感器基本特性如下：

1）体积小、重量轻、可靠性高、寿命长；

2）图像畸变小、尺寸重现性好；

3）具有较高的空间分辨率；

4）几何尺寸精度高，可获得较高的定位精度和测量精度；

5）具有较高的光电灵敏度和较大的动态范围。

2. CMOS 传感技术

CMOS 传感技术是在 CCD 传感技术之后发展起来的，均是利用光电转换传感原理实现对光信号的采集和存储。但采用了不同的制作工艺和元器件结构，使 COMS 传感器较 CCD 传感器功耗较低，系统尺寸较小，电路集成程度高等特性，实现了安防、会议、条码扫描器等小尺寸场景下的影像获取。

CMOS 传感器技术原理如图 2.10-5 所示，首先光敏元器件完成曝光后将光子转换为电子电荷包，再将电子电荷包进行电荷-电压转换后直接存储到各个像元中。

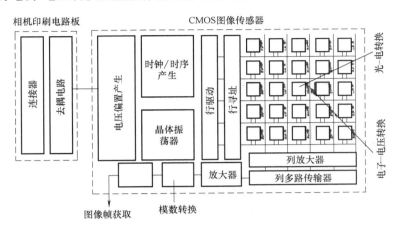

图 2.10-5　CMOS 传感器技术原理图

CMOS 图像传感器基本特性如下：

1）集成度高；

2）低功耗；

3）读取速度快；

4）快速访问

5）高带宽。

2.10.2.5　MEMS 传感技术

MEMS 传感器是利用集成电路和微机械加工工艺，将各种具有物理效应的机电敏感传感器集成到微处理芯片上，进而进行各种信息数据的采集。传感器由机光电敏感器和微型处理器组成，敏感器件与传统传感器功能一致，只是 MEMS 加工工艺形成的光电元器件，同时微处理器负责信号的解译、处理、分析，实现对待测物理量的测量（见图 2.10-6）。

MEMS 传感器常用于控制系统中，通过 MEMS 工艺将传感器、执行器、控制器集成到一个微芯片上。图 2.10-7 为一个 MEMS 控制系统的常见结构，包括 A/D、D/A 转换、数据处理和执行控制算法

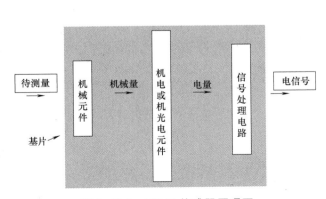

图 2.10-6　MEMS 传感器原理图

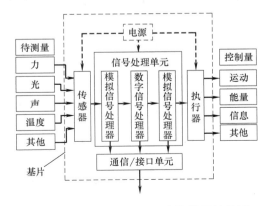

图 2.10-7　MEMS 控制系统的常见结构图

部分。通过上述设计，可将电信号转换成非电信号，使受控对象执行转动、光、热、声动作。

　　以 MEMS 压力传感器为例，利用元器件的压阻力敏感原理，实现对待测对象所受压力的测量。这种传感器大多以单晶硅作为基片，用 MEMS 工艺在基片上形成力敏薄膜，再设计惠斯顿电路进行压力电信号变化监测。力敏器件易受温度的影响，需要进行温度补偿。

2.10.3　技术应用与发展

2.10.3.1　技术应用

　　快速发展的传感技术极大地丰富了测量过程中的信息获取手段，更好地服务于经济建设活动。工程实践中也依托各种传感技术建立起大型的实时在线监测系统，为工程风险控制提供全面的数据支撑。

　　1. 施工监测系统

　　建筑、桥梁、隧道等工程在施工过程中，需要对结构的形变，受力进行动态监测，为了较为全面的、准确地获取各类信息，引入了各类传感技术。以基坑监测为例，就需要对基坑的平面形变、垂直形变、锚索应力、支撑结构应力进行监测，而在基坑阶段性施工过程中，受环境影响，无法满足测量机器人测量技术的通视条件，较多的采用图像传感器技术进行形变信息的获取，振弦式传感技术进行结构应力（锚索力、土压力、支撑轴盈利等）获取，结合工程设计评估数据进行施工风险控制。

　　2. 健康监测系统

　　结构健康监测系统是结合传感技术、通信技术、信息技术、数据处理技术于一体的大型复杂应用系统。该系统利用传感器技术进行环境参数、形变参数、应变参数等多信息的实时在线采集，尤其是在桥梁、水利工程中，建立了大量的结构监测系统。

　　南京长江大桥是我国首座自行设计、建造的钢铁两用大桥，是南京市重要的交通枢纽工程。根据南京大桥运营的实际情况，建立了具有针对性的结构健康监测系统，包括温度监测、风速风向监测、地震及船舶监测、支座位移监测、位移监测（主桥、主桥）、振动监测（主桥、引桥）、杆件应力等，所采用的传感设备包括温度传感器、风速仪、位移计、形变计、加速度计、应变计、地震仪等。

2.10.3.2　发展趋势

　　传感技术伴随着制造工艺、材料研制、信息处理等相关技术的提升一直处于高速发展过程中，可以预见的是，未来传感技术存在以下发展趋势：

　　1）高度集成化。现有的传感设备大多传感器件与采集设备进行分离，未来传感设备将具备数据采集、离线存储、实时通信、边缘计算等多种功能，更好地适应各种工程需要，实现大批量部署。

　　2）高精度、高分辨率。以图像传感技术为例，CCD 和 CMOS 传感技术将结合双方的优点进行整合，形成更高精度、高分辨率的传感设备。

　　3）低功耗、低噪声。制作工艺的进步，将推动传感元器件的功耗越来越低，进而集成设备的功耗也将显著降低，同时，自身设备噪声水平也会降低，使采集获得的各类信息更加准确。

　　4）分布式部署。传感器的应用需求量将急剧增加，也会导致传感器布设形式从单点布设到网状布设，形成分布式实时协同监测体系，如光纤传感技术就从准分布式发展到动态分布式。

2.11　惯性测量与测姿技术

2.11.1　技术起源

　　惯性技术是以力学、机械学、光电子学、控制学和计算机学等为基础的多学科综合的尖端技术，广泛应用于航空、航天、航海及重要车辆陆地导航中。由于惯性是所有质量体的基本属性，所以建立在惯性原理基础上的惯性导航系统无需任何外来信息，也不向外辐射任何信息，仅靠系统本身就能在全天候条件下、全球范围内和所有介质里自主地、隐蔽地进行三维定位和三维定向。这种同时具有自主性和隐蔽性并且能向运载体提供高频率甚至连续的实时导航信息的独特优点是诸如卫星导航、无线电导航和天文导航等其他导航系统无法比拟的。尽管这些导航系统的某些性能远优于惯性导航，但惯导系统仍然是重要运载体不可缺少的核心导航设备。

惯性技术的核心传感器是陀螺仪和加速度计，可以统称为惯性器件、惯性仪表或惯性仪器。陀螺仪实现方向测量，而加速度计实现距离测量，它们测量的信息都是以惯性空间为参考基准的。惯性器件根据一切质量物体（甚至光波）相对惯性空间具有的基本属性进行测量，因而建立在惯性传感器和数学积分算法基础上的惯性导航系统除了先验导航环境（如所在星体引力场和自旋角速度信息）外，系统不再需要其他外界信息仅靠自身就能够自主和隐蔽地向运载体提供高频率甚至连续的实时导航信息，包括角速度、加速度、姿态、速度和位置等。

作为一门高科技尖端技术，惯性技术是在先进科学理论和制造工艺支持条件下发展起来的。早在1687年，牛顿就提出了力学三定律，奠定了惯性技术的理论基础；1786年，欧拉创立了转子陀螺仪的力学基本原理；1852年，傅科（L. Foucault）制造了用于验证地球自转运动的测量装置，并将其称为Gyroscope（陀螺），由于精度低，只能观察到地球自转而未能精确测出地球自转角速度的大小；1908年，安修茨（H. Anschutz-Kaempfe）制造了世界上第一台摆式陀螺罗经；1910年，休拉（M. Schuler）提出了著名的休拉调谐原理，为惯性导航系统的设计奠定了基础。第二次世界大战期间，德国人制造的V-2火箭采用了陀螺仪和加速度计组成的制导系统，开创了惯导系统的应用先河，但其设计相对粗糙，制导精度很低；20世纪50年代，美国麻省理工学院德雷伯（Draper）实验室采用液浮支承，研制成功了单自由度液浮陀螺，有效降低了支承引起的摩擦力矩，使陀螺精度达到了惯性导航级的要求。从惯性导航基本理论的提出到惯性级导航系统的实现，经历了将近300年时间，其间缺乏的不是理论，而是巧妙的设计思想和精密的制造工艺。

惯性技术的发展史就是一部陀螺仪的发展史，因为陀螺仪精度对惯性导航精度起着决定性的作用。但是，并不是说加速度计在惯性技术中不重要，而是对于常规惯性导航系统而言，与对应精度陀螺仪相匹配的加速度计更容易实现。因此，惯性导航系统的精度瓶颈往往在于陀螺仪，成本也主要取决于陀螺仪，随着陀螺仪精度的提高或新型陀螺仪的问世，惯性导航技术都会获得阶跃性的提升。

2.11.2 技术原理与内容

2.11.2.1 陀螺仪

目前，中高精度的陀螺仪主要是传统的机械转子陀螺和新型光学陀螺（激光陀螺和光纤陀螺），微机械MEMS陀螺精度还相对较低。

1. 转子陀螺

传统意义上的陀螺仪是指转子陀螺，转子陀螺仪的运动特性区别于一般刚体的根本原因在于转子旋转产生的角动量，这种陀螺仪符合牛顿力学。图2.11-1为单自由度转子陀螺仪的模型简图。

在图2.11-1中，取$oxyz$（或$oIOS$）为测量坐标系，或称基座坐标系，简记作B系，它与基座固联；$ox_Gy_Gz_G$为陀螺组件坐标系，简记作G系，它与陀螺旋转轴支撑框架固联。图中ox轴对应于陀螺的输入轴I，oy轴对应于陀螺的输出轴O，oz_G轴对应于转子的自转轴S。设转子相对于框架的角速率为Ω，绕自转轴转动的角动量为$\boldsymbol{H}=\begin{bmatrix} 0 & 0 & H \end{bmatrix}^T$，陀螺组件（框架＋转子）绕输出轴的转动惯量为$I_o$。

当在基座输入轴I有角速率ω_I时，由于陀螺组件与基座之间存在约束关系，且为了保持两者之间轴向对准（不倾倒），基座将带动陀螺组件绕输入轴I以同样的角速率ω_I进动。根据陀螺运动方程$\boldsymbol{\omega}\times$

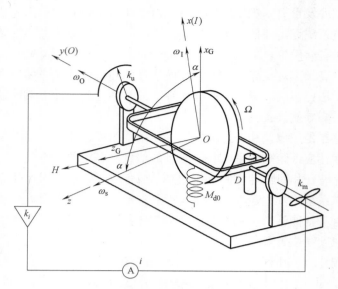

图 2.11-1　单自由度转子陀螺仪的模型简图

$H=M$ 知，必须在输出轴 O 给陀螺转子提供恰当的力矩才能维持该进动，使用力学动静法列出沿输出轴 O 的所有力矩并令其平衡，可得单自由度转子陀螺仪沿输出轴的动力学方程为

$$I_o\ddot{\alpha} = H\omega_I - D\dot{\alpha} + M_{cmd} + M_d \qquad （式 2.11-1）$$

式中：$I_o\ddot{\alpha}$——惯性力矩；

$\quad\quad H\omega_I$——陀螺力矩；

$\quad\quad D\dot{\alpha}$——阻尼力矩，大小与转动角速率成正比但方向相反，D 是阻尼系数；

$\quad\quad M_{cmd}$——反馈控制力矩，它从框架绕输出轴的转动角度 α 采集信号 k_u 开始，经过功率放大 k_i，形成电流 i，再输入力矩器 k_m，产生反馈控制力矩，一般将角度 α 控制在小范围内，因此有 $M_{cmd} = -k_u k_i k_m \alpha$，简记增益 $k = k_u k_i k_m$，通常将该反馈回路称为再平衡回路；

$\quad\quad M_d$——干扰力矩，实际系统中它是不期望出现而又无法避免的干扰力矩。

式（2.11-1）在稳态时有 $0 = H\omega_I - ki + M_d$，理想无干扰情况下有 $i = H/k \cdot \omega_I$，所以通过测量再平衡回路的电流 i 可获得陀螺仪输入角速率 ω_I，但是在实际系统中干扰力矩 M_d 会引起陀螺测量误差。将干扰力矩 M_d 引起的陀螺测量误差定义为单自由度转子陀螺的漂移误差，其等效角速率大小为

$$\omega_d = \frac{M_d}{H} \qquad （式 2.11-2）$$

2. 激光陀螺

传统的机械转子陀螺仪适合于在平台方式下工作，在捷联状态特别是高动态的载体上工作时，由于动态误差的影响，性能下降问题比较突出。而新型光学陀螺的敏感器主要是由光学元件组成的，不存在常规动量转子陀螺中的误差源，所以动态环境造成的误差极小，具有精度高、动态范围宽和性能稳定等优点，是捷联式惯导系统的理想元件。此外，光学陀螺在尺寸、重量、功耗、启动时间和可靠性等方面也具有明显的优势。

虽然激光陀螺的基本原理建立在 Sagnac 效应基础上，但是它并不直接测量光程差或相位差，而是进行了重大的改进。激光陀螺采用激光为相干光源，顺/逆时针方向运行的两束光均在环形腔内形成谐振波，改测光程差为频率差（频差或拍频），提高了陀螺的测量灵敏度。

如图 2.11-2 所示，反射镜 $M_1 M_2 M_3$ 组成一个三角形闭合光路工作腔，其中 M_3 的反射率在 99% 以上而只允许少量的光透射，透射光投影至干涉屏，使用光电探测器检测干涉条纹移动；M_2 为曲率 $1 \sim 5m$ 的球面反射镜，兼有稳定光路几何形状的作用。在光路中插入激光管，激光管内装有工作介质，一般为 He-Ne 混合气体，激光管的两侧 M_4 和 M_5 均为透镜。根据激光理论，在工作腔内形成谐振的条件

是：谐振腔的长度 L 等于激光波长 λ 的整数倍，即须满足 $L=q\lambda$，其中整数 q 亦称为行波纵模阶次或简称模式，其典型值为百万量级。由于波长 λ 和频率 f 互为倒数关系，所以有

$$L=\frac{qc}{f} \qquad \text{（式 2.11-3）}$$

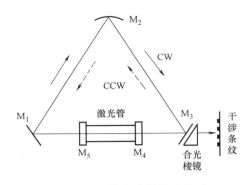

图 2.11-2　激光陀螺基本构成

当光路输入角速率为零时，顺/逆时针两束激光的绕行一周的光程 L 相等且频率 f 也相同；然而，当存在角速率时，双向两束光的实际光程 L_{CW} 和 L_{CCW} 将发生微小的变化，但 q 是始终保持不变的常值，并且光速 c 相对于惯性空间不变，所以两束激光的频率将随实际光程的变化而改变，事实上这可以想象成是观察点相对于惯性空间运动引起的多普勒频移，从而得到顺/逆时针两束激光的频率为

$$\begin{cases} f_{CW}=\dfrac{qc}{L_{CW}} \\ f_{CCW}=\dfrac{qc}{L_{CCW}} \end{cases} \qquad \text{（式 2.11-4）}$$

由此知顺/逆时针两束激光的拍频大小为

$$\Delta f=f_{CCW}-f_{CW}=\frac{qc}{L_{CCW}}-\frac{qc}{L_{CW}}=\frac{qc}{L_{CW}L_{CCW}}\Delta L\approx\frac{qc}{L^2}\Delta L=\frac{c}{L\lambda}\Delta L \qquad \text{（式 2.11-5）}$$

将式 $\Delta L\approx\dfrac{4A}{C^2}\omega$ 代入式（2.11-5），得

$$\Delta f=\frac{4A}{L\lambda}\omega \qquad \text{（式 2.11-6）}$$

再将式（2.11-6）在时间段 $[0,T]$ 内积分，得

$$N=\int_0^T\Delta f\,dt=\int_0^T\frac{4A}{L\lambda}\omega\,dt=\frac{4A}{L\lambda}\int_0^T\omega\,dt=K\theta \qquad \text{（式 2.11-7）}$$

这表示拍频的振荡周期数 N 与转角 $\theta=\int_0^T\omega\,dt$ 成正比，实际应用时只需用电子线路将每个振荡周期变换成一个脉冲，通过脉冲计数即可求出激光陀螺相对于惯性空间的转角（角位移或角增量），所以激光陀螺通常用作角位移陀螺（积分陀螺），而不作为速率陀螺使用（即一般不直接测量瞬时拍频输出）。

式（2.11-7）中 $K=4A/(L\lambda)$ 称为激光陀螺的标度因数，习惯上的单位是：脉冲/($''$)。与传统机械转子陀螺相比，激光陀螺输出的静态或短期量化噪声比较大，但是在大角动态或长时间运行情况下，激光陀螺能够非常准确地测量出总的角度变化，这时量化噪声的不利影响会相对比较小些。另外，由公式 $K=4A/(L\lambda)$ 知腔长 L 的变化会影响标度因数的稳定性，因此激光陀螺对腔长的控制精度要求非常高。现实系统中引起激光陀螺腔长变化的主要因素是腔体的热胀冷缩，而热胀冷缩会造成腔长的变化，因此精确的腔长控制是研制激光陀螺的一个关键技术，一般通过压电元件驱动球面反射镜 M_2 沿法线方向平移进行腔长调节，控制精度可达 $0.001\mu m$ 量级。

经过国防科技大学 43 年的艰苦攻关，中国成为世界上第四个独立研制激光陀螺的国家，激光陀螺的生产工艺和制造水平在不断地进步和突破，激光惯组批量化加工的流水线模式也日益完善，因此激光惯组得到了更多的推广。在科学研究中，用超大激光陀螺可以观察微小的地震效应、固定地面潮汐效应，还有望用来测量引力波等几种相对论效应。在航空航天上，目前大多数西方的军用飞机都采用激光陀螺惯导系统，如 F-22、F-35、SU-30 等战机。法国研制的激光陀螺在 1988 年成功用于阿丽亚娜 4 火箭发射，这是世界上首次在运载器发射中采用激光陀螺惯性系统。在美国最新的天机红外系统中，地球同步卫星采用了激光陀螺惯性系统来为星载传感器提供定向和跟踪等功能。在航海上，作为导航仪器，激光陀螺导航系统是当今国际海军水面舰船和潜艇的标准设备。Sperry 公司的 MK-39 系列激光陀螺惯

导系统已被超过 24 个国家的海军用于各种舰船平台，MK-49 激光陀螺导航仪已成为北约 12 个国家的标准设备。AN/WSN-7 系列激光陀螺导航系统是美国海军水面舰船和舰艇的标准设备，并在 2001 年就已经在全部航母换装此系列。

3. 光纤陀螺

　　光纤陀螺是基于萨格奈克（Sagnac）效应的光纤干涉仪。如图 2.11-3 所示，从 A 点入射的光被分束器分成等强的两束光。反射光 a 进入光纤线圈沿逆时针方向传播。透射光 b 被反射镜反射回后又被分束器反射，进入光纤线圈沿顺时针方向传播。两束光绕行一周后，又在分束器汇合。

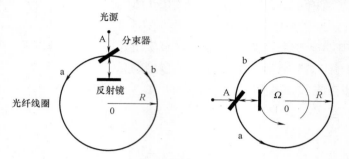

图 2.11-3　圆形萨格奈克干涉仪

　　当干涉仪无旋转时，沿相反方向传播的两束光绕行一周的光程相同，即：

$$L_a = L_b = L = 2\pi R \qquad\qquad (式 2.11-8)$$

两束光绕行一周的时间也相等，即：

$$t_a = t_b = \frac{L}{c} = \frac{2\pi R}{c} \qquad\qquad (式 2.11-9)$$

　　当干涉仪绕着其垂直轴以角速度 Ω（设逆时针方向为正方向）旋转时，沿相反方向传播的两束光绕行一周的光程和时间就不再相等。设逆时针方向传播的光束 a 绕行一周的时间为 T_a，当它绕行一周再次到达分束器时多走了 $R\Omega t_a$，其实际光程为：

$$L_a = 2\pi R + R\Omega t_a \qquad\qquad (式 2.11-10)$$

则有：

$$T_a = \frac{2\pi R}{c - R\Omega} \qquad\qquad (式 2.11-11)$$

　　顺时针方向传播的光束 b 绕行一周的时间为 T_b，当它绕行一周再次到达分束器时少走了 $R\Omega t_b$，其实际光程为：

$$L_b = 2\pi R - R\Omega T_b \qquad\qquad (式 2.11-12)$$

　　则有：

$$T_b = \frac{2\pi R}{c + R\Omega} \qquad\qquad (式 2.11-13)$$

　　由上述知，沿相反方向传播的两束光绕行一周到达分束器的时间差为

$$\Delta t = T_a - T_b = \frac{4\pi R^2}{c^2 - (R\Omega)^2}\Omega \qquad\qquad (式 2.11-14)$$

由于 $c^2 \gg (R\Omega)^2$，所以两束光绕行一周到达分束器的光程差可足够精确地近似为：

$$\Delta L = c\Delta t = \frac{4\pi R^2}{c}\Omega \qquad\qquad (式 2.11-15)$$

这表明两束光的光程差与输入角速度 Ω 成正比。

　　光纤陀螺继承了萨格奈克干涉仪，通过测量两束光之间的相位差即相移来获得被测角速度。图 2.11-4 所示为闭环光纤陀螺的基本构成，光纤环中两束光之间的相移 $\Delta\varphi$ 与光程差 ΔL 有如下关系：

$$\Delta\varphi = \frac{2\pi}{\lambda}\Delta L \qquad\qquad (式 2.11-16)$$

考虑到光纤环的周长 $L=2\pi R$，可得两束光绕行一周再汇合时的相移：

$$\Delta\varphi=\frac{4\pi RL}{c\lambda}\Omega \qquad\qquad (式\ 2.11\text{-}17)$$

一般情况下，光纤陀螺采用的是多匝光纤线圈（N 匝）的光纤环，两束光绕行 N 周再次汇合时的相移应为：

$$\Delta\varphi=\frac{4\pi RLN}{c\lambda}\Omega=K\Omega \qquad\qquad (式\ 2.11\text{-}18)$$

其中 $K=\frac{4\pi RLN}{c\lambda}$，成为光纤陀螺的标度因数。则由式（2.11-18）可知，输出相移 $\Delta\varphi$ 与输入角速度 Ω 成正比。

近年来光纤传感器的研究、开发和应用获得了快速的发展，光纤对温度、力和磁等物理量都能敏感，利用光纤可以制作各种各样的传感器，与此同时，上述物理量也就成为光纤陀螺仪的重要误差源。但是综合以上分析可以看出，光纤陀螺与传统的机械陀螺相比较具有多项优点：

（1）以光速为基准，是一种绝对测量方式；

（2）全固态陀螺，无运动部件，不存在磨损；

（3）质量轻，耗电省，体积小，易微型化；

（4）寿命长，可靠性高；

（5）动态范围宽，加速度不敏感；

（6）启动时间极短（原理上可瞬间启动）。

同时光纤陀螺克服了激光陀螺闭锁带来的问题，易于采用集成光路技术，可用于不同精度要求的场合，并且有较高的性能价格比，与激光陀螺相比具有明显的优越性。

21 世纪以来，光纤陀螺的发展进入跨越式发展阶段，其应用领域已经由战术级、导航级跨越至战略级。随着掺铒光纤光源技术的应用、全数字闭环信号处理技术、性能光纤环绕制技术以及光电子器件的性能提升等一系列高精度光纤陀螺关键技术的突破，国内外光纤陀螺主流研制单位均已实现优于 $0.001°/h$ 的高精度光纤陀螺产品研制。美国 Honeywell 公司从 20 世纪 80 年代中期开始研制光纤陀螺，研制的高精度光纤陀螺已用于战略导弹、飞船导航和战略潜艇等领域。法国 iXBlue 公司具有三十多年的光纤陀螺研制历史，科研生产实力雄厚且应用广泛。在航天领域，法国的 Pleiades 卫星（用于对地观测）和 Aeolus 卫星上使用 Astrix 200 型陀螺精度达 $0.002°/h(3\sigma)$。在航海领域，该公司形成了 Octans，Phins 和 Marins 三个系列产品，陀螺精度范围为 $0.05\sim0.0001°/h(1\sigma)$。欧美等国主要惯性器件研制单位的光纤陀螺已经实现了高精度，并已经应用于对性能要求很高的战略导弹，卫星姿态控制、舰船导航等任务。我国的光纤陀螺产品已经广泛应用于卫星、战术、战略武器、陆用、海防导弹等型号任务中。在高精度光纤陀螺技术研发方面，我国的高精度光纤陀螺原理样机均达到 $0.0003°/h(1\sigma，100s)$ 指标。目前国内的高精度光纤陀螺逐渐由实验室样机阶段步入产业化应用阶段。但相比于 iXBlue、Honeywell 公司，在环境适应性、精度极限、精度保持能力等方面还有一定差距。

4. MEMS 陀螺

微电子机械系统（Micro Electro Mechanical Systems，MEMS）技术是建立在微米/纳米技术（micro/nanotechnology）基础上的 21 世纪前沿技术，是指对微米/纳米材料进行设计、加工、制造、测量和控制的技术。它可将机械构件、光学系统、驱动部件、电控系统集成为一个整体单元的微型系统。这种微电子机械系统不仅能够采集、处理与发送信息或指令，还能够按照所获取的信息自主地或根据外部的指令采取行动。它用微电子技术和微加工技术（包括硅体微加工、硅表面微加工、LIGA 和晶片键合等技术）相结合的制造工艺，制造出各种性能优异、价格低廉、微型化的传感器、执行器、驱动器和微系统。微电子机械系统（MEMS）是近年来发展起来的一种新型多学科交叉的技术，该技术将对未来人类生活产生革命性的影响。它涉及机械、电子、化学、物理、光学、生物、材料等多学科。通过对这些学科的研究与探索，将极大地推动相关学科的快速发展。

传统的陀螺仪主要是利用角动量守恒原理，因此它主要是一个不停转动的物体，它的转轴指向不随承载它的支架的旋转而变化。但是微机械陀螺仪（MEMS gyroscope）的工作原理不是这样的，因为要用微机械技术在硅片衬底上加工出一个可转动的结构。微机械陀螺仪利用科里奥利力——旋转物体在有径向运动时所受到的切向力。

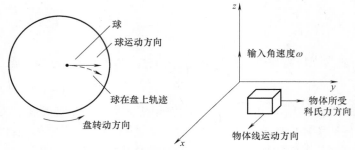

图 2.11-4　科氏加速度产生示意图

如图 2.11-4 所示，在一转动圆盘上有一个运动的小球，假设球从盘子中心出发，向边缘做直线运动，此时球在盘子上形成一条曲线轨迹。该曲线的曲率反映了圆盘转动的速率。实际上，在盘子上的观察者可以看到球有明显的加速度作用，此加速度即为科氏加速度，其大小和方向由圆盘的角速度向量 $\boldsymbol{\Omega}$ 和球运动的速度向量 v 的向量积给出

$$a_\mathrm{C} = 2v \times \boldsymbol{\Omega} \tag{式 2.11-19}$$

式（2.11-19）表明，球所受的科氏加速度大小与盘的转速成正比。

由式（2.11-19），利用科氏加速度原理工作的陀螺仪内部应有一个线运动部件。在实际对 MEMS 陀螺仪的设计中，为了维持线运动的连续性，采用作简谐振动的质量块作为敏感部件。

MEMS 陀螺的研究相对较晚，目前精度较低。几乎所有的 MEMS 陀螺仪都是采用振动元件作为传感器的敏感部件，工作时，检测陀螺仪内部振荡元件所受的科氏加速度，由此推算角速度信息。微机电系统是将微型传感器、微型执行器与电路集成在一起的集成度非常高的系统。微机电系统具有体积小、重量轻、耗能低、惯性小、易于批量生产、集成和扩展的特点。

随着微电子技术、集成电路和加工工艺的发展，传感器的微型化、智能化、网络化和多功能化得到快速发展，MEMS 传感器逐步取代传统的机械传感器，占据传感器主导地位，并在消费电子、汽车工业、航空航天、机械、化工、医药、生物等领域得到了广泛应用。例如，MEMS 传感器的 3D 定位系统，可实现人体运动识别、贵重物品跟踪、机器人姿态检测等功能，基于 MEMS 传感器的肢体康复程度检测系统，被测者佩戴传感器模块进行指定运动，采集的数据通过蓝牙传送到计算机，提供准确的数据供医生参考，为远程医疗奠定了基础。在汽车工业领域，主要用于汽车导航的 GPS 信号补偿和汽车底盘控制系统。在体育比赛中，将传感器装备到棒球棍或者高尔夫球棍可以提供全部旋转信息，用来精确地复现出击球的动作。在改善电子游戏的体验方面，MEMS 能提供运动和倾斜检测：对于膝上型和桌上型电脑，可以改善控制盘和操纵杆的倾斜及运动敏感功能；玩飞行模拟类游戏时，无论是操控螺旋桨式飞机还是喷气式战斗机，在完成大斜度转弯时的身体倾斜现象产生更为身临其境的感觉。

2.11.2.2　加速度计

加速度计工作的基本原理一般都是通过测量检测质量（或称敏感质量）的惯性力来确定加速度。

石英挠性摆式加速度计的原理如图 2.11-5 所示。设加速度计基座坐标系（B 系）与测量坐标系 $O_\mathrm{r}IOP$（$O_\mathrm{r}O$ 轴垂直纸面向外）重合；摆组件坐标系 $O_\mathrm{r}I_AO_AP_A$（$O_\mathrm{r}O_A$ 轴亦垂直纸面向外），简记为 A 系。显然，B 系绕 $O_\mathrm{r}O$ 轴转动角度 θ_O 即得 A 系，两坐标系之间的相对角速度为 $\boldsymbol{\omega}_{BA}^A = \begin{bmatrix} 0 & \dot{\theta}_O & 0 \end{bmatrix}^\mathrm{T}$，记 B 系至 A 系的坐标变换矩阵为 $\boldsymbol{C}_B^A$。

首先特别强调，加速度计是以 O_r 作为比力测量的基准点。当基座相对惯性空间存在角速度 $\boldsymbol{\omega}_{iB}^B = [\omega_I \quad \omega_O \quad \omega_P]^T$ 时，可得摆组件在 A 系的角速度为

$$\boldsymbol{\omega}_{iA}^A = \boldsymbol{C}_B^A \boldsymbol{\omega}_{iB}^B + \boldsymbol{\omega}_{BA}^A \qquad \text{（式 2.11-20）}$$

假设摆组件在 A 系下的惯性张量为 $[I]$，则其动量矩为

$$\boldsymbol{H}^A = [I] \boldsymbol{\omega}_{iA}^A \qquad \text{（式 2.11-21）}$$

再设摆组件质量 m（图中 m 亦代表其质心），质心在 A 系的坐标为 $\boldsymbol{L}^A = [l_{IA} \quad l_{OA} \quad L]^T$，如图 2.11-6 所示。当基座运动时，假设基准点 O_r 处受力为 $\boldsymbol{f}^B = [f_I \quad f_O \quad f_P]^T$，其在 A 系的投影为 $\boldsymbol{f}^A = \boldsymbol{C}_B^A \boldsymbol{f}^B$，由于同时存在角速度 $\boldsymbol{\omega}_{iA}^A$，根据刚体定轴转动理论知，质心 m 点处相对 O_r 点处的相对加速度为 $\dot{\boldsymbol{\omega}}_{BA}^A \times \boldsymbol{L}^A + (\boldsymbol{\omega}_{BA}^A \times)^2 \boldsymbol{L}^A$，因此 m 点处受力为

$$\boldsymbol{f}_m^A = \boldsymbol{f}^A + \dot{\boldsymbol{\omega}}_{iA}^A \times \boldsymbol{L}^A + (\boldsymbol{\omega}_{iA}^A \times)^2 \boldsymbol{L}^A \qquad \text{（式 2.11-22）}$$

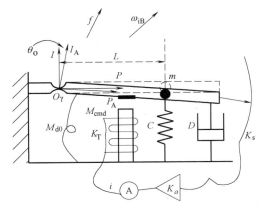

图 2.11-5　加速度计原理

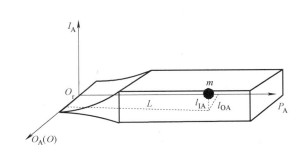

图 2.11-6　摆组件质量偏心

考虑到弹性变形影响，设摆组件的弹性变形张量为 $\boldsymbol{C} = (C_{ij})$ $(i, j = I, O, P)$，则摆组件质心 m 距支撑中心 O_r 的总偏心量为

$$\boldsymbol{L}_\Sigma^A = \boldsymbol{L}^A + m\boldsymbol{C}\boldsymbol{f}_m^A \qquad \text{（式 2.11-23）}$$

因此，摆组件绕 O_r 点的惯性力矩（摆力矩）为

$$\boldsymbol{M}_f^A = \boldsymbol{L}_\Sigma^A \times (m\boldsymbol{f}_m^A) \qquad \text{（式 2.11-24）}$$

应用欧拉动力学方程：

$$\left. \frac{d\boldsymbol{H}^A}{dt} \right|_A + \boldsymbol{\omega}_{iA}^A \times \boldsymbol{H}^A = \boldsymbol{M}^A \qquad \text{（式 2.11-25）}$$

将式（2.11-24）展开（过程比较复杂从略），仅取第二分量（即沿输出轴 O 上的分量），略去关于惯性积与 θ_O、$\dot{\theta}_O$ 的二阶小量，并考虑到总力矩 $\boldsymbol{M}^A$ 的第二分量：

$$M_O^A = -D\dot{\theta}_O - C\theta_O + M_{fO}^A + M_{cmd} + M_{d0}$$

式中：控制力矩 $M_{cmd} = -K_T K_a K_s \theta_O = -K_T i$，$K_T K_a K_s$ 为反馈再平衡回路的增益；D 为阻尼系数；M_{d0} 为软导线等引起的常值干扰力矩；C 为弹性系数；$M_{fO}^A = mLf_I$ 为惯性力绕 O 轴引起的惯性力矩。经仔细整理，最后得

$$I_O \ddot{\theta}_O + D\dot{\theta}_O + C\theta_O = mLf_I + M_{cmd} + M_{d0} + M_d + M_c + M_{f\omega} \qquad \text{（式 2.11-26）}$$

式中：M_d 为与比力有关的干扰力矩；M_c 为与角速度有关的干扰力矩；$M_{f\omega}$ 为与比力和角速度乘积有关的干扰力矩，在一般文献资料中都将 $M_{f\omega}$ 忽略了，这里同样不打算对该项干扰作深入分析。所以有

$$I_O \ddot{\theta}_O + D\dot{\theta}_O + C\theta_O = mLf_I - K_T i + M_{d0} + M_d + M_c \qquad \text{（式 2.11-27）}$$

移项整理，得

$$i=\frac{mL}{K_T}f_I+\frac{M_{d0}}{K_T}+\frac{M_d}{K_T}+\frac{M_c-I_O\ddot{\theta}_O-D\dot{\theta}_O-C\theta_O}{K_T}$$

（式 2.11-28）

式（2.11-28）右边第一项为期望的比力输入；第二项为常值干扰项；第三项为与比力有关的干扰项；第四项为与角速度有关的动态干扰项和暂态过程。通过前三项整理得加速度计的静态数学模型为

$$i=K_F+K_I f_I+K_O f_O+K_P f_P+K_{IO} f_I f_O+K_{OP} f_O f_P+K_{PI} f_P f_I+K_{II} f_I^2+K_{PP} f_P^2$$

（式 2.11-29）

这里不再详细给出各项模型系数的具体物理含义表达式，只指出其中 $K_I=mL/K_T$ 称为加速度计的标度因数。式（2.11-29）便是加速度计的输入输出模型方程，它把加速度计的输出量与平行或垂直于加速度计输入轴的加速度分量用级数关系表达出来。

为了对加速度计的精度指标有直观的了解，表 2.11-1 列出了某型号惯性级石英挠性加速度计的主要技术指标。值得注意的是，表中许多参数与温度或时间稳定性有关，它们将是决定加速度计实际应用精度的重要因素。

某型号加速度计的主要技术指标　　　　　　　　　　　　表 2.11-1

参 数 名 称	单　位	指　标
偏值(可补偿)	mg	$\leqslant 4$
偏值温度系数	$\mu g/\text{℃}$	$\leqslant 50$
偏值月稳定性	μg	$\leqslant 60$
标度因数	mA/g	1.25 ± 0.15
标度因数温度系数	$\times 10^{-6}/\text{℃}$	$\leqslant 60$
标度因数月稳定性	$\times 10^{-6}$	$\leqslant 60$
二阶非线性系数	$\mu g/g^2$	$\leqslant 20$
二阶非线性月稳定性	$\mu g/g^2$	$\leqslant 30$
固有频率	Hz	$\leqslant 800$
量程	g	± 20
分辨率	g	$\leqslant 5\times 10^{-6}$

2.11.3　技术应用与发展

惯性技术是一门多学科交叉学科，在军用领域如飞机、微型卫星、战车导航和舰艇、战术导弹、制导炸弹、鱼雷及飞控系统等和民用领域如海洋开发、大地测量、汽车导航、车辆跟踪、交通管理、油井钻探、各类机器人的运动控制等均有着广泛的应用前景。进入 20 世纪 90 年代后，与之相关学科的最新技术有力促进了导航技术的发展。世界各国都非常重视惯性技术的发展和应用，它是武器装备信息化的主要支撑技术之一，也是衡量一个国家科学技术水平和国防实力的标志之一。

2.11.3.1　应用

工程测量及测绘领域使用的陀螺仪主要为寻北定向的陀螺全站仪（经纬仪）及导航测姿的 IMU。

我国工程测量领域使用最为广泛的瑞士 GAK1 型陀螺经纬仪以及国产 JT-15 型陀螺经纬仪都是这一阶段最具代表性的产品。此类悬挂带陀螺仪的结构设计一直被沿用至今。陀螺全站仪是陀螺经纬仪走向智能化、全自动化的重要性产物，随着测绘仪器机电化水平的不断提高，系统中的经纬仪被全站仪所替代，如德国 DMT 公司生产的 Gyromat2000/3000 系列全站仪及日本索佳的 GP1 陀螺全站仪，减小了"逆转点法"和"中天法"人为读数误差、提高了寻北自动化程度，"积分法"数据采集模式也提高了陀

螺定向精度和效率。

我国对高精度陀螺全站仪的研发相对落后。近年来随着国防与民用对陀螺仪精度和功能等方面的需求，中国航天科技集团第十五研究所、西安总参 1001 厂、天津船舶 707 所等单位，基于悬挂带技术体系研制出多种下架式陀螺全站仪（经纬仪），解决了我国工程测量及国防领域应用的急需。长安大学与中国航天集团第十六研究所联合摈弃了传统悬挂带支承体系，将磁悬浮支承及耦合优化、光电力矩反馈及静态模数转换、逐次多位置及双位置回转精寻北、自适应环境滤波等技术用于陀螺全站仪构架，研制出精度 3.5～5.0s 的第三代精密磁悬浮陀螺全站测量系统。GAT 磁悬浮陀螺全站仪产品获国家发明专利授权 18 项，实用新型和软件著作权 21 项。"一种磁悬浮陀螺全站仪"核心发明专利获 2015 年中国煤炭工业专利一等奖、2016 年第十八届中国专利优秀奖。

惯性测量单元（Inertial Measurement Unit，IMU）是测量物体三轴姿态角（或角速率）以及加速度的装置。一个 IMU 内会装有三轴的陀螺仪和三个方向的加速度计，来测量物体在三维空间中的角速度和加速度，并以此解算出物体的姿态。为了提高可靠性，还可以为每个轴配备更多的传感器。在卫星中，IMU 主要用于测量姿态的稳定，基于转子技术的飞轮和控制力矩陀螺在卫星上也得到了普遍使用；在运载火箭中，国内神舟三号后的运载火箭采用了 2 套挠性 IMU，互为主备份，主要用于运载火箭的 GNC 系统；测量运载火箭的转动角速率、平移加速度，供遥测系统测量使用。CZ-2F 运载火箭采用了 6 只挠性速率陀螺，用于稳定控制系统；测量箭体飞行过程中产生的偏航、俯仰和滚动角速度，以控制箭体的稳定飞行。在载人航天中，挠性 IMU 用于国内载人飞船 GNC 分系统，测量飞船的转动角速率、平移加速度。光纤捷联 IMU 也已用于载人飞船手控交汇对接 GNC 分系统，测量飞船的转动角速率、平移加速度，并完成手动交汇对接任务。光纤陀螺组合已用于目标飞行器 GNC 分系统，测量其转动角速率，进行飞行器的姿态控制和稳定，并完成与飞船交会对接任务。目前，光纤 IMU 正用于空间站 GNC 分系统，提供舱体相对于惯性空间的转动角速率以及视加速度。探月工程、深空探测和卫星应用相比，不仅需要惯性技术对运载体进行稳定控制，还需要进行导航。在探月工程中，光纤陀螺和激光陀螺捷联系统已用于探月工程中返回器的导航，基于光纤陀螺、石英与 MEMS 加速度计的光纤捷联系统用于月球车的导航定位。目前正在研制可用于火星探测的光纤捷联惯性系统。此外，正在开展量子传感技术（如量子磁力仪）在空间飞行器中的搭载试验论证。在应急救援中，将 IMU 测量的位置数据通过自组网传输到后场，实现后场指挥中心对于前场消防员位置信息的实时感知，有利于保护消防员的生命安全。

近年随着激光陀螺及光纤陀螺的快速发展，IMU 的精度、小型化及应用领域越来越广。IMU 及其与 GNSS 融合的 POS 系统，在工程测量领域的移动激光扫描车、无人机低空摄影测量系统、轨道检测车等方面得到广泛的应用。武汉大学将激光陀螺捷联惯组与轨道检测结合，研制出高速铁路轨道惯导精调车；长安大学将光纤陀螺 IMU 与地铁轨道检测融合，研制新型地铁轨道检测车。

2.11.3.2 发展

在惯性传感器方面，传统机械转子陀螺仪技术日趋成熟，激光陀螺与光纤陀螺技术仍将占据相当大的市场，微机电惯性仪表技术的快速发展，已经进入中低端应用领域，陀螺仪和加速度计的精度与可靠性将进一步提高，新型的惯性传感器技术研究步伐将明显加快，有望获得进一步的突破。

在惯性系统方面，未来在特定领域，平台式惯性系统将仍保留一定的市场，但总的趋势捷联式惯性导航系统将逐渐取代平台式惯性导航系统，以惯性技术为主的组合导航系统向多样化、深度组合方面发展，陀螺监控技术在超高精度应用领域得到广泛应用，仍是静电陀螺仪和高精度光学陀螺仪惯性系统进一步提高系统精度的发展方向。

在惯性技术领域测试技术和设备方面，单表级试验将更侧重于长期稳定性和重复性测试，大负载测试以及角的动态测试。系统级测试则趋向于自标定和对准测试，以及复合环境测试；测试系统负载向大型化、综合化发展，测试平台向多自由度化发展，定位向更高精度发展，配套单元向标准化、组合化、系列化发展，速度范围向低速段和高速段扩展，动态响应向大加速度宽频发展，伺服系统将由模拟控制向数字控制发展。但是，惯导系统从初始对准开始误差随时间而积累。另外，一般惯导系统的预热和初始对准所需时间比较长，针对远距离、高精度的导航及其他特定条件下的快速反应要求，惯导系统的这个特点成了比较突出的问题。正是由于这些原因，对希望单独利用惯导系统完成导航任务的用户而言，就需要有高精度的惯性元件及温控系统。但是由于惯性元件的精度受技术工艺水平等诸多因素的限制，仅靠惯性技术本身的发展来解决本身的缺陷，只能在有限程度上得到改善。所以，需要利用外部信息辅助惯导系统进行校正和抑制惯导误差随时间的积累。

2.12　高精度陀螺定向测量技术

2.12.1　技术起源

坐标方位信息作为空间信息的重要组成部分，在人类的生产、生活中起着不可或缺的重要作用。早在 6000 年前人类就已经对方位有所认知，在我国西安半坡氏族村落遗址中，发现其住宅区已有完整、准确的定位方向。千百年来人们研究了许许多多方位测量的方法：早期的人类通过观测日月星辰的变化来辨认方位；后来人们发明了指南针，开始利用地球的磁场确定方向，等等。但这些定向方法极易受到气象、局部重力异常等外界观测条件的影响，精度也比较粗糙只能满足一些简单的生产、生活需要。

随着科学技术的发展，人们研制了专门用于观测天体运动变化的天文测量仪器，并通过观测天体中恒星（北极星等）的位置来测定地面点的天文经纬度以及地面定向边的天文方位角，其测量成果可以达到很高的精度，常用来为参考椭球体定位以及大地测量计算提供精确的起算数据。但是这种方法需要较长的观测时间，且容易受气象等外界条件的限制而无法实施。目前，以 GNSS 为代表的诸多空间对地观测技术凭借其强大的地空联测平台，实现了对地面任意方位全天候、全天时、高精度、快速的测量，在某些领域中弥补了天文方位测量的不足，但这些空间对地观测技术大多需要依赖于 GNSS 卫星等外部观测信息，在无法接收卫星信号的受限封闭空间实现自主定向方面显得无能为力。

相比之下，陀螺仪作为惯性定向技术的重要代表，有着不可替代的技术优势。由于陀螺是通过敏感地球自转角动量实现其寻北定向测量，无需任何外部辅助信息，具有较好的自主性和灵活性，且观测时间较短，不受气象等外部因素的影响。因此，对陀螺寻北定向技术的研究，一直以来都是定位、定向技术领域中的重要课题，并且由于陀螺定向技术在军事和空间技术等方面应用的不可替代性，及其在国民经济建设中所发挥的重要作用，世界上许多国家都已在该技术领域展开相关研究，并取得了长足的进步，目前陀螺定向技术已经成为一个国家科技实力的重要代表。

陀螺全站仪（经纬仪）是一种将陀螺仪与全站仪（经纬仪）集成连接于一体，通过敏感地球自转角动量独立测定任意测线真北方位角的敏感型寻北定向仪器，由于其具有全天候、全天时无依托自主定向的功能，而被广泛地应用于矿山、隧道、城市地铁等地下工程的建设及国防建设领域。

由于陀螺技术的军事敏感性，在高精度陀螺技术方面相关国家对我国实施技术封锁和产品禁运（2003 年 10 月美国军方通知波音公司不得将安装于波音 737 飞机上的 QRS11 MEMS 陀螺芯片出口到中国），而能够进口的少量高精度陀螺全站仪（如 Gyromat2000/3000），购买和维护成本也相当昂贵，因此研制具有我国自主知识产权的高精度陀螺全站仪并实现其国产化生产具有十分重要的战略意义和实用价值。我国从 20 世纪 60 年代开始研制陀螺经纬仪，主要是为满足军事上的需要。在民品开发方面，长安大学测绘与空间信息研究所与中国航天第十六研究所 2001 年开始磁悬浮陀螺全站仪的开发研究，2008 年 4 月推出了我国首台 GAT 高精度磁悬浮陀螺全站仪；长安大学测绘与空间信息研究所与中国航天第十五研究所合作，研发了 GAT-D 系列全自动智能陀螺全站仪；解放军 1001 厂在与总参测绘所、信息工大合作研制 Y/JTG-1 半自动陀螺经纬仪基础上，近年推出了 HG 系列陀螺全站仪。

2.12.2　技术原理与内容

2.12.2.1　技术原理

陀螺是高速旋转的刚体。所谓刚体即实际固体的理想化模型，其在受到外力作用的条件下其大小、形状以及内部各质点间相对位置都保持不变。刚体可以做平动运动也可以做转动运动。如果在刚体内所有的质点均绕一条直线作圆周运动，即为刚体的转动，其中质点所绕的直线称为转轴或轴线。陀螺运动即为刚体转动运动的一种。

当我们将陀螺安置在地球上任意点时，陀螺会敏感得到与地球自转相同的角速度，且方向平行于地球自转轴的方向。如图 2.12-1 所示，根据当地纬度 φ，将 ω_E 分解为水平方向的分量 ω_1，以及铅垂方向的分量 ω_2，即

$$\left. \begin{array}{l} \omega_1 = \omega_E \cos\varphi \\ \omega_2 = \omega_E \sin\varphi \end{array} \right\} \tag{式 2.12-1}$$

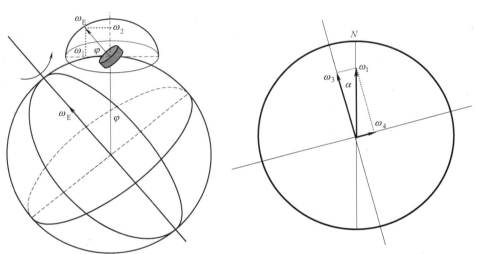

图 2.12-1　地球自转对陀螺轴向运动的作用

当陀螺位于两极时，$\varphi = 90°$，此时 $\omega_1 = 0$，$\omega_2 = \omega_E$，因此我们把 ω_2 称为地球自转角速度的地极分量。在 ω_2 的影响下，陀螺旋转轴会产生类似于在两极地区每日一周的旋转现象，也使我们看到太阳和其他星体在天空中水平方位的变化现象。由此可见，ω_2 表示子午面绕着观测点与地心连线的旋转角速度。

对于 ω_1 而言，则需要根据陀螺旋转轴的指向再次对其进行分解，假设陀螺的旋转轴被投影到地面上以后与子午线方向的夹角为 α，以陀螺旋转轴方向为 X 方向，与之相垂直的东方向为 Y 方向，则 ω_1 在 X 轴方向的分量为

$$\omega_3 = \omega_1 \cos\alpha = \omega_E \cos\varphi \cos\alpha \tag{式 2.12-2}$$

它表示地平面绕陀螺旋转轴的角速度，它对陀螺旋转轴的空间方位不产生任何影响。而 ω_1 在 Y 轴方向的分量为

$$\omega_4 = \omega_1 \sin\alpha = \omega_E \cos\varphi \sin\alpha \tag{式 2.12-3}$$

它表示地平面绕着 Y 轴旋转的角速度，而陀螺则表现为其旋转轴相对地面的俯仰变化。随着地球自转，在地面上任意一点，其子午线方向以东的地表都在下降，以西的地表都在上升，那么根据陀螺的定轴性，当陀螺旋转轴偏东 α 角时，其必然表现出上升的现象；反之，偏西，就会表现出下降的现象。

这有些类似于陀螺在赤道地区的运动规律，因此把 ω_4 称为地球自转角速度的赤道分量。

根据上述分析，地球自转对陀螺旋转轴运动的影响即为地极分量 ω_2 与赤道分量 ω_4 共同作用的结果，其运动轨迹应是一个东升西降、南北水平的椭圆形。根据陀螺敏感地球自转的这一特性，人们研制了专门用于隐蔽受限空间定向的陀螺（全站仪）经纬仪。

2.12.2.2　悬挂带摆式陀螺原理与方法

我国早年自主生产的 JT15 陀螺经纬仪是悬挂带式陀螺代表，以此仪器为例对悬挂带式陀螺的基本结构、工作原理和定向方法做以介绍。

JT15 悬挂带式陀螺基本结构如图 2.12-2 所示。

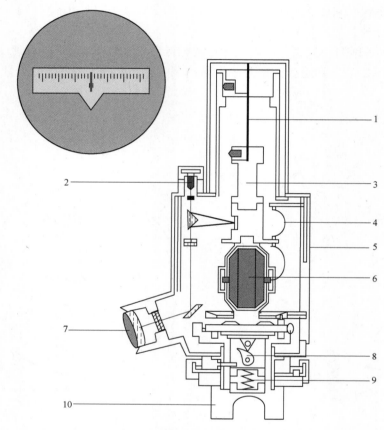

图 2.12-2　JT15 悬挂带式陀螺基本结构示意图

1—悬挂带；2—光路照明设备；3—悬挂柱；4—导电游丝；5—磁屏蔽罩；6—陀螺马达；
7—目镜；8—锁紧限幅机构；9—螺纹；10—支架

其工作流程大致如下：首先启动陀螺马达 6，待陀螺马达达到额定转速后，缓慢解开锁紧装置 8，下放陀螺。待陀螺稳定下放后，开始进行寻北定向测量，操作人员便可通过目镜 7 观察陀螺的摆动情况，并结合经纬仪，依据逆转点法、中天法或时差法等方法记录相应的逆转点角度值或中天时间等观测数据。寻北测量结束后，缓慢旋转锁紧装置，托起陀螺，最后关闭电源。整个过程中，陀螺马达的启动与停止都需要在锁定状态下进行，并且马达的下放和锁定一定要缓慢进行，这主要是为了防止陀螺马达转速的突然变化造成悬挂带断裂，而且陀螺马达下放的稳定程度将直接影响寻北定向的精度。

由图 2.12-2 可知，悬挂带式陀螺仪的灵敏部除了与上面的悬挂带接触之外，与导电游丝之间也存在接触。这样在悬挂带和导电游丝扭力矩的共同影响下，便产生了扭力矩为零的位置，此位置应位于陀螺目镜分划板的零刻线处，因此又称为悬挂带零位。由于悬挂带零位的存在，在安置仪器时要尽量将零位方向靠近北方向，以减小因扭力矩影响而带来的寻北误差。而且，在测量前后都要对悬挂带的零位进行观测。

在理想条件下，将陀螺的椭圆形运动轨迹依据时间序列展开后，可以得到一条平滑的正弦曲线，其摆动的规律可以通过函数关系表示如下：

$$\alpha(t) = A\sin\left[(t-t_0)\frac{2\pi}{T_2}\right] \tag{式 2.12-4}$$

式中：A——陀螺摆动的振幅；

t_0——陀螺摆动平衡位置时刻；

T_2——陀螺不跟踪摆动周期。

陀螺寻北的很多方法都是以为式（2.12-4）依据推导出来的，但是陀螺运动轨迹的精确数学模型很难求得，或者说由于精确的数学模型过于烦琐，实际的寻北方法往往通过实践进行简化。例如，当顾及陀螺由于能量衰减造成振幅不断减小时，其摆动方程为

$$\alpha(t) = A\sin\left[(t-t_0)\frac{2\pi}{T}\right] \times \exp\left[-\lambda(t-t_0)\right] \tag{式 2.12-5}$$

如图 2.12-3 所示，N 为陀螺摆动的平衡位置，是最终要确定的北方向；N' 为悬挂带零位，即照准部零刻线在经纬仪水平度盘上的读数，是在粗寻北后直接在经纬仪水平度盘上读取的；$+K$、$-K$ 为零位两侧的对称刻划；N' 与 N 的差值为 ΔN；无论是中天法、时差法，还是对称测时法，其本质就是通过读取曲线上的一些特征点来计算 ΔN 值，进而确定 N 的位置。

当前在测绘技术领域中广泛应用的陀螺全站仪（经纬仪）大多是以悬挂带支承体系为主设计制造的，而悬挂带陀螺寻北模式存在有诸多缺陷。其一是不可避免地存在悬挂带损坏、扭力矩影响；其二是数据采集处理方式存在着不足。这些缺陷制约着其寻北精度的提高。

数据采集和处理方式的不足主要表现在：无论是中天法、时差法，还是逆转点法，其核心思想就是通过一些离散的点位信息，将陀螺的摆动曲线拟合出来，进而确定北方向。然而这些方法存在着如下缺陷：第一，由于悬挂带支承技术的限制，干扰力矩的影响会使我们很难得到一条平滑的摆动曲线；第二，由人工跟踪逆转点、读取中天时间等所带来的跟踪误差、读数误差将严重影响陀螺定向成果；第三，仅仅通过读取几个"零星"的离散点，来确定北方向的位置，将使成果的可靠性降低；第四，这种光学陀螺经纬仪对操作人员的技术熟练程度要求较高，并且存在着定向效率低、劳动强度大、容易出错等缺点。因此，要提高陀螺经纬仪的定向精度就必须从改进陀螺仪的体系结构、寻北方式入手，提高寻北自动化程度，减小人为误差。德国的 Gyromat2000、Gyromat3000 陀螺全站仪在结构上依然采用传统陀螺经纬仪悬挂带支承技术，但在测量方式上有了较大的改进，通过对摆动曲线的积分模拟，确定北方向。如图 2.12-4 所示，R 为摆动平衡位置，N 为零位。陀螺的摆动曲线方程为一个可积的周期函数，即：$a=f(t)=$

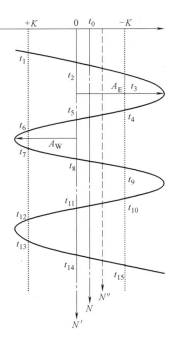

图 2.12-3 悬挂带式陀螺理想状态下摆动曲线

$f(t+T)$，那么 T 即为陀螺的摆动周期。假设 $f(t)$ 是以平衡位置 R 为中心的周期函数，$g(t)$ 是以零位 O 为周期的函数，那么 $f(t)=R+g(t)$，所以 $\int_{t_0}^{t_1} f(t)\mathrm{d}t = \int_{t_0}^{t_1}[R+g(t)]\mathrm{d}t$；由于 $t_1=t_0+T$，所以 $\int_{t_0}^{t_0+T} g(t)\mathrm{d}t = 0$，于是可知，$R = \frac{1}{T}\int_{t_0}^{t_0+T} f(t)\mathrm{d}t$，这里计算得到的 R 为光标位移量，需要将其按系数转换为角位移量，再根据粗寻北值计算真北方位，如下式：

$$N_T = N' + C'\frac{1}{T}\int_{t_0}^{t_0+T} f(t)\mathrm{d}t \tag{式 2.12-6}$$

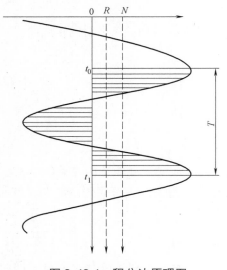

图 2.12-4 积分法原理图

其中，N_T 为真北方向值，N' 为粗寻北方向值，C' 为陀螺摆动角度与光标移动速度的关系，通过对陀螺光路系统分析得到。可见，积分法是通过对陀螺摆动曲线面域的积分计算确定陀螺摆动的平衡位置，这与利用几个离散点计算平衡位置的方法相比，更能真实地反映陀螺摆动曲线的情况，有利于准确的计算北方向值。同时，积分法也更适合于实现陀螺跟踪、读数的自动化，消除人工跟踪、读数误差，使陀螺经纬仪的定向精度得到显著的提高。除此以外，Gyromat2000 陀螺全站仪实现了陀螺下放和托起过程的全自动化，一定程度上消除了人工下放陀螺所带来的不稳定误差，而且使陀螺定向的操作过程变得简单易行。

但是，Gyromat3000 陀螺全站仪在支承方式上依然采用的是传统悬挂带支承技术，这种接触式的支承技术本身不可避免地存在吊丝损坏、扭力矩影响，制约寻北精度的提高，还会对仪器的使用寿命、环境适应性等方面造成影响。因此，突破悬挂带式陀螺体系的思维定式，重新构建一种支承技术体系下的陀螺全站仪系统，是高精度陀螺全站仪研制的重要途径之一。

2.12.2.3 磁悬浮陀螺全站仪原理与关键技术

一切寻北陀螺仪的工作目的就是为了确定测站点的子午线方位。对于采用悬挂带支承技术的摆幅式陀螺而言，陀螺旋转轴在测站点子午线附近往复运动，如图 2.12-5 所示，随着地球的自转，测站点子午线的空间位置在不断地发生变化，相应的陀螺旋转轴摆动中心也会跟随着子午线不断地变换位置。

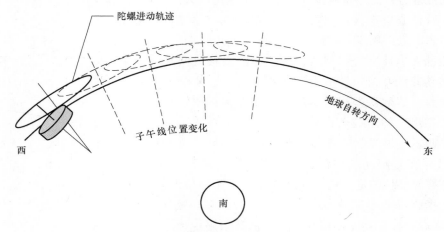

图 2.12-5 陀螺寻北运动轨迹分析图

可以说，陀螺的寻北定向过程就是陀螺旋转轴跟踪子午线的过程。在这种意义上，陀螺仪也可以被称为子午线跟踪测量系统。常用的摆幅式陀螺仪就是通过动态跟踪子午线的方式实现寻北定向测量的，具体原理如下：

根据前面对陀螺运动的分析可知，高速旋转的陀螺会受到地球自转分量 ω_4 的影响，ω_4 的方向与陀螺角动量 H 的方向在水平面内相互垂直，由 $M = H \times \omega_4$ 可得，陀螺在 ω_4 的影响下必然会产生一个沿 OM 轴向上或向下的力矩，当陀螺旋转轴位于子午线以东时，该力矩沿 OM 指向上方；当陀螺旋转轴位于子午线以西时，该力矩沿 OM 指向下方。该力矩随着陀螺旋转轴位于子午线方位的变化而不断改变，其计算公式为：

$$M = H \times \omega_e \cos\varphi \sin\alpha \qquad \text{（式 2.12-7）}$$

由于该力矩与陀螺旋转轴的北向偏角之间存在着密切的联系，其在子午线两端的方向恰好相反，且距离子午线偏角越大，数值越大，在子午线处为零，因此将这个力矩形象地称为"指向力矩"或"寻北力矩"。同理，在地球自转分量 ω_2 的影响下也必然会产生一个在水平面内与陀螺旋转轴相互垂直的力矩，但它与陀螺旋转轴在水平方向的运动趋势无关，在此暂不加以分析。

如果我们能够在水平方向上对陀螺灵敏部施加一个与指向力矩大小相等、方向相反的反向力矩 M'，使陀螺灵敏部达到力矩平衡状态，静止于某一位置，并测量出该位置反向力矩 M' 的大小，根据指向力矩公式（式 2.12-7）即可计算出陀螺旋转轴的北向偏角 α：

$$\alpha = \arcsin\left(\frac{M'}{H \times \omega_e \cos\varphi}\right) \qquad (\text{式 } 2.12\text{-}8)$$

再根据陀螺全站仪系统内部角度基准的传递关系，即可推算出任意测线方位的真北方位角。

基于上述对静态寻北理论分析，长安大学与中国航天科技集团公司经过多年联合技术攻关成功研制出技术磁悬浮支承技术的陀螺全站仪定向系统，如图 2.12-6 所示。系统主要由磁悬浮陀螺仪、全站仪、外部控制器、数据电缆、特制三脚架、强制对中工装等几部分组成。仪器主体部分以下架式的结合方式将陀螺仪与全站仪集成连接起来，并通过两根数据传输电缆将陀螺仪与外部控制器相连接。在控制程序的作用下，陀螺仪可以自动完成寻北测量工作，并将寻北结果输出到控制器的显示屏幕上。根据陀螺仪的寻北结果配合全站仪的观测数据即可确定外部测线的陀螺方位角。

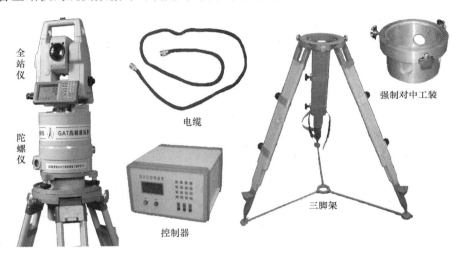

图 2.12-6 GAT 磁悬浮陀螺全站仪部件图

磁悬浮陀螺全站仪的系统结构，如图 2.12-7 所示，各部件名称见表 2.12-1。

GAT 磁悬浮陀螺全站仪部件名称对照表   表 2.12-1

编号	部件名称	编号	部件名称	编号	部件名称
1	上对中支架	12	外壳	23	连接杆
2	上对中标识	13	北向标识	24	反射棱镜组
3	照准部支架	14	水平角测角系统	25	陀螺房
4	竖直旋转轴	15	回转马达	26	陀螺马达
5	内置竖直度盘	16	回转轴	27	陀螺马达轴
6	望远镜	17	灵敏部壳体	28	力矩器转子
7	水平制动螺旋	18	电感线圈1	29	力矩器定子
8	竖直制动螺旋	19	电感线圈2	30	光电传感器
9	水准管	20	弹簧	31	回落稳定槽
10	微型计算机	21	压片	32	下对中标识
11	水平旋转轴	22	磁浮球		

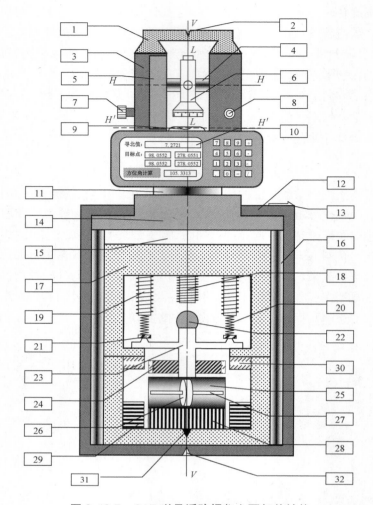

图 2.12-7　GAT 磁悬浮陀螺仪主要部件结构

其中，1～11 号部件构成了全站仪照准测量系统。除了具有一般全站仪测角测距功能以外，主要用于获取外部测线的方位，建立陀螺寻北结果与外部测线方位之间的角度联系；12～32 号部件构成了陀螺定向系统，主要用于精确测定测站点处的真北方位，并将该方位以与陀螺内部固定轴线方向（北向标识方向）的夹角形式给出；14～17 号部件构成了陀螺定向系统中的回转子系统；19～21 号部件构成了陀螺定向系统中的锁定系统；22～28 号部件构成了陀螺定向系统中的陀螺灵敏部，即悬浮部件。在使用过程中，除了按照常规仪器的架设方法进行整平、对中之外，还需要将仪器的北向标识大致指向北方向，以满足仪器的粗寻北的要求。

磁悬浮技术带来了陀螺全站仪系统结构、操作性能和技术指标的大大提升，使磁悬浮陀螺全站仪具有极强技术优势。下面分别从几个方面分别阐述磁悬浮陀螺的寻北关键技术。

1. 磁悬浮支承与力矩耦合优化技术

磁悬浮陀螺全站仪的支承体系的设计主要由磁悬浮线圈、磁浮衔铁、位置线圈以及相关放大校正控制线路等几部分构成，如图 2.12-8 所示。其中位置线圈用以实时测量陀螺灵敏部的悬浮位置，当陀螺灵敏部在外部干扰力矩条件下处于不稳定悬浮状态时，位置线圈通过测量灵敏部的竖向位移并通过校正控制线路调整磁悬浮线圈内部电流，使陀螺灵敏部迅速恢复稳定的悬浮状态。这种稳定的磁悬浮状态最大限度地减小了陀螺灵敏部与外界环境的有源接触，使系统抵抗外界干扰力矩影响的能力显著增强，极大地提高了陀螺全站测量系统的寻北稳定性和环境适应性。同时为实现仪器系统高精度悬浮控制与定向测量，采用力矩耦合优化技术。

2. 力矩闭环静态寻北技术

在测绘领域广泛应用的悬挂带式陀螺全站测量系统普遍采用了摆幅式寻北模式，这种寻北模式使陀螺在地球指向力矩的作用下绕子午线往复摆动，通过对摆动曲线上零星离散点的积分观测计算真北方位，从而实现寻北定向测量。这种摆幅式的寻北模式对陀螺摆动曲线的要求十分严格，曲线的轻微波动都会造成采集数据信息的偏失，从而严重影响陀螺定向精度和寻北稳定性，且采集数据量有限，定向时间受陀螺摆动周期限制。

磁悬浮陀螺全站仪采用无接触式光电传感器测量敏感元件角位移（如图 2.12-8 所示），提高了测量分辨率；解决了光源恒功率控制和光电系统的抗干扰技术，提高了系统的信噪比和控制精度，降低了诸如摩擦力矩、电磁力矩等的干扰，提高了寻北精度。闭环式寻北系统（如图 2.12-9 所示）的静态寻北测量模式突破了摆幅式寻北的种种弊端，以一种简单易行的"维持平衡状态"取代了"过分依赖于一条复杂动态曲线"的寻北过程；通过对"平衡状态的重复测量，采集海量寻北观测信息"取代了"零星离散点观测"；且寻北时间不再受陀螺摆动周期的限制，实现了只要有观测数据就可以寻北定向，极大地提高了陀螺定向的工作效率。

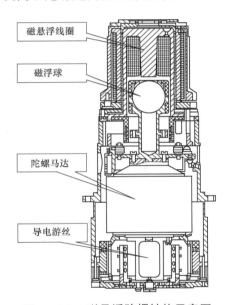

图 2.12-8 磁悬浮陀螺结构示意图

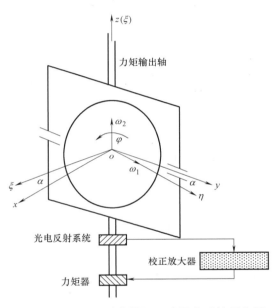

图 2.12-9 磁悬浮陀螺闭环式寻北系统示意图

3. 海量寻北数据采集、存储及观测环境综合滤波测评技术

采用摆幅式寻北的悬挂带陀螺是以摆动的陀螺曲线为观测对象，通过采集曲线上的"逆转点""中天时间点"等具有特征的零星离散数据点，根据时差法、对称法以及积分法等时距信息处理方法对其进行相关处理，测定真北方位。而磁悬浮陀螺全站仪由于采用静态寻北模式，在每一个平衡寻北位置可获取 2 万组观测数据信息，一测回可获取 6 万组观测数据，大量的多余观测值信息，从根本上提高了仪器的测量精度和可靠性。同时磁悬浮陀螺将其采集的海量寻北数据实时存储下来，通过对这些寻北观测信息的分析研究可以对磁悬浮陀螺寻北过程的仿真模拟，同时对寻北成果质量进行客观公正的质量评价，并可运用现代数据滤波处理技术实现对定向成果进行优化处理，因此可以说磁悬浮陀螺从根本上实现了海量数据信息的可视化寻北定向，如图 2.12-10 所示。

4. 逐次多位置与双位置回转精寻北技术

悬挂带式陀螺采用单一位置寻北，系统误差大，测量精度低。磁悬浮陀螺全站仪系统采用了多位置寻北观测技术，通过在多个不同平衡位置采集的寻北数据，实现了多角度、全方位寻北定向，如图 2.12-11 所示。与悬挂带陀螺摆幅式寻北相比，这种多位置寻北技术使磁悬浮陀螺所获取的北向方位信息更加全面、精确和稳定。当陀螺进行寻北时，通过"逐次多位置寻北方案"，使陀螺在经过几个平衡

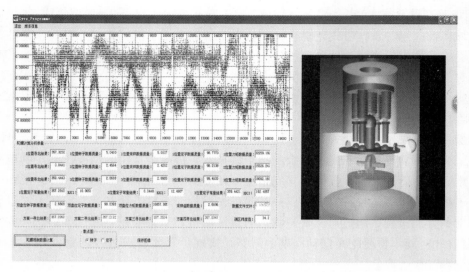

图 2.12-10　磁悬浮陀螺转子动态仿真模拟软件

位置的寻北测量后逐步确定精寻北位置，真正实现了陀螺"近真北方向观测"，极大地降低了系统误差的影响因子。多位置寻北的方法对陀螺力矩敏感系统分辨率提出很高的要求，而这将直接关系到寻北成果的稳定性精度指标，为此系统还专门设计了"双位置回转寻北观测技术"，如图 2.12-12，即在精寻北 A(B) 位置观测结束后，通过回转系统使陀螺沿轴向方位精确回转 180°，确定精寻北 A'(B') 位置，并以同样的测量方式在相反方位进行寻北采样，并将精寻北 1、2 位置的观测数据进行差分，进而推算成果方位值。这种双位置对向差分观测技术创造性的将角度测量中"盘左、盘右观测技术理念"引入到陀螺定向测量中，彻底消除了定向过程中系统误差的不良影响，为实现高精度寻北定向测量奠定了坚实的技术基础。

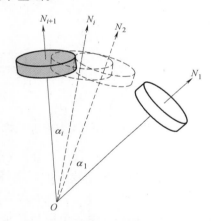

图 2.12-11　逐次多位置精寻北

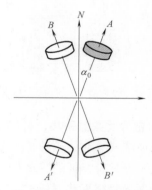

图 2.12-12　双位置回转寻北

　　磁悬浮陀螺仪摒弃了"悬挂带"支承体系的限制，重新构建了闭环式寻北测量系统，磁悬浮陀螺全站仪相比于国内外同类陀螺全站仪具有明显的技术优势。

　　磁悬浮陀螺的寻北定向过程是通过主控制器的程序完成的，可归纳分解为以下几个程序模块：

　　（1）解锁、锁定模块。解锁与锁定系统是由 6 个电感线圈、弹簧以及压片构成。在陀螺灵敏部准备浮起前，电感线圈 2 通电，由于电磁力的作用，电感线圈 2 下方的压片被向上吸起，中间的弹簧处于压缩状态，至此完成解锁过程；当进行锁定过程时，电感线圈 2 断电，电磁力消失，压片在弹簧伸张弹力的作用下，迅速下落，与触头接触，将陀螺灵敏部锁定于灵敏部回转壳体上。

　　（2）浮起、回落模块。系统的浮起与回落过程都是在解锁的状态下进行的。当陀螺灵敏部需要浮起时，电感线圈 1 通电，在电磁力的作用下磁浮球被向上吸起，并通过连接杆将陀螺马达房及力矩器转子一同向上拉起，陀螺灵敏部处于悬浮状态；当灵敏部需要回落时，电感线圈 1 断电，电磁力作用随即消失，陀螺灵敏部在自身重力作用下整体回落至原位置。

（3）闭路模块。系统的闭路过程是在陀螺灵敏部的悬浮状态下进行的，在该状态下陀螺灵敏部上反射棱镜组的反射面与光电传感器的工作面处于同一水平高度，且彼此正对。当系统开始对陀螺灵敏部的悬浮状态进行闭路检测时，首先由光电传感器的象限中心向棱镜组发射一束光线，并检测棱镜组的反射光束在光电传感器工作面上的位置。通过比较入射光束与反射光束在光电传感器工作面上的位置差异，计算陀螺灵敏部的角度偏移量，并将该偏移量转换为力矩值，传递给力矩器，再通过力矩器对陀螺灵敏部的角度偏移状态进行修正。通过反复的执行这种检测、修正，最终使陀螺灵敏部达到稳定的平衡状态。

（4）数据采集、存储与计算模块。当闭路模块认为陀螺灵敏部的稳定状态满足一定条件后；接下来力矩器定、转子便开始采集数据；系统将采集到的信号模拟量，通过数模转换的方式，转换为数字量（电流值），实时存储于内部和外部的存储设备中，同时将转子电流值放大、调整实时显示在仪器的屏幕上。最后，根据系统内部存储的观测数据，计算陀螺旋转轴平衡位置的北向偏角，并将该偏角转换为陀螺北向标识线方向的陀螺方位角输出。

（5）回转模块。该模块根据系统的程序指令，由回转马达驱使回转轴转动，回转轴带动灵敏部壳体，使陀螺灵敏部（陀螺马达轴）向水平测角系统的指定方位回转。回转到位后，由测角系统对陀螺马达轴方位进行测量，并记录该位置。

综合上述模块，磁悬浮陀螺的工作流程图如图 2.12-13 所示。

图 2.12-13 磁悬浮陀螺的工作流程图

2.12.3 技术应用与发展

采用陀螺定向技术解决隐蔽受限空间的高精度方位问题是最为行之有效的方法之一。近年来，隧道越打越长，矿山越采越深，城市地铁越来越多，这些工程的准确贯通及地理框架坐标的传递离不开高精度陀螺测量系统。高精度陀螺定向技术在我国重大工程测量领域将具有不可或缺的重要地位。

以长安大学与中国航天联合研发的 GAT 系列磁悬浮陀螺全站仪为例，近几年先后成功用于世界超级工程港珠澳大桥海底沉管隧道精准对接，世界超长深埋第一引汉济渭隧洞（97km）、我国铁路第一隧关角隧道（32.6km）、第二长隧西秦岭隧道（28.8km）、南水北调穿黄隧道及深港地铁、西安地铁、重庆地铁、昆明地铁、长沙地铁、沈阳地铁等 50 余项国家重大工程的高精度贯通，取得了满意的效果。

针对实际工程应用的需求，如何实现高精度陀螺全站仪的小型化、寻北过程智能化及进一步增强抵抗干扰力矩的能力，是高精度陀螺定向技术发展所需要解决的重要问题。在以下四方面可以技术改进：

（1）重量与体积改进。陀螺转子的转速以及质量的分布都会对陀螺的角动量产生影响，转速越快，质量积分值越大，陀螺敏感地球自转的效果也就越好，寻北的精度就越高。但一方面质量积分值越大仪器重量就大，另一方面陀螺的敏感性增强，受干扰力矩的影响也就越显著，对陀螺的加工工艺要求也就越高。因此，高精度陀螺仪器要减小硬件重量和体积有一定困难，需要充分优化设计。

（2）系统结构改进。在硬件基础上，对陀螺系统结构进行改进也是提高陀螺寻北的精度的有效办法，如与传统的 GAK1 型陀螺经纬仪相比，Gyromat2000 陀螺全站仪在结构设计上实现了陀螺下放、托起以及数据采集的全自动化，减小了人为操作误差，提高了陀螺的寻北精度；同样，磁悬浮陀螺由于其支承结构的改进，最大限度地减小了陀螺灵敏部与外界的有缘接触，减小了外界干扰力矩的影响，使之成为最具发展潜力的高精度陀螺仪之一。

（3）寻北模式多样化改进。传统悬挂带式陀螺可以通过逆转点法、中天法、时差法等多种寻北模式进行寻北定向测量，实践表明：有时不同的寻北方法之间的成果精度、工作效率往往有着明显的差异；现代高精度陀螺全站仪（经纬仪）仪器内部设有多套定向程序，如短时间低精度的寻北测量模式，长时间高精度的寻北测量模式等等。测量模式的多样化可以增强仪器的适用范围，提高仪器使用的灵活性。

（4）寻北算法的改进。寻北算法的改进是通过陀螺寻北数据后期处理提高寻北精度的重要途径。传统的 GAK1 型陀螺经纬仪的逆转点观测法、中天观测法是在陀螺摆动两、三个周期内通过读取零星的"离散点"（逆转点、中天时间）来确定陀螺摆动的中值位置；与之相比较而言，现代高精度陀螺通过积分法连续拟合陀螺摆动曲线确定中值位置，定向精度得到了很大的提高。

综上所述，选择并使用合适的硬件设备，合理的设计陀螺定向系统结构，并在此基础之上，通过具体结合每一种陀螺的寻北的物理过程，确定陀螺的寻北数据的处理方法，从而使现代陀螺全站仪能够向着更高精度、自动化、小型化的方向不断发展进步。

2.13　BIM 技术

2.13.1　技术起源

建筑信息化模型（BIM）的英文全称是 Building Information Modeling，是一个完备的数字信息模型，能够将工程项目在全生命周期中各个不同阶段的工程信息、过程和资源集成在一个数字模型中，方便被工程各参与方使用。通过三维数字技术模拟建筑物所具有的真实信息，为工程设计和施工提供相互协调、内部一致的信息模型，使该模型达到设计施工的一体化，各专业协同工作，从而降低工程生产成本，保障工程按时按质完成。

1975 年，"BIM 之父"——佐治亚理工学院的 Chuck Eastman 教授提出了 BIM 理念。至今，BIM 技术的研究经历了三大阶段：萌芽阶段、产生阶段和发展阶段。BIM 理念的启蒙，受到了 1973 年全球石油危机的影响，美国全行业需要考虑提高行业效益的问题，1975 年"BIM 之父"Eastman 教授在其研究的课题"Building Description System"（简称 BDS）中提出"a computer-based description of a building"，透过计算机对建筑物使用智能模拟，以便于实现建筑工程的可视化和量化分析，提高工程建设效率，这是 BIM 的思想起源。

20 世纪 80 年代，BDS（Building Description System）在美国技术发展为 Building Product Model（BPM），应用于设计、估价及施工过程。与此同时，欧洲使用 Product Information Model 一词亦在发展。之后，Generic Building Model（GBM）的概念被发展，用来探讨施工可行性及建筑管理。在产业界，受限于当时的信息技术与实务，迟至 2007—2011 年间，ArchiCAD 在欧洲才有较大的发展。2002

年，欧特克收购并大力推广 Revit。2003 年，Bentley System 开发 Generative Components（GC）。在产业界的发展之下，GSA（美国总务管理局）2003 开始推出国家 3D-4D-BIM 计划，鼓励所有 GSA 的专案采用 3D-4D-BIM 技术，并给予不同程度的资金资助。

建筑信息模型（Building Information Modeling）是以建筑工程项目的各项相关信息数据作为基础，建立起三维的建筑模型，通过数字信息仿真模拟建筑物所具有的真实信息。它具有信息完备性、信息关联性、信息一致性、可视化、协调性、模拟性、优化性和可出图性八大特点。它不是简单地将数字信息进行集成，而是一种数字信息的全生命周期的应用，是一种应用于设计、建造、管理的数字化方法。

随着 BIM 技术应用于建筑业全生命周期中的各个阶段，服务于建筑业各阶段也要求测量过程必须引入 BIM 技术，不仅如此，各领域对测量的要求均发生了较大变化。例如，以前的二维地图早就不能满足相关领域对测量的需求；甚至三维地图也正在被淘汰，需要的至少是还应包含时间信息等其他要素的 4D 地图。

BIM 技术引入中国始于 2003 年，开始时以设计公司引进、开发软件为主。随着 BIM 技术的发展，建筑相关专业也逐渐引起重视，同时政府部门在设计和施工过程中也提出了相关要求。现阶段 BIM 的使用者主要是设计人员，在中国的应用也只是处于初级阶段。纵观全球，BIM 技术在建筑行业中必将带来一场革命性的变化，在测量领域 BIM 技术也必然是大势所趋。

2.13.2 技术原理与内容

2.13.2.1 BIM 技术概念

BIM 技术是一种多维（三维空间、四维时间、五维成本、N 维更多应用）模型信息集成技术，可以使建设项目的所有参与方（包括政府主管部门、业主、设计、施工、监理、造价、运营管理、项目用户等）在项目从概念产生到完全拆除的整个生命周期内都能够在数字模型中操作信息和在信息中操作模型，从而从根本上改变从业人员依靠符号文字形式图纸进行项目建设和运营管理的工作方式，实现在建设项目全生命周期内提高工作效率和质量以及减少错误和风险的目标。

BIM 的含义总结为以下三点：

1）BIM 是以三维数字技术为基础，集成了建筑工程项目各种相关信息的工程数据模型，是对工程项目设施实体与功能特性的数字化表达。

2）BIM 是一个完善的信息模型，能够连接建筑项目全生命期不同阶段的数据、过程和资源，是对工程对象的完整描述，提供可自动计算、查询、组合拆分的实时工程数据，可被建设项目各参与方普遍使用。

3）BIM 具有单一工程数据源，可解决分布式、异构工程数据之间的一致性和全局共享问题，支持建设项目生命期中动态的工程信息创建、管理和共享，是项目实时的共享数据平台。

2.13.2.2 BIM 技术优势

CAD 技术将建筑师、工程师们从手工绘图推向计算机辅助制图，实现了工程设计领域的第一次信息革命。但是 CAD 技术对产业链的支撑作用是断点的，各个领域和环节之间没有关联，从整个产业整体来看，信息化的综合应用明显不足。BIM 是一种技术、一种方法、一种过程，它既包括建筑物全生命周期的信息模型，同时又包括建筑工程管理行为的模型，BIM 将建筑物全生命周期与建筑工程管理进行完美结合来实现集成管理，它的出现将可能引发整个 A/E/C（Architecture/Engineering/Construction）领域的第二次革命。

BIM 技术较二维 CAD 技术的优势见表 2.13-1。

BIM 技术较二维 CAD 技术的优势　　　　　　　　　　表 2.13-1

类别 面向对象	CAD 技术	BIM 技术
基本元素	基本元素为点、线、面	基本元素如:墙、窗、门等,不但具有几何特性,同时还具有建筑物理特征和功能特征
修改图元位置或大小	需要再次画图,或者通过拉伸命令调整大小	所有图元均为参数化建筑构件,富有建筑属性;在"族"的概念下,只需要更改属性,就可以调结构件的尺寸、样式、材质、颜色等
各建筑元素间关联性	各个建筑元素间没有相关性	各个构建是相互关联的,例如删除一面墙,墙上的窗户和门跟着自动删除
建筑物整体修改	需要对各建筑物各投影面依次进行人工修改	只需进行一次修改,则与之相关的平面、立面、剖面、三维视图、明细表等都自动修改
建筑信息的表达	提供的建筑信息非常有限,只能将纸质图纸电子化	包含了建筑的全部信息,不仅提供形象可视的二维和三维图纸,而且提供工程量清单、施工管理、虚拟建造、造价估算等更加丰富的信息

2.13.2.3　基于 BIM 的智能施工放样施工技术

本节以一般性工程项目为例,详细介绍基于 BIM 的智能施工放样施工技术的工艺原理、技术特点、施工工艺流程及操作要点、质量控制要点。

1. 工艺原理

基于 BIM 的智能施工放样技术利用基于 BIM 的智能放样软件调用智能全站仪的通信接口,通过 Wi-Fi 连接,实现对智能全站仪的遥控操作,并通过二次开发实现了虚拟现实交互功能,为施工 BIM 应用提供了一个结合 BIM 模型成果和放样生产操作的平台,帮助测量员在现场直接利用 BIM 模型成果进行测量放样,计算工作完全自动化。

2. 技术特点

1) 测量简单便捷

智能全站仪可进行(±3°范围内)大倾角自动整平,简单快捷,利用装有基于 BIM 的智能放样软件的 BIM 移动端直观显示 BIM 模型,可直接从 BIM 模型获取放样数据进行测量放样,操作简单。

2) 操作智能化

该项基于 BIM 的智能施工放样技术通过 BIM 移动端直接连接智能全站仪的无线 Wi-Fi 实现对其控制;同时智能全站仪可对 360°全棱镜进行自动追踪,并实时显示棱镜坐标;该项技术同时实现了测量放样数据的自动导入、自动记录,测量成果实时记录并可生成测量成果报告、导出提交,智能化程度高。

3) 高效率低成本

传统测量放样一般需要 3 名测量人员,该项基于 BIM 的智能施工放样技术仅需 1 人即可完成,同时减少了传统测量人员之间沟通配合的时间,提高了测量放样效率,降低了测量作业成本。

3. 施工工艺流程及操作要点

施工工艺流程为:BIM 模型创建→BIM 模型导入及任务创建→仪器就位与调试→设定测站→放样或测量→成果导出。各流程工艺要点如下:

1) BIM 模型创建

为确保放样的准确性及精度,BIM 建模人员对设计图纸要进行仔细研究,深刻理解设计意图,同时与测量放样人员进行沟通,理解其测量放样需求,明确其需要的测量放样信息,以及测量放样过程中对模型的操作及应用需求。BIM模型创建需统一标准，建立样板文件，确保坐标、轴网、标高等准确无误，同时确保模型构件的尺寸、位置、标高等信息，与图纸信息一致，并根据测量放样需求添加必要的特征点信息等，确保相关参数信息的准确。

为确保测量放样过程中模型操作便捷，提高放样效率，在创建BIM模型时将其按楼层、构建类型（如墙、柱、梁、板、楼梯等）做好区分，完成BIM模型创建。

2）BIM模型导入及任务创建

首先将创建好的BIM模型转化为IFC格式文件，然后利用格式转换工具（基于BIM的智能放样软件）将IFC格式文件转换成智能放样软件所识别的特定格式文件，模型、坐标文件（支持csv，txt格式）、轴网文件（.grid格式），并将文件拷贝至BIM移动端，保存在智能放样软件目录下。启动基于BIM的智能放样软件即可显示导入的所有模型文件，选择需要放样的BIM模型，创建放样任务并打开，即可显示BIM模型并对模型进行操作，确定模型及信息正常导入且准确无误，即可用于现场放样测量。

3）仪器就位与调试

（1）仪器就位

在测站处架设智能全站仪，共有以下2种情况。

① 后方交会测站。可选择任意合适位置架设三脚架，通过固定螺旋将智能全站仪固定在三脚架上，进行粗略整平，确保其水平偏差在规定范围内。打开仪器电源，按下自动整平按钮，仪器便可自动整平，大大提高整平效率。

② 已知点测站。在已知点处架设三脚架，通过固定螺旋将智能全站仪固定在三脚架上，打开仪器电源，按下激光对中按钮，通过对中激光进行仪器粗略对中及粗略整平，按下自动整平按钮，进行精确整平。此时稍微松开仪器固定螺旋，平移仪器使其精确对中，完成仪器的对中整平。

（2）调试

智能全站仪开机后会自动打开Wi-Fi热点，使BIM移动端连接智能全站仪Wi-Fi，实现BIM移动端与智能全站仪器的连接及通信。

启动基于BIM的智能施工放样软件，可以新建放样任务也可打开原有任务，进入任务之后，显示放样BIM模型。

通过基于BIM的智能放样软件设置如下测量参数：目标（棱镜）、放样限差（可根据放样要求调整）、导向光模式、导向光功率、设置坐标系、温度、气压等。

通过基于BIM的智能放样软件控制智能全站仪，对360°棱镜进行自动搜索并实现对360°棱镜的连接及锁定，此时智能放样软件中会显示360°棱镜与智能全站仪的实时距离，并实现对其控制。360°棱镜可确保智能全站仪从各个方向均可搜索到棱镜，实现连接并对棱镜进行自动跟踪。至此，调试完成。

4）设定测站

设定测站有3种方法：后方交会测站；已知点测站；使用上一测站。

（1）后方交会测站

① 输入智能全站仪的高度。

② 添加第一个已知点坐标，输入360°棱镜高度。添加已知点的方式有3种：a. 输入坐标点——在坐标输入处直接输入已知点三维坐标即可完成添加（坐标值间逗号隔开）；b. 选择坐标点——选择该方法在弹出的坐标列表中选择一个坐标点即可完成添加；c. 从模型上选择——在BIM模型上直接选择已知点，基于BIM的智能放样软件会返回该点的坐标信息，提取该坐标信息完成添加即可完成添加。

③ 照准：第1个已知点坐标输入完后，将360°棱镜移动到真实的已知点位置，采集该点坐标，照准结束。如果采集点有问题，可对其进行删除。注意整个过程要保证仪器与棱镜保持正常工作状态。同样方法添加第2个已知点坐标，输入360°棱镜高度并将其移动至正确位置，采集该点坐标完成照准。若满足设置的误差（误差值小于限差值）则设站成功，返回设站点坐标和水平与高度误差；误差大于限差

值则提示"误差过大重新设站"。设站完成后，BIM 移动端上会显示仪器与棱镜的当前位置。

（2）已知点设站

① 输入智能全站仪的高度并添加已知测站点的坐标（添加方式详见后方交会法设站）。

② 添加后视点坐标、输入 360°棱镜高度并将其移动至真实位置，采集坐标完成照准。若满足设置的误差（误差值小于限差值）则设站成功，返回设站点坐标和水平与高度误差；误差大于限差值则提示"误差过大重新设站"。设站完成后，BIM 移动端上会显示仪器与棱镜的当前位置。

（3）使用上一测站

如果智能全站仪位置没有变化，可直接使用上一测站，避免重复设站（此种方式也适用于仪器关机后重新开机的情况）。

5）放样或测量

（1）放样。

放样是将模型上的点或坐标信息在施工现场标记出来。

① 添加放样点。设站成功后，进行放样点坐标的添加，放样点坐标有 3 种添加方式：a. 直接输入放样点坐标；b. 在坐标列表中选择放样点坐标；c. 从模型上直接选择放样点。3 种方式与设定测站过程中添加已知点坐标的方式类似，不再多加介绍。

② 开始放样。放样点坐标添加后即可进行放样，放样模式有棱镜模式和激光模式两种。其放样过程如下：a. 棱镜模式放样——选择棱镜模式放样，选取要放样的点，仪器镜头自动旋转到正确坐标的方向上，移动棱镜到仪器指向方向。仪器自动开启垂直搜索模式，并再次锁定棱镜，同时在 BIM 移动端上显示此时棱镜相对于放样点的正确坐标位置关系，根据向前、向右、向上的提示移动棱镜到限差容许位置，完成该放样点的放样工作。同理完成其他放样点的放样工作。b. 激光模式放样——选择激光模式，选取要放样的点。选中该坐标后，仪器镜头会自动旋转到正确的坐标位置上，同时会发射出可见激光，移动棱镜到激光位置，并设置棱镜高度，即可完成对该放样点的放样。c. 记录实测放样点坐标——在实际工作过程中，无论是仪器的原因还是操作人员的原因，棱镜的位置坐标几乎不可能完全位于放样点的真实位置上，此时就需要记录当前放样点的实测坐标。通过 BIM 移动端进行当前放样点实测坐标记录，修改实测点的名称，完成实测点坐标的采集。

（2）测量。

测量是将施工现场现有结构或物体的位置、坐标信息进行采集。测量设站完成后，即可进入测量模式，此时 BIM 移动端上会显示棱镜实时位置的三维坐标信息，以及棱镜与仪器的距离。将棱镜移动到要测量点的位置处，修改棱镜高度，进行坐标采集，BIM 移动端便会显示该测量点的三维坐标，修改点名称完成对该点的采集。

（3）完成坐标采集后，可对该点进行编辑或删除处理。用相同的方法完成对其他点的测量工作。

6）成果导出

放样或测量完成后，可进行测量成果的导出，导出的测量成果包括：点名称，x、y、z 三维坐标数据，备注描述等。方便测量成果的后续应用及填写验收表等。

通过基于 BIM 的智能施工放样技术的应用，提高了测量放样效率，实现了 BIM 在施工放样领域的深入应用，充分发挥了 BIM 的工程价值，该技术在现场放样及测量施工过程中将得到广泛的推广应用。

2.13.3 技术应用与发展

我国的 BIM 应用虽然刚刚起步，但发展速度很快，许多企业有了非常强烈的 BIM 意识，出现了一批 BIM 应用的标杆项目，同时 BIM 的发展也逐渐得到了政府的大力推动。测量领域早就采集目标的三维信息，只是限于硬软件的限制一直在建筑工程领域得不到更好的体现。随着 BIM 技术在各个领域的兴起，测量学科也不断引入 BIM 技术以适应未来的发展。

2.13.3.1　BIM 技术测量应用

1. 在基础地图方面的应用

地形图的上一次革命性的变化是由于计算机的出现使地图从纸质向电子地图转化。极大地提高了地图的生产、使用、共享和更新等各领域的生产效率。随着 BIM 技术的不断成熟，在地图领域的又一次变革正在发生，随着 BIM 技术的不断深入和普及，BIM 技术将更广泛地应用于各类地图。BIM 技术引入到地图领域，主要表现在生产、使用和管理各阶段中。在地图生产阶段，以往的数据采集方式数据量不大，采集的速度也有限，同时生产的自动化程度也较低。而 BIM 技术的引入，地图的生产采用三维激光扫描仪、倾斜摄影测量、卫星遥感等数据量大、速度快、自动化程度高的方式。相比传统方式，单点数据采集快，且具有毫米级的精度。由于引入 BIM 技术的地图具有直观、信息丰富等优点，所以识读方便，不再像以前的地图需要很多的专业地图符号，给读图带来较大的技术难度。同时 BIM 其实就是一个数据库，所以可同时存放相关的各种专业信息，这给地图的管理也带来了很大的便利。

2. 在古建筑测量方面的应用

世界各国对古建筑的保护都是十分重视的，随着时间的侵蚀，世界上很多具有很高研究价值的文物以及古建筑都受到不同程度的破坏。欲对其进行保护，首先得对保护目标进行测量从而确定破坏程度和保护的方案。以前的测量手段其测量过程本身就是一种破坏，同时由于古建筑构造通常比较复杂，信息量很大，例如古建筑中存在很多雕刻、文字、色彩及曲线构造使得测量受限，同时具有很大危险性，所以传统手段不能很好地进行古建筑测量。如今三维激光测量、移动三维测量背包等测量手段可以用遥感的方式采集测量目标的包括位置、色彩、构造等信息，同时，数据量以每秒上百万的点位信息来量度，所以能够为复杂的、大型的实体建立更加精细、精确、丰富的三维模型。同时还能为这样的模型加入很多其他专业信息，便于对古建筑信息进行管理和设计保护及恢复方案。例如采用 BIM 技术测量成都武侯祠主要建筑仅需 2h 外业和 3h 内业即可形成直观形象的、可量测的三维模型。

3. 应用于基坑监测

BIM 技术，有助于工程技术人员对设计人员的设计做出正确的理解和应对，同时也是后续协同施工的基础。BIM 同时也是一种建筑全生命周期管理的有力工具，为建筑的全生命周期各个阶段提高工作效率。正是由于这些原因，BIM 技术被引入到基坑监测。其最大的优点就是能够让变形体的变形更直观地得以表现，而不再需要借助复杂的、专业性很强的、不直观的图表进行表达。在 BIM 模型中导入监测点的 4D（三维坐标＋时间）信息能够方便利益相关方查看和关注变形体的变形情况。将 BIM 技术引入到基坑监测具备以下优势：①形象直观地体现变形体的变形情况，可用动画的方式预测未来变形。②快速准确地确定变形危险点，同时为准确制定应急方案提供基础。③专业性程度降低，利益相关方都能看懂变形监测成果。④能够结合 BIM 模型的其他数据信息，例如根据相邻建筑、管道、道路等变形分析基坑变形的原因和对邻近建筑的影响程度。

4. BIM 技术用于放样

放样一直在测量学科中占据很重要的位置，其数学原理和精度的控制其实早就发展得很成熟了，同时也有很多成熟的方法。随着 BIM 应用的不断深入，也影响到了放样领域，使得放样的作业方法和作业理念都发生了革命性的变化。以往放样时使用的多数是二维的图纸，在放样前需要对放样数据进行计算和整理，在放样过程中直接使用的是一系列坐标，即一串数字，因此放样时不直观，放样点之间的几何关系和相对位置不清楚，同时在放样时出现错误也不易发现。但是 BIM 技术的引入使得放样过程变得更加简单，配套相应测量设备和 BIM 图纸就可以在三维模型中直接选择需要放样的点位，直观、方便地将待放样点位直接放样出来。例如拓普康的放样机器人和 AutoDesk 公司的 BIM 360 Layout 软件就能实现这一功能，使放样工作的效率和精度得到较大提升。如放样 650m 墙、60 根墩柱和 60 个地脚螺栓，传统方式需要 20 个工人（整个放样组超过一周的放样），而采用基于 BIM 的放样机器人，1 个工人（1 天放样）完成。

2.13.3.2　BIM 在测量应用中存在的问题

BIM 技术最早来源于美国总务管理局，目的是提高项目管理的效率。可见最初 BIM 的作用主要是项目管理领域，现如今扩大到了建筑设计、施工、运营管理。虽然在各个阶段都或多或少涉及测量，但是测量从来都不是应用的重点内容，而建筑业所有领域都在发展 BIM 的应用，又从另一个方面迫使测量学科必须重视和发展 BIM 技术，否则在以后的发展中将和其他领域脱节或不相适应。以下就 BIM 应用与测量遭遇的瓶颈和挑战进行简单分析。

1. 数据采集手段

如今已有一些测量手段可以为测量 BIM 模型建立提供帮助，如三维激光扫描仪、无人机倾斜摄影测量，但是这些手段目前还处于初步发展阶段，就其本身而言不是很成熟。例如倾斜摄影测量会受到很多因素的影响，同时在后期处理过程中虽然有软件可用于自动处理，但是还是需要大量的人工介入，同时对于不规则的地物如树木等不能建立很逼真的模型。再者测量手段还比较单一，各自的缺点也比较明显。如三维激光扫描仪虽然数据量很大（每秒数百万点），但是其扫描速度较慢，价格昂贵，同时受天气影响也较明显，比如不能在雨天进行扫描。如就价格而言，进口扫描仪 HDS600 价格超过 200 万，即便是国产设备也超过 40 万。

2. 测量相关的 BIM 软件

与以前数字测图变革一样，针对测量也需要开发像南方 CASS 类似的测量软件。而现如今比较常见的 BIM 软件都没有专门针对测量的功能，进行三维测量的软件多数都是仪器厂商自身的软件，并且价格昂贵、相互间不兼容。所以，要真正引入 BIM 技术到测量领域，必须开发专门的通用软件。

3. 测量 BIM 产品兼容性

由于上述软件的不兼容使得不同方法或不同仪器生产的 BIM 模型产品类型各异，很难进行数据共享和更新。因此对于整个测量行业，应该建立适用于设计、施工、运营及测量通用的数据格式手册，同时测量 BIM 产品的标准化也是亟待解决的关键问题，这样才能为后续的设计、施工等领域服务。

2.13.3.3　BIM 技术的应用前景

BIM 技术在未来的发展必须结合先进的通信技术和计算机技术才能够大大提高建筑工程行业的效率，预计将有以下几种应用前景：

1）移动终端的应用。随着互联网和移动智能终端的普及，人们现在可以在任何地点和任何时间来获取信息，而在建筑设计领域，将会看到很多承包商，为自己的工作人员配备这些移动设备，在工作现场就可以进行设计。

2）无线传感器网络的普及。现在可以把监控器和传感器放置在建筑物的任何一个地方，针对建筑内的温度、空气质量、湿度进行监测。然后，再加上供热信息、通风信息、供水信息和其他的控制信息。这些信息通过无线传感器网络汇总之后，提供给工程师就可以对建筑的现状有一个全面充分的了解，从而对设计方案和施工方案提供有效的决策依据。

3）云计算技术的应用。不管是能耗，还是结构分析，针对一些信息的处理和分析都需要利用云计算强大的计算能力。甚至，渲染和分析过程可以达到实时的计算，帮助设计师尽快地在不同的设计和解决方案之间进行比较。

4）数字化现实捕捉。这种技术，通过一种激光的扫描，可以对于桥梁、道路、铁路等进行扫描，以获得早期的数据。未来设计师可以在一个 3D 空间中使用这种沉浸式交互式的方式来进行工作，直观地展示产品开发。

5）协作式项目交付。BIM 是一个工作流程，而且是基于改变设计方式的一种技术，改变了整个项目执行施工的方法，它是一种设计师、承包商和业主之间合作的过程，每个人都有自己非常有价值的观点和想法。

所以,如果能够通过分享 BIM 让这些人都参与其中,在这个项目的全生命周期都参与其中,那么 BIM 将能够实现它最大的价值。国内 BIM 应用处于起步阶段,绿色和环保等词语几乎成为各个行业的通用要求。特别是建筑设计行业,设计师早已不再满足于完成设计任务,而更加关注整个项目从设计到后期的执行过程是否满足高效、节能等要求,期待从更加全面的领域创造价值。

2.13.3.4　BIM 技术测量领域的未来

BIM 系统为项目的生产与管理提供了大量可供深加工和再利用的数据信息,有效管理利用这些海量信息和大数据,需要数据管理系统的支撑。同时,BIM 各系统处理复杂业务所产生的大模型、大数据,对计算能力和低成本的海量数据存储能力提出了较高要求。项目分散、人员工作移动性强、现场环境复杂是制约施工行业信息化推广应用的主要原因,而随着信息技术和通信技术的发展,BIM 技术最终将进入移动应用时代。

因此 BIM 未来的目标非常清晰:

1)进一步细化设计分工和设计角色分工。

2)在三维环境下实现协同设计系统、项目管理系统、通信联系三个系统嵌入式地结合。

3)将信息资源信息与空间模型完全结合,形成完整的建筑信息模型。

4)完整的建筑信息模型向前延伸,进一步提高虚拟现实技术水平;完整的建筑信息模型向后延伸,推动施工水平及物业管理水平提高,以统一的模型贯穿于建筑使用年限,实现全生命周期管理。

BIM 技术应用于测量是测量学科未来发展大势所趋,也是其他相关行业的强烈需要。BIM 技术将在测量的诸多领域有很好的应用,就目前而言各领域也在不断地发展。同时也应看到发展中所面临的巨大挑战,主要是来自硬件、软件和数据标准三个方面的问题。解决当前 BIM 技术应用于测量领域所遇到的问题,需做到以下几点:

① 开发新类型的 BIM 测量设备。主要着力于让测量的设备更加丰富多样,设备的价格与传统测量仪器价格更接近。同时还需解决设备适应不同气候和天气条件下作业的需求。

② 软件方面需要开发类似于数字测图中南方 CASS 软件一样的 BIM 测量专业软件。只有这样才能将测量 BIM 产品更加全面的应用于设计、施工等阶段。

③ 出台相应的测量技术手册和标准。使得不同的设备、软件所涉及的数据都能够无缝衔接,为后续的设计等工作做好准备。

只有很好地解决了这些问题才能为 BIM 在测量学科中的应用扫清障碍,让测量学科向科技含量更高、自动化程度更强的大数据方向发展。随着 BIM 技术的发展与深入,测量领域也将迎来新的发展。

2.14　海岛礁测绘技术

2.14.1　技术起源

海洋约占整个地球表面的 70%,蕴藏着丰富的资源,而海岛礁是人类开发海洋的重要基础。随着人类资源开发利用转向海洋,海岛礁在海洋经济中的地位日益凸显。当我们从高空俯视我国的四大海时,会发现在这浩瀚无垠的海洋中,有这样众多突出海面的陆地。它们大小不一,星罗棋布,形态各异,姿态万千,这就是我国海洋中的岛屿,简称海岛。但我国海岛礁的测绘地理信息严重匮乏,在广阔的海域特别是远海及敏感海域存在测绘"盲区"和"空白区",导致我国长期以来海岛礁"家底"不清,缺少维护国家安全、海洋权益和海防建设等所需的精确海岛礁地理信息和海战场环境保障能力。

海岛，现代汉语指被海水环绕的小片陆地。1982 年《联合国海洋法公约》第 121 条明确规定："岛屿是四面环水并在高潮时高于水面的自然形成的陆地区域"。我国 2010 年 3 月 1 日实施的《中华人民共和国海岛保护法》定义海岛"是指四面环海水并在高潮时高于水面的自然形成的陆地区域"，海岛属于陆地，海岛是茫茫大海中的陆地。我国拥有广阔的大陆架和 300 万 km² 疆土。中国有面积 500m² 以上的海岛 6500 个以上，总面积 6600 多 km²，其中 455 个海岛人口 470 多万。中国海岛有 94% 属于无居民海岛。我国海岸线北起辽宁鸭绿江口，南至广西北仑河口，总长约 3.2 万 km，是世界上海岸线最长的国家之一。据有关部门统计，1990 年，我国大陆人工岸线占比为 18.27%，而到 2010 年，这一数字已达 55.25%，增速惊人。2009 年—2011 年，我国年均围填海建设占用岸线约 400km，损耗自然岸线 120km。

海岛礁是国家领土的重要组成部分，是控制海洋、开发海洋的关键点和制高点，与国家主权密切相关。海岛礁是海防前哨，具有重要的军事战略意义，事关国土安全。海岛礁是发展海洋经济和海洋科学技术的基地，是实施海洋开发的基础。鉴于我国周边严峻的海岛礁形势，2007 年国务院、中央军委批准设立 927 专项，首次启动并全面实施国家海岛礁测绘专项工程，海岛礁测绘是世界涉海各国高度关注但难以取得有效突破的世界性技术难题，科技部在 2007 年、2009 年和 2012 年先后设立目标导向课题、重点项目和科技支撑项目，旨在系统解决海岛礁测绘重大技术难题，全面提升我国海岛礁测绘科学技术。经上百家军地单位联合攻关，摸清了我国海岛礁"家底"，取得了一系列技术突破和创新，填补了海岛礁测绘多项理论、技术和成果空白。

以全面落实十八届四中全会"法定职责必须为"的精神，深入贯彻实施《中华人民共和国海域使用管理法》《中华人民共和国海岛保护法》和《海岸线保护与利用管理办法》的要求，切实履行法律赋予海洋行政主管部门海域使用管理、海岛保护与监督及海岸线保护与开发利用等职能。《海岸线保护与利用管理办法》（以下简称《办法》）为全面深化国家生态文明体制改革提供了重要依据。《贯彻落实〈海岸线保护与利用管理办法〉的指导意见》和《贯彻落实〈海岸线保护与利用管理办法〉的实施方案》，明确了要求沿海各省（区、市）实施海岸线年度调查统计和建立常态化动态监视监测机制，定期开展海洋生态本底调查和海岸线调查统计工作，切实掌握海岸线动态变化，每年更新调查统计成果。及时掌握海岸线保护与利用动态信息，为实现自然岸线保有率管控目标、构建科学合理的海岸线格局提供保障。

2.14.2　技术原理与内容

和传统的陆地测绘类似，海岛礁测绘的主要任务包括海岛礁测绘基准构建、地形测图、地图表达等。其中海岛礁测绘基准主要包括坐标基准、垂直基准（高程基准和深度基准）和重力基准。海岛礁地形测图主要利用航空和卫星影像资料进行地形图测绘，完成海岛礁矢量地形数据、数字高程模型、数字正射影像图、制图数据等数字产品。海岛地图表达主要包括海岛地图制图和三维可视化。

2.14.2.1　海岛礁测绘主要内容及方法

1. 海岛礁坐标基准建立

海岛礁坐标基准可分为与大陆一致的海岛礁坐标基准和海岛礁独立坐标基准两种。前者是通过将大陆大地控制网向海岛礁延伸，通过数据处理建立与大陆一致的海岛礁坐标基准，以保证大陆测绘成果与海岛礁测绘成果的一致性。海岛礁独立坐标基准一般是受限于历史条件或技术条件，无法实现大陆坐标基准向海岛礁传递，而引入的一种地方独立大地基准。

随着空间大地测量技术的出现和成熟，参心坐标系统正被地心坐标系统所取代。目前，可使用 GNSS 定位技术，通过获取某一地区 3 个或 3 个以上大地控制点的站坐标集，建立地心坐标系统。与大陆一致的海岛礁坐标基准是大陆坐标基准向海域的延伸，建立与陆地一致的海岛礁坐标基准需要在现行大地坐标系统定义及其参考框架的基础上，通过在海岛礁上布测大地控制网，经数据处理得到这些大地控制点在现行大地坐标系下的点位坐标，为维持该坐标基准，还需对这些大地控制点附加速度场信息。

2. 海岛礁垂直基准的建立

海岛礁垂直基准建立的基本方法是确定垂直基准参考面。垂直基准一般包括高程基准和深度基准，高程基准参考面为似大地水准面，主要采用物理大地测量方法，联合多源重力场探测数据按重力场边值方法计算；深度基准参考面为深度基准面，相对于平均海面的高度（称为深度基准值）由海潮模型（潮汐调和常数）按公式计算，其中海潮模型可通过同化验潮站、卫星测高调和参数与潮波流体动力学方程来建立。

以平均海面为中介面，确定平均海面大地高（称为平均海面高）和海面地形（即平均海面的正常高）数值模型，实现深度基准面的垂向定位，从而得到高程基准与深度基准之间的转换模型。通过长期验潮站和 CORS 站并置技术，建立高程和深度基准之间及其与大地坐标框架的严密关系。

3. 海岛礁遥感识别与精确定位

海岛礁遥感识别与精确定位主要指精确确定哪些目标是海岛礁及其具体地理位置分布。海岛礁遥感识别的首要任务是利用遥感影像探测确定一个目标或特征目标的客观存在，进一步根据图像上的目标细微特征，识别这一实体的准确度，并规划为海岛礁的类别，查清海岛数量。精确定位是利用高精度的海水潮汐预报与水位推算、高精度卫星静态定位基线测量、卫星静态定位、大范围稀少控制的高精度高分辨率卫星遥感测图等新技术，融合多种相对或绝对控制技术，解决海岛航空立体测图和非立体影像高精度纠正的控制布测及稀少特征的遥感控制传递技术，实现海岛礁遥感识别与精确定位。

4. 海岛滩涂与岸线测量

海岛岸线是平均大潮高潮面与海岸的交接线，零米等深线是深度基准面与海岸的交接线。通常情况下，陆地地形测量注重平均大潮高潮面以上陆地部分的地形要素测量，水深测量注重零米等深线以下海域水下地形测量。海岛滩涂与岸线测量的目的，就是实现海岛及周边海域平均大潮高潮面与深度基准面之间的全要素测量。其主要任务包括：海岛滩涂（潮间带）地形测量，海岛周边孤立小岛、暗礁、干出滩、群礁及其他水面要素测量；海岛岸线（平均大潮高潮线）、平均水位线与零米等深线测量；为了精确测定平均水位线和零米等深线，还应进行海岛周边浅水水深测量。

5. 海岛礁基础地理信息系统

海域行政管理、海洋资源开发利用、海洋生态环境监测保护等各行业应用需要海岛礁基础地理信息为数据支撑框架。随着海洋经济开发的深入，各行业迫切需要统一、权威的国家海岛礁基础地理信息服务，为行业应用建设提供准确的海岛礁空间基础数据。

海岛礁基础地理信息服务系统以海岛礁基础地理信息数据、专题地理信息为核心，集成地理信息服务、智能化决策、空间分析统计、工作流等技术，形成海岛礁基础地理信息服务平台，促进海岛礁测绘成果广泛应用，推进海岛礁地理信息资源共建共享，使海岛礁地理信息更好地服务社会、服务民生。海岛礁基础地理信息服务系统建设工作任务主要包括：构建海岛礁地理信息服务平台、海岛礁空间数据资源分类、服务功能封装等。

2.14.2.2 海岛礁测绘关键技术

海岛礁测绘涉及控制基准测量、遥感识别定位、航空航天测图、水陆一体化测量、测绘信息整合与表达及基础地理信息系统建设等相关技术。

1. 岸线分类与界定

海岸线类型主要划分为自然岸线、人工岸线和河口岸线，人工岸线和自然岸线可进一步划分为二级类和三级类。

1）原生自然岸线的界定

（1）砂砾质海岸的岸线界定（图 2.14-1）

一般砂砾质海岸的岸线比较平直，在砂砾质海岸的海滩上部常常堆成一条与岸平行的脊状砂质沉积，称滩脊。海岸线一般确定在现代滩脊的顶部向海一侧。在滩脊不发育或缺失的砂砾质海岸，海岸线一般确定在砂生植被生长明显变化线的向海一侧。

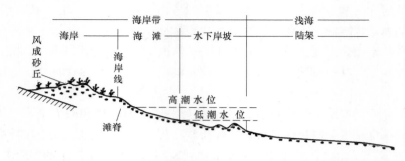

图 2.14-1　砂砾质海岸的原生海岸线界定方法示意图

（2）淤泥质海岸的岸线界定（图 2.14-2）

淤泥质海岸主要为潮汐作用塑造的低平海岸，潮间带宽而平缓。海岸线应根据海岸植被生长状况、大潮平均高潮位时的海水痕迹线以及植物碎屑、贝壳碎片、杂物垃圾分布的痕迹线等综合分析界定。

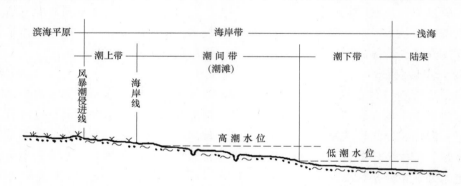

图 2.14-2　淤泥质海岸的原生海岸线界定方法示意图

（3）基岩海岸的岸线界定（图 2.14-3）

基岩海岸的海岸线位置界定在陡崖的基部。

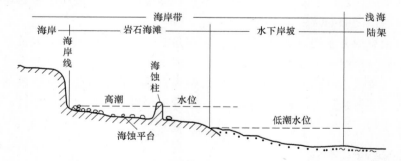

图 2.14-3　基岩海岸的原生海岸线界定方法示意图

（4）红土台地海岸的岸线界定

滩地与红土台地海岸陡崖直接相接，崖下滩与崖的交接线即为红土岸线。

2）自然恢复岸滩形态和生态功能的岸线界定

（1）由于沿岸泥沙运动或陆域来沙输入，人工海塘外的沙滩淤涨，基本恢复自然岸滩剖面形态，则海岸线界定为自然恢复的砂砾质岸线，如图 2.14-4 所示。

（2）由于海域悬浮泥沙来源丰富，围垦海塘外的泥滩逐渐淤涨，基本恢复自然岸滩剖面形态。伴随泥滩的淤涨，滨岸沼泽或红树林沼泽发育，则海岸线界定为自然恢复的淤泥质岸线。如图 2.14-5 所示。

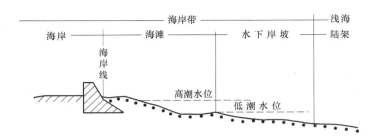

图 2.14-4　自然恢复岸滩形态和生态功能的砂砾质岸线界定方法示意图

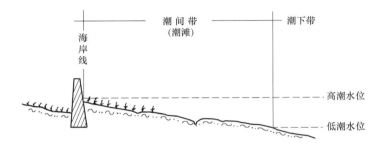

图 2.14-5　自然恢复岸滩形态和生态功能的淤泥质岸线界定方法示意图

2. 基于多结构多元素形态学的海岛礁自动提取技术

基于多结构多元素形态学的海岛礁自动提取技术先对遥感影像进行基于海岛礁形态学的多结构元素边缘检测，然后利用区域增长法进行海岛礁边界自动提取。

数学形态学是一种非线性滤波方法，可用于抑制噪声、特征提取、边缘检测、图像分割、形状识别等图像处理问题。与传统的边缘检测算子相比，其在抗噪性能和发现图像真实边缘方面都取得了重大的改进。形态学分为二值图像和灰度图像两种交换形式。一般情况下，二值变换用于处理集合，灰度变换用于处理函数。基本变换形态包括腐蚀、膨胀、开运算和闭运算。

设 $f(m，n)$ 为定义在二维离散空间 Z_2（Z 为整数集合）上的离散函数，平直对称结构元为 $g(i，j)=0，i\times j\in(-u，\cdots，0\cdots，u)^2$（其中 $u\in Z$），则 $f(m，n)$ 关于 $g(i，j)$ 的腐蚀和膨胀分别定义为

$$\left.\begin{aligned}(f\Delta g)(m,n)=\min[f(m-u,n-u),\cdots,f(m,n),\cdots,f(m+u,n+u)]\\(f\nabla g)(m,n)=\max[f(m-u,n-u),\cdots,f(m,n),\cdots,f(m+u,n+u)]\end{aligned}\right\}$$ （式 2.14-1）

腐蚀运算 $(f\Delta g)(m，n)$ 又称为极小卷积，膨胀运算 $(f\nabla g)(m，n)$ 又称为极大卷积。$f(m，n)$ 关于 $g(i，j)$ 的形态开运算和闭运算分别为：

$$\left.\begin{aligned}(f\bullet g)(m,n)=[f(f\Delta g)\nabla g](m,n)\\(f\bullet g)(m,n)=[f(f\nabla g)\Delta g](m,n)\end{aligned}\right\}$$ （式 2.14-2）

在形态学图像处理中，结构元素的形状和大小都会影响到边缘信息的提取。不同形状的结构元素对边界特征的感应不同。小尺寸的结构元素去噪声能力弱，但能检测到较好的边缘细节；大尺寸的结构元素去噪声能力强，但检测的边缘较粗。因此，选取多结构元素应从尺寸和形状两个方面考虑，分别确定结构元素的形状序列和尺寸序列。

区域生长算法种子点选取和合并差异性度量准则的选择直接关系到图像的分割效果。本节采用结合图像梯度信息来选择种子点，并结合形状特征来增强区域生长的能力。

在每一个尺度空间上进行区域生长之前，都要进行种子点的选择。由于不合适的种子点进行区域生长，往往会得出与客观实际不符的结果。图像的边界通常是比较稳定的部分，实验证明，结合图像的边界选择种子点能得到较好的实验结果。利用 Sobel 算子计算各个波段的梯度，然后综合计算其梯度值，如果获得的值大于某一设定的域值则认为是边界。每一个闭合边界的内部点可认为是一个匀质区域，随机选择其中的一个可作为种子点。边界梯度的计算公式为

$$T = \sum_{j=0}^{n} (\mathrm{d}x^2 + \mathrm{d}y^2)_j^2 \qquad\qquad (式 2.14\text{-}3)$$

为了使区域增长中合并总是从最可能的地方开始，用基于局域最佳相互适配（local best mutual fit-ting）思想来指导分割单元的合并。具体方法如下：假定任意选择一个种子点 S_0，从其邻域中搜索与其特征差异最小的图像对象 S_1，对于 S_1 进行同样的搜索，得到与其特征差异最小的图像对象 S_2，若 $S_0 = S_2$，则认为 S_0 和 S_2 之间很好地满足同质准则；否则，令 $S_0 = S_1$，$S_1 = S_2$，重复上述搜索过程，直至 $S_0 = S_2$。这样就可以得到一个分割区域。

结合海岛礁影像特点，兼顾识别效率和准确性，采用光谱和形状综合作为合并差异性度量准则。两个相邻区域的差异性度量值越小，则相似性越高。

光滑度是为了表征合并后区域边界的光滑程度，而紧致度是为了保证合并后区域更加紧凑。光滑度和紧致度这两个参量的公式表达分别为 $h = \dfrac{l}{b}$ 和 $h = \dfrac{l}{\sqrt{n}}$，其中：l 为区域的周长，b 为区域最小外包矩形的周长，n 为区域的面积。如果两个相邻区域的形状参数分别为 l_1、b_1 和 l_2、b_2，合并后区域的形状参数为 l_{merg}、b_{merg}，那么这两个形状差异性度量准则可以表示如下：

$$h_{\mathrm{merg}} = n_{\mathrm{merg}} \frac{l_{\mathrm{merg}}}{b_{\mathrm{merg}}} - \left(n_1 \frac{l_1}{b_1} + n_2 \frac{l_2}{b_2} \right) \qquad\qquad (式 2.14\text{-}4)$$

$$h_{\mathrm{com}} = n_{\mathrm{merg}} \frac{l_{\mathrm{merg}}}{\sqrt{n_{\mathrm{merg}}}} - \left(n_1 \frac{l_1}{\sqrt{n_1}} + n_2 \frac{l_2}{\sqrt{n_2}} \right) \qquad\qquad (式 2.14\text{-}5)$$

为了充分结合颜色和形状特征，利用一个综合的差异性度量准则计算公式：

$$f = \omega h_{\mathrm{color}} + (1-\omega) h_{\mathrm{shape}} \qquad\qquad (式 2.14\text{-}6)$$

式中，h_{color} 和 h_{shape} 分别表示颜色和形状的差异性度量准则；ω 表示颜色差异性度量准则在综合准则中所占的权值。而形状差异性度量准则可用上述光滑度和紧致度两个参数来得到：

$$h_{\mathrm{shape}} = (1 - \omega_{\mathrm{smooth}}) h_{\mathrm{color}} + \omega_{\mathrm{smooth}} h_{\mathrm{smooth}} \qquad\qquad (式 2.14\text{-}7)$$

式中，ω_{smooth} 表示光滑度在计算机形状差异性度量准则中所占的权值。

3. 组合测量技术

1）激光扫描仪和浅水多波束测深组合测量技术

其集成地面激光扫描仪、高分辨率数码相机、浅水多波束测深、POS 等设备，利用 POS 直接测定激光扫描仪中心和激光束的方向余弦，实现滩涂水上目标或地形点的三维定位和属性探测，再配合数码影像，实现滩涂的水上地形测量，利用浅水多波束测深技术实现近岸洗水水深和水下地形测量。组合测量技术还能实现海岛滩涂水上水下无缝地形测量，对陡峭海岸、坡度很小的淤泥质海滩和沙滩的地形测量十分有利，对解决那些几乎不可登岛测量、航空摄影测量也难奏效，但在海岛礁测绘中具有突出地位的海岛周边孤立小岛、干出礁（滩）、暗礁（滩）、群礁等的测量具有重要的作用。

2）载激光雷达测深（ALB）技术

激光测深系统一般由测深系统、导航系统、数据处理分析系统、控制监视系统、地面处理系统 5 部分组成。测深系统使用红、绿两组激光束，红光脉冲被海面反射，绿光则穿透到海水中，到达海底后被反射回来，根据两束激光被接收的时间差可以得到水深（如图 2.14-6 所示）；导航系统采用 GNSS 定位设备；数据处理分析系统用来记录位置数据、载体姿态数据和水深数据并进行处理；控制监视系统用于对设备进行实时控制和监视；地面数据处理系统用来对采集的数据进行滤波、各种改正计算，得到正确水深。机载激光技术的测深能力受水体浑浊度的影响较大，在理想条件下穿透深度可达 $30 \sim 100\mathrm{m}$，测深精度 $0.3 \sim 1\mathrm{m}$。

4. 海岛礁与海域测绘

1）海岛礁与海域使用卫星遥感动态监视监测

海岛礁与海域使用卫星遥感动态监视监测采用卫星影像对海域使用状况进行监视监测，采用的卫星

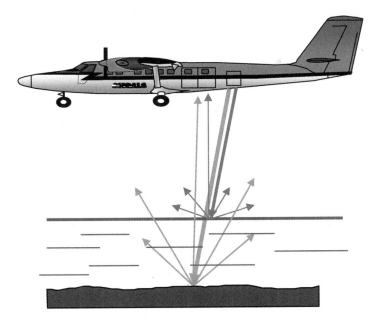

图 2.14-6 激光测深系统示意图

影像数据及卫星影像处理技术方法要求如下：

（1）海岛礁与海域使用卫星遥感分类执行国家海洋局最新颁布的《海籍调查规范》。

（2）用海状况变化最小上图面积为 0.6 亩。

（3）行政辖区界线、规模控制线与遥感影像套合后，要求线的走向与相关地物协调一致。

（4）全色影像纠正中误差不超过卫星遥感数据原始分辨率大小，如 SPOT5 数据为 2.5m，ETM 数据为 15m。

（5）全色与多光谱数据配准中误差不超过 1 个像素。

（6）图斑勾绘中误差不超过 1.5 个像素。

2）处理流程

海岛礁与海域整个遥感监视监测的数据处理过程可以分为遥感影像获取、遥感图像预处理、遥感图像处理和信息提取四步，具体见图 2.14-7。

3）技术原则

（1）栅格数据与矢量数据相结合的原则栅格数据主要包括遥感影像和扫描后的部分历史海域使用现状图，矢量数据主要包括海域使用现状数据库、数字高程数据（DEM）、功能区划数据、行政区划数据及海域勘界成果等。

（2）多源、多时相遥感数据相结合的原则：对高分辨率全色和低分辨率多光谱数据进行融合，生成兼有高分辨率和多光谱信息的遥感影像，综合多个时期的遥感数据，提取海域使用年度变化信息。

（3）多种信息提取方法相结合的原则：应用两种以上计算机自动发现技术，减少信息漏提、误提等现象。在计算机自动分类成果的基础上，辅以人机交互式方法，提取围填海、养殖用海等各类用海信息。

（4）内业处理与外业调查相结合的原则：对内业提取的重点变化信息（特别是内业无法确定的信息）应进行外业调查，实地核对监测信息的类型、范围，补充调查监测遗漏图斑，确保遥感监测精度。

（5）精度评价与实地测量相结合的原则：采用外业 GNSS 实测控制点对所有监测区进行产品精度评价。

4）卫星遥感数据获取

（1）卫星数据选择

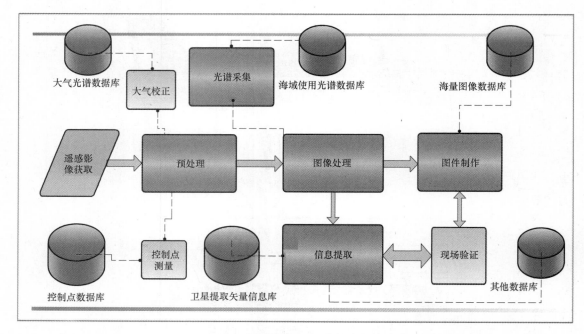

图 2.14-7　遥感监视监测数据处理流程图

选用在设计寿命内的业务或商业运行的遥感卫星。项目中涉及两类卫星遥感数据：一类是 2～5m 空间分辨率的卫星遥感数据，获取频率为每三年一次，其全色波段空间分辨率优于 2.5m，多光谱波段不少于 3 个，且空间分辨率优于 10m；一类是 20～30m 空间分辨率的卫星遥感数据，获取频率为每半年一次，其全色波段空间分辨率优于 30m，多光谱波段不少于 3 个，且其空间分辨率优于 40m。本项目我们选择前一种精度较高的遥感影像。

（2）卫星数据覆盖范围

20～30m 分辨率的卫星遥感数据覆盖范围为全海域，全海域指我国内水、领海及其他管辖海域，面积约 300 万 km²；2～5m 分辨率的卫星遥感数据覆盖范围为内水、领海及部分重点海域，面积共约 50 万 km²，重点海域包括鸭绿江口、北仑河口、东沙群岛、中沙群岛、西沙群岛、南沙群岛、钓鱼岛等重点岛礁附近海域。

（3）卫星数据获取方式

可由国家海域使用动态监视监测中心向卫星接收单位协议订购。

（4）原始遥感数据验收

数据验收内容包含遥感图像数据和元数据。原始遥感数据的验收要在数据获取后及时进行。验收要求和依据主要有：①数量上要满足监测任务要求；②格式上要包含地理坐标，卫星遥感图像和元数据文件完整，正确描述相应的遥感数据，能被通用遥感图像处理软件读取；③影像成像时间为 1 年以内的图像，图像重叠度不少于 5%；④影像清晰，反差适中、色调（色彩）层次丰富；⑤图像的云覆盖应不超过 10%；⑥《海域使用卫星遥感动态监视监测技术规程》中的其他相关要求。

5）光谱数据采集

主要是获取地物光谱数据、水体剖面光谱数据和大气参数，为卫星遥感信息提取服务。根据获取的现场光谱数据结合卫星数据，提取地面、水体相关信息。系统将建立地物、水面水下目标识别光谱基础数据库和大气校正基础数据库。

在信息提取过程中需要以地面光谱作为参照标准，针对陆地和海洋不同的环境需要以不同的方式解决。陆地信息的提取利用地物光谱仪测量光谱曲线，与卫星数据相结合可实现基本地物种类的识别功能。海表以及浅表层水下目标的识别较为复杂，主要原因是在水体目标区域卫星数据获取的反射率信号较弱，水体对光谱的吸收较强。利用剖面仪提取水体光谱参数和海表遥感反射率等结合卫星数据可实现对目标的识别功能。

6）遥感数据预处理

对卫星原始数据进行前期的图像处理工作，主要实现图像的质量检验、辐射纠正、大气校正、雷达数据预处理、几何精校正、预处理信息数据管理等功能。系统处理的卫星数据包括雷达卫星数据和可见光卫星数据。可见光数据主要有 SPOT、IKONOS、QuickBird、TM、ETM、IRS、ASTER、CBERS等；雷达卫星数据主要有 RADARSAT SAR、ENVISAT SAR、Terra SAR-X 等。遥感数据预处理流程如图 2.14-8 所示。

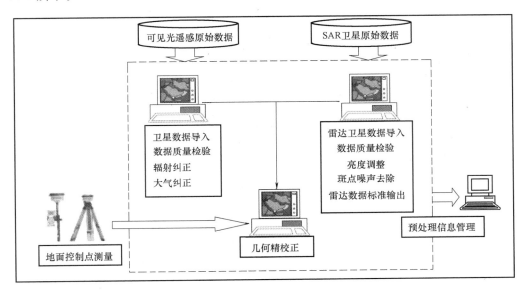

图 2.14-8 遥感数据预处理流程图

（1）数据质量检查。对卫星数据进行质量检查，主要包括对卫星数据可读性、数据格式、覆盖区域、云量等进行检测并给出质量评价结果。

（2）辐射纠正。对不同传感器的可见光影像数据进行辐照度的定标，得到归一化辐照度数据。

（3）大气纠正。主要是消除或减弱大气对遥感信息的影响，提高可见光遥感图像的清晰度和数据的可靠性。

（4）雷达卫星数据预处理。进行雷达图像亮度调整，斑点噪声抑制、局部明暗调整、纹理分析、边缘提取工作。

（5）几何精校正。实现遥感图像精确的几何纠正并匹配相应的坐标系统及投影，主要有多项式函数纠正、正射纠正、影像自动配准纠正三种几何精校正方法。

7）遥感图像处理

在遥感图像预处理的基础上完成图像的基本处理，主要包括图像滤波、图像变换、图像融合以及图像的镶嵌或分幅、不规则边界数据提取、预处理信息数据管理等，如图 2.14-9 所示。

（1）图像滤波。根据判读解译的需要，对图像的高频、中频、低频特征进行加强，以达到增强图像的目的。主要包括：卷积滤波、形态学滤波、纹理滤波、自适应滤波和频率滤波。

（2）图像变换。主要是通过变幻数据空间的图像处理方法来提高信息的表达，以便更好地解译图像信息，包括图像锐化、主成分分析（PCA）、噪声分离变换、彩色变换、拉伸变换、植被指数变换等。

（3）图像融合。利用全色波段的高几何分辨率信息与多光谱波段数据进行融合，使融合后的图像既保持原图像的光谱分辨率，又可以提高图像的几何分辨率，提高地表细节信息在图像中的反映，以利于解译判读，主要融合方法有基于 RGB 与 IHS 颜色模型变换的融合、基于 KL 变换（主成分变换）的融合和基于小波变换的融合等。

（4）真彩色合成。将多光谱的卫星数据进行色彩合成变换，使合成后的 RGB 图像色彩与真实地物

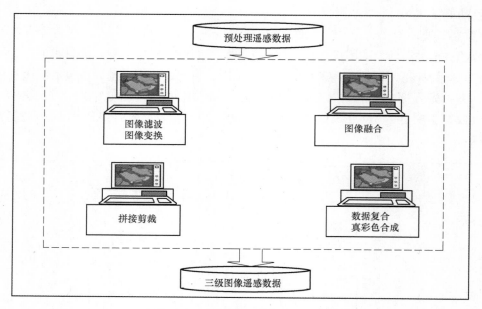

图 2. 14-9　遥感图像处理流程图

色彩一致。

（5）图像的镶嵌或分割。对图像进行镶嵌或分割，支持自动颜色匹配，支持任意矢量和 AOI 分割。

8）海域使用信息遥感提取

海域自然属性方面需要提取的信息主要包括：

（1）岸线变化：类型、分布、面积、长度等；

（2）海湾河口变化：海湾河口形态、面积等；

（3）海岛动态：数量、面积、植被、岸线等。

海域使用专题需要提取的信息主要包括：

（1）海域现状：已开发、未开发等各类用海海域面积及分布；

（2）海洋功能区：海洋功能区利用及执行状况；

（3）在建项目：用海面积、位置、用途等；

（4）海洋环境地质灾害：海岸侵蚀、海水入侵等；

（5）异点异区：用海类型变更、新增用海等。

遥感影像经过处理后即可进行海域信息的提取，具体信息提取的内容、分类、指标、解译要点等应依据《海域使用卫星遥感动态监视监测技术规程》。海域使用信息卫星遥感提取技术流程如图 2.14-10 所示。

2.14.3　技术应用与发展

2.14.3.1　技术应用

1. 保障各海岛与大陆具有统一的高程起算系统

由于我国海域辽阔，海岛礁众多，海岛礁精确的坐标和面积用常规的测绘方法又无法准确地获取，致使新中国成立 70 年来，我国对所管辖海域的岛礁从未进行全面测绘，没有摸清国家海岛礁详细家底。1999 年中国科学院南沙综合科学考察队，采用 GPS 测量技术对渚碧礁、永署礁、华阳礁、赤瓜礁和南熏礁等岛礁进行了精确定位，经数据处理和坐标化算，将测量成果转绘到 1996 年由国家测绘局、国家海洋局共同编制出版的南海海域最新 1∶500000 地形图上，发现测量成果与图上表示的岛礁位置相差较

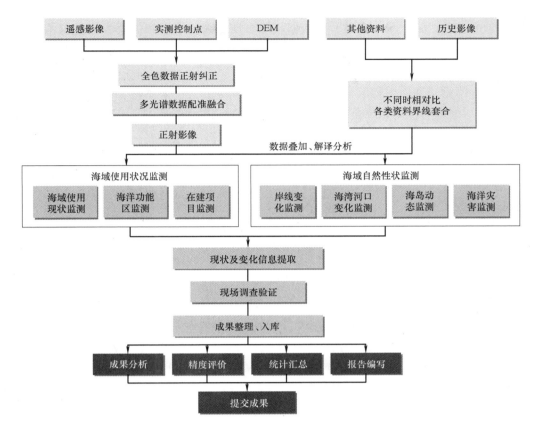

图 2.14-10　海域使用信息卫星遥感提取技术流程图

大，有的达 1700m 以上，且各岛礁方位变化无规律。

卫星测高技术可获得 $2' \times 2'$ 高分辨率和厘米级高精度的海洋大地水准面，由此可反演出 $1 \sim 2mgal$ 精度的海洋重力异常，其精度高于陆地重力测量推算的相应格网的平均重力异常。卫星测高技术为海域大地水准面的确定及其与陆海大地水准面的拼接提供了必要的手段，可以保障各海岛与大陆具有统一的高程起算系统。

2. 高精度三维数据获取

LiDAR 系统集激光测距技术、计算机技术、惯性测量装置（IMU）/DGPS 差分定位技术于一体，通过激光雷达传感器发射的激光脉冲经地面发射后被 LiDAR 系统接收，能直接获取高精度三维地表地形数据，是对传统摄影测量技术的重要技术补充。机载 LiDAR 系统与其他遥感技术相比具有自动化程度高、受天气影响小、数据生产周期短、精度高等特点，是目前最先进的能实时获取地形表面三维空间信息和影像的航空遥感系统。无人飞机航摄系统是传统航空摄影测量手段的有力补充，在小区域和飞行困难地区的高分辨率影像快速获取方面具有明显优势，特别是小岛，即使在能见度差的情况下，"无人机"能充分发挥全自动无人飞行、低空作业的高技术优势，获取高清晰数字影像。

多波束测深和机载 LiDAR 测深系统的出现，完全改变了海洋地理环境测量的作业模式。与传统的单波束测深仪相比较，多波束测深系统具有测量范围大、速度快、精度高、记录数字化以及成图自动化等诸多优点，它把测深技术从原先的离散点线状扩展到面状，并进一步发展到立体测图和自动成图，从而使海底地形测量技术发展到一个较高的水平。多波束测深技术经过二十多年特别是最近几年的飞速发展，其仪器设备不论是结构设计还是观测精度，都已经达到相当成熟和相对稳定的阶段，不同类型仪器之间的性能差异也越来越小，目前在国际市场上，几乎所有的商用多波束测深系统的观测精度都能达到甚至超过 IHO S-44 标准。

3. 海岛地理信息综合分析

1）以海岛地名普查成果（海岛名录）为依据，综合现场观测数据和遥感影像提取的信息，运用地理信息系统软件，编辑形成海岛岸线类型分布图；对海岛是否为独立地理统计单元进行界定；量算海岛面积和岸线长度，制作海岛特征统计表。

2）综合现场观测记录和遥感影像提取的信息，填写海岛岸线特征点整编记录表、海岛岸线使用状况整编记录表和无居民海岛使用状况整编记录表；运用地理信息系统软件，编辑形成海岛岸线使用状况分布图、无居民海岛使用状况分布图。

3）综合现场观测记录和遥感影像提取的图斑信息，编辑形成海岛植被类型分布图，量算海岛植被类型面积，填写海岛植被统计分析记录表，进行海岛地理信息综合分析。

2.14.3.2　发展趋势

1. 海岛监视监测

1）人为活动监视

监视无居民海岛监视内容包括是否存在炸岛、炸礁、挖沙、取土、砍伐树木、不合理的引进物种、排污、倾倒、船舶溢油、违法采集生物和非生物样本导致生物多样性减少等破坏生态环境的开发利用活动；有居民海岛监视内容包括岸线整治修复情况、沙滩建造建筑物或设施、围填海、填海连岛工程等可能影响海岛地形地貌的工程建设开发利用活动。

采用遥感监测、资料收集、现场登岛巡查等方式方法监视重点开发和保护的海岛，对海岛及其周边海域的开发利用活动情况及其影响进行登记，重点登记其活动类型、活动内容、影响范围等，并采集整理有关视频、照片和遥感影像资料，填写"无居民海岛人为活动及其影响情况登记表"。

2）岸线监测

监测海岛岸线长度、面积、类型和使用状况，特别关注海岛岸线整治修复情况。岸线整治修复情况监测以现场踏勘为主，监视岸线整治修复长度、面积和类型等。岸线类型监测以实地踏勘和高分辨率遥感影像解译相结合的方式开展，现场监测前先通过遥感影像图对海岛岸线进行初步判读解译，现场监测沿海岸线布设调查线路，测量点选取海岸线特征点（如海岸线拐点、岸线类型的交界点、特殊地貌类型点、岸线验证点等），采用高精度的 GNSS/RTK 技术，实地调查海岸线特征点位置、类型、属性及使用状况等。

3）植被覆盖监测

以实地踏勘和高分率遥感影像解译相结合的方式开展海岛植被覆盖率调查，先通过遥感影像图对海岛植被进行初步判读解译，然后采用样方法与路线法相结合的调查方法开展植被遥感解译的实地验证，计算海岛植被覆盖率。

4）海水监测

利用现有海洋环境监测网，获取海岛周边海域海水站位的监测信息，获取每个有居民海岛周边海域海水信息。海水监测要素主要包括：水温、盐度、悬浮物、pH、溶解氧、化学需氧量、活性磷酸盐、亚硝酸盐—氮、硝酸盐—氮、氨—氮、总氮、总磷、石油类、叶绿素 a。汇总形成"有居民海岛海水监测信息统计表"。

2. 海域使用地面监视监测

1）权属监视监测。各类型宗海界址、宗海面积、宗海用途、权属变更等海域使用动态变化信息。

2）在建工程用海项目监视监测。用海面积、位置、用途和施工过程等。

3）核查监测。卫星遥感、航空遥感监视监测及举报发现的异点异区核查。

4）海域资源价值监视监测。海域等级、宗海价格、海域使用金、经济产值等动态信息。

5）海洋环境地质灾害监测。海岸侵蚀、海水入侵等。

3. 海洋环境地质灾害监测

1) 海岸侵蚀。监测内容：侵蚀区域海岸线位置变化、侵蚀范围，岸滩地形地貌特征的变化、海岸侵蚀损失状况等。

2) 海水入侵。监测内容：海水入侵的范围、岸段、侵蚀区地表水及地下水盐度等。

2.15 卫星准直测量技术

2.15.1 技术起源

从 20 世纪苏联发射世界上第一颗人造卫星，到现在地球地外轨道上的近百颗不同类型、功能的卫星，人类在太空领域的探索愈发的深入，成果也愈发的丰硕。在此过程中，对太空领域的探索，既是各专业技术的协同推进，又促进了不同领域技术的发展，是国家尖端技术和能力的综合体现，是社会发展的又一重要领域，也是国家战略的必争之地。

近年来，我国航天事业不断发展，各种类型的卫星、飞船、空间站不断涌现。作为大型精密工业部件，其自身结构十分复杂，往往包含有多达数十个各种用途的核心部件。这些部件在安装、检测过程中对测量技术提出了很高的要求，其位置测量精度从毫米提高到亚毫米级甚至是微米级，而姿态精度也从分级提高到秒级。

卫星整体及其核心部件都严格定义了各自的设备坐标系，通过高精度的测量仪器可随时建立和恢复设备坐标系，从而保证设备内部各个部件精确地安装到指定位置，并能随时检测各部件之间关系的变化情况，以确保整个系统运行的稳定性、达到应有的工作效能。

卫星的准直测量技术，源于静态条件下对卫星系统中各核心部件高精度姿态关系的获取，即高精度姿态测量技术。所谓姿态测量，指确定测量载体、测量仪器或测量有效荷载的坐标轴在目标空间坐标系中指向的过程。由于具体应用部门不同，被测物体具有多样性和复杂性的特点，其坐标系中坐标轴的定义方式和所需要测量的姿态角也不尽相同。如空间飞行器中坐标系根据部位不同严格按照设计定义空间直角坐标系，要求关注三个坐标轴在制造、测试过程中的指向变化情况；对于导弹发射任务而言，由于导弹的特殊圆柱形状，整体可被视为相对中轴线对称的刚体，因此不管导弹采用何种瞄准、发射及飞行姿态，只关注其俯仰角和方位角的变化即可；而对于运动中的舰船而言，由于航行中舰体本身相对稳定，姿态测量时主要关注其航向角（方位角）的变化，如图 2.15-1 和图 2.15-2 所示。

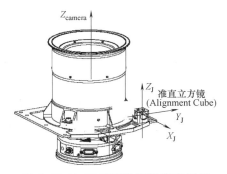

图 2.15-1 卫星测绘相机姿态测量

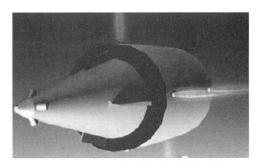

图 2.15-2 导弹姿态测量与控制

由于测量任务、目标、环境等因素的区别，姿态测量的手段、方法和使用的仪器差别较大，每种方法都有其具体适用的应用环境。一般而言，对于普通对象的姿态测量，可以通过目标上特殊点位测量，建立相应的坐标系进行。无论所测目标的姿态角如何定义，如能准确定位坐标系上坐标轴上的点（线、面），即可随时复现该目标的坐标系。理论上，通过非共线的三点以轴对准的方式即可定义该坐标系，并进而计算目标相对于测量坐标系的位姿。因此，位姿问题即转换为点坐标的测量问题，实际任务中，多数目标在静止状态下的位姿测量也是通过此方法进行。如图 2.15-3 所示，如存在不在同一直线上三点 A、B、C，以 A 点为空间坐标系的原点，A、B 连线为 X 轴，指向 B 点为正，Z 轴为平面 ABC 的垂线，过 A 点向上为正，Y 轴根据左手准则确定。

通过三点建立坐标系固然简单，但也存在着缺点。一是卫星的结构复杂，各部件之间往往空间狭小，一些特征点在测量时不便于架设仪器，甚至特征点处在隐蔽位置，无法通过一般手段观测；二是在实际测量中利用三点所恢复的坐标系精度不高。如图 2.15-4 中，设 AB 点间距离为 S，实际测量时为 B' 点，即 B 点沿垂直于 X 轴方向的点位误差为 e，角度误差为 α，由小角度计算公式有

$$\alpha = \frac{e}{S} \cdot \rho \qquad\qquad （式 2.15-1）$$

若 $e=0.1$mm，$S=1$m，则有

$$\alpha = \frac{0.1}{1000} \times 206265 \approx 20.6''$$

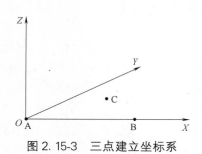

图 2.15-3　三点建立坐标系

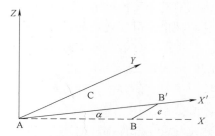

图 2.15-4　三点建立坐标系的测量误差

因此，为了建立或恢复高精度的坐标系，实现卫星多部件间姿态测量与传递，人们想到了借助其他工具和手段，对立方镜进行准直测量就是最为常用和有效的方法。

2.15.2　技术原理与内容

2.15.2.1　基于经纬仪/全站仪的光学准直测量原理和方法

随着现代科学技术的发展，传统的计量手段已经无法满足生产实际的需要，迫切要求开发精度高、使用方便，适用于生产现场的形位及运动误差测量设备。准直技术的研究是计量测试的重要研究领域之一。

光学准直原理如图 2.15-5 所示，图中 1 为平面镜，2 为望远镜物镜（凸镜），3 为分划板，4 为光源。调整焦距使分划板与物镜间隔一倍焦距，光源发出光线后，经物镜射出后成为平行光，若平面镜与光轴垂直，即平面镜法线与光线平行，则光线被原路反射，再通过物镜后在焦平面上形成分划板标线像与原标线重合；反之，若平面镜倾斜一小角 α 时，则入射平行光被反射后即倾斜 2α 角，造成分划板标线像与原标线不重合。

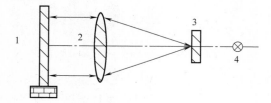
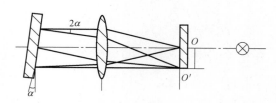

图 2.15-5　光学准直原理

在实现光学准直的过程中，为了使准直方位能够表示和保存，通常用能进行角度测量的经纬仪或全站仪进行准直，此过程称为光学准直测量。

1. 基于经纬仪/全站仪的光学准直测量原理

1）自准直灯（十字丝）法

目前基于经纬仪的自准直方法普遍采用的方法是自准直灯（十字丝）法准直。该方法所采用的仪器为带有自准直灯的经纬仪，如 Lacia T3000A、TM5100A 电子经纬仪等。准直原理如图 2.15-6 所示，自准直的时候，必须将经纬仪望远镜调焦至无穷远处，自准直灯发射的光经过聚焦镜和 45°半反射棱镜后，照亮十字丝分划板，由于十字丝分划板位于经纬仪物镜的焦平面上，若经纬仪的视准轴和平面镜的法线方向平行，则分划板上十字丝刻划线的像经过物镜后形成一束平行光，平行光照射到平面镜上，反射回来的像就成像在分划板上，并且与原像重合，从而实现经纬仪自准直测量。此时通过测量经纬仪的水平角和垂直角度值，即可得到平面镜的法线方向。

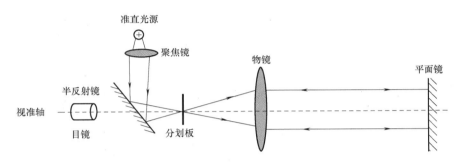

图 2.15-6　经纬仪准直测量原理

实际观测时，必须首先调整仪器位置，使之与平面镜概略准直；打开自准直灯，将望远镜焦距调节至无穷大，不断转动水平、垂直方向螺旋，直至观测到反射回的绿色十字丝像，此时锁紧制动螺旋，微调水平、垂直方向，使绿色十字丝与目镜十字丝重合。观测过程中，需注意观察绿色十字丝像的清晰度，如发现清晰度较低，甚至整体或某处发虚的情况，则说明并未完全实现准直，此时可以将望远镜焦距调节至有限远处，观测镜面十字丝像的位置，并根据此再次调整仪器位置，如此反复即可实现精确准直。因此，自准直灯（十字丝）法准直原理较为简单，但观测过程较为烦琐，准直测量时间较长。

2）激光准直法

激光由于其具有方向性好，能量集中的优点，已经被广泛应用于各种测量应用，特别是机械准直的应用，并已经开发出了大量成熟的激光准直仪产品。同样，激光也可应用于光学准直中，其准直原理与普通光学方法相同，所不同的是观测者必须在望远镜上安装激光发射器，比如经纬仪的激光目镜，如图 2.15-7 所示为 Leica DL2 型激光目镜，该目镜由控制器部分、目镜以及连接电缆三部分组成，安装时需要将经纬仪原目镜拆卸，再换上激光目镜，并用电缆连接和供电。激光目镜的准直原理是使用激光点光源发射激光束，到达平面镜后被反射回来，如果发射光线和反射光线偏离一个小角度，则表明发射激光

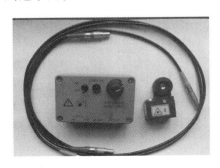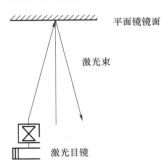

图 2.15-7　DL2 型激光目镜以及激光法准直原理

偏离平面镜的法线，若从目镜观察反射光点与出射光点重合，则说明激光光束和平面镜镜面法线重合，即实现了准直。

3）外觇标准直法

上述准直方法虽然原理简单，但也存在几个明显的缺点：一是自准直灯法要求经纬仪上必须具备自准直灯的安装接口，但对于大多数电子经纬仪、光学经纬仪、全站仪无法安装；二是调焦误差较大，用自准直灯产生平行光束必须将望远镜调焦至无穷远，而照准其他目标点时需调焦至有限距离上，这一过程显然会产生调焦误差；三是自准直灯的功率一般较小，当经纬仪距离镜面较远时光束的成像亮度很低，不便于精确照准；四是激光法所采用的激光目镜也要加装额外的成本。而外觇标自准直法不需要在经纬仪上安装自准直灯，但需要在经纬仪的望远镜上安装一个外觇标。准直时，首先将仪器概略安置在平面镜的法线位置，如图 2.15-8 和图 2.15-9 所示，处于盘左位置时，将仪器对准平面镜，安装在望远镜上的外觇标将在平面镜中成像，用十字丝精确照准外觇标的像，记录下盘左位置仪器的水平方向值及垂直角；将仪器纵转至盘右位置，重复盘左的操作步骤，并记录下盘右位置仪器的水平方向值及垂直角；分别对盘左、盘右的水平方向值及垂直角取平均值，该平均值所代表的方向即为平面镜法线的方向。

图 2.15-8　外觇标安装示意图

图 2.15-9　外觇标法自准直测量

外觇标准直的原理如下，仪器在某一位置（如盘左）对平面镜实现准直时，将仪器、平面镜以及仪器在平面镜中的成像所形成的空间几何图形分别投影到水平面及过镜面法线的铅垂面上，如图 2.15-10 所示为投影到铅垂面上的几何形状，O 为仪器中心，O′ 为仪器中心在平面镜中的成像，P_1、P_2 分别为安装在望远镜上外觇标的盘左和盘右位置，P_1'、P_2' 为其在镜面中的成像，S_1 为盘左照准外觇标时视准轴 OP_1' 与镜面的交点，S_2 为盘右照准的交点。由图可知，当仪器处于盘左面观测时，三角形 OP_1S_1 与 $O'P_1'S_1$ 完全对称，当纵转望远镜到盘右位置时所形成的几何图形将与盘左位置的几何图形将完全一致，即盘左、盘右位置所形成的几何图形相对于 OO' 对称。则盘左盘右观测值取平均值所代表的方向与 OO' 一致，即为镜面的法线方向。

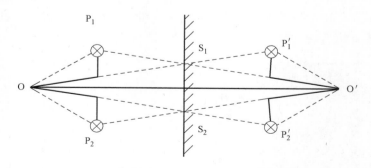

图 2.5-10　盘左、盘右自准直在铅垂面上的投影

4）内觇标准直法

Leica T3000A 和 TM5100A 等电子经纬仪的望远镜内可以高精度地安装内觇标，若内觇标完全安

装在视准轴上，没有安装误差，则在准直时只需调整仪器，使内觇标像与目镜十字丝重合即可，无须考虑仪器状态（盘左、盘右）。而事实上内觇标的安装也会存在误差，一般要求安装精度（与视准轴的偏差）要达到±4″。因此用内觇标实现准直，其原理同外觇标法。

5）智能全站仪的ATR准直法

智能型全站仪具有高智能、高精度的特点，它集红外测距、电子计算、马达驱动及目标自动识别、照准、跟踪等高科技自动化性能于一体，能够进行自动测量。

全站仪的测距原理是开始测量时仪器中的电子测距仪发出电磁波测距信号，该信号到达待测点后被反射棱镜反射，使信号原路返回到达测距仪的接收装置，此时通过获取时间差即可得到距离值。如同测距仪一样，智能全站仪中的自动目标识别（ATR）部件被安装在全站仪的望远镜上，红外光束通过光学部件被同轴地投影在望远镜上，从物镜发射出去、反射回来的光束，形成光点由内置CCD传感器接收，其位置以CCD传感器中心作为参考点来精确地确定。假如CCD传感器中心与望远镜光轴的调整是正确的，则可从CCD传感器上光点的位置直接计算并输出以ATR方式测得的水平方向和垂直角。

测距过程中，若将反射棱镜换成平面镜，则测距信号必须沿镜面的法线方向入射才能原路返回。根据此原理，当智能型全站仪的ATR功能开启后对平面镜的测距，此时全站仪会自动寻找平面镜的最佳反射点，即反射信号最强烈的点，此时测距信号几乎全部被平面镜原路反射返回，即实现了无须人工照准的自动准直，称为智能全站仪的ATR准直法。

以上几种方法中，自准直灯十字丝法、内觇标法以及激光法属于基于经纬仪的准直方法，ATR准直法为基于智能型全站仪的准直方法，而外觇标法使用较为灵活，普通经纬仪和全站仪皆可使用。通过对比发现，各种准直方法各有优缺点，十字丝法准直精度较高，但要求仪器配备有自准直灯，而目前各厂家生产的经纬仪或全站仪中很少有此种硬件配备，当平面镜目标较小时十字丝法对观测者水平要求较高，常常容易出现成像十字丝部分边缘发虚的情况，寻找最为清晰的十字丝成像需要花费一定时间；内觇标法和自动自准直法也要顾及仪器的种类和硬件条件；外觇标法只需在望远镜上贴上外觇标，对于所有经纬仪和全站仪都可适用，且操作简单方便，但其与内觇标法一样，只能在仪器与平面镜距离稍远时精度较高，且对于微型平面镜而言，外觇标较难瞄准，甚至无法观测；激光法准直易于观测，准直精度与仪器和平面镜之间距离无关，但单次准直精度较低，且观测时需要连接电缆，翻转望远镜进行双面观测时不便于操作，容易碰撞仪器。

一般来说，为了得到更高的精度，可采用自准直灯十字丝准直法进行准直。

2. 基于经纬仪互瞄测量的原理和方法

在两台电子经纬仪进行准直测量的基础上，计算准直方位的夹角还需进行经纬仪间的互瞄测量，从而将准直方向值经互瞄后传递到统一的坐标系下。根据光学原理，如果不考虑仪器误差、人为照准误差等因素影响，用两台相距不远的望远镜互相瞄准，即可认为两主光轴重合或平行。两主光轴的方向就构成这两台仪器中心连线的方向，称这种方法为经纬仪互瞄法。如图 2.15-11 所示，若 A、1 为已知点，2、3、…、n 为支导线点，β_1、β_2、…、β_n 为观测的角度值，起始边 A1 的方位角为 T_A，nB 的方位角为 T_B。

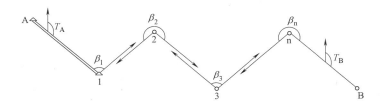

图 2.15-11 短边方位传递

点 1 与点 2 之间的方位角为：

$$\alpha_1 = T_A \pm 180° + \beta_1 \qquad\qquad (式\ 2.15\text{-}2)$$

式中，若 $T_A > 180°$，上式取负号，反之则取正号。同理：导线 nB 的方位角为：

$$T_B = T_A + \sum_{i=1}^{n} \beta_i + n \times 180° \qquad\qquad (式\ 2.15\text{-}3)$$

式中：n——导线的边数。

互瞄的方法与准直方法类似，有十字丝法、内外觇标法等。十字丝互瞄法由于平行光的缘故得到的各角度差别较大，但三角形的闭合差最小，且具有较高的精度；而内觇标和外觇标的方法精度较低，原因为人的照准误差、调焦误差的综合影响，这与前面所阐述的光学准直结果一致。

因此，当进行短边的室内方位传递时，由于传递过程中角度之和不变，因此如果只关心角度传递后的值而不关心传递过程中的角度值，则采用十字丝互瞄法最为精确。

2.15.2.2　立方镜姿态测量原理

利用两台经纬仪分别准直测量立方镜的相邻镜面，建立立方镜纯角度坐标系的过程即可称为立方镜的姿态测量，立方镜姿态的表述主要依靠测量坐标系与立方镜坐标系的转换矩阵来实现的，即坐标系的转换。

1. 有关坐标系的定义

1）经纬仪坐标系

经纬仪坐标系是由仪器位置及姿态确定的测站坐标系，原点 O 为仪器三轴中心，x 轴为仪器水平度盘零方向，由原点指向零方向为正，z 轴为铅垂线反方向，y 轴由右手准则确定（即水平度盘 270°方向）。

2）测量坐标系

在多台经纬仪组成的测量系统中需要建立统一的测量坐标系，一般情况下将经纬仪角度交会坐标系定义为：坐标系原点为第一台仪器的三轴中心；Z 轴为第一台仪器的垂直轴方向，向上为正向；X 轴方向为第一台仪器互瞄向第二台仪器的方向在第一台仪器水平度盘平面上的投影，正向指向第二台仪器，Y 轴由右手规则确定。

3）立方镜坐标系

立方镜坐标系由立方镜几何点及表面法线确定，立方镜的尺寸一般为 20mm×20mm×20mm，其表面可以精确地刻出十字刻线标志。坐标系原点可以选取立方镜某个面（如正立面）的几何中心点。也可选取立方镜的几何中心作原点，此时将坐标系作一平移，平移量 (X_0, Y_0, Z_0) 为沿着某坐标轴 ±10mm。以其中两个相互垂直的表面法线确定某两个坐标轴方向，右手规则确定第三轴。如立方镜正面法线确定 z 轴正向，右侧面法线确定 y 轴正向，右手准则确定 x 轴正向。由于要求不同，当然在实际工作中可以根据需求不同依右手准则自由定义各坐标轴。

2. 单个立方镜的准直测量

在经纬仪坐标系下，角度测量可以得到一条直线的水平方向和垂直方向，设水平角为 Hz，垂直角为 V，那么该直线在经纬仪坐标系下的方向余弦为：

$$\begin{cases} \cos\alpha = \cos V \cdot \cos Hz \\ \cos\beta = \cos V \cdot \sin Hz \\ \cos\gamma = \sin V \end{cases} \qquad\qquad (式\ 2.15\text{-}4)$$

上式中，为了方便计算夹角，设两个准直方向的长度为单位长度，$\cos\alpha$、$\cos\beta$、$\cos\gamma$ 分别为测站瞄准方向向量在 X、Y、Z 方向的投影。

3. 多立方镜的姿态测量原理

利用上述准直方法，分别用两台经纬仪对两个立方镜的相邻两个镜面进行准直测量，确定两个面的法线向量即立方镜坐标系的坐标轴向量，然后进行经纬仪的互瞄测量，互瞄时仍然采用十字丝法，即可避免在姿态测量过程中的调焦，消除调焦误差的影响。设对于立方镜 1、2 面准直有观测量 Hz_i、V_i（$i=1，2$），两台仪器互瞄分别有观测量 Hz_{12}、Hz_{21}，依据式（2.15-4），在测量坐标系下对于两条准直方向的向量为 $\vec{z_1}$ 和 $\vec{z_2}$，如果 $\vec{z_1}$ 与 $\vec{z_2}$ 在空间是垂直的，即有：

$$\vec{z_1} \cdot \vec{z_2} = \sin v_1 \sin v_2 + \cos v_1 \cos v_2 \cos(180° + Hz_{21} - Hz_{12} + Hz_1 - Hz_2) = 0 \quad （式 2.15-5）$$

则可将上述两向量作为空间直角坐标系的两条坐标轴，将 $\vec{z_1}$ 与 $\vec{z_2}$ 作叉乘，即可得到第三条坐标坐标轴 $\vec{z_3}$。

至此，立方镜姿态测量过程完成，得到立方镜坐标系到测量坐标系的旋转矩阵为：

$$\boldsymbol{R} = \begin{bmatrix} \cos\alpha_x & \cos\beta_x & \cos\gamma_x \\ \cos\alpha_y & \cos\beta_y & \cos\gamma_y \\ \cos\alpha_z & \cos\beta_z & \cos\gamma_z \end{bmatrix} \quad （式 2.15-6）$$

其中的 α_x 指立方镜坐标系的 x 轴相对于测量坐标系 X 轴的夹角，β_x 指立方镜坐标系的 x 轴相对于测量坐标系 Y 轴的夹角，依此类推。

2.15.2.3 卫星立方镜间姿态标定

1. 坐标系的转换

在不同坐标系下的参数在建立关系之前必须进行坐标系之间的相互转换，坐标转换无论在精密测试还是大尺寸工程测量中都得到了广泛的应用，尤其是在航天器研制和机械测试过程中，由于设计和测试涉及多形式坐标系的表达方式，坐标系转换尤为重要。

坐标转换的方法大致可以分为三种：复合变换法、公共点转换法以及方向余弦法。

1) 复合变换法

复合变换法是三维坐标变换方法中最基础的变换方法，通常是由轴向平移、绕轴旋转及尺度变换三种方式组合而成。当前坐标系的坐标点通过复合变换后转换到新的目标坐标系下，根据需求对目标坐标系下的坐标值进行分析。复合变换的数学表示基于矩阵理论，主要与 7 个参数相关联，即沿坐标轴 3 个平移参数（X_0，Y_0，Z_0）、绕 3 个坐标轴的 3 个旋转参数（R_x，R_y，R_z）、一个尺度因子 k。任何一个坐标系都是由以上 7 参数唯一确定。

已知 n 个点在当前坐标系下的坐标为（X_i，Y_i，Z_i），根据坐标系变换的 7 个参数：X_0、Y_0、Z_0、R_x、R_y、R_z、k，可以得到 n 个点在目标坐标系下的坐标为（x_i，y_i，z_i），其矩阵表示方法为：

$$\begin{bmatrix} x_i \\ y_i \\ z_i \end{bmatrix} = k\boldsymbol{M}^{\mathrm{T}} \begin{bmatrix} X_i \\ Y_i \\ Z_i \end{bmatrix} - \begin{bmatrix} X_0 \\ Y_0 \\ Z_0 \end{bmatrix} \quad （式 2.15-7）$$

式中，旋转矩阵 $\boldsymbol{M} = \begin{bmatrix} a_1 & a_2 & a_3 \\ b_1 & b_2 & b_3 \\ c_1 & c_2 & c_3 \end{bmatrix}$，$a_i$、$b_i$、$c_i$（$i=1，2，3$）是 3 个角度旋转参数的三角函数。

2) 公共点转换法

相同的目标点由于在不同的坐标系下显然其坐标值也不同，这些目标点称为公共点。公共点转换法原理是利用公共点在不同坐标系下两组坐标值建立两个坐标系的转换关系，将其他点按相应的转换关系从一个坐标系变换到另一个坐标系中。

公共点转换法也是基于矩阵理论的数值转换方法，从原理上分析其方法是复合变换法的逆过程。设在测量坐标系下和目标坐标系下各有 n 个点坐标值，其中有 m 个公共点，在测量坐标系下值为（X_i^{I}，Y_i^{I}，Z_i^{I}），目标坐标系下值为（X_i^{II}，Y_i^{II}，Z_i^{II}），其中（$i=1，2，\cdots\cdots，n$）。复合变换法已知坐标转换参数为 7 参数，而公共点转换法已知一组公共点在不同坐标系下坐标值。因此，根据已知点来求得转换关系，进而将所有测量坐标系下的点按照转换关系进行坐标变换的方法为公共点转换法。

设测量坐标系下公共点用 $\boldsymbol{A}_i$ 表示，目标坐标系下公共点用 a_i 表示，根据坐标变换可得对应关系为：

$$(a_i)=k\boldsymbol{M}^{\mathrm{T}}(\boldsymbol{A}_i-\boldsymbol{A}_0)\tag{式 2.15-8}$$

式中：k——尺度因子；

　　$\boldsymbol{M}$——旋转矩阵；

　　$\boldsymbol{A}_0$——平移量。

公共点转换法要求其公共点个数不少于 3 个，利用最小二乘法求解各未知参数，误差方程为：

$$\boldsymbol{V}_n=\boldsymbol{A}\cdot\boldsymbol{X}+\boldsymbol{L}_n\tag{式 2.15-9}$$

式中：$\boldsymbol{V}_n=\begin{bmatrix}\boldsymbol{V}_X & \boldsymbol{V}_Y & \boldsymbol{V}_Z\end{bmatrix}_n^{\mathrm{T}}$ 为坐标系转换后的坐标分量残差。

$$\boldsymbol{L}_n=\begin{bmatrix}L_X\\L_Y\\L_Z\end{bmatrix}_n=\begin{bmatrix}X_0\\Y_0\\Z_0\end{bmatrix}_n+k\cdot\boldsymbol{M}\begin{bmatrix}X^{\mathrm{II}}\\Y^{\mathrm{II}}\\Z^{\mathrm{II}}\end{bmatrix}_n-\begin{bmatrix}X^{\mathrm{I}}\\Y^{\mathrm{I}}\\Z^{\mathrm{I}}\end{bmatrix}_n$$

为常数项。$\boldsymbol{X}=(\delta_{X_0}\quad\delta_{Y_0}\quad\delta_{Z_0}\quad\delta_{R_x}\quad\delta_{R_y}\quad\delta_{R_z}\quad\delta_k)^{\mathrm{T}}$ 为未知参数向量。

$$\boldsymbol{A}=\begin{bmatrix}1 & 0 & 0 & \partial X/\partial R_x & \partial X/\partial R_y & \partial X/\partial R_z & \partial X/\partial k\\0 & 1 & 0 & \partial Y/\partial R_x & \partial Y/\partial R_y & \partial Y/\partial R_z & \partial Y/\partial k\\0 & 0 & 1 & \partial Z/\partial R_x & \partial Z/\partial R_y & \partial Z/\partial R_z & \partial Z/\partial k\end{bmatrix}$$

为误差方程的系数阵。由误差方程组解法方程，得未知坐标转换参数的解：

$$\boldsymbol{X}=(\boldsymbol{A}^{\mathrm{T}}\boldsymbol{P}\boldsymbol{A})^{-1}\boldsymbol{A}^{\mathrm{T}}\boldsymbol{P}\boldsymbol{L}\tag{式 2.15-10}$$

式中 $\boldsymbol{P}$ 为权阵，在系数矩阵 $\boldsymbol{A}$ 中包含未知参数，需要给定坐标转换未知参数的初始值（X_0，Y_0，Z_0，R_x，R_y，R_z，k）$_0$，解算出结果后再进行迭代计算，当 $\mathrm{d}X_0$，$\mathrm{d}Y_0$，$\mathrm{d}Z_0$，$\mathrm{d}R_x$，$\mathrm{d}R_y$，$\mathrm{d}R_z$，$\mathrm{d}k$ 趋近于 0 时为止，此时可得出最后的 7 参数值，根据转换参数将实现所有点在坐标系下的变换。

3）方向余弦法

航空航天部门通常使用方向余弦法来表示两坐标系之间的关系。所用的表示方法一般为 9 参数的方向余弦，即表示两个坐标系任意两轴的夹角关系进行组合而成的旋转矩阵。

设当前坐标系的三个坐标轴为 X、Y、Z 轴，目标坐标系三个坐标轴为 x、y、z 轴，其中的 9 个参数为：

$$\boldsymbol{R}=\begin{bmatrix}a_1 & b_1 & c_1\\a_2 & b_2 & c_2\\a_3 & b_3 & c_3\end{bmatrix}=\begin{bmatrix}\cos\angle Xx & \cos\angle Yx & \cos\angle Zx\\\cos\angle Xy & \cos\angle Yy & \cos\angle Zy\\\cos\angle Xz & \cos\angle Yz & \cos\angle Zz\end{bmatrix}\tag{式 2.15-11}$$

该矩阵表示了两个坐标系之间的相互关系，实际上该矩阵就是复合变换法中的旋转矩阵 $\boldsymbol{M}$，旋转参数 R_x，R_y，R_z 通过下式反求得到：

$$\begin{aligned}
a_1&=\cos R_y\cos R_z & b_1&=\cos R_x\sin R_z+\sin R_x\sin R_y\cos R_z & c_1&=\sin R_x\sin R_z-\cos R_x\sin R_z\cos R_z\\
a_2&=-\cos R_y\sin R_z & b_2&=\cos R_x\cos R_z-\sin R_x\sin R_y\sin R_z & c_2&=\sin R_x\cos R_z+\cos R_x\sin R_z\sin R_z\\
a_3&=\sin R_y & b_3&=-\sin R_x\cos R_y & c_3&=\cos R_x\cos R_y
\end{aligned}$$

但在有些情况下，不方便得到绕轴的角度旋转关系，但很容易得到各坐标系轴向，从而利用不同坐标轴组成的夹角关系组合而得到转换矩阵。

另外，利用方向余弦法可以很方便地进行两级甚至多级坐标系之间的角度关系转换，若坐标系 1 相对于测量坐标系有旋转矩阵 $\boldsymbol{R}_1$，坐标系 2 相对于测量坐标系有旋转矩阵 $\boldsymbol{R}_2$，则可以通过两级转换确定坐标系 1 到坐标系 2 的旋转矩阵可表示为 $\boldsymbol{R}_{12}=\boldsymbol{R}_2^{-1}\cdot\boldsymbol{R}_1$，若还有其他待转换坐标系，以此类推。

2. 立方镜的姿态传递

对一定组数的立方镜进行姿态测量后，可以通过计算的方法得到任意两个立方镜之间的姿态，也就是立方镜姿态的传递。

利用四台经纬仪分别对两个任意放置的立方镜进行准直测量，其中经纬仪 T_1 和 T_2 准直立方镜 1 相邻的两镜面，经纬仪 T_3 和 T_4 准直立方镜 2 相邻两镜面，之后进行经纬仪互瞄。设对于立方镜 1 准直有观测量 Hz_i、$V_i (i=1，2)$，对于立方镜 2 准直的观测量分别为 Hz_i、$V_i (i=3，4)$，四台仪器互瞄水平角观测量为 $Hz_{ij}(i，j=1，2，3，4)$。首先对图中各经纬仪的互瞄方向进行室内方位传递的方向平差，如果互瞄仪器之间有遮挡可不进行互瞄，但必须保证经纬仪 T_1、T_2 和 T_3、T_4 之间至少有一条互瞄路线，以进行方位的传递。设在测量坐标系下各准直方向的向量为 $\vec{z_t}(i_t，j_t，k_t \ t=1，2，3，4)$，建立方程，得到各准直方向的的方向余弦为

$$
\begin{aligned}
i_t &= \cos v_t \cdot \cos \beta_t \\
j_t &= \cos v_t \cdot \sin \beta_t \quad t=(1，2，3，4) \\
k_t &= \sin v_t
\end{aligned}
\tag{式 2.15-12}
$$

其中 β_t 为各准直方向经传递后在测量坐标系下的水平方向值。

同样假设立方镜 1 与立方镜 2 的准直测量不存在误差，即 $\vec{z_1}$ 与 $\vec{z_2}$ 垂直，$\vec{z_3}$ 与 $\vec{z_4}$ 垂直，则可由 $\vec{z_1}$ 和 $\vec{z_2}$ 作叉乘得到立方镜 1 的姿态，$\vec{z_3}$ 和 $\vec{z_4}$ 作叉乘得到立方镜 2 的姿态，即分别得到立方镜 1 相对于测量坐标系的旋转矩阵 $\boldsymbol{R_1}$ 和立方镜 2 相对于测量坐标系的旋转矩阵 $\boldsymbol{R_2}$。利用方向余弦坐标转换法可以方便地得到立方镜 1 相对于立方镜 2 的旋转矩阵为 $\boldsymbol{R_{12}} = \boldsymbol{R_2^{-1}} \cdot \boldsymbol{R_1}$，由此实现了两个立方镜间的姿态传递。

2.15.2.4 立方镜姿态轴关系的修正

在立方镜姿态测量过程中，对立方镜的相邻两个面进行准直测量，若两个坐标轴向量严格垂直，才可通过向量叉乘建立第三个坐标轴。但是，由于立方镜本身在制造过程中存在一定误差，相邻两个面不可能严格垂直，一般情况下存在着 $3''$ 以内的偏差，另外，即使立方镜不存在制造误差，相邻两面严格垂直，在实际测量过程中，由于仪器、环境和观测等方面因素，两个坐标轴向量 $\vec{z_1}$ 与 $\vec{z_2}$ 也无法严格垂直，因此必须对 $\vec{z_1}$ 与 $\vec{z_2}$ 两个向量进行修正，使之垂直，才能得到立方镜的姿态。

观测值仍然以 Hz_i、V_i、$Hz_{ij}(i，j=1，2)$ 为例，设：

$$\beta_1 = Hz_{12} - Hz_1 \tag{式 2.15-13}$$

$$\beta_2 = 180° - (Hz_2 - Hz_{21}) \tag{式 2.15-14}$$

实际计算得到的两坐标轴夹角值为 γ，其与 90° 的差值为：

$$\omega = \gamma - 90° \tag{式 2.15-15}$$

对式（2.15-5）两边求全微分，根据条件平差得到的误差方程为：

$$\cos V_1 \sin V_2 \cdot dV_1 + \sin V_1 \cos V_2 \cdot dV_2 - \cos V_1 \cos V_2 \cdot (d\beta_2 - d\beta_1) - \omega = 0 \tag{式 2.15-16}$$

根据以上的观测量即可进行条件平差，对水平方向观测量和垂直方向观测量进行修正，当两向量垂直或接近严格垂直时，再作叉乘以建立坐标系。若立方镜放置大致水平，由于垂直角 V_1 与 V_2 都很小，在上式中：

$$\sin V_1 \approx 0，\cos V_1 \approx 1 \tag{式 2.15-17}$$

$$\sin V_2 \approx 0，\cos V_2 \approx 1 \tag{式 2.15-18}$$

因此可不对其进行改正，只需对水平观测方向进行修正，代入式（2.15-16）得：

$$d\beta_1 = -d\beta_2 = 0.5 \times (\gamma - 90°) \tag{式 2.15-19}$$

而若立方镜倾斜放置，则必须同时对水平和垂直观测方向进行修正。对误差方程式（2.15-16）进行条件平差，改写式（2.15-16）可得：

$$\boldsymbol{BV} + \boldsymbol{W} = 0 \tag{式 2.15-20}$$

其中

$$\boldsymbol{B} = [\cos V_1 \cdot \sin V_2 \quad \sin V_1 \cdot \cos V_2 \quad \cos V_1 \cdot \cos V_2 \quad -\cos V_1 \cdot \cos V_2]_0$$

$$\boldsymbol{V} = [dv_1 \quad dv_2 \quad d\beta_1 \quad d\beta_2]^T$$

$$\boldsymbol{W} = \omega$$

法方程为：

$$NK+W=0 \qquad \text{(式 2.15-21)}$$

取

$$N=BP^{-1}B^{\mathrm{T}} \qquad \text{(式 2.15-22)}$$

$$K=-N^{-1}W$$

得：

$$V=P^{-1}B^{\mathrm{T}}K \qquad \text{(式 2.15-23)}$$

将求得的 $[\mathrm{d}v_1 \quad \mathrm{d}v_2 \quad \mathrm{d}\beta_1 \quad \mathrm{d}\beta_2]$ 代入到相应的原始观测值中，即可对水平方向和垂直方向观测值同时进行修正，在实际的计算过程中，需要作循环运算，使两姿态轴的垂直度满足一定的垂直条件，达到姿态测量要求。

2.15.3　技术应用与发展

1. 技术应用

卫星准直测量技术主要应用于航天器部件安装的姿态测量，航天器设计结构复杂，实际使用环境条件恶劣，各类零部件问题都会影响航天器的最终使用。完成航天器产品装配后，需采用多种试验手段，评估产品各分系统及其整体的稳定性与可靠性。国内外对具体试验方法的规定都各有不同，整体上从试验目的上划分，可以分为研制试验、鉴定试验和验收试验；从试验项目上分，则包括环境可靠性试验、加速试验、寿命试验及各类特殊试验。

敏感器作为航天器运行姿态参数和外部信息采集的重要来源，是航天器试验过程中的主要测量对象。敏感器的分类多样，如星敏感器、太阳敏感器、陀螺仪等，其功能各不相同，安装位置和姿态的要求也不一样。作为重要的指标参数，敏感器部件的位置数据可通过机械结构确定，但其姿态参数由于人工安装的不确定性和测量环境复杂、不通视等原因，无法直接获取，国内敏感器的姿态测量主要通过测量部件上安装的立方镜完成。立方镜被临时或长期安装在航天器部件上，其三个相邻垂直平面的法线及立方镜中心组成立方镜坐标系，用以代替表示部件的实际安装姿态。通过对卫星准直测量技术的应用，可以解算得到各部件间高精度的姿态关系。

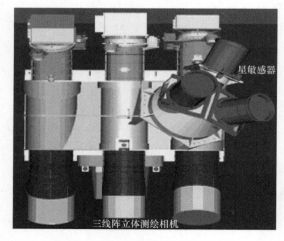

图 2.15-12　三线阵航天测绘卫星

以三线阵航天测绘卫星为例，该卫星的核心是三线阵测绘相机。该相机由具有一定交会角的前视、后视、正视三个线阵 CCD 相机构成，相机沿卫星飞行方向安放，如图 2.15-12 所示。为实现无地面控制点的卫星摄影测量，关键条件之一是必须获取卫星在惯性坐标系中的绝对位置，即三线阵影像必须要已知外方位元素，其中，利用 GPS 来测量位置，从而提供 3 个外方位位置元素；一般采用 2 台以上的星敏感器（如日本的 ALOS 卫星采用了 3 台星敏感器），利用星敏感器及其他姿态测量部件完成对卫星的姿态测量，从而为三线阵影像提供 3 个外方位角元素。这样测绘相机和星敏传感器组合就构成了三线阵 CCD 立体测绘相机组合体，该组合体采用刚性结构，以确保在地面试验、发射及在轨运行过程中相机、星敏感器以及组合体组件间几何关系尽可能保持不变。

因此，三线阵航天测绘相机的综合几何标定是星载测绘系统非常关键的一部分，测绘相机间姿态关系是否达到设计要求直接影响测绘系统能否实现其测绘需求。为确保测绘相机的最终测绘精度，需建立合适的几何模型，并采用一定方法和手段精确标定出测绘相机各光学子系统、星敏感器组件及测绘基座间的空间姿态关系，并保证相机在运行期间保持这种姿态关系的稳定性。"天绘一号"测绘卫星是我国研制的首颗传输型摄影测量业务卫星，由于测绘的精度需求，星上配置了三台星敏感器 A、B、C，三台测绘相机（正视相机、前视相机、后视相机）以及一台多光谱相机。三台星敏感器与三台测绘相机安装在一个测绘基座上，从而可以从星敏感器在惯性坐标系中的姿态得到相机在惯性系中的姿态。

由于测绘相机组合体结构复杂，很难对其进行直接测量和标定，因此在进行综合标定时必须在相应的相机、星敏感器以及组合体稳固位置处安置固定立方镜，以立方镜自身姿态代表相应部件的姿态。所谓立方镜，是由 6 个平面度较高的镜面组成的正立体，其相邻两个面最大不垂直度误差小于 3″。只要确定立方镜相邻三个镜面的法线方向，并选取一点作为坐标原点，即可在此基础上建立高精度的直角坐标系。

因此，要标定测绘相机（测量坐标系）在惯性坐标系中的姿态，则要先通过标定星敏感器测量坐标系与自身立方镜坐标系的关系转换矩阵，以及测绘相机测量坐标系与其自身立方镜坐标系的转换矩阵；然后再标定星敏感器立方镜坐标系与测绘相机立方镜坐标系的转换矩阵。因为星敏感器直接测量可以得到星敏感器（测量坐标系）在惯性坐标系中的姿态，这样通过一系列坐标系转换即可得到测绘相机（测量坐标系）在惯性坐标系中的姿态。

2. 技术发展

当前，卫星准直测量技术主要依靠高精度的电子经纬仪进行，但是测量自动化程度低；航天器测量的被测敏感器布设姿态多样、航天器结构复杂，使用经纬仪系统测量时，一般需要 3～4 人共同作业，测量工作强度大、测量效率低。随着航天工业的不断发展，航天器在制造过程中各项指标标准和要求都不断提高，伴随着各种工业产品、测量设备日趋多样化的今天，高效率、低成本和短时间是高竞争力的基础，智能制造就是将传统制造技术与数字化、智能化和信息化相融合，实现高效优质安全的制造模式，而这也正是航天器研制的发展需求。因此，实现航天器总装的自动化测量是当前的发展方向。将数字图像处理技术与测量仪器融合，提高测量效率和自动化水平，是当前的研究热点。

1）CCD 自动引导准直技术

瑞士 Leica 公司研发了组合 T-Probe 与 T-Scan 的激光跟踪仪测量系统以及图像传感器与全站仪融合的 MS60 全站扫描仪；美国 Marc Levoy 把三维激光扫描仪与相机结合，获取用于三维扫描重构的高分辨率影像；天津大学的张滋黎、苏晓越等人研究了摄像机与电子经纬仪结合在空间坐标测量的应用；深圳大学的白龙彪、天津工业大学的李峰、陕西科技大学的张超等人对工业机器人的视觉引导技术进行了研究。数字摄影测量具有准确度高、快速、高效和不易受外界因素干扰等优点，可以弥补当前人工操作电子经纬仪准直测量中测量效率低、受人为因素影响大的不足。在此基础上，可以通过对 CCD 获取的图像进行处理，提取出分划板十字丝和经纬仪瞄准十字丝的中心，依据标定参数计算驱动量并驱使电子经纬仪运动，实现自动准直引导，十字丝中心提取主要是通过提取十字丝横、竖线，将两直线相交得到中心点位置。

2）跟踪仪准直测量技术

相比传统方法，利用光的直线传播与反射定律，通过两个高精度的点坐标直接构建镜面法线的直线，当两点距离达到一定长度时即可克服上述方法的缺点，发挥激光跟踪仪的特点从而实现静态立方镜的姿态测量。利用激光跟踪仪进行准直和姿态测量，将对角度观测转换为对点位观测，充分发挥了激光跟踪仪高精度点位测量优势，整体准直和姿态测量精度与目前主流的经纬仪方法相当。测量效率上，该方法单人单台仪器即可操作，无须人眼瞄准观测，能够大幅降低工作强度，避免人员观测误差。测量环境上，跟踪仪无须整平、高度调整范围限制小，测回之间可随意变换位置，已经具备替代高精度经纬仪进行准直和姿态测量的能力。

3）卫星总装自动测量技术

通过精密转台、自动升降系统以及多种测量仪器配合，实现卫星总装的自动测量。主要通过三个步骤解决：一是寻找合适的准直位置，调节测量仪器至概略准直位置；二是自动引导 CCD 目镜，完成被测目标的精确准直；三是完成测量数据的处理，得到测量结果。关键技术是针对概略准直位置的寻找，提出基于多伺服系统的运动参数解算模型，实现概略准直位置的自动运动；并依靠自动准直方法完成精确准直，基于获取的参数数据，提出姿态参数解算模型，实现测量结果的自动解算。

2.16 变形监测数据处理与分析

2.16.1 变形监测的内容及意义

变形是自然界的普遍现象，它是指变形体在各种荷载作用下，其形状、大小及位置在时间域和空间域中的变化。变形体的变形在一定范围内被认为是允许的，如果超出允许值，则可能引发灾害。自然界的变形危害现象时刻都在我们周边发生着，如地震、滑坡、岩崩、地表沉陷、溃坝、桥梁与建筑物的倒塌等。

变形监测就是利用测量与专用仪器和方法对变形体的变形现象进行监视观测的工作。其任务是确定在各种荷载和外力作用下，变形体的形状、大小及位置变化的空间状态和时间特征。变形监测工作是人们通过变形现象获得科学认识、检验理论和假设的必要手段。

变形体的范畴可以大到整个地球，小到一个工程建（构）筑物的块体，它包括自然的和人工的构筑物。在当代工程测量实践中，具有代表性的变形体有大坝、桥梁、矿区、高层（耸）建筑物、防护堤、边坡、隧道、地铁、高铁、地表沉降等。

2.16.1.1 变形监测的内容

变形监测的内容，应根据变形体的性质与地基情况来定。要求有明确的针对性，既要有重点，又要做全面考虑，以便能正确反映出变形体的变化情况，达到监视变形体的安全、了解其变形规律之目的。例如：

1）工业与民用建筑物：主要包括基础的沉陷监测与建筑物本身的变形监测。就其基础而言，主要监测内容是建筑物的均匀沉陷与不均匀沉陷。对于建筑物本身来说，则主要是监测倾斜与裂缝。对于高层和高耸建筑物，还应对其动态变形（主要为振动的幅值、频率和扭转）进行监测。对于工业企业、科学试验设施与军事设施中的各种工艺设备、导轨等，其主要监测内容是水平位移和垂直位移。

2）水工建筑物：对于土坝，其监测项目主要为水平位移、垂直位移、渗透以及裂缝观测。对于混凝土坝，以混凝土重力坝为例，由于水压力、外界温度变化、坝体自重等因素的作用，其主要监测项目主要为垂直位移（从而可以求得基础与坝体的转动）、水平位移（从而可以求得坝体的扭曲）以及伸缩缝的监测，这些内容通常称为外部变形监测。此外，为了了解混凝土坝结构内部的情况，还应对混凝土应力、钢筋应力、温度等进行监测，这些内容通常称为内部监测。虽然内部监测一般不由测量人员进行，但在进行变形监测数据处理时，特别是对变形原因作物理解释时，则必须将内、外部监测的资料结合起来进行分析。

3）地面沉降：对于建立在江河下游冲积层上的城市，由于工业用水需要大量地抽取地下水，而影响地下土层的结构，将使地面发生沉降现象；对于采矿地区，由于在地下大量的采掘，会使地表发生沉降现象。对于沉降现象严重的城市地区，暴雨以后将发生大面积的积水，影响仓库的使用与居民的生活。有时甚至造成地下管线的破坏，危及建筑物的安全。因此，必须定期地进行监测，掌握其沉降与回升的规律，以便采取防护措施。对于这些地区主要应进行地表沉降监测。

2.16.1.2　变形监测的意义

人类社会的进步，国民经济的发展，加快了工程建设的进程，并且对现代工程建筑物的规模、造型、难度提出了更高的要求。与此同时，变形监测工作的意义更加重要。众所周知，工程建筑物在施工和运营期间，由于受多种主观和客观因素的影响，会产生变形，变形如果超出了规定的限度，就会影响建筑物的正常使用，严重时还会危及建筑物的安全，给人民生命财产带来巨大损失。尽管工程建筑物在设计时采用了一定的安全系数，使其能安全承受所考虑的多种外荷载影响，但是由于设计中不可能对工程的工作条件及承载能力做出完全准确的估计，施工质量也不可能完美无缺，工程在运行过程中还可能发生某些不利的变化因素，国内外常见一些工程出现事故。因此，保证工程建筑物施工建设和运维管理的安全十分重要问题。变形监测的首要目的就是掌握变形体的实际性状，为判断其安全提供必要信息。

目前，工程安全监测与防治已越来越受到全社会、全人类的普遍关注，各级政府及主管部门对此问题十分重视，诸多国际学术组织，如国际大地测量协会（IAG）、国际测量师联合会（FIG）、国际岩石力学协会（ISRM）、国际大坝委员会（ICOLD）、国际矿山测量协会（ISM）等，非常活跃地定期召开专业会议进行学术交流和研究对策。经过广大测量科技工作者和工程技术人员数十年来的共同努力，在变形监测领域，取得了丰硕的理论研究成果，并发挥了实用效益。就以我国为例：

1) 1985 年 6 月 12 日长江三峡新滩大滑坡的成功预报，确保灾害损失减少到了最低程度。它不仅使滑坡区内 457 户 1371 人在滑坡前夕全部安全撤离，无一人伤亡，而且使正在险区长江上、下游航行的 11 艘客货轮及时避险，免遭灾难。为国家减少直接经济损失 8700 万元，被誉为我国滑坡预报研究史上罕见的奇迹。

2) 隔河岩大坝外观变形 GPS 自动化监测系统在 1998 年长江流域抗洪错峰中所发挥的巨大作用，确保了安全度汛，避免了荆江大堤灾难性的分洪。

科学、准确、及时地分析和预报工程及工程建筑物的变形状况，对工程建筑物的施工和运营管理极为重要，这一工作属于变形监测的范畴。由于变形监测涉及测量、工程地质、水文、结构力学、地球物理、计算机科学等诸多学科的知识，是一项跨学科的研究，正向边缘学科的方向发展，已成为测量工作者与其他学科专家合作研究的领域。

变形监测所研究的理论和方法主要涉及三个方面的内容：变形信息的获取；变形信息的分析与解释；变形预报。其研究成果对预防工程灾害及了解变形机理是极为重要的。对于工程建筑物，变形监测除了作为判断其安全的耳目之外，还是检验设计和施工的重要手段。

总而言之，变形监测工作的意义重点表现在两方面：首先是实用上的意义，主要是掌握各种建筑物和地质构造的稳定性，为安全性诊断提供必要信息，及时发现问题，以便采取措施；其次是科学上的意义，包括更好地理解变形的机理，验证有关工程设计的理论和地壳运动的假说，进行反馈设计，以及建立有效的变形预报模型。

2.16.2　变形监测技术与发展

2.16.2.1　变形监测技术

变形信息获取方法的选择取决于变形体的特征、变形监测的目的、变形大小和变形速度等因素。在工程和局部性变形监测方面，地面常规测量技术、地面摄影测量和激光扫描技术、特殊和专用的测量装备、GNSS 卫星定位技术等均得到了较好应用。

合理设计变形监测方案是变形监测的首要工作。对于周期性变形监测设计，其主要内容包括：确定监测网的质量标准；选择监测方法；点位的最佳布设和监测方案的最优选择。数十年来，变形监测方案设计和监测网优化设计的研究较为深入和全面，取得了丰富的理论研究成果和实用效益，这一点可从众多文献中得到体现。目前，在变形监测方案与监测系统设计方面，主要发展是监测方案的综合设计和智能监测系统的数据管理与综合处理。例如，大坝变形监测，要综合考虑外部监测和内部监测设计，大地测量与特殊测量的观测量要进行综合处理与分析。

纵观国内外数十年变形监测技术的发展历程，工程变形监测方法的应用主要反映在如下四方面：

1）常规地面测量方法的完善与发展，其显著进步是全站型仪器的广泛使用，尤其是全自动跟踪全站仪（RTS，Robotic Total Stations），有时也称测量机器人（Georobot），为局部工程变形的自动监测或室内监测提供了一种很好的技术手段，它可进行一定范围内无人值守、全天候、全方位的自动监测。大量实际工程应用表明，精密测量机器人监测精度可达到亚毫米级。但是，TPS（Terrestrial Positional System）的最大缺陷是受测程限制，会造成测站点处在变形区域范围之内。

2）地面摄影测量技术在变形监测中的应用虽然起步较早，但是由于摄影距离不能过远，加上绝对精度较低，使得其应用受到局限，过去仅应用于高塔、烟囱、古建筑、船闸、边坡体等的变形监测。后来发展起来的数字摄影测量和实时摄影测量为地面摄影测量技术在变形监测中的深入应用开拓了非常广泛的前景。地面激光扫描技术的发展，已广泛应用于桥梁、隧道、地铁和建筑结构物的监测，已成为工程领域一种新兴的监测技术手段。

3）光、机、电技术的发展，研制了一些特殊和专用的监测仪器用于变形的自动监测，它包括应变测量、准直测量和倾斜测量。例如，遥测垂线坐标仪，采用自动读数设备，其分辨率可达 0.01mm；采用光纤传感器测量系统将信号测量与信号传输合二为一，具有很强的抗雷击、抗电磁场干扰和抗恶劣环境的能力，便于组成遥测系统，实现在线分布式监测。地基 SAR 技术的发展，其长测程、高时间分辨率和高精度特性，可实现高动态点位和面状的精细监测，已在矿山开采、滑坡、桥梁等监测中发挥作用。

4）GNSS 作为现代空间定位技术，已逐渐在越来越多的领域取代了常规光学和电子测量仪器。在工程安全监测领域，GNSS 监测精度已由毫米级发展到亚毫米级，其与现代通信技术和计算机技术相结合，使得 GNSS 由原来的周期性监测走向高精度、实时、连续、自动监测成为现实，从而大大拓宽了它的监测应用领域和范围。

2.16.2.2　GNSS 变形监测模式

GNSS 用于变形监测的作业方式可划分为周期性和连续性两种模式（episodic and continuous mode）。

周期性变形监测与传统的变形监测网没有多大区别，因为有的变形体的变形极为缓慢，在局部时间域内可以认为是稳定的，其监测频率可以是几个月，有的长达几年，此时，采用 GNSS 静态相对定位法进行测量，数据处理与分析一般都是事后的。目前 GNSS 静态相对定位数据处理技术已基本成熟，在周期性监测方面，利用 GNSS 技术的最大屏障还是变形基准的选择与确定问题。

连续性变形监测指的是采用固定监测仪器进行长时间的数据采集，获得变形数据序列。虽然连续性监测模式也是对测点进行重复性的观测，但其观测数据是连续的，具有较高的时间分辨率。根据变形体的不同特征，GNSS 连续性监测可采用静态相对定位和动态相对定位两种数据处理方法进行观测，一般要求变形响应的实时性，它为数据解算和分析提出了更高要求。比如，大坝在超水位蓄洪时就必须时刻监视其变形状况，要求监测系统具有实时的数据传输和数据处理与分析能力。另外，有的监测对象虽然要求较高的时间采样率，但是数据解算和分析可以是事后的，比如，桥梁的静动载试验和高层建筑物的振动测量，其监测的目的在于获取变形信息，数据处理与分析可以事后进行。

在动态监测方面，过去一般采用加速度计、激光干涉仪等测量设备测定建筑结构的振动特性，但是，随着建筑物高度的增高，以及连续性、实时性和自动化监测程度的要求加强，常规测量技术已越来越受到局限。GNSS 作为一种新方法，由于其硬件和软件的发展与完善，特别是高采样率（目前一般可达 20Hz）GNSS 接收机的出现，在大型结构物动态特性和变形监测方面已表现出其独特的优越性。多年来，一些大型工程建筑物已开展了卓有成效的 GNSS 动态监测试验与实际应用。

2.16.2.3 变形监测技术的发展趋势

展望变形监测技术的未来：

1）多种传感器、数字近景摄影、全自动跟踪全站仪和 GNSS 的应用，将向实时、连续、高效率、自动化、动态监测系统的方向发展；

2）变形监测的时空采样率得到大大提高，三维激光扫描技术和监测自动化为变形分析提供了极为丰富的数据信息；

3）高度可靠、实用、先进的监测仪器和自动化系统，要求在恶劣环境下长期稳定可靠地运行；

4）远程在线实时监控是当前工程安全监测的迫切需求，网络监控是重大工程安全监控管理发展的必由之路。

2.16.3 变形分析方法与发展

人们对自然界现象的观察，总是对有变化、无规律的部分感兴趣，而对无变化、规律性很强的部分反映比较平淡。如何从平静中找出变化，从变化中找出规律，由规律预测未来，这是人们认识事物、认识世界的常规辩证思维过程。变化越多、反应越快，系统越复杂，这就导致了非线性系统的产生。人的思维实际是非线性的，而不是线性的，不是对表面现象的简单反应，而是透过现象看本质，从杂乱无章中找出其内在规律性，然后遵循规律办事。变形分析的真正内涵就是这样。

变形分析的研究内容涉及变形数据处理与分析、变形物理解释和变形预报的各个方面，通常可将其分为两部分：一是变形的几何分析；二是变形的物理解释。变形的几何分析是对变形体的形状和大小的变形作几何描述，其任务在于描述变形体变形的空间状态和时间特性。变形物理解释的任务是确定变形体的变形和变形原因之间的关系，解释变形的原因。

2.16.3.1 变形的几何分析

传统的变形几何分析，主要包括参考点的稳定性分析、观测值的平差处理和质量评定以及变形模型参数估计等内容。

监测点的变形信息是相对于参考点或一定基准的，如果所选基准本身不稳定或不统一，则由此获得的变形值就不能反映真正意义上的变形，因此，变形的基准问题是变形监测数据处理首先必须考虑的问题。过去对参考点的稳定性分析研究主要局限于周期性的监测网，其方法有很多，A. Chrzanowski（1981）论述了这样五种：以方差分析进行整体检验为基础的 Hannover 法（H. Pelzer，1971），即通常所采用的"平均间隙法"；以 B 检验法为基础的 Delft 法，即单点位移分量法；以方差分析和点的位移向量为基础的 Karlsruhe 法；考虑大地基准的 Munich 法；以位移的不变函数分析为基础的 Fredericton 法。后来又发展了稳健-S 变换法，也称逐次定权迭代法。

观测值的平差处理和质量评定非常重要，观测值的质量好坏直接关系到变形值的精度和可靠性。在这方面，涉及观测值质量、平差基准、粗差处理、变形的可区分性等几项内容。在固定基准的经典平差基础上，发展了重心基准的自由网平差和拟稳基准的拟稳平差。在 W. Baarda（1968）数据探测法提出后，粗差探测与变形的可区分性研究成果极为丰富。

对于变形模型参数估计，陈永奇（1988）概括了两种基本的分析方法，即直接法和位移法。直接法是直接用原始的重复观测值之差计算应变分量或它们的变化率；位移法是用各测点坐标的平差值之差（位移值）计算应变分量。

自 1978 年，FIG 工程测量专业委员会设立的特别委员会"变形观测分析专门委员会"，极大地推动了变形分析方法的研究，并取得了显著成果。正如 A. Chrzanowski（1996）所评价的，变形几何分析的主要问题已经得到解决。

实质上，自 20 世纪 70 年代末至 90 年代初，几何变形分析研究较为完善的是常规地面测量技术进行周期性监测的静态模型，考虑的仅是变形体在不同观测时刻的空间状态，并没有很好地建立各个状态间的联系，更谈不上变形监测自动化系统的变形分析。事实上，变形体在不同状态之间是具有时间关联性的。为此，后来许多学者将目光转向时序观测数据的动态模型研究，如变形的时间序列分析方法建模；基于数字信号处理的数字滤波技术分离时效分量；变形的卡尔曼滤波模型；用 FIR（Finite Impulse Response）滤波器抑制 GPS 多路径效应等。

动态变形分析既可以在时间域进行，也可以在频率域进行。频谱分析方法是将时域内的数据序列通过傅立叶（Fourier）级数转换到频域内进行分析，它有利于确定时间序列的准确周期并判别隐蔽性和复杂性的周期数据。有些学者应用频谱分析法研究了时序观测资料的干扰因素，以便获得真正的变形信息，取到了一定效果。频谱分析法用于确定动态变形特征（频率和幅值）是一种常用方法，尤其在建筑物结构振动监测方面被广为采用。但是，频谱分析法的苛刻条件是数据序列的等时间间隔要求，这为一些工程变形监测分析的实用性增加了难度，因为对于非等间隔时间序列进行插补和平滑处理必然会带入人为因素的影响。

多年来，对变形数据分析方法研究是极为活跃的，除了传统的多元回归分析法、时间序列分析法、频谱分析法和滤波技术之外，灰色系统理论、神经网络等非线性时间序列预测方法也得到了一定程度的应用。比如，应用灰关联分析方法研究多个因变量和多个自变量的变形问题；应用灰色理论建模预测深基坑事故隐患；应用人工神经网络建模进行短期变形预测。

变形分析中，为弥补单一方法的缺陷，研究多种方法的结合得到了一定程度的发展。例如，将模糊数学原理与灰色理论相结合，应用灰关联聚类分析法进行多测点建模预测；将模糊数学与人工神经网络相结合，应用模糊人工神经网络方法建模进行边坡和大坝的变形预报；在回归分析法中，为处理数据序列的粗差问题，提出了应用抗差估计理论对多元回归分析模型进行改进的抗差多元回归模型；还有研究认为，人工神经网络与专家系统相结合，是解决大坝安全监控专家系统开发中"瓶颈"问题的一个好方法。

由于变形体变形的错综复杂，可以看作为一个复杂性系统。复杂系统含有许多非线性、不确定性等复杂因素及它们之间相互作用所形成复杂的动力学特性。创立于 20 世纪 70 年代的非线性科学理论在变形研究中也得到了反映。例如，根据突变理论，用尖点突变模型研究大坝及岩基的稳定性；将大坝运行性态看成为一种非线性动力系统，研究了大坝观测数据序列中的混沌现象。

在变形分析中，出于实用、简便上的考虑，我们一般应用较多的是单测点模型，为顾及监测点的整体空间分布特性，多测点变形监控模型也得到了发展。

但是，从现行的变形分析方法中，我们不难发现，大多都是离线的（事后的），不能进行即时预报与监控，无法在紧急关头为突发性灾害提供即时决策咨询，这与目前自动化监测系统的要求很不相符，为此，研究在线实时分析与监控的方法成为技术关键。已有研究表明，采用递推算法的贝叶斯动态模型进行大坝监测的动态分析认为是可行的。在隔河岩大坝 GPS 自动化监测系统中，我们采用递推式卡尔曼滤波模型进行全自动在线实时数据处理起到了较好效果。

在 GNSS 监测系统中，数据处理的主要工作是观测资料的解算，如 GNSS 差分求解、GNSS 监测网平差等，以提供高精度、高可靠性的相对位置信息。而数据分析的重点则包括变形基准的确定，正确区分变形与误差，提取变形特征，并对变形成因作解释。

诞生于 20 世纪 80 年代末的小波分析理论，是一种时频局部化分析方法，被认为是傅立叶分析方法的突破性进展。应用小波方法，进行时频分析，可以有效地求解变形的非线性系统问题，通过小波变换提取变形特征。从目前应用研究来看，虽然小波分析要求大子样容量的时间序列数据，但是，长序列数据可从 GNSS、TPS 等集成的自动化监测系统中得到保障。小波分析为高精度变形特征提取提供了一种数学工具，可实现其他方法无法解决的难题，对非平稳信号消噪有着其他方法不可比拟的优点。

2.16.3.2　变形物理解释

变形物理解释的方法可分为统计分析法、确定函数法和混合模型法三类。

统计分析法中以回归分析模型为主，是通过分析所观测的变形（效应量）和外因（原因量）之间的相关性，来建立荷载-变形之间关系的数学模型，它具有"后验"的性质，是目前应用比较广泛的变形成因分析法。由于影响变形因子的多样性和不确定性，以及观测资料本身的有限，因此，很大程度上制约着回归分析建模的准确性。回归分析模型中包括多元回归分析模型、逐步回归分析模型、主成分回归分析模型和岭回归分析模型等。统计模型的发展包括时间序列分析模型、灰关联分析模型、模糊聚类分析模型以及动态响应分析模型等。

确定函数法中以有限元法为主，它是在一定的假设条件下，利用变形体的力学性质和物理性质，通过应力与应变关系建立荷载与变形的函数模型，然后利用确定函数模型，预报在荷载作用下变形体可能的变形。确定性模型具有"先验"的性质，比统计模型有更明确的物理概念，但往往计算工作量较大，并对用作计算的基本资料有一定的要求。

统计模型和确定性模型的进一步发展是混合模型和反分析方法的研究，已在大坝安全监测中得到了较好应用。混合模型是对于那些与效应量关系比较明确的原因量（比如水质分量）用有限元法的计算值，而对于另一些与效应量关系不很明确或采用相应的物理理论计算成果难以确定它们之间函数关系的原因量（比如温度、时效）则仍用统计模式，然后与实际值进行拟合而建立的模型。反分析是仿效系统识别理论，将正分析成果作为依据，通过一定的理论分析，借以反求建筑物及其周围的材料参数，以及寻找某些规律和信息，及时反馈到设计、施工和运行中去，它包含有反演分析和反馈分析。

由于变形的物理解释涉及多学科的知识，需要相关学科专家的共同合作。

2.16.3.3　变形分析的发展趋势

回顾变形分析方面所取得的大量实践及研究成果，展望变形分析研究的未来，其发展趋势将主要体现在如下几个方面：

1）数据处理与分析将向自动化、智能化、系统化、网络化方向发展，更注重时空模型和时频分析（尤其是动态分析）的研究，数字信号处理技术将会得到更好应用；

2）将进一步加强分析方法和模型的实用性研究，变形分析系统软件的开发不会局限于某一固定模式，随着监测技术的发展，变形分析新方法仍将不断涌现；

3）由于变形的不确定性和错综复杂性，对它的进一步研究呼唤着新的思维方式和方法，人工智能在变形分析中的应用研究将会得到加强；

4）变形的几何分析和物理解释的综合研究将深入发展，以知识库、方法库、数据库和多媒体库为主体的安全监测专家系统的建立是未来发展的方向，变形的非线性问题将是一个长期研究的课题。

2.16.4　基准稳定性分析

下面以三峡库区滑坡监测为例介绍基准稳定性分析。

2.16.4.1　工程概况

长江三峡水库干流段涉及范围大，如图 2.16-1 所示，全长 574km，总库容 3.93×10^{10} m³，是世界上为数不多的大型水库之一。大型水库蓄水容易诱发滑坡、崩塌等灾害，对大坝运行和库区居民的生命财产安全构成威胁。作为监测措施之一，三峡库区有关部门对沿水库呈狭长条带分布的滑坡体布设了滑坡监测的三级网，即控制网、基准网和变形监测网。其中，控制网覆盖整个库区，是库区滑坡监测的首级控制；基准网根据滑坡的分布来布设，是控制网的加密和扩充，它为滑坡体监测提供基准；变形监测网布设在滑坡体上，与邻近的基准点组网以监测滑坡体的变形。三峡库区滑坡监测网的建立，使库区滑坡监测形成了统一的整体，有效地提高了滑坡监测的可靠性和可持续性。

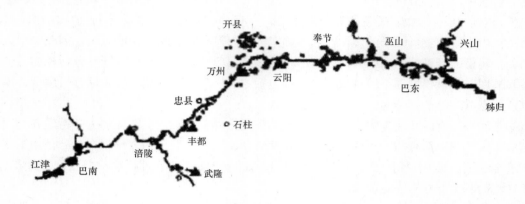

图 2.16-1　长江三峡库区涉及范围

2.16.4.2　关键问题

稳定的基准对滑坡变形分析至关重要。但实际上由于三峡水库高水位蓄水以及水位周期性变化的影响，库区地面将发生变形，这种变形会对基准点产生影响，此外，库区移民、城镇迁建、开渠筑路等工程活动也可能造成基准点的变动，因此有必要对基准网进行定期复测，并对其稳定性作出判断。GNSS 的广泛应用，给库区滑坡监测带来了极大方便。但是如何利用 GNSS 观测结果对点位进行稳定性分析，仍是迫切需要解决的问题。目前利用 GNSS 研究滑坡监测基准的稳定性，基本沿用了常规方法，如平均间隙法、稳健迭代权法、t 检验法等。这些方法应用的前提是，选取局部固定基准计算点位的位移，显然它们只适合于小范围的分析。考虑到滑坡监测基准对变形分析的重要性以及已有方法的局限性，本节针对狭长区域布设的滑坡监测网问题，研究监测基准点的稳定性分析方法。目前该方法已在三峡库区滑坡监测中得到实际应用，经过三期（每年 1 期）的工程实践，检验了方法的有效性。

2.16.4.3　方案与实施

1. GNSS 监测方案

根据三峡库区的实际情况，滑坡监测基准网由 12 个控制点和 235 个基准点组成。其中，235 个基准点是水库三期蓄水阶段（2008—2010 年，水位由 156m 逐渐抬升至 175m），对库区 122 个重点滑坡体监测所布设的，一般按每个滑坡体 2 个基准点来考虑；12 个控制点分别分布在湖北省兴山、秭归、巴东，重庆市巫山、奉节、云阳、开县、万州、丰都、武隆、长寿、江津等地，其覆盖范围介于 $105°44''\sim111°39''E$，$28°32''\sim31°44''N$ 之间。考虑到测区呈带状分布，迁站距离较远，加上测区多为山地，陆地通行困难，故采用了多基准式观测方案，即将一部分接收机固定在控制点上进行长时间观测，其余的接收机在基准点间进行流动观测。该基准网进行了 4 期观测（2008-10、2010-01、2010-10 和 2011-10），每期按 B 级网观测要求进行实施。此外，为满足数据处理的需要，搜集了临近区域的 11 个 IGS 跟踪站（WUHN、BJFS、SHAO、KUNM、LAHZ、GUAO、POL2、ULAB、IRKT、DAEJ、TNML）的同步观测数据。

2. 分析方法

1）控制点的稳定性分析

考虑到库区控制点距离滑坡和库岸相对较远且埋设在稳定的基岩上，故初步将 12 个控制点作为相对稳定点组。由于控制点的分布范围较大，所以对其分析选取了全球参考框架。控制点在全球框架基准下的水平位移可分为两部分：一部分是控制点随板块和板内块体运动所产生的刚体位移；另一部分是控制点在块体内的变形和局部干扰。通常情况下，前一部分要比后一部分大得多，但它不会引起同一块体上各控制点间相对位置的变化。这里所谓相对稳定点的确定，就是在初选稳定点中找出一组点，在消除刚体位移后，这些点在块体内的变形和局部干扰，相对于测量误差而言并不显著。

考虑到已有多期 GNSS 观测数据，控制点的稳定性分析采用其位移速率。位移速率的计算使用 GAMIT/GLOBK 软件分三步完成：① 将 2008—2011 年控制点的数据与邻近区域 11 个 IGS 跟踪站的同步观测数据一并进行处理，获得控制点和 IGS 站以及卫星轨道的单日松弛解；② 分析单日解的重复性，剔除异常解，以 3 天为间隔合并单日松弛解，得到了 20 个多天解；③ 选取 ITRF2005 作为参考框架，以 IGS 跟踪站为框架点，估计控制点的位移速率。由于武汉站（WUHN）与库区 12 个控制点同处华南块体，故将武汉站作为检核点。

目前常用的消除块体刚体位移的方法有整体平移法和欧拉矢量法两种。整体平移法相对简单，块体刚体位移可以取所有点位移的平均值。但实际上构造块体在球面上的运动表现为整体的旋转，对于三峡库区这样的狭长区域而言，若采用整体平移法，经计算分析，测站位移中会残留 $1\sim2\mathrm{mm/a}$ 的刚体位移。鉴于此，本节采用欧拉矢量法，构造块体在球面上的运动可用刚体运动模型加以描述：

$$\begin{bmatrix} V_{\mathrm{n}} \\ V_{\mathrm{e}} \end{bmatrix} = \begin{bmatrix} R\sin L & -R\cos L & 0 \\ -R\sin B\cos L & -R\sin B\sin L & R\cos B \end{bmatrix} \begin{bmatrix} \Omega_X \\ \Omega_Y \\ \Omega_Z \end{bmatrix} \quad \text{（式 2.16-1）}$$

式中：V_{n} 和 V_{e} ——测站的水平位移速率；

Ω_X、Ω_Y 和 Ω_Z ——欧拉矢量的三个分量；

R ——地球平均半径；

B 和 L ——测站的大地坐标。

控制点的稳定性可根据式（2.16-1）计算得到的水平位移速率残差来判断，构造标准正态分布统计量

$$u = \frac{V_i}{\sigma_0 \sqrt{Q_{V_i}}} = \frac{V_i}{\sigma_{V_i}} \quad \text{（式 2.16-2）}$$

作正态检验。相对稳定点的判断流程见图 2.16-2。

2）基准点的位移计算

基准点相对于稳定点的位移计算采用固定基准，即稳定点坐标在各期平差处理中保持不变，每期利用稳定点坐标进行约束平差以获取基准点的位移值。平差处理采用椭球面上的三维平差模型，该模型适合平面坐标的解算，同时不受投影变形的限制。为实现各期观测成果的基准统一，对基准误差采用如下方法进行处理：位置基准误差采用基线向量作为观测值予以消除；尺度和方位基准误差通过在平差模型中附加系统参数予以消除；时间演变基准误差通过强约束已知点坐标，采用迭代平差法予以消除。对于网中任意两点 i、j 间的基线向量，其误差方程为

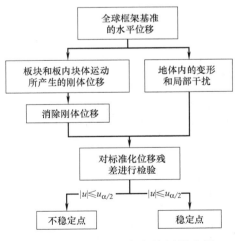

图 2.16-2 相对稳定点的判断流程

$$\begin{bmatrix} V_{\Delta X} \\ V_{\Delta Y} \\ V_{\Delta Z} \end{bmatrix}_{ij} = T_j \begin{bmatrix} \delta\hat{B} \\ \delta\hat{L} \\ \delta\hat{H} \end{bmatrix}_j - T_i \begin{bmatrix} \delta\hat{B} \\ \delta\hat{L} \\ \delta\hat{H} \end{bmatrix}_i + \hat{m} \begin{bmatrix} \Delta X^0 \\ \Delta Y^0 \\ \Delta Z^0 \end{bmatrix}_{ij} + R_{ij} \begin{bmatrix} \hat{\varepsilon}_X \\ \hat{\varepsilon}_Y \\ \hat{\varepsilon}_Z \end{bmatrix} - \begin{bmatrix} \Delta X - \Delta X^0 \\ \Delta Y - \Delta Y^0 \\ \Delta Z - \Delta Z^0 \end{bmatrix}_{ij} \quad \text{（式 2.16-3）}$$

式中：$V_{\Delta X}$、$V_{\Delta Y}$、$V_{\Delta Z}$——基线向量的改正数；

$\delta \hat{B}$、$\delta \hat{L}$、$\delta \hat{H}$——坐标改正数；

ΔX^0、ΔY^0、ΔZ^0——基线向量的近似值；

$\hat{m}$——尺度参数；

$\hat{\varepsilon}_X$、$\hat{\varepsilon}_Y$、$\hat{\varepsilon}_Z$——绕 X、Y、Z 坐标轴的旋转参数；

T——空间直角坐标与大地坐标微分关系式中的系数阵；

R——旋转参数的系数阵。

因为分析的是水平方向的稳定性，所以每期约束的是稳定点的平面坐标和一个点的大地高，而附加系统参数只取 1 个尺度参数和 1 个绕 Z 轴的旋转参数。理论上讲，采用上述平差模型可以进行整体平差。但考虑到三峡库区滑坡监测涉及多种坐标系统，如 WGS-84 坐标系、1954 北京坐标系和 1980 西安坐标系等，对于不稳定的基准点，需要重新计算其多种形式的坐标，而不同坐标系的公共点（库区控制点）在国家坐标系中的坐标存在兼容性问题，若整体平差，会影响点位坐标的精度，故在这里进行分区处理，以保证每一子区内控制点坐标是兼容的。

3）基准点的稳定性分析

基准点的稳定性分析采用置信误差椭圆法，即根据位移向量是否落在置信误差椭圆内来判断点位的稳定性。置信误差椭圆元素的计算公式为

$$\begin{cases} E = k\hat{\sigma}_0 \sqrt{\dfrac{1}{2}(Q_{dxdx} + Q_{dydy} + p)} \\ F = k\hat{\sigma}_0 \sqrt{\dfrac{1}{2}(Q_{dxdx} + Q_{dydy} - p)} \\ p = \sqrt{(Q_{dxdx} - Q_{dydy})^2 + 4Q_{dxdy}^2} \\ \tan 2\alpha_E = \dfrac{2Q_{dxdy}}{Q_{dxdx} - Q_{dydy}} \end{cases} \qquad (式 2.16\text{-}4)$$

式中：　E——长半轴；

F——短半轴；

α_E——主轴方向；

$\hat{\sigma}_0$——两期观测综合单位权中误差；

Q_{dxdx}、Q_{dydy}、Q_{dxdy}——位移协因数阵中元素；

k——比例系数，这里 k 取 3。

3. 分析结果

1）控制点稳定性分析结果

库区 12 个控制点在 ITRF2005 框架中的水平位移速率，如表 2.16-1 所示。计算结果采用两种方法进行检验：① 将武汉站的计算结果与其已知值进行比较，两者的差值为 1.3mm/a（N）、0.6mm/a（E），它们较为一致；② 将控制点的计算结果与地质模型（NNR-NUVEL1A）结果进行比较，见图 2.16-3，可以看出控制点的运动趋势与地质学结果基本一致，但它们之间存在一定的系统误差。另外，以长江为界，长江以北 7 个点的平均位移速率为 34.5mm/a，位移方向为 NE109.2°；长江以南 5 个点的平均位移速率为 34.3mm/a，位移方向 NE108.4°，这一结果反映出三峡库区向东南方向整体运动的趋势。

在得到较为可靠的水平位移速率后，由式（2.16-1）计算可以得到水平位移速率的残差，其标准化残差结果列于表 2.16-1。由表 2.16-1 可见，库区 12 个控制点在华南块体内变形并不显著，它们的点位在各期观测期间是稳定的。

控制点水平位移速率、拟合值及标准化残差　　　　　　表 2.16-1

点名	ITRF2005 (mm/a)		拟合值 (mm/a)		标准化残差	
	V_{n1}	V_{e1}	V_{n2}	V_{e2}	dV_n	dV_e
ZGA2	−11.1	31.8	−10.7	32.3	0.5	0.4
XSA3	−10.4	33.4	−10.7	32.1	−0.4	−1.2
BDA4	−8.2	32.8	−10.8	32.3	−2.9	−0.4
WSA5	−13.0	31.5	−10.9	32.3	2.1	0.6
FJA6	−11.9	32.4	−11.0	32.4	1.1	0.0
YYA8	−10.4	31.7	−11.2	32.5	−0.7	0.4
KXA9	−10.6	31.9	−11.3	32.4	−0.8	0.3
WZ10	−11.3	33.1	−11.3	32.6	0.0	−0.3
FD11	−10.9	33.0	−11.5	33.3	−0.4	0.1
WL12	−13.9	30.7	−11.5	33.6	2.1	0.9
CS13	−11.9	33.8	−11.7	33.4	0.2	−0.1
JJ15	−9.9	33.9	−11.9	33.8	−1.2	0.0

注：显著水平 $\alpha = 0.001$ 下，$u_{\alpha/2} = 3.291$。

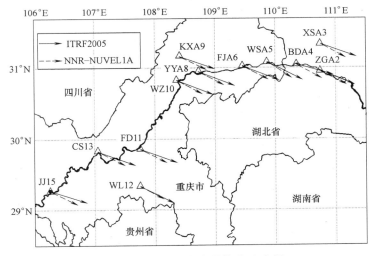

图 2.16-3　控制点水平位移速度场

2）基准点稳定性分析结果

将库区滑坡监测基准网划分为秭巴网、巫奉网、万开网和丰长网等 4 个子网（图 2.16-4），其中，秭巴网、巫奉网（与秭巴网共用点 BDA4）和万开网各包含 3 个控制点；丰长网的范围稍大，它包含 4 个控制点。然后，对每个子网单独进行平差处理。经三期分析，就各子网中不稳定的基准点进行统计，其统计结果见表 2.16-2。不稳定基准点的点位分布见图 2.16-4 所示。

由表 2.16-2、图 2.16-4 分析可知：①2008—2011 年，库区不稳定的基准点有 12 个，约占总点数的 5%；②不稳定基准点呈"东多西少"分布，在巫山-奉节一带分布比较集中；③不稳定基准点的水平位移在 4cm 以上，最大的点位变化达 79.4cm；④不稳定基准点的位移方向有明显的一致性；⑤对于长期处于不稳定状态的点，其位移随时间大致呈线性变化。

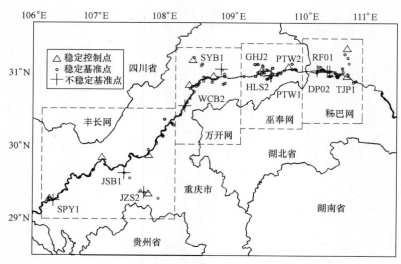

图 2. 16-4　不稳定基准点的点位分布图

不稳定的基准点及其累积水平位移　　　　　　　　　　　　　表 2. 16-2

No.	点名	第一期			第二期			第三期			子网
		位移(cm)	方向(°)	稳定性	位移(cm)	方向(°)	稳定性	位移(cm)	方向(°)	稳定性	
1	DP02	17.1	177.7	×	28.6	179.7	×	41.3	181.6	×	秭巴网
2	RF01	7.4	253.3	×	10.4	251.4	×	14.8	252.6	×	
3	TJP1	6.9	1.5	×	10.1	354.6	×	14.7	352.9	×	
4	PTW1	—	—	√	—	—	√	7.1	323.2	×	巫奉网
5	PTW2	4.1	273.6	×	4.3	266.4	⊗	5.9	278.4	×	
6	HLS2	10.4	83.5	×	14.8	85.0	×	21.6	86.5	×	
7	GHJ2	3.3	167.2	×	6.3	162.7	×	8.9	164.2	×	
8	SYB1	—	—	√	—	—	√	5.7	28.1	×	万开网
9	WCB2	27.5	293.3	×	46.8	290.6	×	79.4	292.0	×	
10	JSB1	—	—	√	—	—	√	15.7	277.3	×	丰长网
11	JZS2	—	—	√	5.4	45.7	×	4.2	47.7	⊗	
12	SPY1	—	—	√	5.7	339.8	×	4.8	337.2	⊗	

注：√表示累积变形经分析是稳定的；
　　×表示累积变形经分析不稳定；
　　⊗表示累积变形经分析不稳定，但本期变形经分析是稳定的。

　　另外，结合现场地理环境，对不稳定基准点的位移方向进行了检查，见图 2.16-5，可以看出，除了点 JSB1 之外，其余不稳定基准点的位移方向均指向邻近岸坡的临空方向，这与现场地理环境情况判断的变形趋势是一致的。对于点 JSB1，由于其点位是近期才发生变动的，故应加强监测，并关注该点的变形情况。

2.16.4.4　启示与展望

　　三峡水库高水位蓄水的 3 年时间里，库区滑坡监测基准网整体上是稳定的，这也反映出库区地表在现阶段没有发生明显的水平形变；库区存在不稳定的基准点，其水平位移最大达 79.4cm，若将这些不稳定基准点做为滑坡体变形分析的基准，必然会对滑坡变形演化行为做出错误的判断，因此定期对监测基准进行稳定性分析是库区滑坡监测中不可缺少的环节之一；三峡库区滑坡监测网独特的布设形式，使

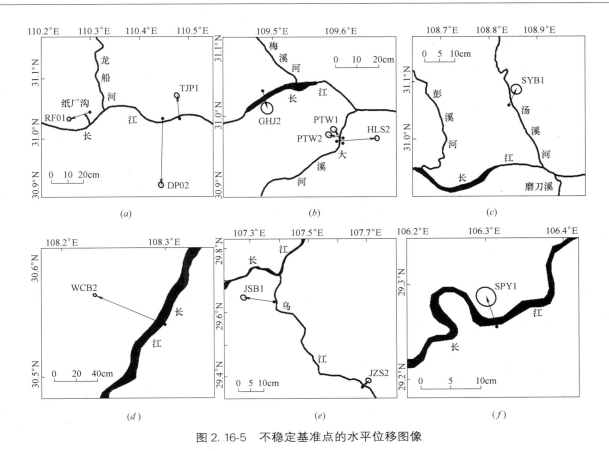

图 2.16-5　不稳定基准点的水平位移图像

得监测基准点的稳定性分析有其特殊性，通过研究形成的一套适用性方法，对狭长区域滑坡监测工作具有指导作用。

2.16.5　几何监测系统的建立与应用分析

下面以苏通大桥施工期监测为例介绍几何监测系统的建立与应用分析。

2.16.5.1　工程概况

苏通大桥位于江苏省东部的南通市和苏州（常熟）市之间，西距江阴大桥 82km，东距长江入海口 108km，是交通运输部规划的国家高速公路沈阳至海口通道和江苏省公路主骨架的重要组成部分。苏通大桥主桥采用主跨为七跨双塔双索面钢箱梁斜拉桥，跨径为 100m＋100m＋300m＋1088m＋300m＋100m＋100m＝2088m，通航净空高度 62m，为当今世界上最大跨径斜拉桥（如图 2.16-6 所示）。工程自 2003 年 6 月开工建设，2007 年 6 月中跨合龙，其大跨径（1088m）、超规模群桩基础（平面 112m×48m，深 125m）、高索塔（300.4m）和斜拉索长（577m）均创造了世界第一。

2.16.5.2　关键问题

大桥地处长江下游，受季风和台风影响，常年平均风速很大，悬臂施工阶段的结构风振效应突出，加上日照和季节温差等影响，致使桥梁结构长期处于动态变化过程，为此，对测量的监测精度和可靠性提出了更高要求。为正确评价结构的阶段线形、受力与安全，及时掌握环境条件下准确的结构状态，急需一套动态、实时、高精度和高效率的监测系统解决方案。

现代斜拉桥于 20 世纪 50 年代开始兴建，具有跨度大、造型美、刚度较悬索桥大等特点。随着电子计算机硬件与软件的发展，近代新型材料的开发，施工技术的进步，斜拉桥得到迅速的发展，规模不断

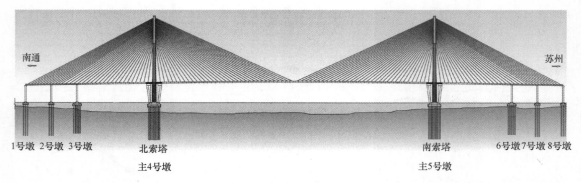

图 2.16-6　苏通大桥主桥示意图

增大，其跨度已突破千米。超大跨度斜拉桥的施工过程复杂，温差、风振和特殊工况等都将引起索塔和钢箱梁较大的偏位。因此，研究和开发钢箱梁安装期间塔梁的动态几何测量与监测控制系统，加强对整个施工过程的控制和重要施工环节的监测，分析预报各种不利组合条件的施工状态，评价施工安全和规避不利施工条件，正确地指导施工等是极为重要的。

过去，通常使用位移传感器、加速度计、激光干涉仪和全站仪等方法测量桥梁的位移、动态特性等参数，然而在大型桥梁施工监测中，这些传统的测量手段存在一定的局限性，不能满足对桥梁进行连续、实时和自动的动态监测需要。近年来，现代测量新技术如全球导航定位系统（GNSS）、智能型全站仪（测量机器人，Geo-robot）等为大型结构物的位移测量和动态特性监测提供了新的技术手段，国内外学者在此方面进行了大量试验研究，结果表明，GNSS 和测量机器人可以用于斜拉桥、悬索桥、高层建筑物等的变形监测，利用 GNSS 可以测出振幅 2mm 以上、频率 50Hz 以下的动态特性参数。广东虎门大桥、山东滨州黄河公路大桥、香港青马管制区三桥建立的基于 GNSS 技术的实时动态位移监测系统，用于桥梁运营期的健康状况监测，取得了理想效果。

本节结合苏通大桥上部结构施工监控的实际情况，重点介绍基于 GNSS 和测量机器人的实时动态几何监测系统构成，探讨监测数据处理与分析方法，并列举系统应用的一些成果。

2.16.5.3　系统构成

充分利用 GNSS、测量机器人、数据通信、网络、计算机等现代先进技术进行系统集成，研发并实现了一套基于 GNSS 和测量机器人的远程实时动态几何监测系统。该系统具有高精度、实时、连续、全天候、自动监测等特点，弥补并克服了常规测量技术在异常恶劣天气、夜间与高空作业困难的局限性。

1. 远程 GNSS 实时动态监测子系统

系统由基准站、监测点、通信系统和监控中心等部分组成。基准站上的 GNSS 接收机跟踪视场内的所有卫星，通过通信系统将基站信息传输到监测点；监测点 GNSS 接收机同时接收视场内可见卫星的信号和来自基准站的信息，并进行实时差分处理，以 10Hz 采样率获取监测点的三维坐标并将其发送到监控中心；监控中心接收各监测点的监测结果，通过数据处理软件作进一步的处理与分析，得到监测点在三维方向上的位移等参数，实时显示并将其存入数据库。有权限的用户终端可以通过网络查看系统的工作状态。该系统的网络结构组成如图 2.16-7 所示。

监控中心设置于苏通大桥建设项目部。为尽量缩短 GNSS 基准站至各个监测点之间的距离，确保 GNSS 定位解算精度，将基准站设置在交通码头的一固定建筑屋顶上。GNSS 监测点设置在索塔顶和钢箱梁安装期的桥面上。其中，两索塔顶各布设 1 个 GNSS 监测点。桥面上的 GNSS 监测点要根据钢箱梁安装进程逐步增加并移位，而且，桥面上所有 GNSS 监测点安置在同一侧。

根据施工控制及监测需要，在钢箱梁安装过程中，桥面上 GNSS 监测点的总体布置为：

1）在中跨钢箱梁安装到远离南、北索塔约 200m 时，各自开始安置并相对固定第 1 对 GPS 监测点。

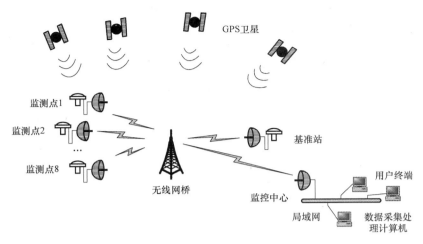

图 2.16-7 系统的网络结构图

2）在钢箱梁安装至远离索塔 300m 时，各自开始安置第 2 对 GNSS 监测点。随着钢箱梁安装的向前延伸，桥面上第 2 对 GNSS 监测点紧随其移位，并始终保持在钢箱梁向前延伸的最前端。当钢箱梁安装到远离索塔达 400m 时，将第 2 对 GNSS 监测点相对固定。

3）随着钢箱梁安装向前延伸，各自增加第 3 对 GNSS 监测点，并随着钢箱梁的安装而向前移，直到钢箱梁安装合龙段前。此时，桥面上共有 6 个 GNSS 监测点，各监测点的布置如图 2.16-8 所示。

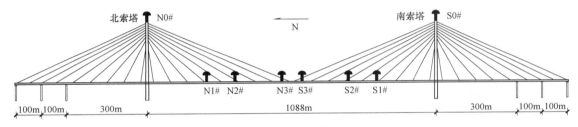

图 2.16-8 GNSS 监测点的分布

系统的数据链采用了点对多点无线扩频的通信专用网络。考虑到监控中心、GNSS 基准站、索塔顶和整个桥面相互之间的距离和通视情况，以及钢箱梁安装过程中桥面机械设备的干扰，在南索塔顶布置了一个通信中继站，以确保整个通信网络的质量。

2. 测量机器人实时动态监测子系统

钢箱梁安装期间，根据索塔和主跨桥面变形监测的需要，测量机器人实时动态监测系统采用了两种监测模式：一种是定点跟踪法，即对某一监测点进行长期的连续、动态快速跟踪测量；另一种是定期扫测法，即对视场范围内的所有监测点进行定期的快速扫描测量。

1）定点跟踪法是在一定时间内，通过对某一监测点所进行的连续快速跟踪测量，采集数据，然后进行分析与计算，求得该监测点的平衡位置（三维坐标）及其动态特征。该方法应用时，快速跟踪测量的采样率可以达到 0.3s，适宜于动态环境施工时的变形监测需要。但该方法在观测时一台仪器仅能对一个监测点进行测量。定点跟踪法的测量精度与仪器型号和环境因素有关，根据苏通大桥采用 Leica TCA2003 由自编机载的自动监测软件，在测站微震状态下对 500m 测程的钢箱梁悬臂前端测点所进行的试验，打开或关闭补偿器，其跟踪测量的精度均在 5mm 以内。

2）定期扫测法是在较短的时间内，对视场范围内的所有监测点进行正倒镜测量，采集有效数据，然后进行分析与计算，求得各个监测点的平衡位置（三维坐标）。考虑到钢箱梁的抖动，每一监测点应进行不少于 4 测回的观测，而且每一监测点的观测时间控制在 2min 以内。如果监测点的动态环境恶劣，该方法就无法保证所有监测点的测量结果的时间同步性，因此，应用该方法一般选择相对稳定的外界环境。

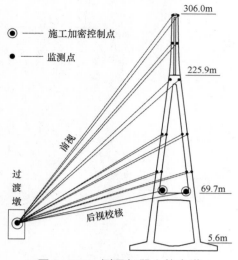

● —— 施工加密控制点

● —— 监测点

图 2.16-9 测量机器人的索塔
定期扫测示意图

在监测点上布置反射棱镜，采用测量机器人三维坐标法对索塔变形进行定期扫测的观测方案如图 2.16-9 所示。其中，测量机器人的测站设置在索塔南、北侧的辅助墩和过渡墩上，分别以索塔横梁上的两个施工加密控制点作为后视与校核点，每一索塔布置有 44 个监测点。

对桥面变形进行定期扫测的观测方案如图 2.16-10 所示。其中，将测站布置在索塔上、下游塔肢内侧的施工加密控制点上，以其中一个加密控制点为主测站，另外一个加密控制点为辅助测站，定期扫测包括边跨部分钢箱梁所布置的桥面变形监测点。每块钢箱梁共设置 8 个变形监测点，桥面定期扫测取上游侧、下游侧和轴线上各一个监测点。

如果南北索塔和钢箱梁均要同时进行实时动态变形监测，则至少需要四台测量机器人。

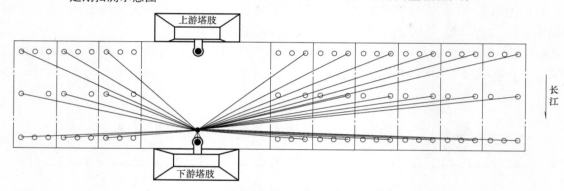

图 2.16-10 测量机器人的桥面定期扫测示意图

3. 系统布点与监测的统一

为充分发挥 GNSS 和测量机器人的各自优势，出于性价比等因素的综合考虑，在索塔和钢箱梁的关键部位布置 GNSS 监测点，进行施工期的 GNSS 连续自动监测；对索塔和钢箱梁的线形控制部位布置棱镜监测点，采用测量机器人技术在安全环境条件下进行定期监测。

2.16.5.4 监测数据处理与分析

1. 坐标系的统一

为了便于分析监测点在桥梁三维方向的变形，并且与测量机器人的监测结果进行统一，首先有必要将 GNSS 的 WGS-84 坐标成果转换为桥梁施工坐标。其坐标转换的基本过程为：

1）将 GNSS 基准站与苏通大桥首级桥梁施工控制网点进行 GNSS 联测，得到 GNSS 基准站的施工坐标系坐标和坐标转换参数；

2）根据坐标转换参数，由三维空间坐标转换模型实现 GNSS 监测点的坐标转换；

3）由于苏通大桥上部结构的施工与监测，采用的是自定义桥轴线里程坐标系，为此，还需要将桥梁施工坐标系下的坐标转换至桥轴线里程坐标系下，其转换关系可以通过式（2.16-5）确定。

$$\begin{pmatrix} X_i \\ Y_i \end{pmatrix} = \begin{pmatrix} X_0 \\ Y_0 \end{pmatrix} + \begin{pmatrix} \cos\theta & \sin\theta \\ -\sin\theta & \cos\theta \end{pmatrix} \begin{pmatrix} x_i \\ y_i \end{pmatrix} \qquad （式 2.16-5）$$

式中： θ ——两坐标系之间的旋转角；

$(x_i \quad y_i)^T$ ——监测点平面施工坐标；

$(X_0 \quad Y_0)^T$——桥轴线里程坐标系原点坐标；

$(X_i \quad Y_i)^T$——监测点的桥轴线里程坐标。

垂直方向通过平面拟合得到。由以上过程得到的最终成果即可直接反映各监测点在桥梁纵向、横向和垂直方向的变形。测量机器人系统的监测结果属于桥轴线里程坐标系，将两个子系统的监测结果比较，相互检核，以增强系统的可靠性。

2. GPS 和测量机器人的监测成果对比

图 2.16-11 为 2006 年 12 月～2007 年 4 月北索塔顶相同时刻，GNSS 监测点和邻近塔顶的监测棱镜 x 方向坐标成果对比。结果表明，两种方法监测成果的变化趋势呈现非常强的一致性，其微小的系统性差异是因为两类监测点在索塔的不同高度位置，测量机器人的监测点位低于 GNSS 监测点位约 29m。图 2.16-11 为监测数据的变化过程线，同时客观地反映了索塔在不同工况下变形较明显，两条曲线显示为整体的波动变化。

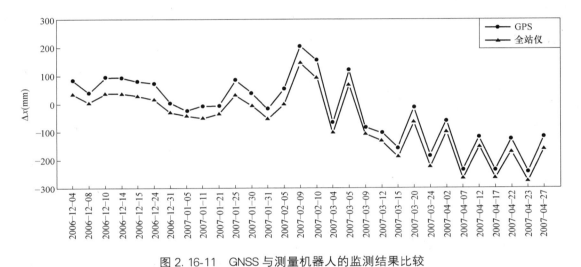

图 2.16-11 GNSS 与测量机器人的监测结果比较

3. 索塔顶位移与温度、风力变化的响应关系

实时监测的目的是及时获得监测点在桥梁纵向、横向和垂直方向上的位移，结合工况信息以及温度、风力、风向等气象数据，进一步分析位移与温度、位移与风力、位移与工况等动态响应关系。为说明问题起见，图 2.16-12 为 2006 年 12 月 15 日南北索塔顶顺桥向位移与温度变化的对应关系。

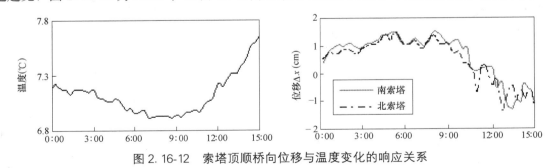

图 2.16-12 索塔顶顺桥向位移与温度变化的响应关系

用相关分析法可对图 2.16-12 所对应的数据进行处理，计算影响因素（温度）与响应量（位移）之间的相关系数，定量分析其响应关系。因温度（T）对索塔顶位移（ΔS_x、ΔN_x，这里下标"x"表示顺桥向）的影响可能存在延迟，且温度的实际采样间隔为 20min，故以此时间间隔作为时间延迟计算相关系数，列于表 2.16-3 中。结果表明，温度与索塔顺桥向位移的变化呈现强反相关关系，且南索塔随温度变化的响应有约 80min 的时间延迟，相关系数达 -0.9424，北索塔随温度变化的响应存在约 120min 的时间延迟，相关系数为 -0.9383。

温度-位移相关系数与时间延迟的关系　　　　　　　　　　表 2.16-3

时间延迟（min）	$T-\triangle Sx$	$T-\Delta Nx$
−20	−0.7351	−0.6904
0	−0.7860	−0.7679
20	−0.8241	−0.7753
40	−0.8670	−0.8239
60	−0.9175	−0.8646
80	−0.9424	−0.8897
100	−0.9344	−0.9185
120	−0.9352	−0.9383
140	−0.9020	−0.9101
160	−0.8627	−0.8934

图 2.16-13 为 2007 年 4 月 15 日某时段北索塔顶位移与风力变化的响应关系。在 17：30 时出现风速达 23m/s 的飑风，引起北索塔顶的纵向位移（Δx）与横向位移（Δy）呈现明显突变，纵向位移变化数值达 10cm。风速平稳后，纵横向位移变化也趋于平稳。

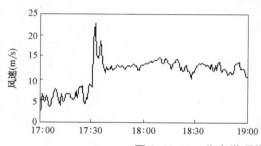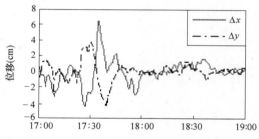

图 2.16-13　北索塔顶位移与风力变化的响应关系

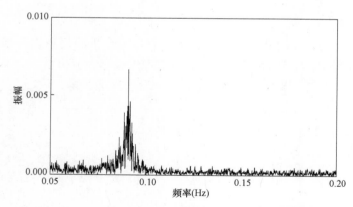

图 2.16-14　强风作用下钢箱梁 J31# 横桥向的频谱图

4. 动态特性分析

GNSS 监测系统以高采样率（10Hz）运行，通过频谱分析法处理各监测点的监测数据可以得到点位的振动频谱曲线，与理论设计数值及不同工况、不同时间段的谱曲线进行比较，可以诊断各施工阶段或异常天气条件下桥梁结构的稳定性。2007 年 5 月 16 日有较强的横桥向风，对监测数据序列进行频谱分析，结果表明，J31 号梁段监测点横桥向的振动频率为 0.0908Hz。图 2.16-14 为钢箱梁 J31 号梁段 GNSS 监测点受横桥向风力影响下的频谱图。

2.16.5.5　启示与展望

从 2006 年 10 月苏通大桥钢箱梁开始安装施工至 2007 年 6 月全桥合龙贯通，系统运行稳定，监测结果可靠，在上部结构施工的质量监控中发挥了重要作用。系统应用的技术优势主要反映在以下几个方面：

1）研发的远程 GNSS 实时动态监测子系统，成功实现了监控中心同时对塔梁上多个测点的实时监测功能，并具有高的数据采样率。独立组网的系统通信不仅承担基准站到各个监测点的数据通信，而且承担远程各个监测点到监控中心的数据通信，同时还附加有远程视频监控功能，是真正意义上的点对多点、双向通信。

2）远程无线、实时、连续、全天候、无人值守自动监测，弥补并克服了常规测量技术在恶劣天气、夜间和高空作业困难的局限性。

3）精度的理论分析和实测数据表明，测量机器人系统应用的实际点位精度优于±5mm；GNSS监测系统在高采样率（10Hz）应用条件下，平面点位精度优于±5mm，高程精度优于±10mm。

4）提出的基于测量机器人的两种监测模式所研发的机载自动监测软件，通过实践的长期应用，反映该系统运行稳定，软件操作方便，简单易用。

5）由长期连续监测积累的数据，分析索塔和钢箱梁的位移与温度、位移与风力、位移与工况等动态响应特性，为苏通大桥施工期健康评估提供了准确的依据。

6）利用索塔GNSS和测量机器人监测数据，分析并评价了远程GNSS实时动态几何监测系统与测量机器人系统应用效果的一致性，真正意义上实现了苏通大桥钢箱梁安装的几何监测"双控法"。

基于GNSS和测量机器人的索塔和钢箱梁远程实时动态几何监测系统克服了传统桥梁监测方法的缺点，实时监测桥梁在各方向位移值的精度达毫米级，且GNSS动态监测子系统具有10Hz（甚至20Hz）的采样率，同其他常规测量方式相比显示出独特的优越性，非常适用于桥梁的动态特性分析，值得推广应用。

2.16.6　施工变形监测分析

下面以CCTV新台址主楼施工变形监测为例介绍施工变形监测分析。

2.16.6.1　工程概况

CCTV新台址主楼位于北京市朝阳路和东三环路交界处的CBD中央商务区内，建筑高度234m，是国内最大的单体钢结构工程，钢结构用钢量达12万多吨。CCTV新台址主楼造型独特，两座塔楼双向倾斜6°，从第37层开始外挑对接，形成高14层的悬臂。由于主体不对称分布，大量的钢结构构件倾斜，在施工的每一个阶段，受到结构自重、风荷载、温度等作用下，主楼发生三维的变形，对测量控制提出非常高的要求，使施工测量质量控制成为该工程的一大难点。

图2.16-15　CCTV新台址主楼

2.16.6.2　关键问题

结构自重引起的倾斜变形是施工测量控制的重要影响因素。倾斜变形影响主楼建成后的位形，对钢结构构件的安装坐标预设调整值，是保证结构最终位形的关键；另外，倾斜变形影响基准垂直传递的稳定，给施工测量带来系统性的误差。塔楼施工测量采用激光铅直仪进行基准竖向传递。由于仪器精度和通视条件的限制，采用分段传递的方法，在塔楼内设置基准点。受塔楼倾斜变形的影响，基准点产生系统性的位移，影响施工测量质量控制。为保证施工测量精度，同时不增加过多的工作量，需要根据施工测量精度要求，确定基准点合理的检核频率。本节根据CCTV新台址主楼塔楼的变形监测工作，分析倾斜变形规律，并结合钢结构施工测量的精度要求，确定合理的基准点检核频率。

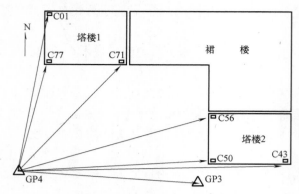

图 2.16-16　测站与监测点的平面位置布置图

2.16.6.3　方案与实施

1. 倾斜变形监测

为掌握塔楼倾斜变形规律，在塔楼施工期间，利用高精度的测量机器人对塔楼做倾斜变形监测。在控制点 GP4 上安置测量机器人，后视控制点 GP3 定向，控制点均为强制归心观测墩，处于施工区外围。监测点利用小棱镜，安置在塔楼角柱上。测站与监测点的平面位置布置见图 2.16-16。

自塔楼第 6 层开始，每 4 层安置一组小棱镜，在第 12 层有额外增设的小棱镜。所有监测点的平面坐标采用现场安装坐标系下的平面坐标（x、y），x 向北为正方向，y 向东为正方向。利用变形监测软件，全自动化对所有监测点进行监测，监测期间不需要人工干预。监测频率为一天一次，采用极坐标法，同时测量水平角、斜距和天顶距，进行温度改正后，计算监测点的三维坐标，每个监测点连续测三次，以避免因意外遮挡造成的观测失败，取平均值作为监测成果。

2. 倾斜变形分析

结构自重引起的倾斜变形为即时弹性变形，累计变形量与施工进度有关。以塔楼 2 第 28 层的监测点 T2F28C50 的变形为例研究变形量与时间的关系。图 2.16-17 为 T2F28C50 的倾斜变形曲线图。

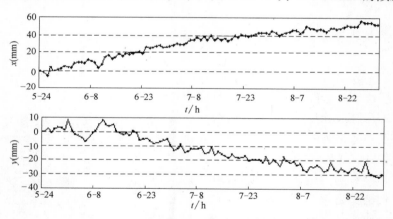

图 2.16-17　T2F28C50 点的倾斜变形曲线图

由 T2F28C50 的 x、y 方向的变形曲线可以看出，该点的变形数据虽有跳跃，但长期变形有明显的趋势，与时间近似呈线性关系。对变形量和时间进行线性拟合，得到 x、y 方向的变形量与时间的线性函数关系式

$$\Delta x = 0.47 \times d + 1.7$$
$$\Delta y = -0.3 \times d + 6.7$$

（式 2.16-6）

x、y 方向的倾斜变形量与时间的相关系数分别为：0.96 和 0.95，说明变形量和时间的线形关系是成立的。其他监测点也具有相同的长期变形趋势。同一楼层上的监测点的倾斜变形量相差不大，以各楼层的监测点的平均变形量作为该楼层的变形量，利用线性拟合求出变形量与时间的线性函数关系，得到塔楼不同楼层的日变形速度。塔楼 1 和塔楼 2 的日变形速度与楼层高度的关系见图 2.16-18 和图 2.16-19。

由塔楼 1 和塔楼 2 的日变形速度可看出，在结构自重荷载的作用下，楼层高度越大，日变形速度越大，与高度近似呈线性关系。塔楼一日内的倾斜变形不超过 1mm，对基准竖向传递的影响甚小，可以

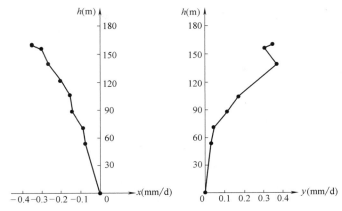

图 2.16-18　塔楼 1 的日变形速度

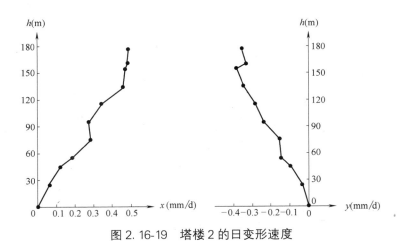

图 2.16-19　塔楼 2 的日变形速度

忽略。但塔楼的累计倾斜变形量大，影响显著，需要对基准点进行检核，减弱倾斜变形的影响。

3. 检核频率的确定

下面分析基准竖向传递精度的影响因素，并确定塔楼 2 第 28 层的基准点的检核频率。利用激光铅直仪从首层向第 28 层进行基准竖向传递，分 3 段传递，每段高约为 50m。

基准点偏差除了投测误差外，还包括外界环境，特别是周日变形的影响，以及塔楼倾斜变形的影响。基准点投测误差 M_1 的主要来源除光学对中误差 m_1、竖轴铅垂误差 m_2 及标定点位误差 m_3 外，还与分段数 n 有关，为

$$M_1 = \pm\sqrt{(m_1^2 + m_2^2 + m_3^2) \times n}$$
（式 2.16-7）

光学对中误差和标定点位误差一般可控制在 ±1mm 内，取 $m_1 = m_3 = \pm 1$mm。竖轴铅垂误差与仪器精度、投测高度有关，塔楼施工采用的激光铅直仪一测回垂准测量标准偏差为 1/40000，一次基准投测的竖轴铅垂误差为 $m_2 = \pm 50 \times 1000/40000 = \pm 1.25$mm。从首层向第 28 层做基准竖向传递的投测误差为 $M_1 = \pm\sqrt{(1^2 + 1^2 + 1.25^2) \times 3} = \pm 3.3$mm。

塔楼的周日变形影响 M_2 和倾斜变形影响 M_3 为系统误差。周日变形由日照作用引起，较为复杂，变形量与天气状况有关。2007 年 6 月 21 日，CCTV 新台址主楼塔楼周日变形监测表明，塔楼 2 的周日变形方向与倾斜变形方向相同，都是向北、向西变形，x、y 方向的最大变形量分别为 4.2mm 和 −5.3mm。塔楼 2 第 28 层周日变形对基准点的影响 $M_2 = \sqrt{4.2^2 + (-5.3)^2} = 6.8$mm。

基准点的总偏差为

$$M = M_1 + M_2 + M_3$$
（式 2.16-8）

在考虑施工误差和外界环境影响的情况下，基准传递的全高限差不得超过 15mm。由此可确定，塔

楼倾斜变形对基准点的最大影响不能超过

$$M_3＝M－M_1－M_2＝15－3.3－6.8＝4.9mm$$

塔楼 2 第 28 层的日变形速度为 0.58mm/d，基准点的最大检核时间间隔为 $\Delta d \approx M_3/0.57＝9$。塔楼 2 第 28 层的基准点至少 9 天检核一次。

2.16.6.4　启示与展望

分析 CCTV 新台址主楼塔楼的倾斜变形规律，得到了主楼的日倾斜变形速度，并结合基准传递精度限差，确定了塔楼基准点的检核频率。研究结果削弱了塔楼倾斜变形对施工测量质量的影响，保证了塔楼施工测量精度，对其他类似建筑的施工测量质量控制工作也有参考价值。

本章主要参考文献

[1] Anchini R，Beraldin J A．Subpixel location of discrete target images in close-range camera calibration：a novel approach [J]．Proc Spie，2007，6491：649110-649118.

[2] Atzeni C，Bicci A，Dei D，et al．Remote Survey of the Leaning Tower of Pisa by Interferometric Sensing [J]．IEEE Geoscience & Remote Sensing Letters，2010，7 (1)：185-189.

[3] Beaudoin，Jonathan，Smyth，et al．Streamlining Sound Speed Profile Pre-Processing：Case Studies and Field Trials [C] //In Us Hydrographic Conference 2011，Tampa，FL，25-28 April，2011.

[4] Becker J M，Lithén T．Motorized Trigonometric Levelling (MTL) & Motorized XYZ Technique (MXYZ) in Sweden．FigCongress 1986，Toronto：Statens lantmäteriverk.

[5] Becker J M，Lilje M，Olsson P A，Eriksson．Motorised levelling—the ultimate tool for production of classic national height networks．In：Vertical reference systems．Berlin Heidelberg：Springer，2002：137-141.

[6] Behrens A，Lasseur C，Mergelkuhl D．New developments in close range photogrammetry applied to large physiks detectors [R]．Geneva：CERN，2004.

[7] Beraldin J A．Integration of laser scanning and close-range photogrammetry -the last decade and beyond [J]．IAPRS & SIS，2004，35 (B7)：972-983.

[8] BuildingSMART 国际组织网站．https：//www．buildingsmart．org.

[9] Cai Xiaojiang．The history and the effect of Win total station [J]．Surveying and spatial information，2007，30 (2)：155-156.

[10] Ceylan A，Baykal O．Precise height determination using simultaneous-reciprocal trigonometric levelling [J]．Empire Survey Review，2013，40 (308)：195-205.

[11] Coiras Enrique，Petillot Yvan，Lane David M．Multiresolution 3-D reconstruction from side-scan sonar images [J]．Image Processing，IEEE Transactions on Image Processing，2007，16 (2)：382-390.

[12] David H Douglas，Thomas K Peucker．Algorithms for the Reduction of the Number of Points Required to Represent a Digitized Line or Its Caricature [J]．Cartographica the International Journal for Geographic Information & Geovisualization，2011，10 (2)：112-122.

[13] Farrar C，Darling T，Migliori A，et al．Microwave interferometers for non-contact vibrationmeasurements on large structures [J]．Mech．Syst．Signal Process．1999，12 (2)：241-253.

[14] Gentile C，Bernardini G．An Interferometric Radar for Non-contact Measurement of Deflections onCivil Engineering Structures Laboratory and Full-scale Tests [J]．Research in Nondestructive Evaluation．2009，6 (5)：1-14.

[15] Gentile C．Deflection Measurement on Vibrating Stay Cables by Non-contact Micro wave Interferometer [J]．NDT&E International．2010，43 (3)：231-240.

[16] Gobbetti E，Marton F．Far voxels：a multiresolution framework for interactive rendering of huge complex 3D

models on commodity graphics platforms [J]. Acm Transactions on Graphics, 2005, 24 (3): 878-885.

[17] Haojian, F. Research report on the extensive test of EDMtrigonometric leveling in Zhuhai Area of China. Proc. , 19th Int. Congress, Helsinki, Finland, 1990: 1-8.

[18] https: //wenku. baidu. com/view/a3c4b44eff4733687e21af45b307e87101f6f88d. html, 2016, 01.

[19] Ian G Cumming, Frank H Wong. 合成孔径雷达成像-算法与实现 [M]. 北京: 电子工业出版社, 2007.

[20] Iannini L, Guarnieri A. Atmospheric phase screen in ground-based radar: statistics and compensation [J]. Geoscience and Remote Sensing Letters. 2011, 8 (3): 537-541.

[21] IglesiasR, FabregasX, AguascaA. Atmospheric Phase Screen Compensation in Ground-Based SAR with a Multiple-regression Model over Mountainous Regions [j]. IEEETransactionson Geoscience&RemoteSensing, 2014, 52 (5): 2436-2449.

[22] Itoh K. Analysis of the phase unwrapping algorithm [J]. Applied Optics, 1982, 21 (14): 2470.

[23] Qi J , Center F M , Administration C E . The New Technology of Experimental Study on the Measuring Repeatability of Automatic Target Recognition based on Survey Robots [J]. New Technology & New Process, 2015.

[24] K. U. Schreiber, A. Velikoseltsev, M. Rothacher, et al. Direct measurement of diurnal polar motion by ring laser gyroscopes [J]. JOURNAL OF GEOPHYSICAL RESEARCH, 2004, 109 (6): 1-5.

[25] Kasser, M. Recent advances in high precision trigonometric motorized levelling (NIPREMO) in IGN France. In: Proceedings of the Third International Symposium on the North American Vertical Datum (NAVD Symposium' 85), 1985, 21: 26.

[26] L Pipia, X Fábregas, A Aguasca, et al. Atmospheric artifact compensation in ground-based Interferometry Processing and Interpretation [M]. ESA Publications ESTEC Noordwijk NL.

[27] Leica Corp. GeoBasic for TPSll00User ManualVersionl. Copyright by Leica Geosystems AG, Heerbrugg, Switzerland , 2000.

[28] Leica Corp. TPSll00 Professional Series. Switzerland: Printed in Switzer -land—Copyright by Leica Geosystems AG, Heerbrugg. Switzerland, 2001.

[29] Leica Corp. TPS-Online _ v100. Switzerland: Printed in Switzer -land—Copyright by Leica Geosystems AG, Heerbrugg. Switzerland, 2001.

[30] Leica Geosystem AG. 2012. 04. 27. Leica Absolute Tracker AT401 ASME B89. 4. 19-2006 Specifications [EB/OL]. www. leica-geosystems. com/metrology.

[31] Leica Geosystems AG. 2010. 11. 21. The Leica Absolute Interferometer White Paper [EB/OL] www. leica-geosystems. com/metrology.

[32] LEVA D, NICO G, TARCHI D, et al. Temporal analysis of a landslide by means of a ground-based SAR interferometer [J]. IEEE Trans. Geosci. & Remote Sens. , 2003, 41 (4): 745-752.

[33] Liu G, Xu Y. The Application of Precise Trigonometric Leveling in River-Crossing Leveling [C] // International Conference on Information Engineering and Computer Science. IEEE, 2010: 1-4.

[34] Mandlburger Gottfried, Pfennigbauer Martin, PfeiferN orbert. Analyzing near water surface penetration in laser bathymetry-A case study at the River Pielach [J]. ISPRS Annals of Photogrammetry, Remote Sensing and Spatial Information Sciences, 2013, 1 (2): 175-180.

[35] Measurement [D]. Sweden: Royal Institute of Technology, 2009.

[36] Michael wand, alexander berner, et al. exgrt-extensible graphics toolkit [eb/ol]. [2006-06]. http: // www. gris. uni-tuebingen. de/xgrt.

[37] Mozzhukhin, O. A. Refraction in levelling and a method for its determination—theoretical basis. Acta Geodaetica et Geophysica Hungarica, 2001, 36 (3): 297-312.

[38] Natale D J, Baran M S, Tutwiler R l. Point cloud processing strategies for noise filtering, structural segmentation, and meshing of ground-based 3d flash LIDAR image [C] //applied imagery pattern recognition workshop (AIPR), 2010 IEEE 39th. 13-15 oct. 2010. 1~8.

［39］ Noferini L，Pieraccin M，Mecatti D，et al. Permanent scatterers analysis for atmospheric correction inground-based SAR interferometry ［J］. IEEE Transactions on Geoscience and Remote Sensing. 2005，7（43）：1459-1471.

［40］ Noferini L，Pieraccini M，Mecatti D，et al. Long terml and slide monitoring by Ground BasedSAR Interferometer ［J］. International Journal of Remote Sensing，2005，27：1893-1905.

［41］ P Guccione，M Zonno，L Mascolo. Focusing algorithms analysis for Ground-Based SAR images ［C］//IEEE International Geoscience and Remote Sensing Symposium（IGARSS），2013：3895-3898.

［42］ P. H. 萨维特. 陀螺仪理论和设计 ［M］，英哲，文钊译. 北京：科学出版社，1977.

［43］ Paul Bryan，Bill Blake，John Bedford，David Barber，Jon Mills，David Andrews. Metric Survey Specifications for Cultural Heritage. English Heritage. 2nd Revised edition 2009. 7. 1. ISBN：1848020384.

［44］ Gross M，Keiser R，Kobbelt L P，et al. Shape modeling with point-sampled geometry ［J］. Acm Transactions on Graphics，2003，22（3）：641-650.

［45］ Pieraccini M，Fratini M，Dei D，et al. Structural Testing of Historical Heritage Site Towers byMicrowave Remote Sensing ［J］. Journal of Cultural Heritage，2009，10（2）：174-182.

［46］ Pieraccini M，Parrini F，Fratini M，et al. In-service Testing of Wind Turbine Towers Using aMicrowave Sensor ［J］. Renewable Energy，2008，33（1）：13-21.

［47］ Pipia L，Fabregas X，Aguasca A，et al. Atmospheric Artifact Compensation in Ground-Based DInSAR Applications ［J］. Geoscience and Remote Sensing Letters，IEEE，2008，5（1）：88-92.

［48］ Rabbani T Shah. Efficient hough transform for automatic detection of cylinders in point cloud ［C］. ISPRS WG III/3，III/4，V/3 Workshop "Laser scanning 2005"，Enschede，the Netherlands，2005：60-65.

［49］ Remondino F，Fraser C. Digital camera calibration methods：considerations and comparisons ［J］. IAPRS，2006，36（5）：266-272.

［50］ Rieke-zapp D H，Tecklenburg W，Peipe J，et al. Performance evaluation of several high-quality digital cameras ［J］. IAPRS，2008，37（B5）：7-12.

［51］ S. McClusky，S. Balassanian，A. Barka，et al. Global Positioning System constraints on plate kinematics and dynamics in the eastern Mediterranean and Caucasus ［J］. Journal of Geophysical Research，2000，105（B3）：5695～5717.

［52］ Shi Zhen，Yang Zhiqiang，Yang Jianhua，et al. The Method of Surveying ITRF Coordinate Indirectly Based on Gyro Orientation ［A］. CPGPS 2010 Navigation and Location Services：Emerging Industry and International Exchanges ［C］. Shanghai：CPGPS，2010：302-305.

［53］ Tarchi D，Leval D，Sieber A J. SAR interferometric techniques from ground based system for the monitoring of landslides ［C］// IEEE International Geoscience & Remote Sensing Symposium. 2000.

［54］ Tarchi D，Rudolf H，Luzi G. SAR interferometry for structural changes detection：a demonstration test on a dam ［C］//Geoscience and Remote Sensing Symposium. IGARSS'99 Proceedings. IEEE 1999 International. IEEE，1999，3：1522-1524.

［55］ Tecklenburg W，Luhmann T，Hastedt H. Optical 3-D Measurement Techniques V ［C］. Heidelberg：2001.

［56］ The Amercian Automated Precision Inc（API）. Laser Tracking System Programming Manual ［EB/OL］. http：//www. apisensor. com. 2013. 06. 27.

［57］ The American Society of Mechanical Engineers（ASME）. Performance Evaluation of Laser-Based Spherical Coordinate Measurement Systems ［S］. New York：ASME，2006，B89. 4. 19-2006.

［58］ Yang Zhiqiang，Shi Zhen，Yang Jianhua，et al. The Research of Key Technology and Superiority in Magnetic Suspension Gyro Station and Application in Underground Engineering ［C］//The International Conference on Multimedia Technology. Nibo：IEEE，2010：1627-1629.

［59］ YigitE，DemirciS，UnalA，etal. Millimeter-waveGround-based Synthetic Aperture Radar Imaging for Foreign Object Debris Detection：Experimental Studies at Short Ranges ［J］. Journal of infrared Millimeter& TerahertzWaves，2012，33（12）：1227-1238.

[60] Young F R，Kellie A C，Rogers A M．Leap frog trigonometric leveling．Proc,．6th Australian Institute of Mining Surveyors Seminar，Australian Institute of Mining Surveyors，Maitland，Australia．1987.

[61] Zhang K，Li Y，Zhao J H，et al．A Study of Underwater Terrain Navigation based on the Robust Matching Method [J]．Journal of Navigation，2014，67（4）：569-578.

[62] Zhang Z，Zhang K，Deng Y，et al．Research on Precise Trigonometric Leveling in Place of First Order Leveling [J]．Geo-spatial Information Science，2005，8（4）：235-239.

[63] Zhao J，Meng J，Zhang H，et al．Comprehensive Detection of Gas Plumes from Multibeam Water Column Images with Minimisation of Noise Interferences [J]．Sensors，2017，17（12）.

[64] Zhao J H，Yan J，Zhang H M，et al．Two self-adaptive methods of improving multibeam backscatter image quality by removing angular response effect [J]．Journal of Marine Science and Technology，2017，22（2）：288-300.

[65] ZHAO Jianhu，ZHAO Xinglei，ZHANG Hongmei，et al．Shallow Water Measurements Using a Single Green Laser Corrected by Building a Near Water Surface Penetration Model [J]．Remote Sensing，2017，9（5）：426.

[66] Zou J，Zhu Y，Xu Y，et al．Mobile precise trigonometric levelling system based on land vehicle：an alternative method for precise levelling [J]．Survey Review，2016，49（355）：1-10.

[67] 柏宏武，冀有志．立方镜在航天器天线总装测量中的应用 [J]．空间电子技术，2013，10（2）：58-62，78.

[68] 薄万举，胡新康，董运洪，等．用GPS位移场进行中小区域变形分析方法探讨 [J]．大地测量与地球动力学，2010，30（3）：31-34.

[69] 蔡士毅，李博峰，石德斌，等．无砟轨道高速铁路精密测量数据处理 [J]．大地测量与地球动力学，2008（1）：114-117.

[70] 曹金亮，刘晓东，张方生等．DTA-6000声学深拖系统在富钴结壳探测中的应用 [J]．海洋地质与第四纪地质，2016，36（4）：173-181.

[71] 曹启光，韩立柱．RTS放样机器人在钢结构工程测量中的应用 [J]．施工技术，2017，46（18）：30-31.

[72] 岑敏仪，张同刚，李劲，等．CPⅢ控制网测量数据处理方法的比较 [J]．铁道学报，2011，33（8）：99-102.

[73] 陈大平．测绘型无人机系统任务规划与数据处理研究 [D]．郑州：解放军信息工程大学，2011.

[74] 陈继华，黄桂平，李广云．一种新的经纬仪/全站仪工业测量系统标定算法 [J]．测绘通报，2006（8）：19-24.

[75] 陈继华，黄剑波，牟爱国，等．一种新的经纬仪自准直方法 [J]．测绘科学技术学报，2006，23（5）：338-342.

[76] 陈继华，李广云．卫星推进及控制装置准直测量方法研究 [J]．宇航计测技术，2006，26（3）：48-54.

[77] 陈军．基于星敏感器/陀螺的卫星姿态确定技术研究 [D]．长沙：国防科学技术大学，2013.

[78] 陈鹏，等，光纤光栅静力水准仪设计 [J]．自动化仪表，2018（5）：69-73.

[79] 陈强．基于永久散射体雷达差分干涉探测区域地表形变的研究 [D]．成都：西南交通大学，2006.

[80] 陈昕．无人机倾斜摄影测量在建筑规划竣工测绘中的应用 [J]．城市勘测，2017（1）：82-85＋90.

[81] 陈永奇，吴子安，吴中如．变形监测分析与预报 [M]．北京：测绘出版社，1998

[82] 陈元枝，姜文英．星敏感器姿态测量的算法与仿真 [J]．桂林电子科技大学学报，2007，27（5）：374-377.

[83] 程效军．数字近景摄影测量在工程中的应用研究 [D]．上海：同济大学，2002.

[84] 褚建春，张泽峰．空间任意方向圆柱面拟合方法 [J]．山西建筑，2017，43（23）：190-192.

[85] 崔建鹏，等，基于MEMS倾角传感器和薄膜压力传感器的人体步态监测装置 [J]．中国测试，2018（8）：70-75.

[86] 戴静兰．海量点云预处理算法研究 [D]．杭州：浙江大学，2006.

[87] 党亚民，程鹏飞，章传银，等．海岛礁测绘技术与方法 [M]．北京：测绘出版社，2012.

[88] 党亚民，章传银，周一，等．海岛礁测量技术 [M]．武汉：武汉大学出版社，2017.

[89] 邓清军，王盼，许邦鑫．基于GeoCom接口远程控制软件研究与设计 [J]．地理空间信息，2017（10）：9-10＋51-54.

[90] 刁建鹏，黄声享. CCTV 新台址主楼变形监测分析 [J]. 测绘工程，2009，18 (5)：63-65.

[91] 刁建鹏，黄声享. CCTV 新台址主楼的倾斜变形特性研究 [J]. 测绘工程，2010，19 (2)：42-44.

[92] 丁国鑫，袁斌，陈扬. 徕卡 iCON robot60 测量机器人在 BIM 施工中的应用 [J]. 测绘通报，2016 (10)：144-145.

[93] 丁克良，刘成，铁丽山，等. 无碴轨道设标网测量 [J]. 工程勘察，2008 (S1)：309-312.

[94] 董明利，齐晓娟，吕乃光，等. 利用编码和极线约束相结合的方法实现工业摄影测量中的点匹配 [J]. 工具技术，2006，40 (4)：73-75.

[95] 杜强，陆秀平，肖振坤，等. 基于 StarFire 星站差分 GPS 系统的精密静态解研究 [J]. 海洋测绘，2011 (5)：4-5.

[96] 杜瑞林，乔学军，王琪，等. 长江三峡水库蓄水荷载地壳形变—GPS 观测研究 [J]. 自然科学进展，2004，14 (9)：1006-1011.

[97] 段定乾. 电子速测技术 [M]. 北京：解放军出版社，1996. 8.

[98] 范百兴，李广云，李佩臻，等. 激光干涉测距三维秩亏网的拟稳平差 [J]. 测绘科学技术学报，2014，31 (5)：459-463.

[99] 范百兴，李广云，李佩臻，等. 利用激光干涉测距三维网的加权秩亏自由网平差 [J]. 武汉大学学报（信息科学版），2015，40 (2)：222-227.

[100] 范百兴. 高性能全站仪的研究及在动态测量中的应用 [D]. 郑州：解放军信息工程大学，2004

[101] 范百兴. 激光跟踪仪高精度坐标测量技术研究与实现 [D]. 郑州：解放军信息工程大学，2013.

[102] 冯明磊. 无人机摄影测量技术在公路勘测中的应用 [J]. 智能城市，2018，4 (7)：57-58.

[103] 冯伟泉，李春杨，姚建廷，等. 航天器 AIT 模型与试验有效性评估方法 [J]. 航天器环境工程，2015 (03)：229-235.

[104] 冯文灏，商浩亮，侯文广. 影像的数字畸变模型 [J]. 武汉大学学报（信息科学版），2006，31 (2)：99-103.

[105] 冯文灏. 近景摄影测量 [M]. 武汉：武汉大学出版社，2001.

[106] 冯文灏. 近景摄影测量的基本技术提要 [J]. 测绘科学，2000，25 (4)：26-30.

[107] 高茂林. 陀螺寻北装置研究 [D]. 西安：西北工业大学，2006.

[108] 高钟毓. 静电陀螺仪技术 [M]. 北京：清华大学出版社，2004.

[109] 葛川等，电阻应变式位移传感器电路设计与实现 [J]. 国外电子测量技术，2015 (6)：58-61.

[110] 郭金运，李成尧. 单自由度陀螺寻北仪寻北数学模型研究 [J]. 四川测绘，1995 (3)：110-113.

[111] 郭明. 海量精细空间数据管理技术研究 [D]. 武汉：武汉大学，2011.

[112] 郭宁博，陈向宁，何艳华. 基于 RANSAC 分割的点云数据 K-近邻去噪算法研究 [J]. 电子测量技术，2017，40 (12)：209-213.

[113] 郭欣. 航天器总装过程的质量控制方法 [J]. 航天器环境工程，2014 (3)：332-336.

[114] 郭秀中，于波，陈云相. 陀螺仪理论及应用 [M]. 北京：航空工业出版社，1987.

[115] 郭秀中. 惯导系统陀螺仪理论 [M]. 北京：国防工业出版社，1996.

[116] 郭彦林，刘学武，刘禄宇，等. CCTV 新台址主楼钢结构施工变形预调值计算的分阶段综合迭代法 [J]. 工业建筑，2007，37 (9)：16-21.

[117] 韩昀，程新文，刘成，等. 精密三角高程代替二等水准测量在山区铁路勘测中的运用 [J]. 测绘科学，2011，36 (4)：106-107.

[118] 何保喜. 全站仪测量技术（第 2 版）[M]. 郑州：黄河水利出版社，2010.

[119] 何广源，吴迪军，李剑坤. GNSS 无验潮多波束水下地形测量技术的分析与应用 [J]. 地理空间信息，2013，11 (2)：155-156.

[120] 何获. 调频连续波合成孔径雷达成像算法研究 [D]. 成都：电子科技大学，2013.

[121] 何晓业，等. CCD 静力水准系统的标定方法和拟合 [J]. 大地测量与地球动力学，2007 (3)：113-117.

[122] 何永钟，周长江. 无人机摄影测量在韶关国土资源管理中的应用 [J]. 科技资讯，2017，15 (12)：70+72.

[123] 和柯，邹进贵. GPS 与 InSAR 形变结果融合分析 [J]. 测绘地理信息，2018，43（2）：57-60.

[124] 贺虎，等. 振弦式传感器激振策略优化 [J]. 传感技术学报，2010（1）：74-77.

[125] 侯贵亮，郝伟涛. 航空摄影测量技术在数字化地形测绘中的应用 [J]. 建设科技，2017（16）：42-43.

[126] 侯钰龙，等. 光纤液位传感技术研究进展与趋势 [J]. 传感器与微系统，2016（1）：1-3.

[127] 胡梦楠，李红蕙，白在桥. 干涉法测量重力加速度 [J]. 大学物理，2018（7）：73-77.

[128] 胡敏章，李建成，金涛勇，等. 联合多源数据确定中国海及周边海底地形模型 [J]. 武汉大学学报（信息科学版），2015，40（9）：1266-1273.

[129] 华巍. 无人机航空摄影测量在小区域测绘中的应用 [J]. 住宅与房地产，2018（2）：197.

[130] 黄桂平，李广云. 电子经纬仪工业测量系统定向及坐标解算算法研究 [J]. 测绘学报. 2003，32（3）：256-260.

[131] 黄桂平. 多台电子经纬仪/全站仪构成混合测量系统的研究与开发 [D]. 郑州：解放军测绘学院，1999.

[132] 黄国良，徐恒，熊波等. 内河无人航道测量船系统设计 [J]. 水运工程，2016（1）：162-168.

[133] 黄满太. 全站仪中间法在精密三角高程测量的应用研究 [D]. 长沙：中南大学，2008.

[134] 黄汝麟，赵宏金. 跨河水准测量的一种新型照准标志 [J]. 测绘通报，1991（2）：38-40.

[135] 黄声享，刘经南，柳响林. 小波分析在高层建筑动态监测中的应用 [J]. 测绘学报，2003，（32）2：153-157.

[136] 黄声享，罗力. 三峡库区滑坡监测基准的稳定性分析及结果 [J]. 武汉大学学报（信息科学版），2014，39（3）：367-372.

[137] 黄声享，杨保岑，张鸿，梅文胜. 苏通大桥施工期几何监测系统的建立与应用研究 [J]. 测绘学报，2009，38（1）：66-72.

[138] 黄声享，尹晖，蒋征. 变形监测数据处理（第二版）[M]. 武汉：武汉大学出版社，2010.

[139] 黄声享. 监测网的稳定性分析 [J]. 测绘信息与工程，2001，（3）：16-9.

[140] 黄文骞，苏奋振，杨晓梅，等. 多光谱遥感水深反演及其水下碍航物探测技术 [J]. 海洋测绘，2015，35（3）：16-19.

[141] 黄贤源，隋立芬，翟国君，等. 利用 Bayes 估计进行多波束测深异常数据探测 [J]. 武汉大学学报（信息科学版），2010，35（2）：168-171.

[142] 黄正凯，钟剑，张振杰，等. 基于 BIM 平台测量机器人在机电管线施工中的应用 [J]. 施工技术，2016，45（6）：24-26.

[143] 姜晨光. 精密三角高程测量严密计算的理论研究与初步实验 [J]. 四川测绘，1996（3）：125-128.

[144] 姜春福. 悬挂式二自由度陀螺经纬仪运动规律的研究 [D]. 北京：北京工业大学，2000.

[145] 姜德生，范典与梅加纯. 基于 FBG 传感器的分复用技术 [J]. 激光与光电子学进展，2005（4）：14-19＋28.

[146] 蒋晨. 测量机器人在线控制及其在地铁隧道自动化监测中的应用 [D]. 徐州：中国矿业大学，2015.

[147] 蒋金周. 磁悬浮技术及其应用与发展分析 [J]. 机电一体化，2004（1）：25-27.

[148] 杰里·莱瑟林，王新. 美国 BIM 应用的观察与启示 [J]. 时代建筑，2013（2）：16-21.

[149] 金久才，张杰，马毅等. 一种无人船水深测量系统及试验 [J]. 海洋测绘，2013，33（2）：53-56.

[150] 金恂叔. 国外航天器试验标准发展现状及其应用 [J]. 航天器环境工程，2003，20（4）：49-54.

[151] 康学凯，王立阳. 无人机倾斜摄影测量系统在大比例尺地形测绘中的应用研究 [J]. 矿山测量，2017，45（6）：44-47＋52.

[152] 柯灏. 海洋无缝垂直基准构建理论和方法研究 [D]. 武汉：武汉大学，2012.

[153] 赖晓龙. 全站仪高程测量三种方法比较与分析 [J]. 科技展望，2016，26（10）：140-141.

[154] 郎城. 无人机在区域土地利用动态监测中的应用 [D]. 西安：西安科技大学，2011.

[155] 李兵，岳京宪，李和军. 无人机摄影测量技术的探索与应用研究 [J]. 北京测绘，2008（01）：1-3.

[156] 李大成，梁晋，肖振中，等. 汽车模具泡沫实型的三维光学快速检测研究 [J]. 锻压技术，2009，34（3）：124-127.

[157] 李大炜，李建成，金涛勇，等. 利用验潮站资料评估全球海潮模型的精度 [J]. 大地测量与地球动力学，2012，32（4）：106-110.

[158] 李广云，范百兴. 精密工程测量技术及其发展 [J]. 测绘学报，2017 (10)：1742-1751.

[159] 李广云，李宗春. 工业测量系统原理与应用 [M]. 北京：测绘出版社，2011.

[160] 李广云，倪涵，徐忠阳. 工业测量系统 [M]. 北京：解放军出版社，1994.

[161] 李广云. 工业测量系统进展 [M]. 北京：解放军出版社，2000.

[162] 李广云. 工业测量系统原理与应用 [M]. 北京：测绘出版社，2011.

[163] 李海森，周天，徐超. 多波束测深声纳技术研究新进展 [J]. 声学技术，2013，32 (2)：73-80.

[164] 李建民. 用自准直原理测大曲率半径调焦误差及讨论 [J]. 计量技术，2004 (11)：25-27.

[165] 李健，张建军，丁辰，乔书波. 控制测量学及其应用 [M]. 北京：测绘出版社，2018.

[166] 李俊慧，王洪，汪学刚，燕阳. GB-SAR 系统的发展及其形变监测应用 [J]. 太赫兹科学与电子信息学报，2016，14 (5)：723-728.

[167] 李俊慧. 基于 SFCW 的 GBINSAR 形变监测技术研究 [D]. 成都：电子科技大学，2016.

[168] 李凯锋，欧阳永忠，陆秀平，等. 基于 PPP 技术的海岛礁平面控制测量应用实践 [J]. 武汉大学学报（信息科学版），2015，40 (3)：412-416.

[169] 李丽琼，曾春平，吕高见. 小卫星 AIT 流程简化探讨 [J]. 航天器工程，2015 (01)：120-125.

[170] 李奇. BIM 技术在工程测量项目上的应用 [J]. 科技创新与应用，2017 (4)：256-256.

[171] 李倩倩，鲍李峰. 高精度测高重力场反演南海海底地形 [J]. 海洋测绘，2016，36 (2)：1-5.

[172] 李世平. 全站仪中间法三角高程测量替代二等水准的精度分析 [J]. 矿山测量，2015 (5)：35-37.

[173] 李树波. 自准直仪在垂直度测量中的应用 [J]. 计量技术，2001 (02)：58.

[174] 李希，韩燮，熊风光. 基于 RANSAC 和 TLS 的点云平面拟合 [J]. 计算机工程与设计，2017，38 (01)：123-126.

[175] 李现勇. Visual C++串口通信技术与工程实践 [M]. 北京：人民邮电出版社，2002.

[176] 李延兴，黄城，胡新康，等. 板内块体的刚性弹塑性运动模型与中国大陆主要块体的应变状态 [J]. 地震学报，2001，23 (6)：565-572.

[177] 李志伟，李克昭，赵磊杰. 精密三角高程测量在港珠澳青州航道桥中的应用 [J]. 测绘工程，2016，25 (9)：35-39.

[178] 李宗春，李广云，吴晓平. 天线反射面精度测量技术述评 [J]. 测绘通报，2003. (6)：16-19.

[179] 李宗春，张冠宇，李广云，等. Gyromat2000 自动陀螺经纬仪的检校方法和应用研究 [C] //全国测绘仪器综合学术年会，2003.

[180] 李宗春. 天线测量理论、方法及应用研究 [D]. 郑州：解放军信息工程大学，2003.

[181] 廖明生，林珲. 雷达干涉测量——原理与信号处理基础 [M]. 北京：测绘出版社，2003.

[182] 林明春. 陀螺经纬仪数字化及自动化关键技术的研究 [D]. 天津：天津大学，2006.

[183] 林明华，苏志坚，侯飞. 精密三角高程测量用于跨河高程传递的实验研究 [J]. 测绘科学，2012，37 (5)：209-211.

[184] 刘斐. 高精度全站仪的发展及应用 [J]. 经纬天地，2015 (3)：51-53.

[185] 刘冠兰，李东宇，丁文宏. 精密三角高程测量在宽水域跨河水准中的应用 [J]. 工程勘察，2010，38 (10)：71-74.

[186] 刘见辉，刘谨萍. 无人机航空摄影测量在地形图测绘中的应用 [J]. 农家参谋，2018 (17)：237.

[187] 刘经南，姚宜斌，施闯. 中国地壳运动整体速度场模型的建立方法研究 [J]. 武汉大学学报（信息科学版），2002，27 (4)：331-335.

[188] 刘孟，张文全，黄国鑫，等. BIM 技术在黄河特大桥项目施工管理中的应用 [J]. 施工技术，2016 (s2)：596-599.

[189] 刘延柱. 静电陀螺仪动力学 [M]. 北京：国防工业出版社，1979.

[190] 刘焱，王烨. 位移传感器的技术发展现状与发展趋势 [J]. 自动化技术与应用，2013 (06)：76-80+101.

[191] 刘勇，陈晓晖，殷晴. 三维坐标变换在航天器机械测试中的应用 [J]. 红外与激光工程. 2008，增刊：147-150.

[192] 刘占省，赵雪峰，周君，芦东. BIM 技术概论 [M]. 北京：中国建筑工业出版社，2016.

[193] 柳婷，陈小松，张伟. 无人机倾斜摄影辅助 BIM＋GIS 技术在城市轨道交通规划选线中的应用 [J]. 测绘通报，2017（s1）：197-200.

[194] 龙四春，李陶，冯涛. 永久散射体点目标提取方法研究 [J]. 大地测量与地球动力学. 2011，31（4）：144-148.

[195] 陆恺. 陀螺仪原理及应用 [M]. 北京：国防工业出版社，1981

[196] 陆秀平，黄谟涛，翟国君，等. 多波束测深数据处理关键技术研究进展与展望 [J]. 海洋测绘，2016，36（4）：1-6.

[197] 陆旭明，电阻式传感器物理原理解析 [J]. 物理教师，2014（08）：56-58.

[198] 罗明，段发阶，王学军等. 经纬仪非解出大尺寸三坐标测量系统的开发及其在航天器检测中的应用 [J]. 上海计量测试. 2002，29（3）：9-12.

[199] 马骊群. 大尺寸计量校准技术研究及在量值传递中的应用 [D]. 大连：大连理工大学，2006.

[200] 马小川，栾振东，张鑫等. 基于 ROV 的近海底地形测量及其在马努斯盆地热液区的应用 [J]. 海洋学报，2017，39（3）：76-84.

[201] 毛士艺，赵巍. 多传感器图像融合技术综述 [J]. 北京航空航天大学学报，2002（05）：512-518.

[202] 梅文胜，杨红. 测量机器人开发与应用 [M]. 武汉：武汉大学出版社，2011.

[203] 煤炭科学研究院唐山分院陀螺经纬仪组. 陀螺经纬仪基本原理、结构与定向 [M]，北京：煤炭工业出版社，1982.

[204] 孟峰，韩奎峰. 精密工程测量新技术、新方法、新设备 [C] // 现代工程测量技术发展与应用研讨交流会. 2005.

[205] 牛作鹏，李国杰，刘莉. 基于 BIM 的航道工程多源测量数据集成技术 [J]. 水运工程，2018（2）：142-145.

[206] 潘婷，汪霄. 国内外 BIM 标准研究综述 [J]. 工程管理学报，2017，31（1）：1-5.

[207] 秦海明，王成，习晓环等. 机载激光雷达测深技术与应用研究进展 [J]. 遥感技术与应用，2016，31（4）：617-624.

[208] 秦海洋，赖金星，唐亚森，等. BIM 在隧道工程中的应用现状与展望 [J]. 公路，2016（11）：174-178.

[209] 饶淇，鲁少虎，魏志鹏，等. BIM＋智能全站仪在双曲非同心圆坡道测量中的应用 [J]. 施工技术，2017，46（6）：129-131.

[210] 任庆慧. 全站仪三角水准在山区铁路工程测量中的应用 [J]. 地矿测绘，2005，21（1）：33-34.

[211] 桑明智，刘国祥等. 利用最小二乘的雷达干涉 PS 相位解缠方法 [J]. 测绘科学，2012. 5，37（3）：124-126.

[212] 沈兆欣，陈晓晖. 电子经纬仪测量系统中立方镜坐标系建立技术探讨 [J]. 宇航计测技术，2006，26（4）：73-75.

[213] 石德斌，王长进，李博峰. 高速铁路轨道控制网测量和数据处理探讨 [J]. 铁道工程学报，2009，26（4）：26-30.

[214] 石震，杨志强，杨帅，等. 基于度盘配置法的陀螺定向新方法及相关问题研究 [J]. 测绘通报，2011（2）：87-89.

[215] 宋春阳. 高精度全站仪精密轴系的设计 [D]. 北京：北京工业大学，2017.

[216] 孙刚，万毕乐，刘检华，等. 基于三维模型的卫星装配工艺设计与应用技术 [J]. 计算机集成制造系统，2011（11）：2343-2350.

[217] 孙现申，赵泽平. 应用测量学 [M]. 北京：解放军出版社，2004.

[218] 孙长库，叶声华. 激光测量技术 [M]. 天津：天津大学出版社，2000.

[219] 谭浩强. C++程序设计 [M]. 北京：清华大学出版社，2004.

[220] 陶本藻. 自由网平差与变形分析 [M]. 北京：测绘出版社，1984.

[221] 滕惠忠，辛宪会，李军，等. 卫星遥感水深反演技术的发展与应用 [C] //高分辨率对地观测学术年会，2013.

[222] 万家欢，蒋其伟，王玉峰，等. 星站差分应用于远海岛礁控制测量的可行性分析 [J]. 全球定位系统，2014，39（2）：71-73.

[223] 汪鸿生. 空间直角坐标系的变换 [J]. 测绘学报. 1982, 11 (1)：38-45.

[224] 汪云, 刘昌云, 张纳温, 等. 改进的截断正态概率密度模型自适应滤波算法 [J]. 空军工程大学学报（自然科学版）, 2013, 14 (04)：40-43.

[225] 王爱学, 赵建虎, 尚晓东, 等. 单波束水深约束的侧扫声呐图像微地形反演 [J]. 哈尔滨工程大学学报, 2017, 38 (05)：1-8.

[226] 王保丰, 徐宁, 余春平, 等. 两种空间直角坐标系转换参数初值快速计算的方法 [J]. 宇航计测技术, 2007, 27 (4)：20-24.

[227] 王德刚, 叶银灿. CUBE 算法及其在多波束数据处理中的应用 [J]. 海洋学研究, 2008, 26 (2)：82-88.

[228] 王凤钧, 等. 基于 CCD 解调的光纤光栅电压传感器 [J]. 电子测量与仪器学报, 2017 (11)：1725-1730.

[229] 王国利. 大型复杂场景地面激光雷达点云模型生成技术研究 [D]. 武汉：武汉大学. 2010.

[230] 王海栋, 柴洪洲, 翟天增, 等. 多波束测深异常的两种趋势面检测算法比较 [J]. 海洋通报, 2010, 29 (2)：182-186.

[231] 王红梅. 磁悬浮寻北仪系统的自适应控制 [D]. 哈尔滨：哈尔滨工业大学, 2006.

[232] 王洪兰. 陀螺理论及在工程测量中的应用 [M]. 北京：国防工业出版社, 1995.

[233] 王家杰. 无人机低空摄影测量系统研究 [D]. 哈尔滨：哈尔滨工业大学, 2016.

[234] 王建秀, 殷尧, 胡力绳. BIM 及其在地下工程中的应用综述 [J]. 现代隧道技术, 2017, 54 (4)：13-24.

[235] 王佩纶. 挠性陀螺——挠性支承刚度强度分析 [M]. 南京：东南大学出版社, 1990.

[236] 王鹏, GB-SAR 干涉测量变形监测应用的关键技术研究 [D]. 武汉：武汉大学. 2014.

[237] 王鹏宇. 机载步进频率 SAR 成像方法研究 [D]. 长沙：国防科学技术大学研究院, 2008.

[238] 中国计量科学研究院. JJF 1242—2010 激光跟踪三维坐标测量系统校准规范 [S]. 北京：中国计量出版社, 2010.

[239] 王欣宇, 范百兴, 于英, 等. 一种视觉引导经纬仪自动测量方法 [J]. 测绘工程, 2018, 27 (6)：32-40.

[240] 王星联. 便携式对中/准直测量分析仪研究 [D]. 兰州：兰州理工大学, 2005.

[241] 王兴涛, 李迎春, 李晓燕. "天绘一号" 卫星星敏感器精度分析 [J]. 遥感学报, 2012, 16 (z1)：90-93.

[242] 王岩, 刘茂华, 由迎春. 三维激光点云数据在建筑物 BIM 构建中的研究与应用 [J]. 测绘通报, 2016 (S2)：227-229.

[243] 王晏民, 陈秀忠, 穆雨晴, 等. 三维激光扫描精密测量古建筑大木结构 [C] //中国测绘学会工程测量年会. 2005.

[244] 王晏民, 郭明, 黄明. 海量精细点云数据组织与管理 [M]. 北京：测绘出版社, 2015.

[245] 王晏民, 王国利. 激光雷达国家体育馆屋顶钢结构安装滑移质量监测 [J]. 工程勘察, 2009, 12：17-21.

[246] 王育坚. Visual C++面向对象编程教程 [M]. 北京：清华大学出版社, 2003.

[247] 王悦勇, 徐忠阳. 基于 GeoBasic 语言开发的软件在 TM5100A 电子经纬仪上的应用 [J]. 测绘技术装备, 2002, 4 (2)：31-34.

[248] 王长进, 刘成. 京津城际轨道交通工程建立精测网的必要性分析 [J]. 铁道标准设计, 2006 (S1)：193-195.

[249] 王长进. 高速铁路精测网建设有关问题的探讨 [J]. 铁道工程学报, 2007 (S1)：441-443.

[250] 王忠立, 刘佳音, 贾云得. 基于 CCD 与 CMOS 的图像传感技术 [J]. 光学技术, 2003. 29 (3)：361-364.

[251] 危双丰. 基于深度图像的地面激光雷达数据的组织与管理研究 [D]. 武汉：武汉大学, 2007.

[252] 魏碧辉, 刘翀, 周青, 等. 基于最小二乘支持向量机的声速空间变化模型构建 [J]. 海洋测绘, 2013, 33 (4)：12-15.

[253] 魏垂场. 用免仪高、目标高同时对向三角高程观测法替代二、三等水准测量的研究 [J]. 水利与建筑工程学报, 2008, 6 (3)：85-87.

[254] 吴迪军. 精密三角高程跨海水准测量的优化设计 [J]. 铁道勘察, 2015 (6)：1-3.

[255] 吴国栋, 宋丹. 测绘相机坐标系与立方镜转换矩阵的标定 [J]. 光学精密工程, 2007, 15 (11)：1727-1730.

[256] 吴战广, 张献州, 张瑞, 等. 基于物联网三层架构的地下工程测量机器人远程变形监测系统 [J]. 测绘工

程，2017（2）：42-47，51.

[257] 武晓波，王世新，肖春生. Delaunay 三角网的生成算法研究 [J]. 测绘学报，1999，28（1）：28-34.

[258] 夏桂锁. 陀螺经纬仪自动寻北关键技术的研究 [D]. 天津：天津大学，2006.

[259] 夏治国. 电子速测实用技术 [M]. 郑州：解放军测绘学院出版社，1996.

[260] 项谦和. 陈春雷. 项似林. 论海洋基础测绘数据的质量监控——以浙江为例 [J]. 测绘通报，2016（4）：64-67.

[261] 项谦和. 温州浅滩工程三维海洋测绘基准建立与研究 [J]. 测绘通报，2015（12）：101-104.

[262] 肖根旺，许提多，周文健，等. 高精度三角高程测量的严密公式 [J]. 测绘通报，2004（10）：15-17.

[263] 肖学年，姬恒炼，葛志成，等. 国家一、二等水准测量技术标准修订若干技术问题的研究 [J]. 工程勘察，2006（6）：41-43.

[264] 谢常君. EDM 三角高程测量中大气折光的研究 [J]. 矿山测量，2013（1）：84-86.

[265] 熊刚，束焕然，廖七一，等. STARFIRETM-RTG 星基差分实时精密单点定位原理、测试与应用 [J]. 全球定位系统，2006，31（5）：32.

[266] 熊平，CCD 与 CMOS 图像传感器特点比较 [J]. 半导体光电，2004，25（1）：1-4，42.

[267] 徐晓权，熊涛，刘宏阳. 载人航天器总装过程技术研究 [J]. 载人航天，2007（04）：12-17.

[268] 徐亚明，王鹏，周校，邢诚. 地基干涉雷达 IBIS-S 桥梁动态形变监测研究 [J]. 武汉大学学报（信息科学版），2013，38（7）：845-849.

[269] 徐亚明，周校，王鹏，邢诚. 地基雷达干涉测量的环境改正方法研究 [J]. 大地测量与地球动力学，2013，33（3）：41-43.

[270] 徐亚明，周校，王鹏，等. GB-SAR 构建永久散射体网改正气象扰动方法 [J]. 武汉大学学报（信息科学版），2016，41（8）：1007-1012.

[271] 徐忠阳. 全站仪原理与应用 [M]. 北京：解放军出版社，2003.

[272] 许国祯. 列入美国军用关键技术清单中的惯性技术 [J]. 导航与控制，2004，3（1）：74-79.

[273] 许艳，周维虎，刘德明，等. 基于飞秒激光器光学频率梳的绝对距离测量 [J]. 光电工程，2011，38（8）：79-89.

[274] 薛英. 徕卡全站仪原理. 北京：徕卡测量系统有限公司，2001.

[275] 闫好奎，任建国. 电阻应变片的工作原理 [J]. 计量与测试技术，2013，40（04）：12.

[276] 颜斌，黄道军，文江涛，等. 基于 BIM 的智能施工放样施工技术 [J]. 施工技术，2016（s2）：606-608.

[277] 颜丙聪. 基于激光跟踪仪的某型号产品总装精测技术研究 [D]. 哈尔滨：哈尔滨工业大学，2015.

[278] 杨凡. 高能粒子加速器工程精密测量研究 [D]. 郑州：解放军信息工程大学，2011.

[279] 杨凡. 粒子加速器工程精密控制网建立的理论和方法 [D]. 郑州：解放军信息工程大学，2014.

[280] 杨军建，吴良才. 基于 RANSAC 算法稳健点云平面拟合方法 [J]. 北京测绘，2016（02）：73-75.

[281] 杨军战. 关于传统测绘与无人机技术在竣工测量方面的思考 [J]. 山西建筑，2017，43（21）：199-200.

[282] 杨俊志. 全站仪的原理及其检定 [M]. 北京：测绘出版社，2004.

[283] 杨培根等. 光电惯性技术 [M]. 北京：兵器工业出版社，1999.

[284] 杨兴，胡建明，戴特力. 光纤光栅传感器的原理及应用研究 [J]. 重庆师范大学学报（自然科学版），2009，26（4）：101-105.

[285] 杨元喜. 多历元大地网联合平差的地壳形变改正问题 [J]. 解放军测绘研究所学报，2003，23（1）：4-7.

[286] 杨再华，孙刚，隆昌宇，等. 星上设备安装姿态高精度自动测量系统设计 [J]. 机械工程学报，2017（20）：20-27.

[287] 杨占立，范百兴，西勤，等. 一种光电自准直仪空间坐标系建立方法研究 [J]. 计量学报，2018，39（1）：12-14.

[288] 杨振，沈越，邓勇，等. 基于激光跟踪仪的快速镜面准直与姿态测量方法 [J]. 红外与激光工程，2018（10）：1017001-1017006.

[289] 杨振. 光学准直测量技术研究与应用 [D]. 郑州：解放军信息工程大学，2009.

[290] 杨志强，等. GAT 高精度磁悬浮陀螺全站仪研究报告 [R]. 西安：长安大学测绘与空间信息研究

所，2008.

[291] 杨志强，石震，李志刚. 基于磁悬浮陀螺进动力矩监测地球自转参数变化的理论探究 [C]. 中国测绘学会工程测量年会，2010.

[292] 杨志强，石震，田永瑞. 一种陀螺定向测量的新方法 [P]. 中国：ZL2008 1 0018268. 2，2010-12-08.

[293] 杨志强，田永瑞，石震. 测绘工程类陀螺全站仪精度评定方法 [P]. 中国：ZL2008 1 0018048. X. 2010-08-18.

[294] 杨志强，杨建华，石震，杨帅. 一种磁悬浮陀螺全站仪 [P]. 中国：ZL2010 1 0107217. 4，2010-07-14.

[295] 杨志强. 石震. 杨建华. 磁悬浮陀螺寻北原理与测量应用 [M]，北京：测绘出版社，2017.

[296] 宜晨. Visual C++ 5. 0 实用培训教程 [M]. 北京：电子工业出版社，1998.

[297] 殷文彦，黄声享，刁建鹏. 超高层倾斜建筑周日变形监测数据分析 [J]. 测绘信息与工程，2008，33（2）：19-21.

[298] 游俊甫. 基于 RANSAC 的点云数据特征提取 [D]. 南昌：东华理工大学，2015.

[299] 于来法. 陀螺定向测量 [M]. 北京：解放军出版社，1988

[300] 于英，范百兴，向民志. 经纬仪与视觉深度组合测量 [J]. 测绘工程，2014，23（4）：40-44.

[301] 余子珩，光纤传感器的发展及应用 [J]. 电子测试，2017（11）：97-98.

[302] 元建胜. 海岸带地形一体化测图生产技术研究 [J]. 海洋测绘，2011，31（4）：75-78.

[303] 袁娜. 基于激光干涉原理的准直技术的研究 [D]. 天津：天津大学，2006.

[304] 袁娜. 基于激光干涉原理的准直技术的研究 [D]. 天津：天津大学，2006.

[305] 翟国君，吴太旗，欧阳永忠，等. 机载激光测深技术研究进展 [J]. 海洋测绘，2012，32（2）：67-71.

[306] 翟翙，曹歆宏，龚有亮. 三角高程测量高差计算公式再讨论 [J]. 测绘工程，2010，33（5）：209-211.

[307] 詹总谦，张祖勋，张剑清. 基于 LCD 平面格网和有限元内插模型的相机标定 [J]. 武汉大学学报（信息科学版），2007，32（5）：394-397.

[308] 张爱武. 大规模地面三维激光数据处理方法 [A] //《测绘通报》测绘科学前沿技术论坛摘要集 [C]. 测绘出版社：《测绘通报》编辑部，2008：8.

[309] 张国良. 矿山测量学 [M]. 徐州：中国矿业大学出版社，2001.

[310] 张继友，范天泉，曹学东. 光电自准直仪研究现状与展望 [J]. 计量技术，2004，7：27-29.

[311] 张建强，张平定，王睿. 修正的截断正态概率密度模型自适应滤波算法 [J]. 陕西理工学院学报（自然科学版），2007（01）：12-15.

[312] 张勤，黄观文，丁晓光，等. 顾及板块运动、稳定性和系统偏差的高精度 GPS 监测基准研究与实现 [J]. 地球物理学报，2009，52（12）：3158-3165.

[313] 张全德，范京生. 我国卫星导航定位技术应用及发展 [J]. 导航定位学报，2016，4（3）：82-88.

[314] 张全德，刘志赵，孙占义. 南海海域高精度大地控制网的建立 [J]. 测绘通报，2000（8）：1-2.

[315] 张瑞菊. 基于三维激光扫描数据的古建筑构件的三维重建技术研究 [D]. 武汉：武汉大学，2006.

[316] 张天巧. 水陆机载激光测量技术在岛礁测量中的应用研究 [J]. 城市勘测，2015（3）：135-138.

[317] 张妍. 干涉合成孔径雷达相位解缠技术的研究 [D]. 西安：西安电子科技大学，2013.

[318] 张炎华. 陀螺支承系统 [M]. 上海：上海交通大学出版社，1987.

[319] 张颖秋. 无人机航空摄影测量在地形图测绘中的应用 [J]. 中国非金属矿工业导刊，2015（05）：59-62.

[320] 张远智，肖庆贵，缪红兵. TPS1000 全站仪定位系统 [J]. 北京测绘，1996（3）：36-39.

[321] 张正禄，邓勇，罗长林，等. 精密三角高程代替一等水准测量的研究 [J]. 武汉大学学报（信息科学版），2006，31（1）：5-8.

[322] 张正禄，李广云，等. 工程测量学 [M]. 武汉：武汉大学出版社，2005.

[323] 张正禄. 工程测量学的研究发展方向 [J]. 现代测绘，2003（03）：3-6＋19.

[324] 张志伟，暴景阳，肖付民. 抗差估计的多波束测深数据内插方法 [J]. 测绘科学，2016，41（10）：14-18.

[325] 张治拉，王子军. 无人机摄影测量及在城市规划中的应用 [J]. 建材与装饰，2018（33）：239-240.

[326] 张宗申，基于 GB-SAR 的微变形监测系统应用研究 [J]. 大坝与安全，2013. 06：19-23.

[327] 章书寿，饶国和. 精密三角高程测量精度的研究 [J]. 测绘通报，1991（4）：20-25.

[328] 赵吉先，聂运菊. 测绘仪器发展的回顾与展望 [J]. 测绘通报，2008（02）：70-71.

[329] 赵建虎，董江，柯灏等. 远距离高精度 GNSS 潮汐观测及垂直基准转换研究 [J]. 武汉大学学报（信息科学版），2015，40（6）：761-766.

[330] 赵建虎，刘经南. 多波束测深及图像数据处理 [M]. 武汉：武汉大学出版社，2008.

[331] 赵建虎，尚晓东，张红梅. 水深数据约束下的声呐图像海底地形恢复方法 [J]. 中国矿业大学学报，2017，46（2）：443-448.

[332] 赵建虎，张红梅，严俊，等. 削弱残余误差对多波束测深综合影响的方法研究 [J]. 武汉大学学报（信息科学版），2013，38（10）：1184-1187.

[333] 赵建虎，刘经南. 多波束测深系统的归位问题研究 [J]. 海洋测绘，2003（1）：6-7.

[334] 赵建虎. 现代海洋测绘 [M]. 武汉：武汉大学出版社，2008.

[335] 赵来定. 姿态测量单元在船载卫星天线上的应用 [J]. 计算机测量与控制，2006，14（3）：285-286.

[336] 赵宇. 基于自动全站仪的无砟轨道精调方法研究 [D]. 北京：北京工业大学，2014.

[337] 赵越. 基于最小二乘法的摄像机标定参数非线性优化 [A] //中国仪器仪表学会. 第九届全国信息获取与处理学术会议论文集Ⅰ [C]. 中国仪器仪表学会：《仪器仪表学报》杂志社，2011：3.

[338] 郑德华. 三维激光扫描数据处理的理论与方法 [D]. 上海：同济大学，2005.

[339] 中国 BIM 门户网站. http://www.chinabim.com.

[340] 中华人民共和国能源部. 煤矿测量规程 [S]. 北京：煤炭工业出版社，1989.

[341] 周国树，章书寿. 精密三角高程测量在大坝沉降监测中应用的试验研究 [J]. 水电与抽水蓄能，1996（5）：23-27.

[342] 周红锋，宫爱玲. 小角度测量的光学方法 [J]. 云南民族大学学报（自然科学版），2008，15（2）：130-133.

[343] 周洁萍，龚建华，王涛，等. 汶川地震灾区无人机遥感影像获取与可视化管理系统研究 [J]. 遥感学报，2008，12（6）：877-883.

[344] 周维虎. 大尺寸空间坐标测量系统精度理论若干问题的研究 [D]. 合肥：合肥工业大学，2000.

[345] 邹进贵，徐亚明，胡波，等. 车载自动化精密三角高程测量系统研究 [J]. 测绘地理信息，2010，35（4）：30-32.

[346] 邹进贵，朱勇超，童魁. 精密三角高程测量技术在高海拔山区的应用 [J]. 测绘地理信息，2013，38（06）：6-9.

[347] 邹进贵，朱勇超，徐亚明. 基于智能全站仪的机载精密三角高程测量系统设计与实现 [J]. 测绘通报，2014（3）：1-5.

[348] 邹进贵，张士勇，李琴. 基于 GBSAR 的变形监测方法综述 [J]. 测绘地理信息，2016，41（6）：5-8.

[349] 邹九贵. 高精度 CCD 二维自准直仪研制 [D]. 合肥：合肥工业大学，2005.

本章主要编写人员（排名不分先后）

武汉大学：邹进贵　徐亚明　黄声享　赵建虎　胡庆武　王爱学　李琴　杨丁亮　彭璇璇　丁育萱

战略支援部队信息工程大学：李广云　李宗春　范百兴　杨振　张冠宇　冯其强

中国铁路设计集团有限公司：王长进

北京建筑大学：杜明义　郭明　刘建华

重庆市勘测院：谢征海　胡波　滕德贵

长安大学：杨志强　石震　刘晨晨　赵建林

中国煤炭地质总局浙江煤炭地质局：项谦和

天津市测绘院：胡珂

广州中海达卫星导航技术股份有限公司：胡炜

第3章 高速铁路工程

3.1 概述

20 世纪 90 年代以来，我国开始对高速铁路的设计建造技术、高速列车、运营管理的基础理论和关键技术组织开展了大量的科学研究及技术攻关，并进行了广深铁路提速改造，修建了秦沈客运专线，实施了既有铁路六次大提速等。我国高速铁路精密测量技术的发展在 2006 年起步于京津城际铁路，在郑州至西安客运专线、武汉至广州客运专线和北京至上海高铁等项目完善、推广，实现了全方位的创新发展，高速铁路精密测量成为高速铁路设计、建造和运营维护过程中的关键环节。

2006 年，我国在修建北京至天津城际铁路时引进德国博格公司的高速铁路测量技术，并在博格公司方案的基础上开展了适合我国国情的优化设计。经过 10 多年、近 3 万公里高铁工程建设的实践，已经形成了我国特有的高速铁路精密测量技术体系和管理体系。目前，我国高速铁路"走出去"战略已经逐步实施，我国高速铁路精密测量技术在其中也发挥着至关重要的促进作用。

3.1.1 高速铁路精密工程测量技术的发展

我国从 20 世纪 90 年代开始研究高速铁路技术，高速铁路测量标准体系的建立也是从无到有，逐步形成。20 世纪，我国并没有形成具有指导意义的高速铁路测量技术标准，随着高速铁路技术的发展，我国铁路工程界测量专业工程师认识到测量对于高速铁路建设的重要性，在吸收秦皇岛至沈阳客运专线成功建设经验的基础上，2003 年发布《京沪高速铁路测量暂行规定》（铁建设〔2003〕13 号）在京沪高速铁路勘察设计中使用。在汲取遂宁至重庆客运专线无砟轨道综合试验段测量的实践经验基础上，2006 年发布《客运专线无砟轨道铁路工程测量暂行规定》（铁建设〔2006〕189 号），2007 年发布《时速200～250 公里有砟轨道铁路工程测量指南（试行）》（铁建设〔2007〕76 号），对我国高速铁路测量具有较好的指导意义。

2003 年编制的《京沪高速铁路测量暂行规定》和 2006 年编制的《客运专线无砟轨道铁路工程测量暂行规定》，都是按照传统铁路测量模式和思路研究制定，只是在部分控制精度上提高了等级，和现行高速铁路精密测量技术标准和方法有一定差距。

2009 年，在《客运专线无砟轨道铁路工程测量暂行规定》的基础上，吸纳北京至天津城际铁路、武汉至广州客运专线、郑州至西安客运专线、哈尔滨至大连客运专线、石家庄至太原客运专线等高速铁路工程测量经验编制的《高速铁路工程测量规范》TB 10601—2009 颁布实施，表明我国已初步形成了高速铁路工程测量技术体系。

我国高速铁路工程系列测量技术标准的制订和颁布，体现了先进测量技术在我国高速铁路工程测量领域的应用范围和技术水平，对指导高速铁路工程勘察设计、施工建造和运营维护具有积极的指导意义。

高速铁路精密工程测量技术的研究与实践充分体现了我国特色，并紧密结合了高速铁路建设需要和现代测绘技术的发展，坚持了自主创新原则，形成的我国高速铁路精密工程测量技术标准体系在高速铁路勘测设计、施工建造和运营维护中得到了验证。高速铁路精密工程测量技术已经成为高速铁路建设的关键技术之一。我国高速铁路工程精密测量技术体系的发展具有如下特点：

（1）建立了高速铁路精密工程测量项目管理体系。在高速铁路精密控制测量过程中，明晰了建设单位、勘察设计单位、施工单位、监理单位、咨询评估单位间的关系和职责，在高铁建设过程中实现了全线统一测量技术方案、全线统一测量标志、全线统一平差计算软件、全线统一整网平差计算的目标，并在各个环节全程引入测量咨询评估验收体制，实现了测量技术高标准、测量管理高效率。

（2）提出了高速铁路平面和高程基准的解决方案。建立高精度的框架控制网作为高速铁路工程平面控制网的坐标框架起算基准，不仅可以克服国家高等级平面控制点稀少的问题，还可以使高速铁路勘测、施工、运营有一套稳固的、高精度的起算基准。在平原和城市地段区域地面沉降严重的区段，提出并建立了高速铁路高程控制测量所用的基岩水准点、深埋水准点的解决方案，为高速铁路工程提供了稳定可靠的高程基准。

（3）形成了高速铁路精密工程测量技术体系。通过多条无砟轨道高速铁路的建设实践和测量理论上的研究，编制完成了《客运专线无砟轨道铁路工程测量暂行规定》（铁建设［2006］189号）、《客运专线铁路无砟轨道铺设条件评估技术指南》（铁建设［2006］158号）、《高速铁路工程测量规范》TB 10601—2009、《高速铁路无砟轨道工程施工精调作业指南》（铁建设函［2009］674号）等一系列技术标准，形成了我国高速铁路精密工程测量技术体系。

（4）实现了高速铁路工程测量软硬件的自主研发与创新。结合高速铁路建设项目，多个单位开展了高速铁路精密控制测量的试验和研究，研制出具有自主知识产权的测量标志、全站仪机载测量程序、测量数据平差计算软件等，并随着高速铁路建设的发展迅速得到应用推广。通过高校、科研机构、设计单位、施工企业等各方面的联合，在较短的时间内，掌握了高速铁路无砟轨道板精调测量和轨道检测技术，并实现了轨道精调设备、轨道检测小车及其相应软件的国产化并广泛应用。

3.1.2 高速铁路精密工程测量的特点

（1）高速铁路各级平面高程控制网精度满足勘测设计、线下工程施工、轨道施工及运营养护的要求。

高速铁路工程施工应按照设计的线形，采用绝对坐标进行线下工程施工和轨道工程的施工放样；运营维护应按竣工交付的技术标准开展维护管理。因此，要求各级平面高程控制网精度必须同时满足线下工程施工、轨道施工定位和运营养护的要求，各阶段精密测量成果应以保证高速铁路轨道三维空间线形的精密定位和维持为目的。

（2）高速铁路精密测量控制网按分级布网的原则布设。

高速铁路工程测量平面控制网在框架控制网（CP0）基础上分三级布设，第一级为基础平面控制网（CPⅠ），主要为勘测、施工、运营维护提供坐标基准；第二级为线路平面控制网（CPⅡ），主要为勘测和施工提供控制基准；第三级为轨道控制网（CPⅢ），主要为轨道铺设和运营维护提供控制基准。

高速铁路工程测量高程控制网分二级布设，第一级线路水准基点控制网，为高速铁路工程勘测设计、施工提供高程基准；第二级轨道控制网（CPⅢ），为高速铁路轨道施工、维护提供高程基准。

高速铁路工程测量平面控制网在框架控制网（CP0）基础上分三级布设，是因为测量控制网的精度在满足线下工程施工控制测量要求的同时必须满足轨道铺设的精度要求，使轨道的几何参数与设计的目标位置之间的偏差保持在最小。而轨道的铺设施工和线下工程路基、桥梁、隧道、站台等工程的施工放样是通过由各级平面高程控制网组成的测量系统来实现的，为了保证轨道与线下工程路基、桥梁、隧道、站台的空间位置坐标、高程相匹配协调，必须按分级控制的原则建立高速铁路测量控制网。

（3）高速铁路工程测量平面坐标系统应采用边长投影变形值≤10mm/km的工程独立坐标系。

　　高速铁路工程测量精度要求高，施工中要求由坐标反算（或设计）的边长值与现场实测值应一致，即所谓的尺度统一，设定标准为 1km 的变形不大于 1cm。由于地球面是个椭球曲面，地面上的测量数据需投影到施工平面上，曲面上的几何图形在投影到平面时，不可避免会产生变形。从理论上来说，边长投影变形值越小越有利。在理论研究的基础上，经过工程实践，确定了采用设计工程独立坐标系以控制长度综合变形值≤10mm/km 的工程方案。

　　（4）高速铁路精密工程测量"三网合一"的测量体系。

　　高速铁路工程测量的平面、高程控制网，按施测阶段、施测目的及功能不同分为勘测控制网、施工控制网、运营维护控制网，简称"三网"。

　　为保证控制网的测量成果质量满足高速铁路勘测、施工、运营维护三个阶段测量的要求，适应高速铁路工程建设和运营管理的需要，三个阶段的平面、高程控制测量必须采用统一的基准。即勘测控制网、施工控制网、运营维护控制网均采用 CPⅠ为基础平面控制网，以二等线路水准基点网为基础高程控制网。简称为"三网合一"。

　　"三网合一"的核心内容和要求可以概括为：一是"三网"坐标系统和高程系统的统一。在无砟轨道的勘测设计、线下施工、轨道施工及运营维护的各阶段均采用三维坐标定位控制，因此必须保证"三网"坐标系统和高程系统的统一，无砟轨道的勘测设计、线下施工、轨道施工及运营维护工作才能顺利进行。二是"三网"起算基准的统一。高速铁路的"三网"平面测量以基础平面控制网 CPⅠ为平面控制基准，高程测量应以二等线路水准基点为高程控制测量基准。三是线下工程施工控制网与轨道施工控制网、运营维护控制网的坐标系统、高程系统与起算基准的统一。四是"三网"测量精度的协调统一。

3.2　京津城际铁路

3.2.1　工程概况

　　京津城际铁路是我国第一条设计时速 350km/h 的高速铁路。该铁路首次采用 CRTS Ⅱ型板式无砟轨道系统，是我国铁路建设进程中的标志性和示范性工程。工程位于华北地区，连接北京、天津两大直辖市。

　　工程自北京南站站中心起，由北京南站东端引出并行京山线至玉蜓桥，途经北京市东城区、丰台区、朝阳区、通州区，经兴隆屯东进入天津市；线路在天津市经过武清区、北辰区、河北区、河东区，沿既有京山线，下钻金纬路立交桥引入终点天津站，线路全长 118.276km。线路设北京南站、亦庄站、永乐站、武清站和天津站，见图 3.2-1。工程于 2005 年 7 月 4 日开工建设，2008 年 8 月 1 日通车运营。

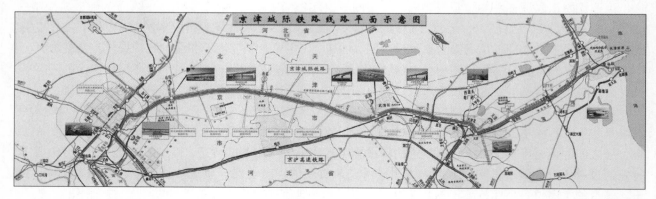

图 3.2-1　京津城际铁路线路平面示意图

京津城际高速铁路是一项高精度、高难度的轨道交通工程。精密工程控制测量工作是工程施工的一个重要环节，高精度的工程测量控制网是保障工程施工的必要前提。

京津城际高速铁路设计建造由德国博格公司作为咨询机构，对施工控制测量精度指标提出要求并负责成果审核。当时国内没有高速铁路无砟轨道精密工程测量技术标准，国内甚少有人熟悉和掌握德国高速铁路测量技术标准，而且国内工程领域尚没有大规模采用自由测站边角交会的测量方式方法，没有现成的平差计算方法和软件，承担该项目精密工程控制测量任务的难度和风险极大。担负京津城际工程测量任务的技术团队，在测量精度指标要求苛刻且国内没有技术标准可供遵循的情况下，结合项目要求完成了大量研究、试验和软件开发工作，提交了各等级高精度平面和高程控制网、无砟轨道板铺设施工和轨道精调测量等成果，满足了工程建设需要。

"京津城际精密工程控制测量方案"于 2006 年 4 月由项目测量技术团队提出，并得到德国博格公司的高度评价和京津城际公司的认可。受京津城际公司委托，项目测量技术团队开始研究制定本项目精密工程控制测量技术方案并报铁道部鉴定中心组织专家评审，2006 年 9 月方案获得批准后组织实施。由于土建工程已采用先期定测阶段的低等级测量控制网施工 10 个月，项目测量技术团队在精密工程控制测量网实施前，紧急实施了"应急网"测量，保障了后续线下土建工程与线上轨道工程的一致性。

在测量控制网测设过程中，项目技术团队攻克了多个理论和技术难关，取得多项技术创新成果，获得多项专利和软件著作权，测量成果顺利通过博格公司审核并用于施工，得到施工验证，精密测量成果质量完全满足 CRTS Ⅱ 型板式无砟轨道铺设和轨道精调要求，为其他高速铁路建设的测量工作起到了示范和借鉴作用。本项目主要工程测量技术创新如下：

（1）建立了一套适合京津城际高速铁路的无砟轨道工程独立坐标系，提出了工程测量平面控制网按照 GNSS 基站网、加密 GNSS 网、精密导线网和轨道设标网进行分级；高程控制网采用水准网，包括基岩水准点、深埋水准点和加密水准点。京津城际工程独立坐标系的建立，满足无砟轨道施工所需精度；基岩水准点的设计，克服了区域沉降对高程控制点稳定性的不利影响。

（2）按照铺设无砟轨道的轨道设标网（2009 年颁布的《高速铁路工程测量规范》TB 10601—2009 将其定义为轨道控制网，CP Ⅲ）的技术要求，研制了轨道设标网点标志；在京津城际无砟轨道设标网观测中通过摸索实践，提出了简便易行的观测方法。平面测量：以建立的京津城际精密工程控制测量网为基础，通过自由站边角交会测量方式取得轨道设标网点的平面成果；高程测量：提出"不量仪器高和棱镜高的三角高程测量的方法"来代替二等水准测量，解决轨道设标网点与水准基点的"上桥"高程传递问题。京津城际轨道设标网测量的顺利实施，保证了京津城际建设的工期。

（3）根据无砟轨道的精度要求，外业观测均采用最新的、精度最高的测量机器人，并在测量机器人上开发了机载程序，每站自动观测完成后，现场在仪器上完成测站平差，现场判断观测成果的质量。项目测量技术团队自主研发的精密测量平差软件和轨道基准网平差软件，算法先进，平差后的精度指标客观、可靠，满足轨道控制网 CP Ⅲ 的平差计算要求。

（4）京津城际建设过程中由于控制网布设阶段的不同，提出了"应急控制网"的概念，先期满足线下工程需要。为便于京津城际铁路运营过程中形变观测的要求，避免行车干扰无法对高程形变进行观测，建立了"高程代用网"，将线上的轨道设标网点高程成果引测到桥梁下部，为后续养护维修提供控制基准。

京津城际工程控制测量为高速铁路建设提供了平面和高程精度分别优于 1mm、0.5mm 的精密工程测量控制网成果，满足时速 350km/h 高速铁路轨道的三维空间精密定位，保证了高速铁路轨道的平顺性，实现了本工程的顺利建成通车。基于本工程的"京津城际高速铁路精密工程控制测量"获得 2008 年度"全国优秀工程勘察设计奖金奖"。

3.2.2　关键问题

京津城际高速铁路是国内首次采用 CRTS Ⅱ 型板式无砟轨道系统，具有轨道结构稳定性高、刚度均匀、结构耐久性强、维修工作少等突出优点，但 CRTS Ⅱ 型板式无砟轨道的铺设对基础测量的要求相当高，如：要求轨道沿线 60m 内相邻设标点平面相对精度优于 1.0mm，高程相对精度优于 0.5mm等。建立高精度的基础测量控制网是确保轨道几何状态高精度、高稳定性和耐久性的必要条件。

京津城际铁路工程是一项高精度、高难度的工程。施工测量工作是工程施工的一个重要环节，高精度的工程控制网是保障工程施工放样精度的必要前提。因此，如何建立有效的、经济实用的施工测量控制网，确保施工放样的精度，是本项工程的核心技术内容之一，主要工作包括以下几个方面：

（1）平面、高程控制点的稳定性和埋设方式；

（2）平面、高程控制网的布设方式和技术要求；

（3）平面、高程控制网与前期应急控制网的衔接；

（4）轨道设标点制作工艺；

（5）轨道设标网网形设计；

（6）轨道设标网的数据处理方法和软件研发。

根据德国高速铁路标准"DB RIL883"等相关资料，CRTS Ⅱ 型板式无砟轨道的铺设，测量精度主要的技术指标如表 3.2-1 所示。

CRTS Ⅱ 型板式无砟轨道铺设测量的技术指标　　　　　　　　　表 3.2-1

控制网级别	精 度 要 求
基础网	每 1000m，水平位置 10mm，高程 2mm
线路导线	约每 250m，水平位置 5mm，高程 1mm
建筑物特殊网	小于 100m，水平位置 3mm，高程 1mm
轨道设标网	每 60m 有两个点，水平位置 1mm，高程 0.5mm
轨道基准网	每块板接缝处有一个点，水平位置 0.2mm，高程 0.1mm

京津城际高速铁路大部分线路采用桥梁架设，参考《京沪高速铁路测量暂行规定》，桥轴线长度测量的精度要求如表 3.2-2 所示。

桥轴线测量的技术指标　　　　　　　　　表 3.2-2

桥长（m）	桥轴线长度相对中误差
＜200	1/10000
200～500	1/20000
＞500	1/40000

鉴于本工程在实施时国内尚没有现存的"规范"或"规程"可以直接用于这种精度的轨道测量，参考下列规范和技术要求：

1）《精密工程测量规范》 GB/T 15314

2）《国家一、二等水准测量规范》 GB/T 12897

3）《城市测量规范》 CJJ 8

4）《全球定位系统（GPS）测量规范》 GB/T 18314

5）德国铁路标准 DB RIL883

6）《铺设 CRTS Ⅱ 型板式无砟轨道对基础测量的技术要求》（德国博格公司提供）

在此基础上，根据 CRTS Ⅱ 型板式无砟轨道铺设的基础测量技术要求和桥轴线长度测量的精度要求，经过严密的精度分析，制定了《京津城际客运专线精密工程控制测量方案》，作为该工程精密工程控制测量的技术依据。

3.2.3 方案与实施

3.2.3.1 精密工程控制网的布设方案

京津城际精密工程控制网分为平面控制网和高程控制网两部分。按照分级布设，逐级控制的原则，高程控制网由基岩水准点、深埋水准点及加密水准点组成；平面控制网分 GNSS 基准网、加密 GNSS 控制网、精密导线网和轨道设标网。

1. 高程控制网的布设方案

高程控制网的深埋水准点按 5km 左右的间距布设，基岩水准点在北京和天津各布设一座。

CRTS Ⅱ型板式无砟轨道铺设，要求基础网每公里布设一个高程精度优于 2mm 的加密水准点，即高程的相对精度应达到 2mm/km。根据《国家一、二等水准测量规范》，二等水准测量 $\Delta = \pm 4\sqrt{L}$（mm），每公里高差的偶然中误差与全中误差的限差分别为 1mm 与 2mm；因此，采用二等水准网的高程能够满足精度要求。

2. 平面控制网的布设方案

结合工程实际，布设 GNSS 基准网和加密网、高精度线路导线网和轨道设标网四级平面控制网。按照高级到低级逐级控制的原则，根据轨道铺设要求，从低级控制网开始，确定各级平面控制网布设精度及布设方案。

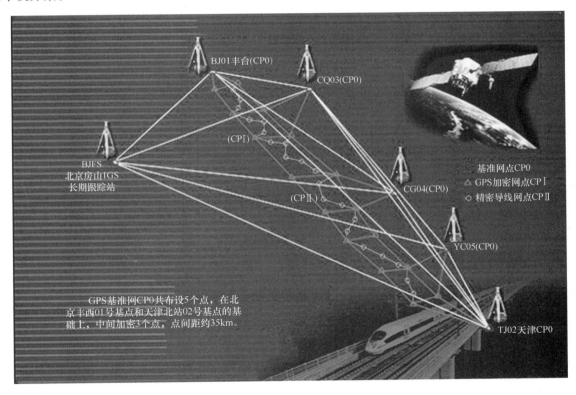

图 3.2-2　京津城际 GNSS 基准网示意图

首级基准网布设 5 个点，如图 3.2-2 所示，直接联测 IGS 站，其位置选在基岩或稳定的基础上。我国境内有 6 个 IGS 站，基准网点距最近 IGS 站点距离小于 1000km，双频 GNSS 接收机观测 24 小时，采用精密基线解算软件，能够求得 10mm 精度的基准点坐标，约束平差后最弱边边长相对中误差能达到 1/250000。

　　加密 GNSS 网以 GNSS 基准网为起算，是线路精密导线网的高一级网，其约束平差后最弱边边长相对中误差设计为 1/180000。轨道设标网附和在线路精密导线网上，根据控制网分级布设原则，线路精密导线网平面相对精度设计为 1/55000。线路精密导线网的测角精度优于 1.8″，测距精度优于 5mm，可保证线路精密导线网平面相对精度 1/55000。

　　CRTS Ⅱ 型板式无砟轨道铺设，需要布设高精度的轨道设标网。轨道设标网沿京津城际线路方向布设，每隔 60m 布设一对间隔约 15m 的轨道设标点。轨道铺设要求轨道设标网 60m 内相邻点平面相对精度优于 1mm，即达到 1/60000 的相对精度。

　　轨道设标点不需要摆放仪器，轨道设标网采用自由设站法测量，沿轨道线路中线方向，每隔 2 对轨道设标点设置一个自由站，每个自由站观测前后各 3 对，共 12 个轨道设标点。

3.2.3.2　精密工程控制网的埋设

　　京津城际高速铁路工程中的高程控制点标石分为三种形式：基岩点、深埋水准点和普通水准标石。平面控制点标石包括：GNSS 基准网点、加密 GNSS 网点、线路导线点和轨道设标网点四种。

1. 高程控制点埋设

　　控制点沿京津城际线路布设，根据沿线地质条件，基岩点埋设至基岩；深埋水准点埋设至持力层，其深度一般在 50～60m 之间；加密水准点的埋设深度设计为 4m。

　　1）基岩点的埋设

　　根据基岩点的埋设进度将基岩点的施工分为开工准备、施工过程和竣工验收三个阶段。北京和天津两个基岩点施工结束后，在施工现场进行了基岩点的竣工验收工作。经过对基岩点地上部分及标头等部位进行实地检查及评估，标头及标杆等姿态端正，符合设计要求。整个施工过程均按照设计方案进行，保护管及标杆等材质良好。各阶段施工均有检查和验收，基岩点埋设满足设计要求。

　　（1）天津基岩点

图 3.2-3　天津基岩点

　　开工前，制定详细的施工技术方案；管理人员和作业人员到岗；机械设备进场、安装、调试，修建泥浆池；办齐各种审批手续。开钻之后经过了 4 次岩芯采样，在 810.6m 处挖掘出岩性坚硬的岩芯，经过鉴定认为岩性较好，可作为持力层，可以在此深度设标，最终标底深度 811.86m。

　　由于天津基岩点施工工艺复杂，为更好地对标点进行维护和使用，在标点上修砌标房一座，如图 3.2-3 所示。

　　（2）北京基岩点

　　该基岩点施工工艺与天津相同，只是深度较浅，最终钻孔深度 127m。

　　2）深埋水准点的埋设

　　（1）施工过程

　　深埋水准点施工前经过了技术方案设计、设备进场、挖探、安装钻具、钻孔和安装标座标具的过程。每座标点均按照设计和现场判释，安装到了稳定层位。全线布设 28 座深埋水准点。

　　（2）深埋点埋设深度

　　深埋点多埋设在砂黏土、粉质黏土、粉土等持力层，埋设实际深度在 45～65m 之间，28 点累计深度 1600 余米。

　　（3）标点埋设情况

　　深埋水准点底部是特制标座，上部与保护套管和标杆连接，保护套管与标座之间是密封活塞式连接，保护套管与标座压标到持力层后要往上提升 30cm，以便保护套管的上下活动对标座不产生影响。

标座与标杆连接到地面的水准点标头，与持力层形成一个整体，不受外部保护套管随浅层地表活动的影响，只是随持力层的变化而变化。

保护套管与标杆之间有扶正器，使保护套管与标杆保持平行，不相互直接接触，当保护套管随浅层地表沉降时，标杆不会随之变动。

保护套管与标杆之间灌注清水，底部的标座是密封的，上面加入机油进行密封，清水不会流出，以便保护标杆不被氧化腐蚀，延长深埋水准点的使用寿命。

保护套管外用碎石填充密实，使保护套管与土层相对成为一个整体，横向不会有偏移，以保证深埋水准点的稳定。碎石填充量用钻孔的容积减去保护套管的容积，这是理论填充量，实际填充会比理论填充量小，钻孔会有一定的缩径并且钻孔底部会有少量的沉渣。碎石采用分批回填，因碎石填入孔隙后需要时间沉淀，需要经过一周的时间再进行回填，保证孔口附近碎石回填充足，保障保护套管的稳定。

保护套管与标杆安装好后，在上面安装标头及保护套管盖。井口浇筑混凝土，修砌保护井，井上面采用防盗井盖，如图 3.2-4 所示。

3）加密水准点的埋设

图 3.2-4　深埋水准点保护井

加密水准点埋设时，在埋设区域先人工将工作面开挖 1.5m 的深度，然后打入三根直径 12cm、壁厚 5mm、长 4m 的钢管，并在此基础上设置控制点的上部结构。

2. 平面控制点埋设

1）基准网点和加密 GNSS 点的埋设

首级基准网点位均选在建筑物顶，安装强制归心标。全线共建设 5 个 GNSS 基准点，全部为强制归心标型式，控制网平均边长 50km。经过与建筑物产权单位协商沟通，全部点位均与产权单位签订了委托保护协议。

加密 GNSS 网不大于 2km 布设一对通视点，桩点为现场浇筑混凝土标石，规格为上部 30cm×30cm，下部 40cm×40cm，深度大于 1.5m，底部垂直打入直径 7cm 的钢管 3 根，保证标石的长久稳定。全线布设加密 GNSS 点 144 个（72 对）。

2）线路精密导线点的埋设

线路精密导线点选择在土质好的位置，先挖深 1.7m、长宽 40cm×40cm 的基坑，现场直接浇筑混凝土；土质条件不好时，埋设标准同加密 GNSS 点。标石表面镶嵌点号，加水泥盖保护。精密导线点平均 300m 设置一个，全线布设 480 点。

3）轨道设标网点的埋设

针对京津城际轨道设标网点特点，为使设标点能够更稳定、更精确地置平和归心，研制出轨道设标网棱镜支架和适宜精密工程测量的强制归心装置，并申请了实用新型专利，全线布设轨道控制网点 3700 个。

轨道设标点的埋设分为桥梁段和路基段两种埋设方法。桥梁和路基段轨道设标网点安装方式不同，所以设计出不同的结构组合形式，其对应设标网点结构如图 3.2-5 和图 3.2-6 所示。

桥梁段的轨道设标点每隔 60～75m 成对布设，对应桥墩上方梁固定的一端，基准点位置设在防撞墙外侧，上部距墙顶面 95mm，在进行防撞墙布点施工时在该处预埋一根长 110mm、直径 35mm 的塑料管（贯通防撞墙），该塑料管水平放置，并垂直于线路方向。

路基段的轨道设标点设于接触网支柱的基座上，基座施工时在基座外侧靠近线位预埋一根深

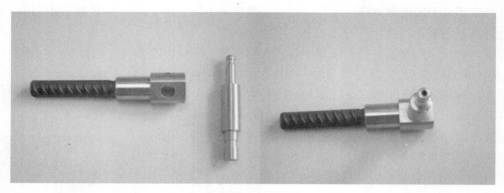

图 3.2-5 桥梁防撞墙上设标网点示意图

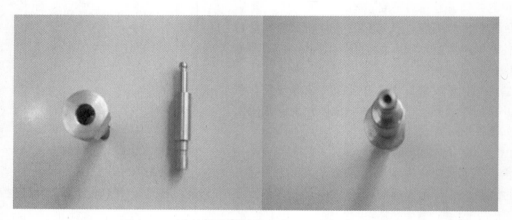

图 3.2-6 路基地段接触网底座上设标网点示意图

110mm、直径 35mm 的塑料管，该塑料管垂直放置，上部与接触网支柱的基座一致。

3.2.3.3 精密工程控制网的观测

1. GNSS 基准网的观测

GNSS 基准网采用双频 GNSS 接收机观测，按照 GNSS A 级网要求观测 24h，GNSS 基准网点采用强制归心标志，GNSS 基准网构成三角形与四边形独立闭合环，以确保控制网有足够的多余观测数。

GNSS 基准网实测技术要求参考《全球定位系统（GPS）测量规范》GB/T 18314—2001 中 A 级网的技术指标，表 3.2-3 给出了 A 级网和 GNSS 基准网施测的技术要求。

GNSS 基准网测量的技术要求

表 3.2-3

项目 \ 级别	A 级网的技术要求	GNSS 基准网的技术要求
卫星截止高度角	10°	15°
同时有效观测卫星数	≥4	≥4
有效观测卫星总数	≥20	≥9
观测时段数	≥6	2
观测时段长度	≥9h	24h
采样间隔（s）	30	30

注：观测时段长度指接收机的公共观测时间。

GNSS 基准网的观测为一昼夜，以消除或削弱一些周期性误差的影响，以便求得高精度的基线向量，确保 GNSS 基准网的最弱点误差小于 1cm。

2. 加密 GNSS 网的观测

京津城际工程加密 GNSS 网点间的距离在 1～2km 之间，沿线路方向成对均匀布设。加密 GNSS 网施测采用 8 台精度为 5mm＋1ppm 的双频 GNSS 接收机进行同步观测。

作业时天线严格置平；天线定向标志线指向正北；每个时段观测前、后各量天线高一次，两次较差值小于 2mm 取均值作为天线高成果。由于加密 GNSS 成对布设，每对点间距离较短，为确保其相对精度满足要求，采用 Lecia TCA 2003 全站仪对通视边长进行精密测距，并将测距成果作为距离强约束应用于加密 GNSS 网数据处理中。

加密 GNSS 网的技术要求在《全球定位系统（GPS）测量规范》GB/T 18314—2001 中 B 级网技术指标的基础上适当放宽，表 3.2-4 给出了 B 级网和 GNSS 加密网施测的技术要求。

GNSS 加密网测量的技术要求 表 3.2-4

级别 / 项目	B 级网的技术要求	GNSS 加密网的技术要求
卫星截止高度角	15°	15°
同时有效观测卫星数	≥4	≥4
有效观测卫星总数	≥9	≥6
观测时段数	≥4	1
观测时段长度	≥4h	2h
采样间隔(s)	10～30	15

注：观测时段长度指接收机的公共观测时间。

3. 线路精密导线网的观测

线路精密导线采用 Lecia TCA 2003 全站仪施测，仪器测距精度为 1mm＋1ppm×S，S 为测边长度。TCA 2003 全站仪测角与测距分别按表 3.2-5 与表 3.2-6 的技术指标执行。根据表 3.2-5 中方向测回互差 4″ 的技术指标，对应的一次观测方向误差为 2.83″，在京津城际工程精密导线野外测量中，实际观测 8 个测回，以实现方向误差为 1″（对应的测角精度为 1.41″）的要求。

TCA 2003 水平方向观测限差 表 3.2-5

两次照准读数差(″)	半测回归零差(″)	一测回内 2C 互差(″)	同一方向值各测回互差(″)
0.5	4	8	4

TCA 2003 边长观测限差 表 3.2-6

一测回读数次数	测回数 往	测回数 返	一测回读数间互差(mm)	单程测回间互差(mm)	同一水平面上往返测(mm)
4	3	3	1+1×S×10⁻⁶	1+1×S×10⁻⁶	2(1+1×S×10⁻⁶)

由于测量时大部分的作业现场正处于施工阶段，在观测过程中，经常遇到不通视或点位被破坏的情况，在这种状况下，为了不影响工作进度及成果精度，在不通视或点位被破坏情况下，通过增加临时点的方式联测导线，临时点的观测也按照上述技术要求，且每段导线中临时点不超过 2 个。

4. 轨道设标网的观测

1）轨道设标网平面观测

轨道设标网测量采用自由设站边角交会法，沿轨道线路中线方向，每隔 2 对轨道设标点设置一个自由站，每个自由站观测前后各 3 对，共 12 个轨道设标点，自由站最大视线长度约为 150m。

轨道设标网点多布设于桥梁上，无法与地面布设的 300m 左右的导线点直接通视，需要在桥面上布设临时转点，临时转点沿线路方向布设在桥梁边缘，其间距约 200m，每个转点与对侧的两个以上轨道设标网点通视，并与地面的导线点联测，形成三角形。

转点观测按《精密工程测量规范》GB/T 15314—1994 中的三级精密角度测量和三级光电测距仪精密距离测量的技术要求执行。根据采用的仪器型号不同，轨道设标网角度与距离观测的各项技术指标如表 3.2-5、表 3.2-6、表 3.2-7 和表 3.2-8 所示。

TCRA1201 水平方向观测限差　　　　表 3.2-7

两次照准读数差(″)	半测回归零差(″)	一测回内 2C 互差(″)	同一方向值各测回互差(″)
1	6	9	6

TCRA1201 边长观测限差　　　　表 3.2-8

一测回读数次数	测回数		一测回读数间互差 (mm)	单程测回间互差 (mm)	同一水平面上往返测 (mm)
	往	返			
4	3	3	$1+2\times S\times10^{-6}$	$1+2\times S\times10^{-6}$	$2(1+2\times S\times10^{-6})$

由于影响轨道设标网精度的因素较多，为了更准确、客观地确定自由设站点观测测回数，就需要排除不兼容的起算点和观测值粗差等因素对精度的影响。根据这个原则，对京津城际高速铁路轨道设标网实测数据进行分析，采用 10 组 TCA 2003 仪器，观测 4 个测回的代表性数据，通过精密测量平差软件（TSDI＿HRSADJ）的方差分量估计功能计算验后测角、测边精度，结合京津城际铁路实际测量情况，用 18km 测量数据进行统计分析，以轨道设标点测回数为 1～4 测回，进行网平差精度统计分析。统计结果表明，使用（0.5″、1mm＋$1\times10^{-6}\times D$）级全站仪观测 3 测回，使用（1.0″、1mm＋$2\times10^{-6}\times D$）级全站仪观测 4 测回，即可满足网平差的精度要求。

京津城际精密工程测量采用基于测量机器人的一体化测量技术，工程测量技术团队开发了全站仪机载测量程序和内业后处理软件——精密工程测量平差软件（TSDI＿HRSADJ）。外业测量时，使用测量机器人进行点位照准学习后，仪器可以自动完成全部测点的观测与记录，作业人员只需在旁职守即可，大大提高了测量作业效率和观测数据质量。

2）轨道设标网高程观测

水准线路分段布设，每条线路长 2km 左右。按照国家二等水准测量标准进行施测。观测时，视线长度≤50m，前后视距差≤1.0m，前后视距累积差≤3.0m，视线高度≥0.3m；测站限差：两次读数差≤0.4mm，两次所测高差之差≤0.6mm，检测间歇点高差之差≤1.0mm；观测时，往返测奇数站按后-前-前-后的顺序，往返测偶数站按前-后-后-前的顺序，且每一测段往返测均为偶数个测站。

一组往返测安排在不同的时间段进行；由往测转向返测时，互换前后尺；晴天观测时给仪器打伞，避免阳光直射；扶尺时借助尺撑，使标尺上的气泡居中，标尺竖直。

由于京津城际全线大部分为桥梁，平均高度为 10m 左右，因此采用不量仪器高和棱镜高的三角高程测量与精密水准测量相结合的方法进行高程测量。

不量仪器高、棱镜高的三角高程测量方法是在不量取仪器高和棱镜高的情况下求得两点间高差，不存在仪器高和棱镜高的量取误差。

不量仪器高、棱镜高的三角高程测量作业时，垂直角测角标称精度小于±1″，测距仪的标称精度必须达到±（1mm＋$1\times10^{-6}\times D$）。前后视所用的棱镜是同一个，不必量取其高度。每次测量的技术要求如表 3.2-9 所示。

不量仪器高、棱镜高的三角高程测量仪器观测技术指标　　　　表 3.2-9

垂直角测量				距离测量			
测回数	两次读数差	测回间指标差互差	测回差	测回数	每测读数次数	四次读数差	测回差
4	≤±1.0″	≤±3.0″	≤±2.0″	4	4	≤±2.0mm	≤±2.0mm

3.2.3.4 精密工程控制网的数据处理

京津城际高速铁路精密工程测量，不仅需要精密仪器和严格遵守操作规范，更重要的是采用合理可行的测量数据处理方法。为满足 CRTS Ⅱ 型板式无砟轨道施工要求，本项目采用 WGS84 椭球参数建立高速铁路高精度的施工坐标系，投影变形按 10mm/km 设计。

1. GNSS 基准网与加密 GNSS 网的数据处理

1）GNSS 基准网的数据处理

（1）GNSS 基准网的基线解算与检核

GNSS 基准网的基线解算，以 IGS 站 BJFS（北京房山）的 ITRF2000 坐标为起算数据。采用 IGS 精密星历和 Gamit 软件进行计算。各个时段基线解算时的参数设置如下：

① 钟差改正采用广播星历中的钟差参数，接收机钟差改正由伪距观测值计算；

② 电离层折射影响用 LC 观测值消除，对流层折射根据标准大气模型用萨斯坦莫宁（Saastamoinen）模型改正，并每个测站上每隔 4 小时加一个天顶方向上的折射量偏差参数；

③ 卫星天线相位中心偏差改正采用 Gamit 软件的设定值，若量取接收机天线高时计入了其相位中心偏差，则将接收机天线的相位中心偏差设置成 0；

④ 截止高度角为 15°，历元间隔为 30s；

⑤ 固定 IGS 轨道，固定起算点坐标；

⑥ 数据处理时首先采用 AUTCLN 模块自动对周跳进行处理，如果 AUTCLN 不能全部修复或标定失周，再用 CVIEW 进行人工修复或标定。

由 Gamit 解算的精密基线的同步环闭合差严格为 0，基线解算质量主要通过重复边和异步环闭合差来检核。基线的异步环闭合差满足以下条件：

$$W_x \leqslant 2\sqrt{n}\sigma \quad W_y \leqslant 2\sqrt{n}\sigma \quad W_z \leqslant 2\sqrt{n}\sigma \tag{式 3.2-1}$$

式中：n——闭合环的边数；

σ——相应等级 GNSS 基线的平均误差。

重复基线相当于两条基线组成的异步环。根据前面的技术要求，异步环的相对闭合差优于 0.5ppm。

（2）GNSS 基准网的平差解算

GNSS 基准网平差解算采用 TGPPS 软件。先对 GNSS 基准网进行无约束平差，无约束平差时选取 BJFS 站点作为起算数据；求出各 GNSS 基准网点在 ITRF 框架下的地心坐标和大地坐标、各基线的改正数和基线向量平差值、各基线的地心坐标分量、大地坐标分量及其精度信息。无约束平差过程中，作方差分量因子估值 σ^2 检验；根据残差值进行粗差检验，并将粗差剔除后重新计算。GNSS 基准网的约束平差以北京丰西 01 号基点和天津北站 02 号基点为起算点，求得 GNSS 基准网点在该起算基准下的坐标。平差后各点的精度均优于 10.0mm。

2）加密 GNSS 网的数据处理

（1）加密 GNSS 网的基线解算与检核

加密 GNSS 网基线解算使用 Leica Geomatic Office 软件，采用 GNSS 基准网中某个 GNSS 点的 WGS-84 坐标为起算坐标进行基线解算。基线观测值的异步环闭合差满足式（3.2-1），加密 GNSS 网异步环的相对闭合差优于 2ppm。

（2）加密 GNSS 网的平差

加密 GNSS 网平差采用 TGPPS 软件，先进行无约束平差，无约束平差选取 1 个 GNSS 基准网点作为起算数据，求出各 GNSS 点在 ITRF 框架下的地心坐标和大地坐标、各基线的改正数和基线向量平差值、各基线的地心坐标分量、大地坐标分量及其精度信息。无约束平差中，作方差分量因子估值 σ^2 检验，根据残差值进行粗差检验，并将粗差剔除后重新计算。

加密 GNSS 网的约束平差是以 GNSS 基准网的成果为起算数据，分别求得 ITRF 框架下的坐标和工程施工坐标系坐标，平差后点位精度均优于 10.0mm。平差时将全站仪测得的精密测距边长作为距离约束，一起参与加密 GNSS 网平差。

2. 线路精密导线网的数据处理

平差计算前对观测距离进行高斯投影改化，平差处理软件采用 NASEW 95，选择加密 GNSS 点作为线路精密导线的起算点。

3. 轨道设标网的数据处理

轨道设标网数据处理采用 TSDI _ HRSADJ。先采用拟稳平差选择兼容的起算点，再应用间接平差模型平差，平差过程中，用 Baarda 粗差探测的方法逐个剔除粗差，再用 Helmert 方差分量估计方法合理地确定边、角的权比。

4. 精密工程控制网与"应急网"测量成果的衔接处理

1）应急控制网的建立

全线精密工程控制网建立前，为及时配合桥梁施工，先期建立了"应急测量控制网"，确保其能够满足桥梁施工精度控制需要，待全线精密工程控制网建立后再与"应急测量控制网"进行联测和联合平差，将"应急测量控制网"纳入到精密工程控制网之中，实现两网协调。

2）应急控制网与精密工程控制网测量成果的衔接处理

精密工程控制测量的主要工作是在施工应急控制测量的基础上，进一步提高工程控制网的测量等级和精度，为铺设无砟轨道提供高精度的平面及高程控制成果。应急控制网与精密工程控制网有较多公共点位。

（1）应急控制网与加密 GNSS 控制网的衔接

采集数据时，联测 5 个 GNSS 基准网点、1 个应急网起算点、13 个应急网控制点与加密 GNSS 网点。使用 Leica Geomatic Office 软件解算基线，再采用 TGPPS 软件无约束平差。

为了保证应急控制网与精密工程控制网的正确衔接，引入 5 个基准网点、1 个应急网的起算点和 13 个应急控制网点的坐标成果作为起算点，进行约束平差。

计算所得基线向量改正数与无约束平差同名基线向量改正数两者差值小于限差。平差后加密 GNSS 点最弱点点位中误差为 ±6.6mm，小于限差 10.0mm，应急控制网可以与加密 GNSS 网协调衔接。

（2）应急控制网与精密导线网的衔接

选择施工经常使用的稳定的应急网控制点与线路精密导线网联测，尽量使点位每隔 5km 均匀分布。使用 TCA2003 全站仪置镜精密网点，后视线路精密导线点，再联测应急网点。观测 6 测回，外业观测指标同精密导线测量。数据处理采用 NASEW 95 平差软件。

应急网点新测坐标与既有坐标相比较，90% 应急网点坐标差值在 10mm 之内，线路精密导线网与应急网平面衔接较好。

（3）应急控制网与高程控制网的衔接

每隔 5km 对应急网水准点和精密水准点进行高差联测，在联测过程中选择保存比较完好的且施工单位经常使用的应急点进行高差联测。

最终选择 7 个应急点的高程成果作为起算数据对精密水准网进行平差计算，全线按整体网进行平差，从而获得精密水准网中所有点的高程。根据精密水准点的高程成果、与应急控制网点的联测高差，反推出应急控制网点的现测高程，通过成果比较发现精密网的高程成果与施工应急网的成果相当接近，很好地解决了精密网高程成果和施工应急控制网成果的衔接问题。

3.2.4　启示与展望

在京津城际的工程实践中，工程测量技术团队深入开展了高速铁路精密工程控制测量技术与方法的研究，研究了京津城际精密工程测量控制网的布设方案、测设技术和数据处理方法，首次提出控制网分级布设形式、观测方法、精度指标和数据处理方法，满足了京津城际高速铁路建设需要，为高速铁路无砟轨道的建设提供了依据。

在京津城际工程测量过程中，针对京津城际沿线地面不均匀沉降，首次提出并实施 GNSS 基站网（框架网 CP0）、基岩点和深埋水准点的精密测量方案，首次采用 WGS84 椭球参数建立高速铁路工程独立坐标系，使用精密星历处理 GNSS 长基线观测数据，基线最弱边相对精度高达上百万分之一，解决了高速铁路高精度平面和高程基准的建立问题。

依据精密工程测量原理和严密平差理论，工程测量技术团队在京津城际工程实践中，研制的轨道设标网（CPⅢ）点的测量标志简单易用，获得了专利；研发的"客运专线轨道设标网（CPⅢ）测量系统（TSDI_HRSADJ）"数据处理软件，数据处理采用的数学模型正确，算法先进可靠，实现了 CPⅢ 网的自动测量，数据质量得到有效控制，观测数据与网平差软件的无缝衔接提高了作业效率。

基于京津城际的工程实践，工程测量技术团队在引进、消化、吸收外部经验的基础上，实现了再创新，开发出测量机器人自动化测量程序，提高了观测效率，研发的软件取代了昂贵的国外软件，多项研究成果纳入到《高速铁路工程测量规范》中，对其他高速铁路工程的顺利开展起到了积极的借鉴作用。京津城际铁路精密工程控制测量的科技创新成果和经验已被广泛地推广到京沪高速铁路、京石客专、石武客专、长吉客专、哈大客专、津秦客专、合武客专等一大批高标准铁路建设项目中，效果良好，取得了较好的技术效益、经济效益和社会效益。

3.3 京沪高速铁路

3.3.1 工程概况

京沪高速铁路是我国也是当今世界一次建设最长、投资规模最大、技术标准最高、运行速度最快的一条具有世界先进水平的高速铁路，位于我国东部沿海地区，如图 3.3-1 所示，线路起自北京南站，经廊坊、天津，过沧州、德州，跨黄河后至济南，经泰安、曲阜、枣庄、徐州、宿州，跨淮河后至蚌埠，过滁州，跨长江后至南京、镇江，经常州、无锡、苏州，终到上海虹桥站，线路长度 1318km。北京至济南属冀鲁平原，地形平坦开阔，地面高程 0.1～42.0m。济南以南至徐州属鲁中南低山丘陵及丘间平原，地形起伏大，地面高程 40～324m。徐州至上海段线路主要通过黄淮冲积平原，淮河一、二级阶地，长江及其支流河谷阶地和长江三角洲平原区，局部通过剥蚀低山丘陵区。黄淮冲积平原地势平坦开阔，略向南倾，地面高程 20～40m。京沪高速铁路于 2008 年 4 月 18 日开工，2011 年 6 月 30 日正式通车运营。

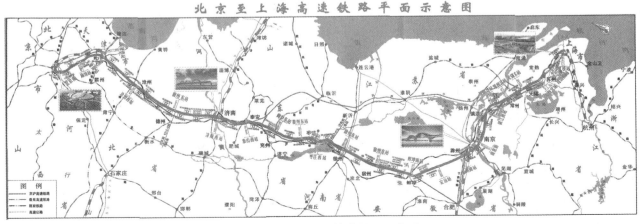

图 3.3-1 京沪高速铁路平面示意图

京沪高速铁路精密工程控制测量任务的主要工作内容为全线平面及高程精密工程控制网的建立和复测。2007 年完成建网，平面每年进行一次复测，高程每年进行两次复测。

2006 年 11 月，本项目工程测量技术团队编制的《京沪高速铁路精密工程控制测量技术方案》通过了京沪高速铁路公司筹备组组织的专家评审。在 2007 年精测网建设过程中，京沪高速铁路公司委托了由大学、设计院组成的精测网建设咨询评估专家组，对本项目精测网测量技术设计书、选点、造标、测量、数据处理等进行全过程专家咨询评估，在项目结束时，专家组编写了专家咨询评估报告，对工程测量技术团队完成的京沪高速铁路精测网建设给予充分肯定。

京沪高速铁路精密工程控制测量全线统一技术方案、统一测量标志、统一平差计算软件，全线整网平差计算，真正体现了"三网合一"的理念，并在各个环节全程进行专家评估验收，精测网建设管理严谨，测量标准和精度高。在高速铁路工程测量的历史上，工程测量技术团队牵头在京沪高速铁路精测网首次提出并布设了框架网 CP0，采用精密星历进行长基线解算，并整网平差，解决了高速铁路高精度平面基准的建立问题。

在京沪高速铁路部分段落区域地面沉降严重的情况下，工程测量技术团队设计建造了基岩点、深埋水准点，使用多种方法加强区域地面沉降监测，结合施工情况，合理确定了精测网的复测周期，在架梁前、铺板前和轨道精调前，及时对精测网高程进行复测，工程测量技术团队与相关设计专业、建设单位及施工方密切配合，沉降地段适时起用复测后的新高程，并根据沉降变化量，对设计纵断面进行合理调整，保证工程顺利施工，各阶段衔接平顺、良好。

京沪高速铁路北京—济南段（黄河以北）沿线存在不同程度的区域地面沉降，自北向南依次经过北京大兴—榆垡，河北廊坊，天津杨村、杨柳青、静海，河北省青县、沧州、南皮、东光、吴桥，山东省德州等地面沉降区。其中线路在河北省廊坊市市区穿越沉降漏斗中心，其余地段均避开了沉降漏斗中心。

工程测量技术团队在 2007 年精测网二等水准网的基础上，对京沪高速铁路（北京—济南段）区域地面沉降进行监测工作，自 2009 年 8 月—2011 年 3 月共计进行水准观测 7 期，GNSS 观测 6 期，采用合成孔径雷达干涉测量（InSAR）技术对 2007—2009 年区域地面沉降进行监测分析。在施工期间，工程测量技术团队研发线下工程沉降监测与评估软件系统，实现了线下工程工后沉降量的准确预测，解决了高速铁路无砟轨道铺设时机与沉降控制关系的技术难题。

在京沪高速铁路运营期间，京沪高速铁路公司组织开展了运营期构筑物变形监测工作，主要是对高速铁路的桥梁、路基、隧道、过渡段、大跨连续梁梁体、大跨钢箱梁及轨道结构等各种构筑物进行变形监测。自 2011 年 11 月开始至 2018 年 11 月，进行了多期监测，监测数据为运营维护提供了翔实的基础数据。

京沪高铁运营期构筑物监测线路长、工作量大，为保持监测数据的有效性，每周期监测时间不能过长，这给在既有线"天窗"时间开展监测作业的生产组织带来了巨大挑战。在工期要求十分紧张的情况下，如何做好严密、有序的项目组织，如何充分发挥团队精神等都是保证项目顺利完成的关键。京沪高速铁路构筑物形式多样，构筑物变形点的科学合理布设不仅能准确地反映构筑物的变形量，而且还可以减少外业监测工作量。在项目开展前，工程测量技术团队组织桥梁、路基、隧道、地质、线路、轨道等专业进行了技术攻关，保证了技术方案的可行性与有效性。

3.3.2　关键问题

1. 精密控制测量

京沪高速铁路设计时速 350km/h，除黄河和长江大桥外，全线铺设无砟轨道，需要建立高精度的测量控制网以满足无砟轨道的平顺性要求。框架控制网 CP0 的建网从 2003 年开始，在国内类似高速铁路工程控制测量还没有实践经验，测量手段处于引进吸收国外经验的阶段，数据处理分析难度大。京沪高速铁路北京—济南段（黄河以北）沿线存在不同程度的区域地面沉降，高程控制网的建立需要根据实际情况布设不同等级的水准点。

本项目勘察设计阶段定测工程控制网的精度，满足《京沪高速铁路测量暂行规定》相关要求，但与无砟轨道施工控制网要求存在较大差距，不能满足无砟轨道铺设技术要求，除框架控制网 CP0 外，需重新在全线建立精密工程控制网。精密控制测量与线路、轨道设计的结合，既要满足线下土建工程的需要，又要保证线路、无砟轨道平顺性的测量要求。京沪高速铁路北京—徐州段与徐州—上海段的测量成果衔接，经过设计单位中国铁设和铁四院的充分沟通和专家评审后才得以确定。

2. 区域沉降监测

京沪高速铁路（北京—济南段）区域地面沉降监测项目由于区域地面沉降观测范围大和沉降趋势不均匀等原因使得监测成果分析难度很大。据多年的水准观测资料，北京—济南段（黄河以北）沿线的北京、廊坊、天津、沧州、德州等城市及周边地区由于多年大量的抽取松散堆积层的地下水，致使区域地下水位下降，导致地层压密，形成了多个沉降漏斗，引起了不同程度的区域地面沉降。区域地面沉降对在建的高速铁路产生不利影响，特别是局部地区存在的不均匀地面沉降会对高速铁路工程产生较大不利影响。

区域地面沉降监测的目标是通过定期对京沪高速铁路北京—济南段沿线两侧一定范围内的地面沉降现状进行监测，预测地面沉降的发展变化趋势，确定地面沉降范围、速率、幅度及其与线位的关系；通过观测网对地面沉降的监测，并结合沿线已布设的精测网对路基、桥梁进行的变形监测，确定路基、桥梁的变形究竟是由于区域地面沉降引起，还是附加应力引起；通过监测及时发现沿线沉降规律，采取对策，防止或削弱区域地面沉降对铁路产生不利影响。

3. 运营变形监测

京沪高速铁路开通运营后，高速铁路运营监测尚没有成熟的技术标准，所有的监测工作均需研究、制定针对方案。由于京沪高速铁路建成通车后，施工便道被破坏以及施工现场回填等原因，建设期间的沉降监测基点大部分被破坏，运营期监测基准网如何布设成为一项新的课题。

京沪高速铁路运营期自动化监测，是国内首次将自动化监测设备安装到已运营的高速铁路上，没有相关的经验可以借鉴。自动化监测设备的安装、数据的管理与分析等是面临的一项新的课题。高速铁路运营期监测持续时间长（一般不少于 5 年），数据量大，海量数据的管理与分析是运营监测的核心问题。

3.3.3 方案与实施

3.3.3.1 精密控制测量

1. 研究制定的技术设计方案可行，满足施工建设需要

针对京沪高速铁路线路长、投影长度变形值不大于 10mm/km 的要求，根据分级布网、逐级控制的原则，确定统一的建网方案，布网原则如下：

（1）统一勘测设计、施工建造、运营维护各个阶段的控制网。

（2）控制网控制全线、统一布网、统一测量、整体平差。

（3）根据控制网作用和精度要求进行分级布网、逐级控制。

（4）满足本工程全生命周期对测量点位控制足够精度和密度的需要。

精测网体现"三网合一"的特点，即勘测控制网、施工控制网、运营维护控制网坐标和高程系统统一，起算基准统一。平面控制网（如图 3.3-2 所示）按四级布设：

第一级为 GNSS 框架控制网（CP0），主要为全线提供平面坐标基准和高精度的起算数据。

第二级为基础平面控制网（CPⅠ），主要为勘测、施工、运营维护提供坐标基准。

第三级为线路平面控制网（CPⅡ），主要为勘测和施工提供控制基准。

第四级为轨道控制网（CPⅢ），主要为轨道铺设和运营维护提供控制基准。

高程控制网分二级布设，第一级线路水准基点控制网，为勘测设计、施工提供高程基准，由基岩点、深埋水准点和普通线路水准基点组成；第二级轨道控制网（CPⅢ），为轨道施工、维护提供高程基

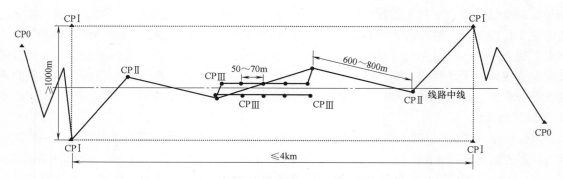

图 3.3-2　京沪高速铁路平面控制网布设示意图

准。第一级按二等水准测量标准施测，CPⅢ高程测量按精密水准测量标准施测。

2. 特别设计的平面和高程控制点方案保证了各等级控制点的稳定性及高精度

平面控制网 CP0 选在不易被破坏且容易长期保存、稳固的地方，在楼层不高的楼顶设强制归心标。CPⅠ、CPⅡ点埋深至最大冻土深度线以下 0.5m，且 CPⅠ埋深不低于 1.4m，CPⅡ埋深不低于 1.2m。主要技术指标如表 3.3-1 所示。

各级平面控制网设计的主要技术指标　　　　　　　　　　　　　　　　　　　　　　表 3.3-1

控制网级别	测量方法	测量等级	点间距	相邻点的相对点位中误差（mm）	备注
CP0	GNSS	国家 B 级	50km	20	
CPⅠ	GNSS	二等	≤4km 一个点或一对点	10	点对间≥800m
CPⅡ	GNSS	三等	600～800m	8	
	导线	三等	400～800m	8	

高程控制网沿线布设基岩点、深埋水准点和一般水准点三种类型的高程控制点，组成统一的高程控制网。北京—济南段部分路段地处区域性地面沉降区，每 6～8km 设置一个深埋水准点。济南—徐州段地质条件较好，每 25km 左右布设一个深埋水准点。徐州—上海段按照每 25km 左右布设一个深埋水准点。

深埋水准点深度根据地质地层条件及桥梁墩设计深度单独进行设计。各类水准点布点要求如表 3.3-2 所示。

高程控制测量等级及布点要求　　　　　　　　　　　　　　　　　　　　　　　　　表 3.3-2

水准点类型	测量方法	测量等级	点间距
基岩点	水准	二等	50～100km
深埋点	水准	二等	根据地层地质情况确定，区域地面沉降区按 6～8km，其他地区 25km 左右
普通水准点	水准	二等	2km

普通平面和高程控制点标石标心钉均为定制的标准尺寸的不锈钢标志，顶面直径 5cm，中间为半径 1cm 半球，球顶中心钻直径 1mm，深 3mm 的圆孔，标心钉柱长 20cm，直径 2cm，下部作成 3cm 直径圆盘。控制点大部分选择在便于使用、保存和不易被扰动的地方。控制点均采用现场灌注混凝土的方式埋设。

3. 配备最先进的高精度、高工效测量仪器进行观测

配备 Leica 1230 GNSS 和 Trimble 5800 接收机、Trimble DINI12 和 Leica DNA03 电子水准仪等国际先进的测量仪器设备。GNSS 仪器标称精度不低于 ±（5mm＋1ppm×D），电子水准仪配备铟瓦条码尺，标称精度不低于 DS1 级。

4. 数据处理严密、平差方法合理

CP0 基线向量采用 IGS 精密星历，采用 Gamit 精密基线解算软件计算。CPI基线向量解算采用广播星历和商用软件，重复基线及环闭合差检验均满足技术标准的要求。网平差以 CP0 点三维空间坐标作为起算点进行全线整网三维约束平差。CPI控制点的成果点位中误差均小于±10mm，基线边方向中误差均小于 1.3″，最弱边相对中误差均小于 1/180000。CPII数据处理方法及要求与CPI基本相同，基线解算、重复基线、同步环、独立环检验合格后，以CPI为起算点进行二维约束平差计算。CPII控制点的成果点位中误差均小于±10mm，基线边方向中误差均小于 1.7″，最弱边相对中误差均小于 1/100000。

水准测量各测段往返测高差不符值均 $<4\sqrt{L}$ mm（L 为水准路线长，以 km 计），按测段往返测高差不符值计算偶然中误差 <1mm。对起算点的兼容性和稳定性进行检查后，对附合和闭合路线闭合差进行计算，均 $<4\sqrt{L}$ mm。全线水准采用测段路线长度定权，以沿线国家基岩点及一等国家水准点高程成果作为起算数据，进行全线整体严密平差。

数据处理时，中国铁设设计段落与铁四院设计段落整网平差，济南黄河大桥控制网、长胜关长江大桥控制网与线路控制网顺利衔接。

为了将京沪高速铁路的测量成果纳入国家坐标系统，同时满足规划和利用其他测量部门成果的需要，各段落的铁路工程独立坐标系均引入 1954 年北京坐标系，在北京、天津、济南、上海等均与地方坐标系进行联测，以便当地规划部门进行审核，并利于铁路工程与当地城市轨道工程等顺利衔接。

3.3.3.2　北京—济南段区域沉降监测

京沪高速铁路北京—济南段区域地面沉降监测技术方案主要由水准监测技术方案、GNSS 大地高程测量（CP0 级精密定位）方案、InSAR 技术监测方案组成。在作业过程中三种方案相互支持，对三种技术方案计算得到的区域沉降量进行相互比较、统一分析，得到相对准确的数据成果。

1. 按点、线、面三个层次布设区域地面沉降水准监测网

水准监测技术在京沪高速铁路区域地面沉降监测工作中起着主要的作用。水准测量为传统的沉降监测技术，具有测量精度高、成果可靠、操作简便、仪器设备便宜、数据处理方便快捷等特点，能从宏观上掌握地面沉降的特征和把握沉降的整体分布特征。区域地面沉降监测网按点、线、面，即沿线精测二等水准点（点）、控制剖面（线）及区域加密监测网（面）三个层次进行布设。

1）水准基准网由京沪高速铁路精测网所用基岩水准点构成。即北京、天津、沧州、德州、济南 5 个基岩水准点。整个区域地面监测网以这 5 座基岩水准点为基准，为沉降监测控制网的工作基点和变形点提供计算依据。

2）沿线布设精密控制网二等水准点。2007 年 2 月—3 月京沪高速铁路沿线按照相关要求每 2km 布设一个二等水准点，共布设 266 个点（含天津枢纽联络线）；按每 6～8km 布设一个深埋水准点，共布设深埋水准点 56 个。沿线普通二等水准点和深埋水准点构成区域沉降剖面。通过对沿线水准点的定期复测，了解沿线几个沉降漏斗的变化规律，实现对该区域的整体化沉降监测。

3）在区域沉降较大的区域进行水准点加密布设，为快速了解区域地面沉降空间分布状况以及地质环境信息发布奠定基础。依据《地面沉降水准测量规范》和沿线地面沉降的现状要求，在 DK70＋000～DK210＋000、DK240＋000～DK260＋000 两段按每 1km 布设水准点 1 个（二等），DK210＋000～DK240＋000 段按每 600m 布设水准点 1 个（二等）；水准点布设于线路的两侧，距线路中心线 800m～1000m 交错布设，共计布设 195 个。DK20＋000～DK70＋000、DK260＋000～DK406＋918.87 利用已经布设完成的精测网水准点观测。观测点标石埋设规格及深度参照精测网普通水准点进行，加密点一般采用墙标布设。

4）差异沉降区桥墩加密监测点的布设。通过对整个京沪高速铁路二等水准网前两期复测高程成果所构成水准沉降剖面图的分析，确立了 13 处差异沉降比较明显段落，在这些段落里的桥墩上钻设桥墩监测标。观测点设在桥墩上，距地面（水面）高度在 1m 左右，特殊情况按照确保观测精度、方便观测、利于测点保护等原则进行确定，为桥墩及其相关工程施工提供参考，共加密布设 1300 个桥墩监测点。

通过制定周期、阶段性复测计划，分析各期监测数据构成地面沉降等值线图，较为全面地了解京沪高速铁路北京—济南段地面沉降的动态发展规律，对沿线地面沉降发展趋势、防治措施有较为准确的把握。

2. 采用高等级 GNSS 高程测量进行监测

由于 GNSS 定位技术具有相对定位精度高、测站间无须通视、观测不受气候条件限制、可同时测定点的三维坐标和自动化程度高等特点，GNSS 技术逐渐成为变形监测中的一种重要手段，其在地面沉降应用中的精度已达毫米级。GNSS 基线向量解算采用 IGS 精密星历，用 Gamit 或 Bernese 精密基线解算软件计算。

为便于高程联测，控制点选择在既有基岩水准点或深埋水准点附近，控制网沿线路布设，每隔约 50km 设一个点，点位均便于安置仪器，周围视野开阔，对天通视情况良好，高度角 15° 以上无障碍物阻挡卫星信号；远离高于安置天线高度的树木、建筑物等阻挡卫星信号的障碍物；为了避免电磁场对 GNSS 卫星信号的干扰，点位远离大功率无线电发射源、高压输电线；在点位附近无大面积水域，以避免多路径效应的影响。

考虑到长时间观测时仪器的稳定，控制点设为强制归心装置，顶部为一圆盘，中间有孔，GNSS 观测时可用连接螺栓固定，高程联测时使用定制的螺栓，顶部为半球体，下部为圆柱体附螺纹，与归心装置紧密连接。

GNSS 网共设 9 个控制点，其中 5 个点位于高程控制网中北京基岩点、天津李七庄基岩点、沧州基岩点、德州基岩点和济南基岩点附近，其他 4 个点位于河北省廊坊市 JHBM9、天津市静海县 JHBM22、河北省东光县 JHBM36 和山东省禹城市 JHBM50 四个深埋水准点附近。

GNSS 高程测量参照京沪高速铁路精密工程控制测量 CP0 网的观测方案，采用 Leica 1230 等同精度 GNSS 接收机观测，GNSS 测量的技术指标满足《高速铁路工程测量规范》有关 CP0 测量的技术要求，同时联测北京房山 IGS 跟踪站 BJFS。

GNSS 观测前后，利用 Leica DNA03 或 Trimble Dini12 精密电子水准仪及配套的 2m 或 3m 铟瓦条码水准尺，按照国家二等水准测量标准联测附近基岩水准点或深埋水准点，得到 GNSS 观测点与相邻水准点的精确高差。

3. InSAR 技术与水准监测成果融合分析地面沉降场

区域地面沉降除了传统的水准监测方法之外，本项目还引入了合成孔径雷达干涉遥感（InSAR）技术进行监测。传统的水准监测手段可监测到铁路沿线带状范围的沉降变化，InSAR 技术能够监测铁路线路中心附近较大区域范围内的沉降变化情况，还可以利用存档的历史 SAR 数据，追溯分析相应地面沉降的历史发展，非常有利于查找和分析京沪高速铁路沿线的沉降漏斗，为分析和处理区域地面沉降提供技术支持。

InSAR 技术是利用合成孔径雷达的相位信息提取地表的三维信息和高程变化信息的一项技术，目前被广泛用于获取地面起伏的信息。采用 D-InSAR 技术及 PS 技术进行卫星影像数据处理，主要流程为影像数据的配准、干涉条纹图的生成、相位解缠、高程计算等。

InSAR 用于地面沉降监测有很多优点：大面积获取数据、空间分辨率高、相对成本低等，可以较快捷地从宏观上掌握区域地面沉降的趋势。京沪高速铁路北京—济南段所在区域跨越了 Envisat 卫星的两个轨道，分别为 Track 218 和 Track 447，其中 Track 218 主要覆盖北京—天津段，其覆盖面积约为 100km×100km。Track 447 采用了 4 个 Frame 的数据，覆盖了廊坊—济南段，其覆盖面积达 100km×400km。工程测量技术团队对 2007 年 4 月—2009 年 4 月的存档数据进行隔期采购，对 2009 年 5 月以后的数据逐期订购。第一阶段从 2007 年 4 月 18 日—2009 年 11 月 18 日，共有 15 期 Track 218 数据和 17 期 Track 447 数据，总计 83 幅。通过数据处理，形成了干涉图、沉降等值线图、沉降曲线图等成果，与水准监测成果吻合，得到了区域面状的沉降成果，见图3.3-3。

通过InSAR得到的沉降量与水准测量得到的沉降量在总体趋势上是一致的。利用InSAR方法得到了京沪高速铁路北京—济南段沿线区域的总体沉降图，提供了多种形式的沉降信息，有利于从宏观上指导高速铁路建设和运营管理。精密地面水准测量可以获得京沪高速铁路沿线带状区域的准确沉降情况，测量精度高，但仅能提供高速铁路沿线很窄区域范围的沉降变化情况。InSAR技术可以对一个较大区域范围进行监测，面线监测结果相结合，互为补充，不但可以准确判断高速铁路沿线的沉降变化趋势，还能够发现高铁沿线地面的变化情况，有利于发现沉降源。

4. 基于谷歌地球的监测成果分析

根据水准测量和InSAR数据处理成果计算的各个水准点的沉降量，转化成采用WGS84经纬度绘制的谷歌地球KMZ格式的沉降等值线图直观地反映了区域地面沉降趋势。基于谷歌地球KMZ格式的沉降等值线图作为沉降监测的电子成果文件提交相关单位使用。放大图形后可以查看沉降量细节，单击某条等值线，则可弹出该等值线对应的沉降量信息。

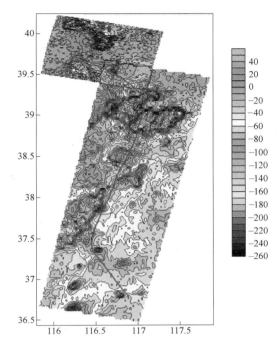

图3.3-3 京沪高速铁路北京—济南段 InSAR沉降曲线图

5. 区域地面沉降监测方案和成果通过专家评审会的评审

2009年11月8日，京沪高速铁路建设总指挥部在北京组织召开了区域沉降地区沉降观测实施方案专家评审会。评审意见认为"以水准观测为主的京沪高速铁路北京—济南段区域沉降地区沉降观测实施方案总体可行"。2011年7月2日，京沪高速铁路公司在天津组织召开京沪高速铁路北京—济南段建设期间区域地面沉降监测成果评审会。评审意见认为"采用了水准、InSAR、GNSS三种监测技术，手段丰富，监测网布设合理、监测方案正确；外业观测数据翔实，内业处理方法正确，监测成果客观反映了该段区域地面沉降趋势和沉降量，为京沪高速铁路的建设、运营提供了准确的基础资料"。

6. 根据沉降情况确定精测网复测周期

区域地面沉降监测网是在京沪高速铁路精测网的基础上建立的，根据区域地面沉降监测情况，在架梁、铺板、精调前，合理确定精测网复测周期，及时复测，2007年4月—2010年12月31日，京沪高速铁路北京—济南段精密工程控制网复测7次，其中区域地面沉降监测网复测5次。

通过沉降监测指导施工，施工单位结合监测各期成果，严格控制正在架梁的施工高程，确保桥面高程的平顺性和相邻桥梁的高差符合要求。区域地面沉降监测结合精测网复测，在区域地面沉降明显的地区，及时调整精测网成果，对差异沉降严重区段的线路水准基点高程进行局部调整，与前后区段的高程系统进行顺接，线路设计专业对线路纵坡和高程进行调整，结合桥梁高程复测成果，核算底座板的厚度。在轨道工程施工期间以桥上的加密水准点和CPⅢ高程为轨道工程的施工高程控制基准。对通过沉降评估的段落及时实施坡度、轨道工程标高调整方案，使得设计纵坡与实际梁面纵坡基本一致。按照这种方法顺利完成了京沪高速铁路在区域沉降地区的轨道铺设和精调任务，轨道平顺性满足高速铁路动态检测和静态检测标准。

3.3.3.3 运营变形监测

2011年8月中旬，京沪高速铁路设计团队组织测量、路基、桥梁、隧道、地质、线路及轨道等专业人员研究、编制《京沪高速铁路运营期间结构变形观测技术设计方案》并将该方案上报京沪高速铁路公司。2012年2月，《京沪高速铁路运营期间结构变形观测技术设计方案》通过了京沪高速铁路公司组织的专家评审，专家组对监测工作的技术设计书、选点、造标、监测点布设、测量、数据处理进行全过程专家评估。在项目结束时，专家组对监测报告进行了验收，对监测工作给予充分肯定。

　　京沪高速铁路全线线路长，全面监测的工作量大，并且频次密集。为了保证监测的时效性，将京沪高速铁路工程结构沉降变形监测区段分为"一般区段"和"重点区段"两大类。重点区段是沉降易发生段落或差异沉降敏感段落，主要包括高填方路基及膨胀岩土、岩溶发育区等不良地质条件区段，重点为华北平原的不均匀区域地面沉降区。对于一般区段，只需开展普查性监测；重点区段除开展普查性监测外，还需加大监测频率，必要时增加轨道结构监测等监测项目。根据监测结果及养护维修部门的动检车监测数据，"一般区段"和"重点区段"可以转化。

　　根据高速铁路构筑物变形的特点和发生发展趋势，沉降变形测量按变形测量三等标准执行；对于技术特别复杂工点，根据需要按二等标准执行，见表3.3-3。

高速铁路沉降变形监测技术要求　　　　　　　　　　　　　　表3.3-3

变形测量等级	沉降变形(垂直位移)测量	
	沉降变形点的高程中误差(mm)	相邻沉降变形点的高程中误差(mm)
二等	0.5	0.3
三等	1.0	0.5

1. 根据各专业的设计意图，制定出变形监测点的合理布设方案

　　1）对桥墩高度超过14m或处于地质条件不良区域的桥墩布设左右两个监测标以监测桥墩的沉降和倾斜，其余桥墩则布设一个监测标。

　　2）路基观测断面沿线路方向的间距一般不大于50m，每个监测单元不少于2个监测断面，过渡段处在距离横向构筑物边墙5～10m处加设一个断面。每个断面在路基中心不少于1个监测点。重点路桥（涵）过渡段的每个监测横断面需布设9个监测点，其中两侧路肩各布设一个监测点，路基中央布设一个监测点，支承层两侧各布设一个监测点，轨道板中心布设一个监测点。

　　3）路桥过渡段：一般布设4个断面，分别距离桥头5～10m及20～30m各布设一个断面，如图3.3-4所示。桥上断面在上下行底座板的两侧及凸台上各布设一个监测点。

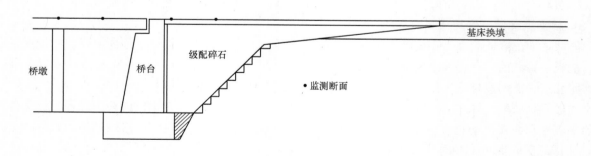

图3.3-4　路桥过渡段监测断面布设示意图

　　4）路涵（框构）过渡段：一般布设3个断面，其中涵洞顶埋设1个断面，涵洞两侧各埋设一个断面，一般在其边墙外5m左右，如图3.3-5所示。

　　对于单孔框构桥可直接采用图3.3-5所示监测断面进行埋设，对于多孔框构桥按照路桥过渡段埋设。

　　5）路隧过渡段：一般布设4个断面，分别距离隧道口5～10m及20～30m各布设一个断面，如图3.3-6所示。

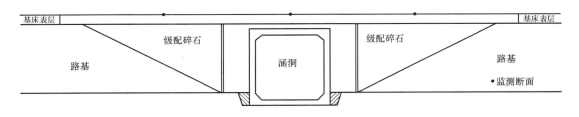

图 3.3-5 路涵过渡段监测断面布设示意图

图 3.3-6 路隧过渡段监测断面布点示意图

隧道内断面在上下行防撞墙和凸台上各埋设一个监测点。

6）连续梁上的观测标，根据不同跨度，分别在支点、中跨跨中及边跨 1/4 跨处设置，如图 3.3-7 所示。

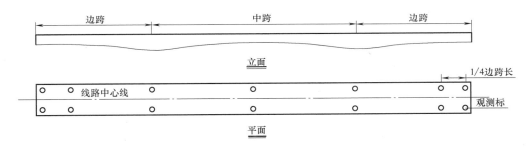

图 3.3-7 连续梁监测断面布设示意图

2. 总结出一套合理的监测作业流程

运营期线下相关建构筑物的沉降将影响线路的平顺性，对轨道上高速行驶的列车安全性和舒适性有重大影响，因而准确、及时地获取并掌握沉降发生量及其变化规律与趋势对运营的安全和乘坐的舒适度至关重要。另外，轨道运营期的养护与维修工作也需要准确、及时地掌握线路工程结构的沉降变形趋势。

全线监测工作采用传统几何水准监测及自动化沉降变形监测相结合的方式。综合考虑成本与时效性，京沪高速铁路"一般区段"沉降普查性监测以传统二等水准监测为主，自动化监测为辅；重点难点工程以自动化监测为主，二等水准监测方法为辅。常规二等水准监测与自动化监测优势互补、互为备份，亦可相互校核。依据沉降变形发生的程度，适时动态地对监测频次进行调整，既满足运营维护的需要，又能提高监测效率。北京—济南段因沉降速率大，该段一般每年监测两次，而济南—徐州段因地质条件好，一般一年监测一次，另外对出现晃车及动检扣分的地段随时进行监测。监测单位与高铁运营维修部门建立沟通协调机制，依据动检结果，适时增减监测内容和频次，例如一般地段只监测桥梁或路基段落的沉降变化，动检扣分地段增加轨道结构监测或过渡段加密监测等，并将监测结果实时地反馈至运营维修部门。

工程监测作业团队结合监测工作，总结出一套对监测数据有效的数据处理及分析方法，准确地分析出构筑物变形的绝对沉降量及相对沉降量，研发完成的"高速铁路运营监测管理与分析系统"，有效解决数据类型多、数据量大所带来的数据分析困难等问题，方便了统计与查询。

3.3.4　启示与展望

1. 精密控制测量

京沪高速铁路精密工程控制测量技术的研究与实践充分体现了中国特色，紧密结合高速铁路建设需要和现代测绘技术的发展特点，坚持了原始创新、集成创新和引进消化吸收再创新的原则，体现了"三网合一"的测量要求，形成了具有自主知识产权的中国高速铁路精密工程测量技术标准体系。京沪高速铁路精密工程控制测量成果满足路基、桥梁、隧道等线下工程施工及 CRTS II 型板式无砟轨道施工对工程测量精度的要求。

2. 区域沉降监测

京沪高速铁路北京—济南段区域地面沉降监测取得了预期的成果，达到了监测目标，并及时地应用于高速铁路的施工过程中，有效地指导了施工建设，保证工程的顺利建成。区域地面沉降监测成果客观反映了该段区域地面沉降趋势和沉降量，为京沪高速铁路的建设、运营提供了准确的基础资料。

3. 运营变形监测

通过运营期的变形监测，确定了京沪高速铁路的沉降监测重点地段，并对重点地段进行了加密监测，为线路的养护维修提供了及时可靠的基础数据，保证了高速列车的行车安全。项目工程测量技术团队紧密结合本项目特点，组织路基、桥梁、隧道、轨道、地质等各专业开展科研攻关，在京沪高速铁路运营监测项目中首次提出完善的运营监测技术方案，开发"高速铁路运营监测管理与分析系统"，并成功地将自动化监测设备安装至已运营的高速铁路，提高了监测效率。

为规范高速铁路运营期精密测量控制网的维护管理工作和高速铁路运营期基础变形监测管理工作，2015 年 4 月，中国铁路总公司印发《运营高速铁路精密测量控制网管理办法》和《运营高速铁路基础变形监测管理办法》，规定了开展高速铁路精测网维护工作和基础变形监测的职责分工和技术要求。

中国铁路工程系列测量技术标准的制订和颁布，形成了较完整的铁路工程测量技术体系和技术标准，体现了先进测量技术在中国铁路工程测量的应用范围和技术水平，对铁路工程勘察设计、施工建造和运营维护具有积极的指导意义。

3.4　哈大客运专线

3.4.1　工程概况

哈大客运专线是国家"十一五"规划的重点工程，是国家《中长期铁路网规划》"四纵四横"客运专线网中京哈客运专线的重要组成部分。如图 3.4-1 所示，它北起黑龙江省哈尔滨市，南抵滨海城市大连，线路纵贯东北三省，途径三个省会城市和六个地级市及其所辖区县，全长 921km，为双线电气化铁路，区间运行列车均为动车组，线下部分基础设施按时速 350km/h 条件进行预留设计，全线铺设 I 型板式无砟轨道。哈大客运专线于 2007 年 8 月 23 日正式开工建设，2012 年 12 月 1 日正式开通运营。

图 3.4-1　哈大客运专线铁路线路平面示意图

哈大客运专线精密工程控制测量于 2007 年 6 月完成建网。主要工作内容：全线建立高精度的平面控制网（CP0、CPⅠ、CPⅡ）和高程控制网。

哈大客运专线由铁一院和铁三院共同设计，铁三院为总体设计单位。按照铁道部有关要求及哈大客运专线具体实施进展情况，铁一院和铁三院结合各自段落具体情况及技术标准要求分别制定《新建铁路哈尔滨—大连客运专线精密工程控制网测量技术方案》，并由铁三院作为总体单位进行汇总，最终形成标准统一的哈大客运专线精密测量技术方案。并委托咨询单位铁四院邀请路内外测量专家于 2006 年 12 月 26 日在武汉对技术方案进行了评审。评审的主要内容为：

① GNSS 基站网的设立原则、测设方法及数据处理。

② CPⅠ选点、埋石、观测及数据处理。

③ CPⅡ选点、埋石、观测及数据处理。

④ 基岩水准点及加密水准选点、埋石、观测及数据处理。

⑤ 与定测平面、高程制网成果进行衔接处理措施。

经过与会专家的评审，最终形成哈大客运专线精密测量技术方案终审稿，报铁道部各相关部门。

按照《哈大客运专线精密测量技术方案终审稿》技术要求，铁三院及铁一院于 2007 年 2 月组织队伍进场测量，并于 2007 年 5 月底完成精密网测设工作。建设单位哈大铁路客运专线有限责任公司于 2007 年 4 月组织咨询单位铁四院以及精测网建设单位铁三院和铁一院，对哈大客运专线精测网建设情况进行了中间检查评估，建设单位及铁四院现场检查了桩位布设及埋设情况、点之记绘制情况以及已经完成的部分测量成果，并对已经埋设好的桩位进行了抽查。

精密网建设完成后，建设单位哈大铁路客运专线有限责任公司组织咨询单位以及参建单位的测量专家进行评审，同时邀请铁道部相关部门的专家到会指导工作。评审结果认为两个设计院完全按照设计要求进行布网、测量及数据处理，测量成果精度满足技术要求，可以提交施工单位使用。

哈大客运专线开工前，建设单位组织设计单位对其测设的 CPⅠ、CPⅡ进行交桩。精测网建成后，交桩内容与原有普速铁路勘测交桩内容发生了质的区别，对以往普速铁路，设计单位交中线控制桩，而高速铁路则交 CPⅠ、CPⅡ控制桩。为了确保交桩顺利进行，建设单位首先组织设计单位进行现场交桩，为便于施工单位更好的理解精测网布设内容及精度要求，于 2007 年 6 月 29 日组织咨询单位以及精测网建设单位，对哈大客运专线精测网建设情况向施工单位进行了技术交底，对控制网复测的基本要求和复测中的一些关键环节进行了说明，并就施工单位编制的复测方案提出了相应意见。

精密测量已经成为客运专线建设质量好坏的一个关键环节，为确保施工质量，建设单位对施工单位的测量成果进行阶段性审查，于 2008 年 8 月中旬组织设计单位、咨询单位对相关段落内的施工单位测量过程及测量结果进行检查，为确保检查结果的公正性，铁三院检查铁一院段落的施工单位，铁一院检查铁三院段落的施工单位。通过检查发现，部分施工单位的测量过程还是有不合规范的现象。检查组要求施工单位对不合规范的问题立即进行整改，以确保施工质量。

按照《哈大客运专线精密测量技术方案终审稿》技术要求，建设单位应每年组织力量进行一次精密网测量成果复测，为确保施测质量，建设单位委托设计单位对其相关段落内的基准网 CP0、CPⅠ、CPⅡ以及高程控制进行全面复测，2008 年 5 月份开始进场作业，2008 年 8 月完成首次复测，通过复测发现，部分点位受施工等因素干扰，已经发生了变化，而施工单位仅进行相关小段落检核，无法进行总体评价，因此，从复测结果看，一年进行一次全面复测是非常必要的。2008 年—2011 年每年对精测网进行一次复测，共完成四次复测，通过复测及时更新控制网成果，保障了本项目的顺利施工。

哈大客运专线铺轨后经过一个冬季，检查发现部分路基段落由于冻胀引起了轨道的不平顺性，建设单位委托设计院开展路基冻胀监测工作，并依据监测结果分析冻胀机理，制定有效防冻胀措施。设计院组织测量、路基、地质及轨道等相关专业研究并编制《哈大铁路客运专线路基冻胀变形监测实施方案》，于 2012 年 10 月将设计方案上报建设单位。并于 2012—2013 年度共计进行了四个周期的路基冻胀监测工作。为有效处理大量的监测数据，冻胀监测作业团队开发"高速铁路路基冻胀监测数据处理与分析系统"，为其他高速铁路和客运专线的路基冻胀监测工作及制定我国高速铁路路基冻胀监测技术标准，提供了可借鉴的经验。

3.4.2　关键问题

3.4.2.1　精密控制测量

哈大客运专线精密控制测量网建立目标是为高速铁路轨道的相对定位和绝对定位提供高精度的坐标和高程基准，满足线下工程施工和轨道工程施工的精度要求。沿线山区范围较大，设计坡度大，地形复杂困难，地处东北严寒地区，精密控制测量网施测及冬季复测难度大。主要技术难度如下：

（1）哈大客运专线地处东北严寒地区，冻土深度大，如何保证平面、高程控制点的准确性和稳定性，对精密工程控制测量网控制桩的结构设计与施工工艺提出新的要求。

（2）工程实施时，国内高速铁路精密工程测量的相关技术标准尚没有制定，且沿线既有大地控制测量点丢失严重，2000 国家大地坐标系尚未启用，既有的控制点点间距偏大、精度等级低、兼容性差，对精测网的设计和施测带来相当大的挑战。

（3）冬季精测网复测，温度达到−20℃，低温气候对精测网测量的科学组织和仪器的有效工作带来严峻的挑战。

（4）松花江、鲅鱼圈特大桥二等水准跨海测量技术难度大，水准绕行较为严重，需要采取相关措施减少误差，以满足设计精度要求。

3.4.2.2　路基冻胀监测

哈大客运专线路基冻胀监测工作是我国乃至世界上首次进行的高速铁路季节性高寒地区监测工作，没有相关的经验可以借鉴。主要技术难度如下：

（1）哈大客运专线地处东北严寒地区，夜间极低气温达到−30℃以下，而目前电子水准仪的标称温度为−20～+50℃，如何在如此低温环境下保证电子水准仪正常工作，是路基冻胀监测工作需要解决的首要问题。

（2）对于路基冻胀监测，如何建立监测基准网是另一个要解决的重要问题。首先，要解决基准点稳定性的问题，基准网点不能和路基同时发生冻胀，也不能因地面的沉降等原因而影响监测的精度。另外，就是基准点的间距问题，距离太长，监测点的精度会降低，间距太近，影响测量成本及工作效率。

（3）数据分析问题是路基冻胀监测的核心问题。路基冻胀监测的数据有人工监测数据和自动化监测数据，数据量异常庞大，如此多的监测数据如何客观、合理地分析，得到准确真实的变形量是监测的最终目的。

3.4.3 方案与实施

3.4.3.1 精密控制测量

1. 布网情况

平面控制网按照分级布网的原则，分四级布设，第一级为 GNSS 坐标框架基准网（CP0），第二级基础平面控制网（CPⅠ），第三级为线路控制网（CPⅡ），第四级为轨道控制网（CPⅢ）。在 CPⅠ网的基础上，加测了 20～30km 的长边。

GNSS 坐标框架基准网主要为全线提供平面坐标基准和高精度的起算数据。第一级 GNSS 坐标框架基准网按每 100km 左右设置一座。CPⅠ 按 B 级 GNSS 网沿线路小于 4km 布设一对点，点对间形成四边形网，按边联式带状布网。CPⅡ 主要为勘测和施工提供控制基准，按 C 级 GNSS 网标准在 CPⅠ 网基础上附合布网。CPⅢ 按照 60m 一对点形式布设。

高程控制网布设基岩点、深埋水准点和普通水准点，基岩水准点和深埋水准点间距约 50km，普通水准点基本与地面 CPⅠ 和 CPⅡ 共用，不能共用时单独布设墙脚标志，高程控制点布设基本沿铁路线路，间距不大于 2km。

2. 控制点埋设

1）平面控制点的埋设

CP0 在建筑物顶上设置为强制对中观测标，CPⅠ、CPⅡ 一般为地面点标石，埋设采用现场浇灌混凝土桩，混凝土的配比按水泥∶砂子∶碎石的重量比为 1∶2∶3 进行。当气温在 0℃ 及以下时，混凝土加入防冻液和速凝剂。CPⅠ、CPⅡ 在建筑物上设水泥墩标石时，标石和建筑物顶面牢固连接，并对标石位置的建筑物顶进行防水处理。CPⅢ 在桥梁段是布设在挡砟墙上，在路基是埋设混凝土立柱，在隧道是布设在隧道壁上。

2）基岩水准点和深埋水准点标石埋设

施工前，已对所有钻机及管材进行检查。施工时，钻进采用 110mm 和 37mm 钻头，外层保护管为无缝钢管，采用镀锌标杆。施工过程严格按照：外管与标杆钻入基岩（或持力土层）深度比为 1∶3（极困难地段不低于 1∶2）。

3）普通水准点的埋设

普通水准点大部分与 CPⅠ 或 CPⅡ 共点，个别设置为墙标水准点，在建筑物或构筑物根部垂直于墙面使用电钻钻孔，放入不锈钢标志后用速凝水泥封口，并在点位旁边用红油漆书写点名。

3. 外业观测

1）GNSS 坐标框架基准网观测

哈大客运专线 GNSS 坐标框架基准网观测采用双频接收机，两个设计院所承担段落同步观测两个时段，时段长度 24h。

2）CPⅠ、CPⅡ 控制网观测

CPⅠ、CPⅡ GNSS 观测按四边形网形式进行，即独立环边数不大于 4 条。测量作业的技术指标满足表 3.4-1 的要求。

哈大客运专线 CPⅠ、CPⅡ 观测技术指标　　　　　　　　　　　　表 3.4-1

项目		级别	B(CPⅠ)	C(CPⅡ)
静态测量	卫星高度角(°)		≥15	≥15
	有效卫星总数		≥5	≥4
	时段中任一卫星有效观测时间(min)		≥30	≥20
	时段长度(min)		≥90	≥60
	观测时段数		2	1
	数据采样间隔(s)		15	15
	PDOP 或 GDOP		≤6	≤8
	重复设站		2	2

3）CPⅢ观测

CPⅢ平面观测采用带有马达驱动的全站仪（俗称测量机器人），使用全站仪机载程序进行自动化观测和记录。CPⅢ高程观测采用电子水准仪，按照精密水准的标准施测。

4）水准观测

哈大客运专线水准测量按照国家二等水准测量技术标准执行。

4. 数据处理

1）GNSS 坐标框架基准网（CP0）数据处理

哈大客运专线首级 GNSS 控制网的独立网计算采用 ITRF-2000 框架。基准网测量是哈大客运专线精密测量的基准，其测设结果的好坏直接影响全线质量。为确保平差结果满足要求，两个设计院统一进行测量，分别进行平差，然后进行对比分析。

（1）基线解算

基线向量采用 IGS 精密星历，使用精密基线解算软件 GAMIT 计算。

（2）控制网平差

平差计算采用 TGPPS 软件。在 WGS-84 中进行无约束平差计算，固定 BJFS（北京房山）和 SUWN（韩国宿屋）点 ITRF2000 框架，1997.0 历元的坐标，求出各站点的坐标，检查 WUHN（武汉）点与已知坐标之差不超过 10cm。

最终平差时采用 BJFS 和 SUWN 两个点进行平差，平差后两个设计院结果进行对比。从对比分析看，两个设计院计算结果出入不大，平差后在哈尔滨处差值最大，1000km 差值约 50mm。从相邻点精度分析，最大差值仅 8mm，说明两个设计院计算结果满足要求，为避免两个设计院接头处出现节点，最终以总体设计院铁三院计算结果作为最终结果。后续测量的 CPⅠ、CPⅡ 以基准网点 CP0（如图 3.4-2 所示）为起算依据。

2）CPⅠ、CPⅡ 数据处理

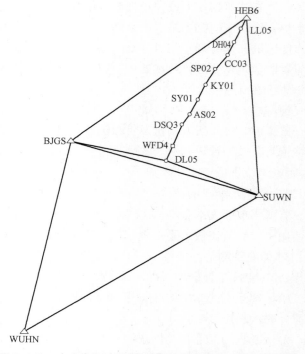

图 3.4-2　哈大客运专线铁路平面框架网（CP0）示意图

（1）基线处理

基线解算前，考虑以最佳的方式解算，基线解算 WGS-84 坐标系起算坐标为联测的 GNSS 坐标框架基准网点坐标。基线解算设置先验标准差一般采用软件系统推荐的系统缺省值，均解算出整周未知数。各级 GNSS 观测值均加入对流层改正、电离层改正。对流层改正一般选用系统缺省的 Hopfild 模型；电离层改正选用系统缺省的改正模型。

CPⅠ、CPⅡ级 GNSS 网重复基线及环闭合差检验满足表 3.4-2 的要求。

$\sigma=\sqrt{a^2+(b.d)^2}$，本项目 $a=5mm$，$b=1ppm$。

（2）网平差

复测基线及异步环满足要求后，采用 TGPPS 软件进行无约束网平差计算。无约束平差满足技术指标后使用 TGPPS 软件进行约束平差，铁一院和铁三院 CPⅠ基线数据联合平差，两单位接头处有 4 个 CPⅠ点共用。CPⅠ以 CP0 为起算点进行平差计算，CPⅡ以 CPⅠ为起算点进行平差计，平差结果满足表 3.4-3 的要求。

基线质量检验限差表　　　　　　　　　　　　　　　　　　　表 3.4-2

检验项目	限差要求			
	X 坐标分量闭合差	Y 坐标分量闭合差	Z 坐标分量闭合差	环线全长闭合差
同步环	$w_x \leqslant \frac{\sqrt{n}}{5}\sigma$	$w_y \leqslant \frac{\sqrt{n}}{5}\sigma$	$w_z \leqslant \frac{\sqrt{n}}{5}\sigma$	$w \leqslant \frac{\sqrt{3n}}{5}\sigma$
独立环 （附合路线）	$W_x \leqslant 2\sqrt{n}\sigma$	$W_y \leqslant 2\sqrt{n}\sigma$	$W_z \leqslant 2\sqrt{n}\sigma$	$W \leqslant 2\sqrt{3n}\sigma$
重复观测基线较差	$d_s \leqslant 2\sqrt{2}\sigma$			

GNSS 测量的精度指标　　　　　　　　　　　　　　　　　　　表 3.4-3

控制网级别	基线边方向中误差	最弱边相对中误差
CPⅠ	$\leqslant 1.3''$	1/170000
CPⅡ	$\leqslant 1.7''$	1/100000

3）CPⅢ数据处理

CPⅢ观测数据平面和高程分别处理，采用专用数据处理软件，以上一级平面和高程控制点为起算，处理结果满足技术标准，相邻段落衔接良好。

4）二等水准测量数据处理

观测结束后，对每个测段进行往返测较差计算，均满足规范要求。对整条水准路线进行每公里高差中数偶然中误差计算，本项目水准路线的每公里高差偶然中误差为±0.56mm，满足限差±1.0mm 的要求。以联测的国家已知水准点为起算点，通过计算附合水准路线闭合差，剔除不兼容的起算点，进行整网平差，得到全线各点的高程。

5. 工程独立坐标系

哈大客运专线设计速度目标值为 350km/h，全线铺设无砟轨道，按高斯窄带投影的方法建立工程独立坐标系，全线采用 WGS84 椭球参数，依据线路平、纵断面，哈大客运专线按投影变形不大于 10mm/km 的要求进行划分和投影面大地高的设置，为保证轨道几何参数，维持轨道的高平顺性提供了基础。并妥善解决与相关工程——沈阳—丹东客运专线、丹东—大连客运专线等不同坐标基准下工程独立坐标系的衔接与转换问题。

6. 控制网复测

复测的总体原则是：同网型、等精度复测 CPⅠ、CPⅡ和二等水准。复测时对遭到破坏丢失的点按照建网时的标准进行选点、埋标和测量，使控制网数据保持完整和前后一致。

3.4.3.2　路基冻胀监测

哈大客运专线是我国第一条修建于严寒地区的高速铁路。路基冻胀引起的轨道不平顺性，对钢轨上急速行驶的列车安全性和舒适性有重大影响，因而准确、及时地获取并掌握路基冻胀变化量及其变化规律与趋势，采取有效的预防措施对运营的安全和乘坐的舒适度至关重要。哈大客运专线路基冻胀监测的目标是，通过人工及自动化监测方式对无砟轨道路基进行监测，掌握路基冻胀的发展变化规律，研究路基冻胀量与路基本体结构的关系，为后续工程措施及其他工程的设计施工等提供借鉴。

1. 基准网的建立

因线下地面精密水准网点受冻胀影响，不能直接作为路基冻胀监测的基准，所以只能考虑将基准点埋设在线上。路基两端的桥梁及其中间的框构桥和涵洞的基础埋设深度远远超过当地冻土深度，其不会受冻胀影响。另外，高速铁路路基段落的长度一般比较短，大部分在 2km 以下，最长的不会超过 10km，所以可以认为地面沉降对路基及其中间的框构桥及涵洞等的影响一致。由各期路基冻胀监测标的高程值与第一周期高程值做差求冻胀量时，可以把由地面沉降引其的误差予以抵消。所以，在路基两端的桥梁及路基中部涵洞的冒石上和框构桥上设立基准点是可行的。

另外，根据建设期间积累的沉降观测资料分析，路基冻胀量在 10～20mm 左右，那么监测精度按照冻胀量的 1/10 考虑，其值应该在 1mm 左右，所以设置的二等水准基点的距离小于 1km 即能满足精度要求。当路基中间没有距离合适的涵洞或框构桥时，可以利用一个距离合适的 CPⅢ点代替，但每次测量前需要联测其前后的稳定的基准点对其进行修正。

在首次监测前，对线下精密基准网点采用二等水准进行检核，对超限点进行更新。在确保线下水准点满足二等精度的前提下，采用不量仪器高及棱镜高的三角高程法将线下基准引测至线上。三角高程测量时，保证路基首尾必须各有一个三角高程点，路基中间根据现场情况联测，当三角高程点不能满足线上间距 1km 时，采用二等水准内插法进行加密。

2. 路基冻胀变形监测点布设

路基冻胀监测点的布设，需要考虑路基本体的不同结构和不同部位。既要能全面反映出路基不同结构及部位的冻胀的变形规律，布设的点又不能过多，否则将影响测量的效率，并给数据分析带来困难。

根据对设计图纸的分析及路基专业的要求，制定出变形监测点的合理布设方案，有效地监测路基及过渡段和轨道中心及路肩。布点方案要求，观测断面沿线路方向的间距一般不大于 50m，每个监测单元不少于 2 个监测断面，过渡段处要在距离横向构筑物边墙 5～10m 处加设一个断面。每个断面布设 4 个点分别位于线路左、右线凸形挡台上，及路基左、右路肩上，如图 3.4-3 所示。

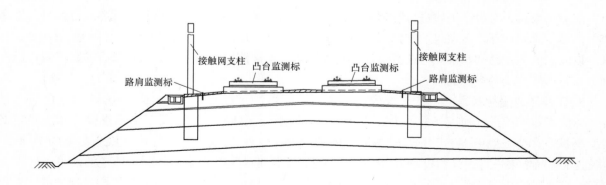

图 3.4-3　路基监测点的布设

哈大客运专线路基冻胀自动化监测，是国内首次将自动化监测设备，安装到已运营的高速铁路路基上进行路基的冻胀监测。设备的安装、数据的管理与分析等是监测者面临的一项新课题。该项目紧密结合路基冻胀的特点，在底座板边缘、路肩、路堤坡脚外和堑顶外等位置不同深度安装设备。实时监测温度变化，以分析路基温度场和变形场变化规律。每处自动化监测设备均在不同的深度埋设了3个自动化形变监测点，最下方的监测点埋设在冻层以下10cm，最上边的测点埋设在级配碎石层底部，第三个埋设在这两个监测点之间，以分析不同结构层的冻胀规律。

3. 监测方式

全线监测工作主要采用传统几何水准监测。另外，根据沿线土壤最大冻结深度，选择4段进行冻结深度及冻胀变形的自动化监测，以随时监测路基的冻胀变化。常规二等水准监测与自动化监测优势互补、互为备份，亦可相互校核。对于路基冻胀监测点，由于数量众多，综合考虑监测频次、监测成本及天窗时间等情况，路基监测观测方式如下：

1）人工监测方式

每次路基变形监测前，采用二等水准联测的方式对线上基准点进行检核。如果各个基准点间满足二等水准的限差要求，则采用原值；如果不满足则采用内插法进行调整。

路基监测标监测时，以CPⅢ为主水准路线（单侧），采用二等水准往返测的形式测量，以中视方式观测测站附近的断面监测点，并保证每个监测点往返测是以相同的CPⅢ点测量两次。水准路线附合到路基两端桥梁上的水准基点，并联测路基中部涵洞或框构桥上的水准基点。

首次观测均编制好水准线路图，后继观测均固定水准路线，并且固定仪器的摆放位置。

外业观测时，配备Trimble DINI12和Leica DNA03电子水准仪等国际先进的仪器设备及配套的因瓦条码尺，标称精度不低于DS1级。所选用的仪器具有面板自动加热功能，能保证仪器在极低温度条件下正常使用。另外，在温度低于−20℃时，将仪器套上特制的保温套，防止仪器耗电过快。

2）自动监测方式

自动化监测使用先进的设备，以保证监测数据的稳定性及连续性。对自动监测段落各断面底座板边缘、路肩、路堤坡脚外和堑顶外不同深度进行温度和变形监测，分析路基温度场和变形场变化规律。一般每个冻深区路堤和路堑各布置4个监测断面，典型的路堤和路堑监测点布置横断面详见图3.4-4和图3.4-5。

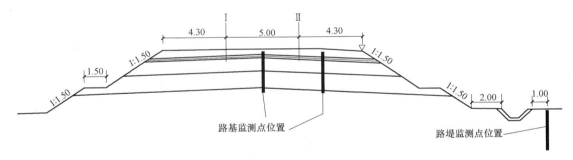

图3.4-4 路堤监测点布设横断面

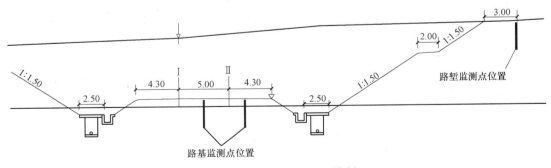

图3.4-5 路堑监测点布设横断面

3）监测周期

监测周期需包含一个完整的冻融期，以便完整地掌握路基的冻胀发展规律，即上冻前测量第一次，

223

冻胀量达到最大值时测量第二次，开始融化前测量第三次，融化后进行第四次监测，另外根据铁路局动车检测资料进行分析确定是否需要加密测量。线上基准网点每周期均需进行检测。

4. 数据处理

水准测量各段往返测高差不符值均要求＜$4\sqrt{L}$mm，按测段往返测高差不符值计算偶然中误差要求＜1mm。对起算点的兼容性和稳定性进行检查后，对附合和闭合路线闭合差进行计算，均要求＜$4\sqrt{L}$mm。对于往返测监测点高差较差按照2mm进行控制，最终成果取往返测量的平均值。各期监测点高程值与第一周期高程值之差即为当前冻胀量。

5. 成果数据综合分析

数据分析是路基冻胀监测的核心问题。路基冻胀监测的数据有人工监测数据、自动化监测数据及铁路局的动车检测数据。数据分析时不仅要对各周期监测数据进行比较以分析路基冻胀的变化趋势及冻胀量，还需要对监测数据分析延线路方向监测点的差异冻胀量情况。

首先，根据路基的不同结构形式，按变形区间进行比例统计，以掌握不同结构形式的路基段的大致变化情况，如表3.4-4为沈阳—大连段冻胀监测变形统计情况。

哈大客运专线沈阳—大连段冻胀监测变形量统计　　　　　　　表3.4-4

项　目			统计值	变形≤0mm	变形(0,4]mm	变形(4,10]mm	变形(10,20]mm	变形>20mm
路基形式	路基	个数	2114	181	1275	534	123	1
		比例	—	8.6%	60.3%	25.3%	5.8%	0.0%
		长度(km)	82.47	7.09	49.73	20.86	4.78	0.00
	路堤	个数	1250	115	743	315	77	0
		比例	—	9.2%	59.4%	25.2%	6.2%	0.0%
		长度(km)	44.73	4.12	26.57	11.27	2.77	0.00
	路堑	个数	864	66	532	219	46	1
		比例	—	7.6%	61.6%	25.3%	5.3%	0.1%
		长度(km)	37.74	2.87	23.25	9.55	2.00	0.04
	渗沟路堑	个数	566	40	331	158	36	1
		比例	—	7.1%	58.5%	27.9%	6.4%	0.2%
		长度(km)	28.96	2.06	16.94	8.08	1.85	0.06
	无渗沟路堑	个数	298	26	201	61	10	0
		比例	—	8.7%	67.4%	20.5%	3.4%	0.0%
		长度(km)	8.78	0.76	5.92	1.80	0.30	0.00
路基形式	路涵过渡段	个数	444	68	311	62	3	0
		比例	—	15.3%	70.0%	14.0%	0.7%	0.0%
	路桥过渡段(全部)	个数	302	38	225	37	2	0
		比例	—	12.6%	74.5%	12.2%	0.7%	0.0%
	路桥过渡段(紧邻桥头及距桥头10m处)	个数	249	35	189	23	2	0
		比例	—	14.1%	75.9%	9.2%	0.8%	0.0%
	路桥过渡段(距桥头30m处)	个数	53	3	36	14	0	0
		比例	—	5.7%	67.9%	26.4%	0.0%	0.0%

将监测数据沿线路方向（由南往北）每20km划分成一个区段，统计区段内各路基段冻胀量均值（图3.4-6），从总体上掌握温度对路基冻胀的影响是不是主要因素。

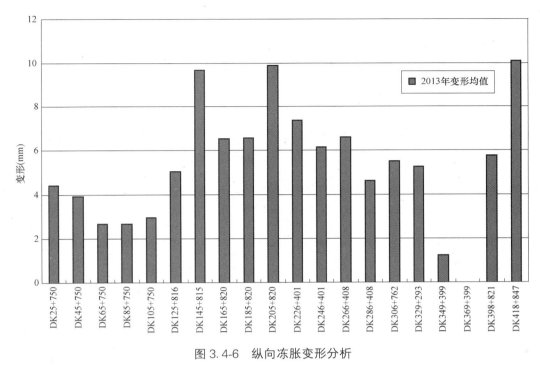

图 3.4-6 纵向冻胀变形分析

根据自动化监测数据，分析不同结构层的冻胀情况及路基冻胀的发展趋势，如图 3.4-7、图 3.4-8 所示。

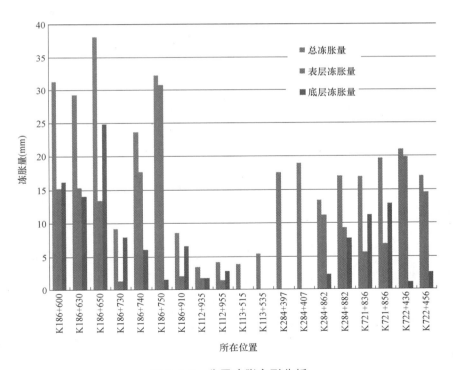

图 3.4-7 分层冻胀变形分析

针对以上数据分析计算的需要，冻胀监测技术团队研发"路基冻胀数据处理与分析系统"，有效解决数据类型多、数据量大所带来的数据分析困难等问题，有效管理人工监测数据及自动化采集数据，方便了统计与查询，提高分析效率，保证了统计结果的正确性。

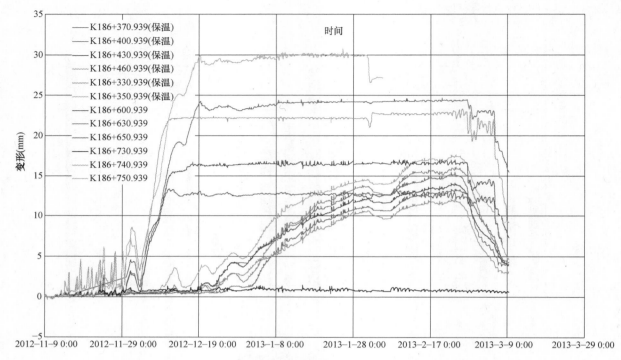

图 3.4-8　路堑地段保温与否表层冻胀分析

3.4.4　启示与展望

3.4.4.1　精密控制测量

哈大客运专线设计建立 CP0 框架控制网统一了勘察、设计、施工及运营维护各阶段的平面控制基准，实现了勘察设计、施工建造及运营维护的三网统一，也为后期的基础平面控制网复测提供了可靠的保证。后期多次进行的基础平面控制网复测也证实了框架网的可靠性和稳定性；同时为后续研究和编制高速铁路行业规范提供了实践数据和参考资料，起到了指导性的作用。

本项目采用分级布网、逐级控制原则，在高速铁路框架控制网（CP0）的基础上建立了三级平面控制网：CPⅠ、CPⅡ、CPⅢ。高程控制网亦采用了分级布设原则，即建立了线路水准基点网（二等）、CPⅢ高程控制网（精密水准）。在严寒地区建立涵盖铁路勘察设计、施工建造、运营维护所需的完整的精密控制测量体系，为设计、施工及后续运营维护提供了扎实的测量基础。

哈大客运专线地处东北严寒地区，冻土较深，控制网点基础的稳定性决定了成果的精度和可靠性。本项目控制网点桩橛根据不同等级分别制作、埋设。沿线采用钻孔、套管的工艺埋设深埋水准点，水准点标底全部进入微风化基岩 1~2m。首次在东北严寒地区采用大规格标石与深埋钻孔水准点埋设控制点标石，保证标石的长期稳定，使勘测、施工、运营维护以及全线沉降观测使用相同的控制点，实现勘测控制网、施工控制网、运营维护网的坐标高程系统统一、起算基准统一、测量精度协调统一，达到无砟轨道控制网"三网合一"的目标。

3.4.4.2　路基冻胀监测

哈大客运专线路基冻胀监测成果客观反映了哈大客运专线的路基冻胀趋势和冻胀量，为哈大路基冻胀整治提供了准确的基础资料，实现了项目目标，社会效益和技术效益良好。

哈大客运专线路基冻胀监测技术的研究与实践充分体现了中国特色，紧密结合高速铁路运营的养护与维修的技术特点，坚持了原始创新、集成创新的原则，形成了具有自主知识产权的中国高速铁路路基冻胀监测的技术标准体系。确定了监测、分析和成果用于养护维修的技术路线和技术流程。冻胀监测技术团队结合路基冻胀监测项目主持完成了部级重大科研课题《哈大高铁运营长期连续观测技术及冻胀整治技术研究》，开展科研攻关，使用新技术、新科研成果解决工程实践中的技术难题。监测完成之后，及时向建设单位提供监测报告，获得建设单位的肯定。

本章主要参考文献

[1] 王长进，刘成. 京津城际轨道交通工程建立精测网的必要性分析 [J]. 铁道标准设计，2006，(z1)：193-195.
[2] 王长进. 高速铁路精测网建设有关问题的探讨 [J]. 铁道工程学报，2007，(z1)：441-443.
[3] 辛维克. 我国客运专线铁路工程测量技术的发展与展望 [J]. 铁道工程学报，2008，(z1)：87-93.
[4] 蔡士毅，李博峰，石德斌，刘成，沈云中. 无砟轨道高速铁路精密工程测量数据处理 [J]. 大地测量与地球动力学，2008，28 (1)：114-117.
[5] 王兴. 京沪高速铁路精密高程控制网的建立及精度分析 [J]. 测绘与空间地理信息，2010，33 (5)：178-181.
[6] 熊小莉. 京沪高速铁路济南黄河大桥施工控制网测量 [J]. 铁道勘察，2006，32 (3)：3-6.
[7] 潘正风，徐立，肖进丽. 高速铁路平面控制测量的探讨 [J]. 铁道勘察，2005，31 (5)：1-3.
[8] 崔巍，成传义，郭昇. 南京大胜关长江大桥控制测量的"三网合一" [J]. 桥梁建设，2008，(6)：8-11.
[9] 崔巍，杨涛. 南京大胜关长江大桥六跨连续钢桁拱梁施工控制测量 [J]. 桥梁建设，2010，(1)：5-16.
[10] 鞠国江. 哈大客运专线精密测量组织管理 [J]. 铁道勘察，2008，34 (6)：12-14.
[11] 张冠军，王长进. 京沪高速铁路精密工程控制测量技术 [C]//高速铁路精密测量理论及测绘新技术应用国际学术研讨会论文集. 成都：西南交通大学出版社，2010.
[12] 任晓春. 客运专线无砟轨道精密工程测量平面坐标系的探讨 [J]. 铁道勘察，2008，34 (2)：1-4.
[13] 铁道第三勘察设计院. 京沪高速铁路精密工程控制测量及线下工程变形监测技术方案设计 [R]. 天津：铁道第三勘察设计院，2006.
[14] 铁道第三勘察设计院. 京沪高速铁路北京至徐州段精密工程控制测量技术成果文件 [R]. 天津：铁道第三勘察设计院，2007.
[15] 铁道第三勘察设计院. 京沪高速铁路北京至济南区域地面沉降地区沉降观测实施方案 [R]. 天津：铁道第三勘察设计院，2009.

本章主要编写人员（排名不分先后）

中国铁路设计集团有限公司：张志刚 石德斌 刘成 王长进
天津市测绘院：胡珂

第4章　桥梁隧道工程

4.1　概述

4.1.1　我国桥梁工程测量技术发展及其展望

现代桥梁建设和测绘科技的发展共同推动桥梁工程测量技术的进步和发展。信息化测绘时代的现代桥梁工程测量正朝着一体化、自动化、智能化、数字化、可视化、网络化和社会化方向深入发展。

桥梁工程测量是指在工程规划、勘测设计、建设施工及运营管理各阶段所进行的测量。现代科技和桥梁建设的快速发展，共同促进和推动了桥梁工程测量技术的进步和发展。一方面，自 20 世纪 50 年代建设万里长江第一桥——武汉长江大桥起，新中国的桥梁建设事业进入新的历史发展阶段。改革开放以后，一大批新型、大跨径、高技术含量的各类桥梁如雨后春笋般涌现在全国的大江大河上。近 10 多年来，长距离跨海桥梁（如杭州湾大桥、港珠澳大桥的跨海距离均超过 30km）、高速铁路的建设蓬勃发展。现代桥梁呈现出规模大、跨距长、桥型新颖、结构复杂、施工精度要求高和施工工期长等特点，对桥梁工程测量提出了更高的标准和要求。无疑，现代桥梁建设的发展促进了桥梁工程测量技术的发展。另一方面，现代测绘科技及其他相关技术的发展又给桥梁工程测量技术的发展提供了新的工具和手段。20 世纪 80 年代开始，光电测距仪、电子经纬仪、全站仪、电子水准仪的出现和发展，开启了桥梁工程测量的第一次技术变革；90 年代以来得到广泛应用的 GPS 技术的发展和不断完善，使得桥梁工程测量从理论、方法和技术上发生着更加深刻的变革。随着智能全站仪、超站仪、电子水准仪、GNSS 技术（包括静态相对定位、RTK 和 CORS 等）、激光扫描仪、摄影测量等测绘技术，以及计算机、电子、通信、网络等其他相关科技的进一步发展，桥梁工程测量技术正迈入一个新的、更高的快速发展阶段。

4.1.1.1　桥梁控制测量

桥梁控制测量是桥梁工程测量的基础和基准。桥梁控制网可按施测阶段、施测目的及功能划分为勘测控制网、施工控制网和运营维护控制网。为保证控制网的测量成果满足铁路勘测设计、施工、运营维护 3 个阶段的要求，适应铁路工程建设和运营管理的需要，3 个阶段的平面、高程控制测量必须采用统一的尺度和起算基准，即"三网合一"。勘测控制网又称为桥址控制网，一般在工程初测阶段建立，定测阶段根据需要进行改造和复测。勘测控制网适用于桥梁设计阶段的勘测，满足初测、定测阶段桥址定线、纵横断面、水文、地形等测量工作的控制需要。桥梁施工控制网一般在工程定测阶段测设，也可在工程开工前单独施测，其主要用途是为桥梁工程施工测量建立精确、可靠和稳定的测量基准，同时应兼顾桥梁维护运营阶段的特殊需要。运营维护控制网可在施工控制网基础上改造而成，以满足桥梁健康监测及运营维护的测量控制需要。各阶段的桥梁控制网，其精度、用途及技术要求存在差异，但所采用的技术方法和手段基本相同。

GPS 静态相对定位技术是目前桥梁工程平面控制测量中最常用的测量技术。自 20 世纪 90 年代以来，经过试验对比、实践、总结和完善，目前已形成体系完整、技术成熟的 GPS 桥梁平面控制测量技术。相对于传统的地面控制测量技术而言，GPS 桥梁平面控制测量具有精度高、速度快、成本低，选点布网灵活，无须点间通视，无须建造觇标，对控制网图形要求低，可同时提供二维平面及三维空间定位基准等突出优势，因而在现代桥梁平面控制测量中占据统治地位。但当卫星信号受遮挡或干扰而无法实施 GPS 观测时，则需采用全站仪导线、全站仪边角网测量技术予以补充，尤其在施工加密网、局部高精度施工专用网测量中比较常见。目前世界上全站仪的最高测角精度达到 0.5″，测距精度达到 0.5 mm+1×10⁻⁶D，全站仪的可靠性和稳定性也已非常高，因此，在今后比较长时间内，全站仪地面控制测量将在桥梁控制测量中继续发挥作用。近年来出现的超站仪将 GPS 实时动态定位技术与全站仪灵活的三维极坐标测量技术完美结合起来，可取代低等级控制测量，实现无控制网的一般精度的桥梁工程测量。综上所述，以 GPS 技术为主、全站仪技术为辅的组合技术或技术集成，是目前乃至今后相当长一段时间内桥梁平面控制测量的主要技术。

桥梁高程控制测量分为陆地高程控制测量和跨河水准测量两大部分。几何水准测量一直是桥梁高程控制网陆地测量的经典方法，尽管这种方法存在耗时费力、作业效率较低的缺点，但其高精度、高可靠性及高稳定性的优势也十分突出，因此，在地形起伏不大的桥址小区域内，几何水准测量仍然是首选。随着电子水准仪的出现和不断发展，经典的几何水准测量进入了内外业一体化、自动化和数字化的新时代，水准测量作业效率得到大幅度提高，劳动强度大大降低。同时电子水准仪的精度及其可靠性也逐步提高，目前世界上电子水准仪的最高精度达到 0.2mm/km，可满足最高精度等级桥梁高程控制测量的需要。因此，基于电子水准仪的几何水准测量是当今桥梁高程控制测量中陆地测量的主流技术。此外，随着全站仪电子测距精度和垂直角测量精度的不断提高，全站仪三角高程测量在起伏较大的地区可替代三、四等几何水准测量，并已在工程中得到实际应用。在特定的技术条件和技术措施下，全站仪三角高程测量还可达到二等水准测量精度。因此，全站仪三角高程测量也是桥梁高程控制测量的一种重要技术手段，尤其在地形起伏较大的山区更具应用价值。

跨河水准测量是桥梁高程控制测量中的核心技术，也是桥梁高程控制测量的难点所在。传统的跨河水准测量方法有光学测微法、倾斜螺旋法、经纬仪倾角法和测距三角高程法。其中，光学测微法、倾斜螺旋法和经纬仪倾角法是最经典的方法，应用历史最长，理论和技术都十分成熟，但对跨河场地及观测条件要求较高，如要求两岸测站及立尺点间高程近似相等、观测期间仪器和标尺需频繁调岸等。而测距三角高程法则具有场地布设比较灵活、仪尺无须频繁调岸、作业效率较高等优点，适用范围较广，应用前景较好。随着近 20 多年来电子水准仪、电子全站仪在测量精度、自动跟踪测量、自动记录和自动存储等方面技术的快速发展和提高，光学水准仪、光学经纬仪已经被淘汰。因此，全站仪三角高程跨河水准测量方法得到了不断完善和发展，目前已经成为桥梁工程跨河水准测量的主要方法，也是港珠澳大桥等特大型跨海桥梁工程中长距离跨海高程传递的重要方法。

GPS 桥梁高程控制测量已逐步成为研究的热点，从试验和工程实践的情况看，利用高精度的 GPS 三维坐标测量成果，结合精化局部大地水准面成果，桥梁工程局部区域内 GPS 高程拟合可达厘米级精度，可代替三、四等水准测量。自 2006 年版《国家一、二等水准测量规范》增加 GPS 跨河水准测量方法以来，相关试验研究和应用实践进入一个新的阶段。试验结果表明，在地形平坦、河流两岸大地水准面具有相同的变化趋势且变化相对平缓的桥址地区，GPS 跨河水准测量可达到二等精度。但 GPS 跨河水准测量的精度及其可靠性受地形起伏及似大地水准面变化平缓性等因素影响极大，而这些影响的大小及其规律尚无法事先预知，影响成果精度的不确定性因素很多。因此，目前 GPS 跨河水准测量在工程中独立应用的实例尚不多见。相关试验还表明，即使在十分平坦的场地条件下也不宜使用 GPS 水准法来进行一等跨河水准测量。总而言之，GPS 水准测量在桥梁跨河水准测量及长距离跨海高程传递中具有重要的发展空间和应用前景，但相关理论与技术方法仍不成熟，需要进一步深入研究。

近年来，全天候连续不间断运行的 GNSS 连续运行参考站系统（简称 CORS）被引入长距离跨海桥梁工程建设中。2011 年 11 月，我国首个独立的基于 VRS 的工程 CORS 在港珠澳大桥工程建成并投入正式运行，该系统的实时定位精度为：平面优于2cm，高程优于3cm。桥梁工程CORS提供兼具实时动态和事后静态定位功能的空间三维和平面二维定位基准，可满足长距离跨海桥梁勘察设计和施工建设中海上测量定位的需要。

4.1.1.2　桥址地形测绘

桥梁工程规划、勘测设计、施工及工程竣工阶段均需测绘桥址地形图，一般为：1∶500～1∶10000大比例尺地形图，特殊情况下也需测绘1∶200比例尺的局部地形图，但最常用的还是1∶500～1∶5000地形图。按测绘区域划分，桥址地形图可分为陆地地形图和水下地形图两大类，目前均采用数字测图技术测绘，传统的模拟测图技术已被淘汰。

陆地区域的桥址地形测绘主要采用地面数字测图技术，包括全站仪数字测图技术和GPS RTK数字测图技术。全站仪数字测图分为两种作业模式：一种是全站仪采集数据，利用电子手簿或全站仪自身内存记录数据并手工绘制地形草图，内业时通过计算机进行地形编码和编辑生成数字地图；另一种是全站仪与便携机或PDA连接，利用屏幕显示点位，现场编辑生成数字地图。GPS RTK数字测图基本上采用第一种作业模式。地面数字测图的成果主要为数字线划图（DLG）和数字高程模型（DEM）。近年来，随着全数字航空摄影测量技术的发展，适用于小区域大比例尺地形测绘的低空平台（轻型飞机、低空无人小飞机、热气飞艇、热气球等）摄影测量已从试验研究逐步转入工程应用。有关单位正在开展无人机测图技术在桥隧工程勘测设计中的应用研究，在不久的将来有望用于大比例尺桥址地形图测绘中。此外，机载激光扫描测绘系统（LiDAR）也为桥梁工程地形测绘提供了一种新的技术手段，目前也是研究的热点之一。

水下地形测量方法与陆地地形测量方法有较大差异，它由水深测量与平面定位测量两大技术组成。水深测量经历了由测深杆、测深锤、单波束回声测深仪到多波束测深系统的发展过程，测深定位方法则由断面法、前方交会法、DGPS定位法发展到RTK定位法。目前，桥址水下地形测绘主要采用"回声测深＋RTK＋数据处理软件"的组合测量系统。基于（网络）RTK的无验潮多波束水下地形测绘技术是未来水下地形测量研究和发展的方向之一，该技术已在琼州海峡通道和港珠澳大桥等跨海工程大范围海域地形测绘中得到应用，并已在跨江跨河桥梁工程水下地形测绘中得到普及。相对于传统的验潮模式而言，基于RTK的无验潮水下地形测绘方法直接利用厘米级定位精度的RTK技术测定水下地形点的高程，能显著提高测量精度和作业效率、降低成本，还有利于实现水下地形测绘内外业一体化。但目前这种技术尚缺乏规范依据，仍需进一步研究、完善并制定相关技术规范。

4.1.1.3　桥址水文测量

桥址水文测量一般在工程初测阶段进行，必要时在定测阶段进行适当补测，其目的是为桥位选择、河床冲刷计算、墩跨布置、通航设计等提供桥址区域的基础水文资料，主要测量项目有桥址水位观测、桥址流向流速观测、桥址航迹线观测、桥址地形测绘等。对水文条件复杂的桥梁，还需对桥位所处河段（一般为数十千米）进行水文测验专题观测，或称河道原型观测，观测内容包括水位观测、水文断面测量、流速流向及流量观测、悬移质水样采集、1∶10000河道地形测绘等。

水位观测可设立水尺进行人工观测，适用于观测时间较短、观测频率不高的情形。当观测周期较长、观测频率较高时，一般自记水位计甚至建造水文站进行长期观测，这也是目前常用的水位观测方法。地形断面测量、河道地形测绘的方法与桥址地形测绘方法相同，陆地部分采用GPS RTK或全站仪采集数据，水域部分采用RTK定位＋超声波测深仪组合测量系统。桥址流速流向（表面流速流向）及航迹线测量一般采用RTK跟踪浮标或船舶观测法，早期的前方交会定位法已被淘汰。桥渡水文测验专题中的水文断面流速、流向及流量一般采用专业的流速流向仪按定点法测定，通过不同水深的流速流向计算出平均流速及断面流量。悬移质水样采用专业设备采集。

4.1.1.4 桥梁施工测量

桥梁施工测量是桥梁工程测量的重要内容之一，是桥梁施工不可或缺的重要基础性工作，它贯穿于桥梁施工建设的全过程。施工测量的任务就是要按照工程设计图纸的要求，将桥梁建筑物（包括桥梁基础和上部结构）的位置、形状、大小等测放到实地，并对工程施工质量进行测量检查，配合及引导工程施工。这里所指的桥梁施工测量包括施工放样测量和竣工验收测量。现代桥梁向大跨、高墩高塔、大型构件工厂化预制、施工工艺复杂、施工精度要求高的方向发展，超大规模跨海桥梁的建设使得施工建设环境趋于恶劣，这些无疑都对桥梁施工测量提出了越来越高的要求。

桥梁施工测量方法大体上可以划分为 3 类。第 1 类是常规大地测量技术。现阶段主要使用全站仪和电子水准仪，包括自动跟踪测量技术、免棱镜精密测距技术。随着全站仪精度及自动化程度的不断提高，经典的光学经纬仪和光学水准仪测量方法已被淘汰，过去在高塔施工中使用的激光铅直仪也已被高精度的全站仪三维坐标测量方法所替代。但钢尺量距仍然在一些特定场合被使用。此外，20 世纪 90 年代中期开始出现的三维激光扫描仪在墩（塔）垂直度观测及竣工检测中偶有应用。第 2 类是卫星定位测量技术。首先，GPS RTK（包括单基站 RTK 和网络 RTK）、GPS 相对静态定位技术在桥梁施工测量，尤其是特大型长距离跨海桥梁工程中被广泛使用。RTK 主要用于海上桥梁桩基施工定位，相对静态定位技术用于施工加密网测量及桥墩平面位置精确测量。其次，GPS 高程拟合方法也在杭州湾大桥、港珠澳大桥等得到应用，实践对比结果显示：高程拟合精度可达 1cm 左右。第 3 类是其他专用测量技术，如在桥墩垂直度测量中使用电子倾斜仪等专用设备。综上所述，全站仪、电子水准仪技术仍然是桥梁施工精确放样的主要技术手段，GPS 相对静态测量、RTK 测量技术已在大型跨江、跨海桥梁施工中得到广泛应用。可以预见，基于智能型全站仪、GNSS、激光、遥测、遥控和通信等技术的集成式精密空间放样测设技术将是未来桥梁施工测量的主流技术，新型的超站仪、三维激光扫描仪、激光扫平仪及全站扫描仪（如 Leica MS50）具有较好的应用前景。

4.1.1.5 桥梁变形监测

桥梁变形监测是桥梁工程测量的核心内容之一。随着我国桥梁建设的快速发展，越来越多的柔性桥梁、大跨径桥梁、长距离跨海桥梁等新型结构大型桥梁工程的建设和运营，给桥梁工程的安全监测提出了新的要求。20 世纪 90 年代以来，我国桥梁健康安全监测理论和方法的研究逐步成为相关领域的研究热点之一，桥梁安全监测得到了桥梁管理等部门的高度重视。在我国香港青马大桥、广东虎门大桥、江苏苏通大桥、上海东海大桥和京沪高铁南京长江大桥等一大批大型桥梁上，相继建立了桥梁健康安全监测系统或进行了定期的变形监测维护。桥梁工程变形监测的理论、方法和相关技术得到了较大发展和提高。

桥梁变形监测包括桥梁工程施工阶段的变形监测和运营维护阶段的变形监测。桥梁变形观测的内容包括桥墩（塔柱）沉降及水平位移观测、梁体挠度变形观测、墩台及梁体裂缝观测、水中桥墩周围河床冲刷演变观测，以及桥面沉降、挠度及水平位移观测等。沉降观测方法有几何水准测量、静力水准测量、三角高程测量和 GPS 高程测量等。水平位移观测方法有基准线法、测小角法、三角测量、前方交会、导线测量和 GPS 测量等。挠度观测有全站仪观测、水准测量、摄影测量、悬锤法、GPS 测量及专用挠度仪观测法等。河床冲刷观测有超声波测深法及水下摄影测量等多传感器组合观测法。目前在实际工程中应用较多的变形测量方法是电子水准仪几何水准测量、智能全站仪、三维坐标测量、GPS 静态及 RTK 动态三维监测系统、近景摄影测量、三维激光扫描系统等。在变形分析和预报方面，小波变换理论、卡尔曼滤波理论及线性平滑理论等方法被广泛应用。

未来桥梁变形监测研究和应用的发展方向是：动态监测与静态监测相结合、实时连续三维监测技术、监测数据的实时处理、智能化分析与可视化表现等技术、多传感器监测集成技术、自动化监测技术、几何变形监测与应力应变等其他监测综合分析和预报方法等。可以预见，新型高精度智能全站仪、电子水准仪、GPS 监测技术、三维激光扫描系统、近景摄影测量及各种监测技术的集成将成为桥梁工程变形监测的主要技术手段。

4.1.2　我国隧道控制测量技术发展及其展望

隧道测量技术随隧道的建设同步发展，随着测量设备和测量技术不断进步，施工设备和施工技术也在不断进步，使隧道开挖长度的不断增长成为可能。长大隧道建设与施工控制测量技术的发展紧密相关，控制测量精度是保证隧道正确贯通的关键，指导隧道施工正确贯通的控制测量工作成为决定性的环节。

4.1.2.1　隧道控制测量技术的发展历程及其现状

1949 年前隧道因受修建技术水平及工程投资等因素限制，长 1km 以上隧道数量甚少。隧道不进行专业控制测量，也无工程测量技术标准。隧道设计所需的测绘资料来源于铁路勘测在施工中用定测精度对隧道设计中线（即定测中线）进行复测，按复测结果进行施工。隧道施工测量方法简单，在直线隧道用经纬仪穿中线，曲线用偏角法测设中线，距离使用钢卷尺，高程测量使用美国的活镜水准仪。

20 世纪 50 年代中期，在宝成线秦岭隧道（2364m）和丰沙 I 线下马岭 16 号隧道（2435m）、朱窝 1 号隧道（2187m）施工中，因隧道长度超过 2km，经咨询苏联专家意见，首次引进精密经纬仪瑞士威尔特 T3、T2 型号仪器，使用三角网控制测量技术对长隧道进行控制测量。由此开始，三角网控制测量一度得到广泛应用。

20 世纪 60 年代修建川黔线凉风垭隧道（4270m）时，洞外采用三角网锁进行控制测量，利用中线法进行洞内中线测量，总结出用导线坐标法控制中线方向，开始进行测量设计和精度评定，提出闭合导线法预计贯通误差的理论和公式。施工测量方法采用正倒镜延长直线法或光学经纬仪测角法、偏角法，距离用钢卷尺、横基尺或铟瓦量距线尺测量。

1964 年 12 月，铁道部基建总局组织编写的中国第一部铁路隧道控制测量技术法规《铁路隧道控制测量技术通则》正式出版。20 世纪 60 年代中期，西南铁路建设上马。由于隧道多、长度长、平面形状复杂，施工速度快，隧道测量如果完全采用传统的三角测量很难适应需要。成昆铁路沙木拉打隧道（6379m）建设中，洞外采用大地四边形锁控制方案，控制网长度 7.4km，主锁大致沿隧道中线布设，由 4 个大地四边形组成，于锁的两端各设一条基线。隧道洞内平面控制测量采用闭合导线，在正洞内布设一条单导线，利用平行导坑布设另一条导线，相隔适当距离（一般在 500m 左右），利用横通道组成闭合环形式。实测过程中发现，由于横通道距离太短，在闭合环的首尾出现长短边相差数倍至 10 倍的情况，对测角精度影响极大。为避开长短边悬殊的不利影响，洞内导线改为在正洞内布设直伸型闭合导线，平行导坑内布设单导线，相距一定距离利用横通道相互检核。沙木拉打隧道洞外高程控制测量采用二等精密水准，洞内则为四等。

20 世纪 70 年代建成的京原线驿马岭隧道全长 7032m，平面形状为直线形，施工辅助坑道为平行导坑。地表平面控制采用 II 等三角网和三个基线网，在隧道中部增设一条 384m 山顶基线以加强图形强度并提高精度，做到了贯通误差控制在预定范围内。

20 世纪 80 年代，衡广复线大瑶山隧道施工中大量引进光电测距仪用于平面控制网的边长测量，精密导线和精密导线环布网占主导地位，三角网法基本上被淘汰。隧道局施工前对设计单位的三角网法和导线闭合环进行了实测比较，并重新进行控制网的优化改造复测建网。洞外施工控制测量采用光电测距精密导线测量控制网方法，导线环布置为沿隧道线路走向伸展的狭长形状，多边形导线闭合大环由 5 个小环组成。对坐标全长相对误差也作了调整。洞内平面控制采用光电测距精密导线环控制网，隧道中部的班古坳竖井联系测量采用威尔特 NL 垂准仪光学投点、威尔特 GAK-1 陀螺经纬仪定向和光电测距仪导高新技术。洞外高程控制实验应用光电测距三角高程测量方法建立长大隧道高程控制，精度达到三等水准测量精度，洞内采用四等水准精度施测。

20 世纪 90 年代建设的侯月线云台山隧道、南昆线米花岭隧道，其洞外、洞内均采用光电测距精密导线闭合环进行平面控制测量，洞外高程控制则采用二等精密水准测量，洞内为四等水准测量。云台山 I 线隧道在建设中首次应用全球定位系统（GPS）进行洞外控制测量实验，精度高，速度快，费用省，不需要点之间通视，全天候作业。南昆线米花岭隧道洞内断面测量采用半自动断面测量设备，掌子面开挖轮廓线及炮眼布置测量采用手持计算机控制伺服马达型全站仪自动实施完成。

1997 年在西康线秦岭 I 线隧道（18.46km）施工中，采用从德国引进的两台 TBM 由隧道两端洞口相向掘进施工，独头掘进长度超过 9km，对施工控制测量提出极高的精度要求。洞外控制测量时平面采用 GPS 网（B 级）控制，观测成果经平差处理后获得良好的相对精度，达到 1/60 万；高程则采用一等水准施测。洞内控制测量平面采用徕卡 TC1800 全站仪进行一等精密导线测量；高程测量使用瑞士威尔特 NA2 水准仪＋GMP3 测微器进行三等水准实施。隧道断面测量使用徕卡 Profiler 4000 隧道断面测量系统，测量一个单线隧道断面约需 3min，测量精度为 3mm，自动化程度高，对施工干扰小，作业速度快。秦岭隧道 1998 年贯通，横向贯通误差 12mm，高程贯通误差 1mm。

2001～2005 年施工的渝怀线圆梁山隧道（11068m），洞口地势险要，处于峭壁半腰，洞口至山坡高差超过 300m，垂直角很大，对施工测量进洞引入控制方向带来极大挑战。勘测设计单位沿线路布置中桩或偏移导线桩进行线路设计。洞外平面控制采用精密导线闭合环方式对整座隧道布网，在隧道洞口布设插网，测量等级按照二等导线精度指标实施。洞外高程控制采用光电测距三角高程方法与施测精密导线网同时实施完成，测量精度达到三等水准技术指标。为保证隧道横向贯通精度，在隧道贯通前实施了 GPS 控制测量网复测，确认精密导线网成果与 GPS 控制网成果一致。洞内平面控制测量采用三等精密导线闭合环，高程采用三等水准测量精度。

2004～2006 年建成的兰武线乌鞘岭隧道（20050m）为两座单线隧道，左右线间距为 40m。为缩短建设工期，全隧道辅助施工坑道设计 13 座斜井、1 座竖井、多座横洞。平面控制采用 GPS 网（B 级）设计并施测，高程控制采用二等水准测量。洞内控制测量及施工测量基本采用导线法控制中线施工。隧道所设斜井井身超过 2000m，大台竖井深度 516.44m，井口海拔高程达到 3022m，创下铁路隧道竖井深度及海拔高度之最。为保证洞外控制测量坐标方位向隧道井底的可靠传递，由斜井、竖井引入的控测方向进行陀螺经纬仪定向检测比对。洞内平面控制按二等精密导线精度、高程控制按照三等水准精度实施。

20 世纪 50、60 年代隧道洞外平面控制测量，以三角锁（网）为主，三角锁（网）的基线丈量测量、测角工作程序复杂，劳动强度大，效率低。到 70 年代后期，光电测距仪和电子计算机技术在隧道控制测量中得到普遍应用，繁重的基线丈量由光电测距代替，导线网成了平面控制网的主要布设形式，以往常用的三角锁形式基本被淘汰。80 年代末，GPS（全球定位系统）技术应用在隧道洞外控制测量，是对传统测量技术的重大变革。

影响最终横向贯通误差的因素除了洞外平面控制测量之外，主要取决于洞内平面控制测量的方法及其精度。传统的洞内平面控制测量的方法是附合单导线，仅适用于短小隧道；对于稍长的隧道，则需要采用多余观测数多的附合导线环网；而对于长大隧道，一般需要采用多余观测数更多的附合交叉导线网。由于自由测站测量具有测站位置选择灵活和没有对中误差的优势，另外高铁 CPⅢ测量标志也不需要对中，因此隧道洞内最新和最好的平面控制测量方法，应该是采用 CPⅢ测量标志的自由测站边角交会网，相对于上述传统方法，该方法的明显优势是没有仪器和棱镜的对中误差，此外旁折光对这种网形中水平方向观测值的影响也相对较小，这是因为这种网形中没有平行于隧洞侧壁和靠近隧道侧壁的视线。

4.1.2.2　隧道控制测量技术展望

进入 21 世纪，全站仪、电子水准仪、GNSS、高精度陀螺全站仪等测量仪器设备的升级换代，勘测设计一体化、精密工程测量、遥感、数码航测、LIDAR、自动化监测等技术的应用，铁路隧道控制测量技术发展到了一个崭新的阶段。目前，铁路长大隧道的设计越来越多，且越来越长，勘测期间采用遥感、数码航测、LIDAR 等技术手段进行隧道选址设计，平面控制测量已普遍采用 GNSS（全球卫星导航系统）测量技术，高程控制测量采用电子水准仪进行测量，测量手段有了很大的提高。

随着空间技术、计算机技术、信息技术以及通信技术的发展，测绘科学技术在这些新技术的支撑和推动下，以"3S"技术为代表的现代测绘科学技术，使测绘学科从理论到手段均发生了根本性的变化，铁路隧道控制测量技术手段同样也有深刻的变化，展望未来，一些新的铁路隧道控制测量技术手段将得到应用。

1）在铁路隧道控制测量中，将充分利用航空航天器、测量机器人、测地机器人、自动化传感器等新型测量仪器设备，并集多种测量技术和手段于一体。

2）测量数据采集从一维、二维到实时三维，从接触式测量方式向非接触式测量方式发展，测量平台从传统的航测、地面测量，向高分卫星数据、SAR、车载 LIDAR、机载 LIDAR、数码航摄等发展，从静态走向动态。数据从测量点、线路平纵断面线、线路地形图等几何元素向高密度空间三维、点云、三维可视化以及设计模型的构建方向发展。

3）随着各项新技术的应用，勘测手段和勘测流程将发生变化，勘测数据采集这项繁重的外业大部分工作将逐步转由室内空间大数据中来完成和替代，大大减少外业勘测投入，同时提高勘测精度。

4）随着超长隧道的建设，为保证隧道精准贯通，高精度陀螺测量仪器将成为不可或缺的重要技术装备。

5）施工建设过程中的监控量测和沉降变形，向现场适时监测、远程网络控制、智能预警管理等信息化、智能化方向发展。

6）运营期间对隧道的监测仅仅依靠传统的大地测量、工程测量手段已经远远不能满足需要，应向快捷实时、自动化、智能化、网络化方向发展。

4.2 港珠澳大桥

4.2.1 工程概况

港珠澳大桥东接香港特别行政区，西接广东省珠海市和澳门特别行政区，是国家高速公路网规划中珠江三角洲地区环线的组成部分和跨越伶仃洋海域的关键性工程，将形成连接珠江东西两岸新的公路运输通道。港珠澳交通大通道，将增强香港及珠江东岸地区经济辐射带动作用，充分挖掘珠江西岸发展潜力，便捷港澳及珠江两岸之间的交通联系。英国《卫报》把港珠澳大桥评为"新世界七大奇迹"。港珠澳大桥的建设为完善国家和粤港澳三地的综合运输体系和高速公路网络，密切珠江西岸地区与香港地区的经济社会联系，改善珠江西岸地区的投资环境，加快产业结构调整和布局优化，拓展经济发展空间，提升珠江三角洲地区的综合竞争力，保持港澳地区的持续繁荣和稳定，促进珠江两岸经济社会协调发展，起到至关重要的作用。

港珠澳大桥总长 49.97km，其中工程量最大、技术难度最高的是由粤港澳三地共同建设的长约 29.6km 的桥—岛—隧集群的主体工程。主体工程采用桥岛隧结合方案，穿越伶仃西航道和铜鼓航道段约 6.7km 采用沉管隧道方案，其余路段约 22.9km 采用桥梁方案。为实现桥隧转换和设置通风井，主体工程隧道两端各设置一个海中人工岛，东人工岛东边缘距粤港分界线约 150m，两人工岛最近边缘间距约 5250m。港珠澳大桥主体工程平面图见图 4.2-1。

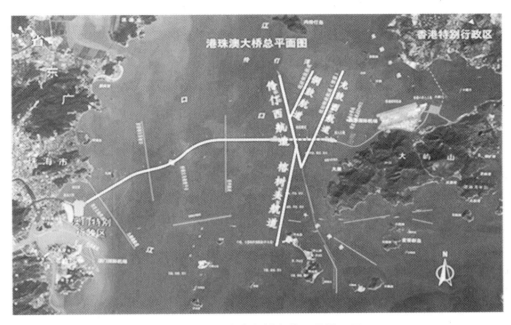

图 4.2-1 港珠澳大桥主体工程平面图

港珠澳大桥主体桥梁工程包括 3 座通航孔桥（九洲航道桥、江海直达船航道桥、青州航道桥）及深、浅水区非通航孔桥。青州航道桥桥跨布置为双塔斜拉桥，主梁采用扁平流线型钢箱梁，斜拉索采用扇形式空间双索面布置，索塔采用横向"H"形框架结构，塔柱为钢筋混凝土构件，上联结系采用"中国结"造型的钢结构剪刀撑；江海直达船航道桥桥跨布置为三塔斜拉桥，主梁采用大悬臂钢箱梁，斜拉索采用竖琴式中央单索面布置，索塔采用"海豚"形钢塔；洲航道桥桥跨布置为双塔斜拉桥，主梁采用悬臂钢箱组合梁，斜拉索采用竖琴式中央双索面布置，索塔采用"帆"形钢塔；深水区非通航孔桥为110m 等跨径等梁高钢箱连续梁桥，钢箱梁采用大悬臂单箱双室结构；浅水区非通航孔桥为85m 等跨径等梁高组合连续梁桥，主梁采用分幅布置。

作为世界首例集桥—隧—岛于一体的超级工程，海底沉管隧道是港珠澳大桥超级工程的"关键控制性工程"，这条海底隧道能满足双向六车并排行驶，是我国首条外海建设的沉管隧道，是目前世界上唯一的深埋大回淤节段式沉管工程，建成后将是世界上最长的公路沉管工程，包括沉管隧道、两个离岸人工岛和非通航孔桥 3 部分，全长约 7.4km。沉管隧道长约 6.7km，大致沿东西走向，沉管段长约 5.7km，由 33 个预制管节对接安装组成，标准管节长180m；最终接头位于E29 与E30 之间，最终接头东侧线形是半径5500m 的圆曲线，西侧为直线；隧道两端与两个离岸人工岛相接，在东、西人工岛北侧分别建设测量平台各一个。图 4.2-2 为沉管隧道纵断面图。

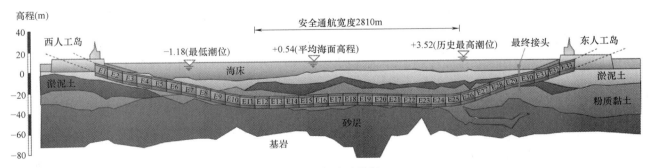

图 4.2-2 沉管隧道纵断面图

由于港珠澳大桥具有跨海距离长（超过 30km）、工程规模大、建设条件复杂、结构型式多样、技术难度大、施工周期长、地理位置特殊及政治意义重大等突出特点，同时，其海底隧道采用沉管法施工，管节沉放及水下对接的难度大、精度要求高，对贯通测量精度的控制尤为关键。因此，相对于杭州湾大桥、东海大桥等其他已建成的跨海大桥而言，港珠澳大桥主体工程建设期间的测量工作更加复杂、技术难度更大。

4.2.2 关键问题

4.2.2.1 长距离跨海测量

由于港珠澳大桥主体工程跨海距离长，控制网布设困难，常规测量无法满足应用，长远距离高程传递测量难度大，需要精确的似大地水准面模型。

4.2.2.2 工作环境复杂，测量技术要求高

由于电离层干扰、太阳黑子爆发干扰、网络信号漂移干扰、多路径效应干扰、全海域施工测量环境复杂，且施工区域地理环境、气象水文条件恶劣，对测量工作的实施和精度产生较大影响。尤其岛隧工程施工区域远离陆地，为了给岛隧工程的现场施工提供控制点，建立了多个上水测量平台。但水上测量平台施工控制点受风浪流的影响较大，始终处于不稳定状态，能够建立控制点的人工岛在工程建设期间处于沉降位移变化阶段，这对测量基准建立与维护、施工测量精度与施工测量方法的选择提出了更高的要求，尤其对关键的沉管隧道贯通测量控制，需发挥各种技术方法优势，确保各环节测量精度符合设计和规范要求。

4.2.2.3 测量管理体系建立

由于参建单位多，测量作业点多、面广，涉及跨境及协调工作。需要根据项目特点及测量组织架构，建立施工测量管理及质量保证体系，确保体系的适用性。在工程建设中持续维持保证体系的良好运行及稳定、可靠。

4.2.2.4 岛隧工程精准贯通测控难度大

管节沉放、对接测量难度大，沉管隧道管节沉放与对接精度要求很高，其横向贯通限差要求高于现有规范要求；深水碎石基床整平高程测量精度要求高；贯通测量起始边长短，基准点稳定性差，贯通距离远，控制点成果使用及测量系统间存在的误差多，需要进行各项误差的消除。为保证沉管最终接头的顺利安装，一方面，东西人工岛的平面和高程基准必须严格统一；另一方面，地面与地下（沉管内）平面、高程和方位基准必须严格统一。为了实现沉管隧道全长的精确贯通，需综合运用 GPS 测量塔定位法、水下测控系统及管内精密导线、水准测量和高精度惯性测量技术等多种方法和手段。

4.2.2.5 CORS 系统建设

为了统一全桥测量定位基准，共用参考站，有利于资源共享，降低测量成本，提高测量工作效率，有利于各相邻标段的精确衔接和贯通测量；以及为事后精密定位用户提供参考站数据下载的服务，需建立港珠澳大桥 GNSS 连续运行参考站系统（HZMB-CORS）。同时，研究施工海域 GPS 应用遇到的问题，比如电离层、多路径效应、信号干扰等；在工程建设中采用技术手段削弱应用影响，同时采取必要措施提高预警及预报功效，减少对现场施工影响。

4.2.3 方案与实施

4.2.3.1 首级控制网测量技术

港珠澳大桥首级控制网测量 2008 年 9 月至 2009 年 2 月间全面完成，共布设了 16 个 GPS 首级平面

控制网点、64 个首级水准控制网点，分别按《全球定位系统（GPS）测量规范》GB/T 18314—2001 中 A 级 GPS 控制网和《国家一、二等水准测量规范》GB/T 12897—2006 中一、二等水准测量的精度要求进行设计和施测，高程系统采用 1985 国家高程系统。首级平面控制网见图 4.2-3，简要高程控制网图见图 4.2-4。

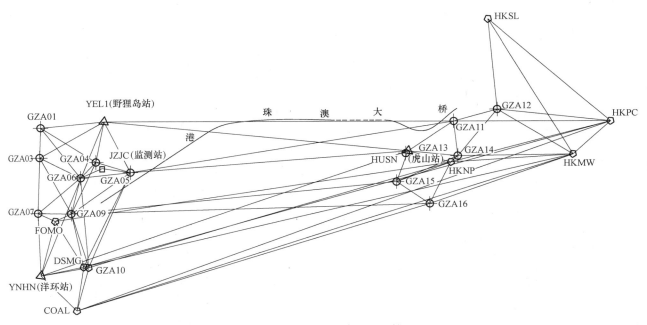

图 4.2-3 港珠澳大桥首级平面控制网

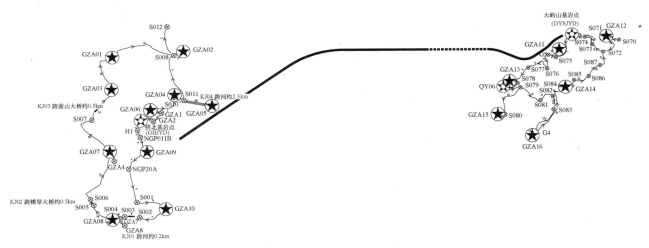

图 4.2-4 港珠澳大桥首级水准控制网简图

港珠澳大桥首级控制网的测量精度高、成果正确可靠，控制点稳定性良好，均符合相关技术规范的规定，控制网质量达到港珠澳大桥工程建设期间作为测量控制基准的要求。

首级控制网集成了 GNSS 卫星定位、精密水准测量、高精度跨江三角高程测量、现代重力场、精化大地水准面与工程坐标系等测绘及相关学科的先进技术和方法，获得了高精度的坐标和高程成果，统一了港、珠、澳三地的坐标基准和高程基准。是长距离跨海桥隧工程高精度控制网的典型范例。

此外，设计和建立了满足主体工程建设要求的港珠澳大桥工程坐标系，研究和确立了工程坐标系与 WGS-84 坐标系、1954 北京坐标系、1983 珠海坐标系、香港 1980 方格网及澳门坐标系之间精确的坐标转换模型。同时依据最新的地球重力场理论和方法，建立了高精度的港珠澳大桥地区的局部重力似大地水准面，与 GPS 水准联合求解后，获得了高精度的似大地水准面成果。

4.2.3.2　港珠澳大桥 GNSS 连续运行参考站系统（HZMB-CORS）

为了工程需要，本工程建设了港珠澳大桥 GNSS 连续运行参考站系统（HZMB-CORS），目前第一阶段的建设工作已经完成，建成了由 3 个参考站、1 个数据处理中心和 1 个监测站组成的 HZMB-CORS，经过系统调试与测试，已于 2010 年 11 月 12 日通过验收并投入正式使用。系统提供的 GNSS 差分信号能覆盖整个港珠澳大桥工程的施工区域。HZMB-CORS 站址分布见图 4.2-5。

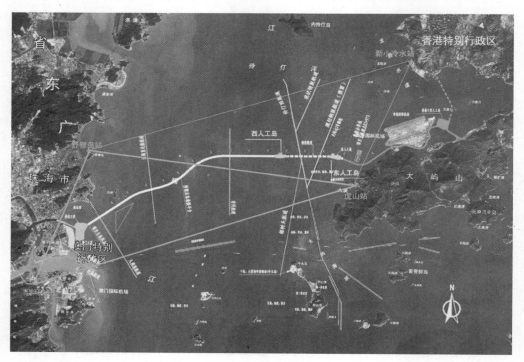

图 4.2-5　HZMB-CORS 站址分布图

该系统包括参考站网子系统、数据中心子系统、数据通信子系统、用户服务子系统和实时监测子系统共 5 个子系统。参考站的 GNSS 观测数据首先通过专线通信网汇集到数据中心，在中心服务器上使用 GPSNet 软件进行数据统一解算和原始数据存储，并通过 GPRS／CDMA 网络向流动站用户 GNSS 接收机发送差分数据，提供厘米级的实时定位服务。同时，在珠海野狸岛和香港虎山两个参考站上架设无线电台，发送传统的差分信号，作为网络 RTK 的一种辅助方式，为流动站用户提供常规 RTK 定位服务。目前，该系统已用于主体工程勘察、岛隧工程施工及海中试桩工程施工中，系统运行正常，定位精度可靠。

4.2.3.3　施工控制网加密

1. 首级加密平面控制

作为 HZMB-CORS 系统的补充，保证海上 GPS-RTK 可以全天候使用。桥梁及岛隧工程施工单位已在各自施工范围内的测量平台上建立了临时参考站（电台）。如图 4.2-6 所示为海上测量平台临时参考站与桥梁首级加密平面控制网，该网由四个 HZMB-CORS 参考站、K33 测量平台临时参考站、GZA05、K27 测量平台临时参考站、K23 测量平台临时参考站、K19 测量平台临时参考站组成。

为了满足岛隧工程施工需要，在东、西人工岛附近各建设一个海中测量平台，东、西人工岛测量平台上各建设强制观测墩两个，观测墩下方布设水准点。东西人工岛测量平台控制点观测工作按《全球定位系统（GPS）测量规范》GB/T 18314—2009 中 B 级 GPS 控制网的精度要求进行设计和施测，与 3 个 CORS 参考站、HKSL、HKNP 和 GZA06 点进行了联测，东、西人工岛测量平台与 CORS 站联测点构网示意图见图 4.2-7。

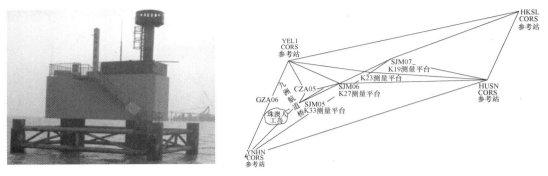

图 4.2-6 海上测量平台临时参考站图与桥梁首级加密平面控制网

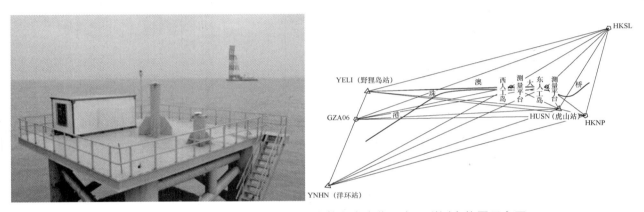

图 4.2-7 东、西人工岛测量平台加密控制点点位示意图联测点构网示意图

2. 跨海三角高程测量

为了得到准确的测量平台观测点的准确正常高，并为桥梁主体和东西人工岛的施工提供高程基准，港珠澳大桥桥梁工程跨海三角高程测量按《国家一、二等水准测量规范》GB/T 12897—2006 要求的跨河水准测量的测距三角高程法的技术和二等精度要求执行。如图 4.2-8 所示，工程采用全站仪倾角法测量、三角高程测量和 GPS 水准法进行跨海高程传递，在陆地进行试验并辅之其他方法进行外部验证，同时研制相应的 GPS 跨海高程传递自动处理软件，准确地检验首级控制网似大地水准面成果的外符合精度，确保桥梁主体工程和岛隧工程高程基准使用的正确性。

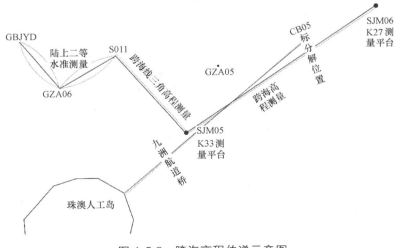

图 4.2-8 跨海高程传递示意图

3. 施工加密控制测量

施工测量控制遵循"先整体后局部，分级布网，逐级控制"的原则，做到整体工程系统控制，局部分项工程精密测量。施工控制网分二级，施工前期利用首级控制网进行测量控制，待人工岛区域具备条件时，设置施工加密控制点，建立施工加密控制网，再进行各分项工程施工测量工作。

其中，桥梁工程一级平面加密控制网按工程二等精度采用 GPS 静态施测，全站仪测边测角复核。高程按国家二等水准测量精度采用跨海三角高程法施测。同级拓展加密，保证桥梁桥塔柱施工有 2 个二等精度的平面和高程控制点。桥梁工程二级平面加密控制网按工程三等精度采用 GPS 静态施测，全站仪测边测角复核。高程按国家三等水准测量精度要求采用跨海三角高程法施测。保证每一个墩位施工时有 2 个三等精度的平面和高程控制点，可采用全站仪进行测量。

对于岛隧工程，根据沉管隧道施工特点，在东、西人工岛上根据实地情况布设数个加密点，每个人工岛各控制点之间通视性良好，便于施工放样使用。控制点共布设 8 个，其中东、西人工岛测量平台各 1 个，东、西人工岛上各 3 个，网形如图 4.2-9 所示。为了保证一级加密控制网的施测精度，须联测首级控制网的 3 个以上首级控制点，拟联测 YELI、YHNN、HUSAN、HKSL 等 4 个首级控制点。

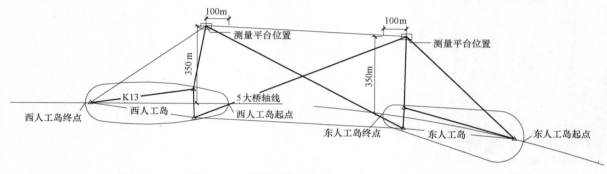

图 4.2-9 沉管隧道一级加密控制网示意图

4.2.3.4 施工测量技术

1. 浅水区非通航孔桥施工

浅水区非通航孔桥施工测量工作包含：钢管复合桩施工测量、钢围堰施工测量、承台墩身预制施工测量、垫石支座的施工测量、钢混组合梁预制与架设施工测量等测量工作。

1）钢管复合桩施工测量采用海上 GPSRTK 测量方法，遵循先平台后围堰，先预制承台和墩身，再现场吊装，整孔预制，整孔吊装架设的顺序，施工测量精度由低精度到高精度，确保钢管复合桩倾斜度小于 1/250，轴线偏差不大于 50mm。

2）钢围堰施工测量采用海上 GPSRTK 测量方法。利用一级加密控制点在围堰顶布设 2 个二级平面和高程加密控制点。利用二级加密控制点进行桩位竣工测量。

3）建立承台墩身预制施工独立控制网，利用独立控制网进行预制台座施工测量、预制承台墩身模板检查测量。利用独立控制网点进行承台墩身竣工测量。各特征点坐标转换成桥梁坐标系坐标。用承台墩身安装允许偏差的一半作为预制施工允许偏差。

4）垫石支座的施工测量，在墩顶布设平面和高程的二级加密控制网点，利用加密控制点进行垫石支座的测量放样、模板检查和竣工测量。

5）钢混组合梁预制与架设测量。

（1）桥面板预制施工测量：建立桥面板预制的施工测量独立控制网，用全站仪控制桥面板的轴线偏差和结果尺寸，用水准仪测量控制对角线相对高差和平整度。

（2）钢梁制造施工测量：钢梁制造测量主要是控制钢梁的长度、宽度、高度、每断面测点的高程、断面尺寸等，监测钢梁制造线形。

（3）组合梁架设测量：组合梁初步就位测量，组合梁精确对位测量，支座安装测量，组合梁体系转换测量，组合梁竣工测量，组合梁架设测量如图 4.2-10 所示。

2. 九洲航道桥施工测量

1）九洲航道桥承台施工阶段

在九洲航道桥每个围堰上布设 2 个二级施工加密控制点，平面采用全站仪四等导线的测量方法、高程采用全站仪三角高程对向观测的测量方法进行加密测量。施工放样和竣工测量主要采用全站仪极坐标法进行。

图 4.2-10　组合梁架设测量

2）九洲航道桥墩身和下塔柱施工阶段

在九洲航道桥每个墩承台上布设 2 个一级施工加密控制点，平面按二等精度的导线测量方法、高程按二等精度跨河水准测量方法进行加密测量。墩身和下塔柱施工放样、测量检查和竣工测量主要在相邻墩加密点上设置全站仪站，采用极坐标法和三角高程内差法进行观测，采用垂吊钢尺的方法进行高程复核。

图 4.2-11　九洲航道桥钢塔柱施工与安装

3）九洲航道桥钢塔柱制造、施工与安装测量

钢塔柱在工厂进行精加工并完成预拼，选择在晚上或清晨太阳出来之前丈量板单元尺寸和板单元焊接完成后的结构尺寸；节段完成加工后对端面尺寸、高度、对角线长度进行测量验收。预拼完成后对中线、断面轴线，预拼长度等进行测量验收；进行节段的制造误差和预拼精度分析对后续安装误差的影响在边墩 204 号、209 号墩顶分别设置强制观测墩，在主塔墩 206 号、207 号承台顶分别设置强制观测墩。按一级施工加密控制网精度，平面用导线的测量方法、高程用跨海水准测量方法进行观测，九洲航道桥钢塔柱施工与安装如图 4.2-11 所示。

在塔顶布置两个固定棱镜作为安装监测棱镜。上塔柱安装允许偏差：垂直度偏差≤1/4000；轴线偏差≤30mm；高程偏差≤20mm。测量方法：夜间测量、3 测回取平均，平面位置采用全站仪极坐标法，高程采用全站仪三角高程差分法。

4）桥梁贯通测量与衔接测量

港珠澳大桥桥梁工程 CB05 标在完成墩身施工后，利用加密控制点对标段内全部墩身进行贯通测量，港珠澳大桥桥梁工程 CB05 标平面贯通采用导线法，高程采用测距三角高程或常规水准法，对墩中心平面和高程进行贯通测量，以保证上部结构施工顺利进行。

相邻合同段衔接测量：为了保证相邻合同段之间的结构物能正确的进行衔接，在监理工程师（或测控中心）的共同参与下，由相邻两合同段共同对衔接处的结构物进行衔接测量，在确保成果符合规范要求的情况下，将测量结果由双方施工单位和监理（或测控中心）共同确认，并形成测量资料上报，再进行误差调整。

3. 沉管预制施工测量

沉管预制施工前,在沉管预制工厂区域布设了由7个平面控制点和9个高程控制点组成的沉管预制施工控制网。沉管预制施工控制网的平面控制网采用独立施工控制网方式布测,起始点坐标与具有1954北京坐标系坐标的点进行了联测,布设等级为二等。高程控制网起始点与具有1985国家高程基准的高程点进行了联测,布设等级为二等。沉管预制施工控制网的平面及高程控制网的布设示意图见图4.2-12和图4.2-13。

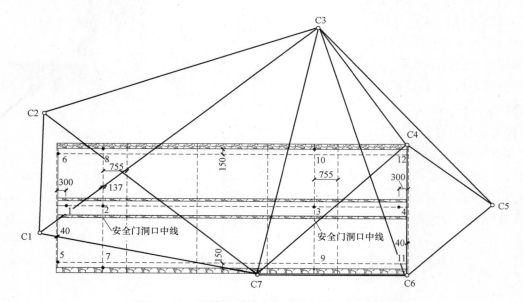

图4.2-12 沉管预制施工平面控制网布设示意图

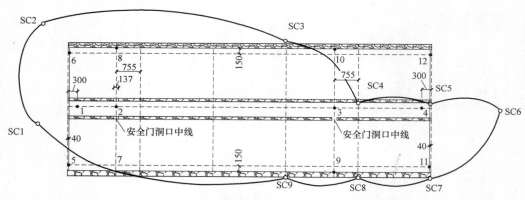

图4.2-13 沉管预制施工高程控制网布设示意图

4.2.3.5 沉管隧道贯通测量技术

为保证隧道后沉放管节和已沉放管节的安全对接,以及沉管隧道的最终顺利贯通,沉管隧道管节沉放控制标准要求精度很高,沉放对接期间贯通偏差设计要求小于50mm;最终接头贯通面偏差小于50mm,其横向贯通限差要求要远高于现有规范要求。另外,沉管隧道由大型预制构件对接安装组成,隧道两端口分别与东、西人工岛暗埋段相连,受沉管隧道长、沉放对接环境复杂、管节沉放水深大、测量控制点不稳定等因素影响,贯通测量精度控制难度非常大。由于沉管隧道进、出口两端均由人工岛组成,受人工岛的地形条件、潮汐、风浪、人工岛体沉降位移等因素影响,进洞口测站定向边偏短且观测精度会相对较差,因此,海上长距离沉管隧道最终接头贯通测控是港珠澳大桥岛隧工程的关键环节。

1. 隧道外控制测量

针对港珠澳大桥岛隧工程洞外控制网定向边偏短且不稳定的影响，为了优化隧道内控制网的精度，考虑东、西人工岛岛上条件及其与海中测量平台、暗埋段顶部预留吊孔的几何关系，采用了三点定向方法将洞外控制点引测进洞。即首先在东、西人工岛洞口线路中线上布设洞口测站点（JX、JD），然后在JX、JD点区域再各布设 3 个定向点（XD1、XD2、XD3）和（DD1、DD2、DD3），洞口测站点与相应定向点边长 500～800m。控制网形如图 4.2-14 所示。

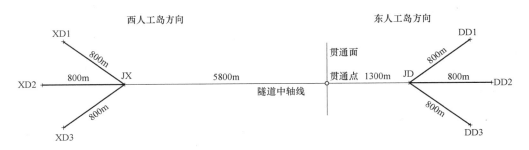

图 4.2-14 三点定向平面控制网布设示意图

2. 隧道内控制测量

考虑到港珠澳大桥沉管隧道采用两孔一管廊结构，即左、右侧为主行车孔，中管廊从上至下分别为排烟通道、安全通道、电缆通道，管节横断面如图 4.2-15 所示，还可以从改善导线网网形、增强图形结构、增加多余观测方面着手。为充分利用隧道内部空间，在左、右行车道各布设一个导线网，并相互联接，网形如图 4.2-16 所示。

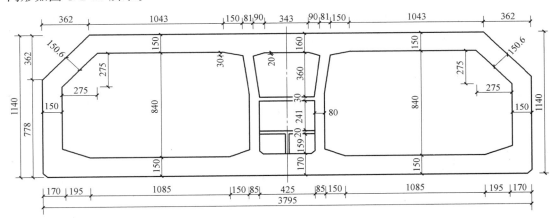

图 4.2-15 沉管管节横断面

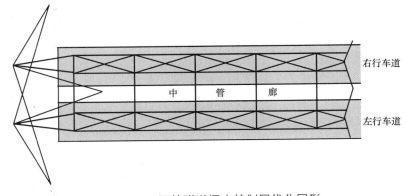

图 4.2-16 沉管隧道洞内控制网优化网形

内洞导线网采用全导线网形式布设。分别将各导线点在隧道左、右行车道中轴线两侧 3.5m 左右位置对称排列,东人工岛方向受曲线段影响导线边长控制约 180m 左右,西人工岛方向导线边长约 720m。所有测站均埋设强制对中观测墩或强制对中三脚架,为了尽可能地减小强制对中观测墩的布设距离隧道侧壁 1m 以上。采用 0.5″级仪器观测,测角中误差≤1.0″。

4.2.3.6 沉管隧道高精度陀螺惯性寻北测量技术

受现场施工条件和海上环境影响,地面控制测量的精度受到制约,由于西人工岛段导线网长度较长,约 5.5km,在隧道受限空间由于 GNSS 信号隔绝,缺乏有效的检核条件,在隧道未贯通之前,随着管段逐节的沉放对接,沉管隧道在未知的海底前行,地下导线网的横向摆动存在不受控的风险。陀螺全站仪是一种将陀螺仪与全站仪集成连接于一体,通过敏感地球自转独立测定真北方位的精密敏感型惯性仪器,由于其具有全天候、全天时、抗干扰、速度快、无依托等优势,克服 GNSS 技术无法在封闭空间定位定向的缺陷,在隧道贯通测量工作中发挥着至关重要的作用。为了确保沉管隧道精确贯通,提出了在沉管内部控制网加测陀螺定向边,作为方位校核保障的测量方案。

1. 陀螺定向测量 1∶1 沉管隧道陆地模拟实验网布设

为了验证沉管隧道控制网加测陀螺边的可靠性,通过实地踏勘、调研,在珠海市选取与港珠澳大桥岛隧工程条件相近的实验区域,建立地面 1∶1 模拟实验网,以评估并验证实际沉管隧道测量方法的理论分析成果。实验区域位于金湾区平沙镇升平大道,升平大道为连接镇、村的一级公路,总长约 7km,宽约 20m,水泥路面,分双向四车道和中间绿化带,绿化带植被较低,不遮挡视线。实验按照 1∶1 比例,布设与沉管隧平面道控制网相似的 GPS 网和全导线网进行模拟试验观测,并加测陀螺定向边,将陀螺定向结果与 GPS 边进行对比,验证陀螺定向精度。1∶1 陆地模拟实验网如图 4.2-17 所示。

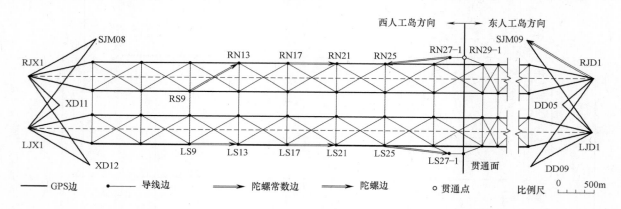

图 4.2-17 1∶1 陆地模拟实验网示意图

控制网总长约 6.7km,西岛方向导线总长 5.5km,东岛导线总长 1.2km,导线网宽度约 26m,东岛 900m 左右,接近贯通面处有一长度约为 300m 的桥梁,过往车辆会导致桥面晃动,对 GPS 和导线测量产生影响,遂选择在桥下可通视位置增设另外一条路线作为备用,选取 RN29-1 作为贯通点。实验网中共进行了 8 条陀螺边的定向测量,其中测线 RJD1→RJM09 为陀螺仪器常数边,已知边 LJX1→XD11 作为检核边;其余 6 条陀螺定向边均匀布设于西人工岛至贯通面的导线段之间,左、右行车道分别加测 3 条。为了减小对中误差的影响,所有陀螺全站仪观测站均采用强制对中观测墩或强制对中三脚架强并专门为陀螺全站仪制备了强制对中连接适配装置。

2. 陀螺全站仪选型

为了验证陀螺定向精度的可靠性,选用目前国际公认高精度的 GYROMAT-3000 全自动精密陀螺仪与我国自主研发的 GAT 磁悬浮陀螺全站仪进行港珠澳大桥沉管隧道陀螺定向测量,如图 4.2-18 所示。

(a)　　　　　　　　　　　　　　　　(b)

图 4.2-18　工程选用陀螺全站仪

(a) GYROMAT3000 陀螺全站仪；(b) GAT 磁悬浮陀螺全站仪

GYROMAT-3000 全自动精密陀螺仪由德国 DMT 公司生产，是传统悬挂带陀螺的代表。GYRO-MAT-3000 全自动精密陀螺仪的标称精度为±3.0″～±5.0″，已广泛应用于英吉利海峡海底隧道等各类地下及隧道工程测量。GAT-05B 高精度磁悬浮陀螺全站仪是我国长安大学与中国航天科技集团公司联合研制，标称精度为±3.5″～±5.0″。该系统采用磁悬浮替代传统陀螺全站仪的悬挂带支承技术，通过无接触式光电力矩闭环反馈控制技术敏感地球角动量，克服了传统悬挂带陀螺的扭力矩误差、悬挂带零位误差及悬挂带易拉断等技术难题，特别是实现的寻北数据实时与事后仿真技术，可对观测数据质量、异样环境进行过程分析滤波，可有效提高数据测量精度和可靠性。

3. 沉管隧道陀螺定向测量实验比对结果

1∶1 模拟实验网中，两种仪器观测的各陀螺定向边的陀螺坐标方位角成果如表 4.2-1 所示。

陀螺坐标方位角与导线坐标方位角比对　　　　　　　表 4.2-1

测线	导线坐标方位角	Gyromat3000 陀螺坐标方位角	GAT 陀螺坐标方位角	较差(″)	
				Gyromat3000	GAT
LS9→LS13	73°58′28.5″	73°58′30.7″	73°58′34.0″	−2.2	−5.5
LS17→LS21	71°25′10.9″	71°25′16.0″	71°25′15.3″	−5.1	−4.4
LS25→LS27-1	71°28′01.3″	71°28′01.3″	71°28′02.7″	0	−1.4
RS9→RN13	74°58′22.3″	74°57′55.5″	74°57′58.1″	26.8	24.2
RN17→RN21	71°24′20.1″	71°24′14.8″	71°24′16.5″	5.3	3.6
RN27-1→RN25	244°37′32.2″	244°37′33.4″	244°37′35.0″	−1.2	−2.8
LJX1→XD11	85°52′28.8″	85°52′34.1″	85°52′29.5″	−5.3	−0.7

两台高精度陀螺仪定向得到的坐标方位角与导线的坐标方位角比较结果显示，除了测线 RS9→RN13 外，各测线陀螺坐标方位角与导线坐标方位角较差最大不超过 5.3″。对于测线 RS9→RN13，两台陀螺仪测定的测线 RS9→RN13 陀螺坐标方位角结果互差仅为 2.6″，而与导线推算坐标方位角结果较差大于 20″，经检查，是因为 RN13 点在测量导线与测定陀螺过程中间点位发生了变化，并重新进行了布设。

1∶1 模拟实验网验证了测量方案的切实可行，2015—2017 年，根据实验网的可行性分析结果，港珠澳大桥岛隧工程沉管控制测量采用与模拟实验相同的方案进行布设，并且采用 Gyromat3000 陀螺全站仪与 GAT-05B 磁悬浮陀螺全站仪先后 2 次进行了陀螺定向测量，Gyromat3000 实测一测回中误差为 2.6″；GAT 磁悬浮陀螺全站仪实测一测回中误差为 2.4″，各项精度指标均满足仪器标称精度。两台陀螺全站仪的定向精度相当，实现优势互补，确保地面与地下（沉管内）方位基准高精度统一，为港珠澳大桥沉管隧道的精确贯通起到方位校核保障作用。

4.2.3.7　沉管沉放对接定位测量技术

测量塔定位测量是用于沉管沉放对接定位测量方法，管节预制完成后，在预制厂干坞内对管节顶面、端面及内部特征点进行标定测量，二次舾装后管节出坞前完成对管节测量塔顶 GPS 天线、棱镜与管节顶面特征点的关系测量，结合在干坞内的标定结果，确定测量塔顶 GPS 天线、棱镜与管节各特征点之间的关系，从而达到对测量塔顶 GPS 天线、棱镜的标定。管节浮运至现场开始沉放。测量塔和管节之间的微小变形可以忽略不计时，两者可以被视为同一个刚体，因此通过跟踪测量塔顶 GPS 天线/棱镜的位置，结合沉管在坞内通过特征点标定得到的测量塔顶 GPS 天线/棱镜与管节各特征点之间的相对位置关系以及安装在沉管上的倾斜仪同步采集到的数据，采用专业软件对上述数据进行解算，可得到管节特征点坐标和空间姿态，进而指导沉管的沉放对接施工。测量塔法定位原理图见图 4.2-19。

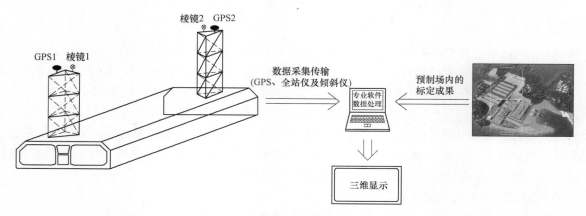

图 4.2-19　测量塔法定位原理图

1）沉管沉放对接粗定位

从管节开始沉放至沉放到距离已安管节 1m、距离基床面 2m 的这个沉放过程，按照管节的沉放流程，需要管节沉放对接测量系统不断地获取管节的平面位置及管节空间姿态，这个过程的定位主要是控制好管节的平面位置及管节的坡度尽量与设计坡度一致。

2）沉管沉放对接精确定位

当待安沉管下放至距离已安沉管水平距离 1m、距基床面 2m 时，通过测量塔顶 GPS 采集的坐标数据和倾斜仪同步测得的数据解算出沉管的三维姿态及待安管节与已安管节之间的精确相对位置关系，及时地对管节姿态予以调整，并结合潜水员水下检查的结果，完成导向装置精确对接。导向装置精确对接后，精确测量待安管节的三维姿态及两管节之间的相对位置关系，千斤顶拉合待安沉管至 GINA 鼻尖与已安管节端面接触时停止，再次精确测量待安管节的空间姿态，指导管节调整至设计位置，然后进行水力压接。

待沉管实现连接，首部对接端开仓后，采用沉管内精密闭合导线或精密边角线形锁联测沉管内永久观测点，贯通测量，严密平差计算。如果经严密平差，结果显示管节尾端沉管内永久观测点轴线位移偏差大于设计规范要求，则必须进行沉管微调，直到满足设计要求为止。

4.2.4　启示与展望

在港珠澳大桥建设各阶段中解决了工程中遇到的众多相关问题，尤其是在地形条件环境复杂，实施常规测量存在较大困难的情况下，运用先进测量仪器和技术，发挥各种测量方法的优势，克服了重重困难，为今后国内桥隧测量工作提供了大量经验，对水下大型构件安装施工测量具有实用参考价值，是特大型海底隧道工程的典型范例。

1）港珠澳大桥高精度测量基准的建立与维护集成了 GNSS 卫星定位、精密水准测量、高精度跨江三角高程测量、现代重力场、精化大地水准面与工程坐标系等测绘及相关学科的先进技术和方法。

2）港珠澳大桥 GNSS 连续运行参考站系统（HZMB-CORS）提供的 GNSS 差分信号能覆盖整个港珠澳大桥工程的施工区域，可向用户提供事后精密定位服务；通过监测站，可对系统精度和可靠性进行全天 24 小时的实时监控，该系统的建立和运行对港珠澳大桥的施工建设和维护监控起到至关重要的作用。

3）建立海上测量平台作为临时参考站，对大桥主体工程与桥隧工程的施工控制网加密，确保跨海工程的坐标基准与高程基准高度统一，为长距离跨海工程施工控制测量提供了思路。

4）采用双线形联合锁网进行沉管隧道贯通测量，在受限空间中辅以高精度陀螺定向技术，建立高精度隧道内坐标基准，最大限度地确保管节的精准贯通，为沉管隧道的最终接头提供了必要条件。

5）由于高精度陀螺惯性寻北测量技术不受 GNSS 信号隔绝的影响，可以独立自主进行真北方向的观测，尽管陀螺定向精度没有全站仪单角测量精度高，但测量误差不会累积，对地下控制测量的误差传递起到有效的控制和检核作用。项目采用德国 Gyromat3000 陀螺全站仪与国产 GAT-05B 磁悬浮陀螺全站仪成果相互校核，充分发挥磁悬浮陀螺全站仪大量方位角多余观测、环境滤波、仿真计算及个体权导线平差等功能，实现优势互补，为沉管的精准贯通和对接提供了可靠的方位校核保障。

6）运用测量塔法定位系统（人工井投点法），指导管节沉放定位和安装，实现长距离多管节沉管隧道成功合龙，在水下大型构件的安装控制测量中具有很大的发展前景。

2016 年 6 月 29 日，港珠澳大桥的最后一块钢箱梁吊装完毕，港珠澳大桥主体桥梁成功合拢。2016 年 9 月 27 日长达 22.9km 的主体桥梁工程全线贯通。2017 年 5 月 2 日，E29 管节最终接头吊装，港珠澳大桥海底隧道实现合拢。完成了最终接头安装后初始姿态贯通测量，结果：E29 侧轴线偏北 2.6mm，E30 侧偏北 0.8mm，实测相对偏差：横向最终接头 E29 侧偏北 17.5mm，最终接头 E30 侧偏北 13.5mm；竖向最终接头 E29 偏低 21.3mm，最终接头 E30 侧偏低 35.3mm，管节设计纵倾 0.000％，实测纵倾 0.203％。最终接头贯通测量结果，堪称完美。

港珠澳大桥的全线贯通，标志着粤港澳大湾区基础设施互联互通取得新的突破，它将进一步促进湾区城市的内外交流，助力打造世界级城市群。它不仅将树立起一个中国桥梁工程的里程碑，更证明了中国的冶金业、制造业等众多技术水平都在快速提高。将在国际上更进一步地证明中国的建桥能力是可靠的，是快捷的，是安全的，并且还是优质的。

4.3 关角隧道

4.3.1 工程概况

本案例总结的是青藏铁路西格二线新关角隧道，为了加以区别，对老关角隧道简介如下：青藏铁路西格段老关角隧道位于青海省天峻县西南的关角山中，是青藏铁路一期工程（西宁—格尔木段）的咽喉工程。隧道全长 4010m，平均海拔 3692m。1958 年开工，1961 年 3 月停工；1974 年 10 月复工，1977 年 6 月 16 日完成主体工程，1977 年 8 月 15 日铺轨通过隧道。

青藏铁路新关角隧道是青藏铁路西格二线重点控制性工程。线路以 32.690km 的隧道穿越了关角山，是目前我国建成通车最长的铁路双线隧道工程，也是世界高海拔地区第一长隧道。新关角特长隧道由中铁第一勘察设计院集团有限公司负责勘测设计，由青藏铁路公司负责建设，由中国中铁隧道局集团有限公司和中国铁建十六局集团有限公司负责施工，中国中铁五局集团有限公司参与隧道洞内测量。由北京铁城建设监理有限责任公司和四川铁科建设监理有限公司负责监理。关角特长隧道于 2007 年 11 月 6 日开工建设，2014 年 4 月 15 日隧道双线全部贯通，2014 年 12 月 28 日开通运营。

　　"关角"藏语意为"登天的梯"，图 4.3-1 中深色铁路线为青藏铁路一期工程（西宁—格尔木段），其中包含 4010m 的关角隧道；浅色铁路线为青藏铁路西格二线，其中包含 32.690km 的新关角隧道。

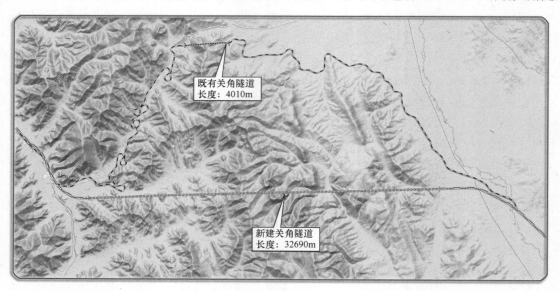

图 4.3-1　关角隧道线路方案示意图

4.3.1.1　隧道概况

　　青藏铁路西格二线新关角隧道长度 32.690km，位于青海省天峻县和乌兰县境内的关角山，是青海省盆地与柴达木盆地的分水岭。隧道地处高寒缺氧、人烟稀少、自然环境极其恶劣的青藏高原，平均海拔为 3500m。隧道呈东西走向，地理位置在北纬 37°00′～37°11′，东经 98°52′～99°11′。测区属高原寒带气候，海拔高，气温低，年均温度 −1.5℃，年降水量 360mm，全年没有绝对无霜期，四季不分明，全年平均有风天数 97 天，平均风速 4.6m/s，日平均气温在 0℃ 以下的冻结期长达 9 个月以上，为季节性冻土区，冻结深度达 3m。

　　新关角隧道设计为两座平行的单线隧道，线间距 40m，设计速度 160km/h。隧道采用"人"字坡，进口段为 8‰ 的上坡，在岭脊设坡度代数差后，以 9.5‰ 的坡度连续下坡，轨面高程 3324.05～3494.45m。隧道线路经过地区地质条件极其复杂，隧道区域属新构造活动强烈的青藏高原东北缘的青藏断块北部宗务隆山—祁连山强烈隆起区，褶皱、断裂构造发育，地应力高。线位受区域性大断裂——二郎洞断裂、菜挤河断裂等控制，隧道进口及引线分布有深季节冻土，变形控制难度大。

　　关角隧道采用钻爆法施工，隧道采用 15350m/11 座斜井辅助正洞施工，左右隧道之间共设计 77 座联络横通道，平均间隔 420m，进口与出口处的两条横通道距离洞口分别为 360m 和 365m。采用双块式无砟轨道、刚性悬挂接触网、四显示自动闭塞系统等配套设施。为保证隧道内发生火灾等特殊灾害时人员的安全，在隧道中部利用 6 号斜井作为排烟道设置了 1 座紧急救援站，建设总工期为 7 年。关角隧道施工方案示意图见图 4.3-2。

4.3.1.2　测量技术难题

　　关角隧道建设过程面临一系列的测量技术难题：一是隧道长度在国内首次超过 30km，属于超长隧道工程，其洞外、洞内施工控制测量网的精确实施没有成熟经验可供参考，施工掘进方向的控制难度相当大，控制测量对于隧道的准确贯通意义重大，项目的实施具有很大的风险性和挑战性；二是自然环境极其恶劣，隧道位于青藏高原，高寒缺氧，最大埋深 900m，洞内外温度低、温差大，施工通风距离达

图 4.3-2 关角隧道施工方案示意图

5000m，洞内氧气含量低，仅为平原地区的 60%，严重影响测量作业人员职业健康和仪器设备的使用效率，测量环境保障面临极大挑战；三是隧道洞内设计为无砟轨道，按照新规范要求，需要开展隧道沉降观测以及评估，实施隧道洞内 CPⅡ、CPⅢ 精密控制测量以及评估，对隧道施工测量提出新的要求；四是隧道为全线建设控制性工程，且为双线隧道，工程施工效率低，建设工期压力大，必须采取有效的测量技术措施缩短施工工期，实现青藏铁路西格二线早日通车的目标。

原铁道部组织开展了"关角特长隧道整体贯通前先期铺设无砟轨道关键技术研究"等多项课题研究，对隧道整体贯通前分段实施无砟轨道铺设等技术开展科研攻关，为关角隧道的建设提供了关键技术支撑。关角特长隧道施工控制测量以及贯通测量获发明专利 3 项，发表论文近 10 篇。研究成果实现了高原特长隧道修建技术的重大突破，丰富和发展了我国隧道建设技术，对今后高海拔、严寒地区特长隧道建设具引领和示范作用。主要自主创新成果有：

1）解决了关角隧道在施工期间适逢新的测量规范颁布实施，如何采用新规范开展后续勘测设计工作的技术难题。提出关角隧道投影长度变形值按不大于 10mm/km 进行控制，按照要求建立隧道工程独立坐标系。

2）建立了关角隧道洞外、洞内施工控制网，构建了贯通误差最小保障体系，施工测量中引入长安大学杨志强教授团队研制的高精度磁悬浮陀螺仪及受限空间精确定向技术，解决了高原地区多个开挖面长隧道施工测量控制问题，保证了特长隧道顺利贯通。

3）编制了关角隧道沉降观测评估评估细则、CPⅢ 测量作业指导书，健全了测量咨询评估管理工作制度。统一了沉降观测标志以及 CPⅢ 测量标志，使各项测量作业达到标准化、规范化。细化了评估控制指标和判定标准，建立了可靠的评估工作评价体系。

4）提出了隧道整体贯通前，已贯通段落分段铺设无砟轨道，为长隧道无砟轨道铺设以及最终建成通车争取了施工时间。

4.3.2 关键问题

关角隧道在施工测量阶段主要面临如下关键问题。

4.3.2.1 隧道洞外施工控制测量工作量大，测量任务艰巨

国内长大隧道施工阶段都要建立隧道独立施工控制网，目的是保证特长隧道准确贯通。关角隧道是我国第一座长度超过 30km 的铁路双线隧道，也是世界高海拔地区第一长隧。无一例外，需要建立高精度的隧道施工独立控制网。问题在于，隧道所处关角山，位于青藏高原，海拔高，山大沟深，隧道斜井数量多，进、出隧道口、斜井口的交通十分困难，不利于洞外控制测量的实施。洞外控制测量任务艰巨，测量实施难度很大。

4.3.2.2　隧道洞内施工控制测量精度要求高，段落衔接难度大

关角隧道掘进施工采用 11 座斜井，共 48 个开挖面，两座隧道之间设立 77 个横通道。由于隧道施工开挖面比较多，洞内施工测量工作量大。隧道施工采用多个开挖断面施工，由于测量误差的存在，各个段落施工中线不在一条直线上，严格地说与隧道设计理论中线均有偏差。如果按照各贯通段落施工中线铺设无砟轨道，将导致与以后段落铺设的无砟轨道无法平顺衔接，甚至根本无法进行调整，可能引起工程修正、返工、甚至废弃，造成浪费和工期延误。

4.3.2.3　隧道洞内观测条件很差，测量实施难度大

关角隧道施工期间，采取多个开挖面同时施工，洞内施工车辆通行、机械设备施工振动，洞内通风条件不好，粉尘、水汽污染严重，洞内照明条件不好，测量视线不清，这些对测量工作干扰影响很大。隧道沉降变形观测需按照二等水准测量要求开展，测量实施难度大，对隧道施工安全监测、后续无砟轨道铺设带来严重影响。由于隧道贯通段落多，隧道洞内的 CPⅢ 测量需分段实施，闭合条件不足，测量结果很容易超限，需要不断返工重测。

4.3.2.4　隧道洞内铺设无砟轨道无成熟经验可循

在国内高速铁路客运专线基本上是铺设无砟轨道，为满足无砟轨道铺设条件，需要开展沉降观测以及 CPⅢ 控制测量，测量成果需要进行评估，评估通过后，才可以开始无砟轨道施工。根据关角隧道设计需要，隧道内铺设双块式无砟轨道，但本项目属于设计时速 160km/h 的普速铁路，《铁路工程测量规范》TB 10101—2009 适用于旅客列车设计行车速度 200km/h 及以下新建有砟轨道铁路工程测量，不能指导无砟轨道测量。《高速铁路工程测量规范》TB 10601—2009 适用于新建 250~350km/h 高速铁路工程测量，并不适用于关角隧道。在国内开展普速铁路无砟轨道沉降观测、CPⅢ 控制测量以及测量评估工作尚没有成熟经验可供借鉴。

4.3.3　方案与实施

4.3.3.1　隧道洞外施工控制测量方案与实施

2007 年 8 月 1 日—9 月 21 日，中铁第一勘察设计院集团有限公司，采用全球卫星定位技术（GPS）按 B 级精度建立了隧道施工平面控制网，采用二等水准测量建立了隧道高程控制网，所有控制点涵盖隧道进出口以及各斜井洞口。根据需求埋设平面控制点及水准控制点，共布设平面控制点 36 个，其中 GPS001、GPS036 为左线隧道口投点，GPS002、GPS035 为右线隧道口投点，平面控制网共形成 25 个大地四边形。水准控制点共布设 21 个，采用单一附合水准路线往返观测。

1. 控制网选点、埋石

平面控制点选点时兼顾控制网图形强度，控制点间高差适宜，每个平面控制点至少与 2 个及以上控制点通视，满足用常规测量方法检测、引测进洞和恢复控制点的需要。隧道进、出口平面控制点不少于 3 个，斜井口 3 个控制点。点位埋设为了稳固可靠，一般尽可能选在岩石上，个别洞口投点埋深在 3.5m 以下。由于斜井全部在山沟里，地形复杂，所有平面控制点均采用钢管混凝土标石，标芯采用 ϕ5cm 的钢管，顶部焊接半圆球，以球面的十字刻划作为标志中心（标石尺寸为上部 30cm×30cm，下部 50cm×50cm，高度 3.5m）现场埋设，底部及四周填以石块和干拌混凝土并夯实。平面控制点编号以 GPS 冠号。

隧道进、出口附近各埋设 2 个水准点，洞口 2 个投点也带高程，斜井口至少 2 个控制点带高程。控制点埋设时，水准点标志高出桩顶 5~10mm。间歇水准点采用直接埋设预制混凝土桩。水准点编号为：

JBM01、JBM02……

2. 控制网观测

平面控制测量采用标称精度为 5mm＋1ppm×D（D 为距离，以 km 计）的 4 台 Trimble4700 系列 GPS 接收机共观测 50 个时段，安置天线采用三脚架和对中精度小于 0.5mm 的光学对中器。GPS 测量时联测原线路平面控制点 2 个，另外在 DK313＋204.39 和 JD200 的直线上布设 2 个共线点。水准测量采用 4 台 Leica DNA03 数字水准仪，仪器标称精度为 0.3mm/km，符合二等水准测量技术要求，水准尺采用该厂配套的铟瓦数码标尺，尺垫重量为 5kg。设备见图 4.3-3。

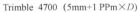

Trimble 4700 （5mm+1 PPm×D）　　　　　　Leica DNA03(0.3mm/km)

图 4.3-3　核心设备情况

关角隧道长度 32.69km，是国内最长铁路双线隧道，由于隧道长度加大，控测方法和质量控制也相应地提高了级别。为了保证主基线的质量，将 GPS 每测站观测时间延长到 4 个小时，2 个时段，并且和相邻的边组成了 4 个大地四边形，相应的主基线相当于观测了 4 个时段，这就有力的保证了基线的测量精度和质量。同样高程控制为了进出口水准贯通测量，获得洞口两端直接高差，仅贯通的二等水准路线单程长度就达到近 160km。为了保证测量精度，同样采用了每测站限差减半来控制质量，往返限差也都控制在 50％以下。为验证定测高程的正确性，联测国家二等水准点 1 个。

3. 独立施工坐标系定义

关角隧道平面控制点坐标成果采用施工坐标系。如图 4.3-4 所示，该坐标系采用隧道平均高程面（H_m＝3400m）为坐标基准面，以左线进口端洞口投点（GPS001）为坐标原点，左线进出口洞口投点的连线（GPS001～GPS036）为 X 轴，以过坐标原点，垂直于 X 轴的直线为 Y 轴。X 轴（GPS001～GPS036）坐标方位角设为 0°00′00″，坐标原点（GPS001）坐标值采用假定坐标，其坐标假定为：X_O＝280200.000，Y_O＝5000.000（其中 X_O 的值就是进口投点的定测里程，Y_O 的值是假定的）。

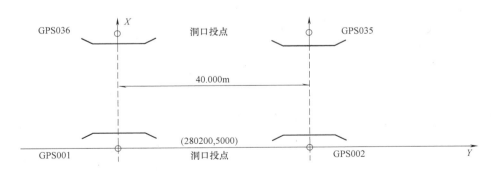

图 4.3-4　关角隧道独立施工控制网坐标系示意图

4. 控制网网形

关角隧道联测原线路控制点 2 个（ZD161-8、ZD161-5），两个线路切线上的控制点 GPS036、GPS037。平面控制网图形由独立基线构成，网形设计综合考虑所有联测的基准点，基本网形采用大地四边形，各部分控制网图形设计（图 4.3-5）如下：

进口控制网，由 2 个大地四边形组成。布设 GPS 点 5 个（GPS001、GPS002、GPS0003、GPS0004、GPS0005）。左线进口里程为 DK280＋570。

出口控制网，由 2 个大地四边形组成。布设 GPS 点 5 个（GPS033、GPS034、GPS035、GPS036、GPS037）。左线出口里程为 DK313＋175。

斜井口控制网全部是由 4 个控制点组成大地四边形，相距较近的斜井控制网有公用点。

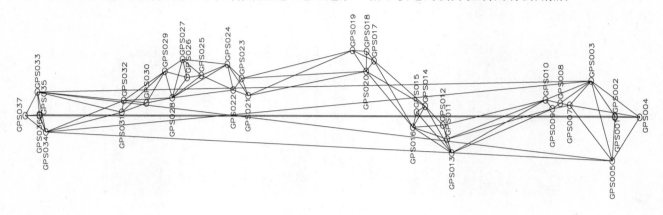

图 4.3-5　隧道施工平面控制网示意图

水准路线从进口定测水准点引出，采用往返观测的单一水准路线形式向进出口、斜井进口各引测两个高程点，在出口定测水准点出断高，如图 4.3-6 所示。

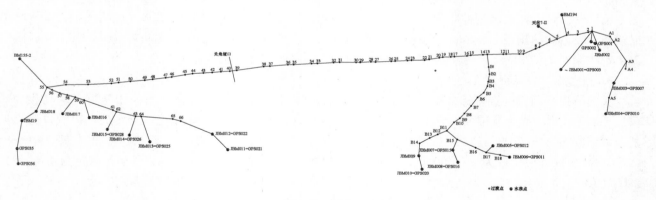

图 4.3-6　隧道施工高程控制网示意图

5. 数据处理

隧道 GPS 网的数据进行整体平差。基线矢量计算和网平差采用天宝公司商用软件 TGOffice 版本进行，以 WGS-84 系中的无约束平差所获得的大地坐标，采用同济 GeoTrans 软件从 84 坐标直接投影到正常高为 3400-45（45 取值为 GPS001 和 GPS036 的高程异常均值）的投影面上，并进行平移旋转后得到施工坐标系坐标，成果对算采用了 CosaAGPS 4.0 软件进行。水准测量数据采用 CosaCODAPS 5.0 件进行处理。

关角隧道施工控制网成果 2007 年 11 月底交付施工单位中铁十六局、中铁隧道局开始施工。

4.3.3.2　隧道洞内施工控制测量方案与实施

1. 中铁十六局段落洞内施工测量

中铁十六局负责隧道进口端 DK280＋550～DK297＋922 范围内Ⅰ、Ⅱ线的施工任务。采用闭合导线环形式布设洞内施工平面控制网，这样有较好的检核条件，洞内导线点布设在避免施工干扰、稳固可靠的地段。导线边长接近等边，一般直线地段不小于250m，曲线地段不短于80m。导线复测按三等导线要求测量，导线点高程按四等三角高程要求测量，高程仅作边长归化用。水平角测量，采用测回法测量9个测回。水平距离和高差测量进行往返观测2个测回、正倒镜2次读数，取平均值。洞内高程采用与设计院相同的测量基准，按照二等水准测量要求施测。

中铁十六局施工现场采用经鉴定合格的拓普康GPT7001L精密全站仪及配套棱镜开展隧道洞内施工测量。其测角标称精度为±1″，测距标称精度为（2mm+2PPm×D）。局精测队采用经鉴定合格的徕卡TC2003精密全站仪及配套棱镜进行洞内施工导线复测。其测角标称精度为±0.5″，测距标称精度为（1mm+1PPm×D）。坐标系统、高程系统与原控制网平面、高程控制点系统一致。闭合导线计算采用TOPADJ平差软件计算。实测水平距离经气象改正、加常数、乘常数改正和归化改正（高程投影面：H_0=3400m）后，作为计算使用距离。平面起算数据：进口控制点T1、T2，1号斜井控制点GPS007、GPS008，2号斜井控制点GPS010、GPS008，3号、4号斜井控制点GPS011、GPS012，5号斜井控制点GPS015、GPS016，6号斜井控制点GPS018、GPS019。高程起算数据：进口Ⅰ、Ⅱ线和6号斜井采用指挥部测量队提供的引测高程数据，1号～5号斜井采用设计院提供的高程数据。

为保证该超长隧道精准贯通与洞内轨道铺设，构建了贯通误差最小保障体系，中铁十六局委托长安大学杨志强教授团队对3号斜井：ⅠG3→ⅠG1、ⅠX8→ⅠX6、ⅡG12→ⅡG11；4号斜井：ⅠX3→ⅠX5、ⅡG2→ⅡG3；5号斜井：G2→GX1、GY4→GY2；6号斜井：ⅡC1→ⅡJ-1、ⅠC1-1→ⅠJ-1等9条导线边进行了高精度陀螺定向测量，最终洞内导线陀螺定向精度优于±3.3″。导线与陀螺坐标方位角测量成果较差最大13s，平均较差5.8″，各条边成果比较如表4.3.1所示。根据陀螺测量成果对隧道导线进行了重新平差和修正。

洞内陀螺测量坐标方位角与全站仪导线坐标方位角比较　　　　　　　　　　表4.3-1

测线	陀螺测定坐标方位角	导线测量坐标方位角	较差值(″)
ⅠG3→ⅠG1	179°49′40″	179°49′27″	13
ⅠX8→ⅠX6	359°42′41″	359°42′41″	0
ⅡG12→ⅡG11	180°00′36″	180°00′35″	1
ⅠX3→ⅠX5	179°23′56″	179°23′49″	7
ⅡG2→ⅡG3	0°25′00″	0°24′57″	3
G2→GX1	180°17′51″	180°17′56″	−5
GY4→GY2	180°04′35″	180°04′44″	−9
ⅡC1→ⅡJ-1	180°20′43″	180°20′53″	−10
ⅠC1-1→ⅠJ-1	180°20′57″	180°21′01″	−4

高精度磁悬浮陀螺仪及受限空间精确定向技术，解决了高原地区多个开挖面长隧道施工测量控制问题，保证了特长隧道顺利贯通。

2. 中铁隧道局段落洞内施工测量

中铁隧道局负责隧道出口端DK297+922～DK313+195范围内Ⅰ、Ⅱ线的施工任务。采用双导线的形式布设洞内施工平面控制网，导线边长在200～300m左右。在横通道处连接进行检核，横通道平均间距420m左右。洞内导线控制测量按二等导线要求进行施测，其测角中误差为1.0″，测边相对中误差1/100000。导线边长的选择：工区测量组每200m埋设一固定点，处测量队和局测量总队每400m选择一固定点进行复测。在限差范围之内以局测量总队成果为准。水准每1km埋设一固定点，工区、处测量队和局测量总队成果相互检核，限差范围之内以局测量总队成果为准。高程采用与设计院相同的测量基准，按照二等水准测量要求施测。

中铁隧道局洞内施工测量采用三级复核制，即局测量队、处测量队和工区测量组，洞内施工测量所用仪器：导线测量处测量队和工区测量组采用徕卡 TCR1800（1″级、测距 1mm＋2ppm）仪器进行复测，局测量总队采用 TCA2003 或 TC2003（0.5″级、测距精度 1mm＋1ppm）仪器进行复测，水准工区采用带测微器配铟钢尺的精密水准仪进行测量，处测量队和局测量总队采用 DINI03（仪器标称精度为 0.3mm/km）电子水准仪进行复测。导线边长的选择：工区测量组每 200m 埋设一固定点，处测量队和局测量总队每 400m 选择一固定点进行复测。在限差范围之内以局测量总队成果为准。水准每 1km 埋设一固定点，工区处测量队和局测量总队成果相互检核，限差范围之内以局测量总队成果为准。

4.3.3.3　围绕缩短施工工期，开展科技攻关

2010 年 4 月 13 日，原铁道部领导带领部工管中心、鉴定中心在视察西格二线关角隧道施工现场时，根据施工单位的提议，提出设计院要在关角隧道进行试验，研究隧道全线贯通前，在开挖完成段落提前铺设无砟轨道的可行性。如果具备条件，就积极实施提前铺轨，以推进工程施工进度，实现全线建成通车的目标。试验成功后，可以在其他线路进行推广。

关角隧道采用 11 座斜井增加开挖断面进行施工，在隧道全线整体贯通前，提前铺设无砟轨道可能存在以下几个方面的问题：

一是铺设无砟轨道的必备条件无法满足。无砟轨道工程施工前应按规范要求在 CPⅠ、CPⅡ 的基础上建立轨道控制网 CPⅢ，轨道施工应以轨道控制网 CPⅢ 为基准。CPⅡ、CPⅢ 作为铺设无砟轨道的基准，"隧道洞内 CPⅡ 控制网应在隧道贯通后，采用导线测量进行"；"CPⅢ 平面网测量应在线下工程竣工，通过沉降变形评估后施测"。另一方面，轨道施工前应对线下工程竣工测量成果进行评估，检查线路平、纵断面是否满足轨道铺设条件。必要时应对线路平、纵断面进行调整，满足铺轨要求。《客运专线铁路无砟轨道铺设条件评估技术指南》要求"对隧道基础沉降作出系统评估，隧道主体工程完工后，变形观测期一般不少于 3 个月"。隧道全线没有贯通，况且隧道每个斜井口也没有布设 CPⅠ 控制点，因此，洞内 CPⅡ、CPⅢ 以及高程测量无法整体建立，铺设前的评估工作不能整体进行，铺设无砟轨道的必备条件无法满足。

二是隧道的贯通误差不可避免，数值大小无法准确预计，按理论中线施工，不能满足轨道铺设条件。尽管在隧道施工前已建立了高精度的独立施工控制网，洞内也建立了施工控制导线网，由于洞外施工控制测量、洞内施工测量误差不可避免的存在，导致相向开挖的隧道存在一定的贯通误差，包括横向贯通误差和高程贯通误差。一般而言，隧道洞内测量受观测条件、观测仪器、观测方法等因素影响，实际贯通误差受洞内测量误差的影响是比较显著的。隧道贯通误差是客观存在的，其大小在隧道贯通前是无法准确预测的。如果贯通误差小于贯通限差的要求，就具备了轨道铺设条件。因此，隧道的准确贯通是铺设无砟轨道的前提。

三是施工中线的多样性导致无砟轨道无法调整。隧道施工采用多个开挖断面施工，由于测量误差的存在，各个段落施工中线不在一条直线上，严格地说与隧道设计理论中线均有偏差。如果按照已贯通段落施工中线铺设无砟轨道，将导致与以后段落铺设的无砟轨道无法平顺衔接，甚至根本无法进行调整，可能引起工程修正、返工、甚至废弃，造成浪费和工期延误。因此，在隧道全线未贯通前，提前实施贯通段落的铺轨，是有一定难度的。

为落实铁道部领导的重要指示，中铁一院先后组织召开了多次会议对关角特长隧道提前铺设无砟轨道专门进行了讨论和部署。由线路运输处牵头，航测处、甘勘院、中铁十六局、中铁隧道局共同参与，自 2010 年 6 月中旬立项开展关角特长隧道整体贯通前先期铺设无砟轨道关键技术研究。

研究人员先后走访或联系了路内兄弟设计单位（铁二院、铁三院、铁四院）、路内部分工程局（十一局、十六局、十八局、中铁隧道局）、国内部分大专院校（西南交大、武汉大学、长安大学）等，与相关技术人员和老师进行了广泛的交流、咨询。通过调研活动了解到上述单位对于特长隧道整体贯通前先期铺设无砟轨道这一问题基本上从未研究过。研究人员专门赴关角特长隧道施工现场进行了踏勘，深入隧道进出口、几个有代表性的斜井内，现场了解施工进展以及施工测量情况，收集了施工测量资料，

与中铁十六局、中铁隧道局领导和技术人员进行座谈，征求他们对关角特长隧道整体贯通前先期铺设无砟轨道这一问题的认识和建议，这些工作为后续的课题研究奠定了基础。

科研项目提出关角特长隧道整体贯通前先期铺设无砟轨道整体解决方案：建立高精度的洞外、洞内测量控制网，主要是建立隧道洞内专用控制网取代原洞内导线控制网，建立洞内轨道控制网用于轨道铺设；提高施工测量精度，保证各开挖隧道贯通误差最小。在满足建筑限界和规范要求的前提下建立线位拟合的数学模型，进行中线拟合，确定隧道贯通中线与原理论中线的偏差，并进行评估；确定后贯通地段中线的理论位置及控制方法；贯通段落无砟轨道铺设以拟合的线路中线施工，正在施工开挖段落按拟合的中线进行测量导向，保证后贯通段落的中线与已铺轨段落的中线一致（图4.3-7）。从而确保隧道内实施提前铺设无砟轨道的条件。

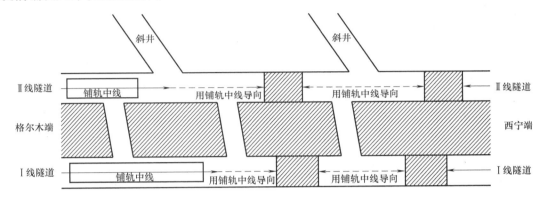

图 4.3-7　隧道后贯通段落铺轨中线与施工中线关系示意图

在后续隧道CPⅢ测量控制网建立时，隧道尚未全部贯通，主体工程没有全部完工。由于无砟轨道是分段从多个工作面同时铺设，无砟轨道施工接头多，难于保证前、后段落施工无砟轨道的平顺性，技术风险较大，存在不同铺设段落准确衔接的问题。无砟轨道铺设时采取了如下控制措施：开展洞内控制测量时，必须解决施工干扰问题，要求隧道施工应停止、运砟车辆停运，保证洞内良好观测条件。CPⅢ测量一般放在夜晚进行，施工干扰较小；不同段落之间进行搭接平差处理，平面每端至少搭接3对CPⅢ控制点进行约束平差，高程每端至少搭接2对CPⅢ控制点进行约束平差；先期开始的无砟轨道铺设段落，与后续开始铺轨的段落之间留出一段（不短于500m）轨道暂不施工铺设，以便段落与段落之间顺接，避免影响轨道平顺性；无砟轨道施工前，还要利用CPⅡ、CPⅢ成果，检查两侧隧道建筑限界是否足够。

科研项目取得了丰硕的研究成果：编写了《关角隧道贯通段落提前铺设无砟轨道可行性分析与建议》《关角隧道贯通段落提前铺设无砟轨道调研提纲》《关角隧道贯通地段提前铺设无砟轨道技术条件调研及课题研究规划（调研报告）》《关角特长隧道整体贯通前先期铺设无砟轨道关键技术研究立项报告书》《关角特长隧道整体贯通前先期铺设无砟轨道关键技术研究课题工作安排》《关角特长隧道贯通段落提前铺设无砟轨道控制测量研究成果（前期）》《关角特长隧道贯通段落提前铺设无砟轨道控制测量实施方案》，研制了《铁路线路拟合调整计算软件》《洞内自由测站三角高程测量方法研究及数据处理软件》。

4.3.3.4　隧道洞内铺设无砟轨道方案与实施

1. 洞内平面控制网（CPⅡ）的建立

关角隧道在施工期间适逢新规范颁布实施，如何采用新规范开展后续施工工作是个技术难题。按照分级布设的原则在洞外施工控制网（相当于CPⅠ）的基础上构建了洞内平面控制网（CPⅡ）、轨道控制网（CPⅢ）以及高程控制网。建立了关角隧道全线平面控制网、高程控制网，实现了"勘测设计、施工、运营"三网合一。

隧道洞内CPⅡ测量由中铁五局集团有限公司四公司测绘分公司关角隧道测量队完成。洞内CPⅡ平面控制采用三等导线网测量精度，高程控制采用二等水准测量精度。

洞内 CPⅡ 导线网测量采用 1 台 Leica TS30 全站仪（方向观测中误差±0.5″，测距精度±0.6mm+1ppmD），具有自动目标搜索、自动照准、自动观测、自动记录等功能，用仪器内存卡自动记录观测数据，配套设备有棱镜、脚架、通风干湿温度计和空盒气压计等，采用经检校后的光学基座光学对点。

平面控制网采用多边形导线网对隧道内 CPⅡ 进行观测。导线网采用边角联接方式构网，形成由多个四边形或多边形组成的带状网。实际作业时，每隔 300～600m 在隧道两侧布设一对 CPⅡ 点，CPⅡ 点埋设在水沟侧墙（靠电缆槽一侧）顶部，采用水钻钻孔，埋设套筒，并采用整平适配器，尽量保证套筒垂直，最后采用水泥或强力粘合剂将套筒固稳。其中一个为主导点，另一个为副导点。在观测过程中，全站仪分别安置在主导点和副导点，对相邻的主导点和副导点进行测边和测角，形成多个闭合环，在隧道进出口、斜井口联测到洞外控制点上，部分地段Ⅰ线和Ⅱ线通过横通道进行连接。

中铁五局导线网平差采用南方平差易软件，并采用中铁二局研发的 GSP 数据处理软件和中铁二院研发的 CPⅢ 测量数据处理软件分别进行检核，结果无误，数据可靠、准确。"鉴于隧道观测条件差，雾气、水汽严重，补测效果不明显，结合本线设计速低（160km/h），工期太紧张，导线精度按四等精度控制"，实测导线网中各四边形、主导线、副导线的角度闭合差及全长相对闭合差，均满足四等导线网测量的技术要求。

水准测量采用 Trimble DiNi03（标称精度 0.3mm/km）电子水准仪及其配套的铟瓦条码水准尺、标准尺垫、扶尺架等，按国家二等水准测量要求作业，仪器自动记录观测数据和进行测站数据检核。

隧道内二等水准点在关角隧道内沿线路两侧布设，从隧道进口往隧道出口每间隔 2km 左右布设一处。所有隧道内二等水准控制点有条件时都与隧道内 CPⅡ 导线点共桩，与 CPⅡ 点编号一致；隧道内水准点与 CPⅡ 不共点时，设置在隧道边墙上，采用 8 位编号形式，高程点号以 H 代替 P，如：10312H21 或 20312H22。洞内 CPⅡ 高程点分别共点与不共点，洞内测量路线，Ⅰ线作为主线路，Ⅰ线与Ⅱ线通过横通道与出口采用结点的形式进行联接，形成多个闭合环。

中铁五局水准测量数据平差处理采用中铁二院研发的 CPⅢ 测量数据处理软件进行计算和检核，按严密平差方法进行水准网整体平差。

2. 隧道沉降观测及评估

普速铁路沉降观测在国内没有实施先例，也缺乏这方面的工程实践经验可供参考。项目组在参考高速铁路客运专线沉降观测时间的基础上，研究新颁规范的测量技术要求，结合关角隧道工程实际，编制了《西格二线关角隧道无砟轨道铺设条件评估实施细则》；负责对施工、监理单位的测量人员进行人员测量工作与数据管理的培训与指导；负责建立沉降变形观测和评估数据库，统一全线变形观测数据的统计整理形式，制定相关记录表格；对无砟轨道线下工程各阶段沉降变形观测采用适宜的计算机软件及时进行分析、预测、评估，并将各阶段分析评估报告提交各方；检查施工、监理单位测量方法是否满足要求和测量数据是否真实可靠；进行沉降变形分析、评估，预测工后沉降，完成《无砟轨道铺设条件的评估报告》。

关角隧道沉降观测点埋设要求：隧道进出口进行地基处理的地段，从洞口起每 25m 布设一个断面。隧道内一般地段沉降观测断面的布设根据地质围岩级别确定，一般情况下Ⅲ级围岩每 400m、Ⅳ级围岩每 300m、Ⅴ级围岩每 200m 布设一个观测断面。明暗交界处、围岩变化段及沉降变形缝位置应至少布设两个断面。地应力较大、断层破碎带、膨胀土、湿陷性黄土等不良和复杂地质区段适当加密布设。隧道洞口至分界里程范围内应至少布设一个观测断面。路、隧两侧分别设置至少一个观测断面。施工降水范围应至少布设一个观测断面。长度大于 20m 的明洞，每 20m 设置一个观测断面。隧道主体工程完成后，每个观测断面在相应于隧道两侧边墙处设一对沉降观测点，原则上设于高于水沟盖板 0.2m 处。关角隧道共埋设沉降观测点 750 个。在斜井与隧道交口附近共设有 2 个工作基点，每次观测通过隧道进出口或横通道水准基点引入引出形成附合水准路线，隧道沉降变形测量采用二等水准测量方法进行，按观测点往返路线观测。隧道内沉降观测路线如图 4.3-8 所示。

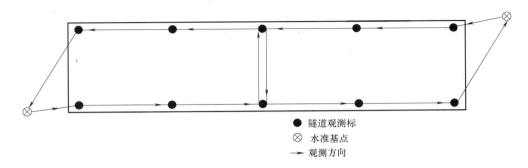

图 4.3-8　隧道内沉降观测路线示意图

关角隧道存在的围岩变形失稳、突泥涌水、板岩地段变形大，沉降点稳定性判断复杂。在进行沉降评估时，针对关角隧道施工历时时间长，数据变化趋势不明显，相关系数不合理的特点，中铁第一勘察设计院集团有限公司利用隧道长久静置法、相邻两期平差值之差与中误差比较法评估，及时给出评估通过意见，使施工单位及时开展 CPⅢ 控制网的建网工作，为轨道铺设提供了基准。

3. 轨道控制网（CPⅢ）的建立及评估

关角隧道铺设双块式无砟轨道，为设计时速 160km/h 的普速铁路。《铁路工程测量规范》TB 10101—2009 适用于旅客列车设计行车速度 200km/h 及以下新建有砟轨道铁路工程测量，不能指导无砟轨道测量。《高速铁路工程测量规范》TB 10601—2009 适用于新建 250～350km/h 高速铁路工程测量，并不适用于关角隧道。在国内开展普速铁路无砟轨道 CPⅢ 控制测量以及测量评估工作尚没有成熟经验可供借鉴。

项目组经分析研究，决定关角隧道无砟轨道 CPⅢ 测量按照《高速铁路工程测量规范》TB 10601—2009 相关要求执行。编制了《西格二线关角隧道 CPⅢ 网测量作业指导书》，评估施测单位编写的 CPⅢ 控制网测量技术方案；对施测单位进行 CPⅢ 控制网测量技术培训与指导，对加密 CPⅡ 及二等水准进行评估；对 CPⅢ 控制网测量进行质量控制；对施测单位提交 CPⅢ 测量观测数据和成果进行独立检算；分测段提交 CPⅢ 评估报告。

关角隧道土建施工控制网成果采用独立坐标系统，边长归化到一个高程面上，而没有顾及长度投影的变形值大小。坐标系的长度投影变形能否满足施工放样精度要求是 CPⅢ 成果采用与否的关键。评估工作中，中铁第一勘察设计院集团有限公司利用两化改正前、高程归化后约束平差的边长平差值比较法，进行坐标系的合理性评估；以使长度投影的变形值不影响放样精度为原则，控制轨道施工的放样距离，达到独立坐标系的 CPⅢ 成果能够用于轨道铺设的目标，并及时出具 CPⅢ 控制网测量评估报告，供施工使用。

关角隧道 CPⅢ 施工精密控制网由施工单位负责，在通过了沉降观测评估后，开始 CPⅢ 建网工作。CPⅢ 测量标志及预埋件采用通过了铁道部评审的《高速铁路 CPⅢ 测量标志通用参考图》中的外插式棱镜连接杆。棱镜采用进口原装徕卡 GPR121 棱镜头。洞内 CPⅢ 平面控制测量采用自由设站边角交会法施测，高程控制采用矩形环单程水准路线形式按精密水准测量方式施测。

CPⅢ 控制点距离布置一般控制在 60m 左右，按照约 50～70m 一对、个别特殊情况下相邻点间距最短不小于 40m，最长不大于 80m 的原则布设。CPⅢ 控制点布设的高度高于轨道面高度，在隧道边墙内衬上（横埋式），高出电缆槽顶面 30cm 处布点。CPⅢ 控制点标志埋设时，钻孔采用 35mm 左右直径钻头，钻深 70mm，横向钻孔，以保证 CPⅢ 预埋件埋设好以后预埋件管口水平，并清理干净沿预埋件外壁四周被挤出的锚固剂水泥砂浆。待水泥砂浆凝固后进行复检，标志稳固，无晃动现象，标志内无任何异物，预埋件外露部分为隧道边墙内衬约 2mm。关角隧道共埋设 CPⅢ 测量控制点 2368 个，埋设示意如图 4.3-9 所示。

CPⅢ 平面网测量使用的仪器为徕卡 Leica TS30 型全站仪（方向观测中误差±0.5″，测距中误差

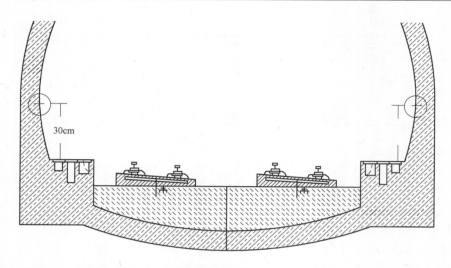

图 4.3-9　隧道内 CPⅢ 控制点埋设示意图

±0.6mm＋1ppm）1 台，配套设备有棱镜杆、专用棱镜 12 个（Leica GPR121，其棱镜常数为 0mm）、水准测量杆（4 个）、脚架、通风干湿温度计和空盒气压计等。CPⅢ 高程控制网采用天宝 DINI03 电子水准仪（标称精度为 ±0.3mm/km）按照矩形法进行外业数据的采集。CPⅢ 测量平面数据处理以及精密高程测量数据处理均采用中铁一院开发的《中铁一院通用地面测量工程控制网数据处理自动化软件》，软件由铁道部评审通过。

中铁第一勘察设计院集团有限公司项目组在关角隧道建设期间全程参与了测量咨询、沉降观测评估以及 CPⅢ 测量评估工作。配备了强大的测量咨询评估技术团队，建立了一系列明确的工作制度以及测量咨询评估工作细则。建立了翔实的评估控制指标和判定标准，建立了可靠评估工作评价体系。在整个测量咨询评估过程中，坚持原则，依照规范，定期开展测量咨询现场技术培训以及工作检查，采用经铁道部鉴定的数据处理软件，独立开展数据处理分析。先后开展了 8 次现场测量检查以及数据抽检工作，编制了 12 份沉降观测评估报告、10 份 CPⅢ 控制网评估报告。

测量咨询评估结论：施工单位沉降观测以及 CPⅢ 控制网点位布设、观测、数据处理和平差计算满足《高速铁路工程测量规范》TB 10601—2009 及《高速铁路轨道工程施工质量验收标准》TB 10754—2010 的要求，各项精度指标满足规范要求，成果质量可靠，满足关角隧道无砟轨道铺设施工要求。测量咨询评估成果为关角隧道无砟轨道的施工测量提供了可靠的测量基础，保障了关角隧道高效、优质建成通车。

4.3.4　启示与展望

4.3.4.1　在高原修建这么一项工程意义非凡，消除青藏铁路运能瓶颈

青藏铁路西宁至格尔木段是我国"八纵八横"铁路网主骨架京兰拉通道的重要组成部分，也是青藏两省区对外交流的唯一铁路通道。修建于 20 世纪 70 年代的西格段受当时经济技术条件限制，线路在关角沟内迂回展线后以 4010m 长度的隧道（旧关角隧道）穿越垭口，该段线路标准低、运能小、病害多，已严重制约了青藏两省区经济发展。新关角隧道是青藏铁路西格二线重点控制性工程，目前属于国内建成通车最长的铁路双线隧道工程。线路以 32.69km 的隧道穿越了关角山，关角隧道为我国第一座长度超过 30km 的铁路隧道，也是世界高海拔地区第一长隧。青藏铁路关角隧道在 2014 年 12 月 28 日按期竣工通车运营。隧道建成通车将既有线路缩短了 36.837km，使通过关角山的时间由原来的 2 小时缩短为 20 分钟，彻底消除了本段线路对青藏铁路运能的瓶颈，为实现国家"一带一路"战略、铁路连通南

亚地区提供了大运能快速通道，极大地促进了青藏两省区经济发展，具有显著的社会经济效益。

4.3.4.2 科学技术实现了我们的长隧道梦，也彰显出泱泱大国的实力

关角隧道长度从 4km 扩展到 32km，这是以前谁都不敢想象的，可以说是人类一项了不起的工程壮举。20 世纪 70 年代，我国科学技术水平很不发达，测量仪器设备不先进，勘察手段十分落后，测量数据处理全靠人工，同时国家的财力有限、物资匮乏，修建长隧道压根就不可能实现。现如今，各种高精度的卫星定位接收机、数字水准仪、测量机器人、陀螺经纬仪应有尽有，各种勘探手段越来越先进，施工机械设备也十分精良。最关键的是许多修建特长隧道关键技术通过不断研究、反复试验，我们已基本掌握。国家富裕了，经济上去了，我们有能力、有财力、有物力、有人力去完成以前人们敢想却不能完成的艰巨工程任务，是科学技术让我们实现了长隧道梦。关角隧道的成功实施，形成了一整套基于施工独立控制网的无砟轨道施工测量体系，加快了工程进度，缩短建设周期，为规范修订提供技术依据，推动了测量技术进步。

4.3.4.3 人类探索自然的脚步一直没有停歇，将会不断创造更大的奇迹

自古以来，我们的先辈就一直在攻克世界难题、不断创造人间奇迹。古代的四大发明，现代的林县红旗渠、宁夏中卫沙坡头治沙工程、三峡大坝、青藏铁路以及目前的高速铁路、神州飞船、天宫二号、量子通信、"天眼"射电望远镜等，都是人类探索自然的实例。长隧道由最初的几百米，到后来的 14km 长的京广铁路大瑶山隧道、18km 长的西康铁路秦岭特长隧道、20km 长的兰武二线乌鞘岭特长隧道，直至目前 32km 长的西格二线关角特长隧道，是我国第一座长度超过 30km 的铁路隧道，也是世界高海拔地区第一长隧。我们相信，随着科学技术的不断进步，综合国力进一步增强，未来我国的特长隧道将会越来越多，隧道长度和建设规模将不断刷新纪录。

4.3.4.4 高精度陀螺定向测量是实现超长深埋隧道精准贯通的"千里眼"保障

在关角隧道工程中，为了保障贯通及洞内轨道铺设，尽管设计了高精度的洞外、洞内施工控制网，建立了投影长度变形值不大于 10mm/km 的隧道工程独立坐标系，构建了贯通误差最小保障体系，中铁十六局在施工中也引入了高精度磁悬浮陀螺仪对多条导线边进行了精确定向，但在个别区段的贯通结果不尽如人意。究其原因，在隧道贯通面的两侧没有同时采用高精度陀螺全站仪进行导线测量与校核，可能是引起区段贯通偏差的主要原因之一。高精度惯性陀螺定向技术是解决多个开挖面长隧道施工测量控制问题，保证特长隧道顺利贯通的重要技术手段。

4.4 东海大桥

4.4.1 工程概况

为把上海建成国际航运中心，上海市政府提出了跳出长江口，在距上海南汇芦潮港约 30km 的大小洋山建设深水港的设想。经过国内外专家学者、勘察设计和科研人员五年多的论证和前期工作，2002 年 3 月经国务院审议，批准了上海洋山深水港一期工程可行性研究报告和开工报告。洋山深水港工程包括深水港区、芦潮港海港新城以及连接港区和港城的东海大桥。

当时，世界上在外海已经建成的跨海大桥最长也只有 16km，而东海大桥建设总长 31km，是名副其实的"世界之桥"。东海大桥工程 2002 年 6 月 26 日正式开工建设，历经 35 个月的艰苦施工，于 2005

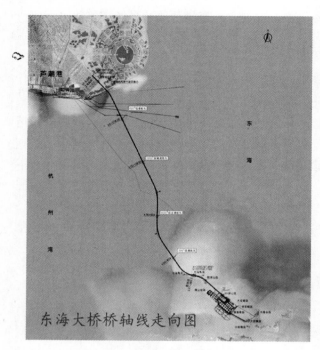

图 4.4-1　东海大桥桥轴线走向图

年 5 月 25 日实现结构贯通。

东海大桥工程位于杭州湾北部的东海海域，处于舟山群岛西北部的崎岖列岛、长江口与杭州湾的汇合处至上海市南汇区芦潮港沿线，行政区划分别隶属于浙江省和上海市。大桥全长约 31km。其中陆上段（芦潮港新老大堤之间）约 2.3km，跨海段（芦潮港至小洋山之间）约 25km，港桥连接段约 3.6km。大桥宽度为 31.5m，设计为 6 车道。大桥海上段设有主通航孔一个，副通航孔三个，大桥海上段的非通航孔全长约 24km。东海大桥桥轴线走向图见图 4.4-1。

在风高浪急的外海，仅用 3 年时间就实现了大桥贯通，运用众多高效、科学的施工技术，展现了中国建桥人的智慧和实力。在工程测量技术方面，长距离跨海高程传递技术、基于 GPS-RTK 及多传感器集成的远海打桩定位系统、基于多台 GPS-RTK 同步测量的主桥导管架实时定位等项目的研究与成功实施，体现了测绘技术在国家重大工程建设项目实施中的不可或缺的重要作用。

4.4.2　关键问题

4.4.2.1　长距离跨海高程传递技术

东海大桥工程是一个长距离跨海施工的特殊工程，大桥两端受宽阔海面和行政隶属不同的影响，其平面和高程系统尚未统一完善，因此，首先需要建立一个覆盖工程全区域的高精度平面和高程控制网，作为整个工程项目的测量定位基准，以满足大桥规划设计、施工建设和运行维护的各项测绘任务的需要。

图 4.4-2　东海大桥水准测量

在宽阔海面上建立高程基准，进行长距离跨海高程的传递，需要建立精密的似大地水准面模型，利用地面及海洋重力数据、DTM 数据、地球重力场模型和 GPS 水准的实测数据等资料，应用确定似大地水准面的严密理论和计算方法，确定测区范围内的似大地水准面精密模型，利用以 GPS 大地高和由模型计算的高程异常数据求取工程全域内的正常高，实现工程全域内高程系统的统一。

4.4.2.2 基于 GPS-RTK 及多传感器集成的远海打桩定位系统

桩基施工是东海大桥工程的重要组成部分。东海大桥下部基础采用高桩承台结构和圆形基桩形式，桩体一般为直径 1200mm 桩长 39～41m 的 PHC 桩，或直径 1500mm 桩长 53～70m 的钢管桩。大桥不同位置的单个墩台上桩的数量为 8～20 根，斜桩坡比为 4.5:1～6:1。设计提出了较高的打桩精度，桩身平面及斜桩倾斜度的允许偏差见表 4.4-1。桩基布置见图 4.4-3、图 4.4-4。

桩身平面及斜桩倾斜度的允许偏差　　　　　　　　　　　　　　　表 4.4-1

桩型	设计标高处平面允许偏差值（mm）	桩身垂直度允许偏差（%）
PHC 直桩	200	1
PHC 斜桩	250	
钢管桩直桩	250	1
钢管桩斜桩	300	

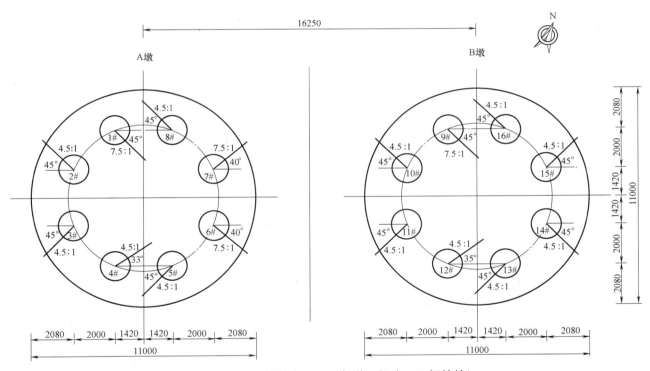

图 4.4-3　低墩桩基布置图（每墩 8 根 φ1500 钢管桩）

在东海大桥工程之前，我国国内桩基施工的打桩定位一直采用常规仪器进行。其方法是采用经纬仪交会或免棱镜全站仪直接测定桩身位置和倾角。这一方法若用于东海大桥这样特大型桥梁工程沉桩施工时，由于受到经纬仪、全站仪通视条件的限制，需要在桥梁沿线每隔 1000m 左右的距离建造用于架设测量仪器的观测墩。势必导致整个海上沉桩作业效率低下，建造观测墩费用高昂。

如何采取有效的测量手段和措施确保打桩精度和速度，是保证本工程工期的前提。采用 GPS-RTK 定位方式，可以克服通视条件限制，几乎可以做到全天候沉桩定位作业，施工效率大大提高。但需解决以下关键问题：

1. 间接定位问题

采用 GPS-RTK 仪器不能直接对桩身进行定位，也不能测定桩身倾斜度。GPS-RTK 仪器只能安装

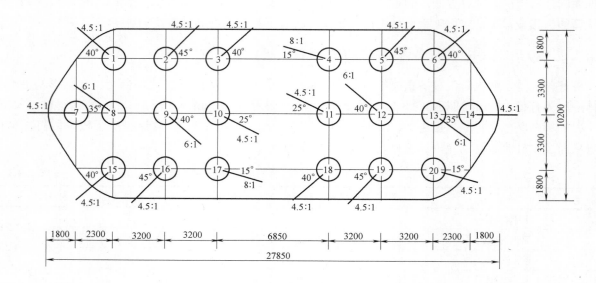

图 4.4-4　高墩桩基布置图（每墩 20 根 φ1500 钢管桩）

在打桩船上，通过与其他传感器接合，形成多传感器集成的打桩定位系统，才能实现对桩身的精确定位和倾斜度测定。

2. 平台处于浮动状态问题

打桩定位系统的设备主要安装在打桩船上，而打桩船始终处于浮动状态，这就需要所有受到船体运动影响的设备数据在采集数据时要做到实时且同步。

3. 可靠性检核问题

打桩施工是桩基工程的基础，对桩身定位和倾斜度的测定不仅要求精度高，更需要对结果的可靠性有较高的保证，否则不仅会影响大桥施工质量，还有可能影响后续施工的顺利进行。

本工程研发的 GPS-RTK 及多传感器集成的打桩定位系统，有效解决上以上难题。东海大桥全桥桩基施工全部采用本系统顺利完成，验证了系统的可靠性。

4.4.2.3　主桥导管架实时定位测量

东海大桥主航道桥段位于 K18+219～K19+049 之间，全长为 830m，桥型为双塔双索斜拉桥，主跨 430m。主通航桥段距离芦潮港和小洋山岛分别约为 14km 和 16km。主通航桥采用了变水上施工为陆上施工的总体方案，需在两个主桥墩位置各沉放一个预制钢施工平台（见图 4.4-5），每个平台分别由 12 个巨型导管架组成。

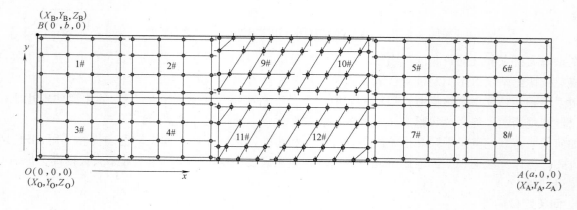

图 4.4-5　施工平台总图

按施工要求，2、4、5、7四个导管架沉降时需实时动态定位，导管架为 $\phi1000$ 钢管桁架，其尺寸均为 $27.4m \times 19.0m \times 19.0m$。通过测量指挥导管架沉放到位后，在导管中打入钢管固定导管架，拼装作业平台。导管架沉放位置与主桥墩设计灌注桩桩位空间纵横交错，其沉放位置直接影响灌注桩的施工。设计方案要求导管架沉放定位平面及高程精度为 $\pm10cm$。导管架吊装定位示意图如图4.4-6所示。

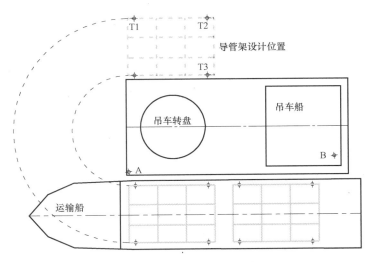

图 4.4-6　沉降施工布置示意图

巨型导管架沉放入泥后难以重新起吊，沉放不允许失误，需一次到位，实时测量定位是沉放的关键。巨型导管架吊装沉放要解决以下关键问题：

1. 沉放定位测量困难

茫茫大海中，距离陆地或海岛14km和16km，传统成熟的全站仪测量法难以实施；沉放控制的关键时刻保证导管架底部不偏离预设位置，测量点不能直接观测；导管架为一巨型构件，吊装沉放过程会产生平移、旋转、倾斜，需动态实时指导施工。

2. 作业环境复杂

吊装过程在海上作业，导管架一直处于浮动状态，测量人员无法立足于导管架上；下沉过程中的导管架及沉放时的浮吊船受海潮、海风等环境影响严重（见图4.4-7）。

综上所述，东海大桥工程因其所处地理环境特殊，并具有一定的国际影响，必须采用先进的测绘手段，在设计阶段保证平面、高程的控制测量和基准建立，大比例尺地形图施测的质量和施工周期；在施工阶段保证工程实时定位与安装放样测量高精度、高效率；在运营阶段保证工程安全变形监测达到各项技术要求。

图 4.4-7　导管架沉放施工现场

4.4.3　方案与实施

4.4.3.1　长距离跨海高程传递

1. 系统、依据及利用资料

东海大桥横跨上海市和浙江省两个地区，大桥于上海东南海岸的芦潮港与之东偏南约 15° 的小洋山之间的海面上建造。因工程的前期控制要纵跨整个东海大桥的工程范围内，需将大陆芦潮港一端的高程传递到远离大陆（约 36km）的小洋山岛上，中间无任何可利用设施布置固定的高程控制点，利用常规的跨河水准方法将无法进行项目的高程控制传递。所以，要将高程利用非常规方式传递到海岛，就必须要在技术上有所突破，才能实施该项目，从这个意义上说，本方案也是利用新的测量技术进行跨海高程传递的一个具体案例。

大桥建设前海岛上的高程由于受各种因素的限制，验潮数据只有不到一年的积累，利用它进行海岛高程传递，其精度远远不能满足工程上测量高程控制的要求，结合东海大桥施工区域天空开阔，有利于取得较好的 GPS 观测数据质量，并考虑工程范围及周边区域重力大地测量资料丰富，提出了利用 GPS 技术结合重力大地测量进行高程传递的方案，将大陆上的高程基准按照工程高程传递的精度要求传递到小洋山岛上。由于该技术首次在我国类似工程上应用，无应用先例，也没有针对性的技术规范、规定，所以，在根据方案建立高程传递模型并在前期使用后，需要在大桥基础施工的墩台成型后，随即利用传统的测距三角高程法进行复核验证。

1）高程系统和精度要求

高程系统：1985 国家高程系统（$H_{国家} = H_{吴淞} - 1.610$）。

依据《公路勘测规范》JTJ 061—99 中公路及构造物水准测量等级表（表 4.2.2）的规定，2000m 以上的特大桥，水准等级为三等，水准路线最大长度为 50km。

根据水准测量的精度要求，检测已测测段高差之差为 $\pm 20\sqrt{L_i}$ mm，L_i 为检测测段长度，以 km 为单位，往返较差为 $\pm 15\sqrt{L}$，L 为附合路线长度，以 km 为单位；每公里偶然中误差 $M_\Delta = \pm 1.0$mm；每公里全中误差 $M_w = \pm 1.0$mm。

2）技术依据

（1）《城市测量规范》CJJ 8；

（2）《全球定位系统城市测量技术规程》CJJ 73；

（3）《国家一、二等水准测量规范》GB 12897；

（4）《国家三、四等水准测量规范》GB 12898。

3）需要利用的资料

（1）重力测量资料

陆域地区（范围：28°N～34°N、119°E～125°E）2.5′×2.5′加密重力测量资料；

海域地区（范围：28°N～34°N、122°E～125°E）5′×5′布格重力异常。

（2）地形资料

范围为 28°N～34°N、119°E～125°E 的 30″×30″DEM 与 2.5′×2.5′格网平均高；分辨率为 5′×5′ 的范围为 28°N～34°N、122°E～125°E 的水深资料；1∶2000、1∶5000 数字高程（含水深）模型。

（3）地形改正资料

范围为 28°N～34°N、119°E～125°E 的 30″×30″格网地形改正和均衡改正成果，由此派生的 2.5′× 2.5′格网地形改正和均衡改正成果。

（4）重力场模型

美国最新的高阶重力场模型（EGM96，360 阶次）。

（5）GPS 网成果

布测的 GPS 水准点共计 7 点。

（6）水准测量成果

陆地 GPS 网点的正常高。

2. 技术方案确定

1）区域似大地水准面的确定

根据本区域资料的特点及跨海约 30km 应达到三等水准测量±8.2cm 的精度要求，制定了以下方案：

充分利用该地区收集的较密集的重力点资料、不低于 $30'' \times 30''$ 分辨率数字高程模型；360 阶次的国外先进的重力场模型（EGM96）及分布较均匀的、现势性好的 GPS 网及水准测量成果，采用重力法（Stokes 原理）及移去-恢复技术完成该地区分辨率为 $2.5' \times 2.5'$（相当于 5km×3km）的高精度的似大地水准面成果，建立区域性精密似大地水准面，以达到长距离传递高程的目的。

根据不同区域重力资料的不同，采用以下三种方法进行处理：

（1）陆地地区使用加密重力测量资料计算平均重力异常，海区使用由重力场模型计算的平均重力异常；

（2）陆地与海区均使用加密重力测量资料计算平均重力异常，重力资料空白的海区，使用由重力场模型计算的平均重力异常；

（3）陆地与海区均使用加密重力测量资料，海洋地区还使用了 $5' \times 5'$ 平均布格重力异常。

2）数学模型

（1）重力点重力异常归算

空间异常的定义为：$\Delta g = g - \gamma + \delta g_1$，其中，$g$ 为重力值，γ 是正常重力值，δg_1 为空间改正。

布格异常为：$\Delta g_B = g - \gamma + \delta g_1 + \delta g_2 = \Delta g + \Delta g_2$，其中，$\delta g_2$ 为层间改正。

地形均衡重力异常为：$\delta g = g - \gamma + \delta g_1 + \delta g_2 + \delta g_{TC} + \delta g_{IS} = \Delta g_B + \delta g_{TC} + \delta g_{IS}$，其中，$\delta g_{TC}$ 为局部地形改正，δg_{IS} 为均衡改正。

（2）高分辨率格网地形及均衡改正的确定

谱方法确定格网地形改正：

$$\delta g_{TC} = \delta g_{TC1} + \delta g_{TC2}$$

$$\delta g_{TC1} = \frac{1}{2} G\rho \{ F_2^{-1}[H_2 R_1] - 2h\rho F_2^{-1}[H_1 R_1] + h_p^2 F_2^{-1}[H_0 R_1] \}$$

$$\delta g_{TC2} = -\frac{3}{8} G\rho \{ F_2^{-1}[H_4 R_2] - 4h\rho F_2^{-1}[H_3 R_2] + 6h_p^2 F_2^{-1}[H_2 R_2] - 4h_p^3 F_2^{-1}[H_1 R_2] + h_p^4 F_2^{-1}[H_0 R_2] \}$$

（式 4.4-1）

式中：F_2^{-1}——二维 Fourier 变换逆算子；

$\quad\quad H_k = F_2[h^k]$，$k = 0, 1, 2, 3, 4$；

$\quad F_2$——二维 Fourier 变换逆算子；

$\quad\quad R_k = F_2 \left[\frac{1}{l^{2k+1}} \right]$，$k = 1, 2$；

$\quad l$——两点间平面距离；

$\quad h$——高程。

（3）谱方法确定格网均衡改正

$$\delta g_{IS} = G\Delta\rho F_2^{-1} \{ [D_1 R_1] \} + \frac{1}{2} G\Delta\rho F_2^{-1} \{ [D_2 R_2] \}$$

（式 4.4-2）

$$\left. \begin{array}{l} R_1 = F_2(r_1), R_2 = F_2(r_2) \\[2mm] r_1 = \dfrac{d_0}{r_{00}^3} + \dfrac{r_{00}^3 - 3d_0^2}{r_{00}^5}(T_0 - d_0) \\[2mm] r_2 = \dfrac{r_{00}^2 - 3d_0^2}{r_{00}^5} \\[2mm] r_{00} = (x^2 + y^2 + d_0^2)^{1/2} \\[2mm] D_1 = F_2(d), D_2 = F_2(d^2), d = \dfrac{\rho}{\Delta\rho}h \\[2mm] d_0 = \text{平均抵偿根厚度} \end{array} \right\} \qquad \text{（式 4.4-3）}$$

3）平均空间异常的计算

（1）$2.5' \times 2.5'$ 格网均衡异常的计算

采用一次多项式移动拟合法，获得较好的拟合效果。移动拟合法是一种局部函数拟合法，永远以待定点为中心，用它周围的已知数据定义一个函数，应用时首先将坐标原点移动到待定点中，平移后数据点 i 的坐标 (X_i, Y_i) 为：

$$\left. \begin{array}{l} X_i = x_i - x_p \\ Y_i = y_i - y_p \end{array} \right\} \qquad \text{（式 4.4-4）}$$

移动拟合法的内插模型为：

$$\Delta g = a + bX_i + cY_i \qquad \text{（式 4.4-5）}$$

根据待定点周围的已知点，组成误差方程式，按最小二乘法求解待定系数，对待定点 p，$X_i = 0$，$Y_i = 0$ 故待定点的拟合值（均衡异常）为：

$$\Delta g_p = a \qquad \text{（式 4.4-6）}$$

（2）计算 $2.5' \times 2.5'$ 格网平均空间异常

由 $2.5'$ 网格均衡异常，采用恢复法获得 $2.5'$ 格网平均空间异常：

$$\Delta g_f = \Delta g_{IS} - \delta g_b - \delta g_{TC} - \delta g_{IS} \qquad \text{（式 4.4-7）}$$

式（4.4-7）中，δg_b，δg_{TC}，δg_{IS} 分别为 $2.5'$ 格网平均层间改正、局部地形改正及均衡改正。

4）重力大地水准面的确定

采用 remove～restore 方法，完成重力大地水准面的计算：

$$N = \frac{R}{4\pi\gamma} \int S(\Psi) \Delta g_{res} \, d\sigma + N_M \qquad \text{（式 4.4-8）}$$

式中：R——地球的平均曲率半径；

$\quad\quad \gamma$——地球平均正常重力值；

$\quad \Delta g_{res}$——剩余空间异常（实际值与按重力场模型计算的模型值的差值）；

$\quad\quad N_M$——按模型计算的大地水准面；

$\quad S(\Psi)$——Stokes 函数：

$$S(\Psi) = \frac{1}{s} - 6s - 4 + 10s^2 - 3(1 - 2s^2)\ln(s + s^2)$$

$$s = \sin(\Psi/2)$$

$\quad\quad \Psi$——球面距离。

重力大地水准面高转为似大地水准面高：

$$N = \zeta - (g_m - r_m) \cdot h/r_m \qquad \text{（式 4.4-9）}$$

式中：N——似大地水准面高；

$\quad\quad \zeta$——大地水准面高。

5）由 GPS/水准计算大地水准面

计算公式：$N = h - H$，这里 h 为 GPS 大地高，可由 GPS 定位给出；H 为正常高，由水准测量获得。

6）最终似大地水准面的确定

由于重力大地水准面使用的平均椭球同 GPS 水准使用椭球（WGS84）不一致，加上重力基准等因素的影响，使得 GPS 水准与重力大地水准面在同一点上存在一定的差异，对此一般习惯于采用多项式拟合法完成系统改正计算，并获得最终的似大地水准面结果及有关的精度信息。

（1）系统改正参数的计算

采用平面（一次多项式）拟合计算：

$$\Delta N_i = a_0 + a_1 \Delta B_i + a_2 \Delta L_i \qquad \text{（式 4.4-10）}$$

式中：ΔN_i——i 号 GPS 水准点的 GPS 水准结果与重力大地水准面差异；

ΔB_i、ΔL_i——i 号 GPS 水准点的重心坐标。

式中采用 3 个以上的 GPS 水准点组成误差方程、法方程，计算出改正系数 a_0，a_1，a_2。

（2）对重力大地水准面的系统改正计算

采用公式为：

$$N_{ij} = NG_{ij} + a_0 + a_1 \Delta B_{ij} + a_2 \Delta L_{ij} \qquad \text{（式 4.4-11）}$$

式中：NG_{ij}——系统改正前的重力大地水准面结果；

ΔB_{ij}，ΔL_{ij}——分别为格网点（i，j）的重心坐标；

N_{ij}——经过系统改正后的最终大地水准面结果。

7）高程传递

似大地水准面与 GPS 水准面两者存在着一定的差异，主要是两种大地水准面存在着垂直偏差和水平倾斜。利用二次多项式将两种大地水准面的差异通过最小二乘法进行拟合纠正，其数学表达式：

$$\Delta N = a_0 + a_1(\lambda - \lambda_m) + a_2(\phi - \phi_m) + a_3(\lambda - \lambda_m)^2 + a_4(\phi - \phi_m)^2 \qquad \text{（式 4.4-12）}$$

式中：a_0，a_1，a_2，a_3，a_4——拟合系数；

ΔN——GPS 水准大地水准面与重力大地水准面之差；

λ_m，ϕ_m——拟合区的中心经度和纬度。

对于任意一个 GPS 点，其高程可通过以下计算求得：

$$h_i = H_i - (N_i + \Delta N_i) \qquad \text{（式 4.4-13）}$$

式中：h_i——i 点控制点的高程；

H_i——i 点控制点 GPS 大地高；

N_i——i 点控制点大地水准面高；

ΔN_i——i 点控制点改正项。

3. 跨海高程传递的实现

1）首级高程控制

由浦东国际机场基岩点向芦潮港地区本工程设置的两点基岩点进行一等水准引测使得芦潮港地区本工程设置的两点基岩点具有稳固、高精度的高程数据，作为本控制网的高程起算点。

由于工程跨度较大，而芦潮港地区和洋山地区点位相对比较集中，所以控制网布设拟采用分级布设、逐级加密的方案。首先，利用高精度 GPS 静态相对定位技术在包括以上两个基岩点及其他已有的国家 GPS A、B 级网和洋山地区的点位进行联测，求得小洋山地区的最少一个点的平面坐标和大地高（陆地 GPS 点选在 5～6 个一、二等水准点上，最好是基岩点，点距 20～30km，基本上均匀分布，这些水准点的高程必须是近 1～2 年水准观测的成果，如果成果久远，应进行二等水准进行联测；同时在岛上宜选 1～2 个 GPS 点。

外业测量技术：与首级平面控制网同时进行。

使用的软件：与首级平面控制网处理相同。

2）GPS加密高程控制

对于加密控制的高程传递，采用GPS技术静态观测模式，时段长4小时，其他均按首级控制一样的要求布测。高程以首级高程控制测量成果为起算成果，按照平面拟合的方式获得了加密点的高程。

3）跨河水准加密高程

当大桥承台施工到可以利用传统跨河水准方式进行高程传递时，利用微倾螺旋法、觇牌上下微动法及三角高程方法等，在大桥每1～2km左右，进行跨河水准测量。整个测量工作先后进行了四次，通过四次观测我们可以看出，使用传统的跨河水准方法进行高程传递成果稳定可靠的，其成果比较见表4.4-2。

跨河水准测量高程传递成果表　　　　　　　　　　　　　　　　　　　　表4.4-2

点名\\次数	LY12（A平台）跨海水准高程（m）	LY21（B平台）跨海水准高程（m）	LY30（C平台）跨海水准高程（m）	LY33（小乌龟）跨海水准高程（m）	LY35（大乌龟）跨海水准高程（m）
1	6.209	6.133	6.807	21.689	38.769
2	6.184	6.133	6.830	21.678	38.779
3	6.190	6.116	6.812	—	38.776
4	6.186	6.121	6.839	—	38.779
平均值	6.192	6.126	6.822	21.684	38.775

4. 跨海高程传递的成果比较及精度分析

1）首级高程控制

首级控制主要是利用GPS结合重力测量传递高程，自2001年的初测到2002年、2003年的复测，成果比较，相差最大为+36mm，按照三等精密水准测量的精度要求，检测已测测段高差之差的限差为小于或等于$20\sqrt{L}$mm，即：约36km的跨距，允许相差120mm，可以证明单纯GPS结合重力测量所获得的高程满足三等水准测量的要求。

同时根据通过72小时的GPS结合重力测量计算出0001点的GPS高程，计算得到0001点与芦潮港的基岩点的高差为：$\Delta H_G = H_{LYJ2} - H_{0001G} = -9.352$m，而根据后期进行的跨海水准路线测量计算得到由芦潮港的基岩点LYJ1测到小洋山上0001点的水准高差为：$\Delta H_水 = H_{LYJ2} - H_{0001水} = -9.433$m。

2）加密高程控制

利用首级控制高程拟合出的A、B、C平台等点的高程，经过后期的跨海水准路线测量检验，也满足三等水准测量的要求，具体参见表4.4-3。

GPS观测成果和跨海水准观测成果比较　　　　　　　　　　　　　　表4.4-3

点号	GPS观测成果	跨海水准观测成果	差值 ΔH（m）
LY12（A平台）	6.210	6.192	+0.018
LY21（B平台）	6.136	6.126	+0.010
LY30（C平台）	6.825	6.822	+0.003
LY33（小乌龟）	21.662	21.684	-0.018
LY35（大乌龟）	38.758	38.775	-0.017

3）GPS结合重力测量成果与跨河水准测量成果的综合分析

如果把GPS拟合高程、GPS结合重力测量计算高程、跨河水准高程认为是同等水准测量，则它应满足三等精度水准的不同测段的限差，即：

$$\Delta H \leqslant 20\sqrt{L}\text{mm} \quad （L为跨距或水准路线长）$$

（式4.4-14）

（1）首级控制

$$\Delta H_G - \Delta H_水 = +81mm \leqslant 20\sqrt{36} = 120mm \qquad (式\ 4.4\text{-}15)$$

（2）加密控制

加密控制观测记录表　　　　　　　　表 4.4-4

测段（点名）	距离（km）	GPS 高差（m）	水准高差（m）	高差之差（m）	允许误差（m）
LYJ2-LY12	10.7	−0.648	−0.666	+0.018	±0.065
LY12-LY21	8.5	−0.074	−0.066	−0.008	±0.058
LY21-LY30	7.4	+0.689	+0.696	−0.007	±0.054
LY30-LY33	2.3	+14.837	+14.862	−0.025	±0.030
LY33-LY35	1.3	+17.096	+17.091	+0.005	±0.023
LY35-0001	3.7	−22.548	−22.565	+0.017	±0.019

表 4.4-4 数据说明，无论利用 GPS 拟合高程、GPS 结合重力测量计算高程、跨河水准高程，都可以满足大桥施工对高程控制的要求。

（3）精度估算

GPS 拟合测量与跨河水准测量之差的差值计算中误差。

GPS 测量高差与水准测量高差比较　　　　　　　表 4.4-5

测段（点名）	距离（km）	GPS 高差（m）	水准高差（m）	高差之差（m）
LYJ2-LY12	10.7	−0.648	−0.666	0.018
LY12-LY21	8.5	−0.074	−0.066	−0.008
LY21-LY30	7.4	0.689	0.696	−0.007
LY30-LY33	2.3	14.837	14.862	−0.025
LY33-LY35	1.3	17.096	17.091	0.005
LY35-0001	3.7	−22.548	−22.565	0.017

根据表 4.4-5 数据，使用 GPS 结合重力或 GPS 平面拟合的方法传递高程，与传统的跨河水准方法相比，均满足检测高差之差的限差。

5. 项目质量评估

1）复测依据

（1）《国家一、二等水准测量规范》GB 12897—91

（2）其他相关规范和规定文件

（3）合同要求

2）复测结果

由于东海大桥在施工阶段其高程控制是采用跨海高程传递方法求得，没有检验数据。因此在 2003 年 6 月和 2004 年 6 月分别利用建设好的承台采用三角跨海水准方式进行复测。用施测成果与原跨海水准比较，统计其差值，此次高程起算点为芦洋基岩点Ⅱ（LYJ2），计算终点为肆观 01（0001）和肆观 02（0002），复测芦洋基岩点Ⅰ（LYJ1）和Ⅱ（LYJ2）的高差。两次复测之间相差 2.47cm，与 GPS 计算高差平均相差 9.18cm。

当东海大桥全线贯通，大桥桥面板布设完毕后，于 2005 年 7 月 5 日—23 日通过大桥桥面利用传统等级水准测量方法对大桥进行一等水准复测工作。此次复测结果与 GPS 计算高差相差 8.90cm。

4.4.3.2 基于 GPS-RTK 及多传感器集成的远海打桩定位系统

1. 基本内容与方法

1）设备及安装

在打桩船上安装 3 台 GPS-RTK 接收机和 1 台倾斜传感器，可以实时测定船体位置和姿态；在船体龙口位置安装 2 台激光测距仪，测定船体与桩身的相对关系；在桩架上安装倾斜传感器测定桩身的倾斜度，某些老旧船由于抱桩器抱桩位置不准确，有可能桩架的倾斜度与桩身倾斜度有一定的偏差，需要采取其他方法加以纠正；利用麦克风，采集和分析锤击声音，记录锤击数以便计算贯入度。设备在船体上的安装位置如图 4.4-8 所示。

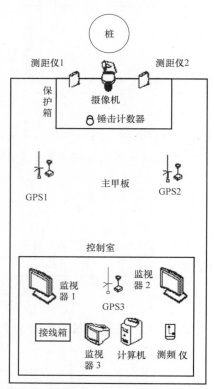

图 4.4-8 设备在船体上的安装位置示意图

2）数据采集与同步

所有设备数据通过数据采集器接入 PC，由软件实时采集。由于各个设备的数据输出频率不一致，设备之间的数据也不同步，因此，在数据采集时需要同时记录设备数据产生的时间，在软件中对数据进行平滑并归算到相同时间点，再进行桩身位置和倾斜的计算。

3）船体坐标系

为了便于数据处理，需要建立一个基于打桩船的船体坐标系。船体坐标系是一个空间直角坐标系，一般以船中轴为 X 轴，指向船头；Y 轴与 X 轴垂直；原点 O 可以在船中轴线的任意位置；Z 轴向上构成左手空间直角坐标系；X 轴和 Y 轴构成的平面与打桩船主甲板面大致吻合。

船体上安装的设备位置和方向相对船体坐标系是固定不变的。这些设备的位置和方向需要在船体平静状态下进行标定。

在龙口附近安装的测距仪在船体坐标系中的坐标和测线方向可以通过标定确定，2 台测距仪可以测得桩身上两个测点处的坐标，通过这一方法将桩身的测点坐标纳入船体坐标系中。

4）桩身定位计算

通过 GPS-RTK 和船体上安装的倾斜传感器，可以实时计算船体坐标系与施工坐标系的实时三维转换关系。通过这个三维转换关系，可以将船体坐标系中的任意一点坐标转换到施工坐标系中。测距仪测定的桩身上的测点坐标由于已经纳入船体坐标系中，因此同样可以转换到施工坐标系中，实现对桩身定位的最终计算。

5）冗余数据和可靠性

利用船体上安装的 3 台 GPS-RTK 和倾斜传感器计算船体坐标系与施工坐标系的三维转换关系时，其数据有一定的冗余度，利用这个冗余度可以对数据的精度及可靠性进行检核，以保证设备数据的正确性和可靠性。

在保证数据正确可靠的情况下，安装 2 台 GPS 和 1 台倾斜传感器，或仅安装 3 台 GPS 没有倾斜传感器时也可以实现这个转换关系的计算。

6）桩顶标高测量与计算

桩顶标高的测量与计算一般有 3 种方式：

（1）在桩身上标画标记线，从桩尖开始每 1cm 标画一个标记线，在打桩船主甲板上安装一台摄像机，量测摄像机在船体坐标系中的高度，并使摄像机的光轴线与船体坐标系的 X 轴平行。打桩过程中，由人工从摄像机中观测标记线数值，通过船体坐标系与施工坐标系的实时转换得到标记线的高程。若桩长为 L，标记线读数为 D，标记线在施工坐标系中的高程为 H_D，桩顶标高 H 的计算公式为：

$$H = H_D + (L - D) \qquad (式 4.4-16)$$

（2）在打桩架顶部安装激光测距仪，向下测量至替打的距离。测距仪在船体坐标系中的位置可以在标定时测得，通过船体坐标系与施工坐标系的实时转换得到测距仪在施工坐标系中的高程。若测距仪在施工坐标系中的高程为 H_C，替打至桩顶的距离为 Δh，桩顶标高 H 的计算公式为：

$$H = H_C - R - \Delta h \tag{式 4.4-17}$$

（3）沿桩架替打行进路线安装磁条，在替打上靠近磁感应条位置安装磁感应器，测定替打的位置在船体坐标系统的高程，减去替打至桩顶的距离得到桩顶位置在船体坐标系统的高程，通过船体坐标系与施工坐标系的实时转换得到桩顶在施工坐标系中的高程。

7）贯入度及计算

贯入度是每次锤击导致桩身的下沉量，即锤击前后的桩顶标高差。贯入度的控制精度一般要小于 5mm，超过 GPS-RTK 的测量精度要求。因此，实际打桩时采用阵贯入度，阵贯入度一般为 10 锤（1 阵）的平均贯入度。

2. 数学模型

1）实时船体坐标系与施工坐标系的转换

考虑到船体坐标系的作用范围较小，一般只有几十米，施工作业时船体倾斜量也小于 5°。因此，船体坐标系与施工坐标系的转换可以将平面和高程分别解算，即采用平面转换加高程拟合方法实现以上两个坐标系之间的相互转换。

另外，考虑到 GPS 位置的标定精度远比 RTK 测量的精度高，两个坐标系之间的转换参数中尺度可固定为 1，不参与参数解算。

（1）平面转换参数计算

一般项目在项目施工前都已经确定了 GPS 坐标系向施工坐标系的转换参数。打桩船上安装的 GPS-RTK 接收机获取的 GPS 坐标后就可以转换到施工坐标系。GPS-RTK 接收机的船体坐标系在系统安装时通过标定得到。这样，以每台 GPS 位置作为坐标转换参数计算的同名点，在不计算尺度的情况下，建立坐标转换关系：

$$\begin{bmatrix} X_P \\ Y_P \end{bmatrix} = \begin{bmatrix} \Delta X_P \\ \Delta Y_P \end{bmatrix} + R \begin{bmatrix} X_C \\ Y_C \end{bmatrix} \tag{式 4.4-18}$$

$$R = \begin{bmatrix} \cos(\alpha) & -\sin(\alpha) \\ \sin(\alpha) & \cos(\alpha) \end{bmatrix} \tag{式 4.4-19}$$

式中：(X_P, Y_P)——施工坐标系坐标；

(X_C, Y_C)——船体坐标系坐标；

$(\Delta X_P, \Delta Y_P)$——平移参数；

α——旋转参数。

转换参数共 4 个，当系统中安装 2 台 GPS-RTK 时，共有 4 个公共点方程，可直接解算。当系统中安装 3 台或 3 台以上 GPS-RTK 时，可采用最小二乘方法进行平差计算。

（2）高程拟合参数计算

在船体坐标系作用范围较小这一实际条件下，高程拟合可以采用一次项，即线性拟合：

$$\Delta H = a_0 + a_1 X_C + a_2 Y_C \tag{式 4.4-20}$$

式中：(X_C, Y_C)——船体坐标系中的同名点坐标；

ΔH——同名点上施工坐标系中高程与船体坐标系中高程差；

a_0，a_1，a_2——拟合系数。

若系统中有 3 台 GPS-RTK 接收机正常工作时，a_0、a_1、a_2 拟合系数可以直接解算。

若系统中船体上安装的倾斜传感器正常工作时，考虑到倾斜仪是双轴的，且倾斜仪的双轴分别与船体坐标系的 X、Y 轴平行，施工作业时倾斜仪的倾角较小，倾斜仪测定的倾角精度远高于由 GPS-RTK 高程计算的倾角的精度，因此可以将倾斜仪的倾角直接作为 a_1、a_2 系数使用。此时上式中的系数仅有

a_0，由于在多台 GPS-RTK 的情况下，对 a_0 仅需要取平均值即可。

2）桩中心坐标计算

图 4.4-9 中给出了由测距仪测定桩中心的几何中心的原理示意图。2 台测距仪在船体坐标系中的坐标已经标定，测距仪光线与船体坐标系的 X 轴平行。通过 2 台测距仪得到测距结果，可以计算桩身测点在船体坐标系中坐标。当桩直径已知的情况下可以计算桩中心坐标。

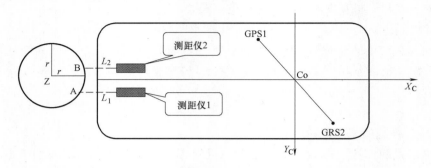

图 4.4-9　由测距仪测定桩中心的几何中心的原理示意图

假设图 4.4-9 中 2 台测距仪的船体坐标分别为 $(X_1，Y_1)$，$(X_2，Y_2)$，相应桩身测点 A、B 的船体坐标系坐标分别为 $(X_A，Y_A)$，$(X_B，Y_B)$，桩中心 Z 位置的坐标为 $(X_Z，Y_Z)$，2 台测距仪测得的距离分别为 L_1，L_2，桩的半径为 r，则在船体坐标系中计算桩中坐标过程为：

直桩情况下桩中坐标 $(X_Z，Y_Z)$ 的计算公式：

$$\left.\begin{aligned}X_Z &= X_A + r \cdot \cos\left(\arctan\frac{\Delta Y_{AB}}{\Delta X_{AB}} - \arccos\frac{S_{AB}}{2r}\right) \\ Y_Z &= Y_A + r \cdot \sin\left(\arctan\frac{\Delta Y_{AB}}{\Delta X_{AB}} - \arccos\frac{S_{AB}}{2r}\right)\end{aligned}\right\} \quad \text{(式 4.4-21)}$$

$$\left.\begin{aligned}X_A &= X1 - L1, Y_A = Y1 \\ X_B &= X2 - L2, Y_B = Y2 \\ \Delta X_{AB} &= X_B - X_A, \Delta Y_{AB} = Y_B - Y_A \\ S_{AB} &= \sqrt{\Delta X_{AB}^2 + \Delta Y_{AB}^2}\end{aligned}\right\} \quad \text{(式 4.4-22)}$$

斜桩情况下的桩中坐标 $(X_{Z1}，Y_{Z1})$，$(X_{Z2}，Y_{Z2})$ 的计算公式为：

$$\left.\begin{aligned}X_{Z1} &= kY_{Z1} + C \\ X_{Z2} &= kY_{Z2} + C \\ Y_{Z1} &= \frac{-t_1 + \sqrt{t_1^2 - 4t_0 t_2}}{2t_2} \\ Y_{Z2} &= \frac{-t_1 - \sqrt{t_1^2 - 4t_0 t_2}}{2t_2}\end{aligned}\right\} \quad \text{(式 4.4-23)}$$

t_0、t_1、t_2 由以下公式计算：

$$\left.\begin{aligned}k &= \frac{Y_A - Y_B}{X_B - X_A} \cdot \left(\frac{R}{r}\right)^2 \\ C &= \frac{1}{2}(X_A + X_B) \\ t_0 &= (C - X_A)^2 + \left(\frac{R}{r}\right)^2 Y_A^2 - R^2 \\ t_1 &= 2k(C - X_A) - 2\left(\frac{R}{r}\right)^2 Y_A \\ t_2 &= k^2 + \left(\frac{R}{r}\right)^2\end{aligned}\right\} \quad \text{(式 4.4-24)}$$

$$R = r \cdot \sqrt{\rho^2 + 1}$$

式中：ρ——桩的坡比倒数。

3) 影响 GPS 打桩系统精度的因素

GPS 打桩定位系统的理论计算采用了严密的数学公式，设备标定误差可以小于设备数据的标准差的 1/3，因此系统的模型误差和设备的标定误差可以忽略不计。影响 GPS 打桩系统精度的主要因素是设备自身的误差和设备数据不同步的误差，这些都可以认为是偶然误差。

(1) 影响桩中平面定位精度的误差源

GPS 定位的平面精度、激光测距仪的测距误差。

(2) 由 GPS1、GPS2 位置误差引起的桩中水平位置误差

东海大桥施工区域中每个施工位置离最近参考站距离不超过 10km，根据仪器精度指标，其定位结果的平面误差优于 0.02m。桩中位置与 GPS 的距离均不超过多台 GPS 之间间距的 2 倍，不考虑船体变形时，由 GPS 误差引起的船体坐标系中与 GPS 安装位置邻近的船体坐标系中的任意一点的平面位置均不超过这一误差的 2 倍，即小于 0.04m。

(3) 激光测距仪测距误差

在圆桩情况下，桩中坐标 $(X_Z，Y_Z)$ 的计算是通过 2 台测距仪的测点坐标 $(X_A，Y_A)$ 和 $(X_B，Y_B)$ 来进行的。即：

$$\left. \begin{array}{l} \dfrac{(X_Z - X_A)^2}{R^2} + \dfrac{(Y_Z - Y_A)^2}{r^2} = 1 \\[2mm] \dfrac{(X_Z - X_B)^2}{R^2} + \dfrac{(Y_Z - Y_B)^2}{r^2} = 1 \end{array} \right\} \qquad (\text{式 } 4.4\text{-}25)$$

由于 2 台测距仪固定安装，测距方向也固定，因此 Y_A、Y_B 为常数。故由式（4.4-25）微分得到：

$$\left. \begin{array}{l} \dfrac{(X_Z - X_A)}{R^2} \cdot dX_Z - \dfrac{X_Z - X_A}{R^2} \cdot dX_A + \dfrac{Y_Z - Y_A}{r^2} \cdot dY_Z = 0 \\[2mm] \dfrac{(X_Z - X_B)}{R^2} \cdot dX_Z - \dfrac{X_Z - X_B}{R^2} \cdot dX_A + \dfrac{Y_Z - Y_B}{r^2} \cdot dY_Z = 0 \end{array} \right\} \qquad (\text{式 } 4.4\text{-}26)$$

考虑到桩中接近设计位置时，即有式（4.4-27）所示的近似关系式：

$$\left. \begin{array}{l} X_A = X_B \\ Y_A = -Y_B \\ Y_Z = 0 \end{array} \right\} \qquad (\text{式 } 4.4\text{-}27)$$

进一步忽略 R 与 r 的差异，即认为 $R = r$。则可以解出：

$$\left. \begin{array}{l} dX_Z = \dfrac{1}{2}(dX_A + dX_B) \\[2mm] dY_Z = \dfrac{1}{2} \dfrac{X_Z - X_A}{Y_A}(dX_B - dX_A) \end{array} \right\} \qquad (\text{式 } 4.4\text{-}28)$$

根据误差传播律，并考虑到 X_A 与 X_B 精度相等，且与测距仪测距精度相等，即 $mX_A = mX_B = 0.003\text{m}$，故可得：

$$\left. \begin{array}{l} mX_Z = \dfrac{\sqrt{2}}{2} mX_A \\[3mm] mY_Z = \dfrac{\sqrt{2}}{2} \left| \dfrac{X_Z - X_A}{Y_A} \right| mY_A \end{array} \right\} \qquad (\text{式 } 4.4\text{-}29)$$

激光测距仪测距精度为 3mm，代入式（4.4-29），得：$mX_Z \leqslant 3\text{mm}$，$mY_Z \leqslant 5\text{mm}$。

(4) 设备间不同步性误差

设备数据经平滑处理后，他们之间的不同步时间差小于 0.1s，打桩施工时船体相对桩位的运动量小于 50mm/s，因此设备不同步性误差考虑为 5mm。

（5）综合影响计算

综合以上各项误差影响，取各项误差的最大值作为最大误差的估计值，可以得到桩中误差的最大值为：

$$mX=0.040+0.003+0.005=0.048m$$

$$mY=0.040+0.005+0.005=0.050m$$

故位置误差为：

$$mP=\sqrt{0.048^2+0.050^2}=0.069m$$

通过上面的估算可以看到，桩中平面位置误差一般不大于 0.069m。

4）系统冗余数据与可靠性检核

按照系统设计要求，系统正常运行时，设备数据有一定的冗余度，可以作为数据可靠性检核的依据。

（1）系统中安装的 GPS-RTK 接收机在 WGS84 坐标系统中与船体坐标系中通过坐标差计算的相对距离的差值应小于仪器精度指标给出限值，一般取 40mm，大于 40mm 可以提示或报警。系统中安装 3 台或更多 GPS 时，需要两两组合，分别计算检核。

（2）当系统中安装 3 台 GPS-RTK 接收机时，3 台 GPS-RTK 可以计算船体坐标系中船体的纵横倾斜，与倾斜传感器测定船体倾斜值差值应小于 0.2°。

3. 软件

东海大桥桩基施工时，国内首次采用 GPS-RTK 方法定位，较为复杂的系统集成需要专门为之研发一套适用软件。

1）软件开发与运行平台

（1）软件运行平台，微软 Windows XP 或更高版本的操作系统。

（2）软件开发平台，微软 VC++ 6.0 或更高版本。

2）软件主要功能

（1）设备连接与数据接收。

（2）项目参数输入。

（3）桩中位置、标高、贯入度等数学计算。

（4）图文方式引导桩位定位。

（5）偏差实时显示、偏位提示与报警。

（6）设备数据可靠性警示。

（7）报表生成与输出。

4. 东海大桥桩基施工的定位精度

实际选取东海大桥桩基施工中部分桩，对其沉桩结果进行实测检核，检核使用双频 GPS-RTK 接收机。

检测偏差结果见表 4.4-6。

检测偏差结果　　　　　　　　　　　　　　　　　　　　　　表 4.4-6

桩位误差(mm)	桩数(根)	桩数比例(%)
<100	310	30.5
100~200	417	41
200~300	200	19.6
>300	91	8.9
合计	1018	100

根据东海大桥设计要求，桩位偏差不得超过 300mm，偏差超限率不得超过 30％ 的规定（港工规范之斜桩），检核结果表明桩位误差符合设计及相应规范要求。

需要说明的是，以上检核是在沉桩结束后几小时甚至几天后进行的，桩位在海流作用和斜桩自重引起的弯曲影响下会有一定的偏移，此影响比打桩系统的本身的误差可能更大。因此表 4.4-6 中事后检核的偏差与 GPS 打桩定位系统本身的定位精度估计会有较大的差别。

4.4.3.3　主桥导管架实时定位测量

1. 导管架沉放实时测量方案

本工程定位不同于一般工程的单点定位，导管架为一巨型构件，吊装过程会产生平移、旋转、倾斜，沉放时要确保其空间姿态，需实时、连续纠正其下部四个角点位置的正确性，鉴于以上特殊性，我们采取以下作业方案：

1）导管架焊接拼装时，在顶面四个角部预制一定高度的 4 个仪器台，并用全站仪测定其与导管架轴线的相对关系；

2）根据设计位置，抛锚定位吊机船和运输船的位置；

3）吊装前将基准站设置在岸上控制点上，将 4 台 RTK 流动站固定在导管架顶面吊臂影响较小的 4 个预制仪器台上，设置好工作参数，检测并确保 RTK 工作正常后起吊；

4）沉放过程中采用 RS232 接口，通过电缆线把坐标实时传送入计算机并实时计算导管架的三维偏差与纠正量，指挥沉放。

2. 数据解算模型及过程

建立导管架加工平台坐标系 $O-xyz$，设导管架上有每个点在加工平台坐标系中的坐标 $(x, y, z)^T$，GNSS 观测时，能得到它在地方坐标系的坐标 $(X, Y, Z)^T$。两套空间三维直角坐标系的转换模型为：

$$\begin{bmatrix} x \\ y \\ z \end{bmatrix} = \begin{bmatrix} X_0 \\ Y_0 \\ Z_0 \end{bmatrix} + K \cdot R \cdot \begin{bmatrix} X \\ Y \\ Z \end{bmatrix} \qquad \text{（式 4.4-30）}$$

式中：$(X_0, Y_0, Z_0)^T$——平移因子；

$\quad\quad K$——尺度缩放因子；

$\quad\quad R$——坐标旋转矩阵。

坐标旋转矩阵 R 构成过程为：首先将坐标轴绕 X 轴逆时针旋转 ϕ，得旋转矩阵 R_X；再将坐标轴绕新的 Y 轴逆时针旋转 Ψ，得旋转矩阵 R_Y，最后将坐标轴绕新的 Z 轴逆时针旋转 θ，得旋转矩阵 R_Z；将以上三次旋转合并即可得坐标旋转矩阵 R。展开可得到：

$$R = R_Z R_Y R_X = \begin{bmatrix} \cos\theta\cos\Psi & \sin\theta\cos\varphi + \cos\theta\sin\Psi\sin\varphi & \sin\theta\sin\varphi - \cos\theta\sin\Psi\cos\varphi \\ -\sin\theta\cos\Psi & \cos\theta\cos\varphi - \sin\theta\sin\Psi\sin\varphi & \cos\theta\sin\varphi - \sin\theta\sin\Psi\cos\varphi \\ \sin\Psi & -\cos\Psi\sin\varphi & \cos\Psi\cos\varphi \end{bmatrix} \text{（式 4.4-31）}$$

$$\left. \begin{aligned} R_X &= \begin{bmatrix} 1 & 0 & 0 \\ 0 & \cos\varphi & \sin\varphi \\ 0 & -\sin\varphi & \cos\varphi \end{bmatrix} \\ R_Y &= \begin{bmatrix} \cos\Psi & 0 & -\sin\Psi \\ 0 & 1 & 0 \\ \sin\Psi & 0 & \cos\Psi \end{bmatrix} \\ R_Z &= \begin{bmatrix} \cos\theta & \sin\theta & 0 \\ -\sin\theta & \cos\theta & 0 \\ 0 & 0 & 1 \end{bmatrix} \end{aligned} \right\} \text{（式 4.4-32）}$$

将 R 代入式（4.4-30）中并对参数线性化列立误差方程得：

$$V = \boldsymbol{B} \cdot \mathrm{d}X - l \qquad \text{(式 4.4-33)}$$

$$V = (V_x, V_y, V_z)^T$$

$$\left.\boldsymbol{B} = \begin{bmatrix} 1 & 0 & 0 & M_{11} & M_{12} & M_{13} & K_{11} \\ 0 & 1 & 0 & M_{21} & M_{22} & M_{23} & K_{21} \\ 0 & 0 & 1 & M_{31} & M_{32} & M_{33} & M_{31} \end{bmatrix}\right\} \qquad \text{(式 4.4-34)}$$

$$\mathrm{d}X = (\mathrm{d}X_0, \mathrm{d}Y_0, \mathrm{d}Z_0, \mathrm{d}\varphi, \mathrm{d}\Psi, \mathrm{d}\theta, \mathrm{d}K)^T$$

$$l = (l_x, l_y, l_z)^T$$

式（4.4-34）中：

$M_{11} = K^0(-\sin\theta^0\sin\varphi^0 + \cos\theta^0\sin\Psi^0\cos\varphi^0)Y^0 + K^0(\sin\theta^0\cos\varphi^0 + cos\theta^0\sin\Psi^0\sin\varphi^0)Z^0$

$M_{12} = -K^0\cos\theta^0\sin\Psi^0 X^0 + K^0\cos\theta^0\cos\Psi^0\sin\varphi^0 Y^0 - K^0\cos\theta^0\cos\Psi^0\cos\varphi^0 Z^0$

$M_{13} = -K^0\sin\theta^0\cos\Psi^0 X^0 + K^0(\cos\theta^0\cos\varphi^0 - \sin\theta^0\sin\Psi^0\sin\varphi^0)Y^0 + K^0(\cos\theta^0\sin\varphi^0 + \sin\theta^0\sin\Psi^0\cos\varphi^0)Z^0$

$M_{21} = -K^0(\cos\theta^0\sin\varphi^0 + \sin\theta^0\sin\Psi^0\cos\varphi^0)Y^0 + K^0(\cos\theta^0\cos\varphi^0 - \sin\theta^0\sin\Psi^0\sin\varphi^0)Z^0$

$M_{22} = K^0\sin\theta^0\sin\Psi^0 X^0 - K^0\sin\theta^0\cos\Psi^0\sin\varphi^0 Y^0 + K^0\sin\theta^0\cos\Psi^0\cos\varphi^0 Z^0$

$M_{23} = -K^0\cos\theta^0\cos\Psi^0 X^0 - K^0(\sin\theta^0\cos\varphi^0 + \cos\theta^0\sin\Psi^0\sin\varphi^0)Y^0 + K^0(-\sin\theta^0\sin\varphi^0 + \cos\theta^0\sin\Psi^0\cos\varphi^0)Z^0$

$M_{31} = -K^0\cos\Psi^0\cos\varphi^0 Y^0 - K^0\cos\Psi^0\sin\varphi^0 Z^0$

$M_{32} = K^0\cos\Psi^0 X^0 + K^0\sin\Psi^0\sin\varphi^0 Y^0 - K^0\sin\Psi^0\cos\varphi^0 Z^0$

$M_{33} = 0$

$K_{11} = \cos\theta^0\cos\Psi^0 X^0 + (\sin\theta^0\cos\varphi^0 + \cos\theta^0\sin\Psi^0\sin\varphi^0)Y^0 + (\sin\theta^0\sin\varphi^0 - \cos\theta^0\sin\Psi^0\cos\varphi^0)Z^0$

$K_{21} = -\sin\theta^0\cos\Psi^0 X^0 + (\cos\theta^0\cos\varphi^0 - \sin\theta^0\sin\Psi^0\sin\varphi^0)Y^0 + (\cos\theta^0\sin\varphi^0 + \sin\theta^0\sin\Psi^0\cos\varphi^0)Z^0$

$K_{31} = \sin\Psi^0 X^0 - \cos\Psi^0\sin\varphi^0 Y^0 + \cos\Psi^0\cos\varphi^0 Z^0$

$l_x = x - (\mathrm{d}X^0 + K^0 K_{11})$

$l_y = y - (\mathrm{d}Y^0 + K^0 K_{21})$

$l_z = z - (\mathrm{d}Z^0 + K^0 K_{31})$

以上公式中，φ^0、Ψ^0 和 θ^0 的单位为弧度，得到 3 个或 3 个以上点在两套坐标系中的坐标后，则可按最小二乘准则进行平差计算，求出 7 个坐标转换参数。

本工程实际作业过程中，导管架制作时在顶部靠近四个角焊接 4 个固定仪器台 T1～T4，加工时标定出 4 个仪器台的平台坐标，同理底部 4 个点的平台坐标也已知（见图 4.4-10）；现场吊装沉放时，采用 4 台 RTK 同步测量出地方坐标，即可按最小二乘原则解算出地方坐标系与加工平台坐标系之间转换模型的 7 个参数，从而可求出旋转矩阵 $\boldsymbol{R}$。公式稍作变化可实现坐标反向求解：

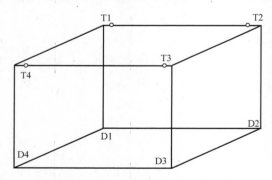

图 4.4-10　导管架 4 个仪器台与
底部 4 个特征点位置示意图

$$\begin{bmatrix} X \\ Y \\ Z \end{bmatrix} = \boldsymbol{K}^{-1} \cdot \boldsymbol{R}^{-1} \cdot \begin{bmatrix} x - X_0 \\ y - Y_0 \\ z - Z_0 \end{bmatrix} \qquad \text{(式 4.4-35)}$$

把底部 D1～D4 平台坐标系中的坐标代入上式，可求得底部各点实测地方坐标，进而计算沉放偏差。

3. 数据处理软件定制

沉放过程是多家单位、多个工种协同作战，数据处理满足正确、快捷、直观的要求。开发的数据处理软件包括数据传输、坐标换算、图形显示三大主要功能模块，同时具有记录数据及过程回放的功能。

操作中采用 VB 程序设计软件，利用 4 个 MsComm 控件与 4 台 RTK 流动站连接；4 台 RTK 均设置为 NMEA 数据电文格式、按 1Hz 的频率向串口输出数据；在 RTK 均得到固定解（通过预制的转换七参数计算出顶部三个仪器中心的地方坐标）、控制台计算软件工作正常后，VB 软件的类模块实现基于 4 个点、2 套坐标系动态建立坐标转换模型后，实时计算底部 4 个角点的坐标，并利用 VB 良好的图形设计界面，把导管架的偏差用实时图形和数据实时显示出来。

4. 沉放过程及精度检测

解算精度可从两方面检查：

1）尺度比应接近于 1，其偏离程度操作时按 3cm：30m＝1：1000 控制。

2）4 个坐标（12 个坐标分量）的改正数均是评价观测值有效性的参数，实际平移量改正数按不大于 5cm 控制。

导管架定位结束后采用 GPS 静态观测手段对 RTK 定位结果进行了检测，较差均控制在 10cm 以内，达到了预期效果。

4.4.4　启示与展望

4.4.4.1　长距离跨海高程传递技术

利用地面及海洋重力数据、DTM 数据、地球重力场模型和 GPS 水准的实测数据等资料，应用确定似大地水准面的严密理论模型和计算方法，确定了测区范围内的似大地水准面模型，从而利用大地高和高程异常实现高程传递，在 30km 的距离上达到三等水准精度要求。该研究确立了合理的技术方案，成功布设了东海大桥工程测量控制网，在施工各阶段所采用的特殊测量技术和手段保证了东海大桥建设的工期，提高了工效和测量精度，满足了施工方对资料在周期和质量方面的各项要求，为工程建设提供了及时可靠的测绘保障。本项目的成功完成为今后类似工程的建设提供了重要的实践经验。经权威机构认证，大桥的跨海 GPS 高程定位测量技术在该领域相关文献中未见相同报道，技术应用具有创新性，整体测量控制达到国际先进水平，具有显著的社会效益和经济效益。

4.4.4.2　基于 GPS-RTK 及多传感器集成的远海打桩定位系统

东海大桥桩基施工采用 GPS-RTK 及多传感器集成打桩定位系统，属国内首创。系统实现了全天候、自动化、高精度、高效率、高安全性的海上打桩定位功能，减轻了打桩定位施工的劳动强度，是打桩定位施工工艺的重大技术进步，为高质量、高速度建设东海大桥做出了重要的贡献，实现了良好的社会和经济效益。

借助于 GPS、北斗等卫星定位接收机生产技术的进步，进一步提高系统集成度，改善系统稳定性和可靠性的技术条件已经成熟。通过提高系统集成度，可以进一步改善设备数据之间的同步性，减少安装、调试和标定工作量，同时可以大幅度地减少设备和系统的成本。

在目前无线网络通信能力强大、资费下降的背景下，在系统中增加网络通信功能，可以做到整个工程或各个施工单位内部多条打桩船的互联互通，建设网络化施工管理和数据管理平台，对打桩过程数据和竣工数据进行长期存档，为今后工程维护提供必不可少的参考依据。

4.4.4.3　主桥导管架实时定位测量

本工程基于 4 个仪器台在线 RTK 定位，建立了地方坐标系与加工平台坐标系的动态转换模型，实现了导管架底部 4 个特征点的实时测量控制，提出了巨型构件的定位测量解决方案。操作中采用高频测量、软件实时在线解算，解决了潮流影响、构件晃荡的测量难题，对大型构件吊装有现实参考意义。

4.5 重庆两江桥隧

4.5.1 工程概况

4.5.1.1 项目背景

经济一体化和大流通的发展趋势对城市交通提出很高的要求,而重庆独特的两江绕城的地理环境将主城分割成几个独立的片区,很大程度上影响了区域之间的交通往来,成为制约区域经济一体化的瓶颈因素。早在1946年编制的"陪都十年建设计划草案"中就对两江大桥进行了规划,在草案收录的"交通计划总图"中,首次提到了两江大桥,并在规划图纸上标明了桥位。专家提出,建成两江大桥后,高速电车、汽车可越江而过,相比轮渡的运输量增加上百倍,人口也可疏散至南北两岸。这与现在建设的两江大桥基本吻合。

为促进经济可持续快速增长,重庆市都市区城乡总体规划(2007—2020年)中提出发展以轨道、城市道路(高速公路)、地面快速公交为主体,交通换乘枢纽为依托的综合交通运输体系。重庆轨道交通建设过程中,轨道交通六号线在东水门和千厮门处跨越长江和嘉陵江,形成东水门长江大桥和千厮门嘉陵江大桥。东水门与千厮门的规划平面位置基本对称,分别位于渝中半岛的两侧,这对于快捷联系南岸上新街、渝中核心区及江北城片区是非常有利的。

4.5.1.2 桥梁工程

重庆两江大桥(图4.5-1)包括"两桥一隧",其中的"两桥",是指跨越长江的东水门大桥和跨越嘉陵江的千厮门大桥。两桥连接江北嘴商务区、解放碑商务区、弹子石商务区,为跨江的公轨两用桥,是重庆市标志性重大基础设施。

图4.5-1 建设完成的重庆两江大桥

东水门长江大桥起于南岸区涂山路,自东向西设东水门大桥跨越长江,通过引桥及匝道与两江大桥渝中隧道及陕西路连接,路线全长1124.947m(以右线为准)。其中主桥长858m,引桥长104m,南岸区路基段长162.9m,主桥为双塔部分斜拉梁桥,双层钢桁梁结构。东水门长江大桥渝中区引桥及接线包含引桥与A、B、C三条匝道,引桥连接主桥与渝中区车行隧道,长104m;A、B、C匝道连接主桥与陕西路、打铜街，A 匝道长 132.106m，B 匝道长 151.754m，C 匝道长 96.731m。

千厮门嘉陵江大桥与两江大桥渝中隧道相接，在洪崖洞旁跨越嘉陵江，跨过嘉陵江后到达江北城中央商务区，与江北城大街南路和金沙路相交，路线全长 1647.468m（以右线为准）。其中主桥长 720m，引桥长 161.41m。主桥为单塔单索面部分斜拉梁桥，双层钢桁梁结构。千厮门嘉陵江大桥渝中区接线包含 A、B 两条匝道及沧白路改造，A 匝道长 152.778m，B 匝道长 179.282m，沧白路改造段长 418.884m；与江北城连接包括引桥及 C、D 两条匝道，引桥上跨金沙路后与江北城大街南路连接引桥长 161.41m，C 匝道长 316.18m，D 匝道长 318.75m。

4.5.1.3 隧道工程

两江大桥渝中隧道位于渝中半岛，南接东水门大桥，向西下穿陕西路、重庆轮船总公司、重庆市第一人民医院、道门口农贸市场、中国农业银行重庆分行、新华街、拐向北西下筷子街、市消防一支队、民族路、重庆市中医院、嘉陵江索道楼、沧白路，终点与千厮门大桥连接，为双向 4 车道城市隧道。隧道左右线均为曲线隧道，左线长 720.837m，右线长 711.618m，最大埋深 34m。上跨轨道交通六号线，下穿轨道交通一号线，三线共建，并和渝中区在建地下环道、停车库有交集。隧道洞身结构两端为明挖段中间为暗挖段，暗挖两端进洞口段均为连拱隧道，洞身段为小净距隧道，其中明挖段左右线长 468.862m。

4.5.1.4 社会意义

从节约工程投资，充分利用过江桥位资源，加强轨道交通与城市道路交通衔接等因素综合考虑，东水门长江大桥和千厮门嘉陵江大桥均采用"公路＋轨道"模式，分为上、下两层，上层设置人行道及双向四车道；下层是双向轨道线，轨道六号线经"桥腹"通过长江和嘉陵江。

两江大桥项目的建设，增加了渝中半岛地区的进出联系通道和城市道路网密度，加强交通服务功能，完善城市道路系统，将彻底改变半岛地区"口袋"交通的现状。同时还可以缓解石板坡长江大桥以及黄花园大桥等通道的交通压力，使得部分原先依靠这两座大桥出入半岛核心区的交通流量，分流至东水门大桥和千厮门大桥，从而缓解石板坡大桥和黄花园大桥的交通压力，保障城市主骨架的畅通。

4.5.1.5 工程测量内容

自可行性研究到竣工通车，重庆两江大桥建设工程进行了三维规划方案比选、各阶段现状地形图测绘、地下管线探测、建筑物拆迁调查、工程物探、施工控制网测量、线路定测等工作，目前运营期桥梁变形监测工作仍在进行。

1. 三维方案比选

运用三维仿真技术，基于集景三维数字城市平台建立两江大桥三维仿真模型，为两江大桥选址与规划提供全面、准确、及时有效的信息支持，并以三维可视化的方式直观地表现这些信息，在三维仿真的真实环境中，通过合适的比选方法选出最佳桥梁位置和桥型方案。

2. 地形图测量

在项目可研阶段、方案设计阶段、工程施工阶段、工程竣工阶段，根据项目需求，在工程范围及周边区域内进行不同比例尺现状地形图测量。

3. 地下管线探测

在方案设计阶段、工程施工阶段、工程竣工阶段，根据项目需求，在工程范围及周边区域内进行市政管线、自建管线探测工作。

4. 建筑物拆迁调查

按照设计需要对项目范围内的建筑物部分进行调查，调查内容包括：建筑物的权属、建筑物结构材质（梯坎和围墙未作此项）、建筑物用途、建筑物的面积等信息。

5. 工程物探

在设计方确定的范围内（主要是连接隧道部分），对必要的建（构）筑物、大型管线及泵站、其他对隧道有影响的地下障碍物进行物探。

6. 施工控制网测量

在项目施工前，建设两江大桥施工控制网，为工程施工提供数学基准。该控制网也是运营期变形观测的基础。

7. 大桥变形监测

在东水门、千厮门大桥施工期间及运营期间，分别进行常规方式的周期性变形监测和远程自动化实时监测。

4.5.2　关键问题

重庆两江大桥为公轨两用、双层桥面桥梁，桥间连接隧道位于渝中半岛，周边高层建筑物密集，地下管线复杂。该项目开展过程中，项目组针对需求，克服了作业过程中的众多技术难题，积极探寻先进技术及作业方法，保证了项目的顺利推进。

4.5.2.1　水下地形测量

重庆位于长江上游，地表水系非常发达，跨江大桥及水工建筑的工程勘察首先必须查明水下地形条件。本项目涉及桥墩设计、施工，需要了解水下地形。长江、嘉陵江水下地形起伏大、水涯线形态复杂、浅水或滩涂区域较多、礁石分布散乱，大型测量船存在测量盲区，获取精细水下地形资料非常困难。

4.5.2.2　高精度施工控制网建设

本项目为公轨两用大型桥梁，施工控制网的建设要兼顾轨道交通和公路建设需要。由于历史原因，在两江大桥启动时期，轨道交通建设使用的控制基准与城市其他建设工程采用的基础有微小差异，施工控制网建设时，需要考虑各阶段施工时选用的成果类别，并在成果中做详细说明。

由于受周边环境条件限制，导致两江大桥施工控制网部分通视边较短。该项目对边长精度要求很高，加大了后期的基线解算和数据处理的难度。本项目针对 GNSS 控制网中边长较短的基线，利用重复基线提高较短基线的精度，或采用高精度全站仪测绘短边作为已知边。

4.5.2.3　高密度建筑区地下空间测量

渝中连接隧道局部较深，但整体埋深较浅，平均深度 10m 左右，又地处主城核心渝中区繁华地段，隧道周边高楼密集，地下管网星罗棋布。另外，渝中连接隧道空间上出于轨道交通一号线和六号线之间，施工难度非常大，对地下空间测量要求也非常高。本项目综合采用高精度陀螺全站仪进行地下空间坐标方位角测量、基于三维激光扫描进行地下空间细部采集、利用基础套合测量多层地下建筑等方法，获取了工程范围内及影响范围内的地下空间数据。

4.5.2.4　非金属及深埋地下管网探测

查明既有管线地下空间位置和分布形态，对于钻探过程中保护管线安全，减少经济损失，以及合理评价设计方案等具有重要意义。本项目地下管线探测的难点主要在于深埋管线和非金属管线。渝中区地下管线材质品类繁多，盘根错节、密布于城市地下空间，且老旧管线较多，改建空间小，管线探测尤其困难。

非金属管线材质本身不导电也不导磁，并具有良好的封闭性、绝缘性，基本绝缘，管线本身与周边土体在电性、磁性、重力等物性方面无明显差异，采用传统物探手段不能实现非金属管线的准确探测。虽然利用弹性波场差异的物探方法（地质雷达、声波探测法及面波法）对于地质条件好或者露头较多的非金属管线能解决部分问题，但若遇管径较小，埋深较大或者管线与周围介质物性差异不太明显等复杂的情况下，这些方法就不能从根本上解决非金属管线的精确定位问题。

4.5.2.5　信息化变形监测技术

根据管理需要，本项目建立了自动化安全监测系统。监测设备在桥梁施工阶段进行部署安装。采用传统测量方式进行周期性变形监测，采用远程自动化监测系统进行实时监测。在远程自动化监测过程中，数据实时稳定传输、多类型数据融合、海量监测数据处理、数据分析警报，是远程自动化监测的难点。

4.5.3　方案与实施

4.5.3.1　现状地形图测量

1. 图根控制测量

图根控制测量主要采用网络 RTK 测量、图根导线测量两种方式。在卫星环视条件较好的区域，主要采用网络 RTK 的方式进行图根控制测量；在环视条件差、卫星信号遮挡严重的区域，采用导线方式布设图根点，具体做法是在已有等级点的基础上布设附合次数不超过两次的三维图根导线。

2. 地形图测量

1）1∶500 地形图修补测

采用全站仪极坐标法和 GPS-RTK 方法，在已有 1∶500 地形图，对地物、地貌发生变化之处进行修测和补测。

2）1∶200 大样图测绘

由于两江大桥工程位于主城区核心，房屋密集，建构筑物多，根据设计需要，对影响线路走向的建（构）筑物进行 1∶200 大样图测绘，测设方法参照 1∶500 地形图测绘，但测点密度和精度应满足大样图测绘要求。在进行 1∶200 大样图测绘时，主要采用 Leica TC402 全站仪。

3. 工程特殊情况处理

两江大桥建设过程中，存在局部精度要求较高的情况，需要对其进行点位加密测量。

1）特殊测量

（1）架空管线线高测量

横穿或靠近线路高架段线路的架空管线应施测其净空高度。根据设计要求，施测误差不得大于±10cm，局部区域要求测量误差为±5cm。采用三维激光扫描技术对待测对象进行精细扫描，点位密度极高，相对精度可达毫米级，完全满足工程需要，如图 4.5-2 所示。

图 4.5-2　RIEGL VZ1000 三维激光扫描仪及扫描点云数据

（2）地下构筑物（包括人防洞室）测量

对建设范围内的人防洞室、地下停车场、地下商场、地下通道及对线路走向有影响的管线检修井等地下构筑物的地下空间位置应进行测量。其中人防隧道按其变化实测纵断面和横断面，重点区域间隔5m进行施测，测量方法主要采用三维激光扫描技术。对于地下建筑物，在地下控制测量实施困难的情况下，可采用自由设站测量获取高精度相对位置，再通过采用上下层基础精确套合的方法，利用建（构）筑物的基础进行坐标传递，实现了地上地下建（构）筑物坐标体系的统一。

2）局部区域等精度加密

本项目范围内地形起伏较大，高层建筑较多且分布密集，受到作业环境的影响，难以发挥GNSS RTK的测量优势，制约了CORS等先进技术的使用。针对这种情况，项目组研发了城市建成区控制点快速测量软件。该软件应用于掌上电脑平台，采用自由设站的方法，选择测量作业区域周围均匀分布的建筑物特征点，通过多方向交汇平差后迅速获取测站点坐标，进而立即开始地形图修补测工作。采用这种方式测量得到的地形图与周围地形图保持同等精度，在本项目地形测量及地下空间测量中大大提高了工作效率。城市建成区控制点快速测量示意图如图4.5-3所示。

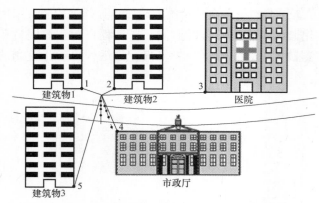

图4.5-3　城市建成区控制点快速测量示意图

4.5.3.2　地下管线探测

地下管线探测范围为建设单位提供的设计线路两侧红线外20m，线路两端头延长50m。

1. 地下管线探测对象及取舍标准

1）地下管线探测对象

两江大桥工程测区范围内的地下管线包括地下管道和地下电缆两大类。地下管道包括：给水（上水、消防用水）、排水（污水、雨水和雨污合流）、燃气（煤气、天然气）、热力（蒸汽、热水）和工业管道（氢、氧、石油等）。地下电缆包括：电力（供电）、通信（电信、移动、联通、网通、有线电视、广播、保密电缆）。

2）地下管线取舍标准及精度要求

地下管线取舍和精度要求应根据工程建设要求进行。如无特殊要求的，依据现行行业标准《城市地下管线探测技术规程》CJJ 61的规定进行综合取舍、精度控制。

2. 地下管线探测的内容及应查明的项目

对两江大桥工程地下管线探测范围内的地下管线应查明其敷设状况，明显管线点应实地调查、记录和量测所处道路的地下管线及其附属设施，实地调查项目应符合现行行业标准《城市地下管线探测技术规程》CJJ 61的要求。还应查明隐蔽管线的特征点在地面的投影位置，特征点包含分支点、转折点、变材点、变径点、变坡点、起讫点、上杆、下杆以及管线上的附属设施中心点等。

3. 资料收集与现场踏勘

1）资料收集

在开展地下管线探测作业前，收集测区范围内已有地下管线设计、施工、竣工资料及相关控制资料，1：500、1：2000、1：10000地形图等资料。在分析所有收集的资料前提下，评价资料的可信度、可利用程度及其精度状况。通过资料收集，地下管线探测作业过程中做到有的放矢、重点突出，有效地规避了重要管线的漏测情况。

2）现场踏勘

根据工程要求组织技术人员对测区进行实地踏勘调查。通过踏勘了解测区地形变化、地面介质、管线埋设情况、建筑物分布、交通状况以及各种可能干扰因素等。核查测区内地形图的现势性，核查测区内控制点的位置及保存情况，大致了解测区内地下可能存在的管线类型、埋深、材质、管径及相互关系，通过踏勘调查对所收集资料评价的可信度和可利用程度进行核查。

4. 仪器检验

拟投入使用的管线探测设备进场前应进行性能测试。检验其发射功率、频率的可选性以及管线探测仪器的分辨率、抗干扰能力等。每台探管仪都应进行接收机自检、最小收发距、最大收发距、最佳收发距确认，稳定性、重复性检查。

工程开展过程中，投入各阶段地下管线探测的仪器均按期进行了性能测试，测试间隔不超过一年。测试时，对管线探测检校场的标记点进行探测，将探测位置和深度与已知数据比对，偏差在容许范围内的设备方可投入使用。本项目地下管线探测采用的主要设备是 RD 8000 管线探测仪，如图 4.5-4 所示。

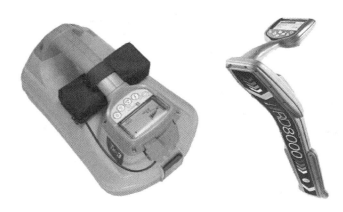

图 4.5-4 RD 8000 管线探测仪

5. 地下管线探测外业数据采集

1）地下管线点编号与标志设置

地下管线点编号采用管线代码加管线点序号组成。各类管线起讫点、变径点、变坡点、交叉点、转折点、分支点等各类特征点和附属物点（检查井、阀门井、窨井、消防栓）等应设置地面标志，无特征点和附属物点的管线直线段上，管线点间距应不大于75m。线路为曲线时，应加密特征点，正确反映管线走向。

2）实地调查

依据收集的资料和现场踏勘情况，现场对管线位置走向进行核实和调查，初步确定需采用仪器探查的管线段。明显管线点上出露地下管线及其设施应作详细调查、记录和量测，分清管线种类，查明每条管线的性质和用途，量测地下管线埋深和井底深。实地调查项目应满足工程需要，如无特殊需求按表4.5-1执行。

各种地下管线实地调查项目   表 4.5-1

管线类别		埋深		断面		材质	构筑物	附属物	流向	权属单位
		内底	外顶	管径	宽×高					
给水			△	△		△	△	△		△
排水	管道	△		△		△	△	△	△	△
	方沟	△			△	△	△	△	△	△
燃气			△	△		△	△	△		△
工业	自流	△				△	△	△	△	△
	压力		△	△		△	△	△		△

管线类别		埋深		断面		材质	构筑物	附属物	流向	权属单位
		内底	外顶	管径	宽×高					
热力	有沟道	△			△	△	△	△		△
	无沟道		△	△		△	△	△		△
电力	管块		△		△	△	△	△		△
	沟道	△			△	△	△	△		△
	直埋		△			△	△	△		
电信	管块		△		△	△	△	△		
	沟道	△			△	△	△	△		△
	直埋		△			△	△	△		△

注：表中"△"表示实地调查的项目。铁路、民航、部队和其他专用管线所需调查项目参照本表执行。

3）地下管线探查

（1）管线探查的原则

在资料收集和实地调查基础上进行实地探查，确定地下管线平面位置和埋深，地下管线探查应遵循的原则：

① 从已知到未知。不论采用何种物探方法，都应在投入使用之前，在区内已知地下管线敷设情况的地方进行方法试验，评价其方法有效性和精度。

② 从简单到复杂。在一个地区开展探查工作时，应首先选择管线少、干扰小、条件比较简单的区域开展工作，然后逐步推进到条件相对复杂的地区。

③ 方法有效、快捷、轻便。如果有多种探查本地区管线的方法可选择时，应首先选择效果好、轻便、快捷、安全和成本低的方法。

④ 相对复杂条件下，根据复杂程度宜采用相应综合方法。在管线分布相对复杂的地区，用单一的方法技术往往不能或难以辨别管线的敷设情况，这时应根据相对复杂程度采用适当的综合物探方法，以提高对管线的分辨率和探测结果的可靠程度。

⑤ 先主管、后支管。先查埋深较浅的管线，后查埋深较深的管线；先从管线稀疏路段开始，再到管线密集路段。

⑥ 先查管径大的管线，后查管径小的管线，以管线直线段或明显标志点为基础，逐步向管线密集、复杂地区深入，直至全部解决管线的定性、定位、定深。

（2）管线探查方法

探查方法的选定需满足以下3个条件：

① 被探查地下管线与其周围介质之间有明显物性差异。

② 被探查地下管线所产生的异常场有足够强度，能在地面上用仪器观测到。

③ 能从干扰背景中清楚地分辨出被查管线所产生的异常。

针对不同探管仪性能，分别采用电磁感应法、工频法、直接法、夹钳法等多种物探方法和手段进行探测。针对不同的线路情况选择不同的探测方法。在管线密集地段，宜采用两种或两种以上方法进行验证，以及在不同的地点采用不同的信号加载方式进行验证。并结合工作环境应采用多种物探方法和手段进行反复探测。

管线平面位置的确定可分为两种探测方式，即扫描（搜索）方式和追踪方式。扫描方式通常用于盲区管线探测；追踪方式应用于某一根管线走向的跟踪探测。

在盲区探查地下管线时，应先采用主动源感应法及被动源法进行搜索，出现异常后宜用主动源法进行追踪，精确定位、定深，探查时应注意接收机体垂直于地面，且垂直于管线的延伸方向。探查时应将发射机与接收机的距离控制在该探管仪的最佳探查范围内。必须探测出管线的转角点、分支点、变径点、变坡点、检修井、附属物等重要特征点。在确定管线平面位置后，应在同一记录点上测量管线的埋深。所采用的测深方法应是经方法试验验证有效的方法。

对于用电磁法或电磁波法不能确定管线空间位置的管线应进行开挖探查。

探查范围内埋设年代久远、埋设较深的管道实地空间位置不能查明时，宜采用探地雷达进行探查；或利用信标配合探管仪技术的方法摸清地下管线走向；或请熟悉该处地下管线的专业管线单位人员验证和量测。

4）地下管线测量

（1）地下管线测量包括控制测量、地下管线点联测。地下管线测量前，对现有控制测量成果进行检测。

（2）地下管线点的平面位置应施测检修井、管线点等的中心位置。高程测量对于排水管线应测出其管底高，其他管线应测出其管顶高。

（3）地下管线点数据采集方法、测量内容与取舍、数据处理与图形处理应符合现行行业标准《城市地下管线探测技术规程》CJJ 61 的要求。

（4）地下管线探测作业必须按安全保护规定作业。

6. 地下管线探测内业数据处理

1）地下管线图编绘的一般规定

地下管线图是地下管线探测的最终成果之一，管线图应完整表示测区内所有探测的各种地下管线及其附属设施，地面建（构）筑物与地形特征。地下管线图应在地下管线数据处理工作完成并检查合格的基础上，采用绘图软件编绘。

编绘前应取得测区1∶500地形图、地下管线工作图、探测成果、管线点成果、附属设施草图和结点示意图表等资料。

在编辑管线图的过程中，地形图中与实测地下管线重合或矛盾的管线建（构）筑物，应经外业核实后删除误差大的构筑物。地下管线图上各种文字、数字注记不得压盖管线及其附属设施的符号。管线上的文字、数字注记应平行管线走向，字头应朝向图的上方，跨图幅的文字、数字注记应分别注记在两幅图内。

2）综合地下管线图编绘

（1）综合地下管线图所表示的对象重点是地下管线图，地物和地形作为背景资料，宜表述其主要特征，综合地下管线图编绘的主要内容应包括各专业管线，管线上的建（构）筑物，地面建（构）筑物，铁路、道路、河流、桥梁，主要地形特征。

（2）综合地下管线图上注记应符合下列要求：图上应注记管线点的编号，各种管道应注明管线材质规格，电力电缆应注明管线材质，电信电缆应注明管块材质规格孔数。

3）地下管线成果表编制

地下管线成果表应依据绘图数据文件及地下管线探测成果编制，管线点号应与图上点号一致，以保证数据库与管线图、成果表间唯一的对应关系。

地下管线成果表编制的内容应包括：管线点号、管线点类别、管线类型、规格（电力、电信为管沟、管块或圆管断面尺寸）、材质、孔数、权属单位、埋深以及管线点的坐标和高程。

各种检修井以其中心点设定管线点标志，其坐标和高程是指井盖几何中心的坐标和高程。

7. 复杂地下管线探测

大桥和隧道施工时，需要了解地下管线，尤其是无法迁改的地下管线的准确位置。为了尽可能准确地获取非金属管线和深埋管线空间属性，项目组采用了多种方法。

1）非金属管网探测

（1）导线电液直接法：是将管线探测仪的输出电流直接接入非金属管线内的导电液体上，在导电液体内形成一个一次电磁场，再用管线探测仪的接收机对该一次电磁场进行探测，通过测试该一次电磁场平面位置及场强的大小，达到探测非金属管线平面位置及埋深的目的。

（2）标靶追踪法：将管线探测仪发射机形成的交变电流用导线连入有导电液体的非金属管线内，形成一个电磁场，采用屏蔽装置对发射机及连接导线进行屏蔽，消除或减小其他管线形成的感应电磁场对探测目标管线的干扰，仅在非金属管线段形成一个向空间传播的电磁场，形成待测标靶，采用接收机对该电磁场进行跟踪探测，达到对管线精确定位的目的。

（3）采用管道爬行机器人辅助地下排水管线探测：技术人员在地面，通过操控台操控爬行器在管道中行进、停止与倒退、辅助灯光明暗的调节、摄像镜头的清晰度调节、扇形摆动与圆周旋转，以及对摄取到的影像信息进行保存，利用爬行器上的高清晰摄像镜头连续、实时记录管道内部的情况。

（4）APL非金属管线探测技术：APL采用了先进的超声探测技术，通过探测定位由管道在地下形成的空腔来定位管道，不会受到电场或架空电力系统、树根，岩石和其他此类地下隐藏物质的影响，同时采用了噪声消除技术，排除探测过程中因交通或其他因素造成的声音干扰而产生的错误读数。该技术对单一非金属管线探测效果较好。

2）深埋管网探测技术

埋地管线外防腐层缺陷检测仪（PCM）（图4.5-5）探测技术：根据埋地管线外防腐层缺陷检测仪能在非开挖状况下对埋地管道的外防腐层的破坏情况进行检测，并能对管道进行精确定位、测深、测电流等特点，在城市地下管线探测能发挥重要作用。工作时发射机向管道施加一近似直流的电流，在非常低的频率上（4Hz）管线电流衰减近似直线，PCM接收机装有一磁力仪，它能测量甚低频磁场，直读管道埋土深度可达10m以上。

图4.5-5　埋地管线外防腐层缺陷检测仪（PCM）

4.5.3.3　施工控制网测量

1. 平面控制网测量

1）平面首级（GNSS）控制点布设

以线路附近的轨道交通级GNSS点为起算依据，在1∶10000地形图上进行二等GNSS点的方案设计。二等GNSS控制网按照以下原则进行布设：

（1）在隧道口、起终点位置、大桥两岸附近分别布设一对或三点相互通视的GNSS控制点，便于对线路构筑物的控制。

（2）选择两桥项目建设期间不被破坏的建筑物上或稳固的地面上布设控制点，有利于控制点的长期保存。

（3）点位应设在易于方便施工的地方，到路线中心线的距离应大于50m，宜小于300m。

（4）点位目标要显著，视场周围15°以上不应有大片障碍物，以减少信号被遮挡或障碍物吸收。

（5）点位应远离大功率无线电发射源（如电视台、微波站等），其距离不小于 200m；远离高压输电线，其距离不得小于 50m。以避免电磁场对 GNSS 信号的干扰。

（6）点位附近不应有大面积水域或强烈干扰卫星信号接收的物体，以减弱多路径效应的影响。

（7）点位应选择在交通方便、有利于其他观测手段扩展与联测的点位。

（8）选点人员应按技术设计进行踏勘，在实地按要求选点定位。

基于以上原则，在两江大桥工程附近选埋了二等 GNSS 点 16 点。其中，分布在东水门大桥南端 4 点，东水门大桥与千厮门大桥之间 7 点（部分点位可两桥共用），千厮门大桥北端 5 点。新布设的点位联测城市 B 级 GNSS 控制点 4 点，共 20 点，组成了两江大桥工程平面施工控制网。

2）平面控制网的观测及计算

（1）GNSS 控制网的外业观测和数据预处理

全网设计独立基线 51 条，构成独立异步环 32 个。为了提高全网精度，网中与各点连接的基线边不少于 2 条，全网采用 6 台 Trimble 双频 GNSS 接收机进行同步观测，同步观测时间均大于 90min，对长度在 5km 以上的长基线的观测时间不少于 120min，观测有效卫星数不少于 6 颗，卫星高度角大于 15°，空间位置精度因子 PDOP 不大于 6，观测历元为 10s，各点平均重复设站数大于 2 次，最少重复设站数为 2 次。

观测数据采用 TBC 进行基线解算，每天外业工作结束后及时下载数据，进行基线解算，对构成的同步环进行检验，对于不满足限差要求的基线数据全部重测。在基线解算过程中，对一些数据进行了人工干预：涉及残差较大和周跳较多的观测数据，对其卫星进行删除或截取有效时段，以保证基线解算的正确性和可靠性。

基线精度符合规范要求后，按设计要求选取 51 条独立基线。采用武汉大学研制的 COSA 平差程序，进行平差前预处理，其中：异步环闭合差相对精度位于区间 0～1ppm 的有 11 个，位于区间 1～2ppm 的有 9 个，位于区间 2～4ppm 的有 6 个，大于 4ppm 的有 6 个；其异步环闭合差最大为 25.0mm，限差为 ±37.0mm；最小为 1.0mm，限差为 ±17.5mm，其余的环闭合差均达到二等 GNSS 测量规范精度要求，如此的检核条件保证了数据的正确性和可靠性，可参与平差计算。

（2）控制网在 WGS-84 系中的平差

为了全面考核 GNSS 网的内符合精度，在 WGS-84 系中对 GNSS 网进行三维无约束平差。平差后坐标增量改正数最大为：$V_{\Delta x}$ 最大为 −9.0mm，限差为 ±24.9mm；$V_{\Delta y}$ 最大为 −12.6mm，限差为 ±17.4mm；$V_{\Delta z}$ 最大为 10.9mm，限差为 ±18.6mm，其余所求出的三维基线向量残差大小均满足二等 GNSS 网的规范精度要求，这说明观测数据具有很好的内符合精度，其可靠性强，该网的各项精度均满足规范精度要求。

（3）控制网在重庆市独立坐标系中的平差

为了检验 4 个 B 级 GNSS 已知点的兼容性，在重庆市独立坐标系中，以 4 个 B 级 GNSS 点为已知点进行二维约束平差；以其中 1 点为固定点进行二维无约束平差。平差后，二维约束平差和二维无约束平差之坐标增量改正数之差 $\delta_{V\Delta x}$ 最大为 −4.9mm，限差为 ±16.6mm；$\delta_{V\Delta y}$ 最大为 −7.7mm，限差为 ±16.6mm，说明已知点兼容。二维约束平差后最弱点点位中误差为 3.1mm，限差为 ±50.0mm，最弱相邻点的相对点位中误差为 3.4mm，限差为 ±30.0mm，边长相对中误差均优于规范要求的 1/100000。

（4）GNSS 控制网检测

为了检核 GNSS 网测量精度，采用 TCA2003 全站仪配 WILD 棱镜进行测边测角检测。将边角测量结果与 GNSS 观测数据解算的边角进行比较，验证成果可靠性。

2. 高程控制网测量

1）高程控制网的选埋

高程控制网由布设二等水准路线组成，水准路线根据两江大桥工程的需要实地选定，水准路线沿着拟建大桥线路的走向实地选定，水准点主要分布在两江大桥桥头及连接道隧道口附近地基坚实稳定的地方，一般离开线路50～80m，利于标石的长期保存和使用。

除跨河水准测量时，岸边临时点埋设为地标外，其余水准点的选埋按二等水准墙标埋设规格埋设。首先在永久性加固堡坎或建筑物的水平方向上凿一深约20cm的孔，再用水泥砂浆将预制件铸铁水准标志埋设在加固堡坎或建筑物上，最后在点位附近书写附桩号并绘制水准点点之记。在水准点点之记中，标明了水准点位至一些固定地物、建筑物之间的距离，该距离利用皮尺量测。水准点均采用手持GNSS接收机施测其概略经纬度，并记录在点之记上。

两江大桥工程共布设二等水准点16点，组成两江大桥工程高程控制网。其中，分布在东水门大桥南端4点，东水门大桥与千厮门大桥之间9点（部分点位可两桥共用），千厮门大桥北端3点。水准路线长17.2km，其中包括两处过河水准。

2）高程控制网的观测和内业计算

二等水准观测按路线分成若干测段，采用2台Leica DNA03电子水准仪（均配条形码铟钢尺）（图4.5-6）对每一测段进行往返观测，测站观测的顺序为：奇数测站按"后—前—前—后"的顺序照准标尺分划，偶数测站按"前—后—后—前"的顺序照准标尺分划，同一测站前视或后视的基辅读数均为同一尺面读数。观测精度为：视距最长为48.5m，限差50m；测段往返高差较差最大为4.0mm，限差为±7.9mm；前后视距差最大0.9m，限差±1.0m；前后视距累计差最大2.1m，限差±3.0m；水准闭合环的高差闭合差最大为5.3mm，限差±36.6mm。

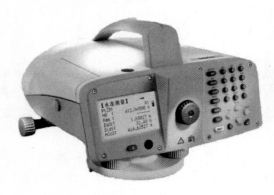

图4.5-6　Leica DNA03 水准仪

过河水准测量2处（东水门长江大桥1处，嘉陵江江北城1处，其中嘉陵江江北城处已于2008年7月测量），东水门长江大桥处过河水准采用WILD N3光学水准仪（配基辅分划的线条式钢瓦水准尺）进行测量。过河水准测量时，两岸仪器和标尺构成大地四边形，两岸仪器视线距水面的高度接近相等，两岸地貌、土质、植被也相似。由大地四边形构成的水准闭合环中，高差闭合差最大为-1.67mm，限差±3.3mm。

二等水准测量外业数据经水准标尺尺长改正、正常水准面不平行改正后，计算水准路线测量偶然中误差，每公里水准测量偶然中误差最大为0.5mm，限差为±1mm。

将各测段距离和改正后高差输入计算机中，采用NASEW软件进行严密平差，平差后水准网中最弱点高程中误差为6.9mm，限差±10mm。

3）四等三角高程接测

二等GNSS控制点高程接测采用徕卡TC402全站仪配徕卡棱镜按四等光电测距三角高程精度要求进行，与二等水准点组成附合高程路线，施测光电测距四等三角高程路线总长8.4km。观测数据用掌上计算机记录，垂直角往返观测各四测回，垂直角指标差较差最大为4″，限差为±5″，垂直角互差最大为4″，限差为±5″。以上各项外业精度指标由程序自动判定，数据合格后及时保存数据。边长最长为582.2m，小于600m，边长往返观测各两测回（一测回4次读数），读数较差均不大于7mm，往返边长较差为2.9mm，限差为±4.0mm。

外业数据采集完后传入台式计算机，采用等级导线内业处理程序Epseler软件将观测数据打印出来，将观测距离经气温、气压、加、乘常数、两差、倾斜等改正后计算高差值，再转换为平差数据格式，同时输入起算数据进行严密平差。观测高差往返较差最大为24mm，限差为±25.5mm；高程闭合差最大为-9.6mm，限差为±33.5mm。平差计算采用NASEW平差程序进行，平差后最大高程中误差为4.4mm，限差为±10mm，其余各项精度指标均满足规范要求。

4.5.3.4 建筑物拆迁调查

1. 调查内容

按照设计单位提供的拆迁调查要求，本项目对六个地块内的建筑物部分进行调查，调查内容包括：建筑物的权属、建筑物结构材质（梯坎和围墙未作此项）、建筑物用途、建筑物的面积4项。

2. 工作方法

本次调查工作的对象包括：房屋、梯坎、围墙、水池。作业组采用现场实地调查与现状地形图相结合的方式。具体将设计提供的工作范围图叠加在现状地形图上，作业小组根据此范围外业实地调查确定工作范围内及被范围所跨建筑物的用途（分为住宅和商业用房）、建筑物的权属、建筑物的结构材质（如：砖房、木房、土房和临时性房屋棚房等）。

3. 建筑物面积计算

在计算建筑物面积时，作业人员采用绘图软件在现状地形图上分别对建设范围内及被建设范围所跨的建筑物进行构面处理，按照建筑物楼层数或水平面积，计算出各调查对象的面积，最后统计出各地块建筑物总面积。

4.5.3.5 变形监测

1. 监测方式

两江大桥运营期变形监测（不含渝中隧道）采用常规几何形变监测与远程自动化监测相结合的方式进行。其中，常规几何形变监测每年进行2次，在阻断交通的情况下，采用人工测量方式，分别在冬季最冷的时段和夏季最热的时间段开展恒载作用下的桥梁形态测量；远程自动化监测为动态实时监测，不需要阻断交通。

2. 监测内容

1）常规几何形变监测

常规几何形变监测主要包括基准控制网建设、桥梁平面位移观测、桥面挠度观测、桥墩桥台沉降观测、桥墩垂直度观测等内容。其中，基准控制网是在施工控制网的基础上建设的，并进行了局部加密。东水门大桥和千厮门大桥变形监测基准控制网同步建设，平面基准网点共21点，高程基准网点共14点。

2）远程自动化监测

远程自动化监测主要包括平高基准点设置、桥体平面位移监测、桥面挠度监测、桥墩倾斜监测、桥面伸缩缝监测、索力监测、主桥应变监测等内容。平高基准点设置在桥梁两端，均埋设在稳定的建（构）筑物上。

3. 主要仪器设备

投入使用的仪器设备需按照相应规范进行检校，各项指标满足规范要求后方可使用。常规形变监测主要设备为 Leica TM30 智能全站仪、Leica DNA03 电子水准仪（配条纹码铟钢尺）、Leica TCR402 全站仪、Rigel VZ1000 三维激光扫描仪等；远程自动化监测主要设备包括静力水准仪、固定测斜仪、振弦式测缝计、应变计、双频 GNSS 监测终端等。

4. 主要作业方法

1）常规变形监测

（1）平面基准网建设

东水门大桥、千厮门大桥平面基准网统一布设，共21点。其中江北布设平面基准点5个；渝中布设平面基准点12个。平面基准网的观测采用静态 GNSS 技术进行，联测城市 B 级 GNSS 点5点。全网采用6台 GNSS 接收机进行同步观测。

基线解算采用 TBC 进行，对构成的同步环进行检验，对于不满足限差要求的基线数据应全部重测。

在基线解算过程中，对必要的数据应进行人工干预：涉及残差较大和周跳较多的观测数据，对其卫星进行删除或截取有效时段，以保证基线解算的正确性和可靠性。

基线精度符合规范要求后，按设计要求选取独立基线，采用武汉大学 Cosa 软件进行验算，其异步环闭合差、复测基线长度较差均应满足规范要求。

GNSS 网采用 Leica TM30 智能型全站仪或同等精度的智能全站仪按照三等边角网精度进行测边测角检测，检测量为总量 3%～5%。

（2）高程基准网的建立

东水门大桥、千厮门大桥高程基准网统一布设（图 4.5-7），共 14 点。以 2 个二等水准点"Ⅱ SG01"和"Ⅱ SG03"为已知点，与 14 个大桥变形监测高程基准网点组成水准网，联测"Ⅱ SG02"进行检校。大桥高程基准网采用徕卡公司生产的 DNA03 型自动补偿电子水准仪配条形码钢瓦尺按二等水准精度要求进行往返高差观测。观测按奇数站"后—前—前—后"、偶数站"前—后—后—前"的顺序读数，并按照规范要求设置后前高差与前后高差的较差值的限差。

用水准仪自带的配套软件将数据传入微机，进行观测数据的打印。并将合格的观测数据转换为平差数据格式。各测段高差除进行真长改正外，还应进行正常水准面不平行改正，将改正后的原始数据输入平差软件进行平差计算。水准环线闭合差绝对值、测站高差中误差等各项精度指标应满足规范要求。将联测的原城市水准点的高差同原有高差进行比较，检测高差与原高差较差绝对值应小于规范要求限值。

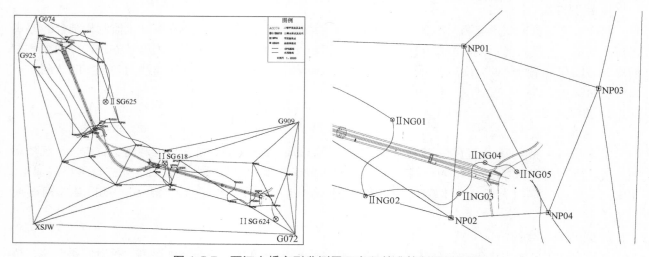

图 4.5-7　两江大桥变形监测平面高程基准控制网示意图

（3）平面位移点的布设和观测

为了掌握大桥线形变化情况，在东水门长江大桥 A 匝道、B 匝道、引桥上布设平面位移观测点 6 个；在主桥桥墩及跨中位置布设平面位移监测点 14 个。在千厮门嘉陵江大桥 C 匝道、D 匝道及引桥上布设平面位移监测点 9 个；在主桥桥墩及跨中位置布设平面位移监测点 12 个。

位移观测点采用 Leica TM30 或同精度智能型全站仪按《建筑变形测量规范》JGJ 8—2007 二级平面精度进行观测，主桥桥墩、桥面及拱顶位移观测点在夜间断交通情况下进行观测。

观测数据经投影至两江大桥海拔高程面后，采用清华山维公司开发的 NASEW 测量平差软件对平面位移点在桥轴系下进行计算。

（4）挠度点的布设和观测

东水门长江大桥布设挠度点 84 个，其中上层公路桥 A 匝道、B 匝道、引桥桥面挠度点按照每跨桥面的 1/2 跨距布设原则，共布设挠度点 18 个；上层主桥边跨按 1/4 跨距、主跨按 1/8 跨距布设原则，共布设挠度点 32 个；下层轨道桥边跨按 1/4 跨距、主跨按 1/8 跨距布设原则，共布设挠度点 34 个。千厮门嘉陵江大桥布设挠度点 88 个，其中上层公路桥 C 匝道、D 匝道、引桥桥面挠度点按照每跨桥面的

1/2 跨距布设原则，共布设挠度点 16 个；上层主桥按 1/8 跨距布设原则，共布设挠度点 34 个；下层轨道桥边跨按 1/2 跨距、主跨按 1/8 跨距布设原则，共布设挠度点 38 个。

桥面挠度点与高程基准点组成附合水准路线或结点网，桥面挠度点观测采用徕卡公司生产的 DNA03 型自动补偿电子水准仪配条形码钢瓦尺按二等水准精度进行观测，起零值按往返观测获取，以后各期只进行单向观测。常规观测应在夜间中断交通的条件下进行。

（5）桥墩及桥台沉降点的布设和观测

为监测桥台、桥墩的沉降，在东水门长江大桥每个桥墩墩底上部 1~2m 的位置布设 1 个沉降观测点，索塔上沉降点布设在高于桥面约 1m 的位置，共有沉降点 20 个。在千厮门嘉陵江大桥每个桥墩墩底上部 1~2m 的位置布设 1 个沉降观测点，索塔上沉降点布设在高于桥面约 1m 的位置，共有沉降点 38 个。

东水门长江大桥、千厮门嘉陵江大桥桥台与桥墩的沉降观测点与布设的高程基准点组成闭合水准路线，采用徕卡公司生产的 DNA03 型自动补偿电子水准仪和条形码钢瓦尺按二等水准精度进行观测，首次往返观测，以后各次单向观测。

（6）桥墩垂直度观测

为了获取两江大桥及匝道桥墩在正常行车荷载条件下弯曲变化情况，对高于 30m 的桥墩进行垂直度观测，共计 11 根，均位于千厮门嘉陵江大桥江北一侧。

桥墩垂直度的观测方法分为两种：对无法埋设固定标志的采用"测小角法"，对埋设固定标志的采用"投点法"观测。对于形状规则、作业空间小仰角较大的桥墩，采用三维激光扫描方法，分别截取固定位置的上下截面，并拟合上下截面中心点，对比不同期中心点偏移情况。

2）远程自动化监测

两江大桥远程自动化监测系统由服务器及其软件、客户端软件、监测现场的终端设备/传感器等部分组成。

（1）点位布设

两江大桥远程自动化监测系统的数据采集端由 GNSS 监测点、静力水准监测点、桥塔倾斜监测点、桥面伸缩缝监测点、索力监测点、应变监测点组成。点位布设示意图见图 4.5-8~图 4.5-11。

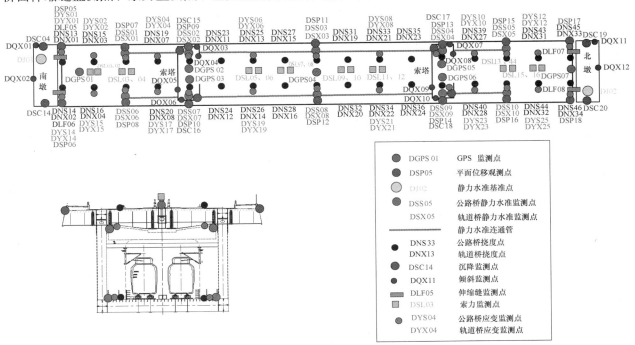

图 4.5-8　东水门长江大桥主桥变形监测点布设示意图

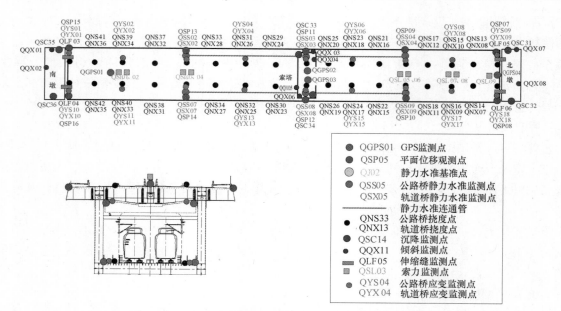

图4.5-9　千厮门嘉陵江大桥主桥变形监测点布设示意图

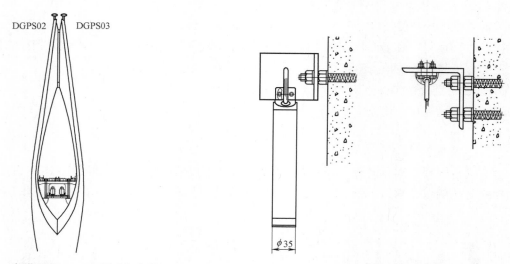

图4.5-10　索塔顶部 GNSS 观测点分布图　　　图4.5-11　壁挂式倾斜仪安装

（2）数据采集与传输

本项目涉及传感器可分为两大类，一是通用的电压、振弦传感器，例如 GNSS 接收机、封闭式连通管压力传感器等；二是基于光纤光栅的传感器，如光纤光栅温度传感器、光纤光栅索力传感器、光纤光栅位移计、光纤光栅应变传感器、光纤光栅索力传感器等。项目分别组建了基于通用传感器和光纤光栅传感器的两套数据采集与传输体系。

（3）数据存储

健康监测系统的海量数据采用 SQL SERVER 2012 数据库产品进行存储，利用高性能的工业级数据服务器进行集成化管理，并利用控制中心、固定客户端等建立固定安全备份和异地备份双重机制。针对不同监测频率、类型的传感器构建对应的在线备份方案，对系统数据库实现按天、增量备份，确保数据安全。

（4）数据计算与融合

采集的传感器数据存在多种来源，针对不同类型的原始数据需采用对应的处理算法进行数据计算，获得最终的观测量。其中振弦式传感器测量物理量是基于其钢弦振动频率随钢丝张力变化，输出的是频率信号，由振动的微分方程可推导出振弦应力与振功频率的关系；GNSS 监测系统主要用于监测大桥在不同荷载情况下的位移变化规律，该监测数据有动态快速定位、静态高精度定位两种工作模式，分别采用实时动态差分法和事后基线解算、控制网平差处理，获得不同精度的数据。

数据融合是充分利用不同时间与空间的多传感器信息资源采用计算机技术对按时序获得的多传感器监测数据，在一定准则下加以自动分析、综合和使用，获得被测对象的一致性解释或描述，以完成决策和估计任务。该系统在数据分析上具有更优越的性能。本项目系统采用代数法、主成分分析、人工神经网络三种方法进行多源异构数据融合。

5. 变形分析

远程自动化监测系统具有测点分析、关联分析、对比分析等功能模块，在科学分析的基础上进行预警预报。在每个监测周期，将常规的几何变形监测结果与自动化监测结果对比验证，提供更加可靠的监测结果。

4.5.4 启示与展望

与重庆市其他跨江斜拉大桥不同，"两江大桥"的桥塔呈流线型，非常柔美，施工工艺复杂，对测绘成果有较高要求。两江大桥工程测量工作的开展，为两江大桥的建设提供了可靠的基础资料，为工程各节点的顺利推进奠定了坚实的基础。2014 年 3 月 31 日，重庆东水门长江大桥建成通车；2015 年 4 月 29 日，重庆千厮门嘉陵江大桥建成通车；因新增 E、F 匝道，施工难度大等原因，渝中连接隧道工程建设进度一度极为缓慢，2018 年 3 月左线贯通，2018 年 9 月右线贯通。

在项目进行过程中，总结了一些经验，也得到一些启发。

4.5.4.1 测绘成果应兼顾规范要求和工程需求

在施工控制网建设阶段，控制测量成果不仅仅要考虑满足《卫星定位城市测量技术规范》《全球定位系统（GPS）测量规范》《公路勘测规范》《城市测量规范》等规范的需求，还要考虑与原有市政道路的衔接、与轨道交通线路的衔接。其中在轨道交通六号线轨道铺设阶段，对控制点相对精度要求非常高，即使首级控制网各项指标满足规范，也可能在轨道施工时出现问题。所以在控制网设计时，应充分考虑联测点的选取、局部精度提升。

4.5.4.2 对于大型工程应考虑各施工节点的统一性

两江大桥建设周期长，社会影响大。从现状地形测量到渝中隧道贯通，前后历时十余年，各节点工程的开展并不同步，尤其是渝中隧道的施工与大桥施工时间间隔较长，且既有公路交通，又有轨道交通。在工程测量开展过程中，必须对项目有整体观，在施工控制网建设时，控制点埋测时需要兼顾公轨两用，兼顾桥梁和隧道施工时使用的便利性和可靠性。尤其在桥隧连接处，需布设公共控制点。

4.5.4.3 综合运用多种技术手段

很多测量环节，采用单一测量方法无法得到满意的结果。例如在地下管线测量时，单一的方法不可能完成综合管线探测，尤其是非金属管线和深埋管线探测。

在非金属管线无示踪线的情况下，为使非金属管线具有金属管线的导电、导磁的特性，可往金属管线内注入导电液体（作为导电媒介），导电液体沿封闭管线流动，直至管线尾端，此时被非金属管线包裹的导电液体类似于被绝缘体包裹的金属管线，这样可采用金属管线的探测方法来探测出非金属管线平面位置和埋深信息。

城市地下排水管线具有埋设较深、年代久远、拐点不明且安全隐患较大等特点，传统方式无法进行准确探测。通过采用管道爬行机器人，能有效探测地下排水管线。对于埋设较深的金属管线，采用常规的探测仪器和探测方法都比较困难，因此采用具有功率大、抗干扰能力强、探测距离远、探测深度深等特点的埋地管线外防腐层缺陷检测仪（PCM），能有效进行深埋金属管线的探测。

4.5.4.4　积极引入新技术、新方法

本项目采用多种新方法，其中部分技术方法还是实施单位自主研发的，有很强的针对性和适用性，提高了工作效率和产品质量。

针对城市建成区高楼林立、建筑密集的特点，项目组研发了城市建成区控制点快速测量软件。该软件应用于掌上电脑平台，采用自由设站方法，选择测量作业区域周围均匀分布的建筑物特征点，通过多方向交汇平差后迅速获取测站点坐标，进而立即开始地形图修补测工作。采用这种方式测量得到的地形图与周围地形图保持同等精度，在本项目地形测量及地下空间测量中大大提高了工作效率。

在局部区域水下测量时，将 GNSS 系统、精密测深仪结合应用，使水上定位、水下测深由离散、低精度、低效率向全覆盖、高精度、高效率的方向发展。将 GNSS RTK 与测深仪组成的系统加装在小型渔船上，具有轻巧灵便、测量精度高等特点，获取了较为详细的水下地形数据。

在千斯门大桥的特殊测量中，采用地面三维激光仪，精确获取风貌建筑群局部精细结构，为桥梁设计提供了精细成果，使桥梁的设计不但没有影响周边建筑风格，还形成了一道独特的风景。

4.5.4.5　跨学科技术融合

本项目在进行地下管线测量时，不仅采用传统测量技术，局部区域还应用了地质雷达、基础物探等方法。根据管理需要，本项目建立了自动化安全监测系统。监测设备在桥梁施工阶段进行部署安装，采用传统测量方式进行周期性变形监测，采用远程自动化监测系统进行实时监测。在远程自动化监测过程中，综合运用了远程通信技术、数据融合技术、物联网技术、云计算技术，实现了数据实时稳定传输、多类型数据融合、海量监测数据处理、数据分析警报。跨学科多技术的融合，将成为工程测量技术发展主要方向之一。

本章主要参考文献

[1]　张正禄. 工程测量学发展的历史现状与展望 [J]. 测绘地理信息，2014，39（4）：1-4.

[2]　杨志强，石震，杨建华，等. 磁悬浮陀螺寻北原理与测量应用 [M]. 北京：测绘出版社，2017.

[3]　郭际明，周命端，吴迪军，等. 高精度 GPS 大型桥梁工程控制网数据处理与质量评估方法研究 [J]. 测绘通报，2012（2）：18-22.

[4]　吴迪军. 桥梁工程测量技术现状及发展方向 [J]. 测绘通报，2016，1：1-5.

[5]　杨志强，杨建华，王涛，等. 陀螺全站仪贯通测量误差预计与模拟系统 [Z]. 西安：长安大学测绘与空间信息研究所，2010.

[6]　李冠青，黄声享. 港珠澳大桥沉管隧道贯通误差预计 [J]. 测绘科学，2016，41（12）：10-13.

[7]　中国交通建设股份有限公司联合体港珠澳大桥岛隧工程项目总经理部，武汉大学，长安大学，等. 海上长距离沉管隧道最终接头贯通测控技术研究与应用 [Z]. 珠海：港珠澳大桥岛隧工程项目总经理部，2017.

[8]　成益品. 测量塔定位系统在港珠澳大桥沉管安装中的应用 [J]. 中国港湾建设，2015，7（35）：36-38.

[9]　卢群，邱卫宁，范玉磊，杨海峰. 长距离跨海高程传递测量方法研究与工程实践 [J]，测绘地理信息，2016，2（41）：70-73.

[10]　杜朝伟，王秀英. 水下隧道沉管法设计与施工关键技术 [J]. 中国工程科学，2009，11（7）：76-80.

[11]　Ji Ma, Zhiqiang Yang, Zhen Shi, Chenchen Liu, Haiqing Yin, Xiuzhen Zhang. Adjustment options for a survey network with magnetic levitation gyro data in an immersed under-sea tunne [J]. Survey Review, 2019，51（367）：373-386.

[12]　杨志强，马骥，石震. 青藏铁路西格二线关角隧道精密磁悬浮陀螺定向测量报告 [Z]. 西安：长安大学测绘与空间信息研究所，2012.

[13]　中华人民共和国铁道部. TB 10101—99　新建铁路工程测量规范 [S]. 北京：中国铁道出版社，1999.

[14]　中华人民共和国铁道部. 铁建设（2006）189 号客运专线无砟轨道铁路工程测量暂行规定 [S]. 北京：中国铁道出版社，2006.

[15]　中华人民共和国铁道部. TB 10101—2009　铁路工程测量规范 [S]. 北京：中国铁道出版社，2009.

[16]　中华人民共和国铁道部. TB 10601—2009　高速铁路工程测量规范 [S]. 北京：中国铁道出版社，2009.

[17]　中华人民共和国铁道部. TB 10054—2010　铁路工程卫星定位测量规范 [S]. 北京：中国铁道出版社，2010.

[18]　中铁第一勘察设计院集团有限公司. 改建铁路青藏线西宁至格尔木段增建第二线关角隧道预设计 [Z]. 西安：中铁第一勘察设计院集团有限公司，2007.

[19]　中铁第一勘察设计院集团有限公司. 改建铁路青藏线西宁至格尔木段增建第二线关角隧道动态设计施工图 [Z]. 西安：中铁第一勘察设计院集团有限公司，2007.

[20]　中铁十六局集团公司精测队. 西格二线关角隧道控制网复测成果书 [Z]. 青海：中铁十六局集团公司精测队，2007.

[21]　中铁隧道局集团公司精测队. 西格二线关角隧道控制网复测成果书 [Z]. 青海：中铁隧道局集团公司精测队，2007.

[22]　刘金砺，等. 桩基工程设计与施工技术 [M]. 北京：人民交通出版社，1994.

[23]　路桥建设东海大桥工程项目总经理部. 东海大桥工程总体施工组织设计 [Z]. 2003.

[24]　上海中港深水港东海大桥工程项目经理部. 东海大桥工程Ⅵ标段施工组织设计 [Z]. 2003.

[25]　中华人民共和国交通部. JTJ 041—89 公路桥涵施工技术规范 [S]. 北京：人民交通出版社，1990.

[26]　中华人民共和国交通部. JTJ 254—98 港口工程桩基规范 [S]. 北京：人民交通出版社，1999.

[27]　中华人民共和国交通部. JTJ 071—98 公路工程质量检验评定标准 [S]. 北京：人民交通出版社，1999.

[28]　倪建夏. 海工工程 GPS 远距离打桩定位系统及其应用 [J]. 港工技术，2005，1：58-59.

[29]　中华人民共和国建设部. GB 50026—2007 工程测量规范 [S]. 北京：中国计划出版社，2007.

[30]　国家测绘局. GB/T 18314—2009 全球定位系统（GPS）测量规范 [S]. 北京：中国标准出版社，2009.

[31]　陈义，沈云中. 非线性三维基准转换的稳健估计 [J]. 大地测量与地球动力学，2003，23（4）：49-53.

[32]　欧斌. 深入探讨基于 GPS RTK 与全站仪的地形测量方法 [J]. 科技创新导报，2009（35）：117-118.

[33]　周志军，戴前伟，谢征海. 地下管线探测中极小值测深的理论推导及外业实现 [J]. 城市勘测，2010（05）：155-157.

[34]　王明权，余成江，张平. 内外业一体化技术在地下管线探测中的应用 [J]. 城市勘测，2008（02）：100-101＋108.

[35]　江周勇，胡应清，陈继平. 山地城市条件下深埋地下管线探测——基于重庆市的山地城市地下管线探测经验 [J]. 城市勘测，2011（05）：148-150.

[36]　陈弘奕，胡晓斌，李崇瑞. 地面三维激光扫描技术在变形监测中的应用 [J]. 测绘通报，2014（12）：74-77.

[37]　朱清海. 基于 EPS2008 的地面三维激光扫描技术在隧道测量中应用研究 [J]. 城市勘测，2015（01）：133-136.

[38]　黄承亮. 三维激光扫描技术应用于桥墩垂直度测量的方法研究 [C]//全国工程测量 2012 技术研讨交流会论文集. 2012.

[39]　黄勇，岳仁宾. 基于插件方式的监测数据分析系统研究 [J]. 测绘与空间地理信息，2014，37（07）：128-129＋132＋136.

[40]　肖兴国，滕德贵，李超，岳仁宾. 重庆市重大基础设施安全监测云服务平台设计 [J]. 测绘工程，2014，23（06）：67-70.

本章主要编写人员（排名不分先后）

长安大学：杨志强　马骥　石震

中铁第一勘察设计院集团有限公司：付宏平
西南交通大学：刘成龙
中铁大桥勘测设计院有限公司：吴迪军
中铁十六局集团有限公司：边建国
上海市测绘院：陈功亮
重庆市勘测院：谢征海　岳仁宾　王昌翰
上海瞰沃科技有限公司：刘国辉
上海勘察设计研究院（集团）有限公司：郭春生

第 5 章　水利水电工程

5.1　概述

　　水利水电工程测量是在水利水电工程规划、设计、施工和运行各阶段所进行的测量工作，是工程测量的一个专业分支。它综合应用大地测量、普通测量、摄影测量、海洋测量、地图绘制及遥感等技术，为水利水电工程建设提供各种测量资料。

　　水利水电工程测量的主要工作内容有：平面控制测量、高程控制测量、地形测量（包括水下地形测量）、纵横断面测量、定线和放样测量、变形观测等。在规划设计阶段的测量工作主要包括：为流域综合利用规划、水利枢纽布置、灌区规划等提供小比例尺地形图；为水利枢纽地区、引水、推估洪水以及了解河道冲淤情况等提供大比例尺地形图（包括水下地形）；还有其他诸如路线测量、纵横断面测量、库区淹没测量、渠系和堤线、管线测量等。在施工建设阶段的测量工作主要包括：布设各类施工控制网测量，各种水工构筑物的施工放样测量，各种线路的测设，水利枢纽地区的地壳变形、危崖、滑坡体的安全监测，配合地质测绘、钻孔定位，水工建筑物（或挖方）的收方、验方测量，竣工测量，工程监理测量等。在运行管理阶段的测量工作主要包括：水工建筑物投入运行后发生沉降、位移、渗漏、挠曲等变形测量，库区淤积测量，电站尾水泄洪、溢洪的冲刷测量等。

5.1.1　施工控制测量

　　为工程建筑物的施工放样、验收及其他测量工作建立平面控制网和高程控制网。首级平面控制网常用高精度测角网、边角网或电磁波导线等形式布设，再以插网、插点或导线加密。随着 GNSS 应用技术的推广和应用，在许多大型工程中已开始采用 GNSS 建立平面施工控制网，并用动态 GNSS 技术进行施工放样工作，这对提高施工测量的效率是十分有益的。首级高程控制网一般为高精度的水准网，然后以较低等级的附合水准路线或结点水准网加密，地形起伏较大时则用电磁波三角高程测量或解析三角高程测量代替适当等级的水准测量。

5.1.2　施工放样及贯通测量

　　主要工作内容有：①施工放样及收方。将设计图上建筑物的轴线、细部轮廓点标定到实地，并进行填挖方量的验收测量。一般由基本控制网测设建筑物的主要轴线点和施工水准点，布设成施工方格控制网或放样网，再以极坐标法、直角坐标法、角度或距离交会法等平面放样方法和水准测量、三角高程测量等高程放样方法，测设、检测建筑物轮廓点与立模点、填筑点、开挖点，并随施工进展测绘挖填断面，并计算验收完成工作量。②安装测量。为安装闸门、拦污栅、起重轨道、发电机组等金属或混凝土构件以及机电设备进行的测量。安装点位置一般由施工方格控制网或轴线点以直角坐标法或其他方法测设；高程由高程基点以水准测量方法测定。③隧洞贯通测量。一般作业顺序是：进行贯通测量设计；建立洞外（地面）平面和高程控制；进行联系测量，布设洞口控制点或通过竖井、斜井、支洞将坐标、方位角和高程传人洞内；敷设洞内基本导线、施工导线和水准路线，并随施工进展而不断延伸；在开挖掌子面上放样，标出拱顶、边墙和起拱线位置，立模后检测；测绘竣工断面。④附属工程测量。为施工服务的附属工程（如铁路、公路、输电线路、通信线路、压力管道等）所进行的测量工作。

5.1.3　变形观测

按照设计文件布设变形观测控制网和监测点，埋设观测设备，及时开始观测工作。控制网点和监测点应布设在不受淹没及施工爆破等影响的稳定地区。对重要建筑物，从基坑开挖开始即需进行变形观测，以测定建筑物基础和地基在施工期间因荷载变化所引起的形变。

5.1.4　竣工测量

单项工程完成后，要施测开挖、填筑竣工断面图和竣工平面图。主体工程开挖至建基面时，要测绘建基面的大比例尺地形图。竣工后，要测绘过流部位的形体断面及综合反映工程全貌的竣工总平面图。这些资料是工程验收及管理的重要依据。

水利水电工程测量不仅是水利水电工程建设超前期工作，而且从规划设计乃至运行管理的各个建设阶段都发挥着重要的作用。

本章以三峡大坝泄水建筑物工程测量、白鹤滩水电站出线竖井滑模控制测量及滑模形态自动化监测、南水北调中线干线工程施工控制网测量三个案例介绍水利水电工程测量过程。

5.2　三峡大坝泄水建筑

5.2.1　工程概况

5.2.1.1　工程简介

三峡工程兼具防洪、发电和航运三大功能，其中防洪是三峡工程最主要的功能。三峡工程枢纽布置总格局为：泄洪坝段居于长江河床中部，两侧布置左右厂房坝段和非溢流坝段；左右厂房坝段后接坝后式厂房，右岸山体预留地下厂房位置；通航建（构）筑物布置在左岸山坡。泄洪坝段是三峡工程满足泄洪功能最主要的建筑物，见图 5.2-1。

泄洪坝段为混凝土重力坝，总长 483m，共分 23 个坝段，每个坝段长 21m。坝顶高程 185m，最大坝高 183m，最大坝底宽 129.5m。坝顶总宽 40m，其中坝头宽 27m，下游侧公路宽 13m。坝体上游面铅直，在底孔以上坝面前伸 5m。下游坝坡由于孔堰分割，坝坡不连续，表孔溢流面坡度为 1:0.7。

为了满足水库永久泄洪需要，泄洪坝段相间布置有 23 个深孔和 22 个表孔，深孔布置在每个坝段中间，表孔跨缝布置在两个坝段之间。为了满足三期导、截流及围堰挡水发电期间度汛泄洪的需要，在表孔的正下方跨缝布置有 22 个导流底孔，主要为施工期泄洪使用，停止使用后封堵。

1. 表孔

表孔堰顶高程 158m，孔宽 8m，采用挑流消能型式。堰面采用二次曲线，下接 1:0.7 的斜直段，

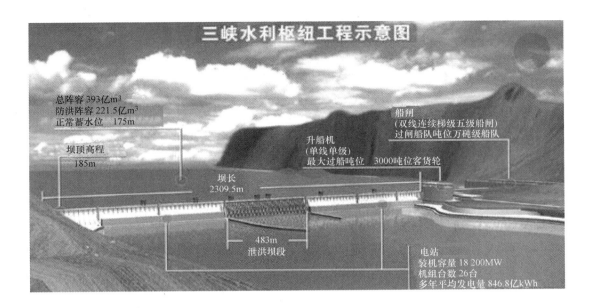

图 5.2-1　三峡水利枢纽工程示意图

再接半径为 30m 的反弧段，鼻坎位于坝轴线下 75.7m 处，高程 110m，挑角 10°。表孔泄槽采用长隔墩方案，隔墩厚度为 3m。表孔设两道闸门，一道平板事故检修门和一道平板工作门，均由坝顶门机操作。

2. 深孔

深孔采用短有压管接明流泄槽型式，挑流消能。进口底高程 90m，有压段底板水平布置，出口断面尺寸为 7m×9m。深孔明流段为 7m 等宽泄槽，采用跌坎掺气减蚀措施，跌坎高 1.2m，跌坎后接 1∶4 的陡槽斜直段，再接半径为 40m 的反弧段，反弧鼻坎高程 79.93m，位于坝轴线下游 105m 处，挑角 27°。

深孔共设 3 道闸门，进口设反钩叠梁检修门，有压段中部设平板事故检修门，有压段出口设弧形工作门。弧形工作门由设在弧门室上方坝体内启闭机室的单缸摆式液压启闭机操作，一门一机。事故门和检修门均由坝顶门机操作。

3. 底孔

导流底孔采用长有压管型式，有压段长 82m，后接明流泄槽，长 28m。中间 16 个底孔的进口底高程为 56m，出口底高程为 55.0m。两侧各 3 孔的进口底高程为 57m，出口底高程为 56m。有压段出口断面尺寸均为 6m×8.5m。事故门槽上游底板为水平，门槽下游底板采用 1∶56 的斜坡直线段、顶板采用 1∶43.25 的斜坡接 1∶5 的压坡段将孔高由 12m 收缩至 8.5m。明流段采用 6m 等宽泄槽，反弧半径为 30m，泄槽末端设小挑角鼻坎，中间 16 孔鼻坎高程为 55.07m，挑角 10°；最外侧 2 孔鼻坎高程 58.55m，挑角 25°；其余 4 孔鼻坎高程 56.48m，挑角 17°。

底孔共设 4 道闸门，进口设反钩叠梁检修门，底孔回填时兼作上游封堵门由坝顶门机操作。检修门后设平板事故检修门，门槽轨道通至表孔堰顶，由坝顶门机操作。有压段出口设弧形工作门，由液压启闭机操作。明流泄槽出口下游坝面设反钩叠梁检修门，底孔回填时兼作下游封堵门，由高程 120m 施工栈桥上的高架门机静水操作。

5.2.1.2　主要技术指标

依据三峡泄洪坝段合同技术条款规定及设计要求：泄洪坝段结构施工测量允许误差见表 5.2-1；混凝土结构成型后的偏差不超过表 5.2-2 规定。

泄洪坝段施工测量允许误差　　　　　　　　　　表 5.2-1

项　　目		允许误差（mm）
基础放线		±10
施工层放线	坝体主轴线	±10
	细部轴线	±5
	高速水流过流底面	±2
	洞口中心线及边墙	±3

混凝土结构面及金结埋件允许偏差　　　　　　　表 5.2-2

项　　目		允许偏差（mm）
坝体轮廓线位置		±10
垂直度	每层	±10
	全高	$H/1000$
泄洪孔口	过流面边墙	±5
	过流面底板	±3
平板门埋件定位	初装节	±1～±3
弧开门埋件定位	侧轨及支铰中心	±1～±5

5.2.2　关键问题

5.2.2.1　施工控制网布设难度大

泄洪坝段布置于长江河道的中间，总长 483m，最大宽度 105m，呈长条状布置，坝面高程 185m，个别存在地质缺陷坝段基础面高程低于 0m，上、下游围堰设计堰轴线长度分别为 1439.592m 和 1075.900m，设计堰顶高程分别为 88.5m 和 81.5m，大坝左右 300m 范围内无明显高大建筑物或自然山体供控制网点埋设。

1）由于施工控制网范围大，且呈带状分布，采用常规三角网法布设控制网时，无法达到最佳控制网图形条件，控制网精度难以控制。

2）为了混凝土浇筑仓内测量作业方便，提高测站精度，减小设立测站时的测距边长，不可避免要在上下游围堰埋设控制点，由于堰体为土石回填结构松软，堰体和标墩的自重导致控制点位移。

3）泄洪坝段施工周期较长，随着坝体的不断上升，为满足仓内作业时通视的需要，控制网应分层布设，难以找到合适的控制网埋设位置。

5.2.2.2　结构混凝土测量精度控制难度大

三峡工程为超大型工程，建设方针对三峡工程设立了企业标准，对照相关水工建筑物形体规范的指标，从表 5.2-1、表 5.2-2 中可以看出，泄洪坝段的放线、埋件测量、立模验收的精度远远高出普通水工建筑物常规混凝土精度要求，具体体现在点位精度从常规混凝土的 ±20mm 变化到现有的 2～10mm 之间，特别是泄洪中孔及表孔高速过流面的形体标准要求十分严格。这些变化势必带来以下施工测量问题：

1）施工控制网精度等级提高的问题：为满足泄洪坝段结构线平面和高程精度需要，施工控制网的精度等级是否从一般的三、四等提高到二等。

2）施工测量方法选择的问题：为了满足精度指标高的要求，普通坝块混凝土模板调验、泄洪中孔、表孔高速过流面垂直度及平面度控制等测量方法的选择十分关键。

3）仪器设备的选型问题：高精度要求，普通的 5″全站仪是否能满足测量要求，是否采用高精度全站仪用于施工测量工作中也显得十分重要。

5.2.2.3 金属结构安装测量精度控制难度大

三峡工程二期泄洪坝段永久金属结构安装项包括：22 孔底孔进口封堵门及埋件、进口检修门及埋件、弧形工作门及埋件、工作门钢衬、出口封堵门及埋件，23 孔深孔进口检修门及埋件、事故门及埋件、弧形工作门及埋件、一期复合钢衬砌，22 孔表孔检修门及埋件、工作门及埋件，左右排漂孔：工作弧门及埋件、事故门及埋件，以及弧形作闸门配套的 47 台套液压启闭机及机电设备，3 台 5000kN 坝顶门机及配套抓梁若干等。金属结构埋件不仅工程巨大，而且分布在不同高程的不同坝段上。埋件最大安装高度近 160m，采用了许多新颖结构。

泄洪坝段金属结构一期埋件具有安装高度高、单件尺寸重量大、结构复杂、安装空间狭小、施工精度要求高、施工环境复杂等突出特点，其测量主要难点：

1）22 孔底孔进口封堵门门轨与 23 孔深孔进口检修门门轨采取共轨异面的设计方案，使得专用控制网范围大，精度要求高，门轨垂直度控制难度非常大；

2）平板门底板专用控制网向坝面传递高差大（约 100m），空间狭小，网形难以保证，精度控制难度大；

3）所有弧形工作门，特别是排漂孔工作弧门底坎、侧轨的平面、垂直度及高程相对精度要求高；

4）所有弧形工作门的支铰中心空间位置安装相对精度要求极高；

5）导流底孔底板采取二期混凝土施工，先安装锚栓架及支铰，后安装底坎及侧轨，专用加密控制网的控制点埋设及保留十分困难，稳定性难以得到保证；

6）弧形工作门闸室与启闭机室之间受现浇隔板影响，控制网点传递困难较大，精度不易得到保证。

5.2.2.4 混凝土浇筑供料设施安装测量及安全监测

三峡泄洪坝段混凝土浇筑方量十分巨大，为满足混凝土浇筑强度和混凝土运输过程中的温控、坍落度等质量，采用了国外进口供料线及布料机进行混凝土浇筑供料，另安装有多台进口门塔机设备吊装设备共同进行混凝土供料运输，为满足塔机的运行，又分别布置了 EL45 栈桥、EL120 栈桥大型钢箱梁结构栈桥。

上述混凝土浇筑供料设施的共同特点是：结构尺寸大、高差大、线路长、安装和运行过程中安全风险多。

栈桥安装埋件多，线路长，钢箱梁及门塔机轨道的安装精度要求高，使得加密专用控制网布设难度大，精度难以得到保证。

供料线支撑塔筒直径达 1.5～3.5m，塔筒基础埋件安装精度要求高，塔筒垂直度要求严格。受风力、日照及温度的变化，塔筒位移量很大。

上述设备荷载实验以及运行期安全监测频率高，形变监测精度高，变形特征点多，外业施测时，变形点不易设立观测标志。

5.2.3 方案与实施

5.2.3.1 测量仪器设备选型

在进行控制网布设时使用的测量仪器主要有：美国天宝 GPS 接收机、T3 光学经纬仪（测角精度 1″）、DI2002 电磁波测距仪（测距精度 1mm＋1ppm），后续还使用了瑞士 Leica 公司生产的 TCA2003

全站仪（标称精度：测角 0.5″，测距 1mm＋1ppm）。垂直基准传递则使用 Leica WILD 天顶仪（标称精度为 1/200000）

在进行细部测量放样验收时的仪器设备有：瑞士 Leica 公司生产的 TCA702 全站仪（标称精度：测角 2.0″，测距 2mm＋2ppm），日本产尼康 NICON450、830 型号全站仪（标称精度：测角 2.0″，测距 2mm＋2ppm）。

5.2.3.2　专题技术研究

1. 平面基准点的传递方法研究

平面基准的传递方法一般使用以下几种方法：导线法（附合导线或闭合导线）、全站仪极坐标传递法和天顶仪投点传递法。

导线法是当全站仪极坐标传递法无法一次设站进行传递或多部位需要进行平面点传递的办法。

全站仪极坐标传递法就是将全站仪架设在一个已知的平面基准点上，后视另一个已知平面基准点，直接测量施工高程面上点位坐标。

天顶仪投点传递法就是将天顶仪架设在已知的平面基准点上，垂直往上将点位的基准值直接传递到施工高程面。

2. 高程基准的竖直传递

三峡工程泄洪坝段属于高建筑物，特别是孔洞（如平板门、弧形工作门）等部位因其高差、作业面狭窄无法通过几何水准或全站仪测量方法进行高程基准传递。因此能够进行高程基准传递的方法有两种：钢尺传递法和电磁波测距传递法。

钢尺传递法就是利用经检定过的 30m 或 50m 的钢尺和水准仪进行高程传递。

电磁波测距传递法就是利用全站仪测距功能进行高程基准传递。

3. 控制点标志的设计安装

1）快速埋设标墩制作安装

三峡工程泄洪坝段混凝土浇筑强度高，大坝上升速度快，加密控制点分层布设，控制点埋设量大，并要求控制点的埋设及时快速以满足施工进度的要求。水电工程常规的测量标志是混凝土强制归心标墩（见图 5.2-2），混凝土强制归心标墩结构牢固，稳定性好，但存在以下问题：标墩自重大，在非岩石地基埋设后易沉降，标墩浇筑需要钢筋混凝土量多，埋设周期长，标墩顶面不锈钢标盘价格较贵，盘面连接螺丝孔易堵塞，照准标杆易丢失，作业人员如果忘记携带连接螺丝就无法作业等，为解决此问题，设计了一种简易快速埋设标墩，如图 5.2-3 所示。

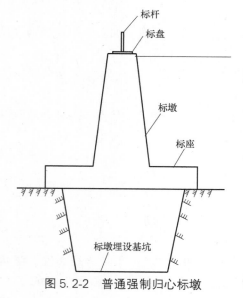

图 5.2-2　普通强制归心标墩　　　　　　　图 5.2-3　简易快速埋设标墩

将普通强制标墩上部约 30cm 混凝土及不锈钢标盘优化取消，先行加工制作一块直径 23cm 的圆形铁板，一根直径 10cm、长度 60cm 钢管，一个全站仪通用连接螺丝，并按图中所示焊接在一起，注意标盘、钢管及连接螺丝必须同心，并进行喷漆防腐处理，钢管上按红白油漆间隔喷涂可增加仪器照准时的清晰度和准度，上述配件在普通加工厂就可以大量标准化生产。控制点埋设时视地基情况是否埋设标墩基座，地基若为平整混凝土面或岩石，可不必埋设，在基岩上插入四根钢筋，再安装模板浇筑，浇灌至约 1.0m 高并初凝时，将制作好的钢管标盘插入混凝土中，并使用仪器控制好标盘的水平度，待混凝土完全凝固即可使用。

该快速埋设标墩在三峡工程泄洪坝段施工期间，大量埋设在大坝的上下游围堰上及其他部位，达到了埋设速度快，照准和使用方便的目的。

2）简易控制点照准装置设计

三峡泄洪坝段浇筑至 EL100m 高程左右后，仪器在仓内作业时，埋设在上下游围堰和其他较低部位的测量标志通视已非常困难，但上游 RCC 碾压混凝土围堰、泄洪坝段右侧导墙、左岸临时升船机均已达到设计高程，除 RCC 围堰外，上述部位高程均高于 EL185m 高程，在上述部位埋设标志可以有效地解决控制点通视的问题，但上述部位人员到达较为困难，如果埋设标墩，则材料运输和施工十分困难，且存在着较大的安全风险，为有效解决此问题，设计制作安装了一种简易控制点照准装置。

首先将长宽各 30cm、厚度 1cm 的两块铁板以其中一边相交成 90°焊接成为一个整体，在上面的铁板中心位置钻孔一个，在侧面铁板四周钻 12mm 直径孔四个。再制作一根长约 12cm 的螺杆，螺杆上部丝口与上面铁板上钻孔丝口相同，螺杆下部丝口与标准厂家棱镜丝口一致。先将螺杆旋入上部铁板中，再将标准棱镜旋入螺杆下部组装完成。现场安装时，根据侧面铁板四个钻孔的位置预先在选定的岩石坡面或混凝土面进行钻孔，再使用膨胀螺丝将组装好的装置固定在基岩面或混凝土面上。

使用此装置时，通过螺杆上的丝口及标准棱镜上的旋转装置，可以控制装置前方 180°范围内的视线，全站仪通过照准装置上觇牌的标准线，或实现对棱镜中心的精确照准，达到测量距离、角度和高差三维元素的目的，使装置起到控制网点的作用，装置上部铁板还可以起到对棱镜安全防护的作用，如图 5.2-4 所示。

图 5.2-4　简易控制点照准装置

5.2.3.3　现场测量实施

1. 施工控制网

施工控制网根据三峡工程泄洪坝段的地形、测量精度及施工进度控制的需要布设，测量方法有常规大地测量法和 GPS 静态测量法。由于 GPS 测量法具有测量精度高、选点灵活、费用低和全天候作业的特点，对其中的两次加密控制网进行了大地测量法和 GPS 静态测量法测量以比较测量结果的可靠性，为泄洪工程施工控制测量采用 GPS 静态测量法提供依据。

（1）网形介绍

施工加密控制网是以三峡二期工程首级控制网点作为已知起算点，根据施工进度形象进行加密以满足施工测量放样工作的需要。见图 5.2-5 加密控制网 1，其中"坝下"、"新坝上"为首级控制点，作为加密控制网 1 的已知起算点，EQ13～EQ18、EQ20 为加密控制点。在图 5.2-6 加密控制网 2 中，其已知起算点为"坝下"、"新坝上"，烟雨楼、左导墙、EQ07、EQ19、EQ21～EQ24 为加密控制点。

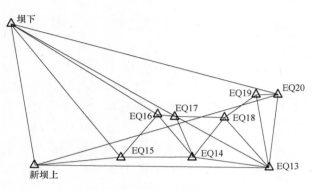

图 5.2-5　加密控制网 1

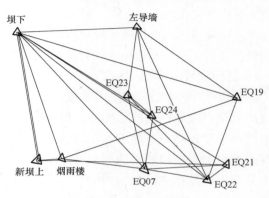

图 5.2-6　加密控制网 2

（2）大地测量法

大地测量法主要采用大地测量仪器，如经纬仪、测距仪、干湿温度计、气压计等，对所布设的控制网进行测量。工程控制网采用测边网，高程采用测距三角高程，使用 WILD T2 经纬仪＋DI2002 测距仪按照表 5.2-3、表 5.2-4 的观测技术要求进行施测。

测边网技术要求　　　　　　　　　　　　　　　　表 5.2-3

等级	边长 (m)	平均边长相对中误差	测距仪等级	测回数		
				边长	天顶距	
					DJ1	DJ2
二	500～1500	1：250000	1～2	往返各 2	4	
三	300～1000	1：150000	2	往返各 2	3	4

注：光电测距仪一测回的定义为：照准一次，读数四次。

光电测距三角高程测量技术要求　　　　　　　　　　　　表 5.2-4

等级	使用仪器	最大边长(m)			天顶距观测				仪镜高丈量精度(mm)	对向观测高差较差 (mm)	附合或环线闭合差 (mm)
		单向	对向	隔点设站	测回数		指标差较差(″)	测回差 (″)			
					中丝法	三丝法					
三	DJ1 DJ2	—	500	300	4	2	9	9	±1	±50D	±12√[D]
四	DJ2	300	800	500	3	2	9	9	±2	±70D	±20√[D]

（3）GPS 静态测量法

GPS 静态测量法就是根据制定的观测方案，将几台 GPS 接收机安置在构成同步环的待定点（未知点）上同时接收卫星信号，直至将所有环路观测完毕。然后使用 GPSurvey 或 PowerAdj 2.0 软件进行基线向量的解算和网平差。网 1 的观测数据经平差计算得到 54 北京坐标系的坐标，经坐标转换后得到大坝坐标系的坐标成果。

为检验大地测量法与 GPS 测量法其起算点不同对测量结果的影响，对网 2 的部分点用 GPS 静态测量法进行检测并更换网的起算数据组成加密控制网 2′（图 5.2-7），并将 54 北京坐标系的平差结果转换

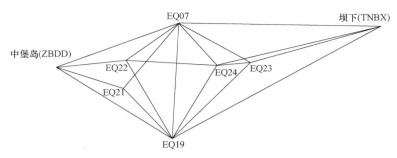

图 5.2-7 加密控制网 2′

为大坝坐标系的结果。

（4）GPS测量法与大地测量法结果比较

网 1 坐标差值比较表（单位：mm） 表 5.2-5

点名	X 大地—XGPS	Y 大地—YGPS	H 大地—HGPS	备 注
EQ13	+6	−5	−1	
EQ14	+2	−3	−4	
EQ15	+3	−3	0	
EQ16	+4	−4	0	
EQ17	+4	−10	−6	
EQ18	+2	−1	+1	
EQ19	+6	0	+7	
EQ20	−2	−2	−3	

网 2 与网 2′坐标差值比较表（单位：mm） 表 5.2-6

点名	X 大地—XGPS	Y 大地—YGPS	H 大地—HGPS	备 注
EQ07	−9	−6	0	
EQ19	−6	−4	0	
EQ21	−8	−5	−10	
EQ22	−5	−5	−2	
EQ23	−3	−4	−9	
EQ24	−5	−6	−7	

由表 5.2-5、表 5.2-6 可知：两种测量方法的结果存在差值是由于两种测量方法本身的测量误差和坐标转换数学模型误差以及在平差计算中观测量权配置不合理引起的，其三维坐标差值均小于±10mm，可以满足工程混凝土浇筑对加密施工控制网的精度要求。

2. 混凝土形体控制测量

1）泄洪坝段坝块普通外露面形体控制测量

三峡工程泄洪坝段坝块普通外露面主要有坝块的上下游面、牛腿面、吊物孔、电梯井等外露面，其形体控制主要是通过控制模板的偏差值来确定，其偏差值为模板顶口内侧（混凝土面）实测坐标值与设计坐标的差值。

（1）极坐标法获取模板的实测坐标

极坐标法是一种最为快速获取模板定位实测坐标的方法，泄洪坝段处于较低高程时，由于通视条件好，以专用控制网点作为设站点，使用全站仪按照极坐标法，直接对模板进行测量获取实测坐标，模板偏差值≤±10mm 可认为定位控制合格，在距离 300m 左右时，测量精度可保证≤±5mm。

（2）边角后交法获取模板的实测坐标

随着泄洪坝段的快速升高，由于模板或其他结构遮挡，在加密控制点上使用极坐标法无法全部或部分观测到模板的顶口，此时，将全站仪架设于仓内，采用边角后方交会的方法设立测站，见图 5.2-8（图中 P 点为设站点，A、B 为已知点），再使用极坐标法获取模板实测坐标值，方法和精度要求与前述一致。边角交会测站的精度估算可用下式：

$$m_P = \sqrt{(1+\tan^2 B)m_s^2 + \left(1+\frac{\tan B}{\tan \beta}\right)^2 \frac{S^2 m_\beta^2}{\rho^2}}$$

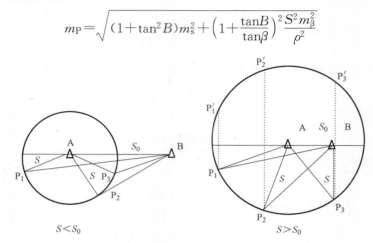

图 5.2-8　边角交会的二种代表图形

边角后方交会设立测站主要考虑图形的问题，经过大量数据验算可以得出以下结论：

① 当 $S>S_0$ 时，P 点在以控制点 B 为垂足 AB 垂线上时点位误差最大。应避免这种情况发生。即不要选择 $S>S_0$ 的图形。当 $S=S_0$ 时，$\beta<80°$ 为宜。

② 当 $S/S_0<0.75$ 、$\beta>100°$ 时，点位精度已达到在相应标上直接打点的精度，在实际工作中也容易找出这样的图形。

③ 在 $S<0.25S_0$，观测角 β 的大小对点位精度影响不大，且其精度也接近在相应标上极坐标法的精度，根据三峡二期控制点布设的情况也很容易做到，这在三面都是高仓，只能看到一个方向后视的低仓中非常实用。

2）泄洪高速过流面形体控制测量

三峡工程泄洪坝段导流底孔、深孔、表孔及排漂孔均为高流速过流面，从表 5.2-1、表 5.2-2 中可知，高流速过流面对形体偏差的要求更加严格。

（1）过流面侧墙的形体控制

过流面侧墙形体偏差是侧墙相对于孔口轴线的形体差值。首先，利用加密控制网采用极坐标测量的方法将控制点引测至孔内底板上，在引测点上架设仪器，后视施工控制网点，测放出孔口中心的轴线，轴线点间的相对精度应小于 ±2mm，再将仪器架设于孔口轴线上，使用小棱镜或长钢尺配合全站仪测定侧墙模板至轴线的实际距离并与设计值比较，从而确定单边侧墙的偏差值。再使用长钢尺量取两边侧墙的跨距，并与设计值比较，从而确定单孔两侧墙跨距的偏差值。

（2）过流面底板的形体控制

底板过流面施工中均采用样架的形式控制底板的形体，利用已引测到二期底板上的控制点，架设仪器，接取两个以上的高程，较差应小于 ±1mm，逐个测量出每一排断面上的样架的实测高程值，并利用预先编制好的便携式计算器的程序计算出该断面桩号的设计高程并与实测高程进行比较，从而确定底板的偏差值。

3）表孔底板滑模工艺形体控制测量

三峡工程表孔自坝顶二次曲线以下采用滑模工艺，滑模工艺的优点在于，施工速度快，混凝土成型整体质量好，施工时将滚筒架设于平行于表孔底板已定位的导轨上，混凝土浇筑时拉动滚筒即可实现混凝土的快速浇筑。测量工作的主要任务就是进行导轨的定位。

如图 5.2-9 所示：设有典型二次曲线方程为 $Y=a \times X^2 + b \times X + C$ 的曲线 W_1，并有法向距离为 S 的平行线 W_2，若在 W_2 上任意测量一点得坐标 $P(A，B)$，确定 P 点与原曲线之间的位置关系是否为法向距离为 L。

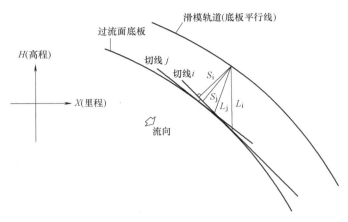

图 5.2-9　表孔底板滑模施工示意图

利用轨道上所测点的横坐标作为曲线上对应点的横坐标求算纵坐标，计算两点之间的距离，同时计算轨道上所测点到过曲线上对应点的切线的距离和垂足的横坐标。依次采用垂足横坐标作为曲线上点的坐标迭代进行计算，当两距离无限接近时，即测量点与切线的距离 S 与测点到曲线的距离 L 差值小于一定数值时（如 0.1mm），则认为平行曲线到位。

表孔底板混凝土浇筑成型后，均进行了形体测量，从数据分析上看，整体形体质量达到优良标准。

3. 进水口平板门安装定位测量

泄洪坝段导流底孔封堵门与深孔事故门采用"共轨异面"布设形式，所谓"异面"就是导流底孔封堵门与深孔事故门在里程方向平行，但不在同一桩号上，所谓"同轨"是指相邻底孔封堵门内侧门轨同时也是二底孔深孔事故门的门轨。因此，底孔和深孔的定位基准必须统一，否则任一底孔的轨道定位发生大的偏差将导致相邻底孔封堵门和深孔相关事故门安装偏差大，严重可能造成运行困难。

1）专用控制网的布设

以埋设于上游围堰的施工控制网点 EQ14、EQ15 为基准点架设全站仪，在检查上述两点位移情况符合规范要求后，在 4 号、20 号底孔进口 EL57m 牛腿面上架设觇牌，测放出平行且距离底孔封堵门导轨面 20cm 的专用加密点，使两点在同一桩号上。再将仪器架设于 4 号底孔进口 EL57m 牛腿面上，将一觇牌架于 20 号底孔进口 EL57m 牛腿面上，另一觇牌逐点在每个底孔的牛腿面上架设，采用"小角度法"和"移动觇牌法"逐点标定每个底孔封堵门安装专用控制网点，使所有的加密点在同一里程上。从而保证底孔及深孔的平板门相互平行。在标定每个孔的专用点时，同时测量每个孔专用点到测站点的距离，再采用"距离差分法"计算相邻孔口之间的准确距离，从而保证各扇门埋件之间的共轨关系，专用控制网从形式上也可以看成是一条闭合导线。

2）门体埋件的定位测量

底孔封堵门的底坎、门槽等埋件采用常规直角坐标法或极坐标法放样，门轨定位测量时将仪器架设于专用控制网点上，后视相邻孔的专用网点，采用直线定向的方法放样出距离轨道面 20cm 里程点，与孔口轴线距离则可采用拉钢尺的方法定位，放样点相对于专用控制网点精度均高于 ±1mm。由于专用控制网布设时将整个底孔一线封堵门统一纳入在一个专用网内，同时各孔之间孔口轴线间的相对精度也得到有效的保证，有效地解决了"共轨异面"问题。

3）平面基准的传递

泄洪坝段浇筑至 EL90m 高程时，在进口设置了进口事故门，如前述，由于每一扇深孔事故门的导轨也是相邻底孔封堵门导轨，因此必须要使深孔与底孔的专用控制点统一在一个系统内，必须进行平面基准的传递。

平面基准传递前，在相邻底孔封堵门牛腿面相邻位置上安置油桶，并自深孔 EL90m 高程安置钢丝、重锤至油桶，选择无风天气，将仪器架设于底孔专用控制网点上，精确测定两根钢丝的坐标，再将仪器架设于深孔 EL90m 高程牛腿上，采用直线定向法或后方交会法，利用两根钢丝的坐标计算出测站坐标，由于距离近，目标观测清晰，测站精度可以达到±2mm 以内，逐孔布设出专用控制网点用于深孔封堵门的埋件定位。

4. 弧形工作门安装定位测量

三峡泄洪坝段底孔、深孔、排漂孔均布设有大型弧形工作门，弧形工作门埋件多、尺寸大、结构复杂、定位精度要求高，见图 5.2-10，需采用多种测量方法进行测量定位。

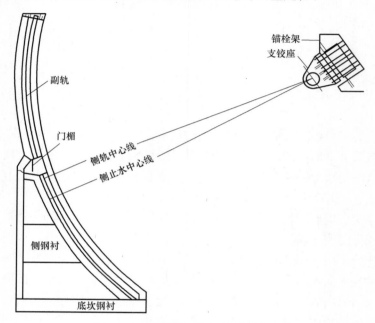

图 5.2-10　弧形工作门结构示意图

1）专用控制网的布设

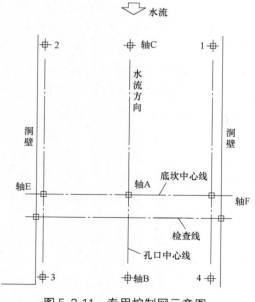

图 5.2-11　专用控制网示意图

如图 5.2-11 所示，利用施工控制网点将成果引入工作弧门附近，在进行平面专用控制网布设时，使用全站仪极坐标测量的方法先测设出洞轴线点 A，A 点最好是底坎中心与洞口中心的交点，然后将仪器架设于 A 点，后视大坝控制点，检查另外坐标差±2mm 以内时，使用直角坐标压线的方法，分别测设出轴 B 至轴 F 诸点，为方便侧轨的安装及验收，采用同样的方法分别布设出 1、2、3、4 号点，并由上述各点组成标准规则矩形，分别对矩形的长短边及对角线进行检测。上述操作时，无论是极坐标放样还是直角坐标测量均使用正倒镜观测，以消除仪器轴系误差。

高程控制网布设时也是以大坝控制点为高程基准点，使用水准仪，采用光电测距三角高程法，分别接取两控制点高差，并将算得的视线高取平均值后，将视线高分别标定于门槽附近侧墙上，并至少标定 2 个点，分别为 BM1

及 BM2，以此高程点作为安装高程控制网的基准点。

2）专用控制网及高程传递

如图 5.2-12 所示，由于弧门埋件主要是由底坎、侧轨以及支铰座等部分组成，且各部件的桩号及高程位置不一，因此布设完洞内底板上的专用控制网轴线及高程基准点后，还应分层按部位布设专用控制网，以满足各部位测量放样和验收工作的需要。

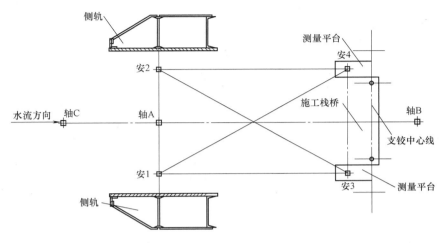

图 5.2-12 控制网传递示意图

在布设分层加密控制网前，利用施工单位安装支铰螺母及支铰的栈桥，在左右支铰下方栈桥上分别搭设牢固的测量平台，并用平整光滑的模板铺设其上，为下步的测量工作做好准备。首先利用轴 A 至轴 C 点采用极坐标的方法大致放样出安 1 至安 4 各点，为方便测量放样，并保证各构件的正交或平行关系，此四点可布设成严格的矩形大地四边形，按四等边角网要求进行观测，测量每条边及内角。技术要求见表 5.2-3，由于此图形边长较短，因此测角中误差可适当放宽，但边长测量一定要保证精度，仪器及觇牌的对中一定要严格操作，专用软件平差后的点位中误差要小于±1mm。平差处理后，再根据平差坐标使用归化法在实地调整各点的位置，各点调整完毕后，还要实地进行边长测量（特别是对角线）和直角测量，确保四边形为矩形，反复调整合格后则将点牢固地标定。至此，用于放样及验收的分层平面控制网布设完毕。

3）弧门主要埋件的测量定位

（1）支铰锚栓架的测量定位

如图 5.2-13 所示：支铰螺母架是为固定支铰座及最后固定支铰而设置的很重要的一个埋件，它的空间位置和空间形态关系到支铰最后的定位精度。在测量放样前，请安装人员事先在框架的上下及左右

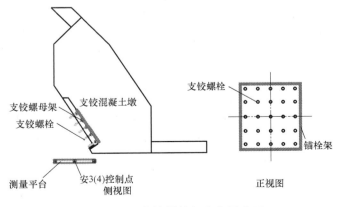

图 5.2-13 支铰锚栓架定位示意图

分别焊接样架，放样时，将仪器架设于测量平台的安3（4）点，后视底板上的安1（2）点，仪器旋转180°即可在样架上投测出框架的上下中心点，使用钢尺或小棱镜配合全站仪在样架上放样出框架的腰线中心点，使用水准仪接取BM3、BM4高程则可放样出腰线高程点。

验收时，采用与放样相同的测量办法，以使放样与验收时的精度一致，并请安装人员在框架的验收点打上锍点，方便测量验收时的精确照准和对点，测定上下左右轴线上的四个点坐标后即确定框架的桩号、偏中及高程，即框架的空间位置。由于框架还有前后左右的倾斜控制要求（倾斜角度为35.6°），在测量时，应在框架上下分左、中、右测定三个点共六个点的三维坐标，通过此六个点坐标则可算得框架的倾斜度，从而确定框架的空间形态。

（2）支铰环的测量定位

如图5.2-14所示，将全站仪架设于测量平台的安3（4）点、后视底板上的安1（2）点，仪器旋转180°即可在预先焊接的样架上投测出支铰在孔口中心线方向的轴线点，从而确定支铰左右位置。在测定支铰环中心时，也就是支铰环桩号和高程方向的交点时采用如图5.2-13所示的办法，放样前，在侧墙上埋设两块铁板，并使铁板中心与支铰环中心大致相同（可进行粗略放样定位），放样时，使用全站仪配合小棱镜或直角坐标方法在铁板中心的上下分别放样出支铰环中心的桩号点，使用水准仪在铁板中心的上下游放样出支铰环中心的高程，再使用小钢板尺和钢针分别二二点相连，两线形成的交点即为支铰中心点。

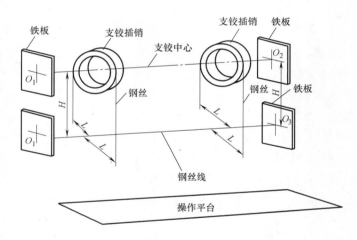

图5.2-14　支铰环定位立体图

采用同样的方法在支铰的正下方比操作平台高大约50cm的两边侧墙放样出支铰中心的平行线，然后，在钢板上钻直径小于2mm的孔或者在铁板内侧面焊接离铁板面小于1cm，长度小于10cm的小样架，将直径小于0.3mm的钢丝固定在铁板或样架上，最终形成支铰环中心调校的基准线。钢丝固定好后，还应使用全站仪抽测钢丝线及底坎止水中心的三维坐标，反算出钢丝距止水中的半径，并与设计半径进行比对，当半径差值小于±2mm时，才能最终确定钢丝的定位准确。

支铰中心验收时，采用钢板尺配合钢丝的办法，用分划精度为0.5mm钢板尺量距，量测精度应高于0.2mm。如图5.2-14所示，由于铰插销中心点标定精度不高，采用在铰插上套绕一根钢丝并用重锤固定后，量取图中L值及H值的办法确定支铰中心的定位偏差，验收时应在两组铰插的左右两侧分别量取四组数据进行计算出支铰中心的实际偏差，通过调整，直到满足设计验收标准。

5. 大型设备安全监测

1）大型混凝土供布料设备的安全监测

三峡工程泄洪坝段安装的从美国罗泰克公司引进的TC-2400塔带机以其突出的浇筑转料速度和起吊能力逐渐在工程建设中发挥着巨大的作用，但同时这套耗资巨大、设备"身高"达百米的庞然大物的空中安全运行姿态也是建设各方共同关注的问题。

（1）TC-2400 塔带机的结构特点

TC-2400 塔带机主要由一个主塔（系统）和两个副塔组成，其中主塔（系统）由机房、大臂（吊物臂）、平衡臂（配重臂）、转料平台和塔身组成。塔身是由直径 3.5m 的圆柱形合金钢管向上连接而成、总高约 96.2m，大臂长 84.0m，平衡臂长 48.0m，大臂与平衡位于塔身顶部，呈对称方向，可绕塔身作 360° 旋转，转料平台可以上下升降，机房位于塔身顶部，塔身的垂直度与大臂、平衡臂、转料平台和位置均有很大关系。

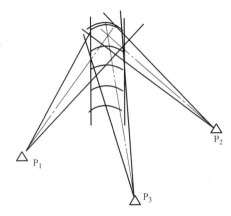

图 5.2-15　中分法监测示意图

（2）间接中分方向前方交会法安全监测

如图 5.2-15 所示，在 TC-2400 塔带机的左侧土石围堰顶上和上游回填场地上布设合适的三个观测站 P_1、P_2 和 P_3，在各测站上以 J2 级经纬仪同时对指定状态下的塔身上部（第十节钢管上口处）进行间接中分方向观测，由三个测站上的间接中分方向构成两组前方交会图形，计算出该状态下观测部位塔身中心的坐标值（两组前交的平均值），并用 $\overline{X}_u$、$\overline{Y}_u$ 表示，塔身底部中心坐标用 X_d、Y_d 表示，塔身上、下相对倾斜移值和倾移方向分别用 Δx、Δy 和 T 表示，垂直度用 V 表示，塔身高度为 h，那么有：

$$\Delta x = \overline{X}_u - X_d \qquad \text{（式 5.2-1）}$$

$$\Delta y = \overline{Y}_u - Y_d \qquad \text{（式 5.2-2）}$$

$$T = \arctan(\Delta y / \Delta x) \qquad \text{（式 5.2-3）}$$

$$V = (\sqrt{\Delta x^2 + \Delta y^2}) / h \qquad \text{（式 5.2-4）}$$

（3）间接中分方向前方交会法的综合精度估计

若是采用两点交会误差，则有两点前交的误差公式为：

$$M_p = \pm m_\beta \times \sqrt{a^2 + b^2} / (\rho \times \sin\gamma) \qquad \text{（式 5.2-5）}$$

式中 m_β 为测角中误差，这里是 J2 级两测回，实际中有 $m_\beta \leqslant \pm 6'' / \sqrt{2} \approx \pm 4.24''$，$a$、$b$ 为交会边长，这里取 a、$b \leqslant 200$；γ 为交会角，这里取 $30° \leqslant \gamma \leqslant 120°$；$\rho \approx 206265$，那么两点交会误差 $M_p \leqslant \pm 11.6$mm。

若考虑综合各类误差以 M 表示间接中分方向前方交会法（两组前方交会的平均值）精度那么有：

$$M^2 = (M_{站}^2 + M_{\Delta h}^2 + M_P^2 + M_{其他}^2) / 2 \qquad \text{（式 5.2-6）}$$

$$M \approx \pm 12.8\text{mm}$$

2）大型栈桥的安全监测

三峡 ▽ 45 施工栈桥是为三峡二期工程大坝混凝土浇筑和金属结构安装而建的一座大型施工栈桥，全长 478.85m，跨泄洪坝 23 个坝段，其中 C4 及 A6 柱中以右为混凝土地基梁，以左为钢箱梁，在梁上铺设轨道。Y 值 49069.5 以右为上海港机段，高程为 45m，上下游轨道跨距为 15m；以左为高程 42m 栈桥，跨距为 13.5m。整座栈桥修建立柱 54 个，编号分别为 A1～A25、B14～B17、C1～C25，栈桥自下而上结构为基岩面、混凝土基础柱、埋件、立柱、箱梁和轨道。试验的目的就是通过对各荷载运行状态下部分箱梁及钢立柱的外观形态或空间位置进行观测、计算、分析有关变形量，为栈桥的验收、设计参数的检验提供准确的数据，为检验结构承载能力和正常工作状态提供可靠的数学依据。

（1）观测部位及内容

① A7～A8 间 10.5m 箱梁：梁端转角；跨中挠度。

② C23～C24 和 A23～A24 间 21.2m 两箱梁：梁端转角；跨中和四分点挠度。

③ C23、C24、A23、A24 四根钢立柱：各柱顶的沉降和柱身对接部位的三维位移。

④ 塔机四条腿的共面度。

试验的状态为：试验使用的设备是 ▽45 施工栈桥上已安装好的 KROLL 大型塔机，塔机自重 575t，额定起重量为 60t，工作幅度为 33m。试验状态分初始状态（梁上无塔机）、空载状态（梁上有塔机无吊重）和重载状态（梁上有塔机及吊重）。

（2）观测方法

在选定的下游边坡测站点上架设 DTM-450ES 全站仪，照准聚酯反光膜，用极坐标法对梁端、立柱柱顶及柱身对接处测点进行两测回方位角、水平距离和高差观测；在与试验无关的稳定箱梁上，选定好后视点和测站点，架设 Zeiss Ni002 水准仪，使用钢瓦标尺对梁的挠度测点进行基辅值读数观测；在选定的另一水准测站上架设 NA2 自动安平水准仪，使用小钢板尺对塔机四腿共面测点进行观测。

按上述方法观测测定一状态时，不移动仪器，分别取得初始状态、空载和重载状态的观测值。

（3）观测成果分析

▽45 栈桥荷载试验分别于 1999 年 8 月 13 日与 19 日进行，通过重载与初始状态测量值计算比较得出成果见表 5.2-7。

重载与初始状态测量值比较（单位：mm） 表 5.2-7

梁号	梁端转角	梁挠度				柱顶沉降		柱身对接处位移					塔机四腿共面	
		跨中		四分点		柱号	测值	柱号	测点	测值			测点之间	测值
		测点	测值	测点	测值					X	Y	H		
A7~A8	21″	A	5.0										1~2	17.0
													1~3	16.5
		B	3.3										1~4	3.5
A23~A24	1′37″	C	6.0	G	5.0	A23	1.0	A23	1	0.8	−1.5	0.5	1~2	7.0
									2	1.7	−1.4	0.5	1~3	4.0
		D	5.8	I	4.6	A24	2.0	A24	3	1.3	−0.8	0.5	1~4	12.0
									4	1.5	−1.2	0.5		
C23~C24	4′45″	E	6.0	M	4.7	C23	0.5	C23	5	−0.4	−0.5	0.5	1~2	6.0
									6	−2.0	−1.0	0.5	1~3	8.0
		F	6.4	N	5.1	C24	1.0	C24	7	−0.4	−0.7	0.5	1~4	8.0
									8	−1.1	−0.3	0.5		

注：对于柱身对接处位移中的"−"表示往左岸或往上游移动，反之为往右岸或往下游移动。

（4）精度分析

采用 Zeiss Ni002 自动安平水准仪进行挠度观测，因仪器 $i=1″$ 并且视距在 15m 内，再加上人的估读误差及竖尺不直的微小影响，其综合误差在 0.1mm 以内，变形值误差为 0.14mm。

采用 NA2 自动安平水准仪观测塔机四腿共面度，由于近距离观测，其误差来源在于 50cm 小钢板尺竖立不直及读数区间，利用公式 $\Delta h=L(1-\cos\gamma)$ 可知：当尺子倾斜 $\gamma=2°$，读数区间为中间位置时，$\Delta h=0.15$mm，再考虑到微小的估读误差及 i 角影响，其综合误差在 0.2mm 以内。

梁端转角、柱顶及柱身对接处位移观测是采用 DTM-450ES 进行测距及测角观测，忽略照准误差，测角精度指标为 $m'_\alpha=\pm1″$，根据实际观测经验，取极限 $\pm2.5″$，测距精度为 ±2mm+2ppm，根据现场情况，测站离测点平均距离为 40m，观测二测回，测角度精度为 $m_\alpha=\pm2.5″/\sqrt{2}$，$m_S=\pm2.08/\sqrt{2}$，利用点位中误差公式：

$$m_平=\pm((\cos\alpha m_S)^2+(Sm_\alpha/\rho)^2)^{1/2} \tag{式 5.2-7}$$

$$m_H=\pm((\tan\alpha m_S)^2+(Sm_\alpha/\rho)^2/(\cos\alpha)^4)^{1/2} \tag{式 5.2-8}$$

其中 α 为垂直角，实测垂直角 $\alpha=21°$。

可得出测点点位中误差为：

$$m_平=\pm1.42mm$$
$$m_H=\pm0.69mm$$

其变化值中误差为：

$$m'_平=\sqrt{2}m_平=\pm2.0mm$$
$$m'_H=\sqrt{2}m_H=\pm1.0mm$$

达到国家二等变形监测要求。

5.2.4 启示与展望

5.2.4.1 启示

1) 三峡工程泄洪坝段工程测量技术结合泄洪坝段大坝的施工特点研究和运用了创新的测量手段、改进了测量工艺，通过对泄洪坝段过流面、大型金属结构埋件的竣工测量数据分析，无论是平面和高程测量方法可行，在当时的测量设备条件下测量技术先进，能满足设计规定的绝对和相对精度指标要求，值得推广。

2) 泄洪坝段各土建及金属结构安装需要根据特点和精度要求采用多种测量定位方法，多种有效测量方法的使用，减少了重复性放样及验收工作，测量作业工效大为提高，使得整体施工进度明显加快，提高了工程效益。

3) 该施工测量项目采用GPS静态布设施工控制网、简易测量标标墩和照准装置使用，各种平面和高程传递方法、小角法、移动觇牌法、距离差分法、前方交会中分法等技术的运用使得测量作业工效显著提高、人员投入少、精度更高更稳定，应用该施工测量技术能产生较好的经济效益。

5.2.4.2 展望

1) 该施工测量关键技术在国内水电工程建设中具有领先水平，拓展了高精度混凝土、金属结构及机电设备精密安装施工测量技术应用领域，使得传统的施工测量工艺得以改进。

2) 该施工测量工艺为今后高精度混凝土、金属结构及机电设备精密安装施工测量提供了示范，值得借鉴，对同类建筑物工程测量具有一定参考价值。

3) 该施工测量项目创新采用的测量方法和手段为今后类似的工程测量提供经验，能产生巨大的经济效益。

5.3 白鹤滩水电站

5.3.1 工程概况

5.3.1.1 枢纽工程概况

白鹤滩水电站位于金沙江下游四川省宁南县和云南省巧家县境内，上游距乌东德坝址约182km，下游距溪洛渡水电站约195km，控制流域面积43.03万km²，占金沙江以上流域面积的91%。白鹤滩水电站的开发任务以发电为主，电站正常蓄水位为 825.0m，水库总库容 206.27 亿 m²。

枢纽工程主要由混凝土双曲拱坝、二道坝及水垫塘、泄洪洞、引水发电系统等建筑物组成。混凝土双曲拱坝坝顶高程 834.0m，最大坝高 289.0m，坝身布置有 6 孔泄洪表孔和 7 孔泄洪深孔；泄洪洞共 3 条，均布置在左岸；电站总装机容量 16000MW，左、右岸地下厂房各布置 8 台单机容量 1000MW 的水轮发电机组。

白鹤滩水电站地下厂房采用首部开发方案布置，引水发电系统由进水塔、压力管道、主副厂房洞、主变洞、尾水调压室及尾水管检修闸门室、尾水隧洞、尾水隧洞检修闸门室、尾水出口等建筑物组成。引水建筑物和尾水建筑物分别采用单机单洞和两机一洞的布置形式，左岸 3 条尾水隧洞结合导流洞布置，右岸 2 条尾水隧洞结合导流洞布置。

5.3.1.2　项目建筑物特性

1. 出线洞

右岸主变洞通过两条 500kV 出线洞与地面出线场 500kV 开关站连接。SF6 管道母线分别安装在两条出线洞内。

每个出线洞包括两个竖井洞段和两个水平洞段：下平洞段位于 605.80m 高程，与主变洞 GIS 层连接。竖井下段位于主变洞下游侧，中心线距主变洞下游边墙 20.0m；竖井下段与第一～三层、第五～六层排水廊道连通，底板高程 583.40m，从下平洞段向下延伸分别与位于 602.40m 高程的电缆廊道、590.40m 高程的出线竖井下段交通洞连接，通往主变洞电缆廊道层和主变层。中平洞段位于 835.4m 高程，分别通过出线交通洞与 834m 高程进水口交通公路连接，可达电站进水口、大坝；竖井上段出口在地面出线场内，高程为 1145.00m。

为满足设备安装、检修、交通、消防、通风等功能要求，出线洞垂直段均布置有专用的 GIL 管道母线井、电缆井、加压送风竖井、排风竖井、封闭楼梯间及电梯竖井。下垂直段电梯可达主变洞 GIS 层、电缆廊道层、主变层和 834m 高程进水口交通公路，上垂直段电梯可达 834m 高程进水口交通公路和地面出线场。

根据竖井内部布置对结构的要求，考虑竖井垂直段内径为 11.3m。竖井总高度为 574.5m。竖井全长采用钢筋混凝土衬砌，衬砌厚 0.75m。井壁周边设系统排水孔。

2. 地面出线场

右岸出线场布置在主副厂房洞上方地面 1145m 高程场地上，场地平面尺寸为 180m×45m，布置有 4 回出线并预留 1 回，每个出线间隔为 30m。出线场内布置有 SF6 空气套管、避雷器、终端塔等。在出线场北侧靠河岸布置有右岸厂外配电中心等辅助用房。

5.3.1.3　项目工程概况

白鹤滩水电站共四条出线竖井（见图 5.3-1），右岸地下电站布置 3 号及 4 号两条出线竖井，竖井分上下两段浇筑，由葛洲坝集团白鹤滩施工局承建，其中竖井上段设计底部标高 860.2m，上部标高 1145.3m，3 号、4 号出线竖井开挖断面设计直径为 13.0m，衬砌后有效直径为 11.3m，井壁衬砌最小厚度 75cm，最大厚度 185cm，井筒部分设电缆井、电梯间、排风井、电梯前室、楼梯间、GIL 井等结构，共六个部分。各区间用隔墙间隔，隔墙厚度为 30cm 或 40cm，局部结构空间狭小，单层预埋件设施及门窗孔洞多，结构较为复杂，施工困难，为保障施工质量与进度，混凝土浇筑拟采用滑模施工。

单条出线竖井分为竖井段、电梯井坑、下出线平洞、进人廊道四个部分。下出线平洞、进人廊道与主变室相连，出线竖井衬砌混凝土运输共布置两条通道，分别为出线竖井施工支洞、1145 平台。每条通道负责衬砌范围及运输路线如下：

出线竖井施工支洞（EL.965～EL860.20）：三滩拌合站→4 号公路→2 号公路→203 号交通洞→出

线竖井施工支洞→工作面。

1145平台（EL.965～EL1145）：三滩拌合站→4号公路→1145平台→工作面。

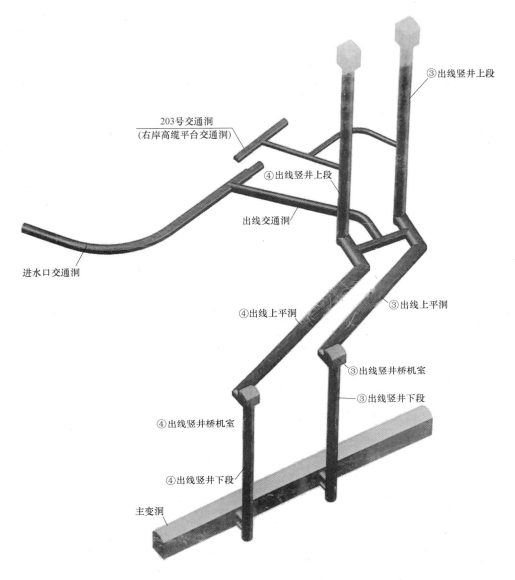

图5.3-1 出线竖井示意图

5.3.2 关键问题

白鹤滩右岸地下电站设置的两条出线竖井滑模浇筑段最大高差约为278.8m，开挖断面尺寸较大，但从混凝土浇筑施工来看，作业场面又显得狭小，各类设备、材料、提升系统、供料系统等布置其中，施工交叉作业干扰不可避免，本项目工程采用较为先进的滑模施工工艺，可以提高混凝土浇筑质量、缩短工程周期，并创造良好的社会效益，但由于工程的特殊性，使得测量工作极为重要，有别于常规测量方法的工作和工期对测量工作提出较大的挑战，测量工作的难点主要在于以下几点：

1）作业面狭小，滑模施工工序一旦开始，难以架设全站仪，常规的测量方法放样难以实施。

2）竖井混凝土结构线较多，无论采用激光投点法或钢丝重锤投点法均需布置较多的基准点、线，在使用这些投影到工作面的投影点时需要较多的人员配合，与滑板提升过程中的施工干扰较大。

3）竖井内各种设备和施工材料较多，激光仪、钢丝线及稳定钢丝的油桶布置较为困难，易发生基准线被碰动而发生位移的情况。

4）测量人员在作业时的危险源较多，风险系数较高。

5）在滑模施工过程中，工作面狭小，现场施工人员众多，施工时间紧张，施工测量任务繁重，滑模施工工序一旦开始，如无特殊情况停止滑升时间间隔不得超过2小时，测量时间紧张，频繁下井测量又影响滑模施工。

6）出线竖井滑模浇筑段高达278.8余米，竖井上下部控制网布设时稍有不慎，竖井内各构造物的垂直度、偏转方向、滑板上升至顶部后与顶部构造物的结合都将无法保证。

7）滑模施工过程中，难免出现倾斜偏移扭转等问题，预埋件、门、洞、窗口等对高程要求精度高，对滑模形态及高程的测量放样尤为重要，但是常规测量很难保证，滑模在施工过程中每时每刻对滑模形态及高程进行监测。

5.3.3　方案与实施

5.3.3.1　测量工作内容

依据金沙江白鹤滩水电站右岸地下电站、泄洪洞土建及金属结构安装工程施工招标文件规定的主要工程项目，并根据地下工程洞室土建和大型机组埋件安装施工的特点，主要的施工测量任务包括：

1）业主提供施工测量控制网的复核及加密测量；

2）竖井混凝土施工前的开挖断面超欠挖现场再次检测；

3）竖井开挖完成后的贯通测量；

4）基坑浇筑完毕后的专用控制网布设测量；

5）混凝土浇筑过程中（滑模浇筑过程中）的模板定位放样工作；

6）各楼层金结埋件及孔洞埋件的定位放样工作；

7）竣工测量及资料收集整编工作。

5.3.3.2　竖井加密控制网的布设

由于竖井开挖时间较长，难免在开挖周期内测量控制点发生位移，按照水利水电测量规范的要求，混凝土浇筑测量放样的精度也高于开挖放样的精度，在进行竖井混凝土浇筑前对下部和顶部的测量控制网进行检测和加密是十分必要的，取用的已知控制点统计见表5.3-1。

取用的已知控制点统计表　　　　　　表 5.3-1

序号	控制点名	平面控制点等级	高程点等级	高程点位置	概略位置
1	安装间	四等边角网	四等几何水准	标盘面	主厂房北侧
2	副厂房	四等边角网	四等光电三角	标盘面	主厂房南侧

1）竖井底部的控制网加密

右岸地下电站出线竖井下段分别由下出线平洞、进人廊道与主变室相连，因此竖井下段应与主变室坐标系统一致（蓝图中尺寸也以主变室坐标系标注）。考虑到主变室与主厂房邻近的已有控制网点分布情况和可靠等级，控制网布设时以主厂房内"安装间"、"副厂房"为起始点组成如图5.3-2所示的闭合导线网。闭合导线按四等光电测距导线的技术要求执行内外业工作（见表5.3-2、表5.3-3），在将导线点引入竖井底部进人廊道时，为保证进洞贯通方位的精度，后视点尽量大于50m布设。

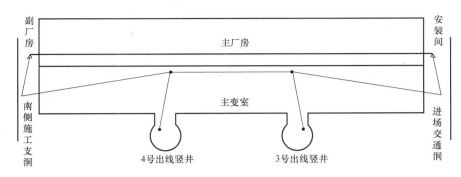

图 5.3-2 出线竖井底部测量控制网示意图

光电测距附合（闭合）导线技术要求   表 5.3-2

等级	附合或闭合导线总长（km）	平均边长（m）	测角中误差（″）	测距中误差（mm）	全长相对闭合差	方位角闭合差（″）	测距仪标称精度（mm/km）	测回数					
								边长	水平角		天顶距		
									1级（″）	2级（″）	1级（″）	2级（″）	
三等	3.2	400	±1.8	±5	1：55000	±3.6√n	±3	往返各2	6	9	3	4
	3.5	600		±5	1：60000							
	5.0	800		±2	1：70000							
四等	1.8	300	±2.5	±7	1：35000	±5√n	±5	往返各2	4	6	2	3
	3.0	500		±5	1：45000							
	3.5	700		±5	1：50000							

注：表中数据是按照直伸附合导线中点（最弱点）的点位中误差不超过±10mm 的要求计算的。

光电测距三角高程测量的技术要求   表 5.3-3

等级	仪器标称精度		最大视线长度		斜距测回数	天顶距				仪器高棱镜高丈量精度（mm）	对向观测高差较差（mm）	隔点设站两次观测高差较差（mm）	附合或环线闭合差（mm）
	测距精度（mm/km）	测角精度（″）	对向观测（m）	隔点设站（m）		测回数		指标差较差（″）	测回差（″）				
						中丝法	三丝法						
三等	±2	±1	700	300	3	3	2	8	5	±2	±35√S	±8√S	±12√L
	±5	±2			4	4	2						
四等	±2	±1	1000	500	2	2	2	9	9	±2	±45√S	±14√S	±20√L
	±5	±2			3	3	2						

注：S 为斜距，L 为线路总长，单位均为 km。斜距观测一测回为照准一次测距 4 次。

2）出线竖井顶部的控制网加密（▽1145.3m）

出线竖井顶部在开挖阶段就将控制点已布设至出线竖井顶部附近，并布设了三个控制点互为检查校核，因此在进行此次控制网加密时，以此三个控制点为起算点，经检查确定没有位移后，按四等光电测距附合导线网重新加密至竖井顶部位置，如图 5.3-3 所示。附合导线按四等光电测距导线的技术要求执行内外业工作（见表 5.3-2、表 5.3-3），并将加密点牢固的布置于竖井井口处待用。

5.3.3.3 竖井的贯通测量及断面超欠挖检测

出线竖井滑模浇筑段高达 278.8m，竖井上下部控制网布设时稍有不慎，竖井内各构造物的垂直度、偏转方向、滑板上升至顶部后与顶部构造物的结合都将无法保证。贯通测量可采用一井定向（联系三角法）的方法进行。

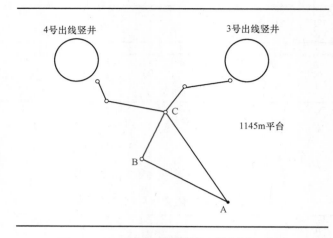

图 5.3-3　出线竖井顶部测量控制网示意图

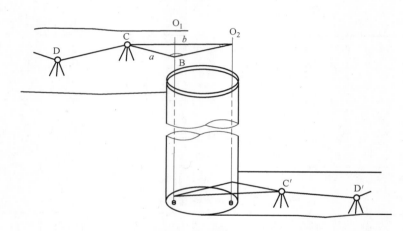

图 5.3-4　出线竖井顶部测量控制网示意图

1）贯通测量

如图 5.3-4 所示，C、D 为竖井顶部连接点和近井点，C′、D′竖井底部连接点和近井点，它们均与已知控制网点通视。O_1、O_2 分别为悬挂在井口卷扬机大梁上的两根细钢丝，钢丝上端挂上重锤，并将重锤置于机油桶中，使之能快速稳定。联系三角形的图形布置时，三角形内角（二内角小于 2°）和三角形内边长 b/a 约等于 1.5，二锤球线之间距离尽量大。使用全站仪观测联系三角的角度时按四测回施测，测角精度要控制在±4″以内。使用鉴定后的长钢尺进行距离量测时往返丈量 4 次，估读至 0.1mm，丈量精度要达到 0.8mm。二钢丝间距在竖井底、顶部量测之差不大于 2mm，内业计算时则可以利用正弦定理解算得水平角和边长。由于竖井先进行底部施工，可以底部控制点为基准传至顶部控制点，并进行坐标比对从而可算得贯通误差的大小（平面位置贯通误差）。高程贯通误差可以将全站仪架设于竖井底部，打开仪器的红外激光束并将仪器天顶距转至 0°，指定向顶部的固定仪器配套棱镜的位置。牢固固定棱镜后，就可以正倒镜测量 4 个测回求得二点间高差，此方法可以将高程传递精度控制在±3mm以内，从而确定底、顶点的高程贯通误差。

2）贯通误差的分配

竖井高差达 278.8m，施工技术方案要求竖井垂直度不大于 1‰，即底、顶部相同坐标点较差不能大于 2.8cm，因此在确定平面贯通误差小于 2cm、高程贯通误差小于 2cm 以后方可进行贯通误差分配。由于竖井底、顶部测量观测条件相似，控制网精度相当，因此可以各按 50%的比例将贯通误差分配至各底、顶部控制点成果上，并以分配后的测量控制点成果作为竖井后续所有测量工作的基准使用。

3）竖井开挖断面的超欠挖测量

竖井开挖进行断面验收测量时，均按 3m 间距测量，同一断面点的间距在 1～2m，难免在两点之间内有欠挖点存在，竖井的混凝土浇筑采用滑模工艺施工时，过大的欠挖点存在将可能导致停仓，将对混凝土的施工质量和工期造成重大影响，因此在混凝土施工前，采用下述方法进行了断面超欠挖的测量工作。如图 5.3-5 所示，使用全站仪在竖井底部放样出竖井底部中心于基岩面，顶部中心放样于卷扬机大梁上，将激光垂直仪安装于顶部中心，由底部人员指挥将激光束微调指向底部中心后牢固的固定（光斑直径约 2cm），底部人员随时查看激光束，在检测过程中不发生偏移。下井测量人员站于吊盘中心附近，将手持式激光测距仪（如图 5.3-6 所示）测距头置于激光枪发射的光束中心，随吊盘的上升对开挖断面进行仔细全断面的半径测量，确定超欠点值，由标点人员将欠挖点标于岩面上便于欠挖处理，此欠挖测量过程需要多次进行，直至所有欠挖点处理完成。（注：手持式激光测距仪型号为 LEICA A6，测距精度为 5mm，激光枪光束准直度光斑直径在 800m 处小于 4cm。）

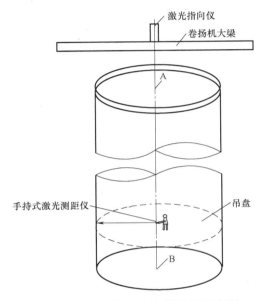

图 5.3-5　开挖断面超欠挖检测示意图

图 5.3-6　手持式激光测距仪

5.3.3.4　竖井混凝土浇筑测量放样及验收

1. 竖井混凝土形体测量控制点的确定

竖井浇筑的测量放样方法和仪器设备的使用有别于常规的测量方法，由于竖井作业面狭小，电梯井等结构物隔墙的宽度最大仅为 40cm，施工时人员、各种设备材料布置其中，很难采用常规测量方法——全站仪进行放样作业，需使用激光垂准仪提供的几条铅垂线作为基准线控制竖井混凝土的形体，而激光仪位置的确定要依据专用控制网点布置。因此在布设专用控制网点前，要对设计蓝图详细审读，明确了解各部位结构尺寸，同时，要对施工方案进行审阅，了解各类设备的布置位置和运行情况、滑模施工的工艺流程、金结埋件的安装方法等等内容，从而最后确定各基准线的布设位置。按照施工方案，在滑模施工前，电梯基坑、主变室进人廊道、滑模施工相关的混凝土施工应完成，各部位的放样可就近利用控制点按常规测量方法使用全站仪放样验收即可。一旦电梯基坑浇筑完毕，提升系统方案确定后就应将测量控制点位置确定，如图 5.3-7、图 5.3-8 所示。

2. 激光垂准仪的布设安置

从图 5.3-7 及图 5.3-8 可知，竖井的基坑底部和中间典型断面相比较，其主要结构物轴线基本一致，只要在 A、B、C、D、O 五点中任意三点上安置激光垂准仪就可以确定竖井内任何结构物的平面位置。竖井内主要有提升系统、下料系统、滑模系统、吊篮等结构物，安置上述三点的关键是要避开这些

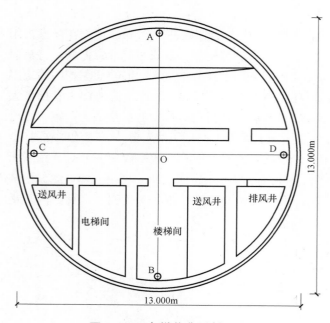

图 5.3-7　电梯井典型断面图

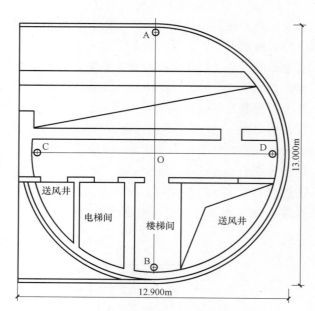

图 5.3-8　电梯基坑 EL842.25 高程平面图

系统结构物在运行过程中的触碰，一旦安置完成，则在施工过程不能随意变动，始终保持铅垂状态，其中滑模部分只在垂直方向移动，对铅垂线的干扰主要来自于吊盘和运输材料，因此上述五点的位置选定除了方便控制竖井模板形体外，主要依据于此。首先，使用全站仪在竖井底基坑已浇筑混凝土面和滑模操作平台上放样出上述三点，并用油漆标定牢固。在竖井顶部井口先搭设人行栈桥到上述三点位置，焊接铁板，铁板尺寸和牢固程度应满足安放 JZY-41 型激光垂准仪（图 5.3-9）。使用仪器和顶部控制点将铁板孔精确放置于其中三点上，O 点置于大梁上。为确定竖井上下各点的精度，再用 JZY-41 型激光垂准仪架设于底部各点（使用前一定要按规范要求对仪器的各项指标进行检查校正），在顶部铁板上放置激光投影反射板，若上下相对应二点点位之差在 2cm 以内即可。

3. 竖井的测量放样及验收控制

1）滑板施工工艺概述

出线竖井滑模施工包括：四周井壁和中间两道隔墙，井内混凝土结构中门、孔洞和预留梁窝等采用钢木结构设计处理。出线竖井滑模设计采用液压整体滑升模板，为保证施工质量，滑模采用整体钢结构设计，滑模自重约 55t，初选布置 50 台 QYD-60 型液压千斤顶，自动调平液压控制台。滑模由模板、围圈、滑模盘、提升系统、液压系统、辅助系统组成。其中滑模盘分为操作盘和辅助盘。操作盘为施工的操作平台，承受工作、物料等荷载，同时又是模体的支撑构件，是滑模

图 5.3-9　JZY-41 型激光垂准仪

体的主要结构，辅助盘为养护、修面、预埋件处理的工作平台，采用钢结构悬吊布置。滑模施工按以下顺序进行：下料→平仓振捣→滑升→钢筋绑扎→下一循环施工。滑模滑升要求对称均匀下料，滑模混凝土要求入仓坍落度 14～16cm，初凝时间 8h 左右为宜。正常施工按分层 30cm 一层进行，混凝土浇筑振捣振捣器主要采用 φ70 插入式振捣棒，局部辅以 φ50 软轴振捣器振捣，经常变换振捣方向，并避免直接振动爬杆及模板，振捣器插入深度不得超过下层混凝土内 50mm，模板滑升时停止振捣。滑模正常滑升根据施工现场混凝土初凝、混凝土供料、施工配合等具体情况确定合理的滑升速度，按分层浇筑间隔时间不超过允许间隔时间。正常滑升每次间隔按 2h，控制滑升高度 30cm，日滑升高度控制在 3m 左右。竖井混凝土浇筑强度控制在 10～20cm/h，日上升 2.5～3m，约上升 30m 左右停仓一次进行纠偏检查。

滑模施工的特点是钢筋绑扎、混凝土浇筑、滑模滑升平行作业，各工序连续进行，互相适应。滑模施工分为初滑升和正常滑升，正常滑升后滑模施工按以下顺序进行：下料→平仓振捣→滑升→钢筋绑扎→下料的循环进行。施工进入正常浇筑和滑升时，应尽量保持连续施工，并设专人观察和分析混凝土表面情况，根据现场条件确定合理的滑升速度和分层浇筑厚度。

2）滑板制作标准及测量放样允许误差

按照施工方制定的方案，上述两项要求如表5.3-4、表5.3-5中规定。

滑模装置部件制作允许偏差值 表5.3-4

名　称	偏差项目		允许偏差（mm）
钢模板	表面不平整度		±1
	长度		±1
	宽度		−0.7～0
	侧面平直度		±1
	连接孔位置		0.5
围圈	长度		−5～0
	曲线长	长度≤3m	±2
		长度>3m	±4
	连接孔位置		±0.5
平台	表面不平整度		±2
	长度		≤2‰L
	侧面平直度		2
	连接孔位置		±0.5
收分装置或提升架	高度		±3
	跨度		±3
	围圈支托位置		2
	连接孔位置		0.5
支承杆或爬杆	弯曲		≤1‰L
	φ25mm圆钢直径		−0.5～0
	φ48×3.5mm钢管直径		−0.2～+0.5
	丝扣接头中心		0.25

测量放样允许误差 表5.3-5

序号	项目	允许误差（mm）	序号	项目	允许误差（mm）
1	直径	不大于1%,不大于40	4	垂直度	不大于1‰,且不大于50
2	壁厚	+10,−5	5	标高	±30
3	扭转	任意3m高上的相对扭转值不大于40	6	预埋件位置	20

3）竖井基坑测量放样及验收方法

如图5.3-7所示，在进行贯通测量及贯通误差分配后，将确定后的测量控制点标定于竖井壁或进人廊道的两侧井壁，为保证进行边角后方交会或极坐标法测设测站的精度，各点之间的边长尽量选择长边。在进行测量放样或验收时，至少利用三个控制点测设测站，两个图形算得的平面或高程坐标相互较差应小于2mm。测站选择时应注意尽量能一站观测到所有的点位。放样时利用小棱镜配合全站仪使用极坐标法放样出在图纸上已计算出成果的结构物特征点，并用油漆牢固的标定于基岩或混凝土面。模板定位验收时也采用与此一致的方法，以使精度一致，将小棱镜置于模板顶部进行观测，并指挥施工人员将模板调校至满足模板误差要求为止。同样的方法，也可测出提升架的垂直度、圆模直径、方模边长千斤顶的位置等项目。测量精度可用下式估算：

全站仪极坐标法：

$$M_P = \pm \sqrt{m_S^2 + \left(\frac{S \cdot m_\beta}{\rho}\right)^2}$$ （式 5.3-1）

边角后方交会法：

$$M_P = \pm \sqrt{\left(1 + \frac{\sin^2\beta}{K^2 - \sin^2\beta}\right)m_S^2 + \left(1 + \frac{\cos\beta}{\sqrt{K^2 - \sin^2\beta}}\right)^2 \frac{S^2 m_\beta^2}{\rho^2}}$$ （式 5.3-2）

光电测距三角高程测量（单向观测）的高差精度估算公式：

$$m_h = \pm \sqrt{(m_S \sin\alpha)^2 + \left(\frac{S \cdot m_\alpha \cdot \cos\alpha}{\rho}\right)^2 + \frac{D^4}{4R^2}m_k^2 + m_i^2 + m_v^2}$$ （式 5.3-3）

公式中的 m_S 及 m_β 为仪器的测距和测角精度，m_S 可取 2mm，m_β 可取 2″。由于观测距离 S 均小于 20m，计算测量精度将小于±3mm，完全满足规范及施工方案对测量精度的要求，竖井顶部铁板上的钢丝定位点测量精度也可依此法算得。

4）滑模滑升期的测量放样验收方法

（1）滑模绕中心的旋转偏差以及水平面上的位移偏差的测量控制办法

按照施工方案，除自身滑模水平度和垂直度控制外，要求测量人员隔舱观测放样或验收模板，及时纠偏，相当于每 48h，滑模上升 6m 左右时，测量人员应在滑模施工 2.5h 的间隔期内及时进行一次测量作业。模板平面位置测量，每次测量检测作业时，打开置于顶部 A、B、C 三点的 JZY-41 型激光垂准仪，由下井测量人员检查垂准仪激光束是否和滑模工作盘上已放样的 A、B、C 三点重合，若不重合，则由施工人员立即调校，直至合格。

采用此方法，可以快速确定滑模各部位平面偏差值及滑模绕中心的旋转偏差值。

另外，为方便施工人员在滑模滑升过程中随时检查，在工作盘上已放样的 A、B、C 三点可在滑模初次滑升后，在已浇筑的混凝土墙面与上述 3 点对应的位置用油漆标定出偏差值，并作为永久基准，再提升后与之比对检查，从而克服累积误差。

（2）平面检测的测量误差分析

由于竖井内的烟囱效应，随时存在的风力、灰尘以及光线不佳的条件下造成经验值为±3mm 的定位误差。按误差传播定律，最后的量测误差约为±5mm，完全可以满足测量规范施工方案中的要求。

（3）滑模的倾斜控制测量方法

待滑模初次滑升约 3m 后，测量人员采用经贯通测量分配后确定的竖井底部的高程控制点成果，使用全站仪将高程点重新测放至竖井井壁或隔墙上，并不少于 3 个高程点，用油漆清晰标志。滑模正常滑升后，由两个人配合，一人在辅助盘上对点并拉住钢尺的一端，另一人在工作盘上则可量出模板口高程，先拉出两个高程点，再在工作盘上使用水准仪利用拉上来的两个高程点对仓面内的所有结构物进行抄平测量。同样，为方便施工人员控制每次滑模滑升的高度以控制千斤顶的均匀顶升，可在滑模首次就位水平后，利用千金顶的爬杆，在上面 30~50cm 处做好每次统一爬升的高度标记，以检查滑模是否整体上升。注意：每次标记要大于滑模的提升高度，以后逐层进行标识（可用钢锯条在爬杆上刻画或使用防水防油的记号笔）。

采用上述高程测量方法时，每次钢尺丈量误差为±3mm，水准仪器不平造成的 i 角误差造成的测量误差约为±3mm，因此作业一次的误差为±5mm，为保证高程测量累积误差不超过±20mm，采用此种方法不宜连续量测 8 次，而仅能作为控制滑模倾斜度的测量方法。

为保证滑模在各不同高程处的高程定位精度，须进行高程传递测量。如图 5.3-10 所示，在井口控制点铁板位置（如 A 点）放置棱镜，为提高作业效率和减少人力成本，也可在铁板下面粘贴上 5cm 测量专用反光模,下井人员在工作盘上(最好在相对应的 A 点)架设全站仪,若条件不允许在此点架设仪器,也可在工作盘其他稳固的位置架设全站仪,并打开激光束,由井口人员指挥井下人员转动仪器物镜对准井口棱镜或反光模,测量斜距和天顶距,并应利用两个控制点进行传递,在井下进行较算,高差较差小于 3mm 方可使用。利用 $H = S \cdot \cos\alpha$ 即可算得高差,式中,S 为斜距,α 为天顶距。采用此方法,由于高差大,天顶距小,由仪器因施工原因造成的不平影响的天顶距值在 10′ 以内几乎可以忽略不计,因而仪器只要粗略整平即可,不平度通常是不可能造成天顶距指标差超过 10′ 的情况出现,因而采用此方法的测量误差仅为测距和对点误差,约为 ±5mm,也可满足施工方案要求。高程传递至工作盘上后,可重新将高程点留至模板口和已浇筑混凝土面上,滑模上升时再采用拉钢尺法进行传递,循环往复。

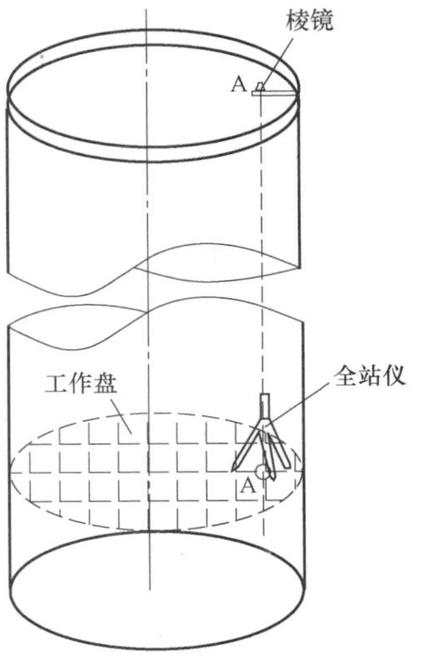

图 5.3-10   高程传递测量示意图

5.3.3.5   滑模形态自动化监测

在滑模施工过程中要保持滑模平台的平稳上升和垂直度,在传统的施工过程中,需要不断进行测量检测和调整,随着工程量的不断增多,新技术的不断发展,使用计算机自动监控已经成为可能。通过自动化监控和姿态计算可以实现建设过程中信息快速收集、处理和监测,提高施工效率、降低人工成本、加强管理,确保高质量、低成本完成滑模施工。

滑模自动化监测能够通过电子化实现对滑模平台进行监控,能提高测量效率、减少人为测量误差、加快施工速度、替代大量的人工测量任务等,还能够判断整个平台趋势,做整体性分析。

滑模自动化监测系统可以使用激光靶系统监测滑模平台的推进情况,让施工人员能够实时了解平台的状态,当出现偏移或旋转时能够及时反映,避免对工程造成不利影响;通过分布在平台上的 9 个监测模块,实时反映当前位置垂直度情况,通过对监测节点的拟合和算法分析,对平台整体倾斜做报警和预警,大大减少了滑模施工过程中的测量工作,加快了滑模施工速度,提高了竖井混凝土浇筑质量。

1. 滑模平台旋转及偏移自动监测

在竖井进口布置 5 个激光指向仪(如图 5.3-11 所示),测出井口激光指向仪坐标,在竖井底部井将坐标放出,并在此位置安装下部标靶、摄像头及监测装置(如图 5.3-12、图 5.3-13 所示),通过局域网将数据上传至自动监测系统,通过计算分析显示出滑模形态(如图 5.3-14 所示),由现场施工人员对滑模进行纠偏调整。

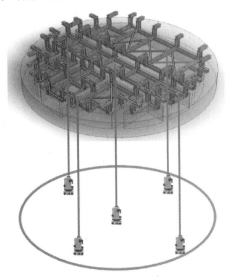

图 5.3-11   摄像头通过图像采集激光跟踪定位位置

图 5.3-12   井口激光指向仪

323

图 5.3-13　旋转偏移监测装置

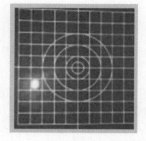

图 5.3-14　计算位置偏移

2. 滑模平台倾斜自动监测

在滑模平台合适位置安装角度传感器（如图 5.3-15 所示），传感器能够高精度地监测所在位置的 XYZ 轴的倾斜情况，通过分布在外圈的四个角度传感器和内圈的四个角度传感器的实时数据拟合，实现对整个平台倾角的实时估算和监控，通过对全局传感器的计算和加权，得出诊断性提示或警告。

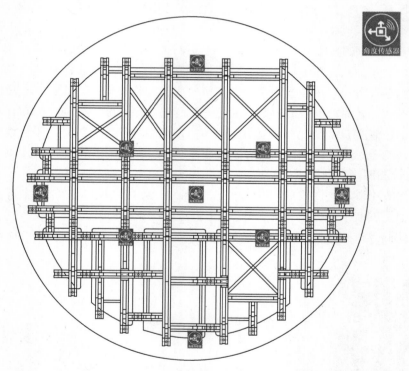

图 5.3-15　角度传感器安装布置示意图

通过激光器的使用，可以直观地实现实时监测平台偏移情况，通过图像识别的方式能够将偏移信息数字化和存档，保障了工程的可靠性；另外通过对存档数据三维建模分析，可以准确得出竖井混凝土浇筑形体偏差。

5.3.4　启示与展望

在出线竖井滑模测量控制过程中，通过常规的测量控制方法和自动化监测控制方法的比较，可以看出后者大大减少在滑模施工过程中的测量工作量，提高了滑模施工效率，提高了出线竖井混凝土浇筑质量，让我们真切地感受到，科技发展带来的便捷和效益。

滑模自动化监测只是时代发展的一个缩影，相信随着科技的不断发展，测量模式将发生巨大变化，测量控制将会更加智能化、自动化、大众化，各个学科之间的联系将更加紧密，希望通过不断的研究能将测量控制更加智能化、自动化，为工程施工带来效益，为工作带来便捷。

5.4 南水北调中线

5.4.1 工程概况

5.4.1.1 工程简介

南水北调中线工程主要供水目标为京、津、华北平原，主要任务是满足城市生活、工业、生态环境等用水需求。建设南水北调中线工程是解决京津及华北平原缺水问题的重大战略工程，是一项特大型跨流域调水工程，对缓解京、津、华北平原严重缺水现状，支撑京、津、华北平原经济社会的可持续发展具有重大的意义。

1. 总干渠线路

如图 5.4-1 所示，总干渠自丹江口水库陶岔渠首起，沿伏牛山南麓前岗坡与平原相间的地带向东北行进，经南阳北跨白河后，过江淮分水岭方城垭口东八里沟进入淮河流域。在鲁山县过沙河，往北经郑州西穿越黄河。经焦作市东南、新乡西北、安阳西过漳河，进入河北省境内。经邯郸西、邢台西，在石家庄西北过石津干渠和滹沱河，至唐县进入低山丘陵区和北拒马河冲积平原，过北拒马河后进入北京市境，终点为团城湖。总干渠线路大部分与京广铁路平行。

天津干渠渠首位于河北省徐水县西黑山村北，从总干渠分水后渠线在高村营穿京广铁路，在霸州市任水穿京九铁路，向东至终点天津市外环河。

2. 输水型式

总干渠（含天津干渠）输水线路总长 1432km，输水型式以明渠为主，局部布置管涵。其中，陶岔渠首至北拒马河中支南渠段长 1196.4km，采用明渠输水；北京段长 80km，采用管道输水；天津干渠长 155.5km，采用全管涵输水。

3. 工程总布置

总干渠沟通长江、淮河、黄河、海河四大流域，需穿过黄河干流及其他集流面积 20km² 以上河流 205 条，跨越铁路 39 处，需建跨总干渠的公路桥 672 座，此外还有节制闸、分水闸、退水建筑物和隧洞、暗渠等，总干渠上各类建筑物共 1660 座，天津干渠穿越大小河流 48 条，有建筑物 114 座。

北拒马河中支至团城湖，即北京段全长 80km，其中北拒马河至大宁调节池长 58.7km，布置 PCCP 管；大宁调节池至团城湖长 21.4km，布置低压暗涵。

天津干渠全长 155.5km，全管涵布设，采用混凝土箱涵。

4. 工程等级

南水北调中线一期工程为Ⅰ等工程，总干渠（含天津段）及其交叉建筑物、穿黄工程、瀑河水库上库主要建筑物为 1 级建筑物。

5.4.1.2 项目概况

南水北调中线干线工程具有线路长、坡比小，各类交叉建筑物多，地形地质条件复杂等特点。作为

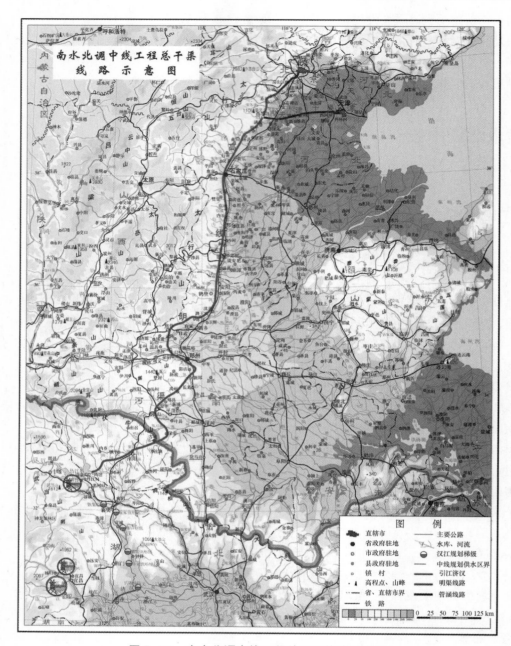

图 5.4-1 南水北调中线工程总干渠线路示意图

一项国家特大型跨流域调水工程，南水北调中线工程的测量工作无论从范围广度、项目规模，还是从工作的重要性、技术的复杂性，在目前大型水利工程中均是首屈一指的。

一流的工程，必须有一流的测量作为保障。南水北调中线工程沿线坡比一般为 1/25000，部分地区达到 1/30000，这就要求需有相应精度的统一的平面和高程基准，使沿线各建设管理、设计、施工和监理单位的测量有统一的坐标系统、精度和控制框架，满足工程施工、工程竣工验收、安全监测、运行管理的需求。

5.4.2 关键技术问题

南水北调中线工程是横跨江、淮、黄、海四大水系的特大型跨流域调水工程，是优化我国水资源配置的战略性工程。与一般水电站和水利枢纽工程相比，南水北调中线工程施工控制网具有以下显著特点。

5.4.2.1 覆盖范围广

总干渠长达 1432km，跨越长江、淮河、黄河、海河四大流域，其施工控制网测量范围在东经 111°～东经 117°、北纬 32°～北纬 40°之间，是目前国内外最大的水利工程施工控制网。

5.4.2.2 测量精度要求高

总干渠全线过水以自流为主，坡比一般为 1/25000，部分地区达到 1/30000，各渠段和建筑物的水头分配也十分严格，必须有足够的高程精度才能满足工程建设的需要。

5.4.2.3 服务工期长，投资规模大

中线一期工程工期长达 12 年，必须采取合理的维护与复测方案，使得施工控制网能随时满足工程建设的需求。

5.4.2.4 技术复杂，需要研究解决的技术问题较多

1）布设如此大的水利工程施工控制网，国内外没有现成的经验可借鉴。有必要对已有资料进行分析，研究渠道、建筑物的施工放样精度指标体系，研究不同层次的精度分配关系，设计控制网总体框架，布设方案，确定等级、技术指标、数据处理方案，以制定出完善的超长输水线路施工控制网总体解决方案。

2）在小范围内（一般水利工程），可不考虑地球曲率的影响把表面看作一个平面。而在大的区域，地球弯曲的影响必须予以考虑，地形图通常采用投影的方式将曲面转换为平面，这种转换必然带来变形，地形图的变形，必然引起设计的变形。依据中线工程前期情况初步估计，设计长度与实际长度之差至少在 100m 以上。这种变形长度和方向均存在，且区域不同分布也不同。解决不好，会引起大量的分段施工衔接不上的问题。因此必须研究确定恰当的坐标系统，将边长的投影变形控制在工程允许的范围内及保证建筑物与渠道的正确连接。

3）工程前期各种测量资料均是在国家控制网下展开的，原国家平面控制网是 20 世纪 50～60 年代建立的，受技术条件的限制，成果分期分区域平差，其成果存在着米级数量的不兼容情况，这种不兼容性会造成高精度平面施工控制网的扭曲，需要研究出恰当的解决方案。

4）中线一期工程呈南北向，长约 1200 余公里，在精密水准测量中，日月引力影响在南北方向上会系统积累，须分析其对高程控制网精度的影响，并考虑对成果进行日月引力改正以确保高程精度。

5.4.3 方案与实施

5.4.3.1 施工控制网整体解决方案的研究

通过系统地分析、论证渠道和建筑物的施工控制网精度指标体系、各层次精度分配关系、超长输水线路施工坐标系的建立方法，以及国家控制点不兼容问题处理方法等，提出首级平面施工控制网以 B 级 GPS 网为骨架，整体布设干线 C 级 GPS 网；在 WGS-84 坐标系下进行整体平差（保持 GPS 网的原有精度），分区求 WGS-84 坐标与 1954 年北京坐标的转换关系，并实现分区间无缝连接；建筑物施工控制网独立挂靠；首级高程控制网采用二等水准布设并顾及日月引力改正等一整套长线路水利工程施工测量控制网解决方案。

1. 平面施工控制网

1）根据工程建设的特点，并结合规范要求，在中线建立 B 级 GPS 网骨干网；骨干网由 22 点组成，

其中，新建 12 点，联测国家一等控制点 6 点，联合解算点 4 点（武汉、北京、西安、泰安等四个国际 GPS 大地测量与地球动力学服务站（IGS））。

2）在骨干网基础上，依据《全球定位系统（GPS）测量规范》的要求，整体布设干线 C 级 GPS 网。C 级网的布设密度为平均 8km 一对 GPS 点，并顾及国家控制点、前期勘测控制点、其他设计院已布设的控制点等。

3）C 级网按照《全球定位系统（GPS）测量规范》中 C 级网的要求进行外业数据采集，每时段观测时间 120min，在 18 个骨干控制网点下进行全线 C 级点的 WGS-84 坐标整体平差。

4）利用 C 级 GPS 网观测时联测的国家高等级平面控制点和 WGS-84 坐标，分区求 WGS-84 坐标与 1954 年北京坐标系转换关系，得到各控制点的 1954 年北京坐标系成果，再按照 1 度带的范围计算各控制点的 1 度带坐标，该 1 度带坐标成果作为南水北调中线工程渠道建设的首级平面控制基准。

2. 干线高程控制网

1）根据总干渠施工的精度要求，干线高程施工控制网沿渠线布设二等水准，平均 4km 一座二等普通水准点，平均 40km 一座二等基本水准点。该高程施工控制网联测国家一等水准点 7 点，布设为 6 条二等水准附合路线或二等水准环线，二等跨河水准测量 2 处。

2）为了检查与规划设计阶段所测地形图高程系统的一致性，二等水准观测时在各分段将原测图布设的等级控制网点纳入网中进行观测。

3. 建筑物施工控制网

根据工程规模和重要性，选取 162 座河渠交叉建筑物、7 座其他建筑物、8 座百年一遇的洪峰流量较大的左岸排水沟建筑物（如大于 450m³/s），共 177 座建筑物建立施工控制网。各建筑物施工控制网根据建筑物规模分别进行设计，平高共点，平面观测时联测渠道平面施工控制网点，利用"一点一方位"进行平差计算。

5.4.3.2　施工控制网精度与等级论证

1. 高程控制网精度与等级论证

1）首级高程控制网精度与等级论证

高程控制网分为首级高程控制网、加密高程控制网两级，高程控制网的精度除满足渠道和建筑物的相对精度要求外，主要应满足全线自流的要求。需考虑施工放样精度、对起算数据的检核、线路长度、控制网的层次等因素综合确定。由于总干渠纵坡特别小，有的渠段达 1/30000，1 km 长渠段的高差仅为 3cm，如果取渠段高差的 1/10 作为允许测量误差，则测量误差应为 3mm，可见总干渠建设对高程控制的精度要求是相当高的。

应用误差理论，分析渠线高程测量误差对纵坡的影响，可以选择科学、合理和可行的高程测量精度和测量等级。

设 i 为渠段的渠道纵坡，h 为渠段两端的高差，L 为渠段长度，则：

$$i = h/L \tag{式 5.4-1}$$

用对数形式表示为：

$$\ln i = \ln h - \ln L \tag{式 5.4-2}$$

将式（5.4-2）微分：

$$\frac{\mathrm{d}i}{i} = \frac{\mathrm{d}h}{h} - \frac{\mathrm{d}L}{L} \tag{式 5.4-3}$$

根据误差传播规律，将式（5.4-3）转为中误差：

$$\left(\frac{m_i}{i}\right)^2 = \left(\frac{m_h}{h}\right)^2 + \left(\frac{m_L}{L}\right)^2 \tag{式 5.4-4}$$

式（5.4-4）表示渠线纵坡、高差、长度相对误差的关系。

一般情况下，假设测量误差影响渠线纵坡误差不超过纵坡的 1/10，即：

$$\frac{m_i}{i} \leqslant \frac{1}{10} \quad \text{或} \quad \sqrt{\left(\frac{m_h}{h}\right)^2 + \left(\frac{m_L}{L}\right)^2} \leqslant \frac{1}{10} \qquad \text{（式 5.4-5）}$$

众所周知，长度测量采用测距仪或全站仪，长度测量相对误差一般可达 1/100000，即 $m_L/L = 1/100000$，所以式（5.4-4）中影响渠道纵坡误差主要是高差测量误差 m_h。因此式（5.4-5）可表示为：

$$\frac{m_h}{h} \leqslant \frac{1}{10} \qquad \text{（式 5.4-6）}$$

将式（5.4-1）代入式（5.4-6）得出高差测量所允许的误差：

$$m_h \leqslant \frac{1}{10} iL \qquad \text{（式 5.4-7）}$$

渠段高差测量误差由基本高程控制测量差 m_1，测站高程控制误差 m_2，高程放样误差 m_3 组成，即

$$m_h = \sqrt{m_1^2 + m_2^2 + m_3^2} \qquad \text{（式 5.4-8）}$$

高程放样误差如果从严要求，可达 ±5mm，设精度梯度 $m_1/m_2 = 1/3$，由式（5.4-7）、式（5.4-8）可得：

$$m_1 \leqslant \sqrt{\frac{(iL)^2}{1000} - 25} \qquad \text{（式 5.4-9）}$$

式（5.4-9）反映了首级高程控制网对渠段高差的测量误差与渠段纵坡和渠段长之间的数学关系，所考虑的渠段越长，允许的测量误差就越大，究竟选多长的渠段进行误差分析合适呢？由于每隔 4km 埋设一座水准标石，也即首级高程控制网每隔 4km 对渠线高程和纵坡进行有效的控制，那么姑且将分析的渠段长暂定为 4km，再由式（5.4-9）计算测量误差 m_1，据此选用水准测量的等级，如果符合工程建设需求，又方便实施，说明所考虑的渠段长合适，否则可调整渠段长重新计算、分析，直至选出合理的渠段长。

水准测量测段高差的中误差：

$$m = \sqrt{L} m_w \qquad \text{（式 5.4-10）}$$

式中 m_w 为每公里水准测量的全中误差，一等为 1.0mm，二等为 2.0mm，三等为 6.0mm，四等为 10.0mm。将 $i = 1/30000$、$1/25000$、$1/20000$，$L = 4$km，$m_w = 1.0$、2.0、6.0、10.0 代入式（5.4-9）、式（5.4-10）。计算结果列入表 5.4-1。

渠段高差测量误差（单位：mm）　　　　　　　　　　　　　　表 5.4-1

i	m_1	m_2	m_{II}	m_{III}	m_{IV}
1/30000	3.9	11.7	4	12	20
1/25000	4.8	14.4			
1/20000	6.1	18.4			

注：1. 渠段长 $L = 4$km。

2. m_{II}、m_{III}、m_{IV} 分别为采用二、三、四等水准测量施测渠段高差的中误差。

从表 5.4-1 数据可以看出，对于 4km 长的渠段，当渠段纵坡为 1/30000 时，首级高程控制网选择二等水准测量精度可以满足总干渠建设的要求。

此外，采用二等水准测量作为首级高程控制，为监理测量、竣工测量和安全监测提供高程基准也是适宜的。

因此，南水北调中线干线工程选用二等水准网作为首级高程控制网。

2）加密高程控制网精度与等级论证

加密高程控制网的目的是为了测量测站点的高程，一般在两相邻二等水准点之间布设附合水准路线，水准路线长度为 8km 左右，路线中最弱点位于水准路线中间，最弱点高程中误差为

$$m_{弱}=\frac{1}{2}m_{\mathrm{w}}\times\sqrt{S} \qquad\qquad\text{（式 5.4-11）}$$

$m_{弱}\geqslant m_2$，取 $m_2=m_{弱}$，因为首级高程控制采用二等水准测量，则 $m_1=4\mathrm{mm}$，考虑到 $m_3=5\mathrm{mm}$，将其代入式（5.4-8）并顾及式（5.4-7）得：

$$m_{\mathrm{w}}\leqslant 2\sqrt{\frac{i^2\times L^2\times 10^{10}-41}{S}} \qquad\qquad\text{（式 5.4-12）}$$

式中：L——渠段长度；

　　　S——水准路线系长，单位以 km 计。

将 $L=4\mathrm{km}$，$S=8\mathrm{km}$ 代入式（5.4-12），计算结果列入表 5.4-2。

每公里水准测量全误差选用表（单位：mm）　　　　　表 5.4-2

i	1/37600	1/30000	1/25700	1/25000	1/20000	1/18000
m_{w}	6	8.0	10	10.4	13.4	15

（1）从表 5.4-2 中选择出加密高程控制的等级，当高程放样误差 $m_3=\pm5\mathrm{mm}$ 时，不同纵坡应选择不同等级的水准测量进行高程加密，即：

$1/37600\leqslant i<1/25700$，采用三等水准加密；

$1/25700\leqslant i<1/18000$，采用四等水准加密；

$1/18000\leqslant i$，采用五等水准加密。

（2）当高程放样误差 $m_3=\pm10\mathrm{mm}$ 时，高程加密采用的等级为：

$1/29000\leqslant i<1/22500$，采用三等水准加密；

$1/22500\leqslant i<1/16800$，采用四等水准加密；

$1/16800\leqslant i$，采用五等水准加密。

（3）当高程放样误差 $m_3=\pm20\mathrm{mm}$ 时，高程加密采用的等级为：

$1/18100\leqslant i<1/16100$，采用三等水准加密；

$1/16100\leqslant i<1/13600$，采用四等水准加密；

$1/13600\leqslant i$，采用五等水准加密。

《水利水电工程施工测量规范》规定，混凝土建筑物轮廓点放样高程中误差为±（20～30）mm，土石建筑物轮廓点放样高程中误差为±30mm，显然，当高程放样误差 $m_3\geqslant20\mathrm{mm}$ 时，根据计算，即使采用三等水准加密，也会使测量误差对渠段纵坡的影响超过纵坡的 10%（当 $i\leqslant1/18100$）。为保证高程放样的精度 $m_3\leqslant\pm10\mathrm{mm}$，高程加密测量的等级规定为：

当 $1/30000\leqslant i<1/23000$ 时，采用三等水准加密；

当 $1/23000\leqslant i<1/17000$ 时，采用四等水准加密；

当 $1/17000\leqslant i$ 时，采用五等水准加密。

2. 平面控制网精度与等级论证

通过对南水北调中线工程特点的分析，并结合相应规范要求，南水北调中线平面控制网拟按 GPS 骨干网、首级干线施工控制网、干线加密控制网、建筑物控制网的布设层次进行全线平面控制网的布设。

1）骨干网等级与精度论证

（1）骨干网等级

由于南水北调中线一期工程总干渠采取分批分段施工的建设方式，建设单位多，设计单位多，参加施工的单位多。渠线施工控制网的建立亦分段分批进行，为了保证各期各段计算成果的一致，保证渠线的精确贯通，南水北调中线一期工程需建立全线骨干网，控制各分段施工控制网的精度。

根据《全球定位系统（GPS）测量规范》，"用于建立国家二等控制网，建立地方或城市坐标基准框架、区域性的地球动力学研究、地壳形变测量、局部形变监测和各种精密工程测量等的 GPS 测量，应满足 B 级 GPS 测量的精度要求"。如果干线首级平面施工控制网的等级选用 C 级，按规范要求，C 级网相邻点间的平均距离为 10～15km，C 级网中最短附合路线的边数应小于或等于 6 条。据此计算，骨干网相邻点间的距离应为（10～15）×6＝（60～90）km。对照规范，B 级 GPS 网相邻点间的平均距离为 70km，因此，南水北调中线平面骨干网选择为 B 级。

（2）骨干网精度

根据《全球定位系统（GPS）测量规范》的要求，对于 B 级网：固定误差≤8mm；比例误差系数≤1；B 级 GPS 网相邻点间的平均距离为 70km；可以求出：

B 级 GPS 骨干网相邻点间基线相对中误差：$\dfrac{\sigma}{d}=\dfrac{1}{1000000}$。

2）首级平面控制网等级与精度论证

（1）首级平面控制网等级

GPS 技术的日益普及和广泛应用于测量控制，GPS 控制网越来越多地取代测角网、边角网以及导线网等常规控制网，因此，GPS 网便理所当然地成为南水北调中线工程总干渠首级平面控制网的首选。

采用什么等级的 GPS 网作为首级平面控制网？根据南水北调中线工程总干渠首级平面控制网的控制范围大，服务专业广以及精度高的特点，选用 C 级 GPS 网作为首级平面控制网。

选用 C 级 GPS 网的理由，首先是南水北调中线工程总干渠南北跨度达千余公里，我国天文大地控制网，沿经、纬度成纵、横交叉的一等三角锁，其锁段长度一般为 200km，南水北调中线工程首级施工控制网的南北跨度要穿越 6～7 个一等三角锁，由于控制范围大，为防止测量误差的积累，根据从高级到低级，逐级布网原则，首级网要选择高精度的网。仿照国家天文大地控制网的等级与精度要求，宜布设 B 级 GPS 网或 C 级 GPS 网，由于 B 级 GPS 网平均边长为 70km，其点位密度满足不了施工控制网的要求且与首级高程控制网网点密度严重不匹配，因此，选用 C 级 GPS 网作为首级网，平均边长 10～15km，根据沿线二等水准点的布设间距，设计为每 8km 可选一个水准点作为 C 级 GPS 网点，尽量做到平、高合一，减少埋石，方便使用。有人也许要问，为什么不利用国家天文大地控制网点（一、二等网点）作为首级控制网点？因为总干渠沿线国家一、二等天文大地网点少且离干渠远，其成果由各锁网分区平差，不同锁网的控制点之间相对精度较差，满足不了南水北调中线工程施工控制的需要，因此不能直接采用国家一、二等天文大地网网点作为首段施工控制网点。

其次，《水利水电工程施工测量规范》规定：混凝土建筑物轮廓点放样的平面位置中误差为±20～30mm，土石料建筑物轮廓点放样的平面位置中误差为±30～50mm。总干渠是采用混凝土衬砌的土石料建筑物，渠线上众多的交叉建筑物多是混凝土建筑物，要满足建筑物轮廓点放样的精度，对控制测量的精度比 1/500、1/1000 测图对控制的精度要高，测站精度应达 21～35mm，为保证测量精度与放样精度，必须选精度较高的 C 级 GPS 网作为首级平面控制网。

第三，首级控制网不仅要为施工测量提供控制依据，而且还要为工程建设期的监理测量、竣工测量和施工、运行期的安全监测提供统一的平面、高程控制基准和精度保障。总干渠全线布设统一的 C 级 GPS 网可以满足不同期的各项测量项目的要求。因此选择 C 级 GPS 网作为首级平面控制网是适宜的。

第四，《全球定位系统（GPS）测量规范》在阐述各级 GPS 测量的用途时指出：C 级 GPS 主要用于工程测量的基本控制网。这也说明采用 C 级 GPS 网作为南水北调中线工程的首级平面控制网是合适的。

（2）首级平面控制网精度

根据《全球定位系统（GPS）测量规范》的要求，对于 C 级网：固定误差≤10mm；比例误差系数≤5；C 级 GPS 网相邻点间的平均距离为 8km；可以求出：

首级平面控制网相邻点间基线相对中误差：$\dfrac{\sigma}{d}=\dfrac{1}{194000}$。

3）加密平面控制的等级与精度论证

（1）采用 GPS 布测加密控制

加密平面控制采用 D 级 GPS 网，每 500～1000m 布设一对 GPS 点，其相邻点之间的基线误差：

对于 $S=1000$m，$\sigma=\sqrt{10^2+10^2}=14$mm；

对于 $S=500$m，$\sigma=\sqrt{10^2+5^2}=11.2$mm。

（2）采用测距导线布测加密控制

加密平面控制亦可采用三等测距导线布设，其主要技术指标应符合表 5.4-3 的规定。

全长相对闭合差计算公式：

$$M_B=\pm\sqrt{m_s^2 n+\left(\frac{m_\beta''}{p}L\right)^2\frac{n+3}{12}}\qquad（式5.4-13）$$

$$\frac{1}{T}=\frac{M_B}{L}\qquad（式5.4-14）$$

三等测距导线主要技术指标　　　　　　表 5.4-3

附合导线长（km）	平均边长（m）	测角中误差（"）	测距中误差（mm）	全长相对闭合差	方位角闭合差（"）	测距要求 测距仪等级	测距要求 测回数	最弱点点位中误差（mm）
12	1000	1.8	5	1/100000	$\pm3.6\sqrt{n}$	2	2	30
12	500	1.8	5	1/75000	$\pm3.6\sqrt{n}$	2	2	41

最弱点点位中误差计算公式：

$$m_k=\pm\frac{1}{2}\sqrt{m_s^2 n+\left(\frac{m_\beta''}{p}L\right)^2\frac{n+3}{48}}\qquad（式5.4-15）$$

（3）测站导线的精度

测站导线的主要指标：根据《水利水电工程施工测量规范》，土石方开挖轮廓点放样相对于邻近基本控制点的中误差为 $\pm(50\sim200)$mm；渠线中线桩放样中误差 ±100mm；土石料建筑物轮廓点放样中误差 ±50mm。在设计测站点精度时，本着就高不就低的原则，测站精度应保证放样中误差 $\leqslant50$mm；为此，取测站点位中误差为 $m_站=\pm30$mm。测站导线的技术指标见表 5.4-4。

测站导线主要指示指标　　　　　　表 5.4-4

点位误差（mm）	附合导线系长（m）	全长相对闭合差	平均边长（m）	测角中误差（"）	测距中误差（mm）	方位角闭合差（"）
±30	3600	1/18000	300	5	10	$\pm10\sqrt{n}$
	4000	1/15000	200	5	5	$\pm10\sqrt{n}$
	3000	1/15000	150	5	5	$\pm10\sqrt{n}$

5.4.3.3　施工控制网坐标系统的选择

1. 前期勘测设计阶段采用的坐标系统

南水北调中工程前期勘测设计阶段所依据的测绘图纸，渠线主要为 1:5000～1:10000 比例尺地形图（北京、天津段渠线为 1:2000 比例尺地形图），重要或大型建筑物为 1:500～1:2000 比例尺地形图。其次为断面测量（渠道中心定线测量）资料。

坐标系统：北京段渠线和建筑物均采用 1963 北京地方坐标系；其他区段均采用 1954 年北京坐标系 3°带坐标，重要或大型建筑物采用的则是挂靠于 3°带下的独立坐标系。

2. 使用前期勘测设计阶段坐标系统带来的主要问题

以 3°带坐标系统进行前期勘测设计，与国家标准的坐标系统保持一致，具有统一性好，使用方便的特点，有利于多家勘测设计单位同时开展工作，可基本满足前期勘测设计的需要。

地表是椭球面，地形图及工程设计图为平面图，两者之间通过高斯投影的方式进行转换。但这种投影转换必然带来变形，其主要变形特点如下：①中央经线上没有长度变形。②沿纬线方向，离中央经线越远变形越大，其变形量与距中央经线的长度的平方成正比，整个投影变形最大的部位在赤道和投影带最外一条经线的交点上。以纬度 30°为例，高斯投影变形情况见表 5.4-5。③沿经线方向，纬度越低变形越大。

高斯投影长度变形统计表

表 5.4-5

y_m(km)	20	30	40	50	60	80	100	120	140	150
ΔD(mm/km)	4.9	11.1	19.7	30.7	44.3	78.7	122.9	177.0	240.9	276.6

由上述高斯投影的变形分析，可以看出，高斯投影存在着长度变形，具有系统的伸长，且与 y 坐标的平方成正比，过大的带宽，难以满足施工详图设计和施工放样的需要。表现在：

1）设计渠线总长度或分段长度与地面实际长度存在较大的差异。经对陶岔至北京（不包括天津段）渠线长度变形的统计，3°带高斯坐标计算的渠线长度与椭球面长度相差达 75m。

2）3°带边沿存在着较大的方位误差。

3）3°带边沿的长度变形约为 220mm/km（距离中央经线约 130km），不能满足《水利水电工程施工测量规范》要求的土石料建筑物轮廓点放样平面位置中误差±（30～50mm）的指标（相对于邻近基本控制点）。以河北省段下车亭隧洞为例，有 CXC04、ⅡMLO27FW 两点相距约 7.5km，3°带高斯平面长度与地面实际长度相差达 1.2m。

4）中线干线工程采取分批分段施工的建设方式，建设管理单位多，设计单位多，施工单位多，监理单位多，巨大的长度变形，必然给施工和管理带来混乱。

5）施工设计图难以与实际地貌准确对应。

3. 施工控制网坐标系统选择

南水北调中线一期工程干线全长 1432km，整个线路从东经 111°到 117°，共跨越 3 个 3°投影带（37、38、39 带，如图 5.4-2 所示）。

1）工程投影变形差限值的确定

对于南水北调中线这样巨大的工程，采用平面坐标系统，投影变形是不可避免的，有必要确定其限值。《水利水电工程施工测量规范》规定，投影长度变形值应不大于 5cm/km，城市及其他工程测量规范规定值一般为 2.5cm/km～5cm/km，考虑到《水利水电工程施工测量规范》中的施工测量主要精度指标的要求，将投影变形差限值规定为 2.5cm/km，较为适宜。

2）坐标系统的选择

南水北调中线一期工程共跨越 3 个 3°带，前述抵偿投影面的 3°带高斯投影平面直角坐标系、任意带高斯投影平面直角坐标系、具有高程抵偿面的任意带高斯投影平面坐标系、假定平面直角坐标系均不适用。

如图 5.4-3 所示，1°带边缘距中央经线 40km，从投影变形来看，其变形差约 2cm/km，满足要求；而 60～150m（中线一期工程高程范围）的高程投影差为-1～-2cm/km，又可以补偿高斯投影变形的影响。

对于重要或大型建筑物，其相对精度通常要求较高（小于±5mm），要求建立较高精度的独立网。

按上所述，中线干线工程平面施工控制网选择 1°带与挂靠 1°带下的独立坐标系相结合的坐标系统。

4. 3°带与 1°带坐标的转换

将 3°带坐标转换为 1°带坐标，有简便的换带软件可以实现，但应注意以下几个问题：

1）换带的过程会使设计的长度和方位发生变化，应经设计人员认可后才能进行。

2）已有的建筑物设计图，不能简单地进行换带，应进行整体平移与旋转。

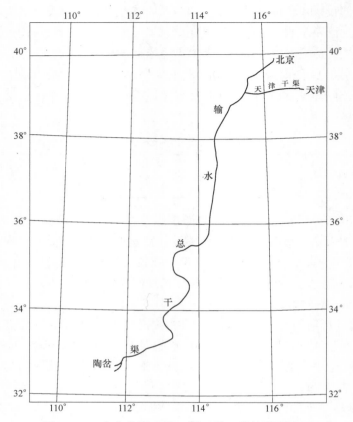

图 5.4-2　南水北调中线一期干线工程线路示意图

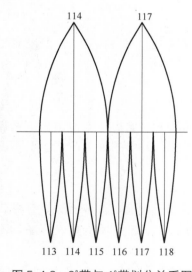

图 5.4-3　3°带与 1°带划分关系图

3）施工详图设计阶段，渠线设计所使用的大比例尺地形图，应采用 1°带坐标系。重要或大型建筑物设计所使用的大比例尺地形图，可采用挂靠 1°带下的独立坐标系。

5.4.3.4　国家控制点稳定性分析及不兼容问题的分析及处理

1. 国家水准点稳定性分析及稳定点的选择

根据中线干线工程的实际，拟选择 10 个区域的国家一等水准点作为首级高程控制网的起算点。由于中线干线通过的区域地质条件较为复杂，水准点间不可避免地存在不均匀沉降，使用时应对起始点进行稳定性分析。为此，我们收集了该 10 个区域内的一等水准点的三期测量成果：第 1 期、第 2 期复测成果和第 3 期复测成果。以此为基础，计算 1、2、3 期水准成果年变形速率、1、2 期水准成果年速率、2、3 期水准成果年速率以及 1-2 期水准高差、2-3 期水准高差进行稳定性分析。

通过分析，我们选择了位于北京、天津、保定、石家庄、邯郸、巩义及老河口等 7 个区域的国家一等水准点作为南水北调中线干线工程高程控制网的起算点。

2. 国家平面控制点成果不兼容问题的分析及对策

1954 年，我国将苏联采用的克拉索夫斯基椭球参数建立的坐标系，联测并经平差计算引申到我国，以北京为全国的大地坐标原点，确定了过渡性的大地坐标系，称 1954 年北京坐标系。

1954 年北京坐标系存在椭球体面与我国大地水准面不能很好地符合，产生的误差较大，大地控制点坐标多为局部平差逐次获得等缺点，不能连成一个统一的整体。通过实测资料分析，中线干线工程沿线的国家一等点在北京和河北省交界处、石家庄均存在成果的不兼容现象，其不兼容值在 1.7m 左右。

南水北调中线干线工程平面控制网成果既要满足与国家控制网的一致性，又要保证与前期勘测成果的一致性和连续性，还要保证 GPS 网不因国家 1954 年北京坐标系成果的不足而降低网的整体精度，三个条件必须在误差容许范围内尽最大可能满足要求。通过研究和实测资料的反复验算，提出了以 B 级 GPS 网为骨架，整体布设干线 C 级 GPS 网，整体在 WGS-84 坐标系下平差，分区求 WGS-84 坐标与 1954 年北京坐标系转换关系，保持 GPS 网的原有精度，分区间无缝连接，建筑物施工控制网独立挂靠等一整套长线路水利工程平面控制网解决方案，能充分满足南水北调中线工程的需要，较好地解决了国家控制点间的不兼容问题，使干线 C 级 GPS 网置于全线 B 级 GPS 网点的控制之下，大大提高了在 1954 年北京坐标系 3°带中 C 级 GPS 网点的相对和绝对精度。以后复测中，再不需要联测大量的国家控制点，相应地减少了观测工作量。

5.4.3.5 日月引力改正软件研制

地球上任何一点的重力方向，除取决于地球内部物质的分布状况和地球自转所产生的离心力外，还受到日月和其他天体，以及地球外部大气层的影响。由于日月引力的作用，使地球的垂线方向产生瞬时变化——垂线偏离，因而过一点的水平面将发生同样的倾斜变化。同时，由于日月引力的影响，还会产生地面变形。在精密水准测量中，估计日月引力影响的改正项也称为固体潮改正。有资料表明，在极端情况下，日月引力影响每公里不超过 0.1mm，多数情况下每公里的误差影响为 0.01mm～0.02mm 左右。这种误差在测段闭合差、路线闭合差和环线闭合差都得不到反映。但这种误差在南北方向上会系统积累。对于我国来说，南北方向累计值可达 12cm。由于南水北调中线一期工程呈南北向，长约 1200 余公里，因此，建立南水北调中线工程高程施工控制网，须顾及日月引力的影响。

目前，在我国现行使用的《国家一、二等水准测量规范》GB/T 12897 中，将固体潮改正纳入高精度水准测量的高差改正之中。

测段高差的固体潮改正数 v 由式（5.4-16）计算：

$$v=[\theta_m\cos(A_m-A)+\theta_s\cos(A_s-A)]\times\gamma\times s \tag{式 5.4-16}$$

式中：θ_m、θ_s——分别为月球、太阳引起的地倾斜；

A_m、A_s——分别为测段平均位置至月球、太阳引起的方位角；

A——观测路线方向方位角；

γ——潮汐因子，取 0.68；

s——测段长度。

θ_m、θ_s 分别由式（5.4-17）、式（5.4-18）计算：

$$\theta_m=\frac{2D_m}{gR}(C_m/r_m)^3\sin(2Z_m)+\frac{2D_m}{gC_m}(C_m/r_m)^4(\cos^2Z_m-1)\sin Z_m \tag{式 5.4-17}$$

$$\theta_s=\frac{2D_s}{gR}(C_s/r_s)^3\sin(2Z_s) \tag{式 5.4-18}$$

式中：D_m、D_s——分别为月球、太阳的杜德逊常数；

R——地球平均曲率半径；

g——地球平均重力加速度；

C_m、r_m——分别为地心至月球的平均距离和瞬时距离；

C_s、r_s——分别为地心至太阳的平均距离和瞬时距离。

A_m、A_s 与 Z_m、Z_s 由式（5.4-19）～式（5.4-22）计算：

$$\cos A_m=(\sin\delta_m\cos\phi)-\sin\phi\cos\delta_m\cos t_m)/\sin Z_m \tag{式 5.4-19}$$

$$\cos A_s=(\sin\delta_s\cos\phi)-\sin\phi\cos\delta_s\cos t_s)/\sin Z_s \tag{式 5.4-20}$$

$$\cos Z_m=\sin\phi\sin\delta_m+\cos\phi\cos\delta_m\cos t_m \tag{式 5.4-21}$$

$$\cos Z_s = \sin\phi\sin\delta_s + \cos\phi\cos\delta_s\cos t_s \qquad \text{(式 5.4-22)}$$

式中：ϕ——测段平均位置的纬度；

　　　δ_m、δ_s——分别为月球、太阳的赤纬；

　　　t_m、t_s——分别为月球、太阳的时角。

δ_m、δ_s 与 t_m、t_s 由式（5.4-23）~式（5.4-26）计算：

$$\sin\delta_m = \sin\varepsilon\sin\lambda_m\cos\beta_m + \cos\varepsilon\sin\beta_m \qquad \text{(式 5.4-23)}$$

$$\cos\delta_m\cos t_m = \cos\lambda_m\cos\beta_m\cos\tau + \sin\tau(\cos\varepsilon\sin\lambda_m\cos\beta_m - \sin\varepsilon\sin\beta_m) \qquad \text{(式 5.4-24)}$$

$$\sin\delta_s = \sin\varepsilon\sin\lambda_s \qquad \text{(式 5.4-25)}$$

$$\cos\delta_s\cos t_s = \cos\lambda_s\cos\tau + \sin\tau\cos\varepsilon\sin\lambda_s \qquad \text{(式 5.4-26)}$$

式中：ε——黄赤交角；

　　　β_m——月球真黄纬；

　　λ_m、λ_s——分别为月球、太阳的真黄经；

　　　τ——观测的地方恒星时。

τ 由式（5.4-27）计算：

$$\tau = \tau_0 + (T_B - 8) + (T_B - 8)/365.2422 \qquad \text{(式 5.4-27)}$$

式中：τ_0——世界时零点的恒星时；

　　　T_B——观测时的北京时刻。

通过对固体潮改正模型的分析，日月引力影响改正与观测时间、太阳赤纬、月亮赤纬、观测路线方位角、经度、纬度等有关。通过计算，全线 1200 余公里的渠道长度，近 2200km 的二等水准路线共有 67.47mm 的固体潮影响。

5.4.3.6　项目实施

1. 全线 GPS 骨干网测量

由于南水北调中线一期工程总干渠采取分批分段施工的建设方式，建设单位多，设计单位多，参加施工的单位多。渠线施工控制网的建立亦分段分批进行，为了保证各期各段计算成果的一致，保证渠线的精确贯通，南水北调中线一期工程需建立全线骨干网，控制各分段施工控制网的精度。

骨干网由 18 点组成，其中新埋标石点 12 点，联测国家一等控制点 6 点，按 B 级 GPS 网的精度要求进行观测，并利用了北京、武汉、西安、泰安 4 个中国地震局网络工程的框架点的长期 GPS 观测数据进行联合数据处理。骨干网平均边长相对精度为 0.016ppm，优于规范"B 级网 8mm+1ppm"的精度指标。

2. 总干渠干线首级施工控制网建立

总干渠全线首级施工控制网的建立实施分为京石段补测复测工程、除京石段干线首级施工控制网测量两个阶段：

1）京石段补测复测工程

渠线平面施工控制网是在 GPS 骨干网的基础上，沿京石段渠道布设的 C 级 GPS 网，原则上每 10km 布置一对 GPS 点。网点由国家三角点、骨干网点、测图控制点、新埋点，其他设计院已布设的网点等 91 点组成。渠线二等水准沿京石段渠道路布设，由沿线所有的 C 级 GPS 点、已埋设的水准点、新埋水准点组成。线路有 7 个国家一等点、145 个二等点，共 592km。通过计算，平均点位中误差为 ±0.40cm；平均边长相对中误差为 1/3507805，满足规范要求。二等水准网每千米水准高差中数的偶然中误差为 ±0.61mm，满足规范 ±1.0mm 的要求。

2）除京石段干线首级施工控制网测量

除京石段干线平面施工控制网是在 B 级 GPS 骨干网的基础上，沿渠道全线布设的 C 级 GPS 网，全网由国家三角点、骨干网点、测图控制点、新埋点、前期已埋网点等 380 点组成。干线二等水准沿渠道布设，以 6 个国家一等点为起算点，由沿线所有的 C 级 GPS 点、已埋设的水准点、新埋水准点等共 600 余点组成附合水准路线，共 1900km。陶岔至郑州段，由于沿线无国家一等水准点，路线长，为了有效地控制误差的积累，此段用一等水准测量的观测要求进行二等水准观测。根据沿线骨干网点的分布情况及工程建设的实际情况，将干线 C 级 GPS 网（除京石段）划分为 6 个子网进行平差计算。二等水准网采取全网统一平差计算。通过计算，C 级 GPS 网最大点位误差为 1.20cm，平均点位中误差为 0.44cm；最弱边长相对中误差为 1/112439，平均边长相对中误差为 1/3355529，满足规范要求。二等水准网全网中二等水准每千米水准高差中数的偶然中误差为 ±0.49mm，一等水准每千米水准高差中数的偶然中误差为 ±0.38mm，满足规范 ±1.0mm 和 ±0.45mm 的要求。

3. 建筑物首级施工控制网的建立

总干渠 177 座建筑物首级施工控制网共布置 693 点。其中，新埋标石 605 座，利用已布设点 88 个。数据处理采用"一点一方位"，经计算，建筑物施工平面控制网的最弱点点位中误差为 ±4.6mm，小于设计规定 ±5mm 的要求，全部建筑物二等水准每千米水准高差中数的偶然中误差为 ±0.44mm，满足规范 ±1.0mm 的要求。

5.4.3.7 穿黄隧洞施工检核测量

穿黄工程是南水北调中线总干渠穿越黄河的关键性工程，是南水北调中线干线的标志性工程之一。工程位于河南省郑州市上游约 30km 处，总长 19.3km，由南岸明渠、南岸退水建筑物、进口建筑物、穿黄隧洞段、出口建筑物、北岸明渠、北岸新莽河倒虹吸、老莽河倒虹吸、北岸防护堤、南北岸跨渠建筑物和南岸孤柏嘴控导工程等组成。

穿黄隧洞长 4.25km，双洞平行布置，两洞中心线相距 28m，单洞掘进直径 9m，采用盾构法施工。隧洞在 3450m 处建有竖井和南岸洞门钢环，盾构机在此出洞、检修、更换刀片并二次始发。

穿黄隧洞贯通要求是：盾构机中心从南岸钢环几何中心驶出为理想状态；偏差小于 50mm，可以保证止水效果，盾构机可以安全进洞；偏差大于 50mm 小于 100mm，盾构机可以进洞但止水效果不能保证，可能影响盾构机安全。基于安全考虑，设计明确要求隧洞贯通中误差不大于 50mm。

1. 贯通误差分析

穿黄隧洞北岸进口竖井深 60m，至南岸竖井出口钢环长 3450m。盾构机从北岸竖井进入，单向掘进。施工测量控制从地面通过直径 16.4m 竖井传递，并在隧洞中单向直伸至南岸出口钢环，偏差要求小于 100mm，对控制测量的技术手段和精度及可靠性提出了极高的要求。

穿黄隧洞施工控制测量分为三个部分：地面控制网、竖井联系测量、洞内精密导线。贯通误差来源有地面控制点测量误差、竖井定向误差、洞内导线误差、南岸洞门钢环测量误差、盾构机导向系统误差、盾构机的姿态操作控制误差等。

贯通误差包括横向贯通误差、纵向贯通误差和垂直贯通误差。依据目前测量仪器的性能，测距精度较高且穿黄隧洞为直伸型隧洞，三项误差中纵向贯通误差和垂直贯通误差比较容易达到，隧洞贯通关键在于横向误差控制。

通过对各种误差源的分析，经估算横向贯通中误差为 ±49mm，施工中，横向贯通误差按 ±100mm 控制。

高程误差由地面近井点误差、竖井传高误差和洞内水准误差组成，三项中误差的限差均按 ±10mm 控制。

2. 测量检测方案

1）地面控制网测量

地面控制网分两部分，一是整个穿黄工程施工控制网观测，控制网由 11 座安装有强制对中装置的观测墩组成，按 C 级网精度进行观测，高程控制按二等水准观测。二是加密网观测，在ⅡA、ⅡB 标南北竖井进出口处共设置有 8 座加密控制点，主要用于隧洞的定向和施工测量，是井下联系测量控制起算点，按优于 C 级 GPS 精度测量，高程控制按二等水准观测。

　　2）竖井联系测量

　　竖井联系测量采用联系三角形法，测角、测边仪器采用两台 TCA2003 全站仪，竖井上下同时观测，竖井内悬挂 2～3 根 0.5mm 高强钢丝作为联系三角形两点，采用 30～40kg 重锤和油桶作阻尼系统。

　　进行联系三角形测量时，重复观测数组。每组只将两垂线位置稍加移动，测量方法完全相同。由各组推算井下同一导线点之坐标和同一导线边之坐标方位角。各组数值互差满足限差规定时，取各组的平均值作为该次测量的最后成果。

　　（1）竖井传高：竖井深约 60m，上下点高差测定采用铟钢基线尺精密量距配合精密水准仪进行测量。

　　（2）洞内精密导线测量：洞内精密导线测量采用导线网，为避免旁折光，角度测量观测前后的异侧点、同侧点及近点加测测距边，起闭于竖井联系测量引出的两条边，如图 5.4-4 所示。

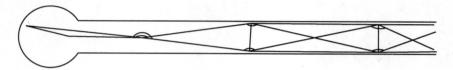

图 5.4-4　洞内边角观测示意图

3. 检测成果分析评价

　　穿黄工程Ⅱ-A 段施工至桩号 5＋648、距南岸竖井 100m 时，实施了首次检测。首次检测显示：地下洞内接近盾构机的加密点 X8 横向偏差 17mm，X10 横向偏差 14mm，高程差值小于 7mm；洞内方位比较相差 0.8″。盾构机姿态检测结果与洞内控制点检测偏差方向及量级一致，检测时盾构机姿态如图 5.4-5 所示。

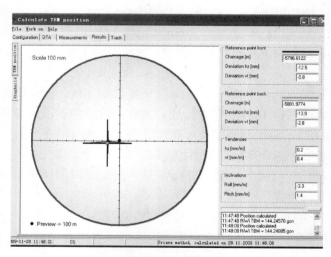

图 5.4-5　穿黄Ⅱ-A 段检测时盾构机姿态

　　穿黄工程Ⅱ-B 段施工掘进至桩号 5＋766、距南岸竖井 109m 时，实施了首次检测。检测显示：地下洞内施工方的加密点 D11-1 与检测成果比较，点位偏向上游，横向误差 10mm，纵向误差 12mm；接近盾构机施工方的加密点 D14 与检测成果比较，点位偏向下游，横向误差 16mm，纵向误差 18mm；高程比较差值在 4mm；接近盾构机的两点方位角与施工方较差 3.55″。盾构机前、后参考坐标与设计线比较，盾前偏向上游，平面偏左（右）偏斜 10mm，高程低于设计 49mm；盾后偏向上游，平面偏左（右）偏斜 5mm，高程低于设计 40.0mm，检测时盾构机姿态如图 5.4-6 所示。

4. 检测对设计、施工的指导

　　针对穿黄隧洞Ⅱ-A 标和Ⅱ-B 标的检测，及时反映了隧洞掘进的定向，检测成果精度高，并已用于

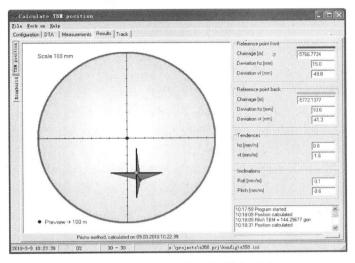

图 5.4-6 Ⅱ-B 段检测时盾构机姿态

穿黄隧洞 II-A 标和 II-B 标施工，对隧洞精确贯通有较强指导作用。穿黄隧洞Ⅱ-A 标于 2009 年 12 月 22 日精确贯通，横向贯通误差 23mm；穿黄隧洞Ⅱ-B 标于 2010 年 4 月 8 日精确贯通，盾构中心与南岸竖井到达洞口中心高程误差 20mm、水平误差 21mm。

通过检测，及时发现穿黄Ⅱ-A 标邙山段隧洞竖曲线高程偏差，促成穿黄邙山段隧洞竖曲线段设计变更，验证了该型盾构机向上掘进的最合适曲线设计方案。

盾构机本身为直线形刚体，不能与曲线完全拟合，曲线半径越小，则纠偏量越大，纠偏灵敏度降低，轴线比较难以控制。为使盾构姿态平缓调整，部分管环坡度保持不变，盾构的调整曲线如图 5.4-7 所示。

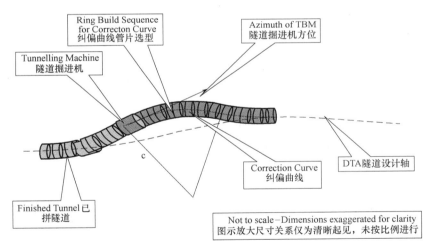

图 5.4-7 盾构纠偏示意图

5.4.4 启示与展望

南水北调中线干线工程施工测量控制网的建立，从理论到实践，解决了中线工程测量控制系统存在的一系列关键技术问题和遗留的技术难题，为工程建设的顺利开展提供了可靠的测绘保障，为建立"数字南水北调中线工程"提供了空间数据基础框架。形成的一整套超长输水线路高精度施工控制网技术设计方案、开发的具有自主产权的数据处理软件，将为类似工程的测绘保障体系建立提供宝贵的经验和先进的技术，也可广泛应用于其他测绘工程。

本章主要参考文献

[1]　李青岳，陈永奇. 工程测量学 [M]. 北京：测绘出版社，2008.

[2]　张正禄，等. 工程测量学 [M]. 武汉：武汉大学出版社，2015.

[3]　吴子安，吴栋才. 水利工程测量 [M]. 北京：测绘出版社，1990.

[4]　中华人民共和国水利部. SL 52—2015 水利水电工程施工测量规范 [S]. 北京：中国水利水电出版社，2015.

[5]　国家能源局. DL/T 5178—2003 混凝土坝安全监测技术规范 [S]. 北京：中国电力出版社，2003.

[6]　中华人民共和国建设部，中华人民共和国国家质量监督检验检疫总局. GB 50026—2007 工程测量规范 [S]. 北京：中国计划出版，2007.

[7]　杨爱明，严建国，姜本海，丁涛，等. 南水北调中线干线工程施工控制网设计与实践 [M]. 武汉：长江出版社，2013.

[8]　汪易森，杨爱明，姚楚光，严建国. 南水北调中线干线工程施工测量控制系统 [J]. 水利水电科技进展，2007，27（2）：1-5.

[9]　姚楚光，杨爱明，严建国，姜本海. 南水北调中线干线工程施工控制网精度与等级论证研究 [J]. 南水北调与水利科技，2008，6（1）：298-307.

[10]　姚楚光. 南水北调中线一期工程首级施工控制网的建立 [J]. 人民长江，2007，38（10）：83-85，125.

本章主要编写人员（排名不分先后）

武汉市测绘研究院：王厚之
葛洲坝测绘地理信息技术有限公司：陈兆斌、刘冠鹏
长江空间信息技术工程有限公司（武汉）：姜本海

第6章 异型结构工程

6.1 概述

异型结构是指结构复杂和（或）形状怪异的建（构）筑工程（中央电视台新台址、鸟巢等）的总称，随着社会的不断进步，国民经济的高速发展，新的建筑逐渐追求结构新颖、造型独特的形式，异型建筑已成为城市风景中的亮点，建（构）筑物的体量越来越大，结构越来越复杂，形状也越来越怪异。

异型建筑结构和外观的新颖和奇特，在一定程度上违背了现行的建筑和结构的安全规范要求，相对常规的建筑施工，异型建筑的工程测量任务更加艰巨。异型建筑轴线分布不均匀、不规则，且每层轮廓各异，所以建立高精度的测量控制网难度大；异型结构体形奇特，施工过程中受环境影响极为显著，又由于空间位置的不断变化，高空测量控制网的稳定性也较差；异型建筑外形独特导致结构的几何中心和物理中心不重合，在施工过程中，随着高度的增加，异型结构时时在变形，对异型建筑的实时监测难度大；异型结构建筑物的截面尺寸不断变化，常规方法无法验证任意点和点之间实测值与设计值尺寸关系，很难掌握建筑物竣工后的实际尺寸状态，所以异型结构的竣工验收难度大。

中央电视台新台址主楼，两座塔楼双向倾斜6°顶部通过14层高、1.8万t的悬臂在234m高空连为一体，形成一种挑战重力原则的结构形式，如何保证两座塔楼各自在空中的位置形态以及两座塔楼的精确合龙，给现场的施工测量带来很大的难度；传统的轴线竖向传递采用激光铅直仪，通过国内外的比较和选型，使用当时的激光铅直仪无法满足工程高精度的投测要求；建筑物的水平方向的变形监测一般采用极坐标法，但由于工程监测层多，流水段多，若采用极坐标法，人力物力投入大，效率低；由于建筑物结构的几何中心和物理中心不重合，尤其是在没有合龙前，双塔受力不均匀，造成双斜塔结构施工不断升高的过程中时时在变形，对于中央电视台世界上独一无二的建筑形式施工过程中和运营期间的监测技术都是空白。传统的施工测量放样方法无法满足施工要求，更难以跟上施工进度，影响施工效率和施工工期，甚至影响工程质量，要在工程保质保量前提下，快速、准确、高效地完成施工测量任务，必须打破常规，对测量技术进行创新与改进。

国家体育场（鸟巢）是一个大跨度的曲线结构，有大量的曲线箱形结构，设计和安装均有很大挑战性，在施工过程中处处离不开科技支持。"鸟巢"采用了当今先进的建筑科技，全部工程共有二三十项技术难题。"鸟巢"钢结构总重4.2万t，最大跨度343m，而且结构相当复杂，其三维扭曲像麻花一样的加工，相关施工技术难题还被列为科技部重点攻关项目。

广州塔又称广州新电视塔，俗称"小蛮腰"。它是2010广州亚运会标志工程，也是广州市重要的地标性建筑，是已建成的世界第一高自立式电视塔。广州地处热带地区，每年遭受台风袭击的频度和强度较大。广州塔高度高、体形细、结构布置独特，属于风敏感结构，强风、地震是广州塔需要考虑的主要外部影响，必须确保该塔在强风和地震作用下不发生过大的振动和破坏。

中央电视台新台址的双向倾斜及悬挑结构、鸟巢的异型拼装结构、广州塔上下宽中间细超高的特殊结构成为异型建筑的典型代表，下面以中央电视台新台址、鸟巢、广州塔项目为例对异型结构工程施工测量关键技术进行介绍。

6.2　中央电视台新台址

6.2.1　工程概况

中央电视台新台址建设工程位于光华路和东三环路交界处的 CBD 中央商务区内，占地总面积 196960m²，由 CCTV 主楼、TVCC 电视文化中心以及服务楼组成。CCTV 主楼位于场地的西南，包括两座斜塔楼，连接两座斜塔楼的 14 层高的悬臂结构，以及 10 层裙楼与三层地下室，地上总建筑面积约 50 万 m²，项目效果图如图 6.2-1 所示。

图 6.2-1　中央电视台新台址

塔楼部分：两个塔楼坐落在桩筏基础之上，筏板伸延到塔楼的外轮廓线之外。三层的地下室贯穿整个塔楼、裙房和基座，周围的地下停车场结构超出上部建筑的投影区域。主楼设带斜撑的钢结构外筒体以提供结构的整体刚度，外筒体由水平边梁、外柱和斜支撑组成，筒体在两个平面都倾斜 6°。塔楼核心筒为钢框架结构体系，核心筒体横向布置一定数量的柱间支撑，而纵向主要依靠梁柱的刚接作用形成抗弯框架抵抗弯曲。所有的核心筒及内柱都是竖直的，他们与外筒体柱一起作用，为隔层设置的刚性层楼板之间的楼板提供稳定性。

悬臂部分：塔楼 1 和塔楼 2 外框筒双向向内倾斜，并在顶部外伸形成折形门式结构体系。悬臂结构从塔楼 37 层至顶层外伸，悬臂底面为水平，顶面与两座塔楼的顶面位于同一个倾斜面内。塔楼 1 悬臂外伸 67m，塔楼 2 悬臂外伸 75m，悬臂底标高为 162.2m，悬臂宽 39.1m。悬臂部分主要由外框筒、底部转换桁架和内框架组成。

中央电视台新台址由哈佛大学建筑与设计学院院长库哈斯所主持的荷兰大都会建筑师事务所负责设计，被美国《时代》杂志评为世界十大建筑奇迹之一，用钢量是"鸟巢"的两倍。在中央电视台新台址的设计方案中，库哈斯运用一个水平的体块和一个高悬在距地面 161m 处的角，来形成一种雕塑般的扭曲，大楼中央是一个斜长方形的中空孔洞，被形容为钢铁和玻璃建造的"巨环"。主楼的两座塔楼双向内倾斜 6°，在 163m 以上由"L"形悬臂结构连为一体，建筑外表面的玻璃幕墙（10 万 m²，共 27400 余块）由强烈的不规则几何图案组成。从形式上化解了传统的摩天大楼"裙楼—中部韵律布置—顶部"的三段式模式，还设计出一种新的上下贯穿一气的形体，希望做成建筑美与高科技融合的标志性建筑，目的就是要"重新发明结构"。

曾有媒体认为，"这是一个中国的建筑师'无法想象'的设计，是一座环形的永不停息的巨型机器"。

6.2.2　关键问题

结构越复杂的建筑，对测量的要求越高、越严格，中央电视台新台址具有工程体量大、形状怪异、悬挑结构控制难度大、异型结构验收困难等特点，尤其是主楼挑战重力的双向倾斜 6°在 200 多米的高空合龙、悬空 14 层的异型悬挑测量难题，对施工测量技术来说是一个巨大的挑战。必须独立自主创新精密工程测量新技术，突破超大异型悬挑结构的测量技术瓶颈。

1）常规的高程传递使用钢尺直接测量法和悬吊钢尺法，由于工程结构超高，受到钢尺长度的限制，建筑高度超过一整尺（50m）长，需要分阶段（至少 3 次）设定高程传递基准点进行高程传递，造成误差的积累；其次，分段传递需要人员多，效率低；再者，由于高差大、温度变化较大，难以准确进行温度改正；另外风力、拉力和振动对测量结果也会造成影响；因此利用传统的水准测量只能完成 200m 以下高度的高程传递精度，对于 200m 以上的超高建筑，必须自主研究新的高程传递办法。由于 CCTV 主楼的两座塔楼均为双向倾斜 6°的结构形式，施工现场环境复杂，测量条件差，在施工过程中既要保证塔楼本身的空间几何形态准确，又要保证两座塔楼的空间相对位置准确性，地面控制点如何高精度传递到作业层，为工程提供准确的测量基准，而经过实际测试，发现进口设备由于调焦、人工判读接收，误差影响根本达不到二十万分之一，因此竖向控制网的高精度传递是无法逾越的关键技术。

2）由于建筑外形独特，不规则形状导致结构的几何中心和物理中心不重合，在施工过程中，随着高度的增加，异型结构时时在变形，如何精密测量提供实时准确数据指导设计，以保证受力安全，是工程测量需要解决的难题。

3）悬挑部位在高空受风力、振动等各种条件的影响时时在发生位移变化，要确保悬挑部位几何空间形态的精确定位，必须进行高精度的实时跟踪测量。工程竣工后，需要检测超高悬挑结构摆动振幅是否符合安全设计标准，如此高精度超高悬空测量是整个工程测量技术中最"难"的问题。

4）竣工验收对于规则建筑物通常使用全站仪、水准仪等，工作量大，效率低。对于本工程来说，随着高度增加建筑物截面尺寸不断变化，常规方法无法验证任意点和点之间实测值与设计值的尺寸关系，很难掌握建筑物竣工后的实际尺寸状态。

6.2.3 方案与实施

针对工程的特点难点，中央电视台新台址的施工秘籍是结合精密 GNSS 测量、智能化全站仪等多项技术建立工程测量总控制网和建筑物控制网，为建筑物提供精准的测量基准；采用建筑物内部小角度钢尺测边交会测量与外部变形监测相结合方法，快速提供延迟构件设计预调数据，为施工安全提供了技术支持；采用测量机器人与 GNSS 测量实时监测相互验证的技术，保证了超高悬挑结构的顺利施工和运营安全；三维激光扫描技术对超高异型不规则截面进行竣工验收。

6.2.3.1 控制测量

场区基准点的稳定性是保证整个工程精度的关键，因此，工程采用高精度的 GNSS 控制测量技术来建立高精度的测量总控制网。

1. 中央电视台新台址周边环境

中央电视台新台址位于北京东三环中路和光华路交汇处的东北角，南距大北窑桥与长安街交汇处500m，西与嘉里中心隔东三环路相望，北距朝阳路 50m，周边有北京第一高楼国家贸易中心三期、京广中心、北京电视台、北京嘉里中心、北京财富中心、环球金融中心等大型建筑，项目周边建筑如图6.2-2 所示。

根据现场实际情况，结合以上因素，在场区布设Ⅰ级控制网，为了提高基准点的稳定性，采用强制对中装置形式埋设，如图 6.2-3 所示。

2. 设备选型

工程测量总控制网 GNSS 测量选用进口高精度双频 GNSS，如图 6.2-4 所示。

3. 外业观测

对布设的基准点与现场施工基点 K2、K3，采用 15s 采样率，进行不少于 48h 的静态观测，如图6.2-5 所示。使用 Trimble TTC 高精度解算软件进行详细解算。

根据甲方提供 K2、K3 基点的数据结合静态观测得到的监测基点与 K2、K3 的平面关系，对上述监

图 6.2-2 中央电视台新台址周边环境图

图 6.2-3 工程测量总控制网基准点埋设图

测基点的进行归算（坐标转换），使之与施工测量成为相同的体系。

图 6.2-4 双频 GNSS

图 6.2-5 GNSS 观测

4. 总控制网的检测

总控制网的检测采用 TC2003 全站仪按照一级导线进行测量，仪器精度指标：测角 0.5″，测距 1mm＋1ppm。

定期对基准点平面坐标和高程进行复核，其中平面测量基准点首次测量采用静态 GNSS 进行测量，用高精度的 TC2003 全站仪按一级导线要求定期复测。高程引测使用美国天宝电子水准仪 DiNi 按二等水准测量的方法进行，平差结果作为检测的基准高程，并定期校核。

经过长期多次测量，进行数据统计分析，总控制网各控制点是基本稳定的。GP2 点的坐标变化曲线如图 6.2-6 所示。

6.2.3.2 控制网的竖向传递

1. 平面竖向传递

1）设备要求

通过国内外的比较和选型，当前标称精度最高的设备有瑞士 Leica 和日本铅直仪，经过实际测试，发现进口设备由于调焦、人工判读接收误差影响，根本达不到工程要求的 1/2000000 的精度，且竖向传递高精度仪器设备生产技术在欧洲和日本属于垄断。根据工程的实际需要，项目组与仪器生产厂家对激光铅直仪进行了改进和创新，打破了国际垄断，使国产的激光铅直仪精度实际达到了 1/200000。改进

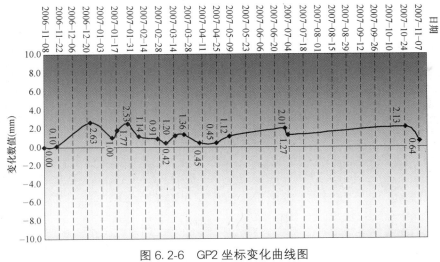

图 6.2-6　GP2 坐标变化曲线图

后的激光铅直仪具有独特技术性能特点：

自动补偿器——液体双光楔自动补偿器完美全解决了传统重力、机械补偿技术中无法克服的摩擦力影响，将自动补偿技术提高到世界级先进水平。

空间位相调制器——该技术使激光在长距离检测中，无须调焦，实现了无调焦运行差，大大地提高了整个检测系统的测量精度，从而摆脱了调焦误差对长距离激光测量的精度限制。

激光环栅和激光十字线光斑中心数字化识别技术——长距离激光光斑的数字化接收智能传感器新技术的应用。

2）基准点布设

针对工程具体情况：受结构自振、风振、日照和施工过程中变形的影响，为减少各种因素影响，提高测量精度，采用"超高层标高高精度自动传递工艺方法"进行标高的竖向传递，采用高精度（1/200000）激光铅直仪进行轴线控制点的竖向传递，竖向基准点布置图如图 6.2-7 所示。

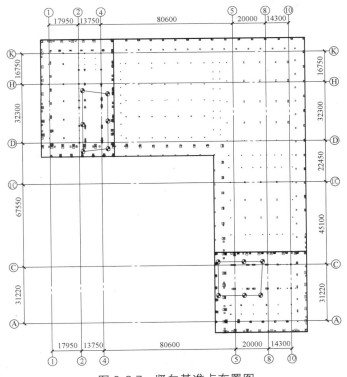

图 6.2-7　竖向基准点布置图

图 6.2-8　投射激光

3）分段投测设计

当到达一定高度时，由于现场施工环境复杂，再加之激光铅直仪光斑发散而产生光斑中心估读误差会给精度带来一定影响。为减少这种影响，提高竖向传递的准确性，超高钢结构建筑控制点应采取分段投测传递，分段投测高度可根据不同工程情况按照 100m 左右高度划分，投射激光及激光接收如图 6.2-8、6.2-9 所示。

分段楼层控制点精度分析计算公式：

$$m_{楼层控制点}=\sqrt{m_{楼层转移控制点}^2+M^2}$$

$$=\sqrt{m_{楼层转移控制点}^2+\frac{1}{4}\left[0.5^2+\left(\frac{h}{200000}\right)^2\right]}$$

其中：激光投射中心精度估算公式：

$$M^2=\frac{1}{4}\left[0.5^2+\left(\frac{h}{200000}\right)^2\right]$$

当 $h=100$m 时，$M_1=\pm0.35$mm

按 100m 左右传递，最高层楼层控制点的精度为 $M=\pm0.67$mm，由此可见能够满足施工精度的要求。

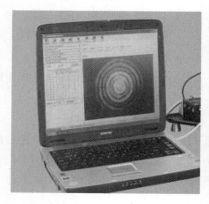
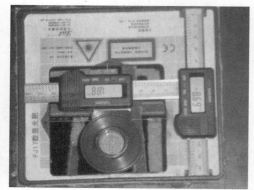

图 6.2-9　激光接收

2. 超高层标高高精度自动传递工艺方法

超高层标高高精度自动传递工艺方法如图 6.2-10 所示，解决了传统标高传递的缺点，这种技术方法具有不受建筑高度的限制，可从同一基准点高精度地向上传递，仪器直接读数，专用软件直接进行数据处理，消除了人工误差和累计误差，不仅快速而且精度高等优点。

1）在首层内控点强制对中装置上架设激光电子全站仪，将激光电子全站仪望远镜调成水平位置（屏幕数值显示为 90°），读取初始值；

2）将激光电子全站仪的望远镜指向天顶（屏幕数值显示为 0°），将照相接收机装置的支座放置在预留洞口处；

3）打开激光电子全站仪，向照相接收机装置的照相接收机打激光，照相接收机接到激光点后，通过电机在导轨上移动，使照相接收机中心与激光点重合，激光电子全站仪进行多次测距；

4）得到激光电子全站仪至照相接收机的垂准距离后，将塔尺立在照相接收机装置的基点转点处，架设水准仪，读取塔尺读数，通过程序自动计算出作业层 +1.000m 标高点的读数。

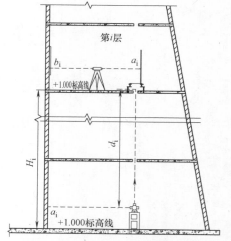

图 6.2-10　超高层标高高精度自动
传递工艺方法示意图

经过精度分析，基本符合二等水准测量的精度要求，在实践中已成功应用并取得国家发明专利。

6.2.3.3 施工期间建筑变形监测

由于主楼建筑外形独特，由双向倾斜6°的两座塔楼在顶部通过14层高、1.8万t的悬臂在234m高空连为一体，造成结构的几何中心和物理中心不重合，尤其是在没有合龙前，双塔受力不均匀，造成双斜塔结构施工不断升高的过程中时时在变形，即杆件内侧受压外侧受拉，延迟构件的尺寸加工需要精密测量提供实时准确数据以指导设计再通知厂家加工新的杆件，以保证结构最终完成时的形状满足建筑设计的要求。

在施工阶段对建筑物下部、建筑物主体结构内部、建筑物主体结构外部进行监测，以明确结构的变形趋势和变形具体量值，为施工预设调整值进行变形控制提供合理依据。

1. 建筑物下部沉降观测

建筑物下部沉降采用精密水准测量和静力水准测量相互验证的方法进行。

基础筏板几何测量共布置70个测点，其中30个测点需要进行平面及高程的变形测量，另外40个测点仅测量高程变形，如图6.2-11所示。

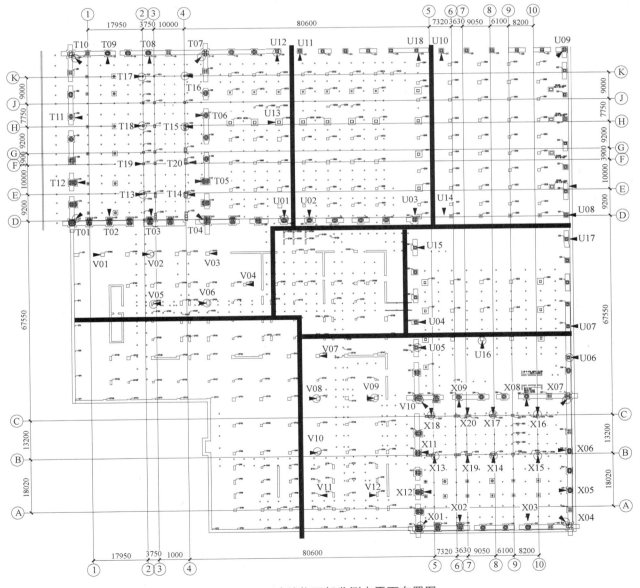

图 6.2-11　建筑物下部监测点平面布置图

(其中加圈测点30个需测量 x、y、z 三向坐标；其余40个测点仅测 z 向坐标)

下部沉降监测采用几何水准和静力水准测量相互验证的方法进行，实现了对 CCTV 主楼基础在施工期间的沉降监测。几何水准测点分布广，但一次测量所需时间较长，且测量周期也相对较长；而静力水准测点相对较少，但可同时测量所有测点的相对沉降，且不受气候条件和测量时间的限制，两者的有机结合，连续反映了工程基础的沉降过程和变形规律。B3 层几何水准获得的沉降测量结果和 B4 层静力水准沉降测量结果相比如图 6.2-12 所示，可以看出，两者的趋势相似，总体测量值大致相当，反映了沉降结果的准确性和可靠性。

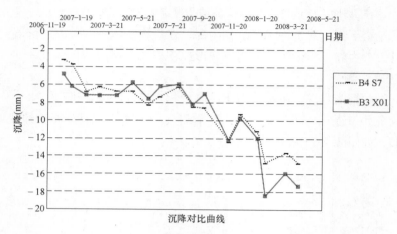

图 6.2-12　两种方法测量结果对比（X 区）

2. 建筑物主体结构监测

1）测点布置

内部结构在两塔楼分别进行测量，根据结构特点，塔楼 T 区设置 14 个参考层，塔楼 X 区设置 11 个参考层，每个塔楼每参考监测层设 12 个监测点，共计 300 个测点，第 1、6、10 层参考楼层监测点平面布置图、屋面监测点平面布置图，如图 6.2-13、图 6.2-14 所示。

2）监测

在塔楼 1（T 区）和塔楼 2（X 区）内部分别设立一个由六点组成的二级平面控制网，数据来自一级导线控制网引测确定。利用二级平面控制网的强制对中装置，通过天顶仪传递平面坐标到各监测楼层，再计算测点的平面坐标，以二等水准监测高程。内部监测点定期对应外部测量。

经过项目组的精度分析和工效分析，检测层内部的平面坐标采用小角度钢尺测边交会测量的方法测量。

常规极坐标与小角度钢尺测边交会测量两种测量方法的精度对比分析：

（1）极坐标测量方法的精度分析

以图 6.2-15 为例，已知 A、B 两点，采用极坐标法测得 $S_{AP}=14.604\text{m}$，$\alpha_{BAP}=37°10'39''$，坐标增量 $\Delta X=8.825\text{m}$，$\Delta Y=11.636\text{m}$。假设观测仪器高 $H=1.55\text{m}$，则观测竖直角 $\alpha_{\text{竖}}=6°3'30''$。观测全站仪的标称精度：角度 $\pm1''$，距离 $\pm$（2mm+2ppm）。全站仪对中误差按每米对中小于 1mm 计，棱镜固定，无对中误差计算。

经过精度分析 P 点精度为 $\pm2.238\text{mm}$。

（2）小角度钢尺测边交会测量方法的精度分析

如图 6.2-16 所示，某工程中已知 A、B 两点，$S_{AB}=33.641\text{m}$，P 点为待测点，现采用钢尺量距两边交会的方法测得 $S_{AP}=14.604\text{m}$，$S_{BP}=23.708\text{m}$，钢尺量距误差按 $m=0.35\text{mm}$ 计。

经过分析采用两边交会时 P 点的点位误差为 $\pm0.5772\text{mm}$。

经对极坐标和距离交会两种方法的精度分析可知，小角度钢尺测边交会测量的测量方法精度要高于极坐标法，因此结构内部监测点平面坐标测量采用小角度钢尺测边交会测量的测量方法。经过实践，该

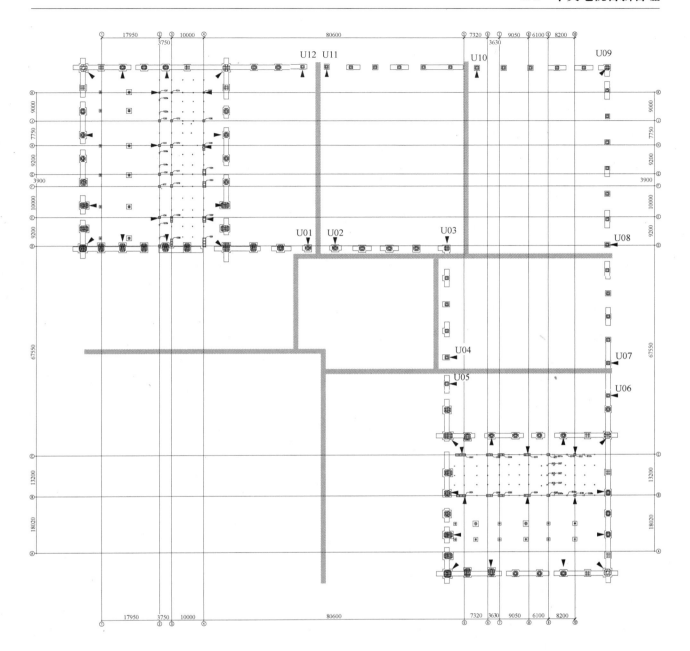

▼——每个参考层布设48个监测点,共计48×3=144个

图 6.2-13 第 1、6、10 层参考楼层监测点平面布置图

方法经济合理、速度快、精度高。

为保证距离测量时钢尺的稳定,提高距离测量的精度,监测人员在内部结构监测工作中设计了实用新型专利工具——"精密量距专用卡具",如图 6.2-17 所示,结构内部监测点测量示意图如图 6.2-18 所示,内部强制对中工作基点架设仪器示意图如图 6.2-19 所示,小角度测边交会监测技术示意图如图6.2-20 所示。

3. 建筑物主体外部监测

平面变形测量采用全站仪外部楼角测量对比塔楼内部距离交会测量数据相互校核法。塔楼 1 外框棱镜角点监测楼层为:F02、F06、F10、F12、F16、F20、F24、F28、F32、F36、F37、F39、F41、F45和 F52(屋面),每个监测楼层外框角柱上布置 4 个测点;塔楼 2 外框棱镜角点监测楼层为:F02、F06、

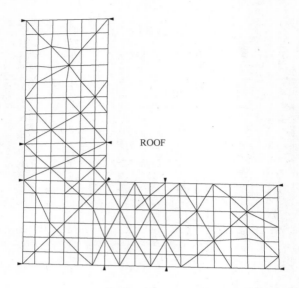

▼ — 本参考层布设12个监测点

图 6.2-14　屋面监测点平面布置图

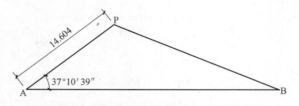

图 6.2-15　极坐标测量方法的精度分析

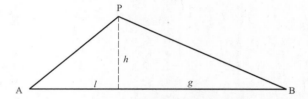

图 6.2-16　小角度钢尺测边交会测量方法的精度分析

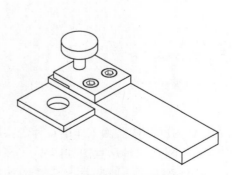

图 6.2-17　精密量距专用卡具

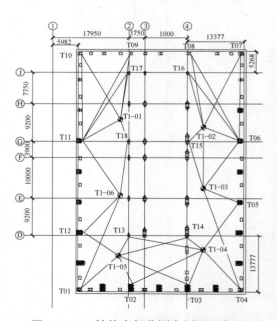

图 6.2-18　结构内部监测点测量示意图

F10、F12、F16、F20、F24、F28、F31、F37、F39、F41 和 F45（屋面），每个监测楼层外框角柱上布置 4 个测点，共计 112 个；对应上述楼层内部每个塔楼监测楼层布设 12 个内部监测点，共计 312 个测点，如图 6.2-21 所示。

外框测点采用机器人三维空间自动测量技术，将全站仪架设在测站上，按极坐标法直接测量出监测

图 6.2-19　内部强制对中工作基点架设仪器

图 6.2-20　小角度测边交会监测技术

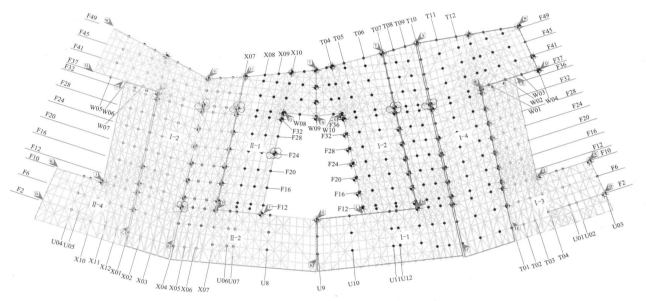

○——30个外形关键控制点（建议将塔2的F22层的两个关键点移至F24或F20层）

◈——拟布置在外立面杆件外部的棱镜观测点,本图中布设75点

●——布置在外立面杆件（含内部和外部）的测点,本图布设375点

⊛——大悬臂下方新增非棱形角点处,本图中布设6点

图 6.2-21　外框位移监测点展开图

点的坐标。为保证现场测量作业的可行性，需进行测站与测点之间的通视性分析，如图 6.2-22 所示。首先建立 CCTV 主楼的三维模型，然后通过三维动态观察器来分析测站与测点之间的通视性。同一条棱角线上的测点当有可能阻挡时，通过模拟数据中仪器的仰角就可以判断出测站与测点是否通视。

平面变形测量采用全站仪外部楼角测量对比塔楼内部距离交会测量数据相互校核法。

外框角柱变形定期测量，在强制对中基准点上架设全站仪采用空间三维坐标法进行测量，并以每次最新的基准点坐标来测量棱镜测点坐标，仪器架设和小棱镜安装图如图 6.2-23、图 6.2-24 所示。

在进行数据处理和趋势分析时，首先对内、外监测结果进行对比相互验证见图 6.2-25，并根据内、外观测结果的精度确定不同的权重比例来进行趋势分析。

6.2.3.4　悬臂结构合龙监测

悬臂结构的监测采用 GNSS 卫星实时监测和测量机器人自动跟踪测量相互验证的技术。

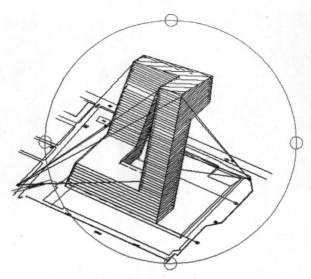

图 6.2-22　通视性分析示意图

图 6.2-23　GP4 仪器架设

图 6.2-24　小棱镜安装图

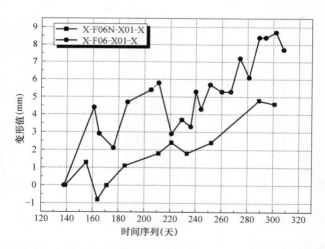

图 6.2-25　塔楼第 6 层 X01 点内、外监测获得的 x 向变形对比图

1. 测量机器人测量

在 F37、F39、F41、F43 和 RF（屋面）层布设监测点如图 6.2-26 所示，在地面首级控制网观测墩架设测量机器人自动跟踪测量。

悬臂监测每周测量 3 次，跟踪施工进度逐步布设点，F37 及 RF 的观测记录及平面变形时间曲线

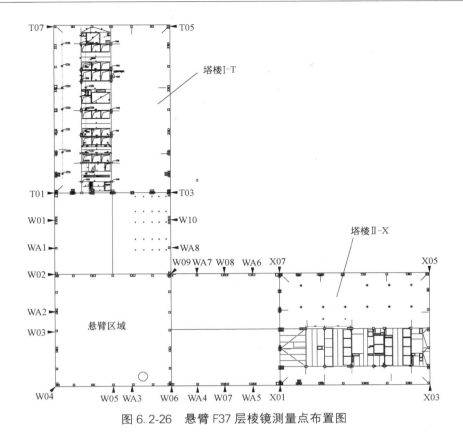

图 6.2-26 悬臂 F37 层棱镜测量点布置图

如图 6.2-27～图 6.2-31 所示。

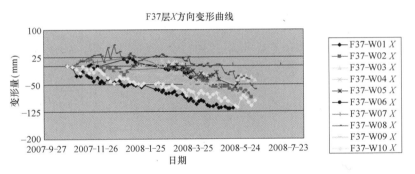

图 6.2-27 F37 层 X 方向变形曲线

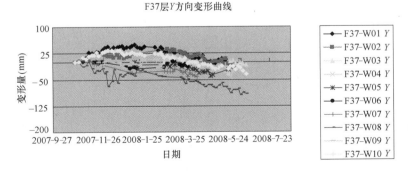

图 6.2-28 F37 层 Y 方向变形曲线

从监测测试结果看，施工期间悬臂部位平面变形无明显突变，实测结果与理论模拟计算变形趋势一致，数值基本接近。

353

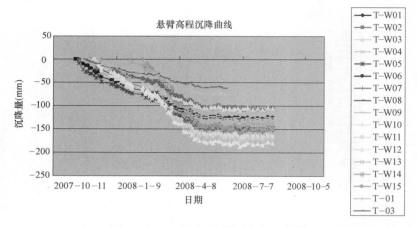

图 6.2-29　F37 层高程测点变形曲线

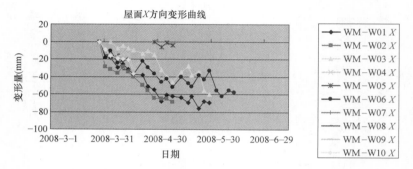

图 6.2-30　屋面 X 方向变形曲线

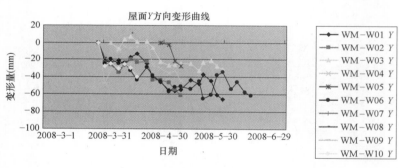

图 6.2-31　屋面 Y 方向变形曲线

2. GNSS（RTK）位移测量

1）监测点布置

在塔楼 T 区和塔楼 X 区屋面结构顶部分别安设 2～4 个 GNSS 接收机如图 6.2-32 所示，布置图如

图 6.2-32　234m 高空 GNSS 测量

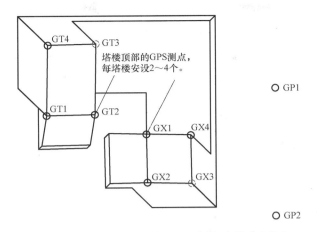

图 6.2-33　塔楼顶部的 GNSS 测点布设位置图

图 6.2-33 所示，采用强制对中盘，相对基准点设在现场基准点 GP1、GP2 上，进行联测。

2）GNSS 观测

观测每隔一小时对数据进行一次采样，为了保证数据的精度，在一个点上采样时间超过 1 分钟，仪器自动给出平均数，记录观测数据，根据不同时段的数据绘制悬臂随时间变化的曲线图。

根据 GNSS 测设的结果，绘制悬臂随时间的位移变化。不同时间点的监测点东方向和北方向坐标差得到变化曲线如图 6.2-34、图 6.2-35 所示。

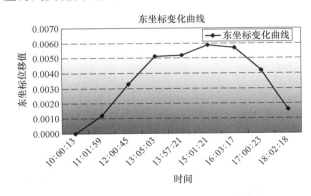

图 6.2-34　不同时间点的监测点东方向
坐标差得到变化曲线

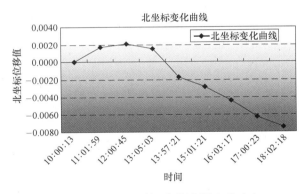

图 6.2-35　不同时间点的监测点北方向
坐标差得到变化曲线

通过上述在悬臂两侧布设自动跟踪测量目标，在地面基准点利用测量机器人快速自动跟踪测量、自动存储记录，通过计算机中心与悬臂两侧的 GX1230 GNSS 实时动态监测的数据进行相互验证，经过 500 小时的连续观测，两侧相对精度在 10mm 以下，捕捉到最佳合龙时机，指导合龙开始，连续跟踪测量直至悬臂稳定，从而保证合龙的顺利进行。2008 年 10 月中央电视台新台址主楼工程悬臂结构顺利通过质量验收，解决了特大倾斜悬臂在 200 多米悬空合龙的难题。

6.2.3.5　合龙荷载完成后继续对悬臂进行监测

主结构施工完成后，由于幕墙安装、室内装修等原因，对悬挑结构进行继续监测，以掌握超高悬挑结构的实时状态，保障异型结构的运行安全。监测采用外框电磁波高精度多测回三维测量系统、建筑物基频监测和屋面 GNSS 摆动监测系统。

1. 建筑外框监测点的变形监测

在建筑物悬臂关键部位布置 6 个监测点（JC1～JC6），监测点布置在不影响正常使用的外表面的部位，根据现场实际情况，在悬臂顶部外形轮廓位置安置特殊加工的高精度的小棱镜（JC1、JC2、JC3），采用空间三维坐标法测量；悬臂底部变形观测采用角度交会法测量（JC4、JC5、JC6），如图 6.2-36 所示。为了验证悬臂顶端测量结果的可靠性，在悬臂顶端采取了测量点（JC5-1、JC5-2）来相互校核验证。

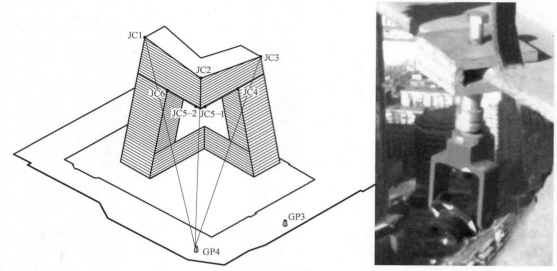

图 6.2-36 监测点布置图、棱镜安装图

悬臂顶部外形轮廓变形监测采用电磁波高精度多测回空间三维测量，悬臂底部位移观测采用角度交会法测量。

将 TCA2003 全站仪架设在强制对中基准点 GP2 上，对中整平后，后视 GP1，输入测站点的平面高程数据和后视点的平面高程数据，完成定向工作，直接观测外框监测点的三维坐标。记录监测点的三维坐标数据。

将仪器重新整平，后视 GP3，观测外框监测点的三维坐标，并进行记录。取两次的平均值作为最后的结果。

根据两周期的实际测量差值，求出变形点的三维位移量。

将监测点的三维位移量制表并绘制变形曲线。

观测时间从 2011 年 11 月 13 日至 2012 年 5 月 8 日，共观测 35 次。通过观测数据可以看出，悬臂变形曲线比较平稳，各点的变形曲线趋势比较一致，未出现异常变形。

各点的时间变化曲线如图 6.2-37 所示（以 Z 方向为例）。

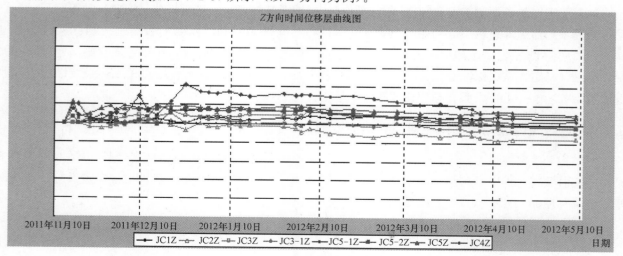

图 6.2-37 Z 方向变形曲线图

通过以上图表可以发现主楼整体受季节温差影响，各监测点 X 值、Y 值变化明显且有规律性，Z 值无明显变化，主楼处于可控状态。

2. 建筑结构摆幅 GNSS 监测

摆幅是评价建筑结构健康状况的重要参数，对其进行动态特征监测对建筑安全运营、维护及设计等至关重要。传统的监测方法受其自身和外界的条件影响已不能满足大型建筑物监测要求。GNSS 硬件和软件技术的发展特别是高采样频率 GNSS 接收机的出现以及 GNSS 数据处理方法的改进和完善，使GNSS 测量在采样率和精度方面都得到了提高。

在屋顶上合适的位置布设 6 个 GNSS 监测点如图 6.2-38 所示，监测点 0001~0005 设在大楼楼顶拐角处，0006 设在楼顶停机坪中心。所有监测点都采用钢制强制对中杆如图 6.2-39 所示。

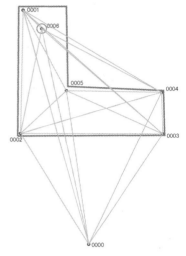

图 6.2-38 屋面监测点布置示意图

图 6.2-39 监测点安装图

进行了两次 GNSS 监测，第一次监测时间为 2011 年 12 月 9 日—11 日，第二次监测时间为 2011 年12 月 21 日—23 日。二次都是连续观测 48 小时，数据采集频率为 5Hz。

基准站采用原有施工 GNSS 控制点 GP3（本次测量称为 0000 点），该点建在地面是带有强制对中水泥墩，其北面是 200 多米新建的 CCTV 主楼，对信号有一定的遮挡，通过对 0000 的原始数据分析得知，该点的多路径效应相对比较严重。因此与北京 CORS 系统同一时段监测数据一同解算，增加结果的可靠性。

采用 24 小时测试 N、E、U 结果比较，绘出每个测点测试结果及平均值见表 6.2-1，并计算出与平均值的差见表 6.2-2。

N、E、U 测试成果表　　　　　　　　　　　　　　　　　　　表 6.2-1

时 间 段	N(m)	E(m)	U(m)
9 日 12:00—10 日 12:00	215.726	−53.652	234.882
10 日 12:00—11 日 12:00	215.727	−53.656	234.880
21 日 12:00—22 日 12:00	215.728	−53.652	234.879
22 日 12:00—23 日 12:00	215.729	−53.652	234.879
平均值	217.7275	−53.653	234.880

N、E、U 测试结果与平均值对比成果表　　　　　　　　　　　表 6.2-2

时 间 段	ΔN(mm)	ΔE(mm)	ΔU(mm)
9 日 12:00—10 日 12:00	−1.50	1.00	2.00
10 日 12:00—11 日 12:00	−0.50	−3.00	0.00

续表

时 间 段	ΔN(mm)	ΔE(mm)	ΔU(mm)
21 日 12:00—22 日 12:00	0.50	1.00	−1.00
22 日 12:00—23 日 12:00	1.50	1.00	−1.00

图 6.2-40 所绘曲线为 4 个小时计算结果时间曲线图。最上为第一次测试结果，48 小时共 12 个数据。最下为第二次测试结果。

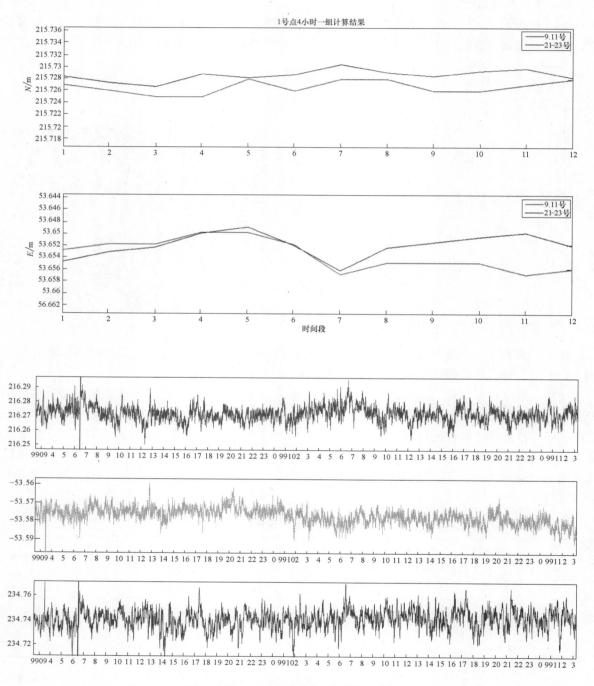

图 6.2-40　4 个小时计算结果时间曲线图

GNSS 的监测结果显示：各点 24 小时测量结果水平方向精度可以在 1mm（互差）以内。4 小时测量结果水平方向互差在 3mm 左右，这里应包含外界荷载的影响，如温度、风、运动载体影响，从测试结果看，水平方向有 2～4cm 变化。

3. 建筑结构基振频率测量

2011 年 12 月 9 日采用 DH65 四通道加速度计对 CCTV 大楼基振频率进行测量。

1）测点布置

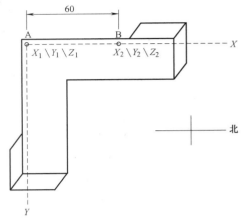

大楼体共 52 层，测点布置于第 48 层，分别位于 A 和 B 两个位置，A 点对应的是 0002 点竖面上，B 点是在 0002 和 0001 直线垂面上，如图 6.2-41 所示。A 与 B 相距约 60m。这两点在楼的悬挑结构上。A 点布置三方向加速度计，B 点布置竖向加速度计。两点同时连续观测 8 小时。采样频率为 20Hz，由于现场试验条件所限，此段信号共记录 28 段。

2）数据处理

A、B 两点采集到的四组数据，分别采用将时域变成频域，得到 X、Y、Z 三个方向的频谱。X 为南北方向，Y 为东西方向，Z 为垂直方向。以 A 测点（2-1 通道）为例，A 测点（2-1 通道）垂直振动频谱图如图 6.2-42 所示。

图 6.2-41　楼体俯视及测点布置图

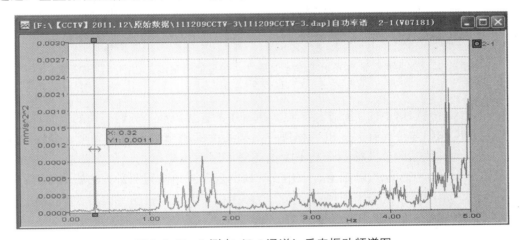

图 6.2-42　A 测点（2-1 通道）垂直振动频谱图

经初步分析，CCTV 大楼的垂直向一阶振动以 0.32Hz 为主，南北向和东西向是 0.42Hz 和 0.51Hz，上述现象说明，该大楼因平面和空间尺寸的不对称，或因结构的几何中心和物理中心不重合，出现了结构空间振动的现象，即对于某一阶振动频率，其结构的运动形态不是单独某一轴运动，或是结构的振动相对于不同的几何轴有耦合的现象。

6.2.3.6　三维激光扫描竣工实测验证技术

本次竣工测量的内容包括建筑物的外立面、楼顶（含直升机停机坪）、37 层（悬挑层）。具体的作业内容有：现场踏勘、控制点布设及测量、激光扫描、标靶测量、高清影像采集、点云数据拼接、坐标系转换、成果图制作、三维模型制作、纹理贴图、竣工测量数据统计分析及扫描仪精度校检。

1. 现场踏勘

通过现场踏勘，确定扫描站点的分布，扫描作业的顺序及路线，数据的采样间隔，标靶的布设数目、方式及测量方法，总体作业量及作业周期，人员安排等。

2. 控制测量

控制测量是三维激光扫描作业的重要组成部分，同时也是后期内业数据拼接质量的保证和点云从扫描仪自身坐标系到工程坐标系或地方坐标转换的依据。本工程外业控制测量使用 GNSS 网络 RTK 在现场布设控制点，高程使用水准高程，控制点与扫描站要通视，由于要保证自动提取标靶中心坐标的精度（不大于 2mm），控制点之间不应过远，VZ400 三维激光扫描一般控制在 100m。

3. 激光扫描和影像采集

根据主楼的实际情况，三维激光扫描共获取了 23 站数据，其中顶部 4 站数据、37 层内部 6 站数据、建筑物外立面 13 站数据。采集现场见图 6.2-43。

图 6.2-43　地面三维激光扫描作业现场（左图是地面采集、右图为顶部采集）

4. 标靶测量

标靶在地面三维激光扫描中的主要作用是点云拼接中的连接点和坐标转换中的控制点。平面型标靶获取精度与扫描角度和扫描距离有关。本工程每一扫描站的标靶个数不少于 4 个，各种拼接标靶如图 6.2-44 所示，相邻两扫描站的公共标靶个数不少于 4 个；同时标靶以扫描仪为圆心，在 360°范围内均匀布置且高低错落有致。在控制点基础上，采用支导线测量和三角高程测量方法施测方形、圆形标靶中心坐标。支导线和三角高程测量均采用换点换方位双测坐标，两次测量值平面不大于 1cm，高程不大于 2cm。两次测量取平均值作为标靶中心坐标。

图 6.2-44　各种拼接标靶（球靶、反射片、方形标靶、圆形标靶）

5. 云数据拼接

为了得到目标建筑物的完整的三维数据，需要选择不同的视点对目标进行扫描。因此点云拼接就是将从不同视点获取的激光点云数据统一到某个固定的坐标系中。本工程中研究的是基于标靶的全自动点云拼接算法。拼接精度控制在 5mm 以内。图 6.2-45 是拼接后的 CCTV 新主楼的整体点云数据。本工程中将建筑物顶部数据、建筑物内部数据同建筑物立面数据拼接在一起，并且达到较高的拼接精度是工程的一个难点。由于扫描站数较多，为了减弱拼接误差的累积，采用"中间到两端"的数据拼接顺序。

6. 成果图制作

根据扫描的点云数据，可以得到建筑物的立面图、平面图、剖面图等，如图 6.2-46、图 6.2-47 所示。通过在点云数据上直接绘图，形象直观，成果准确，这是传统测量方法所无法实现的，点云数据在这里完全取代了全站仪的测点数据。

图 6.2-45　激光扫描点云数据

图 6.2-46　点云数据的立面正射投影

7. 数据建模与量测

三维模型建立依据《城市三维建模技术规范》CJJ/T 157—2010，根据绘制的建筑物各立面图、平面图及剖面图，借助 3Dmax 三维建模软件，制作精细的三维模型如图 6.2-48 所示，成果精度完全满足竣工要求。通过制作三维竣工模型，结合周边现状模型数据，采用三维竣工图或三维竣工验收系统等方式进行成果表现，效果将更加真实，同时还可以在制作的三维模型上任意量测所需要的数据，如建筑物高度、长宽、面积等，如图 6.2-49 所示。

8. 精度检测

激光扫描仪标定的扫描精度为 5mm（350m 距离处），扫描距离为 600m。在具体的工程中通过与全站仪及水准仪观测的数据比较，发现其平面精度与全站仪比较均在 5cm 内，高程数据与水准测量比较均在 2cm 内，量边数据在 2cm 内。

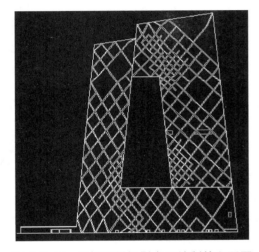

图 6.2-47　依据正射投影点云绘制的立面图

图 6.2-48　三维模型

图 6.2-49　任意距离量取

6.2.4　启示与展望

中央电视台新台址工程被美国《时代》杂志评为世界十大建筑奇迹之一，并获得 2016 年全球最佳高层建筑奖，中央电视台新台工程测量已获得国家优秀测绘工程白金奖，他的研究成果将为特大、超高、异型、悬挑结构的精密工程测量提供成功范例，对工程测量进步有很好的推动作用。

由于 CCTV 主楼结构是两座双向倾斜 6°的高塔，上部由 70 余米悬臂连接，10 层的下部裙房与上部反向的巨大悬臂，造成结构形式不对称，这种独特建筑外形，造成结构的几何中心和物理中心不重合，从而使得结构的变形和振动形态不同于常规建筑的表现，因此在 CCTV 主楼悬臂合龙前后，对悬臂进行了实时监测，在结构完成后继续对悬臂进行监测。

中央电视台新台址特殊的结构类型成为异型结构的代表，结合中央电视台新台址工程的施工测量和监测技术，在以后的异型结构施工测量中，对于悬挑结构合龙前后应进行温度控制、基振频率和振幅变形测量，以此检测特大超高异型悬挑结构摆动振幅是否符合安全设计标准。在异型结构建筑交付使用后前几年的服役期内，结构还会受到各种外部环境因素的影响，外界季节性影响，周围环境温度变化；较强的风荷载及可能发生的地震影响，都会使结构产生随机振动，因此需要对建筑物在运营过程中实施结构物变形监测，通过监测数据对结构在服役期内的健康状况进行评估，对结构的安全性、耐久性、抗震性能做出科学的评价，分析建筑物健康状况，发现问题及时采取补救措施，对建筑物进行科学管理，建立必要健康档案，保证结构的正常运行，保证生命与财产的安全。

6.3　国家体育场

6.3.1　工程概况

国家体育场俗称"鸟巢"（图 6.3-1），位于北京奥林匹克公园中心区南部，为 2008 年第 29 届奥林匹克运动会的主体育场，体育场的形态如同孕育生命的"巢"和摇篮，寄托着人类对未来的希望。国家体育场工程为特级体育建筑，主体结构设计使用年限 100 年，耐火等级为一级，抗震设防烈度 8 度，地下工程防水等级 1 级。工程主体建筑呈空间马鞍椭圆形，主体建筑为南北长 333m、东西宽 296m 的椭圆形，最高处高 69m。建筑面积 25.8 万 m²，占地面积 20.4 万 m²，容纳观众座席 91000 个，其中固定座席约 80000 个。

国家体育场的设计方案，是经全球设计招标产生的，由瑞士赫尔佐格和德梅隆设计事务所、奥雅纳工程顾问公司及中国建筑设计研究院设计联合体共同设计。该设计方案主体由一系列辐射式门式钢桁架围绕碗状座席区旋转而成，空间结构科学简洁，建筑和结构完整统一，设计新颖，结构独特，为国内外特有建筑。

国家体育场 2003 年 12 月 24 日开工建设，2008 年 6 月 28 日落成，总造价 22.67 亿元。外形结构主要由巨大的门式钢架组成，共有 24 根桁架柱。主体钢结构形成整体的巨型空间马鞍形钢桁架编织式"鸟巢"结构，钢结构总用钢量为 4.2 万 t，混凝土看台分为上、中、下三层，看台混凝土结构为地下 1 层、地上 7 层的钢筋混凝土框架-剪力墙结构体系。钢结构与混凝土看台上部完全脱开，互不相连，形式上呈相互围合，基础则坐在一个相连的基础底板上。国家体育场钢结构是目前跨度最大的体育建筑之一，国家体育场屋顶钢结构上覆盖了双层膜结构，即固定于钢结构上弦之间的透明的上层 ETFE 膜和固定于钢结构下弦之下及内环侧壁的半透明的下层 PTFE 声学吊顶。大跨度屋盖支撑在 24 根桁架柱之上，柱距为37.96m。主桁架围绕屋盖中间的开口放射形布置，有22榀主桁架直通或接近直通。为了避免出现过于复杂的节点，少量主桁架在内环附近截断。钢结构大量采用由钢板焊接而成的箱形构件，交叉布置的主桁架与屋面及立面的次结构一起形成了"鸟巢"的特殊建筑造型。主看台部分采用钢筋混凝土框架-剪力墙结构体系，与大跨度钢结构完全脱开。

图 6.3-1 国家体育场（鸟巢）

6.3.2 关键问题

由于国家体育场结构在空间变化的不规则性、多样性、复杂性以及超大规模，增加了施工测量难度，超出传统工程测量范畴，而且又无工程先例，无工程经验可参考。不论是地面拼装还是安装定位，测量工作都十分烦琐和困难，这些对工程测量的实施都提出了挑战。同时，由于施工场地狭小，场地中的大型施工设备、运输车辆和重型起重机械的频繁运行。加之作业公司多，配合、协调、工作交圈不容易。施工测量管理和协调难度都给测量工作带来了很多意想不到的困难。结合工程建设施工测量特点主要反映在以下几个方面：

6.3.2.1 快速建立高精度三维工程控制网

由于施工场地建筑材料堆积散乱，对测量控制点间通视影响很大，为满足施工要求，要根据工程进展情况随时快速建立高精度三维工程控制网，保证施工放样需要比较困难。

6.3.2.2 混凝土结构施工测量

1. 斜扭柱施工测量

斜扭柱在不同结构层上倾斜角与扭转的方向都不相同，而且结构柱之间也没有规律可循，使得确定斜扭柱体定位数据计算过程非常烦琐，给测量带来大量内外业工作量，现场放样定位难度大。

2. 看台板安装的高精度测量

预制看台板外形制作允许偏差要求严格，看台板安装经向轴线、环向轴线、标高控制点（线）、接缝宽度、相邻接缝精度要求高。

6.3.2.3 钢结构施工测量

1. 钢构件（胎架）组装测量

钢结构构件异型、扭曲面多，胎架、构件的三维测量定位难度大，采用工业测量技术进行钢构件

（胎架）组装，精度要求高。

2. 钢结构安装测量

钢结构构件体形大，重量重，安装、吊装中测量定位精度要求高，在高空吊装风荷载较大，稳定性差，构件调整困难。

6.3.2.4 钢结构支撑塔架卸载变形监测

钢结构支撑塔架卸载工程总卸载量大，卸载工作有一定的难度。为了能够确保卸载工作的安全，及时了解卸载过程中每一步钢构件的变形情况，需要对钢结构卸载前、后进行定时跟踪变形监测，并快速提供监测信息，为决定下一步卸载动作提供依据，监测责任和压力大。

6.3.3 方案与实施

国家体育场采用精密导线网进行施工测量控制，高程控制网按二等水准测量精度进行观测，进入钢结构施工阶段时，采用全球卫星定位系统 GNSS，实施国家体育场测区控制网检测。斜扭柱的定位数据计算采用自己编制的"斜扭柱体定位数据"进行计算，钢结构安装定位采用三维空间定位的方法进行，对钢结构卸载前、后进行定时监测，随卸载过程作跟踪变形监测，并即时向卸载指挥中心提交监测成果。

6.3.3.1 控制测量

1. 精密导线测量

国家体育场建设分为混凝土结构和钢结构施工，二者对施工测量控制网的精度要求不一样，由于施工周期长，为了保证不同施工期对测量控制网的需要，施工测量控制网按精度要求最高的钢结构要求进行设计和布设。根据场地条件，测量控制网采用精密导线网，以规划部门提供的红线点作为精密导线网起算数据。

1）选点和埋石

由于施工场地的稳定性受施工和施工机械影响很大，因此控制点的埋设深度距地表 2m 以下，地下浇筑 1m×1m 的混凝土，并采用强制对中标志，而且在标志周围砌筑防护挡墙，强制对中标志及标石埋设形式见图 6.3-2。

根据场地设计总图，将导线点埋设在钢结构周围和场地中央，精密导线网由 12 个点组成，导线网由两个互相连接的环形组成，内环位于场地中央，外环位于钢结构外围，内环和外环通过体育场出入口互相连接。

2）施工期间首级平面控制网的检测

建设场地受施工和施工机械影响，难免对首级平面控制点的稳定产生影响，为了确定测量控制点稳定状况，保证每期测量成果正确，并使测量资料保持连续性和统一性，在整个施工期间的首级平面控制网使用过程中，经常对测量控制网进行检测，第一年内每隔 3 个月对其检测一次，一年以后延长为半年检测一次，根据控制点的稳定情况也可增加或减少检测次数，特殊情况如在季节变化、雨后、冻融、降水等外界条件发生变化时随时检测，以便根

图 6.3-2 强制对中标志及标石埋设

据检测情况对控制点或测量成果进行处理。

检测时采用与首次观测时同等精度的仪器、技术要求、观测方法和计算方法。经过多次检测，各个控制点检测较差小于 3mm，表明控制点整体埋设稳定，点位可靠。

2. 高程控制测量

1）水准网测量

国家体育场首级高程控制网采用水准测量的方法布设，水准网起算点为建设场地附近的北京市水准点 C［11］9，利用平面控制点 K1～K12 作为高程控制网的水准点，组成水准网。

首级高程控制网按二等水准测量精度要求进行观测，外业采用徕卡 NA2 自动安平精密水准仪及配套的 3m 钢瓦尺观测，其精度指标为每千米高差中误差小于 2mm，路线闭合差小于 $\pm 4\sqrt{L}$ mm。（L 为水准路线长度，以 km 为单位）。其他观测精度指标严格按《工程测量规范》GB 50026—93 要求执行。平差后最大高程中误差 1.1mm，最大高差中误差 0.9mm。

2）施工期间水准网的检测

同样，为保证施工期间首级高程控制点的稳定，在对首级平面控制网进行检测的同时检测首级高程控制网，检测所用的仪器、观测方法、精度和技术要求都与首次观测时相同。

3）精密 GNSS 测量

国家体育场进入钢结构施工阶段时，由于建筑场地建筑材料堆积，使控制点间不通视，造成控制网检测困难。为了满足国家体育场施工的需要，采用全球卫星定位系统 GNSS，实施国家体育场测区控制网检测。

国家体育场首级 GNSS 控制测量检测采用 C 级技术要求，根据对控制点的精度要求，控制点点位中误差≤±3mm。

仪器采用 Leica GNSS1200，采用双频、多时段、长时间观测，面连接或边连接的方式扩展异步环，构成条件良好的观测图形，以便形成较多的异步环，在数据处理和平差计算中选择多种方案进行比较，提高网的相对精度和成果的可靠性。GNSS 控制网采用边连式和网连式进行布设，可保证图形强度。测区范围小，最长基线边≤0.5km。控制网中的控制网设计基线条数多达 30 条，体育场中间的控制点基线条数≥5，因中间卫星个数比较少，且外围有钢架结构，影响观测质量，体育场中间的控制点基线条数≥5，整个测区控制网点构成三角网状。GNSS 观测网见图 6.3-3。

6.3.3.2 混凝土结构施工测量

混凝土结构施工主要指国家体育场看台施工，在该施工中的斜扭柱造型复杂，看台板安装精度要求高，对于施工测量来说难度较大。

1. 斜扭柱施工测量

国家体育场混凝土结构设计了 400 多根斜扭柱，这些柱子是体育场"不规则"造型的重要体现，斜扭柱三维视图见图 6.3-4，斜扭柱在不同结构层上倾斜角与扭转的方向都不相同，而且结构柱之间也没有规律可循，使得确定斜扭柱体定位数据计算过程非常烦琐，给测量带来大量内外业工作量，现场放样定位难度比较大。

由于计算工作量繁重工期紧张，无法满足定位测量的需要。为了解决这一问题，现场技术人员了解斜扭柱体设计规律和数学模型，在较短的时间内编制出了"斜扭柱体定位数据"的计算程序，经过大量的数据验证与对比，该程序计算过程简单快捷，一天的时间就能计算出上千个数据，大大地缩短了计算时间，减少了计算错误率，提高了工作效率。

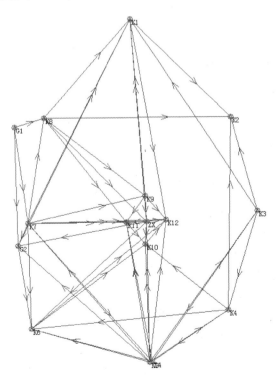

图 6.3-3　GNSS 观测网示意图

为了确定各类柱子位置，设计给出了直柱（部分）柱底中心坐标，单斜扭柱（部分）柱底、柱顶中心三维坐标；斜扭柱相当于由直柱绕垂截面某条边线倾斜成单斜扭柱，再绕自身中心轴线旋转角度得到，因此，设计除给出所有斜扭柱的柱底、柱顶中心三维坐标外，还给出了其绕自身中心轴线的转角见图 6.3-5。斜扭柱定位测量中，采用全站仪坐标法放样。对于直柱或单斜扭柱，用来指导支模的、在某标高面内的结构边线或控制线角点坐标容易推算，但对于斜扭柱，其结构线或控制线角点坐标就不能用简单的平面几何关系推出。由于空间转角不可直接精确量测，斜扭柱定位也不可能通过单斜扭柱旋转操作实现。因此由设计提供的参数推求斜扭柱结构线或控制线角点的三维坐标便成为斜扭柱定位所要解决的首要问题；其次，应用简洁的测设方法、适当的测设精度不仅使斜扭柱的插筋、模板调整到位成为可能，而且可减少调整时间，提高施工测量工作效率。

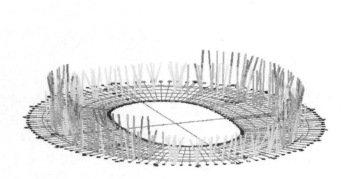

图 6.3-4　部分斜扭柱三维视图

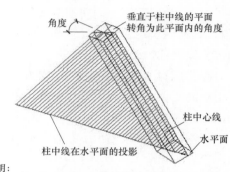

说明：
柱注角度为斜柱子垂直其中心线剖切后平面内(在该平面内，柱截面为1000×1000)，柱对称中线与柱倾斜方向间的角度。

图 6.3-5　斜扭柱设计转角

通过建立斜扭柱设计中心坐标、转角和结构边线角点坐标的函数关系，指导斜扭柱支模。

1）木模斜扭柱测设方法：支模前在相应楼层底板上测设模板底部 50cm 控制线（有时同时测设模顶结构线四角在底板上的投影线），以指导支模；支模时，依据模底控制线将模板底部精确就位，依据插筋方向（有时依据模顶投影线，采用悬吊垂球法）将模板顶部粗略定位；在支撑体系固定前，用全站仪三维坐标法测量、调整已粗略就位的模板顶部斜扭柱结构线四角坐标，直到与理论值之差满足限差要求，见图 6.3-6。

查验方法：支模前查验模底控制线四角坐标，每柱至少 3 点；支模调整到位，支撑体系加固验收后，查验模顶四角坐标，每柱至少 3 点。

图 6.3-6　斜扭柱支模

2）钢管斜扭柱

测设方法：测设第一段柱底控制线四角和分段测设钢管顶部结构线四角。

查验方法：在各段焊接前查验柱底控制线四角和各段管顶结构线四角，每面至少 3 点。

2. 看台施工板测量

国家体育场看台结构共分为上中下三层，每层看台由环向梁与径向梁组成。为了能够缩短施工周期，确保 2008 年北京奥运会的正常使用，国家体育场看台板采用在工厂预制加工，到现场进行安装的施工方法，以此来提高工作效率。由于看台板的安装是看台施工的最后一道工序，不但对安装的精度要求很高，而且还要美观整齐，要求场内同一层的看台板高度必须在同一水平面上，为防止积水还要有一个向内场方向的微小坡度；看台板与看台梁踏步平面、各层内环梁平面之间最大只有 10mm 的调整范围，一般只有 5mm。看台板与看台梁踏步立面、各层内环梁立面之间只有 30mm 的调整范围，但由于内环梁是弧线形的，而看台板形状呈矩形，其调整范围远小于 30mm，而且看台板安装本身的调整只有 10mm 左右。看台板安装的高精度，对测量放线提出了较高要求。如：要求经、环向轴线放样误差在 ±5mm 之内，相邻轴线间距偏差在 ±10mm 之内，标高控制点（线）误差在 ±3mm 之内。

1）研制斜拉孔专用测量工具

面对斜拉孔的变形和位移，研制出一件简单、实用的专用测量工具和方法（见图 6.3-7），使用与斜拉孔直径相同的金属棒、三角板和直尺组合测定斜拉孔的位移量。对中、上层看台内环梁上近 1000 个斜拉孔的平面位置、标高、水平方向和倾角进行了检查测量，为设计和施工提供了可靠的资料，为整个看台板安装工作解决了一大难题。

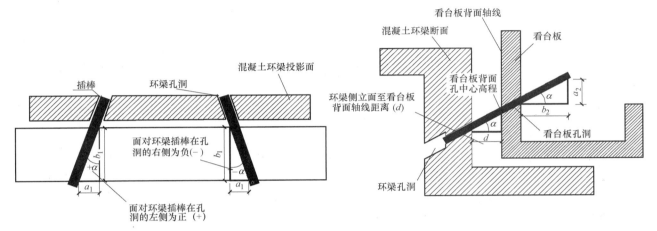

图 6.3-7 斜拉孔姿态测量示意图

2）统一布设看台板安装控制网

以原有的施工测量首级控制网为依据，在内场布设了一个加密控制网见图 6.3-8。以这个加密控制网为基础，将 112 条放射状轴线和 0~7 层内环梁的环形轴线交点测设到看台梁和内环梁上，以这些轴线为依据，组织结构施工单位和看台板安装单位一起检查内环梁内侧和看台梁踏步是否符合看台板安装的要求（图 6.3-9），发现不符合的地方即要求原结构施工单位进行处理。

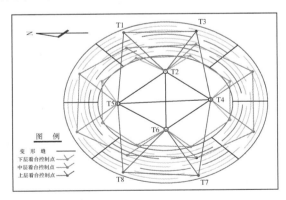

图 6.3-8 加密控制网分布示意图

图 6.3-9 检查看台梁和内环梁

实测所有看台梁踏步和内环梁的标高，检查其标高是否符合设计要求（图 6.3-10），对于标高偏差较大的及时通知原施工单位进行处理。

对所测设的 112 条放射状轴线间的间距，用钢尺丈量的方法进行全面检查，对个别偏差较大的调整至符合设计要求。另外将 112 条放射状轴线按上、中、下三层看台分成三段，每段上测设 2~3 个轴线点，在安装过程中用这些点对看台板的安装进行检查。

实测已施工的看台板安装孔坐标，实量已施工清水墙至看台梁轴线的间距，并绘制成电子图，组织看台板安装单位和结构施工单位根据电子图进行看台板模拟安装，试安装的看台板如图 6.3-11 所示，发现问题及时调整处理。

对正在施工的清水墙和尚未施工的清水墙，除按常规方法用轴线或坐标放样清水墙轴线并验线后，还要实量清水墙轴线至看台梁轴线之间的间距来进行检查，并且在模板施工完毕混凝土浇筑前再检查一次。

对于 4 条变形缝处，安装时采用将看台板平移加偏移的方法，在安装后一块即消除前一块的偏差，这样解决了因轴线设计偏差引起的看台板错位问题。

另外，我们各个施工区域都建立统一的平面和标高控制基点，各施工单位都使用统一的控制基点来进行测量放线和检测，解决了看台板安装施工与其他同期施工或后续施工之间的矛盾。

图 6.3-10　检查看台梁踏步标高、看台板试安装　　　　图 6.3-11　试安装的看台板

看台板的侧面呈 L 形，安装时是自下向上一块压一块向上排列安装，每一块都用螺栓、特种胶与梯形梁和下层看台板固定在一起，特种胶的凝固时间短，而且非常结实。安装第一块板是以看台板两端的环向轴与射向轴两焦点进行定位，此时其两轴线焦点间为长边（环向轴方向），当随着安装看台板的数量逐渐增加，控制定位的边长发生了变化，原来第一块看台板定位的长边变成了短边，而原来射向轴的短边随着看台板数量的增加成为长边，这时安装时短边的微小误差，随着板的数量增加其误差会逐渐增大，最终造成无法与端头的环梁相接而影响相邻看台板的安装。

6.3.3.3　钢结构施工测量

钢结构施工测量包括胎架测量（钢部件组装测量）和构件高空安装定位测量。

1. 胎架测量（钢部件组装测量）

由于国家体育场的钢结构较为复杂，每个安装单元体积庞大、组成杆件众多，且受运输条件和加工厂房条件的限制，钢结构施工采用在工厂加工成较小的钢构件，到施工现场拼装安装单元构件，然后再进行吊装。因此，现场拼装测量的构件多，工作量非常大，主要可分为桁架柱（包括桁架柱柱脚）拼装测量、桁架梁拼装测量、次结构拼装测量、楼梯拼装测量等。

1) 拼装测量坐标系的转换

设计图纸上给出的构件端口（或牛腿）角点的坐标是在设计位置和状态下的，对于桁架柱柱脚这样体积比较小、结构和外形相对简单的安装构件，可以直接利用设计位置和状态下的坐标进行拼装。有些安装构件，例如桁架柱、肩部次结构和立面次结构等，由于结构和外形都相当复杂，在设计位置和状态下的高度很大，如果按设计位置和状态下的坐标进行拼装，则需要建立很高、很复杂的胎架。在这种情况下则应进行坐标转换，转换成便于在地面上建立胎架和进行拼装的坐标系，再依据转换后的坐标建立胎架和进行拼装。这项工作需要在电脑上用转换构件模型的方法来实现。国家体育场钢结构工程的大部分安装构件，例如桁架柱、立面次结构、肩部次结构、楼梯及部分内环桁架和桁架梁等都需要进行坐标转换后才便于拼装。柱脚拼装、桁架柱（下节）拼装、内环立体桁架梁拼装分别如图 6.3-12、图 6.3-13、图 6.3-14 所示。

图 6.3-12 柱脚拼装

图 6.3-13 桁架柱（下节）拼装

2）胎架形式及建立

由于每一个安装构件不仅形状奇特，且各个构件的大小、形状、结构各不相同，需要在不同的胎架上进行拼装，拼装测量的第一步就是根据不同构件的大小、形状和结构做胎架测量并建立起不同形状的胎架，然后才能在胎架上用高空定位测量的方法进行拼装。

由于构件体积超大，形状不规则，胎架一般都高达十多米；而高度达 40～70m 的桁架柱这样的垂直安装的构件，不能按其所在设计位置和状态来拼装，需要将其水平放置，这种情况下胎架就长达40～70m。桁架柱和胎架、肩部次结构及胎架、肩部次结构如图 6.3-15、图 6.3-16、图 6.3-17 所示。

图 6.3-14 内环立体桁架梁拼装

图 6.3-15 桁架柱和胎架

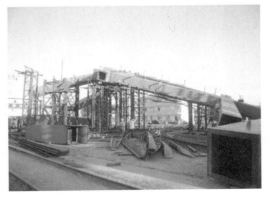

图 6.3-16 肩部次结构及胎架

图 6.3-17 肩部次结构

3）胎架和拼装测量

拼装前先要依据所拼装的安装构件的设计坐标建立拼装控制网。选择所拼装构件边沿上 3～4 个相距较远且分布均匀的（端口或牛腿）角点，按他们的平面设计坐标（或转换后的坐标）精确地设置在地面上，以此为依据建立胎架和拼装测量控制网（点）。在建立胎架时先根据安装构件的大小和形状选取其在胎架上的支撑点（面、线），并在三维模型图上捕捉各个支撑点的三维坐标，并将这些支撑点（面、线）利用全站仪三维定位的方法测设到胎架的框架上，这样就建成了一个适合于拼装某个安装构件的胎架。

传统的施工测量都是根据结构的轴线来进行加工、拼装、放样和安装定位，国家体育场钢结构图纸虽然给出了轴线，但只是理论上的，位于箱形管件的中心，因为构件的形状非常复杂和奇特，其所有的表面都是一个个扭曲面，无法将其轴线投影或布设到构件的某一个表面上，也就无法根据轴线来进行对接拼装，只能根据图纸上给出的构件端口（或牛腿）四个角点的坐标来进行拼装。拼装时依据端口或牛腿的角点坐标在胎架上进行三维定位，并反复调整，直到所有端口角点实测三维坐标符合规范和设计要求。

由于焊接工艺的需要，为了加大焊接面，构件上需要焊接的端口四边的钢板都加工成带坡度的形状，其端口角点实际上并不存在，为了在定位调整和检查验收时能够准确定位角点并且能多次重复，我们用带有磁性的薄角钢做成一个简单实用的工具，在定位调整和检查验收时将其套在构件端口的四个角上来准确定位四个角点。

每一个安装构件都要和它周边的几个构件进行对接，如果一个安装构件上有一个端口或牛腿的拼装精度低，都会直接影响到它和周边构件的对接，也会使后续安装的构件不能顺利对接，给整个工程的钢结构施工带来不利影响。因此在拼装时都是多次反复进行调整，直到符合设计和规范要求。先由拼装单位自己检查并进行调整，随后由上级单位会同安装单位进行检查验收，检查站验收时使用 TCA2003 智能全站仪，自动采集、记录数据，与电脑联接后由软件自动生成三维模型，并与设计的三维模型进行对比，及时将对比结果发送给拼装和安装单位，进行调整。

4）胎架拼装后的检测及误差统计

每个安装构件拼装完成后，都对其进行了一次全面的检查测量。国家体育场钢结构工程构件拼装偏差分布情况详见图 6.3-18。

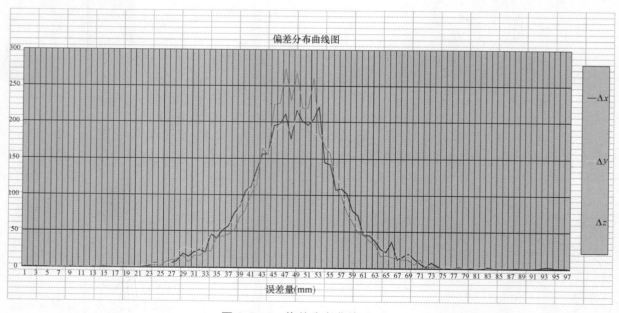

图 6.3-18　偏差分布曲线图

2. 构件高空安装定位测量

1）定位测量基本要求和方法

与胎架拼装测量同一道理，除桁架柱柱脚外，安装定位测量也不能利用构件的轴线来进行定位，而只能依据安装构件上端口或牛腿角点的坐标，用三维坐标定位的方法来安装定位。

整个钢结构工程是由柱脚、桁架柱、次结构柱、桁架梁通过牛腿和腹杆等相互连接成一个整体，一个安装构件的定位是否精确，是否符合规范和设计要求，直接影响周边构件的安装，也会间接影响到其他部位构件的安装。可谓牵一发而动全身。因此一个新的安装构件定位前要对前期安装的构件进行检查测量，对变形较大要进行调整。

安装构件的安装定位测量主要有柱脚（包括桁架柱柱脚和次结构柱柱脚）安装定位测量、桁架柱安装定位测量、次结构柱（包括排水柱、楼梯柱）安装定位测量、桁架梁安装定位测量。各类构件的大小、形状和定位条件都不一样，虽然都用三维坐标定位，在具体的操作方法上还是不完全一样。

安装构件的安装定位基本步骤分为初步定位和精确定位，初步定位采用龙门吊或起重机进行吊装，在测量人员的指挥下，利用安装在构件上的缆绳和倒链使安装构件与支撑柱相应定位标志吻合，达到初步就位，然后利用千斤顶、钢楔等工具进行精确定位。

2）柱脚定位测量

柱脚是整个钢结构工程中最基础的部位，其他的柱、梁等都是从这个基础上来进行安装的，其安装质量的好坏，精度的高低不仅影响后续构件的安装精度，还会直接影响到后续安装工作的顺利进行。桁架柱柱脚安装见图6.3-19，柱脚顶面上虽然可以设置轴线，但轴线长度较短，只有2m左右，安装时如轴线的方向偏稍微大一点，就会影响桁架柱上部连接桁架梁的4个牛腿的轴线产生方向偏差，在后续安装桁架梁时会使其轴线的方向偏差越来越大，每榀桁架梁都长达100多米，严重的可能性会出现失之毫厘差之千里的现象，影响到钢结构工程的合龙，轻则会使桁架梁出现较大的侧弯，也会影响其他构件的安装。对此，测量、安装人员操作龙门吊进行柱脚安装，在安装时反复地测量，反复调整，将轴线点偏差调整到3mm以下，为桁架柱、桁架梁的安装及钢结构工程的顺利合龙打下了良好的基础。

3）桁架柱定位测量

24个桁架柱的高度在40～67m之间，由一个棱形内柱和两个外柱通过腹杆连接构成，每个桁架柱分两段起吊安装，最重的安装构件重达360多吨。其特点是高度高，上大下小，牛腿和端口多。有的端口与桁架梁对接，还有的是与立面和肩部的次结构连接。它的安装定位测量主要是调整棱形内柱的垂直度、牛腿和端口的位置符合规范与设计要求，以便于和其他构件对接。

由于桁架柱是分两段安装，安装定位测量也相应分两次进行。用检查棱形内柱两相邻棱线的垂直度来对内柱进行调整。在内柱两对角线方向上架设仪器，瞄准棱线上、下端调整到其偏差小于1/1000柱高并小于35mm。同时转动柱体调整牛腿的方向与设计方向一致，并测量牛腿角点的三维坐标并调整到符合设计要求。桁架柱（上节）吊装安装见图6.3-20。

立面次结构柱（包括排水柱、楼梯柱）都是倾斜的，不能用轴线安装定位，而只能通过端口角点坐标来安装定位，也不能直接用垂直度的指标来检查和衡量次结构柱的安装精度和质量。参照直柱的倾斜度规定，采用次结构柱顶端口角点平面坐标偏差来衡量其安装精度和质量，用位移矢量与柱高之比不大于1/1000，并小于35mm这一指标来控制。

图 6.3-19　桁架柱柱脚安装

图 6.3-20　桁架柱（上节）吊装

4）屋面主桁架梁定位测量

国家体育场钢结构工程的屋面是由 24 榀主桁架梁相互交叉形成一个格网状，中间开口，主桁架梁上、下弦之间高度达 12m 多，桁架梁之间还有次结构式相连。整个屋面桁架梁共分成 182 段安装，虽然每个安装构件的重量比桁架柱轻，但牛腿多，既要保证桁架梁轴线位置和桁架梁的垂直度符合规范要求，又要使桁架梁上、下弦两边的牛腿精确定位，以便后续安装时能与次结构顺利对接，要求接口的焊缝偏差不能大于 3mm。安装一段桁架梁并要达到上述要求，需要测量人和安装人员反复观测、调整。司镜人员则要在 50～60m 高的高空反复测量各个端口（或牛腿）位置，直到构件安装精度符合规范要求。

钢结构桁架梁结构面没有一个是平面，无法在桁架梁构件面上设置轴线或轴线点，也就不能用轴线来定位并控制、检查轴线偏差。经过仔细分析和认真研究，我们认为虽然轴线位于桁架梁上、下弦的中心，是虚拟的，也不能投影到某一个结构面上。但上、下弦两端端口角点与轴线有固定的几何关系，他们之间是绝对相关的关系。我们不仅可以用角点坐标来定位，还可以用角点的坐标偏差计算出该端口的轴线位置偏差。端口角点的标高偏差就是轴线的标高偏差，而将角点的平面坐标偏差通过计算，分解成一个垂直于轴线的分矢量和一个平行于轴线的分矢量，观测后现场计算、调整。这样解决了桁架梁轴线偏差的控制和检查问题。

5）钢结构安装定位偏差统计

在每个安装构件安装定位完成并固定后，对构件上所有的端口角点坐标做一次全面检查测量。国家体育场钢结构安装定位偏差分布情况见图 6.3-21。

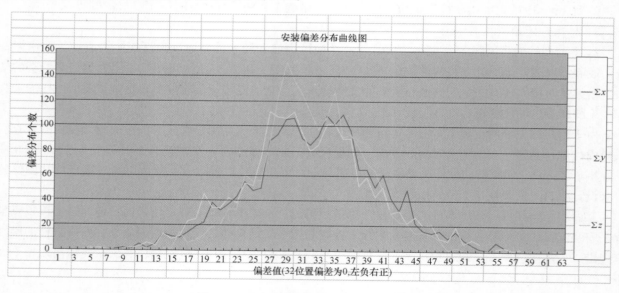

图 6.3-21　钢结构安装定位偏差分布情况

6.3.3.4　钢结构卸载变形监测

1. 卸载情况

国家体育场主体钢结构，采用 78 个临时支撑点（塔架）分段（共分成 182 段）高空散装焊接而成。在主体钢结构合龙后，需对临时支撑塔架进行分阶段整体卸载，使鸟巢钢结构屋面由临时塔架的支撑逐步转换为自身承重状态。内环桁架梁与支撑塔架如图 6.3-22 所示。

国家体育场钢结构支撑塔架卸载工程总卸载量大，屋盖总面积约 6 万 m²、卸载吨位约 1.4 万 t，卸载点数较多。根据设计要求钢结构整体分级同步卸载，严格进行比例控制。钢结构支撑塔架卸载步骤共分为七大步，每一大步分为五小步，支撑力最大点卸载吨位约 300t，卸载工作有一定的难度。为了能够确保卸载工作的安全，及时了解卸载过程中每一个步骤钢构件的变形情况是否与设计的油缸升降数据量同步升降，需要对钢结构卸载前、后进行定时监测，卸载过程中随卸载过程作跟踪变形监测，并及时向卸载指挥中心提交监测成果，为决定下一步卸载动作提供依据。

图 6.3-22 内环桁架梁与支撑塔架

2. 钢结构卸载变形测量

1）卸载变形观测点的位置

卸载过程中钢结构变形最大的部位是内环桁架梁，根据《国家体育场钢结构工程支撑塔架卸载监测方案》的要求，在主结构内环桁架梁 0°、90°、180°和 270°四个轴线方向及四个象限的 45°方向附近上、下弦各布置一个结构变形监测点，并尽可能让同一方向线上的上、下弦监测点处在同一垂直线上，以上主结构内环桁架梁共布设 16 个监测点（见图 6.3-23）。从钢结构的结构特点分析，南、北方向的 S1、S2、N1、N2 四个变形监测点在卸载过程中垂直方向上的位移量应该是最小的；而在东、西方向上的 E1、E2、W1、W2 四个变形监测点在卸载过程中垂直方向上的位移量应该是最大的。另外在东、西、南、北方向四个支撑塔架上，各布设了一个支撑塔架变形监测点，总共布设了 20 个监测点。

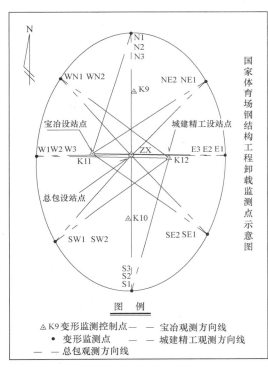

图 6.3-23 变形监测点位置示意图

2）变形测量方法的选择

由于卸载步骤为每小时进行一步，其中包括油缸升降、对监测点进行观测、监测数据计算及对三个监测单位的数据汇总分析整理，并报告信息中心，信息中心专家综合研究确定下一步卸载动作并报告指挥部，由指挥部下达卸载指令。卸载过程中出于安全原因结构上面不能有人，观测数据又必须在 20min 内提交信息中心，时间很紧，要求监测数据准确及时，立棱镜不仅不安全而且速度慢，时间来不及，还有棱镜的对点误差，我们决定用贴反射片的方式来设置监测点，用三台仪器同时观测。反射片虽然测距精度低一些，但同一点两次观测的观测值是同精度的，因此这一点位移量的精度是高的。由于现场条件无法满足仪器视线垂直于监测点反射片的要求，为了了解观测数据准确性，卸载前 7 天左右在模拟条件进行了测试。首先在地面上，采取旋转反射片使仪器视线与反射片形成不同角度，检查返回信号的强弱和测距精度；然后在现场将反射片设置在偏角和倾角最大的监测点上，用两台仪器进行多次观测和数据对比。随后又选用三台精度基本相同的全站仪，分别由三个人在三个控制点上架设仪器，选择不同的时间段同时对所有监测点进行观测，将所观测的三组数据进行比较，同点的两组观测数据之间最大差值为 2mm，可以满足卸载监测需要。

3）变形测量程序和方法

在卸载前 3 天开始，连续 3 天对所有监测点分早、中、晚三次观测，同时记录时间和温度，掌握钢结构日变形情况。从卸载开始至卸载结束，对变形监测点的观测频率严格按照总指挥部下达的指令进行观测，卸载过程中共观测了 24 次。为了确保观测数据的及时性、准确性，每一监测点均由两台仪器同时监测，每一步卸载监测工作的时间必须在 20 分钟内完成。数据采集时，仪器自动采集和人工记录同时进行。对两种方法采集的数据分别进行处理并对结果进行核对无误后，再与其他两台仪器观测所得的监测数据进行对比分析，确认三台仪器观测所得到的变形趋势一致，变形量很接近，且变形趋势和变形数据与千斤顶油缸升降成正相关时，将监测数据提交给信息处理中心。

4）监测点变形状况

（1）内环上、下弦水平位移变形

根据观测数据绘制的内环监测点上、下弦水平位移变形情况见图 6.3-24。从图中可以看出南北方向内环上弦两监测点向环内变形移动，分别为 24mm 和 32mm；下弦两监测点向环外方向变形移动，位移量相对较小，分别为 12mm 和 2mm。表明南北方向内环桁架在卸载过程中受应力影响，向场内方向倾斜变形。

东西方向内环上弦两监测点分别向东、西方向（场外方向）变形移动，分别为 5mm 和 9mm；下弦两监测点也同时分别向东、西方向（场外方向）移动，分别为 54mm 和 58mm，远远大于上弦两监测点的位移量，说明东、西方向内环桁架上、下弦监测点向外位移变形的同时，向场外方向倾斜变形。

（2）支撑塔架水平位移变形

在卸载过程中，观测数据反映的临时支撑塔架的水平位移变形情况见图 6.3-25。从图中可以看出南北方向上与监测点相对应的支撑塔架，卸载后均向外环方向位移，其位移量为 8~16mm；东西方向上监测点两侧的支撑塔架同时向外环方向位移 9~15mm。

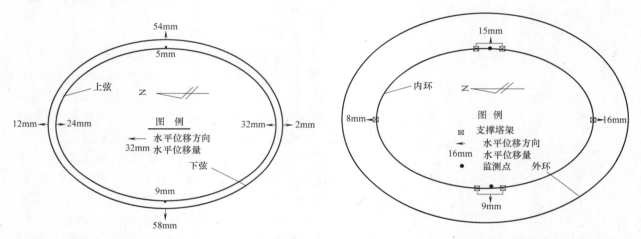

图 6.3-24　内环上、下弦监测点水平位移变形示意图　　图 6.3-25　内环支撑塔梁水平位移变形矢量示意图

（3）垂直位移曲线图

根据观测数据绘制的国家体育场钢结构工程卸载内环下弦监测点沉降曲线图（图 6.3-26）可以看出监测点在钢结构支撑塔架卸载的过程中与油缸同步下降，最终下降量与理论计算值基本一致。

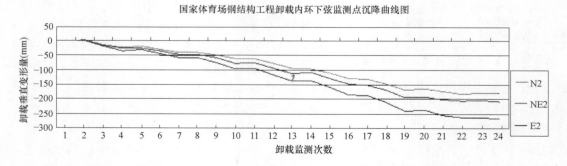

图 6.3-26　国家体育场钢结构工程卸载内环下弦监测点沉降曲线图

5）钢结构卸载后的变形测量

钢结构卸载结束后为了及时掌握钢结构工程卸载后的稳定性及在后续施工中的变形情况，并向有关

部门和施工单位提供钢结构工程安全性、稳定性等情况，我们在整个施工过程中对钢结构工程的变形情况进行了监测。根据不同的要求用三种不同的周期对钢结构工程的变形情况进行监测。观测时所用的仪器、观测方法都和钢结构卸载变形测量一样，变形观测点也是用钢结构卸载变形测量时的点位。一是在钢结构工程卸载结束后的第二天开始，每天在相同时间段（早7点30分）对结构的稳定性进行监测，同时记录环境温度，连续进行了8天的观测。二是用每周一次的频率对钢结构工程进行监测，每星期六早上7点30分进行观测，同时记录环境温度，直到钢结构屋面所有次结构、膜结构、雨水系统结构和各类机电音响设备全部安装完毕，所有载荷全部到位时停止观测。三是根据北京市气象台提供的天气预报，选择冬季日气温变化较大的天气，以每两小时一次的频率对钢结构工程进行一整天的连续监测，每次观测都记录环境温度，这样的观测进行了三次。各种不同监测频率的变形曲线图见图6.3-27。

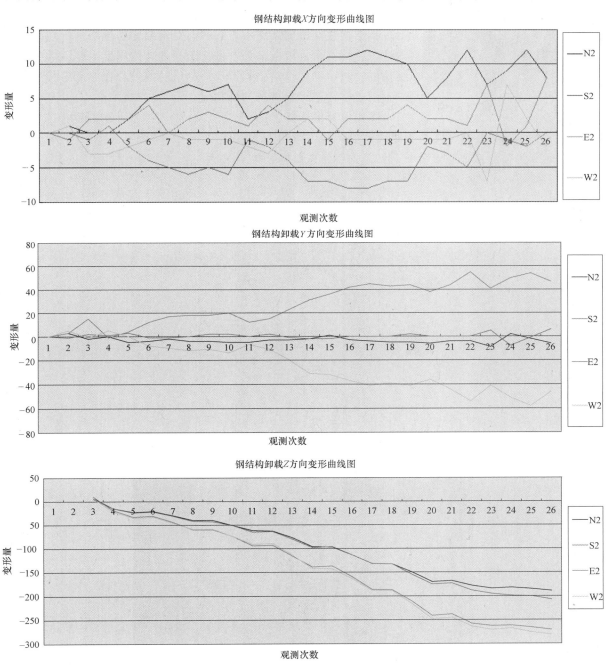

图 6.3-27　卸载变形曲线图

图 6.3-28　HDS3000 扫描仪

根据变形监测成果和上述分析：国家体育场钢结构工程卸载变形测量成果可靠，确保了卸载工作的安全、顺利进行。钢结构卸载后的变形情况表明：国家体育场钢结构工程卸载后处于安全、正常运行状态。

3. 三维激光扫描技术对钢结构卸载前后进行监测

1）使用仪器

监测采用 Leica 公司的 HDS3000 三维激光扫描仪（图 6.3-28），有效距离达 300m。实际钢结构空间跨度在 20m 左右，设计站点与目标的最远距离一般在 60m 以内，符合仪器扫描的工作范围。

2）变形监测

钢结构主结构安装完成，卸载前对钢结构屋顶结构（包括桁架柱内柱下弦杆（含）以上部分）进行全面的整体测量，分区块提供屋顶结构的实物数据，并给出与设计理论值的偏差。在 GNSS 控制网的基础上对整体钢架结构进行扫描测量。

国家体育场内圈扫描了 2 站，2 天扫完；上面一圈共 13 站，7 天时间完成；外面一圈共 16 站，7 天时间完成；共用时间 16 天。

图 6.3-29 为监测扫描站点分布及卸载前钢结构整体扫描点云。

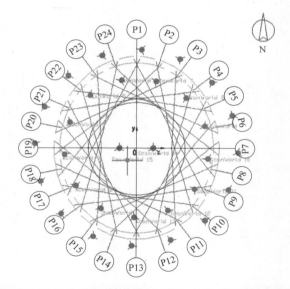

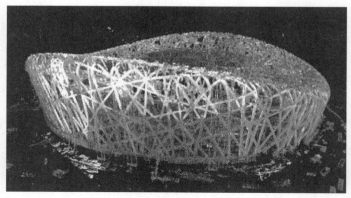

图 6.3-29　扫描站点分布及钢结构整体点云

鸟巢钢架建筑特点是内侧钢件多为长方体，易于通过边界点相交来提取设计特征点。

首先在扫描的激光数据中分割出相关拐点的三个平面点云，然后拟合成三个相交平面如图 6.3-30 所示，这样我们就可以计算得到设计点的测量值。交点即是三条棱线的交点。

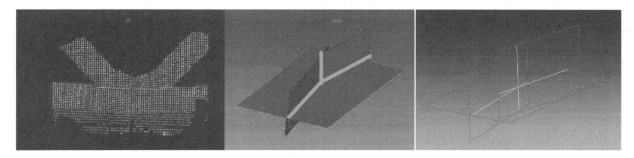

图 6.3-30 平面相交

卸载后重新在控制网基础上对鸟巢进行一次整体扫描。在实际中，随着施工进展，鸟巢钢架及其外围悬挂护栏遮挡，原来能够观测到的相对应端口的比较少，不能进行有效的前后数据对比分析，因此对两个时间段扫描的点云特征进行综合对比分析，最后选取对钢架次结构进行整体对比分析以检测卸载前后鸟巢钢架结构变化。

图 6.3-31 是其中部分次结构点云图，对整个次结构各个拐角处拟合出四个点，拟合方法与牛腿肩部与次结构端口坐标方法相同。

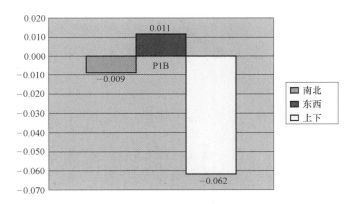

图 6.3-31 次结构点云及其端口特征点

将前后两次数据的同一位置次结构数据点用相同方法提取出来就可以做相应的对比分析。图 6.3-32 显示了对比的位置及某节点结果。

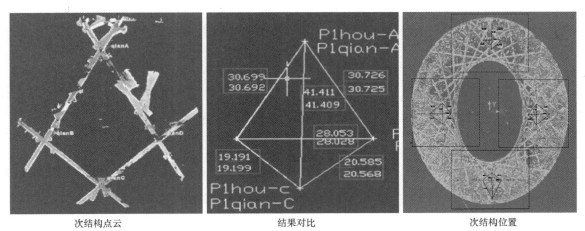

| 次结构点云 | 结果对比 | 次结构位置 |

图 6.3-32 对比的位置及某节点结果

3）三维仿真模型构建

国家体育场的三维模型能够直观地反映出体育场宏伟的真实外观。同时，由于三维激光扫描精确的优点，又能够准确细致地表现钢结构牛腿部分钢架的扭曲程度，并且可以在模型上进行直接量测，简单精确测出钢结构上的每一点的三维空间坐标。因此，构建体育场的三维模型是钢结构安装数字测量必不可少的一部分。图 6.3-33 是钢架整体三维模型，整体模型是对鸟巢钢架表面进行的精确表达，可以真实地反映并保存鸟巢钢架构建完成的现状。

图 6.3-33　鸟巢钢架整体三维模型

6.3.4　启示与展望

国家体育场是典型的特大异型现代建筑，其顺利施工完成，离不开精密的组织与测绘技术的支持，是现代科技水平的有力见证。整个工程既解决了一系列的施工难题，也树立了一项针对特大异型复杂建筑结构的典范，这其中涌现的钢结构拼装及质量管理技术为 2008 北京奥运后期国内钢结构建筑蓬勃发展起到了很好的推动作用。

施工测量主要是为工程建设提供技术成果和技术服务。施工测量的水平与质量直接影响整个工程建设的安全和质量。根据国家奥运工程建设要求，在 21 世纪这个知识经济时代，要用高新技术和先进适用技术改造传统产业，达到技术进步，提高工程建设技术水平的重要作用。特别对于国家体育场这一奥运工程更应在施工测量中使用高新技术，提高施工测量科技含量，实现"科技奥运"的宗旨。为此在工程建设中，施工测量在以下方面做出努力：

（1）应用卫星定位系统、全站仪及数字水准仪快速建立高精度三维工程控制网，发展先进实用的测量数据处理技术，大力提高工程控制测量的成果质量与作业效率。

（2）开发和应用基于智能化全站仪、激光和通信等技术的集成式精密空间放样测设技术，以实现大型复杂工程设施快速、准确地空间放样测设。

（3）应用激光扫描等技术对大型或特殊工程设施的空间形态进行实时或准实时的精确检测和完整记录，进一步研究开发对大型或特殊工程实施动态与静态变形监测的自动化技术和方法。

（4）健全各种工程测量项目的质量安全体系，建立大型和特殊工程测量项目的监督制度，确保工程测量成果的可靠性与完整性。

随着现代科技的发展，建筑的设计越来越新颖，结构愈发精密与复杂，给建筑的施工、安装与检测等带来的困难也越多。激光雷达技术在鸟巢钢结构安装与检测中的运用，只是一个开端，是新技术的一次有意义的尝试，虽然在整个过程中仍然存在许多问题，但是一种新生的技术一定要经历一定的过程才能够逐步走向成熟，随着人们对三维点云处理技术的不断研究，一定能解决其时效性问题，在数据处理的自动化、精度及稳定性方面不断成熟，有效弥补传统测量技术的不足。

随着 BIM（Building Imformation Modeling）技术的蓬勃发展，现代建筑从设计到施工逐步朝着信息化与三维施工测量与管理方向发展，地面激光雷达技术能够获取建筑的现状三维信息，结合 BIM 技术能够有效辅助建筑施工的安装与质量检测等工作，必将成为未来建筑施工测量的主流趋势。

6.4 广州塔

6.4.1 工程概况

广州塔又称广州新电视塔，俗称"小蛮腰"。它是 2010 年广州亚运会标志工程，也是广州市重要的地标性建筑。项目总用地面积约 17.6 万 m²，其中塔基用地面积约 8.5 万 m²，总建筑面积约 12.9 万 m²。位于广州市海珠区（艺洲岛）赤岗塔附近，处于珠江景观轴与城市新中轴线交汇处的珠江南岸，与珠江新城、花城广场、海心沙岛隔江相望，也与珠江新城中的"双子塔"构成大三角、与珠江新城南端的广州市歌剧院、广东省博物馆构成小三角。广州塔塔身主体高 454m，天线桅杆高 146m，总高度 600m。既是中国第一高塔，也是已建成的世界第一高自立式电视塔，已成为国家 AAAA 级旅游景区，也是广州向世界展示的一张亮丽名片，广州塔外观图如图 6.4-1 所示。

图 6.4-1 广州塔外观图

广州塔主塔共 37 层，组合楼面沿整个塔体高度按功能层分组，作为观光塔、餐厅、电视广播技术中心及休闲娱乐区等。其中地下二层约 1.2 万 m²，主要为车库（五级人防区）、设备用房及电视塔器材间；地下一层约 3 万 m²，主要为停车场、饮食街、展览和地下设备用房，另外还包括厨房员工餐厅等其他用途区域。首层为商业建筑和主要的流通地带。总建筑面积 114054m²，2009 年 9 月竣工，2010 年 9 月 30 日正式对外开放。

该工程主体结构采用筒中筒结构体系，内部采用钢筋混凝土核心筒，外部采用由斜钢管混凝土柱、钢环梁及钢斜撑构成的钢框架，其与中间混凝土核心筒通过楼面梁、水平支撑及桁架等形式进行连接，顶部为桅杆天线。基础采取人工挖孔桩（最大直径为 3.8m）及钻孔桩；钢结构外筒是一个由椭圆经过复制、平移、旋转、切分、连接等一系列几何变换而组成的格构式结构，由 24 根钢管混凝土柱组成，柱截面由底部的 $\phi2m$ 钢管连续渐变至顶部的 $\phi1.2m$ 钢管，钢管壁厚度为 30～50mm，柱内填充 C60 混凝土；环梁共 46 组钢管。楼层及水平支撑：主梁采用 H 型钢截面，跨度介于 10～32m，高度介于 0.6～1.5m；次梁采用 H 型钢截面，间距约 3m，高度约为 0.35m；功能层楼板为压型钢板与钢筋混凝土的组合楼板结构，采用压型钢板兼作楼板混凝土模板。在钢结构外筒和核心筒之间设置了三层钢结构水平支撑。桅杆天线高度达 146m，位于塔体顶部，下部采用格构式钢结构，上部采用全钢板焊接成箱形截面。桅杆天线平面形状为正八边形和方形两种形式，底部正八边形平面轮廓为 10.0m×10.0m，顶部平面轮廓为 0.75m×0.75m，总用钢量约为 5 万 t，广州塔楼层分布与功能布局如图 6.4-2 所示。

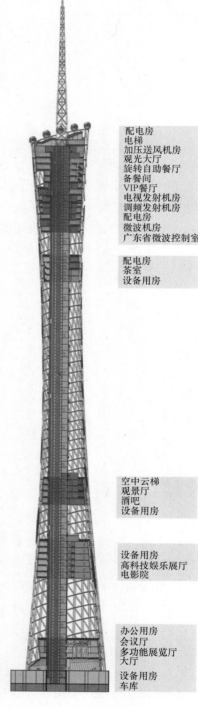

配电房
电梯
加压送风机房
观光大厅
旋转自助餐厅
备餐间
VIP餐厅
电视发射机房
调频发射机房
配电房
微波机房
广东省微波控制室

配电房
茶室
设备用房

空中云梯
观景厅
酒吧
设备用房

设备用房
高科技娱乐展厅
电影院

办公用房
会议厅
多功能展览厅
大厅

设备用房
车库

图 6.4-2　广州塔楼层分
布与功能布局

6.4.2　关键问题

6.4.2.1　施工测量

施工测量既是各施工阶段的先行引导性工作，又是质量过程控制的重要环节之一。广州塔建筑特点给施工测量提出非常高的要求：

1）外部钢框筒钢管柱呈三维空间倾斜，除必须进行三维空间点定位外，尚须考虑构件转动影响；

2）广州塔位于珠江岸畔，塔体结构纤细，故施工过程中受风荷载影响大，结构容易产生晃动；

3）结构高度达 610m，结构顶部的测量传递累积误差控制要求高；

4）楼层结构不规则，测量通视条件差。

上述施工测量特点在实际测量工作中产生了一系列难点：

1）如何保证垂直测量的系统性和可控性；

2）各单体独立施工，如何保证各轴线系统的统一性；

3）结构施工时间跨度将近 4 年，如何保证结构整体的统一；

4）项目施工涉及的作业面大，各种分包单位、协作单位众多，如何保证互相之间轴线系统的统一；

5）各分包测量系统差异统一协调的管理、钢结构与混凝土两种不同材料体系所引起的不同压缩变形差异的协调、风荷载以及日照温差引起的结构变形的控制。

针对该工程异型超高层建筑的特点，项目采取先进的技术方案和高效的管理措施来克服一系列的难题。在施工中，将配置先进、精密的测量仪器及相应的数据处理软件，借鉴国内外最新测量控制科研成果，结合施工中建筑物的变形监测信息，采用科学合理的测量技术与方法，确定最佳的测量时间段。通过对建筑物的空间几何解析，建立空间点位的数据库，从外业的数据采集、放样，到内业的数据处理、成果分析，实现测量的智能化、数字化和程序化。

同时，在该工程的施工中，充分发挥先进测量技术在异型超高层建筑施工中的作用，使得在整个施工过程中，建筑物的空间位置均在受控范围内，确保空间定位及时准确，精度合理，满足施工质量和进度的要求。

6.4.2.2　安全监测

广州塔项目为重点地标工程，确保主体和结构的施工安全、施工质量和施工进度是项目管理的重中之重。在施工阶段对该超大型项目重要的结构参数进行全面监控，获取反映实际施工情况的数据和技术信息，分析并调整施工中产生的误差，从而为后续施工提供指导或建议，以使建成后的结构各类参数处于有效的控制范围内，并保证结构能够最大限度地符合设计理想状态。

结构工程在施工过程中以及运营阶段的内力分布情况是否与设计相符合是施工方、投资方和设计方共同关注的问题，最好的解决办法就是进行应力应变监测监控。结构位移是反映结构形态的主要参数之一，通过对施工过程中结构关键测点的位移实时监控，并依据位移量的大小和变化趋势，可有效判断屋盖结构的几何形状和结构施工过程中变形受控（如平面位置、标高、层高及垂直度）是否满足设计要求，并可综合反映实际结构的刚度、边界条件、连接节点性能等与理论计算模型的相似程度，以满足施工完成后项目工程正常使用的需要。

广州地处热带地区，每年遭受台风袭击的频度和强度较大。广州塔高度高、体形细、结构布置独特，属于风敏感结构，强风、地震是广州塔需要考虑的主要外部影响，必须确保该塔在强风和地震作用下不发生过大的振动和破坏。

综合考虑上述因素，为严密掌握广州塔主体和结构工程在施工过程中以及运营阶段的变形特征，广州塔在施工测量之外，必须同时开展振动控制监测以及沉降监测，以综合保障工程的顺利实施和广州塔的正常运营。

6.4.3 方案与实施

6.4.3.1 广州塔施工测量

1. 平面测量控制网布置

施工测量既是各施工阶段的先行引导性工作，又是质量过程控制的重要环节之一。

施工平面测量控制网是各施工单位局部、单体施工各环节轴线放样的依据。因此，务求达到可靠、稳定、使用方便的标准。控制网除应考虑满足工程施工精度要求外，还必须有足够的密度和使用方便的特点。且应由测量人员对施工场地及控制点进行实地踏勘，结合工程平面布置图，创建施工测量平面控制网，要求达到通视条件好、网点稳固状况、攀登方便等各种要求。各级控制网的创建，必须对各控制点之间，以及各级控制网之间进行闭合校验和平差，保证各点位于同一系统。每次使用前，必须对控制网校核。随着施工的进度，按重要性原则定期对其复测，以求得控制网稳固不变和防止地面变形、沉降或其他因素导致的控制点移位，并加强对各点的保护。其他各级控制网如遭遇破坏，由上级平面控制网来恢复。平级网之间互相贯通，形成系统。

结合该工程的特点，按测量控制网级别的高低及具体在该工程不同部位的应用，该工程测量平面控制网共设置三级控制网。

1）首级 GNSS 平面控制网

鉴于广州塔项目的施工对测量精度的超高标准要求，故采用 GNSS 卫星定位技术并辅助于高精度全站仪进行复核而建立首级平面控制网，满足规范及图纸设计对核心筒钢混结构施工放样和外框钢结构节点安装定位的需要。

首级控制网设置在距离施工现场较远的稳定可靠地点，其担当全局性控制的作用，是其他各级控制网建立和复核的唯一依据。在整个工程为时近 4 年的时间跨度内，必须保证这个控制网绝对不变，绝对避免前后期测量系统的不一致。为此，由 5 个外控点组成首级测量平面控制网，采用 GNSS 静态技术观测，并辅助于高精度全站仪进行复核。

（1）平面控制点的选取与建造

外控点选择较稳定的地面或楼龄在 5 年以上并且楼高在 50m 以下的顶面布设观测墩或观测站。同时，能得到长期有效保护、便于观测和施工作业；点位附近视野开阔，高度角 15°以上无障碍物；点位应远离无线电发射站、高压电线等其他干扰源。根据以上原则，在珠江对岸设置两个点；在珠江帝景、赤岗塔和新鸿花园分别设置一点，见图 6.4-3。外控点距广州塔主体建筑施工区域均在 0.4～1.0km 的范围内，内控点在核心筒施工范围内。

首级 GNSS 点布设 5 个点。控制点要建造观测墩，墩顶面安装强制对中装置，观测墩进行基础处理以增加观测墩的稳定性，地面观测墩下设置直径 500mm、长 8～12m 的混凝土桩，上面浇筑混凝土观

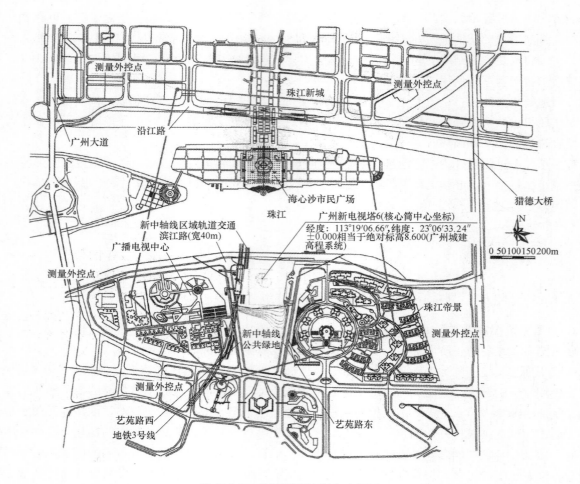

图 6.4-3　首级平面控制点布置图

测墩。为了提高平面控制的精度，减小对中误差，方便施工放样，墩面埋设强制对中基盘，与仪器基座用中心螺丝连接。考虑墩标的稳定性，尽量建立较低的观测墩。观测墩高度为 1.5～3m。同时，为便于测量机器人（精密全站仪）的检测和应用，点与点之间应尽可能通视。

（2）平面控制网的观测

为保证获得精确的 WGS-84 地心坐标和广州市坐标，观测时联测国际 IGS 站（SHAO）和广州市 GNSS 首级控制点。所有观测的仪器经过严格的检验校准，提供法定有效的鉴定证书。

（3）平面控制网的数据处理和平差计算

在进行 GNSS 平面控制网的数据处理之前，要做好观测数据的整理工作，在此基础上，首先采用随机商用软件进行 GNSS 基线向量的解算，在 GNSS 基线向量解算合格的条件下，对 GNSS 外业观测成果进行检核，再确定 GNSS 平面控制网的平差基准，在 WGS-84 坐标系下平差时，固定国际 IGS 站（SHAO）；在广州市坐标系下平差时，固定广州市 GNSS 首级控制点。然后，采用平差软件即可进行 GNSS 平面控制网的平差计算，获取 GNSS 平面控制点的坐标，再通过软件计算将其转换为与设计图纸一致的施工坐标（广州坐标）。

（4）平面控制网的检核

在 5 个平面控制点上，用测量机器人（精密全站仪）应用边角测量的方法，测定 5 个平面控制点的相互关系，经软件平差计算后，在统一坐标系下与 GNSS 测量结果进行比较，当两者相差较大时，应找出原因，当两者相差满足限差要求时，认为测量成果合格。

2）二级平面控制网

二级控制网用于为受破坏可能性较大的下一级控制网的恢复提供基准。同时，也可直接引用该级控制网中的控制点，测量重要的或关键的测量工序，其建立以首级控制网为依据。二级控制网宜设置在环绕工程现场道路稳定的一侧处，且需考虑使用方便。该工程二级网为三等闭合导线网，见图 6.4-4，布点由测量人员经过现场踏勘，外业测量结束后对数据进行严密平差。

　　3）三级控制网

　　三级控制网布置在基础底板上，按一级方格网标准测设，主要用于地下结构施工阶段的测量，具有短期使用性质。该控制网的使用需随时根据施工阶段的沉降、变形情况进行调整。由于该工程的工况变化很大，且三级控制网布置于现场内部，容易遭到施工破坏，故在实际测量过程中，除需要在上述情况下进行实时调整外，还需要根据施工情况进行布网位置的调整，布网依据为上级控制网。在±0.000 层将竖向控制点与二级控制网进行联测，以核心筒体为载体垂直向上传递，层层闭合。三级控制网是该工程施工阶段的主要测量控制网，见图 6.4-5。

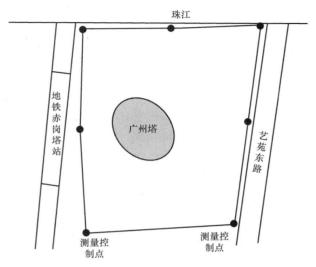

图 6.4-4　二级测量平面控制点布置图

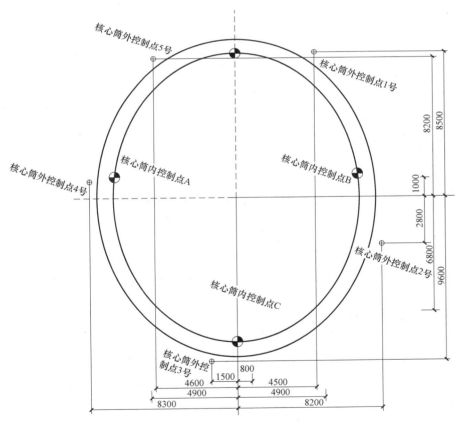

图 6.4-5　三级测量平面控制点布置图

2. 高程测量控制网布置

　　1）首级高程控制网

首级高程控制网的创建以业主下发或城市测绘部门单位提交的城市高程控制点为依据。创建过程中需考虑除了下发或提交的城市高程控制点外，还要增加冗余高程控制点，以增强高程系统的安全性。为保证高程系统的稳定性，点位应设置在不受施工环境影响，且不易遭破坏的地方。考虑季节变化、环境影响以及其他不可知因素，定期对高程控制点进行复测。首级高程控制点的建立使用精密水准仪，并采用二等水准测量的方法建立。具体设置如下：

（1）首级高程控制点点位的选取与建造

选择 3 个高程控制点，其中新鸿花园和赤岗塔与上述 GNSS 平面控制点重合，另在珠江帝景附近地面单独布设一点。高程控制点与 GNSS 平面控制点重合时，在观测墩柱体安装水准标志；在地面单独建点时，采用钢管钻孔灌注桩形式（深度 8～15m），钢管顶面安装不锈钢水准标志（钢管为 $\phi108mm×5mm$）。高程控制点地面建造护井，增加控制点的稳定性，在观测墩上预先埋设高程点标志。同时，适当联测前期基坑施工单位已经建造并使用的高级控制点1～2 个；另外选择 2 个高程内控点，预埋标准标志，与上述高程控制点合在一起组成一个二等首级精密高程控制网。

（2）首级高程控制网的观测

施测时可以分两次组网观测，外控点组网观测一次，便于基础和附属建筑物的施工。当施工至±0.000 时，再将内控点联网观测平差。

（3）首级高程控制网的数据处理和平差计算

首先对外业观测的各段高差进行限差检核，然后进行环闭合差检核，当各段往返测高差、环闭合差均满足限差要求后，进入内业平差计算。按照间接平差方法，对高程控制网采用自由网或复合网形式进行平差计算。

2）二级高程控制网

二级高程控制网采用三等水准测量标准，设置在施工现场以内，作为施工所需的标高来源使用。其创建以首级高程控制网为依据。随着时间的推移与建筑物的不断升高，自重荷载的不断增加，建筑物会产生沉降。因此，要定期检测高程点的高程修正值，及时进行修正。由于施工现场的环境条件较差，产生破坏的因素众多，二级控制点需加密复测的次数，以确保其坐标值正确可靠。

3）控制网的布点方法

控制网桩点应选在土质稳定、能长期保存、相邻控制点之间应通视、便于施测使用的地方。并按如下规定进行埋设，以便长期保存：

一级控制网的桩点，采用深埋钻孔桩，应布设在水平距离基坑大于基坑深度以外的范围，埋深应大于基坑深度 4m。

二级控制网的桩点采用混凝土桩，底部规格不小于 0.6m×0.6m，桩顶标高为场地设计标高下0.3m，顶部预埋 100mm×100mm×6mm 钢板，点位中心镶嵌 $\phi1mm$ 铜芯，在桩顶面的角上设水准点，水准点高出钢板 5～10mm，控制桩四周用钢管做 1500mm×1500mm 的防护栏和醒目的标记，确保桩点不被压盖、碾轧、扰动。

3. 核心筒控制测量

广州塔核心筒高度 448.8m，外壁厚度不断变化，工况中横向结构滞后施工，同时还要控制结构的竖向变形，因而给测量定位带来一定难度。

1）楼层平面控制轴线测量

（1）在核心筒的内墙壁标定位置固定布置强制对中平台，在整体提升钢模的向上投影相应位置固定布置控制点接收平台。

（2）将全站仪在核心筒的单体控制点上设站，测定强制平台的中心坐标。

（3）将天顶仪在强制平台上设站，将强制平台中心的平面位置垂直向上投影至控制点接收平台。

（4）重复以上步骤，使所有强制平台的控制点垂直向上投影至控制点接收平台。

（5）将全站仪在接收平台上设站，使全站仪配套棱镜在其他接收平台上设站，复核各点的传递精度及可靠性，无误后进入下一步操作。

（6）使用全站仪放样出施工轴线，经监理检验后投入施工使用。

2）楼层高程控制测量

（1）将全站仪在强制平台上设站，通过调整将镜筒视线调整至垂直向上。

（2）使用测距功能将地面的标高引至接收平台。

（3）使用水准仪将接收平台的标高传递至施工所需位置，经监理复核通过后投入施工使用。

3）楼层控制网的迁移

高层建筑测量所采用的天顶法要求随结构的上升将±0.000面的基准控制网向上迁移，而超高层建筑中的测量实践表明，建筑物在建造过程中其顶端将产生持续的、缓慢的结构竖向变形，其变形幅度随高度的上升而加剧。因此高度250m以上的建筑测量定位时，由于建筑物的结构竖向变形等原因，将导致天顶法测量产生误差。所以，自结构250m开始，每上升一定高度就必须进行一次基准控制网的检查和纠正。而使用GNSS系统所产生的测量结果满足独立性和稳定性要求，适合进行独立、无累积误差、不受干扰的测量。

由于结构一直上升，而仪器的分辨能力有限等原因，楼层控制网不得不向上迁移。迁移的过程必将造成精度损失，因而该工程设置3次楼层控制网迁移，具体设置如下：

（1）全站仪在±0.000面的单体控制点上设站，将地面上的控制点转换到各强制平台上。使各强制平台组成核心筒控制副网。所指的迁移主要是迁移该控制副网。

（2）控制网迁移（转换）层布置在核心筒施工至100m、200m和300m时进行。迁移前对主楼控制网进行复核，消除结构变形等原因造成的控制点移位。

（3）控制网迁移应谨慎操作，迁移结束严格复测，确保无误。

4. 实施效果

通过采用上述系列措施，并结合施工过程进行的沉降观测、各分包测量系统差异统一协调的管理、钢结构与混凝土两种不同材料体系所引起的不同压缩变形差异的协调、风荷载以及日照温差引起的结构变形的控制及辅助虚拟仿真分析结果，整个结构施工过程中精度完全满足设计及规范要求。

6.4.3.2 广州塔振动控制监测

1. 概况

广州塔项目的主塔体高达454m，顶部是146m的钢结构桅杆。整个塔体由椭圆形的混凝土核心筒和钢结构外框筒组成，中间通过A、B、C、D、E五个功能区相连，功能区楼层采用钢梁和内外筒之间通过铰接连接。外框筒由24根柱子，通过平行的46环环梁以及钢结构斜撑组成。钢管柱内灌素混凝土形成钢管混凝土柱结构。钢结构的外框筒和核心筒的截面形式皆为椭圆。整个塔的外形具有高、扭、偏、缺等特点。

广州地处热带地区，每年遭受台风袭击的频度和强度较大。广州塔高度高、体形细、结构布置独特，属于风敏感结构，强风、地震是广州塔需要考虑的主要外部影响。此外，广州塔为广受瞩目的标志性工程，在强风和地震等灾害作用过程中及灾后承担着信息发布和传播功能，必须确保该塔在强风和地震作用下不发生过大的振动和破坏。因此，广州塔有必要实施振动控制系统。

广州塔振动控制系统采用主塔主被动复合的质量调谐控制系统（HMD），桅杆结构采用多质量被动调谐控制系统（TMD）。HMD系统由以水箱为质量的TMD系统和坐落在其上的直线电机驱动的AMD系统组成。AMD系统工作时，需要及时得到结构当前状态的反馈信息。因此，广州塔振动控制系统需要一个广州塔振动控制结构状态反馈系统。

2. 传感器子系统

1）监测对象与传感器

广州塔振动控制结构状态反馈系统的监测对象包括：主塔结构加速度、主塔结构速度、TMD质量位移、TMD 质量加速度、地震、风速风向。其中，地震和风速风向将直接利用广州塔运营期结构健康监测系统的监测数据。

广州塔振动控制结构状态反馈系统的传感器子系统包括 12 个加速度传感器（ACC）、4 个速度传感器（VEL）、4 个位移传感器（DIS），以及与广州塔运营期结构健康监测系统共用的 1 个地震仪、1 个风速仪。传感器共有 22 个，传感器的总体布置见图 6.4-6。

（1）加速度传感器

桅杆 578.2m 处的加速度监测采用 TML 的 ARF-100A 型加速度传感器，其他位置的加速度监测采用东京测振的 AS-2000S 型加速度传感器。

（2）速度传感器

速度监测采用东京测振的 VSE-11 型速度传感器。

（3）位移传感器

位移传感器采用 Celesco 的 PT5DC-100-N34-FR-M0P0-C25 拉绳式位移传感器。

2）传感器及线槽施工

（1）传感器安装定位

位于主塔 1/4 高度处、1/2 高度处、3/4 高度处和塔顶处的加速度传感器和速度传感器在弱电房的平面布置见图 6.4-7，安装点的位置与核心筒椭圆短轴成 30°夹角，而传感器的感应方向则与短轴平行。安装传感器用的三角支架可根据实际需要调整传感器感应方向。水箱质点上的加速度传感器按照弱轴和强轴方向布置，见图 6.4-8。

桅杆 517m 高程加速度传感器安装在面内的水平梁上，为了使全塔加速度测量坐标统一，桅杆与主塔结构内的加速度器感应方向保持一致。桅杆 578.2m 高程加速度传感器安装在平台的钢板上，为了使传感器安装位置处局部刚度较高且不影响人行通道，安装位置选择在平台边梁与平台梁交接的地方。

原设计方案使用一个位移传感器测量水箱质心的位移。由于水箱质心属于平面运动，用一个位移传感器无法测量到所需弱轴方向的位移，因此，对原设计方案（每个质心采用一个位移传感器进行测量）进行调整，对每个水箱质心用两个位移传感器来测量其位移，通过几何计算得到质心弱轴向的位移。位移传感器固定点设计为可平面转动的装置。

（2）线槽施工定位

对于核心筒弱电房内所有线缆走线均采用镀锌线槽走线，包括从传感器到数据采集仪、从数据采集仪到全塔纵向线槽（100mm×100mm）。阻尼层传感器走线采用先钢管后线槽的方式，从传感器到弱电房采用镀锌钢管，进入弱电房后采用线槽走线。桅杆上的传感器线缆采用镀锌钢管保护，直到进入核心筒。

3. 数据采集与传输子系统实施

1）系统组成

广州塔振动控制结构状态反馈系统的数据采集与传输子系统由数据采集站和数据传输网络组成。数据采集站负责传感器信号的采集、调理、预处理等，数据传输网络则是实时数据或数据文件传送到数据管理子系统的传输媒介。

广州塔振动控制结构状态反馈系统包括 4 个主塔内的数据采集站和 2 个桅杆上的数据采集站。数据采集站采用美国 NI 的 CompactR10 控制与采集系统，CompactR10 控制与采集系统由控制器、I/O 模块和机箱组成。

数据传输网络采用星形网络，见图 6.4-9。传感器通过专用线缆连接至就近的数据采集站（DAU），数据采集站通过光纤连接至监控中心内的交换机，监控中心内的数据服务器通过网线连接至交换机。

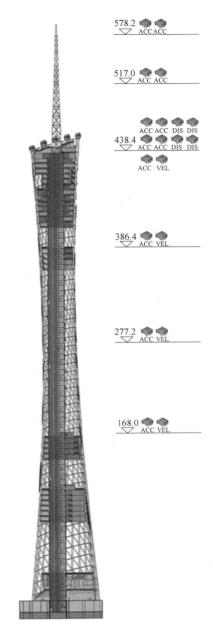

图 6.4-6 传感器的总体布置

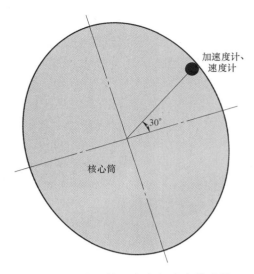

图 6.4-7 核心筒弱电房加速度传感器、
速度传感器位置图

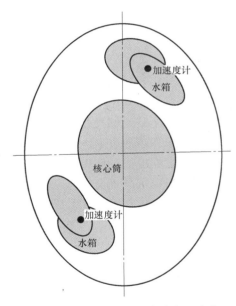

图 6.4-8 水箱质心加速度计安装定位图

2）数据采集与传输设备

数据采集站的控制器采用 cRIO-9014 智能实时嵌入式控制器。数据采集站的 I/O 模块常用 NI9239 模拟输入模块。数据采集站的机箱采用 4 槽的 cRIO9101 机箱。采用深圳 TP-LINK 的 TL-SF1016 以太网交换机以及 TP-LINK 的 TR-965DA/965DB 光纤收发器。

NI CompactRIO 控制与采集系统体积小，重量轻，须在室内工作，工作温度范围为 −40～70℃。对于安装在主塔内的数据采集站，无须特别的保护措施。为减少强电信号干扰，主塔内的数据采集站宜安装在弱电房内。为了标识清楚，将 NI CompactRIO 控制与采集系统安装在金属保护盒内。金属保护盒预留连线空间和空气流通空间，并在金属保护盒的底板设计通风口。对于安装在桅杆上的数据采集站，由于暴露的工作环境，将 NI CompactRIO 控制与采集系统安装在金属保护盒内。金属保护盒预留连线空间和空气流通空间，并在金属保护盒的底板设计通风口。此外，还为每个数据采集站配备了隔离变压器，以避免雷击。

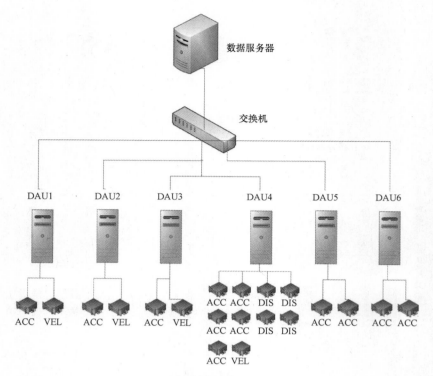

图 6.4-9　数据传输网络拓扑结构图

3）数据传输线缆安装测试

（1）将传感器通过专用线缆连接至相应的数据采集站。

（2）将数据采集站通过光纤收发器、光纤等连接至交换机。

（3）将数据服务器通过 RJ45 口网线连接至交换机。

（4）线缆敷设完成后，使用专用检测设备对线路进行测试。

（5）根据网络要求设置交换机内部软件。

（6）数据采集与传输子系统完成后，进行全面网络测试，了解网络某点发生故障时，网络的自愈能力和时间。

4. 实施效果

截至 2010 年 8 月，广州塔主体及其附属结构完成。对于内筒的监测断面，除个别测点传感器以外，大部分测点实测应变同有限元分析结果之差在 $50\mu\varepsilon$ 以内，所有测点实测应力同有限元分析结果之差在 2.2MPa 以内。

对于外框筒监测断面，各测点传感器所测外框筒钢结构表面应力大部分监测结果为受压，少部分测量结果为受拉。

各监测断面所测最大压应力都出现在节点立柱处，最大拉应力则多出现在节点环杆处。所有监测断面所测最大压应力为 93.4MPa（位于 11 环 18 号柱立柱），最大拉应力为 45.7MPa（位于 11 环 13 号柱立柱），均远小于外框筒所用 Q345 钢的屈服强度。

6.4.3.3　广州塔沉降监测

1. 概况

广州塔的构成，是由上小下大的两个椭圆，圆心相错，逆时针旋转 135°，自然形成塔身中部"纤纤细腰"的形体，由于旋转，造成塔身外形曲率的变化，也形成了各方向形体各异的观赏效果；广州塔以混凝土核心筒作为轴心，外筒钢结构体系由 24 根立柱、斜撑和圆环交叉构成，形成镂空、开放的独特结构形式。为保障工程的顺利实施，加强对该工程的质量监理，及时、准确地为广州塔的建设提供沉降数据，监测塔体在自重及使用荷载的作用下各主要部位受力变形情况以及在施工及运营期间沉降变化情况，广州新电视塔建设有限公司委托广州市城市规划勘测设计研究院对广州塔工程进行沉降观测。

广州塔的沉降监测具有如下特点：

（1）广州塔体形特殊，工作量大、制约因素多，要确保获得连续的超高精度和超可靠性的水准成果，总体技术要求达到了同类项目的较高水平；

（2）广州塔结构细长，具有偏、扭的结构特征，现场观测条件差，时间跨度大，受温度影响较大，易产生暂时性高程变化，观测和数据分析的难度很大；

（3）项目布设的基准点和观测点应能满足工程推进的需要且利于长期保存，同时还要求与广州市城市轨道控制网保持精度一致与点位兼容。

2. 基准点及观测点布设

1）基准点布设

沉降观测是周期较长的特殊测量项目，所以各项工作都应本着长期性和稳定性为原则进行。沉降观测基准点是判定建筑物沉降变化的依据，设置时应满足牢固和长久保存的条件，以便开展施测作业和以后能跟踪观测。基准点点位应选设于地基坚实稳定、安全僻静，并利于长期保存与观测方便的地方。

为保证沉降观测的唯一性和可比性，沉降基准点至少应布设3个。根据广州塔规划平面图及现场实际情况，基准点选在塔体施工影响范围之外，同时便于长久保存的北面珠江边及东面规划路边，其中北面2个、东面1个。

沉降观测的基准点为三个基岩水准点，基岩标石采用钻探方式，打钻孔到岩层并进入岩层0.5m，钻孔直径不小于108mm，放入直径与钻孔相同的金属套管直至岩层，然后挖开地表部分，将铜质标志头焊接在金属套管上成为一个整体。基岩水准点埋设的挖土深度应保证在原土线以下0.5m，基岩点埋设成地下标。基岩水准点在地面部分使用水泥护圈和金属护盖，可以随时打开护盖以便于观测。

2）观测点布设

观测点是判定建筑物沉降变化的依据，设置时应满足牢固和长久保存的条件。结合广州塔的建设要求，沉降监测的布点要求为：

（1）裙房部分6个沉降观测点，标高2m；

（2）主塔核心筒部分8个沉降观测点，标高9m；

（3）主塔外筒钢管柱部分24个沉降观测点，标高9m，分布在每条外筒钢管柱外部，见图6.4-10。

根据工地现场和今后施工场地情况，为确保测量精度和观测的可操作性，具体布置如下：

（1）所有沉降观测点应布设在地台上0.2～0.5m的高度，即裙房部分沉降观测点布设在标高0.2～0.5m处，主塔核心筒和主塔外筒钢管柱部分的32个沉降观测点布设在标高7.2～7.5m处。

（2）在施工的前期，主塔核心筒和主塔外筒钢管柱部分的32个沉降观测点可布设在-10m层地面高0.2～0.5m处，进行沉降观测，待裙房部分主体（7m标高）完成后再对上部观测点进行观测，二者进行一次转换联系观测，后期可仅对上部观测点进行观测。

（3）观测点的安装应使观测点标志与主受力柱联结成一个整体。装点时应考虑观测标志上面留有3.1m以上的净空，且无妨碍竖立水准尺的凸出障碍物；安装完成后，注意要免受碰撞、挤压及其他意外的影响，并需提请施工单位配合。

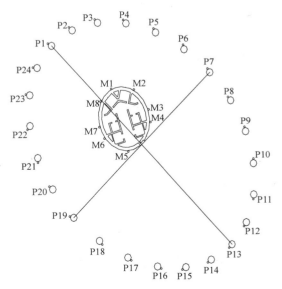

图6.4-10 主塔外筒沉降观测点平面布置图

3. 观测方法和观测精度要求

1）观测方法

沉降观测主要采用精密水准测量方法进行，精密水准观测采用蔡司 DiNi11 电子数字水准仪（最小读数为 0.01mm）及与之相配套的钢钢条码水准尺。对于上部不能立水准尺的观测点，可采用 1″ 全自动全站仪（测量机器人）进行高程差补充测量；场地的四周建立四个强制对中观测墩，在观测点上焊接小棱镜，每次观测时由基准点联测观测墩高程，再用机器人对观测点进行高程差测量。

测站观测顺序和方法按现行国家水准测量规范的有关规定执行。往测时，奇数站为后—前—前—后、偶数站为前—后—后—前；返测时，奇数站为前—后—后—前、偶数站为后—前—前—后。观测中应遵守的事项：

（1）观测前 30 分钟，应将仪器置于露天阴影下，使仪器温度与外界气温趋于一致；

（2）在连续各测站上安置水准仪的三脚架时，应使其中两脚与水准路线的方向平行，而第三脚轮换置于路线方向的左侧与右侧；

（3）除路线转弯处外，每一测站上仪器与前后标尺的三个位置，应接近一条直线。禁止为了增加标尺读数，而把尺桩安置在壕坑中；

（4）同一测站上观测时，不得两次调焦；

（5）每一测段的往测与返测，其测站数均应为偶数。由往测转返测时，两根标尺必须互换位置，并应重新整置仪器。

2）技术要求

每次观测之前应对所使用的水准尺和水准仪进行全面检验，观测时仪器 i 角应 $\leqslant \pm 5''$，视距长度 $\leqslant 30m$，视线高度 $\geqslant 0.5m$，前后视距差 $\leqslant 1.0m$，前后视距累积差 $\leqslant \pm 1m$。基辅分划读数差 $\leqslant \pm 0.3mm$，每一测段测站数应为偶数（如非偶数应加标尺零点差改正，或者前后视均为用同一标尺来消除零点差的影响），观测标尺读数应读至 0.01mm。

各观测点应尽量联成固定的闭合环形路线，无法构成闭合环的个别观测点，应用二次观测测定其高差值，二次高差之差应 $\leqslant \pm 0.5mm$。超过两点时，必须作往返观测测定。

3）观测精度

三个基准点联测时按一等水准测量精度施测，基准点联测观测点时按二等水准测量精度施测，具体技术要求见表 6.4-1。

水准观测精度指标　　　　　　　　　　　表 6.4-1

等级	相邻基准点高差中误差（mm）	每站高程中误差（mm）	往返附和或环线闭合差	检测已测高差较差
一等	$\leqslant 0.3$	$\leqslant 0.07$	$\leqslant 0.15\sqrt{n}$	$\leqslant 0.2\sqrt{n}$
二等	$\leqslant 0.5$	$\leqslant 0.13$	$\leqslant 0.3\sqrt{n}$	$\leqslant 0.45\sqrt{n}$

注：表中 n 为测站数。

4）观测周期

（1）裙房部分

施工期间：每施工完一层（包括地下部分）应观测一次。

竣工后：第一年每年观测不少于 3~5 次；第二年每年观测不少于 2 次；第三年以后每年观测不少于 1 次，直至沉降稳定为止。

（2）主塔核心筒部分

施工期间：核心筒每升高 30m 应观测一次；功能层每浇捣完一层楼面应观测一次。

竣工后：第一年每年观测不少于 3~5 次；第二年每年观测不少于 2 次；以后每年观测不少于 1 次；当主塔核心筒与外筒钢管柱的沉降差大于 0.0008L（L 为两观测点间距，单位 mm）时，应增加观测次数。

(3) 主塔外筒钢管柱部分

施工期间：每吊装完三个环应观测一次；功能层每浇捣完一层楼面应观测一次。

竣工后：第一年每年观测不少于3~5次；第二年每年观测不少于2次；以后每年观测不少于1次；当外筒钢管柱之间的相邻沉降差>0.0002L（L为两观测点间距，单位mm）时，应增加观测次数。

4. 数据处理与成果资料

1) 数据处理

观测成果计算分析时，根据最小二乘和统计检验原理对控制网和观测点进行平差计算，对测量点的变形进行几何分析与必要的物理解释。各类测量点观测成果的分析与计算，应符合下列要求：

(1) 观测值中不应含有超限误差，它的系统误差应减弱到最低程度；

(2) 合理处理随机误差，正确区分测量误差与变形信息；

(3) 多期观测成果的处理应建立在统一的基准上；

(4) 按网点不同要求，合理估计观测成果精度，正确评定成果质量。

测量网点平差前，应做好下列准备工作：

(1) 核对和复查外业观测与起算数据；

(2) 进行各项改正计算；

(3) 验算各项限差，在确认全部符合规定要求后，方可进行计算。

2) 成果资料

观测成果计算和分析中的取位至0.01mm。变形测量成果的整理，应符合下列要求：

(1) 原始观测记录应填写齐全，字迹清楚，不得涂改和转抄。凡改写的数字和超限划掉的成果，均应注明原因和重测结果的所在页数；

(2) 平差计算成果、图表及各种检验、分析资料，应完整、清晰、无误；

(3) 使用的图式、符号，应统一规格，描绘工整，注记清楚。

3) 成果报告

每次观测结束后应及时整理资料，并严格执行三级检查制度和CMA贯标体系文件。及时向甲方提供上一次监测成果报告，如在观测中发现沉降异常现象，应向业主及监理单位及时报告，沉降达到临界值时应进行预警报告。

沉降观测全部完成后应向甲方提交沉降观测技术报告，其中包括各观测点历次沉降量（本次沉降量、累计沉降量）、沉降发展曲线图、精度统计表、基准点检测表等。

5. 实施效果

1) 沉降观测报告

根据施工进度以及甲方要求，项目在2007年3月16日起至2010年3月28日期间共进行25次沉降观测。截至2010年4月，观测工作量统计结果如表6.4-2所示。

广州塔沉降观测点次统计　　　　　　　　　　　　　　　　　　　　表6.4-2

建筑	观测点数	观测次数	总点次	备注
核心筒	8	23	183	部分点遮挡未统计
外筒	24	25	519	

沉降观测项目从2007年3月16日至2010年3月28日结束，共进行25次观测累计702点次观测，沉降观测线路闭合差最大为1.12mm，最小为-0.16mm；一测站高差中误差为±0.087mm，最弱点观测中误差为±0.43mm。

2) 监测结果及特征分析

根据《建筑变形测量规范》JGJ 8—2007，一般工程超过100d的沉降速率小于0.01~0.04mm/d，可认为建筑物沉降已经趋于稳定阶段，具体取值根据各地区地基土的压缩性确定。

根据各次沉降结果统计规律来看，核心筒最小沉降为M5点18.15mm，沉降最大的为M7点21.59mm，平均沉降为20.23mm，监测时间跨度为1005d；外筒最小沉降为P21点5.14mm，沉降最大的为P8点9.84mm，平均沉降为8.11mm，监测时间跨度为1097d。由表6.4-3可见，监测到第25期时，核心筒各沉降观测点的沉降速率均位于0.018～0.021mm/d，各外筒沉降观测点的沉降速率均小于0.01mm/d，均属于正常沉降，但也应继续进行观测确保安全，部分监测点第25期沉降速率（mm/d）见表6.4-3，核心筒和外筒累计沉降量平均值、最大值、最小值变化曲线图见图6.4-11。

部分监测点第25期沉降速率（mm/d）　　　　　　　　　　表6.4-3

点号	M1	M2	M3	M4	M5	M6	M7	M8
速率	0.021	0.020	0.020	0.020	0.018	0.021	0.021	0.021
点号	P1	P2	P3	P4	P5	P6	P7	P8
速率	0.007	0.007	0.008	0.007	0.007	0.007	0.006	0.009
点号	P9	P10	P11	P12	P13	P14	P15	P16
速率	0.008	0.007	0.007	0.006	0.008	0.007	0.009	0.007
点号	P17	P18	P19	P20	P21	P22	P23	P24
速率	0.007	0.008	0.009	0.009	0.005	0.009	0.007	0.007

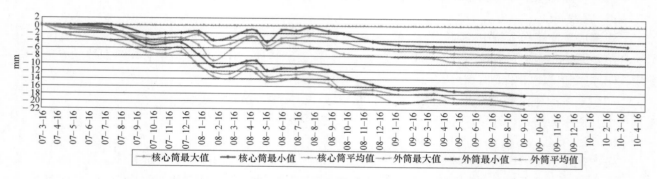

图6.4-11　核心筒和外筒累计沉降量平均值、最大值、最小值变化曲线图

6.4.4　启示与展望

工程测量是联系设计与施工的桥梁，是设计蓝图转化为现实的必经环节。在超大型项目尤其是超高层建筑结构施工中，建筑高度增加，受制于测量仪器的测量精度要求，测量传递次数增加，若仅采用传统的层层传递的测量控制方法会出现累计误差严重超限的问题，另外因为超高，建造过程中建筑物自身摆动，以及风荷载、温度等对结构变形影响均会加大，其主要难点体现在以下方面：

1. 技术难度大

（1）超大型项目尤其是超高层建筑结构超高，平面控制网和高程垂直传递距离长，测站转换多，测量累计误差大。

（2）超大型项目尤其是超高层建筑高度大，侧向刚度小，特别是体形奇特时，施工过程中受环境影响极为显著，空间位置不断变化，保证高空测量控制网的稳定难度大。

（3）超大型项目施工测量通视困难，高空作业多，作业条件差，高空架设仪器和接收装置困难，常需设计特殊装置以满足观测条件。

2. 精度要求高

超大型项目尤其是超高层建筑的结构超高，结构受力受施工测量精度影响比较大，过大的施工测量误差不但会影响建筑功能正常发挥，如长距离高速电梯的正常运行，而且会恶化超大型项目结构受力，因此必须严格控制施工测量误差。为加快施工速度，超大型项目多采用阶梯状流水施工流程，大量采用工厂预制、现场装配的施工工艺，如钢结构工程、幕墙工程，工业化生产对施工测量精度要求高。而且国家规范对超大型项目施工测量精度要求较一般建筑工程高。建筑高度越大，施工测量精度要求越高。

3. 影响因素多

超大型项目施工测量精度除受测量仪器精度和测量技术人员素质影响外，还受建筑设计、施工工艺和施工环境影响。超大型项目造型、基础和侧向刚度等设计对施工测量精度影响显著。建筑高度越高、造型越复杂，施工过程中超大型项目变形越显著。基础刚度越小，施工过程中超大型项目沉降越大，差异沉降越显著。建筑侧向刚度越小，施工过程中超大型项目受施工环境和施工荷载影响越大。超大型项目在施工过程中的空间位置受施工工艺、风和日照等环境影响也非常显著。

为此，超大型项目尤其是超高层建筑的工程测量中必须针对上述问题进行综合考虑和分析，有效地避免相关影响。特别是，积极采用测绘新技术、新方法和采用测量新设备、新装备可有效提升作业精度和效率。此外，在开展精密施工测量的同时，很有必要同步开展振动控制监测以及沉降监测等，以综合保障工程的建设实施和正常运营。

本章主要参考文献

[1] 中华人民共和国住房和城乡建设部. CJJ/T 8—2011 城市测量规范 [S]. 北京：中国建筑工业出版社，2012.
[2] 中华人民共和国建设部. GB 50026—2007 工程测量规范 [S]. 北京：中国计划出版社，2008.
[3] 中华人民共和国住房和城乡建设部. CJJ/T 73—2010 卫星定位城市测量技术规范 [S]. 北京：中国建筑工业出版社，2010.
[4] 中华人民共和国国家质量监督检验检疫总局. GB/T 18314—2009 全球定位系统（GPS）测量规范 [S]. 北京：中国标准出版社，2009.
[5] 中华人民共和国国家质量监督检验检疫总局. GB/T 12897—2006 国家一、二等水准测量规范 [S]. 北京：中国标准出版社，2006.
[6] 中华人民共和国国家质量监督检验检疫总局. GB/T 12898—2009 国家三、四等水准测量规范 [S]. 北京：中国标准出版社，2009.
[7] 中华人民共和国住房和城乡建设部. GB 50497—2009 建筑基坑工程监测技术规范 [S]. 北京：中国计划出版社，2012.
[8] 中华人民共和国住房和城乡建设部. JGJ 8—2016 建筑变形测量规范 [S]. 北京：中国建筑工业出版社，2016.
[9] 中华人民共和国住房和城乡建设部. JGJ/T 302—2013 建筑工程施工过程结构分析与监测技术规范 [S]. 北京：中国建筑工业出版社，2013.
[10] 中华人民共和国国家质量监督检验检疫总局. GB 50205—2001 钢结构工程施工质量验收规范 [S]. 北京：中国计划出版社，2002.
[11] 中华人民共和国住房和城乡建设部. GB 50204—2015 混凝土结构工程施工质量验收规范 [S]. 北京：中国建筑工业出版社，2015.
[12] 中华人民共和国住房和城乡建设部. JGJ 7—2010 空间网格结构技术规程 [S]. 北京：中国建筑工业出版社，2010.
[13] 吴瑞卿，等. 超大型项目施工新技术 [M]. 北京：中国环境出版社，2013.
[14] 庄林浩，王齐林，王三军. 广州新电视塔沉降观测技术的探讨 [J]. 测绘工程，2011，20 (03)：74-75＋80.
[15] 刁锦通，王齐林. 广州新电视塔沉降监测方案和实施 [J]. 中国西部科技，2008 (20)：16-17＋24.
[16] 吴裕锦，任俊，钟开红. 广州新电视塔检测及监测技术概述 [J]. 广州建筑，2007 (06)：16-21.
[17] 贺志勇，吕中荣，陈伟欢，陈树辉，廖渭扬. 基于GPS的高耸结构动态特性监测 [J]. 振动与冲击，2009，

28（04）：14-17＋24＋200.

[18] 郁政华，张连明，严玉龙，尹穗. 广州新电视塔钢结构测量技术 [J]. 建筑施工，2009，31（11）：964-966.

[19] 莫南明，等. 中央电视台新台址 CCTV 主楼施工变形监测 [J]∥精密与大型工程测量技术研讨交流会论文集，2006（5）：288～297.

[20] 高树栋，等. 国家体育场（鸟巢）PTFE 膜结构关键施工技术 [J]. 建筑技术 2010，41（10）：932-936.

[21] 张正禄，等. 工程测量学 [M]. 武汉：武汉大学出版社，2005.

[22] 武汉测绘科技大学《测量学》编写组. 测量学 [M]. 北京：测绘出版社，1991.

[23] 高井祥等. 测量学 [M]. 徐州：中国矿业大学出版社，2004.

[24] 程效军，鲍峰，等. 测量学 [M]. 上海：同济大学出版社，2016.

[25] 黄声享，郭英起，等. GPS 在测量工程中的应用 [M]. 北京：测绘出版社，2012.

[26] 刘子祥. 国家体育场"鸟巢"钢结构工程施工技术 [M]. 北京：化学工业出版社，2011.

[27] 北京城建集团. 建筑结构工程施工工艺标准 [M]. 北京：中国计划出版社，2004.

[28] 北京城建集团. 钢结构工程施工工艺标准 [M]. 北京：中国计划出版社，2007.

[29] 中华人民共和国住房和城乡建设部. 大型工程技术风险控制要点 [M]. 北京：中国建筑工业出版社，2018.

[30] 中国科学技术协会，中国测绘地理信息学会. 2014—2015 测绘科学与技术学科发展报告 [M]. 北京：中国科学技术出版社，2016.

[31] 中国建筑金属结构协会钢结构专家委员会. 大型复杂钢结构建筑工程施工新技术与应用 [M]. 北京：中国建筑工业出版社，2012.

[32] 中国建筑金属结构协会钢结构专家委员会. 钢结构建筑工业化与新技术应用 [M]. 北京：中国建筑工业出版社，2016.

[33] 中国建筑金属结构协会钢结构专家委员会. 钢结构与金属屋面新技术应用 [M]. 北京：中国建筑工业出版社，2015.

[34] 北京城建集团有限责任公司，中信建设有限责任公司. 织梦筑鸟巢——国家体育场工程篇 [M]. 北京：中国建筑工业出版社，2009.

[35] 丁浩民，张峥. 大跨建筑钢屋盖结构选型与设计 [M]. 上海：同济大学出版社，2013.

本章主要编写人员（排名不分先后）

北京中建华海测绘科技有限公司：张胜良 焦俊娟 陆静文 岳国辉

中建一局集团建设发展有限公司：廖钢林 周予启 王春

北京建筑大学：杜明义 王国利

广州市城市规划勘测设计研究院：林鸿 杨光

北京城建勘测设计研究院有限责任公司：陈大勇

第7章 大型场馆工程

7.1 概述

在中国经济快速发展，居民收入不断提高，居民生活水平稳步提升，居民生活娱乐消费升级的宏观背景下，体育产业迎来了"全民体育"时代。作为体育产业发展重心的体育场馆业也顺势得以快速发展，并普遍被认为是发展潜力巨大的朝阳产业。

2008年在北京召开举世瞩目的奥运会，这是我国各族人民期盼已久的共同心愿。为了落实科技奥运理念，展现中国人的聪明才智，奥运场馆的建筑设计充分体现了新颖独特，令人赞叹的不仅是它们宏伟时尚的造型、美妙的外观设计以及完善的实用性能，更重要的是这些工程像一座大橱窗，展示了中国建筑的风采。

国家游泳中心工程是北京奥运会标志性建筑之一，最主要的使命是为2008年北京奥运会的游泳、跳水、花样游泳、水球比赛等提供场地，也是众多的奥运场馆中唯一一座由港澳台同胞和华人华侨捐资建设的奥运场馆，因其外观酷似一个充满了水泡的蓝色方盒子而被称为"水立方"，这种大胆而巧妙的设计在世界建筑史上还没有先例。为了实现这种多面体空间钢框架结构，工程建设中钢结构安装方法只能采取在空中把一根根钢杆件当成气泡的边棱，逐个在空中按照设计好的位置固定，再与钢球焊接，制成气泡形状。过程细致，结构复杂，规律性差，可以说是"精雕细作"。

北京新机场航站区工程是新机场建设的重要组成部分，是以航站楼为核心，由综合服务楼、东西停车楼等四栋建筑共同组成的一组布局紧凑、连接方便的大型建筑综合体，航站区工程总建筑面积约143万m^2，以2025年满足7200万年旅客吞吐量为设计容量目标。北京新机场航站楼区南北长1753m，东西宽1591m，北京新机场航站楼的总建筑面积达到103万m^2，将成为全球最大的机场航站楼。航站楼的屋盖为不规则自由曲面，其难度堪称世界之最。因此北京新机场航站区工程具有项目规模大、建筑功能复合，专业系统众多、协调环节密集，质量标准严格、建设周期紧迫等主要特点，对工程建设的规划、设计、施工、管理都提出了很高的要求。北京新机场的建设目标是建成国际一流、世界领先，代表新世纪、新水平的标志性工程。

近年来，中国的电子高科技领域不断发展，为不断追赶世界的前沿，中国高科技电子厂房设计日益跨入了世界一流水平，各种大规模超大群体建筑洁净厂房不断涌现。洁净厂房主要应用于精密机械制造、微系统技术、生物技术、微电子等领域，由于洁净厂房自身的特殊性和重要性，给群体超长结构厂房施工测量提出了更高要求。在这样的背景下，国家批准建设重庆京东方电子厂房项目，项目占地面积58公顷，总建筑面积1006019m^2，属国家特大重点工程。

国家游泳中心的实心球高空三维高难度的精确定位、北京新机场航站楼为全球最大的机场航站楼、重庆京东方电子厂房工期超短（5～6个月）建设速度最快，成为大型场馆工程的代表。施工测量贯穿整个项目施工的全过程，其测量方法和测量精度对建筑工程质量和施工进度起着至关重要的作用，针对大型场馆项目体量大、工期紧、精度要求高等特点，工程测量主要为工程提供精准的基准网、研究新的快速的施工测量技术满足工期紧精度高等要求，下面以国家游泳中心、北京新机场、重庆京东方电子厂房项目为例对大型场馆项目施工测量进行介绍。

7.2　国家游泳中心

7.2.1　工程概况

国家游泳中心又称"水立方"（Water Cube），位于北京奥林匹克公园内，是北京为 2008 年夏季奥运会修建的主游泳馆，也是 2008 年北京奥运会标志性建筑物之一。它的设计方案，是经全球设计竞赛产生的"水的立方"（$[H_2O]^3$）方案。其与国家体育场（俗称鸟巢）分列于北京城市中轴线北端的两侧，共同形成相对完整的北京历史文化名城形象。

国家游泳中心规划建设用地 62950m²，总建筑面积 65000～80000m²，其中地下部分的建筑面积不少于 15000m²。国家游泳中心工程（"水立方"）如图 7.2-1 所示是全球第一座多面体空间刚架结构，在国内首次采用 ETFE 膜材料作围护结构的建筑，也是国际上建筑面积最大、功能要求最复杂的膜结构系统。因此，钢结构的设计体现了独特、新颖，整个结构是基于"泡沫"理论，对自然界泡沫在三维空间进行有效分割而形成的"延性多面体钢框架结构"，其结构体现了"水晶体"的概念。该工程钢结构是由十二面体和十四面体在空间组合后，通过旋转、分割形成的多面体空间刚架。其空间十二面体与十四面体单元体的尺寸较大，经过旋转后节点空间规律性差，构件封闭的几何形状很不规则，造成节点杆件构造复杂多样、非标准化。

图 7.2-1　水立方外观图

工程屋面及其支撑墙体结构为新型延性多面体空间钢框架结构，整个结构为立方体，平面尺寸 177.338m×177.338m，外墙的围合厚度为 3472mm，内墙为 3472mm 和 5876mm 两种，屋顶为 7211mm。从截面上看，"水立方"墙面和屋顶都分为内外 3 层，有 9803 个球形节点（600～800mm）、20870 根钢质杆件、30513 个转接件、91539 个坐标值。所有位置点都是不规则的，传统的二维图形标示不出每个点的实际位置，通过三维坐标才能看到每个点的实际位置。钢结构屋盖被两道内墙分割成三个区域，跨度分别为 40m、50m、137m。

7.2.2　关键问题

国家游泳中心是北京 2008 奥运会的主要场馆之一，工程能否如期完成关系到奥运会的举办，是国家对国际奥委会的承诺能否兑现的关键，事关国家形象。

7.2.2.1 空间无规则球节点空间快速定位测量

国家游泳中心为新型多面体空间刚架结构，实心球体直径最大 800mm 最小 600mm，每个球的重量可想而知，像这样大的球体，在几十米的高空，满足几毫米的精度进行定位，难度极大。球面测点三维坐标推算出球心坐标极其烦琐，工作量巨大，效率极低。由于安装工人对 X、Y、Z 三维坐标的方向很难判断，并且对几毫米的 ΔX、ΔY、ΔZ 很难反复移动到位，另外几十米的高空，外界因素干扰，摆动很大。全站仪单点定位很难通过球面准确地反映出球心位置，加上吊装及焊接，多次重复性定位，即使选用当时最先进的 Leica 全站仪，一天只能完成一个球的测量吊装，一天时间 6 台全站仪每天只能完成 5～6 个球节点，如此 10000 个球体定位需要 1000 多天的时间，从 2006 年要到 2009 年才能完成，而实际球体定位测量时间只有 7～8 个月。为了保证奥运会的如期举行，必须进行技术攻关，找到一种全新的经济、合理、现场可行性强的测量技术，解决空间不规则球心定位测量难题。

7.2.2.2 球和诸多杆件接杆快速定位测量

为了实现这种多面体空间钢框架结构，工程建设中钢结构安装方法只能采取在空中把一根根钢杆件当成气泡的边棱，逐个在空中按照设计好的位置固定，再与钢球焊接，这就要求每个球体上都要定位出多根杆件的位置。由于现场通视条件很差，灵活设站几乎不可能，也就是说同一测站观测不到其侧面的杆件位置点，而定位不出杆件的位置，就不能使球体与球体之间的杆件准确连接。因此球体就没有固定支撑点，就不可能在空间固定，就无法进行安装，更谈不上工效、工期保证。杆件的定位精度直接关系到以后诸多球体的连接定位，这就要求测量技术人员探索攻关新的测量技术。

7.2.2.3 空间无规则球杆快速定位测量

工程并非一般的钢筋混凝土结构，国家游泳中心新型多面体空间刚架结构是目前国内外建筑中独一无二的空间钢结构。工程钢结构是由十二面体和十四面体在空间组合后，通过旋转、分割形成的多面体空间刚架。其空间十二面体与十四面体单元体的尺寸较大，经过旋转后节点空间规律性差，构件封闭的几何形状很不规则，造成节点杆件构造复杂多样、非标准化。工程采用单球+单杆的吊装方式，由于在吊装的过程中，单球+单杆的构件始终在空中处于摆动，不稳定状态，如何保证此构件和其他空中构件准确连接，而拼装的现场急需一套快速准确特殊球面杆件定向测量方法。

7.2.3 方案与实施

根据工程的关键问题，研究本工程的施工措施为：①采用化繁为简的方法，将众多的三维坐标分解为平面二维坐标+高程，将平面坐标投影在地面上，采用高精度 Leica 全站仪放样其投影中心位置，并依据球半径在地面上刻画出球的投影轮廓线，来进行球体的平面定位。研发专用工具"空间球体定位刻度器"，配合水准仪和钢尺控制球体的高程。②球体上杆件准确安装定位，使用"空间球体定位刻度器"在球面上分解出与杆件角度和弧长，标出记号，来进行杆件的准确定位。③球面杆件定向，针对球杆采用单球+单杆预拼再高空吊装的方式，单球+单杆的定位采用全站仪配合"空间球体定位刻度器"来完成。

7.2.3.1 空间无规则球节点空间快速定位测量研究

由于国家游泳中心新型多面体空间刚架结构是目前国内外建筑中独一无二的空间钢结构，实心球体直径最大 800mm 最小 600mm，如图 7.2-2 所示像这样大的球体，在几十米的高空，满足几毫米的精度进行定位，难度极大。而现场诸多不利通视条件等制约因素如图 7.2-3、图 7.2-4 所示，无法用常规单台全站仪三维工业测量的方法进行施测。针对空间分布极不规则的空间球节点，课题组查阅了大量的技术资料，GPS RTK 的快速测量，由于受到现场密密的钢架影响，很难确定固定解。根据三点定球的原理，若同时测三个球体上的坐标，可以确定球心的位置，但是由于现场各种因素的影响，而且球的位置随时在变动，则有可能测完两个点，再测时球心已不在原来的位置，且受到通视的影响，中途还需要转站，也就大大加大了工作量和放样精度，在奥运会召开之前完成是根本不可能的。传统的经纬仪测量，对现场的通视条件要求较高，且细部放线工作量大，不仅耗时、测量效率低，而且精度低，方法不可取。

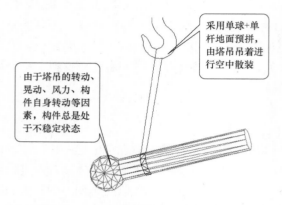

图 7.2-2　球体空间定位难度大

图 7.2-3　满堂红脚手架密集，通视条件极差

图 7.2-4　构件层次多，围护结构密布，常规测量无法实施

　　研究空间无规则球节点空间快速定位采用化繁为简的方法，将众多的三维坐标分解为平面二维坐标＋高程（如图 7.2-5 所示），将平面坐标投影在地面上，采用高精度 Leica 全站仪放样其投影中心位置，并依据球半径在地面上刻画出球的投影轮廓线，如图 7.2-6 所示。

　　球体的高程控制采用水准仪和钢尺配合的方法进行，由于球面比较光滑，量高时无法测到准确的球体标高。为了准确测定其高程，又研发了专用工具，依据数据库中已演算好的标准高程，量高时直接量到专用工具上便可确定球的设计标高，见图 7.2-7。

7.2.3.2　球和诸多杆件连接快速定位测量研究

1. 专用工具的研发

　　杆件定位课题组，结合球的实际特征，研发出专门用于分解球节点的专用工具"空间球体定位刻度器"，如图 7.2-8 所示。保证了安装精度，确保杆件中线准确穿过球心，使其形成受力合理的网架结构。

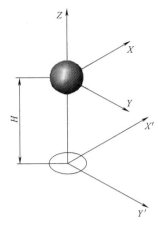

图 7.2-5 三维坐标分解为平面二维坐标＋高程

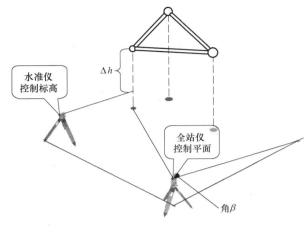

图 7.2-6 球体平面和高程控制

空间球体定位刻度器主要由两部分组成：

上部位手持架：手持架中心设置可调节指针，由定位螺丝控制高度，架子四角设置四个长水准气泡，精度 $20''$，控制架子水平。

下部圆形尺盘：圆形尺盘标示刻度线。最小刻度间隔 $1°$，刻线精度 $1mm$，角度最小分辨率 $15'$。

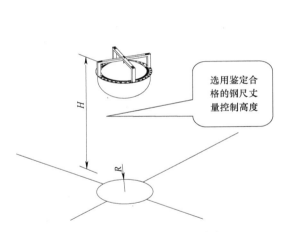

图 7.2-7 专用工具测定球体高程

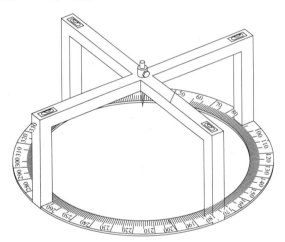

图 7.2-8 空间球体定位刻度器设计图

2. 空间球体定位刻度器应用

在节点球和杆件安装前，首先按照设计图纸对各节点球和杆件进行编号，保证节点球和杆件一一对应安装。

根据互相连接的节点球半径 R 和杆件投影计算杆件与节点球连接角度、弧长等数据，使用特制的空间球体定位刻度器等工具，在球面上放样杆件与节点球连接点并做好标记，如图 7.2-9 所示。

节点球安装就位后，按照连接点标记将连接杆件一端与节点球连接并初步固定。

7.2.3.3 空间无规则球杆快速定位测量研究

水滴的不规则形状决定了钢框架杆件空间变化的不规则性，导致由于节点球与杆件没有直接支撑而在空间连接，形成无规则空中扭转的刚架体系。为了便于球体空间固定就位，便于安装，工程采用单球＋单杆的预拼再高空吊装的方式，如果杆件的方向不准确，就无法和下一个球体准确拼接，项目组采用了经纬仪与地面投影 X 方向和球体 $0°$ 子午线重合（如图 7.2-10 所示），并且刻度器保持水平，从而保证了球面杆件定向，杆件空间对应的测量精度。

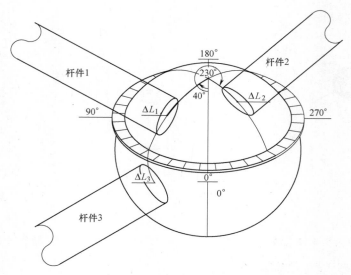

图 7.2-9　空间球体定位刻度器的应用

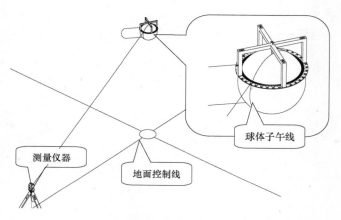

图 7.2-10　空间无规则球杆件快速定位测量

本方法测量作业操作简便，与钢结构安装人员配合简便有效，及时满足现场钢结构安装需要。在水立方建设过程中，我们对全部球形节点进行了检查，共检查 9843 个球形节点，20870 根杆件与球的连接点。30000 多构件准确就位，顺利对接，没有测量工作的失误或延误造成施工返工，所有构件精度均控制在 ±5mm 以内。

7.2.3.4　数据处理分析

众多的构件势必会有大量的数据，巨大的数据分析处理也是要面对的难题。为避免过多的人为计算产生计算误差，以及手工输入全站仪数据精度低、速度慢的影响，建立数据库，将近 10000 个三维坐标的平面坐标及标准高程进行计算机管理。

同时为便于使用，将数据建成计算机和全站仪内存能够互换的文件格式，放样前只需要将放样区域的数据文件调出，通过数据线传输到全站仪内存文件中，便可运用全站仪自带的坐标放样软件，快速实地放样。

7.2.4　启示与展望

该工程钢结构造型复杂，构件数量大，施工中的制作、安装、管理难度极大，项目突破钢结构安装思维，采取多种技术方案和措施，解决了施工中大量技术难题，工程施工质量满足设计要求，实现了工程建设质量、安全和工期目标。

工程采用高精度测量仪器，建立节点与杆件的三维坐标数据库，测设数据计算和施工放样实行程序化和数据化，并总结形成了"新型多面体空间刚架结构快速精确定位测量技术"，突破常规的思维，实现了测量的程序化、标准化、批量化。确保了9843个节点在空间定位±5mm的预定精度要求，20870根杆件中心线穿过球节点中心，形成受力稳定的新型多面体刚架结构。通过采用此方法测量，为水立方工程如期完成，争取了非常宝贵的时间；为钢结构安装准确安装，打下了坚实的基础；验证了国家游泳中心钢结构工程设计理念及施工最终取得了成功，受到了业主、监理、质量监督站、设计等单位的好评。该技术已获得测绘科技进步奖和国家级工法。

通过对国家游泳中心工程施工测量的研究与实践，我们对土建施工测量、复杂空间结构安装测量中的控制、放样、校正等一系列技术，进一步加深了认识和了解，使我们在大型工程施工测量管理、复杂空间定位的精度控制、测量手段、成本控制、现场实施等方面累积了一定的经验，为今后类似工程的施工提供了技术保证。同时意识到，大型特殊工程中的难题是千变万化的，每个特殊工程都有其与众不同的特殊性，施工测量方案除了应注重选择测量新技术、新仪器外，还应结合我国国情及经济承受能力优化施工测量方案，只有做到这一点，方案才实用、可行。为复杂工程建设提供了新的测量思路，对今后类似工程具有广泛的、可靠的指导作用和参考价值，具有很好的推广价值。

7.3 北京大兴国际机场

7.3.1 工程概况

1. 设计特点和亮点

北京大兴国际机场位于北京城区正南方向，距天安门直线距离46km，地处永定河冲积-洪积平原的中下部，永定河北岸大兴区南各庄。北京大兴国际机场航站区设置在间距2380m的东一、西一两条平行跑道之间，本期建设的航站区位于北端，远期航站区位于南端。北京大兴国际机场航站区工程是新机场建设的重要组成部分，是以航站楼为核心，由综合服务楼、东西停车楼等四栋建筑共同组成的一组布局紧凑、连接方便的大型建筑综合体（见图7.3-1）。航站区工程总建筑面积约143万 m²，以2025年满足年旅客吞吐量7200万人为设计容量目标。

图 7.3-1 北京新机场航站区工程鸟瞰效果图

北京大兴国际机场航站区工程具有项目规模大、建筑功能复合、专业系统众多、协调环节密集、质量标准严格、建设周期紧迫等主要特点，对工程建设的规划、设计、施工、管理都提出了很高的要求。北京大兴国际机场的建设目标是建成国际一流、世界领先，代表新世纪、新水平的标志性工程。

作为新世纪标志性工程，北京大兴国际机场航站楼具有以下几个设计亮点：

1）采用"五指廊"构型，以主航站楼为中心向四周散射五条指廊，左右既对称又统一，犹如凤凰展翅于京南，与位于京东北的首都机场 T3 航站楼"龙"形构型遥相呼应。位于中央的主航站楼的屋面最高点高度为 50m，然后下降至指廊端部 25m，楼前屋盖悬挑长度达 47m。每条指廊从末端到中心的距离只有 600m，最大限度地缩短了步行距离，五指廊设计使机场航站楼近机位数量达到 78 个，登机桥固定端数量达 50 条，大大方便了旅客进出港。

2）建成后将成为全球最大的单体机场航站楼。北京大兴国际机场航站楼区南北长 1753m，东西宽 1591m，总建筑面积达到 103 万 m²，将成为全球最大的机场航站楼。其中，作为主要功能区的主航站楼就占了 60 万 m²；西南、中南、东南三条指廊各长 411m，西北、东北两条指廊各长 298m，单体面积在 4.6 万～10 万 m² 之间。

3）不规则自由曲面屋盖钢结构，施工难度堪称世界之最。屋盖钢结构采用空间网架结构体系，这种架构体系一般由许多规则的几何体组合而成，稳定性好。但不同的是，航站楼的屋盖为不规则自由曲面，这无疑增加了施工难度，其难度堪称世界之最。

4）8 根 C 型柱做主要支撑，形成超大内部空间。作为全球最大的机场航站楼，其核心区屋盖钢网架的投影面积就达到 18 万 m²，相当于 25 个标准足球场。但是，为了保障充足的活动空间，如此庞大的屋盖仅用了 8 根 C 型柱作主要支撑。其中 6 根 C 型柱彼此间距 200m，形成的空间可以装下整个水立方。

5）采用世界规模最大的隔震技术。在航站楼的正下方，聚集着高铁、城铁和地铁站，地下有六条轨道横贯整个机场。为了机场安全，新机场采用了全球规模最大的层间隔震技术。该技术在航站楼首层板下设置了大量隔震支座，将航站楼首层和地下一层完全隔开，既隔震又不影响地下层的使用。

6）国内首创双层出发高架桥。国内首次采用双层出发高架桥。双层桥分别对应航站楼的第三层和第四层：国际出发走上层即第四层；国内出发上下两层均可。

7）内部中厅为出发到达混流设计。与传统机场不同，北京新机场的国内出发和到达两个区域没有设置物理隔断。这种出发到达混流的设计，可以实现服务资源的共享，避免商业设施的重复设置，从而促进资源的最大化利用；另一方面，混流设计减少了楼层设置，也有效降低了建设成本。

2. 航站楼混凝土结构工程概况、测量特点和难点

航站楼混凝土结构南北长 996m，东西方向宽 1144m，由中央大厅（核心区）和中南、东北、东南、西北、西南五指廊组成，中央大厅地下二层、地上二～五层，其余指廊地下一层、地上二～三层。因中央大厅结构单元超长，且航站楼核心功能均布置在此，故在中央大厅主体结构地下室一层顶板处采用隔震措施。航站楼主体结构采用现浇钢筋混凝土框架结构，局部为型钢混凝土结构，部分楼层梁和板采用预应力筋。航站楼混凝土结构测量的主要特点、难点如下：

1）超大面积混凝土结构多区域、多流水段空间立体同时施工，平面、高程细部快速、准确放样和验测难度大，平面轴线、标高竖向传递难度大。

2）核心区及综合换乘中心为超长、超宽、超大无缝混凝土结构（南北最长约 497m，东西最宽约 561m），防开裂控制难度极大。配合进行的超大底板、超宽后浇带等特殊部位的变形监测现场作业条件差、精度要求高，总结变形规律、切实指导施工难度大。

3）核心区设有全球规模最大的隔震层，隔震支座测量定位精度要求高、难度大，隔震层以上结构变形监测和规律总结、有效指导后续工程施工难度大。

3. 航站楼钢结构工程概况、测量特点和难点

航站楼屋顶设计为不规则自由曲面，投影面积约为 35 万 m²，南北长约 1000m，东西宽约 1100m，其中核心区屋顶东西最大距离约 570m，南北最大距离约 455m，投影面积约 25 万 m²。屋顶及直接支承屋顶的结构为钢结构。屋顶采用桁架或网架结构，钢结构杆件采用圆钢管截面和方钢管截面，节点为相贯节点或焊接球，部分受力较大部位采用铸钢球节点或铸钢节点。航站楼上部钢结构分为 6 个区，包括主楼核心区、西北指廊 WN 区、东北指廊区、中央指廊 CS 区、西南指廊 WS 区和东南指廊 ES 区。钢结构设计结合放射型的平面功能，主楼核心区在中央大厅设置六组 C 型柱，形成 180m 直径的中心区空间，在跨度较大的北中心区加设两组 C 型柱减少屋盖结构跨度；北侧幕墙为支撑框架，为屋盖提供竖向支承及抗侧刚度，与 C 型柱对应设置支撑筒，支撑筒顶与屋盖连接处采用固定铰或滑动铰等连接方式，为主楼核心区屋盖提供可靠的竖向支承和水平刚度。指廊区由钢柱和外幕墙柱形成稳定结构体系。每个 C 型柱柱脚的落地点均为铰接，采用抗震球铰支座，北侧幕墙柱柱脚按照受力不同采用抗震球铰支座或带向心关节轴承的销轴支座，其他幕墙柱侧接于混凝土柱，采用带向心关节轴承的销轴支座，支承筒的竖向构件采用埋入式柱脚嵌固在混凝土柱内。

除主体钢结构外，根据建筑功能需要在市政桥与航站楼二层、三层、四层楼面间设置钢连桥；钢结构登机桥 50 座，采用钢框架结构；在核心区四层混凝土楼层之间设置两座 80m 跨钢连桥。

钢结构工程测量的特点、难点包括：

1）支撑体系复杂，施工难度较大，对应的测量定位难度较大。多数埋件及钢骨梁、钢骨柱和混凝土结构穿插、同时施工，有的支撑结构（如 C 型柱）需要在屋盖安装前施工，有的支撑结构（如幕墙摇摆柱）需要屋盖安装到位后、卸载前进行安装，难度较大。

2）不规则自由曲面屋盖钢网架规模大造型复杂，施工难度史无前例。配合不同的安装工艺制定切实可行、科学合理、高效准确的测量定位方案难度很大。

3）钢网架变形监测难度大、任务重。钢结构安装步骤多，工况复杂，各种受力和受力转化过程复杂多样，确保安装过程各个工况下网架的正常受力和变形需要通过变形监测来间接反映，安全监测任务艰巨。

7.3.2　关键问题

1. 多级多功能控制网布设、复测与成果更新

整个航站区工程施工为什么要按多级多功能控制网来组织实施呢？主要原因：第一，航站区分四个标段施工，各标段又分多个建设阶段进行施工，工况复杂多变。在一个标段内部，在长达 3～4 年的时期内需完成基础工程、混凝土结构工程、钢结构工程、二次结构、幕墙工程、屋面工程、内部装修、楼前高架桥等多专业、多系统的复杂工程施工，控制网需分级、分期布设，以满足不同精度要求、不同时期施工的各专项工程建设需要。第二，各标段之间在空间上相互联系又相对独立。第三，各标段内部各建设阶段在时间上具有顺承性，空间上具有连续性、交叉性。

首级控制网应覆盖多大的施工范围？应采用什么精度等级建网才能满足施工需要？由于新机场工程造型奇异，规模宏大，首级控制网精度的确定事关重大，应经过科学计算，参照相关规范确定其精度等级。

在首级网之下，为实现各个标段各阶段施工需要，应分别采取什么技术手段？应分几个级别、各级别具体采取什么样的精度等级布设加密网能够实现工程目标且更加科学、合理？各个标段工程的复杂程度、特点难点不尽相同，导致采用的技术手段、控制网加密级别也不尽相同。本书以航站楼核心区为例，来阐述工程的特点、难点和采用的对应技术手段、加密控制网级别，对整个航站区工程来说，具有典型性和代表性。

2. 超长超宽超大混凝土结构细部点快速、准确放样与验测难题

由于工期紧迫，常规手段无法解决超大面积混凝土结构大量细部点的快速、准确放样与验测，必须寻求、采取创新手段和方法，才能满足工程需要，顺利实现施工目标。

3. 超长超宽混凝土结构特殊部位变形监测难题

对于长、宽都接近或超过 500m 的航站楼核心区超大面积多层混凝土结构，每层都不设变形缝或沉降缝，并要求结构施工完成和运营期间不能出现裂缝，对施工质量提出了十分严格的要求，为实现这一目标，必须在混凝土结构施工过程中，克服困难，对超大底板、各层超宽后浇带和位于世界上最大规模隔震层以上的混凝土结构进行变形监测和变形规律分析研究，利用实际变形规律切实指导施工，确保设计目标的实现。

4. 超大面积空间立体不规则自由曲面钢网架安装测量

针对世界难度最大的钢结构屋面网架安装施工，科学制定安装方案，配合安装方案制定全面完整的测量方案，指出测量的关键和解决对策。

5. 超大面积空间立体自由曲面钢网架变形监测与分析

基于复杂的网架受力和理论变形分析，制定针对性变形监测方案，采用切实可行、高效的监测方法和手段，实现几个关键阶段网架全面变形监测和对比分析，确保施工过程各关键阶段网架的安全。

7.3.3 方案与实施

7.3.3.1 多级多功能控制网布设与维护

任何一项工程的施工，小至一座独栋别墅，大到一个超级交通枢纽，要把其设计位置准确安放到实地，首先应建立施工控制网。控制网通俗地讲，就是建筑物定位的框架。先建立控制网，再进行建筑物具体的施工定位工作，是"从整体到局部、从控制到细部"测量原则的具体贯彻和基本遵循。新机场作为一个超级工程，建设过程不仅要首先建立控制网，而且由于其功能复杂、分期分区域施工，还要分多个级别布设，以满足其不同施工功能的需要。

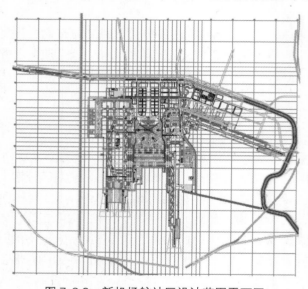

图 7.3-2 新机场航站区设计范围平面图

1. 首级控制网精度等级的确定

航站区首级平面控制网布设除需要覆盖 1000m×1100m 的航站区工程施工区域外，还需覆盖东、西、南、北四条跑道及北侧地面设施区域（见图 7.3-2）。计划采用 GNSS 卫星定位控制网形式，平均边长在 500m 左右，共布设深埋桩点约 30 个。由于航站区工程结构设计为 60°夹角的三向格网，格网单跨间距为 9m（见图 7.3-3）。根据国标、地标要求，单跨轴向放样精度按较严格的 2mm 中误差推算，卫星定位控制网最弱边相对中误差不应低于下式推算结果：

$$M_{S0}=\frac{2\sqrt{56}}{500000}=1/33407$$

根据《工程测量规范》GB 50026—2007，卫星定位测量控制网的主要技术要求见表 7.3-1。

卫星定位测量控制网的主要技术要求 表 7.3-1

等级	平均边长 （km）	固定误差 A （mm）	比例误差系数 B （mm/km）	约束点间的 边长相对中误差	约束平差后 最弱边相对中误差
四等	2	≤10	≤10	≤1/100000	≤1/40000
一级	1	≤10	≤20	≤1/40000	≤1/20000
二级	0.5	≤10	≤40	≤1/20000	≤1/10000

最弱边边长中误差限差应取 1/40000，对应级别为四等，该等级卫星定位测量控制网平均边长为 2km，而实际布网的平均边长约为 500m，对应的控制网级别为二级。因此，新机场首级平面 GNSS 控制网等级按四等设计，最弱边相对中误差一般应不超过 1/40000，特殊情况遇 500m 以内短边时，应放宽至 1/10000。复测实践表明，这个精度设计既保证了首级网较高的精度，也具有实践上的可行性，是比较合理的。

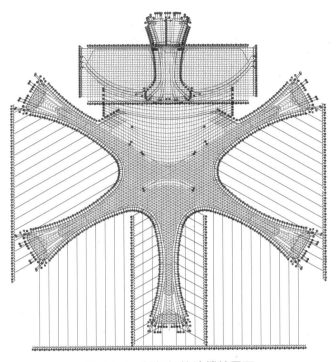

图 7.3-3 新机场航站楼轴网图

北京新机场作为大型工程，其首级高程控制网的精度等级，按《工程测量规范》要求不应低于三等水准，故按二等水准级别设计，以便于在首级高程控制网以下的加密网采用三等水准布设。

2. 首级控制网复测周期的确定

首级平面、高程控制网复测周期定为一年，主要考虑土壤冻融对控制点稳定性的影响及区域沉降对高程的影响。高程控制网和平面控制网同期、分别独立复测。一般情况下，控制网复测应在每年的 2 月底～3 月初实施，特殊情况，应在航站楼地下主体结构垫层施工前、地上混凝土结构封顶后分别复测一遍。

对于各施工标段，需要频繁使用首级平面、高程控制网点进行直接施工放样或进行加密网的布设。另外，首级控制网位于施工区域，受机械设备、施工材料堆放、场地堆土等影响严重，控制点的变动时有发生，必须及时掌握其变化，才能避免因起算依据使用不准确而造成的错误。因此，各标段施工总承包单位进行建筑施工过程，必须按照比一年更短的周期进行首级控制网复测，才能更好地保持其现势性。另一方面，首级控制网复测，会耗费施工总承包测量方大量人力、物力和时间投入，过于频繁的复测不仅不易发现控制点的变动，而且势必造成人、财、物不必要的浪费，在一定程度上影响施工进度。因此，复测周期应以能够及时反映控制网较明显的变动为宜。那么，怎样找到合适的复测周期呢？一种简单的办法就是在平时使用首级控制网点过程中，加强复核，发现相对几何关系不正确时，及时标记；当发现超过 2～3 个控制点变动时，就应该立即开展首级控制网的全面复测。根据长期实践经验，为达到保证质量和节省费用的平衡点，首级平面、高程控制网复测周期初步计划为 2～3 个月。

首级平面、高程控制网在业主组织下的统一复测共进行了两次。一次是在 2016 年 3 月航站楼核心区地下主体结构施工开始前实施的，另一次是在 2017 年 5 月航站楼核心区及五指廊地上混凝土结构封顶后实施的。

核心区施工过程中的首级控制网复测，是对首级平面、高程控制网与核心区施工相关控制点的局部复测（见图 7.3-4），采用与原测相同的精度等级进行，共实施了五次。复测周期间隔分别为 0.5 个月、3.5 个月、0.5 个月、0.5 个月、5 个月，平均复测周期为 2 个月。

第一次复测于 2016 年 3 月底实施，最后一次复测于 2017 年 1 月下旬实施。以上复测及时掌握了首级控制网的变动情况，确保了核心区结构施工期间的控制网和施工放样的质量。

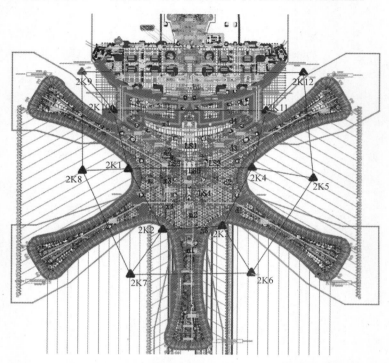

图 7.3-4　新机场航站楼核心区首级平面控制网

3. 首级控制网复测成果分析和选用

控制网复测的目的，是判断控制网中是否有明显变动点。经判定若有明显变动的点，应及时更新其成果。这种变动可更新的前提是该点的桩位没有松动，变化后的点位在一定时期内可以保持相对稳定。即这种变动是不可逆的、不具有反弹性的。这种点位变动可能是长期的缓慢变化，也可能是遭受了意外的外力作用造成的。控制网的变形大多属于这种类型，一经发现必须及时更新其坐标或高程成果，否则会造成细部施工偏差，严重的还会造成质量事故，造成不可挽回的损失。确认控制网点变动既然这么重要，那么，以什么标准判断控制网点位是否产生了变动呢？答案是根据控制网观测成果的点位中误差来判断。

设具有相同起算基准的两期控制网观测中同一点的点位中误差分别为 m_{Pi}、m_{Pj}，且有

$$m_{Pi} = m_{Pj} = m_{P0}$$

容易推得该点两期观测点位之差的中误差为

$$m_{\Delta P} = \sqrt{2} m_{P0}$$

取两倍中误差作为限差，得到判定点位是否变动的临界值为

$$\Delta P_限 = 2\sqrt{2} m_{P0} \text{ 或 } \Delta P_限 = 2 m_{\Delta P}$$

由上述推算可知，为判定控制点是否变动，复测控制网与原测控制网应尽量使用相同的起算基准。但由于无法从新机场首级平面控制网原测报告中获知起算点信息，新机场首级平面、高程控制网复测采用的是拟稳法平差，考虑到各次控制网复测起算点选择的不确定性将造成平差基准的不一致，误差限差应在上述公式计算结果基础上适当放宽。按照该原则对新机场核心区五次控制网复测结果进行分析，均

未发现明显变动点。

4. 加密控制网形式、手段的创新和应用

首级平面、高程控制网建立后，尚不能满足直接用于施工放样的需要。原因有两个：一是控制点间距过长，无法保证用全站仪作业时控制点之间的通视，且最近的控制点距离基坑和建筑物外围结构较远，缺乏实用性。二是因 GPS-RTK 动态定位无法满足结构细部放样的精度要求，无法使用 RTK 方式进行细部放样，因此，必须在首级网基础上进行加密网布设，以满足使用全站仪进行放样的需要。但常规加密网的闭合导线、附合导线等形式，在新机场超大面积深基坑基础结构施工过程中，无法满足工程放样精度要求。究其原因主要归结为以下两点：一是基坑周长超过 1200m，加密的闭合导线边数将超过 20 条，造成闭合导线精度难以提高；二是常规加密导线点只能布设在基坑周边地面上，受基坑边管道埋设、机械设备作业干扰大，点位极易被扰动。在这种局面下，研制了无固定测站任意边角控制网，成功应用在航站楼核心区正负零以下结构施工中。

虽然地下结构施工的问题解决了，但在其完成之前，还需解决下一步地上结构施工即将面临的更大难题：一是地上结构施工对常规地面控制点的阻挡随施工进展会愈发严重，对加密控制网的需求会更加迫切。常规的加密控制网形式同样无法满足地上结构施工过程中大面积、高频次、高精度放样需要。二是正负零以上结构将全部位于由大量隔震支座支撑的隔震层以上，其稳定性无法事前预知或预测。因此不能将永久性控制点设置在正负零以上混凝土结构上，必须布设在混凝土结构之外的地面上。将地下结构施工控制测量的思想，进一步应用到地上混凝土结构施工中。地上混凝土结构由于面积超宽、超长，随着楼层的升高，内部将有大量施工区域无法直接和结构周边地面架高控制点保持通视。怎样在这种情况下，把控制点引测到施工区段？解决的策略是保证地面架高控制点一定的布设密度，确保在地上混凝土结构边沿区域顶板上自由设站时，可以同时观测到周边 2 个或 2 个以上地面架高控制点，即可快速将控制点坐标引测到结构施工层。同层控制点传递可采用常规布网形式、无固定测站控制网形式或它们的组合形式。这种组合形式也可以看成无固定测站控制网的一般形式。这样，地上混凝土结构施工的需要，拓展了无固定测站控制网的内涵，使该控制网的应用更具适应性。

1) 无固定测站任意边角控制网的创立和实施（见图 7.3-5），实现了大型公共建筑地下、地上混凝土结构大面积施工区域的精密控制及大区域、多流水段、多作业组长时间、高频次多层放样需要。该无固定测站任意边角控制网建网方法已申请国家发明专利。该控制网比常规的闭合导线、三角形网具有明显的优越性，具体表现在以下几方面：

（1）以大量灵活、非固定的测站设置代替了常规在控制点上设置测站，省去了对中环节，消除了对中误差；控制点以强制杆安装棱镜形式代替常规的架设脚架、棱镜和觇牌的形式，不仅布设位置灵活、占用空间小、可选范围大，而且消除了控制点上的对点误差，显著提高了控制网精度，同时提高了控制网的利用效率。

（2）以任意组网形式突破了传统导线网、三角形网形式的限制，既可以是单纯的无固定测站控制网、也可以是无固定测站控制网和传统导线网、三角形网三者中的两种或三种的组合形式，极大拓展了平面控制网布设的形式，增强了布网灵活性。

（3）自主研发了适用任意形式网形的"无固定测站控制网平差软件"，解决了上述无固定测站控制网的严密平差问题。成功应用在超大面积建筑工程

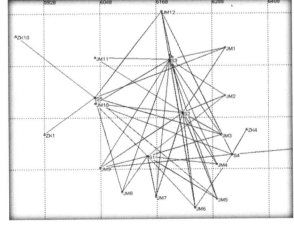

图 7.3-5 无固定测站任意边角控制网示意图

地下结构、地上结构施工控制网建网中。该无固定测站控制网平差软件已向国家知识产权局申请软件著作权。

（4）充分利用了高端全站仪自动观测、记录和数据预处理功能，显著提高了控制网外业观测质量和效率。

（5）以层间自由设站形式，轻松实现多层结构平面、高程控制的楼层间快速、精确竖向传递，避免了采用"内控法"在楼层间进行竖向投点的麻烦。该三维自由设站楼层间平面、高程同时竖向传递方法已申请国家发明专利。

（6）针对新的作业方式制定了一系列新的作业流程、作业标准，在现行规范基础上，有所突破。

2）"高标塔"新型控制点的研制和成功应用（见图 7.3-6），兼顾了控制点通视、稳定和快速安置，满足了多种作业方式的需要。高标塔网的建立，解决了在隔震层以上微动结构上布设控制网的基准问题，是以"大巧若拙"的勇气解决超大面积结构工程施工控制测量的一大创举。该"高标塔"型控制点已申请国家实用新型专利。"高标塔"和"高标塔网"创新性和优越性主要表现在以下几方面：

（1）高标塔充分结合了钢筋混凝土结构基础的稳固性、钢结构格构柱轻量性和强制对中盘的易用性，实现了确保控制点间通视和控制点稳定的双重目标。

（2）高标塔除可作为无固定测站控制网的起算点在顶部强制对中盘上安置棱镜外，具有可安置 GNSS 接收机、全站仪、三维激光扫描仪等多种设备功能，可站人和不站人操作实现多种模式作业，实现了一塔多用。

（3）高标塔具有一定抗人员体重压力、抗日照、抗四级以下风力影响能力。经试验研究，高标塔在北京地区 2～3 个月短期内的平面变动值所在圆半径不超过 5mm。高标塔经冬夏两季变化的变化值所在圆半径不超过 20mm。

图 7.3-6　高标塔构造图

（4）利用自行研制的"多方向同轴棱镜框架"（已申请实用新型专利）在高标塔上同时安装多个具有不同朝向的棱镜，实现了高标塔网快速建网观测和施工期间的高效利用。该多方向同轴棱镜克服了现有 360°棱镜测量距离短、精度偏低的缺陷，显著提高了无固定测站控制网的观测效率和使用效率，扭转了单向棱镜使用过程中频繁人为旋转的不便局面。

（5）利用自行研制的可同时安置棱镜和 GNSS 接收机的专用框架（已申请实用新型专利），结合 GNSS 技术和使用全站仪的新型建网技术，同时进行卫星定位静态控制网观测和无固定测站控制网观测，结合使用商用卫星定位控制网平差软件和前述无固定测站控制网平差软件，实现了"高标塔网"经历较长时期后的控制点和加密点坐标数据的整体、快速、动态更新。该"高标塔网"坐标数据快速、动态更新方法已申请国家发明专利。

5. 加密控制网的分类和精度等级设计

一级加密网：高标塔网，是三维网，与首级平面、高程控制网直接联测，平均边长 400～500m，按四等导线精度设计。作为正负零以下、正负零以上混凝土结构施工以及钢结构屋盖网架施工加密网的控制基准。

二级加密网：正负零以下结构施工加密网、正负零以上结构施工加密网以及钢结构屋盖网架施工加密网。其中钢结构屋盖施工加密网同时作为钢结构屋盖变形监测网，也是三维网。

二级加密还包括结构外围玻璃幕墙施工控制网、金属屋面施工控制网（位于钢网架顶部）及航站楼北侧高架桥区施工控制网。二级加密网起、闭于高标塔网控制点或首级平面控制点，平均边长约 150～200m，按一级导线精度要求设计。

三级加密网：该类网起闭于高架桥区加密网点、钢结构施工加密网点、混凝土结构平面控制轴线交点或更高一级的高标塔网，平均边长约 80～120m，按二级导线精度要求设计。该类网具体包括：二次结构施工控制网、室内设备安装和装修施工控制网等。

以上各级加密控制网的平均边长，比国标规范相应级别的导线边长都短，技术要求是比较严格的，实际实施过程必须精心施测。

7.3.3.2 超大面积多层混凝土结构细部点快速、准确放样与验测

航站楼核心区多层混凝土结构细部放样和验测的主要技术措施包括：

1）利用无固定测站控制网成果及强制对中棱镜，使用全站仪自由设站方式，实现结构细部灵活、快速、准确放样（见图7.3-7）。

图7.3-7 利用无固定测站控制网使用自由设站法进行混凝土结构施工放样的现场

2）使用前述三维自由设站平面、高程同时竖向传递方法，实现了楼层间平面、高程控制轴线和标高的快速传递（见图7.3-8）。该方法克服了使用内控点进行楼层间竖向投点作业面临脚手架密集、作业困难、效率低下等弊端。

图7.3-8 使用三维自由设站法进行平面控制和高程竖向传递的施工现场

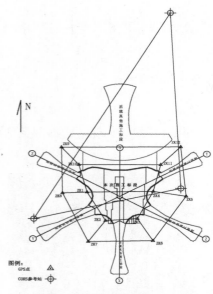

图 7.3-9 新机场 CORS 系统
参考站分布示意图

3）通过建立新机场航站楼工程专用 CORS 系统，以优于 10mm 的精度，实现了大量细部特征点快速平面验测，是全站仪测量技术的有力补充，保证了施工质量，缩短了工期，拓展了 CORS 系统在工程建设领域的应用。

CORS 是"连续运行参考站系统"的英文首字母简称，其核心是多基站网络 RTK 技术。基本原理是在测区或一个城市布设多个（3 个以上）24 小时连续运行的 GNSS 参考站，参考站不间断接收卫星发来的信号，实时获得参考站准确坐标。测量作业时，测量人员在测区内手持流动站，通过实时接收来自多个基准站的差分改正信息，可以在短短几秒钟时间内以厘米级精度获取测量点坐标。新机场 CORS 系统设置了 3 个参考站，其分布见图 7.3-9，参考站形式见图 7.3-10。

4）针对隔震支座施工，采用全站仪坐标法结合几何水准测量进行隔震支座埋件放样，采用全站仪三维坐标法和 CORS 系统流动站进行埋件验测检查。隔震支座总计多达 1152 个，位置分散在面积达 18 万 m^2 的超大区域内，每一个都安装在独立的圆形混凝土立柱顶端，施工步骤较多，定位精度要求较高，放样和验测难度很大（见图 7.3-11）。使用全站仪坐标法进行预埋板中心点位置放样、使用水准仪结合悬吊钢尺水准测量法实现预埋板高程放样，检测时使用全站仪三维坐标法检测预埋板中心位置及其平整度，使用 CORS 流动站验测预埋板中心位置作为全站仪法检测的补充。为什么全站仪法验测不能覆盖全部隔震支座呢？由于隔震支座位于正负零底板以下柱子顶端，隔震支座埋件施工时，地下一层柱子已浇筑，柱子及其周边模板和支撑架体密集，但地下一层顶板尚未施工，不管是利用常规控制网还是新型无固定测站任意边角控制网，布设能够通视的边长都很短，难度都很大，都需要耗费一定的时间。

图 7.3-10 新机场 CORS 系统的参考站形式

在工期紧张的局面下，使用先布设控制网再进行隔震支座验测的方法，无法满足工程施工进度需要。在这种情况下，CORS 系统充分发挥了其只需对天通视和快速测量的优势，实现了核心区中间区域大量隔震支座快速验测检查。

7.3.3.3 超长、超宽、超大面积多层混凝土结构特殊部位变形监测

航站楼核心区混凝土结构南北长 497m 东西宽 561m，属于超长、超宽、超大面积多层混凝土结构，采用无缝设计，施工过程设置了最小宽度 0.8～1.2m 的施工后浇带和最大宽度 4.5m 的结构后浇带，在工程完工前，这些后浇带必须封闭，并且每一层楼板都不允许出现明显裂缝。因此，为防止楼板开裂，除添加外加剂、采用预应力筋、控制浇筑温度等措施外，对混凝土板的变形提出了很高的要求。选择在

什么季节、什么时间段进行后浇带封闭，才能使后浇带及周边结构变形控制在允许范围内，确保后浇带及周边结构不会开裂？后浇带的封闭顺序对确保超大面积混凝土底（顶）板长期无缝运行有无明显影响？这些问题在航站楼混凝土结构完成前，没有确定的答案。为了搞清楚这些问题，我们从地下二层基础底板施工起，就开始了针对超大面积混凝土结构变形的专项监测和研究，监测过程贯穿了结构施工的始终，最后终于成功解决了超宽、超长、超大面积无缝混凝土结构施工这一世界级难题。

1. 超大面积基础底板变形监测与规律分析研究

由于地下二层基础底板上有多条高铁、城铁和地铁通过，在新机场运营过程中，必须确保底板长期运行不开裂，其前提是确保工程施工过程及竣工交付时底板不开裂。通过选择具有典型代表性的流水段，制定针对性监测方案，在底板施工过程中，每天分早、中、晚三次，经过长达 60 天连续精密监测（见图 7.3-12），监测精度达 0.2mm，终于掌握了底板各流水段不同部位的变形规律，为制定厚达 2.5m 的基础底板的超宽后浇带的封闭时间和封闭顺序提供了科学依据。

图 7.3-11　隔震支座施工现场

2. 超宽后浇带变形监测与规律分析

针对二、三、四层超宽后浇带（见图 7.3-13），选择典型代表区域，克服了脚手架密集、观测困难等不利因素，采用钻孔埋设强制对中杆安装棱镜结合高精度全站仪观测方法，在 2017 年 1～3 月期间进行了冬春两季连续 3 个月高精度相对水平变形监测，监测精度 0.2mm。通过对监测数据的详细分析，找到了地上结构超宽后浇带周边区域随温度变化的变形规律。

图 7.3-12　基础底板变形监测现场

图 7.3-13　航站楼核心区超宽后浇带航拍图

3. 超大面积隔震支座变形监测及规律分析

为了全面掌握首层底板结构水平变形规律，在地上混凝土结构超宽后浇带变形监测同时期内，采用全站仪法、三维激光扫描法等三种方法对位于地下一层夹层柱子和首层底板之间的隔震支座（见图 7.3-14）进行了长达 3 个月的相对水平变形监测和规律分析，获得了监测周期内温度最大变化和对应的首层底板水平位移最小、最大变形值和对应的变形方向。较全面反映了超大面积混凝土底板的变形规律，经对比分析，超宽后浇带周边的水平位移变形监测值与此基本吻合，为最后确定正负零以上结构后

图 7.3-14　新机场航站楼核心区隔震支座局部

浇带的封闭时间提供了最终依据。

同时，首层底板随温度变化的变形规律对后续钢结构安装也具有重要的参考价值和指导意义。

7.3.3.4　超大面积空间立体不规则自由曲面钢网架安装测量

1. 钢结构施工加密控制网的建立

为实现投影面积达 18 万 m^2 的航站楼核心区钢结构屋面网架多区域、多作业面同时施工和顺利对接，在混凝土结构封顶后，及时在二～五层楼面布设钢结构施工专用加密控制网（见图 7.3-15）。该网同时作为钢结构安装控制网和变形监测网，是以高标塔网为起算依据、结合导线网和无固定测站边角观测的综合性三维立体控制网。控制点间最大高差约 20m。考虑到整个楼面在钢结构施工期间受施工机械、车辆行走及钢构件加载影响非常大，施工期间应加强对控制网平面和高差的复测检查。

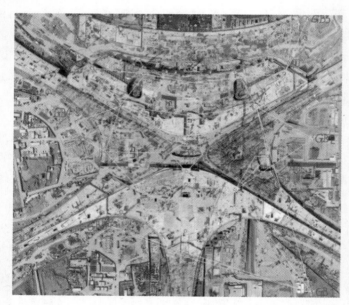

图 7.3-15　核心区钢结构安装控制网示意图

2. 钢结构屋面网架安装方案的研究和确定

为确保核心区屋面钢网架施工就位万无一失，在集团总工的主导下，北京新机场旅客航站楼及综合换乘中心（核心区）工程项目部组织技术团队开展了多轮钢结构安装方案分析讨论会，对多种备选安装方案进行了深入对比和分析，对各种工况下的应力比和理论变形进行了详细地计算，最终确定了核心区屋面网架按三种方法分区域施工的总体安装方案（见图 7.3-16）。这三种安装方法分别为散拼法、吊装法和分块提升法。

其中散拼法和吊装法适合距离顶层楼板面高度较低且能够使用起重机械作业的区域。分块提升法是航站楼核心区屋面钢网架的主要安装方法，适合就位后距离顶层楼板面具有一定高度的区域，按照提升过程的不同又可细分为一次提升、二次及多次累积提升和转角（或称旋转）提升法。一次提升只发生一次竖向移动，过程最简单，测量工作量最小。累积提升适合跨两个不同混凝土结构楼层的分块或就位后倾角较大的多个分块，以台阶式上升模式逐级提升，其优点是可以降低地面拼装胎架的高度且对分块网架的变形较易控制，缺点是需要的支撑胎架和提升机数量较多。旋转提升法是相对最复杂的提升方法，测量工作量最大。其优点是既可降低地面拼装胎架的高度，又可减少支撑架和提升机的数量。缺点是吊点位置必须经过严格计算和精心设计，提升过程网架位置和姿态都产生变化，整个网架内力将重新分布，网架的相对变形较难控制。网架安装方案还包括网架临时支撑卸载方案、各分区的卸载顺序、网架合龙顺序等。

图 7.3-16　钢结构安装区域和安装方法划分图

3. 编制包含多种安装方法的钢结构安装测量专项方案

按施工南北分区，分别针对散拼、吊装和提升法三种安装方法，编制对应的钢结构施工测量专项方案。方案内容包括：每种施工工艺的基本过程，对应地面拼装胎架的设置方法和测量要点，安装过程的测量方法和要点，安装就位定位方法，网架卸载前、后受力和预计理论变形值分析及监测点布置方案、监测方法等。

4. 中、小拼单元地面或楼面拼装快速测量法的创立

根据前述网架安装三种方法可知，散拼法安装需要在楼顶板上按网架所在设计位置和高度设置胎架；一次提升及累积提升法安装需要在楼顶板上网架的竖直投影位置降低一定高度设置胎架；旋转提升法安装需要将屋面网架经逆向平移、旋转变换后，在楼顶板对应位置和高度设置胎架。而吊装法只需要在安装位置设置少量支撑架，其小拼单元可以在地面或楼面任意位置拼装。事实上，上述三种安装方法的小拼单元都可以在地面或楼面任意位置提前拼装，然后再吊装到楼面对应的胎架上进行中拼单元或提升分块的组装。因此，地面或楼面中、小拼单元拼装可分为两类：限定三维坐标位置的拼装和不含位置限制的拼装。限定位置的拼装除应首先使用钢结构施工加密控制网进行少量胎架支点放样外，剩余测量方法与不含位置限制的拼装方法完全相同。针对不含位置限制的小拼单元拼装，根据由焊接空心球和圆杆组成的空间格构型网架的特点，创立了免建控制网、不必使用三坐标工业测量软件的钢结构中、小拼单元快速地面拼装法；针对焊接空心球结点研制了专用空间定位环；针对削面球，研制了任意空间姿态削面球快速定位方法。以上所列方法和装置均已申请国内外发明专利或实用新型专利。

5. 钢网架提升法安装测量关键问题

钢网架提升法安装需解决的关键测量问题包括：钢网架设计位置到楼面拼装位置的转换；支撑架位置及提升机位置和高程的确定及放样；胎架测量和网架楼（地）面拼装；网架空间定位方法；根据提升吊点和监测点位空间分布的网架快速就位智能调整算法，已申请发明专利。提升法安装测量定位的基本思想是将不易量测的球心定位点转移到球面进行定位。以一次性提升为例，定位分三步进行：第一步，通过设置胎架和圆环形托盘将网架提升分块在胎架上精确就位。第二步，在就位后的网架球节点上粘贴反射片，并在钢结构整体坐标系内测量反射片初始三维坐标。第三步，提升过程中，以初始三维坐标的平面坐标为设计坐标，以初始高程加提升高度作为目标高程进行网架就位控制。旋转提升法测量定位与上述方法有所不同，增加了设计模型和测量数据的两次相互转换：第一次转换是网架从设计位置经平移、旋转变换到胎架拼装位置；第二次转换是在地面胎架上将网架提升分块拼装完成后，在网架的节点球上粘贴反射片，并实测反射片三维坐标后，将反射片实测坐标经旋转、平移变换得到就位后的理论坐标。旋转提升是以变换后的反射片就位理论坐标为依据来进行网架定位的。该旋转提升测量定位方法已申请国内外发明专利。

7.3.3.5 超大面积空间立体自由曲面钢网架变形监测与分析

1. 网架设计预变形与安装过程工况分析、理论变形值的计算

航站楼不规则自由曲面屋面钢网架造型奇特、受力复杂，4万t的总用钢量相当于整个"鸟巢"钢结构的用钢量，在自重作用下会发生不容忽视的下挠量。设计方考虑到这一因素，不仅给出了网架就位后的理想空间模型，还给出了每根杆件的下挠值，在钢网架深化设计模型中，对此下挠值进行了等值反向变形处理即所谓预变形。除此之外，对施工过程中网架在各种工况下受力和理论变形情况，设计并未给出，安装单位只能依靠自身力量进行分析、计算。使用韩国 MIDAS、美国 SAP2000 和大型有限元分析软件 AN-SYS，根据施工方案，按照一定的动力系数，对关键施工工况进行受力分析和理论变形值分析，只有应力比和变形值都满足要求时，该安装方案才能被采用。有限元分析的结果可以显示网架在不同工况下对应最大、最小变形值及其具体位置，可以为选择网架变形监测点的位置提供科学依据。同时，理论变形值是在对应各种工况下进行网架变形监测、判断网架是否处于安全状态的重要依据（见图 7.3-17）。

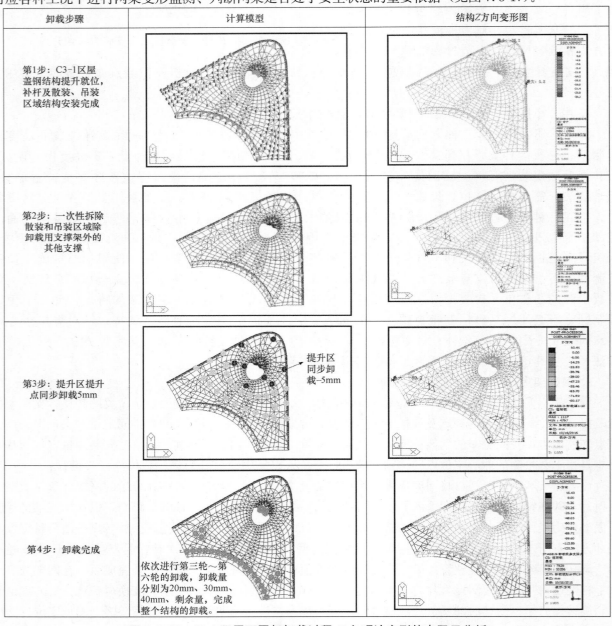

卸载步骤	计算模型	结构Z方向变形图
第1步：C3-1区屋盖钢结构提升就位，补杆及散装、吊装区域结构安装完成		
第2步：一次性拆除散装和吊装区域除卸载用支撑架外的其他支撑		
第3步：提升区提升点同步卸载5mm	提升区同步卸载-5mm	
第4步：卸载完成	依次进行第三轮～第六轮的卸载，卸载量分别为20mm、30mm、40mm、剩余量，完成整个结构的卸载。	

图 7.3-17 C3-1 区屋面网架卸载过程 Z 向理论变形值有限元分析

2. 监测手段和监测阶段的确定

经过多次研究，确定采用三维激光扫描法和全站仪无棱镜模式测球面 4 点坐标法两种方法进行屋面网架变形监测，优点是可以对比实测模型和网架线性模型或深化模型之间的偏差。当采取以上两种方法有困难时，也可采用测球面反射片法，其优点是测量数据量小、速度快、变形量计算简单直观，缺点是不能和设计位置进行比较。根据网架安装方案，研究确定分别在网架就位后、卸载前、卸载后和合龙后等四个关键阶段进行对应钢网架三维变形监测。

3. 变形监测实施与数据处理

网架就位后变形监测的目的是了解网架实际位置和深化模型之间的偏差情况；网架合龙后的变形监测目的是了解屋面网架在金属屋面加载前与设计线性模型之间的偏差，这两个阶段的监测都需要采用能够反映球心位置的三维激光扫描法（见图 7.3-18）或全站仪测球面四点坐标法（见图 7.3-19）进行。网架卸载前、后的变形监测，主要目的是为了掌握网架卸载变形值从而判断网架卸载后是否处于安全状态，由于变形值是一个相对量，因此可以采取在卸载前、后观测同一张反射片的方法进行监测。变形监测作业步骤包括现场设站、测量球面四点坐标或扫描网架、内业球心计算或点云球心拟合、整理并填写球心坐标和三维偏差表格。变形监测的关键是要根据有限元分析结果，有意选择受力或变形具有代表性的球（如变形最大值点、最小值点、对称点及零点等）进行观测和数据处理。

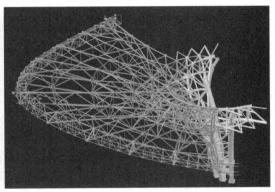

图 7.3-18 使用三维激光扫描法进行网架变形监测的点云模型和拟合模型

图 7.3-19 使用图像全站仪测量球面四点法进行网架变形监测

4. 变形监测成果分析

对于网架特殊部位的变形，包括变形最大、最小值及特定位置的挠度值可以通过表格形式反映，但对于超大面积自由曲面屋面网架，表格形式无法直观反映其整体变形规律。为了实现直观分析的目标，选用 Surfer14.0 软件，对变形监测表格进行进一步加工处理，绘制出更加美观的变形等值线图，结合有限元分析云图，可以较直观地进行变形实测值、理论值的对比分析（见图 7.3-20）。

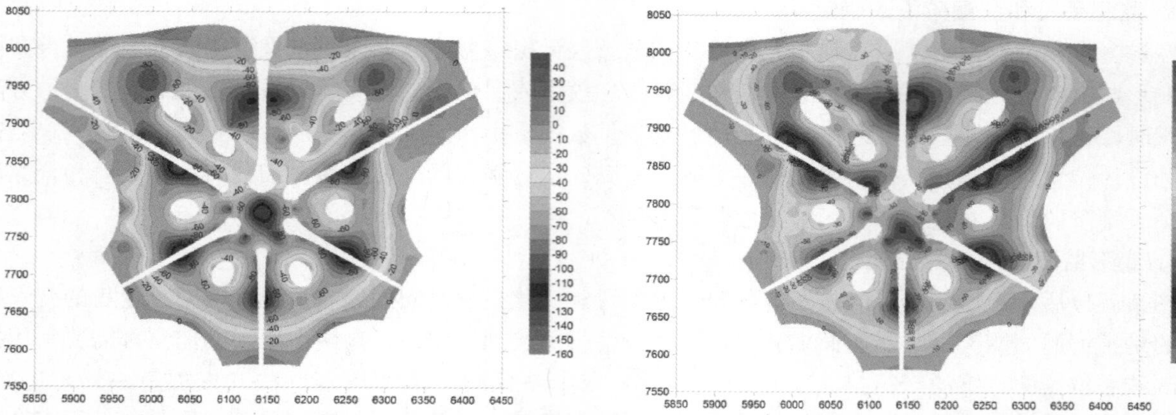

图 7.3-20　核心区钢网架卸载理论变形（左）和实测变形（右）对比分析图

7.3.3.6　重要设备安装测量关键问题

重要设备包括总数超过 200 部的竖直电梯、电动扶梯、水平步道机以及楼前 6 座钢连桥、核心区内部四层的 2 座钢连桥。

由于混凝土结构施工误差的存在，这些设备在安装前，必须对各设备安装中线、边线，预留洞口线进行准确测设，然后对既有结构偏差进行详细地测量复核，进而对结构进行必要剔凿或修补处理。在钢连桥安装前，对位于混凝土结构上的钢连桥埋件的位置和标高进行全面、准确复核，确保钢连桥大梁准确对接。

测设或复核的原则是：布设与原混凝土结构施工系统一致的控制网进行安装设备的中边线测设或埋件复核；或以某一控制基准对既有结构进行全面复核后，整体调整设备安装中线、边线，使得混凝土结构剔凿或修补改造量最少；中边线测设要考虑楼层间相对位置、净空尺寸满足安装要求。

7.3.3.7　异形、超长玻璃幕墙安装测量关键问题

对于新机场倾斜弧形立面玻璃幕墙和超长条形天窗的施工测量，关键应把握好以下三点：

（1）保持立面幕墙和条形天窗控制系统的一致性，由于玻璃幕墙与钢结构立面幕墙柱和顶面网架密切关联，控制网必须利用钢结构施工加密网或在其基础上进行同精度扩展。

（2）立面幕墙主龙骨的安装，应在全面复核钢结构幕墙柱中线偏差，并对此进行综合调整后实施，综合调整的原则是满足最多数玻璃幕墙主龙骨与钢结构幕墙柱中线位置一致，少量无法保持一致的，对幕墙主龙骨的水平间距进行调整，并对对应玻璃宽度尺寸进行调整和定尺加工。

（3）顶面条形天窗龙骨的安装，应确保龙骨中线为直线，同时保证核心区、指廊区龙骨中线对口一致，两个标段之间需要进行充分的沟通和协调，确定统一的调整原则。

7.3.3.8　超大面积自由曲面金属屋面工程测量难点与对策

针对新机场航站楼超大面积自由曲面金属屋面施工面临的难题，测量主要对策是：

（1）必须以钢结构施工控制网点为起算基准，采用各种可行的控制点形式，及时在钢网架顶部建立屋面施工控制网。这是顺利实现钢结构网架顶部的偏差复核以及顺利开展屋面工程施工测量的前提和保证。

（2）金属屋面的自由曲面造型是通过分别调整主檩支托高度和次檩支托高度的所谓两次调整策略来实现的。在主檩安装前，必须对钢结构屋面网架顶部主檩支托底座三维偏差进行全面复核、统计和适当调整；在次檩安装前，必须对次檩檩托平面位置进行放样同时对底部主檩顶面标高及偏差进行实测和标记，作为调整次檩檩托高度的依据。在总承包方精心组织下，6 个施工测量组，利用放样机器人、带压

电陶瓷马达和自动瞄准功能的高端全站仪，结合 360°棱镜和自行研制的便携式放样器（已申请实用新型专利），历时约 3 个月连续奋战，终于按期、优质地完成了投影面积达 18 万 m^2 的核心区金属屋面主、次檩托放样和标高调整工作。

（3）金属屋面及天沟安装施工的其他关键工序中，必须进行必要的测量放样和复核。

7.3.3.9 超大面积多层结构室内装修测量关键问题

新机场航站楼超大面积多层结构室内装修需要处理好以下三个关键问题：

（1）装修控制网的布设和各楼层之间控制网的竖向联测问题。解决办法是在 B2～F5 各楼层布设相对独立的装修施工平面控制网，选择适当时机，通过地下二层（B2）至地上五层（F5）各楼层间的预留孔洞或临时施工孔洞，使用空间导线方法将各层内部装修控制网进行上下联测，使上下各层装修施工控制网起算数据具有统一的坐标基准。这个时机一旦错过，将永远失去联测机会。

（2）同层结构季节性缩胀对平面控制网的影响和处理策略问题。通过对夏、冬两季多层控制网测量数据的对比分析，确认气温的变化对隔震层以上结构水平变形影响显著，冬夏两季核心区边缘相对于中心区域最大收缩量超过 80mm。这一现象导致当装修季节与控制网测量的季节不同时，控制网成果无法使用。处理的策略是：在装修开始前，以统一基准在核心区中心区域 1～5 层各测设两条相互垂直且呈东西、南北向分布的基准线，每条基准线由 2～3 个坐标点构成。并以此为起算依据，对各层装修控制网进行统一联测、平差和成果更新。

（3）自由曲面 C 型支撑柱装修和顶层公共空间吊顶的测量复核和放样问题。这两部分面层均为自由曲面，测量复核和放样难度都很大。解决对策是采用三维激光扫描及逆向建模技术，对 C 型柱和钢屋架下弦空间形位偏差进行全面扫描、分析和调整；在装修施工时使用全站仪三维坐标法进行面板支托逐个放样。

7.3.4 启示与展望

（1）对于超级工程，业主方应强化总控测量机构的技术支持和服务意识，并积极协调多标段之间的衔接与配合问题，将各标段的同类资源进行充分整合。比如，对航站楼核心区和指廊区，业主可以进一步推动二级加密控制网的整体设计和布设，减少重复性投资。

（2）施工总承包单位应加强对施工分包队伍的测量管理。提高管理水平依靠两点：一是总包专业人员素质的提高，二是分包队伍测量人员素质的提高，归根结底是资金和人力资源投入要到位。

（3）超级工程的施工测量方案，应对工程建设全过程可能遇到的难题和薄弱环节进行准确把握和科学预判，对重大措施实施的时机应提前计划，对各分部、分项工程之间的制约关系应全面掌控，对其关联工作要做到瞻前顾后，未雨绸缪，顾此及彼。初始方案如果不能做到完整和完美，必须在建设过程中及时做出合理调整。

（4）在超级工程的总承包测量管理过程中，应注重实效，简化程序，多做检查，减少不必要的呈报流程。只有这样，才能在复杂的工程建设过程中既保证质量又确保进度。

（5）在超级工程建设中，测量专业人员除应掌握工程测量专业知识并灵活运用外，还应了解和掌握一定的工程地质、水文地质及结构分析等方面的专业知识和能力。唯此，才能在超级工程的建设中顾全大局，实现跨界思维，发挥更大作用。

（6）应用新思路、新技术、新方法及新手段解决工程建设过程中的新问题和新难题，创新应以科学、实用、高效、节约人工和资金投入为根本宗旨。既要注重当今世界各领域、各方面的新技术的充分、全面利用，也要注重对传统技术的改进和再创新。

（7）新机场建设过程中取得的各专利、软件、工法等创新成果，是广大技术人员经过反复研究、实践和多次尝试及无数次失败后才最终取得的，是集体智慧的结晶，来之不易，必须倍加珍惜、保护和传承。

（8）对于BIM技术和CORS系统，应进一步深入研究，不断拓展其在工程测量领域的应用。

7.4 重庆京东方电子厂房

7.4.1 工程概况

重庆京东方位于"丝绸之路经济带"区域内，地处"一带一路"和"长江经济带"相交汇"Y"字形节点上，又是"渝新欧"铁路的起点。半导体显示器件领域一直是重庆智能终端领域的空白，近年来，中国的电子高科技领域不断发展，为不断追赶世界的前沿，在这样的背景下，国家批准建设重庆京东方8.5代项目，也是当时在建的国内最大的高世代电子厂房工程。

京东方重庆第8.5代新型半导体显示器件及系统项目由重庆京东方光电科技有限公司投资建设，由世源科技工程有限公司及韩国现代综合设计联合设计，位于重庆市两江新区水土高新技术产业园，总投资328亿元人民币，占地面积58公顷，总建筑面积1006019m²，其中地下建筑面积26191m²。包含1号阵列厂房、2号成盒及彩膜厂房、3号模块厂房、4号化学品车间、5号综合动力站、6号废水处理站、7号特气车间、7A号硅烷站、8号~10号化学品库、11号玻璃仓库、12号仓库、13号自行车棚、14号资源回收站、15号~19号门卫及大门、20号贴合厂房、21号SENSOR厂房、22号整机厂房、23号剥离液回收间，共计24个单体建筑，如图7.4-1所示。

图 7.4-1 京东方重庆第8.5代新型半导体显示器件及系统项目

该项目采用了京东方ADSDS超硬屏技术及Oxide TFT技术。OxideTFT技术是用金属氧化物IG-ZO（氧化铟镓锌）来代替传统半导体材料的先进技术，具有响应时间短、电子迁移率高、功耗低等诸多优点，更容易实现高速驱动、高分辨率、低功耗、3D等产品高性能，更易于制备透明显示及柔性显示产品，是未来高端显示最主要的生产技术之一。

7.4.2 关键问题

施工测量是保证施工质量的前期工作，需要认真对每个施工部位和测量点进行精确的测量，认真安全施工才能创造优质工程。

1. 占地面积广，单体间联动关系密切，如何建立高精度整体测量控制网

工程为群体工程，场区内各类建（构）筑物种类繁多，整体占地面积大，单体工程多，各单体建筑联动关系密切，按传统的施工方法建立建筑物轴线控制网，由于现场采用立体交叉施工，现场障碍物多，通视困难；施工机械振动等也会对桩位的稳定性产生影响；加上雨期施工也会对桩位稳定性造成破坏。传统的放样方法主要是轴线法，这种方法的弊端是要求现场障碍物少、基准点离待测区近、放样点与基准点通视良好，由于控制点的数量有限的，定位时间长，自动化程度低，因此效率低；面对大厂房现场多区段、多施工队伍，传统方法根本无法开展。

2. 工程量大，工期紧，如何保证现场快速施工

工程体量大，现场有上百支队伍施工，多栋建筑同时施工，控制一个小单体建筑至少需要四个角点，加上场区临舍、自然地坪、土方开挖、桩位放样、主体结构放样、标高监测共约 70000 个点位，在工期三个月内完成任务，每天需要放样 700 个点位。如果三台仪器同时观测，一台仪器一天需要放样 200 多点位。超大厂房由于场区大、现场条件复杂，单点定位的时间大约需要 20 分钟，一天按 12 小时计算只能放样约 40 个点，功效慢，无法保证工期，要求测量人员必须快速准确进行现场施工，不能因为测量工作影响整体工期。

3. 超大面积电子洁净厂房地面平整度要求极高

针对高标准洁净室地面平整度高精度要求，国内外没有现成的参考技术，传统的地面平整度控制方法是通过在柱子上抄测 1 米线，只能有限点控制而不能得到面控制；浇筑完成后，利用水准仪检查楼面标高，进行调整。这种浇筑方法精度低，如果楼面高差过大，造成返工，影响工期。标高的检查也是使用水准仪检查，检查点只有高程信息，没有位置信息，检测结果不能满足大面积浇筑施工的需要。

7.4.3　方案与实施

本工程的施工秘籍为采用 360°棱镜与 GNSS 接收机组合装置，将该装置架设在测量强制对中基准点上，采用适合超大厂房的任意设站技术，多台全站仪快速设站完成后，自动投测出待测高精度放样点的位置，也可采用 GNSS 测量技术同步进行工程桩、土方施工放样，从而实现了多施工环节、多区段、多工艺的同步测量作业。针对大面积板面高精度的浇筑要求，发明了一种应用板面标高控制工具的大面积混凝土板的施工方法的专利，采用专用的"大面积一次浇筑成型标高控制测量月牙刮杠"工具进行混凝土浇筑过程的实时测量控制。浇筑完成后使用全站仪配合发明的超大厂房标高自动协作目标进行厂房板面任意点高程检查，从而形成了一整套全新的大面积板面一次性浇筑成型测量技术。

7.4.3.1　高精度控制网的建立

本项目占地面积大，总用地面积 58 万 m²，场区内各类建（构）筑物多达 20 余项。为保证建筑整体位置以及建筑间相对关系准确，根据业主提供的基准点，布设场区 I 级控制网。以场区 I 级控制网的基准建立场内 II 级建筑物控制网，形成一套完整的、统一的控制网体系。

进场后，对业主移交高级点（ONB2908、ONB2909、ONB2910、ONB2911、ONB2912、ONB2913、ONB2914）办理正式的书面移交手续，实地踏勘点位。

1. 场区控制网的建立

首先对业主移交的控制网点位进行复测检校，合格后，以此为起测基准，根据施工区域实际情况、施工现场平面布置图以及施工流水段的划分等要求，在施工现场变形区域以外沿施工区域周围布设场区控制网。控制网布设如图 7.4-2 所示。

基准点选在远离现场且施工变形区域以外且通视良好的位置，并设置强制对中装置见图 7.4-3，消除对中误差，为满足通视的要求，防止雨期积水，基准点与场区地面高差在 2.5m 以上。

发明了 360°工业厂房专用棱镜，专用棱镜安装固定在强制对中基准点上。

2. 外业观测

对布设的基准点与现场施工基点，采用 15s 采样率，进行不少于 48h 的静态观测。

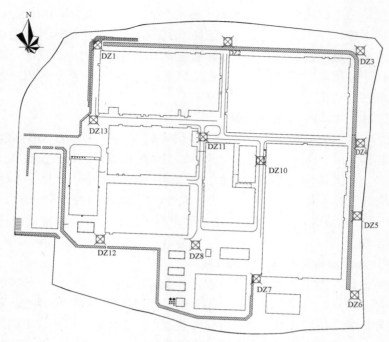

图 7.4-2　控制网布设示意图

根据甲方提供基准点的数据结合静态观测得到的监测基点的平面关系对上述监测基点进行归算（坐标转换），使之与施工测量成为相同的体系。

3. 数据处理

采用高精度的专用软件进行数据处理。外业工作结束后，及时下载观测数据，进行基线解算，对构成的同步环闭合差、异步环闭合差和重复基线较差等进行检验，在基线解算过程中，对少量数据进行人工干预；涉及残差较大和周跳较多的观测数据，对卫星进行删除和截取有效时段，以保证基线解算的正确性和可靠性。

4. 高程控制网的建立

场区高程控制网，布设成附合路线。

考虑到使用方便，控制网的位置布设同现场导线控制点的布设，高程控制网精度等级应达到国家二等水准测量的精度，水准观测见图 7.4-4。仪器采用精度 ±0.3mm/km 的电子水准仪。

图 7.4-3　强制对中装置

图 7.4-4　水准观测图

7.4.3.2　同步快速作业

由于重庆京东方厂房场区大，轴线超长，现场有上百支施工队伍，作业机械多，现场障碍物多，见

图 7.4-5，在基准点上架设仪器时，有时会出现下列情况：①视线较长时间遮挡；②控制点上无法设站；③两已知控制点不通视。此时，采用常规的极坐标法常常不能从控制点上直接测定和放样所需的点位。如果与各分包单位协调，需要很长时间，这样用极坐标放样一个点位，效率低，无法满足工期的要求。

图 7.4-5 现场工况

使用 360°棱镜和 GNSS 接收机组合装置，实现全站仪放样测量与 GNSS 放样测量同步进行，见图 7.4-6。全站仪任意设站，整体校核条件多，不易出现粗差，不需要对中，减少了对中误差，仪器在待测区就近作业，避免了长视距作业，提高了测量精度；避免了当现场障碍物多、在已知点上不方便架设仪器或通视困难等不利条件下同各施工方的沟通协调时间；在楼层全站仪放样的同时，可同步进行土方施工、道路施工等的 GNSS 测量放样，完美解决了常规测量楼层测量作业队、土方施工测量作业队、道路施工测量作业队、桩基施工测量作业队等多测量作业队，交叉作业，抢占基准点，造成的大面积窝

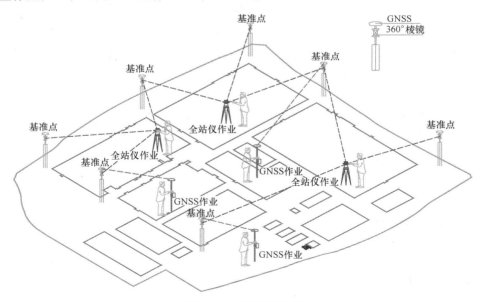

图 7.4-6 工作示意图

图 7.4-7 仪器常数设置

工问题。多组楼层测量作业队可同时通过全站仪任意设站技术，快速实现设站，进行楼层放样工作，多家土方施工测量作业队、道路施工测量作业队可实时接收基准站发出的 GNSS 信号，进行道路、土方等 GNSS 测量放样工作（如图 7.4-6 所示）。从而实现了多施工环节、多区段、多工艺的同步测量作业。

1. 同步任意设站技术

1）将数据建成计算机和全站仪内存能够互换的文件格式，将放样数据传输到全站仪；

2）在待测区合适位置架设自动马达全站仪，进行环境温度和气压设置（图 7.4-7）；输入三个通视的已知点坐标，对已知点进行测量；

3）仪器自动解算得到任意架设仪器点的坐标（图 7.4-8）；

图 7.4-8 超大场区任意设站测量

4）测量已知点进行校核；

5）将测量区域的数据文件调出，便可运用全站仪专用软件驱动仪器自动旋转投测出待放样点，快速实地测量（图 7.4-9）。

图 7.4-9 点位放样

2. 同步 GNSS 测量技术

楼层测量作业队在采用全站仪任意设站技术，快速实现设站，进行楼层放样工作的同时，土方施工测量作业队、道路施工测量作业队可实时接收基准站发出的 GNSS 信号，进行道路、土方等 GNSS 测量放样工作，多作业组同步 GNSS 测量见图 7.4-10。

图 7.4-10　多作业组同步 GNSS 作业

7.4.3.3　超大洁净室板面平整度测量控制技术

芯片级生产加工洁净厂房单层面积大，现场混凝土一次性浇筑完成，地面无二次结构装饰，尤其是核心区洁净室板面平整度，直接关系到高科技厂房投产后生产优良率。

楼面平整度控制传统的方法是在柱子上抄测 1 米线，根据柱子上 1 米线来控制混凝土浇筑面，浇筑过程中，混凝土未干时无法架设仪器进行检查，只能在浇筑完成后检查偏差，在浇筑过程中无法控制，本工程单层面积大，而且无二次装修，且精度要求高，所以传统的楼面平整度控制方法无法满足大面积洁净室板面的平整度的要求；传统的水准仪标高检查也只有单纯的高程，没有位置信息，检测结果不能满足大面积浇筑施工的需要；用传统三角高程测量施测速度较快，但每次测量都得量取仪器高和棱镜高，麻烦而且增加了误差来源，精度较低。因此传统的作业方法不能满足精度的要求。

针对大面积板面高精度的浇筑要求，创新性地提出超大洁净室板面平整度测量控制技术，发明了专利"大面积一次浇筑成型标高控制测量月牙刮杠"工具进行混凝土浇筑过程的实时测量控制，将楼面的平整度控制由传统的事后检查变成浇筑前控制，利用可调节的专用工具"大面积一次浇筑成型标高控制测量月牙刮杠"（简称"月牙叉"，见图 7.4-11）来控制混凝土标高。

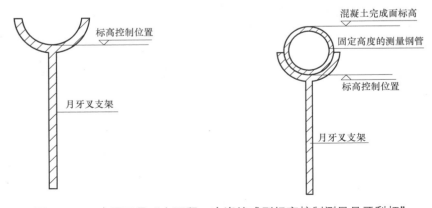

图 7.4-11　专用工具"大面积一次浇筑成型标高控制测量月牙刮杠"

1. 浇筑前水准仪控制"大面积一次浇筑成型标高控制测量月牙刮杠"标高

钢筋绑扎完成后，以 1.5m×1.8m 的间隔安装"大面积一次浇筑成型标高控制测量月牙刮杠"，浇筑前用水准仪测量调节"大面积一次浇筑成型标高控制测量月牙刮杠"标高（图 7.4-12），调整后将"大面积一次浇筑成型标高控制测量月牙刮杠"焊接在钢筋上固定。

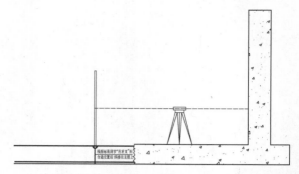

图 7.4-12 "大面积一次浇筑成型标高控制测量月牙刮杠"标高位置调节

2. 浇筑中专用工具控制混凝土浇筑面

根据"固定高度的测量钢管"面来控制混凝土的浇筑（图 7.4-13），待前面混凝土浇筑完成后，移动钢管至后面"大面积一次浇筑成型标高控制测量月牙刮杠"控制点，继续混凝土浇筑。浇筑完成后利用 2m 测量刮杠磨平混凝土面，见图 7.4-14，混凝土浇筑前、浇筑后示意图见图 7.4-15、图 7.4-16。

根据此项技术总结的"一种应用板面标高控制工具的大面积混凝土板的施工方法"已获得国家发明专利。

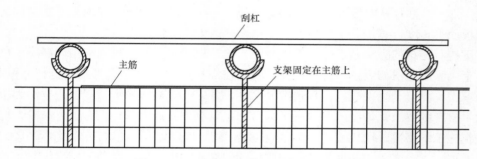

图 7.4-13 专用工具控制混凝土浇筑面

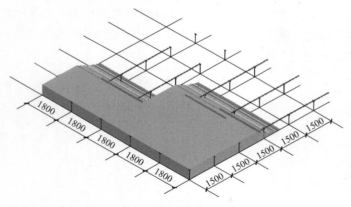

图 7.4-14 楼面平整度跟踪控制

图 7.4-15 浇筑前

3. 浇筑后厂房洁净室板面任意点高程检查

混凝土面压光成型后采用全站仪任意设站三角高程法进行厂房洁净室板任意点高程检查（图 7.4-17），配合发明的"超大厂房标高自动协作目标"，协作目标上安装固定贴片。在进行地坪标高检测时，仪器自动跟踪固定贴片，测量出检测点的三维坐标，实时显示该点高程，全站仪可将数据存储到内存，并传输到计算机，通过专业软件将数据绘制成三维数据模型，实现检测结果的三维可视效果（图 7.4-18）。

图 7.4-16 浇筑后

图 7.4-17 任意点高程检查

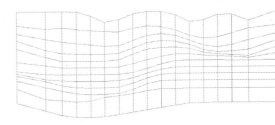
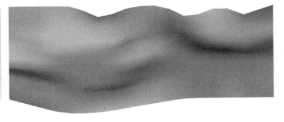
图 7.4-18 三维效果检测图

4. 检查与校核

大量测量数据检查也是要面对的难题，为解决人工检查速度慢和准确率欠佳的问题，建立数据库，同时将测量数据和理论数据进行比较分析。将数据文件利用专业软件展绘到图形，将展绘点位图形和事先做好的电子数字图形合并为两个不同图层（两个图层应选用不同的颜色）的一个图形文件，来检查各个放样点位的正确性。这种复查主要是针对点位重合性的检查，不仅方便快捷，而且效果一目了然，并为随后编制测量成果报告提供数据。

为保证每个测量站点的正确性，外业测量时，每个任意设站作业完成后必须另外联测两个已知点进行校核，点位精度满足相关规范要求。

每一施工段测量工作完成后，均采取异位异人的方法对测量成果进行复测，复测合格后，校核本施工段与前各施工段的相对位置及高程关系。

7.4.3.4 基于 BIM 的精密设备安装控制测量技术

1. 传统设备放样方法

传统的施工测量，忽略 3D 模型的分量，在现场放样前，需要翻阅大量纸质图纸，查找各设备的相对几何尺寸关系，进行烦琐的运算得到一个点的放样数据。而对于群体超大半导体显示器件厂房众多设备，放样数据计算量巨大，由于平面图缺乏立体直观性，人工计算极易出现错误，现场放样更是需要多人配合使用卷尺等工具才能放样一个点位，放样不直观，不易发现放样错误。

2. BIM＋智能全站仪测量

BIM（Building Information Modeling，建筑信息模型），其实就是一个建立、运行与维护建筑全生命周期的各种信息的专业数据库。

BIM 应用的不断深入，也波及放样领域，使得放样的作业方法和作业理念都发生了革命性的变化。以往放样时使用的多数是二维的图纸，在放样前需要对放样数据进行计算和整理，在放样过程中直接使用的是一系列坐标，即一串数字，因此放样时不直观，放样点之间的几何关系和相对位置不清楚，同时在放样时出现错误也不易发现。但是 BIM 技术的引入使得放样过程变得更加简单，配套相应测量设备

图 7.4-19　三维模型

和 BIM 图纸就可以在三维模型（图 7.4-19）中直接选择需要放样的点位，直观、方便地将待放样点位直接放样出来。

1）工作步骤

从 BIM 模型（图 7.4-20）中设置现场控制点坐标和建筑物结构点坐标分量作为 BIM 模型复核对比依据，在 BIM 模型中创建放样控制点。

2）在已通过审批的 BIM 模型中，设置设备控制点位布置，并将其导入手簿图（图 7.4-21）。

图 7.4-20　BIM 模型

图 7.4-21　手簿图

3）进入现场，使用 BIM 放样机器人对现场放样控制点进行数据采集，即刻定位放样机器人的现场坐标（图 7.4-22）。

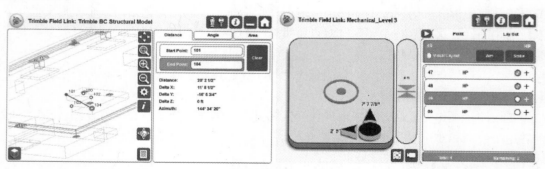

图 7.4-22　智能全站仪数据采集

4）通过平板电脑选取 BIM 模型中所需放样点，指挥机器人发射红外激光自动照准现实点位，实现"所见点即所得"（图 7.4-23），从而将 BIM 模型精确地反映到施工现场。

图 7.4-23　点位放样

7.4.4　启示与展望

随着我国经济的不断发展，厂房的建设规模越来越大。近几年建设的厂房工程，无锡海力士厂房建筑面积 21 万 m²，深圳华星光电 8.5 代厂房 42 万 m²，昆山龙飞光电 7.5 代厂房 68 万 m²，合肥鑫盛光电 76 万 m²，重庆京东方 8.5 代项目 100 万 m²，厂房的建筑面积越来越大，工期反而越来越短，随着将来承接项目规模越来越大，新的施工难题还将不断出现。

1）场区面积大，场区超长，如何解决地球曲率对坐标、高程的影响？研究通过北斗技术，对场区似大地水准面进行精化，生成小范围的似大地水准面模型，将工程水准测量得到的水准数据经过与似大地水准面模型的融合计算，得到实际的高程数据。

2）如何满足厂房单体层与层之间、外部管线之间的精确对接？厂房设计不同于一般设计，厂房外部的管线、制造厂房的输送带、自动化厂房的流水线对接等要求都比较精密，研究布设专用的精密安装控制网；安装控制网边长短、范围小，精度要求高，研究探索通过专用特殊控制网、近景摄影测量、激光准直等方法进行解决。

3）如何在如此短的工期内完成超大体量的工作？研究利用 BIM 技术贯穿到施工测量的全过程，工程前期利用 BIM 模型进行点位选择、方案设计，施工过程中利用 BIM 模型解决空间关系冲突，合理选择点位，减少返工，提高作业速度，缩短工期，竣工后利用三维激光扫描仪＋BIM 技术，生成 BIM 模型，为工程的后期改造设计提供基础材料。

随着建筑设计的不断发展，我们将结合实际工程特点，借助新的测量技术手段，不断解决出现的测量技术难题。

本章主要参考文献

［1］　中华人民共和国住房和城乡建设部. CJJ/T 8—2011 城市测量规范［S］. 北京：中国建筑工业出版社，2012.
［2］　中华人民共和国建设部. GB 50026—2007 工程测量规范［S］. 北京：中国计划出版社，2008.
［3］　中华人民共和国住房和城乡建设部. CJJ/T 73—2010 卫星定位城市测量技术规范［S］. 北京：中国建筑工业出版社，2010.
［4］　中华人民共和国国家质量监督检验检疫总局. GB/T 18314—2009 全球定位系统（GPS）测量规范［S］. 北京：中国标准出版社，2009.
［5］　中华人民共和国国家质量监督检验检疫总局. GB/T 12897—2006 国家一、二等水准测量规范［S］. 北京：中国标准出版社，2006.
［6］　中华人民共和国国家质量监督检验检疫总局. GB/T 12898—2009 国家三、四等水准测量规范［S］. 北京：中国标准出版社，2009.
［7］　中华人民共和国国家质量监督检验检疫总局. GB 50205—2001 钢结构工程施工质量验收规范［S］. 北京：中国建筑工业出版社，2002.
［8］　中华人民共和国住房和城乡建设部. GB 50204—2015 混凝土结构工程施工质量验收规范［S］. 北京：中国建筑工业出版社，2015.
［9］　张胜良，等. 国家游泳中心（水立方）钢结构工程施工测量技术要点和实施［J］. 建筑技术，2018，10：58-61.
［10］　张胜良，等. 国家游泳中心钢结构工程测量工艺［G］. 第五届京港澳测绘技术交流会，2007，10：114-117.
［11］　焦俊娟，等. 中国第一大厂房精密工程测量关键技术研究［J］. 测绘通报，2013，增刊：164-167.
［12］　焦俊娟，等. 重庆京东方 8.5 代线项目快速精密施工测量技术研究［J］. 测绘通报，2016，增刊：144-145＋166.
［13］　雷素素，等. 北京新机场航站楼核心区结构工程施工关键技术［J］. 建筑技术，2018，9：918-921.

［14］　高良，等. 北京新机场航站楼核心区钢屋盖施工技术［J］. 建筑技术，2018，08：120-125.

［15］　段先军，等. 北京首都机场 3 号航站楼主楼（T3A）工程施工技术［J］. 工程质量，2009，1：36-50.

本章主要编写人员（排名不分先后）

北京中建华海测绘科技有限公司：张胜良　焦俊娟　黄曙亮

中建一局集团建设发展有限公司：王连峰　侯本才　冯世伟　张丽梅　王　戎

北京城建勘测设计研究院有限责任公司：董伟东　马海志　李　响

清华大学：过静珺

第8章　高耸建筑工程

8.1　概述

8.1.1　技术起源

高耸建筑即高高耸立的建筑，主要包括高层建筑物和高耸构筑物。其中，高耸构筑物在结构工程中指"相对高而细"，横向的风荷载起主要作用的结构形式，通常包括钢结构塔架、钢结构桅杆及钢筋混凝土塔等，例如：广播电视塔、通信塔、导航塔、电力塔、石油化工塔、大气监测塔、烟囱、排气塔、水塔、矿井架、风力发电塔等。而高层建筑物，在我国《民用建筑设计通则》GB 50352—2005 中规定，建筑高度大于 24m 为高层建筑，大于 100m 为超高层建筑。国际高层建筑与城市住宅委员会（Council on Tall Buildings and Urban Habitat，CTBUH）将采用独特的垂直交通技术或结构性抗风支撑的建筑高度在 300m 以下的建筑定义为高层建筑（Tall Buildings），高度超过 300m 的建筑定义为超高层建筑（Supertall Buildings），超过 600m 的建筑定义为巨型高层建筑（Megatall Buildings）（如图 8.1-1 所示）。迄今为止，全球范围内已建成 133 座超高层建筑和 3 座巨型高层建筑。

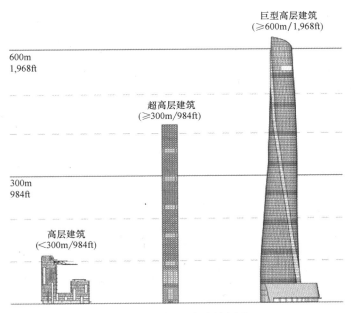

图 8.1-1　高层建筑的划分

随着全球经济、建筑和科技水平的迅猛发展，高耸建筑呈现出蓬勃的发展趋势，其高度越来越高，阿联酋迪拜的哈利法塔是已建成的最高建筑（163 层、建筑高度 828m），中国上海的上海中心大厦（128 层、建筑高度 632m）高度位居世界第二。世界各国的高耸建筑数量也呈逐年上升的态势，截至

2018 年底，中国已建成高度超过 300m 的高耸建筑 63 座，位居世界第一（排名第二的阿联酋 26 座，排名第三的美国 21 座）。近些年来，我国每年开工建设的超高层建筑有几十项，且建筑高度不断增加，例如：深圳平安金融中心（建筑高度 600m）、广州周大福金融中心（建筑高度 530m）、北京中国尊（建筑高度 528m）、台北 101 大楼（建筑高度 508m）等。我国超高层建筑的发展传承文明，凝聚了世人的才华，象征着中国城市的垂直腾飞。

超高层建筑具有体量宏大、施工工艺复杂、施工环节多、施工周期长的特点，其结构体系主要采用核心筒-钢结构模式。施工测量的技术难度大，具有结构超高、测站转换多、累计误差大、动态变化、高空作业多的特点；精度要求高，其轴线垂直度允许偏差≤$H/10000$ 且≤±30mm；影响因素多，受日照、地球自转、风力、温差等多种因素的影响。超高层建筑测量技术工作贯穿于整个超高层建筑施工的全过程，是超高层建筑施工的重要环节。其中施工测量是超高层建筑工程施工的先导性工作，是衔接各分部、分项工程之间空间位置关系的重要手段；变形监测是超高层建筑施工安全与运营安全的保障，是全面反馈和监控超高层建筑的设计和施工质量的重要手段。

8.1.2　技术原理与内容

高耸建筑工程测量技术主要涉及控制测量、竖向测量、施工放样、变形监测等测量技术工作。

8.1.2.1　控制测量技术

控制测量是用测量仪器和专用方法通过测量与严密的计算，建立起在统一空间坐标系下的测量控制网，为施工测量和变形监测提供坐标参考基准。建筑控制测量是整个施工测量中不可或缺的重要环节，是一切测量工作的基础，其精度的高低决定了整体施工的精度和质量。

建筑控制测量按照"分级布网，逐级控制"的原则，分为平面控制测量与高程控制测量。控制网的分级是根据工程的具体情况确定，要求各级控制点可靠、稳定、使用方便，通视条件好，检校方便，满足施工精度要求。若工程量大、工况复杂，必须设置多级控制网，且各级控制网之间形成有机的整体。

1. 平面控制网

平面控制网一般布设为三级，即首级、二级、三级。其中首级平面控制网是精度最高、最稳定的控制网，是其他各级控制网的基础，同时也作为变形监测的基准网。二级平面控制网是施工场地控制网，主要用于施工场地、基础和低层施工的测量控制，并作为变形监测的工作基准网。三级平面控制网是高层建筑施工内控网，主要用于细部放样、竖向测量的测量控制。

首级平面控制网是二级平面控制网建立和复核的唯一依据，是土建、幕墙装修、机电安装及变形监测的依据，也是工程检测和复查的基准。主要根据高等级测量控制成果、工程总平面布置图及建筑施工图，通过分析工程结构布局特点和现场实际情况建立首级平面控制网。首级平面控制网一般以 GNSS 网为主，控制点的设置位置选择在稳定可靠处，一般距离施工区 500～1000m，能均匀覆盖施工区，数量一般不少于 3 个控制网点，采用 GNSS 静态测量法。首级控制网必须定期进行复测，以保证其稳定性（如图 8.1-2 所示）。

图 8.1-2　首级平面控制网

二级平面控制网主要起承上启下的作用，即依据首级平面控制网测设，并作为三级平面控制网建立和校核的基准，同时也可为重要部位的施工放样提供基准。二级平面控制网布设在施工现场内，一般距离建筑物 50~100m。由于施工现场来往车辆、机械振动、反复动土等原因，二级控制桩点易被破坏和扰动，应重点保护并进行定期复核和及时修正。二级平面控制网多为环绕施工现场的精密导线网，也可为十字形轴线网。

三级平面控制网一般分两次布设，第一次布设在基础底板上，用于进行 ±0.000m 以下的细部放线；当主体结构施工至 ±0.000m 以上时，将三级平面控制网转移到建筑物内部，即内控网，用于 ±0.000m 以上的竖向测量和细部放样。三级控制网由于受施工和建筑沉降影响大，因此必须定期复测校核。目前高耸建筑根据框-筒结构体系的特点常采用流水施工方式，因此三级平面控制网多分为核心筒内外二个平级网。

2. 高程控制网

高程控制网常分级布置，由高到低逐级控制。高程控制网是土建、幕墙装修、机电安装等标高控制的基准。首级高程控制网布设在视野开阔、远离施工现场的稳定可靠处，采用精密水准测量完成。二级及以下高程控制网以首级高程控制网为依据创建，布设在施工场地和建筑物内，常和平面控制网共用点位。由于随着时间的推移与建筑的不断升高，建筑物自重荷载不断增加，高程控制点常出现沉降现象。因此需要对二级及以下高程控制点进行定期复测和修正。

8.1.2.2 竖向测量技术

竖向传递测量也称为竖向测量，是高耸建筑施工测量重要任务之一。随着建筑施工高度的不断增加，平面控制网和高程控制网需要引测到空中的作业面。在无温差、无风载条件下，可以认为超高层建筑是静止的，此时竖向轴线在理论上是铅直的。但在实际施工中，超高层建筑受日照、风载等外界条件的影响，在超过一定高度后就会产生一定程度的摆动，此时竖向轴线不再是一条铅垂线，而变成了一条随外界因素和时间变化的竖直曲线。因此轴线竖向传递、高程传递是竖向测量技术的主要难题。

1. 平面竖向测量

平面竖向测量主要有内部控制法、外部控制法及内外控组合法。其中，内控法常采用激光铅直投测法，即用激光铅直仪和电子数显激光靶，按照天顶投影方法进行竖向投测，并采用相应技术手段减小高层结构运动所造成的竖向投测偏差，确保投测精度。在竖向投测时，激光铅直仪严格整平，投测时分 4 个方向投测取中，确定内控点的精确位置，以提高内控点投测的精度。每次至少投测 4 个基准点，并用全站仪进行闭合检查并做相应误差调整。

外控法常采用全站仪交会法或 GNSS 静态法等对内控点进行测量。结构每提升 30~50m，利用全站仪自由设站（强制对中）法或 GNSS 精密静态测量法，以及相应技术手段对平面投测点进行检核和改正。以减小高层结构运动所造成的竖向投测偏差，确保投测精度。

由于外控制法会受到场地和作业条件的制约与限制，而内控法又很难检查和控制在竖向转递过程中的整体位移与转动，因此在超高建筑平面竖向测量中，常将内外控法组合使用。根据《高层建筑混凝土结构技术规程》要求：当建筑物高度>90m 时，垂直度的允许偏差应小于 30mm，相邻楼层的允许偏差应小于 5mm。假设施工误差与测量误差相等，则 $m_{测}=m_{施}=5\times\sqrt{2}\approx\pm3mm$。因此采用内外控组合法需要在周期摆动条件下相邻层间的允许偏差要满足 ±3mm，轴线整体垂直度允许偏差≤$H/10000$ 且≤±30mm。

1) 激光铅直投测法

激光铅直投测法是平面竖向测量的常用方法。当建筑物楼板施工至 ±0.000m 时，使用全站仪极坐标法或直角坐标法将建筑物外部的控制点位引测到建筑首层内控点上，将激光铅垂仪架设在内控点上，把首层控制点垂直投测到施工层，进而测量出各层控制线和细部线。

由于首层人员走动频繁，首层内控点需进行特殊保护，一般应在首层混凝土楼面预埋铁件，并刻上十字中心点标示。另外，在待测层应设置预留洞口，以方便安装接收靶。首层内控点如图 8.1-3 所示，预留洞口如图 8.1-4 所示。

图 8.1-3　首层内控点示意图　　　　　　　图 8.1-4　预留洞口示意图

激光铅垂仪架设在首层内控点上，对中整平，打开电源并调整光束，直至接收靶接收到的光斑最小、最亮，一般光斑圆直径小于 2mm。慢慢旋转铅垂仪，分别在 0°、90°、180°、270°四个位置捕捉到四个激光点，取四个激光点的几何中心作为控制点位置（如图 8.1-5 所示）。

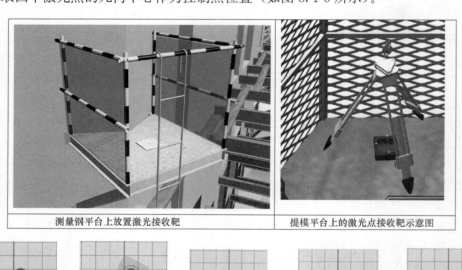

测量钢平台上放置激光接收靶　　　　　　　提模平台上的激光点接收靶示意图

图 8.1-5　激光铅直投测法示意图

以目前国内精度最高的激光天顶仪为参照，标称精度为 1/200000。在 100m 高度内，其仪器误差 $m_1 < 0.5$mm，对中偏差 $m_2 < 0.5$mm，定点偏差 $m_3 < 0.5$mm，则传递误差为 $m_传 = \sqrt{m_1^2 + m_2^2 + m_3^2} = \pm 0.87$mm < 1.0mm，若传递的次数有限，其误差可以忽略不计。当传递次数较多时，应顾及传递误差的影响。

2）组合修正测量法

在施测层使用全站仪自由设站、后方交会等方法或者 GNSS 测量方法直接测量出控制点的位置（坐标数据），并参照同步的变形监测数据，求解出该点位的位移分量 Δx、Δy（或位移的方向和该方向上的位移量），对测站点坐标进行修正后，进行待测层细部测量。

根据变形监测数据，已知在当前时段，结构体变形的方向为 r，变形量为 d，则其在 x 方向的变形量为 $\Delta x = d \times \cos\gamma$，在 y 方向的变形量为 $\Delta y = d \times \sin\gamma$。将放样点坐标数据加上修正值后进行放样，则定出的点位就是与结构体同步摆动的即时位置，若结构体处于无摆动状态时，该点位会回归到它的理论位置。每次的修正值都是不同的，所以上述做法的计算量较大，可以采用对测站点的坐标值进行修正的方法，则计算量可以大幅度地减少。首先用后方交会法或 GPS 测量法直接测量出控制点的即时坐标数据（X，Y），根据变形监测数据得出的位移分量 Δx、Δy，则修正后的控制点坐标数据 $x = X - \Delta x$、$y = Y - \Delta y$。采用修正后的控制点坐标设定测站数据，依据放样点的理论数据进行放样，即可测设出放样点位（动态下的）即时位置。

2. 高程竖向测量

高耸建筑高程竖向测量具有建筑物自身荷载大、沉降量大，结构体自身的压缩变形较为明显等特点，影响高程竖向测量的准确度。因此在高程传递中需在保证层高的前提下，采取预留、递减等有效措施减弱不利影响。

当建筑物主体结构施工到 ±0.000 处时，依据高程基准点对结构高程进行修正，以削减基础施工期间结构沉降产生的高差。另外，超高层建筑核心筒的墙和板施工进度不同步，一般相差三层，与（钢）外框架结构相差六到七层，如何保证三个施工层段的一致性是高程竖向测量的关键环节。

高程竖向测量常采用钢尺竖向测量法、全站仪天顶测距法、全站仪三角高程测量法和 GPS 高程测量法等方法或者相组合方法进行。

1）钢尺竖向测量法

钢尺竖向测量法是采用钢卷尺沿主楼核心筒外墙面向上传递标高，每隔 50m 左右设置一个标高传递接力点，在施测的过程中施加标准拉力，且进行温度、尺长、尺重等改正。在建筑物主体结构的首层楼面上，采用往返测量把高程测绘到核心筒外壁 +1.000m 处，弹上墨线并用红三角标志，作为高程基准线（如图 8.1-6 所示）。一般每层需要测量 3 个及以上高程点，其较差不应超过 3mm，并取平均值作为该楼层施工的标高基准点。

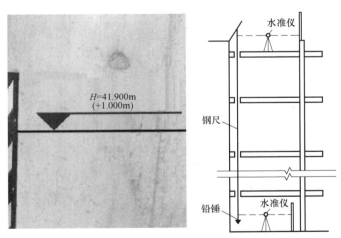

图 8.1-6　钢尺竖向测量法

2）全站仪天顶测距法

由于钢尺测距是分段传递，其累计误差会影响建筑物的整体精度，故对于超高层建筑来说，仅采用钢尺传递高程法是不够的。为减小钢尺测距的累计误差，可采用全站仪天顶测距法，以首层高程基准点为基准对楼层每个标高传递接力点进行校核。全站仪天顶测距法如图 8.1-7 所示，将全站仪安置在首层高程基准点 A 上，后视瞄准核心筒墙面 +1.000m 标高基准线，测得仪器高，对仪器内 Z 坐标进行设置。将全站仪望远镜垂直向上，全站仪激光束顺着预留洞口垂直往上，将反射棱镜镜头向下放在待测层的钢平台、土建提模架或需要测量标高的楼层，测得的数据便是高程点 A 到施工层的高差。将水准仪安置在待测层，尽量放在棱镜和水准点 B 的居中位置，在棱镜面处和 B 点各立一把水准尺，读数。通过计算即得水准点 B 点的高程。

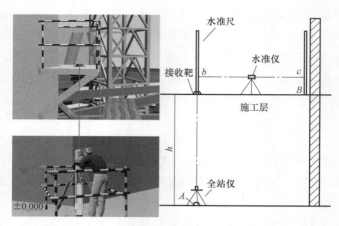

图 8.1-7 全站仪天顶测距法

3）全站仪三角高程测量法

全站仪三角高程测量法即利用测得的竖直角和斜距，解算出地面已知高程点与施测层高程基准点的高差，从而将高程传递到施测层。在高程传递时常采用对向观测的办法来抵消测量误差的影响，即分别将全站仪架设在控制点和施测层的待定点上，同样将棱镜安置在施测层上的待定点上或已知控制点上，通过两次三角高程测量的平均值求得施测层基准点的高程。

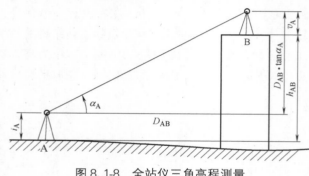

图 8.1-8 全站仪三角高程测量

如图 8.1-8 所示，假设已知高程点为 A 点，施测层基准点为 B 点，为了测定 A、B 点之间的高差 h_{AB}，在 A 点架设全站仪，在 B 点架设棱镜。设 D_{AB} 是 A、B 两点之间的水平距离，α_A 为全站仪照准棱镜中心的竖直角，i_A 为仪器高，v_A 为棱镜高，k 为大气折光系数，R 为地球曲率半径，则 A、B 两点之间单向观测高差如式（8.1-1）所示：

$$h_{AB} = D_{AB} \cdot \tan\alpha_A + \frac{1-k}{2R} D_{AB}^2 + i_A - v_A \tag{式 8.1-1}$$

同理，由 B 点向 A 点进行对向观测，假设两次观测是在相同的气象条件下进行的，则取双向观测的平均值可以抵消地球曲率和大气折光的影响，并得到 A、B 两点对向观测平均高差为式（8.1-2）：

$$\overline{h}_{AB} = \frac{1}{2}\left[D_{AB} \cdot \tan\alpha_A - D_{BA} \cdot \tan\alpha_B + (i_A - v_A) - (i_B - v_B)\right] \tag{式 8.1-2}$$

设 $m_{\alpha_A} = m_{\alpha_B} = m_\alpha$，$m_{D_{AB}} = m_{D_{BA}} = m_D$，$m_{i_A} = m_{i_B} = m_{v_A} = m_{v_B} = m_g$，$D_{AB} = D_{BA} = D$，$|\alpha_A| = |\alpha_B| = \alpha$，根据误差传播定律，得到上式计算高差中误差为式（8.1-3）：

$$m_h = \pm\sqrt{\frac{1}{2}\left(m_D^2 \cdot \tan^2\alpha + \frac{D^2 m_\alpha^2}{\rho^2 \cos^4\alpha}\right) + m_g^2} \tag{式 8.1-3}$$

8.1.2.3 施工放样技术

施工放样是根据施工测量控制网，进行建筑主要轴线定位，并按几何关系测设建筑的轴线和各细部位置。施工放样采用全站仪、水准仪、钢尺、BIM 放样机器人等设备，完成土建结构、钢结构的控制与安装的测量和校正工作（如图 8.1-9 所示）。

在施工范围内（核心筒和外围钢结构）引测的内部控制点，经复核满足要求后，可以作为施工放样的依据。具体方法是在楼面上根据引测上来的轴线点，用全站仪测设出一组主要控制轴线，复核无误后，根据楼层结构平面图的尺寸进行建筑物各细部放样。由于结构楼层与筒体结构墙的爬模施工相差 2～3 层，需将主要的轴线（控制线）引测的结构墙体的立面上，用于校核各层间的垂直或顺直，并为后

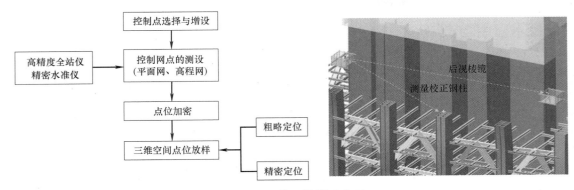

图 8.1-9 施工放样示意图

期装修施工提供依据。为控制墙体垂直度和轴线偏差，需对核心筒提模施工进行测量控制。可同时采用多台激光铅直仪在最上部结构楼层的控制线（点）上，直接用激光点控制上部爬模（墙体）轴线偏差，同时需要检查每层墙体垂直度。

楼层标高线测设时，依据有结构楼板的竖向结构上的高程基准点，用钢尺将高程铅直向上引测至最上部竖向结构上，作为该层抄测建筑标高线的依据，待该层结构楼板完成后，再依据基准点抄测楼层标高线。

8.1.2.4 变形监测技术

在高耸建筑变形监测中，根据工程情况，采用多种先进的监测仪器对监测体进行准确、实时的监测，为超高层结构的施工提供定位、动态修正、校正的依据，同时保证施工的安全性和可靠性。变形监测的内容有：①监测结构的空间定位与变形；②监测高层建筑结构摆动；③建筑物挠度变形观测；④压缩变形监测；⑤监测建筑物整体沉降和差异沉降；⑥监测日照、地球自转、风力、温差、施工振动等多种因素的影响作用。

高耸建筑物工程监测技术设计是根据建筑地基基础设计的等级和要求、变形类型、监测目的、任务要求以及测区条件进行监测方案设计，确定变形监测的项目、精度级别、基准点与监测点布设位置、监测周期、监测方法、监测数据处理、监测成果内容等。监测技术设计的主要成果是建筑物工程监测方案。

建筑物工程监测项目包括形态与性态监测、应力应变监测、环境及效应监测和巡视检查。其主要项目有：建筑场地、基础和结构的沉降监测；建筑水平位移监测；建筑主体倾斜监测；裂缝和挠度监测；压缩变形监测；日照、风振等动态变形监测。监测项目和常用监测仪器设备如表 8.1-1 所示。

变形监测项目和监测仪器设备 表 8.1-1

监测项目		监测仪器设备
形态与性态监测	沉降监测	水准仪、全站仪、静力水准仪
	水平位移监测	全站仪、GNSS
	倾斜监测	水准仪、全站仪、激光铅垂仪、正倒垂线、倾斜传感器
	压缩监测	水准仪、收敛计、位移传感器
	挠度监测	水准仪、全站仪、挠度计、位移传感器、光纤传感器
	裂缝监测	千分尺(游标卡尺)、裂缝计、裂缝监测仪、激光扫描仪、超声波测深仪
	动态变形监测	测量机器人、GNSS、激光测振仪、图像识别仪、GBInSAR、位移传感器、加速度传感器
应力应变监测		电阻式、振弦式、光纤式应力应变传感器
环境及效应监测	温湿度监测	温湿度传感器
	风及风致响应监测	风速仪、风压计、风压传感器
	腐蚀监测	电化学传感器、腐蚀传感器
巡视检查		目测、锤、钎、量尺、放大镜、摄像设备

8.1.3　技术应用与发展

高耸建筑工程测量技术工作贯穿于整个施工的全过程，是超高层建筑工程施工的先导性工作，是衔接各分部、分项工程之间空间位置关系的重要手段。其中变形监测是建筑施工安全与运营安全的保障，是全面反馈和监控高耸建筑的设计和施工质量的重要手段。

21 世纪以来，高耸建筑工程测量的仪器设备种类快速发展，其精度和自动化程度更高，例如：测量机器人、BIM 放样机器人、激光跟踪仪、地基合成孔径雷达（GBInSAR）、微电子机械系统（MEMS）、电式磁式和光纤光栅式传感器等。高新测量仪器和测量方法的应用，解决了高耸建筑工程的控制测量、竖向测量、测设放样、变形监测等关键测量环节的难题。其技术手段向精密化、动态化、智能化、网络化的方向纵深发展。

8.2　中国尊

8.2.1　工程概况

中国尊位于中国北京市朝阳区 CBD 核心区，距离首都国际机场 23km，西至天安门广场 5km，是北京市最高的地标建筑。外部形态以中国古代盛酒器皿"尊"为整体造型（图 8.2-1），寓意这座建筑是以"时代之尊"的显赫身份奉献"华夏之礼"。中国尊的建筑形态具有大气之美和时尚之气，体现出世界潮流的当代建筑风格。其建筑用地面积 11478m²，总建筑面积 43.7 万 m²，建筑总高 528m，其中地上 108 层（建筑面积 35 万 m²），地下 7 层（建筑面积 8.7 万 m²）。中国尊底部基座呈正四方形，从底部基座到中上部，其平面尺寸逐渐向内收紧，从腰线最窄处到顶部平台，平面尺寸逐渐放大。中国尊采用核心筒巨型框架外伸臂转换桁架结构，基础采用基础桩筏板加锚杆结构，是全球抗震性能最佳的超过 500m 的超高层建筑，具有高度超高，结构异型，构造曲线的曲率变化大等特点，并在建造的全过程采用 BIM 技术对结构进行预拼装。

8.2.2　关键问题

8.2.2.1　轴线竖向传递

由于建筑高度超高，高精度的轴线竖向传递困难极大。目前轴线竖向传递采用的是铅直仪内控法，但是存在由于楼高且传递距离远，激光光斑随着距离逐渐变大，光亮度变弱，需要采用接力法，因此造成误差逐渐累积。并且施工环境复杂、测量作业条件困难、存在大气折光和大气涡流影响，光斑抖动，竖向测量精度较低。

8.2.2.2　高度测量控制

对于建筑通常使用钢尺直接测量法和悬吊钢尺法进行高程传递测量。由于受到钢尺长度的限制，建筑高度超过一整尺（50m）长，需要分阶段（至少三次）设定高程传递基准点进行高程传递，误差逐渐积累。另外分段传递需要人员多、效率低，且由于高差大、温度变化较大，难以准确进行温度改正。同时风力、拉力和振动对测量结果也会造成影响。因此利用传统的水准测量只能满足 200m 以下高度的高程传递精度，对于 200m 以上的超高建筑，必须自主研究新的高程传递办法。此外楼层结构呈现不均匀

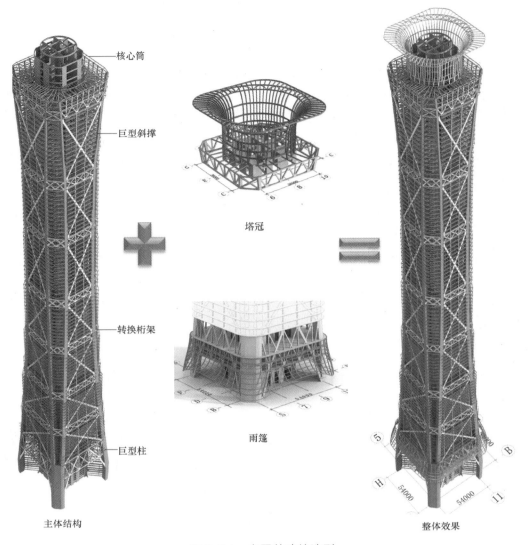

图 8.2-1　中国尊建筑造型

压缩变形，结构压缩随施工进度及现场工况的变化而实时发生，不仅影响到结构的层高、总高，同时差异压缩还会影响结构安全，因此对施工测量标高控制提出更高的要求。

8.2.2.3　钢结构测量控制

中国尊工程巨型柱为多腔体，位于塔楼平面四角，底部柱截面约 63.9m²，顶部柱截面约 2.56m²。巨柱在 F001～F006 层（标高：2.900m～43.350m）为 4 根六边形异型多腔体柱。巨型柱在 F006 层开始分叉，由 4 根转换为 8 根，柱外形由六边形渐变为五边形、四边形，且柱截面逐渐变小。巨型柱的精密控制是该工程的技术难题。

8.2.2.4　施工监测

施工监测是工业与民用建筑施工质量监控的重要程序，是检验建筑物基础处理可靠性和设计荷载计算安全性的有效手段，同时是保证建筑物顺利施工的重要检测过程。中国尊监测的主要内容为矩形柱、桁架、核心筒等结构的精确可靠变形数据（包括：沉降、空间形态、压缩变形等），以掌握主体结构在不同荷载作用下随时间的变形规律，真实反映建筑物及其配套设施的空间性态和变形情况，为钢构施工和安装提供坐标基准和实测数据参考。

8.2.3　方案与实施

中国尊工程测量的核心技术为：①平面控制点传递采用天顶投影法分段传递，通过自主研发的北斗兼容 GNSS 技术对关键节点传递的平面控制网进行校核。②高程控制的方法一是高程传递采用超高层标高高精度自动传递工艺方法；二是在施工过程中，对钢柱进行压缩变形监测，对传递标高进行实时改正；三是利用 GNSS 技术对传递的标高进行校核。③巨柱的安装控制测量以"田"字形控制网为基准，把前后视点从下部楼板混凝土板面上的内控制点投影至核心筒外墙角的测量平台上，架设全站仪相互后视，根据巨柱的设计坐标和标高进行放样测设和校正。④在施工的关键环节采用多手段组合精密监测的方法实施监控和数据分析，实现了施工安全和精准施工。

8.2.3.1　竖向测量传递与控制

根据工程实际情况，平面控制点的传递采用天顶投影法，分阶段传递的方法进行。并研发了北斗兼容的北斗 GNSS 接收机，自主研究新算法，对关键节点传递的平面控制网进行校核。

1. 常规方法

竖向平面测量的常规方法有外控法和内控法。外控法是在建筑物外部，利用经纬仪，根据建筑物轴线控制桩来进行轴线的竖向投测，亦称作"经纬仪引桩投测法"，如图 8.2-2 所示。外控法操作简单，测量仪器要求低，普通经纬仪即可满足要求，因此早期的超高层建筑竖向测量多采用该方法。但是该方法场地要求高，建筑周边必须开阔，通视条件好。随着超高层建筑高度和城市建筑密度不断增加，外控法作业条件越来越差，因此该方法应用范围逐步缩小，仅限于超高层建筑地下结构和底部结构施工测量使用。

内控法是在超高层建筑基础底板上布设平面控制网，并在其上楼层相应位置上预留传递孔，利用垂准线原理进行平面控制网的竖向投测，将平面控制网垂直投测到任一楼层，以满足施工放样需要，如图 8.2-3 所示。内控法是目前高层建筑常用的方法，要求必须保持通视孔畅通。随着建筑高度和层数的增加，孔洞掉异物时常砸伤仪器，且需要分段接力传递，容易产生累计误差。

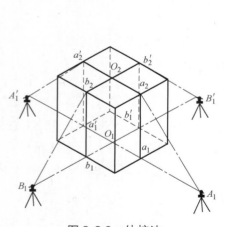

图 8.2-2　外控法

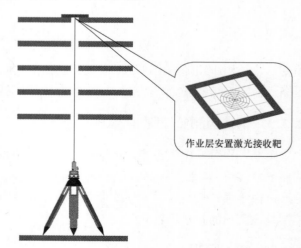

作业层安置激光接收靶

图 8.2-3　内控法

2. 内部控制网的布置

中国尊建筑高度 528m，地上 108 层。楼层底部截面大、中间小，而上部逐渐变大，上下楼层的主次梁平面位置不一致，给竖向投测造成极大困难，不能按照常规测量方法来布置测量控制网。本工程竖向墙体先行施工，每个楼层需要进行两次竖向激光投影来完成轴线和标高的竖向传递工作。

根据建筑特点制定相应方法：如图 8.2-4 和图 8.2-5 所示，Ⓔ轴与⑧轴的交点为建筑工程的中心点，

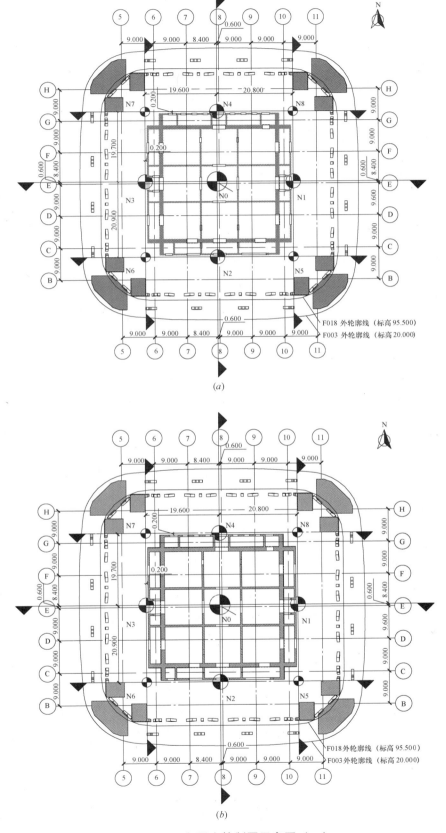

图 8.2-4　各层内控制网示意图（一）

(a) F003~F018 层内控制网图（转换层标高：20.000m）；(b) F019~F038 层内控制网图（转换层标高：99.000m）

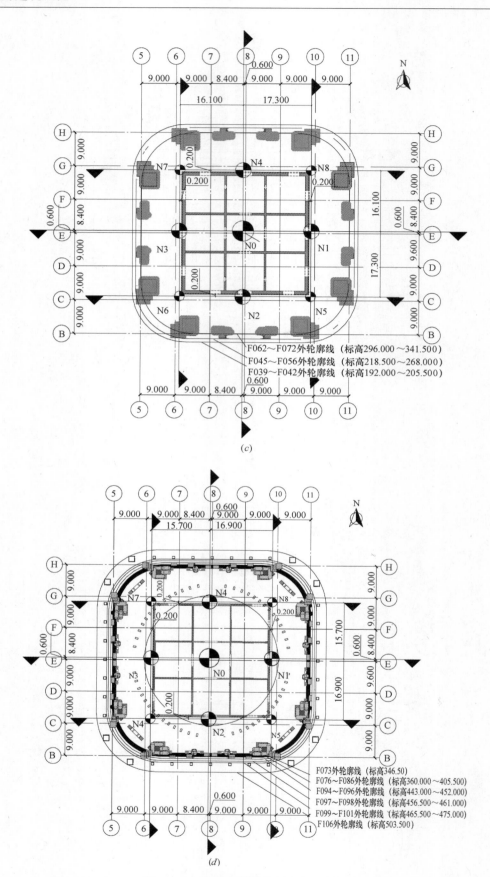

(c)

F062~F072外轮廓线（标高296.000~341.500）
F045~F056外轮廓线（标高218.500~268.000）
F039~F042外轮廓线（标高192.000~205.500）

F073外轮廓线（标高346.50）
F076~F086外轮廓线（标高360.000~405.500）
F094~F096外轮廓线（标高443.000~452.000）
F097~F098外轮廓线（标高456.500~461.000）
F099~F101外轮廓线（标高465.500~475.000）
F106外轮廓线（标高503.500）

(d)

图 8.2-4　各层内控制网示意图（二）

(c) F039~F072 层内控制网图（转换层标高：192.000m）；(d) F073~F106 层内控制网（转换层标高：346.500m）

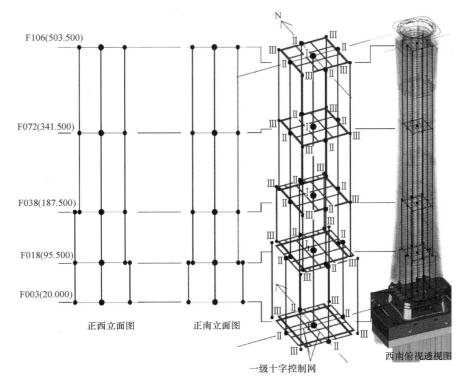

图 8.2-5 内控制网立体示意图

也是圆心点。在核心筒外围十字通道上，绕开工字钢梁，Ⓔ轴偏北 600mm 与⑧轴偏西 600mm 作十字垂直线。在核心筒外围十字通道连接梁十字方向线上，在高于楼板的高度向墙外 200mm 预埋强制对中的测量钢构件。这四个核心筒中间通道的点作为轴线竖向传递的一级控制网。在与一级控制网相对应的核心筒混凝土墙角上布设强制对中装置和测量操作平台，形成二级控制网。

内控点一共由 9 个点组成，形成田字形控制网。由此核心筒墙与外框筒两个测量控制系统合二为一。高程控制网，利用平面控制点竖向投测用的预留洞口，把标高控制点同步引测到待测楼层，进行施工测量和贯通检测。

塔楼在 F019、F038、F073 层内收时，设置内控点转换层，减少投测高度过高的影响，保证测量精度。塔楼平面控制网根据工程平面变化，分阶段提前做相应的调整。

3. 控制网的竖向传递

轴线的引测采用天顶准直法，通过在测量孔架设激光铅垂仪把底层的轴线控制点垂直投测到施工层，利用投测上来的轴线控制点测放出各轴线。

4. 北斗 GNSS 高空控制点校核

中国尊主塔楼为超高层建筑，建筑高度达 528m，铅直仪分阶段接力传递，累计误差大，采用 GNSS 静态定位测量技术进行施工平面校核测量。GNSS 测量方法的优点：控制点精度均匀；测量精度不会随着建筑高度的增加而减小；全天候作业，不受视线遮挡影响；传统施工测量从场地外的基准点引测到楼顶需分段传递多次，而 GNSS 一次性就可测量传递到楼顶，避免了误差累计。

1）设备研发

为此工程研发了北斗兼容 GNSSCSCEC-HC-5 多模多频高精度接收机（图 8.2-6），仪器主要技术指标：通道数 198；可同时接收 GPS/BDS/GLONASS 三系统八频点数据（L1/L2/L3；B1/B2/B3；G1/G2）；采样率最高达 20Hz。

研制了与接收机配套的小型扼流圈天线（图 8.2-7），采用专用的抗多路径天线，在提高天线性能的同时，更有效地抑制了多路径干扰信号。天线的圆锥形保护层，使天线的使用不受冰雪堆积、大雨、雷电等天气和飞鸟干扰的影响，可全天候工作。

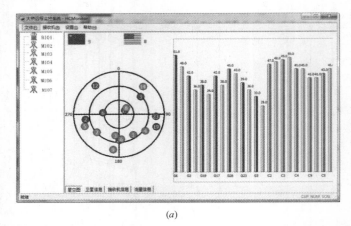

(a)

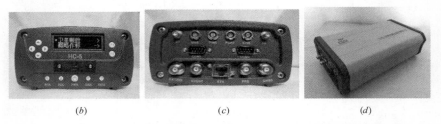

(b)　　　　　　　　(c)　　　　　　　　(d)

图 8.2-6　北斗兼容 GNSSCSCEC-HC-5 多模多频高精度接收机

(a) HC-5 接收卫星空中分布图；(b) 接收机前面板；(c) 接收机后面板；(d) 接收机主机

图 8.2-7　小型扼流圈天线

2）观测节点和校测点位设计

沿建筑高度共有 8 个布设桁架层（避难层及设备层），同时随着楼体不断升高，核心筒截面形式，及核心筒外墙截面尺寸也不断发生变化。综合工程实际特点，当楼板施工至校测层（选择 F019、F039、F059、F073、F089、F105、屋顶层七个楼层）时，利用 GNSS 测量系统对投测好的内控点进行复核。

如图 8.2-8 所示，每个校测参考层设置 4 个校测点，图 8.2-9 为转换层 GNSS 点位设置。在外框钢柱顶端架设 GNSS，采用特殊装置进行连接固定，将专用测量工具连接在钢柱顶端的连接板上，在专用工具上架设 GNSS。

3）GNSS 外业观测和数据处理

采用 GNSS 静态观测，数据采样间隔为 5s，观测时间为 90min，卫星高度角限值为 15°（图 8.2-10）。数据处理采用随机软件进行数据解算，GNSS 测量精度满足《工程测量规范》场区 GPS 控制网二级精度。

4）控制点复核

将高精度全站仪架设在 GNSS 控制点上，完成定向工作。采用坐标法直接测量传递上来的控制点，对测量数据进行比对和复核（图 8.2-11）。

以第七期数据为例，将现场实测结果和设计理论值进行对比，结果见表 8.2-1。

8.2.3.2　高度精密测量控制

由于传统标高控制测量技术的局限性，针对中国尊工程特点，依次在高程传递中采用超高层标高高精度自动传递工艺方法；在施工过程中对钢柱进行压缩变形监测，实现对传递标高进行实时改正；利用 GNSS 技术对传递的标高进行校核。

1. 超高层标高高精度自动传递工艺方法

如图 8.2-12 所示，超高层标高高精度自动传递工艺方法的步骤如下：①在首层内控点强制对中装

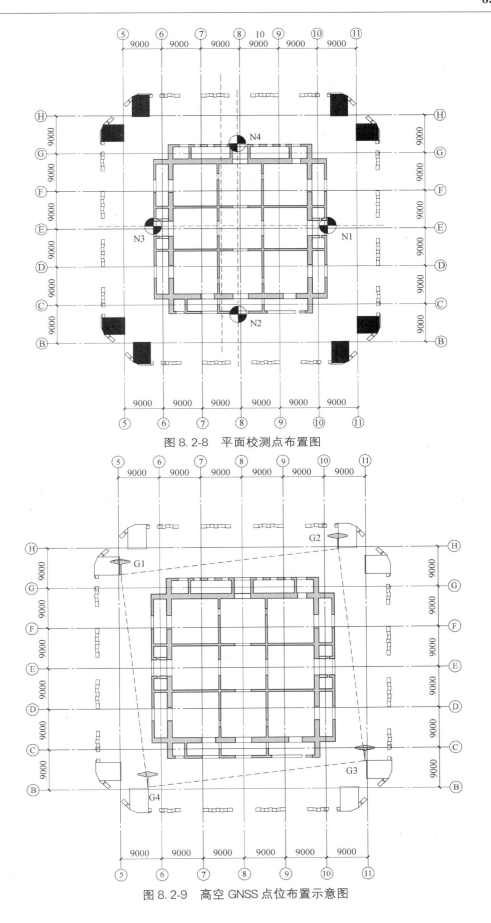

图 8.2-8 平面校测点布置图

图 8.2-9 高空 GNSS 点位布置示意图

图 8.2-10 GNSS 静态观测示意图

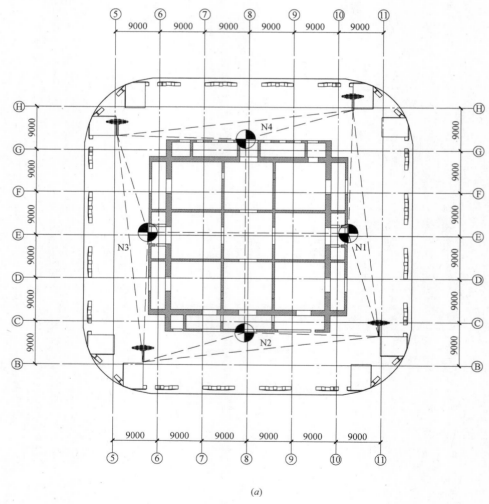

(a)

图 8.2-11 控制点复核（一）

（a）全站仪测量内控点

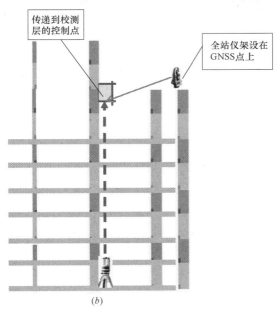

图 8.2-11 控制点复核（二）

(b) 全站仪测内控点作业

控制点复核测量成果表   表 8.2-1

点名	坐标成果比较					
	GNSS 实测数据		理论数据		较差	
	$X(m)$	$Y(m)$	$X(m)$	$Y(m)$	$\Delta X(m)$	$\Delta Y(m)$
GPS1	42.106	35.988	42.100	36.000	−0.006	+0.012

置上架设激光电子全站仪，将激光电子全站仪望远镜调成水平位置（屏幕数值显示为90°），读取初始值。②将激光电子全站仪的望远镜指向天顶（屏幕数值显示为0°），将照相接收机装置的支座放置在预留洞口处。③打开激光电子全站仪，向照相接收机装置的照相接收机打激光，照相接收机接到激光点后，通过电机在导轨上移动，使照相接收机中心与激光点重合，激光电子全站仪进行多次测距。④得到激光电子全站仪至照相接收机的垂准距离后，将水准尺立在照相接收机装置的基点转点处，架设水准仪，读取水准尺读数，通过程序自动计算出作业层+1.000m标高点的读数。

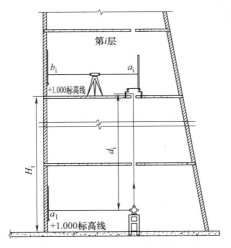

图 8.2-12 超高层标高高精度自动传递工艺方法示意图

2. 超高层结构压缩预调技术

超高层建筑施工过程中，受结构自重、施工荷载、混凝土收缩、徐变等因素影响产生压缩变形（图 8.2-13 所示）。压缩变形导致建筑标高、层高与结构设计值存在一定的差异，同时内外筒压缩变形的差异性将造成内外筒间的联系构件出现较大的内应力，需要在施工期间对的结构进行压缩变形测量。

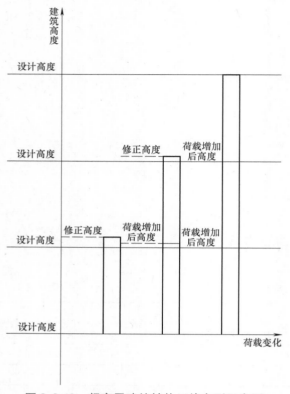

图 8.2-13　超高层建筑结构压缩变形示意图

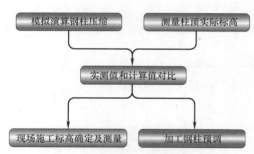

图 8.2-14　结构压缩预调技术流程

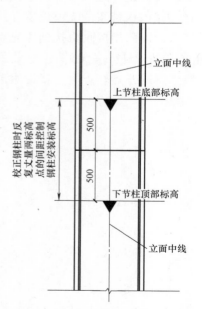

图 8.2-15　钢柱标高控制示意图

如采用常规标高控制方法进行测量，事前不做标高预调控制，必然会造成标高误差累计过大。为了保证塔楼的标高、楼面的平整度及选择内外筒伸臂桁架合适的锁定时间，采用演算预调值和现场实测控制相结合的方法进行控制（如图 8.2-14 所示）。

1）钢柱标高控制

如图 8.2-15 所示，在吊装下一节钢柱前，选用水准仪采用几何水准线路，在下层已焊接好的钢柱顶端附近抄测统一的标高控制线，并做好标记。同时在准备安装的钢柱顶端向底端量取一定长度，刻画标高控制线，标示好该位置标高值。在安装过程中通过调节上下两节钢柱之间的标高控制线，来达到控制标高的目的。

2）沉降及压缩标高修正

钢柱标高控制测量主要是控制各节钢柱的柱顶标高。每节柱吊装完成后，测定柱顶实际标高，将其与深化设计演算预调值进行对比，确定下节柱具体修正值。以每节柱为单元进行柱标高的调整工作，将每节柱接头焊接的收缩和在荷载下的压缩变形值，反馈到加工厂，将变形值加到柱的制作长度中。

3. GNSS 高程校核技术

为验证传递标高的精度，在施工到一定阶段以后，利用 GNSS 静态定位技术对传递的高程进行校核，将计算得到楼高程与设计进行比较，对实际楼高进行验证。基准点的设置如图 8.2-16 所示，在场地外围光华路、针织路上布置三个基准点KZI、KZ2、KZ3,在场地内设置2个工作基点KZ4、KZ5。抄测大楼±0.000的位置,并与基准点进行联测,得出±0.000点的高程。

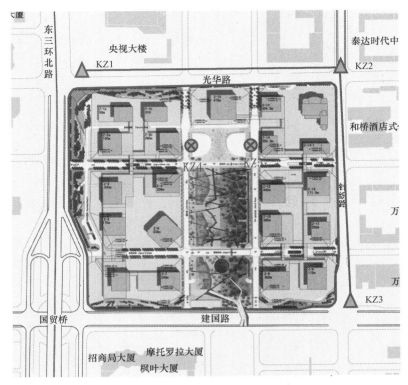

图8.2-16 基准点布置示意图

对楼顶的点位进行GNSS观测得到大地高,并解算工程附近的高程异常,从而计算出控制点的高程。将计算得到楼高与设计进行比较,对实际楼高进行验证。

8.2.3.3 钢结构测量控制

如图8.2-17所示,中国尊多腔体巨型柱位于塔楼平面四角,底部柱截面约63.9m²,顶部柱截面约2.56m²。巨柱在F001~F006层(标高:2.90m~43.350m)为4根六边形异型多腔体柱;巨型柱在F006层开始分叉,由4根转换为8根,柱外形由六边形渐变为五边形、四边形,且柱截面逐渐变小。

巨柱的安装控制测量是以"田"字形控制网为基准,把前后视点从下部楼板混凝土板面上的内控制点投影至核心筒外墙角的测量平台上,架设全站仪相互后视,根据巨柱的设计坐标和标高进行放样测设和校正(图8.2-18所示)。

1. 巨柱的测量安装校正

巨柱的测量安装校正步骤为:分段构件就位→分段构件临时固定及测量→整根巨柱整体测量校正(轴线测量)→加固焊接。

如图8.2-19所示,巨柱的测量分为两个步骤,第一个步骤是转点,将全站仪架设在外框筒控制点上,后视位于核心筒的控制点,然后转动仪器,测出粘贴在已安装好的巨柱上的反光片的坐标。第二个步骤是新安装巨柱测设。将全站仪架设在巨柱上临时设定的测站,转动仪器照准位于粘贴在巨柱上的反光片,根据后视交汇原理和步骤一测设出的反光片坐标,确定临时测站点的坐标,然后开始巨柱顶轴线偏差测量。

测量作业时,一名测量员操作仪器进行观测,一名测量员手持小棱镜,将棱镜放于构件顶事先选择好的坐标测量点上,棱镜头对准全站仪方向,并保持棱镜的水平气泡居中。全站仪目镜照准棱镜开始测量,记录下该点的观测坐标值,记录完毕转至下个点进行测量。

447

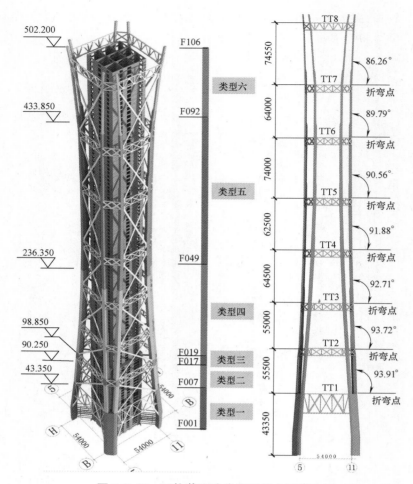

图 8.2-17 巨柱截面分类和巨柱立面示意图

图 8.2-18 无翼墙核心筒四角架设全站仪进行外框桁架、巨柱放样安装图

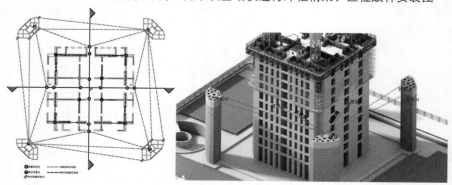

图 8.2-19 巨柱安装校正测量示意图

巨柱安装过程中的测量控制工序包括：构件偏差检查、构件刻画中线、构件就位（调整标高、调整位置同时调整上柱和下柱的扭转）、轴线测量。

在构件制作时，要求制作厂标出每个构件边缘中心线便于现场测量，每根巨柱分成四块构件，等四块构件全部吊装完成后，选取构件的中心线整体测量巨柱的坐标。采用全站仪＋反射小棱镜＋激光反射片实施测量工作，其步骤为：①现场巨柱初校和标高校正完毕后，进行巨柱的整体校正。②内业计算出所有巨柱控制点的水平坐标系观测点的理论坐标值。

选择结构的中心点作为坐标原点，即⑧/Ⓔ轴线的交点作为测量控制点的坐标原点，以⑧/Ⓔ轴线交点为坐标原点，在平面布置图上计算出每根巨柱的控制点坐标（每根巨柱取6个点的坐标），测量时，将全站仪架设在临时测站，提前算出该坐标点相对于结构中心（⑧/Ⓔ轴线中点）的相对坐标，根据算出的坐标，测量校正巨柱。

2. 初步就位及临时固定

构件落位后，优先采用构件自带的水平连接板和竖向连接板固定，连接板用螺栓拧紧固定，同时拉设缆风绳、导链。对于扭转过大的构件，用千斤顶初步校正优先安装两个田字形构件，取田字形弯折处的点作为测量控制点（该控制点在构件出厂前已经标记），每个构件取6个点测量。田字形构件初校完成后，插入两个工字形构件，每个工字形取5个点测量，构件边缘的点取距边缘300mm处（避免焊缝交汇处）测量完成后加固（图8.2-20）。

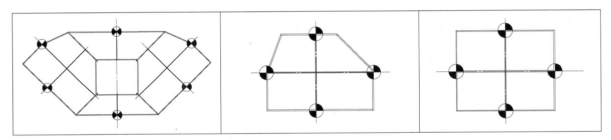

图8.2-20　不同截面巨柱坐标观测点

3. 巨柱标高测量

巨柱吊装到位后，通过测量每节巨柱柱顶标高方法控制巨柱标高。首先采用相对标高控制，上一节巨柱安装完成后，提供预控数据即上节巨柱的标高，结合本节钢柱进场构件验收情况，在引测的标高控制点利用水准仪测量巨柱柱顶实际标高，将实际标高与设计标高对比。如果误差较大，用千斤顶调节本节构件直至误差达到规范的要求的范围。

每节构件测量时均从标高基准点开始引测标高控制点，标高基准点每隔7天复测一次，防止基准点有变化，从而保证整个建筑设计高度准确无误。每节巨柱构件吊装就位完成后，首先测量巨柱的整体标高。具体方法如下：

1）在柱顶层架设水准仪，瞄准施工层标高后视点，测量每根巨柱的四角顶点标高，与设计标高比较得到柱子的标高偏差，根据偏差值对柱标高进行调整。

2）多节巨柱的标高还可以通过采取每节柱间接合处适当加大间隙来调整，垫入的钢板不宜大于5mm。

3）柱顶层高偏差控制≤±5mm，当层间柱高偏差接近限值时，通过在柱间加垫块进间调整，垫块的厚度为5mm。

4）钢柱安装标高，要求相邻钢柱高差小于10mm。

8.2.3.4　多手段综合变形监测

1. 竖向位移监测

根据监测内容，桁架变形、核心筒沉降、钢构主体沉降、结构压缩变形等均重点进行竖向变形监测，采用数字水准仪（每公里往返测高差中误差≤±0.3mm）水准测量的方法实施观测。

根据规范的要求，高层建筑的最大允许沉降值为：60mm，取 $K=1/20$，则观测中误差极限值为 $M_极=60mm/20=\pm3.00mm$，取 3 倍中误差为极限误差，则观测中误差 $M_H=M_极/3=\pm1.00mm$。参考建筑区的地质情况，结合建筑物的类别，变形监测基准网按《建筑变形测量规范》规定的一级水准测量标准实施，监测点按二级水准测量标准实施，一级精度使用于基准点间和引测部分的控制测量，二级精度使用于沉降点间的测量。

1）基准点及布设

基准点布设原则是水准基点应埋设在变形区域外，亦可利用变形区外稳固的建筑物、构筑物设立墙角基准点。其主要作用是整个建筑群的沉降观测使用一套稳定的高程基准系统。基准点采用北京地方高程系统，从设计方提供的国家或北京市一等水准点引测获得。

针对本工程特点，结合现场地质条件，为便于基准点的长久保存，在变形区外稳固的建（构）筑物上埋设 4 个永久水准基准点，构成基准网。布设在距中国尊施工现场 300m 以外的稳固地区，对于基准点的保护和竖向位移观测都十分有利。

2）工作基点及施测

工作基点是布设在变形区附近的水准观测点，根据工作基点定期地对各个竖向位移观测点进行精密水准测量，以求得各个观测点在某一时间段内的相对沉降量。另外，还要定期地根据水准基点对工作基点进行精密地水准测量，以求得工作基点的沉降量，从而将各个沉降观测点的沉降量加以改正，求得它们在该时间段内的绝对沉降量。

工作基点是沉降观测工作中有效联结基准点和沉降观测点的桥梁。本次工程埋设 4 个工作基点，布设在施工现场附近。使用自动安平数字水准仪，按一等水准测量精度要求用往返测的方法联测基准点和工作基点构成竖向位移观测基准网。竖向位移观测采用北京地方高程系统。

3）竖向位移观测点布设

按照《建筑变形测量规范》JGJ 8—2007 的要求，结合中国尊建筑结构特点，在桁架、核心筒、钢构首层、结构压缩变形监测层分别布设竖向位移观测点。竖向位移变形包括主体沉降观测和压缩变形观测。

① 主体沉降观测：监测点布在核心筒和外框钢构的地上首层，其中核心筒布设 4 个监测点，每个巨柱布设 2～4 个监测点。定期实施水准观测，在主体沉降基础上分析上部结构压缩变形情况。② 压缩变形观测：中国尊采用核心筒先行施工工艺，将会与外框结构存在施工高度差。当外框结构施工至核心筒同一理论标高时，核心筒因为高度增加，荷载加大，结构会产生压缩变形，因此在施工过程中定期测量结构的压缩量，通过模拟施工和实际监测数据分析，得出结构压缩变形量，分析竖向位移变形。压缩变形观测分别在外框和核心筒设置监测层，沿建筑高度共设置9层（如图8.2-21所示），分

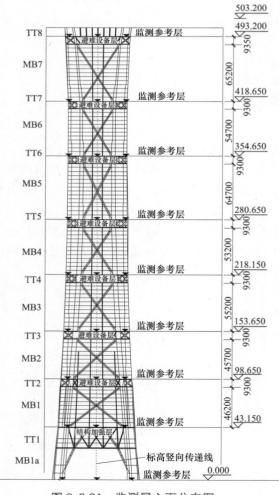

图 8.2-21　监测层立面分布图

别设在桁架层（避难层及设备层）顶、屋顶层等。遇到桁架层要重点布置，每个巨柱布置不少于 2 个监测点，核心筒布置不少于 8 个监测点，定期监测外框与核心筒变形情况，测出实际压缩值和应力变形情况，并形成报告记录。

2. 矩形柱安装监测

在钢结构工程安装过程中，测量是一项专业性强又非常重要的工作，测量精度的高低直接影响到工程质量的好坏，测量效率的高低直接影响到工程进度的快慢，测量工序的烦琐程度又直接影响操作工人的安全性，因此安装测量技术水平的高低是衡量钢结构工程施工水平的一项重要指标。

根据中国尊外框钢构的截面形式（如图 8.2-22 所示）和安装要求，采用全站仪后方交会＋极坐标测控的方法，实施矩形柱安装监测。在安装后焊接前检测，确定安装坐标是否正确，在焊接之后再次进行确认。

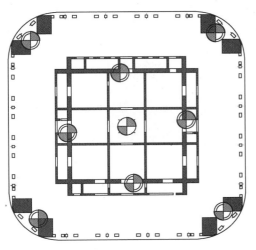

图 8.2-22　矩形柱截面示意图

矩形柱安装监测的实施步骤如下：

1）通过激光铅垂仪和全站仪在核心筒上引测出安装层的坐标控制点。坐标控制点用高反射率的反射膜片作为标志。

2）在巨柱钢构上用夹具代替三脚架安置全站仪，通过后方交会核心筒的控制点，获得全站仪的观测中心坐标并完成度盘定向。

3）在安装后焊接前，用全站仪极坐标法进行钢构空间位置定位检测，确定安装坐标是否正确，并在焊接之后再次进行确认。

3. 桁架卸载监测

中国尊首层桁架卸载变形监测采用高精度全站仪"自由设站＋三坐标测量"方法，在中国尊南、北两侧布设监测基准点，构成监测基准网。在桁架下弦布设监测点，实施卸载前后的精密测量。

桁架卸载监测基准网测量（如图 8.2-23 所示）：①由位于核心筒第三层的 4 个内控点，分别向中国尊南、北两侧地坪各投测 3 个测量控制点，获得地坪控制点的平面坐标。②用数字水准仪 TrimbleDI-NI12 按照一等水准测量精度要求，采用单程双测的方法，获得地坪控制点的高程。③在南北两侧地坪分别埋设强制对中观测标志，作为监测基准点。由地坪控制点，精密测量获得监测基准点三维坐标，从而构建监测基准网。

图 8.2-23　桁架卸载监测基准网测量

如图 8.2-24 所示，首层桁架卸载监测采用全站仪多测回坐标测量法完成。

4. 水平位移监测

核心筒和钢构在日照、风荷载的作用下会产生水平方向的位移摆动。当建筑高度达到 200m 以上时，水平位移会影响超高层建筑的垂直度（如图 8.2-25 所示）。

水平位移监测采用激光铅直仪＋测斜仪实施测量。用激光铅直仪将轴线投影点投影至施工层后应用测斜仪（双轴倾角计）提供倾斜改正数据向倾斜的一方进行改正。

图 8.2-24　首层桁架卸载监测

图 8.2-25　水平位移示意图

采用高精度激光铅直仪配合待测楼层激光接收靶进行监测。同时采集测斜仪的数据，经过模型计算，完成水平位移监测。

8.2.4　启示与展望

随着经济的蓬勃发展，国内一线城市对大型标志性建筑的需求不断增强，随着大型建筑复杂结构的不断涌现，建筑结构向超高、大跨度的方向发展，随之而来的是施工技术难度的加大，超高建筑高宽比大，侧向刚度小，尤其外形奇特时，施工过程中受环境影响极为显著，因空间位置不断变化，高空测量控制网的稳定性也较差。本工程中大胆引用 GNSS 技术，对高空传递的控制点进行校核，实测验证建筑轴线投测平面精度满足规范要求，大幅提高了超高层建筑结构精确定位和变形测量的精度。

高程采用超高层标高高精度自动传递工艺方法，并进行压缩变形改正，GNSS 定位技术对楼高进行验证，高程竖向传递精度满足规范要求。

随着 GNSS 技术的不断发展，GNSS 技术将更多地应用于建筑施工测量领域。随着建筑高度越来越高，超高层建筑体在风荷载和温度影响下的变形和摆动明显，GNSS 可以在巨风、暴雨等恶劣天气条件下作业。研究利用 GNSS 技术对建筑体的变形值和摆动频率进行归心改正，保证建筑体的垂直度，对可能出现的灾害进行预测，最大限度地降低建筑危险的发生，保障人民的生命财产的安全，该项目研究的设备和方法可用于指导我国千米超高层建筑施工测量。

8.3　上海中心大厦

8.3.1　工程概况

上海中心大厦是上海市一座超高层地标式摩天大楼，其 632m 的高度超过了 420.5m 的金茂大厦，超过了 492m 的环球金融中心，超过了 501m 的台北 101 大楼，成为中国第一高楼，世界第二高楼，仅次于迪拜的哈利法塔。

上海中心大厦是一幢集商务、办公、酒店、商业、娱乐、观光等功能的超高层建筑，它位于上海市浦东新区的陆家嘴金融贸易核心区，东至东泰路、南依银城南路、北靠花园石桥路、西临银城中路，与北面的金茂大厦、东北面的上海环球金融中心组成品字形超高层建筑群。建筑外观像一条盘旋上升的龙，顶部"龙尾"上翘，又如一支倒放着的祥云火炬，建筑表面的开口由底部旋转贯穿至顶部，从顶部看，外形好似一个吉他拨片（图 8.3-1）。

图 8.3-1 上海中心大厦照片

上海中心大厦项目于 2008 年 11 月 29 日开工建设，2010 年 3 月完成大底板混凝土浇筑，2013 年 8 月实现主体结构封顶，2014 年 8 月全面结构封顶，顺利到达 632m 最高点，刷新申城天际线新高度。2014 年底土建工程竣工，2016 年 3 月建筑总体正式全部完工。2016 年 4 月部分投入试运营，2017 年 1 月全面投入运营。

8.3.1.1 建筑概况

上海中心大厦地上共 127 层，地下 5 层，总高为 632m，结构高度为 580m，基地面积 3.0 万 m^2，总建筑面积 57.8 万 m^2，其中地上 41 万 m^2，地下 16.8 万 m^2。主楼共分 9 个分区，每区都有自己的空中大厅和中庭，夹在内外玻璃墙之间。1 区连通裙房，主要使用功能为办公和酒店大堂、商业入口；2 区到 6 区为智能化超甲级写字楼；7 号到 8 区为超五星级酒店及精品办公区；9 区为塔冠区，设为观光层、阻尼器及设备区。地下室为商业、展示、停车库、后勤服务用房及设备机房、变电站、控制中心等，同时设置通向金茂大厦、环球金融中心的公共走廊和地下通道出入口。此外，2 至 8 区，每区的底部每隔 120°就有一个由双层幕墙组成的空中大堂，全楼共有 21 个，大堂内视野通透，城市景观尽收眼底，为人们提供了舒适惬意的办公和社交休闲空间，以及日常生活所需的配套服务。

8.3.1.2 基坑

上海中心大厦的地下共设 5 层空间，基础形式均采用桩筏基础，主楼基础埋深为 31.1m，裙房基础埋深约为 26.3m。主楼基坑先施工，待主楼地下室施工出±0.00 后再施工裙房基坑。主楼区域地下结构采用明挖顺作法施工，裙房区域地下结构采用逆作法施工。上海中心大厦地下深基坑是中国乃至全球少见的超深、超大、无横梁支撑的单体建筑基坑。主楼基坑呈圆形，每幅地墙外转折点到圆心的距离约 61.77m，相当于 1.6 个标准足球场的大小；大底板厚达 6m，相当于两层楼高，主楼 61000m^3 大底板混凝土浇筑工程在世界民用建筑领域开创了先河，是世界民用建筑底板体积之最。从 2008 年 11 月 29 日工程开工起，足足花了两年时间，打下了 955 根直径达 1m、长达 87m 的钻孔灌注桩，建成了 66 幅深达 50m、壁厚达 1.2m 的地下连续墙围护结构，它们和"超级大底板"一起，承载起上海中心大厦 127 层主楼 80 多万吨的负载，被形象地称为"定海神座"。

8.3.1.3 幕墙

上海中心大厦建筑外观呈螺旋式上升，其 120°旋转向上收分的外形设计，不仅为大楼降低了 24%的风荷载，可以有效抵御台风的影响，还造就了更轻、更高效的幕墙结构，大大降低了对自然资源的消耗，节省了近 3.5 亿元的造价。外层幕墙、幕墙支撑系统和内幕墙共同构成大厦的建筑围护幕墙系统。这是世界上首次在超高层安装 14 万 m² （相当于 19 个标准足球场大小）柔性幕墙，难度系数在幕墙界堪称世界之最，被业界称为"世界顶级幕墙工程"。

上海中心大厦外幕墙系统由幕墙板块和外幕墙钢支撑结构构成，幕墙支撑系统为悬挂式柔性幕墙系统，以主体结构八道桁架层为界，共分为 9 区，每区幕墙自我体系相对独立。在支撑结构体系关键点上安装允许结构伸缩的"可滑移支座"，赋予外幕墙在外界作用下能在设计允许范围内发生竖向或水平位移，避免幕墙结构因应力过大而破坏。外幕墙表面为扭曲双曲造型，楼层间玻璃幕墙采用"交错式"方案，解决楼层间的板块交接问题。

上海中心大厦是世界首次在超高层建筑外幕墙中采用双层夹胶超白半钢化玻璃，自爆率接近于零。为确保在狂风、暴雨和高压等恶劣条件下，上海中心大厦外幕墙的各项性能达到设计要求，杜绝"玻璃雨"，外幕墙采取世界上最严苛的水密性能、气密性能、抗风压性能、平面内变形性能的"四性测试"，以及 150％ 设计荷载下结构安全等性能指标的试验，以保证安全。上海中心大厦的内幕墙采用了防火玻璃与钢窗框的防火系统，同时配套窗喷系统，达到了防火要求。双层幕墙之间的空腔成为一个温度缓冲区，避免室内直接和外界进行热交换，采暖和制冷的能耗比单层幕墙降低 50％ 左右。

上海中心大厦的 20327 块外幕墙板块尺寸无一相同，采用最先进的工厂精密加工，现场实测数据协同的方式，实现了安装过程无一返工的工程奇迹。2014 年 11 月 19 日，历时 2 年 3 个月，上海中心大厦总面积达 14 万 m² 的主楼玻璃幕墙全部安装到位。

8.3.2　关键问题

8.3.2.1　控制网

上海中心大厦四周均为特高层建筑物，卫星信号遮挡严重，无法按常规工程的思路布网。又因为上海中心大厦地点处在冲积层，土质松软，开挖如此大的基坑，势必会影响周边环境的稳定性，影响控制点的稳定性。因此在充分考虑经济、方便和灵活的原则下，上海中心大厦的首级平面控制网运用 RTK 测量技术将城市平面控制网的坐标引测至项目中，再利用精密全站仪精密测量平面控制网的内附合关系，确保控制网内各控制点之间的高精度衔接。

8.3.2.2　裙房基坑施工控制测量

上海中心大厦裙房逆作法采用分区分块施工，常用的内控法所需的预留洞、操作空间及保护问题无法有效解决，固定的点位通视线路也会给施工场地的协调带来困难，主楼区域东西向通视范围狭小，点位布设可调节范围小。若采用主楼测量基准控制裙房，因主楼点位单边长度不到基坑总长的 1/3，对基坑特别是西北角整体控制不足。另外，主楼环形地下工作存在时间交叉，会造成窝工，无法体现测量穿插作业的优势。上海中心大厦最终采用了裙房首层利用主楼控制，每向下施工一个楼层，由上层做导线至下层，通过二次导线闭合测量的方法进行控制。

8.3.2.3　主楼垂直度测量

目前，世界上绝大多数高层和超高层建筑的施工垂直度监测仍然采用传统的内控法进行。虽然该方法成熟简便、测量精度较高、施测速度快，但存在误差逐步累积、保持通视孔畅通、缺少整体校验等局限性。上海中心大厦应用 GNSS 测量技术阶段性对天顶内控法产生的累积误差进行校核、纠偏，增加外部校验工序，消除传统技术的缺点，达到提高主楼垂直度的目的。

8.3.2.4　幕墙安装

上海中心大厦幕墙工程落后于钢结构一个区，内、外幕墙施工相差 6 层。阶梯式施工为测量控制点的统一性带来了难题。又因为逐层旋转的复杂结构、高空日照风力等不利的外部条件给幕墙支撑体系的安装带来巨大的困难，而主结构连接的特殊节点又对安装提出了 2mm 精度要求。通过布设高精度的分区整体平面控制网、精确定位、跟踪监测等精密测量，提高区域整体性测量精度，并利用 BIM 合模技术进行模拟预装，调整修正，最终满足外幕墙支撑体系的安装要求。

8.3.2.5 信息化监测

上海中心大厦深基坑开挖面积超大、开挖深度超深、开挖周期长、承压水降水的周期长，对周边环境影响相当显著。并且由于地质条件的因素，基坑有较明显触变及流变特性，存在突涌风险高，围护结构渗漏风险大，对地下结构、周围邻近已有建筑物、管线等产生不利影响，还可能引起已施工钻孔灌注桩的回弹拉裂问题。通过信息化的监测手段对基坑以及对周边环境进行信息化监测和预控，及时反馈信息，指导施工，确保工程安全、顺利完成。

8.3.3 方案与实施

8.3.3.1 控制网

对于大型的工程项目，为保证各阶段工程的施工控制，首级控制网布设一般都要求布设在工程施工影响区域外围，加密网则根据工程的实际需要布设在工程关键部位的四周。上海中心大厦因为其地理位置，四周均为特高层建筑物，被金茂大厦、环球金融中心、中银大厦和东方明珠电视塔怀抱其中，无法按常规工程的思路布网。因此在充分考虑经济和方便的原则下，首级平面控制网的点位选择了工地周边的道路上进行布点。

1. 首级控制网布设

在测量时，考虑到四周特高层建筑对卫星信号的影响，弃用了常规的高等级静态 GPS 布网的方法，灵活运用了 GNSS 动态测量技术将城市平面控制网的坐标引测至项目中，再利用高精度全站仪精密测量平面控制网的各关系数据，确保控制网内各控制点之间的高精度衔接，最大限度地节约了测量控制网布设的费用。

上海中心大厦控制网初次测量共布设平面控制点 6 点。其中 PM1、PM2、PM3 控制建筑物轴线，PM4、PM5、PM6 分别对 PM1、PM2 起保护作用。PM1、PM3 采用 RTK 测量方法，获取上海中心大厦的城市坐标位置，定位平面控制网。再以 PM1 的城市坐标为起算坐标，以 PM1 到 PM3 的方位角作为已知方位角，对整个控制网按照四等三角网进行精密边角测量。

随着项目的推进，首级控制点受到不同程度的破坏或影响。因此，在复测过程中，不仅增加了复测频率，还根据建设需求和现场情况，不断调整优化网形，利用精密边角测量补设同等级的控制点，即保证了控制网的统一，又保证了平面控制网的内附合精度，最终共布设了 11 个较稳定的平面控制点（图8.3-2 所示）。

所有高程控制点与平面控制点共用，高程控制网选用离上海中心大厦最近的基岩点 J7 以及人民路隧道工程中深桩点 RSPD-S 作为起算点，确保工期内高程控制点的沉降变化量最小。

2. 二、三级控制网

主楼基坑深度达 31.1m，为减小高仰角对平面位置测量的影响，二级控制网主要布设在工程主楼基坑一周的第三道环形支撑上，作为主楼地下结构施工时的临时控制网，通过联测首级控制网三个点保证控制网整体精度。

三级控制网在主楼结构 B0 板完成后开始由首级控制网引测布设，主要分内、外筒两套轴线控制网，核心筒控制依据为 B 套控制网，外筒控制依据为 C 套控制网，两套轴线控制网之间在转换层时相互联测，形成统一的一个完整的测控体系，两套轴线控制网之间存在误差时以 C 套为准重新引测 B 套控制网。

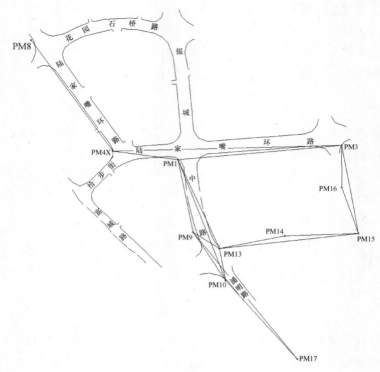

图 8.3-2　首级控制网调整网形

C 套控制网位置在垂直层面上根据叠合一定楼层区间的钢结构梁平面图选点确定，以优先满足钢结构提前施工方便临时强制对中架安装使用为前提，在保证垂直通视、方便使用的条件下，结合主体结构分区分成四个不同的控制网段，设计了四套适应各段垂直投测的控制点，段间的衔接依靠闭合联测保证点位精度。

为保证工程标高控制精度，在地下工程施工阶段场区内不设永久标高点，所有标高均由场外的深埋点引入。主楼 B0 板完成后，由深埋点引测工程＋0.500m 标高线作为后续施工标高基准。

8.3.3.2　裙房基坑施工控制测量

上海中心大厦主楼基坑先行明挖顺作法施工，裙房基坑采用逆作法施工。受通视条件及短边控制影响，无法使用已确定的三级控制网垂直向下投测，为保证裙房地下施工测量精度，采用了裙房首层板利用主楼控制，从 B1 层开始通过逐层导线布设测量平面控制体系的方法来实施。

1. 点位布设

通过对现场工况、分块施工顺序等进行研究，以适应本层楼板及下层放线需要为首要条件，兼顾稳定性及后期方便使用的原则，规避现场隔离、堆场等因素对测量通视的影响，在每层楼板上埋设钢板并布置平面控制导线点位，导线边长大致相等，尤其重点控制上下层过取土口连通导线边与相邻边长不超过 1：3，以保证精度要求。

2. 导线测量

导线测量的起始边为经过平差的上层导线边，通过取土口位置联测本层点位，形成闭合导线或附合导线。当工况适宜时，本层点位布设为闭合导线并与上层导线边组成导线网。导线测量满足场区二级导线网技术要求，在实际观测条件良好的情况下，提高 2C 及各测回方向较差两项指标。

3. 平差计算

外业测量数据经过检查无误后，进行平差计算。平差计算采用清华山维 NASEW 进行单次普通平差，平差结果"最大点位误差及点间误差不大于 3mm，最大边长比例误差不大于 1/10000"即满足要求，可作为依据进行后续测量工作（图 8.3-3 所示）。

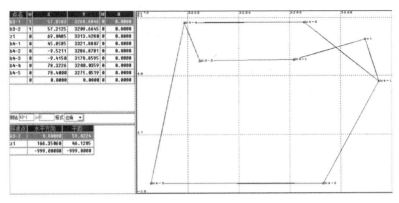

图 8.3-3　引测 B4 控制网平差图

4. 二次观测及平差

为保证施工的连续性，楼板浇筑及控制点布设完成后立即开始导线观测。但工程基坑面积大，混凝土的收缩变形对平面控制体系的影响无法忽略。为了更好地评价控制网的稳定性并保持精度，综合现场的工况及后续施工的需求，采用二次观测及平差评价导线内符合精度的方法。二次观测的时间为一次观测完成后 4 周左右，相关技术要求及平差结果的评定标准与首次观测相同。不同点在于二次观测只进行本层楼板控制网的闭合观测，不再联测上层导线边，对观测数据的处理方法采用纯迭代法平差，并对先后 2 次平差数据结果进行比对分析。表 8.3-1 为 B4 层二次观测平差数据分析结果。

B4 层控制网二次观测平差数据对比表　　　　　　　　　　　　　　　　　表 8.3-1

点号	一次观测结果（m）		二次观测结果（m）		较差（mm）	
	X_1	Y_1	X_2	Y_2	ΔX	ΔY
B4-1	45.8585	3321.8807	45.8579	3321.8777	−0.6	−3.0
B4-2	−9.5211	3286.8781	−9.5205	3286.8762	0.6	−1.9
B4-3	−9.4150	3178.8595	−9.4127	3178.8627	2.3	3.2
B4-4	78.3226	3200.0359	78.3196	3200.0367	−3.0	0.8
B4-5	78.4000	3275.0519	78.4005	3275.0528	0.5	0.9

通过对二次平差数据结果的对比可以看出，除 B4-5 点出现极小异常外，其他各点均表现为向内收缩的趋势，与经验分析方向相同，该层的平面控制体系在复测周期内保持了较高的完整性，相对关系良好。经过分析评价的二次观测数据用以替换一次观测数据，作为后续施工及下层控制的基础。

5. 加强校核

为保证平面控制体系的使用安全，防止地下室施工环境复杂造成的点位破坏，在使用过程中需进行多余观测，作为点位检查。每次施工放样在设站定向完成后，立即复核该层导线网中设站点除后视点的另一相邻点位，若发现距离及角度归算的点位偏差达到 3mm 以下则进行下一步操作；若达到 3mm 以上，可以谨慎使用；达到 5mm 以上时即停止使用，查看点位是否有明显破坏，并对相邻点进行两测回观测以评定控制体系稳定性。

8.3.3.3　主楼垂直度 GNSS 测控

当核心筒结构施工至中区楼层时，天顶法内控点经多次换站已积累了一定误差，且由于低区观测孔封闭还失去了自身校核能力。GNSS 定位测量技术以其精度高、速度快、全天候、无须通视、没有测量误差积累、施测方式灵活多样等优点，受到建筑施工领域的重视。上海中心大厦利用 GNSS 测控方法与已有的内附合测量监测结果进行必要的外复核检验和成果比对，确保了测量监测成果更加可靠，使施工和纠偏可以得到更加精确的量化指导。

1. 监控点布设

监控点所在的施工钢平台，楼顶环境复杂且不间断施工，四部塔吊高于核心筒四面近 20m、活动半径达 9m，影响卫星信号的接收可导致静态测量结果误差增大；楼顶四周有 2m 高的施工防护金属护栏，使得 GNSS 接收信号的高度角增大，减少了可供观测的卫星数目；现场施工时，地面不断发生较强的震动影响观测的稳定性；测量点东侧与上海环球金融中心相邻、北侧距金茂大厦很近、西面和北面也有较密的高层建筑群，卫星遮挡较为严重。

根据实地踏勘的情况，采集施工钢平台的天顶卫星情况（如方位角、高度截止角、L1L2 载波信噪比等），最终确定布设上海中心大厦 GNSS 监控点 2 个，分别位于施工钢平台表面东南方向和西北方向两个内角处，点号为 JC01 和 JC02。

2. 控制网布设

除上海中心大厦在建顶部的 2 个 GNSS 监控点外，此次测量联测周边 300～500m 范围内的 3 个原有测量起算点即外围控制点：陆家嘴环路隧道入口（SD02）、东泰路口（PM01）、施工现场旁办公室楼顶（PM11）。同时收集了周边的 3 个上海 CORS 站数据，分别为 SHAO、SHDD、SWGA，进行了联合处理，加强了控制网形。

根据卫星定位测量规范和上海中心大厦施工测量精度的要求，GNSS 测控网设计布设 8 个同步测站。其中 2 个为待测点、6 个为控制点。控制网图形如图 8.3-4 所示。

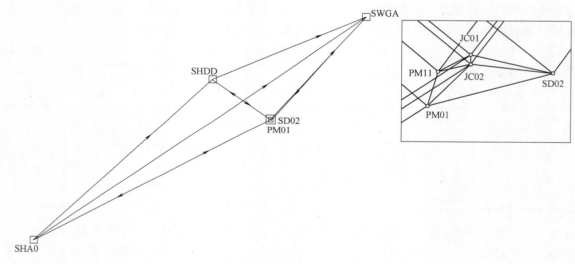

图 8.3-4　GNSS 测控网形

3. 施测时段

通过环境测试结合星历预报，在建的上海中心大厦顶部每天 16 点至 24 点时间段内，卫星分布情况不佳且信号质量较差，其余时段基本满足测量要求。根据星历预报和测量点上的净空情况，对上海中心大厦施工测控的 GNSS 测量的最佳时间为 0 点至 15 点。因此测量时间选为 6 时至 12 时，实际观测时段数≥3 个。

施测时间段为：第一段 5：50—6：30、第二段 6：35—7：35、第三段 7：40—11：40（施测时，根据实际情况对观测时间进行了必要的调整，但每个时段不小于以上的设计长度）。数据采样间隔为 15s。

4. 数据处理分析

基线处理前对数据进行了检查分析，发现地面的 3 个控制点多路径干扰比较严重。因此在基线处理时引进周边 CORS 站，对多路径效应影响较大的基线边适当取舍，以提高整个控制网的网形强度。通过分析不同时段下的 GNSS 测控点间的距离，发现变化量小，说明 GNSS 数据可靠、稳定。

5. 垂直度计算

上海中心大厦GNSS垂直度测控分别在48F、83F、106F和125F对核心筒主控线进行校核和纠偏。通过静态测量方式精确测定监控点的坐标,利用高精度全站仪测定这些监控点与投影点的坐标关系,然后通过逐次对比这些数据,得到建筑物设计理论中心与实际测量中心的平面偏移量,对当前建筑物的倾斜量、倾斜方向等做出量化评价。

GNSS垂直度测控实现了从地面上的基准控制网出发,没有累积误差,消除超高层传统方法垂直度控制的最大误差源。测量的操作步骤简单,无须在结构楼面上层层留孔,提高了测量成果的可靠性,并使施工和纠偏可以得到更加精确的量化指导。

8.3.3.4 幕墙体系安装

上海中心大厦外幕墙为分区性悬挂式柔性幕墙,其支撑体系主要包括:径向水平支撑、竖向双吊杆、水平周边环梁。

1. 分区整体平面控制网

上海中心大厦的径向支撑及水平环梁的测量定位工作均在同层楼板上进行,竖向双吊杆作为主要受力构件,其安装时要求上下层环梁连接点具有较高的统一性。为了满足每个分区内悬挂式幕墙体系的整体性要求,上海中心大厦综合考虑了结构分区及楼层稳定性,以每个分区为一个转换区段,在下层桁架上部楼层设置本分区的测量控制基准楼层。本分区楼层测量控制基准层的控制网点由下一分区的基准层控制网点多次垂直向上投测所得,对控制网点进行边角网平差,在原坐标不变的前提下,通过细微调整保证本分区控制基准满足施工精度要求,本分区内所有标准层轴线均由该基准层控制网点向上传递。

由于楼板放线为传统的逐层投测放线,且与幕墙支撑体系安装存在较长的时间差,原楼板轴线网点由于混凝土收缩及精度差异等原因,已无法满足幕墙支撑体系的安装要求,必须进行统一性的验证及整体调整。整体调整必须在前期技术策划时即予以充分考虑,保证基准层控制网点安全有效及投测通道的通畅,以本区基准层及最高标准层为上下参照层,首先通过边角网测回法测定两个参照层的平面控制基准位置关系是否吻合,若存在较大差异则对最高标准层轴线网点进行细微调整。在精度满足要求的情况下,将基准层控制网点垂直向上投测至最高标准层进行点位比对,点间误差在2mm内则可认为两者相互统一性良好,再以两个参照层为依据,逐层对本区标准层轴线网点进行重新梳理及定位。

2. 幕墙支撑体系安装

如图8.3-5所示,上海中心大厦外幕墙悬挂式支撑结构体系中,水平径向支撑穿过内幕墙与主体结构连接,为了内幕墙施工的顺利进行,其定位必须准确。同时,周边环梁为弧形圆管,并自带转接件,转接件紧靠环梁焊接,后续可调节余量极小,因此,本工程在楼层环梁的控制上要做到精益求精。

幕墙支撑体系的安装测量步骤为:

1)在楼层板适当位置放样每条径向支撑引出线。

2)下一层楼板上架设仪器,在双吊杆锚端倒置Mini棱镜,使用空间坐标方式检查点位偏差情况,吊杆定位需预先扣除荷载作用下的伸长长度。

3)同步安装水平径向支撑和周边环梁。使用专用装置将水平径向支撑内部点引出圆柱杆件表面,在周边环梁的两端制作与水平径向支撑的交点,利用地面测放的径向线,分别控制周边环梁上的两个端点及水平径向支撑边线,使水平径向支撑及环梁安装到位。并通过位于环梁中心上的检测点,检查安装精度,调整标高,使三点位于同一标高上。

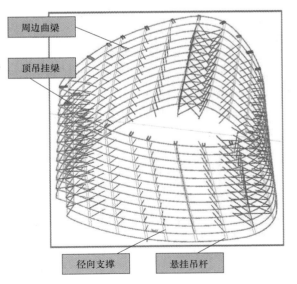

图8.3-5 悬挂式柔性幕墙支撑体系图

周边曲梁
顶吊挂梁
径向支撑
悬挂吊杆

4）幕墙转接件时，制作可调限位点，通过限位点，放样单块幕墙控制线。

5）玻璃板块安装完成受力后，检查周边曲梁高程是否达到设计预定高程。

其中，环梁安装采用径向支撑为分隔，区域完成后形成整体的方式，测量同步跟踪进行。通过对前期环梁安装的数据累积及出现问题进行研究，发现造成环梁安装精度超限的原因主要为加工误差及安装误差。为了解决上述问题，上海中心大厦幕墙的环梁安装采取了"一个重点，两层控制，三项标准，循环复测"的测量控制方式。

"一个重点"，即严格控制 V 口部位测量精度，每层的平面测量控制都在 V 口处精确定位闭合，偏差在 3 个大弧面上分摊消化。

"两层控制"，即环梁控制及转接件控制同步进行。在每个标准层 25 段环梁和径向支撑相交处及无径向支撑的焊接端共设置 50 个平面测控点，环梁安装时，通过对 50 个测控点进行定位，指导整圈环梁的安装焊接。同时对两径向支撑内一段环梁的两端各一个转接件及环梁中间点的转接件进行平面及标高定位，在满足后续安装精度要求的前提下，反馈给设计作为后续施工调整依据。该措施有效解决了由于加工原因可能造成的环梁安装与后续板块安装之间的矛盾。

"三项标准"，即转接件必须严格满足三项控制标准，即径向偏差为 $-30\sim0$mm；环向偏差为 $-30\sim+30$mm；标高偏差为 $-25\sim+25$mm。此三项标准数据的采集，均采用现场整体检查复测，再反馈至设计图纸计算弧形曲面点上各转接件的径向及环向偏差。

"循环复测"，即对各控制项目采取跟踪测量，在每层环梁安装完成后进行一次整体复测，每安装三层再进行一次复测的方法，有效保证了支撑体系的整体性。

3. 悬挂体系的后续跟踪监测

上海中心大厦的幕墙为悬挂式支撑体系，其荷载由上层桁架结构承担，为了保证幕墙整体荷载加载完成后位置符合设计要求，在桁架安装过程中进行了预起拱，为了验证起拱受荷载的影响、幕墙支撑体系本身变形等设计数据，为后续分区起拱及支撑体系安装提供参考数据，过程中对完成后的分区幕墙支撑体系进行了跟踪监测。

每区的跟踪监测在本区基准层及最高标准层两层实施，在监测层的竖向吊杆上设置监测标记，监测时测量楼层核心筒立面标高基准点与监测标记的高差，通过不同时期的高差比较判断其变形值。例如某区在荷载加载完成后进行的一次监测结果为：环境温度 15℃，基准层变形量为向下 9～15mm，最高标准层变形量为向下 0～5mm。最高标准层变形量基本反映了上层桁架体系在荷载情况下的下沉情况，基准层与最高标准层变形量的差值约为 10mm，结合同期内对于主楼核心筒压缩变形监测的结果，该区段压缩值约为 1～2mm，则可判断本区幕墙悬挂式支撑结构在荷载情况下的自身变形为 8～9mm。同时，从另一个侧面证明了本区垂直滑移支座安全有效，本区幕墙支撑结构具有良好的竖向柔性。

4. BIM 技术的应用

上海中心大厦幕墙系统施工的精髓在于一体化管控，对于精度要求较高或交界面复杂的幕墙系统，必须对前道工序进行跟踪测量以确保其施工精度，并将测量数据反馈至理论模型与幕墙系统模型进行模拟预拼装确保幕墙施工的一次成功率。

在内、外幕墙安装过程中，运用信息化模型和模拟技术将"设计模型、深化模型、施工模型"和"跟踪测量、数据反馈、预装模拟"的理念和方法充分融入一体化施工的各个环节。通过在幕墙施工前对钢支撑结构、预埋件、连接件、幕墙板块等控制点点位或关键结构进行跟踪实测或扫描，将实测数据反馈至理论 BIM 模型进行预拼装模拟。通过分析，预先知道前道工序施工偏差的位置和大小，并采用相应的调整、修正和优化的方式进行消化和吸收误差，确保工程实施的顺利进行。

8.3.3.5　基坑信息化监测

监测是保障工程施工安全、验证围护设计准确性的必要手段。上海中心大厦信息化监测共涵盖了围护顶部变形监测、地墙测斜管、立柱桩轴力监测、坑内回弹监测（多点位移计）、地墙内力监测、地下水位监测（水位管）、主楼环撑轴力监测、立柱桩隆沉监测、裙房支撑轴力监测、静力水准自动化监测等内容。

1. 监测内容

监测工作自 2008 年开始至 2013 年完成，共包括以下几个方面：

1) 2008 年 11 月—工程结束：对周边环境进行工程建设全过程的信息化监测和预控。

首先，周边环境监测从 2008 年 11 月底开工开始到 2014 年 12 月底工程竣工，贯穿整个工程建设全过程，不但为基坑工程施工对周边环境影响提供翔实的资料，也为桩基施工、主楼和裙房地上结构施工对周边环境的影响范围和程度提供有力的判据。其次，基坑工程施工对周边环境影响的预估尤其重要。有机结合周边环境的信息化监测和现场巡查，及时进行沉降规律分析反馈和施工阶段小结归纳，预估下一开挖阶段周边环境的变形量，组织周边环境各权属单位和相关专家，适时评估周边环境风险，调整下一步的施工工序和参数，确保周边环境安全可控。

2) 2009 年 8 月—2010 年 9 月：对直径 121m、最大开挖深度达 34.0m 的超大超深主楼基坑进行四维信息化监测。

四维信息化监测系统确定七大类 23 项监测，布设近 5000 个监测点，历时近 14 个月，提交监测日报 306 次，总采集数据量超过 160 万个，为信息化施工提供了及时、全面、精确的数据。结合岩土工程监测技术和信息技术，升级自主研发的"天安监测监护智能化管理系统"，与传统数据管理系统相互印证，既将监测数据信息进行统计汇总分析，也将安全管理工作融入日常监测工作，对海量数据进行现场实时分析与管理，不但验证了重要的设计参数，有效指导了上海中心大厦的安全施工，也为国内类似工程的监测设计、实施和风险控制提供了珍贵的资料。

3) 2010 年 8 月—2013 年 4 月：对开挖面积近 24000m²、最大开挖深度达 26.7m、监测周期达 34 个月的超大超深逆作法裙房基坑进行四维信息化监测。

监测系统确定七大类 31 项监测，布设近 7000 个监测点，历时近 34 个月，提交监测日报 651 次，总采集数据量超过 430 万个，为裙房基坑信息化施工提供全方位精准的数据。进一步完善拓展超大超深逆作法基坑工程的四维信息化监测系统，将监测数据信息和安全管理工作有机结合，并通过静力水准自动化监测系统获得上海中心大厦主楼与裙房底板差异沉降的发展趋势，成功地保障了围护结构的安全和周边环境的正常运行。

2. 监测成果与分析

1) 在整个主楼基坑施工过程中，圆形围护结构总体变形在可控范围内，其变形始终无突变现象发生，而且能充分发挥围护结构混凝土的抗压性能和圆拱效应，使主楼基坑围护结构始终处于安全可控的范畴。图 8.3-6 为周边地表沉降与坑外承压水水位变化曲线图。

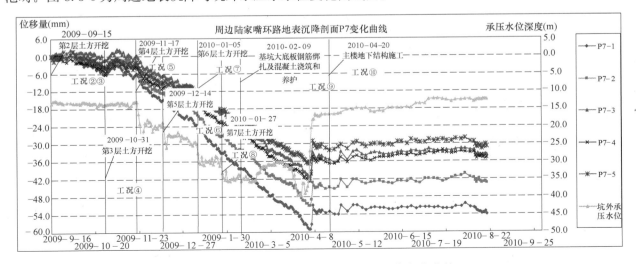

图 8.3-6　周边地表沉降与坑外承压水水位变化曲线图

2）通过主楼和裙房基坑的施工和监测，证明在此类超大超深基坑开挖过程中严格遵循"对称、均衡、分层"开挖原则的重要性，要最大限度地保证基坑的均匀受力。

3）通过对周边环境和基坑本身全方位的监测，基本掌握承压水水位升降引起内力、变形计水土压力的变化的规律变形及水土压力的变化的规律。严格遵守按需降水的原则、加快施工进度、缩短降承压水的时间，可有效减少对周边环境的负面影响。

4）主楼基坑各道环撑和裙房基坑每层水平支撑系统长时间暴露在空气中，受四季气候变迁气温变化导致环撑轴力增减相当显著，应在今后设计和施工组织中引起足够重视。

5）在主楼和裙房基坑开挖中应加快开挖进度，合理掌握开挖的次序。开挖至各道支撑及底板标高时，应及时浇筑垫层加快环撑施工，对有效控制围护结构变形和基坑安全大有益处。

6）在主楼基坑大底板浇筑以前，地下连续墙、各道环撑、立柱桩及挖土栈台等构件通过相互作用分担来自基坑外侧向水土压力、基坑坑底土体隆起及立柱隆起等外力。应密切注意围护体系各构件受力的均衡性，防止结构性破坏的产生。

7）在整个主楼和裙房基坑施工过程中，应加强地下连续墙内力的监测，尤其是竖向钢筋应力的监测，建立地下连续墙侧向变形和内力分布的对应关系，从材料强度角度判断地下连续墙的稳定性和安全性。

8）在主楼和裙房基坑施工过程中，加强地墙中水土压力的监测，研究水土压力随基坑开挖和承压水降水的衰减规律，为基坑设计提供第一手的监测资料，并判断基坑是否出现水土流失，为基坑是否处于安全可控提供又一判据。

9）基坑施工过程中，应加强和完善对基坑变形、围护结构内力、周边水体和土体监测，及时反馈信息，指导施工，确保工程安全、顺利地完成。

10）通过对主楼和裙房之间后浇带两侧的差异沉降的监测，为确定后浇带的合适封闭时间及塔楼与裙房之间延迟构件的安装时机提供有力的证据；将后浇带两侧差异沉降结果与后浇带应力监测成果相互验证，确保裙房围护结构安全。

8.3.4　启示与展望

上海中心大厦是中国首次将建筑建造到600m以上的高度，在多方面创造了"第一"和"之最"：它是世界上第一次在软土地基上建造重达85万t的单体建筑；世界民用建筑一次性连续浇筑方量最大、达到6万m²的基础底板工程；世界上第一次在超高层建造14万m²的柔性幕墙等。由此，这座上海地标式建筑的建设也对测量提出了更高的要求，它的一系列测量技术和经验对今后超高层建筑的建设具有一定的参考价值。

上海中心大厦运用RTK测量技术与精密边角测量相结合的方式，既解决了高楼地区布网困难的难题，又保证了测量平面控制网的内附合关系，既解决了施工周期长、工程范围广给控制网稳定可靠性带来的影响，又保证了各控制网精度的高度一致性。

裙房基坑分层导线方法解决了在特殊工况环境下的测量控制体系建立的难题，特别是灵活合理的点位布置满足了部分困难部位的特殊测量需求，裙房地下结构施工得到了良好的整体控制，使后期设备安装顺利，地下大空间范围内整体协调美观。

上海中心大厦垂直度监测提供了一种基于地面基准网的超高层建筑物外部测控方法，通过引入GNSS的测控手段，使整个建筑物的垂直度处在理想的受控范围内，消除传统方法中的累积误差，又可以在大地测量体系之中得到有效的自检互检，确保测量成果的可靠性，弥补单一监测方式的不足和缺陷。

上海中心大厦在悬挂式柔性幕墙支撑体系安装过程中，研究总结出了一套行之有效、针对性强的测量理论及方法，涵盖了从整体控制协调到具体细部操作及后期跟踪监测的整个测量控制过程，为安装提供相应的依据，并取得了良好的效果，有效解决了超高层纯悬挑幕墙安装测控的诸多难题，保证了工程的质量和外观效果。

上海中心大厦信息化监测在施工流程安排、施工工艺实施、施工变更等过程中，特别是在启动承压降水预案的时间确定、薄弱环节的变形控制和塔楼、裙房区的变形协调等多个关键事件上，提供了变形变化的科学数据，为决策提供了重要依据，也为科研工作提供了无缝隙式服务。

上海中心大厦的测量技术从控制测量、基坑施工测量、垂直度监测、幕墙安装测量、BIM 应用、信息化监测等方面提供了解决方案，为类似工程推广积累了大量翔实数据和经验。上海中心大厦的测量技术对今后超高层建筑的测量有一定的借鉴作用，为今后应用三维坐标定位体系、BIM 模型等新技术的应用奠定了基础。

8.4　深圳平安大厦

8.4.1　工程概况

深圳平安国际金融中心位于深圳市福田区中心区 1 号地块，益田路与福华路交会处西南角，毗邻购物公园，与深圳会展中心相对。周边建筑物密集，分布有高档商场、住宅及办公区，人流密集。大厦坐拥便捷的交通体系：地下有地铁 1 号线、3 号线，广深港城际高铁；地面有四通八达的公共交通；地上 2 层建立立体交通体系，实现与周边建筑群的连接。

项目占地面积 18931m²，地下 5 层，地上分塔楼和裙楼，其中裙楼 11 层，塔楼 118 层，总建筑面积 459187m²，塔楼主体结构高度 585.5m，总建筑高度 600m，功能包括商业、观光娱乐、会议中心和交易中心等，是目前深圳乃至华南地区最高的地标建筑（图 8.4-1）。

8.4.2　关键问题

8.4.2.1　竖向传递

超高建筑高度较高，给测量控制点的高精确带来了困难，需要进行分段传递，容易造成误差积累，而且效率低。并且竖向传递多为高空作业，施工环境复杂，风力、拉力和振动对测量结果均造成影响。

图 8.4-1　深圳平安国际金融中心

8.4.2.2　压缩变形

结构压缩随施工进度及现场工况的变化而实时发生，压缩变形不仅影响到结构的层高、总高，同时差异压缩还会影响到结构安全。因此对施工测量标高控制提出更高的要求，同时主结构的整体沉降也会对楼体总高及建筑安全产生一定影响。

8.4.2.3　塔楼的垂直度控制

塔楼高度超高，外界环境（日照、风、温度等）复杂多变；大型设备（塔吊）运转、混凝土楼板施工对结构的晃动；钢结构框架的柔性大，结构的柔性摆动等都会对控制点的向上引测精度造成影响。因此超高层建筑在强风、地震和温度变化作用下摆动变形影响大，超高建筑的垂直度控制困难。

8.4.3　方案与实施

8.4.3.1　总控制网的建立

1. 工程周边环境

本工程地处深圳市福田区中心区，位于益田路、福华路、中心二路、福华三路所围成的地块内，周边建筑物密集，分布有高档商场、住宅及办公区，人流密集。

工程北临福华路为 60m 宽双向 6 车道市政主干道；东侧益田路为约 60m 宽双向 8 车道市政主干道，益田路下为广深港高铁。由于广深港高铁的施工，局部道路进行了封闭；西侧中心二路均为约 20m 宽市政路；北侧福华路下为正在运营的地铁一号线（图 8.4-2）。工程超高基坑超深，变形影响半径大（图 8.4-3）。

图 8.4-2　工程周边环境图

图 8.4-3　基坑变形影响范围分析图

2. Ⅰ级场区控制网

业主提供了 S1、S2、JY1、JY2 共 4 个控制点。平面坐标为一级导线精度，高程为四等水准测量精度。坐标系统采用深圳独立坐标系，高程系统采用国家 1985 黄海高程系。

图 8.4-4 为 Ⅰ级控制网布设图，测设一级导线，并进行严密平差对四个基准点进行校核，将校核结果作为场区的平面控制网，控制网每半年校核一次。

3. Ⅱ级建筑物控制网

1）Ⅱ级建筑物控制网的建立

Ⅱ级建筑物控制网控制点选在场地内空地及首道支撑顶面上。控制网控制点离建筑基坑近（部分点位直接布设在了首道支撑顶面），受基坑变形影响较大，每月复测一次，同时根据基坑监测报告进行综合分析，如位移较大，加密复测频次。

建筑物控制网的测设以场区平面控制网为基准，根据本工程建筑物的结构形状及现场具体情况拟布设矩形建筑方格网作为平面控制网（图 8.4-5），便于后续轴线加密计算。其中主楼十字中线借线两端及 F 轴两端埋设永久强制对中墩（图 8.4-6）。

2）仪器设备

平面控制网测量采用北斗兼容 GNSS（CSCEC-HC-5）多模多频高精度接收机，如图 8.4-7 所示。

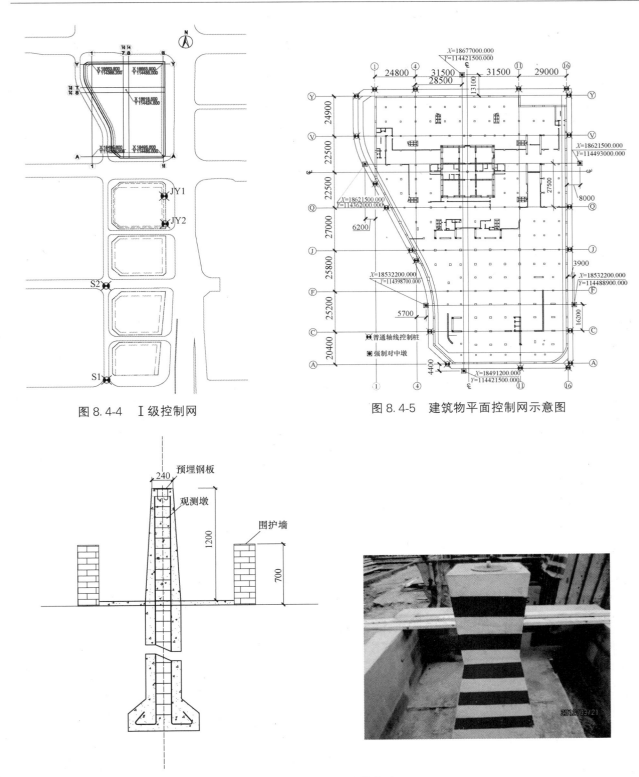

图 8.4-4　Ⅰ级控制网

图 8.4-5　建筑物平面控制网示意图

图 8.4-6　强制对中基准装置

3）外业观测

对布设的基准点与现场施工基点，采用15s采样率，进行不少于48h的静态观测。根据甲方提供基点的数据结合静态观测得到的监测基点与平面关系对上述监测基点进行归算（坐标转换），使之与施工测量成为相同的体系。

4）数据处理

图 8.4-7　北斗兼容接收机

采用高精度的专用软件进行数据处理。外业工作结束后，下载观测数据，进行基线解算，对构成的同步环闭合差、异步环闭合差和重复基线较差等进行检验。在基线解算过程中，对少量数据进行人工干预；涉及残差较大和周跳较多的观测数据，对卫星进行删除和截取有效时段，以保证基线解算的正确性和可靠性，控制点测量成果如表 8.4-1 所示。

4. 总控制网检测

总控制网精度要求达到《工程测量规范》GB 50026—2007 中导线控制测量的最高等级——三等导线精度，并定期对控制网进行检测。表 8.4-2 为总控制网测量精度指标，结果显示其精度超过三等导线的技术要求。

测量成果表　　　　　　　　　　　　　　　　　　表 8.4-1

点号	坐标		点位误差	
	X(m)	Y(m)	X(mm)	Y(mm)
A001	18491.191	114421.499	1.0	0.7
A002	18532.240	114398.691	1.2	1.1
A003	18621.501	114361.994	1.2	1.0
A004	18677.004	114421.501	1.1	0.9
A005	18621.501	114493.007	1.0	0.8
A006	18532.249	114488.909	1.0	0.9

导线观测主要技术要求　　　　　　　　　　　　　表 8.4-2

测角中误差″		测距相对中误差		全长相对闭合差		方位角闭合差″	
实测	标准(三等)	实测	标准(三等)	实测	标准(三等)	实测	标准(三等)
1.3	1.8	1/187639	1/150000	1/229024	1/55000	11	$3.6\sqrt{n}$

8.4.3.2　北斗 GNSS 校核技术

根据工程实际情况，平面控制点的传递采用天顶投影法，分阶段传递的方法进行。对关键节点传递的平面控制网利用北斗 GNSS 技术进行校核。

1. 内部控制网

内控点的布设及选型结合建筑物的平面几何形状，组成相应图形，为保证轴线投测点的精度，内控点形成闭合几何图形，以提高边角关系，作为测量内控点。图 8.4-8 为内控点强制对中装置。

综合考虑核心筒外墙截面及核心筒结构形状变化、钢结构施工工艺及桁架层施工、接力层设在 18 层、37 层、55 层、75 层、93 层、112 层，内控点的位置随核心筒截面变化，在接力层进行内收（图 8.4-9）。所有接力层内控点均安装永久测量支架图（图 8.4-10）。为更好地接收卫星信号，所有的控制点向外向上伸出。

2. 控制网的竖向传递

主楼控制轴线的引测采用天顶投影法，分阶段传递的方法进行。选用精度 1/200000 的激光铅直仪。图 8.4-11 为控制点竖向传递示意。

图 8.4-8　内控点强制
对中装置示意图

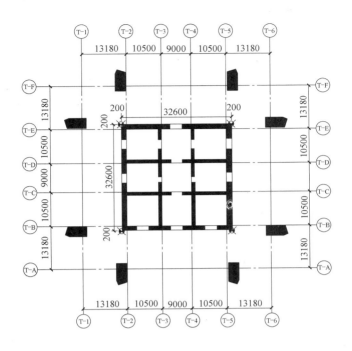

图 8.4-9 内控点布置示意图

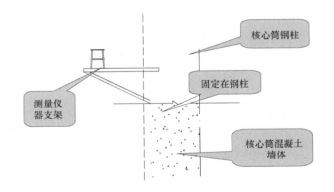

图 8.4-10 专用工具示意图

图 8.4-11 控制点竖向传递

3. 北斗 GNSS 高空控制点校核

1）观测节点

北斗 GNSS 高空控制点校核的观测节点如表 8.4-3 所示。

北斗 GNSS 高空控制点校核的观测节点表   表 8.4-3

观测次数	现 场 工 况	现场图	观测时间
1	核心筒钢结构吊装至 9 节，核心筒爬模施工至 57 层；外框钢结构吊装至 18-1 节，外框楼板施工至 30 层，外框巨柱爬模到 27 层		2013 年 12 月 10 日

续表

观测次数	现 场 工 况	现场图	观测时间
2	核心筒钢结构吊装至 41 节,核心筒爬模施工至 86 层(建筑标高 401.500m); 外框钢结构吊装至 27-1 节,外框楼板施工至 61 层,外框巨柱爬模到 55 层		2014 年 6 月 8 日
3	核心筒钢结构吊装至 51 节,核心筒爬模施工至 114 层(建筑标高 534.000m); 外框钢结构吊装至 35-2 节,外框楼板施工至 88 层,外框巨柱爬模到 87 层		2014 年 11 月 5 日
4	核心筒爬模 117 层(封顶) 外框钢结构吊装至 40 节,外框楼板施工至 102 层,外框巨柱爬模到 102 层		2015 年 1 月 25 日

2) GNSS 观测的主要技术要求

GNSS 观测按照《工程测量规范》GB 50026—2007 卫星定位测量控制网二级精度要求实施,其技术要求如表 8.4-4 所示。

GNSS 观测的主要技术要求　　　　　　　　　　　　　　表 8.4-4

等　级	二级	等　级	二级
仪器标称精度	±10mm+5ppm	观测时段长度(min)	10～30
接收机类型	双频或单频	数据采样间隔(s)	10～30
卫星高度角(°)	≥15	点位几何图形强度因子 PDOP	≤8
有效观测卫星数	≥4		

3) GNSS 外业观测

采用 GNSS 静态观测,数据采样间隔为 5″,观测时间为 90min,卫星高度角限值为 15°。如图 8.4-12 所示,观测站设置在塔楼顶部核心筒角部钢柱上,两个观测点的位置相对于基准点的距离较短,因此两观测点分开观测,一台架设在塔楼顶部的第一个测量支架上(T1 点),测满 90min 后,移至第二个测量支架上(T2 点)。

图 8.4-12 GNSS 静态观测

4）数据处理

采用随机软件进行数据解算。GNSS 测量精度满足《工程测量规范》GB 50026—2007 场区 GNSS 控制网二级精度。表 8.4-5 是第四期实测数据，表 8.4-6 为校核成果。

GNSS 实测精度   表 8.4-5

等级	基线名称	基线长度	规范要求 相对中误差	现场实测 相对中误差	备注
二级	KZ1—KZ2	80.546	1/20000	1：38902	
	KZ1—T7	274.907	1/20000	1：95934	
	KZ2—T7	332.094	1/20000	1：127605	
	KZ1—T8	272.877	1/20000	1：79877	
	KZ2—T8	331.986	1/20000	1：81359	

校核成果表   表 8.4-6

点名	较差	
	ΔX(m)	ΔY(m)
T1	−0.002	0.005
T2	0.021	0.016
T3	0.016	−0.007
T4	0.023	−0.009
T5	0.021	−0.008
T6	0.007	−0.021
T7	0.020	0.015
T8	0.001	0.021

8.4.3.3 GNSS 高程精密控制测量技术

由于传统的标高控制技术的局限性，结合工程特点，为满足 600m 超高层高精度快速的标高传递，发明了超高层标高高精度自动传递工艺方法，并利用 GNSS 技术对传递的标高进行校核，解决了高程传递的世界性难题。

1. 超高层标高高精度自动传递工艺方法

超高层标高高精度自动传递工艺方法为：①在首层内控点强制对中装置上架设激光电子全站仪，将激光电子全站仪望远镜调成水平位置（屏幕数值显示为 90°），读取初始值。②将激光电子全站仪的望远镜指向天顶（屏幕数值显示为 0°），将照相接收机装置的支座放置在预留洞口处。③打开激光电子全站仪，向照相接收机装置的照相接收机打激光，照相接收机接到激光点后，通过电机在导轨上移动，使照相接收机中心与激光点重合，激光电子全站仪进行多次测距。④得到激光电子全站仪至照相接收机的垂准距离后，将塔尺立在照相接收机装置的基点转点处，架设水准仪，读取塔尺读数，通过程序自动计算出作业层＋1.000m 标高点的读数。

2. GNSS 高程校核技术

为验证传递标高的精度，在施工到一定阶段以后，利用 GNSS 静态定位技术对传递的高程进行校核。

深圳市已建有 CORS 网，在平安金融中心附近东南 6.5km 关晨苑大厦楼上和东部 10km 建艺大厦楼上有 CORS 基准站。由于这两个点在楼顶其本身会有变形，而基准点又十分重要，其稳定性和精度会影响整个测试成果，因此在平安金融中心西南方向 4km，海边红树林公园内选择深圳市地铁控制点作为监测基准 1 号，编号 HSL01，该控制点天线墩为深埋基墩，并已建成多年，稳定可靠，视野开阔，无遮挡和多路径影响。另外，在平安金融中心施工现场临建二层楼顶，建监测墩为基准 2 号点 XMB02，该点视野也较开阔，因距大楼近，便于水准联测。整体布置如图 8.4-13 所示。

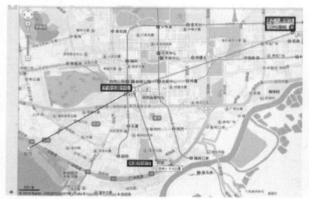

图 8.4-13 基准点整体布置和测量实施

利用水准抄测大楼±0.000 的位置，并与基准点进行联测，得出±0.000 点的高程为＋7.120m。根据 2 号点求出高程异常值 3.227m，因为 2 号点在施工现场，因此工程附近的高程异常值即为 3.227m，在楼顶点位用 GNSS 定位求出大地高，经高程异常改正得到正常高。楼顶的高程减去±0.000 点的高程，得到大楼高。将计算得到的楼高程与设计进行比较，对实际楼高进行验证。

对大楼的高度进行了五次测试，经过专业数据处理，结果如表 8.4-7 所示。

第二期楼高实际测量数据 表 8.4-7

点号	3	4	5	6
大地高	559.5196	559.5288	559.5328	559.5346
高程异常	3.227	3.227	3.227	3.227
高程	562.7466	562.7558	562.7598	562.7616
±0.000 点高程	7.120	7.120	7.120	7.120
大楼高	555.6266	555.6358	555.6398	555.6416
各点误差	−0.0058	0.0034	0.074	0.092

点号	7	8	9	10
大地高	559.5271	559.5306	559.5285	559.5212
高程异常	3.227	3.227	3.227	3.227
高程	562.7541	562.7476	562.7555	562.7488
±0.000点高程	7.120	7.120	7.120	7.120
大楼高	555.6341	555.6276	555.6355	555.6282
各点误差	0.0017	−0.0048	0.0031	−0.0042

从表 8.4-7 可以得出卫星定位测量平均高程为 555.6324m。

第 3 期是在楼顶 PA03-03、PA03-05 两点分别加了 500t 的配重,加上本次观测时的平均气温为 22℃,比第一次高了 10℃。如表 8.4-8 所示,第 3 期测量高程平均为 555.6562m,较第一、二次的高程高 2.4 cm,其中加配重点的高程变化 5~8mm,其余各点变形 2cm。

第 3 期卫星定位测出大楼 8 个点的高度(m) 表 8.4-8

点号	PA03-03	PA03-04	PA03-05	PA03-06
大地高	559.5230	559.5531	559.5444	559.5519
高程异常	3.227	3.227	3.227	3.227
高程	562.7500	562.7801	562.7714	562.7789
±0.000点高程	7.120	7.120	7.120	7.120
大楼高	555.6300	555.6601	555.6514	555.6589
两次高差	0.0034	0.0243	0.0089	0.0173
点号	PA03-07	PA03-08	PA03-09	PA03-10
大地高	559.5626	559.5587	559.5502	559.5497
高程异常	3.227	3.227	3.227	3.227
高程	562.7896	562.7857	562.7772	562.7767
±0.000点高程	7.120	7.120	7.120	7.120
大楼高	555.6696	555.6657	555.6572	555.6567
两次高差	0.0355	0.0215	0.0151	0.0279

楼高的计算:以第一次计算的数据为例,大楼高的平均高程为 555.6324m,根据施工同步的变形监测数据,即卫星定位实测高程 555.632m+0.04m=555.672m。卫星定位实测高程与设计高程相差 555.672m−555.676m=−4mm。

大楼的实际高度与设计高度仅差 4mm,验证了超高层标高高精度自动传递技术和对钢柱压缩变形预调技术的正确性和可行性。

8.4.4 启示与展望

深圳平安大厦工程测量采用系列测量新技术完成超高层建筑测量工作。结合精密 GNSS 测量、智能化全站仪等多项新技术建立工程测量总控制网和建筑物控制网,为建筑物提供精准的平面和高程测量基准;采用北斗兼容的 GNSS 和基于北斗兼容接收机双基站固定基线联合静态算法,完成轴线高精度的竖向传递;采用北斗兼容接收机双基站固定基线高精度单历元解算法,获取大楼的自振频率,测定超高层楼体高度、平面随昼夜温差引起的变形,并根据测定的大楼的变形值和摆动情况,指导施工进行归心改正,确保超高层建筑结构的精准垂直度。

深圳平安大厦工程测量技术对 500m 以上的超高层建筑测量有着较大的借鉴作用，并为今后千米以上的超高层建筑测量技术的研究奠定了基础。

本章主要参考文献

[1] 胡玉银. 超高层建筑施工测量 [J]. 建筑施工，2007，29（11）：892-895.

[2] 曾坤，李建成. 超高层建筑测量关键技术研究 [J]. 测绘地理信息，2012，37（06）：37-39.

[3] 周屹东. 金茂大厦工程测量技术 [J]. 建筑技术，1999（11）：777-779.

[4] 赵小阳，刘业光. 超高层建筑平面控制网竖向传递实践与研究 [J]. 测绘信息与工程，2010，35（04）：28-29.

[5] 蒋利龙. 测量机器人用于超高层建筑竖向投测的可行性 [J]. 测绘科学，2010，35（1）：24-26.

[6] 黄贵强. 超高层民用建筑测量技术应用 [J]. 河南科技，2010（03）：85-86.

[7] 张林. 超高层建筑和逆作法工程测量系统控制对策 [J]. 安徽建筑，2010，4（1）：145-175.

[8] 任常. 超高层建筑. GPS 变形监测单历元算法研究 [D]. 北京：清华大学，2013.

[9] 贾俊伟，龚伟. 基于单片机技术的超高层建筑倾斜监测系统 [J]. 吉林建筑工程学院学报，2013，30（1）：51-53.

[10] Fan Feng, Wang Huajie, Jin Xiaofei. Development and application of construction monitoring system for super high-rise buildings [J]. Jianzhu Jiegou Xuebao/Journal of Building Structures 2011, 30（7）：50-59.

[11] 殷文彦，黄声享，刁建鹏. 超高层倾斜建筑周日变形监测数据分析 [J]. 测绘信息与工程，2008，33（2）：19-21.

[12] 徐振华. GPS 在某超高层建筑施工监测中的应用 [J]. 四川建筑科学研究，2014，40（1）：343-345.

[13] 王天应. 超高层建筑轴线计算方法探讨 [J]. 城市勘测，2012（02）：141-143.

[14] Fan Feng, Wang Huajie. Analysis of vertical deformation during construction of the Shanghai World Financial Center [J]. Jianzhu Jiegou Xuebao/Journal of Building Structures 2010, 31（7）：118-124.

[15] 熊海贝，张俊杰. 超高层结构健康监测系统概述 [J]. 结构工程师，2010，26（1）：145-150.

[16] 徐劲，邓浩，盛国赛，黄达，章丹峰. 某超高层建筑施工中若干监测技术研究与应用 [J]. 广东土木与建筑，2009，8（8）：53-60.

[17] 胡鸿志，付宗满，毛春红. 超高层大跨度钢结构安装测量控制技术 [J]. 建筑技术，2007，38（7）：506-509.

[18] 段明旭，邱冬炜，李婉. 改进灰色人工神经网络模型的超高层建筑变形预测 [J]. 测绘科学，2017，42（04）：141-146＋183.

[19] Qiu D, Wang T, Ye Q, et al. A Deformation Prediction Approach for Supertall Building Using Sensor Monitoring System [J]. Journal of Sensors，2019，2019.

[20] 邱冬炜，段明旭，王来阳. 超高层建筑变形监测和形态检测智能分析系统 [J]. 现代电子技术，2018，41（12）：128-132.

[21] 邱冬炜，段明旭，丁克良. 基于智慧云的超高层建筑施工测控管理平台的研究 [J]. 北京测绘，2017（S2）：7-11.

[22] 邱冬炜，丁克良，黄鹤，陈秀忠. 变形监测技术与工程应用 [M]. 武汉：武汉大学出版社，2016.

[23] 中华人民共和国住房和城乡建设部. CJJ/T 8—2011 城市测量规范 [S]. 北京：中国建筑工业出版社，2012.

[24] 中华人民共和国建设部. GB 50026—2007 工程测量规范 [S]. 北京：中国计划出版社，2008.

[25] 中华人民共和国住房和城乡建设部. CJJ/T 73—2010 卫星定位城市测量技术规范 [S]. 北京：中国建筑工业出版社，2010.

[26] 中华人民共和国国家质量监督检验检疫总局. GB/T 18314—2009 全球定位系统（GPS）测量规范 [S]. 北京：中国标准出版社，2009.

［27］ 中华人民共和国国家质量监督检验检疫总局. GBT 12897—2006 国家一、二等水准测量规范［S］. 北京：中国标准出版社，2006.

［28］ 中华人民共和国国家质量监督检验检疫总局. GBT 12898—2009 国家三、四等水准测量规范［S］. 北京：中国标准出版社，2009.

［29］ 中华人民共和国住房和城乡建设部. GB 50497—2009 建筑基坑工程监测技术规范［S］. 北京：中国计划出版社，2012.

［30］ 中华人民共和国住房和城乡建设部. JGJ 8—2016 建筑变形测量规范［S］. 北京：中国建筑工业出版社，2016.

［31］ 中华人民共和国住房和城乡建设部. JGJ/T 302—2013 建筑工程施工过程结构分析与监测技术规范［S］. 北京：中国建筑工业出版社，2013.

［32］ 中华人民共和国国家质量监督检验检疫总局. GB 50205—2001 钢结构工程施工质量验收规范［S］. 北京：中国建筑工业出版社，2002.

［33］ 中华人民共和国住房和城乡建设部. GB 50204—2015 混凝土结构工程施工质量验收规范［S］. 北京：中国建筑工业出版社，2015.

［34］ 高树栋，李久林，邱德隆，张文英，魏涛. 国家体育场（鸟巢）PTFE 膜结构关键施工技术［J］. 建筑技术，2010，41（10）：932-936.

［35］ 张正禄，等. 工程测量学［M］. 武汉：武汉大学出版社，2005.

［36］ 武汉测绘科技大学测量学编写组. 测量学［M］. 北京：测绘出版社，1991.

［37］ 高井祥等. 测量学［M］. 徐州，中国矿业大学出版社，2004.

［38］ 刘子祥. 国家体育场"鸟巢"钢结构工程施工技术［M］. 北京：化学工业出版社，2011.

［39］ 伏焕昌. 逆作法在实际工程中的应用［J］. 企业导报，2011（13）：289-289.

［40］ 翟文信. 上海中心大厦裙房基坑逆作法支护体系实测分析［J］. 施工技术，2012（41）：31-32.

［41］ 马思文. 悬挂式柔性幕墙支撑体系安装的测量控制［J］. 建筑施工，2015（4）：466-467.

［42］ 丁洁民，何志军. 上海中心大厦柔性悬挂式幕墙支撑结构分析与设计［J］. 建筑结构，2013（9）：5-9.

［43］ 杨贵明，徐向东，郎灏川，等. 上海中心大厦纯悬挑幕墙支撑体系测量定位技术［J］. 施工技术，2013（15）：13-16.

［44］ 施志远. 上海中心大厦垂直度 GNSS（GPS）测量研究［J］. 上海建设科技，2015（3）：56-60.

本章主要编写人员（排名不分先后）

北京建筑大学：杜明义　邱冬炜

北京中建华海测绘科技有限公司：张胜良　焦俊娟

中国建筑第三工程局有限公司：许立山

上海市测绘院：金雯

中建一局集团建设发展有限公司：周予启

上海勘察设计研究院（集团）有限公司：郭春生

上海建浩工程顾问有限公司：张晋

第 9 章　精密科学工程

9.1　概述

9.1.1　大科学工程的基本概念

大科学（Big Science，Mega Science）一词首现于 20 世纪 50 年代，由美国核物理学家温伯格在其《大科学的反思》中提出，意指研究项目尺度上的大科学；1962 年，美国社会科学家普莱斯在《小科学，大科学》中再次给出定义，意指科学研究总的社会规模上的大科学。大科学实质上是一种全新的知识生产方式，即工业化的知识生产方式。大科学具有投资巨大、多学科交叉、大型装置设备、目标宏大、高级科研人才高密度汇集、科研成果重大等显著特征。

大科学工程是大科学装置（Scientific Apparatus）的建设项目。大科学装置是为在科学技术前沿取得重大突破，解决经济、社会发展和国家安全中的战略性、基础性和前瞻性科技问题，由国家投资建设，并在长期运行中，为全国科技界和社会相关方面的科学研究和高技术发展提供支撑条件的大型设施，包括整体性的装置、分布式设施及大量独立设备系统集成的研究设施。

国际上的大科学工程包括曼哈顿计划、阿波罗登月计划、人类基因组计划、国际空间站（International Space Station，ISS）计划、大型强子对撞机计划、平方千米阵列射电望远镜等。以 ISS 为例，由美国、俄罗斯等共同建造，长 110m，宽 88m，总质量约 420t，可居住 6～7 名航天员，计划耗资 630 亿美元，运行 10～15 年。

中国的大科学工程包括两弹一星、载人航天、探月工程、北京正负电子对撞机、上海光源、HT-7U 全超导托卡马克装置、兰州重离子加速器、大天区面积多目标光纤光谱天文望远镜、500m 口径球面射电望远镜、中国空间站计划等。中国未来空间站包括核心舱和两个实验舱，总质量 60t，设计寿命 10 年，长期驻留人数 3 人，正在加紧建设中。

9.1.2　大科学装置的测量需求

天文观测和物理实验是科学发现的"鸟之双翼"，相应地射电天文望远镜和粒子加速器工程也是备受瞩目的大科学装置。大科学装置的设计、加工、安装、调试和运行各阶段对精密测量提出了多样化的需求。精密测量工作将为大科学装置提供全生命周期的服务。例如，射电天文望远镜对精密测量技术的需求包括土建施工测量、单元部件检测、安装测量、动态变形测量、馈源的精密定位等。粒子加速器工程对精密测量技术的需求包括高精度测量仪器、控制网建立技术、靶标等外部基准的机械设计和标定测量等。大科学装置的设计制造代表了所处时代的工程科学之最高水平，这就要求测量工作者必须奉献最高水平的测量技术。

大科学装置的特点总结及对测量的需求：

1) 体量大。对测量的需求包括：大范围的控制网，须考虑投影面等问题；自动、快速的测量技术；测量对象种类多，应研究及应用多样测量技术/系统。

2) 精度高。对测量的需求包括：精密可靠的控制网；精密的测量仪器；高精度的测量仪器检校技术；良好的观测条件。

3) 运行久。对测量的需求包括：全生命周期测量方案的规划；长期稳定可靠的控制网；全要素的变形监测系统。

9.1.3　精密测量技术应用研究

为应对大科学装置的超高测量需求，工程测量技术应重点关注如下 3 个方面：

1) 测量仪器（系统）：仪器误差补偿，仪器精度评定，既有仪器改进，新型仪器发明，测量工装研制。

2) 测量控制网：投影面的选择/建立，三维控制网的实践，控制网的优化设计，控制网的平差模型，控制网稳定性检验。

3) 测量方法：自动化技术，智能化技术，新型实用坐标测量技术，新型测量工法。

本章主要介绍中国大科学工程中的精密测量技术，包括 500m 口径球面射电望远镜、中国散裂中子源、上海光源、广东大亚湾核电站、探月工程测控天线等，这一张张闪亮的"中国名片"背后，有工程测量工作者的卓越智慧和辛勤汗水。

毋庸置疑，大科学工程是驱动工程测量技术发展的重要力量。测绘科学技术需要与大科学工程深度结合、倾力创新，以精测之科技、造华夏之重器。

9.2　500m 口径球面射电望远镜

9.2.1　工程概况

500m 口径球面射电望远镜（Five-hundred-meter Aperture Spherical radio Telescope，FAST）位于贵州省黔南布依族苗族自治州平塘县克度镇大窝凼，由我国天文学家南仁东先生于 1994 年提出构想，历时 22 年，2016 年 9 月 25 日建成启用。FAST 被誉为"中国天眼"，是具有中国自主知识产权、世界最大单口径的射电望远镜，是中国重大科技基础设施，并将在未来 20 年保持世界一流设备的地位，可在脉冲星搜索、引力波探测、国际甚长基线干涉测量、微弱空间信号检测、地外文明搜寻等前沿重大领域发挥重要作用。FAST 工程见图 9.2-1。

 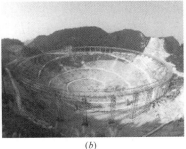 

(a)　　　　　　　　　(b)　　　　　　　　　(c)

图 9.2-1　FAST 工程

(a) 大窝凼台址；(b) 建设中的 FAST；(c) 建成的 FAST

为确保 FAST 保质如期竣工，提高 FAST 观测性能，工程测量在其建造过程中发挥了不可替代的作用。本节将简要回顾 FAST 从初建到落成期间的相关测量技术，主要包括基准网设计及控制、主动反射面测量和馈源舱测量等三个方面，旨在梳理大科学工程的典型测量技术方法，并为相关工程施工提供测量指导和借鉴。

9.2.2　关键问题

FAST 天线测量技术涉及大地测量、工程测量特别是精密工程测量，并与天线设计、制造、结构和工艺紧密结合，加上工期紧、现场测量条件差，因此有相当的难度。关键测量技术有：FAST 天线空间面积大，所处地理环境复杂，需要设计并建立高精度的三维测量控制网，用于指导现场施工和天线安装；快速高精度的天线主动反射面测量技术；馈源舱位姿实时动态测量。

9.2.3　方案与实施

9.2.3.1　控制网设计及测量技术

1. 首级控制网

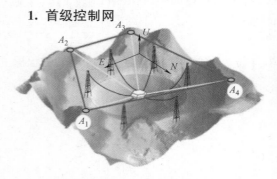

图 9.2-2　FAST 首级控制网

为获得高精度的绝对点位基准，在台址建设初期建立了 FAST 首级控制网，该控制网包含有 4 个控制点，分别位于 FAST 台址周边的 4 座山顶上，被命名为 A1、A2、A3、A4，如图 9.2-2 所示。

2011 年—2013 年期间，对首级控制网进行了 7 期 GPS 静态测量。经分析，点位长期稳定性较好，重复性标准差优于 5mm，坐标分量极差小于 2cm，满足绝对位置精度为 2cm 的要求。但是，在基线长度稳定的情况下，一些点位坐标在时间序列上相关性较强，共同发生位移，初步推断为地质活动的影响。

2. 施工测量控制网

精密施工测量控制网是 FAST 工程的重要组成部分，其主要作用是提供高精度的地锚点、促动器和主索节点等关键点的位置，保证主反射面的成型精度和馈源的精密、动态位姿测量。FAST 施工控制网测量由信息工程大学和河南绘聚公司合作完成。

1）控制网测量墩设计及建造

测量墩建造严格按照相关标准执行，按照"双层隔离、三级变径、20m 持力层、2 摩擦和 5 梅花桩"的原则，确保测量墩的稳定性。测量墩顶端筑有观测平台，平台上有 3 个强制对中盘，沿朝向反射面中心的切向位置等间隔排列，可以安置观测设备。位于中间位置的对中盘为主站位置，测量墩上表面上有特制的高程水准点。测量墩的设计图和实物图如图 9.2-3 和图 9.2-4 所示。

2）施工测量控制网设计

顾及地形条件的限制和施工的需要，施工测量控制网共设计 23 个控制点，点位分成外、中、内三圈，总体布局如图 9.2-5 所示。其中外圈有 JD12～JD23 共 12 个点，距反射面中心约 200m；中圈有 JD6～JD11 共 6 个点，离反射面中心约 100m，墩高都在反射面之上；内圈 5 点包括位于反射面中心的 JD1～JD5，5 个测量墩建在馈源舱入港平台正五边形 5 个顶点附近，高度高于入港平台的结构，以保持相互通视。

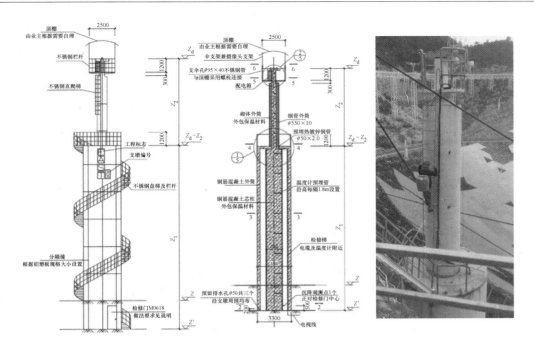

图 9.2-3 控制网测量墩

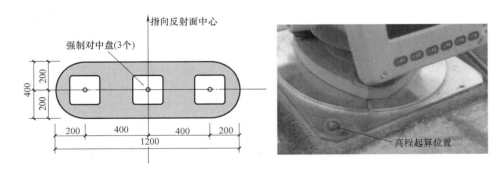

图 9.2-4 控制网测量墩上表面

3) 控制网三维坐标测量方法

(1) 水平网测量

① 内圈标校精密小三角网：使用 Leica TM5100A/T3000 0.5″ 高精度电子经纬仪，设 5 站，共计 20 个方向值。

② 中圈测角网（和 JD4 联测）：使用 TM5100A/T3000 进行方向观测，设 7 站，共计 43 个方向值。

③ 中圈外圈测边网：中圈和外圈使用 Leica TS30 测距仪对 41 条边进行了测量（不含 JD4～JD9）。

④ 高精度测边网：使用 Kern ME5000 激光测距仪对 10 条边进行了距离测量。

FAST 水平控制网测量如图 9.2-6 所示，测量结果的点位中误差与点位误差椭圆如表 9.2-1 所示。

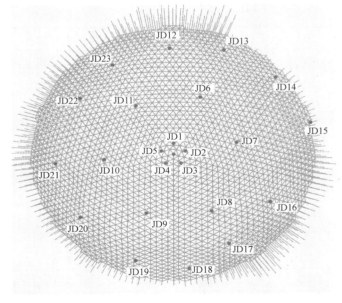

图 9.2-5 控制点分布示意图

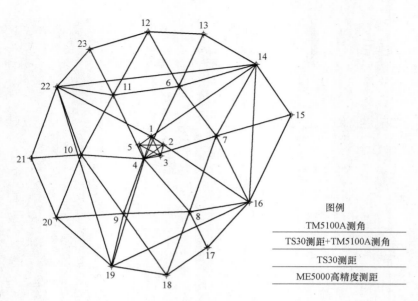

图 9.2-6 FAST 水平控制网测量方案示意图

FAST 全网点位中误差与点位误差椭圆   表 9.2-1

点号	m_x (mm)	m_y (mm)	m_P (mm)	E (mm)	F (mm)	长轴方位角(dms)
JD2	0.0751	0.0910	0.1180	0.0932	0.0724	109°48′13.8″
JD3	0.0952	0.1112	0.1464	0.1129	0.0932	107°42′37.6″
JD4	0.0952	0.0891	0.1304	0.0971	0.0871	153°59′01.2″
JD5	0.0804	0.0761	0.1107	0.0836	0.0726	33°38′43.8″
JD6	0.1875	0.1979	0.2726	0.2138	0.1692	128°12′55.6″
JD7	0.2180	0.1538	0.2668	0.2180	0.1537	1°30′10.7″
JD8	0.1856	0.2337	0.2984	0.2511	0.1612	61°27′51.7″
JD9	0.1598	0.2302	0.2802	0.2308	0.1590	95°38′56.8″
JD10	0.0953	0.1233	0.1559	0.1241	0.0943	100°06′41.2″
JD11	0.1712	0.1790	0.2477	0.1913	0.1573	51°37′37.3″
JD12	0.2912	0.3390	0.4469	0.3419	0.2878	103°54′53.6″
JD13	0.3800	0.3536	0.5191	0.3813	0.3522	167°27′01.8″
JD14	0.2862	0.2059	0.3526	0.3381	0.1002	146°08′45.7″
JD15	0.4247	0.3316	0.5388	0.4275	0.3279	169°43′53.2″
JD16	0.2663	0.1940	0.3295	0.3116	0.1071	33°34′09.7″
JD17	0.3463	0.3738	0.5095	0.3751	0.3448	102°24′19.2″
JD18	0.2788	0.3864	0.4765	0.3897	0.2741	79°25′16.2″
JD19	0.1263	0.3259	0.3495	0.3337	0.1039	103°04′15.6″
JD20	0.2593	0.3094	0.4037	0.3130	0.2549	105°09′07.2″
JD21	0.2531	0.3339	0.4189	0.3345	0.2522	95°19′52.3″
JD22	0.2203	0.1503	0.2667	0.2492	0.0950	30°22′43.9″
JD23	0.3375	0.3414	0.4801	0.3604	0.3171	132°26′38.9″

（2）高程网测量

一等水准测量使用 Leica DNA03 电子水准仪，以 I-30 作为国家 1985 高程起算点，在 FAST 控制网内建立首级一等水准网，布设了 6 个一等水准点，其概略位置分布见图 9.2-7。在一等水准网控制下，就近利用二等水准测量（或测距高程导线）向 23 个测量墩传递高程。

2016 年 1 月、3 月及 4 月对控制点位进行了三期平面与高程控制测量，达到了 JD1～JD11 点位（平面加高程）平均中误差小于 1mm，JD12～JD23 点位（平面加高程）平均中误差小于 1.5mm 的精度要求。

4）GPS 测量

为了获得 FAST 精密控制网在 ITRF、WGS-84 和 CGCS2000 坐标系下的坐标，采用 Trimble 5800 GPS 接收机对已有的 WGS-84 坐标系下的 4 个点（A1～A4）进行测量，利用其中 2 个已知点和 FAST 控制网进行有效联测。具体测量方案如表 9.2-2 和图 9.2-8 所示。

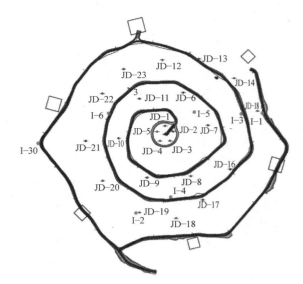

图 9.2-7　一等水准点点位分布

GPS 测量任务规划　　　　　　　　　　　　　　　　　表 9.2-2

同步观测	测站	观测等级	观测时段数	时段长度
第一期	A1、A2、A3、A4	B 级	3	24h
第二期	A1、A3、JD7、JD9	C 级	2	4h
第三期	JD4、JD6、JD7、JD9	C 级	2	4h
第四期	JD4、JD6、JD11、JD13	C 级	2	4h

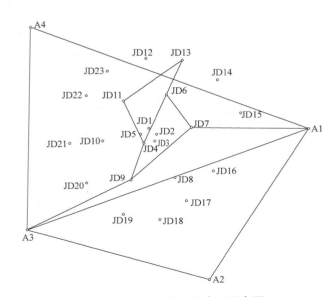

图 9.2-8　GPS 测量同步环示意图

5）控制网重力测量

采用两台 CG-5 重力仪，同时在贵阳市南花溪乡洛平村重力引点 3066（26°25′N，106°39′E）进行相对重力测量，之后从该点乘车同时出发，到测区后，取最优路径依次观测 I-30 和 I-1～I-6 以及 JD4、JD6、JD8、JD10、JD12、JD16、JD19、JD21 共 8 个测量墩点位的重力值，最后闭合到贵阳市南花溪乡洛平村重力引点。

9.2.3.2　主动反射面测量

FAST 反射面由 4450 个三角形单元面板组成，包含 2225 个节点。为了实时调节为口径 300m 的瞬时抛物面对天区进行观测，需在 500m 的尺度上对 2225 个节点进行非接触的实时测量。主动反射面测量包括天线单元反射面面型检测和节点测量（包括基准球面标校测量和观测时节点坐标动态测量两部分。基准球面的测量是反射面处于初始静止状态下进行的。节点坐标动态测量是在由球面形成瞬时抛物面时进行的）。

图 9.2-9　主动反射节点

1. 天线反射面节点测量

主动反射面铺设在柔性索网支撑的刚性背架上，索网的每个节点设置下拉索，通过促动装置牵引下拉索实时调整节点位置，使得主反射面在待观测天体方向形成口径为 300m 的瞬时抛物面，如图 9.2-9 所示。节点的实时位置精度将直接影响主动反射面的成型精度，进而影响整个射电望远镜的观测质量。

关于反射面节点测量有三种测量预案：一是综合摄影测量与精密旋转平台的立体数字测量设备（Digital Positioning Unit，DPU）方案［图 9.2-10 (a)］；二是 iGPS 方案［图 9.2-10 (b)］；三是技术最为成熟的全站仪测量方案。

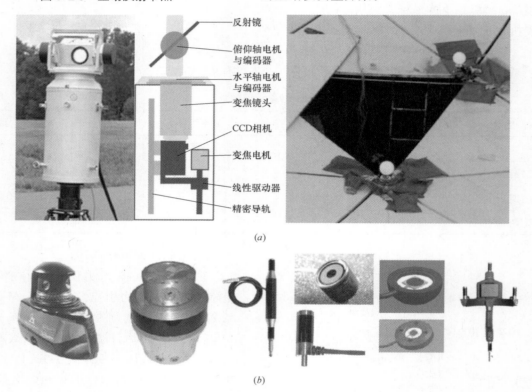

(a)

(b)

图 9.2-10　DPU 和 iGPS 测量方案

(a) DPU 测量设备和测量靶标；(b) iGPS 测量设备和测量靶标

三种方案的优缺点如表 9.2-3 所示。

节点测量方案比较 表 9.2-3

方法	DPU 系统	iGPS 系统	全站仪系统
测量原理	核心技术为摄影测量，融合了激光跟踪仪的精密度盘、伺服转台与反射镜	角度前方交会测量，采用旋转光束发射测量信号，通过探头接收信号的频率和时延计算角度	极坐标测量系统，通过测量角度和斜距获取点位三维坐标
主要构成	测量设备（由 CCD 相机、变焦镜头、精密度盘、伺服电机和反射镜组成）、发光靶标球、通信及供电装置	红外激光发射器、接收器、通信及供电装置	全站仪、测量目标（棱镜或反射片）、通信及供电装置

续表

方法	DPU 系统	iGPS 系统	全站仪系统
优点	多点测量、单次测量范围大、测量精度高	多点测量、实时性好、测量精度高	测量距离最大、易于维护、稳定性好、测量精度高、可靠性最高
缺点	测量设备不易维护、多台设备时间系统同步较为困难	发射器处于非稳定状态、室外环境测量可靠性低,成本过高	测量效率较低

其中投入使用并进行验证的是全站仪测量方案。如图 9.2-11 所示,全站仪测量设备采用 Leica TS30/TS50 全站仪,并使用自动目标识别功能。观测目标采用 FAST 工程定制的圆棱镜,其直径为 42mm,纵转轴距离螺母上端 75mm,棱镜框正下方具有凸起以便于照准。选择内圈基准点位布设全站仪,既能保证最大的可观测节点数,又能使观测的平均距离也最小,同时也不会造成目标混淆。

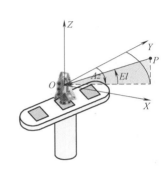  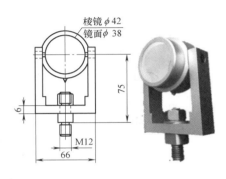

图 9.2-11 全站仪测量方案

2. 天线单元反射面面型检测

FAST 主反射面由 4450 块三角形反射面板拼接而成,每块面板为边长 11m 三角形,采用数字工业摄影测量方法对 FAST 单元反射面面型进行检测。

数字工业摄影测量方案中测量装置由两个 CCD 相机组成,每个 CCD 相机配置一个成像镜头,相机和镜头由一套手动调节机械支架支撑在一个测量墩上,如图 9.2-12 所示。如图 9.2-13 所示,在贵州大窝凼 FAST 现场测量方案设计为,单元面板倾斜固定,反射面板与水平面成 30°倾斜角放置。在两个测量墩上表面制作 300mm×300mm×800mm 的钢板,以便于安装支撑 CCD 相机用的机械可调支架。预埋的钢板距离三角形

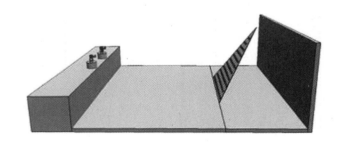

图 9.2-12 单元反射面面型检测方案示意图

反射面板下沿在水平方向距离为 70.0m,在垂直方向距离为 24.0m,两个相机相距 43.8m。每个 CCD 相机配备焦距为 35mm 的成像镜头。在反射面板调整节点上放置定制的复合标志点靶标。测量实验表明,摄影测量的测量精度为 2.5mm,满足 11m 三角形单元面板的测量需求。

9.2.3.3 馈源舱测量

馈源舱系统是 FAST 工程的核心功能之一,是一个集机械、电气、电磁波等相关技术于一体的复杂综合系统。其主要功能是克服风扰和系统的其他扰动,通过馈源舱内的 AB 轴和 Stewart 机构调整装置,采用精密、高频率的工业测量系统,精确调整馈源舱接收机的位姿。FAST 馈源舱位姿测量相关技术主要包括:Stewart 机构标定技术及馈源舱位姿测量技术。

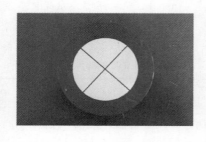

（a）　　　　　　　　　　　　　　（b）　　　　　　　　　　　　　（c）

图 9.2-13　FAST 现场单元反射面面型检测图

（a）左相机；（b）右相机；（c）复合标志点靶标

图 9.2-14　Stewart 机构设计图

定平台

虎克铰

伸缩杆

球铰

动平台

1. 馈源舱 Stewart 机构标定

如图 9.2-14 所示，FAST 馈源舱 Stewart 机构主要由定平台、6 根伸缩杆、动平台等组成，每根伸缩杆一端通过虎克铰与定平台连接，另一端则通过球铰与动平台连接起来。将定平台固定，则随着 6 根伸缩杆的伸缩，动平台可以在 ±33° 之间的任意状态实现六个自由度的运动，从而使得动平台的位姿不断变化

使用误差函数模型法来标定 FAST 馈源舱 Stewart 机构。该方法的基本思想是，让 Stewart 机构的六根伸缩杆多次伸缩，利用激光跟踪仪测量相应动平台的位姿，利用运动学关系建立函数模型，求解出所有的未知参数。标定的具体过程为：

① 在选定的测站位置放置激光跟踪仪，然后将动平台运动到第 1 个位姿；

② 测量定平台 6 个辅助测量孔和动平台 6 个辅助测量孔；

③ 通过两次公共点转换，将 6 个定平台销孔与 6 个动平台销孔转换到当前仪器的测量坐标系 O_C-$X_C Y_C Z_C$ 下；

④ 利用 6 个定平台销孔测量坐标建立定平台坐标系 O_D-$X_D Y_D Z_D$，利用 6 个动平台销孔测量坐标建立动平台坐标系 O_P-$X_P Y_P Z_P$；

⑤ 然后在定平台坐标系 O_D-$X_D Y_D Z_D$ 下，得到动平台坐标系 O_P-$X_P Y_P Z_P$ 的位置（X、Y、Z）和姿态（R_X、R_Y、R_Z）；

⑥ 重复上述①～⑤的步骤，将 10 组位姿都测量完；

⑦ 上述测量工作结束后，用计算的结果修正机构参数；

⑧ 将上述修正后的机构参数作为真值，驱动动平台按规划的位姿再次运动，将仪器测量动平台的实际位姿与规划位姿再次进行比较，若机构运动精度满足要求，则标定结束；否则，对机构再次测量，重复①～⑦步骤，直到运动精度满足要求。

Stewart 机构标定需要提前规划位姿，机构运动到一个位姿后，激光跟踪仪测量并得到机构的运动位姿，然后反馈给伺服控制系统进行补偿。标定后实际位姿与规划位姿的误差，如表9.2-4所示。

实际位姿与规划位姿的误差　　　　　　　　　　　　　　　　　表9.2-4

测量顺序	X(mm)	Y(mm)	Z(mm)	RMS(ΔR_X)(°)	RMS(ΔR_Y)(°)	RMS(ΔR_Z)(°)
1	0.018	0.152	0.084	−0.022	0.032	−0.067
2	−0.0627	0.201	0.082	−0.008	0.057	−0.074
3	0.384	−0.545	−0.118	−0.046	0.011	−0.072
4	−0.172	0.069	−0.026	−0.024	0.033	−0.073
5	−0.152	0.152	−0.039	−0.017	0.029	−0.073
6	−0.160	0.078	−0.042	−0.023	0.025	−0.073
7	−0.624	−0.146	−0.240	−0.033	0.053	−0.074
8	−0.125	0.109	−0.004	−0.023	0.026	−0.074
9	−0.389	0.178	−0.079	−0.020	0.036	−0.072
10	−0.624	0.036	−0.079	−0.027	0.043	−0.074

Stewart 机构标定精度要求是，位置精度单坐标方向≤0.5mm（RMS）、姿态精度单轴方向≤0.1°（RMS）。机构标定前后位姿精度对比，如表9.2-5所示。

机构标定前后精度对比　　　　　　　　　　　　　　　　　表9.2-5

	位置精度(mm)			姿态精度(°)		
	RMS(ΔX)	RMS(ΔY)	RMS(ΔZ)	RMS(ΔR_X)	RMS(ΔR_Y)	RMS(ΔR_Z)
标定前	3.370	1.397	3.513	0.536	0.262	0.324
标定后	0.428	0.222	0.101	0.026	0.036	0.073

从表9.2-5中可以看出，Stewart 机构标定后精度明显提高，而且位置和姿态都符合标定精度要求，从而验证了标定方法的正确性和可行性。

2. 馈源舱位姿测量

馈源舱位姿测量的核心是 Stewart 机构动平台位姿测量，需要测量 Stewart 机构的定平台工装点和动平台工装点，利用其恢复定平台坐标系、动平台坐标系及相对位姿。实际测量过程有单台激光跟踪仪测量、DPM 系统测量和三台激光跟踪仪联合测量三种测量方法。

1）单台激光跟踪仪测量

单台激光跟踪仪测量借助特制测量工装，采用一台 Leica AT901 激光跟踪仪配合 Leica CCR1.5″棱镜进行测量，测量设备如图9.2-15所示。

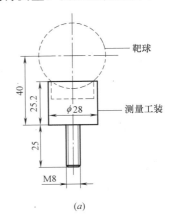

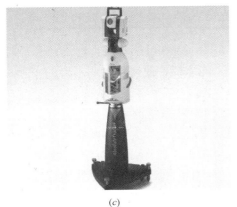

图9.2-15　单台激光跟踪仪测量设备
(a) 测量工装；(b) CCR1.5″棱镜；(c) AT901 激光跟踪仪

如图 9.2-16 所示，具体测量过程为：

① 将 8 个定平台工装、8 个动平台工装安装在相应的位置上；

② 将 Stewart 机构的六个伸缩杆调整到初始杆长；

③ 激光跟踪仪放置在设定好的测站位置，开机并初始化仪器；

④ 将棱镜放在定平台 1 号工装上，使用稳定点测量模式测量 1 号工装点，并保证该工装点测量精度较高；

⑤ 用同样的测量模式，测量定平台上的工装点和动平台上的工装点，保存数据；

⑥ 由以上工装点建立定平台坐标系、动平台坐标系及理论动平台坐标系，并保存其相对位姿关系；

⑦ 计算理论动平台期望坐标系，并计算出六杆的伸缩量；

⑧ 六杆调整到位后，再次测量，重复④～⑦步骤，直到动平台位姿精度符合要求为止，并测量多组动平台的位姿。

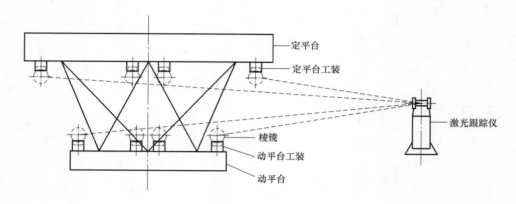

图 9.2-16 测量示意图

在定平台坐标系下，理论动平台位姿、理论动平台期望位姿、调整六杆后理论动平台位姿如表 9.2-6 所示。

在定平台坐标系下各坐标系的位姿 表 9.2-6

	X(mm)	Y(mm)	Z(mm)	R_X(°)	R_Y(°)	R_Z(°)
理论动动平台位姿	0	0	−2000	0	0	0
理论动平台期望位姿	−0.586	0.128	−1998.606	−0.0254	0.0512	0.0706
调整后理论动平台位姿	−0.624	0.149	−1998.563	−0.0296	0.0563	0.0762
理论动平台坐标系实测值与期望值之差	−0.038	0.021	0.043	−0.0042	0.0051	0.0056

由表 9.2-6 可以看出，理论动平台期望位姿与理论动平台位姿不同，因此必须精确调整 Stewart 机构六个伸缩杆，使得理论动平台的实际位姿与期望位姿之差应该小于某一阈值，这样才能得到高精度的动平台位姿。

2）DPM 系统测量

采用信息工程大学的数字工业摄影测量系统，该系统主要组成如图 9.2-17 所示。

如图 9.2-18 所示，DPM 系统测量具体测量过程为：

① 将定平台 8 个工装测量标志和动平台 8 个工装测量标志安装在相应的位置；

② 在定平台下表面和动平台上表面均匀粘贴的编码标志，在动平台上表面固定基准尺和定向靶；

③ 将 Stewart 机构的六个伸缩杆调整到初始杆长；

④ 用 DPM 系统，在定平台和动平台的四周拍照，提前规划好摄站位置，确保每个工装测量标志都测到；

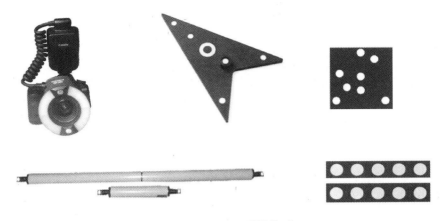

图 9.2-17　DPM 系统构成

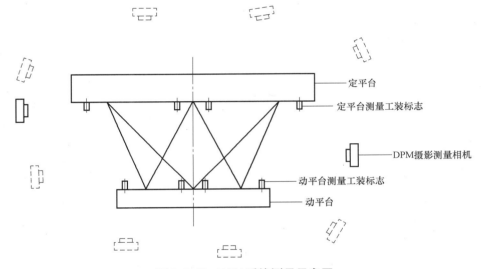

图 9.2-18　DPM 系统测量示意图

⑤ 处理数据，计算出 8 个定平台工装测量标志点和 8 个动平台工装测量标志点；

⑥ 建立定平台和动平台坐标系；

⑦ 动平台坐标系相对定平台的位姿即是 Stewart 机构的位姿；

⑧ 如果动平台的位姿没有达到要求的精度，需要计算出六个伸缩杆的长度，然后调整六杆；

⑨ 六杆调整完成后，再次重复④～⑦的步骤，计算出动平台相对定平台的位姿，直到动平台的位姿符合要求的精度为止，并测量多组动平台的位姿。

通过定平台工装标志建立定平台坐标系，通过动平台工装标志建立动平台坐标系，然后，在定平台坐标系下查看动平台坐标系的位姿。在初始杆长条件下，动平台的位姿精度较低，通过计算并调整六杆的长度，然后再次解算出动平台的位姿，这样，直到动平台的位姿精度满足要求为止。通过数字工业摄影测量系统测量的动平台位姿，如表 9.2-7 所示。

						DPM 系统测量动平台位姿结果　表 9.2-7

测量次数	X(mm)	Y(mm)	Z(mm)	R_X(°)	R_Y(°)	R_Z(°)
1	0.021	0.029	−0.019	−0.0035	0.0027	−0.0018
2	−0.037	0.042	0.028	0.0021	0.0042	−0.0028
3	0.019	−0.033	0.003	0.0007	−0.0033	0.0006
4	−0.031	0.046	0.037	−0.0031	0.0034	−0.0012

测量次数	X(mm)	Y(mm)	Z(mm)	R_X(°)	R_Y(°)	R_Z(°)
5	0.076	−0.055	−0.014	−0.0035	−0.0047	−0.0012
6	0.006	−0.056	−0.062	−0.0036	−0.0048	0.0003
7	−0.002	−0.023	−0.005	0.0030	0.0019	−0.0013
8	0.005	−0.004	−0.004	−0.0033	−0.0012	0.0009
9	−0.015	0.054	−0.008	0.0021	0.0040	0.0014

通过表 9.2-7 可知，DPM 系统测量 Stewart 机构动平台的位姿精度较高，位置精度＜±0.1mm，姿态精度＜±0.005°，完全满足动平台位姿测量精度的要求。但是 DPM 系统不能实时计算出动平台的位姿，效率较低，不能满足 Stewart 机构需要实时解算位姿的需求。

3）三台激光跟踪仪联合测量

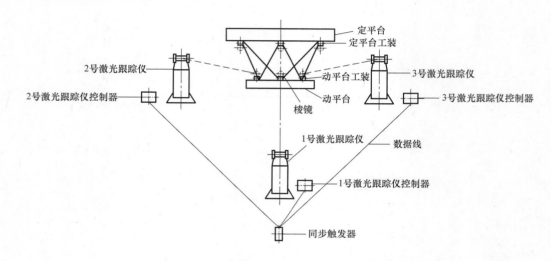

图 9.2-19   三台激光跟踪仪联合测量示意图

三台激光跟踪仪包括一台 AT901-LR 激光跟踪仪、两台 AT901-B 激光跟踪仪，如图 9.2-19 所示，三台激光跟踪仪联合测量的具体过程为：

① 合理放置三台激光跟踪仪，使得每台跟踪仪都能测量动平台一个特征点。将同步触发器与三台跟踪仪的控制器正确连接，启动三台跟踪仪；

② 将三个 CCR1.5″棱镜球分别放置在三台跟踪仪的鸟巢位置；

③ 启动 Metro LTC 软件，新建文件；

④ 正确设置三台激光跟踪仪的 TCP/IP 地址，先选择全部联机，再选择全部初始化，然后再将仪器全部回鸟巢，则三台激光跟踪仪完成基距测量；

⑤ 从 1 号跟踪仪鸟巢开始，依次放置在 2 号、3 号跟踪仪鸟巢，完成定向点测量；

⑥ 按照步骤⑤，依次完成测站 2 和测站 3 的定向点测量，并进行系统定向解算；

⑦ 将测量模式设为"3D Continuous"，触发模式设为外部触发，设置好触发频率；

⑧ 将三个棱镜分别放在动平台的三个空间点上，三台仪器全部开始测量，软件界面实时显示动平台位姿，并保存数据。

使用三台激光跟踪仪联合测量系统，对动平台三个特征点进行重复测量，并实时计算动平台的位姿。测量系统采样频率设为 10Hz，触发脉冲设为 500。计算得到一组动平台的位姿参数，如表 9.2-8 所示。

动平台位姿参数　　　　　　　表 9.2-8

点号	X(mm)	Y(mm)	Z(mm)	R_X(°)	R_Y(°)	R_Z(°)	时间(s)
0	135.9441	−120.4841	0.4935	0.5330	179.8413	359.6079	0.00000
10	135.9445	−120.4838	0.4935	0.5333	179.8416	359.6078	1.00000
20	135.9453	−120.4839	0.4935	0.5335	179.8412	359.6078	2.00008
30	135.9453	−120.4835	0.4935	0.5344	179.8414	359.6077	3.00011
40	135.9447	−120.4832	0.4935	0.5345	179.8414	359.6077	4.00014
50	135.9451	−120.4832	0.4935	0.5349	179.8414	359.6077	5.00017
60	135.9444	−120.4841	0.4935	0.5348	179.8414	359.6077	6.00020
70	135.9447	−120.4836	0.4935	0.5336	179.8415	359.6079	7.00023
80	135.9449	−120.4834	0.4935	0.5342	179.8416	359.6079	8.00026
90	135.9443	−120.4843	0.4935	0.5345	179.8414	359.6078	9.00029
100	135.9447	−120.4835	0.4935	0.5344	179.8416	359.6076	10.00033
110	135.9445	−120.4837	0.4935	0.5331	179.8416	359.6076	11.00036
120	135.9447	−120.4838	0.4935	0.5344	179.8416	359.6077	12.00039
130	135.9443	−120.4846	0.4935	0.5332	179.8413	359.6079	13.00042
140	135.9439	−120.4840	0.4935	0.5336	179.8416	359.6079	14.00045
150	135.9431	−120.4851	0.4935	0.5329	179.8412	359.6078	15.00048
160	135.9437	−120.4843	0.4935	0.5331	179.8414	359.6078	16.00051
170	135.9437	−120.4842	0.4935	0.5336	179.8414	359.6077	17.00054
180	135.9442	−120.4842	0.4935	0.5347	179.8413	359.6077	18.00052
190	135.9442	−120.4842	0.4895	0.5341	179.8413	359.6077	19.00055
200	135.9440	−120.4843	0.4895	0.5337	179.8415	359.6076	20.00058
210	135.9448	−120.4833	0.4895	0.5339	179.8416	359.6076	21.00061
220	135.9457	−120.4823	0.4895	0.5347	179.8416	359.6076	22.00065
230	135.9446	−120.4835	0.4895	0.5347	179.8416	359.6076	23.00068
240	135.9447	−120.4836	0.4895	0.5345	179.8415	359.6076	24.00071
250	135.9449	−120.4837	0.4895	0.5349	179.8414	359.6077	25.00074
260	135.9449	−120.4837	0.4895	0.5343	179.8415	359.6077	26.00077
270	135.9449	−120.4835	0.4895	0.5334	179.8415	359.6078	27.00080
280	135.9449	−120.4834	0.4895	0.5325	179.8415	359.6078	28.00083
290	135.9441	−120.4843	0.4895	0.5334	179.8415	359.6078	29.00086
300	135.9438	−120.4842	0.4895	0.5331	179.8412	359.6078	30.00089
310	135.9444	−120.4846	0.4895	0.5339	179.8413	359.6078	31.00092
320	135.9451	−120.4836	0.4895	0.5334	179.8414	359.6077	32.00095
330	135.9439	−120.4876	0.4895	0.5325	179.8414	359.6079	33.00098
340	135.9438	−120.4876	0.4895	0.5334	179.8414	359.6079	34.00101
350	135.9444	−120.4876	0.4895	0.5332	179.8414	359.6078	35.00104
360	135.9443	−120.4875	0.4895	0.5330	179.8415	359.6079	36.00108
370	135.9439	−120.4870	0.4895	0.5331	179.8415	359.6079	37.00111

点号	X(mm)	Y(mm)	Z(mm)	R_X(°)	R_Y(°)	R_Z(°)	时间(s)
380	135.9444	−120.4873	0.4895	0.5329	179.8415	359.6077	38.00114
390	135.9449	−120.4866	0.4895	0.5343	179.8415	359.6077	39.00117
400	135.9446	−120.4867	0.4895	0.5339	179.8416	359.6077	40.00120
410	135.9441	−120.4876	0.4895	0.5321	179.8416	359.6078	41.00123
420	135.9438	−120.4872	0.4895	0.5337	179.8414	359.6078	42.00126
430	135.9435	−120.4881	0.4895	0.5334	179.8414	359.6078	43.00129
440	135.9438	−120.4878	0.4895	0.5336	179.8413	359.6077	44.00132
450	135.9450	−120.4865	0.4895	0.5329	179.8414	359.6077	45.00135
460	135.9448	−120.4865	0.4895	0.5337	179.8415	359.6076	46.00138
470	135.9448	−120.4868	0.4895	0.5343	179.8415	359.6076	47.00141
480	135.9456	−120.4859	0.4895	0.5337	179.8414	359.6076	48.00144
490	135.9447	−120.4862	0.4895	0.5338	179.8414	359.6077	49.00147

由表 9.2-8 可知，三台激光跟踪仪联合测量系统具有以下优点：

① 三台激光跟踪仪联合测量系统重复精度高，位置测量重复精度＜±0.005mm，姿态测量重复精度＜±0.002°，因此该系统稳定性好。

② 三台激光跟踪仪联合测量系统精度很高，能够达到数字工业摄影测量系统相同的精度，满足 Stewart 机构动平台位姿测量的精度要求。

③ 三台激光跟踪仪联合测量系统测量效率高，可以根据实验要求，设置不同的测量频率，最高可达到 100Hz。因此，该系统满足 Stewart 机构实时位姿测量的要求。

4）三种位姿测量方法比较

单台激光跟踪仪测量系统、数字工业摄影测量系统及三台激光跟踪仪联合测量系统都可用来测量动平台的位姿，并且三种方法各有特点，如表 9.2-9 所示。

三种位姿测量方法比较　　　　　　　　　　　表 9.2-9

测 量 系 统	设站位置	测量精度	实时解算位姿
单台激光跟踪仪测量系统	劣	低	否
DPM 测量系统	优	高	否
三台激光跟踪仪联合测量系统	优	高	是

三台激光跟踪仪联合测量系统设站位置较好、测量精度高及能够实时解算 Stewart 机构位姿，因此，该方案较适合 FAST 馈源舱 Stewart 机构位姿测量。

9.2.4　启示与展望

FAST 工程目前进入运营阶段，精密工程测量技术仍有用武之地。受限于 FAST 在施工阶段与工程测量技术相关的资料公开发表较少（这与 FAST 工程的重大知名度不相匹配），本文对其测量技术的总结不够全面。一定程度上反映了工程设计方对工程测量专业的重视程度不够，缺少高水平的规划和论证，仅仅满足于过得去，导致未有新颖的、重大的测量技术涌现。

9.3 中国散裂中子源

9.3.1 工程概况

中国散裂中子源（CSNS）是"十一五"国家重大科技基础设施，坐落于广东省东莞市大朗镇，由中国科学院和广东省共同建造。CSNS 首期用地 400 亩，于 2011 年 9 月开工建设，建设内容包括一台8000 万电子伏特负氢离子直线加速器、一台 16 亿电子伏特快循环同步加速器、一个靶站，以及一期三台供科学实验用的中子散射谱仪。其科学目标是，建成世界一流的大型中子散射多学科研究平台，使其与我国已建成的同步辐射光源等先进设施相互配合、优势互补，为材料科学技术、生命科学、化学、物理学、资源环境、新能源等领域的基础研究和高新技术开发提供强有力的研究手段，为解决国家发展战略需求的若干瓶颈问题提供先进平台，促进我国在重要前沿领域实现新突破，为多学科在国际上取得一流的创新性成果提供重要的技术条件保障。CSNS 园区鸟瞰图见图 9.3-1。

RCS设备楼
维修楼
靶站和谱仪厅
测试实验楼
直线设备楼
综合报务楼
第二靶站预留区
办公楼

图 9.3-1　CSNS 园区鸟瞰图

CSNS 装置工作原理：离子源（IS）产生的负氢离子（H⁻）束流，通过射频四极加速器（RFQ）聚束和加速后，由漂移管加速器（DTL）把束流能量进一步提高到 80MeV；负氢离子经过直线-环传输线（LRBT），然后由剥离膜转换为质子，注入一台快循环同步加速器（RCS）中，质子在环中累积并加速，使其能量逐步提升到 1.6GeV；从环引出后质子束流，经环-靶站传输线（RTBT）打向钨靶，在靶上产生的散裂中子经慢化，再通过中子导管引向谱仪，供用户开展实验研究。见图 9.3-2。

2018 年 8 月，在历经 6 年半的艰苦建设后，中国散裂中子源项目顺利通过国家验收，投入正式运行，成为世界四大散裂中子源之一，与美国散裂中子源 SNS、日本散裂中子源 J-PARC 和英国散裂中子源 ISIS 构成目前世界上主要的四大脉冲式散裂中子源。未来，中国散裂中子源将着力确保装置高效、稳定、可靠运行，加强国内外开放共享。同时为了满足交叉科学前沿研究和国家发展战略的迫切需求，中国散裂中子源将不断完善和改进装置性能，尽快启动后续谱仪建设和功率升级工作，扩大用户群体，为我国产生高水平的科研成果提供有力支撑，助推粤港澳大湾区国际科技创新中心的发展和产业升级。

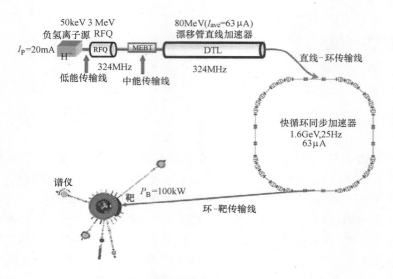

图 9.3-2   CSNS 系统构成示意图

9.3.2   关键问题

CSNS 装置由加速器、靶站组成，其中，加速器又分为直线、环、输运线三部分。CSNS 准直的规模总长约 650m：LINAC 直线隧道长约 197m，RCS 环隧道周长约 230m，连接直线隧道和环隧道的 LRBT 输运线隧道长约 40m，连接环隧道和靶站的 RTBT 输运线隧道长约 144m。

CSNS 准直的对象分为加速器设备、靶站设备，共计 1500 多个；加速器设备主要包括：RFQ 射频腔、DTL 漂移管、磁铁、高频腔、束测丝靶、剥离膜、准直器等；靶站设备主要包括：氦容器、慢化器反射体、靶体、中子导管、探测器等。

1）为粒子束流提供绝对精度控制下的相对平滑轨道难度大。建立 CSNS 准直工作的任务是，采用几何准直手段，即以边角几何量为基准，通过几何仪器测量，将设备在一定精度范围内调整到正确位置上，为装置运行提供精确轨道。

2）CSNS 准直测量具有范围大、测量环境狭窄等特点，准直测量的各项精度指标要求高，在精密工程测量领域也达到前沿水平，具有挑战性。CSNS 物理设计对准直提出的精度要求是：磁铁等关键设备的横向以及高程相对位置精度要求≤0.2mm；直线 DTL 漂移管加速器 36m 长共 9 节机械腔之间的相对精度要求≤0.1mm。

3）CSNS 设备的高精度定位对准直工作提出了较高挑战。为了实现设备高精度准直，对设备最终位置误差进行分配，包括标定误差、设备安装测量误差、设备安装调整误差以及控制网自身误差。根据以上要求，DTL 漂移管中心引出标定精度应该达到 0.02mm，设备安装测量误差应该达到 0.03mm，设备安装调整偏差应该小于 0.03mm，直线控制网横向精度应该达到 0.07mm，见表 9.3-1、表 9.3-2。

四极磁铁准直误差分配   表 9.3-1

四极磁铁	标定误差 （mm）	安装测量误差 （mm）	安装调整误差 （mm）	控制网误差 （mm）	最终位置误差 （mm）
横向	0.05	0.08	0.05	0.10	0.15
高程	0.05	0.08	0.05	0.08	0.13
纵向	0.08	0.08	0.05	0.12	0.17

DTL 准直误差分配   表 9.3-2

DTL	标定误差（mm）	安装测量误差（mm）	安装调整误差(mm)	控制网误差（mm）	最终位置误差（mm）
横向	0.02	0.03	0.03	0.07	0.08
高程	0.02	0.03	0.03	0.05	0.07
纵向	0.02	0.03	0.03	0.05	0.07

9.3.3 方案与实施

CSNS 的准直过程是从全局测量到部件测量，再到全局测量的过程，也就是从控制测量到设备测量，再到控制测量的过程。准直贯穿从土建到安装、到运行的装置建设全过程，主要过程如下：

（1）在土建工程的早期，基坑开挖之后，首先建设准直永久控制点基岩标志，并进行初次一级地面网测量。

（2）在土建工程的后期，地面建筑结构完成之后，进行地面网第二次测量，同时布设二级隧道控制网。

（3）在地面建筑装修之后，通用设施安装的后期，进行初次二级隧道控制网的测量，同时进行设备物理中心引出标定测量和单元预准直安装。

（4）通用设施运行、隧道现场环境达标之后，进行设备初次隧道现场准直调整。

（5）全装置设备分阶段全面控制测量及平滑调整。

CSNS 装置坐标系定义：如图 9.3-3 所示，以 RCS 对称中心为原点的三维水平坐标系，X 轴在水平面内平行于直线加速器，Y 轴在水平面内垂直于 X 轴，Z 轴垂直于水平面，正方向向上，Y 轴正方向指向直线加速器，X 轴的正方向为 Y 轴的正方向顺时针旋转 90°的方向。

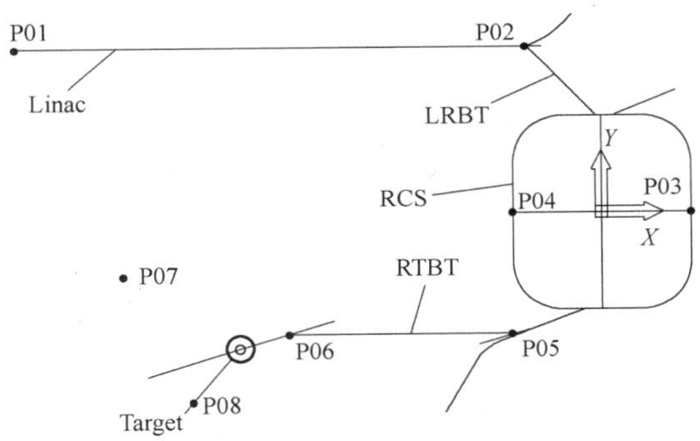

9.3.3.1 地面控制网布设和测量

CSNS 地面控制网为一级测量控制网，按照 CSNS 直线、环、输运线、靶站、谱仪等装置的布局进行布设，分布均匀，覆盖了整个装置区，并尽可能地创造通视条件；同时，遵循分级布网、逐级控制的原则，首级地面控制网为二级隧道控制网提供起算基准。地面控制网分为平面控制网和高程控制网，平面控制网测量采取 GPS 与全站仪测量相结合的方式，高程控制网测量采取几何水准与三角高程测量相结合的方式。

1. 地面控制网布设

CSNS 地面控制网点是 CSNS 装置测量定位的基准，共包括 16 个点。按照网点所处的位置，分为地面点和隧道点，地面点分布在办公园区，隧道点分布在装置区；按照网点用途不同，分为永久点和扩充点，永久点埋设在基岩上，作为设备准直及形变监测用，扩充点分布在园区周边，作为一级网加密以及土建施工放样用。P01L、P02L、P03R、P04R、P05T、P06T、P07S、P08S、P14T 为隧道永久点，在装置区地下隧道内，兼用作二级隧道控制网点。G09H、G10H 为地面永久点，建立在装置区隧道外的园区地面上，可以直接通视靶站大厅内 P07、P08 两个永久点；G11H、G12H 也为地面永久点，作为首级控制网的基准点；G01H、G18H 为地面扩充点，建立在护坡上，高程较大，可以俯视整个装置区；另外，GP03、GP04 为项目基建方的土建控制点，联测此两点可以将 CSNS 装置坐标系与土建施工坐标系进行转换。CSNS 一级控制网点分布见图 9.3-4。

图 9.3-3　CSNS 装置坐标系定义

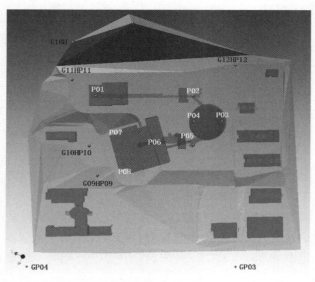

图 9.3-4　CSNS 一级控制网点分布

2. 地面控制网测量

对于 CSNS 园区里的地面控制点，周边相对较为开阔。但是对于装置区的隧道控制点，无法与园区的控制点相连接。为此，在装置区设备楼顶开设通视孔，将隧道网点投射到房顶，通过房顶的控制点，使整个园区地面网点与装置区隧道网点相互连接起来。

控制网平面测量采用 GPS 进行测量。对于隧道里的控制点，需要将 GPS 置于房顶观测。首先，要进行房顶至隧道的投点对中以及量取仪器高。由于房顶距隧道控制点距离一般在 $10\sim30m$ 左右，为了解决如此高度的仪器精确投点及量高，采用 Wild NL 投点仪进行投点对中。同时，设计发明了一种超大基座高精密量取装置，通过在觇标杆底部加装反射球吸附基准件，配合 Leica AT40 激光跟踪仪对天测量精确量取基座高，还能对 Wild NL 投点仪的投点对中误差进行检核。

Wild NL 采用光学对中，其铅垂精度达到 $\pm1：200000$；AT401 激光跟踪仪小巧轻便，垂直角测量范围 $\pm145°$，测量半径 160m，测角精度 1.5″，测距精度 0.01mm。房顶至隧道控制网点的投点对中及量高方法为：首先在房顶及隧道分别采用 Wild NL 投点仪将三角基座都对中至隧道控制点，然后在隧道基座上放置 Leica AT40 激光跟踪仪，在房顶基座中心上放置反射球，进而通过激光跟踪仪测量房顶仪器至隧道控制点的高度（如图 9.3-5 所示）。

2013 年 6 月 29 日—10 月 16 日对地面控制网点进行了第一次观测。采用 Leica GPS 接收机（如图 9.3-6 所示），共观测了 16 个点，观测 20 个时段，平均每个控制点观测 5.3 个时段，每个时段观测 8 小时。同时，为了检验土建施工质量以及对首级控制网测量成果进行外符合，对 CSNS 园区基建方布设的某些土建控制点也进行了复测。

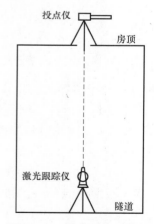

图 9.3-5　投点量高示意图

图 9.3-6　用 GPS 对地面控制点进行测量

高程测量采用几何水准和三角高程进行测量。几何水准按照二等水准方式进行，采用 Leica 光学水准仪 NA2 以及 GPM3 光学测微器，最小格值为 0.1mm，估读至 0.01mm；三角高程采用两台 Leica TDA5005 工业全站仪进行对向观测。

3. 数据处理

粒子加速器物理设计为所有设备在一个真平面内，束流在平面内运动，而在加速器设备安装准直测量过程中，工作的基准面为大地水准面，因此，需要考虑大地水准面对加速器设备安装的影响。

将大地水准面近似看成球面，分析地球曲率对水平距离、水平角、高差的影响。

① 水准曲率对水平距离的影响可以表示为：$\dfrac{\Delta S}{S}=\dfrac{S^2}{3R^2}$；当 $S=1$km 时，可以得出 $\Delta S=0.008$mm。

② 水准曲率对水平角的影响可以由球面角超来表达；由球面三角学知道，同一个空间多边形在球面上投影的各内角之和，较其在平面上投影的各内角之和大一个球面角超 ε，其公式为：$\varepsilon=\rho''\dfrac{P}{R^2}$，$P$ 为球面多边形面积；当 $P=1$km^2 时，$\varepsilon=0.0051''$。

③ 水准面曲率对高差的影响可以表示为：$\Delta h=\dfrac{S^2}{2R}$；当 $S=0.5$km 时，$\Delta h=19.6$mm。

CSNS 地面网测量范围大概为 500m×800m，由上式计算表明，在距离和角度测量工作时，用水平面代替水准面所产生的距离以及水平角误差可以忽略不计；然而，地球曲率对高差的影响是不能忽视的。在数据处理的时候，采用平面和高程分别平差，在平面平差时，无须考虑水准面的影响，而在进行高程平差时，需要将水准高程改正到 CSNS 装置坐标系的 XY 平面上，XY 平面垂直于装置区 RCS 环心处的铅垂线。

高程数据处理时，采用 COSA 软件进行平差计算，以直线隧道前端 P01 点的高程为起算点，将几何水准以及三角高程获得的各段高差一起进行平差计算，得到各点的水准高程 H。由于地球曲率对高差的影响较大，在此，采用水准面曲率对高差影响的计算公式，分别对各点的水准高程进行改正，最终得到各点在 CSNS 装置坐标系下的水平高程 $Z=H-\Delta h$。

平面数据处理的方法采用了两种方法：一是将 GPS 无约束坐标进行高斯投影，从而得到各点平面坐标；二是提出采用 GPS 无约束坐标附加水平高程约束置平的方法，这种方法避免了椭球投影变形，数据处理简单方便。

采用 Leica LGO 软件，对共 120 条基线进行了解算（网型如图 9.3-7 所示），平均基线长度 240m，最长基线为 709m（GP04～G12H），最短基线为 53m（P05T～P06T）。采用无约束平差，得出各点在 WGS84 坐标系下的坐标，WGS84 坐标系下各控制网点点位精度优于 1.7mm。

同时，为了检验 GPS 基线观测质量，采用全站仪对向观测，对 8 条边进行了测量，将 GPS 基线长度与全站仪斜距进行了对比（如表 9.3-3 所示）。

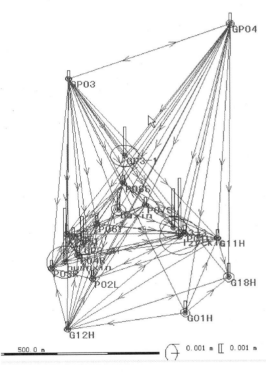

图 9.3-7　GPS 网无约束平差

GPS 基线与全站仪距离对比　　　　表 9.3-3

站点	目标	全站仪计算斜距(m)	LGO 无约束平差后坐标反算斜距(m)	差值(mm)
P04R	P05T	41.0773	41.0756	−1.7
P05T	P06T	52.9532	52.9518	−1.4
P02L	P03R	82.5761	82.5763	0.2
P03R	P04R	59.2806	59.2807	0.1
P03R	P05T	79.5822	79.5821	−0.1

续表

站点	目标	全站仪计算 斜距(m)	LGO 无约束平差后 坐标反算斜距(m)	差值(mm)
P07S	P08S	61.5956	61.5962	0.6
P01L	P02L	202.1464	202.1429	-3.5
G11H	G12H	347.2706	347.2694	-1.2

1）高斯投影方法

GPS 无约束平差得到的为空间三维直角坐标，测得的长度是连接地面两点间的直接斜距，需要进行投影转换，才能得到参考椭球面上的高斯平面直角坐标。将 GPS 基线投影到高斯投影面上，需要进行 2 项长度变形改正：高程归算改正和距离改化。高程归算改正：将地面观测的长度归算至椭球面，由平均测线高出参考椭球面而引起的改正；距离改化：将椭球面上的大地线长度改化至高斯投影面上；因此，将地面测量的距离转换至高斯投影面上所产生的长度综合变形为：

$$\Delta S/S = y_m^2/2R^2 - H_m/R \qquad\text{（式 9.3-1）}$$

式中：y_m——大地线投影后始末两点横坐标平均值；

H_m——基线端点平均大地高程；

R——近似为地球平均曲率半径。

由式（9.3-1）可以看出，长度综合变形与测区所在投影带的位置以及测区的平均高程面有关。因此，为了减少投影变形，可以选择合适的投影中央子午线，这种方法称为抵偿投影带法；或者也可以改变椭球参数，选择合适的椭球半径，这种方法称为抵偿高程面法；也可以将上述两种方法综合应用，将中央子午线设在测区中间，投影到测区平均高程面上。

CSNS 所处位置为北纬 22°52′，东经 113°55′。为了方便计算，选用抵偿投影带的方法，无须计算新的椭球参数，直接选取中央子午线的最佳位置来限制变形。选用西安 80 椭球参数，各点平均大地高为 40m，按照式（9.3-1），可以得出测区中央离开投影子午线的距离：

$$y_m = \sqrt{2 \cdot R \cdot H_m} = 22588\text{m}$$

从而确定了最优投影中央子午线为 113°41′50″。采用 LGO 软件进行网平差计算，得到各点高斯投影平面坐标。

为了将 CSNS 装置坐标系与土建施工坐标系联系，本次测量联测了基建方提供的 GP03、GP04 两点。土建施工控制网坐标计算是以 GP03 为起算点，GP03 至 GP04 为起算方向得到。因此，为了不损失 GPS 测量精度，同时与土建坐标系保持一致，提出将 GPS 无约束投影坐标进行固定一点一方向旋转平移变换，即固定 GP03 点，保持 GP03 至 GP04 的方向不变，从而得到各点在土建施工坐标系下的坐标。

2）附加水平高程约束置平方法

借助三维工业测量 SA 软件，将进行地球曲率改正后的各点水平高程，存为 .CSV 文件导入至 SA 中；将 LGO 解算得到的各控制点 WGS84 三维无约束坐标导入到 SA 中；将土建控制点 GP03、GP04 两点作为坐标起算点导入 SA 中。运用 SA 软件中的 USMN with Point Groups 平差模块的功能，固定 GP03 及 GP04 两点坐标，并利用全部水平高程进行约束，将水平高程及固定点坐标权设置为 1000，其他观测值权默认为 1。通过各点的水平高程，对 GPS 测量的 WGS84 三维无约束坐标进行约束置平，得到各点的平面坐标。

附加水平高程约束置平后的坐标与 WGS84 无约束坐标进行拟合对比，拟合后：X 分量标准偏差为 0.7mm，Y 分量标准偏差为 0.3mm，Z 分量标准偏差为 1.9mm，点位标准偏差为 2.1mm。平面 X、Y 方向分量偏差很小，说明采用水平高程约束置平后，没有导致 GPS 网形扭曲；高程 Z 方向分量偏差，代表了 GPS 大地高以及水准高程近似转换为水平高程的精度，反映了 GPS 三维坐标置平后得到的高程与水平高程的符合程度较高。

将上述两种方法处理结果进行相减对比，平面坐标分量差值最大为－1.5mm，平面点位标准偏差0.5mm，说明两种数据处理方式结果一致。第二种数据处理方法充分利用GPS高精度的三维观测值，避免了椭球高斯投影变形，数据处理方式简单，适合在本工程后续地面网复测数据处理时使用。最后，将本次地面网数据成果与基建提供坐标进行外符合对比，外符合对比标准偏差为1.2mm，表明此次首级控制网数据处理成果正确可靠，可以满足后续工程建设要求。

9.3.3.2 隧道网布设和测量

CSNS二级控制网也称隧道控制网，主要在隧道网内按段沿整个加速器设备进行空间分布，其主要用来定位加速器设备，是设备安装、调整的位置参考基准，它还可以用来检验加速器整体随时间的变形情况。根据CSNS加速器设施的主体结构，隧道控制网分为LINAC直线隧道控制网、RCS环隧道控制网、LRBT和RTBT输运线隧道控制网、靶站控制网。

1. 隧道网布设

CSNS隧道位于地面20多米以下，采用钢筋混凝土浇筑，于2013年11月完成土建工作，隧道宽5m，人行通道宽2m，仪器架设在人行通道上进行测量。综合考虑激光跟踪仪的测量性能和隧道网的测量精度要求，每一段控制点之间的间隔距离为6m，每一段网点由4个基准点组成（如图9.3-8所示），其中2个位于隧道地面，另外2个分别位于隧道的内墙和外墙上，保证控制网能够包覆设备且不被设备遮挡。地面点分布在人行通道两侧，一个靠近设备支架，另一个靠近内墙角，埋设并采用环氧树脂固定在隧道地基里；内外墙面点布设在距地面1.8m处，采用膨胀螺栓固定于隧道墙面上。

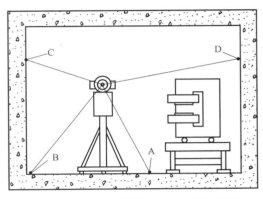

图9.3-8 隧道控制网点分布剖面示意图

直线LINAC和输运线LRBT共布设46段，环RCS共布设40段，输运线RTBT共布设45段，靶站TARGET共布设77段，另外还有反角白光隧道布设有24段，整个隧道控制网共计约1250个控制点（如图9.3-9所示）。

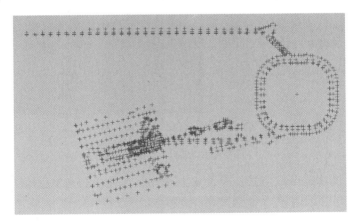

图9.3-9 隧道控制网整体分布图

2. 隧道网测量

CSNS二级隧道控制网主要利用激光跟踪仪进行三维测量，并采用转站搭接测量模式，测量方法如下：依次在两段控制网点之间设置激光跟踪仪，每站通过跟踪仪内置的水平传感器测量水平倾斜，激光跟踪仪向前观测三组控制点，向后观测后三组控制点，每站观测控制点约24个，观测范围约30m，最终获得水平坐标系下以测站为原点的各点三维坐标。采用这种测量模式，使得相邻两站之间的共同观测点达到 5 段，极大增加了多余观测数，对于条状隧道网，可有效改善观测网形，提高转站精度。采用 FARO Xi 型号的激光跟踪仪进行直线（图 9.3-10）、环（图 9.3-11）和输运线全部共 76 站的隧道控制网测量。

图 9.3-10　隧道网直线段测量

图 9.3-11　隧道网环 RCS 测量

隧道网水准测量采用 Leica NA2 光学水准仪和 GPM3 测微器进行，从直线隧道起点 P01L 出发，沿隧道网地面 A 点以及墙面 C 点进行测量，同时测量直线末端点 P02L，经过输运线 LRBT，然后绕环一周同时测量点 P03R、P04R，再经过输运线 RTBT 同时测量点 P05T、P06T，达到靶站 TARGET 同时测量 P07S、P08S 两点，再回到直线 P01L 点，形成闭合路线，如图 9.3-12 所示。

地面点采用 Leica GPLE 铟钢正垂水准尺，墙面点采用 Brunson 倒垂工具尺进行。在实验室对两种尺子的零点进行标定，正垂水准尺底面为零点，倒垂工具尺的端部球体的球心为零点。隧道网水准观测时，在地面点标志上先放置一个半球，然后将正垂水准尺放在半球上，将倒垂工具尺吸附在墙面点上，然后水准仪瞄准正垂和倒垂尺进行读数，如图 9.3-13。

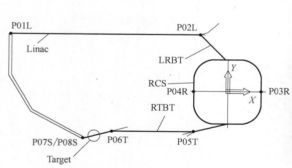
图 9.3-12　隧道网水准路线示意图

图 9.3-13　RCS 环水准测量

3. 数据处理

数据处理采用平面和高程分开的方式：平面平差采用自编的 LTDPS 边角平差程序，高程平差采用清华山维 EpsNas 软件。同时，由于点数众多，获取的观测量较大，在平差之前需要对数据进行预处理，以剔除粗大误差。

1）先验单位权中误差计算

在平差过程中，需要确定水平角和距离这两类观测值的权阵。常规定权法是以仪器的标称精度确定这观测值的先验权阵，但是仪器的标称精度和现实中实际的观测精度并不完全相符，定权不准确会影响最后的测量平差结果。在此，提出通过计算相邻测站公共点的边角差，来统计边角观测值的实际测量精度，从而在平差过程中合理定权。

激光跟踪仪测量得到以每一测站中心为原点的水平坐标系下的各个被测量点的三维坐标。根据每两个相邻测站所测的公共点，将相邻测站坐标系转换到相同坐标系下，对测量的公共基线进行平距差值以及水平角差值的计算。

选取每两个相邻测站的公共测量点，将每一个测站的多余测量点删去，然后对公共测量点进行排序。对于平距差值统计，在两个相邻测站都选取同一个点为原点，假设其在各自测站坐标系下原点的坐标分别为 X_0，Y_0，Z_0 和 X_0'，Y_0'，Z_0'，公共点在各自测站坐标系下的坐标分别为 X，Y，Z 和 X'，Y'，Z'。通过计算公共点到原点的距离，可以得到这两个测站的相同基线平距之差 $\Delta S = \sqrt{(X-X_0)^2+(Y-Y_0)^2} - \sqrt{(X'-X_0')^2+(Y'-Y_0')^2}$。

同样，对于水平角差值的统计，选取距离最大的两点，将当前测站坐标系变换到以第一点为原点，以第二点为方向的坐标系下。选取这两点为原点和方向是因为这两点覆盖了大部分测量点的范围，可以减小坐标转换误差。由于测站坐标系都是水平坐标系，Z 轴垂直向上，因此坐标系转换只需要进行一个二维的旋转平移，再进行一个高程方向的平移。假设任一公共点在各自测站新坐标系下的坐标为 X，Y，Z，和 X'，Y'，Z'，则此点在第 1 站下的水平角为 $\gamma = \arctan(Y/X)$，在第 2 站下的水平角为 $\gamma = \arctan(Y'/X')$，可以得到这两个测站公共点的水平角之差 $\Delta\gamma = \gamma - \gamma'$。

对所有相邻测站的公共点平距的差值、水平角的差值进行统计分析，可以得到激光跟踪仪实际的测角误差和测边误差，从而在后续的平差程序中定权。对隧道 RCS 环控制网分别采用 Faro Xi 和 Leica AT401 激光跟踪仪进行了观测，对这两种仪器的观测值进行统计。Faro Xi 平距差值的标准偏差为 0.06mm，水平角差值的标准偏差为 2.2″，垂直角差值的标准偏差为 3.5″；Leica AT401 平距差值的标准偏差为 0.03mm，水平角差值的标准偏差为 0.9″，垂直角差值的标准偏差为 2.4″。从实测数据统计来看看，Leica AT401 的测距精度和测角精度均优于 Faro Xi。

2）控制网平差及精度分析

为了加快工程建设进度，加速器设备安装与土建并列进行，因此，在建设过程中，控制网的现场测量与数据处理分段进行。直线隧道控制网平差处理采用直线首尾两端永久点 P01L、P02L 作为平面和高程控制点；环隧道控制网平差采用 P03R、P04R 两个永久点作为平面和高程约束。同时，为了保证环与直线的平滑搭接，还以直线末端的部分控制点作为环平差约束；输运线的平差计算与直线和环的方法一样。

以下分别对直线和环的点位绝对精度、相对精度进行分析。点位绝对精度为该点相对于固定点的精度，相对精度为该点相对于上一点的精度。隧道点位众多，为了方便说明，以隧道截面中靠近设备的地面点即 A 点进行精度分析。隧道截面中 A、B、C、D 四点位分布规则均匀，因此，B、C、D 点位精度与 A 点相当。

（1）对于直线控制网点位误差，从纵向、横向、高程三个方向来进行分析，分别是 CSNS 装置坐标系的 X、Y、Z 方向，纵向即是束流方向。

直线平均绝对点位误差：对于点位误差在不同方向上的误差分量，纵向精度最高，其误差分量的标准偏差为 0.04mm，横向精度最低，其误差分量的标准偏差为 0.17mm。对于同一方向上各点的误差，纵向精度均一，均小于 0.05mm，横向和高程方向在中部最大，分别达到 0.24mm 和 0.11mm。见图 9.3-14。

直线平均相对点位误差：纵向（X）标准偏差 0.04mm，横向（Y）标准偏差 0.03mm，高程方向（Z）标准偏差 0.03mm。对于点位误差在不同方向上的误差分量都相当，各方向点位误差分量的标准偏差均在 0.03～0.04mm。对于同一方向上各点的误差，各点精度都均一，都在 0.05mm 以内。见图 9.3-15。

（2）对于环控制网点位误差，从周向、径向、高程三个方向来进行分析，因为束流运行最关心的是束流方向和垂直于束流方向，周向即是束流方向。

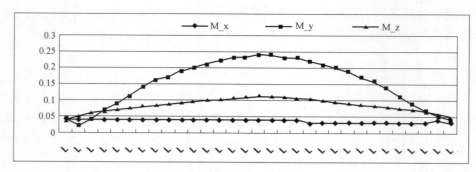

图 9.3-14　直线绝对点位误差（mm）

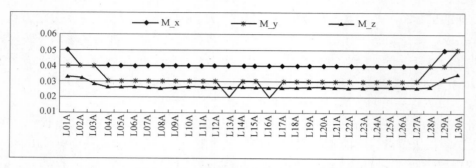

图 9.3-15　直线相对点位误差（mm）

环平均绝对点位误差：对于点位误差在不同方向上的误差分量，周向和径向相当，其误差分量的标准偏差为 0.12mm，高程方向精度略低，其误差分量的标准偏差为 0.15mm；对于同一方向上各点的误差，在周向、径向、高程方向上，随着点位离约束点越远，误差越大，在两约束点之间即环注入和引出区域精度最低，其各向误差分别达到 0.17mm、0.17mm 和 0.22mm。见图 9.3-16。

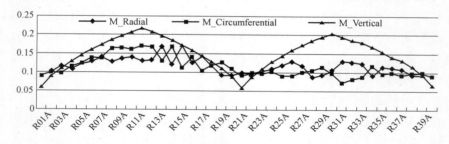

图 9.3-16　环绝对点位误差（mm）

环平均相对点位误差：周向（C）标准偏差 0.10mm，径向（R）标准偏差 0.08mm，高程方向（V）标准偏差 0.06mm。对于点位误差在不同方向上的误差分量，周向和径向精度相当，其误差分量的标准偏差分别为 0.10mm、0.08mm，高程方向精度最高，其误差分量的标准偏差为 0.06mm。对于同一方向上各点的误差，各点精度都均一，都在 0.11mm 以内。见图 9.3-17。

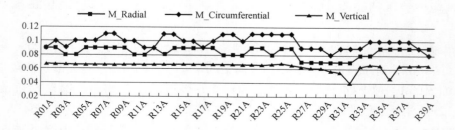

图 9.3-17　环相对点位误差（mm）

整体而言，直线和环的绝对点位精度优于 0.25mm，相对点位精度优于 0.11mm；对于直线控制网，沿直线方向绝对点位精度最高，垂直于直线方向绝对点位精度较低；对于环控制网，各方向绝对点位精度相当。

9.3.3.3 设备标定及预准直

粒子加速器设备在隧道中精密准直安装前，需进行设备的标定，即建立设备外部准直基准点与设备几何中心的空间位置关系，从而保证在隧道准直安装时利用准直基准点把设备调整到目标位置。加速器设备的标定一般采用激光跟踪仪进行，通过测量设备的加工基准面，并利用测量得到的离散点拟合建立特征圆、特征线、特征面，最后采用线面相交等方法在设备中心建立三维直角坐标系，称为设备坐标系。同时，在加速器设备顶部焊接有多个基准座，用来吸附激光跟踪仪反射球，在设备坐标系下获取这些基准座上反射球球心的三维坐标即得到设备的标定值。加速器设备坐标系的坐标轴方向定义为：束流方向为 Z 轴，垂直向上为 Y 轴。设备标定完成后，通过设备中心位置及束流方向在加速器装置坐标系下的设计值，从而将标定值从设备坐标系下转换到装置坐标下，最终在装置坐标系下将所有设备在隧道精确就位。另外，有些加速器设备是由多个部件组成，在进入隧道安装准直前，需要将多个部件进行精确组装及整体标定，这过程称为预准直。

1. 磁铁标定

磁铁的主要作用是对粒子束流进行偏转或聚四级铁焦，其数量占了加速器设备的 80％ 左右。磁铁主要包括二极磁铁、四极磁铁、六极磁铁和校正磁铁这四种磁铁。磁铁标定就是要建立磁铁物理中心及轴线与磁铁准直基准点的空间位置关系。下面以四极磁铁标定（图 9.3-18）为例说明。

四极磁铁用于对粒子束进行聚焦，它的标定分为机械中心标定和磁中心标定。机械中心标定是通过测量四极磁铁的机械基准面，确定四极磁铁的机械中心轴线，以此建立四极磁铁设备坐标系，从而得到磁铁顶面四个准直基准点在设备坐标系下的坐标值。四极磁铁的机械特征为上下左右四个极头，通过测量四极磁铁的上下左右四个极头组成的极缝，在每个极缝上采集一些点，然后上下极缝的测点拟合得到平面 PLANE_Y，左右极缝的测点拟合得到平面 PLANE_X，通过 PLANE_X 和 PLANE_Y 进行面面相交得到其机械中心轴线 LINE_Z；通过测量磁铁束流进出口端的端面，得到平面 PLANE_Z。以 LINE_Z 与 PLANE_Z 的交点为原点 Origin，以 LINE_Z 为

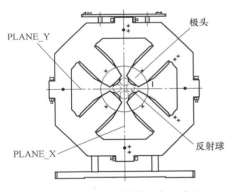

图 9.3-18 四极磁铁标定示意图

第一主要方向作 Z 轴，以 PLANE_Y 的法线方向为第二主要方向作 Y 轴，建立四极磁铁设备坐标系。

磁中心标定是测量四极磁铁的机械中心轴线与磁中心轴线的偏差，得到在以磁中心轴线为基准的四极磁铁设备坐标系下准直基准点的坐标值。四极磁铁的磁场分布通过测磁线圈进行测量，通过将四极磁铁的机械中心轴线与测磁线圈旋转轴线调整同轴，测磁线圈绕电机旋转测出四极磁铁的磁场分布，从而对四极磁铁的机械中心标定值进行改正，最终得到四极磁铁的磁中心标定值。

2. 剥离膜及丝靶标定

对于粒子加速器中某些特定的设备，如用来精确测量束流截面尺寸的丝靶探测器，及用来进行电荷剥离的剥离膜设备（图 9.3-19）等，还需测量其

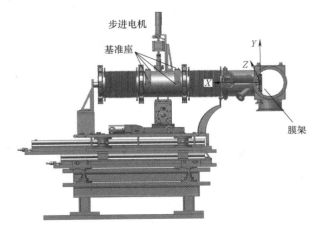

图 9.3-19 CSNS 主剥离膜示意图

内部运动机构相对于设备基准面的关系，以便于指导电机驱动对运动机构的加工初始偏差进行抵消，从而将丝靶探测器中的细丝及剥离膜设备中的膜架调整到设计位置，其中，偏差的精确测量将对这些设备的性能发挥具有重要影响。但这些细丝、模架非常细、薄，无法利用激光跟踪仪的反射球进行直接接触测量。因此，针对细丝、薄片设备的定位，制定采用激光跟踪仪、工具经纬仪、水准仪三种仪器联合无接触测量的方案，通过激光跟踪仪进行设备标定基准面的引出，同时，采用光学瞄准的方法对这些内部运动机构进行间接测量。

由于光学仪器如水准仪、经纬仪的工作参考线为铅垂线，所以，在光学仪器使用前，需要将设备调整至水平状态，使其 Y 轴铅垂；然后通过激光跟踪仪自由设站，测量获取设备顶部基准座的坐标值；通过基准座测量值向设备标定值拟合，最后将仪器定位到设备标定坐标系下。若想知道运动机构相对于设备中心沿 X 轴方向（横向）的偏差，则需采用激光跟踪仪在 YZ 平面内进行坐标放样，即设定 2 个参考点，再采用光学经纬仪将视线调整到这 2 点的连线上。光学经纬仪采用 BRUNSON 76-RH190，它带有光学千分尺，可通过刻度旋钮上的读数来补偿视线的偏差，其读数可精确到 0.02mm，见图 9.3-20。通过旋转光学千分尺旋钮来精确瞄准运动机构，即可知道运动机构相对于设备中心沿 X 轴的偏差。此方法也同样适用于沿 Z 轴方向（纵向）的偏差测量。对相对于设备中心沿 Y 轴方向（垂向）的偏差测量，则采用光学水准仪进行。同样，也是先采用激光跟踪仪进行坐标放样，设定 1 个高程参考点，然后将水准仪水平视线调整到这个高程参考点上，再通过调节其测微器旋钮来将水准仪的水平视线精确瞄准运动机构，即可知道运动机构沿 Y 轴的偏差。水准仪采用 WILD NA2。

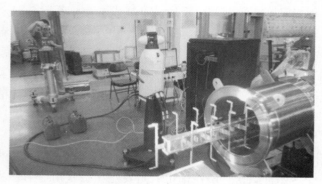

图 9.3-20 光学经纬仪对膜架进行横向测量

由于激光跟踪仪测量误差的影响，当进行最小二乘拟合将仪器定位到设备标定坐标系下时，坐标轴会出现一定的平移及旋转，这样对基准面的引出会造成误差，进而影响光学仪器的测量。经过分析，采用约束水平拟合方法对激光跟踪仪进行定位，以及合理进行参考点的选取放样，则会大幅削弱误差造成的影响。对于垂直于 Z 轴或垂直于 X 轴的平面引出，若将参考点放置的与设备中心等高，即可减小绕 X 轴或绕 Z 轴的旋转角度造成的影响；对于垂直于 Y 轴的平面引出，若将参考点放置在 Y 轴上，即可减小绕 X 轴和绕 Z 轴的旋转角度造成的影响。最终，完成对主剥离膜 22 个模架以及丝靶丝线的横向和高程位置测量，精度 0.05mm。

3. DTL 预准直

CSNS 直线加速器由 4 段 DTL 加速器组成，将负氢束流加速到 80MeV。DTL 加速器工艺技术复杂，要求极高的加工精度和准直安装精度，是 CSNS 准直的核心难点。DTL 加速器由 4 个 9m 长的物理腔组成，每个物理腔由 3 节 3m 长的机械腔通过螺栓硬连接而成，每个机械腔内按顺序安装有一定数量的漂移管，整个 DTL 加速器内共有 153 个漂移管。DTL 加速器运行时，高频纵向电场使带电粒子在两个漂移管之间加速，而当电场反向时，粒子正好运行到漂移管内，电场被屏蔽，粒子在漂移管束流孔中漂移。预准直的任务是将这 153 个漂移管分别安装准直到 12 个机械腔的理论位置，其准直精度的好坏将影响 CSNS 的调束和运行。根据 CSNS 设计要求，漂移管最终准直精度在横向、纵向和高程方向均优于 0.1mm。DTL 预准直包括机械腔和漂移管的标定、漂移管在机械腔内准直。

1）机械腔和漂移管的标定

在机械腔的腔体上固定有 35 个基准座，在漂移管的外圆上加工有 4 个销孔用于固定基准座，机械腔和漂移管标定的目的是建立腔体轴线与机械腔基准点、漂移管轴线与漂移管基准点的相互关系，从而保证在安装准直时能利用这些准直基准点把设备调到目标位置。标定测量工作在恒温恒湿实验室内采用激光跟踪仪进行。

机械腔为圆柱形腔筒，两端分为高能端和低能端，其坐标系的建立过程如下：在腔筒高能端端面和低能端端面分别测量 12 个点，并分别拟合平面；在距离高能端端面 100mm 位置处测量 12 个内圆点，将这 12 个点投影到高能端端面并拟合圆；在距离低能端端面 100mm 位置处测量 12 个内圆点，将这 12 个点投影到低能端端面并拟合圆；腔筒上平面测量 6 个点，并拟合平面；以低能端内圆投影点的拟合圆圆心为原点，以低能端内圆投影点的拟合圆圆心与高能端内圆投影点的拟合圆圆心的连线为 Z 轴，以低能端内圆投影点的拟合圆圆心与其在腔筒上平面投影点的连线为 Y 轴，三者共同组成右手坐标系，如图 9.3-21 所示。

漂移管有 9 种规格，共 153 个，其铜管一侧为高能端，钢管一侧为低能端，其坐标系的建立过程如下：高能端内圆 6 个测量点的拟合圆的圆心与其在高能端外圆 6 个测量点拟合平面的投影点的连线为 Z 轴；Z 轴与高能端内圆 6 个测量点拟合平面的交点为原点；平尺贴合垂直漂移管的小平面放置，测量 4 个点，利用这 4 个点在高能端内圆 6 个测量点拟合平面的投影点作拟合直线；高能端外圆 6 个测量点的拟合圆心与其在平尺测点拟合直线的投影点的连线为 Y 轴，三者共同组成右手坐标系，如图 6.3-22 所示。漂移管和工装基准件均放置于 0 级平面度的大理石测量平台上进行操作。

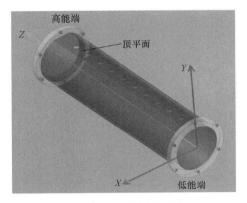

图 9.3-21 机械腔标定

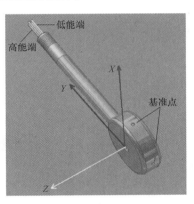

图 9.3-22 漂移管标定

为保证漂移管标定测量准确可靠，对漂移管进行两遍重复性标定，取两遍标定数据的平均值作为最终的标定值。统计了全部 153 个漂移管和 12 个机械腔的标定重复性，漂移管的标定重复性在 0.01mm 以内，机械腔的标定重复性在 0.02mm 以内。此外，为确保激光跟踪仪性能正常，定期采用激光干涉导轨对激光跟踪仪进行校准，以及在每次标定前采用铟钢标准杆对激光跟踪仪长度测量进行检验。

2）漂移管在机械腔内准直

漂移管腔内准直的任务是将这 153 个漂移管分别安装准直到 12 个机械腔的理论位置。在安装准直前，需根据每个漂移管的物理设计的进口坐标和出口坐标，将漂移管标定值转换到机械腔标定坐标系下，得到漂移管在机械腔内的调整理论值。

漂移管安装时，首先用水准仪将机械腔的上平面调平，保证漂移管安装后保持铅垂状态。跟踪仪布置在机械腔高能端正前方，测量机械腔高能端端面和低能端端面的 12 个基准点，通过跟踪仪控制软件的 Best-fit 功能将这 12 个基准点的实测值与漂移管调整理论值拟合，拟合偏差需小于 0.02mm，将仪器定位到机械腔标定坐标系下，使用 Watch 或者 Watch Nearest Nominal Point 功能，实时查看漂移管基准点实测值与漂移管调整理论值的偏差，然后通过漂移管端部的调整机构将漂移管调整到 4 个基准点的三个坐标值与理论值偏差小于 0.03mm 限差范围内，见图 9.3-23。

图 9.3-23 漂移管腔内调整

在所有漂移管的就位完成后，需对机械腔和所有的漂移管做整体全面复测，根据复测结果判断预准直是否达到设计要求，统计了预准直完成后 153 个漂移管在机械腔内的就位误差，其中 X 方向的预准直就位偏差为 0.022mm，Y 方向的预准直就位偏差度为 0.024mm，Z 方向的预准直就位偏差为 0.032mm。可以得出，漂移管的预准直就位偏差（即实测值与理论值的偏差）在 0.035mm 以内。为了消除温度变化或不均产生的热胀冷缩对测量的影响，整个预准直工作都是在恒温工作间内进行，温度基本稳定在 25℃，这个温度也是将来加速器运行时隧道内的温度。

4. 高频腔预准直

高频腔的作用是在每个循环周期内给束流提供所需的能量，并保证束流纵向运动的稳定性。RCS 环共有 8 节高频腔，每节高频腔分为左右两个半腔单元，为共架结构，半腔长约 1.2m，整腔长约 2.5m。预准直的目的是通过调整这个两半腔单元，使其内导体进行同轴连接，以保证束流顺利通过。高频腔的预准直采用激光跟踪仪进行，分为三步：首先是两个半腔单元的分别标定，然后是两个半腔的准直组装，最后是对接后的整腔标定。

高频腔的内导体为无氧铜圆筒，为保证内导体同轴，因此在标定时采用测量内导体圆筒拟合圆柱的方法。以圆柱的中心轴作为主轴 Z 轴，代表束流运动方向；以外导体端面上两个水平加工基准孔连线为 X 轴，作为水平方向，由环内指向环外为正方向；向上为 $+Y$ 轴；外导体左右两端面的中心面与圆柱轴线的交点作为原点，建立设备坐标系。见图 9.3-24。

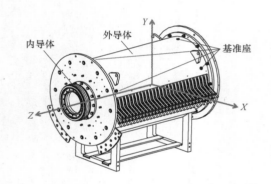

图 9.3-24　高频腔单腔标定

图 9.3-25　高频腔整腔标定

标定完成后，即可进行两半腔的准直组装。方法为：以右半腔为基准，测量右半腔上的 4 个基准点，通过最佳拟合转换，将激光跟踪仪定位到右半腔的设备坐标系下；在右半腔的设备坐标系下，查看左半腔的 4 个基准点，不断调节左半腔，使其实测坐标与其理论坐标差值小于 0.1mm。

最后，在腔体运往隧道前，需要以整腔为对象进行整体标定（图 9.3-25），以确定整腔在隧道中的安装位置，标定的方法与单腔标定方法类似。同时，为了检验两腔对接的精度，通过激光跟踪仪测量两腔内导体，并拟合标准圆柱，全部 8 个高频腔的预准直完成后，整腔内导体圆柱拟合标准偏差均优于 0.35mm。

9.3.3.4　设备隧道安装准直

所有设备在实验室经过标定及预准直后，依次运往隧道进行安装就位。设备在隧道准直的两项工作分别是测量和调整。

采用激光跟踪仪进行设备隧道测量。首先，通过物理设计人员给出的设备束流进出口点在 CSNS 装置坐标系以及在设备坐标系下的坐标，结合设备基准点在设备坐标系下的标定值，计算得到设备基准点在 CSNS 装置坐标系下的隧道就位理论值；然后激光跟踪仪在设备附近自由设站，向前测量 3 段隧道网，向后测量 3 段隧道网，然后与隧道二级网坐标值拟合，从而将激光跟踪仪定位到隧道二级网坐标系下。用激光跟踪仪测量设备上的准直基准点，实时观察设备实际位置与理论位置的偏差，从而对设备进行调整（图 9.3-26）。

在设备隧道调整时，由于加速器设备都需要进行相互连接以提供超高真空环境，有些设备通过波纹管进行相互连接，而有些设备直接通过硬连接的方式进行相互连接，这给设备隧道调整带来很大困难。对于 DTL 腔体隧道准直（图 9.3-27），4 节物理腔之间通过波纹管进行连接，但是每节物理腔中的 3 节机械腔采用法兰与法兰硬连接的方式进行连接。通过反复摸索，掌握了腔体硬连接调整方法，通过单腔 0.2mm 粗调对齐、两腔 0.01mm 精调锁紧，整体小幅实时修正，最终，同时实现了腔体准直对接和真空密封，9m 3 节机械腔对接达到 0.05mm 的精度。

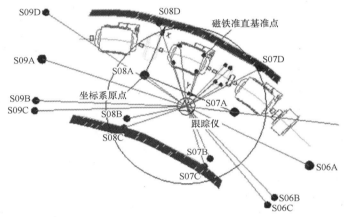

图 9.3-26 激光跟踪仪进行设备隧道准直

图 9.3-27 DTL 腔体隧道准直

同时，设备隧道调整时的测量偏差默认在 CSNS 装置坐标系下给出，需要调整人员进行方向判断，特别是 RCS 环设备的调整（图 9.3-28），这为调整工作带来很大不便。为直观地进行设备位置调整，激光跟踪仪在隧道定位后，建立调整坐标系，将装置坐标系变换到调整坐标系下。调整坐标系以设备物理进出口连线的中点为原点，装置坐标系的高程向上方向为 Y 轴，设备束流方向为 Z 轴。另外一项重要的工作是，在调整完毕后，在设备顶面、前面和端面各测量两个校核点，将校核点坐标与 CSNS 设备 CAD 总图中该设备位置进行比较，以检核设备位置是否有粗大误差。

图 9.3-28 RCS 环磁铁准直

9.3.3.5 靶前 24m 段设备准直

靶前 24m 段位于 RTBT 输运线隧道末端,连接靶站。这段设备位于加速器与靶站的交界段,运行期间设备受的辐射剂量大,采用 1750t 钢屏蔽墙进行辐射防护,同时,隧道空间狭小、维护困难,对诸如磁铁、真空盒及支架等设备,要求在隧道进行远程安装及准直定位,这对机械、准直、安装各系统提出了挑战。靶前 24m 段设备分为 7 个预准直单元,包括 7 套远程拆装支架、8 种类型磁铁。为了实现设备在隧道远程安装就位,每个预准直单元设计分为上下两层支架,底层支架固定安装在隧道地基上,磁铁预准直安装在上层支架上,上下两层支架通过球心和球窝结构进行重复定位。为了满足设备隧道远程吊装精确就位,制定了上层支架上的磁铁实验室预准直、底层支架隧道准直、上下层支架基准球定位的总体方案。

图 9.3-29 上层支架磁铁预准直

1. 上层支架磁铁预准直 (图 9.3-29)

每个支架上的磁铁先进行单独标定,标定的方法和前述一样。然后,进行上层支架标定,采用上层支架球窝为基准建立上层支架预准直坐标系。在上层支架预准直坐标系上,对支架上的磁铁按照每块磁铁的设计坐标进行预准直,从而实现磁铁相对支架的磁中心基准传递及绝对定位。

2. 底层支架隧道准直

由于上下层支架采用球体定位,因此上层支架的球窝与下层支架的球心在隧道中的位置是一样的。物理设计人员给出了上层支架磁铁在隧道中的理论位置,通过上层支架磁铁预准直后,即可以得出上下层支架球心在隧道中的安装位置。通过激光跟踪仪在隧道中自由设站,测量隧道控制点,最终,实现 7 个单元底层支架在隧道的准直调整就位。

3. 设备全面测量 (图 9.3-30)

底层支架在隧道就位后,通过天车将 7 个共架预准直单元逐一的吊装进 24m 段,为了保证精确吊装,先在 24m 隧道两侧墙面安装导向轨,预准直单元通过导向轨慢慢滑入,落在相应的底层支架上,再由上层支架的球窝与下层支架的球体精密配合,最终实现了上层支架的磁铁在 24m 段隧道的远程吊装准直就位。

采用激光跟踪仪在 24m 段隧道顶部两岸分别设站,测量这 7 个单元上 21 个设备,通过计算每个设备的最终实测的隧道位置,与其理论位置对比,结果表明,这 7 个单元经过导向槽粗定向,球体精定位后,全部设备一次球定位准直成功,精度 0.1mm。

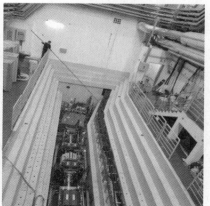

图 9.3-30 24m 段设备全面测量

9.3.3.6 靶体准直

CSNS 靶体系统主要由靶体插件和靶体维护拖车组成，通过靶体拖车将靶体插件运载插入至靶心处，使靶体插件接受高能质子束轰击而产生中子，具有工艺复杂、可靠性要求高的特点。靶体准直包括：拖车导轨准直、靶体插件准直。

拖车导轨准直：靶体维护拖车承载靶体插件，实现在运行位置和维护位置的移动和定位。为了保证 70t 重拖车在导轨上静态稳定、运动平稳。通过地面网格测量，垫铁精确抬高、导轨反复调整（图 9.3-31），最终 17m 长导轨直线度 0.1mm。

靶体插件准直：靶体插件与靶心处反射体容器动态配合、间隙狭小，为了保证靶体插件在仅 5mm 间隙下精确插入反射体容器内部，制定了靶体插件标定、靶体插件热室调整、靶体插件与反射体容器通道相对测量、靶体插件在靶心处位置测量的准直方案。靶体在热室内标定以及调整完毕后，采用三维模拟插入方法，模拟靶体插入运动过程（图 9.3-32），通过记录靶体插件初始状态、靶体插件运动方向、反射体容器内部形状，推算靶心处靶体插件与容器内部通道的间隙，从理论上确认靶体插件可以安全插入靶心反射体容器内。

图 9.3-31　拖车导轨调整

图 9.3-32　靶体插件插入运动模拟

最后，将激光跟踪仪架设在靶前 24m 段处，使激光跟踪仪的激光束穿过反射体容器的质子孔道和中子孔道，到达热室内的靶体插件，监视靶体插件插入慢化器铝容器的运动过程。最终，通过涂抹红丹显示，靶体插入反射体一次成功，整体准直偏差 0.2mm。

9.3.3.7 设备全面测量及轨道平滑

设备位置全面测量方法同隧道控制网测量方法基本一样，采用激光跟踪仪单站水平往返测量方案，每段控制点测一站，每站对控制网点和设备基准点进行测量。为了进一步提高设备位置测量精度，为后续轨道平滑调整提供依据，设备全面测量充分利用激光跟踪仪的测程范围，对控制网点及设备基准点采用大视场、全覆盖、多方位、密集采点的方式进行测量，因此，激光跟踪仪每站对视场及量程内的控制网点及设备基准点进行测量，这大大增加了相邻站的公共点数以及加强了多站间的交叉搭接，对提高点位精度有很大作用。

通过设备理论束流进出口坐标，将设备基准点的理论值和实测值由装置坐标系转换到设备坐标系，得到设备基准点在设备坐标系下实测值与理论值的偏差，进而得到相邻设备束流进出口点实测值与理论值的偏差差。轨道平滑的策略是通过计算同种相邻设备在设备坐标系下的实测值与理论值的偏差的差值，进行样条曲线拟合，对于偏差差值超限的设备进行不断平滑，最终确定需要调整的设备及相应的调整量。

2018 年对直线 LIANC、输运线 LRBT、环 RCS、输运线 RTBT 进行了全面测量，获得所有设备的平面和高程坐标，相对精度 0.05mm。由于四、六极磁铁对粒子运行轨道的影响最大，因此，重点对四、六极磁铁的轨道平滑情况进行了分析。对 130 块四、六极磁铁进行了统计，相邻磁铁偏差的差值在横向、高程方向均小于 ±0.5mm，纵向方向均小于 ±1mm；横向标准偏差为 0.18mm，高程标准偏差为 0.16mm，纵向标准偏差为 0.30mm。由于四、六极磁铁横向和高程方向的偏差对束流的影响较大，这两个方向的准直误差要求小于 0.2mm，纵向方向的准直误差要求小于 0.5mm。因此，对横向、高程的偏差差大于 0.2mm，以及纵向的偏差差大于 0.5mm 的相邻磁铁进行平滑分析，最终决定对 14 块四极磁铁进行调整。平滑调整完毕后，四、六极磁铁的准直误差均满足要求。通过加速器开机调试，束流运行顺利，实现了稳定高效供束。

9.3.4　启示与展望

中国散裂中子源于 2018 年 8 月 23 日顺利通过国家验收，投入正式运行。中国散裂中子源的正式运行表明了准直系统圆满完成了任务，准直测量的方案、实施以及测量精度达到了设计要求，为后续国家大科学装置的建设提供了经验。

为进一步满足国家重大战略与基础科学研究需求，我国新一代高能同步辐射光源项目 HEPS 的建设已列入国家重大科技基础设施建设"十三五"规划，落户怀柔综合性国家科学中心，计划耗资 48 亿元。优异的光源性能建立在高性能电子储存环基础之上，通过追求更低的发射度以提高光源的亮度和相干性。由于超低发射度电子储存环对于加速器技术的要求大幅度提高，现有的加速器技术已经难以满足先进光源的建造需求，形成巨大的技术挑战。高能同步辐射光源 HEPS 对加速器准直提出了准直单元内部设备之间相对位置精度 0.03mm，准直单元之间相对位置精度 0.05mm 的高精度要求，这些精度达到了国际加速器准直领域的前沿水平。实现以上超高准直精度有以下 4 个方面必须予以突破：

1）为了在隧道工程现场实现大尺度超高控制测量精度，这就得将现有控制测量主要仪器全站仪、水准仪和激光跟踪仪的精度通过补偿、校准发挥到极限水平。

2）开发振动线预准直技术，通过振动线来实现磁中心的精密定位测量，从而满足准直单元内部设备之间的高精度预准直。

3）研究振动线磁中心精密引出标定测量技术，将振动线线位引出到预准直单元的基准靶标上，从而供准直单元在隧道就位安装。

4）开发激光高精度测距交会法微米级三坐标测量技术，研究利用激光高精度绝对测距和干涉测距进行边长或位移交会定位的方法，发挥激光测距精度高的优势而回避目前转台测角精度低的劣势，从而实现加速器设备中心微米级引出测量。

9.4　上海光源

9.4.1　工程概况

上海光源（Shanghai Synchrotron Radiation Facility，SSRF）坐落上海张江高科技园区，是中国重大科学工程，投资逾 12 亿人民币，2004 年 12 月 25 日开工，截至 2010 年 1 月 20 日，是中国规模最大的科学装置。

SSRF 是继北京正负电子对接机（BEPC）等重大科学研究工程之后的第三代同步辐射光源。普通的 X 光能清晰拍摄出人体的组织和器官，而上海光源释放的光，亮度是普通 X 光的一千亿倍。通俗说来，上海光源相当于一个超级显微镜集群，能够帮助科研人员看清病毒的结构、材料的微观构造和特性。在实验站，同步辐射光被"照射"到各种各样的实验样品上，同时科学仪器记录下实验样品的各种反应信息或变化，经处理后变成一系列反映自然奥秘的曲线或图像。SSRF 已经成为生命科学、材料科学、环境科学、地球科学、物理学、化学、信息科学等众多学科研究中不可替代的先进手段和综合研究平台，也是微电子、制药、新材料、生物工程、精细石油化工等先进产业技术研发的重要手段。还将直接带动中国电子工业、精密机械加工业、超大系统自动控制技术、高稳定建筑技术，以及其他相关工业的快速发展。这个科学装置建成后，对推动中国多学科领域的科技创新和产业升级产生重大作用。上海光源工程全景及设备隧道内现场图见图 9.4-1。

图 9.4-1 上海光源工程全景及设备隧道内现场图

上海光源主体包括 20m 长的直线加速器、周长 180m 的增强器、周长 432m 的储存环及沿环外侧分布的同步辐射光束线站和实验站。直线加速器（Linearaccelerator），主要由电子枪、预聚束器和聚束器、螺线管、10 根行波加速管和 3 组三合一四极磁铁组成，其输出能量为 300MeV。增强器（Booster），主要由高频功率腔、36 块弯转二极磁铁、98 块四极磁铁和 30 块六极磁铁组成，其功能是把从直线加速器注入的 300MeV 电子束加速到储存环所需要的最高能量 3.5GeV，然后注入储存环。储存环（Storagering），是同步辐射光源的核心部分，其设计能量为 3.5GeV，周长 432m，流强 200～300mA，由 40 块弯转磁铁、200 块四极磁铁、140 块六极磁铁及磁铁支架、注入、电源、真空、高频、束测和控制等器件组成。从储存环弯转磁铁和插入线产生的同步辐射光经过前端区进入各条光束线站，以满足各个学科的基础研究和应用开发研究的用光需求。

9.4.2 关键问题

9.4.2.1 准直测量精度要求高

上海光源属于第三代光源，加速器的物理性能对磁铁（特别是四极磁铁）安装定位的不一致性非常敏感，以四极磁铁为例，其垂直于束流轨道方向的位置公差会引起磁聚焦性能受损，导致束流发散度增大；而绕束流轨道平面的旋转公差会引起束流纵向运动与横向运动的耦合，从而增加束流的不稳定性，缩短束流寿命。光源装置是否能成功、有效地运行，准直测量是一个关键的因素。

根据加速器物理设计，加速器物理设计要求相邻四极磁铁的位置偏差小于±0.08mm，共架机构的相对偏差应小于±0.15mm，储存环安装周长偏差小于±10mm；磁铁安装的主要精度要求见表 9.4-1 和表 9.4-2。在大至几百米的尺寸空间中，要实现如此高的精度，无疑对准直测量技术提出了巨大的挑战。

储存环磁铁安装准直要求　　　　　　　　　　　表 9.4-1

精度类型	弯转磁铁	四极磁铁	六极磁铁	注入磁铁
径向公差(ΔX)	1.0mm	0.15mm	0.15mm	1.0mm
垂直向公差(ΔY)	0.5mm	0.15mm	0.15mm	1.0mm
纵向公差(ΔZ)	1.5mm	0.5mm	0.5mm	2.0mm
旋转公差(ΔX)	0.2mrad	0.5mrad	0.5mrad	1.0mrad

增强器磁铁安装准直要求　　　　　　　　　　　表 9.4-2

精度类型	弯转磁铁	四极磁铁	六极磁铁	注入磁铁
径向公差(ΔX)	0.3mm	0.2mm	0.3mm	1.0mm
垂直向公差(ΔY)	0.5mm	0.2mm	0.3mm	1.0mm
纵向公差(ΔZ)	0.5mm	2mm	1.0mm	2.0mm
旋转公差(ΔX)	0.2mrad	—	—	1.0mrad

9.4.2.2　控制测量实施难度高

控制测量实施难度体现在以下三方面:

1. 难以设置永久参照基准

上海光源在准直测量方案设计中面临的最大挑战来自于松软地基及高精度的定位要求。大型科学工程一般均有永久的控制网网点,如北京高能物理研究所的正负电子对撞机、兰州近代物理所的冷却储存环等。但因上海光源所处软土地基,难以建立稳定的永久固定点,这将造成控制网点不固定,给平差带来一定困难,并造成变形监测时只能求相对变化。

2. 通视条件差

作为一大科学工程,上海光源建筑具有复杂、优美的结构,各种工艺设备电缆、桥架极多,测量的通视性难以保证。

3. 辐射防护要求高

上海光源属于高能粒子加速器,运行期间会在加速器隧道空间内产生较强辐射。控制网点设计应避免在隧道墙体上产生过多的孔洞。

4. 需研究和积累多类型精密仪器装备的作业方法和精度保证措施

为适应上海光源工程准直测量的需要,上海同步辐射中心先后购置了一些先进的测量仪器设备。包括:

1) LTD500 激光跟踪测量系统,控制网测量和安装测量的主要装备;

2) TDM5005 全站仪,测角精度 $0.5''$,测距精度 $0.2mm + 1ppm \times D$,用于整体控制网测量;

3) N3 及 NA3003 水准仪及配套钢瓦水准尺,标称精度分别为 $0.2mm/km$、$0.4mm/km$;

4) PlummetNL 高精度投点仪,1/200000,用于精确对中;

5) 电子倾斜仪 NIVEL20,标称精度 $0.001mm/m$,用于测量磁铁的倾斜;

6) 其他,如二维平移板,以及相应软件和其他一些相应附件。

为了更好地将以上仪器运用于加速器工程测量中,需要详细研究这些仪器的性能、工作条件、测量精度及使用方法等。

9.4.3 方案与实施

9.4.3.1 准直测量流程与方案设计

上海光源的准直过程分为元件标定、预安装准直、现场安装及平滑测量 4 个关键步骤。准直测量的主要任务包括：

1) 各类磁铁精密就位的测量方案设计；

2) 控制网测量，建立高精度的平面控制网和高程控制网，对其进行精密测量并经平差计算后得到各网点的坐标值；

3) 元件标定，建立准直标靶和元件自身几何或物理中心的相对位置关系，从而保证在安装时能利用标靶进行元件的准直；

4) 预安装准直，针对某一支架，将相应的磁铁逐一吊装放置在支架上，稳定一定时间后，相对于支架的基准孔，调整磁铁的相对位置优于±0.03mm；

5) 现场安装，将加速器部件（各类磁铁、高频腔、注入部件、各种束测部件及真空盒、插入件等）及其支架安装在隧道地面上；根据各部件基准点的理论位置，以控制网点为基准对相应的加速部件准直、测量、精确定位；

6) 测量各磁铁有关键元件的位置，测量磁铁的径向、垂向及纵向位置，确保聚焦磁铁的安装是平滑的，否则需进行调整。

控制网能给安装提供全局及局部性的控制，确保在统一的坐标系中进行安装；元件标定可得到基准点和元件中心的相对位置关系；经过预安装准直，将确保四极磁铁、六极磁铁等共架元件的相对位置，减少在隧道内的安装时间；平滑测量是为了保证束流轨道的平滑过渡，对于加速器来说具有特别重要的意义。

准直测量前，根据精密工程测量理论，借鉴国内外加速器准直测量技术的应用情况，配备了先进的测量仪器，进行了详细的方案设计和优化。方案设计主要考虑了以下几个因素：

1) 最终限差和步骤限差，为保证最终定位误差满足物理要求，由于装置的复杂性，安装过程被分成了若干个步骤，每个步骤的误差源都进行了详细分析，并设定限值；

2) 多种仪器的合理使用，应充分发挥所选用仪器的优点，限制其缺点，保证精度和使用方便性；

3) 方案的可持续性，方案不仅要保证安装的顺利进行，还应能够在运行期间进行定期或实时复测、调整。

为保证元件最终安装精度小于±0.15mm，设计了各工序的预期精度如图 9.4-2 所示。

由误差传播定律可知，在平滑测量前，元件安装精度可以估算为 $\sqrt{0.08^2+3\times0.05^2}=0.12$mm，经过平滑测量，元件的相对精度可能进一步提高。

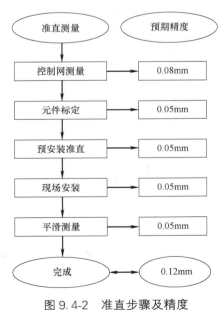

图 9.4-2 准直步骤及精度

9.4.3.2 控制网分级及精度指标的确定

控制网是施工及设备安装的依据，控制网的精度需根据施工及设备安装精度来确定。由于场区范围较小，高程控制网采用精密水准测量的方式容易达到，平面控制网的精度是本工程的关注点。

1. SSRF 平面控制网的分级布设

SSRF 平面控制网总体上分为三级：

1）首级：场区控制网，为土建施工放样提供依据；

2）次级：设备安装整体控制网，起算于一级网，保证加速器各部分和实验大厅各元件之间相对关系正确，并限制三级局部精密控制网的误差积累；

3）三级：局部加密控制网，要求相邻网点有较高的相对精度，保证各个加速器及光束线站自身相对位置关系的正确。

2. 各级平面控制网精度指标

1）首级场区控制网

由于后期安装对主体结构、设备构件的定位要求较高，土建结构测量定位误差要控制在 ± 5mm 以内，按控制网测量误差和放样误差各影响 50% 分配，场区控制测量网最弱点精度：

$$M_{场区} = \pm \frac{5}{\sqrt{2}} = \pm 3.53 \text{mm} \qquad \text{（式 9.4-1）}$$

2）次级设备安装整体控制网

根据电子束实际平衡轨道与理想轨道的偏差要求轨道周长偏差小于 ± 10mm，当成极限误差，中误差取一半，则储存环磁铁安装的径向位置绝对误差大小（M_P）：

$$M_P = \pm \frac{5}{2\pi} = \pm 0.80 \text{mm} \qquad \text{（式 9.4-2）}$$

在环形隧道里，磁铁的安装准直定位误差（M_P）主要来源于控制网的径向绝对误差（$m_{网}$）和通过控制网进行准直磁铁定位误差（m_s），则有：

$$M_P = \pm \sqrt{m_{网}^2 + m_s^2} \qquad \text{（式 9.4-3）}$$

那么控制网网点的径向绝对误差（$m_{网}$）为：

$$m_{网} = \pm \sqrt{M_P^2 - m_s^2} = \pm \sqrt{0.80^2 - 0.15^2} = \pm 0.78 \text{mm} \qquad \text{（式 9.4-4）}$$

从而确定，整体网相邻点的相对误差为 $\sqrt{2} m_{网} = \pm 1.1$mm。

3）局部加密控制网

对于局部控制网来说，磁铁径向安装误差（$m_s = \pm 0.15$mm）主要来自三个方面：

（1）磁中心转移到准直测量基座的转移中误差，其值一般小于 ± 0.05mm；

（2）在一个公共支架上的磁铁预准直中误差（m_1）；

（3）通过控制网对公共支架上两端的磁铁进行准直的中误差（m_2）。

鉴于预准直和隧道准直都采用相同的仪器和方法来实施，所以认为（2）和（3）两项相等，即 $m_1 = m_2 = m$，那么 $m_s^2 = 0.05^2 + 2m^2$，从而有：

$$m = m_1 = m_2 = \pm \sqrt{\frac{m_s^2 - 0.05^2}{2}} = \pm 0.1 \text{mm} \qquad \text{（式 9.4-5）}$$

因此，基于对束流闭轨畸变的估算，所以给出首级场区控制网点精度 ± 3.5mm，次级设备安装整体网点的相对误差为 ± 1.1mm，三级局部加密控制网的径向相对误差为 ± 0.15mm，水准点相对误差为 ± 0.1mm。

9.4.3.3　首级场区控制网测量

为满足土建结构的施工放样需要，结合本工程外形特点、现场条件及后期扩展需求，首级控制网在周边布设 5 点，如图 9.4-3 所示。

顾及施工放样、结构施工后整体变形监测的需要，一级控制网采用长 60m 的 PHC 管桩制作的四个强制归心点（见图 9.4-4），分别为 YA、YB、YC、YD，另在先建的综合办公楼楼顶上增设一 YE 点组成首级平面控制网。在 YA、YB、YC、YD 上用钢钉在 PHC 管桩上布设四个高程点，组成高程控

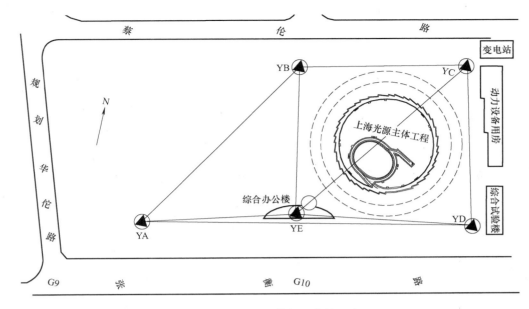

图 9.4-3　首级平面控制网布设示意图

制网。

首级网采用标称精度为测距 0.5mm+1ppm×D、测角 1″的全站仪，按边角组合网、边角全测方案，外业观测按城市二等控制网要求施测，角度测 6 测回，距离正倒镜各三测回，且往返观测。平差后最终精度为：最大点位误差 2.68mm，最大边长比例误差 1/600000。

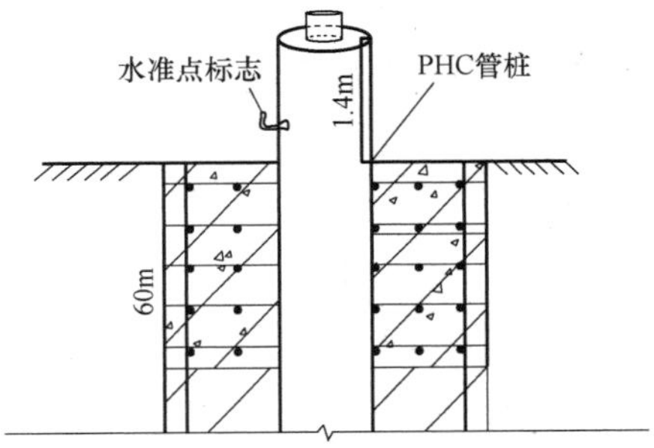

9.4.3.4　次级设备安装整体控制网

1. 控制网布设

设备安装整体平面控制网用于确定建筑和设备的相对位置关系，并为三级局部控制网提供高精度的基准数据。控制网的设计过程受建筑、设备的制约，测量过程中又面临不易观测、不利因素多等困难。

1）网形设计

控制网设计时，首先考虑的因素是测量方案。根据精密工程测量技术的发展现状，参考国内外加速器一级控制网的布设方案。决定采用边角网测量方式，利用高精度的边长和角度观测值，通过平差计算，得到网点的最优坐标。

一级网点共 21 个，直线和增强器上各 2 个，储存环上 9 个，实验大厅在设计时有 6 个，后来增加到 8 个，另与土建控制网的 5 个点联测确定建筑坐标系。网形如图 9.4-5 所示，这些点具有建筑和设备两套坐标，为建筑和设备安装之间提供了桥梁。

2）精度估算

以测距精度为 0.5mm、测角精度为 2″、所有距离和角度作为观测量，按自由网平差模型进行精度估算，得到的最大相对点位误差为 ±0.34mm，最大绝对点位误差为 ±0.24mm，点位误差较均匀，满足预期精度要求，并有相当精度储备。

3）网点结构和埋设

网点用环氧树脂与地面粘接在一起，网点关键部分为锥面结构，它与直径 38.1mm 的球体配合，选择相同直径的对中标志、跟踪仪、全站仪的反射球，保证不同测量设备之间数据的互换。由于加工误差的存在，球与锥面实际是 3 点接触，反射球的放置重复性一般优于 0.01mm，避免了传统方法由标志而带来的系统误差。

图 9.4-4　首级控制网标型设计

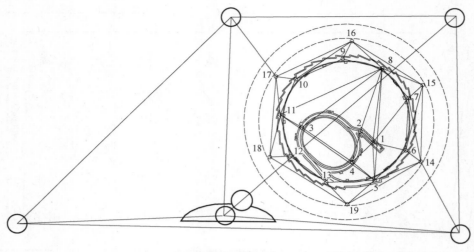

图 9.4-5   整体平面控制网布设示意图

4）控制网测量难点解决方案

针对前述控制测量"难以设置永久参照基准、通视条件差、辐射防护要求高"的难题，采取 3 项措施进行处理：

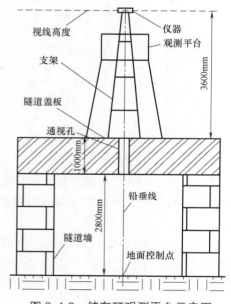

图 9.4-6   储存环观测平台示意图

（1）选用平差方法。在无永久参照基准条件下，需在平差处理时加以处理，通过自由网平差的方法，以前期控制网的重心为基准进行。

（2）视线高度设计。为满足通视性，并减少辐射防护问题，在建筑设计时，经与设计院、公用设施、辐射防护等部门协调，确定了测量视线设计为 7.4m 的标高。在水平方向上，选取的点位应保证避开结构柱、隧道墙、大厅墙体等对视线的遮挡，在视线通过墙体处设可开启的窗。在铅垂方向上，地面点正上方相对应的隧道顶板预留 ϕ200mm 通视孔，以确保控制点从隧道地面投影到仪器中心。对于直线和增强器控制网点来说，在隧道顶部还有 2.2m 高的管线层，上面需要预留通视孔。

（3）支架设计。视线高度设计为 7.4m，为此，需设计专门的仪器支架和观测平台。为避免人员走动对测量结果的影响，观测平台与仪器支架相互分离，见图 9.4-6。

2. 控制网测量的仪器和方法

测量仪器为全站仪和投点仪，型号分别为 TDM5005 和 NL，全站仪标称测角精度为 0.5″，在 120m 范围内，配合高精度的角隅棱镜，可达到 0.2mm 的测距精度。投点仪标称精度为 1/200000，用于精确对中。

为保证仪器性能，全站仪和投点仪经计量部门检测。测量采用边角同时测量的方法，角度测量 4 个测回，距离测量 8 次。观测时对全站仪的测距加常数进行实际测量并输入仪器，测量过程中实时测量温度和压强，对距离进行气象改正。

3. 控制测量实施

一级平面控制网共测量 4 次，测量目的、人员、观测元素和测量结果精度均不太一样。

1）第 1 次测量

为建立上海光源加速器与建筑坐标系的关系，进行了控制网点的埋设，实施了第 1 次测量。建筑施工时，通过 YA、YB、YC、YD、YE 5 个点进行施工控制，通过对这些点和加速器的一级网点进行测量，可建立加速器坐标系。由于当时储存环隧道盖板不到位，图 9.4-6 中的支架设计状态无法实现，将原来设计的支架经过组装，从地面直接升高到 7.4m，观测平台由脚手架搭建。支架稳定性差，对测量结果造成不利影响，控制网处理结果为：点位最大误差约 4mm；相对点位精度约 1～2mm。此精度显然无法满足加速器精密安装要求，仅用于加速器坐标系的建立及粗放样。

2）第 2 次测量

为提高整体网的精度，重新设计了储存环的仪器支架，以钢管进行焊接加工，加工好的支架从储存环地面直接生根，并利用地面和隧道墙建立辅助支撑，加以固化。经如此处理后，支架的稳定性显著提高。平差计算时，以第 1 次测量得到的 5 和 11 两点为基准（如图 9.4-7 所示），平差结果为：平均点位误差为 0.5mm，最大点位误差为 0.8mm。最大点位误差位于外围实验大厅的控制点上，由于观测量太少所引起。对于准直测量最为关键的储存环来说，网点 5～13 绝对和相对点位精度均较高。

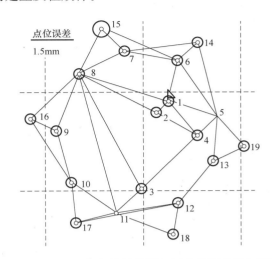

图 9.4-7　设备安装整体平面网点位误差椭圆图

3）第 3 次测量

为校核一级网的质量，准直测量组对整体网进行了第 3 次测量，支架形态与第 2 次控制网测量时的相同。因原来的实验大厅控制点视线受阻，故将控制网作了调整，实验大厅的控制点数目由 6 个变为 8 个，位置由墙上变到地面。经采用多套平差软件计算，网点平面绝对和相对点位精度均优于 0.3mm。由于仪器经校准、测量环境变好、测量人员更充足等因素，测量精度有了较大提高，结果与设计目标相当。

与第 2 次测量结果相比，所有控制点之间的距离均有比例性的缩短。以 5 和 9 两点来说，其距离约为 132m，本次平差后的值比上次平差值短了约 12mm，其原因可归结为水泥随温度的收缩。

为与第 2 次的坐标系及结果相比较，将上次和本次测量结果进行拟合，求得二者间的最优匹配。以第 2 次的结果为参考系，按照 7 参数坐标转换，求得两套坐标系之间的平移和旋转参数为：$d_x = 6.313$mm，$d_y = 0.252$mm，$R = 0.0007°$，比例因子为 1.000092。就储存环的控制网点而言，拟合后，两次结果间的偏差在 1mm 以内，可认为变化较小。

4）第 4 次测量

为验证储存环的地基随温度的变化特性，准直测量组对储存环上的 5、8、11 共 3 个点进行了重新测量。测量时，隧道盖板已到位，观测平台结构及仪器支架与设计情形较为接近。测量结果与上海光源整体平面网的尺度一致，说明地基又发生了膨胀。通过上述对一级平面网的多次测量，证实了控制网的精度，说明一级平面网可为局部控制网提供可靠的平面基准，同时也发现了地基随季节变化的特性。

5）整体平面网测量结论

利用一级平面控制网进行基准传递，指导加速器和光束线设备的安装准直，均取得了较好效果。上海光源的一级平面控制网具有大尺寸、高精度特点，在工程实践中不断优化设计，在周长 400m 大空间中取得了 0.3mm 的超高精度，是精密工程测量的一次极好实践。通过对 4 次观测结果的比较，发现了地基随季节的周期性变化现象。

9.4.3.5　局部加密平面控制网

1. 局部加密控制网布设

根据上海光源工艺的布局情况，局部控制网分成直线加速器网、增强器网、储存环网和实验大厅网，共有 700 多个控制网点，空间分布在隧道内墙、外墙、顶部及地面，采用三维方法测量。

以储存环网点为例，分布及利用激光跟踪仪测量见图 9.4-8，每组点间距约为 6m。

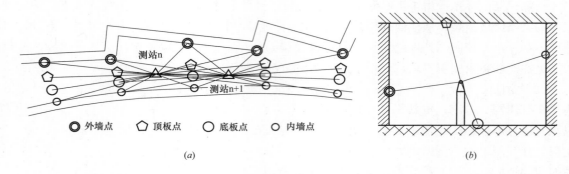

外墙点　⬠顶板点　○底板点　⊙内墙点

(a)　　　　　　　　　　　　　　　　　　(b)

图 9.4-8　整体平面网点位误差椭圆图

（a）平面位置图；（b）剖面位置图

测量时，把激光跟踪仪建立在第一站，测量与该仪器距离小于 12m 的所有点。然后移动仪器，建立新站，站间距约 6m。在新站观测前后 12m 的所有点，这样两站之间有很多重复测量的点，激光跟踪仪的配套软件利用这些点进行光束法平差，所有控制点都可得到第一站坐标系下的坐标。逐渐向前推进，直到回到第一站，完成整个环的测量，最后得到所有控制点在统一的坐标系的三维坐标。这种完全三维的测量方法避免了多种测量仪器的使用，无须烦琐的投点和瞄准，能立即获得三维坐标，测量及平差所需的时间缩短至几分之一，效率大大提高。由于相邻测站有很多重复观测，测量可靠性也得到有效保证。这些措施有利于减少准直所需的时间，提高安装准直效率并避免因安装准直影响机器未来的运行时间。

由于储存环高精度的要求，除了采用激光跟踪仪进行三维测量外，还利用全站仪进行三维测量，以弥补激光跟踪仪角度测量的误差。全站仪测量也无须投点，瞄准内外墙壁上的点，每站可观测更远距离，相邻站间隔约 20m，无须重叠，效率非常高。

同时对加速器三维控制网的地面控制点采用几何水准进行高程联测，由于网点采用锥面结构，利用直径 38.1mm 的钢球，可以实现高程数据和三维控制网数据的顺利转换。水准测量主要参考国家一、二等精密水准测量的方法进行，限制视距，将测量路线设置成多个闭合环。高程方向的水准测量共进行了 7 次，时间分别为 2006 年 11 月，2007 年 2 月，2007 年 4 月，2007 年 9 月，2007 年 11 月，2007 年 12 月，2008 年 6 月。由于上海光源地基的特殊性，没有设置永久高程网点，所以变形监测数据的处理是相对的。以安装时加速器隧道地面水准点高程为基准，都以 A9 点为起算点。

2. 控制点结构及埋设

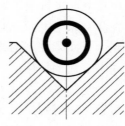

图 9.4-9　锥子锥面和测量标志示意图

控制网点采用强制对中原理，设计为圆锥面结构，并和直径 38.1mm 的反射球配合，反射球是活动的，锥面结构在空间固定，见图 9.4-9。球和锥面的切线是一个圆，但由于机械加工误差，球面和锥面都不是严格规则的，实际相互接触的只有 3 个点。反射球的放置重复性一般优于 0.01mm，避免了传统方法由于对中而带来的较大系统误差。

选择控制网点位置时应保证测量仪器不和其他工艺设备相互影响，特别是地面点，应保证在半径 200mm 内没有电缆沟、工艺槽，确保其稳定性。地面点通过环氧树脂粘结于地面，墙上和天花板控制网点通过膨胀螺栓固定。

锥面结构和反射球之间的灰尘、碎屑将影响测量的重复性。因此，在测量前，应用酒精对圆锥面进行清洁；测量结束后，盖上保护机构，减小感染污染物的概率。

3. 精度评定

LEICA 工业测量软件 Axyz 能融合全站仪和激光跟踪仪的观测值进行平差，可得到优化的控制网坐标，水准测量的数据可以用来检验控制网的精度。实测平差结果表明，直线加速器网、增强器网、储存环网和实验大厅网等所有局部网均达到 0.08mm 的相对点位精度。

9.4.3.6 设备安装测量

上海光源主体由直线加速器、增强器、储存环及沿环外侧分布的同步辐射光束线和实验站等子系统组成，而每个子系统又由成千上万个复杂的设备组成，以储存环为例，对安装定位精度要求较高的元件包括 200 块四极磁铁、140 块六极磁铁、40 块二极磁铁、140 多个束流位置探测器、3 个超导高频腔等，定位精度均应优于 0.15mm，其中，位于同一支架上的四、六极磁铁的横向相对安装定位精度应优于 0.08mm，安装测量任务非常艰巨。

安装测量的主要仪器设备如图 9.4-10 所示。

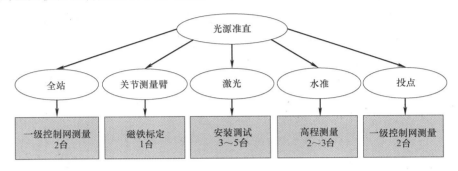

图 9.4-10 准直测量仪器设备组织

1. 元件标定

元件标定的目的是为了建立准直靶标和元件自身几何或物理中心的相对位置关系，从而保证在安装时能利用靶标进行元件的准直。对于真空室、束流位置探测器等元件，在设计中直接对准直靶标位置与设备几何中心之间的关系提出高精度的位置要求，通过加工来保证。此类设备，无需再标定。

需要标定的元件主要是磁铁，见图 9.4-11。在制造时，将 4 个基准靶标焊接于上表面，用以控制 X，Y，Z 和 $\Delta\theta_Y$（有 2 个点的冗余），沿磁铁中心线对称分布，以抵消温度因素对测量结果的影响，且相互之间的位置需尽可能远，以削弱测量误差的影响。在上表面有基准面，用于安置电子倾斜仪，以控制磁铁的旋转公差 $\Delta\theta_X$ 和 $\Delta\theta_Z$，用氢弧焊点焊。此外，在冲片上还预留了一定数目的 V 形槽，以方便基准转移。

标定时，利用激光跟踪仪或关节测量臂，标定基本流程：测量几何中心、V 形槽及若干几何面，根据相互关系，建立元件坐标系，求得靶座的坐标，再加入由磁场测量得到的磁场中心和机械中心的偏差，作为标定值。标定过程还包括利用电子水平仪测量基准平面和磁场中心平面的倾斜角值。

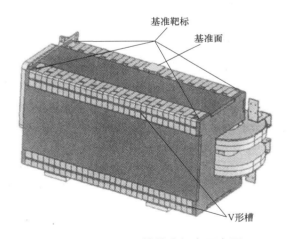

图 9.4-11 磁铁基准标定示意图

2. 预安装准直

预准直程序如下：首先将支架调平，然后将相应的磁铁逐一吊装放置在支架上，待稳定一定时间后，利用激光跟踪仪建立预准直站，测量支架上的基准孔，再建立坐标系，根据磁铁的标定值，对其位置进行调整，保证限差在 ±0.03mm 范围内，并记录相对位置关系。影响预准直精度的因素有环境、地基、调节机构、测量仪器、运输环节等。为保证精度，应在地基稳定、环境条件好的场所进行。

3. 现场安装

现场安装以预准直后的支架为主要对象，将加速器设备连接，并精确调整到位，有以下几步：

1）建立设备就位参照基准。根据磁聚焦结构算得每个支架两端磁铁的坐标值，以控制网各网点的坐标为控制点，利用激光跟踪仪或全站仪，通过测量，将磁铁入口和出口及 B 铁顶点的坐标值放样在隧道地面上。根据磁铁的入、出口参照点和束流参照线，在地面对支架底台的地脚螺栓位置放样画线，并依此在地面打膨胀螺钉孔，固定支撑底台。

2）共架结构就位。共架结构被吊进隧道内相应的位置后，将支架的刻线对齐地面的参照线，采用水准仪并通过调整支架支撑与底台间的垫铁将支架上平面调平，然后将支撑底座锁紧。此期间，各支撑的调节机构应处于中位状态，以保证支架的有效调节量不减少。

3）精密测量和精确定位。将激光跟踪仪安放在支架旁边，以附近的控制网点建立局部坐标系，实时测量支架两端的 Q 或 S 铁的位置，并调整支架位置，直至达到准直要求。随后对其余 Q 和 S 铁测量取数，检查它们的位置是否超差并做微调。

4）真空室安装、准直和调试。拆开并吊走四、六极磁铁的上半铁心，吊装真空室及相关设备元件并使之就位，准直调整真空室组件后，进行真空连通，并启动系统进行超高真空现场调试。

5）二极磁铁就位。真空系统达到超高真空状态后，就位并准直调整二极磁铁，扣合其他磁铁，完成单元的机械设备安装工作。

6）准直复测。在单元机械就位安装完成后，进行准直复测，并对共架机构及其他元件进行必要的精密调整，确认设备安装满足加速器物理提出的安装精度要求。

4. 平滑测量

当所有束流元件在隧道里就位后，对各共架系统彼此相邻的 Q 铁进行平滑测量。在控制网测量的同时测量各磁铁及关键元件的位置，测量磁铁的径向、垂向及纵向位置，以确保聚焦磁铁的安装是平滑的，否则需进行调整。

5. 准直结果

储存环调束前对所有元件进行了复测，为估算四极磁铁的准直偏差，对 20 个标准单元的四极磁铁进行了局部拟合，以两端的四极磁铁为基准，利用拟合后的偏差计算均方根。为避免相邻单元之间磁磁铁的较大偏差，按照类似的方法对相邻单元的四极磁铁也进行类似操作。共得到 40 个均方根偏差，分布示于图 9.4-12（横坐标为偏差量，单位 mm，纵坐标为偏差出现的频率）。水平和垂直方向的平均均方根偏差分别为 0.099mm 和 0.061mm，满足 0.15mm 的设计要求。

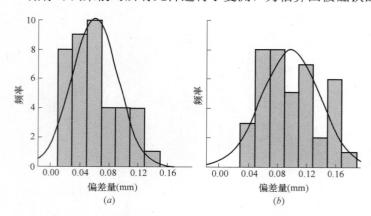

图 9.4-12　储存环四极磁铁局部拟合均方根直方图

准直安装误差对束流闭合轨道偏差（closed orbit distortion，COD）将产生直接影响，根据对 COD 的实测结果，可估算准直测量的实际精度。在 2008 年 3 月 4 日调束时对储存环闭轨偏差进行了实测，工作点为 2222/11.29，水平和垂直方向校正磁铁强度均为 0，水平闭轨偏差 RMS 为 3mm，垂直闭轨偏差 RMS 为 1.75mm。根据模拟四极磁铁安装误差对闭轨偏差的影响，可推算储存环中四极磁铁实际安装误差水平和垂直方向 RMS 分别为 0.078mm 和 0.078mm，与准直精度估算相当。

截至 2008 年 9 月，上海光源 3 个加速器的安装准直工作均已基本完成，从准直数据及实际闭轨偏差情况均反映出获得了较高的准直精度。

9.4.3.7 监测系统

上海光源的科学目标是性能卓越的光源，稳定性是其中一个重要的先决条件。但上海光源园区的土质很软，为了增加稳定性，在地基上打了数根深达 50m 的灌注桩，以保证地基每年的不均匀沉降每 10m 不大于 0.1mm，以减小地基变化对束流稳定性的影响。尽管如此，加速器位置的变化还是存在的。加速器安装完成后，在调试及运行过程中，由于隧道地面不均匀沉降及变形、支撑系统的应力释放等原因，将导致加速器元件偏离原安装位置，特别是共架机构的整体偏离，使得元件位置超出其位置要求。因此，有必要建立长期的变形和振动监测系统。

1. 园区监测网

由于园址的基岩深度约 300m，无法像其他精密工程一样布设倒垂等精密测量标志。仅布设了由 4 个点组成的控制网，其中有一点的埋设深度为 50m，其余点的埋设深度约 10m。这些点用于园区建设的基本控制，通过和国家高等级的控制点联测，确定园区及上海光源的绝对位置。此外，这些点也兼做变形监测控制，以监测隧道和地基的整体沉降。

2. 加速器监测网

对加速器整体控制网、局部控制网的定期复测，可以监测隧道地基的不均匀沉降，确定加速器元件相对位置的变化。通过测量结果分析，确定调整方案，对共架机构及其他元件进行位置调整，重新准直，使加速器元件恢复到所要求的位置精度，保证高质量运行。复测与调整工作在加速器运行初期较为频繁，随着整体状态的逐渐稳定，间隔也逐渐加长。

3. 实时监测系统

控制网的设计目标之一是能保证进行定期复测，可得到加速器硬件设备间断性位置状态数据，但复测必须在停机状态下进行。这对于需要高稳定性运行的第三代同步辐射光源来说还不够，特别是对于地面不均匀沉降等连续性、相对量较大的变化更是如此。为了保证加速器高稳定性运行，建立了静力水准监测系统，对主体元件进行高程实时监测。采取该措施，一方面为磁铁等关键元件的运行位置状态提供实时的定量参数，作为加速器运行状态分析的参考依据，另一方面为地面沉降而可能引发的硬件设备损伤提供预警信号。

上海光源采用静力水准（HLS）系统进行实时在线监测，该系统由超过 500m 的水管、30 多个传感器组成，其系统指标见表 9.4-3。由于上海光源的增强器和储存环并不处于同一地基上，故不仅在储存环全环区域布置了 HLS 传感器，还在增强器区域对称布置了 4 只传感器，直线加速器段也布置了 2 只传感器，其中直线加速器和增强器区域的 HLS 只用于地基沉降监测，储存环区域的 HLS 用来监测磁铁支撑的位置变化。静力水准系统的连通水管全采用半充满的方式，系统于 2007 年下半年开始布设安装，2008 年 6 月至 7 月完成整个系统的安装并开始运行。

上海光源使用的 HLS 系统指标 表 9.4-3

传感器灵敏度	单点测量精度	测点高差测量中误差	量程
0.001mm	0.005mm	0.01mm	10mm

为了尽量让 HLS 不受辐射剂量环境对其精度等性能的影响，在 HLS 钵体内添加了防辐射层。由于上海光源的地基不稳定，HLS 系统需要在较短时间内达到稳定状态。通过多次实验验证，最终采用直径 40mm 的连接水管，系统的稳定时间约为一个半小时，满足工程需要。

HLS 系统能够监测直线加速器、增强器的地面铅垂方向位移和储存环中大支撑的铅垂位移，并且该系统采用的是更先进的数据采集处理系统，使得 HLS 系统的测量精度提高到 10μm 以上。

4. 振动测量系统

由于各种外界及内部振动引起的四极磁铁、束流位置探测器等敏感元件的振动将直接或间接影响束流稳定性，特别是场地固有且难以隔离或阻尼的振动。建立了起一套微振动监测系统，对加速器关键元件微振动进行监测，通过数据分析，得到振动特性参数，为加速器束流运行状态分析及反馈控制提供数据。

9.4.4　启示与展望

准直测量是加速器建造和运行中的一项关键技术，用于解决精密、复杂的加速器元件按设计位置在大尺寸空间中精确就位的相关问题，以减少磁铁等关键设备的准直偏差对束流质量及寿命的影响，还用于运行后对元件位置的监测和必要的准直调整。同时，准直测量技术也会在建造期间决定设备安装效率及工期、在运行中影响停机维护时间。

上海光源准直测量的研究及成果主要集中在以下几个方面：

1）加速器准直测量特性的研究。加速器物理对元件的绝对定位精度要求较松，但要求相邻元件具有较高的相对定位精度，是在大空间小范围的精密准直测量，其方案的设计应充分考虑上述特点，提高控制网的相对点位精度，并进行平滑测量。

2）三维准直测量仪器和方法的研究。在对全站仪、激光跟踪仪和测量臂的原理进行探讨的基础上，比较了各自的优缺点；研究了激光跟踪仪和测量臂的测量精度及相应的评价手段，并提出若干提高测量精度的措施，保证最大限度地发挥仪器的性能；研究了单站、多站测量和计算方法。

3）三维控制网测量理论和技术的研究。在上海光源准直测量方案设计与实施中，三维准直测量技术贯穿了始终。方案设计参考了国内外加速器准直测量技术的现状，并通过了国际专家的评审，在实施过程中，结合工程的实际情况及课题的研究成果，对具体方法进行了修正。

作为国家重大科学工程，上海光源设备安装准直工作具有尺寸空间大、精度要求高、工艺复杂、时间跨度大等特点，合理的准直测量和设备安装技术发挥了重要作用。直线加速器、增强器和储存环都已成功出束，达到全部或部分设计指标，其中增强器和储存环都能实现在不加轨道校正情况下的束流多圈循环，无疑是对准直可靠性和精度的最直接和最好验证。上海光源的准直测量技术，对于国内其他大型工程的设备安装也具有一定的借鉴作用。

9.5　广东大亚湾核电站

9.5.1　工程概况

利用核能进行发电的电站称为核电站，核电站的开发和建设始于 20 世纪 50 年代。与传统的火力发电站相比，核电站具有十分明显的优势：（1）核能发电不像化石燃料发电那样排放巨量的污染物质到大气中，因此核能发电不会造成空气污染；（2）核能发电无碳排放，不会加重地球温室效应；（3）核燃料体积小，运输与存储都很方便等。但核电站也存在一些缺点，最为明显的就是安全问题，核电站的反应器内有大量的放射性物质，如果在事故中释放到外界环境，会对生态及民众造成伤害。1979 年 3 月美国发生了三里岛核电站事故，1986 年 4 月苏联发生了切尔诺贝利核电站事故，2011 年 3 月日本发生了福岛核电站事故，每次核事故都让全世界震惊。

我国自主设计建造的秦山核电站 300MW 压水堆核电机组，于 1991 年底并网发电，1994 年 4 月投入商业运行。截至 2018 年初我国共有核电机组 56 台，其中 38 台正在运行，18 台正在建设中。

我国对核电站设备的检测测量技术的研究起步比较晚，主要原因有如下几个方面：（1）国外设备进口时，相应的检测设备和技术都一并配套进来了，如装料机的垂直度和圆度检测、燃料组件伸长量测定等；（2）我国的核电站起步较晚，专业的测量科研单位对核电站的需求关注不够，不了解核电站的需求，就更谈不上投入人力和精力开展相关的研究工作；（3）国外相关检测单位的垄断和技术封锁，如对核安全壳裂缝检测等。

中广核集团在 2000 年之后，由于进口检测设备的老化、检测技术的落后以及为摆脱国外公司的垄断，与武汉大学测绘学院建立了长期合作的关系，不断提出新的需求、立列专项研究课题委托武汉大学测绘学院开展研究。针对中广核集团的需求，武汉大学测绘学院组成专门的研究团队，一直致力于研制具有我国自主知识产权的检测设备和检测技术。

核电站反应堆厂房包括安全壳和内部结构两大部分，核电站反应堆安全壳是核电站 3 道屏障的最外层屏障。安全壳（图 9.5-1）是由钢筋混凝土筏基、预应力钢筋混凝土筒身（一般为圆柱）、穹顶、闸门以及钢衬里等部分组成。高度从 $-0.17 \sim +45.51$m 为标准筒身，筒身的外径为 38.8m，内径为 37m，外圆周上竖向均匀分布着四个扶壁柱，用于锚固预应力水平钢束的承压板分布于四个扶壁柱的两侧。从筒身 $+45.51$m 往上为穹顶，穹顶最高点标高为 $+57.20$m，其预应力钢筋混凝土壳体厚度为 0.8m。

图 9.5-1 核安全壳

核电站反应堆安全壳在建造完工、首次商业运行以及以后每隔十年都要进行整体打压试验，以检验安全壳的结构强度和抗压情况。安全壳打压试验主要目的是评估在失水事故下泄漏的可能性和风险程度以及检查安全壳设计建造质量。整体打压试验其中一部分内容是需要对安全壳外表面缺陷进行检查。安全壳整体为预应力混凝土结构，外部表面为混凝土表面，需要检查混凝土表面的各种缺陷，包括裂缝、锈蚀、渗流等。通过观察记录分析外表面缺陷在不同压力平台下的形态变化，生成相关报告，为核反应堆安全壳结构强度的分析提供重要参考。

缺陷检测最初的方法是：作业人员通过搭设安全吊篮或脚手架，在距离墙体约 90cm 距离对安全壳外表面进行检查，用油漆标注缺陷位置，用塞尺确定裂缝的宽度。这种方法检查速度慢、劳动强度大、危险性高。为了克服以上检测方法的不足，采用超长焦镜头的相机和旋转云台，自动进行安全壳表面高分辨率影像的自动获取，采用微分纠正技术进行影像的纠正和拼接，利用数字图像处理技术从影像上自动提取安全壳表面的缺陷。

9.5.2 关键问题

9.5.2.1 影像采集自动控制

通过对旋转云台以及数码相机的二次开发，软件可以控制云台旋转及数码相机拍照；软件自动读取摄影方案，控制摄影设备旋转到相应位置连续拍摄，并将影像传输到电脑中，实现了影像采集过程的自动化。

9.5.2.2 采集设备自动定向

通过在已知点位上放置定向标志，拍摄含有定向标志的照片并对定向标志中心进行提取，可以完成摄影设备的定向，恢复坐标系。设计了两种定向标志提取方法：基于 HSV 颜色阈值和连通区域面积阈值的方法，及基于霍夫变换提取圆的方法。两种方法结合使用能够快速提取定向标志中心，精度优于旋转云台重复定位精度。

9.5.2.3　缺陷反向定位

设计了缺陷反向定位功能，利用原始图像和正射影像之间的坐标转换关系，获取所有缺陷对应的原始图像文件信息，可一键导出。通过采集规划软件和影像采集软件的协同操作，可恢复相机拍摄姿态，对反向定位的原始影像区域进行自动采集补拍。

9.5.2.4　核安全壳表面模型构建

本项目提出了一种核安全壳表面模型的构建方法。安全壳主筒身部分近似为圆柱体，利用全站仪无棱镜模式测量大于 3/4 圆弧的安全壳表面点坐标，使用最小二乘法拟合得到圆柱方程，并能通过人工设定径向误差限值剔除误差点。拟合得到的安全壳模型可与各控制点、摄站点在俯视角度下可视化显示。

9.5.2.5　采集方案规划

为确保所有安全壳缺陷检测区域影像的全覆盖采集，同时保证采集的影像满足预设的航向与旁向重叠度，本项目提出了采集方案规划的自动计算方法。在设定影像重叠度时，采集方案规划通过输入的站点坐标与安全壳模型参数，即可自动计算出各站点拍摄时水平与竖直方向旋转角度值的最优方案，用于后续自动化的采集工作，能保证采集影像的无缝拼接，实现采集效率最大化。

9.5.2.6　全景图多分辨率浏览

针对安全壳表面大数据量影像的浏览问题，设计了多分辨率浏览模块。采用金字塔技术实现影像的实时调度，减少计算机内存的占用，利用少量的查询和运算，提高了影像的浏览速度，实现了全景影像流畅的平移和缩放功能，可更加直观地观察缺陷的位置和分布。

9.5.2.7　多幅影像色彩一致性处理

提出了基于 HSV 颜色空间的匀光方法，解决了全景正射影像上影像间亮度不均匀、色调不一致的情况。寻找测区内比较满意的一组影像作为模板，将待处理的影像在 HSV 颜色空间的直方图分布匹配至模板影像，使其拥有近乎一致的直方图分布，解决影像间亮度不一致的问题。

9.5.2.8　自动生成检测报告

设计了缺陷检测报告自动生成模块，无须人工手动统计缺陷信息。缺陷经自动提取或人工编辑后立即入库，保存缺陷点群的位置信息、缺陷的形态量测等信息。可一键对缺陷信息进行统计，包括长度、宽度、面积、位置分布等，同时自动生成各类格式的统计报告。

9.5.2.9　缺陷自动提取

提出了自适应裂缝宽度的二值化算法进行裂缝特征提取，克服了传统二值化固定阈值的不足；提出了添加轮廓膨胀过滤的张量投票算法进行裂缝特征增强，实现了裂缝特征与复杂背景信息的分离；采用 HSV 颜色分割理论实现了锈蚀和渗流缺陷的提取与识别。

9.5.3　方案与实施

本项目针对安全壳特点、安全壳拍摄环境以及安全壳表面缺陷特征，设计了安全壳远程缺陷检测系统。首先规划影像采集方案，然后通过安全壳影像采集系统装置远距离获取安全壳表面高分辨率影像，最后对影像进行纠正拼接，自动检测提取出安全壳缺陷。主要核心技术原理包括摄影设备标定与基于图像的远程定向方法、安全壳影像纠正与全景图生成、安全壳缺陷自动检测算法。

9.5.3.1 摄影设备标定与远程定向

核安全壳表面影像自动采集设备（图 9.5-2）包括 Nikon D810 数码相机、2 倍增距镜、600mm 的定焦镜头、高精度旋转云台、专用三脚架、笔记本电脑等；由于硬件系统不像经纬仪那样具有高精度的长水准管和照准望远镜，所以采集控制软件要按照采集方案规划的内容完成影像自动采集，首先必须对设备进行标定，并要具备远程定向功能。

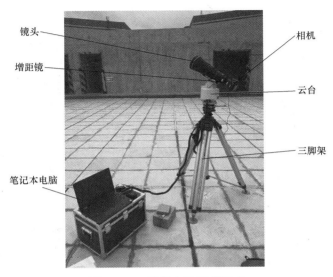

图 9.5-2 影像自动采集设备

1. 主光轴水平位测定

由于旋转云台没有竖直度盘或水准气泡，其水平面无法直接得到。同时镜头与旋转云台之间，以及旋转云台与基座之间均通过加工的连接件组装，其精度有限，镜头主光轴与旋转云台承载面之间的平行关系难以保证，因此对摄影设备主光轴的水平位进行测定是必要的。

参照水准仪 i 角检验的方法，系统中设计了一种摄影主光轴水平位测定的方法。如图 9.5-3 所示，架设好摄影设备，在点 A 和点 B 分别立两根水准尺，并测量点 A 和点 B 的坐标（X_A，Y_A，H_A）和（X_B，Y_B，H_B）。同时控制相机分别获取两根水准尺的影像，读取影像中心的水准尺的读数 R_P 和 R_Q，计算主光轴与水平面的夹角 α：

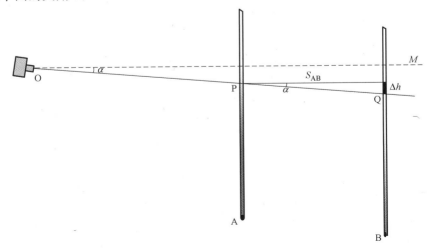

图 9.5-3 主光轴水平位测定原理

$$\alpha = \arctan \frac{\Delta h}{S_{AB}} \qquad\qquad (式\ 9.5\text{-}1)$$

其中，Δh 为点 P 和 Q 的高差，S_{AB} 为点 P 和 Q 的水平距离：

$$\Delta h = H_A - H_B + R_A - R_B \qquad\qquad (式\ 9.5\text{-}2)$$

$$S_{AB} = \sqrt{(X_A - X_B)^2 + (Y_A - Y_B)^2} \qquad\qquad (式\ 9.5\text{-}3)$$

当 α 为正时，云台向上旋转角度 α，反之，云台向下旋转角度 α。旋转后重复以上步骤，使主光轴不断趋近水平面，直到角 α 小于云台的旋转精度 $90''$，记录云台竖向坐标，完成云台的水平位测定。

2. 外方位元素测定

（1）云台坐标系下控制点坐标获取

数据处理中的影像纠正需要相机位姿参数，即相机相对于云台的外方位元素，包括 3 个位置参数和 3 个旋转角参数，因此需对摄影设备进行标定。本系统采用二维 DLT 方法获取外方位元素。DLT 方法需要控制点的物方和像方坐标，但无法直接获得控制点在云台坐标系下的物方坐标，为此需要设计一种全站仪辅助的摄影设备位姿测量方法，通过在云台坐标系与全站仪坐标系之间的转换求解控制点在云台坐标系下的物方坐标，再利用 DLT 方法计算外方位元素。

如图 9.5-4 所示，建立标定场，安装 N 个控制点，将摄影设备、全站仪和棱镜呈三角形架设，整平全站仪和云台，保证两坐标系均处于水平状态，从而竖轴互相平行，因此两坐标系间只经过平移和围绕竖轴的一维旋转即可重合，避免了围绕其他两轴的旋转。利用摄影设备基于图像的定向功能，使相机主光轴与棱镜中心重合，得到 BA 方向（点 A 为棱镜中心点，点 B 为相机投影中心）与云台零方向的水平夹角 β，量取云台中心高度 h_c。将摄影设备从基座上取下，替换为棱镜，使用全站仪观测点 A 和点 B 的棱镜，得到两点的坐标 (x_A, y_A, z_A) 和 (x_B, y_B, z_B)，并量取棱镜高度 h_p。全站仪 X 轴与 BA 方向的夹角 α 为：

$$\alpha = \arctan \frac{y_A - y_B}{x_A - x_B} \qquad\qquad (式\ 9.5\text{-}4)$$

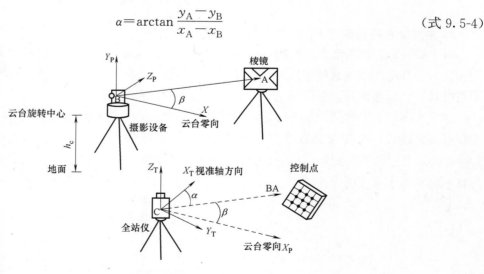

图 9.5-4 云台坐标系下控制点坐标获取

旋转全站仪至水平角度 $\alpha + \beta$ 处置为零方向，此时全站仪坐标系 X 轴和云台坐标系 X 轴平行，即两坐标系完全平行。利用全站仪观测棱镜 B，得到全站仪新坐标系下的点 B 坐标 (x_B', y_B', z_B')。观测所有控制点得到在全站仪新坐标系下的坐标 (x_i^T, y_i^T, z_i^T)，$i = 1, 2, 3, \cdots, N$，在云台坐标系下的控制点物方坐标 (x_i^c, y_i^c, z_i^c)，$i = 1, 2, 3, \cdots, N$ 为：

$$\begin{cases} x_i^c = y_B' - y_i^T \\ y_i^c = z_i^T - [z_B' + (h_c - h_p)] \\ z_i^c = x_i^T - x_B' \end{cases} \qquad\qquad (式\ 9.5\text{-}5)$$

（2）DLT 解算外方位元素

DLT 即直接线性变换解法，在控制点像物方坐标系之间建立线性变换的关系。与光束法平差相比，直接线性变换的优势是解算时不需要内外方位元素的初始值，适合非量测相机的标定。

根据摄影测量中的共线条件方程：

$$x-x_0+\Delta x=-f\frac{a_1(X-X_s)+b_1(Y-Y_s)+c_1(Z-Z_s)}{a_3(X-X_s)+b_3(Y-Y_s)+c_3(Z-Z_s)} \tag{式 9.5-6}$$

$$y-y_0+\Delta y=-f\frac{a_2(X-X_s)+b_2(Y-Y_s)+c_2(Z-Z_s)}{a_3(X-X_s)+b_3(Y-Y_s)+c_3(Z-Z_s)} \tag{式 9.5-7}$$

假设其中的 Δx 和 Δy 包含了像点坐标量测仪的比例尺不一致误差 ds 和两轴不垂直误差 $d\beta$ 而造成的系统误差，可得：

$$\Delta x=(1+ds)(y-y_0)\sin d\beta \tag{式 9.5-8}$$

$$\Delta y=[(1+ds)\cos d\beta-1](y-y_0) \tag{式 9.5-9}$$

则：

$$x-x_0+(1+ds)(y-y_0)\sin d\beta+f\frac{a_1(X-X_s)+b_1(Y-Y_s)+c_1(Z-Z_s)}{a_3(X-X_s)+b_3(Y-Y_s)+c_3(Z-Z_s)}=0 \tag{式 9.5-10}$$

$$y-y_0+[(1+ds)\cos d\beta-1](y-y_0)+f\frac{a_2(X-X_s)+b_2(Y-Y_s)+c_2(Z-Z_s)}{a_3(X-X_s)+b_3(Y-Y_s)+c_3(Z-Z_s)}=0$$

$$\tag{式 9.5-11}$$

式中包含了 11 个独立参数，由 6 个外方位元素（X_s，Y_s，Z_s，ϕ，ω，κ）、3 个内方位元素（x_0，y_0，f）和 2 个线性系统误差（ds，$d\beta$）构成。

推导出直接线性变换公式：

$$x=\frac{L_1X+L_2Y+L_3Z+L_4}{L_9X+L_{10}Y+L_{11}Z+1} \tag{式 9.5-12}$$

$$y=\frac{L_5X+L_6Y+L_7Z+L_8}{L_9X+L_{10}Y+L_{11}Z+1} \tag{式 9.5-13}$$

其中 $L_1 \sim L_{11}$ 是直接线性变换的参数，令 $\gamma_3=-(a_3X_s+b_3Y_s+c_3Z_s)$，则：

$$\begin{cases} L_1=\dfrac{1}{\gamma_3}(a_1f_x-a_2f_x\tan d\beta-a_3x_0) \\[2mm] L_2=\dfrac{1}{\gamma_3}(b_1f_x-b_2f_x\tan d\beta-b_3x_0) \\[2mm] L_3=\dfrac{1}{\gamma_3}(c_1f_x-c_2f_x\tan d\beta-c_3x_0) \\[2mm] L_4=-(L_1X_s+L_2Y_s+L_3Z_s) \\[2mm] L_5=\dfrac{1}{\gamma_3}\left(\dfrac{a_2f_x}{(1+ds)\cos d\beta}-a_3y_0\right) \\[2mm] L_6=\dfrac{1}{\gamma_3}\left(\dfrac{b_2f_x}{(1+ds)\cos d\beta}-b_3y_0\right) \\[2mm] L_7=\dfrac{1}{\gamma_3}\left(\dfrac{c_2f_x}{(1+ds)\cos d\beta}-c_3y_0\right) \\[2mm] L_8=-(L_5X_s+L_6Y_s+L_7Z_s) \\[2mm] L_9=\dfrac{a_3}{\gamma_3} \\[2mm] L_{10}=\dfrac{b_3}{\gamma_3} \\[2mm] L_{11}=\dfrac{c_3}{\gamma_3} \end{cases} \tag{式 9.5-14}$$

反推内方位元素与 L 参数的关系如下：

$$
\begin{cases}
x_0 = -\dfrac{L_1 L_9 + L_2 L_{10} + L_3 L_{11}}{L_9^2 + L_{10}^2 + L_{11}^2} \\[2mm]
y_0 = -\dfrac{L_5 L_9 + L_6 L_{10} + L_7 L_{11}}{L_9^2 + L_{10}^2 + L_{11}^2} \\[2mm]
A = \dfrac{f_x^2}{\cos^2 d\beta} = \gamma_3^2 (L_1^2 + L_2^2 + L_3^2) - x_0^2 \\[2mm]
B = \dfrac{f_x^2}{\cos^2 d\beta (1+ds)^2} = \gamma_3^2 (L_5^2 + L_6^2 + L_7^2) - y_0^2 \\[2mm]
C = \dfrac{-f_x^2 \sin d\beta}{\cos^2 d\beta (1+ds)^2} = \gamma_3^2 (L_1 L_5 + L_2 L_6 + L_3 L_7) - x_0 y_0 \\[2mm]
\sin d\beta = \pm\sqrt{\dfrac{A}{B} - 1} \\[2mm]
f_x = \sqrt{A} \cdot \cos d\beta = \sqrt{A} \cdot \sqrt{1 - \dfrac{C^2}{AB}} = \sqrt{\dfrac{AB - C^2}{B}} \\[2mm]
f_y = \dfrac{f_x}{1+ds} = \sqrt{\dfrac{AB - C^2}{A}}
\end{cases}
\tag{式 9.5-15}
$$

同理反推外方位元素与 L 参数的关系如下：

$$
\begin{bmatrix} X_s \\ Y_s \\ Z_s \end{bmatrix} = -
\begin{bmatrix} L_1 & L_2 & L_3 \\ L_5 & L_6 & L_7 \\ L_9 & L_{10} & L_{11} \end{bmatrix}
\begin{bmatrix} L_4 \\ L_5 \\ 1 \end{bmatrix}
\tag{式 9.5-16}
$$

$$
\begin{cases}
a_3 = \gamma_3 L_9 = \dfrac{L_9}{(L_9^2 + L_{10}^2 + L_{11}^2)^{\frac{1}{2}}} \\[2mm]
b_3 = \gamma_3 L_{10} = \dfrac{L_{10}}{(L_9^2 + L_{10}^2 + L_{11}^2)^{\frac{1}{2}}} \\[2mm]
c_3 = \gamma_3 L_{11} = \dfrac{L_{11}}{(L_9^2 + L_{10}^2 + L_{11}^2)^{\frac{1}{2}}} \\[2mm]
\tan\varphi = -\dfrac{a_3}{c_3} \\[2mm]
\sin\omega = -b_3 \\[2mm]
\tan\kappa = \dfrac{b_1}{b_2}
\end{cases}
\tag{式 9.5-17}
$$

DLT 方法解算非量测相机影像时，必须考虑到镜头的畸变。根据经验，对于一般的小幅相机只取一次差 k_1 即可，由此可得：

$$
\begin{cases}
x + k_1 r^2 (x - x_0) = \dfrac{L_1 X + L_2 Y + L_3 Z + L_4}{L_9 X + L_{10} Y + L_{11} Z + 1} \\[2mm]
y + k_1 r^2 (y - y_0) = \dfrac{L_5 X + L_6 Y + L_7 Z + L_8}{L_9 X + L_{10} Y + L_{11} Z + 1}
\end{cases}
\tag{式 9.5-18}
$$

式中共有 12 个系数，包括 11 个 L 系数和 1 个畸变系数，因此需要至少 6 个不共面的控制点才能解算，同时像主点坐标需要通过近似值计算出初值，因此需要采用迭代方法进行计算。首先求解 L 系数近似值，1 个控制点可以列 2 个误差方程，选择 6 个控制点，在 12 个方程中选择 11 个方程组成方程式组，计算 L 系数的近似值：

$$\begin{bmatrix} X_1 & Y_1 & Z_1 & 1 & 0 & 0 & 0 & 0 & -x_1X_1 & -x_1Y_1 & -x_1Z_1 \\ 0 & 0 & 0 & 0 & X_1 & Y_1 & Z_1 & 1 & -y_1X_1 & -y_1Y_1 & -y_1Z_1 \\ X_2 & Y_2 & Z_2 & 1 & 0 & 0 & 0 & 0 & -x_2X_2 & -x_2Y_2 & -x_2Z_2 \\ 0 & 0 & 0 & 0 & X_2 & Y_2 & Z_2 & 1 & -y_2X_2 & -y_2Y_2 & -y_2Z_2 \\ \vdots & \vdots & \vdots & \vdots & \vdots & \vdots & \vdots & \vdots & \vdots & \vdots & \vdots \\ X_6 & Y_6 & Z_6 & 1 & 0 & 0 & 0 & 0 & -x_6X_6 & -x_6Y_6 & -x_6Z_6 \end{bmatrix} \cdot \begin{bmatrix} L_1 \\ L_2 \\ L_3 \\ L_4 \\ L_5 \\ L_6 \\ L_7 \\ L_8 \\ L_9 \\ L_{10} \\ L_{11} \end{bmatrix} + \begin{bmatrix} x_1 \\ y_1 \\ x_2 \\ y_2 \\ \vdots \\ x_6 \end{bmatrix} = 0$$

(式 9.5-19)

根据 L 系数的近似值计算像主点坐标 (x_0, y_0)，令 $A = XL_9 + YL_{10} + ZL_{11} + 1$，得到像点坐标误差方程式：

$$\begin{cases} v_x = \dfrac{1}{A}[XL_1 + YL_2 + ZL_3 + L_4 - xXL_9 - xYL_{10} - xZL_{11} - A(x-x_0)r^2k_1 - x] \\ v_y = \dfrac{1}{A}[XL_5 + YL_6 + ZL_7 + L_8 - yXL_9 - yYL_{10} - yZL_{11} - A(y-y_0)r^2k_1 - y] \end{cases}$$

(式 9.5-20)

矩阵形式的误差方程式为：

$$V = ML + W \tag{式 9.5-21}$$
$$L = -(M^T M)^{-1} M^T W \tag{式 9.5-22}$$

其中：

$$V = \begin{bmatrix} v_{x_1} \\ v_{y_1} \\ \vdots \\ v_{x_1} \\ v_{y_1} \end{bmatrix} \quad L = \begin{bmatrix} L_1 \\ L_2 \\ \vdots \\ L_{11} \\ k_1 \end{bmatrix} \quad W = \begin{bmatrix} -\dfrac{x_1}{A_1} \\ -\dfrac{y_1}{A_1} \\ \vdots \\ -\dfrac{x_n}{A_n} \\ -\dfrac{y_n}{A_n} \end{bmatrix}$$

(式 9.5-23)

$$M = \begin{bmatrix} \dfrac{X_1}{A_1} & \dfrac{Y_1}{A_1} & \dfrac{Z_1}{A_1} & \dfrac{1}{A_1} & 0 & 0 & 0 & 0 & -\dfrac{x_1X_1}{A_1} & -\dfrac{x_1Y_1}{A_1} & -\dfrac{x_1Z_1}{A_1} & -(x_1-x_0)r^2 \\ 0 & 0 & 0 & 0 & \dfrac{X_1}{A_1} & \dfrac{Y_1}{A_1} & \dfrac{Z_1}{A_1} & \dfrac{1}{A_1} & -\dfrac{y_1X_1}{A_1} & -\dfrac{y_1Y_1}{A_1} & -\dfrac{y_1Z_1}{A_1} & -(y_1-y_0)r^2 \\ \vdots & \vdots & \vdots & \vdots & \vdots & \vdots & \vdots & \vdots & \vdots & \vdots & \vdots & \vdots \\ \dfrac{X_n}{A_n} & \dfrac{Y_n}{A_n} & \dfrac{Z_n}{A_n} & \dfrac{1}{A_n} & 0 & 0 & 0 & 0 & -\dfrac{x_nX_n}{A_n} & -\dfrac{x_nY_n}{A_n} & -\dfrac{x_nZ_n}{A_n} & -(x_n-x_0)r^2 \\ 0 & 0 & 0 & 0 & \dfrac{X_n}{A_n} & \dfrac{Y_n}{A_n} & \dfrac{Z_n}{A_n} & \dfrac{1}{A_n} & -\dfrac{y_nX_n}{A_n} & -\dfrac{y_nY_n}{A_n} & -\dfrac{y_nZ_n}{A_n} & -(y_n-y_0)r^2 \end{bmatrix}$$

(式 9.5-24)

迭代的停止条件为相邻两次计算的 f_x 差值小于 $0.01m$，最后一次迭代得到的 L 系数即为最终结果，根据式计算所需的内外方位元素。

3. 基于图像的定向方法

根据影像采集方案，远程摄影设备可以依照方案获取核安全壳表面影像。和全站仪不同的是，远程设备没有测量功能，无法通过后视定向恢复坐标系。根据全站仪的定向原理，系统设计了一种定向方法：通过摄影设备获取架设在已知点位上的定向标志（棱镜及觇牌）影像，通过图像处理的方法提取出定向标志心，结合摄影测量原理恢复坐标系，如图 9.5-5 所示。

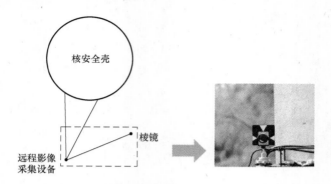

图 9.5-5　基于图像的定向方法示意图

如图 9.5-6 所示，找到棱镜中心在像方的位置，根据摄影测量原理可以计算出物方偏移距离 L 和角度 θ：

$$L = |x_a - x_0| \times \frac{W}{W_1} \times \frac{D}{f} \qquad (式 9.5\text{-}25)$$

$$\theta = \tan^{-1} \frac{L}{D} \qquad (式 9.5\text{-}26)$$

式中，D 为摄影距离，f 为主距，W 为摄影范围宽度，W_1 为像幅宽，棱镜中心为 A，影像上对应的像点为 a，像主点为 o。

1）目标提取方法设计

由于颜色以及几何尺寸是定向标志十分突出的特征，结合基于颜色的分割方法和基于形状的分割方法，设计的定向标志提取方法如下：

（1）将源图像由 RGB 颜色空间转换到 HSV 颜色空间，以黄色三角形区域的 H 和 S 分量对图像进行二值化处理，提取出包括目标区域的连通区域；

（2）结合摄影测量成像原理，将三角形区域面积、轮廓形状以及 3 个三角形的位置关系作为约束条件，去除噪声；

（3）如果步骤（2）后得到的目标区域数量为 3，计算轮廓中心位置，即为棱镜中心，如图 9.5-7 所示；

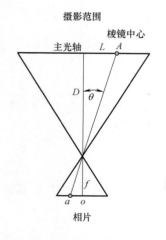

图 9.5-6　偏移角度计算原理图

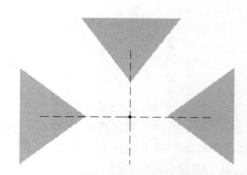

图 9.5-7　将轮廓中心（黑色点）作为棱镜中心

（4）将源图像灰度化，应用canny边缘检测，结合摄影测量成像原理，将棱镜所在的圆半径作为阈值，进行霍夫变换提取圆；

（5）如果提取到的圆数量为1，并且步骤（3）提取到棱镜中心位置，考虑到颜色分割可能不会提取出完整的目标区域，将圆心位置作为最终结果。

处理流程如图9.5-8所示。

2）HSV分量阈值

HSV颜色空间以色彩的色调（Hue）、饱和度（Saturation）和明度（Value）为三要素来表示，其色彩表示方法同人对色彩的感知相一致，也称六角锥体模型，如图9.5-9所示。它有两个特点：亮度分量与图像的彩色信息无关；色调与饱和度分量与人感受颜色的方式相一致。所以在进行颜色分割时，经常采用与人眼感知特性符合的HSV颜色空间。

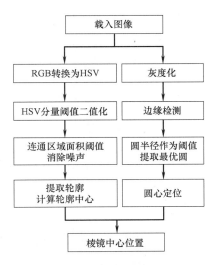

图9.5-8 棱镜中心提取流程图

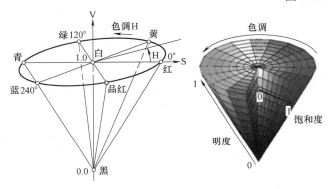

图9.5-9 HSV颜色模型

由RGB颜色空间转换至HSV颜色空间的公式如下所示：

$$V=\max(R,G,B) \tag{式9.5-27}$$

$$S=\begin{cases}\dfrac{V-\min(R,G,B)}{V},V\neq0\\0,V=0\end{cases} \tag{式9.5-28}$$

$$H=\begin{cases}\dfrac{60(G-B)}{V-\min(R,G,B)},V=R\\120+\dfrac{60(B-R)}{V-\min(R,G,B)},V=G\\240+\dfrac{60(R-G)}{V-\min(R,G,B)},V=B\end{cases} \tag{式9.5-29}$$

$$若H<0,H=H+360 \tag{式9.5-30}$$

通过对100张在不同光照环境、不同背景、不同拍摄时间下拍摄的含有目标标志的实验图片进行分析，确定舰牌部分三角形对应阈值为H：30～40，S：20～80、80～140、140～200。其中S分量处于三个范围中，这主要是由不同光照条件造成，如图9.5-10所示。

将H和S分量作为阈值进行二值化后得到一块块连通的区域，包括目标部分与噪声，如图9.5-11所示。

3）连通区域面积阈值

连通是指集合中任意两个点之间都存在着完全属于该集合的连通路径。两个像素连通的两个必要条件是：两个像素的位置是否相邻，以及两个像素的灰度值是否满足特定的相似性准则（或者是否相等）。

527

图 9.5-10　正常光照与强烈光照下的目标标志图

图 9.5-11　阈值分割后的二值化图像

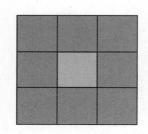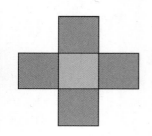

图 9.5-12　4 连通和 8 连通

对于离散图像而言，连通有 4 连通和 8 连通之分，如图 9.5-12 所示，即判定与周围 4 个像素或 8 个像素是否有相同或相似的值。

在颜色阈值分割后的二值图像中，阈值范围内的点被标记为白色，阈值以外的点被标记为黑色，感兴趣的目标和影响目标检测的背景被分割开来。如果将被标记为白色的目标像素点连接起来，就可以得到目标所在的区域，进一步通过区域本身的性质，可以获得目标区域的轮廓信息和面积信息等，从而深入对目标的理解。

拍摄站点及定向点坐标数据均为已知，可以计算出目标区域面积：

$$W = \frac{D}{f} \times w \qquad\qquad (式 9.5-31)$$

$$S_1 = S / \left(\frac{W}{W_1}\right)^2 \qquad\qquad (式 9.5-32)$$

式中：D——摄影距离；

$\quad\ f$——主距；

$\quad\ w$——相机传感器宽；

$\quad\ W$——摄影范围宽度；

$\quad\ W_1$——像幅宽；

$\quad\ S$——觇牌上三角形实际面积；

$\quad\ S_1$——影像上三角形面积，单位为像素。

检测出的目标面积标准为在 $0.8S_1 \sim 1.2S_1$，具体算法过程如下：

（1）扫描颜色阈值分割后的二值图像，将该二值图像中所有灰度值为 255 的像素点都加入到以 PixelLine 为头节点的链表中；

（2）对 PixelLine 链表中的像素点进行分类处理，产生每个连通区域所对应的集合，并为每一个集合建立一个链表；

（3）对得到的每一个以链表形式表示的连通区域，统计其面积，以 $0.8S_1 \sim 1.2S_1$ 为面积对图像进行过滤，超过面积阈值的连通区域被完整地保留下来，面积较小的连通区域则被作为噪声而消除；

（4）如果步骤（3）处理后保留下的连通区域数目为 3，认为目标区域提取成功；如果大于 3，则将 3 个目标区域中心应满足的位置关系作为约束条件继续进行噪声消除。

4）霍夫变换提取圆

经上述处理过后，已经可以定位大部分图片中的目标区域，从而获取棱镜中心位置。其无法应用的场景有两种情况：一是背景中有类似颜色的三角形出现，并且满足位置关系；二是由于光照等拍摄条件原因，目标标志觇牌部分区域可能出现饱和度突变的情况，如图 9.5-13 所示，导致三角形区域无法被完整提取，被面积阈值错误判定为噪声。

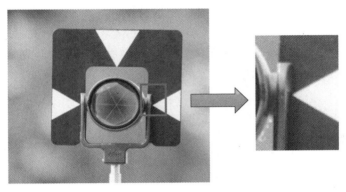

图 9.5-13　部分区域饱和度突变导致提取失败

考虑提取棱镜部分所在的圆，将圆心位置作为棱镜中心。霍夫变换是图像处理中的一种特征提取技术，该过程在一个参数空间中通过计算累计结果的局部最大值得到一个符合该指定形状的集合作为霍夫变换结果。在已知区域形状的条件下，利用霍夫变换可以方便地检测到边界曲线，不仅能够识别出图像中有无需要检测的图形，而且能够定位到目标图形的位置、角度等。其主要优点是受噪声和曲线间断的影响较小，是检测圆或椭圆的一种实用有效的方法。

在 OpenCV 中常采用霍夫梯度法来解决圆变换的问题：

（1）将图像灰度化，对图像应用 canny 边缘检测。

（2）对边缘图像中的每一个非零点，考虑其局部梯度，即用 Sobel（　）函数计算 x 和 y 方向的 Sobel 一阶导数得到梯度。

（3）利用得到的梯度，由斜率指定的直线上的每一个点都在累加器中被累加，这里斜率是从一个指定的最小值到指定的最大值的距离。

（4）标记边缘图像中每一个非零像素的位置，从二维累加器的这些点中选择候选的中心，这些中心都大于给定阈值（本节中所用阈值主要为圆半径范围）并且大于其所有近邻。这些候选的中心按照累加值降序排列，以便于最支持像素的中心首先出现。

（5）对每一个中心，考虑所有非零像素。这些像素按照其与中心的距离排序，从到最大半径的最小距离算起，选择非零像素最支持的一条半径。如果一个中心受到边缘图像非零像素最充分的支持，并且到前期被选择的中心有足够的距离，那么它就会被保留下来。

5）远程缺陷检测系统定向步骤

基于以上定向方法，系统中定向步骤为：

（1）在已知点位（即定向点）上架设定向标志，在拍摄点位上架设摄影设备。控制云台旋转，使相机能够获取到包含定向标志的目标影像；

（2）提取定向标志中心，获得中心点像方坐标，计算其与像主点的像方偏移距离；

（3）计算定向标志中心与像主点的物方偏移距离 L 及偏移角度 θ，控制云台旋转使定向标志中心与像主点重合，再次获取包含定向标志的影像；

（4）重复步骤（2）～（3），直到该次偏移角度 θ 值与上一次 θ 值之差小于旋转云台重复定位误差 $90''$，定向完成。

9.5.3.2　安全壳影像纠正与全景图生成

由于采集的原始影像为倾斜影像，倾斜影像上缺陷的定位无法通过简单的角度距离计算而获得，同时影像倾斜也影响了缺陷的形态测量，因此需要对倾斜影像进行微分纠正生成正射影像，并以安全壳圆柱展开面为投影面将影像数据进行映射，生成安全壳表面全景展开图，以进行缺陷的定位、量测与浏览。

整体纠正过程为：计算安全壳展开面上每一个物方点对应的像方点，重采样其灰度值，映射在展开面图上，完成影像的纠正和拼接，生成安全壳表面全景展开图。采用反解法进行影像的微分纠正，其实质是云台坐标系与像空间坐标系的转换。由于多站架设的作业和圆柱投影的技术实现要求，云台坐标系与控制网坐标系、云台坐标系与安全壳展开面坐标系的转换必不可少，包括圆柱平面投影方程、边界点、当前影像的物方摄影范围等在不同坐标系下的转换。

1. 影像纠正过程

1）区域边界点的坐标系转换

在规划时为了有效地避开大面积的遮挡厂房，用户根据工程需求测量出拍摄区域的 4 个边界点坐标。而在影像采集时当前区域的首列和末列影像上有部分像素会超过区域范围，因此要在纠正时将其去除。将边界点从控制点坐标系转换至云台坐标系，再转换至展开面坐标系，并计算 4 点组成的多变形的最小外接矩形。纠正时每个像素点对应的展开面点须在该矩形范围内，从而去除边界外的点。

2）圆方程的坐标系转换

纠正的核心计算是像空间坐标系与云台坐标系间的转换，且纠正时需要加入安全壳水平投影圆方程，因此需要将圆方程从控制网坐标系转换至云台坐标系，再与改化的摄影测量共线方程联合求解，计算出每一个物方点对应的像素点坐标。

3）影像的物方边界解算

纠正的过程以一张原始影像为单位逐张进行。采用反解法纠正影像时，以物方的展开面上的点坐标作为出发点进行解算，求得对应的像点，循环计算直至遍历当前影像对应的所有物方点。因此需要预先计算出当前影像对应的物方范围，为循环设置起始和终止条件。首先采用正解法，结合安全壳圆方程计算当前倾斜影像上 4 个边界像点对应的物方点坐标，再转换至展开面坐标下，4 点组成一不规则四边形，计算该四边形的最小外接矩形，且最小外接矩形与展开面坐标轴平行，4 个顶点即为当前影像对应的安全壳表面展开图上的范围，如图 9.5-14 所示。

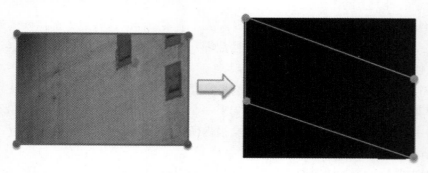

图 9.5-14　影像的物方边界

4）反解法影像纠正

以物方的展开面上的点坐标作为出发点，以上步计算得到的当前影像对应的安全壳表面展开图上的范围作为循环条件，结合安全壳水平投影圆方程将点坐标转换至云台坐标系下，根据改化的摄影测量共线方程和预先标定好的外方位元素将点坐标转换至像空间坐标系下，引入相机的内方位元素，将点坐标转换至像平面坐标系下，取得对应的像素坐标和灰度值，将灰度值映射至展开图的对应点上。循环计算直到遍历当前影像的物方摄影范围为止，完成当前影像的纠正，如图 9.5-15 所示。

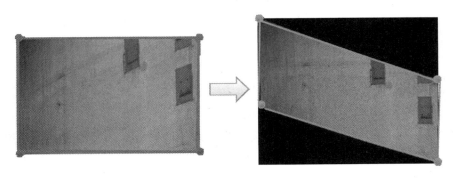

图 9.5-15　影像纠正

2. 坐标转换

1）控制网坐标系转换为云台坐标系

假设逆时针旋转的角度为正。控制网坐标系为左手坐标系，而云台坐标系为右手坐标系，因此需要将控制网左手坐标系转换为右手坐标系，再进行进一步转换。如图 9.5-16 所示，将控制网坐标系的 x 和 y 对换，变为右手坐标系。

如俯视图 9.5-17 所示，θ_1 为在架站点处控制网右手坐标系 x 轴正向与定向负方向间的夹角。在控右坐标系下当架站点的 y 坐标大于定向点 y 坐标时，$\theta_1 = \arccos[(x_{架} - x_{定})/dis]$；当架站点的 y 坐标小于定向点 y 坐标时，$\theta_2 = 2\pi - \arccos[(x_{架} - x_{定})/dis]$。

图 9.5-16　控制网右手坐标系与云台坐标系

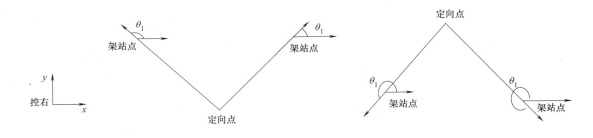

图 9.5-17　θ_1 计算

如图 9.5-18 所示，θ_2 为在架站点处定向负方向与云台零向间的夹角，定向角 $\theta_{定}$ 顺时针方向为正，$\theta_2 = \pi + \theta_{定}$。

图 9.5-18　θ_2 计算

θ_3 为在架站点处控右坐标系 x 轴正向与云台零向间的夹角，$\theta_3 = \theta_1 + \theta_2$。云台零方向是云台坐标系的 z 轴，因此：

$$\begin{bmatrix} z_{云台} \\ x_{云台} \\ y_{云台} \end{bmatrix} = \begin{bmatrix} \cos\theta_3 & -\sin\theta_3 & 0 \\ \sin\theta_3、 & \cos\theta_3 & 0 \\ 0 & 0 & 1 \end{bmatrix} \cdot \begin{bmatrix} x_{控} - x_{架站点} \\ y_{控} - y_{架站点} \\ z_{控} - z_{架站点} - h_{云台} \end{bmatrix} \qquad \text{（式 9.5-33）}$$

其中，$h_{云台}$ 为云台摄影设备的整体仪器高。

2）云台坐标系与安全壳展开面坐标系间的转换

在云台坐标系下，如俯视图，点 m 为安全壳的起始点，即第一个区域的边界左上角点，点 n 为安全壳表面上任意一点，坐标为（z_n，x_n）。点 o 为安全壳水平投影圆面的圆心，ϕ 为向量 $\overrightarrow{om}$ 与向量 $\overrightarrow{on}$ 间的夹角，R 为圆面半径。

$$\begin{cases} P_1 = z_m - z_o \\ P_2 = x_m - x_o \\ P_3 = z_n - z_o \\ P_4 = x_n - x_o \\ \overrightarrow{om} = (P_1, P_2) \\ \overrightarrow{on} = (P_3, P_4) \\ |\overrightarrow{om}| = |\overrightarrow{on}| = R \end{cases} \qquad \text{（式 9.5-34）}$$

云台坐标系转换为展开面坐标系：

$$\begin{cases} \varphi = \arccos \dfrac{P_1 P_3 + P_2 P_4}{R^2} \\ x_{展开面} = R \times \varphi \\ y_{展开面} = y_m - y_n \end{cases} \qquad \text{（式 9.5-35）}$$

展开面坐标系转换为云台坐标系：

$$\begin{cases} \begin{bmatrix} P_3 \\ P_4 \end{bmatrix} = \begin{bmatrix} \cos\varphi & -\sin\varphi \\ \sin\varphi & \cos\varphi \end{bmatrix} \cdot \begin{bmatrix} P_1 \\ P_2 \end{bmatrix} \\[2mm] \varphi = \dfrac{x_{展开面}}{R} \\ z_n = \cos\varphi \times P_1 - \sin\varphi \times P_2 + z_o \\ x_n = \sin\varphi \times P_1 + \cos\varphi \times P_2 + x_o \\ y_n = y_m - y_{展开面} \end{cases} \qquad \text{（式 9.5-36）}$$

3）像空间坐标系与云台坐标系的转换

如图 9.5-19 所示，像空间坐标系（$S\text{-}xyz$）对应云台坐标系（$T\text{-}xyz$），根据摄影测量原理，经过改化的共线方程为：

$$\begin{bmatrix} X \\ Y \\ Z \end{bmatrix} = \begin{bmatrix} \cos\alpha & 0 & -\sin\alpha \\ 0 & 1 & 0 \\ \sin\alpha & 0 & \cos\alpha \end{bmatrix} \begin{bmatrix} 1 & 0 & 0 \\ 0 & \cos\beta & -\sin\beta \\ 0 & \sin\beta & \cos\beta \end{bmatrix} \left\{ \begin{bmatrix} X_S \\ Y_S \\ Z_S \end{bmatrix} + \lambda R_{\varphi\omega\kappa} \begin{bmatrix} x \\ y \\ -f \end{bmatrix} \right\} \qquad \text{（式 9.5-37）}$$

其中，（α，β）为每张影像拍摄时的云台二维旋转角度，（X_S，Y_S，Z_S，ϕ，ω，κ）为相机相对于云台的外方位元素。

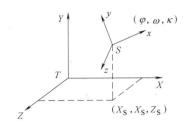

图 9.5-19 像空间坐标系与云台坐标系

像点（x，y）对应物方点（X，Y，Z），即：

$$
\begin{cases}
x-x_0=-f\dfrac{l_1[X-(A_1X_S+A_2Y_S+A_3Z_S)]+m_1[Y-(B_1X_S+B_2Y_S+B_3Z_S)]+n_1[Z-(C_1X_S+C_2Y_S+C_3Z_S)]}{l_3[X-(A_1X_S+A_2Y_S+A_3Z_S)]+m_3[Y-(B_1X_S+B_2Y_S+B_3Z_S)]+n_3[Z-(C_1X_S+C_2Y_S+C_3Z_S)]} \\[4mm]
y-y_0=-f\dfrac{l_2[X-(A_1X_S+A_2Y_S+A_3Z_S)]+m_2[Y-(B_1X_S+B_2Y_S+B_3Z_S)]+n_2[Z-(C_1X_S+C_2Y_S+C_3Z_S)]}{l_3[X-(A_1X_S+A_2Y_S+A_3Z_S)]+m_3[Y-(B_1X_S+B_2Y_S+B_3Z_S)]+n_3[Z-(C_1X_S+C_2Y_S+C_3Z_S)]}
\end{cases}
$$

（式 9.5-38）

其中，$A_iB_iC_i$（$i=1$，2，3）：

$$
\begin{cases}
A_1\cos\alpha & A_2=-\sin\alpha\sin\beta & A_3=-\sin\alpha\cos\beta \\
B_1=0 & B_2=\cos\beta & B_3=-\sin\beta \\
C_1=\sin\alpha & C_2=\cos\beta\sin\beta & C_3=\cos\alpha\cos\beta
\end{cases}
$$

（式 9.5-39）

系数公式：

$$
\begin{cases}
l_1=a_1A_1+b_1A_2+c_1A_3 & l_2=a_2A_1+b_2A_2+c_2A_3 & l_2=a_3A_1+b_3A_2+c_3A_3 \\
m_1=a_1B_1+b_1B_2+c_1B_3 & m_2=a_2B_1+b_2B_2+c_2B_3 & m_3=a_3B_1+b_3B_2+c_3B_3 \\
n_1=a_1C_1+b_1C_2+c_1C_3 & n_2=a_2C_1+b_2C_2+c_2C_3 & n_3=a_3C_1+b_3C_2+c_3C_3
\end{cases}
$$

（式 9.5-40）

物方点（X，Y，Z）对应表面展开图上点（X_0，Y_0）：

$$
\begin{cases}
X_0=\sqrt{X^2+Y^2}\times\arctan\dfrac{Y}{X} \\[3mm]
Y_0=Z
\end{cases}
$$

（式 9.5-41）

将灰度值映射到表面展开图上，即：

$$
g(X_0,Y_0)=g(x,y)
$$

（式 9.5-42）

9.5.3.3 安全壳缺陷自动检测算法

核安全壳表面缺陷包括裂缝、锈蚀、渗流等，相对于传统路面影像，核安全壳外壁成像特点主要有以下几点：

1）安全壳外表面纹理具有不均匀性，且由于一定的风化作用，外表面多坑洼，不同区域使用的混凝土材质不同，采集到的缺陷图像背景颜色会有较大变化，同时缺陷与这种不均匀性混合在一起，给缺陷提取造成了困难。

2）不同位置的裂缝形态特征有所不同，但是总体上来说，在图像上裂缝的颜色比外表面混凝土背景的颜色深，表现在灰度值上就是裂缝区域像素灰度值比外表面混凝土灰度值低。其他缺陷，例如渗流和锈蚀，最明显的属其颜色特征，渗流多为白色物体，锈蚀多为黄橙色，在 RGB 值上具有其专属的特征范围。

3）裂缝是一种具有一定走向的线性、细长目标。裂缝在局部可能出现断裂，但在整体上具有连续性。渗流多表现为线状与面状结合的目标物；锈蚀多为面状目标物，当锈蚀发生在内部结构钢筋裸露部分时，多为圆环状。

4）在任意一幅图像中，所有的像素点大致可分为：①安全壳外表面混凝土成像像素点；②产生噪声干扰的噪声像素点；③缺陷成像像素点。分析图像可知，缺陷所占的面积要远远小于背景的面积，噪声像素点数量级与缺陷像素数量级在一个等级，但缺陷多为面状聚合目标，噪声多为点状离散目标。

5）由于历史检查的原因，部分缺陷使用了醒目颜色（红或蓝）的油漆进行了标记，有虚线框、英文字母和数字的存在，会对缺陷提取存在干扰，因此需要对其进行处理，剔除干扰。

6）正常的外表面混凝土的灰度值与裂缝的灰度值有重叠部分。

7）安全壳外表面图像信息量大，必须选择合适的方法从中提取有效信息，否则会影响处理的效率。

由此可见，核安全壳表面缺陷种类更多，背景更为复杂，影像分辨率更高，所需要的检测精度更高，很多传统路面缺陷检测算法并不适用。因此需要针对核安全壳表面影像特点，对影像中的缺陷提出一种系统而有效的检测算法，以满足实际工程的需要，保障核壳安全。

本项目设计的安全壳缺陷检测总体流程如图 9.5-20 所示。检测步骤如下：

1）预处理：利用自适应宽度模板法和改进的分块迭代对图像进行二值化，并将两种算法做"与"运算得到最终的二值影像，再利用轮廓膨胀过滤算法对其进行去噪增强；

2）特征提取：利用线性加权的张量投票算法，通过探测突显度将裂缝从离散的噪声中提取出来；

3）目标追踪：对张量投票后的结果概率图进行细化，然后利用目标点聚类算法对断裂的目标追踪成线；

4）反投定位：将特征提取之后得到的裂缝中心线上的点根据位置信息在预处理后的二值影像中找到一一对应的点，再将这些点作为裂缝种子点，在其邻域内搜索与之灰度相差不大的点，提取真实的裂缝信息；

5）信息量测：量测缺陷形态信息，包括裂缝的长度与稳定宽度；

6）裂缝整合：将位于不同影像上的同一条裂缝信息进行整合；

7）其他缺陷：根据 HSV 颜色信息和缺陷的形状、面积等特征提取锈蚀与渗流缺陷；

8）信息入库：将缺陷信息存入数据库。

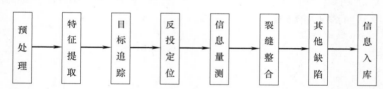

图 9.5-20　缺陷提取流程图

各步骤具体表述如下：

1. 图像预处理

裂缝是墙体缺陷检测中最重要的缺陷，是预处理算法研究的重点。通过裂缝图像预处理过程，能够较大程度地实现裂缝与复杂墙体背景的分离，在预处理的结果二值图像中保留完整准确裂缝形态信息和位置信息，便于后续对裂缝缺陷进行的提取、识别和测量工作，预处理模块算法流程如图 9.5-21 所示。

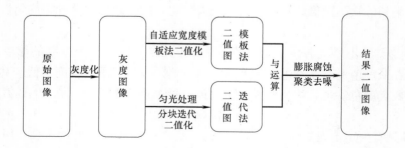

图 9.5-21　预处理模块算法流程

首先对原始图像进行灰度化处理，然后采用自适应宽度模板法和分块迭代法分别对灰度图像进行二值化，并将两种方法得到的结果进行"与运算"，再将得到的结果进行轮廓膨胀过滤得到最终的二值图像。

具体步骤如下：

1）自适应宽度模板法二值化

自适应宽度模板法是根据裂缝的宽度特征，设计出横向和纵向模板，如图 9.5-22 所示，图中两侧部分为背景信息，中间部分为裂缝信息。该模板根据阴影部分与空格部分的灰度差异来进行二值化，从裂缝中心开始依次向左向右搜索来确定该裂缝部分的最合理宽度，宽度搜索过程如图 9.5-23 所示。首先搜索灰度"凹形点"，并进行局部"凹形点"的判定，从灰度最小的局部"凹形点"开始向左、向右依次搜索，进行宽度判断，并记录最佳宽度 t_p 的值，将循环次数设置为 $T=15$，最终比较最佳宽度 t_p 与阈值 T 的大小，并对图像进行二值化。

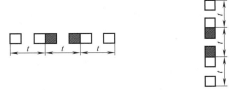

图 9.5-22 自适应裂缝宽度的横向和纵向模板

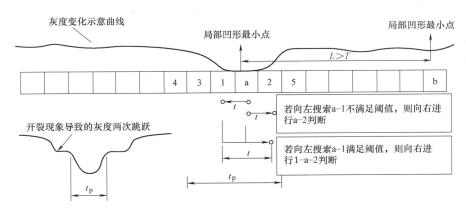

图 9.5-23 裂缝宽度搜索过程

2）改进的分块迭代法二值化

分块迭代算法是从传统迭代算法基础上发展而来的，传统迭代法不足之处在于易受复杂背景的干扰，导致错检出块状缺陷和背景污渍和丢失裂缝信息，其优势在于缺陷周围噪声少，裂缝和背景的分离程度较高。因此，引入分块迭代，对图像逐区域块进行处理，并针对分块边界会产生的"块状效应"，对分块迭代算法进行一定的改进，去除块状区域内黑色亮点、红色标记线、块状污渍等对阈值的影响，将得到的阈值作为灰度值进行均值滤波，生成新的阈值，然后用新的阈值对图像进行二值化。

3）形态学"与"运算

通过以上两种方法得到的二值化图像具有相同的缺陷目标、不同的背景噪声。改进的分块迭代结果中裂缝周围噪声较少，背景分离程度较高，但错检严重，而模板法结果的裂缝周围噪声较多，将两种结果进行"与运算"，能保留共同的缺陷目标，消除缺陷周围的大量噪声。

4）轮廓膨胀过滤

轮廓膨胀过滤是对二值结果图像做进一步的去噪，寻找二值图上的所有轮廓，对点群轮廓进行多级方向膨胀，连通裂缝区域，通过裂缝轮廓的形态学特征计算裂缝识别置信度，自适应的滤除显著噪声和相似性干扰。

2. 特征提取

特征提取模块是在预处理的基础上对所需要的缺陷目标进行增强并从背景噪声中区别和提取出来。由于裂缝目标具有统计规律，并保留了一定的趋势，而噪声是杂乱无章的，于是考虑采用张量投票算法。张量投票算法通过探测突显度较好地保留了裂缝特征，能将其从杂乱的背景噪声中提取出来。具体算法步骤如图 9.5-24 所示。

具体步骤如下：

1）张量编码

假设 $I(x, y)$ 表示为一幅二值影像，x、y 表示的是二维影像平面上的像素点坐标，$I(x, y)$ 表示的是 x、y 像素点处的像素值。假设二维影像中 (X, Y) 位置处的像素值为 0，则将此点的信息用张量表示为 $\begin{bmatrix} 0 & 0 \\ 0 & 0 \end{bmatrix}$；反之，若二维影像中 (X, Y) 位置处的像素值不为 0，则将此点的信息用张量表示为 $\begin{bmatrix} 1 & 0 \\ 0 & 1 \end{bmatrix}$。

2）张量投票

具体的投票过程如图 9.5-25 所示，首先进行的是球形投票的过程，点 O 接受来自邻域范围内的其他点的球形投票值，例如图中的 P_1 点对其投票，同时将收集到的投票值进行累加得到最终的投票结果，将每一点最终接收到的投票结果记为 T。对 T 进行特征分析后得到初始方向，以及表示初始线性显著度因子的特征值，将初始方向以及初始特征值再次作为输入数据赋予棒形投票的过程，重复执行上述的投票过程得到棒形投票结果 T。再次对棒形投票结果进行分析，得到目标结果。

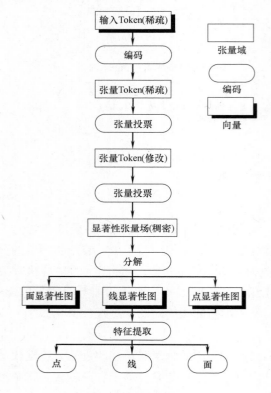

图 9.5-24 张量投票算法步骤

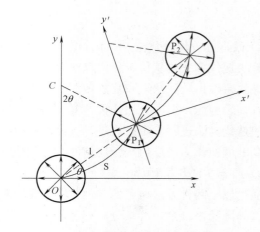

图 9.5-25 张量投票过程示意图

3）线性加权张量投票

假设将原始的二维影像记作 B_0，对原始的二维影像进行编码，并计算棒形投票域和球形投票域，之后再进行球形投票和棒形投票，将投票的结果按照二阶张量矩阵的加法运算法则来叠加，得到最终的张量投票结果的矩阵 T。按照投票算法中的特征分析的分解公式，将投票结果 T 进行分解，并标识出代表线性显著度因子的 $\lambda_1 - \lambda_2$，利用每点的 $\lambda_1 - \lambda_2$ 值来构建裂缝概率图，记作 B_1。再次对原始影像 B_0 进行球形投票，叠加投票结果并分解，估算出每点参与棒形投票的初始方向，以及初始的线性显著度因子 $\lambda_1 - \lambda_2$，将初始 $\lambda_1 - \lambda_2 < 0.3$ 的像素点的像素值置为 0，不参与棒形投票，将其余剩下的部分记作 B_2。将球形投票后得到的方向作为棒形投票的初始方向，对 B_2 进行棒形投票，在投票的过程中将 B_1 的

值以强度信息赋予到棒形投票场中，再次对投票结果进行叠加分解，得到最终的代表裂缝区域强弱程度的概率图 B。

3. 目标追踪

张量投票得到的结果是一幅对线性目标增强的概率图，它能够直观地表现出裂缝出现的可能性及其趋势，但并不代表最终的裂缝信息。下一步，是将裂缝概率图上具有代表性的目标信息点选取出来，并将断裂的目标追踪成线。

1）概率图细化

先给定一个区域范围，以区域的中心点为基准点，以张量投票得出的基准点方向，按照基准方向和垂直于基准方向在区域范围内搜索极大值点，若极值点与中心点一致则为中心线上的点。遍历整个图像，最后得到细化后的概率图是离散的单像素趋势线，存在较为严重的断裂，下一步是用这样离散的带有趋势和方向信息的线进行目标追踪。

2）目标追踪

采用目标点聚类的算法，用邻域搜索的方法将相互邻近的目标点聚集到一类，然后在类与类之间，先找出聚类中的首尾点，再根据张量投票获得的方向信息判断前一个类中的尾点和后一个类中的首点的距离和相对位置关系，若距离相隔不远且点位顺序一致，则将它们进行连接，直至对所有类与类之间的相对关系都判断完毕，得到完整的追踪图。最后再根据目标的长度信息对结果进行过滤，去除噪声，保留真正的裂缝信息。

4. 反投定位

目标追踪得到的是裂缝位置的中心线，并不能完整地表达裂缝信息（例如无法量测裂缝的宽度），从而无法达到工程要求，因此，需要对裂缝影像中心线进行反投定位。首先将特征提取之后得到的裂缝中心线上的点根据位置信息在预处理后的二值影像中找到一一对应的点，再将这些点作为裂缝种子点，在其邻域内搜索与之灰度相差不大的点，以提取真实的裂缝信息。

5. 信息量测

根据实际工程的需要，在对核安全壳表面裂缝进行定位和提取之后，需要进一步对裂缝的长度和宽度进行量测。首先，根据提取结果求其中心线的长度；然后在中心线两侧一定范围内求梯度，选取两边梯度最大位置，并将两个最大位置之间的距离作为宽度；将中心线上全部位置的宽度都求取出来，然后在全部宽度中选取方差最小的一段，在该段中心的位置求取裂缝的稳定宽度。

6. 裂缝整合

在获取核安全壳表面影像的时候，是按照一定的间隔逐行逐带进行拍摄的，所以可能会存在一条裂缝被分割在了不同的影像中，因此需要对多提取的裂缝进行整合，把位于不同影像上的同一条裂缝进行合并。具体方法是：裂缝提取后，在上下左右四个边界上寻找存在裂缝的影像，然后在其相邻的影像边界上找裂缝目标，如果两个裂缝目标在距离上和方向都满足一致性，则将其归整为一条裂缝。

7. 其他缺陷检测

锈蚀和渗流是核安全壳表面除裂缝之外最为重要的两个缺陷，对于锈蚀和渗流缺陷的检测，主要采用的是 HSV 颜色分割理论。从采集到的影像上看，锈蚀缺陷多呈黄橙色，而周围裸露的钢筋呈黑色，多呈圆形；渗流区域多呈亮白色，且渗流往往出现在裂缝的周围，形状不一。由于安全壳墙面背景较为复杂，可能存在颜色上的干扰，所以在对其利用 HSV 颜色理论进行缺陷检测的同时做出一些改进。对于锈蚀缺陷，结合其颜色、形状、面积等特征进行检测；对于渗流缺陷，根据其颜色、面积以及周围是否存在裂缝等特征进行检测。

9.5.4 启示与展望

目前，基于影像的安全壳外观缺陷检查技术在国内外运用的不多，通过构建具有自主知识产权的软、硬件平台实现安全壳外观影像远距离自动获取，利用图像处理技术实现缺陷的自动提取和量测，高效稳定地完成缺陷检测工作，这些技术在国内外尚属首例。

本项目的研究成果已在阳江核电站三号机组安全壳中进行系统测试，通过本项目的实际应用，自动实时获取了安全壳外观影像，并对其中 0.2mm 以上的裂缝和锈蚀、渗流等缺陷进行了自动定位、识别和信息量测；验证了本项目研究成果的正确性和可靠性，具有很好的应用前景。

由于核安全壳大多具有相同的结构，因此安全壳外观缺陷检测硬件和软件系统可以广泛应用于类似结构的核电站。2017 年 8 月本系统在宁德核电站四号机组完成系统试运行；2018 年 1 月，本系统在阳江核电站四号机组正式投入使用，今后也将应用于岭澳、红沿河、防城港等核电站。该系统在作业效率、作业面积、检测精度等方面都优于法国 SITES 公司，且成本更低，核电工作人员经过培训可自行操作使用，具有广阔的应用前景。

本项目所研究的软硬件系统功能全面，在核电站安全、建筑物安全监测等专业领域具有推广应用前景，并且打破了国外在该领域的长期垄断地位，使中国在核电站安全壳外观检查领域达到国际领先水平。

9.6　探月工程测控天线

本节主要介绍探月工程 ϕ50m 天线、ϕ65m 天线在研制过程中创新出的精密工程测量技术。此两架天线研制时均为国内乃至亚洲同类最大，可以借鉴的经验很少，研制难度极大，需要将精密工程测量最新技术和工程极高需求相结合，实现技术创新。信息工程大学精密工程测量团队在李广云教授的统领下，迎难而上，在圆满完成工程任务的同时，显著提升了我国的精密工程测量技术水平，依托工程实践产生的成果荣获省部级科技进步二等奖 2 项，赢得了良好的社会效益。现将工程实践中的关键技术摘编如下，以飨读者。

9.6.1　工程概况

本小节简要介绍上述两架天线的工程概况。

9.6.1.1　探月工程 ϕ50m 天线

射电望远镜是人类探索宇宙、认识宇宙，了解宇宙起源，探索地外文明的主要工具，其研制是一个复杂的系统工程。在建设 ϕ50m 天线之前，我国当时使用的射电望远镜仅有上海天文台和新疆天文台共两架 ϕ25m 天线，远不能满足射电天文观测的需要。

图 9.6-1　探月工程 ϕ50m 天线实物图

在航天测控和卫星通信方面，绕地通信卫星一般飞行高度不超过 3 万 km，对测控及卫通天线的要求不高；而嫦娥一号卫星要实现绕月飞行（距离多达 38 万 km），为保障探月工程的顺利实施，需要有更大口径天线作为测控系统和地面接收系统。

为响应上述两方面的要求，在国家天文台北京密云地面站筹建 ϕ50m 天线（见图 9.6-1）。该天线是我国深空探测和射电天文的重要设备，在探月工程中，承担科学数据接收和 VLBI 精密测轨两项重要任务。未来还会承担更多的天体物理观测任务和国际合作，并成为我国计划中的国际紫外天文台、火星探测等深空探测项目中数据接收和 VLBI 精密测轨的重要设备。

ϕ50m 天线为标准前馈抛物面，设计口面半径 25m，焦距 17.5m。采用轮轨式结构，方位、俯仰座架实现±275°（相对正南）的方位转动和+5°～+95°的俯仰转动，设备总重量达 600 余吨。机械结构主要由座架支撑系统、俯仰组合系统、反射体系统和伺服控制系统等几部分组成。其中座架支撑系统由圆形轨道、滚轮组合、中心枢轴和 A 形支架组成；俯仰组合系统由十字梁和俯仰大齿轮组成；反射体由背架和面板组成，面积有 6 个篮球场大小。

该天线口径大、结构复杂，面型精度高，国内首次研制，在研制过程中可以借鉴的国内外资料很少，很显然几何量测量是本工程研制成功与否的关键所在。将精密工程测量与天线设计、制造、结构和工艺紧密结合，是工程测量为社会服务的重要思路和方向。

9.6.1.2 探月工程ϕ65m 天线

通过中国科学院和上海市的"院市合作"，我国在上海天文台松江佘山基地建设一台全方位可动的大型射电天文望远镜（见图 9.6-2），其设计指标见表 9.6-1。

ϕ65m 天线部分设计指标 表 9.6-1

主面	口径 65m，1008 块单元面板，1～12 环单块面板精度 RMS≤0.10mm，13～14 环单块面板精度 RMS≤0.13mm，主面精度 RMS≤0.60mm（不使用主动面调整、最佳俯仰角、风力≤4m/s、温度变化≤2℃）。
副面	口径 6.5m，25 块单元面板，单块面板 RMS≤0.035mm，副面精度 RMS≤0.07mm
方位轮轨	直径 42m，不平度最大不超过 0.5mm
方位、俯仰轴系精度	方位轴系、俯仰轴系及方位滚轮轴系的径向跳动误差、角度摆动误差和轴向窜动误差等，综合到方位和俯仰的指向随机误差，均不大于 1″
天线工作旋转范围	方位：±270°（相对正南），终限位：±275° 俯仰：+5°～+88°，终限位：+4°～+90.5°

图 9.6-2 探月工程 ϕ65m 天线实物图

该天线建成后将是国内领先、亚洲最大、国际先进、总体性能在国际上同类望远镜中名列前四的射电望远镜。它的建成不仅可以很好地执行探月二期和三期工程的 VLBI 定轨和定位，以及今后我国各项深空探测任务，还可以在天文学研究中发挥很重要的作用，进一步提升我国基础天文研究的实力，提高我国 VLBI 网的灵敏度和单口径大型射电望远镜在厘米和长毫米波的工作能力。如该望远镜作为一个单元参加中国 VLBI 网，灵敏度将提高 42%；参加欧洲 VLBI 网，将使其灵敏度提高 15%～35%；在东亚 VLBI 网中将成为口径最大的天线而起到主导作用。

从表 9.6-1 可知，与 ϕ50m 天线指标相比，该天线的表面精度和指向精度的要求更加苛刻，给精密工程测量带来了严峻的挑战，需要研究更先进的测量仪器、更科学的测量理论以及更严密的处理方法，为建设提供准确、可靠、高效的测量保障，助推我国射电天文学和深空探测技术的发展。

9.6.2　关键问题

本小节简要给出两架天线涉及的关键测量技术。

9.6.2.1　探月工程 ϕ50m 天线

对于 50m 天线，经典方法如经纬仪带尺法无论在速度还是精度方面基本不能满足要求，曾经在抛物环面多波束天线大放异彩的经纬仪测量系统亦不再适用。考虑到彼时的技术条件和工程现场情况，优选了全站仪测量系统和数字工业摄影测量系统。全站仪测量系统具有测量精度较高、测量范围大、建立系统便捷等优点，适合于单点放样与测量；而数字工业摄影测量系统具有测量精度高、无接触、自动化程度高、劳动强度小等优点，更适合于天线的整体面型检测和自重变形观测。

9.6.2.2　探月工程程 ϕ65m 天线

该项目在 50m 天线建成 4 年之后实施，在 50m 成功经验的基础上，重点围绕高精度控制网的布设，天线背架系统的快速检测，天线主、副面地面拼装测量，工作状态下天线主副馈相对位姿标定等重点问题展开。

9.6.3　方案与实施

本小节将较为详细地给出两架天线涉及的测量方案设计及执行情况。

9.6.3.1　探月工程程 ϕ50m 天线

以 50m 天线制造过程对测量的要求为主线，对测量方案进行了充分的论证，利用电子水准仪、自动全站仪、数字工业摄影测量系统等精密工程测量技术，对天线各个阶段的测量工作进行了详细的讨论，重点是测量及调整方案的制定和实施。

1. 座架支撑系统安装与调整

座架支撑系统主要由圆形轨道和滚轮组合组成。

1）圆形轨道调整

圆形轨道是保证天线实现方位转动的基础，轨道设计直径 32500mm，分为 21 段，总重约 36 t。其设计要求为：轨道的圆度误差小于 5mm，与中心枢轴的同轴度小于 5mm，单轨水平度小于 0.25mm，全轨水平度小于 0.8mm，径向水平度小于 0.15mm。

土建施工时首先把轨道地脚螺栓放样到位，然后在每组地脚螺栓上铺装好轨道垫板。在吊装轨道之前，在保证轨道垫板与中心枢轴下表面高差的前提下，先把轨道垫板大致调整在同一个水平面上。如图9.6-3 所示，对一条轨道起支撑作用的垫板共有 9 块，其中 7 块小垫板（图中标号 2～8），2 块大垫板

图 9.6-3　轨道垫板编号图

（图中标号 1、9），这 2 块大垫板与相邻分段轨道共用。

（1）圆度调整

由于场地狭窄，为检测轨道圆度及与中心枢轴的同轴度，选用 TDA5005 全站仪、笔记本电脑、MetroIn 工业测量系统软件平台等构成全站仪测量系统。

在中心枢轴上架设全站仪（图 9.6-4）观测球棱镜，球棱镜通过特制测量工装（图 9.6-5）放置在轨道上表面，该工装可保证球棱镜始终位于轨道面的中心线上，每根分段轨道上均匀观测 3 个点，整个轨道共计 63 个点，整体观测时间约为 0.5h。然后进行固定圆心坐标和设计半径的圆拟合，得到每个点的径向偏差调整量。两次调整以后轨道的圆度误差由 8.26mm 减小到 3.23mm，满足了设计要求。

图 9.6-4 轨道调整测量现场

图 9.6-5 轨道圆度及同轴度测量工装

（2）环向水平度调整

由于轨道整体水平度要求小于 0.8mm，故选用了徕卡 NA3003 电子水准仪和合像水平仪，其他附件有两根 3m 条码标尺、特制尺台和扶尺杆。

如图 9.6-6 所示，首先在基准点 M 上放置标尺，在测站 A 处架设水准仪，照准标尺读数；然后将标尺置于轨道上，水准仪照准标尺读数；再将标尺置于轨道的下一个位置并读数；如此反复，直到中心枢轴挡住视线，水准仪无法读数为止；接着把标尺再次放到 M 上，水准仪读数，来闭合水准路线检查水准仪的稳定性。A 站测完后，水准仪搬至测站 B 处，测量过程与测站 A 类似。整个测量过程完毕后，以 M 点作为高程原点，各点的高程读数平均值作为轨道面的高程基准面，每一点与平均高程的差值即为该点的法向偏差调整量。

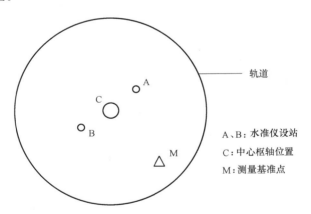

图 9.6-6 测量过程示意图

开始测量时固定 1、5、9 号垫板，将其螺栓旋紧，然后对其测量并给出法向偏差调整量，此时共测量 63 个点，用时约 0.5h，配合合像水平仪进行径向水平调整。经过 4 次调整后法向偏差明显好转。第 5 次调整时加测 3、7 号垫板，共测量 105 个点，用时约 50min，根据调整量配合合像水平仪将 3、7 号垫板的螺栓旋紧，同时调整由于旋紧 3、7 号垫板螺栓时对其他垫板的影响。从第 6 次调整开始，将剩余的 4 个点也加测进来，共测量 189 个点，用时约 1.5h，即可给出全轨法向偏差调整量。调整结果如表 9.6-2 所示。

轨道法向偏差调整结果　　　　　　　　　　　　　　　　表 9.6-2

调整次数	最大正偏差(mm)	最大负偏差(mm)	偏差范围(mm)	测量值均方差(mm)	测量点数(个)
1	3.21	−2.63	5.84	1.25	63
2	2.09	−2.00	4.09	0.92	63
3	2.90	−2.70	5.60	1.21	63
4	1.37	−1.93	3.30	0.57	63
5	1.77	−0.89	2.66	0.45	105
6	1.22	−1.58	2.80	0.42	189
7	0.51	−0.92	1.43	0.24	189
8	0.42	−0.39	0.81	0.18	189
9	0.35	−0.40	0.75	0.16	189
10	0.38	−0.38	0.76	0.16	189

从表 9.6-2 可以看出：随着调整的进行，调整结果在逐渐变好，最后整个轨道的法向偏差均在 ±0.4mm 之间，满足全轨水平度小于 0.8mm 的设计要求。

（3）径向水平度调整

径向水平度是指沿半径方向轨道的高低情况。全轨水平度保证以后，在最后两次调整时，用合像水平仪加测轨道的径向水平度并调整到位。

2）滚轮安装与调整

滚轮是天线系统的最终支承点，受力较大，采用优质合金钢制造，直径为 1m。整个座架共有 8 个滚轮，分为 4 组。为了使每个滚轮的受力均匀，每组滚轮设有滚轮平衡架，滚轮通过平衡架与座架的底架相连，如图 9.6-7 所示。

滚轮的调整是实现 4 组滚轮在圆形轨道上的对称分布，并保证滚轮的向心度，使滚轮在轨道上进行纯滚动。测量采用 TCA2003 全站仪配合反射片的方案。

如图 9.6-8 所示，在确定滚轮位置之前，首先对形状为八面体的中心枢轴进行边长测量，求出正北方向边长的中点，用仪器瞄准中点，水平度盘置零。这样建立了以仪器中心为原点，仪器水平度盘零方向为 X 轴，仪器竖轴为 Z 轴的左手坐标系。

图 9.6-7　滚轮组合示意图

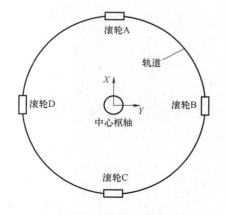

图 9.6-8　滚轮安装示意图

分别在水平度盘 0°、90°、180°、270°方向上放置 4 组滚轮，即可保证滚轮在圆形轨道上的对称分布。在每个滚轮上粘贴 4 个反射片，该 4 点位于一圆平面上，过圆心的法线可代表滚轮的轴线。利用 MetroIn 工业测量系统软件联机测量，获取每个点的三维坐标。数据处理时首先进行圆拟合，得到每个滚轮的圆平面中心和圆平面法线，然后求出每组滚轮圆心连线的平分点，判断其与仪器中心连线是否处于 0°、90°、180°、270° 位置。

过坐标轴线做一铅垂面,求滚轮法线与铅垂面的夹角,据此角度判断滚轮组的位置。求滚轮圆心到仪器中心的距离来调整左右滚轮的位置,将滚轮组等距放到各坐标轴线方向上。

2. 俯仰组合系统安装与调整

俯仰组合是保证天线指向精度的关键部件。如图 9.6-9 所示,俯仰组合上部为一菱形框架,在菱形框架的对角连接有十字梁,为加强它与天线的连接刚度,设有一些支杆将天线的某些节点连接到十字梁框架上。俯仰组合下部为大齿轮,由 5 段拼接组成。

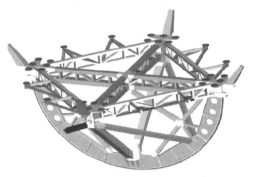

图 9.6-9 俯仰组合设计图

1) 安装方案

俯仰组合在地面组装时大齿轮组合在上,菱形框架及十字梁在下,吊装后将大齿轮翻转 180° 后变成如图 9.6-9 所示情形。组装时,在地面先放样好控制螺栓,然后安装十字梁,最后在十字梁上组装大齿轮,大齿轮平面与十字梁所在的平面理论上正交。如图 9.6-10 所示,Ⅰ、Ⅱ 片齿轮通过法兰固定在十字梁上,齿轮间通过螺栓连接,采用对称式安装。首先安装 Ⅰ、Ⅱ 片齿轮,确定大齿轮的初始位置,然后安装 Ⅲ、Ⅳ 片齿轮,在确保 4 片齿轮铅垂度、平面度及间距后安装 Ⅴ 片齿轮。

2) 测点布设

粗装阶段,在每片齿轮线切割面的四个角点粘贴反射片,均以左下角点作为 1 号点,按逆时针编号。以 Ⅰ、Ⅱ 片齿轮为例,如图 9.6-11 所示。

由于齿轮线切割面是粗基准,测量齿轮面只是指导齿轮的安装,不能对其姿态做精确评价。粗装完成后,为了对齿轮组合铅垂度、平面度作精确评价及调整,以齿轮组合上部的齿条面为精基准,齿条面由数控机床加工而成,共分 17 段。在每段齿条的两端各贴一片反射片,点号编为 C1~C34,共 34 个点,如图 9.6-10 所示。

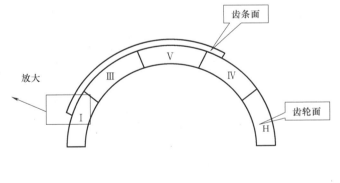

图 9.6-10 齿条面点位分布示意图

3) 测量过程

Ⅰ、Ⅱ 片齿轮在十字梁上的定位通过法兰实现。法兰螺孔的孔距经过检测,横向位置准确,满足粗定位要求。接下来须对齿轮面的间距、铅垂度及平面度进行控制。由于 Ⅰ、Ⅱ 片齿轮下端采用长方形螺孔,利用工装可以实现纵向(沿齿轮面方向)调整。施测时用钢尺量取 Ⅰ3、Ⅱ4 两反射片中心到对应角点的平距,角点理论间距由设计给出。铅垂度调整通过松、紧齿轮配合面的螺栓来实现。由于 Ⅰ、Ⅱ 片齿轮直接与十字梁相连,因此控制各自的铅垂性即可。观测 Ⅰ1~Ⅰ4、Ⅱ1~Ⅱ4 八个点,两片齿轮分别以底端两点作为基线,用轴对准法生成坐标系,X 轴为齿轮面方向,Y 轴为垂直于齿轮面方向,Z

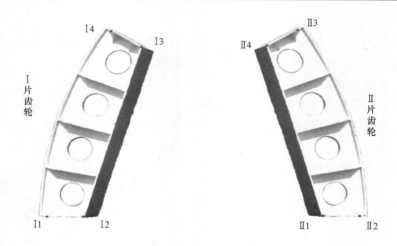

图 9.6-11 齿轮面点位分布示意图

轴为铅垂线方向，因此各点的 Y 值即是到铅垂面的偏差。铅垂度调整完毕后，对当前齿轮面的平面度作初步评价。

Ⅲ、Ⅳ片齿轮要先对铅垂性进行控制。观测 Ⅰ1～Ⅰ4、Ⅱ1～Ⅱ4、Ⅲ1～Ⅲ4、Ⅳ1～Ⅳ4 共 16 个点，以 Ⅰ1、Ⅱ2 两点作为基线，轴对准生成坐标系，利用高点的 Y 值调整铅垂度。调整完毕后，对当前齿轮面的平面度作概略评价。铅垂度调整完毕后，对Ⅲ3、Ⅳ4 两点间距进行测量与调整，调整 Z 方向的一维量即可。在Ⅲ、Ⅳ片齿轮的下方装配了调整杆，一端固定在齿轮上，另一端固定在十字梁上，使 Z 向连续可调。

Ⅴ片齿轮吊装后，再加测其上的 4 个点，联合其他 4 片齿轮上的 16 个点，共 20 个点，仍采用上述方法进行调整。

齿条面是大齿轮组合的精基准，能够精确反映整体的铅垂度和平面度。观测齿条面的 34 个点，以 C1、C34 两点作为基线，轴对准生成坐标系，利用各点的 Y 值调整铅垂度。

由于粗装阶段俯仰大齿轮得到了较好的控制，精调阶段只调整了一次就已经到位，最终齿条面的平面度优于 5mm，圆度为 6mm，齿条面与铅垂面夹角优于 $2''$，各项指标均满足设计要求。

3. 背架放样测量

50m 天线背架采用空间网状的桁架结构。背架结构沿圆周方向分为 24 片主辐射梁和 24 片副辐射梁，在直径 30～50m 区域，还有 48 根上弦杆支撑丝网面板；沿半径方向有 15 圈环向桁架将辐射梁连接；在各环桁架及各片辐射梁之间，有空间连接杆。以上各杆件构成了空间网状桁架结构，各杆件的连接采用球接头焊接与法兰螺栓连接相结合的方法。背架结构沿半径方向分为内、中、外三环，辐射梁数量分别为 24、48 和 96 片，整体呈圆对称性分布，背架结构如图 9.6-12 所示。

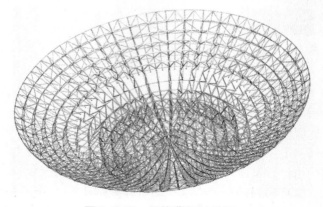

图 9.6-12 天线背架结构图

1）测量方案

背架测量的实质是空间点位的放样，关键是快速、准确恢复设计坐标系。实现方法有两种：一是通过测量公共点将测量坐标系转换到设计坐标系，然后在设计坐标系下把空间点按设计坐标放样到位；二是将测量坐标系和设计坐标系严格统一，也即使测量坐标系与设计坐标系重合，在测量坐标系下进行放样测量。

第一种方法需要布设稳定性较高的控制点，并且每次测量前都要重新建立系统确定放样坐标系，工作量大，现场条件有限，稳定的公共点不容易保证。故实际放样时采用第二种方法，该方法要求精确量取仪器高，并且保证仪器每次要严格对中在同一个点上。放样测量前，在中心体上安置仪器放置工装（图9.6-13），测量中心体上的24个点（反射片）和背架支脚上的8个螺栓点（球棱镜），分别进行圆拟合得出圆心坐标，然后移动仪器使仪器中心在两圆心连线的中点上，利用卡尺三次测量仪器高取平均值，仪器放置工装上保留基座不动，这样可使仪器每次严格对中在同一个点上，可保证每次的测量坐标系不变。放样时采用TCA2003全站仪配合反射片，反射片粘贴在设计的工装上（图9.6-14），这样可保证测距入射角小于30°。

图9.6-13 仪器架设工装

图9.6-14 背架测量工装

2）调整过程

（1）内环和中环

为了保持中心体的稳定，按对称原则进行放样，即先后放样0°、180°、90°、270°四个位置，然后再从90°扇面内辐射开来，但仍保持对称性。

（2）外环

由于背架外环由48片辐射梁和48根单悬杆组成，安装位置较高且梁刚度低，在空中很难进行调整，后改为在地面进行一主梁一副梁组装，完后将该组合吊装至预定位置再拼装。

3）放样结果

内、中环放样完毕后，对背架整体进行了检测。只测量了背架与面板的连接点，共计168个点，所用时间约为1h。用公共点转换法进行了解算，其结果如表9.6-3所示。检测结果在环向、径向、高低三个方向的偏差如表9.6-4所示。结果表明，可以满足面板初装的要求。

背架检测公共点转换结果（mm）   表9.6-3

项　　目	dX	dY	dZ
最大值	18	18	16
最小值	−16	−20	−12
范围	34	38	28

背架检测结果（mm）   表 9.6-4

项　目	环向	径向	高低
最大值	−18	−23	−19
最小值	25	8	22
范围	43	31	41

4. 天线反射面水平拼装

为了实现天线的高效率，同时考虑到天线在工作姿态下由于重力、风力及温度引起的变形、反射体骨架的制造误差和反射面金属网的制造误差等，设计提出了天线在水平检测状态下直径 30m 以内为 ±0.75mm（RMS），直径 30～50m 为 ±3mm（RMS）的面型精度要求。按照"可忽略不计"原则分配测量误差，测量精度要求为 ±（0.25～1.0）mm。

1）天线反射面的划分

天线在径向设计为七环，由内向外依次编号为一环至七环。其中一环至四环为实板面，五至七环为丝网面。

在圆周方向，一环和二环为 24 片，三环和四环为 48 片，五、六、七环为 96 片。每组分片所对应的圆心角分别为 15°、7.5°、3.75°，分别横跨在相邻的主、副辐射梁上，具体划分见图 9.6-15。整个反射面有 432 块面板，其中实板面 144 块、丝网面 288 块。

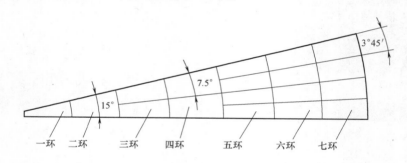

图 9.6-15　反射面半径方向划分图

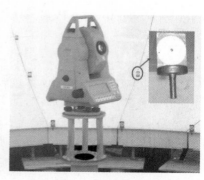

图 9.6-16　仪器架设工装和
目标放置工装

2）反射面水平拼装与调整

50m 天线母线弧长已达 27m，超出了经纬仪带尺法的典型测量范围，且外围的不锈钢丝网面结构不能踩踏也导致经纬仪带尺法不可用。经纬仪测量系统需要建立高稳定性的观测墩，而现场条件无法满足。故天线水平安装状态选用全站仪测量系统。

测量仪器选用 TCA2003，以反射片为测量目标。对于反射片要考虑目标点的入射角问题，则全站仪的架设和目标的放置成为保证测量精度的关键，为此设计了如图 9.6-16 所示的仪器架设工装和目标放置工装。

同背架放样一样，反射面水平状态精度检测建立了与设计坐标系相同的测量坐标系。

由于 50m 天线为标准的抛物面，是一个圆对称的封闭结构，安装起来比较便捷。因此面板水平拼装时只需控制面板在径向和高低方向的偏差即可，而在环向上不必严格控制，只要满足外形要求即可。反射面水平拼装的场景如图 9.6-17 所示。

面板水平拼装以后进行了整体检测，第一次进行了 30m 实板结构的检测与调整，对 50m 进行了两次检测，应用 CAD 面型转换法进行了解算，结果如表 9.6-5 所示。

546

图 9.6-17　反射面水平拼装图

反射面检测调整结果　　　　　　　　　　　　　表 9.6-5

检测序号	正偏差(mm)	负偏差(mm)	偏差范围(mm)	检测点数(个)	所需时间(h)	RMS(mm)
30m	3.71	−10.89	14.60	384	3.0	1.72
50m 第一次	6.07	−3.59	9.66	672	4.5	1.60
50m 第二次	2.11	−4.42	6.53	672	4.0	0.75

由表 9.6-5 的结果可以看出：50m 第二次检测调整以后，较第一次法向偏差范围变小，面型精度达到 ±0.75mm，满足设计要求。

5. 天线工作状态下精度检测与调整

设计提出天线在工作状态下直径 30m 以内 RMS 为 ±1mm，直径 30～50m RMS 为 ±3mm 的面型精度要求。按照"可忽略不计"原则分配测量误差，则工作状态下测量精度要求应为 ±(0.3～1.0) mm。

1) 测量方案

数字工业摄影测量系统属于非接触式、快速测量，具有动态性能好、检测速度快、受外界环境影响小、测量精度高等优点，特别适合于天线型面在工作状态下的快速检测。实际测量精度优于 0.2mm，能满足设计精度指标要求。

2) 方案实施

(1) 检测点布设

如图 9.6-18 所示，一环、二环和三环的每块面板上粘贴 6 个目标点，四环的每块面板上粘贴 7 个目标点，五至七环的每块面板上粘贴 2 个目标点，共有 1488 个目标点。需要说明的是，如此布点信息是有缺失的，这主要是受制于摄影测量标志数目的局限，下文的编码标志偏少也受此因素影响。这一窘境在后文 65m 天线摄影测量时就不存在了。

(2) 摄站布设

在沿天线法线约 8m 左右的位置布设摄站，对天线上的目标点进行拍摄来获取图像，摄站布设方案可用图 9.6-19 表示，相机的焦距为 21.9mm，视场角为 57°×77°，由此距离天线 8m 进行拍摄时所能拍摄到的面积为 8.6m×12.7m，由此可以得到两种状态下的设站方案：俯仰角为 7° 时，吊车在距离天线最下端约 10m 的位置平行移动拍摄，如图 9.6-20 所示；俯仰角为 30° 时，吊车在距离天线最下端约 1m 的位置平行移动拍摄，如图 9.6-21 所示。

(3) 编码标志点的布设

由于相机在每个摄站的拍摄范围有限，合理布设编码标志点是实现整个测量过程自动化的关键。综合考虑摄影距离、视场角和软件要求，将 100 个编码标志均匀地布置在天线表面。其中一环和二环分别布置 4 个，三环布设 8 个，四环布设 12 个，五至七环分别布设 24 个，见图 9.6-22。

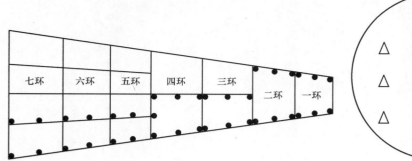

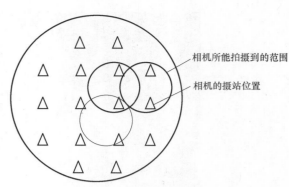

图 9.6-18　二十四分之一反射面摄影测量布点示意图

图 9.6-19　摄站布设方案

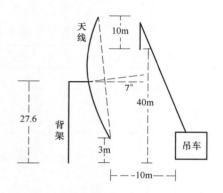

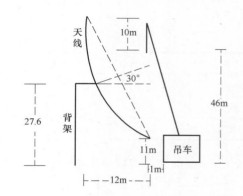

图 9.6-20　仰角为 7°时的测量示意图

图 9.6-21　仰角为 30°时的测量示意图

（4）主面测量

考虑到桁架的结构，相机架设在桁架顶端附近，距离天线约 8～10m，相机的有效摄影直径约为 8m 左右，每个标志点至少被两台相机所摄影。同时考虑到天线为圆形，采用图 9.6-19 所示的摄站布设方案，使得所有标志点均可测量，相机共需布设 16 站。这样布设摄站，使得摄站数目较少，且各被摄区域也有足够的重叠，以加强整个测量网形。同时这也减少了吊车的移动次数，从而缩短了测量时间。

整个现场的测量时间包括吊车移动时间和数码相机拍摄像片的时间。吊车移动时间约 1～1.5h，像片拍摄时间约 0.5h，现场测量时间约为 1.5～2.0h，工作场景见图 9.6-23。测量完成后，即可进行数据处理，即像点坐标量测、型面点坐标计算、型面精度评定及调整量计算。

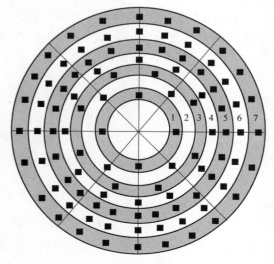

图 9.6-22　编码标志布设

图 9.6-23　摄影测量系统工作图

（5）测量结果

反射面工作状态检测和调整的结果如表9.6-6所示。

反射面检测调整结果（mm）　　　　　表9.6-6

仰角7°				仰角30°			
第一次		第二次		第一次		第二次	
30m	50m	30m	50m	30m	50m	30m	50m
1.88	4.05	1.44	1.87	1.59	3.58	0.80	1.06

由表9.6-6可以看出：通过两次检测、一次调整，面型精度满足设计要求，验证了数字工业摄影测量方法在天线面型检测中的可行性。

6. 电测结果

天线反射面调整完毕后，对S/X频段的方向图（第一旁瓣电平）、天线增益和天线效率进行了验收测试，测试结果如表9.6-7和表9.6-8所示。

第一旁瓣电平测量结果　　　　　表9.6-7

测试频率（GHz）	第一旁瓣电平(dB)		
	技术要求	测量结果	
		方位	俯仰
7.600	≤18	−26.67,−18.17	−28.00,−23.50
2.5093		−24.83,−21.67	−21.16,−25.50

天线增益和效率测量结果　　　　　表9.6-8

频率（GHz）	技术要求		波束宽度(°)		测量结果	
	效率(%)	增益(dB)	方位	俯仰	效率(%)	增益(dB)
7.600	48	64.37	0.0603	0.0678	115.85	68.198
2.5093	50	59.36	0.1680	0.1690	55.09	59.782

注：X波段天线效率按30m口径计算，S波段天线效率按50m口径计算。

测试结果表明：该天线S/X频段的电性能指标优于设计指标，确认了反射面精度调整结果的正确有效。

7. 创新点小结

1）构造了亚毫米级全站仪自动测量系统。在天线背架及面板安装校准测量中，巧妙设计了法向等距标志，使各测量点测距入射角由原来的70°左右变为小于20°，从而保障了天线面型安装的高精度。合理布设工装，使得反射面水平拼装精度达到±0.75mm。充分利用了马达全站仪的自动驱动功能，基于全站仪在线控制模式开发了背架安装自动放样程序，从而显著降低了作业人员的劳动强度，提高了测量效率，加快了施工进度。

2）将数字工业摄影测量系统用于天线工作状态下测量调整。综合考虑相机的视场角、景深，天线面型检测精度要求，现场可用空间等因素制定了摄站、测量标志、编码标志的布设方案。在国内首次利用数字工业摄影测量系统，解决了天线工作状态下面型检测难题，直径30m内的天线面型调整后精度达到±0.80mm，确保天线各项电气指标满足设计要求。

3）通过快速复现设计坐标系，对天线各关键接口进行精准控制，实现了各部分的一次对接成功。通过轴对准、公共点转换等方法快速复现设计坐标系，对天线滚轮与下框架、座架支撑与十字梁、十字梁与大齿轮、背架面板与俯仰组合系统等关键接口进行精准控制，实现了各部分的一次对接成功，确保了天线系统的指向精度。

9.6.3.2　探月工程 ϕ65m 天线

结合 65m 天线项目测量实践，主要讨论以下几个方面问题：65m 天线安装测量控制网的布设，因地制宜地提出了基于部件结构坐标系的控制网布设方案，同时分析了控制网精度、可靠性；天线背架快速检测新方法，将激光扫描测量系统应用于天线背架检测，以 TDA5005 全站仪测量结果为参考，分析了 VZ400 扫描测量系统的测量内/外符合精度和测量效率；天线工作状态下主副面摄影测量方案设计及实施。

1. 安装测量控制网的布设

65m 天线位于上海市松江区佘山镇官塘北侧、七间村西侧，占地面积 2.0 公顷，如图 9.6-24 所示。

图 9.6-24　65m 天线设计效果图

上海地区属于软土地质结构，不适宜布设测量墩或者说布设测量墩的成本极高，必须找到合适的替代方法。一方面要克服软土地质结构和时间紧迫的不利因素，另一方面要能保证安装测量控制网的高精度和可靠性。

65m 天线的安装主要分为方位机构、俯仰机构和反射体三大部件，每一部件都有其自身的结构坐标系，现场布局如图 9.6-25 所示。根据这些特点，提出基于部件结构坐标系的安装测量控制网布设方案，核心思想是：将天线各部件的结构坐标系保存到天线自身结构中稳定的点上，通过这些点恢复结构坐标系指导天线安装，即构成高精度安装测量控制网。

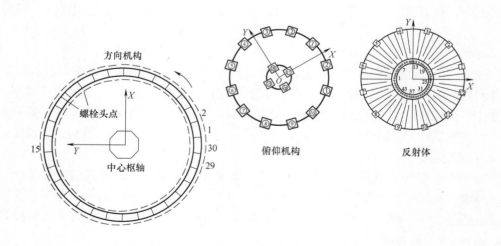

图 9.6-25　65m 天线安装现场布局图

1）部件结构坐标系

部件结构坐标系也可称为部件设计坐标系，65m 天线三大部件均有其自身的结构坐标系。

① 方位机构处有一直径 42m 的圆环形轨道，圆心处为天线旋转中心，即中心枢轴，图 9.6-26 为方位机构结构坐标系，原点为天线旋转中心，X 轴指向北方向，Z 轴铅垂向上，构成右手直角坐标系；

② 俯仰机构在地面拼装时，置于 16 个对称分布的高强度水泥墩上，图 9.6-27 为俯仰机构结构坐标系，原点为俯仰机构中心，X 轴指向 1 号墩和 12 号墩连线中点，Z 轴铅垂向上，构成右手直角坐标系；

③ 反射体在地面拼装时，以 12 个对称分布的高强度水泥墩和 1 个圆形中心筒体为基础，图 9.6-28 为反射体结构坐标系，原点为中心筒体上表面圆的圆心，X 轴指向 1 号墩和 12 号墩连线中点，Z 轴铅垂向上，构成右手直角坐标系。

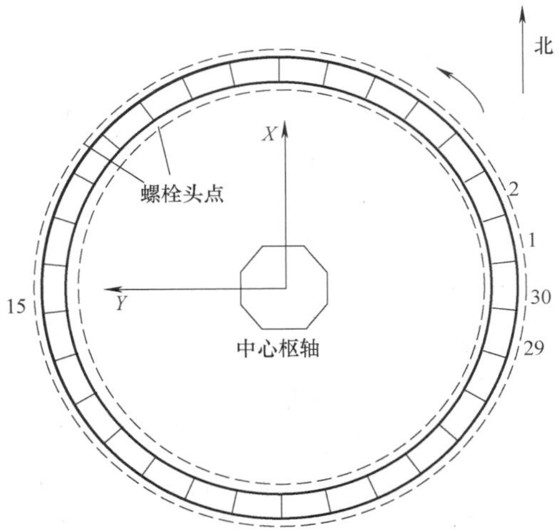

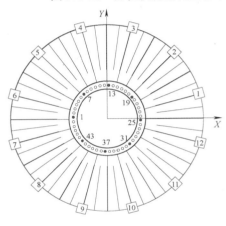

图 9.6-26 方位机构结构坐标系

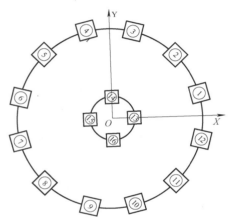

图 9.6-27 俯仰机构结构坐标系

图 9.6-28 反射体结构坐标系

2）控制网点分布及形式

为了保证控制网精度达到亚毫米级，且具有较高的可靠性，对于控制网点的分布和稳定性要求较高。分析天线安装现场条件、天线结构特点及安装工艺过程，发现天线方位机构轨道内外侧的 720 个螺栓头具有分布均匀、结构稳定、施工过程中受干扰小等特点，适合作为控制网点，图 9.6-29 为天线轨道螺栓头实物图。

根据天线安装现场布局（图 9.6-25），反射体离天线轨道较远，且在反射体的安装过程中，测量仪器一般位于中心筒体处，因此俯仰机构和反射体自身结构都会造成部分遮挡，因此，不适宜将反射体坐标系保存到螺栓头上。实际上，反射体自身结构上有分布均匀的设计点可以作为控制网点，即均匀分布于中心筒体上端面直径约 6m 的圆形法兰上的 48 个孔点，如图 9.6-30 所示。

图 9.6-29 65m 天线轨道螺栓头实物图

图 9.6-30 反射体中心筒体法兰孔点

同时，为了保证控制网点的测量精度，设计加工了配合 STM CCR-1.5in 角隅棱镜测量的高精度测量工装，如图 9.6-31、图 9.6-32 所示。

图 9.6-31　配合螺栓头测量工装

图 9.6-32　配合法兰孔测量工装

3）控制网布设思路

基于部件结构坐标系的控制网布设思路：第一步，选择最佳的测量窗口，用高精度全站仪恢复部件结构坐标系，然后将结构坐标系保存到稳定的控制点上，即得到控制点在部件结构坐标系 $O-XYZ$ 下的三维坐标 $S(x, y, z)$；第二步，安装过程中，在合适位置设站，测量全部或部分可见控制点在测站坐标系 $O'-X'Y'Z'$ 下的坐标为 $S'(x', y', z')$，通过公共点转换法恢复结构坐标系 $O-XYZ$，然后在结构坐标系下指导天线安装。

4）控制网施测方案

控制网的施测方案关系到控制网的建立精度，必须根据实际情况选择稳定的测量窗口、制定优化的施测步骤。以方位机构控制网的建立为例，介绍具体的施测方案。

（1）分时段、分区域观测

建立方位机构控制网，为了使用便利和保证控制网精度，将方位机构设计坐标系保存到轨道所有螺栓头上（共 720 个）。因此，全站仪很难一次全部观测完毕，且考虑到观测时间较长时仪器的稳定性很难保证，故设计分时段、分区域观测的方案。

基本思路：分三个时段进行观测，第一时段观测 1、4、7、10、…、28 共 10 段轨道，第二时段观测 2、5、8、11、…、29 共 10 段轨道，第三时段观测 3、6、9、12、…、30 共 10 段轨道；每个时段观测前测量 10 个公共点（1、4、7、10、…、28 轨道内侧第二个点，如图 9.6-33 所示），利用这 10 个点，采用公共点转换法，将不同时段的数据统一到同一个坐标系下。

（2）高程基准及零方向的引入

控制网高程基准从轨道面引入（轨道面水平度优于±0.25mm），即在轨道面上均匀采样 5～10 个点，将其平均高程作为高程零点；根据设计方提供的零方向（近似真北方向），标定出 1～3 号公共点和零方向的水平夹角，即将零方向保存到了 1～3 号公共点上。

5）控制网精度和可靠性分析

控制网的精度和可靠性是评价控制网质量的重要指标。常规的控制网测量是通过获取控制点之间的距

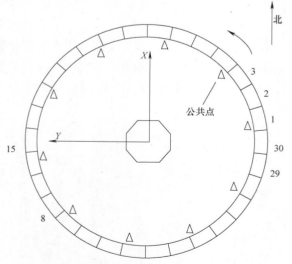

图 9.6-33　连接不同时段观测数据的公共点

离及角度信息，按一定平差原则，解算各点坐标值，平差结果能直接反应控制网的精度，可靠性主要反映在控制点的稳定性和多余观测量上。对于基于部件结构坐标系的控制网布设方案，恢复坐标系的精度反映了控制网的精度，恢复坐标系的重复性精度反映了控制网的可靠性。以反射体控制网为例，分析控制网精度和可靠性。

（1）控制网精度分析

建立反射体控制网时的环境条件为：温度17℃，气压1036MPa，表9.6-9为在相同环境条件下，反射体设计坐标系恢复精度，公共点转换均方根值为0.47mm，控制点点位偏差均小于1.0mm，即控制网精度优于1.0mm。图9.6-34为控制网点位误差分布图。

主反射体控制网恢复精度（mm）　　　　　　　　　　　　表9.6-9

控制点	dx	dy	dz	dp
S1	−0.63	−0.49	−0.19	0.82
S4	−0.17	0.29	0.04	0.34
S7	0.01	0.40	0.14	0.42
S10	0.13	0.03	0.07	0.15
S13	−0.37	0.74	−0.05	0.83
S16	−0.06	0.24	0.02	0.25
S19	0.47	0.16	−0.10	0.51
S22	−0.17	−0.25	−0.02	0.31
S25	0.45	0.27	−0.01	0.53
S28	0.17	−0.33	0.02	0.37
S31	−0.08	−0.27	0.07	0.30
S34	−0.10	0.36	0.03	0.37
S37	0.18	−0.49	−0.02	0.52
S40	0.09	−0.52	−0.04	0.53
S43	0.09	−0.14	0.05	0.18
公共点转换	RMS=0.47			

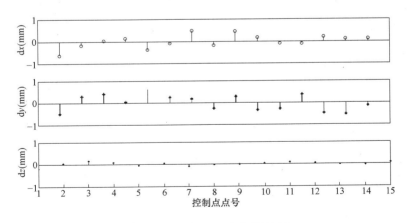

图9.6-34 控制网点位误差图

观察发现X和Y方向上残差明显大于Z方向上的残差。分析原因有两方面：

① 全站仪观测时离控制点较近，故测角误差对点位精度影响不显著，点位误差主要来源是测距误差，同时全站仪观测控制点时垂直角较小，所以测距误差分解到Z方向上的误差也较小；

② 控制点上的测量工装加工时在水平方向上有一定的间隙，但在Z方向基本没有，也导致X和Y方向上残差大于Z方向上的残差。

（2）控制网可靠性分析

表 9.6-10 为在相同环境条件下（温度：17℃，气压：1036MPa），20 次恢复坐标系的结果，表中列出了 7 个转换参数及其标准偏差。其中，X_0、Y_0、Z_0 为 3 个平移参数，R_x、R_y、R_z 为 3 个旋转参数，k 为尺度因子，RMS 为公共点转换均方根值。

恢复坐标系 20 次结果统计　　　　　　　　　　　　　　　表 9.6-10

次序	R_x(°)	R_y(°)	R_z(°)	X_0(mm)	Y_0(mm)	Z_0(mm)	k	RMS(mm)
1	359.9990	359.9992	14.6663	1.87	−87.26	−1004.23	1.0000	0.47
2	359.9989	359.9991	14.6662	1.75	−87.25	−1004.14	1.0000	0.41
3	359.9991	359.9992	14.6662	1.80	−87.18	−1004.18	1.0000	0.50
…	…	…	…	…	…	…	…	…
18	359.9991	359.9992	14.6662	1.78	−87.24	−1004.28	1.0000	0.40
19	359.9992	359.9992	14.6662	1.97	−87.23	−1004.26	1.0000	0.40
20	359.9988	359.9992	14.6663	1.97	−87.21	−1004.30	1.0000	0.39
标准偏差	0.00014	0.00005	0.00005	0.059	0.065	0.054	0.00000	—

结果表明，在与控制网建立时的环境相同的条件下，7 个转换参数的标准偏差都较小，恢复设计坐标系的精度相当，均约为 0.50mm，说明控制网具有很好的可靠性。

2. 天线背架快速检测方法

天线主反射体由背架、促动器、面板组成，其中背架是整个主反射体的结构基础，其安装测量采用全站仪测量系统。天线背架属于大型钢结构，安装过程中的焊接会带来焊接变形，因此在背架整体安装完成后，通常需要对天线背架进行几何尺寸检测，对于超差单元部件采取一定的修补措施，为后续的促动器安装、面板拼装工作提供正确的基准。

大型钢结构几何质量检测的传统方法是采用全站仪（如 50m 天线），其不足主要有：（1）测量耗时较长，效率不高；（2）测量人员劳动强度大；（3）由于测量周期长，外界环境变化大，导致背架结构发生变化，所获背架测量数据不具有统一性。

为了寻找快速高效、精度满足要求的天线背架检测方法，采用激光扫描测量系统进行天线背架检测。采用 Riegl VZ400 激光扫描仪、TDA5005 全站仪、TC1201 全站仪进行背架几何质量检测实验。

1）背架结构及点位分布情况

如图 9.6-35 所示，65m 天线背架呈圆对称性分布，共分为 15 环。其中，1～2 环每环有 24 个蘑菇头，3～6 环每环有 48 个蘑菇头，7～15 环每环有 96 个蘑菇头，每个蘑菇头上有一测量定位点，共计 1104 个，背架几何质量指标要求定位点偏差在 X、Y、Z 方向上均小于 ±30mm。背架的前期安装由全站仪工业测量系统（TDA5005、TC1201）完成，耗时 140 余天，图 9.6-36 为天线背架水平状态下的全貌图。

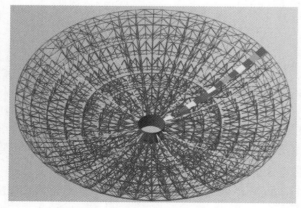

图 9.6-35　65m 天线背架结构示意图

图 9.6-36　65m 天线背架水平状态下全貌

由于定位测量工装（图9.6-37）数目有限，仅在2、3、5、7、9、11、13、15圈上布设测量工装，如图9.6-38所示，因为天线背架的单梁尺寸精度是由加工保证的，因此间隔布点可以反映出背架整体几何质量。

图9.6-37 背架定位测量工装

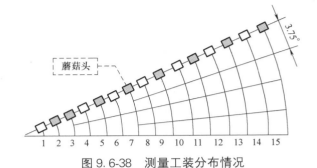

图9.6-38 测量工装分布情况

2）实验方案及实施

实验主要分为两部分：分别在近/远距离上，测试 Riegl VZ400 扫描仪系统配合反射片的点位测量精度；分别用 Riegl VZ400 扫描仪和 TDA5005 全站仪检测天线背架几何尺寸。

（1）Riegl VZ400 精度测试

选择背架结构上距中心（中心筒体）6～8m 和 30～35m 距离上的部分测量点，选择气象条件稳定的测量窗口，分别用 Riegl VZ400 激光扫描仪、TDA5005 全站仪、TC1201 全站仪三种仪器测量，以 TDA5005 全站仪测量点位数据为参考，评价 Riegl VZ400 扫描仪的外符合精度，TC1201 全站仪测量数据作为一种检核；同时用 Riegl VZ400 扫描仪重复测量所有测量点，评价内符合精度。表9.6-11 为精度测试实验基本情况。实验测量仪器如图9.6-39所示。

Riegl VZ400 扫描仪精度测试　　　　　　　　　　　　　　表 9.6-11

测试距离	测量点数目	内符合	外符合	测量环境
6～8m	50	重复测量2次	TDA5005全站仪结果	环境温度:24℃
30～35m	26	重复测量2次	TDA5005全站仪结果	大气气压:1033mbar

 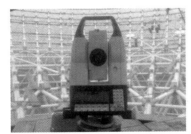 

Riegl VZ400　　　　　　　　　　TDA5005　　　　　　　　　　TC1201

图9.6-39 精度测试实验仪器

（2）65m 天线背架几何尺寸检测

在精度测试的基础上，利用 Riegl VZ400 激光扫描仪和 TDA5005 全站仪分别检测 65m 天线背架。用 TDA5005 全站仪检测 65m 天线背架，耗时 6.0h；用 Riegl VZ400 扫描仪检测 65m 天线背架，其中实际扫描仪测量时间约为 1.5h，背架检测效率提高了 3 倍。表9.6-12 为 65m 天线背架检测各时段具体测量工作及目的。

3）实验数据分析

主要分析了扫描仪的点位测量外符合、内符合精度，并建立了解算扫描仪测距加、乘常数的8参数模型。

65m 天线背架几何质量检测过程　　　　　　　　　　　表 9.6-12

测量仪器	温度(℃)	气压(mbar)	测量点	目的
Riegl VZ400	25	1033	准备仪器	
	26	1033	5、7 圈	
	28	1033	9、11、13、15 圈	
	32	1033	2、3 圈	
	32	1033	5、7 圈上 15 个点	检验内符合精度
TDA5005	33	1033	恢复设计坐标系点	
	33	1033	15、13、11 圈	
	33	1033	恢复设计坐标系点	检查仪器状态
	33	1033	9、7、5 圈	
	27	1033	恢复设计坐标系点	检查仪器状态
	27	1033	3、2 圈	
	27	1033	复测部分点	检验温度变形

（1）Riegl VZ400 点位测量外符合精度

TDA5005 全站仪配合反射片在 30m 范围内点位测量精度优于 0.5mm，因此，可用 TDA5005 全站仪的点位测量数据作为参考值，利用公共点转换法，将 Riegl VZ400 和 TC1201 的测量数据分别与参考值进行比较，结果见表 9.6-13。

三种仪器测量结果比对　　　　　　　　　　　表 9.6-13

公共点转换		转换参数							
		RMS(mm)	k	X_0(mm)	Y_0(mm)	Z_0(mm)	R_x(°)	R_y(°)	R_z(°)
6～8m	TDA5005 -VZ400	2.91	1.00000	−0.14	−1.93	54.53	359.99522	0.00582	71.56091
		0.97	0.99962	−0.01	−1.58	54.83	359.99522	0.00582	71.56091
	TDA5005 -TC1201	0.88	1.00000	−0.12	0.24	1.30	0.00003	359.99945	208.60343
		0.85	0.99997	−0.11	0.26	1.33	0.00003	359.99945	208.60343
30～ 35m	TDA5005 -VZ400	3.96	1.00000	6.56	−0.02	51.71	179.99559	179.99303	251.56981
		1.03	0.99969	−2.07	−3.55	48.27	359.99559	0.00697	71.56981
	TDA5005 -TC1201	0.81	1.00000	−1.40	−0.20	2.03	359.99896	0.00339	208.60421
		0.80	1.00001	−1.09	−0.08	2.15	359.99896	0.00339	208.60421

从表 9.6-13 数据可知：①在远近距离上，TC1201 全站仪和 TDA5005 全站仪测量数据进行公共点转换时，均方根值 RMS 都约为 0.80mm，可估算 TC1201 全站仪点位测量精度 0.62mm，即 TC1201 全站仪点位测量精度略低于 TDA5005 全站仪；②Riegl VZ400 扫描仪和 TDA5005 全站仪测量数据进行公共点转换时，如不固定尺度因子 k，均方根值 RMS 都约为 1.0mm，近距离 $k=$ 0.99962，远距离 $k=0.99969$，两者数值相当；如固定尺度因子 k 为 1，均方根值在近距离为 2.913mm，远距离为 3.966mm，结果表明 RieglVZ400 扫描仪测量反射片可能存在类似全站仪测距的加、乘常数。

（2）Riegl VZ400 扫描仪测距加、乘常数解算

试验发现 VZ400 扫描仪存在测距加、乘常数 C 和 R，经测试，其数值及精度见表 9.6-14。

解算加、乘常数结果 表 9.6-14

参数	R	C(mm)
参数解	0.000109	2.15
参数精度	0.0000139	0.22

将扫描仪点位数据 $P(x, y, z)$ 经加、乘常数改正后得 $P'(x', y', z')$，将 $P'(x', y', z')$ 与全站仪点位数据 $B(x, y, z)$ 进行公共点转换得均方根值为 σ，考虑到以全站仪结果作为参考数据本身是有误差的，全站仪对反射片的点位测量精度可达 0.5mm，则 Riegl VZ400 扫描仪系统点位测量外符合精度 $\sigma_\text{外} = \sqrt{\sigma^2 - 0.5^2}$，结果见表 9.6-15。

Riegl VZ400 扫描仪外符合精度测试结果（mm） 表 9.6-15

次序	距离(m)	公共点转换均方根值 σ	外符合精度 $\sigma_\text{外}$
数据 1	6～8	1.063	0.938
数据 2	30～35	1.017	0.886

表 9.6-15 结果表明，经加、乘常数改正后，在 30m 范围内，Riegl VZ400 扫描仪系统点位测量外符合精度可达 1.0mm。

（3）Riegl VZ400 点位测量内符合精度

内符合精度即重复测量精度，是指对同一量进行多次观测时的重复精度，反映测量系统的重复性和稳定性。对 Riegl VZ400 扫描仪的重复测量精度评价，可取扫描仪两次测量同一批点的数据，进行公共点转换，统计点位的 x、y、z 坐标差值，结果见表 9.6-16。

Riegl VZ400 扫描仪内符合精度测试结果（mm） 表 9.6-16

点名	dx	dy	dz	dp
1	0.221	1.402	0.003	1.625
2	0.030	0.001	0.003	0.034
3	0.248	0.249	0.021	0.518
4	0.378	0.121	0.006	0.505
5	0.767	0.105	0.021	0.894
6	0.520	0.026	0.010	0.555
…	…	…	…	…
57	0.123	0.057	0.015	0.195
58	0.004	0.000	0.002	0.006
59	0.035	0.003	0.008	0.047
60	0.013	0.042	0.039	0.094
61	0.945	0.094	0.001	1.039
62	0.148	0.040	0.000	0.189
均方根值	0.458	0.529	0.118	0.710

表 9.6-16 结果表明，Riegl VZ400 扫描仪的两次重复测量得到的点位差值的均方根值在 X 方向为 0.46mm，Y 方向上为 0.53mm，Z 方向上为 0.12mm，总计为 0.71mm，即在 30m 范围内，Riegl VZ400 点位测量内符合精度 $\sigma_\text{内} = 0.71/\sqrt{2} = 0.5$mm。

4）65m 天线背架检测结果

TDA5005 全站仪检测背架，共测量了 501 个点，如图 9.6-40 所示；Riegl VZ400 扫描仪扫了整个骨架，共成功提取 415 个点，如图 9.6-41 所示，其中部分测量靶标因长期风吹日晒等而出现破损，扫描仪提取不成功。表 9.6-17 为部分点位偏差结果，测量结果显示背架合格率为 100％。

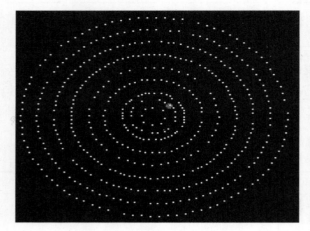

图 9.6-40 TDA5005 全站仪测量点

图 9.6-41 扫描仪提取的测量点

65m 天线背架几何尺寸检测部分结果（mm） 表 9.6-17

点号	dx	dy	dz	点号	dx	dy	dz
202	0.672	−0.114	6.413	1119	−10.248	0.398	−2.99
203	1.367	−6.45	2.811	1120	−12.631	−5.632	−3.123
204	2.995	−2.109	6.13	1123	−7.515	−6.944	−2.276
205	2.545	0.227	4.119	1124	−11.805	2.366	6.332
206	−1.775	−3.261	6.812	1125	−6.123	9.2	6.866
207	5.313	0.007	3.908	1126	−7.238	9.818	−0.39
208	6.972	−1.72	3.364	1127	−1.855	4.102	−8.417
210	7.124	−0.815	7.009	1128	2.185	−3.605	−0.256
211	3.224	−3.374	4.085	1129	1.88	1.853	−0.635
212	−2.916	5.708	2.927	1130	−2.179	4.662	0.072
213	1.834	0.71	0.596	1131	−4.66	−3.37	2.461

3. 副面摄影测量调整

天线摄影测量采用美国 GSI 公司的 V-STARS 系统进行，相机为 INCA3A 量测型相机，测量标志点与编码标志点均采用回光反射标志，直径为 12mm。

副面口径为 6.5m，在径向设计为 3 环面板，面板数量由里到外依次为 1、8、16，共计 25 块，如图 9.6-42 所示。副面通过 Stewart 平台实现三维线性和两个角度旋转共 5 个自由度调整。

单块面板精度在加工完成后采用激光跟踪仪测量系统进行检测。副面在地面拼装时，采用数字工业摄影测量系统进行面型测量调整。

在中心面板分 2 环各布设 8 个测量标志，第 2、3 环面板每块布设 9 个，共计 8×2＋(8＋16)×9＝232 个测量标志，如图 9.6-43 所示。

中心面板布设 8 个编码标志，其余面板每块布设 1 个，共计 32 个编码标志；定向靶置于天线中心；2 根长度约为 2000mm 的基准尺置于天线外环面板。

将天线副面置于约 45°俯角状态，利用 INCA3A 相机拍摄像片，摄影距离约为 4m，单次测量拍摄约 130 张，导入 V-STARS 软件处理得到测量点三维坐标；利用 SA 软件将测量点坐标与副面设计模型作比对，得到副面面型精度及各测量点处面型偏差，用以指导调整。

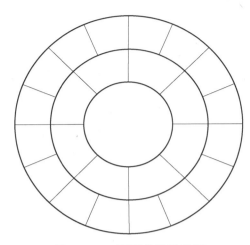

图9.6-42 副面分块示意图

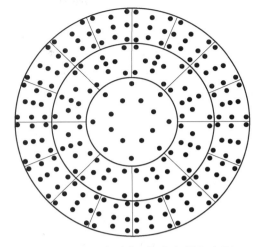

图9.6-43 副面测量标志布设示意图

经过9次测量、8次调整，副面面型精度达到设计指标。各次测量所得面型精度见表9.6-18，调整完毕后各测量点面型偏差分布见图9.6-44。

副面各次测量面型精度（mm） 表9.6-18

次数	1	2	3	4	5	6	7	8	9
精度	3.752	0.537	0.162	0.159	0.095	0.139	0.088	0.072	0.053

图9.6-44 副面调整完毕后面型偏差分布图

4. 主副面摄影测量调整

主面面板在骨架吊装后拼装，面型调整在天线仰角为50°的工作状态下测量调整，仍采用V-STARS摄影测量系统进行测量。在调整主面面型的过程中，还需测量主、副面间的相对位姿关系，以指导Stewart平台进行调整；同时需测量主面与馈源中心的相对位置关系。

1）摄影测量方案

（1）主面测量标志及附件布设

主面每块面板布设9个测量标志，共计9072个，如图9.6-45所示。

1~5、7~9环每2块面板布设1个编码标志，其余各环每块面板布设1个编码标志，共计768个；定向靶置于天线中心馈源筒旁，如图9.6-46所示。

因V-STARS系统基准尺较短（2.5m），难以作为65m范围内的长度基准，故专门加工全站仪系统、摄影测量系统测量标志互换工装，使得全站仪反射片与摄影反光标志中心一致，如图9.6-47所示，

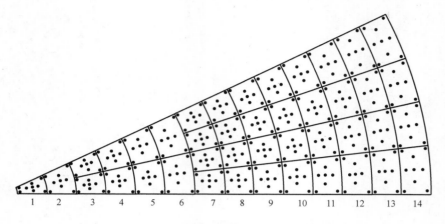

图 9.6-45　主面测量标志布设示意图

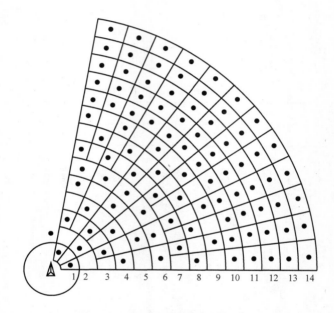

图 9.6-46　主面编码标志布设示意图

利用全站仪测量基准点距离作为摄影测量基准尺。

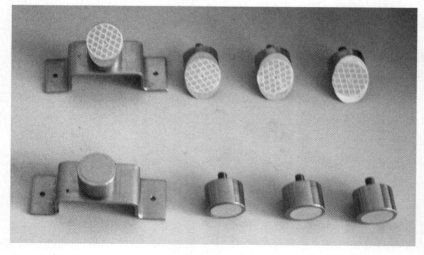

图 9.6-47　基准尺工装

在直径约 28m 的圆上均匀布设 6 个长度基准点反射片工装，在天线中心架设全站仪，测量基准点坐标，得到 3 个长度基准作为基准尺。摄影测量时将反射片工装替换为摄影反射标志工装，如图 9.6-48 所示。

（2）支撑结构测量标志及编码标志布设

为实现主、副面像片的拼接，需在副面支撑结构上布设测量标志和编码标志。4 个支撑结构各取 1 个侧面，布设 2 排测量标志和编码标志，上下间隔 2m，测量标志和编码标志各约为 120 个，如图 9.6-49 所示。

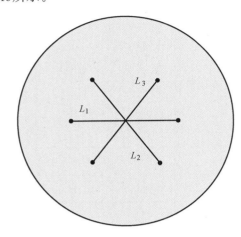

图 9.6-48 基准尺点位分布图

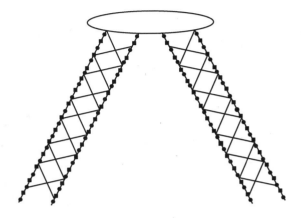

图 9.6-49 支撑结构标志布设示意图

（3）馈源测量标志及编码标志布设

在已安装的馈源表面及馈源筒上未安装馈源的基座上按圆形分布布设测量标志，用以拟合馈源轴线。

（4）摄站布设

将摄影距离设置为约 6～10m，利用吊车将测量人员先后置于天线主、副面及支撑结构前方拍摄像片，单次测量拍摄约 1300 张像片（图 9.6-50），耗时 3～4h，每个测量标志点的成像像片数约 10～30 张。为避免环境光对测量精度的影响，所有拍摄工作均在夜间进行。

2）测量调整结果

天线主面共进行 7 次测量、6 次调整，最终面型精度满足了设计指标要求。

（1）摄影测量精度分析

① 精度估计值

该天线共测量 7 次，经光束法平差后，依据误差传播定律计算每次测量点位精度统计量如表 9.6-19 所示。

图 9.6-50 65m 天线摄影测量工作场景

		点位精度统计量		表 9.6-19
次序	像点坐标残差（μm）	点位精度（mm）		
		X	Y	Z
1	0.32	0.155	0.081	0.137
2	0.40	0.124	0.085	0.089
3	0.34	0.167	0.174	0.165

次序	像点坐标残差（μm）	点位精度（mm）		
		X	Y	Z
4	0.34	0.125	0.122	0.119
5	0.34	0.169	0.163	0.174
6	0.36	0.078	0.122	0.093
7	0.36	0.095	0.147	0.110

② 外符合精度

副面面型精度在副面系统吊装前已采用数字工业摄影测量系统进行检测，最终面型精度为 0.053mm。在主面调整过程中，需同时测量其与副面间的相对位姿关系，因而需将副面测量点与设计模型作比对。鉴于副面面型精度较高，模型比对精度可作为评价摄影测量精度的指标，即可看作摄影测量外符合精度。副面模型比对精度见表 9.6-20。

副面模型比对精度　　　　　　　　　　　　　　　　表 9.6-20

序号	1	2	3	4	5	6	7
副面精度（mm）	0.197	0.196	0.139	0.168	0.152	0.183	0.184

从表 9.6-20 可以看出，摄影测量精度优于 0.2mm，而主面面型精度要求为 0.6mm，按照误差可忽略不计原则，摄影测量精度满足面型调整的要求。

（2）主面面型调整结果

主面面板的拼装精度依赖于骨架组装精度，该精度值较低，且有可能存在粗差。因此，在第 1 次摄影测量完成后，通过将测量点坐标与主面设计模型作比对，确定面板调整量，以消除粗差影响。此时主面面型精度为 3.281mm，点位偏差分布见图 9.6-51。

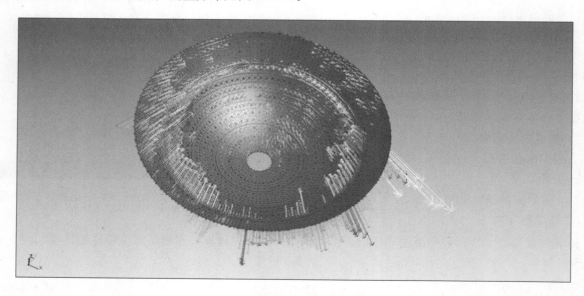

图 9.6-51　主面第 1 次测量点位偏差分布图

为保证天线主面轴线不发生偏转，在天线第 1、5、14 环各设置 10～20 个基准点。从第 2 次测量（第 1 次调整完毕）起，以基准点设计坐标为基准，通过公共点转换方法将测量点坐标转换至天线设计坐标系下，直接计算主面点位偏差并指导调整。此过程共进行 3 次测量、调整，面型精度分别为 2.503mm、2.569mm、1.560mm。

第 5 次测量结果仍采用公共点转换方式算得主面面型精度为 2.544mm，比第 4 次测量精度显著降低，表明该精度已经达到了基准点的布设精度。此时主面轴线已经调整到位，故从第 5 次测量开始采用模型比对方法计算面型精度，共测量、调整 3 次，面型精度分别为 0.564mm、0.380mm、0.576mm（见图 9.6-52）。

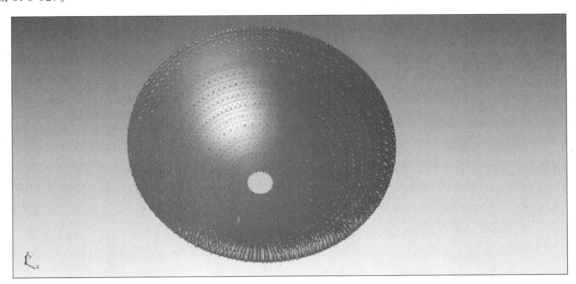

图 9.6-52　主面第 7 次测量点位偏差分布图

综上，主面历次面型精度计算方法及面型精度汇总如表 9.6-21 所示。

主面面型调整结果　　　　　　　　　　　　　　　　　　　表 9.6-21

次序	1	2	3	4	5	6	7
计算方法	模型比对	公共点转换	公共点转换	公共点转换	模型比对	模型比对	模型比对
面型精度（mm）	3.281	2.503	2.569	1.560	0.564	0.380	0.576

（3）主副面及馈源相对位姿关系

在测量主面面型的同时可测得副面及馈源上布设的测量点坐标。将所有测量点坐标转换至设计坐标系后，通过副面测量点与副面设计模型作比对可算得主、副面间的相对位姿关系，进而指导 Stewart 平台进行调整；通过拟合各馈源圆心所在的圆柱可得馈源中心坐标，进而算得馈源中心到主面轴线的距离。历次测量所得主、副面及馈源间的相对位姿关系见表 9.6-22。

主、副面及馈源间的相对位姿　　　　　　　　　　　　　　表 9.6-22

次序	主副面轴线角度偏差（°）		副面焦点偏差			馈源中心偏移（mm）
	R_x	R_y	dX	dY	dZ	
1	0.181	−0.039	−8.199	62.152	−27.158	2.360
2	0.158	−0.044	−3.641	53.321	−30.141	58.652
3	0.071	−0.067	2.772	20.465	−26.039	6.685
4	−0.011	−0.006	5.605	0.197	−5.231	0.143
5	−0.010	0.008	1.610	−1.385	1.128	2.511
6	−0.016	−0.004	−2.674	−5.536	−0.306	
7	−0.016	0.013	−2.108	−3.460	0.137	0.352

5. 创新点小结

1）综合采用全站仪、激光扫描、数字工业摄影测量等多种测量技术，圆满解决了 65m 天线设计、制造、安装、校准全过程的测量难题：65m 天线是彼时亚洲同类最大天线，其口径大、面型精度要求高，且为国内首次研制。鉴于射电望远镜复杂的结构和对测量的高要求，在工程中综合利用高精度全站仪、激光扫描、数字工业摄影测量等多种测量技术，创新出了众多新的测量方法和完善的工艺方案，高质量地完成了几何量测量任务。

2）提出了一种无固定观测墩的精密施工控制网布设方法，克服了软土地质结构条件的影响：上海地区属于软土地质结构，时间、经费、场地都不允许采用常规的方法布设施工控制网。提出利用天线方位机构轨道内外侧分布均匀、结构稳定的 720 个螺栓头建立精密施工控制网，将天线各部件的结构坐标系保存其上，通过恢复结构坐标系指导天线安装，最终控制网精度优于 ±1.0mm。

3）将激光扫描测量技术引入 65m 天线背架整体检测，精度优于 ±1.0mm，效率较全站仪检测提高 3 倍：为实现快速、高效、精确地进行天线背架检测，克服以往全站仪检测劳动强度大、测量时间长，外在环境变化大，导致背架结构发生变化，所获背架测量数据不具有统一性的问题，将激光扫描测量技术引入 65m 天线背架整体检测。采集数据时间由 6h 缩短为 1.5h，效率提高 3 倍；经加、乘常数系统误差改正后，点位测量外符合精度优于 ±1.0mm，重复测量精度优于 ±0.5mm。

4）针对 65m 天线主面及主副馈位姿关系精确调整的高要求，提出了一整套独具特色的摄影测量解决方案，成功实现了主副馈精调：天线主面面型精度要求优于 0.60mm，副面面型精度要求优于 0.07mm。因主副馈测量需拍摄的区域大、像片多，V-STARS 现有编码标志容量不足，重新设计了编码标志模板，将编码容量从 240 个扩充至 1002 个。因 V-STARS 现有基准尺长度不足 3m，无法满足 65m 范围内的尺度约束，利用高精度全站仪通过特制工装引入 3 条长度为 28m 的基线，给摄影测量提供了准确的尺度约束。因主副面之间空间距离远，像片拼接难度大，规划了数百个摄站位置，利用 160t 吊车配合完成像片拍摄，顺利实现了主副馈同时测量，单次测量拍摄像片 1300 余张，耗时近 4h。最终主面面型精度达到 ±0.576mm，馈源中心偏移量为 0.352mm，同时准确给出了主副面间的相对位姿关系。

9.6.4　启示与展望

9.6.4.1　启示

"锦瑟无端五十弦，一弦一柱思华年。"上述两项工程，肇始于 2004 年，完结于 2012 年。这 8 年，也正是我国综合国力蒸蒸日上的 8 年。得益于国家经济实力的快速提升，得益于大科学工程的强力推进，精密工程测量技术迎来了重要的发展机遇。通过工程实践，有两点启示：

1）社会需求是工程测量赖以发展的外部环境

国家强，工程测量发展得好。社会需求是驱动工程测量技术发展的原动力，社会需求是检验工程测量技术效能的试金石，社会需求是展示工程测量技术成就的大舞台。

2）聚焦创新是工程测量蜕变升华的内在要旨

工程测量如何更好地为社会服务，满足社会需求，一言以蔽之——不断突破技术瓶颈。信息工程大学精密工程测量团队在李广云教授的带领下，从 20 世纪 90 年代初期，躬耕精密工程测量沃土，聚力引进国际前沿精密测量系统，组织团队集智攻关，突破了经纬仪/全站仪工业测量系统、数字工业摄影测量系统等数个测量系统的核心技术，打破了国外的技术封锁和垄断，成果获得省部级科技进步一等奖和二等奖各 1 项，走出了一条从引进、消化吸收到比肩超越的技术创新道路，并且成为大国工程的重要技术支撑。

9.6.4.2 展望

社会需求永远是牵引工程测量技术发展的动力。展望未来,大型天线作为射电天文领域的核心装置、国家战略探测预警体系的利器、深空探测的"千里眼""顺风耳",不可或缺,发展永无止境。表9.6-23列出了正在规划论证建设的 ϕ110m 天线(Qi Tai Telescope,QTT)的初步设计指标,这些要求已经清楚地表明它将是世界级的工程,无论是体量还是精度要求。我们是否已经准备好?!

QTT 部分初步设计指标 表 9.6-23

主面	单块面板≤0.07mm;总公差≤0.2mm
副面	单块面板≤0.03mm,总公差≤0.05mm
方位轮轨	整体焊接轨道,水平度≤0.5mm
轴系精度	方位轴系、俯仰轴系及方位滚轮轴系误差等,综合到方位和俯仰的指向随机误差,均≤1″
指向精度	高精度工作:≤2.5″RMS

本章主要参考文献

[1] DONG Lan. The Alignment of BEPCII LINAC,8th International Workshop on Accelerator Alignment,4-7 October 2004,CERN,Geneva,Switzerland.

[2] 张正禄. 工程测量学 [M]. 武汉:武汉大学出版社,2005.

[3] 王铜,董岚,罗涛,梁静,马娜,门玲鸽,何振强,柯志勇. 中国散裂中子源控制网测量方案及数据处理 [J]. 地理空间信息,2016,14(11):55-57+9.

[4] 马娜,罗红斌,梁静,柯志勇,何振强. 一种高精度超大仪器高的测量方案设计 [J]. 测绘通报,2017(10):128-132.

[5] 王铜,罗涛,梁静,刘璪,董岚,李波,庄红林. 精密三角高程在大亚湾中微子实验距离测量中的应用研究 [J]. 测绘科学,2014,39(01):121-124.

[6] 潘正风,杨正尧,程效军,等. 数字测图原理与方法 [M]. 武汉:武汉大学出版社,2005.

[7] 马娜,董岚,梁静,向伟,罗涛,王铜,刘璪,柯志勇,何振强,朱红岩. 基于加速器控制网的 GPS 绝对测量精度探讨 [J]. 北京测绘,2014(06):23-27+43.

[8] 孔祥元,郭际明,刘宗泉. 大地测量学基础 [M]. 武汉:武汉大学出版社,2006.

[9] 李征航,黄劲松. GPS 测量与数据处理 [M]. 武汉:武汉大学出版社,2005.

[10] 何振强,柯志勇,董岚,马娜,朱洪岩,王小龙,李波,门玲鸽,罗涛,王铜,梁静. 北京正负电子对撞机(BEPCII)储存环准直测量精度研究 [J]. 北京测绘,2015(01):38-43+79.

[11] 柯志勇,何振强,董岚,马娜,王铜,梁静,罗涛. BEPCII 储存环准直测量点位误差分析 [J]. 核技术,2015,38(01):3-8.

[12] 于成浩. 三维准直测量技术在上海光源中的应用研究 [D]. 上海:中国科学院上海应用物理研究所,2008.

[13] 蔡国柱. 大型离子加速器先进准直安装方法研究 [D]. 兰州:中国科学院研究生院(近代物理研究所),2014.

[14] 王巍. 合肥光源升级改造测量准直及测量精度的研究 [D]. 合肥:中国科学技术大学,2016.

[15] 聂海滨. 基于激光跟踪仪的大型设备精密测量关键技术研究 [D]. 武汉:武汉大学,2017.

[16] 梁静,董岚,罗涛,王铜. BEPCII 储存环激光跟踪仪测量精度统计及先验误差的确定 [J]. 测绘科学,2013,38(06):182-184.

[17] 马娜,董岚,梁静,柯志勇,何振强. 中国散裂中子源直线加速器控制网测量及精度研究 [J]. 测绘通报,2016(01):104-107.

[18] 马娜,董岚,梁静,柯志勇,何振强. 中国散裂中子源隧道控制网测量方法及精度探讨 [J]. 核科学与工

程，2018，38（03）：411-416.

[19] 王小龙，董岚，李波，等. BEPCⅡ储存环的预准直 [J]. 核技术，2010，08：566-570.

[20] 王铜，梁静，董岚，罗涛，门玲鸽，李波，王小龙，柯志勇，何振强，马娜. 粒子加速器设备标定中基准面引出研究 [J]. 原子能科学技术，2016，50（08）：1524-1527.

[21] 何振强，柯志勇，董岚，马娜，门玲鸽，梁静，罗涛，王铜，张晓辉. 中国散裂中子源 DTL 漂移管的预准直 [J]. 核技术，2017，40（05）：16-20.

[22] 梁静，董岚，王铜，李波，罗涛，门玲鸽，马娜. 激光跟踪仪在 CSNS 高频腔预准直中的应用 [J]. 地理空间信息，2017，15（03）：12-13＋19＋10.

[23] 刘祖平，何晓业. 国家同步辐射实验室储存环中 Q 铁水平位移的准直与校正研究 [J]. 原子能科学技术，2006（01）：121-124.

[24] 何晓业. 静力水准系统的最新发展及应用 [M]. 合肥：中国科学技术大学出版社，2010.

[25] 马骊群. 大尺寸计量校准技术研究及在量值传递中的应用 [D]. 大连：大连理工大学，2007.

[26] 周维虎. 大尺寸空间坐标测量系统精度理论若干问题的研究 [D]. 合肥：合肥工业大学，2000.

[27] 范百兴. 激光跟踪仪高精度坐标测量技术研究与实现 [D]. 郑州：解放军信息工程大学，2013.

[28] 李广云，范百兴. 精密工程测量技术及其发展 [J]. 测绘学报，2017，46（10）：1742-1751.

[29] 丁辰. FAST 反射面节点测量数据处理方法研究 [D]. 郑州：解放军信息工程大学，2017.

[30] 张建军，李健，丁辰. FAST 基准墩精密控制网测量技术设计和实施方案 [R]. 郑州：信息工程大学，2014.

[31] FAST 精密控制网测量技术设计组. FAST 基准墩精密控制网测量技术设计说明 [R]. 郑州：信息工程大学，2014.

[32] 丁辰，张建军，郑培智，等. FAST 高精度基准控制网测量方案优化 [J]. 测绘工程，2016，25（7）：62-65.

[33] 河南绘聚测绘有限公司. FAST 施工测量控制网测量报告（第六期）[R]. 郑州，2017.

[34] 骆亚波. FAST 天线测量 [R]. 2016 年工程测量学术年会，2016.

[35] 周荣伟，朱丽春，胡金文，等. FAST 单元面板面型检测算法研究 [J]. 天文研究与技术，2012，9（1）：14-20.

[36] 朱丽春. 500m 口径球面射电望远镜（FAST）主动反射面整网变形控制 [J]. 科研信息化技术与应用，2012，3（4）：67-75.

[37] 程志峰，黄克亮，金超，等. FAST 馈源舱 Stewart 机构标定 [J]. 测绘科学技术学报，2017，34（3）：221-225.

[38] 程志峰. 基于激光跟踪仪的 FAST 馈源舱位姿测量技术研究 [D]. 郑州：解放军信息工程大学，2017.

[39] 侯雨雷，段艳宾，窦玉超，等. 65m 射电望远镜天线副面调整机构标定研究 [J]. 中国机械工程，2013，24（24）：3318-3322.

[40] 于成浩，殷立新，杜涵文等. 上海光源准直测量方案设计 [J]. 强激光与粒子束，2006，18（7）：1 167-1 172.

[41] 于成浩，孙森，严中保，等. 上海光源的设备安装技术 [J]. 原子能科学技术，2009，43（12）：1138-1142.

[42] 于成浩，柯明，杜涵文，等. 上海光源的一级平面控制网 [J]. 原子能科学技术，2009，43（10）：931-934.

[43] 李宗春，李广云. 全站仪近距离测距精度检验方法的探讨 [J]. 测绘地理信息，2002，27（4）：37-39.

[44] 李宗春，金超，李广云，等. 大型天线背架的精密测量与结果分析 [J]. 无线电通信技术，2002，28（6）：34-36.

[45] 李宗春. 天线测量理论、方法及应用研究 [D]. 郑州：解放军信息工程大学，2003.

[46] 李宗春，李广云，吴晓平. 天线反射面精度测量技术述评 [J]. 测绘通报，2003（6）：16-19.

[47] 李宗春，李广云，金超. 面天线检测数据处理方法的探讨 [J]. 宇航计测技术，2003，23（2）：12-19.

[48] 张冠宇，李广云，李宗春，等. 50m 天线基座框架及地脚螺栓的精密检测 [C]//全国精密与大型工程测量技术研讨交流会，2004.

[49] 许文学，李广云，李宗春，等. 50m 大型天线水平状态精度检测与调整 [C]//2005 现代工程测量技术发展与应用研讨交流会，2005.

[50] 汤廷松，陈继华，李宗春. 大型天线俯仰大齿轮的安装与调整 [C]//2005 现代工程测量技术发展与应用研讨交流会，2005.

[51] 李宗春，李广云，薛志宏. 大型双曲率雷达天线检测方法研究 [J]. 现代雷达，2005，27（11）：63.

[52] 许文学，李广云，李宗春，等. 全站仪测量系统在 50m 天线地脚螺栓检测中的应用 [J]. 测绘工程，2005，14（3）：59-61.

[53] 许文学. 大型天线测量方法研究及应用 [D]. 郑州：解放军信息工程大学，2006.

[54] 王保丰，李广云，李宗春，等. 应用摄影测量技术检测大型天线工作状态的研究 [J]. 中国电子科学研究院学报，2006，1（5）：435-439.

[55] 贺磊，李广云，李宗春，等. 50m 天线模胎测量及精度分析 [J]. 测绘通报，2006（2）：9-11.

[56] 许文学，李宗春，李广云，等. 50m 天线轨道调整方法 [J]. 测绘通报，2006（9）：40-42.

[57] 王保丰，李广云，李宗春，等. 高精度数字摄影测量技术在 50m 大型天线中的应用 [J]. 测绘工程，2007，16（1）：42-46.

[58] 李宗春，李广云. 天线几何量测量理论及其应用 [M]. 北京：测绘出版社，2009.

[59] 李广云，李宗春. 工业测量系统原理与应用 [M]. 北京：测绘出版社，2011.

[60] 李干，李宗春，李广云，等. Riegl VZ400 激光扫描仪在 65m 天线背架检测中的应用 [C]//全国工程测量 2012 技术研讨交流会论文集，2012.

[61] 李宗春，冯其强，曹林，等. 上海天文台 65m 天线摄影测量精度仿真分析 [C]//全国工程测量 2012 技术研讨交流会论文集，2012.

[62] 李干. 大型天线安装测量与面型数据处理若干问题研究 [D]. 郑州：解放军信息工程大学，2012.

[63] 李宗春，李广云，冯其强，等. 上海天文台 φ65m 射电望远镜精密安装测量 [J]. 测绘通报，2012（s1）：126-130.

[64] 李干，李宗春，高德军，等. 大型射电望远镜背架精密安装技术 [J]. 测绘工程，2012，21（4）：65-69.

[65] 冯其强，李广云，李宗春. 数字工业摄影测量技术及应用 [M]. 北京：测绘出版社，2013.

[66] 李干，李宗春，牟爱国. 65m 射电望远镜背架结构日照温度效应实验研究 [J]. 天文学报，2013，54（2）：189-198.

[67] 邓勇，李宗春，张万才，等. 65m 射电望远镜方位轴和俯仰轴正交度测量 [J]. 无线电工程，2016，46（7）：67-70.

本章主要编写人员（排名不分先后）

战略支援部队信息工程大学：李宗春　何华　李广云
中国科学院高能物理研究所：董岚　王铜
上海勘察设计研究院（集团）有限公司：郭春生
武汉大学：邹进贵　徐亚明
上海建浩工程顾问有限公司：刘廷明
同济大学：姚连璧

第 10 章 城市轨道交通工程

10.1 概述

按照《城市公共交通分类标准》CJJ 114—2007 的定义，城市轨道交通是采用轨道结构进行承重和导向的车辆运输系统，依据城市交通总体规划的要求，设置全封闭或部分封闭的专用轨道线路，以列车或单车形式，运送相当规模客流量的公共交通方式。

世界上第一条地下铁道线路于 1863 年在英国伦敦建成。地铁的出现及其后来的发展，为人们在人口稠密的大都市解决交通出行问题提供了一个可行的途径。1879 年，随着电力驱动机车的研制成果，城市轨道交通也由蒸汽时代跨入电力时代，地下客运的环境和服务条件得到了极大改善。世界上一些繁华大都市相继修建了地铁。截至 2017 年末，全世界已有 51 个国家，212 座城市拥有城市轨道交通。城市轨道交通是城市公共交通的骨干，具有节能、省地、运量大、全天候、无污染（或少污染）又安全等特点，属绿色环保交通体系，特别适合应用于大中城市。

《城市公共交通分类标准》中还明确城市轨道交通包括：地铁系统、轻轨系统、单轨系统、有轨电车、磁浮系统、自动导向轨道系统、市域快速轨道系统。

始建于 1956 年的北京地铁 1 号线，是中国最早的地铁线路。1969 年 10 月 1 日，第一辆地铁机车从古城站呼啸驶出，北京地铁一期工程赶在新中国成立 20 周年的时候建成通车，宣告了中国没有地铁历史的结束。北京地铁 1 号线的建成通车使首都北京成为中国第一个拥有地铁的城市，而且也早于首尔、新加坡、旧金山、华盛顿等城市。

改革开放以来，随着中国经济飞速发展以及城镇化水平的迅速提高，我国的城市轨道交通建设也日新月异，尤其是 2008～2017 近十年以来，我国各地掀起了世界历史上规模最大的城市轨道交通工程建设热潮。

在 2007 年年末的时候，中国已经开通运行轨道交通的城市只有 12 个（含香港、台湾地区），其中大陆 10 个城市通车线路总计 30 条（含有轨电车和磁悬浮线路），通车总里程 729km（含磁悬浮）。截至 2008 年 1 月份，北京、上海、深圳等十几个城市的轨道交通线路正在建设，在建线路里程 800 多公里。

至 2017 年 10 月 31 日，中国包括北京、上海、深圳、广州、南京、重庆、武汉、天津、成都、西安、杭州、宁波、苏州、昆明、沈阳、哈尔滨、无锡、长沙、长春、郑州、大连、东莞、南宁、南昌、青岛、合肥、佛山、福州、石家庄等城市均已开通运营轨道交通线路，总里程高达 3792.19km，车站 2536 座，线路 128 条。而且当年还有成都、北京、广州、重庆、青岛、上海、武汉、杭州、天津、西安、昆明、南京、深圳、合肥、长沙、郑州、佛山、宁波、贵阳、沈阳、厦门、大连、苏州、乌鲁木齐、南宁、福州、哈尔滨、徐州、南昌、无锡、东莞、常州、呼和浩特、济南、芜湖、长春、太原、兰州、石家庄、洛阳等城市轨道交通在建线路高达 210 条（段），里程达 4962.18km，车站 3143 座，投资额达 32505.01 亿元。

截至 2017 年底，我国城市轨道交通的运营里程和在建里程均为世界第一，是当之无愧的城市轨道交通大国。我国的城市轨道交通制式还呈现多元化，各地根据自身发展情况和交通需求，建设了地铁、轻轨、单轨，磁浮（高速磁浮和中低速磁浮）、现代有轨电车等多种形式的城市轨道交通（如图 10.1-1、

图 10.1-2、图 10.1-3 所示），四通八达的城市轨道交通线网，极大方便了人们便捷、快速出行的交通需求，成为城市发展的加速器。

图 10.1-1　地铁

图 10.1-2　跨坐式单轨

图 10.1-3　中低速磁浮

　　城市轨道交通建设过程当中，工程测量发挥着非常重要的、不可替代的作用。一般来说，城市轨道交通建设过程中的测量工作可分为三个阶段，即：勘察设计阶段的测量工作，工程施工阶段的测量工作和竣工阶段的测量工作。各阶段的工作内容、测量手段、精度要求等方面各不相同，如图 10.1-4 所示。

　　在勘察设计阶段，测量工作的主要任务是测绘大比例尺地形图和管线图，为工程的勘察设计提供基础资料。另外还需要进行一些专项的调查与测绘，例如沿线地下建（构）筑物测绘、跨越线路的建（构）筑物测绘，水域地形测绘、房屋拆迁测绘、勘测定界测绘等内容。在初步设计完成之后，还需要进行中线定测，以验证初步设计线路方案的可行性。

　　在工程施工阶段，需要测设施工控制网，施工控制网是所有工程放样工作的基础依据。另外，需要进行放样测量，将结构、轨道和设备的位置放样在实地，以便进行结构施工，铺轨和设备安装施工等工作。

　　在工程竣工后，应进行竣工测量。一方面竣工测量成果是工程竣工验收的重要依据，城市轨道交通工程对于线路和轨道的几何形位要求较严格，竣工测量成果能够反映工程建设在几何形位控制方面的质量；另一方面竣工测量的成果是城市轨道交通工程的重要基础档案，对于工程的运营维护、维修等具有重要意义。

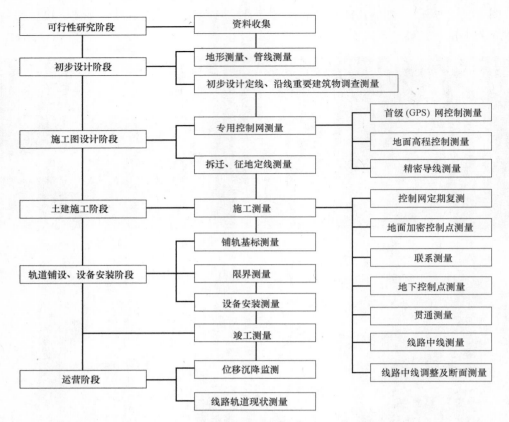

图 10.1-4　地铁建设工程各阶段测量工作流程

从上面的叙述可以看出，测量工作贯穿城市轨道交通工程建设全过程，测量人员最早进场，最晚离场，用他们的技能、热情和汗水保证轨道交通的各种结构、设备设施准确就位，因此被誉为城市轨道交通施工的"眼睛"。

10.2　城市地铁

10.2.1　工程概况

地铁是地下铁道的简称，是城市轨道交通的最主要的一种形式。地铁是在城市中修建的高速、大运量的用电力机车牵引的轨道交通，线路通常设在地下隧道中，有时也从地下延伸至地面或高架桥上。地铁的远期单向高峰小时客流量超过 30000 人次。我国最早修建地铁的城市是北京。截至 2017 年 12 月，地铁运营总里程数前三名的城市分别是：上海 637.3km；北京 588.5km；广州 353.2km（数据来源：中国城市轨道交通协会《城市轨道交通 2017 年度统计分析报告》）。北京、上海和广州的地铁线路分别如图 10.2-1、图 10.2-2 和图 10.3-3 所示。

地铁是一个复杂的系统工程，主要由土建和设备两大部分组成。土建部分包括车站、区间隧道、桥梁、路基、轨道、车辆段和综合基地等；设备部分包括建筑设备（又称常规设备）和轨道交通系统设备。无论土建施工，还是设备安装，都需要测量工作保证施工和安装的定位精度。

地铁车站分为地下车站、高架车站和地面车站。地下车站由车站主体（站台、站厅、生产与生活用房）、出入口与通道（乘客进行地面和地下换乘的必经之路）、通风道和地面风亭（一般布置在车站的两头端部）等三大部分组成。高架车站一般由列车行驶的轨道梁结构和车站其他建筑结构组成。

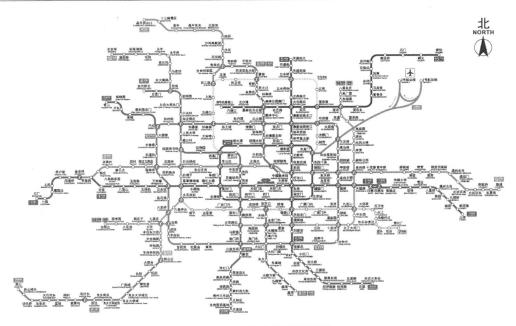

图 10.2-1　北京地铁线路图

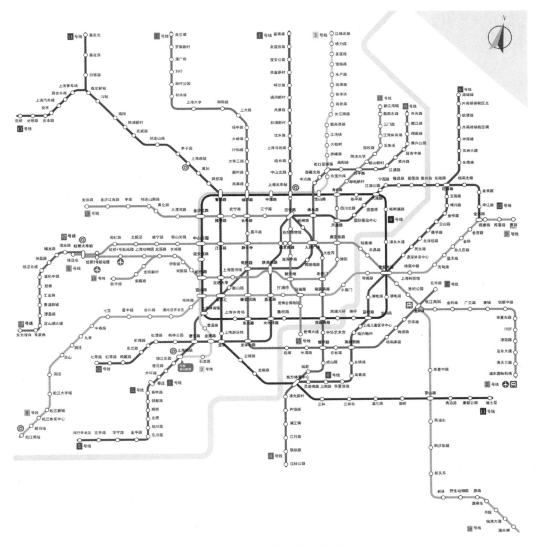

图 10.2-2　上海地铁线路图

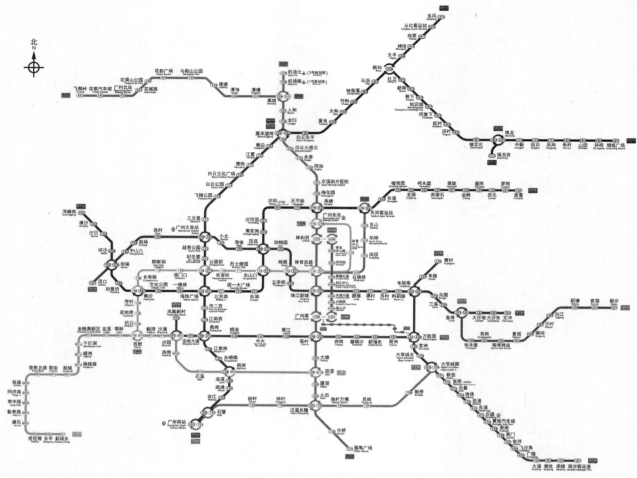

图 10.2-3 广州地铁线路图

地铁线路一般有地下线路、地面线路和高架线路等三种敷设形式。地下线路的敷设需要开挖地下隧道，连接两个车站的地下隧道称为区间隧道，包括行车隧道、渡线、折返线、地下停车线、联络通道、集水泵房以及其他附属建筑物。对于超长隧道需要在中部建造通风井。地下线路因其动迁量小，不影响地面交通和景观，低噪声低振动等特点，特别适合在城市建成区建设，地下线路也是地铁线路敷设的最主要形式。地面线路敷设需要建设路基工程，路基是指按照线路位置和一定技术要求修筑的带状构筑物，一般位于通往路面车辆段或停车场的线路上以及桥梁和隧道之间的过渡段，包括路堤、路堑和附属结构。高架线路需要架设桥梁工程，桥梁是高架的用于列车行驶的结构，由轨道梁、支撑轨道梁的横梁、支撑横梁的柱以及柱下基础等结构组成。地面线路和高架线路造价与地下线路相比要低很多，所以一般建设在城市近郊。

无论采用何种线路形式，确保地铁线路土建结构、轨道和设备的准确就位，不同施工单元之间的结构和线路正确衔接，是地铁工程施工测量工作的主要任务。

地铁工程施工测量方法取决于线路敷设形式和施工方法。而施工方法的确定，受沿线工程地质和水文地质条件、环境条件（地面和地下地物的现状、交通状况等）、轨道交通的功能要求、线路平面位置、隧道埋深及开挖宽度等多种因素的制约；施工方法一旦确定，对地铁工程的结构形式、工程造价和施工测量方案有决定性影响。

当前我国地铁建设中，地下工程（地下区间、车站）的主要施工方法有以下几种。

10.2.1.1 明挖法

明挖法包括敞口明挖法、基坑设置支护结构的明挖法和盖挖法。

1. 敞口明挖法

在地面建筑稀少，交通不繁忙，施工场地较大，结构埋深较浅的地段以及地铁干线出入地面的区段采用敞口明挖法。

2. 基坑设置支护的明挖法

在施工场地较小，土质自立性差，地下水丰富，建筑物密集，埋深大时采用明挖法，基坑要加设支护结构。

10.2.1.2 盖挖法

盖挖法包括盖挖顺作法、盖挖逆作法和盖挖半逆作法。

盖挖顺作法是在地表作业完成挡土结构后，以定型的预制标准覆盖结构（包括纵、横梁和路面板）置于挡土结构上维持交通，往下进行开挖和架设横撑，直至设计标高。依序由下而上施工主体结构和防水措施，回填土并恢复管线或埋设新的管线。最后视需要拆除挡土结构的外露部分并恢复道路。

盖挖逆作法是先在地表向下做基坑的围护结构和中间桩柱，和盖挖顺作法一样，基坑围护结构多采用地下连续墙或帷幕桩，中间支撑多利用主体结构本身的中间立柱以降低工程造价。随后即可开挖表层土体至主体结构顶板地面标高，利用未开挖的土体作为土模浇筑顶板。顶板可作为一道强有力的横撑，以防止围护结构向基坑内变形，待回填土后将道路复原，恢复交通。以后的工作都是在顶板覆盖下进行，即自上而下逐层开挖并建造主体结构直至底板。

盖挖半逆作法与逆作法的区别仅在于顶板完成及恢复路面后，向下挖土至设计标高后先浇筑底板，再依次向上逐层浇筑侧墙、楼板。在半逆作法施工中，一般都必须设置横撑并施加预应力。

10.2.1.3 盾构法

盾构法是一种全机械化施工方法，主要用于区间隧道的开挖。它是使用盾构机械在土层中推进，通过盾构外壳和管片支承四周围岩防止发生隧道内坍塌，同时在开挖面前方用切削装置进行土体开挖，通过出土机械运出洞外，靠千斤顶在后部加压顶进，并拼装预制混凝土管片，形成隧道结构的一种机械化施工方法。盾构法施工的内容包括盾构的始发和到达、盾构的掘进、衬砌、压浆和防水等。

10.2.1.4 暗挖法

暗挖法是指在地下先开挖出相应的空间，然后在其中修筑衬砌，从而形成隧道或车站。暗挖法施工主要工序包括挖土（钻眼）、（爆破）、通风、装土（岩）、运输（含提升）、初支与二衬或管片安装。

从以上介绍可以看出，不同的施工方法需要定位的结构部位，可以提供的测量作业空间以及通视条件，地下控制测量的布点和施测、测量作业的步骤等均不一样，因此施工工法对测量方案的制定影响是决定性的。另一方面地铁建设的周边环境对测量工作的影响也不可忽视。周边环境对地铁测量工作的影响主要表现在如下几方面：

（1）环境和地质条件对控制网稳定性会产生较大影响。测量控制网是地铁一切测量工作的基础，在整个地铁工程建设的数年时间里，要求控制网必须点位稳固，成果精确可靠。然而地铁控制网的控制点选埋在实际工作中受到诸多客观条件限制，控制点点位所在之处经常会受到各种扰动，例如周边施工（基坑开挖、降水、施工机具碾压等）、大范围区域地面沉降（在我国华北、华东地区常见）等的影响从而造成控制点点位变动或丢失破坏，这就要求需经常对施工控制点进行复测和维护。

（2）城市建筑分布，文明施工要求对观测时的通视会产生较大影响。地铁工程在城市环境中建设，目前城市中的拆迁、高层建筑施工、巨幅户外广告安装施工等工作很多，经常造成通视条件丧失。另外建设管理部门对文明施工的要求越来越严格，为了降低噪声和扬尘，一般要求地铁建设的工地施工围挡全封闭，给测量路线的选择带来极大困难。

（3）城市环境对测量观测会产生一定影响。城市的建筑环境、大气环境、电磁环境比较复杂，会给测量观测带来较大的影响。例如连片的高层建筑会遮蔽 GPS 的信号，玻璃幕墙建筑和开阔水面的旁边 GPS 信号会产生多路径效应，高压线的电磁辐射会影响 GPS 信号接收，也会产生磁致误差影响自动安平水准仪的观测。城市的雾霾天气和一些热源（烟囱等）会影响全站仪的角度和距离观测。

地铁测量属于精密工程测量，以上的各种影响在测量时均需加以注意和考虑。

10.2.2　关键问题

地铁工程测量从包含内容、工作程序、测量要求、工作方法和使用的仪器设备等方面不同于一般市政、工民建工程的施工测量，甚至与同属轨道交通领域的国家铁路工程相比也有显著的区别，地铁工程测量需要面对和解决的关键问题可归结为以下几点。

10.2.2.1　不同线路的交叉换乘和衔接

一个城市的地铁工程线网规划一般情况下由数条线路构成，这些规划的线路会按照计划逐步建设，不同线路之间存在交叉换乘，在换乘车站会有结构和线路的衔接。而一条地铁线路通常还会划分成很多不同的施工标段同期开展施工，这些不同的施工区段之间同样需要保证结构和线路的正确衔接。特别是这些贯通和衔接需要在地下实现，与地面作业相比难度更大，这就给控制测量工作提出了很高要求。

10.2.2.2　联系测量

国家铁路大部分是路基或桥梁工程，而地铁工程的主体是隧道工程，虽然国家铁路也有少部分隧道工程，但大多是以斜井或平峒作为连接地面线路和地下隧道的通道。而地铁一般是通过竖井作为施工和运输通道。测量时也需要通过竖井将地面的坐标，方位角和高程传递至地下，建立地下的测量基准，这个工作称为联系测量。联系测量是地下工程测量特有的测量方法。因为场地条件限制，联系测量的视线长度很短，对中和照准以及角度测量误差不易控制，因此传递测量的精度损失很大，所以需要研究如何适当布置联系测量的图形，提高方位角传递的精度。另一方面由于方位角向地下垂直传递的困难性，地铁工程还会使用陀螺经纬仪等地面测量不常见的仪器设备进行方位角的独立测定。

10.2.2.3　限界测量和限界检查

地铁隧道在施工时，出于节省造价等原因结构的裕量很小，而地铁列车在隧道中运行时却有严格的限界要求。所谓限界是指为保证运输安全而制定的建筑物、设备与机车车辆相互间在线路上不能逾越的轮廓尺寸线。这就要求隧道工程在施工时，测量工作不仅要保证隧道在贯通面处准确贯通，还要保证隧道结构准确就位，隧道结构不得侵入限界。也就是说在数十公里线路的范围内必须处处保证隧道结构中心线的精度以及隧道轮廓线的放样精度，因此地铁隧道不但在施工过程中要经常进行隧道断面的检查，而且在隧道贯通后以及铺轨和设备安装完成后还分别要进行断面测量和限界检查。

10.2.2.4　铺轨精密测量

地铁轨道结构一般采用混凝土整体道床，轨道铺设一次到位，几乎无调整余地。地铁对于轨道平顺性的要求很高，轨道的不平顺不但会导致啸叫、震动，影响乘坐舒适性，还会造成波磨、轨头擦伤、剥离掉块等轨道损伤，影响运营安全和轨道使用寿命。所以地铁工程对铺轨测量的精度要求很高，按照地铁测量规范的规定，铺轨控制基标的间距一般约为 100m 左右，要求线路上连续三个控制基标之间的夹角测定值与设计值的差值不得大于 8"，相对横向偏差不得大于 2mm；两个相邻控制基标之间的高差与设计值偏差不得大于 2mm。为了追求更高的铺轨精度，从高速铁路相关技术借鉴而来的 CPⅢ 配合轨道几何状态检测仪（精调小车）的铺轨测量方案正在逐渐取代传统的铺轨基标测量技术，成为精密铺轨的主流方案。

10.2.2.5 地下管线探测

地铁修建在城市环境中，城市地下空间地下管线和各种地下建（构）筑物错综复杂，密如蛛网。在设计阶段必须查清地铁沿线一定范围内的各种地下管线和地下建（构）筑物，对于地下管线应查清它们的位置、埋深、管径或管沟断面尺寸、权属、传输介质、压力等，对于地下建（构）筑物应查清它们的空间位置、基础形式和埋深、建造年代和产权归属等信息，并根据调查结果制定相应的迁改和保护方案。地下管线的分布影响地铁车站的站位和线位布置，一旦有任何疏漏物就会影响设计方案，从而影响整体预算和工期，也会造成施工安全隐患和事故。但是我国很多城市早期的地下管线资料管理很不完善，很多管线的竣工资料存在错误或缺失，因而需要采用现场调查或物探等综合手段进行地下管线探测，为地铁设计和施工提供翔实、准确的地下管线和建（构）筑物探测成果资料。

10.2.2.6 盾构工程测量

当前的地铁工程施工中，盾构工法因其机械化程度高、安全性强、施工效率高而得到普遍使用，长距离单向贯通的盾构隧道越来越多，一般盾构隧道的单向贯通距离为1km左右，最长的有3~4km。地铁工程对于隧道的贯通误差有严格规定，规范要求横向贯通误差应小于100mm，高程贯通误差应小于50mm。这对地面控制测量、联系测量和地下控制测量各个环节提出了很高要求，必须精心设计测量方案，进行贯通误差预计，合理运用各种测量方法以保证隧道按照要求准确贯通。

10.2.2.7 运营阶段的测量和监测

地铁工程在建设完成进入运营期后，地下隧道会因为地质条件作用，周边施工扰动等原因发生沉降和变形，沉降和变形严重时会影响隧道结构安全和运营安全。因而需对运营隧道的变形情况进行监测，运营隧道的形变监测还不能干扰列车正常运行，所以必须以实时、自动化监测为主要手段，辅助个别人工监测。监测结果必须精准，监测信息反馈必须及时高效。

测量工作的质量直接关乎地铁工程建设质量，有时一个测量环节出错，都会造成极其严重的后果，轻则造成设计被动变更，降低运营指标或影响使用功能，重则造成大面积返工，带来巨大经济损失。测量单位有关人员只有充分认识到这些特点，严格管理，精心施测，才能确保地铁工程测量成果质量。

10.2.3 方案与实施

如前文所述，测量工作贯穿于地铁工程建设各阶段且内容繁多，在工作过程中需要面对和解决许多关键技术问题。经过广大地铁测量工作者数十年的艰苦实践，尤其是在近十年中国轨道交通建设迅猛发展以及测绘科技快速进步的宏观背景之下，我国的地铁测量工作从理论发展、标准制定、技术方法的进步等方面均取得了可喜的成绩，为保障地铁工程建设的质量与安全做出了突出贡献。下面按照地铁工程的施工顺序对测量工作进行介绍：

10.2.3.1 地铁工程前期的测量工作

1. 地形测量

地铁工程前期测量工作的主要任务是测绘线路沿线大比例尺地形图，并进行地下管线探测，为地铁设计工作提供基础的输入资料，另外还要进行一些专项调查和测绘工作，如沿线建（构）筑物细部测量，水域地形测量，勘测定界测量、拆迁调查和测量等。地铁工程前期测量的内容多而杂，这里仅选取工作量最大的大比例尺地形测绘和管线调查与探测进行介绍。

早期的大比例尺地形测量采用经纬仪、皮尺加小平板的作业模式，后来全站仪和GPS RTK以及CAD制图软件广泛应用在地形测量中，作业模式逐步向数字化地形测量转化。到目前为止，这种作业模式仍然是地铁地形图测绘的主要方式。近些年随着三维激光扫描移动测量、无人机航空摄影测量技术的逐渐发展和成熟，大有取代传统大比例尺地形测量方法之势。

无人机航空摄影测量近年来取得了极大进展，这一方面是得益于小型无人机技术的快速发展，各种旋翼、固定翼无人机如雨后春笋般涌现。这些无人机价格一般都配备含有 GPS RTK 或者 PPK 模块的 POS 系统，能够实现自主飞控，自动规划航线，还能直接获取摄影的外方位元素，实现在像控点稀少或无像控条件下的作业。另一方面数字摄影测量软件的发展，能够将相机的畸变差等作为参数归入平差模型进行处理，从而使得过去的所谓"非量测相机"能够用于无人机航空摄影测量，极大降低了航空摄影测量的装备成本。

三维激光扫描移动测量技术是近年来兴起的另一项的测绘新技术。这项技术将 GPS、惯导和三维激光扫描设备集成在一起，利用移动的汽车，摩托车和飞机等作为运载平台，GPS 和惯导能够实时获取测站点的空间位置和扫描仪空间姿态，从而实现在快速移动过程中进行三维激光扫描，获取点云的三维坐标信息。

无人机航空摄影测量和三维激光扫描移动测量技术给大比例尺地形图测绘带来了革命性变化，这两项技术极大提高了外业作业效率，减省了人工劳动。另外，无人机航摄和移动扫描获取的影像和点云对地形地物的细节反映丰富、全面，在获取空间位置的同时还能得到被测物体的纹理、色彩等特征，利用影像和点云，不仅可以进行传统的数字线划图制作，还能很方便地进行三维建模，得到数字地面模型（DTM）。

由于具备以上的优点，无人机航测和移动扫描测量在地铁前期地形测量中的应用探索已经开展，在烟台以及合肥等城市的数条地铁线路前期大比例尺地形测绘中，测绘工作者开展了无人机航空摄影测量和移动三维扫描技术测图的实验性生产。在合肥某条线路的前期勘测中，测绘人员使用无人机进行地形测绘，仅用三人在一天时间内就完成了十几公里带状地形的航摄外业工作，并在一周内完成了调绘和制图任务，极大地提高了效率并节约了成本；在烟台某地铁线的前期勘测中，测绘人员不但利用无人机倾斜摄影测量技术进行地形测绘并对沿线的地形地物进行了三维建模（如图 10.2-4 所示），还使用移动三维扫描技术获取了沿线的激光点云数据。由于该线路的设计大量使用了 BIM（Building Information Modeling，建筑信息模型）技术，这些模型和点云成果直接导入 Revit 等 BIM 软件中，为设计人员规划选线，车站站位布置，建筑效果设计等提供了丰富全面的现场资料。

图 10.2-4　烟台地铁地面三维建模成果

2. 地下管线探测

地下管线调查与探测是地铁工程前期的另一项主要勘测任务，准确、全面的地下管线探测成果对于地铁工程设计和施工的重要性前文已经介绍。地下管线调查与探测的一般工作程序分为现场踏勘—收集资料—制定方案—仪器检校和方法试验—现场开井调查—管线探测—管线点测量—编绘管线图和管线数据库—质量检验—成果提交等步骤。这其中管线的现场调查，管线探测和管线点测量是核心的生产环节。

管线探测所使用的方法主要为地球物理探测方法，最常用的方法为电磁感应法，还有探地雷达法、磁法、红外法，地震波法等。

地铁工程的管线调查与探测和普通的管线普查相比有其自身特点：

一是要求管线资料的现势性。因为地铁从规划设计阶段到施工实施阶段普遍存在一个时间间隔，这个时间有时会长达数月甚至几年。在这期间，现场的管线情况可能会发生一些变化，有的规划或在建管线在这期间建成了，也有一些管线会废弃或停止使用，这就要求管线探测实施单位必须多次进场进行复查。一般在初步设计完成，提交规划部门审批之前，管线详查单位应进行一次管线复核，重点针对有可能影响站位、线位、出入口和地面风亭等选址布置的重大管线的位置和埋深等进行复核，避免出现方案审批通过之后又因管线原因而需要进行重大调整。在施工图设计完成之后，管线详查单位应进行再一次管线复核，重点核查开挖部位的管线分布情况，必要时可采取槽探手段，以确保开挖安全；同时应按照管线拆、改、移设计的工作需要，核实相关管线的结构形式、接口形式、传输物质的流速流向、管线标高、管径、电缆根数、权属情况等，为管线改移设计以及控制预算提供基础资料。另外，对于工地周围的上水、雨污水、电力等管线有可能作为工地水源、排污排水和动力的管线，详细调查其权属和相关细节，为施工进场提供便利。

二是地铁管线调查要求提交的成果比一般普查更为细致。因为地铁设计时需要进行管线综合设计，确定受影响管线的迁改，保护等措施，并为地铁本建筑本身的水、电、气等与市政外管的对接提供方案，因此对于管线的一些调查项要求更细致全面。例如对于电力管线，要求逐根查明电压；对于电信管线，不但要求查明电信光缆的根数，还要求逐根查明所含芯数，这些信息都与管线迁改的预算紧密相关。

三是要求地铁建设范围内的所有重要管线必须无一遗漏，否则将会给后期的施工建设带来极大安全隐患。

地下管线调查与探测近年来的技术进步主要集中在两个方面，一是物探技术的进步，二是地下管线管理信息系统和管线三维建模技术的快速发展。尤其是管线管理信息系统和管线三维建模技术的发展，实现了管线信息的动态管理，可视化表达，能够方便地进行查询分析和统计等操作，改变了设计人员使用管线成果的方式。同样是在烟台某条线路的设计过程中，测绘人员根据管线探测的成果对沿线所有地下管线进行了三维建模（如图10.2-5所示），并提交设计单位，设计单位使用BIM软件进行区间线路

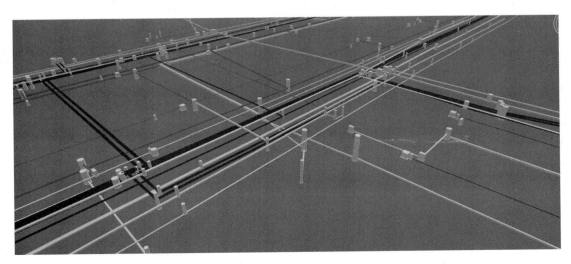

图 10.2-5　烟台地铁地下管线三维建模成果

设计、车站站位的选址和出入口布置等工作时，能够一键查询与结构发生碰撞冲突的管线，并能够以断面图、列表等形式统计受到影响的管线，极大提高了设计工作的效率，降低了出错的可能性。

3. 地铁控制网的测设

按照现行《城市轨道交通工程测量规范》GB/T 50308—2017 的规定，地铁工程的平面控制网分三级布设，高程控制网分为两个等级布设。地铁平面控制网的一等城市网和二等线路网以卫星定位静态测量方法进行布设，三等精密导线网以全站仪电磁波测距导线的方法布设。一、二等高程控制网以水准测量的方法布设。地铁控制网测设是地铁测量工作开展的基础，地铁工程建设对控制网的要求主要有三点：

首先是要有足够的精度，无论是隧道的长距离单向掘进、精确贯通，还是混凝土整体道床轨道的精密铺轨，对测量的精度要求都很高。地铁控制网在设计时，必须从所有地铁测量工作精度要求最高的环节出发，按照误差传播理论来进行控制网各项精度指标和观测要求的推算和设计。地铁的首级城市轨道交通一等平面控制网，其精度要求与国家的 C 级 GPS 控制网基本相当。城市轨道交通一等水准控制网，其精度要求与国家二等水准控制网基本相当。

其次是要有足够的密度，这里有两层含义：一是测量控制网的范围必须覆盖地铁线路的整个线网规划区域，以保证按次序分阶段建设的各条地铁线路之间能够顺利地衔接；二是指在施工场地周边有足够多的直接用于施工放样的控制点，以便于在不做加密测量或者只要很少的加密测量工作量的情况下就能完成施工放样或联系测量等工作。

第三还要求在整个建设期必须保证控制点点位稳固，成果可靠。地铁施工期一般长达 3～5 年，为了防止或减少控制点沉降位移带来的影响，控制点的选埋应尽可能选择地质条件良好，土质坚实，能够避开施工影响的区域。另外还要经常对控制点进行复测，以保证控制点成果的可靠性，防止因点位变形造成测量成果失准。控制点的沉降变形，一直以来是困扰广大地铁测量工作者的技术难题，城市以及区域 CORS（Continuously Operating Reference Station，连续运行参考站）的出现，为地铁控制网在不埋点或少埋点情况下维持精准的动态平面坐标框架提供了可行的技术路径。

一般来说，地铁的控制网应选用与城市规划相一致的坐标、高程系统和投影面，这样做一方面因为城市规划所采用的坐标、高程系统与所在城市的地理位置和海拔高程相适应，投影变形较小；另一方面是为了充分利用现有的勘测和规划资料。但是有的城市面积较大或直接采用国家坐标系统，中央子午线并不在城市的地理中心，或者投影面高程与城市的平均海拔高差过大，这会造成较大的投影变形，给测绘和设计工作带来很大不便。因此《城市轨道交通工程测量规范》GB/T 50308—2017 规定："当线路轨道面平均高程的边长高程投影长度变形和高斯投影长度变形的综合变形值大于 15 mm/km 时，线路控制网和线路加密控制网应采用抵偿高程面作为投影面的城市平面坐标系统，或者高程投影面不变，采用高斯-克吕格任意带平面直角坐标系统。"

在早期的地铁建设中，大部分城市的地铁平面控制网只分为两级布设，首级控制网是卫星定位方法布设的线路控制网，次一级是精密导线网。随着城市轨道交通建设规模的扩大，这种做法已经越来越不能满足建设要求，原因主要有以下几点：

首先，经过数年的建设，轨道交通线网初具规模，新的规划线路与旧线的联系增多，新线路联络线，换乘节点的设置密集，而且多条地铁线路的建设同时进行，如何保证各条线路之间的结构和线路正确衔接，是地铁控制网设计时必须考虑的问题；

其次，随着盾构工法在地铁施工中的广泛应用，长大区间单向贯通的情况越来越多，与原来传统的矿山法暗挖施工相比，地铁施工对地面控制网的精度要求也更高，在控制网设计时，必须按照隧道贯通误差的要求对控制网方案进行优化；

再次，现阶段城市建设速度惊人，拆迁、修建道路等往往造成控制点点位严重丢失破坏，因此在控制网使用期间需要不断对控制网进行复测和维护；

最后，随着投入运营的线路的增多，运营线路的线路维护工作需要有统一的、稳定的测量控制网来

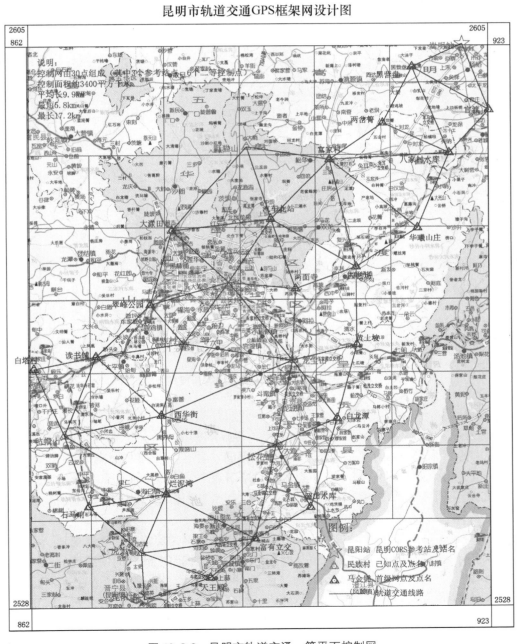

提供依据，并且新线修建时上跨下穿既有线的情况非常普遍，对于既有线的变形监测也需要一个稳定可靠的控制网作为监测基准。

因此，有一些城市逐渐开始布设覆盖整个轨道交通中远期线网规划范围的专用平面和高程控制网（有时称为"框架网"），来解决上述问题。新颁布实施的《城市轨道交通工程测量规范》GB/T 50308—2017也规定："地面平面控制网应分为三个等级。一等网为城市轨道交通控制网，应采用卫星定位测量方法，一次全面布设"以及"高程控制网布设范围应与地面平面控制网相适应，并应分两个等级布设，一等网是城市轨道交通高程控制网。"上述规定为框架网的建设实践提供了技术依据。

国内最早布设一等城市轨道交通平面控制网（框架网）和一等城市轨道交通高程控制网的地铁建设城市是广州，随后昆明、南宁、石家庄、杭州等城市也实施或正计划实施一等城市轨道交通平面和高程控制网。以下对昆明和南宁的一等城市轨道交通工程平面和高程控制网进行简单介绍。

昆明市一等城市轨道交通工程平面和高程控制网（框架网）项目完成于2012年（如图10.2-6、图

昆明市轨道交通GPS框架网设计图

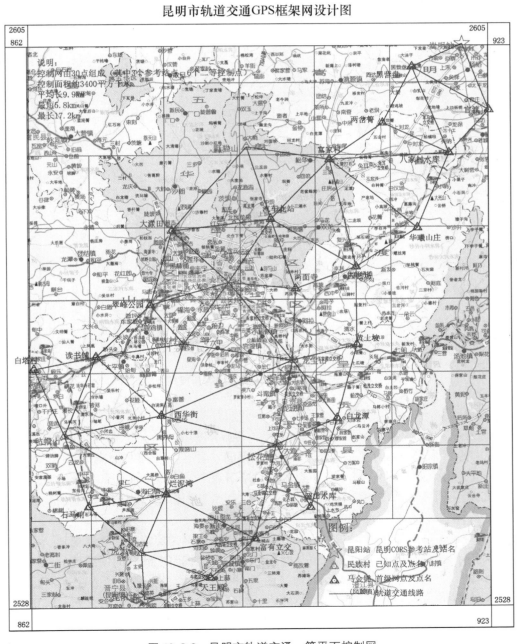

图 10.2-6　昆明市轨道交通一等平面控制网

10.2-7 所示），其中平面控制网完成 GPS 点测量 40 点，控制面积约 3300km²；联测昆明市 CORS 网站点 8 点；联测 IGS 参考站"昆明站"；完成 CGCS 2000 坐标系、87 昆明坐标系、2004 昆明坐标系成果的计算。高程控制网完成城市轨道交通一等水准测量 653.5km。完成 280 点（包括临时点及利用原有控制点）的选埋和测量。

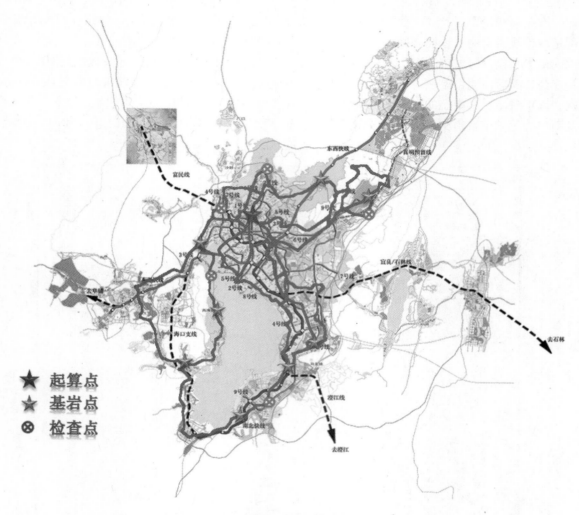

图 10.2-7　昆明市轨道交通一等高程控制网

　　南宁市一等城市轨道交通工程平面和高程控制网项目完成于 2014 年（如图 10.2-8、图 10.2-9 所示），其中平面控制网完成 27 个框架网 GPS 控制点的埋设和测量工作，联测南宁市 CORS 网站点 5 点，完成 CGCS 2000 坐标系成果以及北京 1954 坐标系成果的计算。高程控制网完成 34 个的埋设工作（包括 12 个既有高程控制点的利用），其中深桩点 7 个、基岩点 7 个、墙角水准点 12 个和普通地面水准点 8 个，完成城市轨道交通一等水准测量 327.31km，完成 34 个高程控制点（包括既有高程控制点）的选埋和测量，其中包括 1 个起算控制点和 11 个其他既有水准控制点。

　　昆明、南宁等城市通过城市轨道交通一等平面和水准控制网的实施，为地铁规划、设计、施工和运营维护提供了统一的、高精度的平面和高程基准，解决了不同线路之间，同一线路分几期建设的工程之间的准确衔接问题。上述两个城市的控制网均使用 CORS 站和基岩水准点作为起算依据，并通过定期复测保证了控制网的稳定性、成果可靠性以及可用性，在实践当中取得了良好效果。其中以南宁市城市轨道交通一等控制网作为研究对象的科研项目"南宁轨道交通首级控制网测量技术研究"荣获 2015 年中国测绘地理信息学会测绘科技进步二等奖。

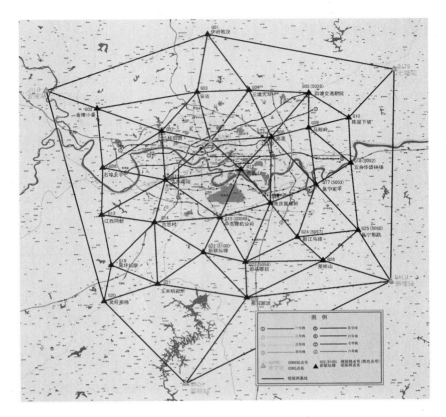

图 10.2-8 南宁市轨道交通一等平面控制网

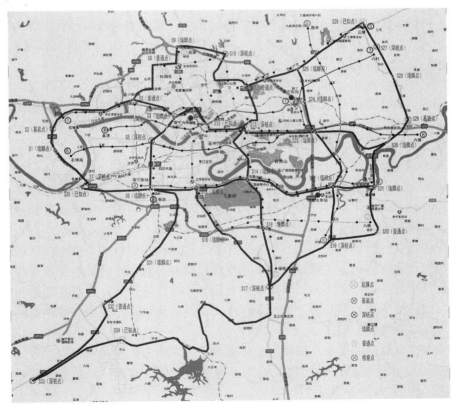

图 10.2-9 南宁市轨道交通一等高程控制网

10.2.3.2　地铁工程土建阶段的测量工作

1. 联系测量

地下隧道是地铁线路的主要敷设形式，地铁工程的施工控制测量工作内容大致可分为地面控制测量、联系测量和地下控制测量三部分，其中联系测量是地铁工程测量中技术难度较大，实施较复杂的环节。联系测量的成果，尤其是方位角的传递误差需要严格控制，由方位角误差引起的隧道横向偏差会在后续的地下施工控制测量环节与掘进距离基本同比例增长，可以称得上是"差之毫厘，失之千里"，因此必须慎之又慎。

在地铁施工中，联系测量包括平面联系测量和高程联系测量。其检测主要方法、技术要求、限差见表 10.2-1。

联系测量检测要求　　　　　　　　　　　　表 10.2-1

检测项目	检 测 方 法	技术要求	限差要求
平面联系测量	1. 铅垂仪(钢丝)＋陀螺经纬仪组合定向 2. 一井定向(联系三角形法) 3. 两井定向 4. 导线定向(导线直接传递测量) 5. 投点定向测量 6. 基于测量机器人的平面、高程综合联系测量	按《城市轨道交通工程测量规范》中平面联系测量要求作业	地下起始方位角较差≤±16″
高程联系测量	以二等水准点为依据，布设附合水准线路，采用悬挂钢尺的方法进行高程传递	按《城市轨道交通工程测量规范》中高程联系测量要求作业	≤±3mm

一般情况下，两井定向的精度较高，因此条件允许时应优先选择两井定向，对于地铁工程，两井定向适用的情形有：分数段开挖的区间隧道，其中一段已贯通，可在贯通隧道进行；盾构法区间端头的车站，一端设盾构吊入井，另一端设出土井，可在车站内进行；还有区间有条件可以钻孔投测控制点的，可在施工竖井和投点孔之间实施。

钻孔投点定向，适用于地面有钻孔投测控制点的情形，地下导线连接，可采用无定向导线，这种情况其实就是两井定向；也可采用附合单定向导线。

联系三角形定向，适用于井筒直径较大，地下近井点位于隧道正线上，或者地下近井点到隧道正线控制点之间的连接导线转折角少，边长较长的情形。联系三角形定向，连接三角形必须布成狭长的三角形，因此对于场地的通视条件要求比较严格。

导线直接传递定向，一般在明挖车站或明挖区间进行，此时地上地下通视条件较好，可直接按照导线测量的方法传递坐标和方位，但要注意克服俯仰角较大的影响，应使用带双轴补偿功能的全站仪，并对全站仪补偿器进行事先检校。

陀螺经纬仪＋铅垂仪（钢丝）定向，其传递坐标和方位是分开进行的，铅垂仪（钢丝）负责传递坐标，陀螺经纬仪负责传递方位角。陀螺经纬仪是惯性测量仪器，对场地通视的要求相对较低，无论是长边短边均可测量，适用范围较广，不但可以在竖井车站等始发位置进行，也可在隧道内的控制导线边上加测陀螺方位角，改善测角累积误差对于导线端点横向误差的影响。陀螺经纬仪作业时，必须注意避开振动、极端温度和强电磁场的影响。

基于测量机器人自由设站的平面、高程综合联系测量，本质上是一种测边的后方交会测量，适用于井筒或车站埋深较浅，竖井井筒较大的情形，这种方法作业效率较高，在场地条件良好时，可以达到较高的定位定向精度（如图 10.2-10 所示）。

以上所列的各种平面联系测量方法，其适用条件不同，因此应根据现场情况灵活选择。

2. 地下控制测量

通过实施联系测量，为地下控制测量建立了平面、高程起算点和起算边（起算方位角），接下来为

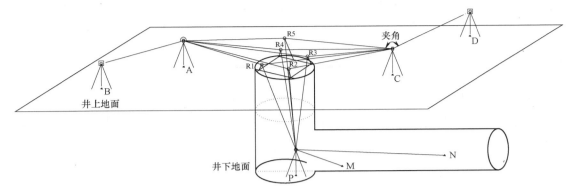

图 10.2-10　三维坐标法联系测量示意图

了指导地下车站结构施工和地下区间隧道开掘，就需要进行地下控制测量和施工测量了。

由于地下结构主要是隧道，因此平面控制测量的形式一般为导线。当施工竖井间隧道未贯通时，以支导线形式布设平面控制点，当施工竖井间隧道贯通后，则应将控制点构成附合导线。如果隧道间有联络通道连接时，则应通过联络通道构成附合路线或结点网。

地下导线测量一般分两级布设，在隧道掘进初期，由于距离短，不宜布设地下控制导线，但为了满足地下控制测量的要求，应布设施工导线。当直线隧道掘进 200m 或曲线隧道掘进至 100m 距离后，才能进行地下平面控制测量，即按控制导线边长要求，从施工导线中隔点选择适宜的导线点组成或重新布设地下平面控制点，两级地下导线布设示意图见图 10.2-11（图中虚线为施工导线，实线为控制导线）。隧道内控制点间平均边长为 150m，曲线隧道控制点间距不应小于 60m。

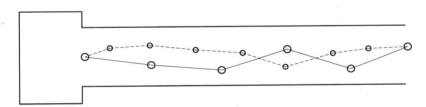

图 10.2-11　两级地下导线布设示意图

隧道内控制导线测量时采取如下措施提高测量精度：

1）尽可能加大导线边长，减少测站；

2）保证视线距隧道壁一定距离（不小于 0.5m），避免旁折光的影响；

3）在不同的时间段进行观测，取其加权平均值作为最后成果；

4）在单向贯通距离较长的盾构隧道内设置强制对中标志或采用三联脚架法进行观测；

5）在单向贯通距离较长的盾构隧道内采用双导线或边角网形式布设施工控制网；

6）经分析研究能有效减小测量误差的其他方法作业。

此外，由于地铁隧道是一不太稳定的载体，在控制导线向前延伸时，必须对已有的控制点进行复测，必要时从定向起始边开始复测，以保证已有控制点成果的可靠性及测量精度。在隧道贯通前 100～150m 处全面复检测一次，以保证隧道正确贯通。

3. 盾构施工测量

当前的地铁隧道工程施工中，盾构法是最主流的施工方法，在建的地铁地下隧道工程，绝大多数采用盾构法施工。因此了解和掌握盾构法施工测量技术和相关知识，对做好地铁施工，控制工程质量十分重要。

盾构施工测量的主要内容包括以下内容：即盾构始发前的测量工作、盾构掘进过程中盾构姿态和管片安装测量以及盾构接收测量。

盾构始发工作井建成后，需要通过联系测量方法将坐标和高程传递到工作井的近井点上，并作为井下测量工作的起算数据。测量前应对这些起算数据进行复测检查，确保起算数据正确。

　　盾构始发之前还需要进行盾构洞门圈、始发台、反力架等始发辅助设施的放样和安装测量，并进行盾构机的始发姿态测量。盾构姿态测量分为人工测量和自动导向系统测量两种方式，自动导向系统测量精度高，速度快，结果可实时反馈，所以目前的盾构机均采用自动导向系统来指导掘进。为了保证自动导向系统的绝对可靠，需要经常以人工姿态测量的方法对自动导向系统进行校核。

　　如图 10.2-12 所示，人工测量的基本原理是对设在盾构机零参考面的三个或以上的测量标志的坐标和高程进行测量，利用测量标志与刀盘中心的固定几何关系推算刀盘中心坐标和高程，另外用重锤线配合刻划板测量盾构机的俯仰角和滚转角，也可利用标志点高差得到俯仰角和滚转角。

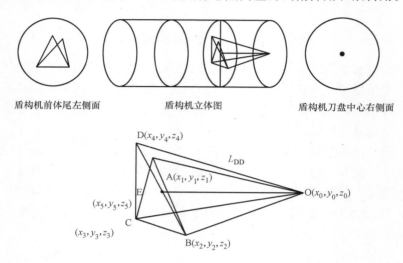

盾构机前体尾左侧面　　　　　盾构机立体图　　　　　盾构机刀盘中心右侧面

图 10.2-12　人工测量盾构姿态原理图

　　盾构施工误差控制是盾构施工质量控制的重要环节，导向系统故障、掘进施工操作不当、不良地质作用和工后变形均可能造成盾构隧道轴线偏差超限，因此在掘进中不但要经常以人工姿态测量对自动导向系统进行校核，还须及时对已成形隧道的构管片姿态进行测量检核，以便及时发现问题及时处理。另外，为了管理需要，有的城市还利用网络技术开发了盾构掘进实时监控系统平台（如图 10.2-13 所示），将一条线路或者一个城市正在掘进的所有盾构机的系统关键参数集成于监控平台中，便于建设、监理、

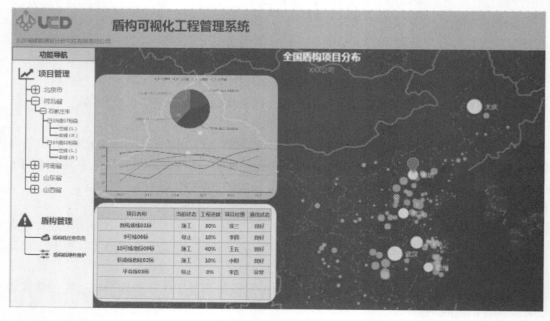

图 10.2-13　盾构掘进实时监控系统平台

施工、第三方测量等单位实时获取盾构掘进的状态信息，在掘进偏差超限时及时发出预警。

4. 施工阶段的监控量测

地铁工程在施工过程中，不可避免地会对周围岩土体产生扰动，使围岩产生变形；另外地铁工程结构本身在重力、围岩压力等的作用下也会发生变形，在开挖阶段，由于短时间内荷载发生改变，或支护体系未封闭，这一阶段的变形量会急剧增加。如果围岩和结构的变形量超出允许范围发生失稳，会造成塌陷、结构破坏等严重后果，极大地影响施工安全和周边环境安全。国内外因为地铁工程施工造成的基坑或隧道坍塌、地面塌陷、周边建筑产生裂缝或发生倾斜等事件屡屡见诸新闻报道。随着对地下工程受力特点及其复杂性认识的加深，自20世纪50年代以来，国际上就开始通过对地下工程的现场量测来监视围岩和支护的稳定性，并应用现场量测结果修正设计和指导施工。地铁工程监控量测是保证施工安全的重要手段，中华人民共和国住房和城乡建设部颁布的《城市轨道交通质量安全管理暂行办法》（建质[2010] 5号文）中第四十条明确规定："施工单位应当对工程支护结构、围岩以及工程周边环境等进行施工监测、安全巡视和综合分析，及时向设计、监理单位反馈监测数据和巡视信息。发现异常时，及时通知建设、设计、监理等单位，并采取应对措施。"在地铁工程建设过程中开展监控量测的主要目的有二：首先，通过监测判定地铁结构工程在施工期间的安全性及施工对周边环境的影响，验证基坑开挖方案和环境保护方案的正确性，对可能发生的危险及环境安全的隐患或事故提供及时、准确的预报，以便及时采取有效措施，避免事故的发生；其次，将监测结果用于优化设计，为设计提供更符合工程实际情况的设计参数，及时对开挖方案进行调整，使支护结构的设计既安全可靠，又经济合理。

地铁施工监控量测的内容极其庞杂，根据观测物理量的性质大致可分为应力应变类监测和位移沉降类监测。位移沉降类监测工作量占到监测总工作量的50%以上，位移沉降类监测的主要方法是利用全站仪、水准仪等测量仪器，以测量的方法进行观测，因此很多情况下被归为施工测量的一部分。

施工监测按照对象不同又可分为工程本体监测和周边环境监测，根据《城市轨道交通监测技术规范》GB 50911的规定，应开展的各种位移沉降类监测项目一般如下：

1）明挖、盖挖基坑和周围岩土体监测项目（沉降、位移类）

（1）支护桩（墙），边坡顶部水平和竖向位移；

（2）支护桩（墙）体水平位移；

（3）立柱结构水平和竖向位移；

（4）地表沉降；

（5）竖井井壁结构净空收敛；

（6）土体深层水平位移和竖向分层沉降；

（7）坑底隆起（回弹）。

2）盾构法隧道管片结构和周围岩土体监测项目（沉降、位移类）

（1）管片结构竖向和水平位移；

（2）管片结构净空收敛；

（3）地表沉降；

（4）土体深层水平位移和竖向分层沉降。

3）矿山法隧道支护结构和周围岩土体监测项目（沉降、位移类）

（1）初期支护结构拱顶沉降、底板竖向位移和净空收敛；

（2）隧道拱脚竖向位移；

（3）中柱结构倾斜和竖向位移；

（4）地表沉降；

（5）土体深层水平位移和竖向分层沉降。

4）周边环境监测项目（沉降、位移类）

（1）建筑物竖向和水平位移，倾斜，裂缝；

（2）地下管线竖向和水平位移，差异沉降；

（3）高速公路、城市道路的路面路基竖向位移，挡墙的竖向位移和倾斜；

（4）桥梁墩台的竖向位移和差异沉降，墩柱倾斜和裂缝；

（5）既有城市轨道交通的隧道结构水平、竖向位移，隧道结构净空收敛，隧道结构变形缝差异沉降，轨道结构竖向位移，轨道静态几何形位，隧道轨道结构裂缝；

（6）既有铁路（包括城市轨道交通地面线）的路基竖向位移，轨道静态几何形位。

上述监测项目中的竖向位移、地面沉降等大部分以精密水准测量的方法进行，自动化的竖向位移监测大多使用流体静力水准仪。水平位移监测则多使用全站仪配合反射棱镜进行测量，具体方法限于篇幅不再赘述。

10.2.3.3　地铁工程铺轨和设备安装与装修阶段的测量工作

隧道贯通以后，地铁施工就进入铺轨和设备安装施工阶段，这个阶段测量工作的主要任务是保障精确铺轨和设备安装及装修中的定位需要。

1. 断面限界测量

隧道贯通后首先要进行贯通测量，并将支导线和支水准路线的地下控制网通过联测和平差，变成附合导线与附合水准路线。为了检查贯通后的隧道及车站的断面是否满足线路限界要求，在铺轨之前首先需要对区间隧道和车站轨行区进行横断面的测量（如图 10.2-14、图 10.2-15、图 10.2-16 所示）。这里的横断面测量，与隧道掘进当中进行的断面测量有所不同。掘进当中的断面测量，是对掘进时的隧道横断面与设计隧道中心线的偏离情况进行检查，使用的是未经贯通平差的导线点和水准点，目的是控制隧道施工的质量；贯通后的断面测量目的是检查成形隧道是否满足行车限界要求，使用的是经过贯通平差的控制点，目的为接下来可能发生的调线调坡和铺轨测量做准备。

地铁区间地下隧道横断面主要有圆形、马蹄形、矩形和直拱形等形式。按隧道内线路数量划分，则分为单洞单线和单洞双线两种横断面形式。

地铁车站施工有明挖和暗挖两种方法，明挖施工车站横断面一般为矩形，暗挖施工车站横断面形式则有圆形、马蹄形等多种形式。车站按其站台与车辆的位置关系又分为岛式车站和侧式车站，其结构横断面形式如图 10.2-17、图 10.2-18、图 10.2-19 所示。

断面测量的主要技术方法有支距法、全站仪解析法、断面仪法和三维激光扫描法等，其中的三维激光扫描法是近年比较先进的断面测量方法，这种方法效率高、省人工，而且对隧道形状的还原度高、具有其他测量方法所不可比拟的优势。

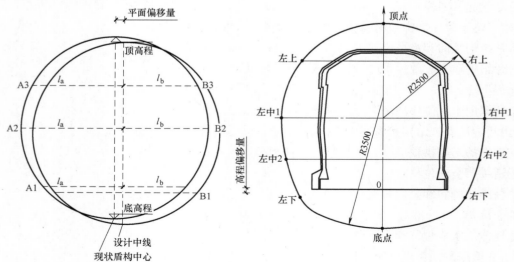

图 10.2-14　圆形、马蹄形隧道净空断面测量点位示意图

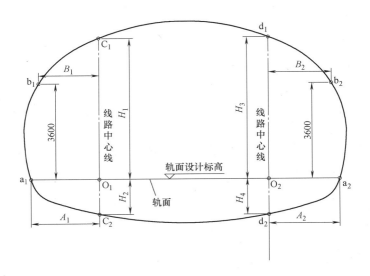

图 10.2-15　单洞双线马蹄形隧道净空断面测量点位示意图

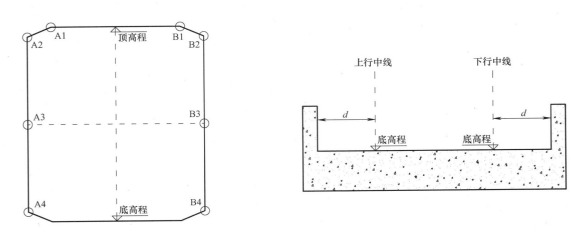

图 10.2-16　矩形及明挖区间、敞开段断面测点位置

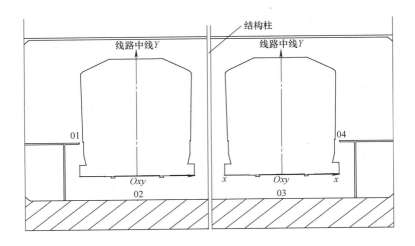

图 10.2-17　明挖矩形侧式站台车站横断面形式

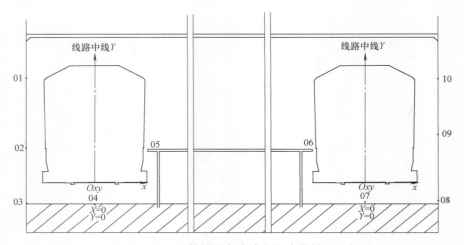

图 10.2-18　明挖矩形岛式站台车站横断面形式

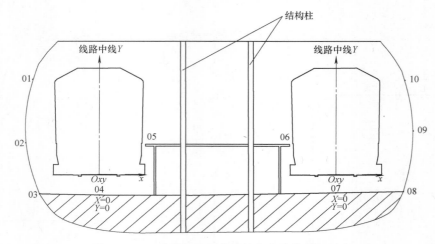

图 10.2-19　暗挖马蹄形岛式站台车站横断面形式

采用三维激光扫描技术进行隧道断面测量工作的流程分为外业数据采集、数据预处理、隧道断面截取、成果输出四个部分。

1）外业数据采集

根据隧道现场环境复杂度以及不同仪器本身有效工作范围的不同，合理的设置测站和标靶球的位置。标靶球注意不要摆放在一个面内，以免影响拼站精度。如果需要将断面坐标统一到绝对坐标系中，需要用全站仪测出一些标靶球的绝对坐标，作为坐标转换的控制点（见图 10.2-20）。

图 10.2-20　隧道原始数据采集示意图

2) 数据预处理

在点云后处理软件中，根据测站间共有的标靶球拼接各个测站的点云数据。原始的点云数据中存在噪声点及其他无用数据，比如工作人员、各类障碍物等，这些都需要在后处理软件中剔除（见图 10.2-21）。

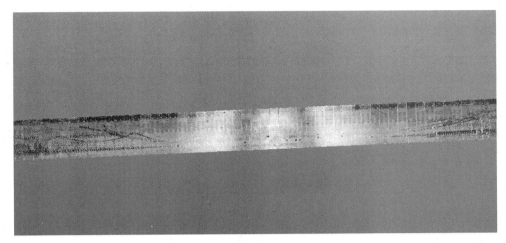

图 10.2-21　隧道点云视图

3) 隧道断面截取

在专业软件中，根据点云确定出隧道的中心线，并沿其法线方向按一定间隔截取隧道的断面图（见图 10.2-22）。

图 10.2-22　隧道断面截图示意图

4) 成果输出

将截取的断面图输出 dwg 格式文件，以方便其进行量测分析（见图 10.2-23）。

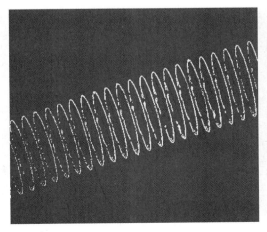 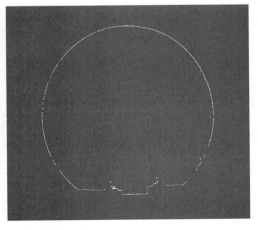

图 10.2-23　输出 dwg 格式的断面图

　　得到断面成果图之后，为了进行限界分析，测量工作者根据地铁限界检测及调线调坡中积累的大量工作经验，研发了一款能够辅助设计人员进行地铁限界分析及调线调坡的自动化软件（如图 10.2-24、图 10.2-25 所示）。以往的限界检测环节，需要人工将算出的车辆动态包络线与断面逐一套合、对比，记下不符合限界限定值的断面位置，工作烦琐复杂，特别是在工期紧张时期，很难满足工程进度的要求。利用该系统软件，可将自动生成的车辆动态包络线与断面批量套合处理，并自动筛选出超限的断面，记下断面里程，不仅节省了大量的人力投入而且提高了限界检测的准确性，缩短了限界检测的工

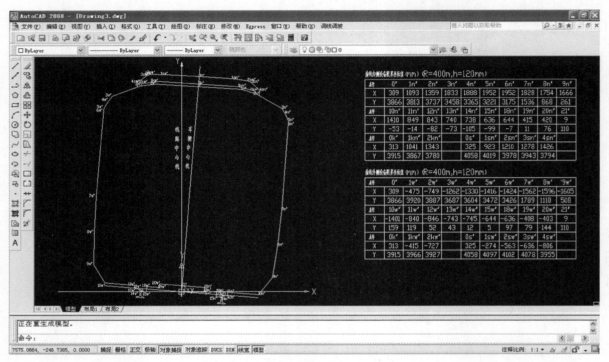

图 10.2-24　曲线段设备限界图

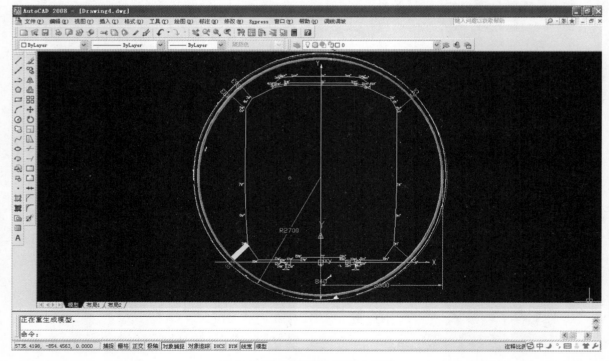

图 10.2-25　隧道净空限界分析图

期，为后面的铺轨工作，赢得了宝贵的时间。该系统软件可以无缝结合现有的线路设计软件，将限界检测与调线调坡放在一个平台上进行，最大限度地减少工序的周转。

2. 铺轨测量

限界分析和调线调坡完成后，接下来是进行铺轨测量。传统的铺轨测量采用铺轨基标进行轨道的精确定位。基标是与设计线路中线存在固定的几何关系的一系列测量标志，铺轨时利用特制丁字尺测量基标与轨道的相对关系，并根据测量结果调整轨道至设计位置。铺轨基标铺轨法比较耗费人力和工时，而且因为环节较多（控制点-基标-轨道）误差累积较大，因此对于铺轨精度的控制并不十分理想。

随着我国高铁建设的发展，高铁中使用的先进铺轨测量技术也逐渐向地铁建设领域转移。CPⅢ铺轨精调控制网技术就是其中一项成功移植的技术，因为地铁测量没有CPⅠ、CPⅡ，所以"CPⅢ铺轨精调控制网"在《城市轨道交通工程测量规范》GB/T 50308—2017中被称为"任意设站铺轨控制网"。但其网形、测量方法、技术要求等方面与高铁CPⅢ铺轨精调控制网基本一致。

1）平面测量

地铁CPⅢ网采用自由测站边角交会法测量。每个自由测站间距一般约为60m，一般以前后各2对CPⅢ点为测量目标，每个CPⅢ点至少从3个测站上分别联测，CPⅢ平面网与隧道内贯通后的控制点联测时，至少通过2个连续的自由测站或3个以上CPⅢ点进行联测。CPⅢ平面控制网如图10.2-26所示。

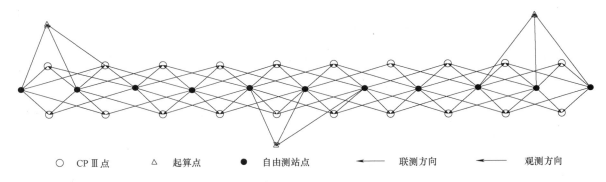

○　CPⅢ点　　△　起算点　　●　自由测站点　　◄──　联测方向　　◄──　观测方向

图 10.2-26　CPⅢ平面控制网观测示意图

2）高程测量

由于CPⅢ控制点位于两侧隧道壁上，距离轨面有1.6m，隧道底部2.25m。采用传统的水准测量方法，仪器必须架设足够高，水准尺立放困难。同时由于隧道的视线条件较差，无论采用光学水准亦或电子水准仪，读数、记录均有一定的影响，效率不高。CPⅢ控制点高程测量采用全站仪三角高程测量方法，即在平面网测量时，通过全站仪读取视线高，同步测量所有CPⅢ点高程，减少工作流程，提高测量效率。其观测的主要技术要求见表10.2-2。

三角高程观测主要技术要求　　　　　　　　　　　　　　　　表 10.2-2

全站仪 标称精度	垂直角 测回数	测回间 距离较差	测回间竖盘 指标差互差	测回间 竖直角互差
≤1″,1mm+1ppm	≥3	≤1mm	≤9″	≤6″

仪器、反光镜或觇牌的高度，在观测前后各量测一次并精确至1mm，取其平均值作为最终高度。

在地铁中进行CPⅢ铺轨精调控制网测量，与高铁相比也有一些显著的不同，主要体现在以下几方面：

（1）测量环境不同。高铁测量一般在地面，测量条件、环境好，而地铁一般在地下，受隧道内光线、温度、湿度、通视的影响，测量条件差。

（2）测量长度不一。高铁测量区段为4km，有利于精度的提高，而地铁一般为两站一区间为单位，长度为1km左右，不利于精度的提高。

（3）起算精度不同。高铁CPⅢ控制网起算在CPI、CPⅡ上，其精度都是卫星测量的方法，边长适中、精度高，而地铁起算点是隧道内控制点，受地面加密、竖井联系测量、地下控制测量、贯通测量等多级测量的影响，精度损失较大。

（4）运营速度不同。高铁运行速度250～350km/h，而地铁运营速度80～100km/h。速度不同，在施工误差、精度等方面要求也不同。

（5）变形要求不同。高铁经过的大多是野外，结构设计是按零沉降设计的，而地铁大都在繁华的闹市区，结构设计在运营期允许有一定的沉降和变形，需保留地下控制点、起算点并定期复测。

（6）曲线半径不同。高铁曲线半径在7000～10000m，几乎接近直线。地铁最小半径300m，且断面小、安装的设备多，通视长度受到限制，影响点位埋设和测量精度。

（7）隧道宽度不同。高铁大多是双线隧道，即使是单线隧道断面宽度也在8～9m，每个自由设站点观测12个边长，而地铁隧道断面宽度5m多，观测边将会减少，影响精度和效率。

（8）线路条件不同。高铁上下行线在一起，可以做到一个控制网兼两条线，而地铁上下行大多分离，需要分开测量，存在测量工作量大，在联络通道、车站左右线需要联测的情况。

（9）测量网型不同。高铁CPⅡ用卫星测量或导线测量，CPⅢ的网型大多是一次观测12个点平面网型，而地铁受埋点的影响，只能用自由设站后方边角交会法测量，受线路小半径的影响，将会出现短边观测量大的现象。

（10）高程测量不同。高铁可采用传统的水准高程测量也可采用自由测站三角高程测量，而地铁铺轨控制点位于隧道边墙上，边墙曲率大，水准尺无法垂直放立，需采用全站仪自由测站三角高程方法测量。

利用CPⅢ铺轨精调控制网进行铺轨测量，具有自动化测量，铺轨精度高，控制点可长期保留等优点。正在越来越多的城市地铁工程中替代铺轨基标，成为地铁铺轨测量的主流技术。

在铺轨阶段还要进行设备安装与装修的测量工作，主要包括人防隔断门（防淹门）定位安装测量，站台屏蔽门安装定位测量，装修50线放样测量，隧道设备安装一米线定位测量等工作，限于篇幅，本节不再展开介绍。

10.2.3.4　地铁竣工测量和运营期监测与测量工作

1. 竣工测量

地铁工程在竣工交付之前还要进行竣工测量，竣工测量的主要内容包括线路轨道竣工测量，区间线路、车站结构竣工测量，沿线相关设备竣工测量和地下管线竣工测量等内容。很多城市还要对地铁进行规划监督核验测量，根据核验测量的成果判定地铁建设是否符合规划要求。

利用三维激光扫描技术进行地铁区间线路及车站结构竣工测量，是一项非常有前景的测量技术。三维激光扫描不但可以快速、全面地获取被测物体的空间位置、几何外形信息，而且利用扫描仪上的相机进行同步摄影，还能获取物体表面的彩色纹理。利用扫描成果能够快速对车站、区间隧道结构等建立三维模型。

1）竣工测量基本资料

对车站点云数据进行横、纵断面剖切，可以形成不同间隔的线画图数据，如图10.2-27所示。

对车站点云做水平方向的投影，可以获取车站水平投影最大轮廓线，输出dwg格式文件，进行图幅的修整即可投入使用，图10.2-28为修整好的车站俯视图。

对于区间隧道，软件可以沿隧道中心线的法线方向进行任意里程的断面截图，如图10.2-29、图10.2-30所示，输出dwg格式文件。

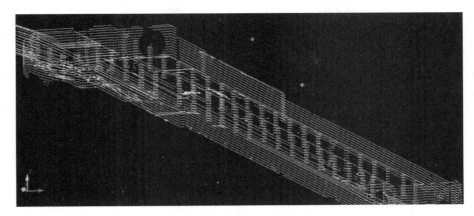

图 10.2-27　车站横断面任意距离剖切

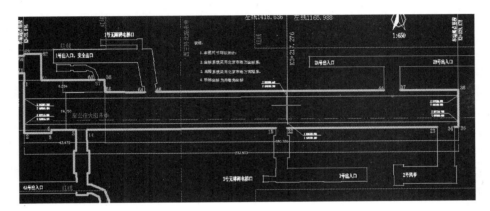

图 10.2-28　车站俯视图

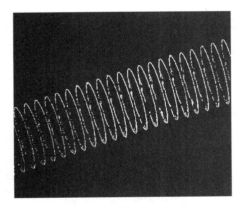

图 10.2-29　隧道区间一组断面图

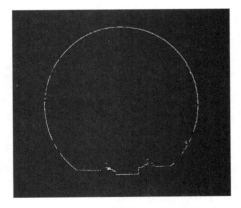

图 10.2-30　截取的一个断面图

2）影像数据

三维激光扫描仪在对车站及区间扫描的同时，还能形成真实的影像信息，在影像中各个点的坐标及点与点的距离均可以进行量测，如图 10.2-31 所示。

3）三维场景数据

利用三维激光扫描技术获取的车站及区间点云数据本身就是真实的三维场景数据，每一点都可以获取到真实的三维坐标。对原始三维点云数据进行保存，可以为以后的车站区间等工程改造提供重要的原始资料。

4）三维模型数据

通过对原始数据去噪，建立三角网模型及贴图后，可以快速形成逼真的真实三维模型（如图 10.2-32

593

图 10.2-31　可以测量的实景影像

所示），为各种地下应急指挥系统提供基础的三维数据。

线路轨道竣工测量，主要是进行轨道几何形位的测量，包括线路中心线（方向）、轨面高、轨距、超高等参数。传统的轨道验收，采用道尺配合十米弦线等进行检查。随着科技发展，一些自动化、高精度的轨道几何状态测量装备已逐步开始应用。

我国深圳某公司生产的一款轨道检查仪是以带有辅助信息的惯性导航系统（A-INS）为核心测量单元，并辅以轨距尺、里程计、轨枕识别等多类高精度传感器对轨道几何形状进行动态精密测量的仪器，如图 10.2-33 所示。仪器在轨道上推行过程中即可测量出轨道的三维坐标及轨距等信息，极大提高轨道精密测量的速度；通过对数据的专业处理与分析，可直接获取轨距、水平、轨向、高低、正矢、扭曲、轨距变化率等各项轨道参数以进行轨道质量评估，对存在变形的轨道，可给出对应轨枕位置的调整量，用于指导轨道调整。该设备的轨距和超高测量误差均小于 0.1mm，里程误差小于 20mm，可以快速准确完成轨道精密测量任务。

图 10.2-32　北京地铁某站三维模型

图 10.2-33　轨道检测仪作业现场

2. 运营期监测

地铁工程在竣工交付后就进入运营阶段。在运营阶段，地铁的隧道、车站结构会因围岩应力、不良地质作用、列车的动荷载以及周边施工的扰动等原因发生变形和沉降，当变形和沉降严重，超过允许范围时会严重影响地铁结构安全和列车运行安全。因此，在特定情形下需要对运营隧道开展变形监测，以保证运营安全。

对运营中的地铁结构开展变形监测，不同于普通的施工监测。因为正常运营不能中断，监测又必须全时进行，运营时间内人员无法接近监测对象。因此自动化监测手段是运营期间变形监测的主要手段。

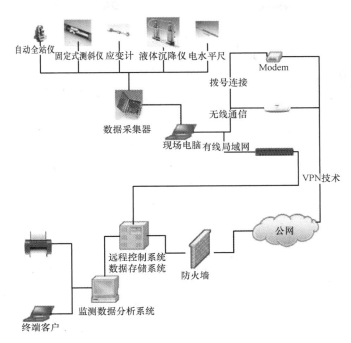

图 10.2-34　运营自动化监测系统示意图

　　运营期监测的内容包括隧道收敛、隧道沉降、地下水位、结构裂缝监测、道床沉降、轨道变形等项目。需要用到全站仪、静力水准仪、倾斜仪、应变计、裂缝计等监测设备。上述设备通过数据接口与数据采集单元连接，数据采集单元将采集到的数据发送至现场计算机系统进行初步处理，然后通过网络传输至远程控制和数据存储系统，并通过监测数据分析系统对变形情况进行分析和预测，如图 10.2-34 所示。一旦出现变形过大的情况，系统会自动发出预警信息，以便各方及时采取处置措施。

10.2.4　启示与展望

　　地铁的工程测量工作，只是地铁建设诸多工作内容当中很小的一部分，但却是相当重要的部分。我国地铁工程测量，也是伴随着新中国地铁建设事业的发展历经了从无到有，由小到大，由弱变强的发展历程。近十余年以来，地铁工程测量更是在轨道交通建设突飞猛进和测绘科学技术飞速发展的大时代背景之下取得长足进展，技术标准不断完善，技术水平日益提高，测量新技术、新装备的运用也越来越广泛和深入。广大的地铁测量工作者勇于创新，积极实践，发挥精益求精的工匠精神，为保障地铁建设的质量安全做出了突出贡献。

　　地铁测量行业能够取得上述成绩，有以下几点成功做法值得思考和总结：

10.2.4.1　重视标准化工作

　　早在 1996 年，相关单位就在总结各地地铁测量工作经验的基础上开始着手编制国家标准《地下铁道、轻轨交通工程测量规范》。此规范于 1999 年正式颁布实施，成为轨道交通工程测量领域唯一的国家标准，并在 2008 年和 2017 年两次进行修订，不断吸收规范执行过程中积累的经验教训和新技术、新方法。在 2008 年修订时，规范更名为《城市轨道交通工程测量规范》。地铁测量规范的颁布和实施，统一了地铁测量行业的技术标准和要求，推广了好的测量方法和先进经验，为促进地铁测量工作技术质量管控发挥了巨大作用。

10.2.4.2　重视新技术、新设备应用

　　注重借鉴相近行业的先进技术。地铁测量工作的精度要求高、时效性强，因此特别重视新设备、新

技术的使用。1995 年前后，GPS 静态定位测量方法先后引入北京、广州的地铁控制网测量当中；2004 年左右，马达驱动自动寻找目标的智能型全站仪逐渐在地铁施工控制测量中应用，并开始试验基于智能全站仪的自由设站平面、高程综合联系测量方法；2012 年开始使用三维激光扫描仪对地铁隧道进行扫描和三维建模的尝试。同一时期，借鉴高铁精密铺轨测量的先进技术，CPⅢ控制网结合精调小车的铺轨测量作业模式开始在地铁中进行试验和推广。这些先进的设备和测量方法，几乎都是在国内出现后不久就应用于地铁测量当中。通过新设备和新技术新方法在地铁测量中的应用，提高了地铁测量工作的质量和效率，使得地铁测量工作不断向自动化、信息化和可视化的方向迈进。

10.2.4.3　注重测量工作管理

创立了有第三方测量参与的测量管理工作模式。地铁测量工作内容繁多，测量工作周期长，测量结果对于地铁工程建设质量影响显著，而且涉及建设单位、设计单位、施工单位和监理单位等参建各方。测量工作需要协调各方，统筹兼顾，因此抓好测量管理也是做好测量工作的重要环节。国内较早修建地铁的北京、广州等城市在 20 世纪 90 年代中期均引入了有第三方测量参与的测量工作管理新模式。第三方测量的引入，使建设单位在测量工作管理方面有了专业测绘单位的强力协助，在统一技术标准、强化测量管理、加强测量成果复核等方面成效显著。目前这一模式已经推广到全国绝大部分轨道交通建设的城市。

我国城市轨道交通建设的热潮还在持续，地铁作为一种绿色、便捷的交通出行方式，是解决大城市交通拥堵，促进城乡一体发展的重要手段，其未来发展前景仍然广阔。地铁测量工作也会伴随地铁建设的发展而不断进步。展望地铁测量的未来，一方面高精度、自动化、智能化的测量仪器的进步将进一步促进地铁测量技术的发展，另一方面，随着越来越多的地铁线路建成运营，大建设逐步向大运营转变，运营期的监测与测量工作重要性逐步显现，成为地铁测量又一项重点工作内容。同时，互联网＋大数据必将助力地铁测量工作管理的精细化、科学化，进一步提高地铁测量工作的效率和质量。

10.3　上海磁悬浮列车示范运营线

10.3.1　工程概况

磁悬浮列车是一种现代高科技轨道交通工具，它通过电磁力实现列车与轨道之间的无接触的悬浮和导向，再利用直线电机产生的电磁力牵引列车运行。磁悬浮列车由于其轨道的磁力使之悬浮在空中，行走时不需接触地面，因此只受来自空气的阻力，磁悬浮列车的最高速度可达 500km/h 以上，比轮轨高速列车的 300km/h 还要快。

2000 年 6 月，上海市开始进行中国高速磁浮列车示范运营线可行性研究。同年 12 月，中国决定建设上海浦东龙阳路地铁站至浦东国际机场高速磁浮交通示范运营线。2001 年 3 月 1 日，这项工程在浦东正式动土，2002 年 12 月 31 日，经过专家两年多的设计、建设、调试，上海磁浮运营线终于呈现在世界的面前（如图 10.3-1 所示），全线试运行。2003 年 1 月 4 日正式开始商业运营，运行速度 430km/h。

上海市磁悬浮列车线西起上海地铁 2 号线龙阳

图 10.3-1　上海磁悬浮列车示范运营线风貌

路站，东至浦东国际机场，线路走向呈"～"形，正线全长 29.863km，维修基地出入走行线 2.497km，检修线 1.19km，线路总长折合 31.71km。上海磁浮快速列车线是一条集城市交通、观光、旅游的商业运营线，主要解决上海浦东国际机场至市区的高速交通，极大地提高了上海作为国际大都市的形象。从浦东龙阳路站到浦东国际机场，30 多公里的路程仅耗时 7 分钟，被形象地喻为城市"飞行器"。

10.3.2 关键问题

高速磁浮工程线路测量，就是围绕着把磁浮轨道梁（如图 10.3-2 所示）按照设计的精度要求安装到位，保证磁浮线路的空间曲线满足设计允许误差要求。线路施工测量要解决两大关键问题，一是超高精度线路平面和高程控制网的布设和精度控制；二是线路施工轨道梁精调测量和控制。

10.3.2.1 超高的精度要求

1. 平面控制测量要求

根据磁浮高速铁路行车路线测量相关规范中提出的投影变形值的限制范围规定，整个线路范围内的长度变化每百米不超过 1mm。

由于磁浮工程对相对精度的要求很高，因此在考虑测量坐标系统时，必须使因投影而引起的长度变形值限制在磁浮系统所要求的精度内。因此，针对磁浮工程，需要选择合理的投影系统，使由投影变形引起的误差能够满足工程的精度要求；同时，还必须考虑到使用的坐标系统与城市坐标系统、国家坐标系统相关联。

图 10.3-2　上海磁悬浮列车示范运营线轨道模型

2. 高程控制测量精度要求

对于高程控制系统，其基准点密度选择的原则就是：基准点间进行精密水准测量时，最弱点的高程中误差能满足施工需要的精度要求。按照相关要求，高程测量时，高程控制网相邻点高差中误差为± 1mm（点间距约为 200m）。

3. 线路精调精度要求

线路精调测量既要保证轨道梁的支座的空间几何位置、支座的轴线方位严格按设计安放，又要保证轨道梁的绝对位置和系统公差，满足磁浮列车在轨道上快速、平滑、安全运行对磁浮线路的严格要求。

轨道梁安装的系统精度要求指标主要有：

1）预埋钢板测设精度

支座中心点平面坐标相对于邻近控制点的中误差应为± 2mm；

预埋钢板顶面中心高程误差控制在 0～3mm 范围内；

预埋钢板顶面平整度控制在 1‰以内。

2）轨道梁空间绝对定位精度

X 方向＜± 1mm（参考位置为固定支座处测点）；

Y 方向＜± 1mm（参考位置为固定支座和单向滑动支座处测点）；

Z 方向＜± 1mm（参考位置为每根梁的四个角部测点）。

3）梁与梁之间相互关系精度

相邻梁定子面和滑行面在 Z 方向的错位不大于± 0.6mm；

相邻梁侧面导向轨在 Y 方向的错位不大于± 1mm；

相邻梁定子面、滑行面、侧面导向轨在 X 方向的间距与设计值相差不大于 $\pm 2mm$；

相邻梁定子面、滑行面、侧面导向轨的 NGK 值（每米角度偏转值）分别不大于 $\pm 1.5mm/m$、$\pm 3mm/m$、$\pm 2mm/m$。

10.3.2.2　高速磁浮线路施工测量技术难点

1. 控制点稳定性差

由于上海磁浮示范线工程平面和高程控制点布设在施工线路很近的范围内，受施工影响和大型机械运输等因素的影响，控制点容易产生移位和沉降，很难确定其变形规律、如何合理采取措施减弱或消除其影响是本项目的难点。

同时，如何选择性利用稳定性较好的控制点分期布设支座定位控制点和精调控制点，同时确保前后期控制网的系统统一，也是本项目的难点。

2. 高程传递难度高

磁浮线路对高程测量的精度要求高于 $\pm 1mm$，盖梁、轨道梁与地面存在 10m 左右的高差，常规钢尺法、几何水准法引测标高都难以实现，如何快速、高精度地联测地面水准线路与盖梁、轨道梁水准线路是本项目的难点。

3. 环境对精调测量的影响严重

精调测量精度要求优于 $\pm 1mm$，而 25m 的轨道梁本身纵向（X 向）温度线膨胀已超过 $3\,mm/10℃$。主线轨道梁精调环境与设计假定环境温差常常超过 20℃，同时由于光照、风力、风速等影响导致梁体温度的不均匀性，很难标定梁体实际温度。削弱环境温度对精调监控的影响是本项目的难点。

4. 支墩沉降对精调的影响大

轨道梁架设后一段时期内支墩有沉降收敛的过程，理想的精调时间应为沉降收敛完成后。架梁时间与精调时间的关系及确定其对精调监控的影响也是本项目的难点。

10.3.3　方案与实施

10.3.3.1　磁浮线路精密控制网实施方案

1. 磁浮工程平面坐标系统优化选择

在线形工程控制测量时，根据施工所在的位置、施工范围及施工各阶段对投影误差的要求，可采用国家 3°带高斯正形投影平面直角坐标系、抵偿投影面的 3°带高斯正形投影平面直角坐标系、任意带高斯正形投影平面直角坐标系、具有高程抵偿面的任意带高斯正形投影平面直角坐标系和假定平面直角坐标系等，以确保高斯投影长度变形达到要求。

当磁浮工程的起点和终点横向距离远大于最大投影带区的范围时，建立若干个磁浮坐标系区段，使每一个磁浮坐标系内的点投影长度变形均控制在每 100m 在 1mm 以内。一般来说，在线路设计完成后，必须用图解法在地图上确定每一个磁浮高速铁路坐标系区段的位置，根据国家平面直角坐标值，确定其投影带中心位置的大地坐标。在磁浮坐标系区段衔接处，必须包含足够的重叠部分。根据磁浮坐标系分级布网的原则，其首级网点间距大约为 3km，在重叠部分，至少各包含首级控制点 3 个（约 6km 的范围）。对采取区段建立的磁浮高速铁路坐标系，其纵坐标和横坐标应以线路的前进方向和垂直其前进方向来确定。

上海磁浮线路西端离上海平面坐标系统中央子午线距离 8km，东端约为 35km，直接用上海平面坐标系统不能符合投影变形的要求。我们把中央子午线移到线路中央，东西两端离开中央子午线的最大距离小于 16km，满足投影变形每百米不超过 1mm 的要求。

2. 高程系统的选择

对于磁浮高速铁路系统，采用相同的高程系统。高程系统要经过联测（在 10km 到 20km 的距离内）与国家或城市基本测量的高度基准面衔接，以便与其他专项设计保持一致，并便于使用原有基础设施数据。在上海市磁浮工程中，高程系统采用了上海城市高程系统所采用的吴淞高程系统。

在上海市磁浮工程中，工程涉及的范围为软土地基。为了确保磁浮工程高程控制测量能达到稳定要求，必须建立一定数量的基岩点。考虑到经济因素等客观条件，利用了浦东国际机场的一个基岩点，又在磁浮线路的中点及最西端各建立了一个基岩点，其间距约 15km。

3. 精密平面、高程控制网稳定性

由于工程建设周期较长，而且施工放样、设备安装、调校要求高，故对精密平面、高程控制网的稳定性必须监测，并根据监测情况调整复测频率。精密平面、高程控制网复测的技术要求均按照布设精密平面、高程控制网时的技术要求执行。

1）基岩点监测

上海磁浮工程 3 个基岩点作为整个线路的平面和高程控制基点（如图 10.3-3 所示），其稳定性对整个线路建设尤为重要，因此在线路施工阶段，需对基岩点进行不定期监测，根据对基岩点的多次监测数据分析，确认上海磁浮线路基岩点比较稳定可靠。

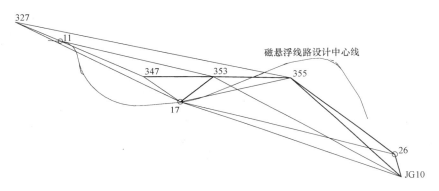

图 10.3-3　城市基本控制点和三个基岩点网图

2）精密平面控制网监测

如图 10.3-4 所示，分别对控制网进行边长和角度检测，假设控制网点位中误差 ±1.64mm，按测距与测角等影响原则，经分析计算可知边长检测限差为 ±3.28mm，角度检测限差为 ±3.4″（边长 200m时），超出上述范围，可以认为控制点平面位置已经发生变动。

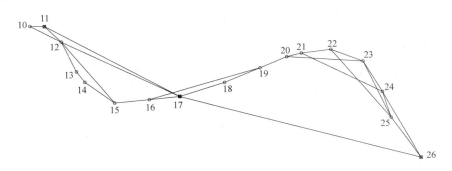

图 10.3-4　首级 GPS 平面控制网图

3）高程控制网监测

对高程控制点，如果点位的变化超出 $\sqrt{2}$ 倍的段内测量限差，则认为该点已发生变化。

4. 高程基准点的密度

在本工程中，一等水准控制网布设成附合路线，其起讫点都是基岩点（如图 10.3-5 所示），根据水准测量规范要求，一等水准测量必须往返观测，这样复测一段水准路线的长度约为30km。在施工高峰的时候，30km的线路复测周期会影响施工进度，这就需要合理地确定水准基准点的分布。

图 10.3-5　水准路线网图

水准基准点是高程控制测量的基础。高程控制测量的精度除与施测使用的仪器、操作方法、观测条件、作业水平、水准标石埋设质量以及网形结构等因素有关外，还与高程起算点的稳定性密切相关。特别对土层结构较软或超量开采地下水的地区，建立稳定的水准基准点尤其重要。

在磁浮工程中，高程控制网相邻点高差中误差为±1mm（点间距约为200m）。相邻加密高程控制点往返测不符值应≤±3mm$\sqrt{S(\text{km})}$。为了满足其精度要求，必须要确定水准路线的最大允许长度。

在单一的环线或附合水准路线中的最弱点在线路的中部，为了保证最低相对精度为1mm（相对于高程起算点，最弱点的点位精度为1.41mm），应根据各等水准测量的每千米高差测定的中误差来限制水准路线的长度L。

由于最弱点的高程可以从两条路线（其长度为L/2）来推算，而最终取平均值，因此最弱点的高程中误差为：

$$m_\text{h} = M_\text{W}\sqrt{\frac{L}{2}} \times \frac{1}{\sqrt{2}} = \frac{M_\text{W}}{2}\sqrt{L}$$　　　　（式 10.3-1）

式中：M_W——该等水准测量每千米的高差测定全中误差（mm）；

　　　　L——单一水准路线的长度（km）。

在磁浮高速铁路系统，采用的是一等精密水准测量，其每千米的高差测定全中误差为±1mm，根据计算可知，L应不大于8km。

由此可知，为了保证磁浮高程系统的精度要求，应该在每8km的地方建造一个高程基准点。在上海磁浮工程建设过程中，实际布设高程基准点分别位于线路两端和中间位置，没达到上述要求，加大了测量工作的难度。

5. 平面控制网测量精度的优化

在上海市高速磁浮工程中，各施工阶段的放样精度均是按照磁浮高速铁路行车路线测量相关规范中提出的要求来做的，其具体要求见表10.3-1。

各阶段放样精度要求　　　　　　　　表 10.3-1

桩位放样	基础承台放样	支墩放样	盖梁放样	轨道梁精调
X、$Y \leqslant \pm 5$cm	X、$Y \leqslant \pm 2$cm	X、$Y \leqslant \pm 1$cm	X、$Y \leqslant \pm 5$mm	X、$Y \leqslant \pm 1$mm

根据施工不同阶段的不同精度要求，在控制网测量时，采用了不同的测量方案。在桩位测量及基础承台的施工阶段，平面控制采用的是GPS测量的方法，而在支墩放样以后的阶段，平面控制采用的是边角网测量的方式。根据施工的要求，边角网测量的测回数也不相同，测量的工作量随着精度要求的提高也在不断地加大，所付出的成本也相应地增加了。

在上海市高速磁浮工程中，施工工程中对线路中的所有盖梁的几何中心位置进行了检测，具体情况如表10.3-2、表10.3-3所示。

盖梁的几何中心位置检测　　　　　　　　表 10.3-2

偏移量	$dx \leqslant 1$cm	1cm$\leqslant dx < 2$cm	2cm$\leqslant dx < 3$cm	3cm$\leqslant dx < 4$cm	4cm$\leqslant dx < 5$cm	$dx \geqslant 5$cm
数目	578	375	179	64	19	42
所占比例	46.69%	30.29%	14.46%	5.17%	1.53%	3.39%

盖梁的几何中心位置检测　　　　　　　　表 10.3-3

偏移量	$dy\leqslant1cm$	$1cm\leqslant dy<2cm$	$2cm\leqslant dy<3cm$	$3cm\leqslant dy<4cm$	$4cm\leqslant dy<5cm$	$dy\geqslant5cm$
数目	629	341	177	46	15	30
所占比例	50.81%	27.54%	14.30%	3.72%	1.21%	2.42%

由上述数据可知，有相当一部分盖梁的几何中心误差超过了 1cm，后经与设计及土建施工单位分析认为，施工时，灌浆震荡是造成偏差产生的主要原因，在施工时，很难达到规定的要求。鉴于此，可适当放宽基础施工时的精度，比如盖梁放样时的精度可适当放宽，可以规定 X、$Y\leqslant1cm$ 或 X、$Y\leqslant1.5cm$。放样精度要求的放宽，不仅可以节约测量的时间和成本，而且可以加快施工的进度，同时也可以降低对控制测量精度要求，减少控制测量的复测次数。因此，实践中可设计：

1）各阶段施工放样测量的精度

基桩顶：x、y 方向 $\leqslant\pm50mm$，z 方向 $\leqslant\pm20mm$；

基础承台：x、y 方向 $\leqslant\pm20mm$，z 方向 $\leqslant\pm10mm$；

墩柱：x、y 方向 $\leqslant\pm10mm$，z 方向 $\leqslant\pm10mm$；

盖梁：x、y 方向 $\leqslant\pm10mm$，z 方向 $\leqslant\pm5mm$；

支座预埋钢板：x、y 方向 $\leqslant\pm10mm$，z 方向 $\leqslant\pm2mm$。

2）平面控制测量的精度

满足基桩放样的施工控制测量测角中误差 $\leqslant\pm3.5''$，测距中误差 $\leqslant\pm15mm$，导线全长相对闭合差 $\leqslant1/20000$。

满足基础承台、墩柱、盖梁、支座预埋钢板放样的施工控制网的测角中误差 $\leqslant\pm2.82''$，边长测距中误差 $\leqslant\pm3mm$，三角形最大闭合差 $\leqslant\pm9.76''$，相邻点相对点位中误差 $\leqslant\pm5mm$。

满足支座中心放样（x、y 方向 $\leqslant\pm2mm$）及轨道梁精调的平面控制网的测角中误差 $\leqslant\pm1.41''$，边长测距中误差 $\leqslant\pm1mm$，三角形最大闭合差 $\leqslant\pm4.88''$，相邻点相对点位中误差 $\leqslant\pm2mm$。

6. 控制网布设的位置与施工区域的关系

上海高速磁浮工程中，由于受到征地、房屋和绿化的动迁等因素的制约，平面和高程控制点必须布置在施工征地的红线范围内。控制点都布置在施工区域的狭长范围内，带来两个方面的不利影响：

1）平面控制网图形强度不高

在平面控制网中，采用边角测量时，三角形的夹角要尽可能接近 60°，条件不允许时，夹角也应在 45°～135° 之间，这样做的目的就是为了增加图形强度，提高控制点的精度。在上海高速磁浮工程的平面控制测量中，有的三角形夹角在 5° 以下，给测量精度的提高带来了很大影响。

2）控制点受施工的影响发生变动

由于控制点都布置在征地范围线内，而施工区域需要打桩，还有大量的施工机械和轨道梁进行运输，都将对控制点点位产生影响，使平面控制点发生位移，高程控制点发生升降。虽然采用控制点复测的办法解决了这些问题，但从测量费用、复测周期等方面来看，布置在施工范围内还是不尽合理的。

3）控制点之间通视困难

首级网控制点之间的距离约为 2～3km，在施工区域内，要保证首级网控制点之间的通视是十分困难的，这对次级网的加密带来了影响。

综合上述三方面的影响，控制点要尽量远离施工区域，考虑到施工单位使用控制点方便等因素，首级控制点最好离开施工区域 200m 以上，次级网最好离开施工区域 50～150m。

如果受动迁、征地等条件的限制，控制点必须布设在施工区域时，应将首级网的控制点布设在不受施工影响的区域，这样在复测时可以分段进行，节约成本。控制网复测时，应根据施工情况分阶段进行，在充分分析施工会对控制点产生影响时，比如在打桩后及基础承台开挖和施工完成后，对施工区域附近的点必须进行复测。

7. 控制点的埋设方式

上海高速磁浮工程中，根据上海地区的地质条件，除了布置基岩点外，在埋设首级控制点时，打桩到持力层。所有的地面控制点和轨道梁上的控制点都是采用强制归心观测墩（如图 10.3-6、图 10.3-7 所示）。

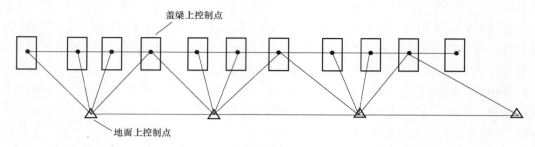

图 10.3-6　盖梁上施工控制网图

图 10.3-7　强制对中装置安装图

由于轨道梁的高度较高，而且地面上的控制点都在工程的征地范围内，如果使用地面上的控制点进行轨道梁精调，将不能观测到轨道梁上的定位销孔，或者观测时垂直角很大，因此精调控制网布置在轨道梁上。

在今后的工程项目中，如果地质条件许可，而且控制点布置在施工范围以外，控制点埋设时，只要基础浇捣结实，建立强制归心观测墩就可以达到要求。如果轨道梁不是采用架空的形式，高度不高，也可以不在轨道梁上设立控制点。布置在地面上的控制网既可以用于基础施工，也可以用于盖梁施工和轨道梁的精调，只要根据不同的施工阶段，逐步提高控制网的精度，以满足各施工阶段的要求就可以了。

8. 道岔区的测量定位

在上海高速磁浮工程中，对道岔区的定位是采用了固定测量标志点的方式。由于道岔的定位精度要求高，如现场条件许可，应在道岔区附近（50m 以外，以免受施工的影响）建造两个强制归心观测台。在道岔区对支座定位及轨道梁精调时，应确保这两个控制点不发生变化。在与相邻的点进行联测时，这两个控制点应作为已知点参与平差。轨道梁精调时，应先调整道岔区的轨道梁，与道岔区相衔接的轨道梁，应以道岔区的轨道梁为准，采取可靠的方式，以确保道岔区轨道梁前后的一致性。

10.3.3.2　高速磁浮线路精调实施方案

1. 磁浮线路施工测量过程

线路施工测量依次进行支座精密定位测量和轨道梁精密定位测量。

1）支座精密定位测量过程

（1）埋设稳定的平面及高程工作基点。

（2）平面控制网、高程控制网测量与复测。若复测成果在精度范围内一致，则签具控制测量成果，否则重测或现场分析解决。

（3）支座施工放样。

（4）支座施工放样检测，精度满足要求则进行支座预埋板施工，否则重新放样。

（5）支座预埋板平面位置及高程、平整度检测，满足精度要求则签具合格证，否则进行整改并重新检测。

2）轨道梁精密定位测量过程

（1）埋设稳定的平面及高程工作基点。

（2）平面控制网、高程控制网测量与复测，若复测成果在精度范围内一致，则签具控制测量成果，否则重测或现场分析解决。

（3）反复测量轨道梁位置、计算与设计空间位置的较差并调整，直到满足空间限差要求。

（4）坐标及高程检测，精度满足要求则进行下一道工序，否则重新精调。

（5）相邻梁相互关系调整并检测验收。

2. 轨道梁支座预埋钢板定位测量

轨道梁架设前，经过对轨道梁精加工及功能件安装及验收合格并刻画定位线后，由制梁基地运往对应墩号，依据盖梁上的定位点将梁体定位在临时支座上。搁置一定时间后再由安装单位置换临时支座为永久支座，并精确定位以确保线路线型走向和相邻梁端各功能面间相互几何尺寸关系。根据上述工序流程，轨道梁定位于临时支座前，必须在盖梁上刻画出永久支座预埋钢板的定位点十字线，然后依据这些平面定位点和高程控制点安置预埋钢板，支座预埋钢板埋设并浇灌混凝土后，将支座中心及轨道梁安装定位线精确刻画到预埋钢板上，经复测通过后架设轨道梁。

1）测量定位作业流程

为确保支座预埋测量定位精度，满足磁浮系统要求，测量定位作业流程如下：

（1）进行盖梁上平面、高程控制网布设和测量，提交测量成果。

（2）测量监理单位对控制点按精度要求进行复测，复测通过后提交施工单位使用。

（3）施工单位使用经过复测的盖梁控制点进行预埋钢板定位点（小铝板）放样。

（4）测量监理单位对定位小铝板坐标进行复测。

（5）施工单位利用复测通过的小铝板和盖梁高程控制点，安置预埋钢板。并在预埋钢板上测设支座中心点（X、Y）。

（6）测量监理单位对支座中心点（X、Y）及钢板高程（Z）进行复测，同时由施工监理对预埋钢板平整度进行复测。

2）支座预埋钢板测量精度要求

（1）预埋钢板中心定位点（小铝板）坐标相邻控制点精度为$\pm5mm$。

（2）预埋钢板上测设的支座中心点X、Y相对于邻近控制点的中误差为$\pm2mm$。

（3）预埋钢板顶面中心高程控制在设计支座中心高程（Z值）0～3mm范围内。

3）支座预埋钢板定位用小铝板测量

埋设支座预埋钢板时，其中心X、Y坐标控制精度为$\pm5mm$，因此其埋设定位用小铝板平面坐标X、Y精度至少保留在$\pm5mm$以内。定位小铝板测量时，利用盖梁平面控制点极坐标法一测回直接测定其X、Y坐标。定位小铝板放样标定与复测差值（δX、δY）均应小于$\pm5mm$。

支座预埋钢板上的支座中心点点位中误差为$\pm2mm$，按等影响原则进行误差分配，其相对于邻近控制点在X、Y方向的中误差均为$\pm1.4mm$。

利用盖梁上平面控制点，采用极坐标放样法标定出支座中心点，然后采用测回法，两测回测定其X、Y坐标，并与设计值进行比较，用其差值对原点位进行修正，直到满足精度要求。

支座中心检测坐标与设计坐标之差（δX、δY）按2倍中误差考虑，均应小于$\pm2.8mm$。

每次进行支座预埋钢板定位和支座中心点定位测量前，均要进行控制点的检测，即测量夹角和已知边长。由于受施工、气候、测量仪器精度等因素影响，现场测量值与原始成果经常有一定差值，即使这一差值在允许范围，仍对测量成果造成影响。例如施测单位与检测单位未在同一个控制点上对同一个放样点进行测量时，可能导致两家单位的测量结果互差超出限差要求。为了防止这种情况出现，应采用下列措施：

① 施工单位与复测单位均应采用两方向定向，而不能采用单一方向定向；

② 应在离放样点最近的控制点上安置仪器；

③ 把与待调梁方向一致的定向边的距离测量结果与原成果值的较差换算成比例误差去修正仪器的乘常数，并把修正后的乘常数设置于仪器内。

4）预埋钢板高程测量

支座预埋钢板高程放样与复测，均使用同一盖梁上的高程控制点作为后视点，直接标定和测量出钢板高程值。考虑到立柱沉降收敛过程，本项目中实测高程值与支座中心 Z 坐标超高可控制应在 0～3mm 之内。

3. 轨道梁精调测量

1）轨道梁精调测量时机与内容

轨道梁由制梁车间精加工及功能件安装验收合格后，将运架至相应墩号盖梁上的临时支座上，搁置一定时间待变形稳定后由轨道梁安装施工单位进行轨道梁精调定位，精调完成后经复测通过即可进行支座焊接。这里需要说明，在轨道梁吊装到临时支座时，必须注意轨道梁支座与盖梁上预埋钢板中心刻画尽量对齐，如果偏差较大的话，将造成精调过程中返工而延误工期。

为了保证轨道梁精调后，轨道梁线路空间曲线与设计理论空间曲线相吻合，其差值满足安装公差要求，轨道梁精调及复测工作内容应包括：

（1）精调用测量控制点测设与检测；

（2）轨道梁绝对位置精调及复测；

（3）轨道梁相互关系的调整与检测；

（4）简支变连续后梁端相互关系的检测；

（5）车辆运行前梁端相互关系的检测。

轨道梁精调是磁浮工程项目中的一部分内容，同时也是精度要求高直接影响工程最终质量的关键工序之一。轨道梁精调时，是以功能面为基础进行操作的，即确保功能面的准确到位和相互之间的关系在公差允许范围之内。

功能面主要是指钢结构功能件的侧面导轨面、顶面滑行面及下侧定子面。每节长为 3.096m 的钢结构功能件是由预埋在轨道梁顶部纵向外侧联体件连接固定钢梁组成，多条 3.096m 短平面构成一个连续的近似拟合理想曲面。经机加工和功能件安装后的复合导向轨道梁，其内部功能件相互关系已满足验收标准要求，因此轨道梁精调主要是指轨道梁的准确到位（绝对位置）和相邻梁端相互关系满足要求这两部分工作。

2）轨道梁精调作业方案

轨道梁精调的目的，就是将轨道梁高精度地安放到设计的位置上。既要保证轨道梁的空间相对位置准确无误，又要保证轨道梁之间的相对关系满足公差指标要求。在轨道梁精调过程中，要将轨道梁的制作误差予以抵消，以保证行车线路的平滑衔接。

轨道梁精调经过实验探索，逐步摸索出一套行之有效的方法，即采用基准梁和调整梁（靠梁）两种精调方法进行轨道梁精调。具体地说就是一般在精调时隔一根梁调一根基准梁，基准梁的调整以绝对坐标来定位。当两根基准梁调整到位后，再用梁端相互关系控制来调整两根基准梁之间的中间梁。有时候由于控制点设立以及标段之间、精调施工队组之间接头问题，也可能出现存在两根基准梁相接的情况。这时对于待调整的基准梁，既要控制绝对坐标，又要控制梁端相互关系。通常情况下，由远离已调好的基准梁一端的引出件确定绝对位置，而靠近已调好基准梁的一端用梁端相互关系来控制。

3）基准梁坐标精密定位测量

绝对空间位置的测量起算点为布设在轨道梁上的精调平面控制点（强制对中点）和精调高程控制点。在每次使用精调控制点进行轨道梁精调测量时要首先对精调控制点进行检测。

（1）基准梁精调测点的布设

轨道梁构件精加工完成后，为了轨道梁精调的需要，制梁车间在每根轨道梁上加工了 4 个定位测点，这 4 个点分别位于轨道梁左右侧功能件的两端，离端头约 300mm 处。

为了利用轨道梁上 4 个测量定位点进行轨道梁精调，先必须加工专用的引出件，将测点引出到轨道梁滑行面上方，以便进行定位测量，引出件形状如图 10.3-8 所示。

图 10.3-8 引出件

每根轨道梁一般均有四个支座支撑，由于温度变化将引起轨道梁的变形。为了解决这一难题，轨道梁的支座进行了专门的设计，即每个轨道梁的四个支座分别为一个固定（或固定变单向）支座、一个单向滑动支座和两个双向滑动支座，如图 10.3-9 所示。在轨道梁精调时充分考虑了这一情况，在固定支座处的测量点要控制 X、Y、Z；在单向滑动支座处的测量点只控制 Y、Z；而双向滑动处的测量点仅控制标高 Z。

图 10.3-9 左为固定支座，右为单向滑动支座

（2）基准梁精调测量引出件理论坐标计算

设计部门提供了轨道梁功能件上定位测点的设计坐标，然而这一数据对轨道梁精调来说是不够的，必须将设计坐标换算到引出件的棱镜中心才能对轨道梁进行精调定位。

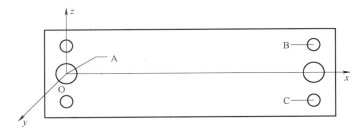

图 10.3-10 轨道梁坐标

如图 10.3-10 所示为一个 3.096m 长的功能件，设计提供了 A、B、C 三点的坐标值。我们以 A 点为原点，A 到 BC 的中点的方向为 X 轴，垂直于 A B C 确定的平面向右的方向线为 Y 轴，按左手法则建立坐标系。在此坐标系中 A、B、C 的坐标为 A $(0,0,0)$，B $(S_1,0,S_2)$，C $(S_1,0,-S_2)$。而引出件在此坐标系的坐标为 $(0.058,0.1,0.216)$，（此三个值由引出件加上几何尺寸确定），由坐标转换公式：

$$\begin{pmatrix} X \\ Y \\ Z \end{pmatrix} = \begin{pmatrix} 1 & 0 & 0 \\ 0 & \cos\alpha & -\sin\alpha \\ 0 & \sin\alpha & \cos\alpha \end{pmatrix} \begin{pmatrix} \cos\beta & 0 & \sin\beta \\ 0 & 1 & 0 \\ -\sin\beta & 0 & \cos\beta \end{pmatrix} \begin{pmatrix} \cos\gamma & -\sin\gamma & 0 \\ \sin\gamma & \cos\gamma & 0 \\ 0 & 0 & 1 \end{pmatrix} \begin{pmatrix} x \\ y \\ z \end{pmatrix} + \begin{pmatrix} x_0 \\ y_0 \\ z_0 \end{pmatrix} \quad (式 10.3-2)$$

根据 A、B、C 三个重合点，求出坐标转换参数；由此转换参数即可将引出件坐标转换为磁浮坐标系坐标。

由于轨道梁在加工时，功能件连接孔位存在偏移，因此在计算引出件坐标时，要注意参照梁端孔位连接件偏移表对引出件坐标进行修正。

（3）基准梁精调定位测量与检测

在轨道梁精调时，为了简化计算，便于施工指挥，建立以轨道梁前进方向为 X 轴，横向向右方向为 Y 轴的施工坐标系。将引出件的上海平面坐标换算为施工坐标系坐标，并将精调控制点的坐标也换算为施工坐标系坐标。

轨道梁精调的绝对坐标定位精度按磁浮高速铁路行车路线测量相关规范的规定，X、Y、Z 均为 ±1mm。

图 10.3-11　全站仪定向示意图

图 10.3-12　测点引出件 P 点

轨道梁的精调工作在每个标段内采用逐跨向前推进的方式进行，而每根梁又是独立进行精调，为保证精调后的轨道梁空间曲线的平滑衔接，精调时采用三定向或双定向极坐标法标定和检测功能件测点引出件的平面位置。如图 10.3-11、图 10.3-12 所示，即在测站点 K2 上设置全站仪，以前方一个已知点、后方一至二个已知点分别定向标定和检测功能件测点引出件 P 点。

测量时使用 Leica TC2003 全站仪，测定距离不大于 75m。以二测回测角取测角中误差为 ±5″，S＝75m 计算，定位点测定精度最大为：

$$M=\sqrt{(m_a/\rho\times S)^2+m_s^2}=\pm1.38mm \qquad （式 10.3-3）$$

以纵横向误差等影响考虑，X、Y 方向误差应为：

$$M_X=M_Y=M/\sqrt{2}=\pm0.98mm$$

实际作业时实测坐标值与设计值相差按 ±1mm 控制，差值小于 ±1mm 精调基准梁检测通过，差值超过 ±1mm 的梁需要重调。

轨道梁精调时高程 Z 方向的控制，采用几何水准方法由轨道梁高程精调控制点直接测定引出件的高程，与设计值比较，差值按 1mm 的限差控制。

在本次工程轨道梁精调过程中，水准测量仪器使用电子水准仪 Zeiss DiniR12 及配套条码尺（仪器标称精度为 0.3mm/km），为了保证测量精度每根梁的高程测量均布设为附合水准路线，按二等水准测量要求实测。

轨道梁梁端相互关系公差要求见表 10.3-4。

轨道梁梁端相互关系公差要求　　　　　　　　　　　　　　表 10.3-4

功　能　面	定子面	侧向导轨面	滑行面
X 向间隙	90～100mm	55～70mm	55～70mm
错位	0.6mm	1.0mm	0.6mm
NGK 值	1.5mm/m	2.0mm/m	3.0mm/m

注：表中所列间隙值均以 15℃ 基准温度为准，间隙测量值应换算为基准温度下的间隙值。

对于部分定子间隙设计值大于 100mm，精调控制范围为：测量值 ±2mm（基准温度下）。

梁端相互关系应在轨道梁精调过程、简支变连续后、定子线圈敷设后和车辆试运营期间进行测量。梁端相互关系量测工具包括：

① 定子面、侧面导向轨和滑行面间隙宜采用经过检验的千分卡尺进行测量；

② 定子面、侧面导向轨和滑行面错位的测量可使用刀尺、长刀尺或 NGK 测量尺进行测量（如图 10.3-13 所示）。

使用刀尺、长刀尺测量应定期检测。使用 NGK 测量尺，每次测量前必须进行检测标定。

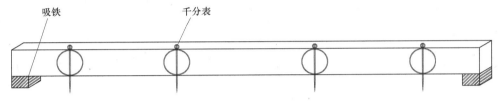

图 10.3-13　NGK 测量尺示意图

梁端温度变化对梁端相互关系测量具有一定影响必须加于改正。梁端相互关系的测量应选择气温变化小、无日照的情况下（如清晨）进行，并对滑动支座端的间隙实测值加以改正：

$$\Delta L = (t - t_0) \times L \times c \qquad\qquad (式\ 10.3\text{-}4)$$

$$l = l_{测} - 2 \times \Delta L$$

式中：ΔL——梁长随温度变化值，mm；

$\quad\ L$——影响间隙变化的梁长，m；

$\quad\ c$——梁体温度线膨胀系数；

$\quad\ t$——环境温度，℃；

$\quad\ t_0$——基准温度，℃；

$\quad\ l$——改正后间隙值，mm；

$\ l_{测}$——间隙实测值，mm。

测量梁端相互关系时要准确记录测量时间、温度，温度计要放在离梁面 1m 高、太阳直射不到的地方测量大气温度。固定支座端不需考虑温度对间隙的影响，滑动支座端需考虑温度影响，考虑温度影响后滑动支座端一般可以调整到满足公差要求。如果两端不能同时满足轨道梁间隙公差要求时，一般应保证滑动支座端间隙公差要求。

轨道梁精调过程中，应保证梁端相互关系满足表 10.3-4 规定的要求。如果因轨道梁的制造误差，致使轨道梁精调方法无法满足表 10.3-4 中的规定时，应将精调数据提交设计单位，由设计单位进行线路调整。

10.3.3.3　高速磁浮线路测量中的创新性研究

磁浮工程对测量的高精度要求在大型工程中是罕见的，且无可供借鉴的直接经验。在上海磁浮线路工程的测量过程中，上海市测绘院不仅采用了当时国际上最先进的仪器设备，也根据工作的实际需要制作了一些特殊的测绘装置。同时，试验研究了一些新的测量方法，制定了满足本工程需要的特殊技术方案，从软、硬件两个方面确保了工程测量工作的顺利完成。

1. 特殊测量装置的研制

1）目标杆的研制

图 10.3-14　目标杆
结构示意图

根据设计要求，在盖梁上需进行支座的精密定位。盖梁上工作面较小，使用脚架直接放样时，实地操作有一定难度，且投点存在一定的误差。目标杆（如图 10.3-14 所示）高度约 20cm 左右，下面连接定位基座，有三个脚螺旋，基座上装有整平气泡，可使用脚螺旋进行调节，使气泡居中。目标杆顶部可直接与 Leica 公司的棱镜相连接。

目标杆在实际放样工作中，操作简易，携带方便，且无投点误差，提高了测量作业速度和放样精度。

2）测量线尺的研制

在激光测距仪使用之前，铟钢线尺作为高精度的距离丈量工具早已得到广泛应用。但在高程测量中的应用，尚是新的课题。

对离地面较高部位的盖梁沉降观测点进行高精度沉降观测，是测量方面的一个技术难题。应用铟钢线尺，采用垂悬法进行观测，则解决了这个问题。

测量线尺（如图 10.3-15 所示）采用铟钢材料，铟钢线尺的直径较小，在外业观测时，受风力影响较小。其热膨胀系数很低，受外界温度也较小，这就使尺长保持了稳定性。

图 10.3-15　测量线尺示意图

考虑到沉降观测时线路上盖梁的标高有变化，铟钢线尺采用了分段连接的方式，铟钢线尺有 1m、2m 两种长度。

3）强制归心标的研制

一般高架桥和地铁测量工程中使用的强制归心标都是使用三角铁焊接，结构比较简单。但在磁浮工程中，其控制点的相对精度要求很高，强制归心标自身的稳定性也非常重要。

通过受力分析及考虑日光照射等外界条件的影响，为了防止强制归心标受日光照射产生扭曲，在原有强制归心标的基础上，进行了设计改造，增加了强制归心标的结构强度，使得新的强制归心标受外界条件影响产生的变形达到最小。同时，对标的高度进行了改进，使得更加便于观测。

4）测量量具的制作

在长波误差测量时，如何根据轨道梁上功能件的位置准确确定滑行面上测点的位置，是长波测量控制测量精度的一个重要环节。

测量量具（如图 10.3-16 所示）以滑行面下 170mm 为基准（滑行面下 170mm 的位置为连接件定位的中心位置），做一个固定的螺旋，测量时使之靠在侧面导向轨上，这时，测量量具上的棱镜位置就是滑行面上的测点位置，它和轨道梁定位标志点保持固定的几何换算关系，从而使每一测量部位相对定位标志点误差为零。

同时，利用百分表，测量量具也可以测量轨道量的宽度及侧面导向轨的倾斜度。在量具上装上两个

图 10.3-16　测量量具示意图

棱镜，可以测量轨道梁的倾斜度。

2. 测量方法的研究

1）不量仪器高、棱镜高的三角高程测量新方法的研究使用

磁浮工程，要求离地面 10 多米高的轨道梁高程定位的精度为±1mm，如此高精度要求采用精密的水准测量实施很大，采用不量仪器高、棱镜高的三角高程测量解决了高程传递的问题。

（1）不量仪器高、棱镜高的三角高程测量的原理

如图 10.3-17 所示，为了测量点 A 到点 B 的高差，在 I 处安置全站仪、A 处安置棱镜，测得 I-A 的距离 S_1 和垂直角 α_1，然后把 A 点处的棱镜丝毫不改变其长度安置于 B 点处，测得 I-B 的距离 S_2 和垂直角 α_2，则点 A 和点 B 高差计算为：

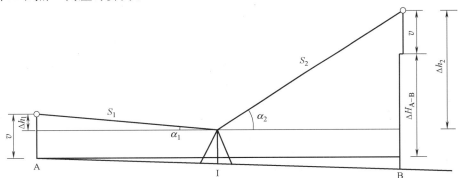

图 10.3-17　三角高程测量示意图

$$\Delta h = S_i \times \sin\alpha_i + (1-k)\frac{S_i \times \cos^2\alpha_i}{2R} - \left\{ S_j \times \sin\alpha_j + (1-k)\frac{S_j \times \cos^2\alpha_j}{2R} \right\} \qquad （式 10.3-5）$$

式中：Δh——三角高程测量的高差；

$\quad\quad\quad S$——仪器到棱镜的斜距；

$\quad\quad\quad D$——仪器到棱镜的平距；

$\quad\quad\quad \alpha$——垂直角；

$\quad\quad\quad k$——大气垂直折光系数，$k=0.14$；

$\quad\quad\quad R$——地球平均曲率半径，$R=6370$km。

（2）不量仪器高、棱镜高的三角高程测量的精度分析

三角高程高差计算公式可知，由于不量取仪器高和棱镜高，因此不存在仪器高和棱镜高的误差。假设：$m_\alpha = \pm 1.0''$，$m_s = \pm 1.0$mm 和 $m_\alpha = \pm 1.5''$，$m_s = \pm 1.5$mm，按不同的距离和垂直角计算高差的误差，当距离在 100m、垂直角在 28° 以内，$m_{\Delta H_{A-B}}$ 小于 ± 1.0mm。

（3）观测要求

每个测站要采用不同的仪器高进行两次测量，前后视所使用的花杆及棱镜必须是同一套，不必量取仪器高，每次测量的技术要求如表 10.3-5 所示。

垂直角和距离测量技术要求　　　　　　　　　　　　表 10.3-5

垂直角测量					距离测量			
视线长	测回数	两次读数差	测回间指标差互差	测回差	测回数	每测回读数次数	四次读数差	测回差
≤100m	4	≤±1.0″	≤±3.0″	≤±2.0″	2	4	≤±2.0mm	≤±2.0mm

（4）高差较差要求

① 两次仪器高测得的高差较差应≤±1.0mm；

② 不同测站测得的相同两点的高差的较差应≤±1.0mm。

2）测量基准点的设置

由于磁浮工程所要求的测量精度极高，而且在建设过程中要始终保证控制网的点位精度，为了准确反映控制点点位的变化，精密平面控制网以专为磁浮工程而建的位于龙阳路站的 11 号点、位于制梁基地附近的 17 号基岩标和设置在浦东国际机场二期范围内 26 号（JY2）三个基岩标作为基准点。

基准点是采用平面和高程为一体的形式，平面点位为观测平台，高程点为观测平台侧的固定点。三维一体的基准点，在一定程度上减少了基准点的数量。

3）首级精密平面控制网的布设与测量

根据分级布网原则，磁浮工程控制网分两级进行。首级网采用了 GPS 测量与高精度测边相结合的方式，GPS 观测采用了 8 台精度优于 5mm+1ppm×D 的双频 GPS 接收机，不间断观测 48 小时。

由于城市控制点建立的年代不同，部分城市控制点采用的是常规测角、测边技术，由于这些技术的局限性，城市控制网点坐标含有较大误差，这些误差会对磁浮控制网产生影响。为了消除这些影响，在进行 GPS 控制网平差时，对城市控制点成果进行精度分析，最后固定城市控制网中一个精度最高的点作为起始控制点，再固定一个起始方位角，使 GPS 平差时进行方位旋转变换。为了确定 GPS 控制网空间边长的尺度基准，利用 Leica TC2003 全站仪测量部分边长，共同参与平差，最后求得 3 个基岩点的坐标。

4）精密平面控制网的布设与测量

由于受场地条件的限制，控制点受施工影响很大，点位稳定性差。为此，对一些点采用了深基桩，使得影响在一定程度上得到了减少。

根据不同施工阶段对控制点的不同精度要求，精密平面控制网采用了分等级、分阶段、分区域布设，实施不同的测量方案，使之不仅及时满足了施工需要，而且提高了测量功效。在道岔定位时，采用了特殊测量方案，如固定起始点、以大地四边形做些保护点等措施，确保了轨道梁精调与道岔调整保持了一致性。

5）支座精密定位计算

在磁浮测量工程中，支座的精密定位是件工作量很大的工作。1600 多个盖梁上，每个盖梁上要放样 24 点（含粗放、精放），且根据设计要求，对放样点的相互关系必须要检验。

针对工程的特殊性，特编写了应用在支座放样上使用的计算程序，使放样原始数据能直接从设计提供的表格中读取，并自动计算所需的放样数据及放样点间的理论关系，大大提高了生产效率。

6）线路精调"梁精调"与"中间梁"匹配与测量控制

轨道梁精调经过实验探索，逐步摸索出一套行之有效的方法，分别采用基准梁和中间梁（靠梁）的精调方法进行轨道梁精调。具体地说就是一般在精调时隔一根梁调一根基准梁，基准梁的调整以绝对坐标来定位。当两根基准梁调整到位后，再用梁端相互关系控制来调整两根基准梁之间的中间梁；有时候由于控制点设立以及标段之间、精调施工队组之间接头问题，也可能出现两根基准梁相接的情况。这时对于待调整的基准梁，既要控制绝对坐标，又要控制梁端相互关系。通常情况下，由远离已调好的基准梁一端的引出件确定绝对位置，而靠近已调好基准梁的一端用梁端相互关系来控制。

这种精调工序，通过基准梁绝对坐标定位保证了磁浮线路的长波，又以较好的相邻关系确保了线路短波。

7）线路局部坐标系的建立及梁体偏差控制技术

为精调计算方便及线路精调偏差量的衡量，对每根梁（特别是曲线段）建立线路局部坐标系，即：

（1）以固定支座处定位销中心位置为坐标原点；

（2）以固定支座处定位销中心至同侧单向滑移支座处定位销中心连线方向为 X 轴；

（3）铅垂方向为 Z 轴；

（4）通过坐标原点、垂直 XZ 平面为 Y 轴。

利用这一坐标系，测定固定支座处定位销中心及同侧单向滑移支座处定位销中心坐标控制梁体平面位置及方位，用几何水准法测定四个角部定位销孔高程控制梁体首尾横坡。这一坐标系与设计提出的以梁体腹板中心为依据的梁体坐标系比较，避免了复杂计算，达到相同的偏差衡量效果。

8）定位销引出件及坐标计算技术

设计部门提供的轨道梁功能件上定位销孔的设计坐标不能直接测定，必须将设计坐标换算到引出件的棱镜中心才能对轨道梁进行精调定位。

在每个定位销孔位置建立引出件坐标系，根据设计提供的 A、B、C 三个重合点，求出坐标转换参数；引出件尺寸决定了棱镜中心在引出件坐标系中的坐标，由转换参数即可将引出件坐标转换为上海平面坐标系坐标。

由于轨道梁在加工时，功能件连接孔位存在偏移，因此在计算引出件坐标时，要注意参照梁端孔位连接件偏移表对引出件坐标进行修正。

10.3.4　启示与展望

上海市高速磁浮的成功运营，证明所采用的测量方案是科学合理的，可以满足磁浮工程施工的要求。

10.3.4.1　平面坐标系统的选择

根据高速磁浮工程投影变形值的限制范围规定，整个线路范围内的长度变化每百米不超过 1mm，因此，y 坐标应控制在 25km 之内。如果磁浮的起点和端点均在一高斯投影带中心的 25km 范围内，可直接采用原坐标系统作为磁浮工程的坐标系统。

在多数情况下，磁浮高速线路坐标系是选择过磁浮工程线路中间位置的子午线为中央子午线进行高斯投影。如果磁浮的起点和终点横向距离在保长投影线内（即在最大投影带区 2×25km 的范围内），磁浮高速铁路坐标系可采用任意带的投影方式。对于磁浮的起点和终点横向距离远大于最大投影带区的范围时，应建立若干个磁浮高速铁路坐标系区段。在磁浮高速铁路坐标系区段衔接处，必须包含足够的重叠部分。

10.3.4.2　高程系统的选择

对于高速磁浮线路系统，应采用相同的高程系统。高程系统要经过联测（在 $10 \sim 20$km 的距离内）与国家或城市基本测量的高度基准面衔接，以便与其他的专项设计保持一致，并便于接受原有基础设施数据。

10.3.4.3　平面控制网的布设和测量

平面控制网的布设和测量要根据工程施工的进度和不同工序之间的不同精度要求而分步测量。其中布设在地面上的控制点位在基础施工、盖梁施工、支座放样、轨道梁的精调时都要加以利用。在盖梁、轨道梁上布设控制点主要是为了施工放样的方便。

平面控制网的观测精度要根据各个施工阶段精度不断提高而制订。在打桩阶段，设计要求的放样精度≤±5cm，平面控制网只要满足最弱点点位误差≤±5cm，相应的测量方法可以采用 GPS 或等级导线的方法进行测量。而在轨道梁的精调阶段，要达到平面控制网相邻点间相对误差≤±2mm，采用三角网的形式布设边角控制网，按照相应的规范进行测量，可以满足精度要求。

10.3.4.4　高程控制网的布设和测量

上海高速磁浮线路高程控制点采用平面控制点的点位，目的是为了减少深埋桩的个数，节约资金。实践证明，控制点距离施工线路太近会大大增加控制网的复测次数。由于高程控制网不受点间通视条件的限制，在以后的工程中，高程控制点应埋设在施工区域以外，尽量减少控制点受施工的影响。

10.3.4.5　控制网的测量方案和精度取决于设计的要求

工程施工对测量成果的精度要求取决于设计对各工序的公差要求，在经过上海磁浮高速线路工程的施工后，如果能够降低部分设计要求，测量方案可以进行简化，测量周期也可以缩短，从而达到降低成本，提高工作效率的目的。

10.3.4.6　大型工程应形成有效的测量多级复核制度

磁浮工程工期紧、精度要求高，线路测量工作要做到忙而不乱，应设置测量实施单位和测量监理单位，两者独立进行测量作业，形成对控制成果和关键工序测量成果的多级复核制度，测量成果应在误差范围内保持统一。

10.4　跨座式单轨交通

近年来，轨道交通已经逐渐成为城市基础设施建设的重要组成部分，对缓解城市日益严峻的交通压力具有不可替代的作用。城市轨道交通包括单轨交通、地铁等不同的制式。单轨交通历史悠久，早在1821 年 P. H. Palmer 就因单轨的设计获得英国专利。1824 年在伦敦船坞为运送货物建设了世界上第一条单轨交通。由此可见，单轨交通比 1825 年开通的蒸汽机车牵引的铁路线路历史还早。1961 年日本引进了单轨交通技术，并利用 1964 年东京奥运会的契机，建成了羽田机场到浜松町间的单轨线路。从此，单轨交通由观光旅游交通工具，第一次成为一种新的城市公共客运交通方式。

2004 年 6 月，重庆开通了中国第一条跨座式单轨交通线——重庆轨道交通 2 号线。2016 年 12 月，重庆市第二条跨座式单轨交通线——重庆市轨道交通 3 号线建成运营，运营里程 67.09 公里，是当今世界上运营里程最长的跨座式单轨交通工程。目前，我国重庆、银川、芜湖等城市已经建成或正在建设跨座式单轨交通线路。2018 年 1 月，我国首条实现无人驾驶的跨座式单轨线路在银川正式通车。

本节以重庆市轨道交通 3 号线为例，介绍跨座式单轨工程建设中工程测量工作开展情况。

10.4.1　工程概况

跨座式单轨属于轨道交通的一种形式，车辆采用橡胶车轮跨行于梁轨合一的轨道梁上。车辆除走行轮外，在转向架的两侧尚有导向轮和稳定轮，夹行于轨道梁的两侧，保证车辆沿轨道安全平稳地行驶。根据重庆市主城区两江环抱、山高坡陡、道路曲折等特殊地理环境，以及多中心组团式的城市结构特点，重庆市正在逐步建设城市快速轨道交通系统网络，形成以快速轨道交通为骨干的现代都市客运交通体系。

轨道交通 3 号线（图 10.4-1）采用跨座式单轨交通制式，线路全长 67.09km，是目前世界上运营里程最长的跨座式单轨线路。轨道交通 3 号线包括主线和空港支线。主线南起巴南区鱼洞，北至重庆江北国际机场，全长约 56.10km，设车站 39 座，其中高架车站 29 座、地下车站 10 座，于 2012 年 12 月建成通车。空港支线起于碧津站，止于举人坝站，全长 10.99km，设车站 6 座，其中高架车站 5 座、地下车站 1 座，于 2016 年 12 月建成通车。轨道交通 3 号线是重庆市南北方向轨道交通骨干线，线路连接 2 个火车站、4 个长途汽车站、3 个城市商业副中心，是缓解重庆主城交通压力的重要轨道交通干线。

图 10.4-1　重庆市轨道交通 3 号线（跨座式单轨）

2017 年，重庆市轨道交通 3 号线跨座式单轨交通工程获得 FIDIC（国际咨询工程师联合会）评选的全球优秀工程奖，该奖素有工程咨询行业"诺贝尔奖"之称。

传统的跨座式单轨交通工程一般为全线高架形式，而重庆轨道交通 3 号线包括地上高架结构、地下隧道，以及跨江大桥等结构形式。轨道交通 3 号线地面部分长度 56.29km，主要沿已有公路中央分隔带中心修建；地下线路共包含地下隧道 5 处，长度约 10.8km；3 号线在菜园坝长江大桥和渝澳大桥处跨越长江和嘉陵江，菜园坝长江大桥为公路、轨道共用桥，渝澳大桥早于 3 号线通车，则采用轨道交通专用桥，与现有的渝澳大桥相邻，形成了轨道梁上的列车与地面上的车辆齐头并进的独特景观。

轨道交通 3 号线项目工程测量主要是为满足工程建设可行性研究阶段、初步设计阶段、详细设计阶段、施工阶段及运营阶段设计、施工等需要，开展的施工控制网测量、现状地形图测绘、项目周边环境调查、工程竣工测量等一系列测量工作。

10.4.2 关键问题

轨道交通 3 号线是目前世界上高差起伏最大的跨座式单轨线路，除采用高架形式外，还包括地下、跨江、换乘等形式，大大增加了项目设计、施工、运营等的难度。为满足跨座式单轨交通工程的设计、施工等要求，必须在工程建设各个阶段、各个环节掌握施工关键点，完善和加强工程测量工作，为工程建设提供测绘保障。轨道交通 3 号线跨座式单轨交通工程测量工作需要解决的关键问题主要包括：

1）传统的跨座式单轨交通工程一般为全线高架形式，而重庆轨道交通 3 号线包括地上高架结构、地下隧道，以及跨江大桥等结构形式。轨道交通 3 号线地上高架线路长度 56.29km，地下线路长度 10.8km。所以，项目实施过程中需要解决轨道交通线路与已有桥梁的衔接、地上部分与地下部分的衔接等问题。

2）轨道交通 3 号线经过观音桥、南坪等商圈，地面高层建筑密集，轨道线路需要从建筑基础之间穿越，需要对轨道交通沿线的建筑物、地下空间设施进行调查和准确定位。

3）跨座式单轨交通系统中的轨道梁既是运营车辆的载体，也是车辆的行进轨道，轨道梁的架设精度直接影响车辆运行的安全性和舒适性，也是跨座式单轨交通工程建设的重要环节。

4）城市轨道交通规划、设计等需要从长远发展的角度考虑，轨道交通工程项目由于投资规模往往较大，建设周期较长，通常采用分期、分标段建设。以轨道交通 3 号线为例，分一期、二期、南延伸段和北延伸段（空港支线）等 4 期建设，历时近 10 年建成。由于工程分段较多且长度不一，需要解决工程建设不同期次、不同标段之间的衔接问题。

5）轨道交通工程一般建设工期较长，并且一般分为可行性研究阶段、初步设计阶段、详细设计阶段、施工设计阶段以及工程运营阶段等，不同阶段工程测量目的不同，需要考虑不同阶段设计、施工等不同阶段的工作重点，确保各阶段工程测量工作测绘基准的统一和成果资料的充分利用。

10.4.3　方案与实施

10.4.3.1　方案设计

本部分根据可行性研究阶段、初步设计阶段、详细设计阶段、施工阶段和竣工运营阶段对工程测量成果的不同需求，结合跨座式单轨交通工程特点和重庆山地城市特殊地形地貌特点，简要阐述了各工程阶段工程测量主要工作内容和要求。

针对轨道交通 3 号线工程项目特点，结合仪器设备、作业手段、技术人员等实际情况，按照《城市轨道交通工程测量规范》《城市测量规范》《卫星定位城市测量技术规范》等相关技术规范要求，进行项目方案设计。

1. 可行性研究阶段工程测量

可行性研究阶段主要是针对轨道交通线路方案开展可行性研究，工程测量主要工作内容是测绘线路沿线现状地形图，为轨道交通线路方案比选提供依据。可行性研究阶段现状地形图测绘比例尺选择为 1∶2000，测量范围为线路两侧各 200m，基本等高距选用 2m，作业方法则采用航空摄影测量和全站仪配 PDA 相结合的测量方式。

2. 初步设计阶段工程测量

初步设计阶段主要针对轨道交通工程线路敷设形式、各类工程结构形式、埋置深度等开展测量工作，并对控制线路平面、埋深的关键工程或区段进行重点测量。这个阶段工程测量主要包括现状地形图测量、地下管线测量、中线测量、沿线周边环境调查、特殊测量等。这个阶段需要更大比例尺地形图，结合重庆市实际情况，项目选用 1∶500 比例尺地形图。对于车站局部地区或区间重点部位按照设计要求选用 1∶200 比例尺，如换乘车站多条线路衔接区域、高架线路穿越已有铁路、桥梁等重要设施等情况。

控制测量主要是基于重庆市 GNSS 综合服务系统（CQGNSS）施测网络 RTK 控制点，满足现状地形图测绘、地下管线测量、中线测量等精度要求。

1∶500 比例尺现状地形图的测绘范围为轨道交通 3 号线线路两侧各 100m，车站两侧各 200m。根据设计需要，增加部分区域测量范围。地形图基本等高距为 0.5m，采用全站仪配 PDA 进行全野外一体化数据采集。

中线测量时，根据设计提供的曲线元素，计算各里程桩坐标。在四等 GNSS 控制点、一级导线点或图根导线点上，采用全站仪按极坐标法逐点施放中桩。中桩间距一般为 20m，在地形变化处，以及进房、出房、沟边、沟底等处加桩。

横断面测量采用全站仪逐桩施测，施测时断面方向在直线段垂直于中线，在曲线段上垂直于曲线的切线方向；中桩上能设站的均在中桩上设站施测，中桩上不能设站的采用旁站法测量。

3. 详细设计阶段测量工作

详细设计阶段工程测量主要包括线路首级控制网布设，1∶500 地形图、地下管线图等的修补测，以及线路中线测量、特殊测量等。

详细设计阶段 1∶500 现状地形图主要是在初步设计阶段地形图基础上进行修补测，修补测的范围在线路两侧为 100m，在车站两侧为 200m，基本等高距为 0.5m，现状地形图测量同样采用全站仪配 PDA 的测量方式进行全野外数字化测图。测量时，应当对已有地形图进行检核，满足精度要求可以直接利用，否则应当重新测量。

详细设计阶段，现状地形图测量时，应当按一般地物点的测量精度对影响轨道交通线路设计的房角、公路中央隔离带、人防洞室、线路上空的高压线、通信线、照明线、广告牌、人行天桥等进行坐标和高程测量，并标注于 1∶500 地形图上。

1）重要道路边线、中线和隔离带按 1∶500 地形图要求进行测量。

2）对道路标高和特殊位置标高进行测量。

3）不同期次、不同标段，轨道交通线路与桥梁及立交等限界要求较高的部位，按照 1∶200 地形图要求测量，外业测量及内业数据处理方法与 1∶500 地形图测量一致。

地下管线探测方法同初步设计阶段一致。主要在已有管线基础上进行修测。重点对高架桥墩、地下车站附近进行精密探测，并对新增管线进行补测。

4. 施工阶段工程测量

施工阶段工程测量主要内容包括施工控制网布设、高架结构施工测量、隧道施工测量、桥梁施工测量、轨道梁安装测量，以及设备安装测量等。

轨道交通 3 号线首级施工控制网采用 GNSS 测量方法布设，再在此基础上沿轨道线路加密布设精密导线。由于部分线路在地下隧道中，受此限制，精密导线点只能沿各标段出渣通道出入口往洞中布设，点位在地下隧道左右洞口一般设为结点，精密导线点和原有二等 GNSS 点构成带结点的附合线路，部分地段因施工条件限制布设为精密导线支点，少数部分因施工对点位的毁坏而重新布设。

不同结构形式所包含的测量内容有所不同，如高架结构施工测量主要包括墩柱测量、盖梁与锚箱测量等；隧道施工测量主要包括联系测量、掘进测量、贯通测量等。上述测量工作与地铁等其他轨道交通建设大致相同，此处不再赘述。

5. 运营阶段工程测量

运营阶段的工程测量工作主要是工程竣工测量，主要包括地上和地下隧道 1∶500 地形图竣工测量、沿线地下管线竣工测量，以及轨道交通车站建筑面积竣工测量。

1∶500 地形图竣工测量范围为线路两侧各 50m 范围，作业方法采用全站仪配 PDA 的全野外数字测图方式。对于已有 1∶500 比例尺地形图的区域，仅对部分地形图进行修测，保障地形图的现势性。

地下部分采用全站仪常规测量和三维激光扫描仪测量相结合的作业方式。常规方式施测隧道边线的平面位置、洞顶高程、洞底高程等，并对隧道中建筑物基础位置进行平面位置测量。根据工程的特点，在隧道内采用激光三维扫描＋"云台"测量技术，对隧道进行 360°扫描，进行全方位数据采集。

轨道及车站主要测量内容包括轨道宽度和轨道顶部、底部高程；轨道高架墩柱、墩台主要测量其轮廓尺寸及高程；车站及附属建筑物主要测量其轮廓尺寸、形状和坐标，以及室内外标高、结构层数等。

建筑面积竣工测量主要针对轨道交通 3 号线车站主体，外业主要采用手持测距仪对车站轮廓尺寸进行测量，根据车站相关图纸进行面积图绘制，经过内业计算和数据整理后得到建筑面积测量成果。

10.4.3.2 实施过程

项目按照技术要求和规范规定，从可行性研究、初步设计及详细设计阶段的各项工程测量任务，满足规划、设计、施工等阶段，重点介绍控制测量、现状地形图测绘、中线测量、横断面测量、周边环境专项调查与测绘、竣工测量等测量，以及极具跨座式单轨交通特点的轨道梁安装测量等工作的开展情况。但限于篇幅，本部分主要介绍作业方法、仪器装备、完成工作量等相关情况，具体作业过程、技术要求等可以查阅相关标准规范，此处不再赘述。

1. 控制测量

轨道交通工程建设控制测量主要包括轨道交通线路整体控制网、线路首级控制网测量、施工精密导线控制测量和二等水准高程控制网测量，满足了轨道交通设计、施工、设备安装等工作需要。

1）轨道交通整体控制网建设

重庆市轨道交通规划线网（2014 年—2020 年）总里程约 400km。现有城市 GNSS 控制点由于施测年代久远，点位破坏严重，点位密度不够，已经无法满足大规模轨道交通建设的需要。《城市轨道交通工程测量规范》中特别提到："城市近期规划与建设的城市轨道交通线路较多构成网络且原城市控制网不能满足建设需要时，宜建立一个覆盖全部线路的整体控制网"。基于以上原因，并考虑到重庆市轨道交通长远发展以及后期的安全、健康运营，建成了覆盖所有规划线路的轨道交通整体控制网。整体控制网由 73 个 GNSS 控制点组成，其中联测 CORS 连续运行参考站点 8 点，联测已有城市控制点 9 点，联测已有轨道交通线路控制点 8 点，新布设 48 点。

全网采用 15 台 Trimble 双频 GPS 接收机按静态相对定位作业模式组网观测，同步观测时间大于 240min，观测时段在 UTC 时间 0～24h 之间选取；观测有效卫星数不少于 6 颗，卫星高度角大于 15°，卫星分布几何精度因子 PDOP 不大于 6，采样间隔为 10s，各点平均重复设站数大于 2 次，天线高的量取、外业观测手簿的记录等按规范要求执行。

观测数据采用 TEQC 软件进行了检查，各时段观测数据的观测卫星总数、数据可利用率、L1、L2 频率的多路径效应影响 MP1、MP2 均满足规范要求。基线处理采用 GAMIT（Ver 10.4）软件，先验坐标采用差分办法获得，基线解算采用 IGS 精密星历。选取满足规范要求的独立基线 185 条，构成独立异步环 104 个。平差计算采用武汉大学 CosaGPS（V6.0）软件。

为了保证整体控制网与其他工程建设的需要，同时保持轨道交通整体控制网的稳定性及轨道交通建设平面控制网的一致性，采用 8 个重庆 GNSS 综合服务系统连续运行参考站为起算点进行平差计算。约束平差后最弱点点位中误差为 10.2mm，相邻点点间中误差最大为 8.8mm，最弱边边长相对精度是 1/228010，均优于规范要求。

项目采用全站仪实测边长检核、现有城市控制点检核和已有轨道交通线路控制点检核等多种检核手段对项目成果进行了验证，确保了项目成果的可靠性和适用性。

2）线路首级控制网测量

线路首级控制网包括首级平面控制网和首级高程控制网。

首级平面控制网采用二等 GNSS 控制网，轨道交通 3 号线首级 GNSS 控制网共布设二等 GNSS 控制点 90 点，联系已有高等级 GNSS 控制点 32 点。全网采用 15 台 Trimble 双频 GPS 接收机按静态相对定位作业模式组网观测，同步观测时间均大于 120min，观测有效卫星数不少于 6 颗，卫星高度角大于 15°，卫星分布几何精度因子 PDOP 不大于 6，采样间隔为 10s，平均重复设站数大于 3。平差后控制网的最弱点点位中误差不大于 ±12mm，相邻点的相对点位中误差不大于 ±10mm，最弱边的相对中误差不大于 1/100000，与原有控制点的坐标较差绝对值小于 50mm。

首级高程控制网采用二等水准控制网，Leica DNA 型自动补偿电子水准仪和条形码铟瓦尺进行高差观测，每一测段往返观测，观测顺序为：奇数站后—前—前—后；偶数站前—后—后—前。平差后每公里偶然中误差不大于 ±1mm，最弱点高程中误差不大于 ±20mm。轨道交通 3 号线工程共计布设二等水准点 85 点，线路长度 206.26km。

3）精密导线测量

以线路首级 GNSS 控制点为起算点，加密布设了线路精密导线，由于线路部分在地下隧道中，受此限制，精密导线点沿各标段出渣通道出入口往洞中布设，点位在地下隧道左右洞口一般设计为结点，精密导线点和线路 GNSS 控制点构成带结点附合线路，部分地段因施工条件限制布设为精密导线支点，少数部分因施工对点位毁坏而重新布设，共计布设线路精密导线点 893 点。

精密导线采用 Leica TCA2003 全站仪进行测量，观测水平角左、右各 2 测回，各边往返观测垂直角各 4 测回，往返测距各 2 测回（每测回四次读数）。观测距离进行了加，乘常数改正，气象改正，两差改正，投影改正。外业观测数据经检查无误后，利用 NASEW 平差程序进行严密平差。导线测角中误差最大为 1.4″，限差为 ±2.5″；方位角闭合差最大为 18.6″，限差为 ±41.2″；平差后导线全长相对闭合差最大为 1/64257，限差为 1/35000，相邻点点位中误差最大为 5.9mm，限差为 ±8.0mm。

在轨道交通 3 号线工程测量中，精密导线点沿各标段的出渣通道出入口进行布设，这样就存在部分精密导线点的长边和短边相邻的情况，加之仪器三脚架对中和观测等误差，水平角测量有时无法达到精度要求。针对上述情况，测量技术人员经过不断摸索和尝试，经过多次实验，在观测水平角时不照准脚架上的对中棱镜，而是将一根针尖立于精密导线点中心位置，观测时照准针尖。该方法不仅提高了观测精度，也极大提高了作业效率。

按常规点位埋设方法，精密导线点均埋设在地下隧道地面上，虽然点位稳定，利用方便，但经隧道底面填埋、重车碾压、轨道铺设等工作后，大部分点位都被毁坏了，不利于点位的保存和今后竣工和变形观测等的利用，造成极大的重复测量工作，也不利于测量的误差控制。在此情况下，技术组成员细心琢磨，对点位埋设方法进行了多次试验和改进，在精密导线点埋设时，采用三角钢架强制归心标，精密导线点位设在钢架中心，再将钢架固定焊接于隧道离地面高约 1.5m 的侧面上，这样既方便观测，又利于点位的长期保存，为后续工作节约了约 50% 的工作量。控制点埋设新方法"壁嵌式强制归心标安装结构"（示意图见图 10.4-2）还获得国家知识产权局实用新型专利授权。

在地下部分精密导线测量中，有时会出现超长导线，特别是对于密集的城市地区或者穿越山脉、江河的隧道工程，无法进行足够的检核。项目采用 GYROMAT 3000 高精度测量型自动陀螺全站仪（图 10.4-3）进行了地下导线定位测量，在现场得到任意导线边的方位角，从而对洞内导线进行检测和修正，提高了控制网方位基准，减少了其他耗费很高的检测工作，极大提高了横向贯通的精度。

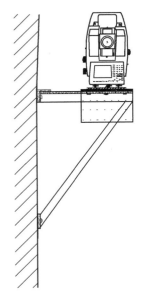

图 10.4-2 壁嵌式强制归心标安装结构示意图

图 10.4-3 GYROMAT 3000 陀螺全站仪

2. 现状地形图测绘

线路现状图是轨道交通勘察、设计、施工等过程中的重要基础资料，工程建设不同阶段对地形图比例尺有不同要求。可行性研究阶段主要针对轨道交通线路方案开展工程地质勘察工作，为线路方案比选提供依据，本阶段 1：2000 地形图即可满足要求；初步勘察阶段和详细勘察阶段主要针对轨道交通工程线路敷设形式、各类工程结构形式、埋置深度等开展工作，并对控制线路平面、埋深的关键工程或区段进行重点勘察。这两个阶段需要更大比例尺地形图，结合重庆市实际情况，项目选用 1：500 比例尺地形图。对于车站局部地区或区间重点部位按照设计要求可选用 1：200 比例尺，如换乘车站多条线路衔接区域、高架线路穿越已有铁路、桥梁等重要设施等情况。

线路带状地形图在收集已有地形图基础上进行，已有地形图满足精度、现势性等要求时直接利用，否则进行了重新测绘。图根控制测量应利用城市各等级控制点或城市轨道交通工程地面各等级控制点进行加密，或者采用 GNSS RTK 测量、图根导线测量等方法进行。

对于线路带状地形图测量范围，区间部分距中线距离在可行性研究阶段为 200m，初步设计阶段和详细设计阶段则为 50m；车站部分距中线距离均为 200m，此外，带状地形图测量范围根据勘察、设计、施工等工作需要进行了动态调整，线路周边有不良地质现象时，测量范围还包括了不良地质现象的影响范围。

重庆市轨道交通线路地面部分绝大部分采用高架形式，加之重庆地形地貌以山地、丘陵为主，高差较大，导致部分区段高架轨道线路距地面较高，此时高压线的平面位置、高程及伏数等对确定其与轨道交通线路的距离至关重要，所以现状地形图测绘的内容还包括了测量范围内的高于 10kV 的高压输电线路。

3. 中线测量

中线测量主要根据设计提供的曲线元素参数，用 PDA 计算出各个里程桩的坐标，在四等 GPS 点、一级导线点和图根导线点上，采用全站仪按极坐标法逐点对中桩进行施放。每一测站作业前均检校已知点方位、距离和高程，并校对前一测站施放的中桩点的平面与高程，无误后才进行本站的中桩放线。中桩间距一般为 20m，地形变化处和进房、出房处加桩，沟边、沟底加桩。一般中桩采用竹质板桩，正面按 K×+×××书写里程，背面按 1~9~0 字号循环编号；水泥地面上的中线桩在地面上刻"＋"或在地面上钉下水泥钉，并在附近标明附桩号和里程。中桩高程采用光电测距三角高程的方法施测，中桩地面高程与中桩平面位置同时施测。当线路下穿已有道路、天桥、广告牌、高压线时，对其净空高度和在中线上的里程进行了测量。中桩施放完成后，由复测组按 50% 的比例进行抽查，对不满足要求的点均进行纠正，并做好记录。中桩施放检查后，根据相关数据制作 1：1000 纵断面图，供设计人员使用。

4. 横断面测量

横断面测量采用全站仪视距法逐桩施测，施测时的断面方向在直线段垂直于中线，在曲线段上垂直于曲线的切线方向；中桩上能设站的均在中桩上设站施测，中桩上不能设站的采用旁站法测量。中线在道路中心段时，横断面左右宽度各为道路宽度路沿外 1m，其余为中线两侧各 15m。所测横断面与中桩一一对应。横断面施测数据采用手簿记录和现场绘制 1：200 横断面图同步进行；断面图上标明道路宽度、花台宽度、建筑物位置和宽度。每施测一条横断面经与实地对照趋势相符后，开始下一断面的测量。每天施测数据经及时校核后，输入计算机进行处理和备份。横断面施测完成后，由复测组按总数 20% 的比例进行抽查。将横断面数据制作为 1：200 断面图，供设计使用。

5. 专项调查与测绘

专项调查与测绘是城市轨道交通工程在设计阶段进行的轨道交通沿线建筑、管线、水域、房屋拆迁和勘测定界调查测绘工作。专项调查的具体内容根据周边环境与线路的位置关系、结构形式、地质条件及重要性等因素综合确定。本节重点介绍轨道交通 3 号线工程中开展的沿线建筑和地下管线调查工作开展情况。

地上建（构）筑物调查主要调查跨座式单轨交通工程与周边既有建（构）筑物的关系，为设计提供依据，调查内容除了调查对象的表征信息，必要时还应调查其设计参数、施工工艺等信息。主要调查了线路沿线建筑的层数、高度、结构形式、基础形式等内容；地下构筑物调查内容主要针对跨座式单轨交通工程施工影响范围内的地下构筑物，重点调查地下建筑的结构形式、轮廓尺寸、顶（底）板埋深、开挖范围、支护结构形式等内容。

地下管线测量主要在资料收集的基础上，采用 EPS2008 全野外数字化数据采集平台和管线探测仪器，地下管线测量内容应包括给水、排水、燃气、热力、工业、电力、通信（含广播电视）、综合管沟（廊）等管道（沟、廊）、线缆及其附属设施。地下管线测量采用全站仪极坐标法或 GNSS RTK 方法施测，测量内容包括了明显管线点、起终点、转折点等管线特征点及管线附属设施的平面位置及高程。项目共完成轨道交通 3 号线沿线地下管线探测 950km，为线路和高架墩位设计提供基础资料，为配合施工方案的设计提供参考，为需动迁的管线提供改线设计依据，为管线设计提供接口依据。由于项目部分区域管线较复杂，且埋设深度较深，对地铁隧道的影响较大，采用 PCM 深埋管线探测仪（图 10.4-4）对其进行探测，PCM 管线探测仪功率大、抗干扰能力强、探测距离远、探测深度深，对深埋管线的探测效果良好，保证了探测管线的可靠性。

图 10.4-4　PCM 深埋管线探测仪

在周边环境调查中，采用探地雷达技术进行了建筑基础、地下空间等专项调查。探地雷达是根据高频电磁波在有耗介质中的传播理论而新兴的应用地球物理方法，其工作频率高达数十兆甚至数千兆赫兹，是以不同介质之间存在的电性差异（主要为电导率及介电常数差异）为探测前提的。在项目实施过程中，采用探地雷达方法与收集资料相对比和核实，确保了物探成果的可靠性。

6. 轨道梁安装与调整测量

轨道梁安装与调整测量主要包括轨道梁安装前对盖梁上线路中线点、桥墩跨距和锚箱位置等进行校核测量，以及轨道梁架设后的调整测量。两条轨道顶面中心线之间的轨道梁间距、轨道梁线路中心位置与设计轨道梁线路中心线之间的偏移量等，都是影响车辆运行平稳度和乘车舒适性的重要因素和关键指标。

轨道梁中心线测量按三等平面控制网测量精度对每个轨道梁支座处线路中心点进行坐标测量，轨道面标高测量按二等水准测量精度对每个轨道梁支座处轨面线路中心点进行标高测量。轨道梁水平线形调整一般采用弦线法或全站仪极坐标法进行测量，邻轨道梁竖向线形调整测量一般采用弦线法或水准仪法进行测量，其精度满足《跨座式单轨交通施工及验收规范》相关规定。

图 10.4-5　RIEGL VZ-1000 三维激光扫描仪

7. 竣工测量

根据轨道交通线路不同的结构形式和现场条件，采用了不同的竣工测量数据采集方法，主要包括：

1）全站仪配合 PDA 进行隧道竣工测量。通过在隧道内设站，采用全站仪免棱镜测量技术对隧道洞体进行行列式扫描测量，将同一断面位置的空间点自动连线，最终由相互平行的断面线组成整体隧道空间。然后根据设计需要提取隧道平面、洞顶、洞底标高、横剖面、隧道左右边界线、进出口洞门及洞口边墙等数据。

2）在隧道内采用激光三维扫描＋"云台"测量技术，对隧道进行 360°扫描，进行全方位数据采集。在竣工测量中，需要采集高架轨道顶部高程，采用常规的水平架设仪器方法无法进行扫描，需要倾斜架设仪器才可扫描。作业过程中采用了 RIEGL VZ-1000 三维激光扫描仪（图 10.4-5）配备"云台"工具，该工具可以在垂直方向上从 0°～90°进行变化，把激光扫描仪架设在"云台"上，通过"云台"的角度变化进行倾斜扫描，获取任意位置的点云数据。为了真实地反映隧道内情况，在扫描时设置采样间隔为 100m 处 0.03m 的间隔进行扫描。在工程外业测量时，采用外接笔记本电脑对扫描仪进行控制，在电脑上实时显示扫描数据，每站扫描结束后对扫描数据质量和扫描区域进行检查，对遗漏地方及时进行重新扫描。

3）对轨道交通 3 号线各车站主体建筑进行了工程竣工建筑面积实地测量。采用手持测距仪对车站外轮廓尺寸进行核实，根据车站相关图纸进行面积图绘制，经过内业计算和数据整理后得到建筑面积测量成果。

10.4.4　启示与展望

10.4.4.1　启示

重庆市轨道交通 3 号线项目实施过程中，技术人员针对不同建设阶段的不同需求，有针对性地制定了技术方案，解决了一系列技术难题，为工程建设提供了准确的测量成果，为项目的顺利实施奠定了基础。通过项目实施，得到如下几点启示：

1. 明确不同建设阶段测量重点，确保测量成果满足工程建设需求

轨道交通工程建设投资大、建设周期长，往往需要经过可行性研究、初步设计、详细设计、施工设计等多个建设阶段。由于每个建设阶段对工程测量成果的内容、精度等有不同的要求，需要工程测量作业人员针对不同阶段的要求，明确测量重点，有目的地开展工程测量工作。以轨道交通 3 号线为例，该线路的高架部分大多沿已有道路隔离带设计，在现状地形图测绘中就应当确保道路隔离带的测绘精度；而对于地下部分，重点则是车站出入口的现状地形图测绘和地下管线、地下空间等测绘。

2. 采用有针对性的作业方法，提升成果精度和工作效率

轨道交通工程建设测量内容多，技术要求精度也有一定的区别，需要在项目实施过程中根据不同的测量内容和要求，采用合适的作业方法。比如，1：2000 现状地形图测绘采用基于无人机的航空摄影测量方式；针对线路地下部分控制点布设存在的易被破坏、通视条件差等问题，创新地设计了一种壁嵌式控制点标志埋设方式。

3. 综合运用多种现代测绘仪器装备，确保项目顺利实施

重庆市轨道交通 3 号线工程测量实施过程中克服了众多技术难题，并积极探索先进技术及作业方法，保证了项目的顺利实施。轨道交通 3 号线沿线地形地貌复杂，在项目实施过程中，结合项目特点，采用多种现代测绘仪器装备。在地下隧道竣工测量时，采用三维激光扫描仪快速获取地下隧道高精度点云数据，配合内业数据处理软件可以快速提取隧道边线、顶高、断面线等要素信息；在地下隧道精密导线测量过程中，采用高精度陀螺全站仪，解决了超长地下导线定向难题。

10.4.4.2　展望

2017 年，比亚迪公司研制了一套名为"云轨"的跨座式单轨系统，已在汕头、银川等城市建成运营，跨座式单轨再次引起人们关注。"云轨"与传统跨座式单轨系统在设计、施工、运营等方面并无太大差异。

此外，国家标准《跨座式单轨交通工程测量标准》即将颁布实施，将为我国跨座式单轨规划、设计、施工、运营等环节提供更加全面、可靠的工程测量技术保障。

国内多个城市在建设或计划建设轨道交通，而跨座式单轨交通凭借其投资少等特点，前景广阔。随着现代测绘仪器装备的不断发展，工程测量在将在跨座式单轨交通工程建设中发挥越来越重要的作用。

本章主要参考文献

[1]　中华人民共和国建设部．CJJ 114—2007．城市公共交通分类标准 [S]．北京：中国建筑工业出版社，2007．

［2］ 中国城市轨道交通协会. 城市轨道交通 2017 年度统计分析报告［R］. 2017.

［3］ 秦长利. 城市轨道交通工程测量［M］. 北京：中国建筑工业出版社，2008.

［4］ 北京交通大学. 地铁工程施工安全管理与技术［M］. 北京： 中国建筑工业出版社，2012.

［5］ 中华人民共和国住房和城乡建设部. GB/T 50308—2017 城市轨道交通工程测量规范［S］. 北京：中国建筑工业出版社，2017.

［6］ 谢征海. 重庆高架轻轨二号线 GPS 平面控制网复测简介［J］. 城市勘测，2003（03）：39-41.

［7］ 陈华刚，郭彩立，岳仁宾. 重庆市轨道交通整体控制网建设研究［J］. 城市勘测，2014（05）：102-104.

［8］ 郭彩立. 基于 CORS 的高精度 GNSS 工程控制网建设研究［J］. 北京测绘，2017（S1）：16-19.

［9］ 欧斌. 三维激光扫描技术在城市轨道交通工程结构断面测量中的应用研究［J］. 测绘与空间地理信息，2013，36（12）：209-211.

［10］ 张宇冉. 地铁隧道加测陀螺边最佳位置估算方案［J］. 城市勘测，2016（05）：145-147.

［11］ 北京市测绘设计研究院，等. CJJ 73—97 全球定位系统城市测量技术规程［S］. 北京：中国建筑工业出版社，1997.

［12］ 国家测绘局测绘标准化研究所. GB/T 15314—94 精密工程测量规范［S］. 北京：中国标准出版社，1995.

［13］ 国家测绘局测绘标准化研究所，等. GB 12897—91 国家一、二等水准测量规范［S］. 北京：中国标准出版社，1991.

本章主要编写人员（排名不分先后）

北京城建勘测设计研究院有限责任公司：陈大勇　马海志　王思锴　马全明　李响

上海市地矿工程勘察院：季善标

重庆市勘测院：郭彩立　谢征海

上海市测绘院：康明　邵东华

上海勘察设计研究院（集团）有限公司：郭春生

第 11 章　大型设备安装与检测

11.1　概述

随着现代制造业的迅速发展，大型设备如火箭、飞机、船舶、汽轮机、船闸、升船机、水轮发电机组、连轧连铸生产线等尺寸越来越大，功能及结构愈加复杂，对加工、装配及检测的精度和效率提出了更高的要求。第 9 章所提及的精密科学工程实质上是大型设备的典型代表，本章将介绍其余的大型设备所涉及的测量技术。大型设备的安装与检测需求越来越多，成功案例络绎不绝，正深刻地影响和改变我们的生活。

11.1.1　大型设备安装与检测的任务和特点

大型设备安装与检测的任务是：在设备安装时，根据设计和工艺的要求，将设备构件按既定的精度和工艺流程安装到设计位置；在设备验收时，对生产部件进行形位公差检测，查看其是否满足设计及验收规范；在设备检修时，对设备构件的位置进行检测，使设备构件能够调整到正确位置。

大型设备测量与土木工程测量相比，有如下一些特点：

1）测量精度高。大型设备一般是金属结构，作为机器或者大型机械设施完成某种功能，故其精度一般高于土木工程。典型的精度是优于毫米量级，例如粒子加速器工程要求相邻磁铁构件位置误差高达 0.1mm。

2）受现场条件限制明显。大型设备安装与检测通常在加工车间及安装场地实施，测量仪器与测量方法的选择与现场条件密切相关。例如在加工车间里，场地较为局促，导致控制网网形不够合理；在安装现场，鉴于构件的尺寸大、安装周期长，对控制网的长期稳定性要求较高，而且无接触测量技术应用优势明显。

3）设备检修的时效性要求高。像水轮发电机组、连轧连铸生产线的检修，测量不仅要精密、还要快速，对测量技术的时效性要求极高。

4）更多地需要专用的测量设备。大型设备的安装测量实质是施工放样，主要是坐标放样，经纬仪、全站仪和水准仪用于坐标放样有诸多不便，所以更需要精密坐标测量系统（见本书第 2 章相关内容）。很多时候需要将设备放样到一条水平的直线上或竖直的直线上，如火箭橇试验滑轨、直线形粒子加速器、升船机等，准直测量系统可以大显身手。

11.1.2　大型设备安装与检测方法

上文提及，大型设备安装与检测方法主要是坐标测量技术，按目前的技术发展，主要可以分为球坐标测量系统、角度交会坐标测量系统、距离交会坐标测量系统和其他坐标测量系统。

1）球坐标测量系统

球坐标测量系统按测量主机不同，主要有全站仪测量系统、激光跟踪测量系统和激光雷达测量系统。

用于大型设备测量的全站仪测量系统，其角度测量精度一般可达±0.5″，距离测量精度一般优于 $1×10^{-6}×D$。测距合作目标一般选用球棱镜或者反射片，一般只能用于静态测量的场合。

激光跟踪仪以其高动态测量的优势，在大型设备测量中应用优势明显。

用于大型设备测量的激光雷达，其典型点位精度优于±1mm，高效率是其明显优势，在设备精细外形检测方面极具竞争力。

2）角度交会坐标测量系统

角度交会坐标测量系统按测量主机不同，主要有经纬仪测量系统、数字工业摄影测量系统和 iGPS 测量系统。

经纬仪测量系统一般选用测角精度为±0.5″的电子经纬仪，坐标测量相对精度可达 1/100000。其优点是可以和大地坐标系直接联系，缺点是作业效率较低、劳动强度大。

数字工业摄影测量系统以经过检校的数码相机为传感器，利用数字图像处理的技术，可以实现高效、便捷的坐标测量，比经纬仪测量系统的劳动强度小、效率高、更加可靠，但需要辅助措施才能与大地坐标系发生关联。适用范围比经纬仪测量系统更加宽广。

iGPS 测量系统与经纬仪测量系统相比，可以实现低动态测量。

3）距离交会坐标测量系统

距离交会坐标测量系统一般由 3 台以上激光跟踪仪或全站仪组成，主要利用测距仪在一定范围内精度没有明显变化的优势，获得满足精度要求的点位坐标。距离交会坐标测量系统搭建比较复杂，作业效率不高，应用范围受到一定限制。

4）其他坐标测量系统

除了三维坐标测量系统外，还有特定方向上的坐标测量系统。包括激光准直测量系统、液体静力水准测量系统、引张线测量系统、正倒锤等，不再赘述。

11.1.3 大型设备安装与检测控制网建网技术

大型设备因其体量大、尺寸大，一般需要建立精密施工控制网。在现阶段，主要利用经纬仪、全站仪、激光跟踪仪等建立三维控制网。类似于高速铁路的 CPⅢ 控制网，大型设备的三维安装控制网通常也布设为自由设站式的三维边角网。

大型设备是改造自然、利用自然、改善生活的强大利器，精密工程测量技术可以为大型设备的制造提供有力的支持。在本章中，读者可以看到精密工程测量技术的精彩应用，让我们为工程测量工作者的辛勤工作而喝彩。

11.2 抛物环面多波束天线

本案例主要介绍 18m×36m 抛物环面多波束天线在研制过程中创新出的精密工程测量技术。此天线在研制时为国内乃至亚洲同类最大，可以借鉴的经验很少，研制难度极大，需要将精密工程测量最新技术和工程极高需求相结合，实现技术创新。信息工程大学精密工程测量团队在李广云教授的统领下，戮力同心，在圆满完成工程任务的同时，提升了我国的精密工程测量技术水平，依托工程实践产生的成果荣获省部级科技进步二等奖 1 项，赢得了良好的社会效益。现将工程实践中的关键技术摘编如下，以飨读者。

11.2.1　工程概况

随着卫星通信技术的发展，同步轨道上的卫星数目越来越多，而且同时采用多个频段、有多种用途。为此建立地面站时应充分考虑这一特点，特别是占地面站总费用近40％的天线系统，使其具有多波束、多频段、双极化和多功能等特点。多波束天线的主要特点可归纳为：具有两个以上的独立可控波束；每个波束都能独立地进行卫星通信，而其他波束不受影响；每个波束对卫星的跟踪由本波束独立实现，因此整个天线是固定不动的。

抛物环面天线利用一副主天线面及若干个馈电系统产生两个以上的独立可控波束，每一个波束能对准一颗卫星独立地接收和发射信号，而主面固定不动，只需移动或增加馈源系统即可增强整个卫星地面站系统的灵活性，提高了其性能并有效地节省了制造和安装成本以及占地费用等，从而提高了整个系统的性能价格比，是一类应用前景非常好的天线系统。

如图 11.2-1 所示，该天线由于外形尺寸庞大（18m×36m），结构精度要求高（主面精度优于 0.7mm），指向固定，其制造及现场安装过程中的精密测量保障是天线研制成功的关键。彼时的测量技术无法直接顺应该天线的技术要求，需要研究新的精密测量技术来满足该工程的要求。

图 11.2-1　18m×36m 抛物环面多波束天线实物图

11.2.2　关键问题

该多波束天线测量技术涉及大地测量、工程测量特别是精密工程测量，并与天线设计、制造、结构和工艺紧密结合，加上工期紧、现场测量条件差，因此有相当的难度。关键测量技术有：（1）超高精度地面施工控制网、安装控制网的建立；（2）高稳定度测量高墩的设计与施工；（3）测量系统的最优配置和精密快速测量方案的实现；（4）确保面型和指向精度的天线调整方案设计及实现；（5）测量数据最优处理和坐标系最优转换方法等。

11.2.3　方案与实施

以抛物环面天线制造对测量的要求为主线，对测量方案进行了充分的设计论证。为保证天线的精确定位和指向，设计并建立了高精度的大地测量、施工、安装控制网。为保证天线的制造质量，对天线各个阶段的测量工作（背架安装与调整、面板水平拼装、背架连接点测量、座架测量与调整、天线工作姿态下的调整等）进行了详细的讨论，重点是测量及调整方案的制定和实施。

1. 测量方案设计与论证

1）基本情况

天线主面由 196 块单元面板组成，测量调整点总数为 772 个。

天线面型的精度（1σ）按理论要求应达到 ±0.7mm，单点的测量精度应取 ±0.3mm 左右。对于 18m×36m 这样的大尺寸和室外观测条件来说，该精度要求比较高。

2）可行性分析

由于该天线具有面积大、面板数量多、结构非圆对称以及对测量精度要求高等特点，经典的测量方法如样板法和经纬仪带尺法都无法用于该天线的安装测量中。可行的办法是采用非正交系坐标测量系统。经综合比较，几种系统应用于该天线安装的可行性分析见表 11.2-1。

几种测量系统应用于天线安装的可行性分析　　　　　　　　　表 11.2-1

项目	全站仪系统	激光跟踪系统	激光扫描系统	经纬仪系统	数字工业摄影测量系统
系统价格	较低	高	最高	适中	较高
测量速度	较慢	快	快	较慢	快
无接触测量	否	否	是	是	是
测量精度	中等	高	低	高	中等
指导现场安装	可	否	否	可	否
用于该天线	否	否	否	可	否

从表 11.2-1 可以看出：数字工业摄影测量系统、激光跟踪系统和激光扫描系统均不便于指导现场安装，同时系统费用又较高；单台全站仪测量系统的测量精度较低；只有经纬仪无接触测量系统能较好地满足该天线安装测量的需要。

3）安装测量方案设计

在选定了经纬仪测量系统后，需要根据天线的尺寸、现场布局等因素制定详细的测量方案，主要是仪器的台数及布设方式，共设计了三种测量方案。

（1）两台仪器方案

采用两台 T3000A 电子经纬仪构成交会测量系统，仪器布设见图 11.2-2 所示，1、2 表示经纬仪的位置，两台经纬仪建立测量坐标系后，将天线面板的 772 点全部测完，需要近 6h。该方案费用最省，仅需两台仪器，系统建立简单，但测量时间比较长，观测员容易疲劳，恐影响观测精度。

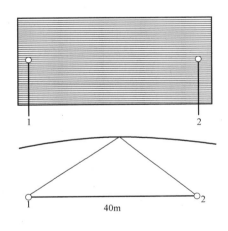

图 11.2-2　方案 1 仪器位置设计图

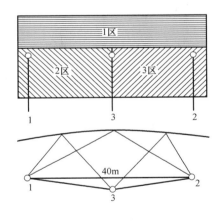

图 11.2-3　方案 2 仪器位置设计图

（2）三台仪器方案

将天线面板分为 3 个区（如图 11.2-3 所示），分别占总面积的 1/3，用三台 T3000A 电子经纬仪施测。三台经纬仪建立测量坐标系后，1 和 2 组合测 1 区，1 和 3 组合测 2 区，2 和 3 组合测 3 区，与方案 1 比较可减少 1/3 的观测量，整个天线可在 4h 以内观测完毕。

（3）四台仪器方案

将天线面板分为 2 个区（如图 11.2-4 所示），分别占总面积的 1/2，用四台 T3000A 电子经纬仪施测。四台经纬仪建立测量坐标系后，1 和 2 组合测 1 区，3 和 4 组合测 2 区，与方案 1 比较可减少 1/2 的观测量，与方案 2 比较仅减少 1/6 的观测量，整个天线测完在 3h 左右。

各方案在垂直方向上的布设见图 11.2-5，为尽可能减小垂直角，测站距天线约 20m。考虑到天线在工作姿态下的实际情况，测量墩的高度略有不同，实际高度为 9～16m。各方案所用测量时间见表 11.2-2。

三种测量方案的比较　　　　　　　　　　　　　　　　　　　表 11.2-2

方案	仪器和观测员	测量墩	每台仪器的测点数	系统建立时间(h)	测点时间(h)	总时间(h)
1	2	4	772	0.2	5.6	5.8
2	3	6	514	0.3	3.4	3.7
3	4	8	386	0.5	2.6	3.1

表 11.2-2 中"测点时间"一栏中的数据按每分钟测 2.5 个点的速度计算。从实际情况看，整个天线的测量时间不超过 4h 对测量员来说是可以承受的，同时外界条件的影响也可以较好地抑制，而过高地追求测量速度会不太经济，故选择 3 台仪器测量方案。

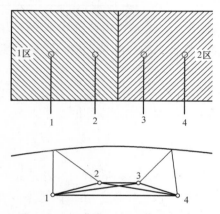

图 11.2-4　方案 3 仪器位置设计图

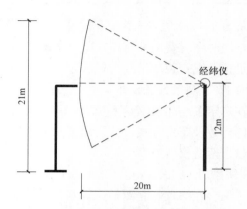

图 11.2-5　各方案垂直方向布设图

4）测量精度分析

选择高精度电子经纬仪 T3000，其方向测量精度为±0.5″，经实际测试，在室外条件下测角精度约为±1.0″。垂直角基本上控制在不超过 25°。将室外测角精度取为±1.0″，距离相对精度取 10ppm，来估算点位精度。方案 2 的精度可参照方案 1 和 3，精度估计见表 11.2-3。

各方案点位精度估算　（mm）　　　　　　　　　　　　　表 11.2-3

项目	方案 1	方案 3
每区中心点	±0.194	±0.192
左(右)边中点	±0.265	±0.238
上(下)边中点	±0.244	±0.242
四个角点	±0.300	±0.280

从表 11.2-3 可以看出，各方案的精度基本上是接近的，最大误差不超过±0.3mm，能满足要求。

5）背架、面板交会测量实施方案

系统建立的过程包括相对定向和绝对定向。相对定向采用互瞄内觇标法，其定向精度可达±1″左右。该方案的难点在于绝对定向，因为测站的基线长度有 40m，根据最佳的观测条件（见图 11.2-6），需要 20m 长的基准尺，且架设高度与仪器基本同高（约 14m），实现起来非常困难。工程中按最佳观测条件在天线面板上选择两点生成一条"虚拟基准尺"，假定其理论长度，通过测量该"基准尺"获得测站间的假定水平距离，然后用测站间的正确水平距离来改正尺度，可获得优于 10^{-5} 的尺度精度。

2. 测量控制网的设计与施测

控制网布设是该天线测量的基础性工作，其主要作用有三：提供天线原点的大地坐标和方位基准；完成与天线工程相配套的各项土建施工的测量保障；调整出表面精度和指向俱优的天线，并将天线各部件按设计要求高精度统一起来。相应地可以将控制网分为大地测量控制网、施工测量控制网和安装测量控制网，三者的区分除了作用不同，还有时间的先后顺序。由于每一阶段的测量任务不同，其精度也各

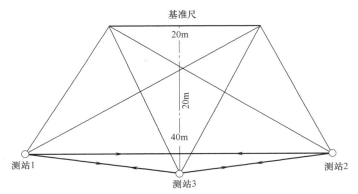

图 11.2-6　三台仪器基线测量最佳图形

异，控制网的相对精度越来越高。技术难度是布设超高精度地面控制网，并实现各控制网之间的统一。

1）大地测量控制网

为了精确获得天线原点的大地坐标和方位基准，需要在施工现场指定天线的原点，随后进行定位和定向测量。

（1）方位基准的测定方法

在实际测量中，顾及天线原点大地坐标的确定需采用 GPS 方式测出，因此定向测量采用 GPS 法，该方法测量速度较快、精度能满足要求，而且费用比较省。

（2）测量墩的设计与施工

天线原点、方位标点应在现场勘察阶段选好，为了保持方位基准并检验 GPS 方位测量的精度，在实地选取了三个方位标点［见图 11.2-7（b）中的 101、102 和 103 点］，另外为了施工放样的方便，在天线原点附近选择了 104 和 105 点用于土建施工的放样工作［见图 11.2-7（c）］，因此整个控制网由 6 个测量墩构成。选点完毕后就可设计并建立测量观测墩。观测墩采用强制对中装置。

（3）观测方案设计及施测

为了较精确地测定天线原点的大地坐标，需要考虑和高等级 GPS 控制点相联测，以提高天线原点的定位精度。实际测量时选取了某 GPS 二级点作为控制网的已知点，同控制网中的原点 0 及定向点进行三级联测，引出原点 0 及定向点的坐标［网形见图 11.2-7（a）］。然后需要确定天线原点 0 到三个方位标点的大地方位角，以原点 0 及定向点作为起算点，按四级网的要求进行方位测量，求出三条方位边的大地方位角［网形见图 11.2-7（b）］。

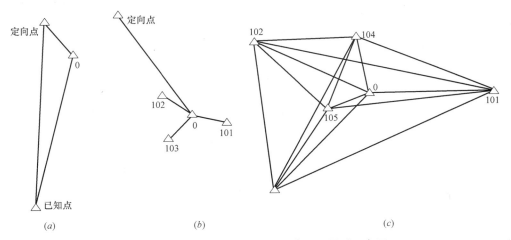

图 11.2-7　GPS 定位定向测量过程及网形示意图

（4）数据处理结果

观测数据处理在 WGS-84 坐标系上进行，获取天线原点的大地坐标及方位角，然后通过坐标转换到天线所在的坐标系中。其中大地坐标的精度为厘米级，方位角的精度达到±5″。

GPS 观测提供了天线原点的大地坐标和方位边的大地方位角，但是其观测成果的边长及角度精度尚不能满足天线安装控制网的要求，必须用高精度经纬仪和全站仪施测，建立亚毫米级的施工网。

2）施工测量控制网

施工测量控制网主要是为座架地脚螺栓的放样、馈源楼的放样及天线安装测量控制网 6 个测量高墩的放样提供服务，简称为施工网。

（1）平面网

施工网平面网形如图 11.2-8 所示，与图 11.2-7（c）相比有区别，主要是因为 GPS 观测不受通视条件的限制，而经纬仪及全站仪却要受到通视条件的制约。平面控制网测量采用的仪器有 TC2003 全站仪、T3000 电子经纬仪和 GPH1P 精密棱镜。

数据处理时固定 0 点坐标和 0-101 的方位，按边角网进行平差，计算后最大点位误差为±0.4mm（103 点），优于设计要求的±0.5mm。

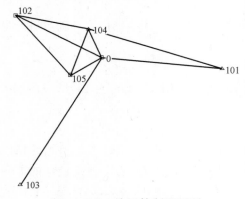

图 11.2-8　施工控制网网形

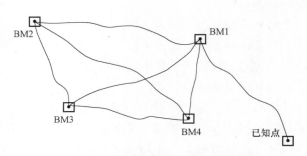

图 11.2-9　高程控制网点位分布略图

（2）高程网

高程控制网（见图 11.2-9）与国家大地水准网点相联，高程网中的 4 个水准点形成局部水准网。局部水准网按二等水准测量要求施测，水准联测按三等水准测量要求施测。数据处理时用自由网平差确定 4 个点之间的高差，然后以 BM1 为起算点，获得各点的高程。各点相对高程误差在±0.1mm 左右。

3）安装测量控制网

安装测量控制网主要为天线安装工作服务，包括背架拼装及测量、面板水平拼装、座架测量与调整、天线工作姿态下测量与调整以及馈源轨道安装调整等，因它主要用于天线的安装过程，称其为安装测量控制网，简称安装网（见图 11.2-10）。

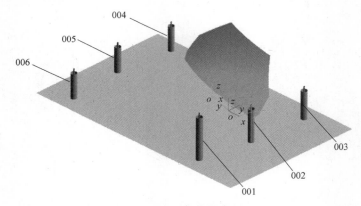

图 11.2-10　安装网布局图

根据确定的 3 台经纬仪交会测量方案，再考虑到天线的安装工作分为水平拼装和工作姿态下调整两个阶段，因此在天线设计位置前后共建造了 6 个测量墩。测量墩的布局见图 11.2-10，其高度不同，主要是考虑天线的实际姿态对经纬仪垂直角的要求,其中为天线水平拼装服务的三个墩(004,005,006)的高度大约在8m左右,而为工作姿态下安装的三个测量墩(001,002,003)高度从9~16m不等。对控制网的平面布局也有要求,网形是一个双大地四边形,这样无论是边长观测值还是方向观测值,由于是近似垂直交会,都能保证控制点有较高的精度和可靠性。

(1)测量墩的设计、建立和测量

为了保证测量墩的高稳定性,将测量墩分成内外两层,内层为钢筋混凝土结构,直径2m,外层为砖砌结构,厚度150mm,内外层间中空100mm,可填充隔热材料。内外层相分离,内层仅承重测量仪器,外层起防风、隔热和承受观测员自重等作用,如此可使外界环境及荷载对测量墩的影响降至最低。测量墩的基础建于基岩上,顶部预埋强制对中装置。观测墩纵剖面如图11.2-11(a)所示,横剖面图如图11.2-11(b)所示。

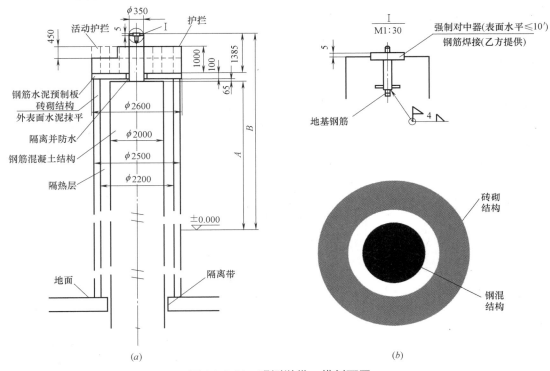

图 11.2-11 观测墩纵、横剖面图

(a)纵剖面图;(b)横剖面图(不依比例尺)

(2)数据处理方法及结果

数据处理时分别按测角网、测边网和边角网三种网形,并采用方差分量估计定权的方法进行平差计算。图11.2-12是各网形计算后的点位误差椭圆,计算结果列于表11.2-4。

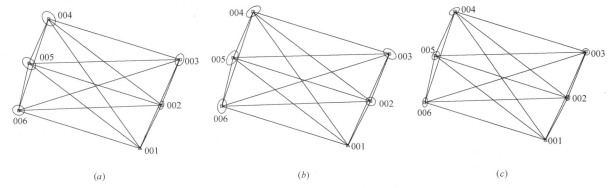

图 11.2-12 控制网图形及点位误差椭圆

(a)测角网点位误差椭圆;(b)测边网点位误差椭圆;(c)边角网点位误差椭圆

控制网计算结果一览　　　　　　　　　　　　　　表 11.2-4

网形	多余观测个数	边长误差(mm)	方向误差(″)	最大点位误差(mm)	最大点间误差(mm)	最大边长比例误差
测角网	14	0.3	0.77	0.5	0.54	1/96700
测边网	5	0.2	0.89	0.45	0.55	1/100300
边角网	29	0.3	0.78	0.32	0.35	1/144800

从表 11.2-4 中可以看出，三种网形的边长和方向误差计算结果基本上一致，这说明边、角测量结果可靠，网形比较坚强。边角网的精度最高，基本上接近了野外观测的极限精度。

高精度安装网的建立，为天线各部件精确测量和调整提供了可靠的保证，为高精度恢复天线的设计坐标系和确保天线的指向提供了重要保障。

（3）高程网

由于测量墩顶端离地面比较高，不易用几何水准的方法测量其高程，可用三角高程垂直角对向观测法确定。因为要量取仪器高和觇标高，高程控制网的精度只能到毫米级，这显然不能与平面精度相匹配。如图 11.2-10 所示，考虑到 001、002、003 为工作姿态下的天线安装服务，004、005、006 为水平拼装服务，因此可以考虑分别固定 001 和 004 的高程，001、002、003 之间及 004、005、006 之间的相对高差用互瞄内觇标获得垂直角而后计算得出，这样就基本避免了手工量高的误差。

3. 背架拼装与测量

背架由主骨架、片桁架、环向杆和斜拉杆等组成。由于背架组装后的尺寸较大，不可能通过制造工装来测量，而主要利用现场测量的方式进行。背架的现场检测是确保面板顺利拼装和调整的关键环节。

1）观测方案设计与实施

背架测量点为 398 个，采用 2 台 T3000A 经纬仪进行安装检测，仪器安置在 004 和 006 高墩上（见图 11.2-13，图 11.2-14）。系统的相对定向采用互瞄内觇标法，绝对定向用虚拟基准尺法，基线精度约为 10^{-5}。测量标志为背架调整板上 $\phi 5mm$ 的检测孔，实际交会精度为 $\pm 0.2mm$。

图 11.2-13　背架水平状态下全图　　　　　图 11.2-14　背架及测量墩示意图

2）数据处理方法及结果分析

数据处理的关键是实现测量坐标系和结构坐标系的转换。有如下两种方案：一是利用背架上的公共点实现测量坐标系和结构坐标系的转换；二是测量数据和背架的三维 CAD 模型进行转换。因为每个测量点都有设计坐标，所以用公共点转换法可以得出每个点偏离设计位置的大小，从而可以全面评价背架的制造误差。

表 11.2-5 的数据是公共点法和 CAD 转换法所得结果，可以看出：公共点转换法能如实地评价背架的制造误差，而 CAD 转换法不能很好地评价背架的制造误差。

两种坐标转换方法所得结果统计 （mm）　　　　　　表11.2-5

坐标转换方法	坐标转换精度统计				点位法向偏差
	X	Y	Z	总误差	
公共点转换法	11.878	15.653	6.75	20.777	10.789
CAD转换法	10.482				10.404

3）背架调整方法

背架组装后共进行了四次测量，三次调整。表11.2-6列出各次测量后的坐标转换结果和面型精度。

背架多次测量调整后的坐标转换精度及面型精度统计 （mm）　　　　表11.2-6

测量序号	坐标转换精度统计（均方根）				面型精度	正向最大值	负向最大值	偏差范围
	X	Y	Z	总误差				
第一次	15.97	13.61	6.68	22.02	15.17	29	−49	78
第二次	14.76	14.64	7.13	21.98	13.67	30	−46	76
第三次	13.35	14.90	6.93	21.17	12.18	27	−39	66
第四次	11.88	15.65	6.75	20.78	10.79	26	−37	63

从表11.2-6中可以比较明显地看出，随着背架的不断调整，其面型精度逐步提高。

通过以上的测量和调整，得到了背架上所有点在Y、Z方向和法向的偏差。这些偏差数据一方面可以评价背架的制造质量，而更重要的是通过这些信息，可以指导面板的初次铺装，控制天线整个面型在设计位置附近，从而减少面板的安装和调整工作量，缩短工期。

4. 面板水平拼装

面板水平拼装是将天线所有的面板在背架大致水平状态下铺装成近似理论曲面。水平拼装的目的有二：一是将全部离散面板拼成一个理论曲面，减少面板在工作姿态下的调整工作量，尤其是确保面板在Y、Z两方向（结构坐标系）的位置正确；二是获得背架上四个连接点在结构坐标系下的实际坐标，以补偿背架连接点的制造及装配误差。

1）面板调整方案

抛物环面天线由多块单元面板组装而成，在用户现场安装时需要严格安装调整到天线设计的位置和指向。有如下两种调整方案。

（1）直接三维放样

天线的每块面板都有4个定位孔用作调整，其坐标系可以采用1、2、3、4点构成的平面坐标系，如图11.2-15所示。其中坐标系的原点为1，x轴方向为1、2两点的连线方向，y轴方向为1、4两点的连线方向，再按右手坐标系定义确定z轴，其方向为1、2、3、4平面的法线方向。

由于三维调整较二维调整复杂，因此考虑将三维调整简化为二维加一维的调整过程，从而使调整过程简单可行。

（2）只调整法向偏差

尽管调整点偏离理论点是一个空间向量（三个坐标分量），但是只调整其法向偏差，只要点在理论面上，调整即告完成。

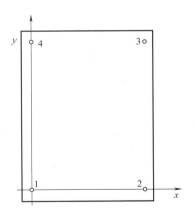

图11.2-15　单块面板坐标系

（3）二者的比较

从理论上讲直接三维放样是可行的，但实际上由于每块面板的4个点都有制造误差，按上述方法不可能调整到位；面板的二维调整至少需要4个人，操作的安全性差，只适用于天线水平状态的调整，工作效率很低。调整法向偏差只需1人进行一维调整，它已顾及了天线调整点的制造误差并进行修正，方法科学且工作效率高。

2）水平拼装方法

充分利用背架的检测数据，以各点三坐标方向的偏差为依据，可以快速、准确地实现面板的到位。该法分两步走：首先保证面板平面到位；一旦平面到位后，剩余的工作是只调法向偏差。为使上述方法更具可操作性，实际安装时确定了"中间定位、四向发展"的策略。

面板测量采用 004、005 和 006 三个测量高墩。在面板的装配过程中，开始可以只用两台经纬仪指导安装，当面板安装到 2/3 以后，应采用三台经纬仪进行分区测量。图 11.2-16 是从 004 测量墩观察的拼装后全图，图中浅色线表示分区位置，004 测量墩上的仪器测量 1 区和 2 区，005 测量墩上的仪器测量 2 区和 3 区，006 测量墩上的仪器测量 1 区和 3 区。

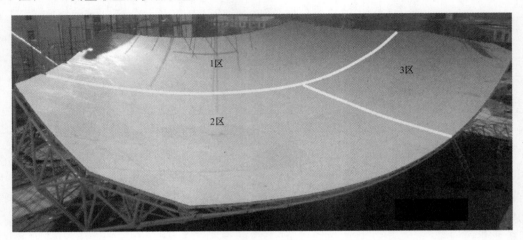

图 11.2-16　天线水平拼装后全图及分区情况

按照设计的调整方案，面板全部装完后仅经过一次调整，表面精度就从 5.7mm 提高到了 1.2mm（见表 11.2-7），为高精度恢复结构坐标系创造了良好的条件。

水平姿态下调整结果（mm）　　　　　　　　　　　　　　　　　　表 11.2-7

测量序号	测点精度	表面精度	正向最大偏差	负向最大偏差
1	0.29	5.69	8.9	−14.5
2	0.19	1.15	3.0	−5.6

5. 座架测量与调整

座架调整是各项工作的汇总点，涉及座架的加工与装配、座架基础的放样与施工、天线背架的制造与组装、天线面板的制造、组装与调整、施工及安装测量控制网的建立与施测等，是加工、制造、土建施工和测量等所有工作的闭合检查点之一。

1）座架调整点设计坐标

座架调整点的初始设计坐标在工程设计时已然给出。但是由于背架在制造过程中产生了变形，相应地其上的四个连接点之间的关系也发生了变化，很显然必须重新测出这四个连接点的坐标，以新坐标作为座架调整点的设计坐标来指导调整座架，才能保证天线头和座架的精确对接以及保证天线的准确指向。

2）座架测量与调整结果

获得了座架调整点在施工坐标系下的设计坐标，就可以利用安装网的 001、002 和 003 测量墩进行施工放样。按照给出的坐标差，将座架的四个连接点调整到位。

经过四十多次反复的调整，最终将座架调整到位，表 11.2-8 是最后的调整结果，其中支点以坐标差的形式给出，点位偏差控制在 5mm 以内。

除了平面位置外，还要保证姿态参数的正确性，表 11.2-9 是其坐标转换参数。

座架调整点在施工坐标系下的最终值   表 11.2-8

支点	ΔX(mm)	ΔY(mm)	ΔZ(mm)	总偏差(mm)	XOY(°)	YOZ(°)	ZOX(°)
A	−1.0	−0.4	0.9	1.4	0.0858	5.6749	84.3244
B	−1.9	−0.4	1.7	2.6	0.0394	6.5626	83.4373
C	−1.0	−2.7	−0.3	2.9	1.2585	1.8551	87.7580
D	−1.1	−4.3	−0.6	4.5	2.0035	5.7829	83.8776

座架调整最终结果对天线位置和姿态的影响   表 11.2-9

坐标系名称	平移参数（mm）			旋转参数（°）		
	X_0	Y_0	Z_0	R_x	R_y	R_z
施工坐标系	−1.108	−3.003	1.989	−0.003	−0.002	0.0002

从表 11.2-9 可以清楚地看出，座架调整的结果使天线相对于施工坐标系有一个微小的三维平移量和三个旋转量，这点偏移量完全可以通过天线面板的调整得以改善，完全满足天线吊装的要求。

在实际工作中，当天线吊装到座架上后，背架与座架的所有连接螺栓一次精确到位，也从实践的角度验证了座架调整后座架和背架之间的关系是正确和可靠的。

6. 工作姿态下测量与调整

天线吊装后处于工作姿态下，此时的测量及调整工作与水平拼装时略有变化，必须首先调整姿态，其次才是优化主面精度。

测量工作利用 001、002 和 003 测量墩实施，见图 11.2-17。

提出了如下调整方案：获得天线的施工坐标后，首先用六参数公共点转换或 CAD 面型转换的方法，查看天线的姿态参数，如果超出其允许值（不超过 0.05°），则固定天线的姿态参数而放开其平移参数作三参数公共点转换，求取坐标转换参数，在该坐标系下计算调整量并进行调整，如此反复，直到姿态参数满足要求，此时就可进行 CAD 面型转换，求出最优调整量和面型。表 11.2-10 为整个调整过程中的表面精度情况，表 11.2-11 是天线姿态变化情况，图 11.2-18 是天线最终表面精度的等值线图。

图 11.2-17 天线立姿测量分区虚拟基准尺示意图

表面精度统计（mm）   表 11.2-10

测量序号	测点精度	表面精度	正向最大偏差	负向最大偏差	偏差范围
第 1 次	0.25	2.31	12.6	−4.1	16.7
第 2 次	0.21	1.37	10.1	−6.6	16.7
第 3 次	0.20	0.77	4.0	−5.8	9.8
第 4 次	0.23	0.66	3.9	−1.8	5.7
第 5 次	0.24	0.44	2.4	−1.3	3.7

天线位置和姿态变化趋势　　　　　　　　　　　　　表 11.2-11

测量序号	坐标转换方法	平移参数（mm）			旋转参数（°）		
		X_0	Y_0	Z_0	R_x	R_y	R_z
1	三参数转换	11.199	−1.363	−17.655	0	0	0
	六参数转换	−10.612	−8.734	−16.301	359.9663	0.0824	359.9047
	CAD 面型转换	−16.614	9.978	3.159	0.0359	0.0925	359.9178
2	三参数转换	10.903	−0.056	−20.45	0	0	0
	六参数转换	4.091	−16.13	−21.233	359.9436	0.0251	359.9753
	CAD 面型转换	−3.292	1.317	1.419	0.0085	0.0367	359.9921
3	三参数转换	9.775	0.031	−22.157	0	0	0
	六参数转换	6.54	−17.081	−23.316	359.9411	0.0119	359.9891
	CAD 面型转换	−1.303	0.118	1.179	0.0035	0.0253	0.0060
4	六参数转换	6.477	−17.008	−23.795	359.9432	0.0137	359.9901
	CAD 面型转换	−1.567	0.759	1.304	0.0060	0.0275	0.0067
5	六参数转换	6.505	−16.557	−23.594	359.9417	0.0133	359.9878
	CAD 面型转换	−1.709	0.269	1.184	0.0039	0.0270	0.0053

　　从表 11.2-11 可以看出，随着调整的进行，CAD 面型转换法所得的姿态逐渐好转，最终满足工程设计指标。

图 11.2-18　天线最终表面精度等值线图

7. 电测结果

　　电测结果显示 Ku 频率的接收效率在 85%～95% 之间，C 频率的接收效率在 80% 左右，详见表 11.2-12。图 11.2-19 是某频率的方向图。

电测结果一览　　　　　　　　　　　　　表 11.2-12

位置	频率(MHz)	HPW(°)		G(dB)	η(%)	XPI（dB）
		AZ	EL			
1	4198.5	0.212	0.271	57.031	80.59	44.00
	12500	0.063	0.082	67.440	99.90	

位置	频率(MHz)	HPW(°)		G(dB)	η(%)	XPI(dB)
		AZ	EL			
2	3950	0.221	0.287	56.601	82.40	39.00
	11198	0.072	0.105	65.839	86.10	
3	3950	0.222	0.290	56.536	81.20	38.00
	11198	0.072	0.104	65.880	86.93	
4	12500	0.058	0.083	67.725	106.67	
	11121	0.082	0.089	65.990	90.43Z	
技术要求					C：≥65% Ku：≥60%	XPD≥35dB

从表 11.2-12 中可以看出，各频率接收效率显著优于设计指标，表明天线的理论设计是正确的，制造、施工和安装调整等诸环节是准确无误和满足设计要求的。电测结果最终验证了全部测量工作是精确可靠和有效的。

8. 创新点小结

1）密切结合本工程的特点，创造性地提出了由 3 台高精度电子经纬仪构成的天线背架、面板测量系统总体方案。提出了"虚拟基准尺"的概念，解决了长基线交会测量的绝对尺度问题，确保了系统尺度的高精度和可靠性。提出了天线分区优化观测方案，确保了天线主面的测量时间少于 4h，空间三维坐标测量精度优于 0.3mm。这一整体测量方案实现了天线的快速和精密安装。

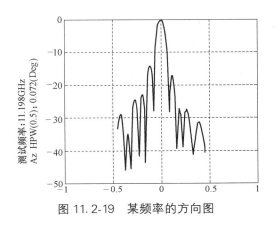

图 11.2-19 某频率的方向图

2）综合利用 GPS 定位、定向技术、全站仪等现代测量技术在天线施工现场建立了大地测量控制网、施工测量控制网和安装测量控制网，确保了天线各系统间相对几何关系的超高设计精度要求，解决了天线精确定位、定向和定姿态的关键技术问题。平面控制网的点位精度优于±0.5mm，几乎达到野外观测精度的极限。

3）设计和施工了双层结构、12～16m 高、稳定性好的测量墩，有效地削弱了外界条件（光照、风、温度、观测员荷载等）的影响，确保了天线安装、检查、维护基准的长期稳定性，并可用于对天线交付使用后的变形观测和调整恢复。

4）提出了多波束天线背架制造误差的补偿方案，以及多波束座架的调整方案，确保了天线一次吊装成功和主面高精度指向的实现。

5）提出了指向固定天线的调整方法，提高了面板调整的效率，最终获得了高指向精度（方位、俯仰和倾斜精度优于 0.03°）和高面型精度（优于±0.7mm）的主面，整体技术指标优于系统设计要求。

11.2.4 启示与展望

本工程的测量实践之所以圆满成功，有如下几点经验值得总结：

1）合作双方高度重视，精诚合作。该项目总设计师杨可忠先生对测量工作非常重视，对军测团队寄予厚望；军测李广云教授带领团队殚精竭虑，充分沟通，实现了强强联合和良性互动。

2）梳理关键技术节点，未雨绸缪。双方技术负责人极具前瞻地梳理了十几项测量关键技术，件件有落实，化风险于无形。虽是首次研制此天线，但施工过程非常顺利，未出现不可逆之状况。

3）技术方案科学合理，执行严实。正如上文所介绍的，3 台经纬仪前方交会的测量方案、亚毫米级室外短边控制网、高稳定度测量墩、分区观测、严密数据处理理论与方法等具有新颖性。该观测方案的一大弊端是自动化程度低，测量的精度和效率全靠测量员来实现。遥想在寒冷的冬夜，测量员在野外十几米的高墩上，站立 4 小时，完成 500 多点的人工目视观测任务，就更加能够体会"梅花香自苦寒来"的意境。

11.3　三峡升船机

11.3.1　工程概况

升船机布置在枢纽左岸，位于双线五级船闸右侧、左岸 7 号、8 号非溢流坝段之间，如图 11.3-1 所示，由上游引航道、上闸首、船厢室段、下闸首和下游引航道等部分组成，从上游口门至下游口门全线总长约 5000m。

图 11.3-1　升船机所处位置

升船机是客轮的快速过坝通道，并与双线五级船闸联合运行，提高枢纽的航运通过能力，保障枢纽通航的质量。

三峡升船机采用齿轮齿条爬升平衡重式垂直升船机，其过船规模为 3000t 级，最大提升高度 113m，上游通航水位变幅 30m，下游通航水位变幅 11.8m，下游水位变率约±0.50m/h。具有提升高度大、提升重量大、上游通航水位变幅大和下游水位变化速率快的特点，是目前世界上技术难度和规模最大的升船机。

1. 升船机船厢室段详细构成

船厢室段是升船机垂直升降的区域，由船厢的承重结构塔柱和顶部机房、船厢及机械设备、平衡重系统，以及电气控制、通信、消防等辅助部分组成。

船厢室段建筑物的平面尺寸为 121.0m×58.4m，底板厚 2.0m，顶高程 50.0m，建基面高程 48.0m。高程 50.0～196.0m 之间为承重结构塔柱，与上、下闸首净距 1.0m，对称布置在升船机中心线两侧。每侧塔柱由墙—筒体—墙—筒体—墙组成，长 119.0m，宽 16.0m。两侧塔柱之间的距离为 25.8m，为升船机船厢室的宽度。驱动系统齿条和安全机构螺母柱均安装在筒体部分凹槽内的墙壁上。每侧塔柱内设有 8 个用于容纳平衡重组升降运行的平衡重井。高程 196.0m 以上左、右各布置 1 个长 119m，宽 21.7m，高约 21m 的顶部机房。左、右塔柱在高程 196.0m 通过控制平台、参观平台和 7 根横梁实现横向连接。

船厢布置在两侧塔柱和上下闸首围成的船厢室内，船厢驱动系统和安全机构布置在其两侧的四个侧翼结构上，通过驱动机构小齿轮沿齿条的运转，实现船厢的垂直升降。船厢升降时，与驱动机构同步运行的安全机构螺杆在螺母柱内空转，遇事故时可将船厢锁定在塔柱结构上。

船厢为钢结构，外形长 132m，两端分别伸进上、下闸首 5.5m，船厢标准横断面外形宽 23m、高 10m，船厢结构、设备及厢内水体总重约 15500t，由相同重量的平衡重完全平衡。船厢两侧对称布置的四个侧翼结构顺水流向 18.1m，垂直水流向 8.2m，深入塔柱四个筒体的凹槽内。船厢的对接锁定机构布置在安全机构上方，用于船厢与上、下游停靠对接时的竖向支承。船厢两端设有下沉式弧形闸门、间隙密封机构，船厢的横导向位置与驱动机构在一起，纵导向设在船厢中部。船厢由 256 根 $\phi74$ 的钢丝绳悬吊，钢丝绳分成 16 组对称布置在船厢两侧，钢丝绳的一端与船厢连接，另一端绕过塔柱顶部机房内的平衡滑轮后与平衡重块连接，平衡重总重量与船厢总重相等，为 15500t。

2. 船厢室段各高程处平面布置情况

船厢室内高程 50m 平面对称布置了四个船厢缓冲支墩，高度 2.10m，位于齿条中心线，距升船机纵向对称轴 F 轴距离均为 10.35m。

升船机塔柱对称布置在船厢室两侧，每侧由墙—筒体—墙—筒体—墙组成，墙与筒体之间通过沿高程分布的纵向联系梁实现纵向连接，为塔柱的开敞式区间，两侧塔柱在顶部高程 196.0m 通过 7 根横向联系梁和 2 个平台实现横向连接。

上、下游墙体厚 1.0m，平面为 "[" 或 "]" 形，中间墙体厚 2.0m，平面为 "T" 形。筒体与墙体连接的纵向联系梁沿高程每 14m 一层，梁同墙等厚，为 1.0m。上、下游端的联系梁高 3.5m，中间的联系梁高 1.5m。

每侧塔柱有 2 个筒体，左、右侧对称布置。每个筒体长 40.3m，宽 16.0m，筒体壁厚 1.0m，螺母柱部位和齿条部位的墙体局部加厚，分别为 1.5m（1.8m）和 1.25m。筒体平面上呈凹槽形，凹槽长 19.1m、宽 7.0m，对应船厢驱动室的 4 个侧翼结构，齿条、电缆出线孔和电缆槽、疏散通道均布置在凹槽的内侧墙上，螺母柱布置在螺母柱的凹槽内。螺母柱凹槽尺寸长 3.12m、宽 4.5m，凹槽一侧是 10.6m 的平衡重筒体，另一侧是电缆竖井。凹槽外侧的筒体布置楼梯间、电梯井和电缆竖井。根据其功能的不同，高程 84.0m 的平台为升船机下部的主要对外交通通道，同时兼顾平衡重安装，船厢安装和检修的主要通道；高程 185.0m 的平台为升船机与坝面的主要交通通道；高程 175.0m、高程 189.0m 平台为平衡重的安装平台；高程 192.5m 的平台为电缆层。其余平台为塔柱内部交通。塔柱开敞区间的联系梁与各层平台对应连续布置。除平衡重的安装检修平台外，筒体沿高度方向每隔 14m 布置一层平台。

船厢室四个塔柱内均设有大量的金属结构埋件，埋件平面对称布置，依附在各自塔柱结构的垂直壁面上，成为建筑物的组成部分。螺母柱和齿条的埋件均布置在塔柱的垂直壁面上。由于结构构造和安装精度等原因，需分二期埋设与安装，布置高程分别为 57.23～186.11m 和 51.5～178.98m，总体最大安装高度约 128.88m 和 127.53m。

纵导向机构布置在塔柱间中部轴线剪力墙垂直壁面上，安装高程分别为 51.0～175.0m，总体最大安装高度 124.0m；平衡重导轨布置在剪力墙和矩形筒体内的侧面上，安装高程为 60.0～192.6m，总体最大安装高度约 132.6m。

两侧塔柱在顶部高程 196.0m 的 7 根横向联系梁两端均与塔柱的横向墙相连，考虑到除具有横向联系外，横梁还是顶部机房框架柱的承载结构，因此梁与墙结合采用固结的方式，并由 7.15m 渐变到 2.75m。

11.3.2　关键问题

11.3.2.1　塔柱变形分析

根据《长江三峡水利枢纽升船机总体设计报告》提供的数据，塔柱变形主要由自重、设备重、风荷载和温度荷载作用引起的，其中自重和设备重主要引起结构的竖向变形，由风荷载和温度荷载的作用主要引起结构的水平变形。仿真计算分析数据显示：塔柱自重及设备重产生的最大竖向变形为 10.5mm；风荷载产生的最大横向变形为 19.4mm；温度荷载产生的最大横向变形为 62.2mm。且通过研究部门计算分析表明，塔柱左、右侧结构的最大变形发生在顶部，左、右侧结构的相对变形发生在中部。

基本载荷组合下，塔柱顶高程 196.0m 和船厢在上、中、下不同位置的最大变形 max$U$、相对变形值 ΔU 见表 11.3-1。

塔柱静力计算变形表（单位：mm）

表 11.3-1

变形部位		水平纵向 U_x		水平横向 U_y		垂直 U_z	
		maxU_x	ΔU_x	maxU_y	ΔU_y	maxU_z	ΔU_z
螺母柱	196.0m	8.63	4.82	76.69	9.38	28.18	19.12
	175.0m	8.02	4.75	66.63	23.15	24.53	16.28
	123.0m	6.56	4.16	34.26	28.29	14.24	9.36
	62.0	1.85	1.43	2.19	2.87	2.35	1.58
齿条	196.0m	6.54	3.74	75.5	7.89	28.80	19.62
	175.0m	6.23	3.63	65.8	22.66	25.13	16.80
	123.0m	5.06	3.18	33.74	27.70	14.51	9.95
	62.0	1.37	0.91	1.94	2.17	2.47	1.78
纵导向	196.0m			74.93	6.16	36.93	20.24
	175.0m			66.73	22.90	30.86	18.07
	123.0m			29.65	18.18	16.52	11.20
	62.0			1.89	3.17	2.43	1.81

根据《长江三峡水利枢纽升船机上闸首、左右岸边坡变形情况》提供的数据表明，截至 2008 年 6 月，上闸首基础向下游累计最大位移为 2.94mm，向右岸方向累计最大位移为 2.17mm，基础最大下沉量为 18.72mm。左右岸边坡在 129m 高程处测得向闸室方向最大位移 52.26mm。

塔柱的变形情况在土建施工及埋件安装中的影响是三峡升船机施工安装测量的关键问题之一。

11.3.2.2 施工难点

三峡升船机最大提升高度 113m，薄壁结构，船厢与混凝土结合密切；土建施工精度要求较高；设备安装工况复杂，安装空间狭窄；通视条件差，对控制网的测量精度要求高；且目前世界上没有同类施工安装测量经验可借鉴。

1. 控制网测量

1）在升船机工程施工区域各网点布设位置高差大，最大达到约 145m，点间垂直角大，同一侧控制网点间不具备通视条件；

2）升船机二期埋件及三期设备安装测量精度要求高，对高精度专用控制网的布设提出更高要求；

3）随着升船机塔柱施工高度的增加，升船机船厢室段通视条件差，专用控制网的布设必须同时考虑点位通视及设备安装精度要求。

2. 设备安装精度控制

三峡升船机齿条、螺母柱等大型埋件埋设高度均在 120m 以上，除了这些埋件自身垂直度有很高的安装精度要求外，齿条与齿条，螺母柱与螺母柱、齿条与螺母柱相互之间的相对位置、平行度和分段高程差也有严格的安装精度要求，其中最高定位精度要求达到 0.5mm，最高垂直度要求 5mm，最高平行度要求 2mm。加之塔柱施工过程中因受日照、风速、环境温度变化和混凝土徐变、自生体积变形等影响，塔柱并非始终保持理想的垂直状态。在不同施工时段和环境条件下，塔柱在纵向、横向以及高度方向将产生较大变位，该变位更增加了大型埋件安装误差控制难度。

所有二期埋件均安装在塔柱垂直壁面上，最大安装高度约 140m，呈悬空状态，没有测量支撑平台，很难在不同高度布设控制网。

三峡升船机二期埋件与设备的安装控制难点为：如何定位高高程二期埋件及设备的位置；如何解决大落差情况下埋件及设备的垂直度控制。

11.3.3　升船机主要设备及埋件结构特征

11.3.3.1　大型设备及埋件布置与结构特征

船厢室四个塔柱与剪力墙靠航槽侧分别布置了螺母柱安全机构、齿轮齿条爬升机构、纵导向机构、平衡重导轨机构埋件和功能不同的运行设备等，它们是塔柱建筑物的组成部分，是保证承船厢及各种设备功能安全正常运行的主要设施。

1. 螺母柱

螺母柱共四套，分别布置在四个塔柱电梯井段凹槽内的垂直壁面上，每套螺母柱由相互独立的两条柱体组成，两个柱条对称布置、成对安装。螺母柱底部安装高程 57.19m、顶部安装高程 186.11m，安装高度约 129m。为满足螺母柱的安装质量和安装精度要求，螺母柱采用两期埋件。

螺母柱及其埋件布置见图 11.3-2。

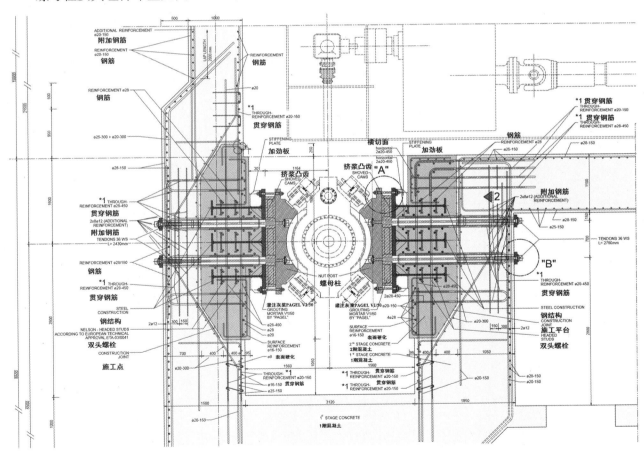

图 11.3-2　螺母柱及埋件结构平面图

螺母柱一期埋件埋设在塔柱混凝土内，与塔柱混凝土浇筑同时施工。一期埋件主要有：辅助定位钢架及预应力穿墙管、纵横直通钢筋与附加钢筋等。辅助定位钢架由角钢焊接而成，分段长度 4.95m，宽

0.3m，节间采用高强螺杆连接。

螺母柱二期埋件埋设在螺母柱二期混凝土内，二期埋件主要有：二期直通钢筋和三根工字钢构件（带柱头螺栓和挤压凸齿）、工字钢件精度调整辅助钢梁、辅助连接件及延长穿墙埋管安装等。工字钢构件分段长度4.95m，腹板高1.0m，节间采用高强螺杆连接。

螺母柱安装件为：螺母柱、挤压凸轮及螺母柱调整装置等。螺母柱分段制造、分段运输与安装，安装时，段间采用专门加工的钢构件与高强螺栓连接，单件外形尺寸为4.95m×1.98m×0.64m（长×宽×厚），单件重量约为25t。螺母柱安装完成后，最后进行穿墙预应力钢筋束安装及张拉。

2. 齿条

齿条共四套，分别布置在四个塔柱电梯井段的垂直壁面上，其底部安装高程为51.45m、顶部安装高程178.98m，安装高度为127.5m。与螺母柱一样，齿条内布置两期埋件。

齿条一期埋件主要有：预应力穿墙管辅助定位钢结构及穿墙管、纵横直通钢筋与附加钢筋安装等。

齿条二期埋件主要有：二期埋件连接钢筋和"U"形钢构件（带挤压凸齿）、穿墙管延长和精度调整辅助钢梁及辅助连接件等。"U"形钢构件分段长度4.725m，节间采用高强螺杆连接。

齿条安装件为：齿条、挤压凸齿和齿条调节装置等。齿条结构在工厂分段加工制造、分段运输与安装，段间采用专门加工的钢构件与高强螺栓连接，分段长度尺寸为4.725m，单件重量约为20t。齿条安装完成后，最后进行预应力钢筋束安装及张拉。齿条及其埋件布置见图11.3-3。

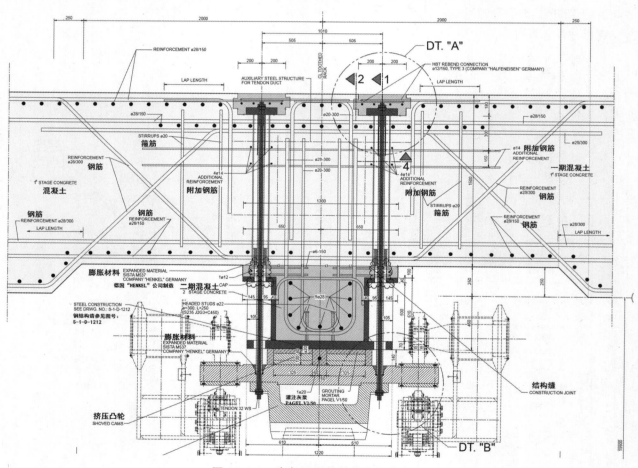

图 11.3-3　齿条及埋件结构平面布置图

3. 纵导向导轨

纵导向导轨共2套，分别布置在左、右塔柱中轴线的凸出垂直壁面上，为塔柱中部剪力墙结构的一部分，其底部安装高程为52.75m，顶部高程为173.5m，总体布置高度120.75m。

纵导向导轨一期埋件主要为高强螺栓与附加钢筋等。

纵导向导轨安装件为：连接钢筋及导向滑轨钢结构。纵导向导轨分段制造与安装，分节外形尺寸为 8.1m×0.6m×0.46m（长×宽×厚）。

4. 平衡重导轨

平衡重导轨共 16 套，布置在剪力墙和塔柱筒体的混凝土上，剪力墙上预留 1.3m×0.50m（宽×厚）的二期槽，塔柱筒体上预留 1.3m×0.505m（宽×厚）宽槽，待埋件安装后进行二期混凝土施工。埋件主要为钢筋和钢结构。

平衡重埋件底部埋设高程为 60.0m，顶部埋设高程为 192.6m，总体埋设高度为 132.6m。

11.3.3.2　大型埋件安装特性

承船厢大型埋件不但要满足运行期承受的荷载工况，还要满足最不利的事故和地震荷载工况，因此应满足其施工质量与施工精度要求，以保证承船厢安全可靠运行。其主要特点为：

1）需要建立专用、完整、系统的检测定位、监测控制测量体系，按照不同施工阶段、不同精度的控制要求，跟踪土建施工、金属结构及大型埋件安装的全过程。

2）埋件安装为隐蔽工程，结构形态复杂，埋设总高度大、安装构件的数量多，其中一期埋件与结构混凝土同时施工。大型埋件安装有同步性要求，安装程序复杂、部位狭小、吊装较为困难，辅助安装设施搭设、安装精度检测和定位工作量大、与土建施工及船厢金属结构在时间与空间上存在叉作业等。

3）埋件数量多、安装程序多、工艺复杂。以螺母柱为例，螺母柱埋件分两期安装，包含有：直通钢筋、定位钢构架、工字钢及预应力套管等，各埋件相互关系复杂。螺母柱安装完成后采用特种材料进行灌浆，最后还需进行预应力钢筋束张拉等。这些工作均要分阶段、分段（节）、分工序、按先后次序由下至上逐段进行。

4）平衡重导轨埋设件采用预留宽槽的形式进行埋设。由于预留宽槽部位局部应力复杂、平面尺寸小、回填高度大，埋件安装与混凝土回填的时机与质量有较高的要求，施工将十分困难。

5）各埋件安装以精度控制为核心，各期埋件安装精度检测、调整较为频繁，测量控制工作量较大，要求较严，各埋件部位除了自身各点满足垂直精度要求外，其个体间各部位还要满足埋件群体相对总体精度要求，控制标准十分苛刻。

11.3.4　方案与实施

11.3.4.1　高精度专用控制网设计实践

测量控制网是整个施工场地的平面和高程基准，对于三峡升船机工程来说，则是升船机各部位土建施工、一二期埋件及主体设备安装、竣工测量和各阶段变形测量的依据。三峡升船机目前世界上规模最大，施工质量要求高，对控制网的测量精度要求高。

根据升船机施工区域网点布设位置高差大、点间垂直角大、土建施工及一期埋件施工精度略低、二期埋件及主体设备安装精度较高等特点，平面控制网的布设采取"分级布网、逐级控制"的思路：分别建立施工控制网和安装控制网，以满足土建施工及设备安装不同等级精度要求的需要。

1）施工控制网布设的基本思路为：基于施工区域各布设网点布设位置落差大、点间垂直角大、同一侧控制网点间不具备通视条件等特点，为克服该限制，减小大垂直角、折光差等对控制网测量精度的影响，施工控制网再分两级布设，一是在高程差较大的点位间建立 GPS 首级控制网，然后利用高精度全站仪布设二级加密网。

（1）近年来，GPS 在高精度测量工程如变形监测、桥梁控制网建设等的应用得到快速发展和推广，其优点在于：点位之间无需通视，网型灵活，点位间高差大小对观测精度影响小，网点精度均匀，不受气象条件的影响，操作简单，速度快，精度高，可直接得到三维坐标，特别适合升船机工程施工区域高差大的布网特点及测量需求。

升船机 GPS 控制网布设成连续网形，每点的连接点数不小于 3 点，由独立基线边构成 GPS 网，网中最长基线约 250m。

接收机根据首级施工控制网的作用和精度要求，选用双频 GPS 接收机，数量不小于 3 台。应选择相位中心稳定的天线，考虑到现场条件，部分控制点周围存在高大建筑物、构筑物，容易产生多路径影响，选用对多路径效应有抑制作用的扼流圈天线。为减小对中误差和 GPS 天线相位中心偏差的影响，除采用强制对中装置和相位差小的接收天线外，还必须对仪器和观测点位进行配对，每个点位的观测都用固定的一台接收机和天线，且在观测墩上标记方向指示线，每次观测时天线都对准同一方向。三峡升船机工程中，统一加工了固定长度的天线连接杆，与天线配对使用。

根据首级 GPS 施工控制网的网形、基线的长度和对控制网的精度要求，每一观测时段不短于 1 小时，重复设站数≥2，卫星截止高度角为 15°，采样间隔设为 10s 或 15s，每一时段公共卫星数不少于 4 颗。观测前进行星历预报，选用 PDOP 小于 6 的时段进行观测。基线解算利用 GPS 仪器厂家提供的随机软件完成，由于基线较短，选择采用广播星历，起算坐标采用网中某一连续观测时间较长的点的单点定位结果，基线采用双差固定解。基线解算完成后，进行同步环与异步环的检验，检验标准依据《全球定位系统城市测量技术规程》中二等 GPS 网的具体要求执行。

基线解算和各项检核工作完成后，进行 WGS—84 空间直角坐标系下的自由网平差，得到各点的 WGS—84 坐标。按照目前的 GPS 测量精度和设计的观测方案，网的点位平面精度可达到 1~2mm，大量的文献资料以及实际经验证明该精度较易实现。

另外，升船机设计与施工采用坝轴坐标系，网平差后的结果应进行坐标转换，将各控制点的 WGS—84 坐标转换为坝轴坐标系下的坐标。坐标转换时采用平面坐标系的二维转换方法。首先将各控制点从 WGS—84 空间三维坐标系投影到测区平均高程面上。为减小投影变形影响，可采用椭球膨胀法，保持椭球的定位、定向和扁率不变，根据测区平均高程改变椭球长半径，以测区平均子午线为投影中央子午线，进行高斯投影，得到各点的平面坐标。然后，固定 TP10GP03 点的已知坐标，固定 TP10GP03 到 TP21GP04 的已知方位，进行坐标系的平移和旋转。这种坐标转换方法只进行了坐标系的平移和旋转，没有进行强制约束，保持了 GPS 自由网平差的高精度。

采用 GPS 建立首级网，除因为考虑点间高差和垂直角较大的原因，还考虑到施工过程中可利用 GPS 进行轴线与标高的三维放样，既可保证放样效率及放样精度，还可更准确地控制塔柱及剪力墙的垂直度施工。

（2）其他不具备 GPS 观测条件的剩余网点，构成二级加密网，采用高精度全站仪施测。

依据上述施工控制网及观测方案，基于所建网点的概略坐标，模拟仿真了一组观测值。对模拟的仿真观测值加入正态分布的误差，正态分布的误差由 MatLab 的正态分布函数产生，产生的测角误差的标准差及测距误差的标准差依据实际情况拟定，从而生成能反映实际观测精度的虚拟观测值。考虑到施工控制网部分边的边长较短，控制点间距离变化较大、高差大，实际观测中对中误差、调焦误差、垂直角误差引起的测边误差、测角误差较大。因此在生成虚拟观测值时，加入的测量误差大于设计的观测误差要求。从模拟试算的结果看，采用设计的观测方案及精度等级，可以保证施工控制网点点位误差小于2.0mm，完全可满足土建施工及一期埋件安装的精度需要。实际测量的数据显示按照上述方案及精度等级，施工控制网点点位误差最大为 1.81mm。

建立施工控制网主要用于升船机工程的土建施工、一期埋件安装测量、变形测量，兼顾为二期埋件安装提供控制网点及起算基准。

2）安装控制网布设在船厢室段，选点要求较高：一是与基准控制点的联测需求；二是分布要关联各二期埋件及大型设备的安装。安装控制网在二期埋件安装前进行测量，但与施工控制网点位共用，即布设于船厢室段的施工控制网点将来作为安装控制网点，但施测等级不同，同时由于塔柱等主体建筑施工完成后，布设于大底板上的网点与其他网点不再具备通视条件，还应在施工控制网施测时，将施工基准传递到安装控制网中。按照设定的等级进行观测，实测最大点位误差满足二期埋件及大型主体设备的安装精度要求。

3）高程控制网的布设采取在原有水准网点的基础上进行加密，运用几何水准测量的方法进行测量。

11.3.4.2 投点张线法设计及应用

大型垂直升船机二期埋件的安装测量，主要需要保证：同一组螺母柱与齿条相对位置关系、螺母柱及工字钢的垂直度、齿条及π形架的垂直度、四根螺母柱的平行度、四根齿条的平行度、纵向导轨垂直度、平衡重导轨的垂直度等，以及各埋件相对于船厢室纵向中轴线、横向中轴线的定位关系。其中最高定位精度要求达到 0.5mm，最高垂直度要求 5mm，最高平行度要求 2mm。所有二期埋件安装均在塔柱混凝土垂直壁面上，最大安装高度约 140m，呈悬空状态，没有测量支撑平台，很难在不同高度布设控制网。

因三峡升船机塔柱易受到温度、自重、荷载等引起的位移和变形，传统的吊挂重锤、放置油桶设阻尼的方法不适宜二期埋件及主体设备安装要求，通过研究及实践，提出了"投点张线法"，并发明测量点放样调整装置和投点张线装置。通过二者的结合，有效地解决了超高混凝土建筑安装高精度机械设备的方法及精度问题。通过极坐标法，结合测量点放样调整装置，可以准确、高效地实施安装控制点的放样与加密，在安装控制点上运用高精度投点仪，进行投点，投测到投点张线装置上，并固定，在不同的安装高程，悬挂重锤，运用机械加工定做的工尺进行测量定位。

1. 测量点放样调整装置

测量点放样调整装置，如图 11.3-4 所示，它包括固定底座，固定底座上端面设有 T 形槽，T 形槽中央设有可移动调节的放置和固定测量标志的底座以及将测量标志底座固定在 T 形槽上的调整压块和固定螺栓，固定底座下端面设有可以和被测对象固定的螺栓孔。测量标志的底座可以在固定底座上端面 T 形槽中随意移动，可以根据要求在任何位置进行固定。固定底座下端面通过螺栓孔可以和被测对

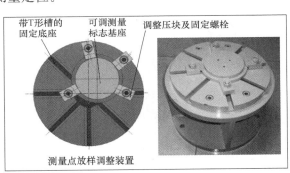

图 11.3-4 测量点放样调整装置

象进行固定。固定底座为圆柱形钢底座；T 形槽、测量标志底座和调整压块以及螺栓孔为钢质钩体；固定螺栓为刚性螺栓。这样固定底座可以通过螺栓和被测对象连接并固定，测量标志底座可以在 T 形槽上移动调节，直至精确定位，提升了测量的精度和效率。

2. 投点张线装置

投点张线装置，如图 11.3-5 所示，包括固定支架，固定支架上端面设有调整压块、压块固定装置以及钢丝绳固定装置，钢丝绳，重锤，工尺。固定支架可以固定在墙体或立柱上，同侧上下固定两支架，钢丝绳可以根据投点坐标进行调整，钢丝绳的调整依靠调整压块进行，调整完毕由压块固定装置进行固定，最后悬挂重锤，调整完成放置工尺于被测对象处，进行测量读数。固定支架为三角形形钢支架；调整压块、压块固定装置、钢丝绳固定装置、钢丝绳以及重锤为钢质钩体。安装测量时，在设计条件下，通过仪器一次性全部投点，在待测量位置一次性安装所有固定三角钢支架，通过仪器测量，调整压块，最后通过钢丝绳固定装置将钢丝绳固紧，并悬挂重锤，在被测对象处放置测量工尺进行测量读数，完成被测对象的高精度测量。

精密放样后的安装控制点位于 50m 高程上，为满足不同高程埋件安装控制的需要，必须将每组埋件的两个安装控制点投测到相应高程上，每隔约 30m 投测一个点，在每两个投点之间，采用张拉控

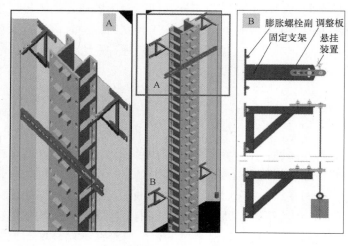

图 11.3-5　投点张线装置

制线的方法进行定位控制。应一次性将所有高程处的托架全部投测调整完毕，投测时气候条件为，温度 17℃±2℃，风力小于 3 级，保证投测时气候条件与升船机工程设计要求一致。实际安装时，由于塔柱受温度、风荷载的影响产生变形，不同高程处的托架将随塔柱同步变化，则可以补偿由于温度、风力引起的变形量。

按照"投点张线法"，采用 0.8mm、1mm 直径的优质钢丝绳，分别按 45m、30m 钢丝绳进行了垂直张拉试验，悬挂重锤分别为 5kg、6kg、7kg、10kg，经过实际观察与多次测量：在 3 级风力条件下，钢丝绳张拉长度 45m，悬挂 10kg 重锤，风力引起的最大摆幅小于 1.5mm；张拉 30m，悬挂 10kg 重锤，风力引起的最大摆幅小于 1.0mm。试验表明，采用 30m 长的钢丝绳、配 10 kg 重锤张拉，进行安装，由风力引起的测量误差小于 1.0mm，方法是可行的。

如果将风力引起的摆动误差控制在更小范围内，可以采用以下措施：一是增加悬挂重锤的质量；二是适当缩短钢丝绳张拉长度；三是在风力小于 3 级的条件下进行安装测量。

按照上述方法进行安装测量，以齿条为例，在不同气象条件下进行测量，单套齿条轴线垂直度测量结果最大控制均在 5.0mm 内；四套齿条轴线平行度控制在 4mm 内。

11.3.4.3　精密三维测量技术应用

精密三维测量系统由现代高精度的测量仪器、系统软件、测量标志附件等组成，主要用于大型工业产品在生产、安装等过程中的尺寸检测，以及产品的变形测量等。采用精密三维测量系统，对产品的边缘线、定位孔、定位点及产品上的标准形体的测量，获得产品的位置、姿态数据，进而对产品的位置度、直线度、平面度、圆度、圆柱度、平行度、垂直度以及产品间的相对位置关系进行测量及评价。其是确认产品外形尺寸检测的重要系统设备，在升船机工程安装中，有大量的机加工金属结构，这些金属结构在设计及加工中均有大量的平行度、直线度、平面度等的尺寸要求，如齿条的尺距、工字钢翼缘面的平面度、纵导平面度等，首先，这些金属结构经机加工并运抵安装现场时，其外形尺寸是否满足设计要求，必须采用精密三维测量系统对其进行检测，以保证其各项尺寸满足设计要求后才能进行安装，否则必须进行再加工或进行安装方案调整；第二，对于现场安装的某些指标，常规方法难以满足其精度要求，须采取精密三维测量系统进行检测。

1. 全站仪测量系统在升船机设备及埋件制造安装中的应用

全站仪坐标测量系统只需单台仪器即可测量，因此仪器设站非常方便和灵活，测程较远，特别适合于测量范围大的情况，如有 Leica 的 TS30、TS50 或索佳的 NET05 构成的系统在 120m 范围内使用精密角隅棱镜的测距精度能达到 0.2～0.3mm，三维坐标测量精度可达到 0.5～1.0mm；由索佳公司的 NET1200 全站仪或 NET05 全站仪对反射片测量，测量精度优于 0.6mm，即使不采用棱镜，测距精度亦可达 1.0mm。实践表明，采用全站仪测量系统进行直线度、平面度、平行度等的检测，检测精度优于 0.3mm。

在升船机施工安装过程中，运用全站仪测量系统主要是进行两方面工作：一是安装前对齿条、螺母柱等设备及二期埋件主要几何尺寸进行检测确认；二是对设备及二期埋件的安装空间位置关系进行过程跟踪检测，比如平行度检测、单节垂直度检测等。图 11.3-6 是技术人员在升船机船厢室段应用全站仪工业测量系统进行检测。

2. 数字摄影测量系统用于螺母柱设备安装检测

数字近景工业摄影测量是通过在不同的位置和方向获取同一物体的 2 幅以上的数字图像，经计算机图像匹配等处理及相关数学计算后得到待测点精确的三维坐标。数字近景工业摄影测量系统一般分为单台相机的脱机测量系统、多台相机的联机测量系统，在三峡升船机工程中，主要用到美国 GSI 公司的单台相机的脱机测量系统 V-STARS。V-STARS 摄影测量系统在升船机制造与安装测量中主要用于检测齿条、螺母柱二期埋件及设备的几何尺寸与形位公差。

图 11.3-6 全站仪测量系统检测

表 11.3-2 是三峡升船机螺母柱设备的部分安装尺寸及位置关系记录。图 11.3-7 是技术人员对螺母柱设备进行检测。

三峡升船机螺母柱设备安装尺寸及位置检测表   表 11.3-2

检测项目		特征值	限差要求	检测成果
A-B 圆柱直径		1365mm	±0.5mm	1365.004mm
A-B 圆柱度		—	±0.5mm	0.204mm
A-B 螺纹共面度			0.5mm	0.202mm
导轨面平面度	A 内 B 外		+0.2mm	0.055mm
	A 外 B 内		+0.2mm	0.046mm
导轨面与对称中心线角度	A 内	44.9900°	±0.03°	45.00286°
	A 外	45.0013°	±0.03°	45.00289°
	B 内	45.0025°	±0.03°	45.00403°
	B 外	44.9878°	±0.03°	44.98029°

图 11.3-7 螺母柱设备摄影测量检测

11.4 宝钢 5m 级宽厚板轧机

宝钢 5m 级宽厚板工程是宝钢股份公司"十五"规划建设的最大项目，是宝钢股份公司调整产品结构，满足国内市场对大口径输油气管线、高强度船板、高强度建筑结构板、压力容器板需求的重大举措。作为我国第一套特宽幅现代化厚板轧机，它的建设能带动我国厚板生产技术的跨越式发展，对提升我国厚板产品档次，增强我国综合国力发挥积极作用。宝钢宽厚板轧机立足于生产高档次高强度控轧控冷产品、热处理产品及宽幅产品，为此广泛采用当代厚板领域的新技术及先进装备，以达到高效、低成本生产高质量的产品。宝钢宽厚板轧机工程由国内技术总成，点菜式引进关键技术及装备，充分利用国内设备设计及制造能力，采用联合设计、制造，或国内设计、制造方式。主作业线设备由德国 SMS Demag 及 Siemens 公司负责提供，热处理线由德国 LOI 公司负责提供，板坯库及加热炉区设备主要由国内负责设计、国内供货。

11.4.1　工程概况

宝钢宽厚板轧机是进入 21 世纪以来全球投入建设的第一个 5m 级宽厚轧机，也是当今世界上一流、国内最大和最先进的首条宽厚板轧机生产线（图 11.4-1）。宽厚板主轧机为一架 5m 四辊可逆精轧机，设计年生产能力为 140 万 t，二期增建一架粗轧机和热处理线，年产规模可扩展到 180 万 t。一期可生产最宽边 4.8m，厚度达 50～150mm 的成品宽厚板，产品以管线板和船用板为主，其中专用板占到 90% 左右。

一期宽厚板轧机工程其车间主厂房由主轧跨、主电室、磨辊间及板坯跨、板坯接受跨组成，主厂房建筑面积 52218m²。

11.4.1.1　宽厚板轧机工程主要设备

精轧机选用规格为 5000mm 高刚性的四辊可逆式轧机，轧辊最大轧制开口度为 500mm，最大轧制压力 10000kN，支承辊直径 2300mm，轧制辊直径 1150mm，机架刚性模量 10MN/mm，其配备主电机功率 2×10000kW，转速 0/±50/120r/min，最大轧制力矩为 2×4770kN·m。主轧机单片牌坊重量约 390t；轧辊定位系统采用液压 AGC 系统，其反应速度快，定位精度高，承载能力强；板型控制采用工作辊弯辊装置和 PC 轧制方式或 CVC 轧制方式。

立辊轧机（AWC）仅布置在轧机之后，是轧制的连续，能控制轧件的宽度均匀，获得齐边钢板。其设备机型为双电机上传动式，轧辊直径 1000mm，最大轧制压力 3500kN，轧辊工作开口度 1200～5000mm，其配备主电机功率 2×700kW，自动厚度调整为液压 AGC。

快速冷却（ACC），钢板通过 ACC 装置时，上、下两面同时喷水进行加速冷却，使钢板的温度从 700～800℃快速下降至 400～600℃有效控制钢板内部晶体的改变。其设备为一些喷嘴、管道、阀及水箱等，装置总长度为 30m，冷却水瞬时流量 max12000m³/h。

热矫直机，钢板一般在 600～800℃进行热矫，矫直压下量一般为 1.0～5.0mm。其设备为四重九辊可逆式，上矫直辊开口度 max400mm，最大矫直力为 40000kN，机架刚性模量 10000kN/mm，自动厚度调整为液压 AGC。其特点具有上矫直辊弯辊、倾斜功能，矫直辊系整体快速换辊功能。

11.4.1.2　宽厚板轧机工程采用的新技术

为了在宝钢宽厚板轧机采用高水平控轧控冷（TMCP）工艺，提高轧制长度，确保高生产率，精轧机采用大力矩、高刚性、高轧制速度、CVCPLUs 板形可控机型。为了满足用户对高尺寸精度产品的要求，同时获得高成材率，宝钢宽厚板轧机采用最新高精度轧制技术，包括：厚度控制技术、平面形状控制技术、板形控制技术。

1）多功能厚度控制技术轧后钢板的厚度精度取决于轧机设定模型精度、AGC 控制水平。宝钢宽厚板轧机采用高精度多点式设定模型，采用高响应液压 AGC 技术，具有监控 AGC、绝对 AGC 等功能；同时在水平机架出口侧近距离布置 7 线测厚仪，减小监控 AGC 控制盲区，改善钢板头尾厚度精度。同时利用绝对 AGC 及模型多点设定功能,轧制变厚度(LP)钢板,满足桥梁及造船界的特殊要求。

2)平面形状控制技术宝钢宽厚板轧机采用 MAS 轧制法控制钢板平面形状。MAS 轧制法的控制原理是,在成型、展宽轧制的最后一个道次,利用绝对 AGC 功能,改变中间坯长度方向上厚度,使其在旋转后展宽、精轧阶段轧制的第一个道次上,由于宽度方向上压下率不同,而产生不均匀延伸,以补偿板坯头尾部的不均匀变形,达到改善钢板平面形状的目的,使钢板平面形状呈矩形。同时配置与水平机架呈近距离布置的立辊机架,采用 AWC 短行程(SSC)功能,进一步改善钢板平面形状,提高宽度绝对精度。

3)板形控制技术国外厚板轧机板形控制,普遍采用工作辊弯辊及高刚性轧机,也有少量轧机采用 CVC 或 PC 板形控制技术。针对宝钢宽厚板轧机的产品定位及考虑到将来的发展,本套轧机采用 CVC-PLUs 和工作辊弯辊板形控制技术。工作辊窜动行程±150mm;弯辊力最大值 4000kN/侧。工作辊窜动在道次间歇时间内完成,由于采用高次 CVC 曲线方程,凸度调节能力能满足生产的要求。

图 11.4-1 宝钢 5m 宽厚板主轧制生产线

11.4.2 关键问题

11.4.2.1 软土地基区域的位移对设备安装精度的影响

宝钢宽厚板工程毗邻长江,地处软土层,工期紧,在设备基础施工完成后紧接着就要进行设备的安装作业,设备基础的位移将会给设备安装精度带来很大影响。设备基础的位移影响主要是各设备基础间的不均匀位移对轧制中心线直线度的影响,各设备基础之间不均匀沉降对轧辊设备安装平行度的影响以及大型基础自身不对称沉降对设备水平度的影响。

11.4.2.2 超长连续生产线的各设备安装的整体精度

本工程所涉及的设备精密安装测量工作包括大型连铸机区域、步进式加热炉区域和主轧制区域的众多设备安装,各设备之间具有生产连续性,在保证各区域设备安装精度的同时,保证连续生产线安装的整体精度是本工程的一个关键问题。

11.4.2.3 连续生产线安装的直线精度

主轧制区全长约 320m,轧机的生产工艺线也是沿着主轧制线布置,对主轧制线上的设备安装精度要求很高。在安装过程中在长达 320m 的区域内建立一个高精度的安装基准线的测量方法和设备要求较高，不能采用常规方法进行。为了避免由于设置引张线时线架距离过长造成引张线下垂而影响基准线的精度，引张线的长度应控制在 60m 以内，在分段设置引张线时保证引张线的绝对精度和相对精度是保证设备安装测量精度的关键。

11.4.2.4　设备安装的高精度精密测量

大型设备对安装精度要求高，安装作业需要多工种配合完成。在安装过程中，为了达到厂方要求的技术指标，单一采用工程测量的方法和仪器已不能满足设备安装的精度要求，因此在设备安装过程中应配合计量的方法和设备，采用联合测量的方法完成设备安装的精密测量工作。现代轧机，技术先进，因此设计和生产比较复杂，如何在异形的轧机设置测量标志实现快速准确测量也是保证设备安装精度的一个关键问题。

11.4.2.5　快速地检测设备安装精度

采用传统的机械引张线方法进行设备的安装测量工作虽然稳定可靠、成本低，但存在因挂线的测量误差造成钢线作为基准中心线的误差较大、多次挂线导致的多次测量不符误差、测量效率低等问题。

在进行设备安装精度检测工作中，采用传统检测方法以主轴线上之中心线点使用悬挂垂球线加千分尺或钢板尺进行检测，会产生诸多误差，如架线板投点、标注、架线板振动、挂线偏差、垂点偏差、量计误差等，要想达到高精度的安装标准难度很大。若全站仪极坐标检测方法可以在任意一个可观测到测点的位置对测点直接进行实测，利用极径和极角（距离、坐标方位角）计算出测点的坐标值，以实测值和设计值进行对照，即可计算出偏差值进行改正或确认。采用全站仪建立极坐标系统快速、操作简便，克服了经纬仪系统由于场地狭小而设站困难和交会图形条件差的缺陷，且测量精度均匀，但此方法在效率上仍存在不足。

11.4.3　方案与实施

11.4.3.1　设备精密安装的预处理技术

在软土地基安装连续生产设备，首先要考虑到设备基础的沉降对精密安装带来的误差。现代化大型轧钢厂其核心设备是轧机，它决定产品的产量和质量。因此，相对应的对轧机的安装精度提出了更高的要求。尤其是在软土地基上安装连续轧制的高精度轧机设备，尽管在基础设计方面采取了措施，但是基础仍处于沉降不稳定状态，甚至产生较大的偏沉，直接影响轧机设备的安装精度和安装进度。

1. 高精密度的检测和测量技术

采用了声（光）法测量技术，保证了安装精度，使轧机的水平度、垂直度、同心度和平行度安装偏差控制在 0.04mm/m 之内。

2. 有效控制积累误差

对于连续生产设备的安装，无论是轧机底座（地脚板、轨座），还是轧机机架的安装从精轧机开始安装，其中心线、标高和水平皆以此为基准，顺序安装相邻设备，有效地控制了安装的积累误差。

3. 运用预控技术

1）设备未安装之前，用自身设备进行预试压。在设备未安装之前，及早地将轧机设备运进现场，根据基础的板块结构和基础施工的先后程序，确定轧机底座、机架、减速机、人字齿轮机座及电机放置地点，加速基础沉降。

2）宏观监测设备基础沉降变化规律。在轧机设备基础四周埋没沉降观测点，建立"沉降观测网"，周期测量并绘出沉降曲线图。

3）设备预安装。对于非连续的轧机，预定抬高一数值，其抬高量预计等于沉降量。预安装轧机均按验评标准和验收规范要求进行，但其总量应考虑今后调整能力。

4）微观检查设备变化量值，以确定今后高速方案。在预安装的设备上用精密测量仪检测设备水平度和垂直度的微量变化，确定精调对策。

4. 建立一套调偏技术

当预安设备产生不均匀沉降后，精调前要采取有效的调偏方案，主要包括顶升量的确认、顶升力的计算、顶升装置的设计、防止轧机移位的保护措施及顶升值的控制等。

11.4.3.2 高精度安装测量控制网的建立

精密安装控制网是为工程设备安装和运营中的变形监测与设备检测服务的，它是设备安装阶段和设备检测各项工作的测量基础，也是工程质量的根本保证。在控制网布设时既要满足工程要求，又要满足进一步布网（各项工作安装基准线）需要。

1. 平面控制网的布设

本工程设备安装主要包括连铸机区域、加热炉区域和主轧机区域，三个区域的设备具有连续性，主设备工艺流程线互成90°，因此，应建立一个统一的高精度测量控制网，以保证工艺流程线的整体精度。

平面精密安装控制网布设时应遵循以下原则：

1）控制网的大小、图形考虑到本工程须安装设备的形状、规模和施工方法，同时满足工程施工和后期设备检测的需要，应覆盖整个主轧跨；

2）精密工程控制网是为工程服务的，必须具备必要的精度，控制网点的点位精度应优于1mm；

3）考虑到施工场地高电压和高磁场对全站仪精测距影响很大，控制点点位设置除要求稳定外，还要避免工程建设的影响和高电压、强磁场的干扰，避免因环境影响导致的测距误差；

4）轧钢工程对主轧制线的直线精度和轧辊的平行精度要求很高，因此，安装控制网不要求控制网的精度均匀，但要保证主轧制线方向的直线精度和垂直于主轧制线方向的垂直精度。

平面控制起算采用土建施工所布设的三个导线点（KF5、KF6、KF7）作为起算依据，通过优化设计，主轧区精密安装控制网共布设了6个控制点（新增3个控制点，K1、K2、K3），控制点分别布设在设备工艺流程线两侧，形成双大地四边形网，两相邻控制点的距离控制在200m以内，如图11.4-2所示。

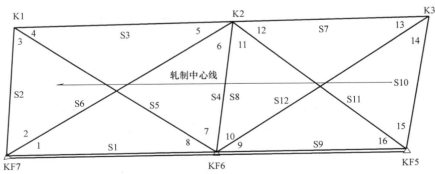

图 11.4-2 精密安装测量平面控制网

控制网的测量以高等级施工控制点为起算依据，外业观测测角和测距均采用Leica TCA2003全站仪，能够满足本工程精密控制网的技术要求。

平面控制测量外业按照四等加密三角测量的技术要求进行外业观测，每个角度观测不低于4个测回，测角中误差≤2.5″，测距按照精密测距技术要求进行，每段距离采用往返测取平均值，最弱边边长相对中误差≤1/40000。

主轧区的控制网为双大地四边形，外业观测采用边角全测方法观测，共观测 16 个角度，12 条边长，总共 28 个观测值，也就是有 28 个改正数 V_i。这些改正数除了满足每个大地四边形的 9 个条件方程外，还应满足 $S_4 + V_{s4} = S_8 + V_{s8}$。因此，考虑到本工程对控制测量的精度要求很高，为避免观测的小角度对平差精度的影响，采用条件平差方法进行计算，双大地四边形条件方程共有 19 个。

精密控制网平差计算采用 COSA 软件，按四等加密边角网技术要求进行严密平差。从外业观测统计分析得出，角度观测最大中误差为 $1.8'' < 5''$，边长观测最大相对中误差 $1/340000 < 1/40000$，均满足外业观测技术要求。平差后控制点平面坐标精度 M_x 均值为 0.4mm，M_y 均值为 0.6mm，最弱点平面坐标精度 M_x 为 0.6mm，M_y 为 0.8mm，满足本工程安装测量平面控制精度要求。

2. 高程控制网的建立

设备安装施工对高程控制点在精度和密度方面的要求是很高的，土建施工阶段所埋设的水准点往往不能满足工程的需要，故要在设备以前建立新的高程控制网。精密高程控制网采用精密水准测量的方法进行测设，精密水准测量通常是大型设备安装和检测最常用的精密高程测量方法，其精度要求高、测量难度大。

考虑到后期设备检测的需要，本工程精密高程控制点应埋设永久高程点，其点位设置在考虑到设备安装期间使用方便的同时还应结合生产布置图选定，以便能够长期保存。

精密水准测量按照二等水准测量技术要求进行，观测仪器采用 DS05 级水准仪，配套检定合格的条码铟瓦尺进行外业观测。在外业观测前应进行电子水准仪的圆水准器位置不正确误差、补偿器误差、视准轴误差等项目的校准，以消除仪器误差。

水准外业观测从主轧机区域的高等级高程控制点起算，沿水准路线附合到连铸机区域的高等级高程控制点，形成附合水准路线，精密水准测量的平差计算采用严密平差方法。

11.4.3.3　主轧区安装基准线的建立

精密设备安装的基准适用于保证设备按设计要求准确定位，设备安装测量的目的是调整设备的中心线、水平位置和标高，使三者误差达到规定的要求，才能使设备按设计要求精密定位。定位的基准是控制网的精度，定位精度越高，控制网精度就要更高。

主轴线也称基准线，是大型轧机安装的基础（图 11.4-3），一般来说，测量基准线和高程控制点一条生产线只提供一组。本工程的主轴线与主轧机的轧制中心线重合，同时以主轧辊的轴向方向线为基准设置一条垂直于主轴线的垂直轴线，形成十字中心线，两条轴线间的垂直误差要求小于 2.5″。

图 11.4-3　主轧区设备安装基准线

1. 控制点基准标板的制作、预埋

设备的安装主要需要控制设备的安装位置和安装高度，如何在施工过程中快速地对设备位置和标高进行调整，这就需要在主要设备的纵向中心线和生产中心线上埋设中心标板，在方便设备标高测量的地方埋设标高基准点。

设置予以保留的永久中心首标板和基准点，应在设备安装之前完成，以满足供安装中和以后检修时测定中心线和标高使用。另外可以根据安装需要以永久基准线和基准点为准，增设辅助中心标板及基准点。标板一般设置在主要设备的纵向中心线和生产中心线上埋设坐标点，在方便设备标高测量的地方埋设标高点。为避免测量累加误差，应在保证设备测量不受影响的前提下，尽可能少地布置中心标板和基准点。永久性中心标板和基准点可采用铜材、不锈钢材制造。永久中心标板和基准点应设置牢固，并应予以保护。

对于中心标板和基准点的使用应注意以下几点：

1）为保证中心标板和基准点的准确性，并且能长期保存使用，标板的埋设形式见图 11.4-4。

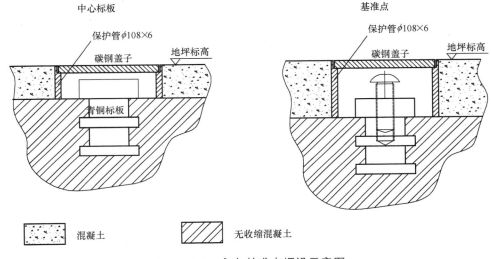

图 11.4-4　永久基准点埋设示意图

2）基准标板制作好后，在底层地坪及各楼层浇筑时，将各标板精确定位并预埋。养护期间应定期逐个进行检查、复测，定期对中心标板和基准点刻度及标高进行校正，确保基准标板的牢固、稳定。

3）中心标板和基准点用过后应涂油，防止生锈影响精度。

2. 轧制中心线和基准点的精密测量

本工程主轧区设备中心线全长 384m，主轴线设计长度为 360m。为了避免轧制中心线过长而导致的观测误差影响主轴线的精度，同时考虑到基准线距离很长，设备安装时设置引张线的距离不能过长，一般控制在 60m 以内，主轴线点由分别在轧区精轧机、立辊轧机、热矫直机等区域的基准线设置的 7 个基准点组成，相邻两个基准点间相隔 60m。将主轴线分为六段，还可以在观测时有效避免因受到大气折光及照准误差的较大影响，提高视准线观测精度。安装测量基准线的设计见图 11.4-5。

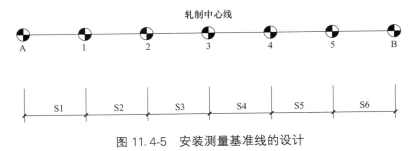

图 11.4-5　安装测量基准线的设计

1）复检土建竣工轴线

在确定轧制中心线之前应采用控制网对各设备的土建基础进行竣工轴线检查。若土建设备竣工主线与设计轧制中心线在允许范围之内，则采用轧制中心线设计坐标进行测量，若超限，需将实测数据提交相关单位，对轧制中心线进行适当调整。

2）轧制中心线端点测定

轧制中心线端点的初步测定使用 TCA2003 全站仪，采用极坐标放样方法，按照精密测角测距的技术要求进行角度和距离放样，并将初步放样点在标板上初步标定。在将初步测定点标定到永久表板上时，可采用划线的方法，务必使初步点位居控制标板的中部，以便改点时，有较大活动余地。

按极坐标法所测定主轴点初步位置，不会正好符合设计位置，因而必须在主轴线端点初步测定后，将其联系在测量控制点上，使初步定位点与控制点组成一定的几何图形进行精测，经平差求出坐标值后，求出主轴点实测坐标值。在求得平差后的主轴点坐标值后，将其与设计坐标进行比较，根据它们的坐标差，将实测点与设计点相对位置展绘于标板上，归化改正到设计位置上去。归化改正后的主轴线端点，需采用精密激光投点器投测在中心标板上。为保证测量精度，基准点采用带有激光对点器的徕卡 SNL121 精密支架进行投点。示意见图 11.4-6。

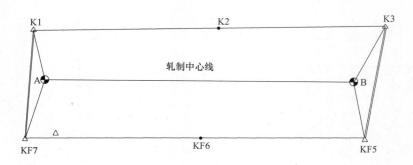

图 11.4-6 安装基准线两端主点测量示意图

3）主轴线加密基准点的测设

在精密测定主轴线端点 A、B 两点及轴线的距离后，主轧区安装基准线便确定了，接下来进行加密基准点 1～5 的测定工作。加密基准点的初定采用连续视准线方法测定，在 A 点架设全站仪，以 B 点为后视建立基准线，通过测量前视标志方向和距离，按照点号 1～5 的顺序初步放样加密基准点。加密基准点初定后应在标板上进行标记。

为有效地提高观测精度，避免视线过长对观测精度的影响，加密基准点的精密测量采用中点设站和固定端点的视准线观测方法相结合，通过缩短观测视线减少照准误差和大气折光的影响。采用中点设站观测方法，因为视线相等，还可有效地减少调焦误差的影响。本工程通过与传统观测方法作比较，对其观测误差进行分析，并根据实测数据验证，其精度可提高一倍。

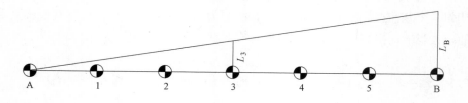

图 11.4-7 中点设站法观测示意图

3号加密基准点的精测采用中点设站法进行测定（图 11.4-7），观测时，先将仪器安置位于中点的加密基准点3，用盘左后视点 A 上的固定觇牌，倒转望远镜前视 B 点活动觇牌，读取 n 次读数取其平均数作为半个测回 $L_{B左}$。同法，用盘右再观测一次得 $L_{B右}$，取盘左盘右平均值得 L_B 作为一测回，按精度要求施测 6 个测回。3 号点的偏离值按下式计算：

$$L_3 = 0.5L_B$$

式中：L_3——3 号点偏离值；

L_B——B 点至视线的垂距，由活动觇牌 6 测回读数算得。

在求得 3 号点的偏离值后，依据偏离值对 3 号点进行改正，并按照上述方法对改正后的点进行重复观测，直到 3 号点点位偏差 $L_3 \leq 0.3$mm，并记录最终的偏差值。

3 号点观测完毕后，将仪器移置 A 点，后视 3 号点，采用固定端点观测方法进行 1、2 号点的精密测量工作。同理，在 1、2 号点调整完成后法进行 4、5 号点的精密测量工作。

在精密测定主轴线各基准点的偏离值后，采用精密移动觇牌（图 11.4-8）法按照轴线基准点测量的方法设站对各基准点对主轴线的偏离值进行检查，各基准点点位偏差 ≤ 0.3mm。在精密测量各点在基准线的方向后，采用精密测距方法进行测量对各点间的距离进行精密测定，然后根据各点与控制点和主轴线的方位、距离元素，计算出各点的在施工坐标系中坐标值。

3. 竖轴线的精密测量

竖轴线的主轴线为在主轧机轧辊中心线，然后在热矫直机、轧辊滚筒区域设置 5 条加密竖轴线（图 11.4-9）。竖轴线依据长轴线测得，其测量方法及步骤和与长轴线基本一致，竖轴线测量完成后要进行垂直度的检测，其垂直度不应大于 2.5″。

图 11.4-8 精密移动觇牌

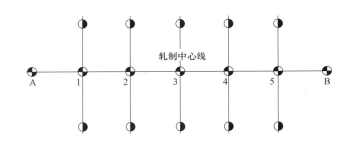

图 11.4-9 竖轴线的设计

11.4.3.4 精密准直法在精轧机安装测量中的运用

精密准直法的核心是在主轧区设备安装过程中根据建立好的安装基准线，采用机械法或光线法在设备安装区域建立若干条高精度的轧制中心基准线和垂直与轧制中心线的竖向基准线，作为安装测量的基准。

1. 精密准直线的建立

在大型轧机安装测量工作中，紧密准直线的建立一般有机械法和光学法两种。

1）在工程轧机安装测量工作中，主要采用机械准直法。机械法一般采用挂钢线听耳机内径千分尺方法，该方法因为不可避免的需要多次挂钢线，钢线与基准板对中有位置误差变化，综合精度大约在 0.05~0.1mm。

2）在机架安装完成后要对其进行安装精度检查，精度检查时采用光学准直法。光学法即采用光学经纬仪建立一条准直线，采用经纬仪内径千分尺测量方法进行测量。测量时，用经纬仪镜头中的十字线替代钢线，对准内径千分尺千分头断面测量。这种方法克服了挂钢线的基准误差，不影响现场施工，一次测量不需要多次穿线，反复测量基准中心线位置变化不大。但是由于测量时，千分尺端头在观测时有阴影，造成经纬仪内十字线重合时位置不清晰造成观测不灵敏而产生误差，误差大约为 0.05~0.07mm。为了克服上述方法的弊端，提高测量精度，采用了改进后的经纬仪千分尺测量方法。在内径千分尺的每一段上增设几道刻线，刻线宽度为 0.03~0.05mm，使测量精度提高到 0.01~0.02mm。

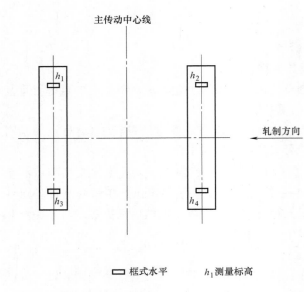

框式水平　　　h_1测量标高

图 11.4-10　底板水平测量图

2. 轧机底板安装测量

底板轧制中心的测量，以底板上的两侧螺栓孔为准，底板中心按设计尺寸其偏差应小于 0.5mm。底板水平的测量，应当在底板处于紧固状态并保证底板达到设计标高的前提下进行。如图 11.4-10 所示，通过精密测量 $h_1 \sim h_4$ 四个点的标高计算底板水平度，底板的水平度误差不大于 0.05mm/m。参照制造厂的预装记录来核实各点。在螺栓紧固的状态下，底板标高应当高于设计标高 0.5mm。底板安装工作按上述程序要求完成后，对于底板的水平度再重新做一次复查，确认所做的工作一切都合要求时，把一侧底座的紧固螺栓松开，将底座向入口方向水平移动 2～3mm，然后拧紧座脚螺栓，在底座的侧面设置 2 块百分表，两端各设置 1 块百分表，监测底座位移。在牌坊安装到位的过程中，移动侧底座可能会产生位置变化，必须准确监测移动侧的位移情况，同时对固定侧也进行必要的监测，当出现位移时可以进行调整恢复。

3. 牌坊窗口平行度找正测量

牌坊吊装到位后，挂好轧制中心线，进行牌坊的找正工作。为使牌坊能顺利地完成各项技术要求的检测，牌坊吊放在底板上后，应先进行牌坊在自由状态时各配合面的间隙和接触情况检测工作。用千斤顶顶动底板，使牌坊窗口中心线同轧机横向中心线重合，用经纬仪配合外径千分尺检测牌坊窗口，使牌坊窗口中心与轧机横向中心线重合（见图 11.4-11），检查牌坊与底板间隙的变化，确保底座与牌坊顶紧。

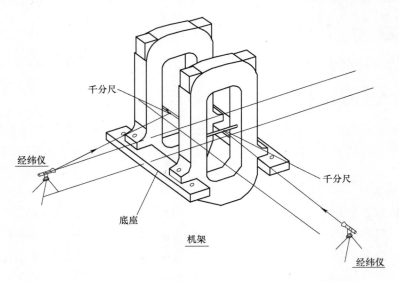

图 11.4-11　经纬仪配合外径千分尺检测牌坊窗口图

在两窗口中心线的测量中，主要是要求两个窗口同侧的滑板表面在同一平面内并平行于轧机横向中心线。这样才能够保证支承辊油膜轴承箱体在窗口中的正确位置，其支承辊轴线与轧机横向中心线重合。调整窗口平行度时，按照图 11.4-12 所示在一个牌坊窗口滑板面上取上下最远的两点，在牌坊窗口滑板的上、中、下位置上挂好三条轧机横向中心线，然后分别用千分尺精密测量两个牌坊同侧滑板与每条轧机横向中心线的 4 个距离尺寸（如 A_1、a_1、A_4、a_4），当每组 4 个距离尺寸的相对差达到规范要求（0.02mm/m）或小于等于设备制造厂的预装记录时，认为窗口平行度已达到要求。

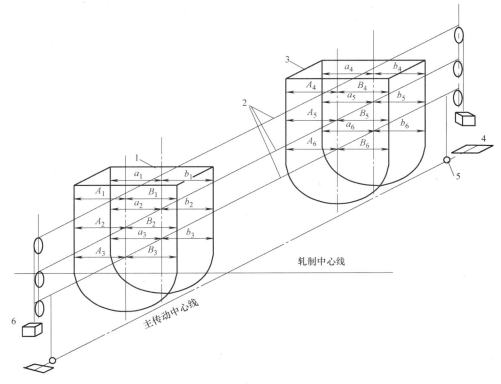

图 11.4-12　轧机机架纵横中心线的测量示意图

1—左机架窗口；2—挂设测量中心线；3—右机架窗口；
4—中心标板；5—线锤；6—垂锤

4. 牌坊垂直度的校正测量

牌坊垂直的校正，在牌坊窗口平行度测量结束之后进行。首先在出机架窗口滑板中心线上的最高位置上和机架侧面相同位置上，分别挂一条能通过下滑板最底边的垂线，并把垂线的线坠放到油桶中稳住，然后如图 11.4-13 所示分别用内径千分尺来测量各平面与垂线之间的距离，如果所测量的每组 4 点数（$a_1 \sim a_4$、$b_1 \sim b_4$）相对差小于 0.05mm/m 时，则认为牌坊窗口及侧面的垂直度是合于要求的，否则就应重新调整。

在垂直度的调整过程中，应当注意垂直度和窗口水平度相结合来进行。在保证螺栓达到紧固的情况下，可以交替紧固螺帽，最终在垂直度达到要求基础上，两个窗口的水平度应达到 0.02mm/m 标准。

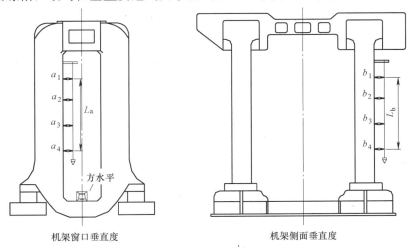

机架窗口垂直度　　　　机架侧面垂直度

图 11.4-13　机架垂直度测量示意图

5. 轧机的精调

当轧机预安装后，设备基础沉降趋于稳定时，可以对由于基础不均匀沉降影响轧机安装精度的部位进行调整。所谓精调，就是根据规范和技术标准要求，采用精密水准测量方法，将因偏沉造成的轧机安装精度超差的项目进行重新调整，将其调整到规范要求允许范围内。判断基础沉降趋于基本稳定的原则：沉降曲线趋于较平稳的波动，同时偏沉量相对稳定。

11.4.3.5　激光跟踪仪在轧机安装精度检测中的运用

主轧机安装完成后需要进行安装精度检测，激光跟踪仪是一款高精度便携式三坐标测量设备，为大型设备的精度检测提供了切实可行的依据。使用该方法对轧机精度进行检测，测量效率高、精度高，且仪器在场地空间可灵活地架设。通过软件进行数据的实时监控和位置调整，针对测量过程中的一些特征点的测量，配置附件辅助实现测量。

1. 三维控制网的建立

由于激光跟踪仪单次设站测量的范围无法满足测量需求，仍需要多次设站来完成整体测量，这就需要利用仪器布设精密的三维控制网。对于仪器本身而言，应该注意到仪器的测角误差远大于测距误差，由于一般现场设备安装空间比较狭长，因此测角误差对仪器整体的误差影响就显得尤为显著，因此为保证设备安装的精度需要建立任意姿态的高精度三维边网平差模型。

三维控制网采用轧机精密安装基准点和高程基准点为依据进行测量，并采用严密平差方法进行平差计算。三维控制网的点位布设要注意保证后视基准点与设站点的相互通视，同时满足测量角度不过大且测距上满足规范要求。

2. 轧机底座的检测

1）轧机底座的标高检测。通过测量标高基准点，然后通过建立的高程基准面就可以与轧机底座设计标高进行对比，即可得到与轧机底座之间的标高差 H_0。检测时，用采集标高点的方法分别在轧机的入口和出口底座按顺序采集 A_1、A_2、A_3、A_4。再以此通过软件分析，从而得出采集的 4 个标高点与水平面之间的标高差 H_i，与 H_0 的差值即为安装的标高误差，因为考虑到后面的螺栓紧固和基础沉降的影响，在调整底座标高时要保证底座调整的高度要比设计标高高 0.10~0.30mm。

2）轧机底座的水平度检测。检测底座水平度的原则是以画十字线方式进行，就是在轧机底座的一端通过稳定点测量收集两条十字线，将数据全部收集完成后进行多点到对象的数据查询，得出来的数据结果即为每个测量点的水平度偏差。

3）轧机底座轧制中心线检测。通过建立的坐标模型纵向坐标系，可建立一个垂直于大地水平面的轧制中心面，然后在入口和出口底座的精整面上分别采集 4 个点，通过测量多个点到对象的数据即可得到轧机底座距离纵向中心线的偏差值。

4）轧机底座的横向中心线检测。通过与轧制中心线建立中心面相同的方法，建立横向中心面，然后分别按顺序采集入口和出口底座精整面上的四点，通过数据分析即可获得进、出口底座与横向中心线的偏差值。

5）轧机底座的平行度检测。在轧机中心线调整完，分别在轧机进、出口底座传动侧和操作侧扫描一个面 P_1、P_2、P_3、P_4，每个面内确定一个关键点 K_1、K_2、K_3、K_4，计算出两对应面之间的距离的偏差量。然后根据数据结果再进行重复调整，直至满足验收的要求。

3. 轧机牌坊的安装精度检测

轧机底座验收完毕后，应观察一下基础的变化情况符合要求，即要进行下道工序轧机牌坊的安装调整，因为牌坊的安装是分两片进行，因而调整时也要同底座调整一样控制好两片牌坊同设备安装控制网的形位误差。

1）轧机牌坊水平度的检测。同轧机底座水平度检测方法相同，开启激光跟踪仪内自带的电子水准仪，建立一个水平面通过高程控制点建立高程基准面，通过十字线原则分别在传动侧和操作侧采集测量点，通过对比分析得到偏差值。

2）机牌坊轧制中心线及机列中心线的偏差值检测。在机架驱动侧入口同一高度内测量两点 A、B，出口同一高度测量两点 a、b。先计算 A、B、a、b 四点到面横向中心线面 SZ 的距离 L_A、L_B、L_a、L_b，取 L_A、L_a 相对机列中心偏移值和 L_B、L_b 相对机列中心偏移值的均值，即得驱动侧机架相对机列中心的偏差值。采用同样的方法可计算出机架操作侧相对机列中心的偏移以及轧机入口、出口相对轧制中心线的偏差值。

3）轧机牌坊的垂直度检测。通过轧制中心线和横向中心线上建立的坐标模型，可建立垂直于水平面的机列中心面 S_Z，通过轧制中心线，可建立垂直于水平面的轧制中心面 SH。测量机架窗口面垂直度时，先在待测面上从上至下测量 6～8 个点，然后可根据坐标模型得出测量点的坐标，根据坐标数据可以计算得到垂直度的偏差值，同法可测得机架窗口侧面的垂直度。

11.4.4　启示与展望

11.4.4.1　设备安装精密测量方法的研究

现代大型轧机安装测量最基本的特点就是精度要求高，工作难度大，仅靠单一的传统测量方法已经不能满足精密工程测量的需要，需要进行新理论、新方法的研究。设备安装精密测量方法研究包括精密控制测量和精密安装测量两方面。

精密控制测量新方法的研究主要体现在：结合工程特点对设备安装的精密控制网从网形设计、观测方法、数据处理方法等方面进行优化；采用新的方法提高安装基准线精密测量的精度；在设备安装过程中如何根据现场的需要，采用新的测量方法和设备，快速实现设备安装基准线的精密准直测量。

精密安装测量的精度都达到计量级的精度要求，仅仅依靠传统的测量工作是不能完成的，因此在工作中需要结合计量学的知识，结合多学科的理论和方法研究，提高测量的精度和效率。

11.4.4.2　减少环境等外界各因素影响的研究

设备安装精密测量受施工场地施工环境影响较大，现场交叉作业引起的遮挡、振动等对测量仪器在测距、测角、测高、定向、定位和放样等都有很大影响，导致测量的精度和效率降低。另一方面，大型轧机设备安装的同时，会有大型电气传动装置等安装施工，所产生的电磁辐射等会影响测量所用的电子类仪器。因此，这些环境中的外界因素对测量的影响规律和应采取相应的改正措施的研究，也是设备安装精密测量的重要研究方向。

11.4.4.3　专用精密测量仪器的应用研究

常规测量仪器，如全站仪、电子水准仪、激光仪器等在设备安装精密测量工作中发挥着巨大作用。但随着科学技术的进步和测绘学科的发展，常规测量仪器的精度和自动化、智能化程度还不能完全满足精密设备安装工程测量的需要，需要对新仪器在设备安装精密测量中的运用加以研究，以提高测量的自动化、数字化、智能化和测量精度及其减少外界环境影响的能力，从而能减少测量人员的劳动强度。例如，对测量机器人、超站仪、激光跟踪仪、三维激光扫描仪等新仪器的运用进行研究；对精密测量的专用测量工具及工装进行研究，以提高精密安装测量的精度、效益及其自动化、智能化程度。

本章主要参考文献

[1]　金超，卢志辉，李广云，等. 工业测量系统在多波束天线安装检测中的应用 [J]. 解放军测绘学院学报，

1998 (3)：17-21.

[2]　金超，李广云. 多波束抛物环面天线的最小二乘拟合测量 [J]. 电波科学学报，1999 (1)：102-109.

[3]　李广云，李宗春. TC2002极坐标测量系统在大型天线检测中的应用 [J]. 测绘工程，1999 (4)：35-39.

[4]　李广云，李宗春. 经纬仪工业测量系统用于大型多波束天线的安装与调整 [J]. 测绘通报，2000 (10)：41-42.

[5]　李宗春，李广云，卢志辉. 余割波束天线检测方法的研究 [J]. 电波科学学报，2001，16 (3)：363-366.

[6]　李宗春，李广云. 全站仪近距离测距精度检验方法的探讨 [J]. 测绘地理信息，2002，27 (4)：37-39.

[7]　李宗春，金超，李广云，等. 大型天线背架的精密测量与结果分析 [J]. 无线电通信技术，2002，28 (6)：34-36.

[8]　李宗春. 天线测量理论、方法及应用研究 [D]. 郑州：解放军信息工程大学，2003.

[9]　李宗春，李广云，吴晓平. 天线反射面精度测量技术述评 [J]. 测绘通报，2003 (6)：16-19.

[10]　李宗春，李广云，金超. 面天线检测数据处理方法的探讨 [J]. 宇航计测技术，2003，23 (2)：12-19.

[11]　李宗春，李广云，薛志宏，等. 地球站天线方位/俯仰角严密计算方法的研究 [J]. 无线电通信技术，2003，29 (6)：30-32.

[12]　李宗春，李广云，汤廷松，等. 多波束天线座架测量与调整方案及实施 [C] //全国精密与大型工程测量技术研讨交流会，2004.

[13]　李宗春，李广云，汤廷松，等. 电子经纬仪交会测量系统在大型天线精密安装测量中的应用 [J]. 海洋测绘，2005，25 (1)：26-30.

[14]　金超，李广云，李宗春. 多波束抛物环面天线的几何关系 [C] //全国遥感遥测遥控学术研讨会，2006.

[15]　李宗春，李广云. 天线几何量测量理论及其应用 [M]. 北京：测绘出版社，2009.

[16]　李广云，李宗春. 工业测量系统原理与应用 [M]. 北京：测绘出版社，2011.

[17]　冯其强，金超，李宗春. 9m×36m天线安装测量技术研究 [J]. 无线电工程，2015 (1)：58-60.

[18]　赵吉先等. 精密工程测量 [M]. 北京：科学出版社，2010.

[19]　范百兴，李广云，易旺民，等. 激光跟踪仪测量原理与运用 [M]. 北京：测绘出版社，2017.

[20]　李广云，范百兴. 精密工程测量技术及其发展 [J]. 测绘学报，2017，46 (10)：1742-1751.

[21]　张正禄，等. 工程测量学 [M]. 武汉：武汉大学出版社，2002.

本章主要编写人员（排名不分先后）

战略支援部队信息工程大学：李宗春　李广云

水利部水工金属结构质量检验测试中心：李东明

上海宝冶集团有限公司：董清　王章朋

中冶宝钢技术服务有限公司：李文利

上海市测绘院：余美义

第 12 章　海岛礁与港口航道工程

12.1　概述

12.1.1　技术起源

海洋测绘是以海洋（江河、湖泊）为主要对象的测量和制图工作的总称。海洋测绘是研究海洋、江河、湖泊以及毗邻陆地区域各种几何、物理、人文等地理空间信息采集、处理、表示、管理和应用的科学与技术。海岛礁与港口航道工程测绘作为海洋测绘科学与技术的一个重要分支，与陆地测绘相比，因其受海洋巨厚水层与海洋环境的影响以及陆地常规测量技术在海洋探测中的限制，声学探测便成为人类认知海洋的主要技术手段，也决定了海岛礁与港口航道工程测绘有其独特性、专业性与复杂性。

占地球总面积 71% 的海洋，从前除各国内海名义上都是无主或公有的，直到 17 世纪沿海国从本国安全出发才提出"领海"的概念。宋、元至明，当首推《郑和航海图》，后有《渡海方程》《海道针经》。1930 年在荷兰海牙成立国际海洋联盟，协商统一领海宽度未成。1951 年，联合国海洋法委员会成立，从 1958 年、1960 年、1973~1982 年陆续召开第一、二、三届会议。1982 年 12 月 10 日通过《联合国海洋法公约》（下称《公约》），国际海洋法律制度从此发生重大变革。《公约》主要内容包括领海、毗连区、专属经济区（按照本公约确定的领海基线量起，依次不超过 12、24、200 海里）、大陆架（大陆领土的全部自然延伸，扩展到大陆边外缘海底区域的海床和底土），及公海、争端的解决等。这是人类历史上篇幅最大的一部国际法典。1994 年 11 月 16 日《公约》正式生效。

21 世纪是一个全新的世纪，全世界的港口都将面对全新的问题，面临新的挑战。全球化大潮的涌动，催促着一种新的国际体制的加速形成。国际贸易港口之间的合作与竞争将更加频繁和激烈。以信息技术为代表的新技术革命迅猛发展，高集成度、智能化，光纤化、数字化、综合化、网络化，为航运和港口业提供了更为广阔发展空间；国际经济结构的调整，经济全球化的加速，必将促进港口间国际贸易的发展与运量的增长。

12.1.2　技术原理与内容

12.1.2.1　海岛礁与港口航道工程系统

1. 海岛礁与港口航道工程标准与规范

海岸线具有独特的地理、形态和动态特征，是描述海陆分界的最重要的地理要素，是国际地理数据委员会认定的 27 个地表要素之一。在全球气候变暖及海平面上升的背景下，全球超过一半的海滩遭受侵蚀而后退。然而，20 世纪以来，世界沿海国家经济重心向滨海地区转移，全球已有超过一半的人口居住在离海岸线 100km 的范围内，海岸带成为人类经济活动最活跃、最集中的地区。日愈饱和与拥挤的生活与生产空间，迫使一些沿海国家、区域以围填海形式向海洋要土地，使得部分区域海岸线一反全球海平面上升背景下的海岸侵蚀趋势而大规模向海扩张，海岸线正以远大于自然状态下的速度与强度在改变。海岸线的剧烈变化，给世界各国沿海地区带来经济、社会、生态、环境等方面的矛盾与难题。

建立健全海岛礁与港口航道工程测绘法规体系，提高海岛礁与港口航道工程测绘的规范化、法制化水平已迫在眉睫。需要构建和完善海岛礁与港口航道工程测绘标准规范体系，健全国家标准、国家军用标准、行业标准等系列化标准规范动态更新和常态化管理机制，推进《海洋基础测绘标准》《海洋基础地理信息要素分类与编码》等基础性、关键性技术标准的研究制订，完成《海道测量规范》《中国海图图式》等现有技术标准的修订更新，加大军民融合海岛礁与港口航道工程测绘标准规范的研制力度，进一步提高标准规范的科学性、时效性、适用性、权威性以及军民融合的广度深度。积极、主动参与IHO 的各项活动，加大对国际标准的消化吸收，重视海洋地理信息数据模型与 ISO 标准体系的融合，发挥其在解决电子海图应用技术方面的引领作用。

2. 海岛礁与港口航道工程测量平台

海洋测量通常基于天基（各类卫星）、空基（飞机、飞艇等）、岸基（车载、单兵与固定站等）、海基（舰船、舰艇等）、潜基（潜艇、潜器与海底等）五类作业平台，通过搭载多种海洋测量探测装备（各种传感器与配套系统），以有人或无人的方式来获取海洋地理、海洋重力、海洋磁力等要素信息，满足不同海域及海岛礁、重要海峡通道、战略利益攸关区的需要。

1）天基测量平台

依托我国自主研制的"天绘""资源""高分"等系列卫星以及国外公开的各类卫星资源，开展了可见光、多光谱（高光谱）、SAR、卫星测高等各类海岛礁与港口航道工程测绘遥感信息获取、处理与专题图制作，具备卫星数据分析与 4D 专题测绘产品生产能力。在天基测量平台方面，加大自主研制力度，尽快建立海洋卫星体系，推进军民融合战略在天基测量平台建设中的实施，积极发展海洋卫星的实际应用，逐步形成业务化运行能力。

2）空基测量平台

利用各类飞机平台，搭载航摄相机、激光扫描仪（LiDAR）、航空磁力仪、航空重力仪、双色（红外、蓝绿）激光扫描仪及全球导航卫星系统（GNSS）、姿态测量系统（IMU）等设备，开展了海岸带、海岛礁地形航空摄影测量、海洋航空磁力测量、海洋航空重力测量、机载激光水深测量试验与作业，具备机载海洋测量数据采集、分析处理与各种专题测绘产品生产能力。其中，国产无人机产品类型已达数十种之多，续航时间长达几十个小时，任务载荷高达几百千克，为搭载多种传感器和执行多样化任务创造了有利条件。

3）岸基测量平台

在利用传统光学测量仪器及 GNSS 等技术进行大地、海岸地形测量的基础上，开展了车载模式（含单兵模式）海岸地形移动测量系统论证、设计与试验，根据任务需求集成 CCD 数码相机、激光扫描仪、定位定姿系统（POS）、时间同步控制器、便携式勘测等各种设备，在载体移动过程中快速实现海带地形测量数据实时采集、分析处理与专题产品生产。

4）海基测量平台

随着我国船舶设计水平的提高、建造工艺的提升以及海洋经济的发展，海洋测量船呈现出种类数量越来越多、性能功能越来越强的趋势。新建的测量船集多学科、多功能、多技术手段为一体，配置了当今国际上最先进的综合导航定位系统、海洋重力和磁力测量系统、多波束测深系统、浅地层剖面测量系统、侧扫声呐测量系统、超短基线水下声学定位系统、深水多普勒海流剖面测量系统等数十种装备，使得海洋测量范围从近海扩展到远海、大洋乃至极地地区。

5）潜基测量平台

国内自主研发的"智水号""微龙号""潜龙号"和"海斗号"等系列产品有力地促进了 AUV、ROV 在水下测量和勘探中的应用。AUV、ROV 等潜基测量平台从少量应用到成熟运行，已逐渐成为探索海洋和深水的一支生力军。潜基平台搭载多波束测深仪、侧扫声呐等探测设备，并运用惯性导航、多普勒计程仪、超短基线等定位设备，可在水下连续作业，配备的深度和高度传感器，能够随时获取所处深度和离底高度数据，实施定高或定深的勘察任务。

3. 海岛礁与港口航道工程测量装备

我国在海洋测量装备自主研发方面投入了较大力度，并取得了实际成效，装备国产化进程取得重要进展。

1）海岸地形测量装备

我国在经纬仪、全站仪、水准仪等传统光学测量装备以及 GNSS 测量装备研发和生产方面完全具有自主能力，设备性能完全满足实际作业任务需求，功能性能与国外装备相比同处于领先水平。国内用于海岸带航空摄影测量的专用航空相机与机载激光虽有研发生产能力，但性能水平与国外相比尚有差距，目前虽然形成了一些系统样机，但还没有成熟的产品面世。近年来，中国科学院上海光机所成功研制出机载双频激光雷达系统样机，输出近红外和蓝绿双波长激光，分别用于测量海面和海底的反射信号，用于海洋和陆地地形测绘，最大测量深度可达 50m。

2）海底地形地貌测量装备

我国已具备独立自主研发和生产用于海底地形地貌测量的单波束、多波束、侧扫声呐等测量系统的能力，国产装备在海洋测量工程中的使用率同国外设备基本持平。北京联合声信公司研发的 DSS3065 双频侧扫声呐采用全频谱 Chirp 调频技术，300kHz 和 600kHz 同时工作，垂直航迹分辨率达 2.5cm，缩短了与国外同类产品的差距。此外，将多波束测深系统与合成孔径声呐三维成像技术相结合，研制了多波束合成孔径声呐系统，可以获得与目标作用距离及发射信号频率无关的航迹向高分辨力，实现海底地形地貌的全覆盖探测，且可以对目标进行三维成像，精确测量目标深度信息。

3）海洋重力磁力测量装备

中国航天科技集团公司 9 院 13 所 2015 年已成功研制出捷联式重力仪 SAG-Ⅱ系统，目前完成小批量生产并投入实际作业。在海洋磁力仪研制方面，逐渐打破长期依赖国外进口的局面，重大技术创新有力地推进了国产化进程。国防科技大学于 2017 年推出了采用"捷联＋平台"方案的第三代产品 SGA-WZ03，至今已完成多套该型重力仪的生产与推广应用。目前已完成多种重力仪、磁力仪的实验验证，实现了数据的自动采集和规范处理，性能指标接近国外同类产品。在海空重力仪研制方面，逐步缩短了与国外领先水平的差距，并呈现出领跑国际的趋势，在海洋重力场信息的获取中发挥了重要作用。中国船舶重工集团公司第 707 研究所于 2017 年研制出基于双轴惯性稳定平台的海空重力仪原理样机 ZL11-1。2018 年，中船重工 715 研究所研制的 GB-6B 型海洋磁力仪通过严格测试，主要性能达到国外同类产品性能。GB-6B 型海洋磁力仪适用于浅水便携式作业条件，灵敏度优于 0.01nT，数据采样率可根据需要多样化设置，全球适用性优于美国的 Geometrics 公司的 G882，标志着磁力仪国产化取得重大突破。

12.1.2.2 海岛礁与港口航道工程技术

1. 潮位观测与海洋垂直基准

海洋垂直基准是潮汐改正、海岸工程筑港零点标定、海图图载水深计算及瞬时水深反演计算的重要参考面，主要由陆地高程基准、平均海平面、深度基准面、（似）大地水准面、参考椭球面等组成，海洋垂直基准的建立与维持通常需借助验潮站潮位观测数据来确定，除能提供稳定可靠的调和常数和高精度的平均海平面信息之外，还可为精密潮汐模型外部精度检核、深度基准面模型构建等提供数据基础。潮位观测的目的在于消除潮汐的影响，将瞬时水深观测值校准到统一的基准面上。目前形成了以常规验潮站模式为主、以浮标（潜标）观测与卫星测高遥测模式为辅的潮位观测技术体系，实现了 GNSS RTK 无验潮水深测量工程化应用，利用高精度动态 GNSS 观测结果对其大地高进行归算改化，通过船只姿态改正解决水位、风浪对水下地形的影响，体现出无验潮水深测量模式具有突出的技术优势和明显的作业效率。

随着卫星测高、GNSS 与浮标等技术的发展，垂直基准采用的数据源和表达方式发生了深刻的变革，海洋潮汐模型的精度和分辨率得以不断提高。据此开展了验潮站深度基准确定及调和常数精度需求以及海岛礁与港口航道工程测绘垂直基准体系研究，通过实验对局部海域的深度基准模型构建和远海 GNSS 潮汐观测技术下的垂直基准进行了转换验证；联合多代卫星测高资料和长期验潮站观测资料，建立了我国区域精密海潮模型，综合利用沿海及海岛礁卫星定位基准站和长期验潮站并置观测资料，开展了跨海高程基准传递的理论方法以及海洋无缝垂直基准构建技术研究，建立了我国高程基准与深度基准转换模型，探索了海洋垂直基准的传递方法；提出根据不同海域的潮汐特点，分别选取适宜的垂直基准面，在不同的基准间建立转换模型，并在临界海域建立过渡模型，最终建立适用于全海域的海洋无缝垂直基准体系。

2. 导航定位

开展了星站差分 GNSS、惯性导航系统与超短基线声学定位系统相结合的高精度水下定位检验测试，形成了较为完备的水面水下一体化精密定位技术方法与应用体系。惯性导航技术常与基于海底地形或重/磁力场的匹配导航技术组合，具有高精度、长航时和隐蔽性等特点，已成为水下自主导航的重要手段，开展了惯性/重力匹配组合导航中的重力图构建、重力实时测量、重力补偿、重力匹配和综合校正等关键技术研究。多种水下导航技术组合形成无源自主导航定位系统，为水下潜器导航服务。

随着我国北斗地基增强系统一期工程的建设以及沿海 RBN-DGNSS 台站双模改造工程的完成，构建了高密度网基准站以及数据综合处理系统，建成了以北斗为主，兼容其他卫星导航系统的高精度位置服务网络，研制了北斗广域精密定位服务系统，实时生成北斗高精度轨道、钟差、电离层产品，提供厘米级北斗双频 PPP、分米级单频 PPP、米级单频伪距定位服务，并在中国沿海和内河建立了 AIS 岸基网络体系，在提升了海上测量定位精度的同时，也提高了船舶航行安全性能。海上导航定位是保障海洋船只安全航行、海洋工程顺利实施的前提和基础。目前海上导航定位主要依赖于 GNSS 单点定位技术，在高精度测量中主要采用 GNSS RTK、PPK 和 PPP 定位技术。利用虚拟现实技术，将水陆多元信息进行融合，汇集 GNSS、AIS、电子海图、VTS 雷达等数据，建立了三维动态视景和实体行为相结合交互式的航海环境，为用户提供了方便形象逼真的导航服务平台。在差分定位技术方面，开展了坐标、伪距、相位、相位平滑伪距等差分技术在无线电定位、卫星定位等方面的应用模式研究，消除了局域差分、广域差分、星站差分等系统误差，提高了信息获取与数据处理精度。水下导航定位形成了组合声学定位、惯性导航、匹配导航和船位推算等多种技术综合使用的局面，组合导航定位方式相比于单一导航定位方式，可明显提高水下导航定位精度和可靠性。

3. 海岸带、海岛礁地形测量

在海岛礁控制测量中，利用双频 GNSS 接收机进行不间断观测，通过精密单点定位解算分析达到了厘米乃至亚厘米级的精度，大大降低了海岛礁控制测量的难度。根据海岸带测量的不同需求，建立了海空地一体化海岸带机动测量技术体系，设计了针对不同地域基于天基卫星、空基有人/无人飞机、车载方舱、单兵等测量平台的移动作业模式、硬件配置方案及软件功能模块，为海岸带、海岛礁地理信息快速更新与应急保障提供了技术支撑。在数据处理方面，针对海量大型海岸带遥感影像处理的难题，将高性能集群并行处理技术和大规模分布式处理技术应用到遥感影像处理中，提出了网格计算环境下适合大规模遥感影像快速批量处理软硬件解决方案。基于机载 LiDAR 点云数据和局部几何特征优化数据，实现了海岸地形的准确提取。运用机载 LiDAR 开展了海岛城市高精度 DEM 数据获取和滩涂地形 4D 产品快速制作。开展了基于高分辨率卫星多光谱立体像对的双介质浅水水深测量方法研究，在水面平静、底质纹理丰富的浅海岛礁水深反演中取得优于 20% 的相对测深精度，为浅水水深测量提供新手段。海岸带、海岛礁是陆地地形与海底地形的过渡地带，是当前海洋测量中的难点和热点。利用遥感技术结合 GNSS、水上水下一体化移动测量等技术实施海岸带、海岛礁地形测量，具有宏观、快速、综合、高频、动态和低成本等突出优势。结合海岸带、海岛礁的特殊地理位置和形态结构，尤其近岸处水下地形极不规则的特点，采用多波束测深仪进行倾斜测量，最大限度地获取了岛礁附近不规则水下地形数据，保证了与水上三维激光扫描数据的有效拼接，并针对倾斜测量的安装校准残差、声线传播误差、运动姿态残差等干扰进行了分析研究。

4. 海底地形地貌测量

随着测量装备技术的发展和数据处理技术的突破，海底地形地貌测量正朝着立体、动态、实时、高效、高精度的方向发展。

1）空基测量技术

机载激光测深技术是海底地形测量的研究热点，具有效率高、灵活性强、自主性强等优势，可有效弥补以舰船为载体的传统声学测深方法在近海浅水区作业存在的技术缺陷，也为相关工程问题的解决提供了新的技术手段。近期，国内组织相关单位在常规飞机平台上加载 CZMIL 激光测深系统，开展了岛礁地形及周边 50m 以浅水深测量任务，完成了测量作业实施、数据处理与成果图件绘制等工作，有效验证了空基海底地形测量技术的可行性和高效性。随着 LiDAR 数据处理技术的深入研究和测量精度的不断提高，其在近海海域的应用将会越来越广泛。

2）海基测量技术

探测数据处理技术主要集中在声速剖面简化、数据滤波和残余误差综合影响削弱等方面，显著提高了探测数据处理精度和效率。船载一体化测量技术是当前海底地形地貌测量的主要手段，集单波束、多波束测深技术、侧扫声呐技术、GNSS RTK、PPK、PPP 高精度定位技术、POS 技术和声速测量技术等于一体，在航实现多源数据采集与融合，最大限度地削弱波浪、声速等各项误差对测量成果的影响，提高海底地形地貌测量精度和效率。国内多波束、侧扫声呐等数据处理软件研发突破了技术壁垒，国产软件得到了一定程度的推广应用。

3）潜基测量技术

以 AUV、ROV 等为平台，利用搭载的超短基线定位系统、惯性导航系统、压力及姿态传感器等设备获取平台的绝对位姿信息，同时利用多波束测深系统与侧扫声呐系统获取海底地形地貌，实现测量数据的有线或无线传输，进而综合计算获得海底地形地貌。潜基海底地形测量技术具有灵活高效、方便快捷等优势，已在一些重点勘测水域和工程中得到了应用。

4）反演技术

是一种非直接测量来获得海底地形地貌信息的方式，主要利用卫星（或航空）遥感影像反演水深、重力信息反演海底地形和声呐图像反演海底地形地貌。通过反演技术获得的海底地形地貌信息虽有经济、快速、尺度大等优点，但与直接测量方式相比，反演技术有待于深化，反演模型有待于优化，反演精度有待提高。

5. 海洋重力与磁力测量

海洋重力测量呈现出以高精度的船载重力测量方式为主，以潜载、航空和卫星等多种测量方式为辅的立体测量态势。其中，航空重力测量发展迅速，已初步具备实际应用能力。同时，重力测量数据处理技术实现了全过程自动化与智能化，精细化数据处理方法体系和多源重力数据融合处理理论趋于完善，成果精度显著提高。具体表现为：构建了更加严密的海空重力测量数据处理模型，开展了地面重力测量数据向上延拓和航空重力测量数据向下延拓两种计算模型的分析检验与评估，分别研究了 6 种向上延拓计算模型和当前国内外最具代表性的 3 种向下延拓计算模型的技术特点和适用条件。联合使用 Tikhonov 正则化方法和移去-恢复技术，构建了多源重力数据融合的正则化点质量模型；研究分析了数据融合统计法和解析法的内在关联与差异，提出了融合多源重力数据的纯解析方法。

船载海洋磁力测量是获取高分辨率海洋磁场数据的主要方式。日变改正是当前海洋磁力测量面临的技术难题，为解决远海磁力测量日变改正难题，对海底地磁日变站布放选址方法展开深入研究；基于傅立叶谐波分析方法建立了日变数据处理谐波分析模型，实现了日变基值、平静日变改正和磁扰改正的合理分离，解决了强磁扰期日变改正问题。近年来，国内相关部门对船载磁力测量成果数据规范化、标准化处理技术展开研究。提出了基于微分进化法确定磁异常场向下延拓的最优参数，可同时确定最优正则化参数及最佳迭代次数，提高向下延拓的精度及计算效率。在海岛礁地磁力测量方面，实现了地磁仪、陀螺仪、天文观测和 GNSS 高精度定位与定向系统等一体化集成应用，探讨了完整的地磁三分量测量技术流程，开展了船载地磁三分量测量试验并取得初步成果，提高了海洋地磁测量的精度。

6. 港口航道工程

港口工程测量是指港口工程设计、施工和管理阶段的测量工程。勘测设计阶段：控制测量、地形图测量和海洋资料测量；施工阶段：控制网的建立、细部放样、竣工测量和施工阶段的变形观测；运行维护阶段：变形监测。港口工程特点：海上作业港口工程以海上作为工作现场；使用工程船舶：打桩船、钻探船、挖泥船、测量船等；预制装配化混凝土结构物预制、现场装配；有潜水作业受波浪、潮汐、潮流影响。

1）高桩板梁式码头工程施工测量

利用打入地基中的桩将作用在上部结构中的荷载传到地基深处。优点是适宜做成镂空结构、波浪反射轻、波纹条件好、沙石料用量少。水上桩位定位是高桩板梁式码头施工测量的主要工作。其又可分为直桩定位测量和斜桩定位测量及方形断面桩定位测量和圆形断面桩定位测量。

系统主要包括：GPS 实时定位、倾斜仪姿态监控、测距仪抱桩改正、声控传感器桩锤与贯入监控、无线传输设备、打桩定位系统软件。

2）重力式码头工程施工测量

（1）基槽开挖测量工作

开挖基槽一般由挖泥船进行，测量工作的主要任务：设置挖泥导标以控制开挖的宽度和方向，进行挖泥前后的横断面测量以检查开挖是否合乎设计要求。

（2）基床抛填测量工作

根据设计要求，基床施工的顺序是先铺砂后抛石，然后对基床表面进行粗平、细平和极细平。测量放样的任务必须为基床抛填设置方向标，同时为基床平整进行放样工作。

3）其他典型港口工程施工测量

防波堤工程施工测量由水下断面测量、抛石方量计算、基槽开挖、施工测量等组成。

7. 海图制图与海洋地理信息工程

在海洋地理信息工程建设方面，完成了我国数字海洋原型系统设计与实体建设，在研制数字海洋地理信息基础平台、电子沙盘系统与全球电子海图系统的基础上，启动了"智慧海洋"的建设，开展了智慧海洋系统基础框架设计与工程建设论证。对海洋地理信息系统理论构成体系中的时空数据模型、时空场特征分析、信息可视化和信息服务等技术开展了深入研究，实现了数字海洋系统中电子海图数据融合可视化技术，形象地表达了海洋环境空间分布。基于云计算技术，提出海洋空间信息一体化架构服务平台，研发了集成数据管理与查询、数据处理与分析和数据可视化功能于一体的海洋信息集成服务系统。研制了海洋多源异构数据转换系统，实现了多源数据的融合处理与综合应用。海图是所有海洋测量要素的综合承载体，目前纸质海图虽仍在沿用，但电子海图更为普及。海图制图方面的研究主要集中在：

1）海图理论

研究了海图配准、电子海图数字接边、点状要素注记自动配置、色彩管理方案、海岛礁符号分类等问题，提出了顾及多重约束条件的海图水深注记选取方法；深入研究了顾及转向限制的最短距离航线自动生成方法和基于空间影响域覆盖最大的航标自动选取方法；开展了中线注记方法研究，有效地提高了电子海图岛屿动态注记自动配置的准确度和运算效率。

2）海洋地理信息技术

为实现外业调绘、船舶定位、自主导航、船舶引航等功能，在云计算、大数据和智慧海洋等新架构、新技术、新方法推动下，提出了全息海图、智慧海图、移动电子海图等新概念，开展了极区海图编绘理论研究，为信息时代海图学发展提供了新动力，成功研制了移动电子海图智能应用系统。

3）数字海图制图技术

将云计算和云服务概念引入到电子海图生产体系中，构建了电子海图网络服务的云计算框架，对全球电子海图的云可视化技术进行了研究，初步实现了各类航海图书资料的在线发布与更新。建立了水深、海洋重力、海洋磁力、潮汐、数字海底模型（DTM）以及全球电子海图等专题数据库，开展了基于数据库的一体化海图生产能力建设，继续推进按需印刷 POD 生产实践，初步建立了数据库驱动的海图生产体系，具备数字海图、纸质海图、航海书表、航海通告等产品数字化生产能力，符合国际标准的电子海图系统研制工作取得重大进展。

4）电子海图应用

结合国际 e-航海发展最新成果，深入开展了 e-航海航保信息标准化研究和应用技术研究，探索了数字化海图改正、数字航标、数字动态潮汐等信息服务应用新模式，成功研发的"海 e 行智慧版"，解决了多种航海图书资料的在线发布与更新问题。开展了中国海区 e-航海原型系统技术架构研究，提出了以 e-航海系统为关键环节的"智慧港口"概念，积极推动 e-航海在各海区试点示范工程，成功研发"E 海通智能导航 APP"，采用"黑盒子"获取船舶导航设备信息，通过云数据中心获取最新海图、航行警通告、实时潮位、气象等信息，实现了船舶的智能导航。

12.1.3 技术应用与发展

随着卫星定位、遥感、声探测、电子、计算机、信息等技术的发展，海岛礁与港口航道工程测绘发生了巨大转变，进入了以"5S"为典型代表的现代海洋测绘新阶段，信息采集将向立体化、综合化、精细化方向发展，信息处理将向标准化、并行化、智能化方向发展，信息应用将向可视化、网络化、社会化方向发展。现代科学技术的快速发展已使海岛礁与港口航道工程测绘步入一个新时代，海洋强国战略的持续推进给海岛礁与港口航道工程测绘带来了许多新的影响和挑战。

近年来，大数据、云计算、移动互联、智能处理等高新技术的快速发展以及在测绘领域的不断渗透，加速了海岛礁与港口航道工程测绘数据获取方式、信息处理技术、产品供应形态、分发服务模式以及应用保障领域发生了深刻变革。随着我国海洋经济的快速发展、海上安全威胁的形势驱动以及"一带一路"等海洋强国战略的逐步实施，对海洋地理空间信息的需求愈加急迫，也使得海岛礁与港口航道工程测绘的地位作用愈发重要。海岛礁与港口航道工程测绘作为一项超前性的系统工程，其理论技术水平与信息获取、处理与应用能力必将随着海洋科技的进步与应用需求的牵引会有重大提升，并在海洋科学研究、海上交通运输、海洋权益维护、海洋资源开发、海洋工程建设、海洋环境治理、海上军事演习与海洋防卫等任务中发挥更为重要的作用。纵观海岛礁与港口航道工程测绘专业发展历程，在经历以模拟化、数字化为目标的初期阶段后，正朝着信息化、智能化海岛礁与港口航道工程测绘新阶段转型发展，服务方式也由目前的以海图服务、数据服务为主逐步向信息服务、知识服务、预测服务、决策服务的方向拓展升华。

中国的海岸带复杂而多样，海岸线变化的独特性、复杂性异常突出，因而是国内外研究的热点区域，从促进和支撑中国的海岸带综合管理实践的角度出发，未来时期，海岸线变化研究有必要在技术和方法创新的基础上，量化不同区域岸线变化的趋势，评估岸线变化对当前及未来生态环境、经济社会的影响，提高决策者与管理者对岸线变化所带来的灾害风险的重视，为中国海岸带的科学规划与发展提供信息与决策依据。多平台协同立体化探测、多要素信息综合化采集将是今后海洋测量的发展趋势，覆盖范围由近岸向近海、中远海乃至全球海域拓展、由水面向水下和海底纵向延伸，实现天基观测、空基观测、岸基观测、海基观测、潜基观测和极地观测的有机结合，形成海岛礁与港口航道工程测绘立体观测能力。应加快建立与完善海洋立体观测综合保障体系和数据资源共享机制，加强军民深度融合，进一步提升海洋立体观测系统运行管理与服务保障水平，以满足海洋调查、海洋防灾减灾、海洋经济发展、海洋权益维护、海洋工程建设等方面的迫切需求。

对海岸线变化特征、规律与机理的认识已经日益深化，基于大量高精度数据和机理模型的深入研究已成为热点和前沿问题，新近对"海岸线位置相关性及非单调线性变化"特征的认识使得对岸线变化特征的描述更加深入、更加接近真实情景，但也对研究方法，尤其是模型的发展提出了新的要求；利用多源、多类型、长期的资料和数据对海岸线变化过程进行动态监测是海岸线变化研究的基础，仍将是普遍关注的研究重点之一，更高时空分辨率遥感数据的作用和优势将日益显现，但其应用仍将面临实测潮汐等信息不足的制约；在多时空尺度气候变化和人类活动的共同影响下，海岸线变化的过程、机制、趋势与影响具有显著的复杂性和区域差异性，由于海岸带综合管理只能在区域层面得到有效实施，所以，针对不同的海岸带区域开展大量综合的研究，聚焦海岸线变化的原因和机制及其对海岸带环境和生态的影响，以及不同区域之间的相互联系与影响特征，这将是未来研究的重点之一。

12.2　冀东南堡油田人工岛

12.2.1　工程概况

冀东南堡油田 1-3 号人工岛（图 12.2-1）位于河北省唐山市滦南县北堡村南侧、南堡村西南侧，南堡浅滩−5m 等深线附近。整体呈近似椭圆形布置，边长尺寸为 495m×298m，造地面积 13.33 万 m^2，围堤总长 1374m。人工岛围堤采用袋装砂斜坡堤结构，岛心采用吹填砂形成。

图 12.2-1　冀东南堡油田 1-3 号人工岛示意图

冀东南堡油田 1-3 号人工岛具有以下特点：①人工岛建在北高南低的海沟边缘，人工岛和周边构筑物建设严重影响局部的水动力环境，可能造成局部冲刷；②人工岛建设前原泥面高程约−5.3m，是渤海湾水深较大的人工岛；③岛体最大吹填高度 14.2m，是渤海湾吹填高度最大的人工岛；④人工岛距离陆域较远，距陆域最近的 1-1 号人工岛约 6.7km，受气候及海洋等环境因素较大；⑤曹妃甸整体规划与建设对人工岛周边的水动力影响较大。综合分析，冀东南堡油田 1-3 号人工岛是目前渤海湾海域风险等级最高的人工岛。

南堡 1-3 号人工岛是冀东油田"海油陆采"的成功探索，实施整体气举采油，是目前国内最大的气举采油平台。气举采油井井口装置简单，占地面积仅为抽油机井的 1/10，极大地提高了岛体空间的利用效率，集约化钻井水平走在中国石油前列。自 2009 年建成投入开发以来，仅 5 年时间，这个人工岛共计投产油井 120 口、水井 43 口，累计生产原油 110 万 t、天然气 8.6 亿 m^3。平均日产油 882t。

12.2.2　关键问题

12.2.2.1　水下构筑物直观形象的可视化三维检测是工程难点

近海海域的风、浪、流冰等动力因素常伴随在一起作用于人工岛，不可避免地影响人工岛构筑物的安全与稳定，比如人工岛周边可能存在冲刷现象，冲刷严重将导致潜堤、登陆点、岛体等的滑移及塌陷，为安全生产带来隐患，为及时发现潜在的风险和缺陷，掌握冀东南堡油田人工岛、潜堤、平台、通道及登陆点现状，需对其进行检测。如何直观地了解人工岛周边可能存在冲刷现象，如何获取人工岛码头桩基和水下结构物的三维立体模型，如何才能做到"眼见为实"是人工岛检测的痛点和难点。

传统的二维声呐如侧扫声呐等已无法满足要求，三维声呐的出现为快速、有效、科学地解决以上问题提供了一种全新的技术手段。三维声呐扫测最终获取的是目标的三维信息，在此基础上进行目标的三维识别和分类，经过信号处理，形成直观和全面的立体三维图像，从而可以及时发现潜在的风险和缺陷。

12.2.2.2　路基空化影响生产安全

栈桥与岛体连接道路区承担人工岛油气勘探开发与生产的交通枢纽，并有 2 条运输管线穿越，该区域位于人工岛护坡结构和码头栈桥的连接段。由于码头结构为桩基础，人工岛护坡结构为袋装砂结构，连接段出现较大的不均匀沉降以及流沙现象，2015 年局部出现塌陷，进行了填埋，但是不均匀沉降依然存在，为了探明连接道路区地基是否存在空洞等异常情况，需开展地基质量雷达检测，了解该地段路面以下土体的现状，判断路基是否存在空洞等缺陷现象。

12.2.2.3　安全监测自动化系统和预警是保证人工岛安全运行的关键

滩海人工岛工程遭受风浪、潮流、海冰及风暴潮等多种海洋环境因素的共同影响，和陆地上建筑相比，被破坏的可能性更大。又因海底动力环境变化、地震、海底及充填土等地质因素引起的岛体滑移、沉降、断裂等。无论是围护结构的破坏还是岛体的变形，都伴随着结构体的异常变形，可以通过安全监测及时获取。通过对监测数据的科学分析，设置合理的预警值，对判断灾害体的发展和预警有着重要的技术支持，滩海人工岛工程建设在我国处于起步阶段，工程实践有限。对于施工期安全控制，中国石油天然气集团公司最先制定了技术标准，并于 2010 年颁布实施，为滩海人工岛工程施工期阶段的安全建设和管理提供了技术依据和保障。但对于人工岛运行阶段的安全管理和维护，国内至今还没有相应的规范和标准，运行期安全监测预警指标的选取和预警模式研究更是空白。因此开发建立国内首个滩海人工岛安全监测自动化系统，分析研究滩海人工岛工程运行期安全监测预警指标和预警模式，为滩海工程运行期的安全监测提供一种可靠有效的方法，十分必要。

12.2.2.4　高精度滩海水深测量是人工岛监测难点

在整个人工岛建设过程中，滩海水深测量很关键，涵盖了设计、施工及后期维护、运营等各个阶段。1-3 号人工岛工程水深测量有如下难点：工程施工区域属浅滩地势，人工岛工程建设开始后，最浅部位高潮时水深不足 3m；施工水域工况条件复杂，常规测船吃水较深，容易搁浅、触礁，安全风险高且作业效率低；靠近岸边潜堤的水域，施工乱石钢筋等杂物较多，人工跑滩难以行走，导致岸滩与水深区域出现数据空白区；测量精度要求高，采用传统的水深测量技术已经不能够满足特殊工程测量的需要。为解决上述一系列难题，就需要不断采用先进测量仪器设备和应用测量新技术，为此无人船三维测深技术应需而生。

12.2.3　方案与实施

12.2.3.1　水下三维声呐扫测

2006—2010 年，冀东南堡油田采用修建人工岛、进海路，进行海油陆采的工程模式建成 5 座人工岛。随着人工岛建成时间的推移，近海海域的风、浪、流冰等动力因素常伴随在一起作用于人工岛，不可避免地影响人工岛构筑物的安全与稳定。本节以 1-3 号人工岛为例，对平台周围海床测量、平台桩基扫测以判断是否存在异常；确定其他地质灾害现象，是否有护坡、护底等部位的冲刷和掏空损坏，海床桩基冲刷、淤积废弃电缆及海底异常等。

三维成像声呐系统向目标区域发射声信号，利用声成像的方法对接收到的回波信号进行处理，可以获得一系列二维图像（帧），通过计算机合成技术将这些帧合成三维图像。对于一次三维成像可以获得两种类型的帧，分别是距离图像和振幅图像，可同时对这两类声呐图像进行处理以实现目标的三维成像。

1. 测量方法

测量使用水下三维声呐设备结合配套软件 USE 等进行系统配置和外业数据采集。使用船载 TDL 中继站接收控制点上架设的基准站发射的差分信号，接入到惯性导航系统中进行 RTK 改正，来提供高定位数据精度；通过 GNSS 输出时间数据（ZDA＋1PPS），用以消除时间延迟误差；使用惯性导航系统中的姿态仪输出姿态和艏向数据实时改正船体姿态，消除波浪对船体姿态的影响；采用声速剖面仪采集测区中声速剖面数据，计算出测区平均声速进行声速改正，消除声速变化对水深测量产生的误差；通过 USE 等采集软件实现对云台和换能器的调节，根据测量目标位置与形态调整云台方向，实现换能器方向对准目标，再根据接收到的图像实时调整换能器增益、阈值、量程等参数，使图像达到最佳质量

2. 应用实例

1）三维声呐测量系统

系统主要由声呐系统、云台系统和惯性导航系统三大部分组成，如图 12.2-2 所示为三维声呐系统设备组成。其中通过声呐系统实时获取海底或水下构筑物的三维信息，通过云台系统调节声呐探头扫描的角度，通过惯性导航系统获取船舶实时的位置和姿态。

图 12.2-2　三维声呐系统设备组成

2）三维声呐测量

考虑到滩浅海水深特点，为确保设备安全，扫测结合现势水深情况，使用三维声呐系统对于水深达到 4m 的拟定区域扫测，包括登陆点、海管登陆平台、栈桥支撑平台、火炬支撑平台。从图 12.2-3～图 12.2-5 获取的图像成果上可以直观地分析出，1-3 号登陆点桩基呈圆柱状，呈向中心固定倾斜角度的斜桩，未发现断桩及严重破损等异常；1-3 号栈桥平台北侧桩基下，东北方向有长宽约 18m，较周围地形深 1.7m 的沟槽；栈桥支撑与东侧火炬支撑平台桩基周围未发现异常。

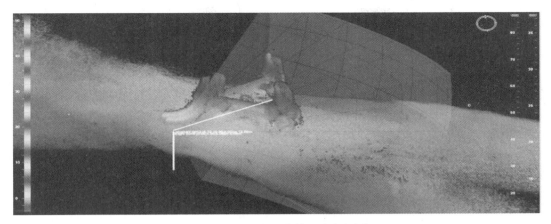

图 12.2-3　1-3 号火炬支撑平台扫测成果图

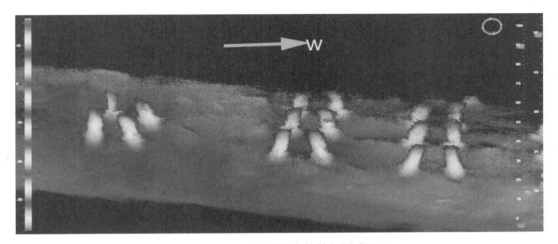

图 12.2-4　1-3 号登陆点桩基扫测成果图

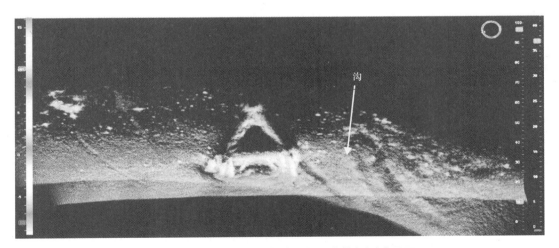

图 12.2-5　1-3 号海管栈桥平台及沟槽扫测成果图

通过利用三维声呐系统进行人工岛监测这种新的技术手段，可以准确、直观地判断出人工岛平台桩基的结构及状态，可以直观地看出海床是否存在沟槽、海底异常、冲刷或者淤积等现象，可以清楚地看出输油管道的走向和状态等。同时，通过对点云形成的特征物三维结构模型进行量测，可以准确获取特征点的三维坐标和计量信息等。这为人工岛的监测分析都提供了强有力的技术支撑，从而确保人工岛构筑物的安全与稳定运行。

12.2.3.2　路基空化地质雷达探测

1. 引桥段概况

1）工程地质

根据钻孔揭露，主要地层由海陆交互相沉积物构成。在勘探深度范围内，自上而下可划分为 5 个工程地质层，各层土的特征分述如下，主要为浮泥淤积。

① 层吹填土（Q_4^{ml}），浅灰色，湿～饱和，松散～稍密，以粉细砂为主，含少量贝壳碎片；层厚 3.20～4.20m，层顶高程 8.20～8.89m。

② 层吹填土（Q_4^{ml}），浅灰色，饱和，稍密～中密，以粉细砂为主，含少量贝壳碎片；层厚 4.80～6.90m，层顶高程 4.22～5.28m。

③ 层混合土（Q_4^{mc}），深灰色，粉细砂与黏性土呈混合状，黏性土呈流塑状，仅部分钻孔存在该层；层厚 0.10～0.30m，层顶高程 -1.01～-0.70m。

④ 层粉砂（Q_4^{mc}），浅灰色，中密～密实，饱和，矿物成分以长石石英为主，亚圆形，分选均匀，级配不良，局部夹粉质黏土、细砂薄层；层厚 0.70～8.30m，层顶高程 -8.46～0.19m。

⑤ 层粉质黏土（Q_4^{mc}），深灰，软塑～流塑，切面光滑，韧性中等，土质均匀，无摇振反应，含贝壳碎屑，局部粉质黏土与粉砂互层，夹粉砂薄层，该层局部缺失；层厚 0.30～3.40m，层顶高程 -8.16～-4.31m。

⑥ 层淤泥质黏土（Q_3^{mc}），深灰色，流塑-软塑，切面光滑，无摇振反应，韧性中等，有臭味，含贝壳碎片，局部夹粉质黏土薄层；厚度 3.80～7.40m，层顶高程 -9.38～-8.01m。

⑦ 层粉质黏土（Q_3^{mc}），深灰色，流塑～软塑，切面光滑，无摇振反应，韧性中等，干强度中等；层厚 3.00～7.10m，层顶高程 -15.91～-12.81m。

2）地球物理特征

根据工程地质及邻区地球物理资料显示，区内岩土体的相对介电常数及电磁波速度见表 12.2-1。

场区内岩土地球物理参数　　　　　　　　　　　　　表 12.2-1

岩性	相对介电常数	电磁波速度（mm/ns）
空气	1.0	300
垫层料	10～30	54～95
混凝土	6.4	65～120

分析物性参数表可知，物探工作区所涉及混凝土、垫层料等其相对介电常数及电磁波速度存在明显波速、电性差异，构成了地质雷达勘探研究物性前提；当垫层与混凝土路面之间、路基土体出现脱空等缺陷时，该位置的空洞可能出现的情况是充满空气，这样空洞与周围介质之间存在明显的电性差异，这是地质雷达勘探研究物性的又一个前提。

2. 探测实施

1）仪器设备及参数设置

外业数据采集采用瑞典产 RAMAC 地质雷达系统，它包括屏蔽的 100M 天线、CUII 控制单元和笔记本电脑。观测方式采用沿剖面连续、点测测量。扫描数、天线频率、记录长度等技术参数根据现场试验取得。现场工作见图 12.2-6。

2）测线布置及定位

根据场地现状、场地条件及检测目的，在路段表面等距离布置 12 条测线，测线起点在环岛路内侧距离路牙 0.5m 处，结束于引桥起始端。测线长度 24～46m，测线间距 0.5m。测线编号及长度见表 12.2-2，测线位置见图 12.2-7 和图 12.2-8。

物探测线长度 表 12.2-2

测线号	测线长（m）	所属区域	测线号	测线长（m）	所属区域
A	24	引桥段	G	45	引桥段
B	45	引桥段	H	45	引桥段
C	45	引桥段	I	24	引桥段
D	45	引桥段	J	46	防浪墙段
E	45	引桥段	K	46	防浪墙段
F	45	引桥段	L	40	围绕道路段

图 12.2-6　现场工作图

图 12.2-7　引桥段地质雷达测线布置

图 12.2-8　防浪墙段地质雷达测线布置

671

3）资料处理

对野外采集的数据利用仪器的 RS232 通信功能传入电脑，利用国际商业软件 REFLEXW 进行数据处理。最后绘制成雷达图像用于辨别空洞等异常及地质解释。

3. 成果及结论

异常物体和周围介质相比具有较大介电常数差异，理论而言异常特征明显，探测效果较好。考虑到本区域的地理特征，选择 100MHz 屏蔽天线进行探测。

图 12.2-9、图 12.2-10 为通过软件进行数据处理后绘制成各测线雷达时间剖面示意图。通过剖面分析发现各测线雷达波形总体层次分明，同相轴连续，数据质量较高。具体表现为上部混凝土面板及垫层、过渡层等层基础波形振幅较大，下部填筑砂波形振幅较小，基本符合具体介质特性。同时，通过图形也发现几个出现异常的区域，具体描述如下：

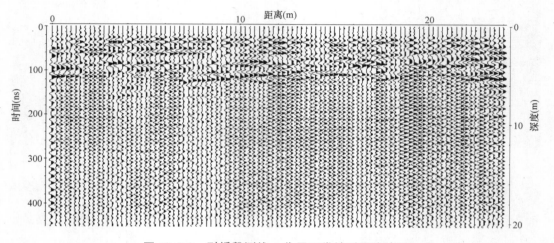

图 12.2-9　引桥段测线 A 位置正常地质雷达波形

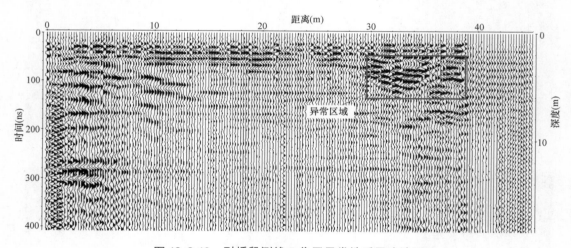

图 12.2-10　引桥段测线 B 位置异常地质雷达波形

1）测线 B 在 30～39m，深度 2～6m 区域图像出现异常，怀疑该位置面层与下部填筑砂层之间存在脱空现象，也可能该位置曾经出现过坍塌，后经回填，但回填料压实密度不够，较为松散，该位置应引起重视；

2）在 C 测线对应 B 测线同样的位置出现类似现象，同样应引起重视；

3）测线 D 异常区域出现位置在 31～39m，深度方向 1～6m 区域，缺陷性质同上，程度较轻；

4）测线 G 在 33～39m 出现波形异常现象，怀疑这些位置存在裂缝、空洞等缺陷；

5）测线 H 在 35～40m，深度 2～6m 区域也出现波形异常现象，疑似存在裂缝、空洞等缺陷。

由图像推断的存在异常情况的具体位置汇总于表 12.2-3。

雷达波形异常区域推断汇总表 　　　　　　　　　　　　　表 12.2-3

测线	异常位置(m)	异常位置中心(m)	距道路顶部(m)	异常性质推断
B	30~39	34.0	2.0~6.0	怀疑存在脱空等缺陷,或者曾经回填处理,但不密实
C	30~39	33.0	2.0~6.0	怀疑存在脱空等缺陷,或者曾经回填处理,但不密实
D	31~39	39.0	1.0~6.0	松散、怀疑存在空洞现象
G	33~39	39.0	1.0~6.0	怀疑存在裂缝、空洞现象
H	35~40	38.5	2.0~6.0	怀疑存在裂缝、空洞现象

引桥段测线 B、C、D、G、H 位置均存在波形异常现象,并且异常区域集中出现在测线 30~40m 间,深度方向 1~6m 区域,初步怀疑该些位置下部土体之间均存在裂缝、空洞现象,也可能该些位置曾经出现过坍塌,后经回填,但图像显示目前土体仍然不密实。引桥段测线 A、I,防浪墙段测线 J、K,岛上道路段测线 L 位置波形正常。

12.2.3.3　安全监测自动化系统与预警

1. 概况

施工期人工岛安全监测内容一般包括围堤监测、吹填区监测和岛体周边水域冲淤监测。围堤监测包括围堤水平位移、围堤沉降和围堤地基土孔隙水压力监测;吹填区监测指的是吹填区沉降监测。施工期变形监测一般为每天一次,并把水平位移、沉降变化速率和超静孔隙水压力增量作为预警指标。

人工岛建成后,人工岛基础经过施工期的预压,吹填区一般还要进行地基处理,围堤和吹填区水平位移和沉降变化速率明显减小,人工岛运行期的主要监测内容为围堤的水平位移、沉降和波浪潮位、围堤地基土孔隙水压力、人工岛重要构筑物变形。人工岛运行期的安全监测关系到人工岛的长期安全运行,对于油气生产的人工岛,有着更为重要的现实意义。

同传统监测技术相比,自动化监测的数据采集方式是连续的、跟踪式的,数据的采集周期很短,通常在几分钟之内,甚至更短。这对于跟踪灾害体变形过程,进行预警和反演分析具有十分重要的意义。但是人工岛安全监测自动化系统具有一次投入较高的特点,后期费用主要体现在维护上。

2. 安全监测自动化系统开发

1)安全监测自动化系统工作原理

自动化系统由监测仪器、数据采集与处理系统、数据传输系统和网络发布系统四个子系统构成。各子系统均可独立运行,以单链的方式协同工作。系统结构运行方式如图 12.2-11 所示。

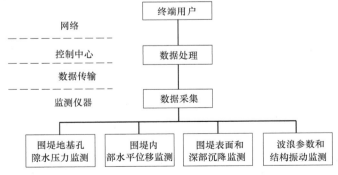

图 12.2-11　滩海人工岛安全监测自动化系统运行图

2)安全监测自动化系统设计

根据 1-3 号人工岛的自然环境条件，强风向为 S、E 和 ENE 向，常风向为 S 向。本海域常浪向为 S，次常浪向为 SE，强浪向为 ENE。在围堤施工期，南侧围堤遭受强风暴潮的破坏最严重，因此分别在南侧围堤和东侧围堤各布置 1 个监测断面。监测仪器考虑了稳定性、耐久性、仪器精度和现场环境特点。监测仪器选型见表 12.2-4。

监测内容 表 12.2-4

序号	监测项目	仪器名称	规格型号
1	围堤整体沉降	静力水准	SYJ 型
2	围堤水平位移	固定测斜仪	GN-1B 型
3	围堤地基土孔隙水压力	孔隙水压力计	VWP 型
4	围堤地下水位	水位计	GL-1 型
5	潮位与波浪	水位计	GL-1 型

3）自动化监测系统简介

自动化监测系统包含 4 个系统的监测：围堤沉降监测系统、围堤水平位移监测系统和围堤地基土孔隙水压力监测系统和潮位与波浪监测系统，其中潮位与波浪监测系统还在调试中。自动化监测系统主界面见图 12.2-12。含有数据采集、数据管理、绘制过程线、监测报表、传感器设置、用户管理、系统设置、系统帮助和系统简介等子菜单。

图 12.2-12 自动化监测系统主界面

3. 运行期预警指标与预警模式研究

1）施工预警指标

滩海人工岛施工期安全监测把水平位移、沉降变化速率和超静孔隙水压力增量作为预警指标。预警指标原则上根据设计要求确定，对于冀东南堡油田 1-3 号人工岛，施工期的预警指标为：地面沉降速率 10mm/d；侧向水平位移速率 5mm/d。孔隙水压力由于受到涨潮和落潮的影响，会出现滞后现象，可作监测预警的参考指标。

2）运行期预警模式研究

运行期滩海人工岛的安全预警包括两方面的内容：设计环境因素预警和岛体安全监测预警。设计环境因素预警指的是工程设计是所允许出现的恶劣的环境条件，例如地震、强风暴潮、海啸、特大冰灾等，可以通过相关职能部门发出的预报、预警或警报及时获取。这些自然灾害对岛体不一定有破坏作用，但会严重影响人工岛上的安全生产和作业，也应纳入滩海人工岛安全预警系统中，常见的设计环境因素预警见表 12.2-5。

常见设计环境因素预警及处置措施 表 12.2-5

序号	环境因素	影响因子	应对措施
1	地震	地震加速度	停止生产、人员撤离
2	风暴潮	风速、波高、潮流、持续时间	紧急时停止生产、人员撤离
3	海冰	浮冰体积、堆积高度、漂移速度、风速	紧急时停止生产、人员撤离
4	台风	风速、波高、持续时间	停止生产、人员撤离

滩海人工岛运行期安全监测预警指的是监测指标超过允许值，滩海工程出现安全风险，指的是围护结构（围堤）的稳定或人工岛整体的稳定，一般情况下指的是前者。围护结构的安全稳定表现为围堤结构的沉降、水平位移和地基土超静孔隙水压力的持续的异常变化。因此滩海人工岛运行期岛体安全监测的预警内容主要包含围堤水平位移和沉降异常预警两部分。

围堤地下水位受潮位的影响会出现动态变化，超静孔隙水压力监测的预警工作还有待于深入研究，同时围堤安全稳定分析也是评价围堤安全稳定的有效方法。

人工岛围堤地基土经过施工期的预压，水平位移和沉降变化速率明显减小，观测结果表明，1-3 号人工岛建成后第三年，围堤最大水平位移 8mm，最大沉降量 11mm。显然施工期的围堤安全监测预警指标已不适应运行期，需要根据工程的实际情况建立适宜的预警指标和预警值，发挥运行期安全监测的预警作用。

针对运行期滩海人工岛水平位移和沉降的变化特点，围堤安全监测预警采用分级控制标准（见表12.2-6），预警参数分为预警值和允许值。对应的工程应对措施见表 12.2-7。考虑到人工岛的结构型式、工程地质、工程水文、安全等级等差异，表 12.2-6 中数据可参照选取，但不宜大于表中的建议值。

运行期滩海人工岛围堤安全监测预警指标建议值 表 12.2-6

指标	预警值	预警等级			允许值	备注
		安全	Ⅱ级	Ⅰ级		
水平位移 D(mm/d)	2	<2	2≤D≤5	>5	5	越大越危险
沉降 H(mm/d)	5	<5	5≤H≤10	>10	10	越大越危险
边坡稳定系数 FS	1.1	>1.3	1.1≤FS≤1.3	<1.1	1.3	越小越危险

注：边坡稳定系数 F_S 本身不作为预警指标，可作为综合判断的依据。

运行期滩海人工岛工程围堤安全监测应对措施 表 12.2-7

预警等级	水平位移 D(mm/d)	沉降 H(mm/d)	工程措施
安全	<2	<5	定时观测（每天 1 次） 定期巡视检查（每月 1 次）
Ⅱ级	2≤D≤5	5≤H≤10	持续时间超过 1d 发出Ⅱ级预警； 实时观测，判别变化趋势，分析异常原因； 特别巡视检查，直至风险解除； 分析周边海况变化，判断护坡稳定性
Ⅰ级	>5	>10	发出Ⅰ级预警； 实时观测，判别变化趋势，分析异常原因； 特别巡视检查，直至风险解除； 分析周边海况变化，判断护坡稳定性； 要考虑暂停生产和人员撤离

当水平位移速率 D<2mm/d 且沉降速率 H<5mm/d 时，滩海人工岛处于正常运行状态，系统采用定时观测，且每月进行岛体围堤巡视检查，检查观测断面意外的其他区域有无异常现象。当出现地震、风暴潮、海啸、特大冰灾等恶劣环境时，应转入实时监测。

当水平位移速率 2mm/d≤D≤5mm/d 或沉降速率 5mm/d≤H≤10mm/d 时，系统会发出异常警报，进入Ⅱ级预警处理流程。此时应连续观测，并进行特别巡视检查，结合周边海况变化，分析异常原因，判断护坡稳定性，直至风险解除。风险解除后，应及时提交人工岛异常预警调查报告。

当水平位移速率 $D>5mm/d$ 或沉降速率 $H>10mm/d$ 时，监测变量超过允许值，系统会发出异常警报，进入 I 级预警处理流程。此时应该连续观测，并进行特别巡视检查，观察围堤整体有无不均匀沉降、异常变形、滑动迹象等，结合周边海况变化，分析异常原因，判断护坡稳定性。有条件时应结合岛体周边水域冲淤监测，判断护底完整性，必要时进行围堤断面浅剖，分析护坡结构完整性。

当监测变量超过允许值持续 3d 时，要考虑暂停生产和人员撤离。相关部门要针对风险进行评估并采取抛石护坡等综合工程措施，加强护坡和围堤的稳定，风险解除后，应及时提交人工岛异常预警调查报告。

4. 效果分析

结合冀东油田 1-3 号人工岛工程，提出了滩海人工岛运行期安全监测内容为围堤沉降、围堤水平位移、围堤地基土孔隙水压力、围堤地下水位、潮位和波浪等围堤边坡稳定影响因素。开发建立了国内首套滩海人工岛安全监测自动化系统，达到了无人值守和动态监测的目的，适用于滩海人工岛运行期的安全监测。为人工岛的安全运行、管理与维护提供了科学依据。分析提出了滩海人工岛运行期监测的预警模式和预警指标。运行期滩海人工岛的安全预警包括两方面的内容：设计环境因素预警和岛体安全监测预警。岛体安全监测预警指标为围堤水平位移和围堤沉降；预警模式为根据监测数据变化，结合海域冲淤、断面浅剖，以及边坡安全稳定分析，分级提出预警，并给出了工程应对措施。

12.2.3.4　无人船应用于滩地水深测量

冀东南堡油田人工岛地处曹妃甸浅滩及南堡外侧的浅海区区域，为解决常规测船安全风险高且作业效率低和人工跑滩难以开展实施，导致岸滩与水深区域出现数据空白区的难题，该人工岛工程创新采用了新型无人船水深测量系统。

1. 无人船水深测量技术

无人船水深测量技术是一种新型的水下地形测量方法，它是以无人船为载体，融合了计算机技术、自动化控制技术、无线通信技术及现代测绘技术等多种先进科技内容；集成了无人船、GNSS、测深仪、无线网桥、计算机、动力系统等多种设备；具有自主导航、自动采集、自动避障等功能，适用于浅滩、水库、湖泊、内河等测量困难水域的水下断面和地形测量。

无人船测量系统主要由岸基控制系统和无人测量船采集系统两个单元组成，如图 12.2-13 所示。岸基控制系统主要有船控电脑和软件、数据采集软件及无线网桥通信单元组成，岸基单元主要功能是通过无线网桥通信进行遥控船舶航行、测量船信息的接收及数据的存储，利用专业采集软件，实时监控测量船的运行状态及水深数据采集情况。无人船采集系统主要有船体、GNSS 定位接收机、测深仪、推进器、供电单元、无线传输系统、船载主控单元等组成；各设备模块化集成，实时采集、记录、处理数据并向岸基系统发送水下地形数据，接收岸基船控指令，并向推进器下达。

图 12.2-13　无人船测量系统示意图

2. 应用案例

1）人工岛周围海床测量

由于人工岛施工区域水深复杂，尤其潜堤、进岛通道等工程的水下测量，传统有人测量船无法施测，采用人工跑滩风险较大，因此使用华微5号无人船实施测量，由于船体吃水及测深仪盲区的存在，可在最浅0.5m水深条件下测深。

（1）实施步骤

①建立基准控制系统：设置基准站接收机通过电台发射差分信号，移动站通过相同频率电台接受差分数据，得到高精度（平面精度1cm+1ppm，高程2cm+1ppm）的定位数据；②建立遥控通信系统及岸上数据接收系统，并进行数据传输测试；③安装船体设备；首先安装船体设备：将可拆卸浮体通过船体两侧四个固定螺丝固定到无人测量船上；将充好电的两块锂电池置于船舱内接好并用绑带固定，再将小电池接到测深仪供电接口；④航线规划：作业前预先在室内根据设计将需测量的水浅区域进行航点规划，并保存为.waypoint文件；⑤航行及水深数据采集：记录按距离记录，记录距离根据需求设定，软件正确启动并开始记录数据后，将无人艇切换为自动工作模式，无人艇将按照规划好的航线进行开始工作。

（2）数据后处理及输出

测量结果的数据文件夹存储在Hydro Survey软件安装目录中的Project文件夹中。数据取样：在Hydro Survey软件，通过数据处理进行水深取样，选择需要进行处理的水深数据文件（dep文件），待所有的测线数据采样完后，把htt文件转换为需要的CGSCS2000、1954坐标系统下的xyz成果数据。水深xyz数据根据需求可以生成多种形式成果，如水深平面图、等深线图及色块图（图12.2-14）等。水深平面图不同水深用不同的颜色表示，直观形象地反映了水下地形整体情况；等深线图和色块图呈现了人工岛受潮汐、水流等自然环境影响水下整体地形变化趋势及局部的起伏变化。

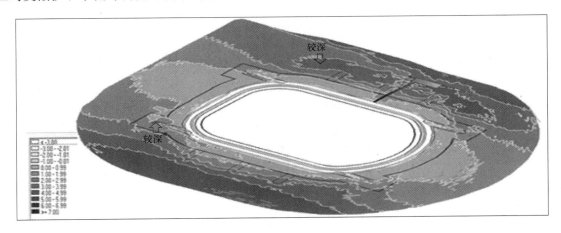

图12.2-14 人工岛周边测量水深色块图

（3）无人船测深成果比对评定

为了保证无人船测量数据的准确性，将无人船测数据与常规有人船测数据进行比对，从而来评定成果精度。

施测时选择了一条和有人测船相重合的测线和一条与常规测量船相垂直的线进行了测量比对，经比对，测量结果吻合较好，无人船测量精度可靠。

有人船与无人船测量互差统计   表12.2-8

深度比对互差	0~0.1m	0.1~0.2m	0.2~0.3m	0.3~0.4m	>0.4m
点数	49	8	0	0	0
百分比（%）	86.0%	14.0%	0%	0%	0%

通过表 12.2-8 统计数据发现，有人船与无人船测量互差 0~0.1m 占 86%，0.1~0.2m 占 14%，0~0.2m 占比达 100%，无人船测量数据满足《水运工程测量规范》中水深测量限差要求。

2）人工岛周围固定断面冲淤测量

在固定断面测量中，断面点偏离计划线距离一定程度影响着后期地形冲淤变化分析；有人船除了受自然因素影响之外，主要受船长航线的水平高低，在较好海况下偏移距也要在 1~2m 左右；无人船具有高精度定位设备及自主巡线纠偏的功能，比人工行船测量更加精确，工况较好时，偏移距在 0.5m 以内，大大提高了测量的精度，有利于对地形冲淤变化进行更加准确地判断和分析。

为了更好地分析岛体周边水域地形变化情况，在 1-3 号岛体四周布设 20 条固定断面，采用无人船进行测量，通过对比不同期次固定断面，研究岛体周边地形起伏及冲淤情况，参见图 12.2-15。

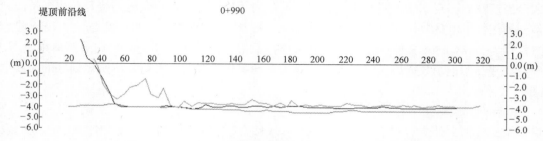

图 12.2-15　1+250 断面相邻两期固定断面对比分析图

综合多次固定断面测量数据对比分析发现，近岛 300m 范围内海图中红色区（图中浅色区）代表冲刷区，颜色越红冲刷强度越大；蓝色区（图中深色区）代表淤积区，颜色越蓝淤积强度越大。海底地形变化较大，海底有冲有淤，冲刷区与淤积区海底地形变化图见图 12.2-16。

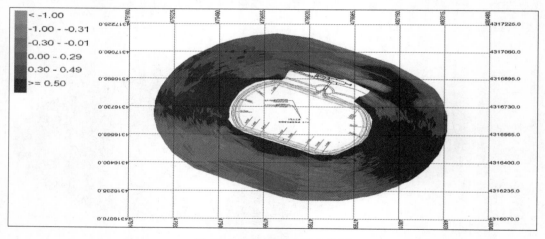

图 12.2-16　岛体冲淤变化图

结合施工状况及自然地理因素，可知在大的潮流场等海洋环境变化不大的情况下，3 号岛区海底地形处于动态不稳定调整期，各种因素综合作用的结果导致了海底地形的变化。近岛侧 300m 范围内除抛石影响外，人工岛短边两侧主要呈淤积态势；人工岛长边两侧海底地形主要呈冲刷状态，在码头右前方水深明显变深，同比周边其他区域水深深约 4~5m，反映出施工前后变化量较大。

12.2.4　启示与展望

"海油陆采"的南堡 1-3 号人工岛能够最大限度地把海洋开采的复杂性简单化，其作用和意义重大。然而，滩海地区人工岛工程等构筑物的修建，将产生新的人工岸线或改变海底地形，使工程区域的流场发生变化，可能会在海底的某些地方产生冲刷，某些地方产生淤积，进而影响到周边海底地形的变化和人工岛构筑物的安全。通过创新一些检测的新技术、新方法，为有效准确地实施监测提供支撑。

1）水下三维声呐系统新的技术手段可以非常直观地看出海管浅桥平台和水下桩基的结构状态，可以准确获取特征点的三维坐标和计量信息等，给监测、维护或施工人员装上了一双可直透水底的"眼睛"，从而为确保人工岛构筑物的安全与稳定运行提供了强有力的支撑。

2）地质雷达能够较好地检测到路基缺陷，必要时可以进行钻孔验证，对存在可疑的地段开展有针对性的安全监测，以便及时掌握缺陷发展动态。建议针对人工岛相应重要部位建立安全监测制度，定期进行无损检测。

3）随着全球灾害性气候的加剧及海洋环境的复杂性，人工岛及相关构筑物损毁事件时有发生，应尽快推动人工岛运行期安全监测预警模式和预警指标相关规范标准的编制。

4）无人测量船具有吃水浅、作业灵活、可扩展、智能化、高效率等特点，通过搭载高精度传感器，能够实现自动设定航线，自动采集数据、自主导航、巡线精度高、远程监控等功能，携带方便，适合浅滩、围区、岛礁等常规手段作业困难区域；也是现代海洋测绘技术的一个重要发展方向，具有很好的前景。

为了能够更好地研究人工岛体地形的演变和安全监测预警，需要更加全面的对岛体构造和周围的地形、水文进行全面、持续观测，从而对岛体地形的变化进行科学的评估。还要在工作中不断探索各种测绘新技术，以提高测量的效率与精准度。

12.3　上海洋山深水港

12.3.1　工程概况

上海洋山深水港（图 12.3-1）是世界最大的海岛型人工深水港，也是上海国际航运中心建设的战略和枢纽型工程。洋山深水港位于舟山群岛西北部的崎岖列岛，长江口和杭州湾的汇合处，行政区划隶属于浙江省舟山市嵊泗县洋山镇，地理概略位置为东经 122°00′～122°05′，北纬 30°36′～30°39′，西北距上海市浦东新区芦潮港镇约 32km，北距长江口灯船约 72km，东北距嵊泗县菜园镇约 40km，南至宁波北仑港约 90km，向东经黄泽洋直通外海，与国际远洋航线相距约 104km。洋山深水港区主要依托于大洋山、小洋山南、北两组岛屿链及其间所围水域，天然水深条件好，是国家大型重点工程。洋山深水港工程自 20 世纪 90 年代初就开始进行可行性研究，2002 年正式启动洋山深水港一期工程，至 2017 年底洋山四期工程竣工投产，前后历时 20 多年建成。至目前为止，洋山深水港连续七年保持为世界集装箱第一大港，洋山四期也成为全球最大无人自动化集装箱码头，标志着中国港口行业的运营模式和技术应用迎来里程碑式的跨越升级与重大变革，为上海港加速跻身世界航运中心前列注入全新动力。

12.3.2　关键问题

12.3.2.1　大规模砂源勘测是深水港港区陆域形成的前提

洋山港是在海岛建设的港区，原有陆域有限，需要通过填筑工程来实现陆域的扩展，但是港区附近没有可供开采的山体，砂石料紧缺，从远方运来既不经济又不能满足进度需要，如何解决填料来源成为制约工程的瓶颈问题。为了保证工程持续进行，满足工期要求，节约造价，必须想方设法在工程区域附近寻找到水下砂源，替代石方作为陆域形成的吹填料。在这样的背景下，开展大规模砂源勘测工作，寻找吹填成陆材料，探明砂质特性，计算储量，满足洋山深水港区陆域形成工程需要，就显得尤为重要。

图 12.3-1　洋山深水港区示意图

12.3.2.2　海域地基处理中砂桩施工难度高

洋山深水港区小洋山中港区水工码头总长 2600m，其中小洋山中港区前期工程码头长 1350m，宽 66m，由码头和接岸结构两大部分组成（图 12.3-2、图 12.3-3）。根据码头及接岸结构所处区域的地质情况，在接岸结构区域采用砂桩工艺进行地基加固处理，按 25% 置换率设计砂桩 5 万根。

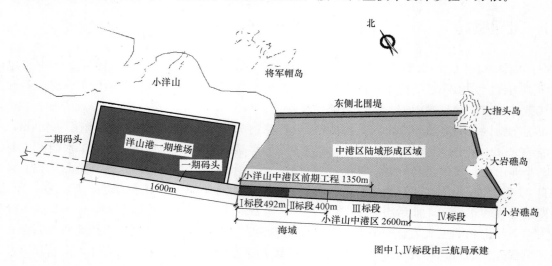

图 12.3-2　小洋山中港区前期工程码头地理位置示意图

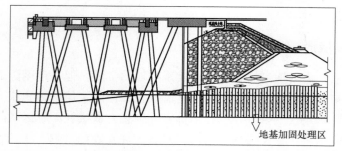

图 12.3-3　小洋山中港区前期工程码头标准断面结构示意图

由于砂桩施工实施的区域较大，砂桩的根数以万数计，如何将如此庞大的数据量计算且准确无误，是一件非常艰巨的工作。为了彻底解决这一难题，确保砂桩定位准确，提高智能化施工水平，需要根据砂桩施工工艺特点通过可视化编程语言制作一套砂桩位计算软件解决计算效率和准确率、精确定位的问题。

12.3.2.3　台风期进港外航道骤淤适航水深的利用是保证洋山港正常运行的关键问题

洋山港进港外航道受长江口每年丰富的水量和沙量下泄入海扩散，并与杭州湾湾口外海域进行频繁的水沙交换，水沙运动极为复杂，开展对洋山港进港外航道内外动力沉积环境及海床冲淤研究，建设围绕工程的监测系统并依据所得数据分析工程对自然冲淤环境的影响，对洋山深水港航道工程建设前后水流、泥沙运动进行分析判断，将为洋山港后续工程建设提供科学的依据。随着上海市打造"两个中心"的不断深入推进，其重要性将愈发突出。而由于引起航道淤积的因素很多，在遭遇台风时，可能使航道回淤量大增，其中部分回淤泥沙由于密度较小，对航行的影响不大可以充分利用，因此针对台风引起航道骤淤进行适航水深研究，减小航道维护的工程量、节省经费开支、改善水深条件，减少洋山港深水航道台风期所造成的损失，具有重要的实践意义与经济效益。

12.3.2.4　大范围、高精度水深测量是洋山深水港建设的难点

在整个洋山深水港区建设过程中，水深测量技术是个关键，涵盖了设计、施工及后期维护、运营等各个阶段。洋山深水港工程水深测量有如下难点：①水深测量范围大，从几十到几百平方公里；②测量距离长，航道测量从港区延伸至大小衢山，远离岸线几十公里；③测量工期紧，精度要求高，采用传统的水深测量技术已经远远不能够满足特大型工程测量的需要。为解决上述一系列难题，就需要不断采用先进测量仪器设备和应用测量新技术，来满足大型工程及远岸水深测量的需要，为此 GNSS 三维测深技术应需而生。

12.3.3　方案与实施

12.3.3.1　砂源调查

1. 勘察手段与方法

一期陆域形成工程的总填筑方量约 2400 万 m^3，考虑到取砂、吹砂等过程中的消耗，砂源量通常需比填方量大 40%～50% 左右，因此需寻找到 3500 万 m^3 砂量才能满足工程需要。由于调查的对象是砂料分布、特征及储藏量，无须关心深层地质情况，总结多年工程地质勘探经验，决定使用浅地层剖面结合浅层钻探的方法。利用浅地层剖面仪进行浅表地层地质调查，判别海底地层性质、地层走向、厚度、分布等状况，结合浅层钻探取样，确定海底各类土层类型、砂的物理和力学指标。用此方法进行砂源调查，可在无砂源地质资料、又不能用常规钻探方法进行大规模加密钻探的情况下，用浅地层剖面仪结合少量钻孔，可得到完整的海底工程地质特性，尤其在砂源调查中，浅剖仪比传统的钻探手段有其无法取代的作用，如无目的地到处钻孔，不但工作量大，且成效甚微，成本又高。

设备选用德国 Ses-96 Light 参量阵浅剖仪，高频为 100kHz，低频为 4kHz～12kHz，发射束角 ±1.8°，穿透深，分辨率高。并经过广泛调研引进一套荷兰产 P291 海底钻孔取砂机（见图 12.3-4），最大钻进深度 6m，振动压缩取样，体积小，船上操作方便。

调查区域以港区为中心逐渐向外围扩展，随着距离的变远，范围越来越大，由于资料缺乏，时间紧迫，又不能盲目四处出击。尽可能收集了港区周围水文地质资料，分析本区域泥沙沉积规律、砂源成因和砂源形成机理，并大

图 12.3-4　砂源调查座底钻孔示意图

量走访当地渔民，判断砂源可能存在的区域，集中调查目标。在调查地点以200～1000m间隔布置浅剖探测线，先以大间距初探，发现砂源后以小间距加密细探，确定砂源沉积范围，并在范围内布置钻孔，取样试验。在资料整理时，即可把浅剖、钻孔结合起来。在有砂存在的区域，圈出沉积范围，找出砂层层面标高及沉积厚度，根据砂层的物理、力学指标确定类别，借助专业软件很容易算出砂层储量。

技术方案得到验证。自2001年1月开始至2004年1月历时三年，克服不利工况条件，安排十多次外业勘察，足迹遍布崎岖列岛、嵊泗列岛、川湖列岛、火山列岛几乎整个杭州湾海域，完成浅地层剖面探测线614km，浅层钻孔数279只，柱状取样上千个，调查到储藏砂源数处，储量数千万立方米，完成调查报告7本，找到了足够的能满足该项工程所需的砂源，为一期工程陆域吹填顺利完工奠定了基础，也为随后的二、三期工程积累了丰富经验。

2. 砂储量计算

针对勘察探明的砂源，每个砂源区粉细砂储量混合计算。砂料储量计算是根据浅钻孔资料结合浅剖资料进行计算，采用三角形法。

3. 效果分析

解决填料来源以后所带来的工程投资减少，数目可观。海底最深处水深达−39m（洋山基面，下同），最后成陆要求标高6m，光一期工程陆域形成就要填海2400万 m³，二、三期更多。巨量的石方靠炸山是不可能的，附近的山有的已被工程利用，有的因为环保要求不能开采，必须寻找外部来源。如果用船舶运输来石料，最近处也要到上海芦潮港或浙江宁波，运输距离接近30km，每立方米要30～40元，成本核算非常高，这将导致工程投资激增，并且杭州湾地区风浪大，长距离运输还受到天气制约，很难保证施工进度。

采用海上粉细砂作为替代物吹填成陆，成功地解决了面临的问题。首先，海上取砂不占用耕地，不破坏山体，保护了环境，节约了资源；其次，开采、抛填方便，一条吸砂船只要配备合适的动力，一两小时可吸满，通过压力泵和输砂管道直接吹砂上岸，现代化吸砂船有抛砂设备，可自吸自抛；再者，运距短，杭州湾海域有多处砂源存在，较之从大陆运来距离大大缩短，加上社会上有大量专业吸砂船，运能充足，施工进度有保证。由于以上原因，导致工程成本降低，比当地石料市场单价便宜10元以上，按填筑方量2400万 m³ 计，整个一期陆域形成工程采用取砂填筑的方式节约投资额2.4亿元。巨大的经济和社会效益，最终保证了一期陆域形成工程的顺利完工。

12.3.3.2 适航水深测量

1. 港口泥沙淤积概况

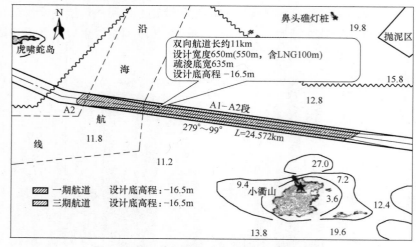

图12.3-5 洋山深水港区进港外航道总平面

1）自然条件分析

洋山海域潮流类型属规则半日浅海潮流性质，潮流运动呈典型往复流形态，主航道最大平均流速流向为涨潮流 2.00m/s（281°），落潮流 2.22m/s（107°）；主航道自西向东分为3段（图12.3-5），地质调查表明位于中段的人工疏浚段地层以亚黏土或淤泥质亚黏土为主；海区受冬、夏季风影响，全年多偏 N 和偏 SE 向风，风向季节变化明显，4～8月多偏 SE 向风，9月至翌年2月

多偏 N 向风，3月份冷暖空气交替频繁，以 SE 和 N 向风为主。2005—2009年，洋山海区先后受到"麦

莎"等十余个台风的影响，导致航槽不同程度的淤浅，底质取样分析表明，主要为浮泥淤积。

2）泥沙来源

洋山港的西面为杭州湾水域，因此杭州湾的泥沙运动、潮流特性、历史演变趋势关系到航道淤积。杭州湾淤积的泥沙来自上游和口外两个方面，其中以口外长江外海来沙为主。据沉积物分析表明，表层沉积物中的细砂主要来源于本海区岛上的岩石风化产物，粉砂来源于长江口和杭州湾，也受外海来沙的影响，黏土主要来源于长江入海泥沙。对航道淤积起控制作用的是在风浪潮流综合作用下的泥沙悬扬搬移所致，属间接性泥沙来源。

2005—2009 年洋山海区先后受到多次台风影响，以 2007 年"韦帕"和"罗莎"台风影响较大，航槽分别平均淤浅约 0.32m 和 0.51m，2008—2010 年影响相对较小，航槽淤浅 0.1~0.2m，根据底质取样分析，主要是浮泥淤积。以"罗莎"台风期实测泥沙垂线密度分布为例，见图 12.3-6。

2. 适航水深简介

1）适航水深定义

适航水深是指海平面到高频测深值以下能确保航行安全的浮泥之间的距离，适航厚度为适航淤泥容重界面与高频测深仪反射面之差，相互关系见图 12.3-7。

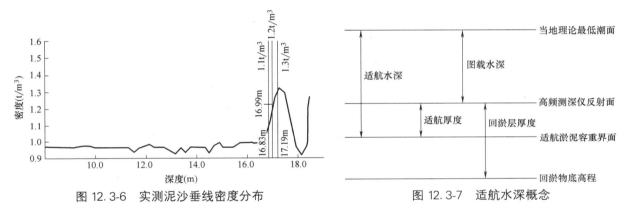

图 12.3-6　实测泥沙垂线密度分布　　　　图 12.3-7　适航水深概念

2）适航水深界定

目前国内外的许多港口、航道已广泛开展了适航水深的研究与应用，其确定适航水深界面的标准一般采用浮泥密度作为参数，如：荷兰鹿特丹欧罗港将密度取 1.2t/m³。

洋山港进港外航道适航淤泥密度界面同样选用密度作为确定适航水深下界面的参数。通过综合考虑回淤物质的矿物成分、有机质及颗粒级配的组成，并进行表层沉积物的沉降特性试验、流变特性试验进而确定该区域的适航密度。

3. 适航水深确定

1）表层沉积物分析

确定适航水深，必须了解航道表层沉积物的物理特性。为此在洋山港进港外航道布置了 20 个取样点（图 12.3-8），其中航槽内 8 个，边滩 12 个，各点间距约 4 km。样品分析分别采用密度计法和激光粒度分析仪（图 12.3-9）法，以保证数据的准确性。

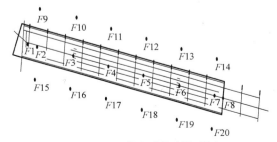

图 12.3-8　洋山港航道取样点

图 12.3-9　EyeTech 激光粒度分析仪

《淤泥质海港适航水深应用技术规范》JTJ/T 325 规定，港口使用适航水深，其前提是淤泥质海港。对洋山港回淤物质样品的分析可知，其中值粒径变化范围为 0.013～0.023mm，粉性泥沙占 76.9%，因此就港口回淤物质而言，洋山港区可定性为淤泥质港口，从而论证了适航水深应用的可行性。

2）沉降特性试验

海水中细颗粒泥沙絮凝沉降的沉速是标志泥沙运动特征的一个重要物理量，其运动规律和特征与含沙浓度、海水含盐度以及水温有着密切关系。根据黄建维等的试验结果，随着黏性泥沙在水体中含沙量的不同，按其沉降性态和机理之不同，大致可以区分为絮凝沉降段、制约沉降段、群体沉降段、密实段 4 个性质不同的区段。

采用比重法，对取自航道的海水进行了含盐度测量，密封的海水在试验室内存放 130d，使水中的泥沙及其他悬浮物与水体分离，然后在比重瓶中分别装入海水与蒸馏水进行称量，计算得出海水的平均含盐度为 1.68%。

沉降试验中，使用 T. McLaughlin 的"重复深度吸管法"，通过测定不同时间的含沙浓度的分布，即可求出不同位置的泥沙平均沉速。选取航道中的 F3 泥样作为此次沉降的研究对象，总共进行了 9 组不同初始含沙浓度（$S_0 = 0.42 \sim 3.37 \text{kg/m}^3$）的试验，试验水温在 7～9℃间变化。试验结果表明，随着含沙量增大，中值沉速会随之增大，但当含沙量大于 1.82kg/m³ 时，中值沉速变化不大，多在 0.024～0.030cm/s。

3）流变特性试验

流变特性试验采用上海衡平仪器仪表厂生产的 NDJ-5S 数显黏度计。其工作原理为：由电机经变速带动转子作恒速旋转，当转子在液体中旋转时，液体会产生作用在转子上的黏度力矩，液体的黏度越大，该黏性力矩也越大；反之，液体的黏度越小，该黏性力矩也越小。该作用在转子上的黏性力矩由传感器检测出来，经计算机处理后得出被测液体的黏度。

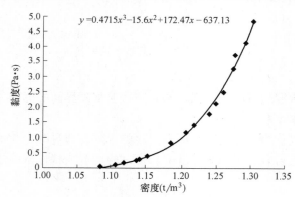

图 12.3-10　F2 测点淤泥密度与黏度的关系

试验对象为航道内的 8 个取样点（F1～F8），泥样的中值粒径 $d50$ 在 15.49～18.91μm，其中 F2 样本点最小，F7 样本点最大。试验时，选取淤泥样品，采用天然海水，调制成从 1.08～1.35t/m³ 不同的密度，每个样本进行约 15 个不同密度的试验，并记录样本温度，根据试验结果点绘黏度与密度的关系曲线图（F2 测点曲线图见图 12.3-10）。

试验表明，当密度较小时，黏度随密度的变化较慢；当密度较大时，黏度随密度的变化较快。对于同一样品的淤泥，在同一密度下，不同转速下的淤泥动力黏度有较大差别，转速越慢，其动力黏度越大。

4）适航密度确定

由于船舶在淤泥底面上航行，淤泥的剪切率（以及泥-水界面可能出现的内波阻力）将直接影响航速和船舶的操作行为。对通航水道而言，应选择简易的物理量作为确定适航水深的依据。如上所述，一般以淤泥的适航密度作为度量标准，适航密度需通过淤泥的流变特性试验加以确定，研究表明淤泥在低剪切率向高剪切率转变时的起始刚度和动力黏泥系数随密度变化均有一个明显的转折段，通常以该段转折最突出处所对应的淤泥密度值作为适航密度。本节以黏度-密度关系曲线的斜率变化来确定转折点。

为确定黏度-密度关系曲线的斜率，首先要确定黏度-密度关系的曲线方程。经试配，三次多项式的曲线方程与试验的点子非常吻合，以 F2 泥样的曲线方程为例：

$$\eta = 0.472\rho^3 - 15.6\rho^2 + 172.48\rho - 637.13 \qquad \text{（式 12.3-1）}$$

式中：η——淤泥的动力黏度；

ρ——淤泥的密度。

可以解得：$\rho = 1.166\text{t/m}^3$。

航道中 8 个样本点黏度曲线中斜率为 1 时的密度在 $1.160 \sim 1.198\text{t/m}^3$ 变化，平均为 1.174t/m^3。根据对洋山港区航道淤泥颗粒特征、沉降特征、密实特征的分析，以本次航道黏度特征的试验为基础，结合已有研究成果，考虑到浮泥粒径较淤泥要细些，因此以航道中较细的淤泥样本 F2 作为适航水深初选值，即 1.166t/m^3 作为适航密度。

4. 应用实例

1）走航式适航水深测量系统（SILAS）

走航式适航水深测量系统是荷兰 SILAS 公司的专利产品，目前在荷兰、法国等国家得到了很好的应用，为航道、港口等部门解决适航水深问题提供了有力的工具。该系统利用测深仪向泥层发射低频信号，声波穿透水、泥交界面至未开挖的原土层，能够连续不断采集到淤泥层各界面上的反射声波强度，生成淤泥层表面、适航厚度界面、开挖层界面的可视图像（图 12.3-11），并能够结合流变特性等试验结果，得到实用适航水深图。

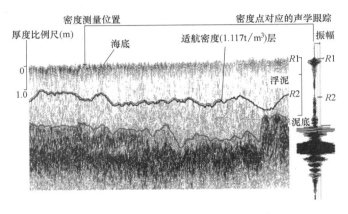

图 12.3-11 与适航密度对应的连续界面

一套完整的 SILAS 走航式适航水深测量系统由以下 4 部分组成：①低频测深仪（不高于 24kHz）；②带 A/D 转换卡的 PC 计算机；③STEMA 公司 SILAS 数字化声学数据采集及处理软件；④单点密度标定设备（图 12.3-12）。

2）适航水深测量

2007 年 10 月洋山港进港外航道发现浮泥存在，使用 SILAS 现场采集资料并在每个区域选取 $2 \sim 3$ 个代表点位进行密度垂线测量。

将事先率定好的反射波强度与淤泥密度的关系输入处理系统，即可确定出不同淤泥密度界面的位置。图 12.3-13 为 SILAS 处理图像，显示了淤泥层表面、适航密度界面（淤泥密度 1.166t/m^3）等可视化分层。

图 12.3-12 Densitune 音叉式振动密度计

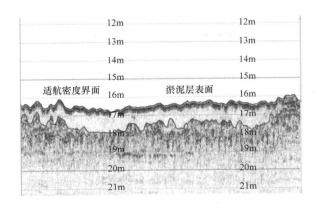

图 12.3-13 SILAS 处理图像

2007年"罗莎"台风期挖槽平均淤浅约0.5m，其中主航道W17＋000～W23＋000平均淤积厚度0.9m，局部区域W19＋000～W22＋000中部淤积近1.5m。通过对主航道W17＋000～W23＋000区域适航水深测量，发现可利用适航深度约1m。浮泥在疏浚以及水流作用下20d后消散，进一步验证了适航水深的利用周期及价值。

12.3.3.3 智能化砂桩施工监控系统

水下挤密砂桩作为软土地基加固的有效手段越来越多被国内建设单位所接受，得到了应用。挤密砂桩法是在软基上用冲击或振动等方法将砂管沉入到要求的深度，填入中粗砂并向下挤压使砂桩扩径，使其周围地基发生侧向挤压而使地基密实的一种加固方法，其加固原理为挤密置换和排水固结作用。

为了能够解决海域地基处理中的砂桩施工量大、实时计算难度高的难题，上海第三航务工程有限工程公司针对施工工艺及特点开发了智能化砂桩施工监控系统。智能化砂桩施工监控系统是针对现场实际施工需要独立开发的一套计算程序。程序设计构思来源于洋山中港区工程砂桩施工，程序编写过程中针对现场各类情况进行多次修改完善。砂桩的桩位计算程序在设计时注重操作的简便性和成果输出的快捷性，在整个计算模块的编写时也注意砂桩布设的各类不同情况，确保程序使用的通用性，同时在计算时采用前后复核的办法进行演算确保桩位计算的准确性。

1. 计算依据

砂桩桩位计算主要计算依据有：施工区域角点坐标、置换率、砂桩桩直径、砂桩船每根砂管中心之间的间距、施工坐标的转换参数。其中施工区域角点的北京54坐标、置换率和砂桩的桩直径一般由施工设计图纸可以获得，管中心间距可以由船机的资料获得。

2. 计算过程

砂桩的桩位一般按照梅花形或正方形进行布设（图12.3-14），施工过程中采用间隔跳打的方式，一般桩的列间距为砂桩船桩管间距的一半。计算程序流程图见图12.3-15。

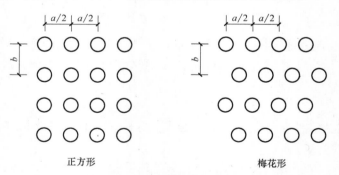

正方形　　　　　　　　　梅花形

图12.3-14　桩位布置示意图

砂桩桩位计算步骤如下：

1）根据施工区域角点坐标$(X_i，Y_i)$计算出区域面积S；

$$S=[(X_1×Y_2-X_2×Y_1)+(X_2×Y_3-X_3×Y_2)+……(X_i-1×Y_i-X_i×Y_i-1)]/2$$

（式12.3-2）

2）根据置换率W和砂桩半径R计算砂桩的根数M；

$$M=S×W/(π×R×R)$$

（式12.3-3）

3）根据砂桩船桩管之间的距离a计算每行桩的间距b；

$$b=π×R×R/(W×0.5×a)$$

（式12.3-4）

4）以施工区域某一角点为原点建立独立施工坐标系；

5）根据角点坐标和桩位的相对关系，利用砂桩的行间距b和列间距$a/2$确定每根砂桩的施工坐标；

6）将所有砂桩桩位的施工坐标转换为北京54坐标；

$$\left. \begin{array}{l} X = X_0 + A \times \cos\alpha_0 - B \times \sin\alpha_0 \\ Y = Y_0 + A \times \sin\alpha_0 + B \times \cos\alpha_0 \end{array} \right\}$$ （式 12.3-5）

式中：A、B——施工坐标系统中的坐标；

X、Y——北京 54 坐标系统中的坐标；

X_0、Y_0——施工坐标原点在北京 54 坐标系统中的坐标；

α_0——施工坐标系统 A 轴在 54 北京坐标系统的方位角。

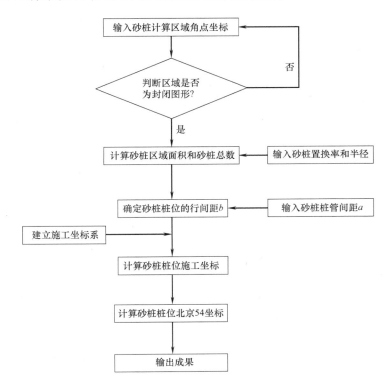

图 12.3-15　计算程序流程图

砂桩的桩位计算结果必须按照固定格式制作成 TXT 文本文件才可以被砂桩定位系统使用。TXT 文件格式如下：

第一行：桩总数，横排总数，纵排总数；

第二行：总编号，所在横排号，所在纵排号，打桩顺序号，设计坐标 X，设计坐标 Y，设计扭角，直俯仰，设计坡比，设计顶高，桩型，桩宽，桩长；

……

第 N 行：总编号，所在横排号，所在纵排号，打桩顺序号，设计坐标 X，设计坐标 Y，设计扭角，直俯仰，设计坡比，设计顶高，桩型，桩宽，桩长。

3. 程序设计

整个砂桩桩位计算原理较为简单，主要计算是施工坐标与北京 54 坐标的转换。针对砂桩的桩位布设具有一定的规律性的特点，程序的计算模块主要利用 Visual Basic 的循环语句功能，采用循环嵌套的方式进行编程。程序结果的输出模块采用直接链接 TXT 文本软件和 Excel 表格软件的方式进行输出，真正做到一步到位。

4. 实际应用

砂桩桩位计算程序经过小洋山中港区前期工程码头及洋山港三期工程的实践应用不断改进，最终在洋山港四期工程中都得到较好的应用。下面以四期工程中的一个实例演示砂桩桩位计算程序在实际施工中的应用。

　　例：该区域为砂桩Ⅴ区中的 K1＋350～K1＋368，施工区域面积为 774m²，砂桩置换率为 25％。采用砂桩 1 号船进行施工，桩管间距 4.2m，砂桩桩位按梅花形进行布设（图 12.3-16）。

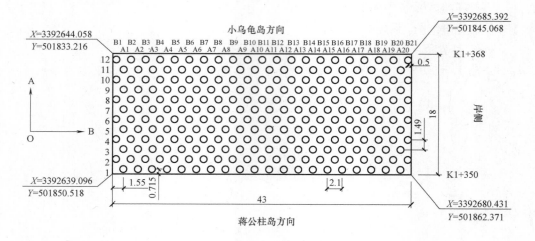

图 12.3-16　Ⅴ区砂桩桩位图

　　首先打开计算程序进入界面 1 进行参数输入和计算（图 12.3-17）。在船型参数中选择砂桩 1 号，自动显示砂管间距为 4.2m 和砂管直径为 1m；在坐标转换参数中输入施工坐标系的转换参数；在砂桩排布参数计算中输入计算区域面积 774m²，砂桩置换率 25％和砂桩间距 2.1m，选择梅花形布置，计算出砂桩根数为 246 根和砂桩行间距为 1.49m。

　　砂桩参数确定后，进入砂桩桩位计算界面（图 12.3-18）。在砂桩区域中输入区域编号和砂桩区域角点坐标。检查砂桩区域是否闭合并且无边界线交叉的情况出现，确认无误后在计算参数中输入设计桩长、桩顶标高以及桩排布中奇数和偶数行桩数量是否有差别等辅助参数后，就可进行桩位计算。计算完成后可直接生成桩中心坐标的 Excel 文件或砂桩 GNSS 定位系统所需要的桩位 TXT 文件。从而完成区域砂桩桩位的计算工作，整个操作过程可在 10min 内完成。

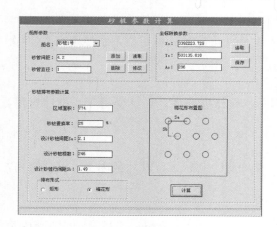

图 12.3-17　砂桩参数输入和计算

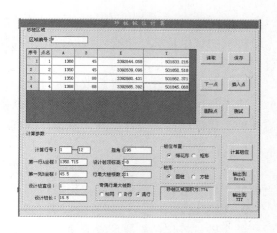

图 12.3-18　砂桩桩位计算和输出

　　砂桩桩位计算程序在洋山三期砂桩施工中得到了较好的应用。据不完全统计，利用该程序计算的砂桩桩位超过 10 万根。根据实际操作对比，程序计算速度超过 5000 根/h，且错误率几乎为零。相比人工利用 Excel 表格计算，该程序使用至少为测量人员节约 70％的桩位计算时间。洋山四期工程的砂桩施工总量、砂桩施工船舶数量较三期工程更多，置换率和地质条件较三期工程更复杂，砂桩计算程序也得到了很好的应用，累计已完成砂桩计算约 15 万根，砂桩桩位计算软件在洋山深水港工程砂桩施工过程中发挥着重要的作用。

12.3.3.4　GNSS 三维测深技术及测量成果应用

1. GNSS 三维测深技术

1）测深方法

GNSS 三维测深技术从应用角度来说，可以分为实时载波相位差分定位技术（RTK）和动态后处理定位技术（PPK）。对于沿海长航道水深测量，当测区超出岸边水位站有效控制范围时，可在海上设立临时水位站（修建验潮站、抛压力式验潮仪）、潮位推算，或直接进行 GNSS RTK 三维水深测量。但海上修建验潮站的难度大、成本高，因此较少采用；抛压力式验潮仪则会面临验潮仪丢失或由于仪器在海底滑动导致采集的水位数据不可用的情况，且不适用于作业频率较高的疏浚工程水深测量；潮位推算精度受限；RTK 受电台无线电传播距离的限制，只能解决基线长度为 20km 范围内的水位测量问题。GNSS PPK 技术属动态后处理技术，不受电台无线电传播距离的限制，有效作用距离可以达到 80km。

2）GNSS 三维水深测量原理

三维水深测量原理见图 12.3-19。图中 T' 为水位；A 为 GNSS 天线的大地高；B 为水面到海底的距离；C_s 为海图基准面以下的水深；D 为动吃水；K 为似大地水准面到海图基准面的距离；N 为参考椭球面到似大地水准面的距离。

水位：
$$T = -T' = N - K - A - H - D \quad （式 12.3-6）$$

图载水深：
$$C_s = B + D + T = B + N - K - A - H \quad （式 12.3-7）$$

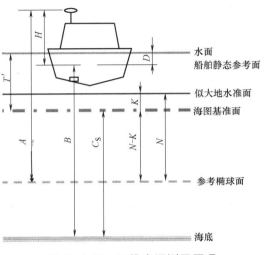

图 12.3-19　三维水深测量原理

可见，通过 GNSS 三维定位技术获得流动站的平面坐标和大地高 A，在定位系统中央处理器的驱动下，同步实施采集水深数据 B，并根据流动站天线至水面的高度 H 及深度基准面与大地高的关系 $N-K$，进行综合数据处理，即可获得测点的平面位置和图载水深 C_s，实现 GNSS 三维水深测量。

在 GNSS 三维水深测量外业数据采集过程中，采用 GNSS RTK 进行导航定位，采集的平面定位坐标和高程坐标是相对定位，其精度较高，达厘米级。而采用 GNSS PPK 进行导航定位，采集的平面定位坐标和高程坐标是绝对定位（单点定位），其精度相对较低。需在内业处理过程中，用经后处理的精确三维坐标逐一替换单点定位数据，达到精确定位和水位改正，从而不需要建立水位站进行验潮。

3）RTK 三维测深与传统测深比对验证实例

上海国际航运中心洋山港一期工程洋山港区位于嵊泗县小洋山周围海域，为满足初步设计的需要，对拟建港区需进行大比例尺的水下地形测量。由于测量范围大，地形复杂，气候条件差，因此本工程采用具有实时动态差分功能的 SCORPIO 6502 SK/MK GNSS 接收机来导航定位。参考站设在视野开阔的制高点上，周边 100m 无强磁场或电信干扰，流动站设在测量船上，GNSS 天线与换能器固定在同一测杆上，并量取了 GNSS 天线到换能器之间的距离。GNSS 接收机的数据采样率设置为 1s，测深仪的数据采样率设置为 10 次/s。由于 GNSS 接收到的是 WGS-84 系中三维坐标，而在工程中使用的是 54 北京坐标和 85 国家高程基准，因此尚需通过坐标转换模型计算空间转换七参数，才能用于导航定位和无验潮测深。为了比较分析验潮与无验潮的泥面标高数据，在测区内设立了 3 个验潮站，选择了一块验潮精度高的区域进行试验。在内业处理中，分别以验潮、无验潮两种方式确定水下某一点的泥面标高。摘录其中的一些数据如表 12.3-1 所示。

验潮测深和无验潮测深两种方式的测量结果比较　　　　　表 12.3-1

点号	水深 H(m)		较差(m)	点号	水深 H(m)		较差(m)
	验潮	无验潮			验潮	无验潮	
1	−20.80	−20.66	0.14	11	−21.40	−21.29	0.11
2	−20.80	−20.62	0.18	12	−22.20	−22.16	−0.06
3	−20.70	−20.85	−0.15	13	−22.10	−22.10	0.00
4	−20.90	−20.77	0.13	14	−21.70	−21.83	−0.13
5	−20.80	−20.67	0.13	15	−21.50	−21.51	−0.01
6	−21.00	−20.98	0.02	16	−20.80	−20.96	−0.16
7	−21.10	−21.17	−0.07	17	−20.00	−20.11	−0.11
8	−21.00	−20.78	0.22	18	−18.80	−18.82	−0.02
9	−21.10	−21.15	−0.05	19	−18.00	−18.20	−0.20
10	−21.20	−21.17	0.03	20	−16.90	−16.99	−0.09

(1) 验潮测深和无验潮测深两种方式的测量结果比较接近，差异在−16～22cm 之间，绝对值平均为 10cm。在难以验潮的地方，完全可以采用无验潮测量方法进行。

(2) RTK 测量技术所确定的高程精度优于潮位观测精度，而且该方法克服了动态吃水的影响，测量精度高于验潮测深精度。

4) RTK 三维多波束测深与常规多波束测深比对验证实例

RTK 三维多波束测量系统利用 RTK 所测的潮位，只需量得 GPS 天线相位中心到换能器底部的距离即可，减少了吃水量测误差，实现实时测得潮位，同时结合多波束水深数据和运动传感器数据，可以实现高精度 RTK 三维多波束水深测量。

为了分析常规多波束水深测量和 RTK 三维多波束水深测量的数据稳定性，在洋山进港航道采用两种测量模式进行水深测量。两种测量模式的设置都一样，唯一不同的是前者采用人工验潮的潮位，而后者采用 RTK 的潮位。在对数据进行处理后，在 Hypack max 软件里分别对两种测量模式的前后 2d 数据做差值，然后分析数据的稳定性。从表 12.3-2 可得，槽内区域两天差值分布情况如下：采用 RTK 三维多波束测量的差值 86 %分布在−0.1～0.1m，而采用常规多波束测量的差值只有 70.2 %分布在−0.1～0.1m，22.5 %分布在−0.2～−0.1m；边坡差值情况为：采用 RTK 三维多波束测量的差值 89.5 %分布在−0.2～0.2m，而采用常规多波束测量的差值只有 66.3 %分布在−0.2～0.2m。可以看出采用常规多波束测量的数据稳定性较采用 RTK 三维多波束测量数据差。

常规多波束与 RTK 三维多波束所测深度稳定性统计　　　　　表 12.3-2

测量设置		常规多波束水深测量(%)		RTK 三维多波束水深测量(%)	
		航道槽内	边坡	航道槽内	边坡
差值区间(m)	−0.4 以上	—	—	—	—
	−0.4～−0.3	—	2.1	—	1.4
	−0.3～−0.2	5.5	19.8	—	6.0
	−0.2～−0.1	22.5	19.1	11.3	21.6
	−0.1～0	34.9	18.2	46.7	35.7
	0～0.1	35.3	17.3	39.4	20.8
	0.1～0.2	1.8	11.7	2.6	11.3
	0.2～0.3	—	11.1	—	2.8
	0.3～0.4	—	0.1	—	0.4
	0.4 以上	—	0.5	—	—
统计点数		2350	6180	2336	6123

5) RTK 与 PPK 三维测深比对验证实例

结合洋山二期工程中的水深测量进行了试验，分别以 RTK、PPK 模式进行水深测量。水深测量的仪器采用 Thales Z-MAX 双频 GNSS 接收机，它具有 RTK 和 PPK 测量模式，配备 Odom MK II 测深仪及 RBN-DGPS（用于 PPK 作业时导航定位）。首先还是采用常规的 RTK 技术进行了水深测量，由于现场阻碍物较多，UHF 信号受到了阻碍和干扰，测区内有很多盲区，只能通过在几个不同的控制点上架设基准站的方法来加以解决，这些工作消耗了较多的人力和时间。在采用 RTK 的作业方法完成测量后，接着采用 PPK 技术进行了测量，PPK 作业方法基本与 RTK 雷同，由于 PPK 技术不需要接收基准站发射的 UHF 信号，因此有效地避免了以上的不利影响。虽然本次仍进行了水位观测，但仅是为校验测深数据用，只花了不到 RTK 一半的时间就完成了测量。数据后处理采用 GNSS Solution GNSS 软件解算，得到的结果是 WGS84 坐标和大地高，尚需利用测区内的 GNSS 点求出的七参数转换至 54 北京坐标系和 85 高程系。通过对在已知点上比对的数据进行分析比较，PPK 数据平面精度为 ±12.4cm，高程精度为 ±6.6cm，完全可以满足大比例尺水深测量的要求。同时将 RTK 所测水深数据和 PPK 数据在图上进行了叠加，如表 12.3-3 所示，通过对近 500 个重合叠加数据的分析比较，两套数据基本吻合，深度中误差小于 ±10cm。

PPK 与 RTK 模式所测深度较差统计（单位 cm）　　　　表 12.3-3

≤10	10～20	≥20	深度中误差
287 点	196 点	12 点	±8.7

GNSS PPK 技术与 RTK 技术一样，可以实现三维水深测量，由于它无须电台实时传输，作用距离远远大于 RTK 定位技术，由于应用数据后处理技术，可以采用精密星历，解算参数设定等技术，为大规模的水深测量提供了可靠的技术保障。

GNSS PPK 技术亦能有效地消除测量船只动态吃水变化对水深测量成果的影响，提高测量成果的质量，在作业的简便、资源的利用及效率等方面较 RTK 技术而言都具有其潜在的优势。

2. 冲淤量计算及冲淤分析

港池、航道及码头区水域冲刷和淤积问题，以及如何精确计算其面积和方量，是业主、设计及施工等人员非常关心的一个问题，也是决定港口维护成本大小的一个主要方面。为此，结合洋山深水港工程，中交上海三航院有限公司采用"空间三角棱柱体累加"算法、"逐点插入和局部几何最优"与疏浚水深相关的外海港池淤积公式，计算及预报近海工程海域海床冲淤量和演变趋势，为合理确定港区形态布置、港池备淤深度、水深维护时间间隔提供了科学依据。并对冲淤分析软件进行二次开发与应用，从冲淤图的绘制到冲淤量的计算，以及水下三维地形图的制作均取得了较好的效果和良好的经济效益。

1）基本思路

对河床冲淤量计算常用的有断面法、水深分级比照、平均高程法等。结合洋山工程提出"空间三角棱柱体累加法"，相对于传统方法可以显著提高计算精度并缩短绘图时间。其基本思路是：第一，根据工程需要划分区域，先对第一次采集的高程离散点数据，采用基于 Delaunay 三角网为基础的数字高程模型进行计算，保存每个三角形点、边、面数据到数据库三角网表中。第二，读入第二次采集的高程离散点，分别遍历第一次采集所建立的高程离散点数据库三角网表，求出投影点和高程。先后建立了两个三维地形实体，对相交部分的实体分解成垂直三棱柱体单元逐一计算。第三，在 AutoCAD 环境下软件自动生成冲淤分布图并完成不同深度颜色填充。

2）程序计算原理

（1）算法选择

一组空间分布不规则的离散点，可以有多种剖分方法生成相同的三角网。目前常见的构建 Delaunay 三角网的算法分为三类：

① 分而治之算法，其基本思路是使问题简化，把点集划分到足够小，使其易于生成三角网，然后把子集中的三角网合并生成最终的三角网，用局部优化（Local Optimization Procedure，LOP）算法保证其成为 Delaunay 三角网，它的优点是时间效率高，但需要大量递归运算，占用较多的内存空间。

② 数据点渐次插入算法，其思路很简单，先在包含所有数据点的一个多边形中建立初始三角形，

然后将余下的点逐一插入，用 LOP 算法保证其成为 Delaunay 三角网。此算法虽然容易实现，空间要求不大，但它最大的不足是时间效率较低。

③ 三角网生长算法，其基本思路是：以点集中任一点作为起始点，找出离起始点最近的第二点并连接线段 L，以 L 为一边，按 Delaunay 三角网的特点，再从点集中找出一个最优点作为第三点，连接这 3 点为一个三角形，从三角形的 3 条边向外扩展，重复寻找最优点生成三角形，直到连接所有三角形。该算法编程易实现，但采用深层次递归时无法突破计算机堆栈空间限制，故在实际应用中不多。

当高程离散点数据很多或达到海量时，单靠一种算法已无法满足建立三角网的需要，需分别建立多个子网。作为一次研究和尝试，本节采用数据区切割分块成多个子网，然后采用算法②对各子网生成 Delaunay 三角网，辅以子网合并、局部优化，获得了较佳的算法性能和较高的时间效率。

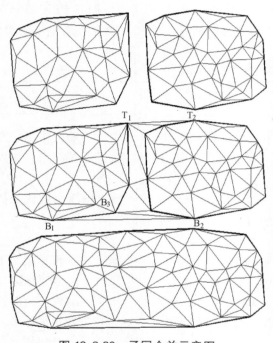

图 12.3-20　子网合并示意图

（2）建立凸包

凸包的建立是子网合并的基础，下面叙述凸包的生成原理。

① 求出点集中 $x+y$ 和 $x-y$ 的最大值和最小值，并将对应的 4 个点按逆时针方向组成一个链表，构成初始凸包。一般情况下 $x+y$ 和 $x-y$ 的最大、最小值对应 4 个点，特殊情况下某两个点会重合，此时初始凸包为三角形。

② 将凸包上的每个点 $V(i)$（$i=1$，2…）及其后续点 $V(j)$（$j=1$，2…）按逆时针组成有向线段，搜索线段右侧最大距离点 P，如果存在点 P，就将该点插入 $V(i)$ 和 $V(j)$ 之间，否则不插入。如果点 P 到线段的距离为 0 且位于线段两端之间，同样需要将点 P 插入 $V(i)$ 和 $V(j)$ 之间。

③ 重复步骤②，直至右侧没有点，凸包建立完成如图 12.3-20 粗线所示。

（3）子网合并

子网的合并是个循环的过程，包括左右子网和上下子网合并，方法类似。合并过程如图 12.3-20 所示（以左右子网合并为例），假定子网内三角网已经构建，凸包通过（2）已得到。

① 获取底边 $\overline{B_1B_2}$。B_1 为左凸包的最低点，B_2 为右凸包的最低点，底边获取比较容易，但如果底边穿过子网，就需要把 B_1 右移或 B_2 左移。

② 顶边 $\overline{T_1T_2}$ 方法同底边 $\overline{B_1B_2}$ 获取。

③ 现以两凸包底边 $\overline{B_1B_2}$ 为起始基线，分别沿 B_1 逆时针、沿 B_2 顺时针找到构成三角形的第三个顶点 B_3，更新底边，将新生成的边作为新的基线继续向上搜索，直至与 $\overline{T_1T_2}$ 重合时终止。

④ 需要按严格的程序确认第三个顶点 B_3，B_3 不与基线共线。新增三角形边长和最小，尽量选取凸壳上 Y 值较小的点，这样能保证得到的三角形为优。

（4）局部优化

一旦三角网子网合并完成后，就要对子网合并中新建的三角形进行 LOP 优化，使用 Delaunay 空外接圆准则：利用第四点到其他三点构成外接圆的圆心距离和半径关系进行判定。若点在空外接圆内，则调换相邻三角形所组成的凸四边形的对角线。这里还有考虑点落在空外接圆上，还必须比较对角线的长度，取其较短的一条边即可。

（5）建立冲淤量计算公式

对于任何一个 Delaunay 三角网如 △ABC，求体积即为计算三棱柱的体积 V_i（$i=1$，2，3），设 A、B、C 点高程各为 ΔH_A、ΔH_B、ΔH_C，体积公式如下

$$V_1 = \frac{S}{3} \cdot (\Delta H_A + \Delta H_B + \Delta H_C) \qquad (式\ 12.3\text{-}8)$$

$$V_2 = \frac{S}{3} \cdot \frac{\Delta H_{\max}^3}{(\Delta H_{\max} + \Delta H_{\min})(\Delta H_{\max} + \Delta H_{\mathrm{mid}})} \qquad (式\ 12.3\text{-}9)$$

$$V_3 = \frac{S}{3} \cdot \left[\frac{\Delta H_{\max}^3}{(\Delta H_{\max} + \Delta H_{\min})(\Delta H_{\max} + \Delta H_{\mathrm{mid}})} \right.$$
$$\left. - \Delta H_{\max} + \Delta H_{\min} + \Delta H_{\mathrm{mid}} \right] \qquad (式\ 12.3\text{-}10)$$

$$S = \sqrt{C(C - D_{AB})(C - D_{BC})(C - D_{AC})} \qquad (式\ 12.3\text{-}11)$$

$$C = \frac{1}{2}(D_{AB} + D_{BC} + D_{AC}) \qquad (式\ 12.3\text{-}12)$$

$$D_i = \sqrt{\Delta X^2 + \Delta Y^2} \quad (1 \leqslant i \leqslant 3) \qquad (式\ 12.3\text{-}13)$$

式中： S——三角形投影到底面的面积；

                 C——三角形周长的一半；

                 D_i——三角形各边长度；

$\Delta H_{\max}$、ΔH_{mid}、$\Delta H_{\min}$——分别对应于 ΔH_A、ΔH_B、ΔH_C 三者绝对值中的最大值、中间值和最小值。

当 ΔH_A、ΔH_B、ΔH_C 全部为正值时，代入公式（12.3-8）得到淤积量；全部为负值时，代入公式（12.3-8）得到冲刷量。当值有正有负时，三棱体处于冲刷和淤积分界，体积必须分段计算。公式（12.3-9）是三棱锥冲淤的体积大小，公式（12.3-10）是四边形楔体冲刷的体积大小，总冲淤量为所有三角网棱柱和 ΣV。

3）工程实例

为了更好地了解洋山港区建设中水下地形变化及趋势，从2002年起就对洋山港区水下地形进行了多次监测。以双连山—大山塘—大洋山北区域为例：2004年实测地形点为10341个，形成三角形20548个；2005年实测点为6386个，形成三角形13725个。根据两次实测点密度和地形状况，构网控制尺度Maximum Leg 为60m。对二次实测形成的三维地形实体相交部分，应用程序生成Delaunay三角网、凸包、子网合并、优化后计算出冲淤面积等，计算成果见表12.3-4。

计算成果表   表 12.3-4

区域	冲淤面积(m^2)	冲淤量(m^3)
A～E	49654589	36379030
区域	冲刷面积(m^2)	冲刷量(m^3)
1～5	54424524	58302735

此外，实施过程中还采用VBA语言对AutoCAD进行二次开发，满足工程需要。程序具有等值线绘制、消隐、线条样条光滑、三维地形图实现、不同深度颜色填充等功能。特别是该程序可根据需要对任意区域进行计算，显示出相当的灵活性。水深测量冲淤分析图见图12.3-21。

12.3.4 启示与展望

洋山深水港工程建设是我国港口建设史上规模最大、建设周期最长的工程，其采用的测绘技术限于篇幅不能一一描述，本书仅选择了工程建设中部分具有典型代表性的勘测技术进行介绍。

1）大型海域工程需要大量的砂源，书中介绍的浅地层探测和振动取样钻探技术相结合的砂源调查技术为今后类似工程的实施提供了借鉴的可能。

2）智能化的砂桩施工监测系统解决了砂桩施工的定位及实时计算、量大等难题，极大地提升了施工水平。

3）适航水深关系到通航船舶的安全性和企业的经济效益等重大问题，关系到港口航道的正常营运，

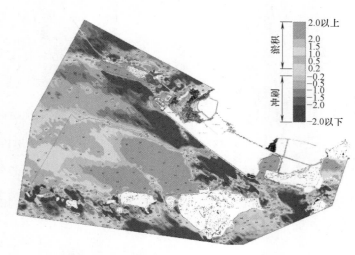

图 12.3-21　水深测量冲淤分析图

为此须充分掌握港口的泥沙回淤和泥沙重度变化规律，建议应进一步加强港口回淤监测，探求港口泥沙回淤的时空分布规律，以提高港口航道的营运能力。

4）RTK/PPK 与单波束、多波束融合的无验潮测深技术应用，实现了高精度、快速进行空间位置测量，提高了水深测量冲淤分析的可靠度，可有效降低工程造价，具有推广价值，在水下地形测量上的应用具有很好的前景。

随着科学技术的快速发展，港口工程测量开始朝着自动化与信息化的方向发展，为了能够提高测量的效率与精准度，为工程建设提供更加精确的数据，必须在工作中不断探索各种测绘新技术，加强对新测量技术的了解和掌握，为工程建设打下良好的基础。

12.4　长江口深水航道治理

12.4.1　工程概况

长江是我国的黄金水道。长江口三级分汊，四口入海（图 12.4-1），"治理长江口，打通拦门沙"是几代中国人的夙愿。长江口深水航道治理工程位于长江口茫茫江面，距上海外高桥约 50km，邻近横沙岛的北导堤离江苏岸边约为 30km，潜水堤顶端离上海川沙陆岸约为 15km，在口门处的南、北导堤离北陆岸、南陆岸分别为 40km 左右，整个施工区域面积约为 800km²。治理工程分为五大主体工程，即 49.2km 北导堤、48.077km 南导堤；1.6km 的分流口和与之相连的 3.2km 水下潜堤；建造南北导堤间束水丁坝 19 座、其总长度 30.09km。其中，工程量：砂被铺设 81 万 m³、软体排铺设 1189 万 m²，半圆体定位抛设 7614 个。此外，航道疏浚工程长度约为 75km，疏浚量约为 27267 万 m³。

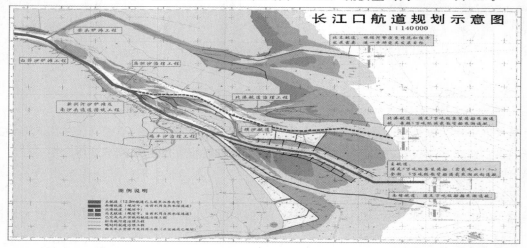

图 12.4-1　长江口航道规划示意图

12.4.2 关键问题

12.4.2.1 远离陆域，测量控制及测设难

长江口深水航道治理工程离陆岸平均达 50km，无通视测量手段。若以测量平台传递三维坐标，则需耗巨资建设大批临时测量平台；无法全天候作业；且在长江口的风浪流条件下，难以保证其稳定性及测量精度；通信及联系不便。采用无线电、微波等手段从精度、成本上考虑也难以实现。

因此必须选择一种适于全天候、广域、实时、动态、准确地确定施工测点的空间位置的测量手段，而 GPS（全球卫星定位系统）能够向世界上任何位置全天候、连续地提供精确的卫星信号，是长江口深水航道治理工程施工及施工测量必需的。

长江口工程空间跨度大，长江两岸虽有部分高级控制点，但在工程水域范围却是空白，既无测图控制网，又无施工控制网。要保证 800km² 范围内点位的高精度和稳定性，为不同施工提供连续及互相衔接的三维参考基准，同时兼顾快速实时三维放样，建设控制网及统一的三维基准发布系统十分必要。

12.4.2.2 远离陆域，施工定位难

长江口深水航道治理工程处于水面开阔，远离陆岸中进行施工工程，如何施工定位等是本工程中的难点之一。长江口口门水域施工定位一直是水上作业的难点，早在 1936 年"建设号"挖泥船在长江口铜沙江亚航道疏浚时就因定位困难而告终。直至 1964 年 6 月上海航道局从英国 Decca 公司引进了 HI-FIX/3 型相位差双曲线无线电定位系统，1981 年更新为 HI-FIX/6 型，将整个台链覆盖长江口。该系统为长江口航道测量、疏浚、科研工作做出了极大贡献。至 1995 年因维修备件缺乏及体制变化而关闭，为此，在长江口水上作业施工定位的难题又浮现出来，与此同时长江口深水航道治理工程的实施同样面临着定位问题，尤其是如何准确定位满足工程高精度要求的问题。而 GPS 全球定位技术的问世及应用给长江口深水航道治理工程带了机遇和挑战。所谓机遇，GPS 全球定位系统能够向在世界任何地方的用户全天候连续提供精确的三维位置、三维速度及时间信息。它能够实时、快捷地提供目标的空间位置，能够实现从局部测量定位到全球测量定位，从静态定位到实时高精度动态定位，从限于地表的二维定位到近地空间的三维定位，从受天气影响的间歇性定位到全天候连续定位。其绝对定位准确度也从传统精密天文定位的十米级提高到厘米级水平，把相对定位准确度从 $10^{-6} \sim 10^{-5}$ 提高到 $10^{-9} \sim 10^{-8}$ 级。针对长江口的两岸自然地形和长江口深水航道治理工程的要求，在面积为 800km² 的复杂河口水运工程中，有着不同的工程项目，要求不同的定位准确度，这给我们提出了如何创造性地应用好 GPS 定位技术的课题和难题。

12.4.2.3 水文泥沙动态变化难以准确确定

除工程规模大、工期紧、施工条件差等因素增大了工程管理的难度外，特别是由于本工程水动力条件和泥沙运移规律的复杂性，局部河势变化存在的不确定性和工程前期研究成果必然存在的局限性，长江口深水航道治理工程只能是在总体上基本掌握了自然规律和提出了正确合理的总体治理方案的基础上即开工建设，在工程实践中不断加深对水沙运动、冲淤变化规律及工程措施合理性的认识，不断完善工程措施方案。因此，长江口深水航道治理工程的建设管理必须始终围绕获得最佳整治效果（以最小的工程代价获得全航槽设计水深，并以最低疏浚工程量稳定地加以维护），在工程建设全过程中，对河势和建筑物周边地形的变化及水文、泥沙进行严密、科学、实时的检测，并把现场的监测、试验研究、设计和施工方案的及时优化和调整有机地结合起来，实施科学的动态管理。对本工程实施动态管理这一特殊要求，大大增加了工程建设管理的难度。

12.4.3　方案与实施

12.4.3.1　高精度水域平高控制测量

1. 建立长江口 GPS 控制网

要定量地描述长江口水下的物体或目标的位置，在这样大的范围维持点位的准确性，为施工、测量提供坐标参考基准建立控制网是必需的、必要的。虽然 20 世纪 50 年代曾建立过控制网，在长江口两岸设立了一些高级控制点，这些点如花鸟山、佘山、大戢山、江夏村、陈家镇、陈家宅桥、海楼村等是用作陆岸国家控制网或是军委控制点，而在长江口水域上是空白的，既无测图控制网，又无施工控制网，对于定位准确度要求很高的长江口深水航道治理工程来说，建立长江口 GPS 工程局域网不仅仅是填补空白的需要，而是整个工程技术的保障。

长江口 GPS 控制网的勘测、设计方案是在 1997 年 10 月完成的。在偌大的水域范围内建立一个 GPS 工程局域控制网，在当时水运工程建设中还是首例。在 1997 年，关于 GPS 工程局域控制网的设计仅限于陆域或城市，这方面的技术文章只散见于文献记载的施测方案，测绘行政部门仅在规范中提出一些原则的规定，教科书与参考书等还未见有系统理论研究、设计原则、设计步骤和设计方法。而长江口水域的 GPS 控制网与陆域或城市 GPS 控制网相比，更具有复杂性、特殊性以及涉及许多方方面面的问题，如观测环境与条件、布点间距、交通问题、完成任务时限等。何况全网的相对定位精度要达到 $10^{-7} \sim 10^{-8}$，这给长江口 GPS 控制网的设计增加了不少技术难度。为此，针对工程技术要求、长江口自然地形特点，综合考虑现有陆岸控制点的分布、测量模式、地形条件、交通、供电、调度等进行技术构思，根据整个工程施工原则和进度安排，按 1997 年 10 月提出的 GPS 工程局域网设计方案，分期分批地在长江口深水航道治理工程建立了一期工程局域 GPS 控制网。之后，随着二期工程的展开，于 2001 年 3 ~ 6 月扩大建立了二期工程局域 GPS 控制网。三期工程及航道维护期为满足工程需要，于 2007 年 3 ~ 6 月建立了覆盖范围更大的长江口航道 GPS 控制网。

1）一期 GPS 控制网

整治建筑物工程设计采用的平面坐标系为 1954 年北京坐标系，高程为吴淞高程系，GPS 定位采用的是 WGS84 坐标系。为取得精确的 WGS84 坐标系与 1954 年北京坐标系之间的转换参数，一期工程 GPS 控制网联测了 4 个高等级的国家控制点。为获得网点正确的 WGS84 坐标，各网点与佘山 GPS 长期跟踪站（IGS）站进行了联测；为确保高程转换参数的可靠性和精度，高程点联测了闵行和奉城附近的 2 个二等水准点。网中共布设 6 个点，网中最长边 50km，最短边 6.2km，平均边长 30km，控制网形图如图 12.4-2 所示。

控制网的基线解算采用同济大学开发的 TGGPS 软件，以佘山 IGS 站为起算点，在 WGS84 坐标系中作约束平差，求得各点 WGS84 精确坐标，然后以一等点海楼村和陈家镇为已知坐标点，进行 GPS 与地面网的联合平差，结果表明，一期控制网达到了 C 级要求，高程精度优于 0.05m。

2）二期 GPS 控制网

二期 GPS 控制网是对一期控制网的扩充和延伸，见图 12.4-3。二期控制网由 6 个高等级的控制点，即城建二等点倪家鸿，国家一等点花鸟山与陈家镇及大戢山、江夏村、和陈家宅桥以及芦潮港水文站、北槽水文站、牛皮礁水文站构成长基线骨架网，网中共布设 12 个点。为了加强网的整体强度，在长基线骨架网内布设加密短边网。网中的基线平均长度在 50km 以上，最长基线达 140km，这样的长基线向量解算精度要求达到 10^{-7} 或更高，一般随机商用 GPS 数据处理软件是不可能达到的，因此，选用了麻省理工学院研制的高精度 GPS 数据分析与处理软件——GAMIT 软件，并由中国测绘研究院采用 BERNESE 软件进行校核计算。对重复基线的较差和异步环闭合差的计算结果表明，基线相对中误差在基线相对中误差均在 $2.3 \times 10^{-8} \sim 8.9 \times 10^{-8}$ 之间，短基线也在 $1.0 \times 10^{-7} \sim 2.0 \times 10^{-7}$ 之间，复测基线的较差全部小于 $2\sqrt{2}m_{基}$

$(m_基=\pm5mm+1ppm\times D)$。二期 GPS 工程局域网质量达到 B 级网技术要求。

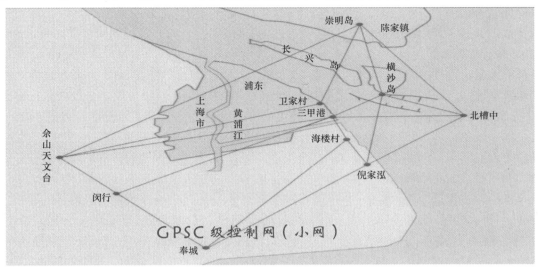

图 12.4-2 一期工程 GPS 工程局域控制网

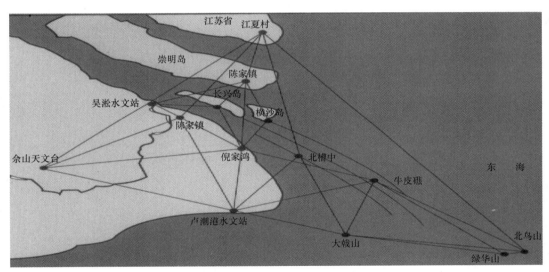

图 12.4-3 二期工程 GPS 工程局域控制网

3）三期 GPS 控制网

三期工程及航道维护 GPS 控制网又称长江口航道 GPS 控制网，是对二期网的扩充和延伸，考虑了 12.5m 航道向上延伸工程南北港分汊工程的需要，网形呈"钻石"状（见图 12.4-4）。长江口航道 GPS 控制网结合长江口航道工程的实际需求及上海地区的现有条件，网形几何结构良好，控制网中共布设了 21 个点，基线平均长度在 50km 以上，最长达 180km。观测时网点同步观测 36h，卫星几何强度因子良

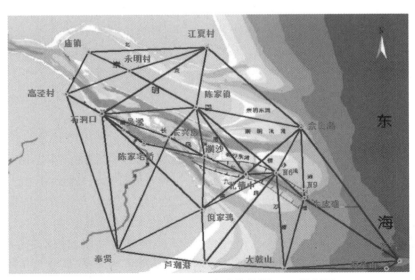

图 12.4-4 三期工程及航道维护期 GPS 控制网

好，偏心观测点的归心测量精度优于 3mm。基线解算采用 GAMIT 软件和 IGS 精密星历，保证了高精度的基线解算结果，经 BERNESE 软件独立计算结果的比对和检核，表明给出的点位坐标可信，平面坐标的精度优于 2cm，高程精度可优于 3cm，成果达到国标中规定的 B 级控制网精度要求。

2. 似大地水准面建立

由高程系统理论可知，大地高 H 与正常高 h 的关系为：$h=H-\xi$。式中 ξ 为高程异常，即似大地水准面至参考椭球面之间的距离。所以，要使 GPS 高程 H 在工程测量中应用，必须将其转换为正常高 h，而其中的关键是求定点的高程异常 ξ，也就是说 GPS 高程拟合，实质上就是求定点的 ξ 值。

长江口深水航道治理工程创新地提出了充分利用 RTK-GPS 技术，开发 GPS 三维定位功能的方案，以实现平面定位测量与测深同步实施，加之空间跨度极大，必须确定因地而异的高程异常值，以便能将 GPS 高程（H）转换为正常高。

为此，在一期工程直接利用 GPS/水准采用布尔莎模型实现了 GPS 高程向吴淞高程的转换。而在二期工程中利用长江口区已有多个水位站及水准控制点构成了长江口口高程异常网（图 12.4-5）。对陆基水位站（如芦潮港）实施了与基岩点的水准联测，以高精度确定陆域高程值；整理、分析了测区内的长期水位站的水位资料，核定其多年平均水面值，从而获得网中高程值的分布，结合高精度 GPS 控制网的 WGS84 平差成果，进行了 GPS/水准拟合，绘制出了拟合残差分布图（图 12.4-6）。从图中可见，长江口高程异常的分布呈不规则曲面变化。

图 12.4-5　长江口高程异常网（HACN）

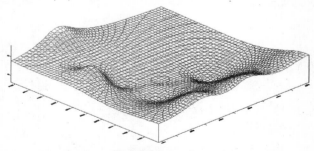

图 12.4-6　二期 GPS 控制网拟合残差立体图

由于似大地水准面起伏和复杂，因此，高程异常值的分布也是复杂的。但相邻点高程异常值的变化基本上呈连续渐变的过程，所以当用某一点邻近各点的高程异常值估算该点的高程异常时，邻近点距该点越近，其高程异常值对该点高程异常的影响就越大，反之亦然。因此可以假定在用某点邻近若干点的高程异常推算该点的高程异常时，邻近各点的高程异常值所占的权重与各点到该点的距离成反比。据此，利用控制网中 6～7 个已知水准点的高程异常值采用加权均值的方法推算位于已知点所围成的多边形之内的待定点的高程异常值。这样求得的高程异常值准确度比其他方法要略高一些。

因此，采用了利用周边邻近各点的高程异常值加权平均的方法推算高程异常值，权重与各点至该点的距离成反比。经试用，高程异常值的精度在 10cm 以内。

但是仅仅靠 GPS/水准拟合的似大地水准面，不能准确定义出长江口深水航道治理工程范围内的似大地水准面。为提高测高（深）精度，在综合利用长江口工程及其周边地区较密集的重力点成果（共计 21488 点重力数据）、不低于 $30' \times 30'$ 分辨率数字高程模型、360 阶次的国内外先进的重力场模型（EGM96、WDM94 与 IGG05B）及分布较均匀的、现实性较好的 GPS/水准成果的基础上，采用重力法（Stokes、Molodensky 原理）及移去恢复法进行了长江口工程区域 $2.5' \times 2.5'$（相当于 $5km \times 3km$）的高精度似大地水准面精化（图 12.4-7）。精化结果表明，其精度优于 $\pm 5cm$，为长江口工程区域的施工应用提供了精准保障，同时为无验潮水深测量提供了满足高精度测深精度要求的平高基准。

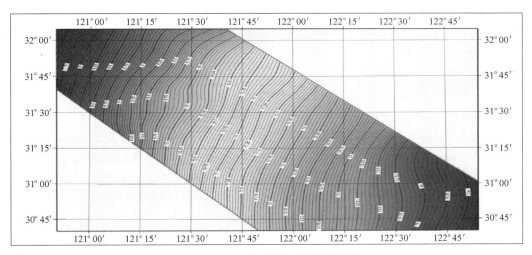

图 12.4-7　似大地水准面精化等值线图

3. 基准站运行管理

鉴于长江口深水航道治理工程规模大、施工周期长、由多家单位参加施工，为此，必须要建立作用范围和实时定位准确度都能满足测量、疏浚、南北导堤施工定位要求的基准站，并采取相应措施保证 DGPS 基准站能够正常、可靠、全天候连续运行，以确保整个工程顺利实施。因此在建立控制网的同时，为便于采用移动站进行高精度的载波相位差分 GPS 定位，长江口航道管理局先后在横沙、N9 丁坝根部灯塔、石洞口建立了 GPS 基准站，并研制了实用的 GPS 基准站监测软件，创造性地利用微波数传/GPRS/专线网路通信融合技术实现了远程无人值守基准站的监控。尤其是在横沙基准站建立了高达 50m 的 VHF 长江口发射天线塔，确保在长江口施工区域内，在任何时候和任何作业地点都能收到数据链发送的实时差分数据信号。

12.4.3.2　数字化测量、可视化施工

全部整治建筑物总的长度达 140km 的长江口深水航道治理工程反映了工程量大，施工强度高，更主要衍射出施工难度，如软体排铺设、砂被铺设均在水下进行，这种施工操作是看不见、摸不着，这种类似于"盲目"操作的方法，极易产生定位误差，其后果是不堪设想的。各施工参建单位根据承担的水工建筑物结构特点和工况条件，以及水上作业主要工序成功开发了各类利用 GPS 定位作业的应用软件，大大提高了信息化、自动化施工的技术水平，加快了工程进度，保证了工程的高质量。数字化、可视化作业的应用软件主要有："无验潮水深测量数据处理软件""船位监控系统""基床整平软件""空心方块安装定位与监测系统"等。

1. 无验潮水深测量

根据长江口深水航道治理工程的结构形式及位置特点，中交三航局公司与同济大学联合开发了一套适用于整个施工区域测量的无验潮水下地形测量系统。经过在长江口深水航道治理工程的长期应用，积累了一定的经验，具备了一定程度上发现问题、分析问题、解决问题的能力。与常规测量手段相比，无

验潮水下地形测量系统具有距离远、精度高、成本低、不受气象条件限制，全天候作业等诸多优点，是远离岸线工程中了解水下地形面貌最为适宜的测量手段。

1）工作原理

无验潮水下地形测量系统是集 GPS 定位、测深、计算机处理及出图于一体的水下地形测量系统。

无验潮水下地形测量与有验潮本质区别是前者由 GPS 采用高精度实时相位差分（RTK）作业模式，由 GPS 实时提供高程而无须验潮；而后者通过验潮获取高程。无验潮水下地形测量原理：GPS 采用高精度的实时相位差分（RTK）作业模式，测得 GPS 卫星天线的三维坐标（x，y，h_{gps}），从而为测深提供了平面坐标和高程；同时测深仪测得换能器至泥面的水深 h_2；GPS 卫星天线与测深仪换能器为固定值 h_1；以上数值测得后，通过计算机软件处理，以时间为参数一一对应，则可得到泥面标高为 $H_{泥面标高} = h_{gps} - h_1 - h_2$。通过配备的软件把这些数据用 CAD 生成图纸。该系统的主要优点是精度高、资料处理方便快捷、适应性强等。

2）系统的硬件配备

计算机一台；双频 GPS 接收机一台；测深仪一台；不间断 220V 电源（UPS）一台；信息采集接口卡一块；12V 和 220V 稳压电源各一台。

3）硬件安装

主要是 GPS 天线与测深仪换能器的安装，一般测深仪换能器安装在测量船距船艏 1/3～2/5 船身长的舷侧，放入水下大致在 0.5～1.2m 之间，GPS 天线相位中心与测深中心在同一铅垂线上。

4）软件简介

在施测前，先根据业主提供的有关 GPS 高程计算公式求出该测区范围内相对应的高程异常修正值，并测出架设在测量船上的 GPS 天线相位中心至换能器的垂直高度，将高程异常修正值加上天线至换能器高度，得出结果后输入计算机，待 DGPS 差分质量因子满足要求后即可进行水深测量。

测量作业系统操作界面见图 12.4-8～图 12.4-10。其中图 12.4-8 根据施测要求，输入测线编号、起点与终点编号及北京 54 坐标，即 X、Y 值。

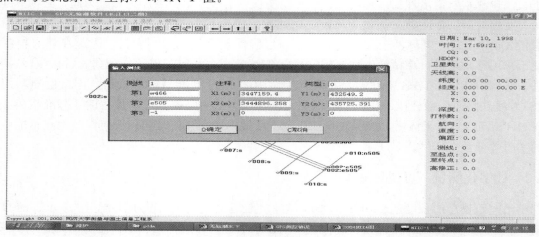

图 12.4-8　测线坐标输入

如图 12.4-9 所示测量系统主界面，首先选择测线（红色为当前测线，蓝色为待测测线），打开通信口后窗口可显示时间、卫星数、天线高、经纬度、54 坐标、测深仪深度、相对于当前测线的航向、速度、偏距、距离等多组数据并进行记录。

如图 12.4-10 所示，设置完 GPS 天线与换能器的高度后，逐个生成测线记录数据。由于吃水改正、转速改正以及声速改正已在现场完成，故内业处理时，只需对数字测深值与模拟记录器的记录水深值进行检误。对 GPS 平面数据和测深数据用同济大学开发的无验潮测深软件自动生成文件，待高程残差统一修正后生成 CAD 文件，经自检合格后绘制成图，水下点高程计算为：水下点高程=天线高程-换能器至天线相位中心高度-数字水深值+高程残差修正值。

在长江口深水航道治理工程如此大规模的水上施工工程中，采用常规的光电测量设备及手段进行测量是难以实现的。无验潮水下地形测量系统的开发正好弥补了这方面的不足，它可以分平面和剖面两种图形形式客观真实反映水下地形变化情况，无论是在工前、施工时还是后期维护，对了解水下地形变化都起到了相当大的作用。

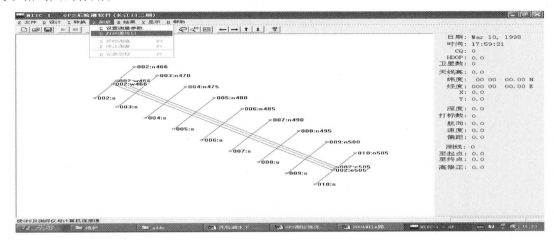

图 12.4-9　测量系统主界面

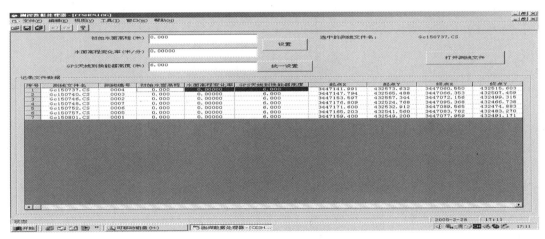

图 12.4-10　测深数据生成界面

2. 专用船软体排铺设与抛石定位监控系统的开发与应用

长江口深水航道治理工程船位监控系统以三航局研制开发成果为例。

长江口深水航道治理工程船位监控系统是专为软体排铺设而研制开发的监控系统。可视化施工"监控系统"，将测量整治建筑物安置点的实际状态与设计状态之间的偏差，借助 GPS 定位手段，将偏差状况进行及时调整，直至整治建筑物的几何位置和形态满足设计参数要求，在屏幕上显示的施工专用电子地图具有实时、动态表现空间信息能力，也就是说采用图形显示技术进行空间数据的不确定性和可靠性检查，不仅实现施工数字化、可视化，达到空间数据的质量控制。利用 GPS 定位技术采集空间数据，创造性应用计算机技术、图形显示技术，形成水上作业施工新方法、新技术。

在专用施工船适当位置安装 2 台 RTK-DGPS，并测出 2 台 RTK-DGPS 平面位置在船体坐标系中的相对位置关系。设在施工船上的 RTK-DGPS 接收设在岸边基准站发送的差分信号，并实时同步输出经解算后的北京 54 坐标。通过自行开发的专用软件经实时数据处理转换成船舶各控制点的坐标位置，并在电脑屏幕上形象地显示出船体与设计软体排坐标位置关系及所需要控制的允许动态偏差。该软件同时运用工程语言把工程坐标系统（北京 54 坐标系）自动转换为根据不同船舶所定义的简明的、直观的船舶与设计排布相对应的坐标系，动态反映 ΔX、ΔY、ΔZ 的偏差值。根据施工船上测深仪显示的水深数据与 GPS 天线高程计算出泥面吴淞高程。操作人员根据船位偏差与泥面变化情况绞缆移船，使船舶在施工精度要求以内准确地进行施工作业定位。该控制软件可自动记录各种数据，并可根据操作者的要求随时打印各种报表以备工程监理核查（图 12.4-11）。

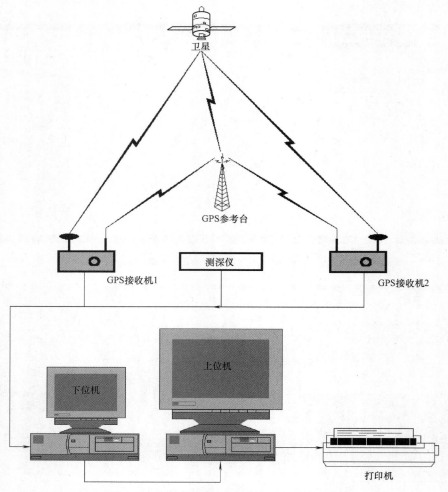

图 12.4-11　工程船定位监控系统硬件构成框图

1）硬件配备

计算机两台；双频 GPS 接收机两台；打印机一台；信息采集接口卡两块；DC/12V 稳压电源一台；AC/220V 稳压电源一台。

2）软件简介

软体排铺设施工控制软件包括监控系统、数据采集系统及海图显示系统三大部分，均采用完全基于 Windows 98 平台的编程，实现了界面友好和操作灵活简便。系统采用两台计算机连接工作，实现对各项数据的实时处理、图形显示与监控报警。其中，下位机的数据采集系统同时接收两台 GPS 接收机输出的高精度 GPS 定位数据和测深仪输出的水深数据，经数据处理后，利用数据打包技术发往上位机，并在上位机的监控系统中显示，同时显示出当前船位、作业情况等信息，从而实现精确的定位和实时监控。下位机上的海图显示系统还可以显示出当前作业海域的海图、整个工程段的平面布置图以及当前船位和航迹等信息。

（1）监控系统

监控系统中，可有多个窗口显示（图 12.4-12），根据铺排或抛石的施工工艺设定不同的显示参数。软体排铺设监控系统可实时显示施工船舶铺排过程（即过程重放）、已铺排形态、当前铺设的排体的理论位置、实际铺设位置及叠合量等各种数据，并进行记录。在进入软体排铺设施工前，操作者首先需打开对工程段、船型参数、施工坐标予以确认的窗口,随后系统便会进入监控界面;屏幕上显示的红色为已施工区域,蓝绿相间的为当前施工区域,船型用矩形边框表示,GPS 卫星天线的位置用小实心圆及小实心方块表示,界面的一角另用在旁边的一个窗口显示当前船位的施工坐标及位置情况。

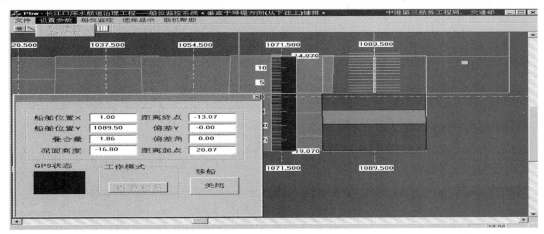

图 12.4-12 监控定位系统界面

抛石监控系统同样可实时显示施工船舶抛投石料的过程、已抛设形态、当前抛设理论位置、实际抛设位置等各种数据,并进行记录。经 RTK-DGPS 无验潮水深测量数据处理软件进行数据处理,求得抛设点的泥面高程,并计算出所要抛设块石的数量。屏幕上同样以红/蓝、绿颜色区分已施工区域、当前施工区域、船型、GPS 卫星天线位置、当前船位的施工坐标及位置情况等的显示方式均与软体排铺设软件相同。

(2)海图显示系统

海图显示系统显示工程所处水域、整个工程段平面位置及施工船当前船位等(图 12.4-13)。

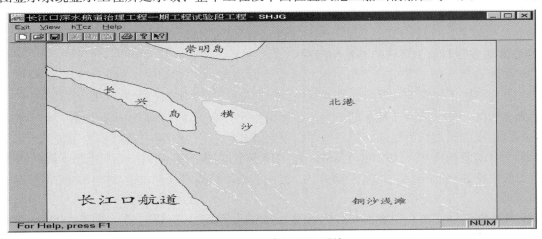

图 12.4-13 海图显示系统

3. 基床整平软件的研制开发

长江口深水航道治理工程中,中港一航局研制开发了专用座底式基床抛石整平船;中港二航局研制开发了自升平台式基床抛石整平船;中港三航局研制开发了步履式基床整平机。三类基床整平设备均采用了 GPS 定位,开发了相应的应用软件。本节以二航局的平台式整平船"航工平 1"号开发的"整平船 GPS 定位实时监控软件"为例做一简介。

1)软件研制与安装

"整平船 GPS 定位实时监控软件"采用 C 语言编制,软件运行平台为 Windows 98 或更高版本。具有实时导航及监控的功能。软件安装方便,只要将软件通过拷贝方式装入运行目录即可启动运行。

2）软件简介

第一次使用"整平船 GPS 定位实时监控软件"时必须在开始工作前正确设置各项参数及船位、里程。启动软件后，软件会提示用户建立一个新工程。然后，对 GPS 坐标、船型参数、设计参考线、编辑船位进行设置。同时也需要设置检核条件、GPS 检核限值、船体高度变化监控、编辑理论船位、设置整平的理论船位需要的起点里程。经过检查无误后确定，电脑屏幕上显示待整平区域。开启 GPS 在锁定状态下，电脑屏幕上显示正确的整平平台的位置，以及整平区域与整平平台相互的位置关系。再根据其导航功能引导船舶就位，然后支起船舶四根立柱，进行座底。座底完成后根据屏幕上显示的艏、艉里程、横向偏差、整平区域四角的坐标及坐标差、GPS 点的高程等，船位显示界面如图 12.4-14 所示。确认满足要求后进行抛石、整平施工。

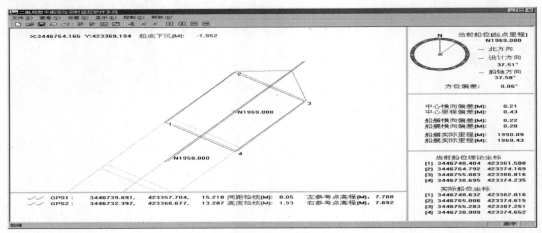

图 12.4-14　船位显示界面

抛石监控系统可实时显示施工船舶抛头料的过程、已抛设形态、当前抛设理论位置、实际抛设位置等各种数据，计算水底高程、所要抛设块石的数量，并进行记录。屏幕上以红、蓝、绿颜色区分已施工区域、当前施工区域、船型、GPS 卫星天线的位置、当前船位的施工坐标，实现可视化施工。

4. 空心方块安放与监测系统的开发和应用

长江口深水航道治理二期工程采用了混凝土空心方块作为北导堤堤头 NIIC 区段的堤身结构，要求混凝土空心方块在水下定点安装就位。在水域宽阔、远离岸线和不通视的情况下，水下定点位、定数量地安装混凝土构件，是一项崭新的课题。为了控制混凝土空心方块在水下的安装位置，必须监控混凝土空心方块吊装过程的轨迹，到达最佳位置时，水下自动脱钩，空心方块安放与监测系统包括以下三方面的功能：水下自动脱钩技术；GPS 定位系统与监测仪器联动进行监控和记录。因此，采用 GPS 定位的空心方块安放监控系统的开发，是保证新型空心方块斜坡堤结构在长江口成功应用的关键技术。

1）技术要求

设计文件对新型空心方块斜坡堤安装提出的要求包括：试验，逐块安装，遵循"水平分层、质心定点、姿态随机"的原则；形成堤身的空隙率（不含块体自身轮廓线以内的空隙≤40%）；并需针对不同水深（不同的堤身高度），通过陆上模型摆放试验确定现场安装的施工控制参数。交通部 2003 年 12 月发布的专项标准《长江口深水航道治理工程整治建筑物工程质量检验评定标准》局部修订中要求空心方块在"定点不规则安放时，不得有漏放和过大隆起，空心方块的平均断面轮廓线不得小于设计断面"，并规定了安放数量的允许偏差为 -5%。承担 NIIC 空心方块导堤施工的中港三航局根据上述要求，通过空心摆放模型试验和现场典型施工，确定安装系统测量定位的误差不应超过 25cm。

2）系统硬件组成

（1）两台 RTK GPS 接收机，用以确定船位；

（2）两台双轴测倾仪，用以分别测定起重机吊臂及钢丝绳的倾斜度；

（3）两台光栅角度传感器，用以分别测定吊臂方向及钢丝绳的行程；

（4）一台计算机，用以运行软件系统，采集各传感器数据，显示设备状态和块体位置。

3）定位原理

系统采用分级定位原理，如图 12.4-15 所示。

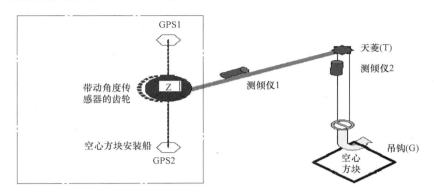

图 12.4-15　GPS 定位安放空心方块的工作原理示意图

（1）船体位置的确定

采用两台 RTK GPS 接收机确定船体平面位置，并由 GPS 实时定位结果计算吊机旋转中心 Z 的位置。

（2）吊臂方向的测定

通过吊机转向传动齿轮带动光栅角度传感器，并由光栅角度传感器记录吊机的转动角度以计算吊臂的方向。

（3）吊臂倾斜的测定

吊臂倾斜量通过安装在吊臂上的测倾仪测定。

（4）吊钩线倾斜的测定

吊钩线倾斜量安装在吊钩线上的测倾仪测定。

（5）天菱（T）位置（坐标）计算

天菱（T）相对吊机旋转中心（Z）的位置由吊臂长度、吊臂方向和吊臂倾斜计算。

（6）空心方块中心（P）位置（坐标）计算

空心方块中心（P）相对天菱（T）的位置由吊钩线长度、空心方块对角线半长、吊钩线在沿吊臂方向和吊臂水平垂直方向的倾斜分量计算。

通过采用 GPS 实时相位差分测定船体位置，同时，采用各种传感器对吊臂方向、吊臂倾斜、钢丝绳倾斜、钢丝绳长度等参数测定，确定了水下空心方块质心的坐标，来指导安装作业。当时为国内首创。

4）专用软件的开发

（1）软件功能

对各种传感器测得的数据进行处理，计算并显示出供施工控制的空心方块位置参数和图形。基本原理是：根据两台 GPS 接收仪输入计算机的定位数据，计算船舶的实际位置；根据各传感器传来的数据，算出待安放的空心方块相对于船体的即时位置；二者结合即可计算出该空心方块的瞬间三维坐标。施工前，操作人员先将每一个块体的理论安放位置坐标输入计算机，定位软件就可根据理论和实际坐标计算并显示该块体相对于理论位置的差值，指导安装作业。

（2）操作界面

为了使吊机司机能够直观地了解空心方块的位置状态，在吊机驾驶室内也安装了一台显示器。该显示器与船舶操纵室内的电脑相连，能够实时反映块体的设计位置和待装方块的当前位置。吊机司机根据电脑屏幕上所显示的块体的当前位置进行安装作业。空心方块安放操作界面见图 12.4-16。

（3）数据记录

计算机可对每个块体实际安放位置进行记录，并以文本格式保存，以便查阅和打印输出。

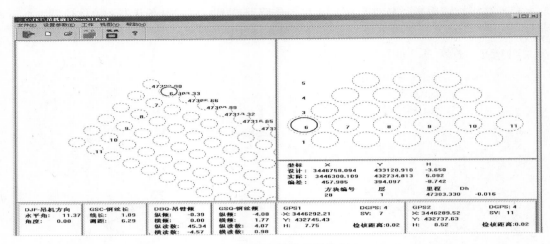

图 12.4-16　安放软件操作界面

5）效果评估

空心方块是首次采用的一种新型抗浪结构，施工的特点是单个构件的重量大，工期短，工程量大，要在短期内完成高强度的作业，必须对施工工艺创新和改进。施工初期，我们在起吊时采用自落卡环加钢丝绳来生扣。使用后发现，该工艺速度较慢，平均每个循环需 8～10min；而且，入水后，一旦方块发生旋转，自落卡环的插销就很难抽出，严重影响了工效。另外，与混凝土接触的钢丝绳磨损严重，易断裂，不安全。为此，研制开发了自卸吊钩和液压夹具两种新型吊具及相应安装工艺，使单个块体安放循环时间缩短到 4min，单机日安放效率提高到 300 个以上。

5. GPS 定位技术在长江口的经济效益评估

1）在方案设计时已考虑采用法国 DSNP 公司研制开发的 GPS 接收机 AQUARIUS 5002 系列，它的 RTK-DGPS 工作模式具有长距离（作用距离近 40km）实现 RTK-OTF 的功能；在动态条件下能实现初始化；在有干扰的不良工作环境下也可以较好地实现 OTF 功能。这样与常规的 GPS 定位技术相比，在本工程水域内至少建造 3～4 座基准站，为此可节约费用约 1000 万元（不包括维护费）。

2）采用 GPS 定位技术，保证了长江口深水航道治理工程中铺设和抛设定位要求。如采用 DGPS 伪距差分定位模式，其定位精度大约为 5～6m（1σ），现采用 RTK-DGPS 定位模式，其定位精度为 ±5cm。仅软体排铺设一项，其设计搭接要求为 1～2m，因此采用 RTK-DGPS 定位模式，每张铺布可节约约 4m 宽的材料，对长江口治理工程中使用 3701 万 m^2 的土工布来说，至少可以节约 10%～20% 的材料，不仅节约了工程材料费用，而且确保了工程质量。

3）采用数字化、可视化施工技术，充分发挥了 GPS 定位技术具有速度快的特点（比常规方法快 2～5 倍），施工时间利用率的提高使长江口工程工期缩短，总工期提前 7 个月，由此产生的直接工程经济效益和间接的社会经济效益更是不可估量。

4）在长江口深水航道治理工程中的新技术、新方法、新概念形成生产力，由此创造巨大的工程经济效益，特别是在洋山深水港工程、东海大桥、杭州湾大桥等工程中得到推广和应用。

12.4.3.3　长江口水文泥沙风浪动态观测

1. 动态观测目的

鉴于长江口深水航道治理和维护的难度之大，为获取长系列、不间断的现场监测资料，克服以往在大风期间，尤其台风期间无法进行现场测量的不足，更好地进行工程的动态管理，系统能够对长江口水域徐六泾断面流量、北槽和南槽 7 个点的水流、泥沙、波浪等数据进行实时监测、自动存储、无线传输；在一项工程中建成了大型成套监测系统，形成了水文、泥沙、波浪监测系统和一整套动态管理的监测制度、技术标准和组织体系，使施工过程中河势及工程区的流场、地形变化得到及时监控；一切重要的工程技术决策都经过试验和研究论证，有效地避免了技术决策的失误；可为二期工程维护运行、三期工程航道建设及长江口深水航道的长期维护运营提供丰富的现场资料。

2. 监测系统的平面布置

1）综合测站的布设

监测系统在长江口航道区域布设七个自动监测站，其中五个为水上可移动测站，两个为原有水上测站。七个站将有所侧重的施测波浪、流速、泥沙、风速风向等参数。

长江口现有引水船、大戢山、滩浒波浪观测站（海洋局等系统），与以上七站共同形成长江口综合监测网。

2）潮位站的布设

外高桥、横沙、北槽中、牛皮礁四站为潮位遥测站。江阴、徐六泾、青龙港、白茆、南门、吴淞、外高桥、马家港、横沙、连兴、横沙北、北槽中、中浚、牛皮礁、芦潮港、大戢山、佘山、绿华山 18站作为长期资料站。

3）中心监控站

中心监控站由位于上海浦东新区蔡路镇境内的上海河口海岸研究中心信息接收站接收，主要接收七个自动观测站和四个潮位遥测站的观测资料。

信息接收站通过有线及无线传输网路接收监控系统所有水文、泥沙、风浪实时信息，同时协调指挥各测站的测量和信号传送。所有资料也实时传送到横沙东滩建设基地航道建设公司管理大楼。18 站潮位长期资料及海洋系统波浪站资料每月汇总集中送至长江口整治有关部门。

3. 监测系统功能

1）自动监测系统的主要功能

根据长江口治理工程需要，在不同的观测站位选择以潮位、波浪、流速流向、泥沙、风速、水文、含盐度等项目观测，对接收到的监测资料进行储存、分析和处理，实时掌握整治工程河势、航道的变化，以配合并及时调整工程实施方案，并用以指导施工；及时向模型试验提供试验边界条件和验证资料；向有关施工单位船舶和施工指挥调度实时发布风浪流波等数据以指导施工。

2）自动监测系统观测方式

自动监测系统均为无人值守自动观测站。所用设备及其工作方式应符合长江口实际工作条件，并符合有关规范，现场监测系统结构示意图见图 12.4-17。

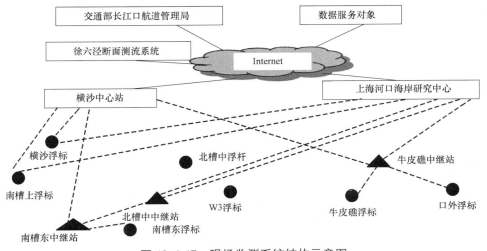

图 12.4-17 现场监测系统结构示意图

长期潮位站皆采用消波井浮子观测结构，每隔 10min 测量一次潮位，采用 GPRS/VHF 数传方式进行数据传输。

水上平台站点采用 SBA5 空气介质声学测波方式测波，同时采用旋杯式风速风向仪和半导体温度传感器进行风速风向和气温测量。水下压力式测波采用水下声学 ADCP 测波技术。

流速流向测量采用水下声学 ADCP 测流技术，ADCP 依据其声学多普勒频移原理来测出水流速，ADCP 安装采用座底式支架，其水下声学探头由水下向水面发射声波，并接受其散射的声学回波来测定流速流向。泥沙测定采用光电测沙仪和声学测沙法组合观测获得悬沙观测垂线的时间上和空间上的连续变化分布，该设备尤其能在大风浪恶劣天气条件下自动观测泥沙，填补了大风浪无法取沙的空白，这对于长江口深水航道治理工程和河床回淤分析研究有着重要意义。

12.4.4　启示与展望

GPS 技术在长江口深水航道治理工程应用是工程的核心和关键。它不仅仅是本工程中测绘和施工的依托和条件，而且由于它的创新应用，使得相关工程学科内涵和外延都发生变化。GPS 技术在长江口深水航道治理工程应用的过程中，创新出许多水运工程测量、施工的新技术、新方法，与此相应地产生或形成水运工程测量新的概念和含义。

1) 全面促进数字化测绘技术从"离散数字化"向"完全数字化"发展，形成了以 GPS 技术为中心的测深、验潮（或水位改正）、定位等集一身的新技术、新方法，从而实现数据采集数字化、数据处理数字化、测绘成果数字化，为修订《水运工程测量规范》《疏浚工程技术规范》等创造了实践和理论依据。

2) 利用计算机的硬件和创新开发的施工专用软件，对由 GPS 技术及其组合系统采集的空间数据、进行处理和分析，在屏幕上，按设计要求，以一定的准确度，将设计的或具体的构筑物进行直线、曲线、形体铺设、测设或抛设，实现了准确、实时、快捷、可靠的可视化施工作业。这项新技术、新方法的创新应用，产生了很大的工程效益和社会经济效益。

3) 长江口 GPS 控制网的布设成功及似大地水准面精化成功应用，它所产生的创新点充实了大地测量、控制测量和水运工程测量的内容，而且使得水运工程测绘基础理论更注重工程化应用。

4) 水文泥沙风浪的动态观测为长江口航道治理奠定了准确可靠的基础，为长江口深水航道的长期维护运营提供丰富的现场资料。

本章主要参考文献

[1]　申家双，葛忠孝，陈长林. 我国海洋测绘研究进展 [J]. 海洋测绘，2018，38（4）：1-21.

[2]　刘惠荣. 建设海洋强国应加快海洋法律体系的完善 [N]. 中国海洋大学校报，2015-12-3（1917）.

[3]　项谦和. 温州浅滩工程三维海洋测绘基准建立与研究 [J]. 测绘通报，2015（12）：101-104.

[4]　项谦和，陈春雷，项似林. 论海洋基础测绘数据的质量监控--以浙江为例 [J]. 测绘通报，2016（4）：64-67.

[5]　项谦和，项似林，韦静梅. 瓯江口滩涂与浅海测绘关键技术研究与应用 [J]. 中国科技成果，2015（6）：40-42.

[6]　翟国君，黄谟涛. 海洋测量技术研究进展与展望 [J]. 测绘学报，2017，46（10）：1752-1759.

[7]　赵建虎，陆振波，王爱学. 海洋测绘技术发展现状 [J]. 测绘地理信息，2017（6）：1-10.

[8]　赵建虎，欧阳永忠，王爱学. 海底地形测量技术现状及发展趋势 [J]. 测绘学报，2017，46（10）：1786-1794.

[9]　吴自银. 高分辨率海底地形地貌 [M]. 北京：科学出版社，2017.

[10]　宁津生，王正涛. 从测绘学向地理空间信息学演变历程 [J]. 测绘学报，2017，46（10）：1213-1218.

[11]　申家双，王耿峰，陈长林. 海洋环境装备体系建设现状及发展策略 [J]. 海洋测绘，2017，37（4）：33-39.

[12]　秦海明，王成，习晓环，等. 机载激光雷达测深技术与应用研究进展 [J]. 遥感技术与应用，2016，31（4）：617-624.

[13] 李海森，魏波，杜伟东. 多波束合成孔径声呐技术研究进展 [J]. 测绘学报，2017，46（10）：1760-1769.

[14] 刘敏，黄谟涛，欧阳永忠，等. 海空重力测量及应用技术研究进展与展望（二）：传感器与测量规划设计技术 [J]. 海洋测绘，2017，37（3）：1-11.

[15] 刘敏，黄谟涛，欧阳永忠，等. 海空重力测量及应用技术研究进展与展望（三）：数据处理与精度评估技术 [J]. 海洋测绘，2017，37（4）：1-10.

[16] 刘敏，黄谟涛，欧阳永忠，等. 海空重力测量及应用技术研究进展与展望（四）：数值模型构建与综合应用技术 [J]. 海洋测绘，2017，37（5）：1-10.

[17] 吴美平，周锡华，曹聚亮，等. 一种采用"捷联＋平台"方案的新型航空重力仪 [J]. 导航定位与授时，2017，4（4）：44-49.

[18] 胡平华，赵明，黄鹤，等. 航空/海洋重力测量仪器发展综述 [J]. 导航定位与授时，2017，4（4）：10-19.

[19] 任来平，王耿峰，张哲，等. 海洋磁力仪性能指标分析与测试 [J]. 海洋测绘，2016，36（6）：38-43.

[20] 许厚泽. 全球高程系统的统一问题 [J]. 测绘学报，2017，46（8）：939-944.

[21] 暴景阳，翟国君，许军. 海洋垂直基准及转换的技术途径分析 [J]. 武汉大学学报：信息科学版，2016，41（1）：52-58.

[22] 杨元喜，徐天河，薛树强. 我国海洋大地测量基准与海洋导航技术研究进展与展望 [J]. 测绘学报，2017，46（1）：1-8.

[23] 周兴华，付延光，许军. 海洋垂直基准研究进展与展望 [J]. 测绘学报，2017，46（10）：1770-1777.

[24] 赵红，涂锐，等. 利用 GPS 动态 PPP 技术求解海潮负荷位 [J]. 测绘学报，2017，46（8）：988-990.

[25] 张小红，李星星，李盼，等. GNSS 精密单点定位技术及应用进展 [J]. 测绘学报，2017，46（10）：1399-1403.

[26] 陈洪武，胡斌，田铖. 北斗卫星导航系统在海洋工程中的应用 [J]. 全球定位系统，2016，41（2）：121-124.

[27] 景一帆，杨元喜，曾安敏，等. 北斗区域卫星导航系统定位性能的纬度效应 [J]. 武汉大学学报：信息科学版，2017，42（9）：1243-1246.

[28] 翟国君，黄谟涛，等. 差分技术在海洋测量中的应用 [J]. 海洋测绘，2017，37（1）：1-4.

[29] 张涛，胡贺庆，王自强，等. 基于惯导及声学浮标辅助的水下航行器导航定位系统 [J]. 中国惯性技术学报，2016，24（6）：741-745.

[30] 曹彬才，邱振戈，朱述龙，等. 高分辨率卫星立体双介质浅水水深测量方法 [J]. 测绘学报，2016，45（8）：952-963.

[31] 李岳明，李晔，盛明伟，等. AUV 搭载多波束声呐进行地形测量的现状及展望 [J]. 海洋测绘，2016，36（4）：7-11.

[32] 刘焱雄，郭锴，何秀凤，等. 机载激光测深技术及其研究进展 [J]. 武汉大学学报：信息科学版，2017，42（9）：1185-1195.

[33] 刘敏，黄谟涛，欧阳永忠，等. 顾及地形效应的重力向下延拓模型分析与检验 [J]. 测绘学报，2016，45（5）：521-530.

[34] 刘敏，黄谟涛，邓凯亮，等. 顾及地形效应的地面重力向上延拓模型分析与检验 [J]. 武汉大学学报：信息科学版，2018，43（1）：112-119.

[35] 尹刚，张英堂，石志勇，等. 基于磁异常反演的磁航向误差实时补偿方法 [J]. 武汉大学学报：信息科学版，2016，41（7）：978-982.

[36] 田晋，任来平，葛忠孝. 地磁偏角测量 GPS 基准点误差分析 [J]. 海洋测绘，2017，37（2）：35-38.

[37] 黄亚锋，艾廷华，张航峰. 数字海图水深注记的自动选取 [J]. 测绘科学，2016（6）：28-33.

[38] 王涛，张立华，彭认灿，曹鸿博，姜林君. 考虑转向限制的电子海图最短距离航线自动生成方法 [J]. 哈尔滨工程大学学报，2016，（07）：923-929.

[39] 李思鹏，张立华，贾帅东. 空间影响域覆盖最大的航标自动选取方法 [J]. 武汉大学学报：信息科学版，2017，（02）：236-242.

[40] 王腾飞，祝若鑫，周伟强，等. 基于改进中线法的电子海图岛屿面状注记自动配置研究 [J]. 测绘与空间地

理信息，2016（10）：59-61.

[41]　李改肖，李树军，董晓光，等. 移动平台下栅格海图数据快速显示方法研究［J］. 海洋测绘，2016，（03）：56-59.

[42]　王斌，唐岩，王伟，等. 海图与航海通告一体化生产技术研究［J］. 海洋测绘，2016，（04）：56-59.

[43]　彭文，桑百川，沈继青，等. IHO S-100 通用海道测量数据模型图示表达［J］. 海洋测绘，2017，37（1）：55-59.

[44]　陈长林，徐立，于国栋，等. S-101 与 S-57 分类编码对比分析（一）：要素［J］. 海洋测绘，2016，36（4）：52-55.

[45]　陈长林，徐立，黄瑞阳，等. S-101 与 S-57 分类编码对比分析（二）：属性［J］. 海洋测绘，2016，36（5）：61-65.

[46]　陈长林，卫国兵，王耿峰，等. S-101 与 S-57 分类编码对比分析（三）：复杂结构［J］. 海洋测绘，2016，36（5）：70-74.

[47]　胡维鑫. S-57 与 S-101 电子海图数据转换研究［D］. 大连：大连海事大学，2017.

[48]　徐进，李颖，周颖，等. S-101 电子海图产品规范解析［J］. 测绘科学，2016（3）：150-155.

[49]　周颖. 基于数据覆盖的 S-102 水深数据产品研究［D］. 大连：大连海事大学，2017.

[50]　冀东南堡油田 1 号构造 3 号人工岛工程补充地质勘察报告. 青岛：青岛海洋地质工程勘察院，2008.

[51]　Q/SY 1354—2010 滩海人工岛工程监测技术规范［S］. 北京：中国石油天然气集团有限公司，2010.

[52]　焦志斌，郑澄锋，米占宽. 离岸深水人工岛安全自动监测及预警系统研究［R］. 南京：南京水利科学研究院，2011.

[53]　周荣官，焦志斌. NP4-2 储油罐和 1 号构造码头沉降变形监测 NP1-2D 引桥段地质雷达探测报告［R］. 南京：南京水利科学研究院，2017.

[54]　周伟江，国外对淤泥质航道"适航水深"的确定. 上海航道科技，1992.

[55]　万军，等. 洋山深水港区进港外航道台风期适航水深研究.［J］水运工程，2012（7）：156～160.

[56]　许欣. 砂桩桩位计算程序的开发及应用［J］. 科技创新. 工程技术，2017，3（1）：107.

[57]　吴卫平. GNSS 水深测量系统及其平面定位精度分析［J］. 水运工程，2008（10）：272～275.

[58]　胡建平，吴卫平. Delaunay 三角网在河床冲淤计算中的应用［J］. 海洋测绘，2009（6）：68～70.

[59]　史美祥，袁世中. GPS 技术在长江口深水航道治理工程中的创新应用［J］. 水运工程，2006（S2）：63-67＋81.

[60]　王玉成. GPS 技术在长江口深水航道治理工程试验段中的应用［J］. 测绘信息与工程，1999（02）：10-14.

[61]　李全文. 采用 GPS 定位，集抛石、整平、质检于一体一航局二公司"青平一号"整平船填补我国基床整平空白对我国水运行业技术进步产生重大影响［J］. 中国港湾建设，2002（05）：56

本章主要编写人员（排名不分先后）

上海市测绘院：顾建祥

中国煤炭地质总局浙江煤炭地质局：项谦和

海军海洋测绘研究所：申家双

上海达华测绘有限公司：万军　刘宏　万立健　吴彬　赵志冲

中交第三航务工程局有限公司：夏显文

中交第三航务勘察设计院有限公司：吴卫平

浙江省河海测绘院：任少华

自然资源部第二海洋研究所：胡涛骏

第 13 章　健康安全监测

13.1　概述

健康安全监测是利用现场无损传感器技术实时获取结构环境、荷载、状态、形变等响应数据，开展结构响应、形变趋势、安全评估等分析，进而实现结构损伤、疲劳检测与识别，为建（构）筑物的运维养护提供技术支撑。结构健康监测理念最先来源于大型机械设备（如大型飞机、航空航天设备）的运行安全监测，然后被引入到土木工程（如桥梁、大坝等）施工及运营期间的结构健康监测，近几年被逐渐推广至大区域范围的健康监测与灾害评估中（如城市运行环境监测、山区地质灾害监测等）。

健康安全监测涵盖了物联网传感、测绘地理信息、工程科学、计算机信息化等领域的相关技术与理论方法，基于海量传感数据开展分析、决策、评估。一个典型的健康安全监测系统包括传感系统、数据采集、通信系统、监控中心、预警系统等。

传感系统是健康安全监测系统的基础，利用传感设备进行状态数据感知。在形变状态监测方面，可以综合应用地面常规测量技术、地面摄影测量和激光扫描技术、合成孔径雷达干涉测量、GNSS 卫星定位技术等开展局部特征、区域性监测；在环境监测方面，依托各种光电传感进行风荷载、雨量等数据获取；在结构响应方面，以振弦式传感、光电传感、光纤传感为主，可以开展应力、压力、锚索力、加速度等多种数据获取；在荷载监测方面，以综合集成化系统为主导，如交通领域的称重系统就集成了多种电子传感设备。

数据采集系统是通过在智能终端嵌入软件系统进行传感设备的数据获取、预处理、实时上载，是健康安全监测系统在工程现场的处理中枢。根据终端载体可以划分三种模式：一是以嵌入式芯片为主，对电子元器件进行集成实现数据的采集，该模式下稳定性最高，但处理性能、交互性不足，开发难度大；二是嵌入式实时操作系统，整合电子模块进行数据采集，该模式常用系统如 Linux、UCOS、VX-Works；三是通用 PC 操作系统，通过集成指令系统对硬件采集器进行数据获取、设备控制，该模式下集成度最高、具备较高的数据预处理、存储能力，可以作为现场工作站独立运行。

通信系统是数据传输的通道、构建传感系统、采集系统、监控中心之间双向访问的桥梁。传感系统与采集系统之间的数据通信系统根据实际工程现场条件进行建设部署，一种是有线通信网络，如 485 总线、CAN 总线、双绞线、光纤等；一种是无线通信网络，如 WiFi、蓝牙、ZigBee、Lora、红外等。采集系统与监控中心之间的数据通信系统，以无线通信为主，如 NB-IOT、GPRS/3G/4G 等，在高安全应用场景下，也可利用有线网络进行通信，如山峡大坝等重要基础设施的安全监测网络。

监控中心是健康安全监测系统的大脑，目前主要提供两个方面的服务：一个是数据实时处理中心，通过构建集群式数据处理中心，实现海量传感数据的在线处理、存储、管理、挖掘，现阶段以云计算中心、大数据平台为主要建设方式，实现信息化软硬件资源的集约化管理，数据处理与建模分析紧密结合了相关行业的理论与方法，保障数据成果的质量、可靠性；一个是数据展示指挥中心，通过大屏、监控台、高清立体投影等多种形式进行数据分析成果的专题可视化，实现数据的智能呈现、挖掘，相关业务系统如安全监控、应急指挥等也在该中心进行集中式运行。

预警系统是将系统实时监测分析得到的数据成果信息及时发布到相关的软硬件终端上。建（构）筑物实时预测预警数据就是通过预警系统进行发布，常见的发布系统包括：工程现场包括广播系统在内的各种声光电报警系统；基于运营商通信网络的短信、语音预警系统；基于移动 APP 的在线预警系统。

健康安全监测系统是各类大型建（构）筑物开展健康诊断、安全评估、应急决策的重要技术支撑，也是工程科学与应用领域重点的研究方向之一。随着经济社会的高速发展，我国在开展上述大型设施建设的同时，也同步开展了健康安全监测系统的建设，通过构建全天候 24 小时不间断监测系统，保障设施建设及运营期间的安全。

在水利工程建设领域，重点开展了水利大坝的安全监测工作。全世界规模最大的水电站长江枢纽工程山峡大坝从建设初期就高度重视安全监测系统的建设工作，通过 GNSS、测量机器人、正倒垂等技术的综合应用，实现了包括大坝、船闸等多个主体结构的水平位移、垂直位移的实时监测与预警，后期建设的澜沧江糯扎渡水电站枢纽工程中，安全监测系统的智能化程度得到显著提高，在形变监测的基础之上，集成应用光电传感技术开展结构受力响应监测，并建设了三维可视化监控中心，实现了智能预测预警。

在轨道交通工程领域，以解决轨道交通运营期间的安全监测难题为工作方向。南京地铁二号线在运营安全监测实施过程中，综合考虑地质条件、线路结构、外部工况等多方面的因素，给出了针对性的安全监测系统建设实施方案，对高风险区域开展自动化监测，对监测数据成果进行综合分析，准确反映了轨道交通基础结构的运营现状。

在大型公共基础设施领域，尤其是近几年新建的如机场、火车站、展览馆等设施中大量开展了结构健康监测系统的建设部署工作。世界上最大的铝结构建筑体，西部最大的会展综合体——重庆悦来国际博览中心从施工建设开始就部署了结构监测系统，根据结构整体对称性原则，在中心大厅、南北展馆分别安装了钢结构应力、温度、形变监测传感系统，在展区外围部署了风环境监测传感系统，提供展馆运营过程中的实时状态监测与安全评估服务。

在区域性安全监测方面，目前还是以形变监测为主，结构监测为辅，如城市级的地表形变监测网络。国际性金融大都市上海，自 1939 年首次发现地表沉降以来，就开始城市级监测技术体系与工作体制探索研究，现阶段形成了一、二等水准测量、GNSS 测量、InSAR（合成孔径雷达干涉）测量等多种测量方法技术相辅相成、优势互补、有机融合的地面沉降健康安全监测体系，建立了"地下基岩标分层标监控—地面沉降水准测量—空中卫星监测"的空天地监测网络，将监测范围从宏观层面的地下地表拓展到上海市重大市政工程设施（包括轨道交通、城市高架、桥梁、隧道、堤防设施、大型市政管网、磁浮列车等 7 个大类），有效地保障了城市基础环境安全，同时为开展地面沉降灾害治理提供充分的技术保障。

13.2　长江三峡水利枢纽

13.2.1　工程概述

长江三峡水利枢纽工程坝址位于西陵峡中的湖北省宜昌市夷陵区三斗坪镇，距下游长江葛洲坝水利枢纽和宜昌市约 40km。三峡工程建筑由大坝、水电站厂房和通航建筑物三大部分组成，坝高 185m，总装机容量 1820kWh，年发电量 847 亿 kWh，蓄水位为 175m。三峡水利枢纽主要建筑物包括双线五级船闸、垂直升船机、挡水大坝、左右岸坝后电站厂房、地下电站及茅坪溪防护坝。双线五级船闸布设在左岸，船闸主体段长 1621m，船闸设计总水头 113m，单级最大工作水头 45.2m，闸室有效尺寸 280m×34m×5m（长×宽×吃水深），人工开挖边坡的最大高度约 160m；垂直升船机最大提升高度为 113m，承船厢带水总重 11800t；大坝由非溢流坝段、升船机坝段、厂房坝段、导墙坝段、泄洪坝段、纵向围堰坝段等组成，坝顶高程为185m，最大坝高181m，为混凝土重力坝，坝轴线全长2309.5m；电站厂房包括左右岸河床部位坝后式水电站、布设于右岸山体内的地下式水电站和位于左岸大坝的地下电源电站；茅坪溪防护坝位于大坝轴线上游约1km的长江右岸，为沥青混凝土心墙土石坝，最大坝高104m，主坝轴线长889m。

三峡工程安全监测系统覆盖范围包括：双线五级船闸、升船机、拦河大坝、左右岸坝后厂房、地下电站、电源电站、茅坪溪防护工程、工程区边坡等。系统主要监测项目包括：①三峡枢纽变形监测网观测；②建筑物及边坡变形监测；③左厂1～6号坝段边坡表面位移监测；④挡水一线变形监测；⑤河床坝后厂房及基础廊道变形监测；⑥地下电站进水口边坡表面位移监测；⑦茅坪溪防护坝变形监测；⑧升船机船厢室段变形监测。

长江三峡水利枢纽工程自开工建设以来，累计部署监测设施超过11000个。截至目前，三峡枢纽工程安全监测系统为工程建设、验证设计、指导施工，为各阶段的工程竣工验收、三峡质量专家组的质量检查、水库试验性蓄水运行、大坝安全运行，提供了准确的观测数据和重要技术支持。

13.2.2 关键问题

三峡枢纽工程由于各种建筑物多、土石方和混凝土工程量十分巨大、施工时间长，给安全监测提出了很多新的挑战：①工程规模宏大，大坝、厂房、永久船闸、升船机等建筑物本身就是一座巨大工程，且彼此间相互联系，形成有机整体。②三峡枢纽建设工期长，运行期更长，对监测系统的布置、仪器的选型、设备安装等提出了更高的要求。

三峡枢纽工程监控面积广、传感设备多、参数分类全，需全面兼顾。系统实施关键问题在于控制网的优化设计与布设以及不同类型监测数据的质量控制、分析评估，并将数据分析成果及时地提供给设计、施工部门，以验证设计、指导施工，为大坝的正常运营提供强有力的数据支持。

13.2.2.1 控制网优化设计布设

长江三峡水利枢纽变形监测控制网是为三峡工程变形监测提供统一高程基准和平面基准而建立的，分为垂直位移变形监测控制网和水平位移变形监测控制网两类。三峡工程变形监测控制网采用分层次建立，依次为变形监测全网（基准网）、简网、最简网。

三峡工程变形监测控制全网包括垂直位移全网和水平位移全网，是三峡工程变形监测的基准网，为以下各级简网及监测点提供基准高程或坐标。水平网坐标采用大坝坐标系，高程系统采用吴淞高程系。

变形监测简网以全网网点为工作基点建立，按不同部位划分为通航建筑物变形监测简网、坝中区水平位移简网、茅坪溪防护坝变形监测简网。船闸边坡、左厂1～5号坝段边坡、地下电站进水口边坡的水平及船闸位移最简网与所在部位监测点的周期观测同步进行。

各层级控制网所要求的测量精度是相同的，在各级控制网观测结束后，以全网的监测成果为基准，对各级简网及监测点进行改算，以确保观测成果的真实性。

13.2.2.2 数据处理分析

原始数据处理的一般流程包括：①查证原始监测数据的正确性与准确性；②进行物理量计算；③填好观测数据记录表格；④绘制历时曲线图，考察监测物理量的变化，初步判断是否存在变化异常值。

数据分析以原始观测资料为依据，结合工程施工、坝区地形历经状况进行逐步总结，采用比较法、作图法、特征值统计法等找出各部位测点特征值，并对特征值进行分析，包括累计变化的最大值、最小值等，对照本次观测期间环境变化情况和主体工程施工情况对监测成果进行定性对比分析，判断变化情况是否与环境及施工情况一致。要做到随观测、随记录、随计算、随校核、随分析。同时对主要效应量进行时间效应分析，并判定时间效应分量是否在正常范围，并以简报、快报的形式及时上报监测中心。

13.2.3 方案与实施

13.2.3.1 三峡大坝垂直位移监测网（全网）监测方案与实施

1. 垂直位移监测网（全网）布设

三峡坝区垂直位移监测全网从大坝坝首至乐天溪沿长江两岸布设，并将船闸、大坝、升船机、地下电站、茅坪溪防护坝等部位的垂直位移监测简网工作基点纳入全网。全网两岸测线上游经大坝坝顶、下游经乐天溪镇青鱼背跨越长江干流，形成全网主环线；并且分别在西陵长江大桥附近和大坝廊道两处跨越长江，连接南岸 LN12SX、北岸 LN06SX 两座测温钢管标和双金属标 LN03SX 及 LN05SX，与长江南、北测线组成结点，形成水准网。测线大部分为混凝土路面，交通方便。水准测线全长约 61.8km，乐天溪镇青鱼背、西陵长江大桥两处跨江观测视线长度分别为 0.74km 和 1.09km。全网共有双金属标 18 座，测温钢管标 11 座，普通水准标 9 座，为了便利观测工作，增设了临时固定点，观测时间为冬季，成像清晰稳定。垂直位移监测全网测点分布情况见图 13.2-1，测点布置图见图 13.2-2，全网于 1998 年建设完成。

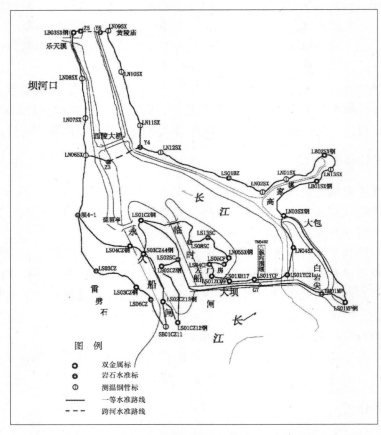

图 13.2-1　三峡大坝垂直位移全网布置及观测路线图

2. 垂直位移监测网（全网）观测

1）路线水准测量

路线水准测量采用几何水准法观测，往、返测联测钢管标时，同时测定管口、管底及中间测点的温度。其中中间测点选取原则为：距管口 20m 以内在管口、2m、10m、20m 深度处，距管口 20m 以下间隔 20m 一个测点。温度读至 0.1℃，取加权平均温度值 T_m 对钢管标进行温度改正。往、返测联测双金

图 13.2-2　三峡大坝垂直位移测点双金属标及观测室

属标时，对钢、铝管标高差都进行了往、返测，并用往、返测高差中数分别对测段观测高差进行温度改正。观测数据采用 PC-E500 计算机记录，各项限差编入计算机记录程序由计算机自动控制，收测后存储、计算、输出观测数据。

　　2）跨河水准测量

　　如图 13.2-3 所示，垂直位移监测全网有两处进行了跨河水准观测：下游乐天溪—青鱼背跨河水准视线长度 741m；中游在西陵长江大桥附近的平湖路—大沱的跨河水准视线长度 1089m。两处跨河是用两台 WILD T3 经纬仪和一副铟钢带水准标尺，按经纬仪倾角法进行对向观测。下游观测 12 双测回，中游观测 18 双测回。

　　路线水准过江使用 1 台 Trimble DINI12 数字水准仪和一副水准标尺进行联测。跨河水准观测记录采用 PC-E500 计算机，观测中各项限差编入计算机记录程序由计算机自动控制。

　　对观测数据进行检校，其中双测回的互差 $dH_限$ 应不大于下式计算的限值：

$$dH_限 = 4M_\Delta \sqrt{N \times S} \qquad (式 13.2-1)$$

式中：M_Δ——每公里水准测量的偶然中误差限值，以 mm 计；

　　　　N——双测回的测回数；

　　　　S——跨河视线长度，以 km 计。

　　3）观测数据处理

　　外业观测工作结束后，及时对观测数据进行内业预处理和平差计算。预处理及平差采用武汉大学开发的地面测量工程控制测量数据处理通用软件包。

　　（1）数据预处理

　　数据预处理包括双金属标及测温钢管标的温度改正和尺长改正。温度改正是将观测值改正到某一具体温度下的高程，双金属标的温度改正计算公式为：

$$h_改 = k \times (h_{[钢-铝]本次} - h_{[钢-铝]首次}) \qquad (式 13.2-2)$$

式中 k 为改正系数：

$$k = \frac{a_钢}{a_铝 - a_钢} \qquad (式 13.2-3)$$

$a_钢$、$a_铝$ 分别为钢标、铝标在 17℃时的热膨胀系数。

测温钢管标的温度改正计算公式为：

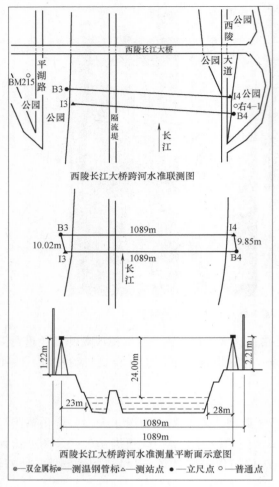
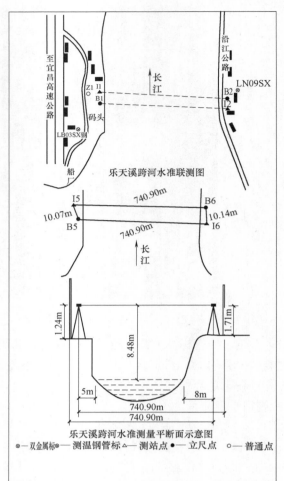

图 13.2-3　跨河水准布置图

$$h_{改} = L \times \alpha \times (T_m - 17.0) \times 10^3 \qquad (式 13.2-4)$$

式中：L——钢管标长度；

　　　α——钢管检定时的膨胀系数；

　　　T_m——观测时的加权平均温度。

测段高差温度改正数计算公式如下：

$$h_{往} = h'_{往} + \Delta H_{往,起} - \Delta H_{往,终} \qquad (式 13.2-5)$$

$$h_{返} = h'_{返} + \Delta H_{返,起} - \Delta H_{返,终} \qquad (式 13.2-6)$$

式中：h'——测段原始观测高差；

$\Delta H_{往,起}$——测段往测起测点的温度改正；

$\Delta H_{往,终}$——测段往测终止点的温度改正；

$\Delta H_{返,起}$——测段返测起测点的温度改正；

$\Delta H_{返,终}$——测段返测终止点的温度改正。

钢管标的高程是钢管温度在 17℃时的高程，双金属标钢芯管的高程是第一次测定钢、铝芯管高差时温度下的高程。尺长改正根据标尺参数分别进行。

（2）高程网平差

高程系统采用吴淞高程系。垂直位移全网采用两套起算数据：①以 LS01CZ 钢为起始点，起始高程采用 1998 年 4 月的首次观测成果 109.55744 m；②以 LB01SX 钢、LB03SX 钢为起始点，起始高程采用

1998 年 3~4 月的首次值观测成果，分别为 119.34780 m、84.94652 m。

4）观测数据成果

垂直基准网观测提供技术总结、验收报告、复测成果表。观测成果表有两套成果，其一是网点相对于施工区外围基准点 LB01SX 钢及 LB03SX 钢的高程成果；其二是网点相对于距离监测点较近的深埋双金属标工作基点 LS01CZ 钢的高程成果，仅用于提供永久船闸、临时船闸、左厂房及大坝周围垂直位移监测计算位移量的起始点（基准点）。

13.2.3.2 大坝挡水一线变形观测监测方案与实施

大坝挡水一线内的变形监测分为垂直位移和水平位移监测；垂直位移监测点包括精密水准标点、双金属标点、测温钢管标点、静力水准标点等；水平位移监测方法包括正倒垂线、引张线、伸缩仪和精密量距等。

1. 垂直位移测点布设

在坝段坝顶及基础，厂房坝段的坝基部位，监测断面的上下游方向布置精密水准标，同时在地质缺陷部位布设测温钢管标组及双金属标，如图 13.2-4 所示。

工作基点布设于大坝下游 2km 处，左右岸各有一座，均为垂直位移全网测点，观测路线贯穿于整个大坝，分别形成闭合、符合水准路线，在大坝廊道内以主环线为基础，根据现场实际情况布设若干小环线，共同组成大坝垂直位移观测水准网。

图 13.2-4　测温钢管标布置图

2. 水平位移测点布设

在各个重点部位，布设有垂线、引张线、伸缩仪和精密量距，如图 13.2-5 所示。垂线分为独立的倒垂线和正倒垂线组。

图 13.2-5　正倒垂线、引张线布置图

引张线分为无浮托式和浮托式，具体如图 13.2-6、图 13.2-7 所示。

伸缩仪和精密量距布设在坝体正倒垂线联接处，以及厂房坝段坝基排水洞处，如图 13.2-8 所示。

3. 观测频次

精密水准标、测温钢管标、双金属标等垂直位移监测每月观测 1 次；垂线、引张线、伸缩仪每月观测 3 次；精密量距每月观测 1 次。特殊时期（如大洪水库水位超正常设计水位、强地震等异常情况）根据三峡监测中心的要求对重点监测部位和重点测点进行加密观测。

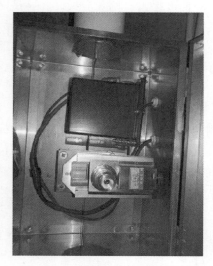

图 13.2-6　无浮托式引张线测点

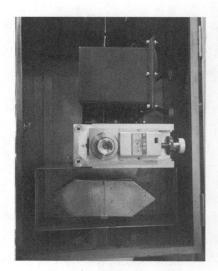

图 13.2-7　浮托式引张线测点

图 13.2-8　伸缩仪及精密量距布设图、测点图

4. 观测实施

1）垂直位移水准测量

路线水准测量采用几何水准法观测，进行单路线往返观测，往返测采用同一类型的仪器沿同一路线进行。观测仪器分别为 NA2＋GPM3 精密水准仪、Trimble DiNi12 精密水准仪，3m、2m 铟瓦水准标尺。观测顺序为后前前后、前后后前，同一测段往返测分别在上、下午分开进行。观测的视线长度、前后视距差、视线高等限差如表 13.2-1、表 13.2-2 所示。

视线长度、前后视距差、视线高限差（单位：m）　　　　　　表 13.2-1

仪器类别	视线长度	前后视距差	视距累计	视线高度	其他
NA2＋GPM3	≤30	≤0.5	≤15	下丝≥0.5	
DiNi12	4≥且≤30	≤1.0	≤30	2.80≥中丝≥0.65	设置重复读数≥3 次

电子水准仪自动测量视线长，无上、下丝读数，以 2.80m≥中丝读数≥0.65m 来控制视线的高度。当往、返测至测温钢管标时，同时测定钢管标内的温度，测温是在管口、管口下 1m、2m、5 m、10m，

10 m 以下每 10 m 一次至管底，再取多点的加权平均温度值 T_m 对钢管标进行温度改正，读数至 0.1℃。双金属标则用水准测量方法，测定钢标与铝标的高差，然后进行温度改正。

测站观测的各项限差（单位：mm）　　　　　　　　　　　　表 13.2-2

观测仪器	上下丝读数平均值与中丝差值	基辅分化读数差（或 2 次读数差）	基辅分化所测高差之差（或 2 次读数高差之差）	检测间歇点高差之差
NA2+GPM3	3.0	0.3	0.4	0.7
DiNi12		0.3	0.4	0.7

2）水平位移观测

（1）按照《混凝土坝安全监测技术规范》DL/T 5178—2003 的相关要求进行现场观测和质量控制，认真填写观测记录，并注明异常、故障和环境量情况。

（2）正、倒垂线观测采用光学垂线坐标仪。观测前和观测完成后分别测定光学垂线坐标仪的零位，计算其与首次值的零位差，取前后两次零位差的平均值作为本次观测的改正数。观测过程中，应先确认垂线处于自由状态，每个测点观测 2 个测回，每个测回照准垂线读数两次，读数差小于 0.15mm，测回间重新整置仪器，两测回间观测值之差小于 0.15mm。

（3）引张线观测采用引张线仪。引张线观测前检查引张线线体的位置，对水箱进行加水检测，使测线处于最佳灵敏状态，观测过程中现场测定温度，用引张线仪十字丝对准距离钢丝最近的整刻划数（a）2 次，并读数 2 次，记录为 a_1、a_2，然后旋动仪器，使十字丝分别照准引张线钢丝的左右边缘并读数，记录为 b_1、b_2，两次读数的差值即为钢丝的直径，从而检验观测的准确度。通过公式 $A_n = a + (b_2 + b_1)/2 - (a_2 + a_2)/2$ 计算出测点的测值。从固定端开始观测，至加力端结束上半测回的观测，然后轻轻拨动引张线钢丝，待钢丝稳定后从加力端开始下半测回的观测，至固定端结束下半测回的观测，结束本次观测。引张线观测执行《混凝土坝安全监测技术规范》的各项技术要求，两次照准读数差不得超过 ±0.15mm，两测回观测值之差不得大于 ±0.15mm。实测误差一般都小于允许误差的 1/2。引张线观测时同时观测与端点相对应的垂线，其测值作为引张线端点测值。

（4）伸缩仪采用目视法直接读数，观测 2 测回，每测回 3 次读数取其平均值作为测回值，每次读数及测回差小于 0.15mm。

（5）精密量距采用定制的铟钢带尺进行观测，现将测尺一端挂于固定端，在挂锤端悬挂重锤，使测尺处于水平稳定状态后，两边同时读数，其差值作为实测值，并测定观测时现场温度。

5. 平差计算

1）垂直位移

外业观测工作结束后，及时对观测数据进行内业预处理和平差计算。预处理及平差采用武汉大学研制的地面测量工程控制测量数据处理通用软件包。

（1）观测数据预处理

首先对有双金属标及测温钢管标的测段进行往、返测高差的温度改正，再对温差改正后的中数进行尺长改正。尺长改正按使用标尺的不同分别进行。

（2）平差计算

以大坝下游的工作基点为起始点，对观测数据进行平差处理。用本次观测的高程数据与首次、上次的观测数据相比较，计算测点的累计位移及月位移量。

2）水平位移

（1）正、倒垂线观测计算

① 倒垂线的测点位移量是垂线观测墩相对于锚固点的位移，按下式计算：

$$D_x = k_x(X_0 - X_i) \tag{式 13.2-7}$$

$$D_y = k_y(Y_0 - Y_i) \tag{式 13.2-8}$$

式中：D_x、D_y——倒垂线测点的位移量，mm；

　　　X_0、Y_0——倒垂线首次观测值，mm；

　　　X_i、Y_i——倒垂线本次观测值，mm；

　　　k_x、k_y——位置关系系数（其值为 1 或 -1），与倒垂观测墩布置位置和垂线坐标仪的标尺方向有关。

② 正垂线测点相对位移量的计算，正垂线相对位移量是正垂线悬挂点相对于正垂观测墩的位移量按下式计算：

$$\delta_x = K_x(X_i - X_0) \qquad\qquad (式 13.2\text{-}9)$$
$$\delta_y = K_y(Y_i - Y_0) \qquad\qquad (式 13.2\text{-}10)$$

式中：δ_x、δ_y——正垂线测点的位移量，mm；

　　　X_0、Y_0——倒垂线首次观测值，mm；

　　　X_i、Y_i——倒垂线本次观测值，mm；

　　　K_x、K_y——位置关系系数（其值为 1 或 -1），与正垂观测墩布置位置和垂线坐标仪的标尺方向有关。

③ 正垂线悬挂点绝对位移量的计算公式如下：

$$D_x = \delta_x + D_{x0} \qquad\qquad (式 13.2\text{-}11)$$
$$D_y = \delta_y + D_{y0} \qquad\qquad (式 13.2\text{-}12)$$

式中：D_x、D_y——正垂线悬挂点绝对位移量，mm；

　　　δ_x、δ_y——正垂线测点的相对位移量，mm；

　　　D_{x0}、D_{y0}——测点所在测站的绝对位移量，mm。

④ 正垂线中间测点（悬挂点以外测点）的绝对位移量按式（13.2-13）和式（13.2-14）计算。

$$D_x = D_{x0} - \delta_x \qquad\qquad (式 13.2\text{-}13)$$
$$D_y = D_{y0} - \delta_y \qquad\qquad (式 13.2\text{-}14)$$

式中：D_x、D_y——正垂线测点绝对位移量，mm；

　　　δ_x、δ_y——正垂线悬挂点绝对位移量，mm；

　　　D_{x0}、D_{y0}——正垂线测点的相对位移量，mm。

测点的本次累计位移量与上次累计位移量差值计算出本次位移量。

（2）引张线观测计算（图 13.2-9）

端点位移量：

$$\left. \begin{aligned} &\sum\Delta x_{A0} = x_{A0} - x_{Ai} \\ &\sum\Delta x_{B0} = x_{B0} - x_{Bi} \\ &\Delta x_{Ai} = \sum\Delta x_{Ai} - \sum\Delta x_{A(i-1)} \\ &\Delta x_{Bi} = \sum\Delta x_{Bi} - \sum\Delta x_{B(i-1)} \end{aligned} \right\} \qquad (式 13.2\text{-}15)$$

式中：$\sum\Delta x_{Ai}$、$\sum\Delta x_{Bi}$——端点（垂线测点）累计位移量；

　　　x_{A0}、x_{B0}——端点（垂线测点）首次测值；

　　　x_{Ai}、x_{Bi}——端点（垂线测点）本次测值；

　　　Δx_{Ai}、Δx_{Bi}——端点本次位移量。

引张线中间测点的计算公式为：

$$\left. \begin{aligned} &\sum\Delta d_i = \sum\Delta x_{Ai} + K\sum\Delta x_{BA} + A_i - A_0 \\ &\Delta d_i = \sum\Delta d_i - \sum\Delta d_{(i-1)} \end{aligned} \right\} \qquad (式 13.2\text{-}16)$$

式中：$\sum\Delta d_i$——测点 d 累计位移量；

　　　Δd_i——测点本次位移量；

　　　$\sum\Delta d_{(i-1)}$——测点上次累计位移量；

$\sum\Delta x_{Ai}$——端点 A 累计位移量；

Δx_{BA}——端点累计位移量差值，$\Delta x_{BA}=\sum\Delta x_{Bi}-\sum\Delta x_{Ai}$；

$\sum\Delta x_{Bi}$——端点 B 累计位移量；

K——归化系数，$K=S_d/D$；

A_i——测点 d 本次测值；

A_0——测点 d 首次测值。

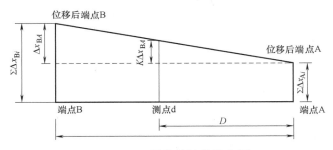

图 13.2-9　引张线计算示意图

计算引张线端点的累积位移量及本次位移量，再根据两端点的累积位移量差值及测点至端点 A 的距离计算出测点的累积位移量修正值。根据测点的首次测值及本次测值计算出修正前位移量。用端点 A 的累积位移量加上测点的修正值以及测点的位移量，计算测点的累积位移量。本次位移为累积位移量之差。

（3）伸缩仪和精密量距计算

伸缩仪和精密量距均采用"本次值-首次值"的方法来计算位移量。精密量距在计算前需对原始观测值加入尺长改正和温度改正，具体公式如下式：

$$L_t=L+\Delta+[\alpha\times(t-20)+\beta\times(t^2-20^2)]\times L \tag{式 13.2-17}$$

式中：L_t——$t℃$时的真实长度；

L——$t℃$实测长度；

Δ——铟瓦尺 20℃ 的尺长改正数；

α、β——铟瓦尺线膨胀系数。

6. 数据成果

大坝安全监测关系到整个大坝的安全，在观测结束后应及时、准确地提供各项观测成果，并进一步对大坝的稳定性做出客观、准确的分析。在长达 20 年的观测过程中积累了大量的监测数据成果，其中典型测点位移过程线如图 13.2-10 所示。

1）垂直位移

从垂直位移过程线可知测点垂直位移与坝块自身荷载和库水荷载密切相关。2003 年 5 月大坝蓄水以前，主要受施工影响逐渐表现为下沉，在初次蓄水期间，测点受水位抬升影响表现为沉降变形。

在 2008 年成功蓄水 175m 高程之后，测点随着水位及温度变化呈现周期性变化规律，即 1 月~8 月，受水位下降及温度升高的影响，测点主要表现为向上抬升，9 月~12 月随着水位抬升及温度下降，测点表现为沉降。

2）水平位移

从垂线及引张线水平位移典型测点位移过程线可知：受土建施工影响，初期测点位移存在小幅度波动；在 2004 年土建施工结束以后，测点位移随温度、水位变化，呈现出周期性规律，即温度降低、水位抬升时，测点向下游位移；温度升高、水位消落时，测点向上游位移。

13.2.4　启示与展望

大坝安全监测是一项持久性的工作，获取全面、及时、可信的监测数据是大坝安全监测的基础。长

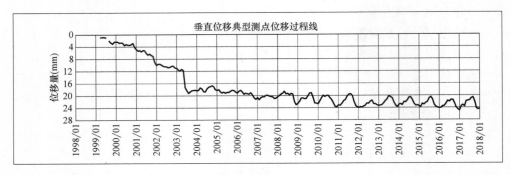

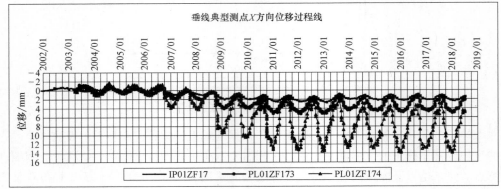

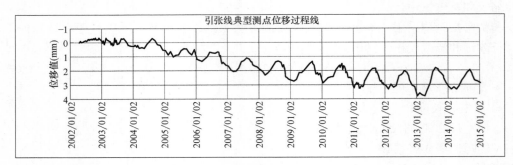

图 13.2-10　典型测点位移过程线图

江三峡水利枢纽安全监测项目实施，较好地反映了大坝在施工及运营期间的工作形态，为指导施工及后期营运期间大坝安全提供了有力的数据保障。

目前，三峡大坝进行安全监测自动化系统的施工、调试，采用先进的信息技术，通过各种在线监测手段，实时掌握大坝安全监测系统状态和监测工作情况，以督促、提高监测工作质量。

随着计算机技术、信息化技术不断发展与进步，大坝安全监测信息化程度得到了很大的提高，监测数据外业采集、资料整编等逐渐从最原始的手写记录转化为电子记录，再升级为专业监测信息化系统存储管理的模式。随着智慧电站、数字大坝等概念的涌现，用现代信息化技术提高监测数据的管理、维护和分析，推动安全监测技术不断进步和发展。

13.3　澜沧江糯扎渡水电站枢纽

13.3.1　工程概况

糯扎渡水电站枢纽工程是澜沧江中下游河段八个梯级规划的第五级，属大（1）型一等工程，永久性主要水工建筑物为 1 级建筑物。工程开发任务以发电为主，兼顾景洪市城市和农田防洪任务，并有改善航运、发展旅游业等综合利用效益。水库正常蓄水位 812.00m，汛期限制水位 804.00m，死水位 765.00m，总库容 237.03 亿 m³，调节库容 113.35 亿 m³，具有多年调节能力。电站装机容量 5850MW（9 台单机容量 650MW），多年平均发电量 239.12 亿 kWh。枢纽工程由砾石土心墙堆石坝、左岸岸边开敞式溢洪道及消力塘、左右岸各一条泄洪洞、左岸地下引水发电系统及地面副厂房、出线场、下游护岸工程等组成。

糯扎渡水电站枢纽工程 2006 年 1 月工程开工，2007 年 11 月工程截流，心墙堆石坝从 2008 年 11 月开始填筑，于 2012 年 12 月填筑至坝顶高程，共经历 5 个填筑期和 4 个雨期停工期。2013 年 6 月大坝工程全部完工。工程于 2011 年 11 月 6 日开始下闸蓄水，2013 年 10 月 17 日，蓄水至正常蓄水位 812m 高程。2012 年 7 月首台（批）机组投产发电，2014 年 6 月 9 台机组全部投产发电，2015 年 6 月工程竣工。

糯扎渡水电站枢纽工程包括：砾石土心墙堆石坝、左岸溢洪道及下游消能设施、左岸及右岸泄洪洞、左岸引水发电系统、导流隧洞及施工支洞封堵、近坝库岸边坡稳定、下游护岸、渗控工程以及以上建筑物的基础处理、边坡处理、安全监测、金属结构和机电工程等。

1）心墙堆石坝

砾石土心墙堆石坝坝顶长 627.87m，坝顶宽 18m，坝顶高程为 821.5m，最大坝高为 261.5m。坝体基本剖面为中央直立心墙形式，心墙两侧为反滤层，反滤层以外为堆石体坝壳。坝顶宽度为 18m，上游坝坡坡度为 1：1.9，下游坝坡坡度为 1：1.8。

2）溢洪道

开敞式溢洪道布置于左岸平台靠岸边侧部位，溢洪道水平总长 1445m，宽 151.5m。进口底板高程 775.0m，共设 8 个宽 15m×高 20m 表孔，每孔均设检修门和弧形工作闸门，溢流堰顶高程 792m，堰高 17m，最大泄流量 32533m³/s，采用挑流并预挖消力塘消能，消力塘采用护岸不护底的衬砌形式。

3）泄洪洞

左岸泄洪洞进口底板高程为 721.0m，全长 942m；有压段为内径 12m 的圆形断面，工作闸门为 2 孔，孔口尺寸宽 5m×高 9m，最大泄流量 3395m³/s；无压段断面为城门洞形，尺寸宽 12m×高（16～21m），其后段与 5 号导流隧洞结合，结合段长 343m，出口采用挑流消能。右岸泄洪洞进口底板高程为 695.0m，平面转角 60°，全长 1062m；有压段为内径 12m 的圆形断面，工作闸门为 2 孔，孔口尺寸宽 5m×高 8.5m，最大泄流量 3257m³/s；无压段断面为城门洞形，尺寸宽 12 m×高（18.28～21.5m），出口采用挑流消能。

4）引水发电系统

电站进水口引渠长约 130～210m，底宽为 225m，底板高程 734.5m。进水塔长度 225m，塔顶部位因布置门机轨道需要，加长为 236.2m，塔体顺水流方向宽 35.2m，最大高度 88.5m，塔顶高程 821.5m。进水口利用检修拦污栅槽设置叠梁门进行分层取水。顺水流向依次布置工作拦污栅、检修拦污栅（叠梁闸门）、检修闸门、事故闸门和通气孔；其中检修拦污栅与叠梁闸门共用检修拦污栅栅槽。按单机单管布置 9 条引水道，单机引用流量 381m³/s，引水道的直径为 9.2～8.8m。

地下主、副厂房总长 418m，跨度 29m（吊车梁以下），顶拱跨度 31m（吊车梁以上），顺水流向从右到左依次为副安装场、主机间、安装场及地下副厂房。副安装场长度 20m，高度 84.6m，其下部为厂房检修及渗漏集水井；主机间全长 306m，最大高度 81.6m，共布置 9 台单机容量 650MW 发电机组，机组间距 34m，机组安装高程 587.9m；安装场全长 70m，最大高度 43.1m；地下副厂房全长 22m，高度 42.6m。

地下主变室布置于地下主、副厂房下游，两洞室净距 45.75m。主变室总长 348m，跨度 19m，内设主变层、电缆层及 GIS 层，GIS 层为主变室中部高洞段（长度 215.9m，高度 38.6m），两侧为低洞段（左、右端长度分别为 86.25m、45.85m，高度均为 23.8m）。主变室上游设 9 条母线洞（11.3m×

11.85m）与主厂房相连，下游设两条出线竖井（内径 8.5m）通向 821.5m 平台地面副厂房。

地面副厂房、500kV 出线场、出线终端塔场地、停机平台、值守楼、精密仪器库、进排风楼等布置在主厂房顶 821.5m 平台上。

尾水调压室采用圆筒式调压井。三个圆筒按"一"字形布置，1 号调压室尺寸为直径 ϕ27.8m×高 92m，2 号、3 号调压室尺寸为直径 ϕ29.8m×高 92m，间距为 102m，尾水闸门室布置在尾水调压室上游 42.5m 处，高程 643.0m 以上为启闭机室，断面尺寸为 10.7m×313.85m。三个调压井后接三条尾水隧洞，洞径为 18m，1 号、2 号、3 号尾水隧洞长分别为 465.5m、456.353m、447.505m，其中 1 号尾水隧洞与 2 号导流隧洞相结合，结合段长 334.4m，城门洞形断面尺寸为宽 16m×高 21m。尾水隧洞出口均布置两孔尾水检修闸门。

13.3.2　关键问题

糯扎渡水电站枢纽工程心墙堆石坝为目前国内已建的最高堆石坝，安全监测仪器种类、数量繁多，安装埋设技术要求高，施工难度大。包括变形监测（包括 GPS、视准线、引张线式水平位移计、水管式沉降仪、测斜及电磁沉降、弦式沉降仪、横梁式沉降仪、土体位移计、剪变形计、多点位移计、测缝计等）、渗流渗压监测（包括测压管、水位观测孔、渗压计、量水堰监测）、应力应变及温度监测（包括土压力计、压应力计、五向混凝土应变计、三向混凝土应变计、无应力计、温度计等）、地震反应监测等项目。

大坝工程安全监测最突出的技术特点是：①仪器种类多，安装工艺复杂；②仪器安装时，需要占用土建施工的工作面和工期，协调难度大；③大量程大规格监测仪器，如超长引张线式水平位移计和水管式沉降仪，跨心墙区、反滤层和坝壳堆石体埋设安装，施工难度大；④超长测斜兼沉降管等心墙区仪器容易受坝体变形和心墙握裹力影响，埋设安装失效风险高等。

13.3.2.1　电缆阻渗环装置

特高砾石土心墙堆石坝内水压可高达 3MPa，监测电缆在高水压状态下，极易形成渗流通道，在心墙堆石坝监测施工中表现尤为明显。在电缆周围浇筑少量液态沥青是目前电缆阻渗的一种常用做法，但是该方法阻渗效果有限，且无统一标准，现场操作不好控制，影响大坝填筑质量，沥青温度过高可能对电缆造成损坏。研发了一种新型电缆阻渗环装置，显著提高了穿心墙区电缆阻渗工艺水平。

13.3.2.2　填筑土体测斜管保护装置

特高砾石土心墙堆石坝安全监测中，心墙区内安装超长测斜暨电磁沉降管线（超深 265m）是监测土体内部变形的重要手段之一。测斜管随土体填筑分段安装，土体填筑施工机械在施工过程中极易对测斜管造成碰撞破坏。目前施工中多使用大型圆钢桶套在测斜管外部进行保护，虽然能较好地进行测斜管保护，但大型圆钢桶重量大，测斜管安装和土体填筑碾压时均需用起重机械吊开，工作完成后又需用起重机械吊回，给测斜管安装和土体填筑增加较大工作量。针对现有填筑土体内测斜管安装保护装置的不足，研制采用了一种填筑土体测斜管保护装置。

13.3.2.3　测斜兼沉降管测线

心墙堆石坝心墙区内，安装超长测斜暨电磁沉降管测线（265m），使用活动测斜仪和电磁沉降读数仪观测，是监测土体内部变形（三轴）的重要手段。测斜暨电磁沉降管之间通过伸缩节（含 1 预拉接头）连接后竖直向上加长延伸，每一伸缩节连接段内含 3 个接口，且预拉接头处抗弯强度低，预拉伸缩有效量有限，超长测斜兼沉降管易受土体大变形和心墙握裹力影响而折断失效风险高。研发采用改进后埋设安装工艺方案，可以有效提高测斜暨电磁沉降管线埋设安装成活率。

13.3.2.4 横梁式沉降仪测线

心墙堆石坝心墙区内，安装超长横梁式沉降仪测线（265m）是监测土体压缩沉降变形（单轴）的重要手段。通过传递钢管与上下沉降板相连组成6m标距横梁式沉降仪，从基础到心墙顶首尾相接，竖向布置组成横梁式沉降仪测线。由于传递管及其同传感器连接形成的高程传递轴系，无法适应大压缩沉降变形而弯折扭曲，导致超长固定测斜仪测线测值失真或仪器失效风险高。研发采用改进后埋设安装工艺方案，可以有效提高横梁式沉降仪埋设安装成活率。

13.3.2.5 固定测斜仪测线

心墙堆石坝心墙区超长测斜管内（265m），通过连接标距杆件加长，组成6m标距固定测斜仪，从基础到心墙顶首尾以万向节相接，多路传输固定式测斜仪串联安装，竖向布置，组成固定测斜仪测线，也是监测土体内部变形（双轴）的一种手段。由于标距杆件及其同传感器连接形成的仪器轴系，易受土体大变形和心墙握裹力影响导致弯折扭曲，超长固定测斜仪测线失效风险高。研发采用改进后埋设安装工艺与方案，可以有效提高固定测斜仪测线埋设安装成活率。

13.3.2.6 水管式沉降仪

水管式沉降仪用于监测堆石体的沉降位移。各高程水管式沉降仪测线，采用网格状布置的方式，在心墙接触区、反滤层和坝壳堆石体埋设安装水平位移测头、沉降位移测头，分别向下游坝面引至对应的观测房，并在观测房顶部布设表面变形监测点，通过大地测量法将内部变形监测与外部变形监测网衔接。超长水管式沉降仪跨心墙区、反滤层和坝壳堆石体埋设安装，施工难度大。研发采用改进后埋设安装工艺与方案，可以有效提高超长水管式沉降仪测线埋设安装成活率。

13.3.2.7 360棱镜与GNSS接收天线安装归心盘

测量机器人自动化监测系统和GNSS自动化监测系统是外部变形监测的两种常用方法。360棱镜和GNSS接收天线分别是其测量目标。针对同一测点两种方法的观测设备冗余布设安装需求，研制采用了360棱镜与GNSS接收天线安装归心盘，实现了360棱镜和GNSS接收天线的同轴安装和保护，提高多套仪器设备的可重复安装的同轴归心和保护的工艺水平。

13.3.2.8 心墙内部渗压计

特高砾石土心墙堆石坝渗流渗压监测是第一位的，特别是渗流量、坝基渗水压力和绕坝渗流的监测，心墙渗透压力也比较重要。心墙渗透性是心墙堆石坝安全的重要指标，它与心墙料、心墙填筑质量、心墙结构形式以及上游水位等外在条件密切相关，因此它也是监测心墙填筑质量及心墙安全的关键项目。主要监测手段有：渗压计、测压管以及由此绘制的浸润线等。但类似水电工程心墙内的渗压监测成果，均存在其折算水位达到或者超过填筑高程的普遍偏高现象。分析认为心墙内部渗压计本身可能受施工碾压或者上部土石压力的影响，传感器结构产生应变，从而影响到渗压计的测值。通过实验研究，研发采用双层钢管保护埋设心墙内部渗压计的方法。

13.3.2.9 星形以太网组网技术

安全监测自动化系统的组网技术研究和应用，按系统结构分为集中式、分布式和网络集成式三类。目前国内大型的安全监测自动化系统几乎都是采用基于RS-485协议的串行总线结构组网技术的分布式系统。基于TCP/IP协议的网络集成式结构是对分布式结构在开放性和标准化的方向上做出本质改变的系统结构，在安全监测自动化应用才刚刚起步。糯扎渡水电站枢纽工程安全监测自动化系统由现场监测站、现场监测管理站和远程监测中心站三级组成，系统研发采用光纤星形以太网整体组网技术，属于国内首例。完整意义上真正形成了星形高速局域网，技术成熟，优势明显：通信速率高，1Gb/s 以太网技术也逐渐成熟，完全可以满足安全监测自动化系统网络不断扩展的带宽要求；传输距离远；资源共享、控管一体化能力强；可持续发展潜力大，随着技术的不断发展，要求通信网络具有更高的带宽和性能，通信协议有更高的灵活性；实时性强，基于 TCP/IP 协议的以太组网方式具备双工实时处理数据能力；出现故障容易查询，以太网采用星形网络结构，任何节点出现故障，监控中心均能及时发现，故障排除容易，而且单个节点故障不影响系统的总体运行；系统网络安全性有保障，通过在软、硬件方面采用系统控制权限、网络控制权限、网络端口访问限制等都可以实现物理安全性管理与网络安全性管理。系统网络层次结构清晰，系统运行稳定，维护方便容易。星形网络拓扑通过级联的方式可以很方便地进行网络扩展规模。

13.3.2.10　信息系统集成技术

糯扎渡水电站枢纽工程安全监测信息管理及综合分析系统客户端，采用统一界面实现多子系统的集成与管控。研究多源异构的监测数据的集成与管理，研制开发集成管理控制软件，将各子系统进行有机地整合，解决传统监测自动化系统耦合性较差、集成融合能力差的问题，实现信息统一管理、控制、输出和分析。枢纽工程内观自动化 A、B、C 子系统、心墙堆石坝 GNSS 监测子系统、大坝和边坡测量机器人监测子系统、光纤测渗漏和测裂缝子系统、抗震措施监测子系统、非电测改造子系统等，通过各子系统开放数据库格式的方式对经过物理量换算后的数据予以集成，统一管理和分析上述子系统的物理量，同时各子系统能够按照总系统相应指令实现通信、数据采集和控制等功能的系统集成。

13.3.2.11　三维可视化技术

利用数字高程模型（DEM）及数字正射影像（DOM）合成数字糯扎渡三维地形场景，导入相关的三维建筑模型，如心墙堆石坝、左岸开敞式溢洪道、左、右岸泄洪隧洞、左岸地下引水发电系统及导流工程，业主营地、施工营地及航摄范围内的居民房屋等三维建筑模型，建立水利枢纽工程与其属性数据的关联，并叠加糯扎渡工程区二维电子地图，最终实现真实糯扎渡水电站三维场景的构建。

三维虚拟现实场景制作的区域范围为枢纽管理区，总面积约 40km²，地形上叠加的三维地物主要包括：糯扎渡枢纽建筑物，糯扎渡业主营地，糯扎渡施工营地，地下厂房及枢纽区普通建筑物（如房屋、绿化设施等）。通过人机交互的方式在三维平台中把各种地物模型安置到三维地形上面，来达成三维景观效果，其效果示意图见图 13.3-1。

图 13.3-1　三维景观模型

13.3.2.12 智能化预警技术

基于糯扎渡水电站枢纽工程大坝、泄洪设施、引水发电建筑物及两岸高边坡安全监测成果，针对关键监控指标，研发糯扎渡水电站工程安全监测预警信息发布系统，实现安全监测静态信息定期更新展示，动态信息实时更新展示，以及地震、大暴雨、异常水位、变形或渗流异常等突发事件安全预警短信息平台发布、移动终端信息系统平台发布等目标。依据设计安全监控指标和实测数据，自动触发安全监测分级加密观测方案，实时地进行安全预警与应急预案管理，发布预警信息和开展应急响应。

13.3.3 方案与实施

13.3.3.1 电缆阻渗环

阻渗环由橡胶外套、不锈钢紧固套筒、橡胶楔、螺杆（螺帽）组成如图 13.3-2 所示。根据实际需要，橡胶外套外部尺寸可以根据特定需要的尺寸进行加工，内径为 50mm，材料为天然橡胶。不锈钢金

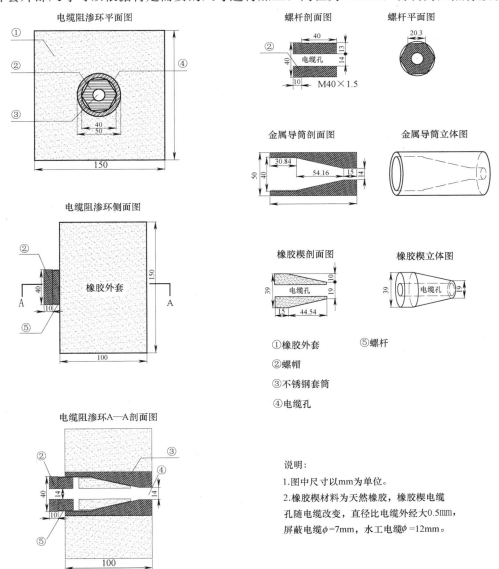

图 13.3-2　电缆阻渗环结构图

属套筒外径为 50mm,最大内径为 40mm,最小内径为 14mm,内径最大一侧有 30.84mm 行程的螺纹。依照不锈钢金属套筒的内径对螺杆(包括螺帽)进行加工,螺杆外径尺寸与不锈钢金属套筒的内径一致。橡胶外套与不锈钢金属套筒之间采用防水胶水进行粘合固定,螺杆(螺帽)可与不锈钢金属套筒旋出分离。橡胶楔内径依据电缆分类可采用 13mm(水工电缆)、8mm(屏蔽电缆)或依其他电缆外径定制。阻渗环设备加工好后,将电缆穿过不锈钢套筒、橡胶楔、螺杆,将阻渗环沿电缆移动到需要阻渗环的地方,然后拧紧螺杆(螺帽),迫使橡胶楔往不锈钢金属套筒内径小的一侧运动,不锈钢金属套筒对橡胶楔进行挤压,从而使橡胶楔紧裹电缆,达到阻渗目的。通过性能测试与实际使用,电缆阻渗环及相应配套专用观测电缆的耐水压指标,满足特高砾石土心墙堆石监测仪器高达 3MPa 的要求,消除渗流通道隐患。

13.3.3.2 填筑土体测斜管保护装置

砾石土心墙堆石坝心墙区内,超长测斜暨电磁沉降管线(深 265m)等仪器,随土体填筑分段安装,土体填筑施工机械在施工过程中极易对测斜管造成碰撞破坏。填筑土体测斜管保护装置是一种用于填筑土体内测斜管安装保护的专用设备,由钢保护板、角钢支撑架、连接环、螺纹钢顶杆、连接插销组成,设计结构如图 13.3-3、图 13.3-4 所示。保护板选用 4 块厚度不小于 2mm,长度 1.5m,宽度 1.2m 的钢板,长边作为保护板的竖边,短边作为保护板的横边,用 2 根 80cm 长 30×3 规格的角钢按 50cm 间隔水平焊接在钢板上作为支撑架,相邻钢板间角钢焊接高度错开 5cm,在角钢两端用 3cm 钢片焊接 2 个卡槽,对向钢板角钢上卡槽位置对应,在卡槽内卡入 1.18m 长 φ25mm 螺纹钢,加强钢保护板抗碰撞和挤压的强度,选两块钢板在四角距底板、顶部 15cm,距侧边 20cm 处垂直焊接 4 根 φ16mm 长度为 18cm 的钢筋,在每个钢筋顶端焊接一个加工好内径为 24mm 的圆钢环,另外两块钢板焊接钢筋距底板、顶部距离为 18cm,距侧边距离为 20cm,顶端同样焊接 4 个内径为 24mm 的钢圆环,用直径 22mm 的钢筋顶端焊接一根 5cm 长 φ22mm 钢筋作为插销。

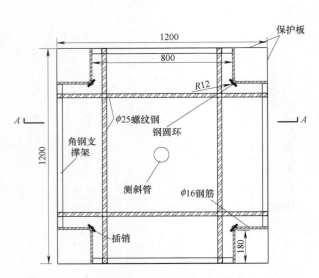

图 13.3-3 填筑土体测斜管安装保护装置结构平面图

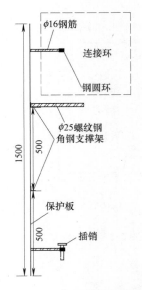

图 13.3-4 填筑土体测斜管安装保护
装置 A-A 断面侧视图

填筑土体测斜管安装保护装置加工与安装、拆卸:

(1)加工:选用合适的钢板、角钢、钢筋、钢管,按图进行加工。

(2)安装与拆卸:将相邻的两块钢保护板立直,成 90°拼接在测斜管一侧,插入插销,用插销依次连接相邻钢保护板,在角钢支撑架卡槽内按从低到高的顺序依次卡入螺纹钢顶杆,完成测斜管保护装置安装；当需要拆除保护装置时，先按从高到低的顺序依次取下螺纹钢顶杆，然后依次拔去插销，移开钢保护板。

填筑土体测斜管安装保护装置组装和拆除操作过程简单，在土体填筑施工过程中，超深测斜管的埋设安装与保护采取的对策是：①保证管内两对导槽与下部测斜管两对导槽完全一致；②利用经纬仪和测扭仪测量测斜管的点位和扭曲情况，发生偏差则进行纠正；③在测斜管周围设隔离处，避免大型机械振捣、碾压对测斜管产生影响，50cm范围内进行人工夯实，保持测斜管铅直；④如遇在堆石体内埋设直向测斜管，在测斜管周围使用细料夯实，以免损伤测斜管；⑤埋设操作人员与回填夯实人员配合协调。现场应用实物照片见图13.3-5、图13.3-6。

图13.3-5　填筑土体测斜管圆钢桶保护装置

图13.3-6　填筑土体测斜管安装保护

13.3.3.3　测斜暨电磁沉降管线埋设安装工艺

砾石土心墙堆石坝心墙区内，超长测斜暨电磁沉降管线（深265m），随土体填筑分段安装，测斜兼沉降管单根长度为3m，伸缩节长0.6m，伸缩量为0.15m，设计伸缩率约为4%（0.15/3.75）。通常情况下坝体最大压缩沉降发生在心墙的中上部位，附加振捣碾压影响后，局部压缩率甚至超4%，为增加适应超高心墙大压缩变形的能力，局部范围将3m测斜管单根长度缩短为1.5m，0.6m伸缩节的0.15m伸缩量不变，适应变形的伸缩率可提高至6.7%（0.15/2.25）。

测斜暨电磁沉降管之间通过伸缩节（含1预拉接头）连接后竖直向上加长延伸，每一伸缩节连接段都内含3个接口，且预拉接头处最为单薄，抗弯强度低。改进埋设安装工艺，在伸缩节接头段用加厚土工布包裹，外面再套1.0m长高强度硬质PE保护管，保护管的内径与土工布扎紧包裹后的外径相配合，土工布包裹的长度与保护管的长度相同，可以提高测斜兼沉降管接头的抗弯强度。

13.3.3.4　横梁式沉降仪

心墙堆石坝心墙区内，传感器通过传递钢管与上下沉降板相连组成6m标距横梁式沉降仪（500mm量程），从基础到心墙顶首尾相接，竖向布置组成超长横梁式沉降仪测线（265m）外部套PVC管与土体隔离。由于传递管及其同传感器连接形成的高程传递轴系，无法适应大压缩沉降变形而弯折扭曲，导致超长固定测斜仪测线测值失真或仪器失效风险高。

横梁式沉降仪埋设改进方案（详见图13.3-7），将相邻两套6m标距横梁式沉降仪，首尾相接改为同高程错位衔接，各自独立观测6m高土体的压缩沉降量。分段单点埋设方案，获取6m标距横梁式沉降仪上、下沉降板之间的压缩沉降量或者各分层压缩率直接观测值，可以计算出各高程测点的累计压缩沉降量或者累计总压缩率。

通常情况下坝体最大压缩沉降发生在心墙的中上部位，附加振捣碾压影响后，局部压缩率会特别大，局部范围内将上、下沉降板之间距改为 2m 即采用 2m 标距横梁式沉降仪，相应的传感器量程可以减小为 300mm 量程。仪器埋设高程间距 6m 即相邻仪器的下沉降板之间距均为 6m。

传递管和传感器钢保护管外面均套 PVC 保护管，传递管和保护管间涂黄油，保护管外用双层薄膜或土工布包裹，最大限度地增加监测仪器适应超高心墙大压缩变形的能力。研发采用改进后埋设安装工艺方案，有效提高横梁式沉降仪埋设安装成活率。

13.3.3.5 固定式测斜仪

心墙堆石坝心墙区超长测斜管内（超深 265m），传感器通过连接标距杆件加长，组成 6m 标距固定式测斜仪，从基础到心墙顶首尾以万向节相接，多路传输固定式测斜仪串联安装（图 13.3-8），竖向布置，组成固定测斜仪测线（265m）。由于标距杆件及其同传感器连接形成的仪器轴系，易受土体大变形和心墙握裹力影响导致弯折扭曲，超长固定式测斜仪测线失效风险高。

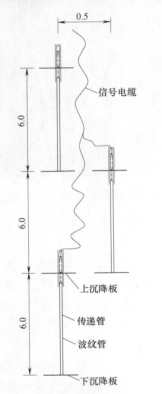

图 13.3-7 横梁式沉降仪布置图

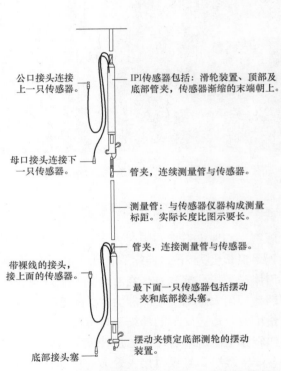

图 13.3-8 多路传输固定式测斜仪串联安装示意图

固定式测斜仪测线埋设安装改进方案（详见图 13.3-9），将相邻两套 6m 标距固定式测斜仪，首尾以万向节连接改为无加长标距杆单点埋设的方法，将单路传输（相对于多路传输）固定式测斜仪嵌入固定安装在测斜管上。分段单点埋设方案，各自独立观测传感器固有标距土体的倾斜位移量直接观测值，可以分别内插计算出各高程测点的累计倾斜位移量。

13.3.3.6 水管式沉降仪测线

水管式沉降仪用于监测堆石体的沉降位移。施工期采用人工观测的水管式沉降仪采用四管式管路，沿程设置伸缩盒；位移测量范围：0～3000mm、0～4000mm，人工测量分辨率≤1mm，精度≤2mm，测量装置两次平行测量互差≤2mm。

运行初期开始自动化监测，四管式水管式沉降仪，采用量程为 0～2000mm 的电位器式传感器和单点双管观测机柜。并保留人工观测方法，水管式沉降仪增加手动控制阀门。

各高程水管式沉降仪测线，采用网格状布置的方式，在心墙接触区、反滤层和坝壳堆石体埋设安装沉降位移测头，分别向下游坝面引至对应的观测房，并在观测房顶部布设表面变形监测点，通过大地测量法将内部变形监测与外部变形监测网衔接。

超长水管式沉降仪跨心墙区、反滤层和坝壳堆石体埋设安装难度大，其主要表现：连通管管路较长，排水管较细，沉降测头内可能存在积水影响通气管连通大气的情况；首次加水，连通管内可能存在气泡造成测值失真；因坝壳区垂直方向和水平方向的大变形，连通管管路可能存在弯折变形，造成连通管通气、加水、排水不通畅，引起测值失真。

改变观测柜直罐加水方式，增加连接带压力表头的气压罐和水压罐，采用多阀门集成控制，重新对连通管进行加水。加水过程严格控制气泡的进入测量管内，加水结束后，将断开观测机柜连通管管路，利用小型空压机在 0.5MPa 压力以下排空清除沉降测头、排水管、通气管内积水，充分满足监测仪器的正常观测条件。

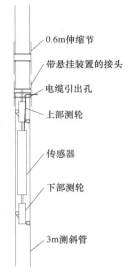

图 13.3-9 固定式测斜仪单点安装示意图

13.3.3.7 360 棱镜与 GNSS 接收天线安装归心盘

测量机器人自动化监测系统和 GNSS 自动化监测系统是外部变形监测的两种方法。360 棱镜和 GNSS 接收天线分别是其测量目标。针对同一测点的冗余观测设备安装需求，研制采用了 360 棱镜与 GNSS 接收天线安装归心盘，实现了 360 棱镜和 GNSS 接收天线的同轴安装和保护。设计结构如图 13.3-10 所示。

360 棱镜与 GNSS 接收天线安装归心盘各部件加工完成后，使用加工的配套内六角螺丝可以很方便地进行 360 棱镜、GNSS 接收天线安装，归心盘复装、拆卸方便，可以实现 360 棱镜与 GNSS 接收天线同轴同心安装与保护的目的。现场应用实物如图 13.3-11、图 13.3-12 所示。

13.3.3.8 心墙内部渗压计

心墙渗透性是心墙堆石坝安全的重要指标，它与心墙料、心墙填筑质量、心墙结构型式以及上游水位等外在条件密切相关，因此它也是监测心墙填筑质量及心墙安全的关键监测项目。但类似水电工程心墙内的渗压监测成果，均存在其折算水位达到或者超过填筑高程的普遍偏高现象。分析认为心墙内部渗压计本身可能受施工碾压或者上部土石压力的影响，传感器结构产生应变，从而影响到渗压计的测值。

采用常规方法（图 13.3-13）和钢套管保护的方法（图 13.3-14）埋设了部分试验渗压计，两种方法在同一高程、同一部位对应埋设埋设的渗压计，通过对比分析两种不同埋设工艺的渗压计的监测成果，研究心墙填筑及土石压力是否对常规方法埋设的渗压计渗透压力产生影响。在大坝填筑至 EL.799m、填筑至坝顶 EL.821.5m 及初期蓄水完成后各阶段，两种方法埋设渗压计渗透压力折算水位偏差最大在 2.2m 左右，初步分析可以判断，施工过程的碾压和上部土石压力对常规方法埋设的渗压计测值有一定程度影响。通过实验研究并采用双层钢管保护埋设心墙内部渗压计的改进方法，可为类似工程渗压计埋设提供施工技术依据。

13.3.3.9 星形以太网组网技术

糯扎渡安全监测自动化系统 A、B、C 三个内观子系统，GNSS 监测系统，测量机器人监测系统和大坝强震监测系统，均采用基于 TCP/IP 协议的网络集成式结构，星形以太网组网技术。完整意义上真正形成了星形高速局域网，技术成熟，优势明显：通信速率高，1Gb/s 以太网技术也逐渐成熟，完全可以满足安全监测自动化系统网络不断扩展的带宽要求；传输距离远；资源共享、控管一体化能力强；可持续发展潜力大，随着技术的不断发展，要求通信网络具有更高的带宽和性能，通信协议有更高的灵活性；实时性强，基于 TCP/IP 协议的以太组网方式具备双工实时处理数据能力；出现故障容易查询，以太网采用星形网络结构，任何节点出现故障，监控中心均能及时发现，故障排除容易，而且单个节点故障不影响系统的总体运行；系统网络安全性有保障，通过在软、硬件方面采用系统控制权限、网络控制权限、网络端口访问限制等都可以实现物理安全性管理与网络安全性管理。系统网络层次结构清晰，系统运行稳定，维护方便容易。星形网络拓扑通过级联的方式可以很方便地进行网络扩展规模。糯扎渡安全监测自动化系统总体网络拓扑图如图 13.3-15 所示。

糯扎渡水电站枢纽工程安全监测自动化系统，现场监测站（网络 MCU 或网络数采单元）、现场监测管理站和远程监测中心站三级统一采用星形以太网整体组网通信：

1）网络 MCU 或网络数采单元与监测站节点之间，采用通信电缆组网以太网协议通信方式。

2）现场监测站和现场监测管理站之间，采用光纤组网以太网协议通信方式，将各路采集数据传输至监测管理站汇集存储。敷设光纤困难的孤岛监测站选择无线以太网协议通信方式。

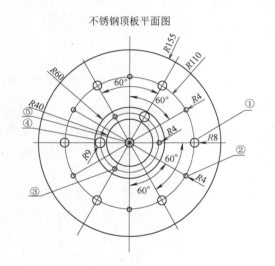

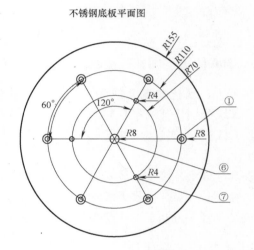

①不锈钢连接杆安装孔
②GNSS接收天线安装孔
③不锈钢棱镜保护罩安装孔
④GNSS接收天线馈线穿线孔
⑤GNSS接收天线安装孔
⑥360棱镜强制对中器安装孔
⑦调平螺杆安装孔

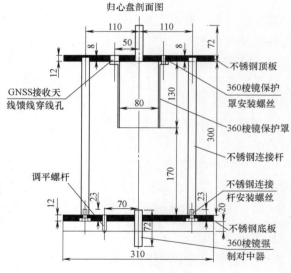

说明：
1.图中尺寸以mm为单位。
2.各部件加工材质均为304不锈钢。

图 13.3-10　360 棱镜与 GNSS 接收天线安装归心盘结构图

图 13.3-11 360 棱镜和 GNSS 接收
天线安装归心盘实物图

图 13.3-12 360 棱镜和 GNSS 接收
天线安装归心盘现场安装图

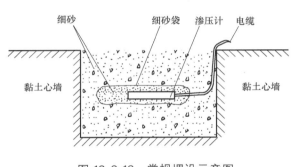

图 13.3-13 常规埋设示意图

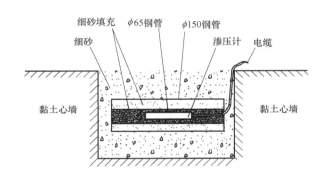

图 13.3-14 双层钢管保护埋设示意图

3）现场监测管理站和监测管理中心站之间，采用企业内部局域网专用光纤组网使用以太网协议通信方式，实现数据的安全、快速传输。

4）监测管理中心站具备多个接口分别连接电厂 MIS 系统、数字大坝-工程质量与安全信息管理系统、数字大坝-工程安全评价与预警信息管理系统，接入企业内部局域网。

5）与流域监控监测中心站之间，通过连接公司专用网络进行网络通信。通过远程以客户端、web 服务等方式具备定时向电厂 MIS 系统、数字大坝-工程质量与安全信息管理系统、数字大坝-工程安全评价与预警信息管理系统和异地流域安全监测中心自动报送相关监测信息的功能。主要包括：特定端口的计算机通过 C/S 模式能远程控制现场采集机，实现命令修改、采集、数据传输等，一般授权用户通过 B/S 模式远程浏览现场 Web 服务器的相关信息。

系统运行期间，针对网络的传输速度、稳健性及维护性做的测试与统计情况：糯扎渡系统接入自动化的内观测点为 4115 个，巡测一次的数据量约为 16000 条；按照设计要求，分为 8 个工控机控制采集。无网络故障的情况下，从软件发出采集数据指令到已测量数据存入本地数据库，均可在 3 分钟内完成数据从采集端到数据库的提取和存储。运行期内，发生过的通信故障，主要分为 2 类原因：①电源故障：电源恢复后通信即恢复。②设备故障、采集终端损坏和通信中断：修复或替换采集设备后恢复。网络稳健性高，维护容易。

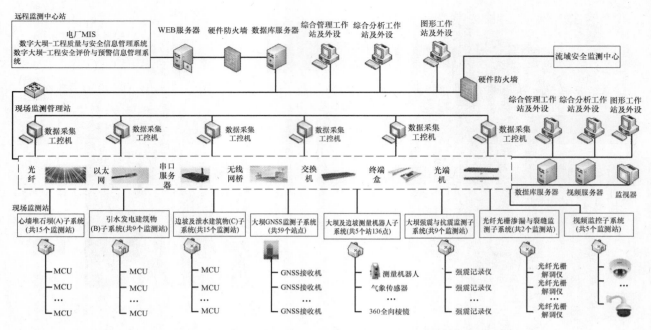

图 13.3-15 糯扎渡安全监测自动化系统总体网络拓扑图

13.3.3.10 信息系统集成技术

通过对糯扎渡水电站工程安全监测信息管理及综合分析系统进行的需求分析、综合调研电厂、监理和各施工单位的建议和意见，把握系统建设的科学性和实用性，系统架构中各层采用成熟的、符合技术标准的服务器、中间件和数据库产品，以 C/S（客户机/服务器）作为开发方式，系统服务器硬件平台建立在较高性能的 PC 服务器或服务器群集上；数据库选择 SQL SEVER 数据库管理系统；采用 Microsoft . NET 作为本系统的开发平台；精心研究系统的框架构建；提供符合中文使用习惯的操作界面，所有与用户相关的信息都用中文显示。

糯扎渡枢纽工程安全监测自动化系统主要包括大坝及边坡测量机器人监测系统、大坝 GNSS 监测子系统、心墙堆石坝监测子系统、引水发电建筑物监测子系统、边坡及泄水建筑物监测子系统、强震监测子系统、光纤光栅测渗流监测子系统、水情测报子系统、视频监控子系统、非电测类自动化改造等10 个子系统（图 13.3-16）。

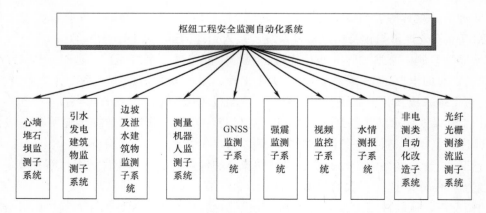

图 13.3-16 系统组成

1）心墙堆石坝监测子系统，该系统在 15 个观测房共安装 42 台测量控制单元对 703 支传感器的数据进行监测。

2）引水发电建筑物监测子系统，该系统在 9 个观测房共安装 91 台测量控制单元对 2463 支传感器的数据进行监测。

3）边坡及泄水建筑物监测子系统，该系统在 10 个观测房安装 33 台 MCU 对 794 支传感器的数据进行监测。

4）大坝及边坡测量机器人监测子系统，该系统将心墙堆石坝视准线 L1～L8，共计 91 个点实现自动化观测。在大坝左右岸，上下游适当位置处设置工作基准站，采用极坐标法进行监测。将重点边坡包括右岸坝肩边坡、溢洪道消力塘边坡和尾水隧洞出口边坡，共 44 个点实现自动化观测。

5）大坝 GNSS 监测子系统，该系统在枢纽区适当位置建立 2 个基准站，对心墙堆石坝表面 51 个 GNSS 测点进行自动化实时监测。

6）强震监测子系统，该系统在大坝的坝轴线以及坝基廊道安装 9 台强震仪，下游远离大坝的自由场安装 1 台强震仪组成大坝强震观测结构台阵。

7）视频监控子系统，该系统在测量机器人观测房内外各安装 1 台，共计 10 台摄像头对观测房以及大坝表面各部位实现视频监控。

8）水情测报子系统，集成流域中心的水情测报子系统，由安全监测自动化系统实时读取数据进行相关资料分析计算。

9）非电测类自动化改造子系统，该系统将原大坝水管式沉降仪 110 个测点，引张线式水平位移计 45 个测点人工观测进行自动化观测改造。改造后的测点实现全自动化监测并且集成至枢纽工程安全监测自动化系统中。

10）光纤光栅测渗流监测子系统，该系统对埋设在混凝土垫层中的光纤光栅渗压计、测缝计进行自动化监测，将结果汇集至安全监测信息管理系统数据库中。

安全监测自动化系统在物理硬件层和应用软件层都进行了集成。系统从数据传输与应用层面上划分为传感器采集层、数据传输层以及系统应用层三个部分。从空间物理位置上又划分为现地监测站、监测管理站以及监测中心站三个部分。系统总体框架如图 13.3-17 所示。

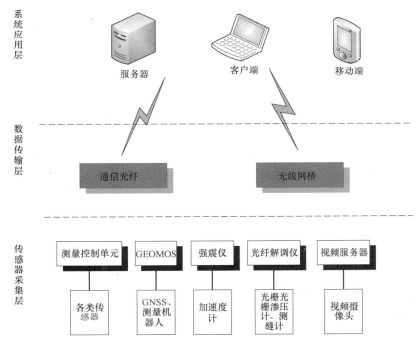

图 13.3-17　系统三层架构

在应用层上对现场各子系统采集的多源异构的数据进行集成。由于各子系统采用的通信协议不一致导致无法在一个测控装置上将所有硬件设备进行集成，因此考虑在数据层面上，采用分析数据库结构、

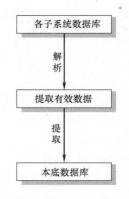

图 13.3-18　数据
集成原理图

解析数据库的数据组织方式来对系统进行集成，形成一个统一的安全监测综合管理软件。

在监测中心站采用统一的安全监测综合管理软件进行数据集成，实现上述 10 个子系统的集成。基本方法就是深入解析各子系统的数据组织和结构，按照设计、规范的要求提取监测效应量，并将效应量写入本底数据库之中。同时，本底数据库公开关键部分数据库结构以供三维可视化系统、安全评价与预警系统的调用。监测管理站的本底数据库采用同步备份的方式将数据传输至监测中心站服务器上。对监测中心站服务器中的数据进行抽稀，萃取出重点部位的监测数据提供给 WEB 发布系统进行发布。

数据集成的关键技术就是研究数据库表结构、各类传感器之间的相互关系。数据集成的原理如图 13.3-18 所示。

13.3.3.11　三维可视化技术

经过多年的持续研发而形成的具有自主知识产权的三维地理信息系统平台，该系统以 OSG 为基础，采用三层体系结构，即用户层、业务应用层和数据库（见图 13.3-19）。

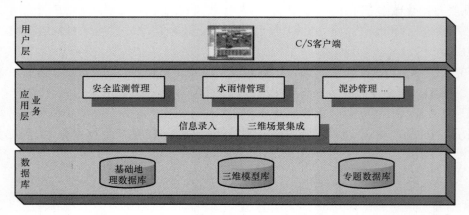

图 13.3-19　系统的三层构架

用户层为 C/S 结构的客户端，只有数据查询和浏览功能。在系统的业务应用层，主要划分为以下几个子系统：安全监测信息管理子系统、水雨情信息管理子系统、泥沙信息管理子系统等。信息录入和三维场景集成是系统平台的基本功能。系统采用 SQLServer 作为系统数据库管理平台，存储应用系统的各类专题信息。例如，为安全监测信息管理子系统存储了监测仪器信息和监测整编数据库。平台具有以下特点：

① 完全底层设计可以根据用户需要灵活的扩展功能；

② 解决了地上、地下一体化漫游的问题；

③ 能够实现与专业水文水动力学模型的无缝、紧密结合；能实现三维仿真；

④ 能够根据建筑物的结构信息自动修改地形，实现建筑物和地形的无缝结合；

⑤ 支持多种矢量数据的加载读写，实现矢量数据的流模式加载，能实现建筑物模型的灵活管理。

三维可视化系统的体系结构如图 13.3-20 所示。

三维建模按表现形式分为模型表现和地形表现两类。模型表现的地理要素细分为建筑模型、交通模型、植被模型、地面模型及其他模型。地形模型建模内容包括：以数字高程模型为主反映地形起伏特征和叠加以航空、航天遥感影像为主的地表纹理，将地表形态和地理要素转化为具有三维交互特征的地表形态景观。根据糯扎渡三维建模要求，重点建立三维地形、枢纽建筑物、业主营地、施工营地及安全监测仪器三维模型。永久建筑物模型如图 13.3-21 所示，地下厂房三维模型如图 13.3-22 所示。

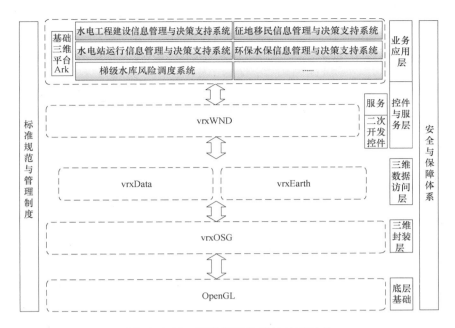

图 13.3-20 三维可视化系统体系结构

图 13.3-21 永久建筑物模型

图 13.3-22 地下厂房三维模型

系统除具有三维可视化平台常用的系统操作、数据查询和面积长度量算等功能外，根据安全监测可视化系统的特点开发了大量与安全监测相关的专业功能。其中包括基于空间数据的定位与查询；多维数据成果展示，如成果数据、考证表数据、过程线图等；多尺度数据统计；多视角数据对比分析；动态场景漫游。

13.3.3.12 智能化预警技术

地震、大暴雨、异常水位、变形或渗流异常工况等突发事件自动触发监测自动化系统（突发事件触发）工作原理：监测系统把突发事件产生的数据送入数据共享服务器；安全监测信息管理及综合分析系统实时提取共享服务器的数据写入安全监测数据库并判断该数据是否超过设定的触发阈值，如果超过即启动安全监测分级加密观测方案；安全监测自动化采集系统启动自动巡测功能实行加密监测，把加密观测采集的数据即时发送到安全监测数据库，然后用户可以即时浏览查询地震后的加密观测数据，据此判断该次突发异常工况事件对大坝的影响。强震工作流程如图 13.3-23 所示。

强震触发智能化预警方案如下：

1）在坝区安装了强震监测子系统，在大坝的坝轴线以及坝基廊道安装 9 台强震仪，下游远离大坝的自由场安装 1 台强震仪组成大坝强震观测结构台阵。强震监测子系统采用 24 小时在线工作方式，并

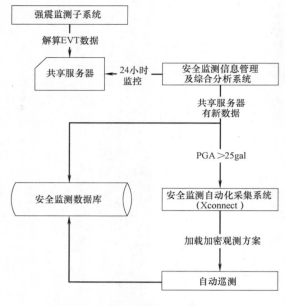

自动在线分析数据，若出现地震事件，强震监测子系统对地震事件产生的 EVT 文件实时进行解算，求取三分量的加速度值和烈度值并且实时将加速度等相关数据送入数据共享服务器。

2）安全监测信息管理及综合分析系统 24 小时不间断实时查询数据共享服务器是否产生新的数据，当发现共享服务器出现新的数据的时候，则把该数据写入安全监测数据库。根据糯扎渡坝区的实际情况，由设计单位和电厂确定的地震触发预设峰值加速度为 25gal，系统把提取的峰值加速度数据跟系统预设的地震峰值加速度比较，当超过设定的触发值，则启动安全监测自动化采集系统进行自动加密观测。

3）安全监测自动化采集系统在接收到安全监测信息管理及综合分析系统的指令后，马上执行自动巡测功能，加载预先定义的加密观测方案，对方案中的监测仪器进行加密监测。加密观测方案主要由观测间隔

图 13.3-23　强震触发工作流程图

时间、观测起始时间、观测结束时间、加密观测前固定观测时间和安全监测点测点编号构成。加密观测中每采集到一条数据记录都会立即把数据记录推送到数据库服务器。

4）针对关键监控指标，研发糯扎渡水电站工程安全监测预警信息发布系统，实现安全监测静态信息定期更新展示，动态信息实时更新展示，以及地震、大暴雨、异常水位、变形或渗流异常等突发事件安全预警短信息平台发布、移动终端信息系统平台发布等目标。依据设计安全监控指标和实测数据，自动触发安全监测分级加密观测方案，实时地进行安全预警与应急预案管理，发布预警信息和开展应急响应。

13.3.4　启示与展望

随着大型碾压设备的运用和筑坝技术的成熟，我国的心墙堆石坝建设也由 100m 级心墙堆石坝居多向超高或特高心墙堆石坝的趋势发展。如：1990 年底建成的鲁布革水电站最大坝高 103.8m；2010 年底建成的瀑布沟水电站最大坝高 186m；2014 年建成的糯扎渡水电站最大坝高 261.5m 以及正在建设的两河口水电站最大坝高 295m，双江口水电站最大坝高 314m。

糯扎渡水电站枢纽工程心墙堆石坝为目前国内已建的最高堆石坝，安全监测仪器种类、数量繁多，安装埋设技术要求高。特别是由于适应超高或特高心墙堆石坝的大变形或大量程的监测仪器设计选型捉襟见肘，尚需紧跟高心墙堆石坝筑坝技术的发展步伐推动创新发展。

糯扎渡水电站枢纽工程安全监测体系（包括心墙堆石坝和导流洞堵头、溢洪道、泄洪洞、引水发电系统、导流洞和上下游围堰及各部位边坡等）共布置各种监测仪器约 5217 个（组、支、套、台、座），测点数约为 8472 个。工程规模大，监测仪器数量多，但需要从仪器埋设安装的小事做起，从每一支仪器做起，细节决定"成活"，仪器"活着"才有意义。

糯扎渡工程建筑物范围广、监测项目众多，人工观测费时耗力难以想象，即使采用分布式监测系统对整个枢纽区接入自动化系统的监测项目全部巡测一次也耗时较多。研发采用基于 TCP/IP 的星形以太网组网、多信息系统集成、三维可视化系统和智能化预警系统等创新技术，使监测仪器真正"活"出新高度，可以为工程安全运行管理提供更高质量的服务。

从水电站流域管理总体上考虑，大坝、水情水调、水电厂三位一体，安全监测、水情监测、闸门监控、视频监控自动化系统目前还是相对独立的，糯扎渡水电站枢纽工程安全监测系统的建设实践，必将

为流域群坝信息系统集成，为流域管理实现一体化、智能化发展创造良好的条件。

13.4 南京地铁二号线

13.4.1 工程概况

城市轨道交通工程受自身施工质量、工程地质条件、运营期间动荷载和邻近工程施工等影响，其结构在运营期会发生不同程度的位移和变形，导致出现各种病害，影响或威胁线路正常运行。地铁建设是对土体的扰动过程。土体因受到挤压、土体损失或土体固结均会引起地面产生沉降变化，特别是软土地层。为掌握城市轨道交通的安全状况，确保城市轨道交通安全运营及线路结构正常使用，对其开展永久性结构监测十分必要。

南京市地铁二号线线路贯穿主城区的中心腹地，形成主城区东西轴线的快速轨道交通走廊。地铁二号线一期工程及东延线线路总长 37.43km，包括隧道、桥梁、车站、过渡段及地面线，其中隧道长度为 19.00km，高架桥长度为 11.03km，过渡段及地面线 2.55km。全线共设 26 座车站，其中地下车站 17 座；高架车站 7 座；地面站 2 座，其中含地铁换乘站三座。隧道的结构形式有明挖矩形、暗挖马蹄形、盾构圆形，高架桥的结构形式有预应力混凝土箱形梁桥、U 形梁桥、钢梁桥（40m）、斜拉索桥（175m）。地铁二号线路见图 13.4-1。

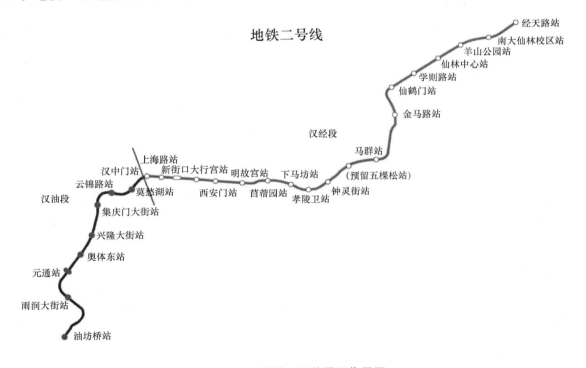

图 13.4-1 地铁二号线平面位置图

地铁二号线汉油段处于南京市新城区，地势低洼，地质条件为长江漫滩，地层松软、含水量大、压缩性高、承载力低。软土层厚约 50m，表层为填土（①$_1$、①$_2$、①$_3$ 地层）和硬壳层（②$_1$ 地层），厚度不大，一般为 2～3m，地表以下上部为淤泥质粉质黏土层（②$_2$ 地层），层厚 14～35m；中部为淤泥粉质黏土与粉土互层（②$_3$ 地层），埋深 8～35m，层厚 0～33m；下部为粉土粉细砂层（②$_4$ 地层）。土层平面分布极不均匀，一些部位缺失淤泥粉质黏土与粉土互层（②$_3$ 地层），一些部位缺失粉土粉细砂层

（②₄ 地层），黏性土层和老黏土层（③₁、③₂、③₃、③₄、④₁ 地层）在该地区缺失。具体见表 13.4-1。

新城区地质情况　　　　　　　　　　　　　　　　　　表 13.4-1

地层	地层编号	地质土质	厚度	含水性	颜色	地质属性	例子
①人工填土	①₁	杂填土层	总 2.5~3m	大	杂色	松散	夹较多碎砖、碎石、植物根茎
	①₂	素填土层		小	褐	软塑	结构松散，夹少量碎砖、碎石等、植物根茎
	①₃	淤泥质填土层		中	灰黑	流塑	河、沟、塘底部淤泥
②新近沉积土 Q_4	②₁	硬壳层，粉质黏土，黏土层	2m 左右	小	黄色	软塑	压缩性低、强度高；切面光滑，韧性
	②₂	淤泥质黏土层	20m 左右	中	灰黄	可塑	压缩性中、强度低；切面光滑，韧性
	②₃	粉质黏土与粉土互层	10m 左右	中	灰色	流塑	压缩性高、强度低；切面无光泽反应，韧性
	②₄	粉细砂层	7~15m	最大	灰色	密实	压缩性；含有片状云母，底部夹有少量中砂
	②₅	中粗砂混卵砾石层	2~3m	大	灰色	密实	卵砾石含量 5%~30%，粒径 1~8cm，石英质，磨圆度差
③一般黏土 Q_3	③₁	黏土、粉质黏土		微	褐黄	可塑~硬塑	压缩性低、强度高
	③₂	黏土、粉质黏土		微	褐黄	软塑	压缩性中、强度中下
	③₃	黏土、粉质黏土		微	褐黄	可塑~硬塑	压缩性低、强度高
	③₄	混合土		小	褐黄	密实	压缩性低、强度高
④老黏土	④₁	岗地、下蜀土		微	褐黄	可塑~硬塑	压缩性低、强度高
⑤岩石	⑤₁	强（全）分化岩石，强风化泥岩	2m 左右	微	棕红	泥岩	风化强烈呈砂土状，遇水软化
	⑤₂	中（弱）分化岩石，中风化泥岩	2~60m	无	棕红	极软岩	岩体较完整，岩芯呈柱状
	⑤₃	微分化岩石		无	棕红	软~极软岩	岩体较完整，岩芯呈柱状

注：地质属性分为：松散、流塑、软塑、可塑、硬塑、坚硬。

地层强度由弱到强为：②新近沉积土，③一般黏土，④老黏土。

新城区地下水埋藏线一般在地表以下 1~2m 处，水量丰富，主要类型为孔隙潜水，淤泥质粉质黏土层（②₂ 地层）含水量大，但透水性相对较差；淤泥粉质黏土与粉土互层（②₃ 地层）和粉土粉细砂层（②₄ 地层）含水量大，透水性强；粉土粉细砂层（②₄ 地层）具微承压性。

地铁二号线汉经段自西向东，从汉中门至王府大街为丘陵岗地，地质结构稳定性较好；王府大街至清溪路为古河道淤质黏土，地质松软易变形；清溪路以东为紫金山山脉，地质结构稳定性较好。

13.4.2　关键问题

地铁建设是对土体的扰动过程。土体因受到挤压、土体损失或土体固结均会引起地面产生沉降变化，特别是软土地层。运营期地铁受自身施工质量、工程地质条件、运营期间动荷载和邻近工程施工等影响，其结构仍然会发生不同程度的位移和变形，导致线路结构出现各种病害情况。

与施工期不同，运营期地铁监测主要包括全线隧道结构、高架桥梁、路基、轨道结构、车站与重要附属结构的竖向位移监测，对盾构隧道结构区段进行沉降、净空收敛监测，对高架桥梁进行挠度监测。

地铁结构设施为重大交通基础设施，为保证安全运营、提高地铁乘客的舒适度，需对结构设施进行变形、平顺度和日常巡视等监测工作。结构变形监测工作的质量是确保地铁运营安全和预测、预报的重要科学依据之一，监测数据必须具有高精度和高可靠性，才能为地铁的安全运营提供技术参数和决策依据。

13.4.2.1 地质类型复杂

汉油段位于西部新城区，地势低洼，地质条件为长江漫滩，地层松软、含水量大、压缩性高、承载力低；汉经段西部为丘陵岗地，地质结构稳定性较好；中部为古河道淤质黏土，地质松软易变形；东部为山脉，地质结构稳定性较好。项目即涉及长江漫滩、古河道等，亦涉及丘陵和山脉，地质环境复杂。

13.4.2.2 地铁结构设施种类多

本项目隧道的结构形式有明挖矩形、暗挖马蹄形、盾构圆形；高架桥的结构形式有预应力混凝土箱形梁桥、U形梁桥、钢梁桥、斜拉索桥；车站站点和形式多，包括地下站、地面站、高架站。

13.4.2.3 监测内容多

监测内容包括隧道和高架桥墩垂直位移监测、盾构直径收敛监测、油坊桥基地房屋沉降监测和基准网监测、高架挠度监测。因受地质条件影响，部分监测项目频度较高，达到 4 次/年。关键监测内容如下：

1. 盾构隧道净空收敛变形监测

地铁盾构施工采用管片拼装式衬砌，错缝拼接工艺，各管片纵、环向采用斜直螺栓连接。管片接缝防水采用复合式橡胶止水条。管片在盾壳的保护下首尾相连拼装成环形隧道。盾构净空收敛变形监测是对隧道衬砌部分进行观测并与初期和前期监测成果进行比较，可以有效发现隧道衬砌部分的相对变化及其趋势，从而可以及时发现问题，预报风险。

2. 垂直位移监测

地铁隧道的垂直位移监测是判断隧道稳定性比较直观和明确的方法，具有相对和绝对变形小、工作场地狭小、监测条件有限的特点。当隧道拱顶或拱底发生沉降变化时，说明隧道在垂直方向发生刚性绝对位置沉降变形，因此，垂直位移监测能够发现隧道稳定性方面存在的问题。

3. 挠度监测

挠度是指建（构）筑物或其构件在水平方向或竖直方向上的弯曲值。高架桥由于受到自身荷载和车辆运行荷载等因素的影响，梁部在中间会产生向下弯曲。所以，挠度是评价桥梁安全性的重要指标，直接反映桥梁结构形变是否超出危险范围。挠度观测就是通过一定的技术、仪器或方法对这种弯曲的程度进行测量和分析。

4. 相对变形曲率

为分析沉降槽对结构及行车的潜在风险，按轨道交通隧道变形曲线的安全极限曲率半径限定性指标，在对隧道道床结构沉降观测的基础上，利用相对于全线结构轨后初值的累计沉降量，采用三点曲率半径计算方法，对该区间隧道道床曲率半径进行计算。

13.4.3 方案与实施

13.4.3.1 监测内容

地铁二号线结构监测根据地质结构特点不同分为两个监测区段，即松软的长江漫滩地质结构的汉油段和丘陵硬土地质结构的汉经段。汉油段位于新城区，包括 7 个地下车站和 1 个地面站。汉经段包括 10 个地下车站、7 个高架站和 1 个地面站。

汉油段结构监测内容包括隧道垂直位移监测、盾构直径收敛监测、油坊桥基地房屋沉降监测和基准网监测四部分。隧道垂直位移监测共约 1190 个监测点，每季度监测一次；盾构直径收敛监测共约 910 个断面，每半年监测一次；油坊桥基地房屋垂直位移监测共 42 个监测点，每季度监测一次；基准网测量,每季度监测一次。

汉经段结构监测包括垂直位移监测、盾构直径收敛监测、高架挠度监测和基准网监测四部分。垂直位移监测含隧道和高架桥墩,隧道共约 1283 个监测点,每半年监测一次;高架桥墩共约 513 个监测点,每年监测一次;盾构直径收敛监测共约 484 个断面,每年监测一次;高架挠度监测共约 424 跨 1272 个监测点,每年监测一次;基准网测量,非高架段每半年一次,高架段每年一次。

13.4.3.2　监测布点及监测频率

根据相关规范及业主要求,本次结构监测项目测点布设位置、数量以及监测频率见表 13.4-2。

监测布点及频率表　　　　　　　　　　　　　　　　表 13.4-2

序号	监测项目	测点布设位置	监测方法/精度	监测频率
一		汉油段垂直位移结构监测		
1	车站主体结构垂直位移监测	左、右线不大于50m间距布设1个沉降监测点,共计95个沉降监测点。测点布设在道床中央	《城市轨道交通工程测量规范》GB 50308—2008 中的Ⅱ级垂直位移监测等级要求	每季度一次
2	区间隧道垂直位移监测	盾构区间左、右线每20m布设1个沉降监测点,其他区段每隔30m布设1个点,共计922个沉降监测点。测点布设在道床中央		
3	车站与隧道交接处结构差异沉降	测点布设在车站与隧道交接处两侧道床中央,每侧1个点,距交接处约3～4m。左、右线各布设1对,每座车站共布设4对,计56个点(地面站除外)		
4	联络通道垂直位移监测	旁通道10处,每个旁通道监测点3个,合计30个点		
5	油坊桥基地停车列检库垂直位移监测	停车库第11股道、第12股道、第13股道、第14股道每隔20m间距布设1个沉降监测点,检修库第3股道、第6股道、第9股道每隔30m间距布设1个沉降监测点,共计87个沉降监测点	《城市轨道交通工程测量规范》GB 50308—2008 中的Ⅱ级垂直位移监测等级要求	每季度一次
6	油坊桥基地房屋垂直位移监测	停车列检库、月检库、洗车库布设23个沉降点;综合办公楼布设11个沉降点;信号楼布设4个沉降点;混合变电所布设4个沉降点;共设42个沉降点		
7	基准网测量	与稳定的基岩点联测,基准点(起算点):油坊桥基、双和园基、奥体西基、金鹰国际西基';基准网路线:附合水准网,详见汉油段垂直位移基准网	《国家一、二等水准测量规范》GB/T 12897—2006 一等水准技术要求	
二		汉油段盾构直径收敛监测		
1	收敛监测	与沉降监测点同断面布设,每个断面设1组水平基线,监测频率同沉降监测;共约910个断面	激光测距仪监测(标称精度1.0mm)	每半年一次
三		汉经段垂直位移结构监测		
1	车站主体结构垂直位移监测	左、右线每隔30m间距布设1个沉降监测点,共计104个沉降监测点。测点布设在道床中央		
2	区间隧道垂直位移监测	盾构区间左、右线每20m布设1个沉降监测点,其他区段每隔30m布设1个点,共计1053个沉降监测点。测点布设在道床中央		
3	车站与隧道交接处结构差异沉降	测点布设在车站与隧道交接处两侧道床中央,每侧1个点,距交接处约3～4m。左、右线各布设1对,每座车站共布设4对,计80个点(地面站、高架站除外)	《城市轨道交通工程测量规范》GB 50308—2008 中的Ⅱ级垂直位移监测等级要求	每半年一次
4	联络通道垂直位移监测	汉经段旁通道12处,每个旁通道监测点3个,合计36个点		
5	高架桥墩垂直位移监测	每个桥墩的墩柱上布设1个测点,共513个点		每年一次

续表

序号	监测项目	测点布设位置	监测方法/精度	监测频率
6	基准网测量	与稳定的基岩点联测，基准点(起算点)：国际西基、马群1、JTLJ；基准网线路：附合水准路线。详见汉经段垂直位移基准网	《国家一、二等水准测量规范》GB/T 12897—2006 一等水准技术要求	非高架段每半年一次；高架段每年一次
四		汉经段盾构直径收敛监测		
1	收敛监测	与沉降监测点同断面布设，每个断面设1组水平基线，监测频率同沉降监测；约484个断面	激光测距仪监测（标称精度1.0mm）	每年一次
五		汉经段高架挠度监测		
1	挠度监测	每跨拟布设3个测点，共约424跨1272个监测点	《国家一、二等水准测量规范》GB/T 12897—2006 二等水准技术要求	每年一次

13.4.3.3　控制点布设

工作基点均采用前期既有的结构监测工作基点。汉油段及汉经段控制网线路详见图13.4-2及图13.4-3。

1. 精度估算

根据《国家一、二等水准测量规范》GB/T 12897—2006规定，垂直位移基准网按一等水准的技术要求施测。

水准测量使用徕卡DNA03精密水准仪，根据《建筑变形测量规范》JGJ 8—2007经验公式，计算徕卡DNA03精密水准仪单程观测每测站高差中误差：

$$m_0 = 0.025 + 0.0029S \quad (\text{式 } 13.4\text{-}1)$$

其中视距 $S \leq 30m$，则

$$m_0 \leq 0.025 + 0.0029 \times 30 = 0.11mm$$
$$(\text{式 } 13.4\text{-}2)$$

假定平均每公里测站数20个（按每站前后视距各25m，各站间距约50m计算），则水准线路有20L个测站（L为线路公里数），附合线路最弱点高程中误差为线路中间点，有

$$m_{H最弱点} = m_0 \sqrt{(20L/2)} \quad (\text{式 } 13.4\text{-}3)$$

汉油段水准线路长约22km，则工作基点最弱点高程中误差估算为：$m_{汉油段} \leq \pm 1.63mm$；汉经段附合水准线路最长段约18km，则工作基点最弱点高程中误差估算为：$m_{汉经段} \leq \pm 1.48mm$。

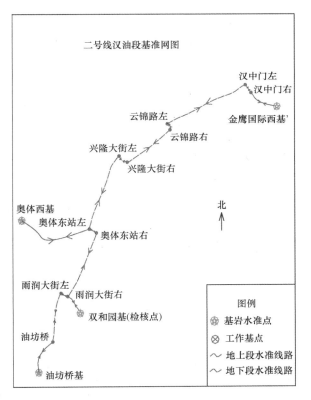

图13.4-2　二号线汉油段基准网图

2. 数据处理

1）汉油段以"奥体西基"、"金鹰国际西基′"、"油坊桥基"作为起算点，以"双和园基"作为检核点，构成附合水准网计算各工作基点的高程；汉经段以"金鹰国际西基"、"马群1"、"JTLJ"（经天路基）作为起算点，构成两段附合水准路线分别计算各工作基点的高程。

2）每期工作基点稳定性判断和高程改正要求见表13.4-3。

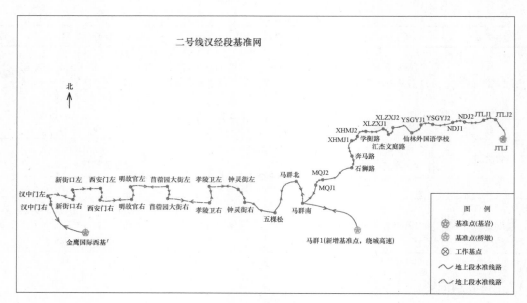

图 13.4-3　二号线汉经段基准网图

工作基点稳定性判断标准　　　　　　　　　　　　　　　　表 13.4-3

序号	高差变化量 $\Delta H = H_{i+1} - H_i$	稳定性评定	高程改正
1	$H \leqslant m_i$	稳定	不改正
2	$m_i < \Delta H \leqslant \sqrt{m_{i+1}^2 + m_i^2}$	较稳定	不改正
3	$\sqrt{m_{i+1}^2 + m_i^2} \leqslant \Delta H \leqslant 2\sqrt{m_{i+1}^2 + m_i^2}$	有沉降的可能性	跟踪一期，暂不改正
4	$\sqrt{m_{i+1}^2 + m_i^2} < \Delta H$	有沉降	改正

注：m_i 为第 i 次观测高差中误差，m_{i+1} 为第 $i+1$ 次观测高差中误差。

3）基准网平差处理时，若发现基准点不稳定，应及时对基准点进行复测，并通过稳定性判断对基准点高程进行修正，确保基准网起算数据的准确，提高监测精度。

13.4.3.4　监测网

监测网选用最近的稳定的工作基点或基准点作为起算点，构成闭合环线或附合路线，进行沉降监测点变形监测。根据《城市轨道交通工程测量规范》GB 50308—2008 规定，变形监测等级为Ⅱ级。垂直位移监测主要要求见表 13.4-4，水准观测同控制网要求。

垂直位移监测的主要技术要求　　　　　　　　　　　　　　表 13.4-4

等级	高程中误差（mm）	相邻点高差中误差（mm）	往返较差、附合或环线闭合差（mm）	主要监测方法
Ⅱ	±0.5	±0.3	$\pm 0.30\sqrt{n}$	水准测量

注：n 为测站数。

汉油段结构垂直位移监测点包含油坊桥站—汉中门站（不含）地下车站、明挖隧道、区间盾构隧道结构垂直位移监测点、地下区间隧道与车站结构差异沉降监测点、联络通道结构垂直位移监测点、油坊桥基地停车列检库结构垂直位移监测点，共 1232 个点。

汉经段结构垂直位移监测点包含汉中门站—经天路站地下车站、明挖隧道、区间盾构隧道、区间矿山隧道、高架段桥墩结构垂直位移监测点、地下区间隧道与车站结构差异沉降监测点、联络通道结构垂直位移监测点，合计 1796 个隧道结构和高架桥墩结构监测点。

1. 平差计算

观测记录采用电子水准仪随机记录程序进行，观测完成后形成原始电子观测文件并对各项观测数据进行检查。合格后，每次固定选择邻近的工作基点或基准点与中间的监测点共同组成附合水准路线，经验算各项闭合差满足规范要求后，进行严密平差计算。

高差闭合差采用加权分配计算方法（当上述检核及中误差计算都满足规范要求情况下进行此项闭合差分配高差改正计算）；以测站数为权倒数进行带权改正计算，$v_i = W/\sum n \times n_i$。通过变形观测点各期高程值计算各期沉降量、阶段变形速率、累计沉降量等数据。

2. 变形分析

监测点的稳定性分析基于稳定的工作基点作为起算点而进行的平差计算成果；相邻两期监测点的变形分析通过比较相邻两期的最大变形量与极限误差（取两倍中误差）来进行，当变形量小于极限误差时，可认为该监测点在这两个周期内没有变形或变形不显著；对多期变形监测成果，当相邻周期变形量小，但多期呈现出明显的变化趋势时，应视为本期变形趋缓。

3. 监测数据成果规律分析

以变形曲线图、监测纵断面图，对监测数据的变化规律、影响范围进行变形趋势分析；综合地层条件、外界影响等因素，对监测数据变化情况进行定性分析。

13.4.3.5 相对变形曲率

分析沉降槽对结构及行车的潜在风险，按轨道交通隧道变形曲线的安全极限曲率半径15000m的限定性指标，在对隧道道床结构沉降观测的基础上，利用相对于全线结构轨后初值的累计沉降量，采用三点曲率半径计算方法，对该区间隧道道床曲率半径进行计算。

对于任一点，计算曲率半径时纳入前一点、后一点，如图13.4-4所示，已知i点与前、后点的距离L_1、L_2，计算出i点相对相邻两点的差异沉降δ，则有：

$$\beta_1 = \arctan(\delta_1/L_1), \beta_2 = \arctan(\delta_2/L_2) \quad (式13.4-4)$$

根据几何关系：$\beta_0 = 2(\beta_1 + \beta_2)$，从而$\beta_{半} = \beta_1 + \beta_2$

曲率半径：$R = \dfrac{L_1 + L_2}{2 \times \sin\beta_{半}} = \dfrac{L_1 + L_2}{2 \times \sin(\arctan\delta/_1 + \arctan\delta/L_2)}$。

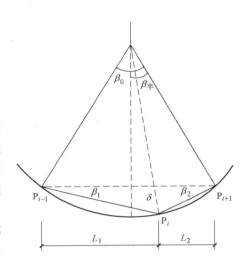

图13.4-4 变形曲率计算示意

13.4.3.6 收敛监测

1. 监测方法

采用红外线激光测距仪精确量取隧道水平直径的方法进行隧道收敛监测。在隧道监测断面一侧的腰线点上设置对中点，以便安置红外线激光测距仪，另一侧腰线点设置瞄准点（管片内喷漆标记），利用红外线激光测距仪测量隧道两侧腰线点间的距离，作为测隧道水平直径，测量数据均以四次测量取平均值。

在现场收敛测量时，将测距仪安置在管片一侧的对中点上，以仪器末端为固定支点调整测距仪姿态，使测距仪导向光斑落在管片另外一侧的瞄准点标记中心，最后测量盾构管片两侧腰线点间的距离，使用带有蓝牙设备的手机进行数据记录。测量方法如图13.4-5所示。

为保证收敛测量监测成果的可靠和稳定，监测周期内实施"三固定"的原则，即固定人员、固定仪器和固定观测方法。测量数据均以三次测量取平均值。

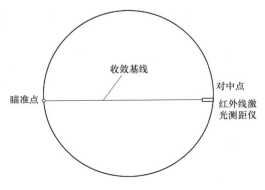

图13.4-5 测距仪收敛测量示意图

2. 监测点布设

在盾构区间隧道左、右线范围内，每不大于 20 环布设 1 组收敛监测断面（与结构垂直位移监测点同一断面）。布设监测点时通过水平尺与钢卷尺在监测断面找到两侧对应腰线点，在一侧腰线点设置对中点，以便安置 Leica D510 激光测距仪，另一侧腰线点上设置瞄准点，监测时在对中点上设置红外线激光测距仪，以量测隧道水平直径。该测项共需布设 2304 组监测断面。

3. 精度估算

测距仪量距精度（标称精度）：$M_s = \pm 1\text{mm}$。

隧道收敛测量精度优于 $\pm 0.5\text{mm}$ 所需测回数：

$$m_s / \sqrt{n} \leqslant \pm 0.50\text{mm}$$

$$n \geqslant 4（测回数）$$

4. 数据处理

将盾构隧道收敛本期与上期监测成果、项目结构监测初始成果及标准盾构隧道进行对比，获取本期变形量、结构监测阶段变形量及相对于标准圆累计变形量，并绘制曲线、图表进行分析统计。

13.4.3.7　挠度监测

1. 监测方法

本项目区间高架段（汉经段）挠度监测采用精密水准的方法进行观测，如图 13.4-6 所示，在地铁二号线区间高架段每跨设置 3 个挠度监测点（A、B、C），分别布设在两侧桥墩和跨中处桥面上，点位埋设方法与隧道沉降监测点一致，图中 h_A、h_B、h_C 为 A、B、C 点高程，l_{AB}、l_{BC} 为 AB、BC 之间的距离（$l_{AB} = l_{BC}$）。

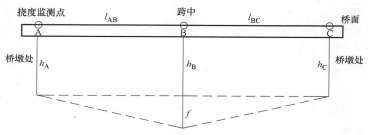

图 13.4-6　高架段扰度监测点布设

挠度监测采用水准路线进行观测，计算各跨挠度监测点间的高差，并丈量测点间的距离。如图 13.3-6 所示，对高架挠度监测点进行水准路线观测时，将水准仪依次架设在 AB、BC 中点位置进行观测，计算 AB 及 BC 高差 h_{AB}、h_{BC}，并丈量 AB、BC 之间的距离，则该跨桥梁挠度值计算公式为：

$$f = h_{AB} - \frac{l_{AB}}{l_{AB} + l_{BC}} h_{AB} = h_{AB} - 1/2 h_{AC} \tag{式 13.4-5}$$

2. 监测点布设

在地铁二号线汉经段高架区间范围内，每跨布设 3 个挠度监测点进行桥梁挠度监测，监测点分别布设在两侧桥墩和跨中处桥面上，点位埋设方法与隧道沉降监测点一致。共约 424 个跨，需布设 1272 个监测点。

3. 精度估算

水准仪单程观测每测站高差中误差估值 M_0 计算公式为

$$M_0 = 0.025 + 0.0029 \times S \tag{式 13.4-6}$$

其中 S 为最长视线长度，本项目高架段每跨长度约 30m，则 $S < 10\text{m}$，根据误差传播定律，挠度中误差估值：

$$M_f = \sqrt{M_{hAB}^2 + \frac{1}{4}(M_{hAB}^2 + M_{hBC}^2)} = \sqrt{m_0^2 + \frac{1}{4}(m_0^2 + m_0^2)} \tag{式 13.4-7}$$

则，桥梁挠度测量估算精度为 $m_f = \sqrt{3/2}m_0 < \pm 0.066$mm，满足本项目监测精度要求。

4. 数据处理

将每期计算的挠度值与上期监测成果、项目结构监测初始成果进行对比，获取本期变形量、结构监测阶段变形量，绘制挠度曲线图、观测成果图表，并进行具体分析。

13.4.3.8 监测数据分析

1. 基准网稳定性分析

汉油段基准网以"奥体西基"、"金鹰国际西基'"、"油坊桥基"作为起算点，以"双和园基"作为检核点，构成附合水准网计算各工作基点的高程；汉经段基准网以"金鹰国际西基"、"马群1"、"JTLJ"（经天路基）作为起算点，构成两段附合水准路线分别计算各工作基点的高程。

各期工作基点稳定性判断标准和高程改正要求按表13.4-5执行。

作基点稳定性判断标准

表 13.4-5

序号	高差变化量 $\Delta H = H_{i+1} - H_i$	稳定性评定	高程改正
1	$\Delta H \leqslant m_i$	稳定	不改正
2	$m_i < \Delta H \leqslant \sqrt{m_{i+1}^2 + m_i^2}$	较稳定	不改正
3	$\sqrt{m_{i+1}^2 + m_i^2} \leqslant \Delta H \leqslant 2\sqrt{m_{i+1}^2 + m_i^2}$	有沉降的可能性	跟踪一期，暂不改正
4	$2\sqrt{m_{i+1}^2 + m_i^2} < \Delta H$	有沉降	改正

注：m_i 为第 i 次观测高差中误差，m_{i+1} 为第 $i+1$ 次观测高差中误差。

在基准网平差处理时，若发现基准点不稳定，及时对基准点进行复测，并通过稳定性判断对基准点高程进行修正，确保基准网起算数据的准确，提高监测精度。通过对比上期工作基点使用值，依据表13.4-5 工作基点稳定性判断标准，对工作基点进行稳定性判断改正，图13.4-7、图13.4-8 分别为汉油、汉经段历期工作基点高程修正量曲线。

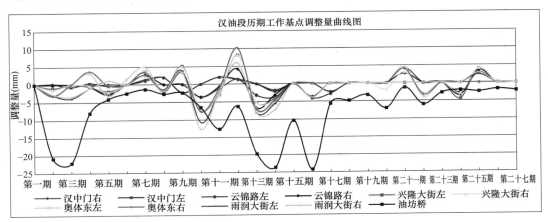

图 13.4-7 汉油段工作基点稳定性修正量曲线

由历期工作基点高程修正量曲线可知，相比汉经段，汉油段工作基点历期沉降变化较大，汉油段位于河西长江漫滩，地质条件较差，其中工作基点"油坊桥"变化尤为明显，自2010年至2017年累计修正量约20cm（沉降），十八期（2015年6月）之后，趋势相对平缓。

2. 垂直位移和相对变形曲率监测分析

汉油段第27期（2017年10月）隧道垂直位移监测相对于运营期初值最大沉降量为 −290.0mm（位于敞口段上行线），相对于轨后初值最大沉降量为 −352.6mm（位于敞口段下行线），历次变化量统计详见表13.4-6。

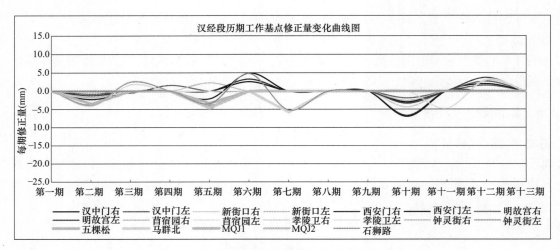

图 13.4-8　汉经段工作基点稳定性修正量曲线

汉油段道床沉降历次累计变化量统计表　　　　　　表 13.4-6

期数	观测时间	最大变化量 （mm）	最大变化速率 （mm/d）	平均变化量 （mm）	平均变化速率 （mm/d）	速率≥0.06mm/d 占有率	总点数 （个）
2	2011 年 3 月	−32.2	−0.242	−3.05	−0.02/	8.2%	1166
3	2011 年 6 月	−33.1	−0.368	−5.94	−0.04	27.6%	1154
4	2011 年 9 月	−12.8	−0.142	−1.10	−0.01	8.3%	1154
5	2011 年 11 月	−9.3	−0.103	−1.27	−0.02	2.0%	1150
6	2012 年 2 月	8.7	0.105	−0.17	−0.002	1.2%	1160
7	2012 年 6 月	−9.5	−0.106	1.70	0.019	3.4%	1160
8	2012 年 9 月	−7.5	−0.083	−1.58	−0.018	4.9%	1156
9	2012 年 12 月	7.8	0.097	1.49	0.019	15.1%	1149
10	2013 年 3 月	−19.9	−0.212	−6.43	0.069	48.3%	1152
11	2013 年 6 月	−26.7	−0.233	−3.43	−0.033	12.2%	1154
12	2013 年 9 月	14.9	0.292	3.82	0.056	37.8%	1147
13	2013 年 12 月	−33.5	−0.338	−10.2	−0.102	63.7%	1151
14	2014 年 3 月	−46.1	−0.408	−14.1	−0.134	52.9%	1150
15	2014 年 6 月	−25.9	−0.387	−4.7	−0.069	22.8%	1158
16	2014 年 10 月	−47.2	−0.332	−12.1	−0.084	27.6%	1156
17	2015 年 1 月	−18.6	−0.200	−3.8	−0.032	14.1%	1153
18	2015 年 6 月	−12.8	−0.119	−1.0	−0.008	3.2%	1069
19	2015 年 9 月	−15.0	−0.119	−0.9	−0.009	0.4%	1106
20	2015 年 12 月	−14.6	−0.109	−0.5	−0.004	0.9%	1106
21	2016 年 04 月	7.9	0.064	−0.4	−0.002	0.2%	1100
22	2016 年 07 月	−7.0	−0.089	−2.0	−0.024	5.7%	1182
23	2016 年 10 月	5.5	0.047	−0.4	−0.004	0.0%	1183
24	2017 年 01 月	−6.1	−0.071	−0.6	−0.007	2.5%	1184
25	2017 年 04 月	7.6	0.085	−0.6	−0.007	10.7%	1189
26	2017 年 07 月	−6.9	−0.080	−1.8	−0.021	0.6%	1270
27	2017 年 10 月	−24.8	−0.270	−0.9	−0.010	0.5%	1279

注：正值表示测点上抬，负值表示测点下沉，下同。

汉经段第 12 期隧道垂直位移监测相对于运营期初值最大变化量为－37.0mm（位于马金区间上行线），在暂未考虑轨后监测和结构监测数据接口误差的前提下，相对于轨后初值最大变化量为－53.2mm（位于马金区间上行线）。汉经段隧道段部分区间监测点超出相对稳定标准 0.040mm/d，历次沉降监测数据统计详见表 13.4-7。

汉经段（隧道段）历次沉降监测数据统计 表 13.4-7

期数	观测时间	最大变化量（mm）	最大变化速率（mm/d）	平均变化量（mm）	平均变化速率（mm/d）	速率≥0.04mm/d占有率	总点数（个）
1	2011 年 3 月	—	—	—	—		996
2	2011 年 8 月	－23.2	－0.11	－2.23	－0.05	0.6%	996
3	2012 年 1 月	－8.8	－0.059	0.23	0.01	1.43%	976
4	2012 年 8 月	－12.8	－0.080	－0.82	－0.005	1.02%	981
5	2013 年 5 月	7.2	0.032	－0.028	－0.0003	0.0%	969
6	2013 年 12 月	－10.9	－0.047	0.75	0.003	0.4%	985
7	2014 年 6 月	－7.9	－0.036	－0.40	－0.008	0.0%	985
8	2014 年 12 月	4.9	0.028	0.20	0.001	0.0%	1015
9	2015 年 9 月	4.5	0.016	－0.14	0.000	0.0%	1018
10	2016 年 1 月	－8.1	－0.082	－2.4	－0.022	19.6%	1018
11	2016 年 9 月	－7.0	－0.029	－0.3	－0.001	0.0%	1007
12	2017 年 3 月	－7.4	－0.040	1.0	0.006	0.1%	1080
13	2017 年 9 月	－5.6	－0.030	－0.4	－0.002	0.0%	1115

根据汉油、汉经各期监测数据统计可知，汉经段结构变形总体平稳，超沉降速率稳定指标的点位主要集中在汉油段，且点数逐期减少，汉油段（除形成沉降槽区间）结构变形总体呈现稳定状态。

根据图 13.4-9 历期沉降曲线分析，各区段隧道沉降较大点主要集中在区间隧道中段，区间隧道呈现两边高中间低的变化趋势，个别已经形成明显沉降槽。线路沉降明显符合一般地铁线路沉降规律，地下车站、车站与区间隧道交接处、区间隧道数据无突变现象，结构差异沉降不明显。

由图 13.4-9 可见，油坊桥敞口段（里程：K1+013～K1+400，长度 387m）、油坊桥敞口段—雨润大街区间（里程：K1+400～K1+644，长度 244m；里程：K1+888～K2+170，长度 282m；里程：K2+578～K2+833，长度 255m）、元通—奥体东区间（里程：K4+608～K5+425，长度 817m）、奥体东—兴隆大街区间（里程：K6+582～K6+801，长度 219m）、兴隆大街—集庆门大街区间（里程：K8+150～K8+492，长度 342m）、集庆门大街—云锦路区间（里程：K8+825～K9+223，长度 398m）已形成了比较明显的沉降槽。

由图 13.4-9 可见，上海路—上新区间（里程：K13+154～K13+334，长度 180m）新街口—新大区间（里程：K13+899～K14+608，长度 709m）、西安门—西明区间（里程：K15+986～K16+968，长度 982m）、苜蓿园—苜蓿区间（里程：K18+696～K20+459，长度 1763m）、金马路—金马区间（里程：K26+933～K27+072，长度 139m）、金马路—金马区间（里程：K27+250～K27+454，长度 204m）已形成了比较明显的沉降槽。

汉油段沉降槽相对变形曲率见表 13.4-8，其中敞口段上行线有 9 个测点，下行线有 12 个测点低于 15000m；敞—雨区间（K1+400～K1+644）上行线有 7 个测点，下行线有 8 个测点低于 15000m，敞—雨区间（K1+888～K2+170）上行线有 5 个测点，下行线有 4 个测点低于 15000m；元—奥区间上行线有 1 个测点低于 15000m；奥—兴区间（K6+582～K6+801）上、下行线均有 5 个测点低于 15000m；兴—集区间上行线有 1 个测点低于 15000m；集～云区间上行线有 8 个测点，下行线有 6 个测点低于 15000m；所占比例相较于上期无变化，其余区段（包括汉经段）沉降槽均大于 15000m。

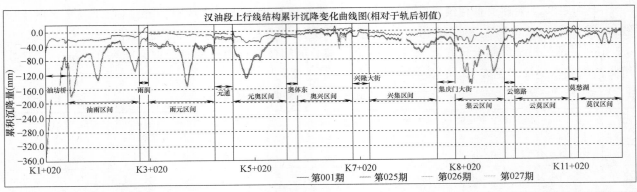

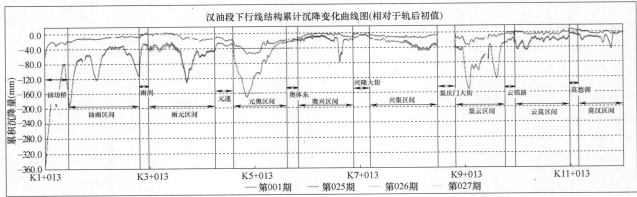

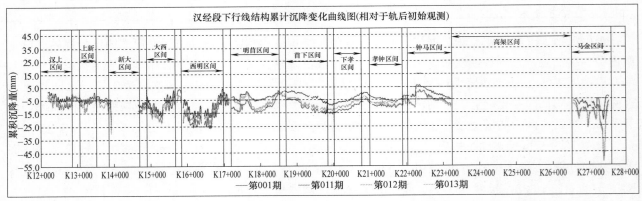

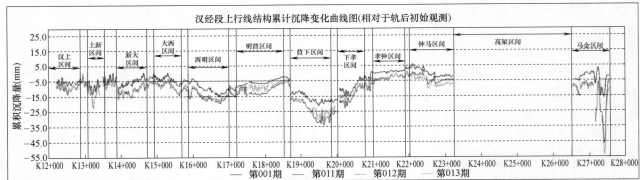

图 13.4-9　汉油、汉经段历期累计沉降变化曲线

3. 盾构隧道收敛监测分析

1）汉油段

如图 13.4-10、图 13.4-11 所示，汉油段隧道管片直径整体大于设计值，经统计：上行线有 99.8%的管片直径大于 5.5m 的设计值，而下行线有 99.6%的管片直径大于 5.5m 的设计值。大部分的管片直

汉油段沉降槽相对变形曲率统计　　　　　　　　　表 13.4-8

区段		里程	长度(m)	总点数(个)	最小圆曲率(m)	<15000m 测点数
敞口段	上行线	K1+013~K1+400	387	17	5215	9
	下行线			18	5571	12
敞雨区间	上行线	K1+400~K1+644	244	11	4298	7
	下行线			10	6492	8
	上行线	K1+888~K2+170	282	13	10258	5
	下行线			13	12418	4
	上行线	K2+578~K2+833	255	9	18138	0
	下行线			10	24827	0
元奥区间	上行线	K4+608~K5+425	817	39	6674	1
	下行线			36	15853	0
奥兴区间	上行线	K6+582~K6+801	219	10	9337	5
	下行线			10	7174	5
兴集区间	上行线	K8+150~K8+492	342	16	13641	1
	下行线			14	45984	0
集云区间	上行线	K8+825~K9+223	398	20	7706	8
	下行线			19	7109	6

径与设计值较差集中在 0~5cm 之间，上行线有 83.3% 的监测结果在此范围内，下行线有 78.5% 的监测结果在此范围内，上行线有 15.3% 及下行线有 15.0% 的监测结果在 5~7.5cm 范围内，上、下行线分别有 5 环、7 环超出设计值 7.5cm。

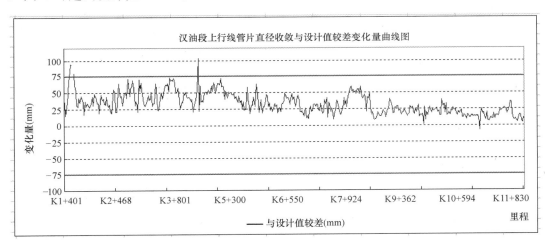

图 13.4-10　汉油段上行线管片直径收敛与设计值较差变化量曲线图

　　汉油段监测 896 环管片的直径，83.5% 的管片直径与设计值较差在 −5~5cm 之间，83.1% 的管片直径与设计值较差在 0~5cm 之间，15.2% 的管片直径与设计值较差在 5~7.5cm 之间，98.7% 的管片直径未超设计值，说明二号线汉油段管片直径整体比较稳定，变形基本以横向圆形的形式为主。汉油段隧道管片直径与设计值较差统计见图 13.4-12。

　　2）汉经段

　　如图 13.4-13、图 13.4-14 所示，汉经段管片直径整体均大于设计值，上行线有 96.5% 的管片直径大于 5.5m 的设计值，而下行线全部的管片直径大于 5.5m 的设计值，其中有 1 环大于 75mm 控制标准（区间：新大区间，里程：K14+650，环号：X617）。大部分的管片直径与设计值较差集中在 0~5cm

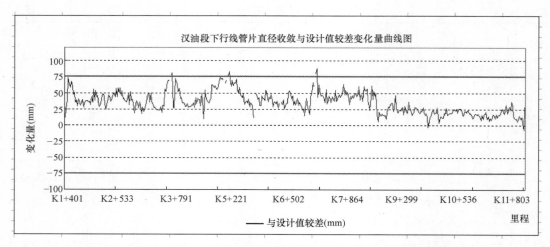

图 13.4-11　汉油段下行线管片直径收敛与设计值较差变化量曲线图

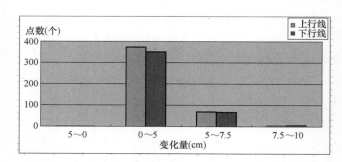

图 13.4-12　汉油段隧道管片直径与设计值较差统计图

之间，上行线有 93.0% 的监测结果在此范围内，下行线有 95.9% 的监测结果在此范围内。

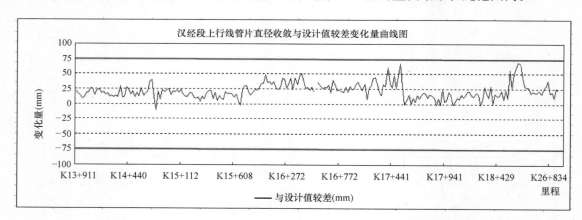

图 13.4-13　汉经段上行线管片直径收敛与设计值较差变化量曲线图

汉经段监测 474 环管片的直径，96.2% 的管片直径与设计值较差在 −5～5cm 之间，说明汉经线管片直径整体比较稳定。94.5% 的管片直径与设计值较差在 0～5cm 之间，管片变形基本以横向圆形的形式为主，相比汉油段，汉经段隧道收敛值较小，数据变化平稳。汉经段隧道管片直径与设计值较差统计见图 13.4-15。

4. 桥梁挠度监测分析

地铁二号线全线高架梁分为混凝土箱形梁桥、连续梁两种结构形式，高架桥梁挠度监测共约 462 跨、1386 个监测点。

挠度数据分为挠度现状数据及挠度变化量数据，其中挠度变化量数据反映了梁在外力作用下的变形

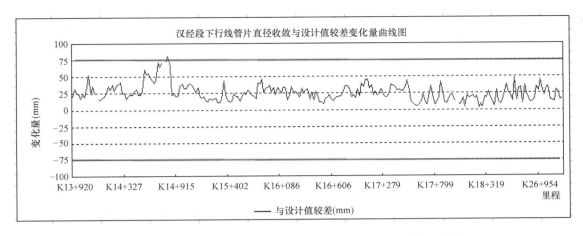

图 13.4-14 汉经段下行线管片直径收敛与设计值较差变化量曲线图

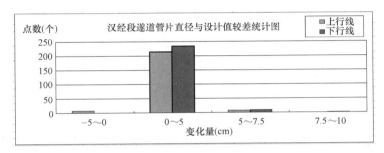

图 13.4-15 汉经段隧道管片直径与设计值较差统计图

情况，挠度现状数据则为梁的形态数据，可用于对比《地铁设计规范》中的挠度容许值。其中挠度现状数据与测点是否在一直线上、埋点凸出的高度等因素有较大关联，挠度现状数据（表 13.4-9）仅供参考。

全线共有 219 组挠度现状数据显示为梁板上拱，占总数的 49.0%，228 组挠度现状数据显示为下挠，占总数 51.0%。根据《地铁设计规范》，跨度 $L \leqslant 30m$，挠度容许值 $L/2000$；跨度 $L > 30m$，挠度容许值 $L/1500$。超过挠度容许值的有 87 组，占全部挠度数据的 19.5%。

全线挠度现状统计 表 13.4-9

区间	片数（片）	本期挠度现状最大值(mm)	梁号	本期挠度现状最小值(mm)	梁号	下挠数量（片）	上拱数量（片）	挠度值超标数量(片)
钟—马	51	38.2	ZM5	−62.4	ZM51	29	22	10
马—金	42	57.6	MJS41	−64.8	MJ11	13	29	11
金—仙	38	39.8	JX36	−24.0	JX17	3	35	6
仙—学	54	28.6	XX1	−26.2	XX53	40	14	14
学—仙	48	20.0	XX30	−20.3	XX10	22	26	3
仙—羊	34	23.5	XY33	−23.0	XY34	12	22	8
羊—南	86	173.1	YN63	−61.1	YN4	46	40	14
南—经	83	73.5	NJ60	−210.4	NJ68	59	24	21
折返段	11	8.4	JTL11	−8.3	JTL4	4	7	0

注：桥梁挠度累计量是相对于 2015 年 1 月份初始观测值。正值表示测点上拱，负值表示测点下挠，下同。

挠度变化量：桥梁挠度监测数据反映，桥梁挠度累计最大上拱量为 2.8mm（位于仙羊区间桥梁），累计最大下挠量为 2.5mm（位于学仙区间桥梁），各区间桥梁挠度累计变化量较小，监测期间数据变化平稳，处于相对稳定状态，监测数据统计详见表 13.4-10。

桥梁挠度监测统计 　　　　　表 13.4-10

区间	里　　　程	累计最大变化量(mm)	累计最大变化量(mm)
钟—马	K23+322.5~K24+708.9	1.1	−2.7
马—金	K24+854.6~K26+102.7	2.2	−1.2
金—仙	K28+203.5~K29+437.8	2.3	−1.3
仙—学	K29+553.8~K30+755.7	0.8	−2.5
学—仙	K30+891.0~K32+258.4	2.6	−0.8
仙—羊	K32+402.9~K33+304.9	2.8	—
羊—南	K33+469.1~K35+325.7	1.5	−1.4
南—经	K23+244.0~K24+987.4	1.3	−1.2
折返段	K37+241.1~K37+581.8	0.5	−1.5

13.4.4　启示与展望

1) 通过对地铁运营期结构监测案例可明显得出，地铁结构的变形与沿线地质条件和水文条件密切相关，地质及水文条件复杂地段，地铁结构变形相对较大，地质及水文条件良好地段，地铁结构变形相对较小。为保证地铁运行安全，对地质及水文条件复杂地段应当加强地铁结构安全监测，提高监测频率，直至结构变形稳定；对于地质及水文条件良好地段可以适当降低监测频率，以减少人力物力资金等投入。

2) 盾构隧道净空收敛变形监测、垂直位移监测、挠度监测及相对变形曲率从不同角度反映了隧道、桥梁等地铁构件设施的稳定性和存在问题。通过对沉降量变化曲线图能清晰直观反映监测构件的变化情况，预测监测构件的变化趋势，以便及时将监测信息及时反馈至监测管理单位。此外对于形成沉降槽等构件变化应加强监测频率并对监测范围内的建筑物及地面出现的裂纹、裂缝等异常情况加强观测，确保地铁沿线周边及地铁运行的安全。

3) 现有地铁运营期安全监测所采用的方法和仪器设备等，决定了其监测的效率、周期和有限的监测内容。随着各种新型监测设备和传感器的出现，必然能够为地铁永久性结构监测中发挥更好作用，以新型监测设备和传感器，结合自动化数据处理，采用自动监测实现全天候实时监测，可以减少监测外业工作与地铁运营及维护工作的相互影响，保证监测开展的正常性和及时性，可以灵活调整监测频率不受行车和其他因素的影响，能够及时发现地铁隧道结构变形，保证地铁隧道结构安全和地铁正常运行。

13.5　重庆国际博览中心

13.5.1　工程概况

重庆国际博览中心项目规划区平面上呈带状，北-东-南西向展布，外形为一展翅欲飞的蝴蝶，东西宽约800m，南北长约1.3km²，总占地约1.32km²。主要由展馆区、酒店、多功能厅、会议中心和沿江商业等五部分组成，建筑外形似一只翩翩起舞的蝴蝶，总建筑面积约为60万 m²，是全国第二、西部第一的国际大型会议展览中心。重庆国际博览中心是整个悦来新城乃至空港新城的核心，其建成后规划效果如图 13.5-1 所示。

图 13.5-1 重庆国际博览中心效果图

展馆区分为南、北两个呈对称性分布，每个展馆区由登录厅、8 个单体展馆、馆间连接体及观众连廊等展览附属功能用房组成：每个主展馆平面尺寸约 181m×109.2m（轴线尺寸）。主展馆均为单层建筑，局部设二层机房夹层。8 个展馆中 2 个为综合馆、6 个普通馆，综合馆内高（至屋架下弦线）16.25m，普通馆室内高 12.85m。

按照建筑双层屋面特点，展厅、登录厅为双层屋面，分为主钢结构和铝合金结构，其他部分为单层屋面，树状支承柱直接支承铝合金格栅结构，主体屋顶结构采用立体馆桁架、支承于下部混凝土结构，立体桁架间距为 18m，跨度为 70.2m，大部分展厅跨中结构高度为 6.4m，支座附近 5m。表面装饰屋面采用铝合金结构，由树状柱支承于主体钢结构，三角形网格，网格尺寸为 2.6m×2.4m。大厅屋顶结构杆件及树状支承柱均为圆钢管截面，铝合金结构构件均为工字形铝截面。主馆屋顶的主桁架及树状柱采用相贯节点，主桁架支座采用专厂生产的抗震球铰支座，铝合金结构采用螺栓连接圆盘节点。

13.5.2 关键问题

1）传感器的优化布设

传感器的优化布设是结构安全监测和诊断中的一个重要问题，应该做到使用尽量少的传感器获取尽可能多的结构信息。根据结构重要性、对称性及场地挖填方均衡处理原则优选了布设场馆、钢桁架、铝格栅、树状柱等结构设施，优化了测点布置。

2）大型建筑结构安全监测系统设计

大型建筑结构不确定因素及复杂的工作环境对结构性能参数的敏感性会造成不利的影响，给大型建筑结构的整体监测带来极大挑战。为了解决这些问题，把结构划分为子结构，通过各个子结构的性能参数变化来判断整个系统的工作状态，分别建立了光纤光栅应变监测子系统、光纤光栅温度监测子系统、静力水准挠度监测子系统、风速风压监测系统，对重庆国际博览中心场馆进行安全监测，并实现监测数据的自动预警预报。

3）监测数据安全评价及预警

使用海量监测数据进行安全评估，实现预测预警是安全监测系统建设的关键目标。本项目利用结构仿真分析，建立重庆国际博览中心有限元模型，计算结构的安全承载指标，并将结构的安全状态划分为三级预警指标，分别按不同层级进行预警预报。

13.5.3　方案与实施

13.5.3.1　传感器的优化布设

重庆国际博览中心地处坡地临江，地形条件复杂，结构体量大，若对全部建筑进行监测，则监测系统极为庞大，工程造价也极其昂贵。故在监测场馆的选择上综合考虑以下三个原则进行确定：

（1）结构重要性原则；

（2）结构对称性原则；

（3）场地挖填方均衡处理原则。

综合考虑 16 个展馆的结构对称性和场地挖填方特性，结合专家、业主的意见和建议，最终选择 Se04、Sw02、Ne01、Ne03、多功能厅和会议中心作为监测对象。各场馆结构形式和地理位置如图 13.5-2 所示。

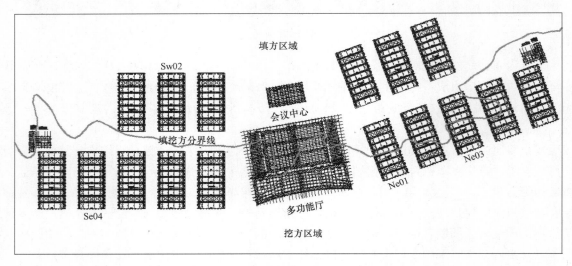

图 13.5-2　各场馆结构形式和地理位置分布图

测点布设：

1）钢桁架应力监测

钢桁架的应力是钢结构主要强度控制指标。实时掌握钢桁架应力这一重要安全指标，不仅有助于了解钢桁架的强度状况，而且对结构的工作机理和理论计算的验证具有重要意义。

（1）布设原则

从钢桁架结构受力分析，跨中截面桁架所承受的拉、压应力最大，桁架端部附近位置所承受的剪应力最大。因此，依据上述结构力学原理，应力传感器的布设主要布置在跨中截面和桁架端部截面。

（2）监测点布设

应力监测点布设结构上方的钢桁架上，采用光纤光栅传感器进行分布式部署。分别在南展馆、北展馆布设应力监测点 108 个，会议中心布设 30 个，多功能厅 75 个，共计 213 个。

2）钢桁架挠度监测

钢桁架的挠度是钢结构主要变形控制指标。实时掌握钢桁架挠度这一重要安全指标，不仅有助于了解钢桁架的刚度状况，而且对结构的工作机理和理论计算的验证具有重要意义。

（1）布设原则

从钢桁架自身结构体系挠度变形分析，关键截面有三处，分别为 $L/2$、$L/4$ 和 $3L/4$ 截面，其中跨中截面桁架挠度变形最大，四分点次之，端部为零。因此，依据上述结构力学原理，挠度变形传感器的布设主要布置在 $L/2$ 截面和部分 $L/4$、$3L/4$ 截面。

（2）监测点布设

根据对称性原则，在各个场馆选取处于关键受力部位的钢桁架进行传感器布设，如南区 Se04 展馆部署在第 4 榀（WJ-Se04-03）、第 5 榀（WJ-Se04-04）和第 7 榀（WJ-Se04-06），每榀桁架上布置 1 个或 3 个监测点。南北展区、会议中心和多功能厅一共布设挠度监测点数量为 38 个，布设基准点 7 个。

3）树状柱应力监测

（1）布设原则

树状柱的应力是屋顶支承结构最主要强度控制指标。通过监测树状柱的应力能够对屋面结构的支承系统进行监测，其中应力较为集中的部位为树干与树梢交接区段的树干区间，此处承受有较大的轴力和弯矩。由于树状柱受力较为复杂的特点，不能够简单地根据结构的受力特点进行确定最不利点位，因此主要通过仿真分析和结构重要性来进行确定。

（2）监测点布设

树状柱应力监测测点主要布设在结构受力最不利树状柱上（树干靠近树杈位置处），主要布设方法为采用光纤光栅应力传感器进行测试，部分挖方地段按 1 根树状柱测试四个方向的应力，布设 4 个测点，其余地段按 1 根树状柱测试两个方向的应力，布设 2 个测点。总计布设树状柱应力监测点数 124 个。

4）铝格栅应力监测

（1）布点原则

铝格栅监测测点主要布设在结构受力最不利的格栅上，主要布设方法为采用光纤光栅应变传感器进行测试。由于树状柱受力较为复杂的特点，不能够简单地根据结构的受力特点确定最不利点位，因此主要通过仿真分析和结构重要性来进行确定。

（2）监测点布设

铝格栅应力监测测点主要布设在铝格栅结构受力最不利的支座位置和生态包立柱位置。由于此处的应力监测点位于露天状态中，必须设置相应遮挡物。共计布设铝格栅应力监测点 57 个。

5）风速和风压监测

（1）布点原则

风速风压监测测点主要布置在铝格栅及屋面的最不利位置处。主要方法为布设风速和风压传感器。风速和风压传感器在铝格栅及屋面架设完毕之后进行布设。

（2）监测点布设

博览中心的风速、风压测点布置如图 13.5-3 所示，根据屋面结构特点，测点主要参照西南交通大学《重庆国际博览中心风洞试验报告》布置，兼顾较高屋顶、受风影响较大、结构重要性较为突出且覆盖范围相对均衡的角度进行考虑。共计布设风速风压监测点 30 个。

6）温度监测

（1）布设原则

温度监测主要采用光纤光栅温度传感器进行监测，在布设光纤光栅应变监测传感器的时候在同一点位均布置有光纤光栅温度传感器用于温度补偿，故作为环境温度变化的监测则可以直接提取用于应变补偿的光纤光栅温度传感器的测值。

光纤光栅温度传感器的温度数据不仅可以作为温度补偿使用，还可以作为火灾报警监测使用，一举两得。

（2）监测点布设

光纤光栅温度传感器的测点布置与光纤光栅应变传感器的布设位于同一个位置。共计布设监测点

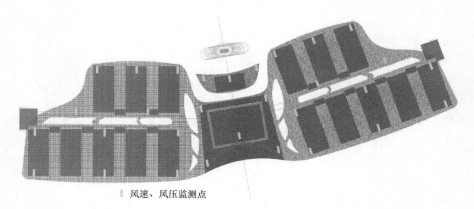

‖ 风速、风压监测点

图 13.5-3　风速风压监测测点布置图

394 个。

13.5.3.2　大型建筑结构安全监测系统设计

1. 监测内容

重庆国际博览中心场馆建筑结构的下部结构为钢筋混凝土框架结构，上部结构为钢桁架承重梁，屋面支承结构为树状柱和铝格栅，而结构的应力及变形是否正常是判定相关结构是否安全的重要指标，必须予以监测。而自然环境所产生的影响主要为风荷载的作用对屋面结构的安全影响，主要关心屋面风速的大小和风对屋面的升压，因此根据重庆国际博览中心项目的特点，参考设计及专家会的意见及建议，确定主要监测内容有：

（1）钢桁架应力监测；

（2）钢桁架挠度监测；

（3）树状柱树干应力监测；

（4）铝格栅应力监测；

（5）屋面风速、风压监测；

（6）温度监测。

重庆国际博览中心安全监测系统的主要监测内容有钢桁架应力监测，钢桁架挠度监测，树状柱树干应力监测，铝格栅应力监测，屋面风速、风压监测和环境温度监测。总体上可分为应力监测、挠度监测、风速监测、风压监测和温度监测五项内容，根据传感器和系统控制特性，建立了如下四个监测子系统，分别为：

（1）光纤光栅应力监测子系统；

（2）静力水准挠度监测子系统；

（3）屋面风速风压监测子系统；

（4）光纤光栅温度监测子系统。

2. 安全监测系统设计

1）监测子系统

（1）光纤光栅应变监测子系统

对于大型建筑结构的安全监测来说，其监测周期较长，对传感器性要求更高。我们拟采用光纤光栅应力传感器和光纤光栅温度传感器来进行该项目的监测工作，并建立相应的监测系统，以更好地完成监测工作，实现预期的监测目的。

应变监测仪器主要包括布拉格光纤光栅（FBG）应力传感器、光纤光栅温度传感器系统和光纤光栅传感解调系统。它们与相应配套的软件系统、微机及各种附件一起组成了应力监测系统。

如图 13.5-4 所示：外界待测量（应力或温度）加在传感器 FBG 上，由光源出射的光在 FBG 中传输时，布拉格中心波长将会产生位移 B。包括负载信息的光波 FBG 反射，经耦合器导入光谱分析仪，在分析仪中可检测出 B，从而确定待测量。

监测时首先将光纤光栅应力传感器焊接在钢管上，再接好传输线（根据现场情况确定最为方便的线路）。测量时将传输线另一头接至光纤光栅传感解调系统中，完成数据采集。把所采集的数据传至微机中，进行数据处理。

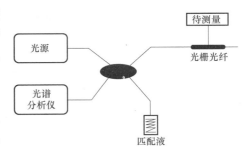

图 13.5-4　光纤光栅传感器工作原理

（2）静力水准挠度监测子系统

钢桁架监测截面的挠度变形可采用静力水准来进行测量。在稳定位置设置基准点，在钢桁架监测点位布设静力水准，通过静力水准测量钢桁架关键截面的挠度变形。

钢桁架挠度监测选择静力水准传感器挠度测量系统，主要由静力水准传感器、水箱以及连通管构成。

静力水准挠度测量系统包括连通管和传感器两部分。根据连通管的基本原理，将一个体积相对较大的容器放置在基准处（例如混凝土墩上），连通管一端固定在钢桁架基座上，另一端与容器相连，如图 13.5-5 所示。当钢结构某一点发生垂向变形 Δh（挠度变化）时，该点连通管也下降 Δh，整个液面的高度变为 h_2。

整个基准的变化为：$\Delta h_{基准} = h_2 - h_1$

钢结构的挠度值为：$h - h_2 - \Delta h_{基准}$

该值与上一次测量的挠度值相比较即为结构的挠度变化值。

如图 13.5-6、图 13.5-7 所示为传感器结构示意图。

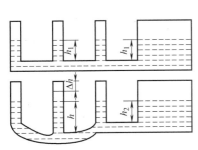

图 13.5-5　连通管原理图

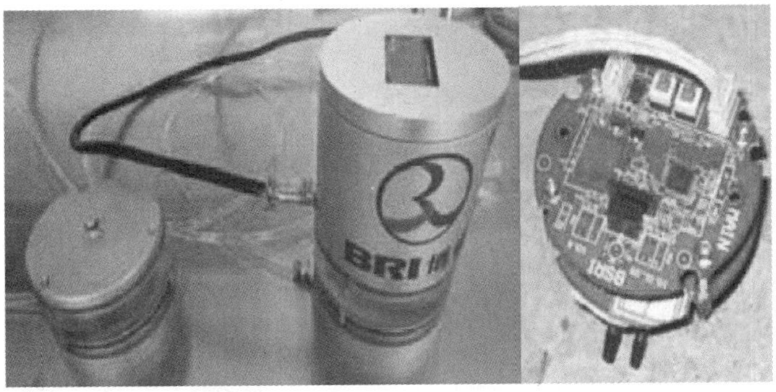

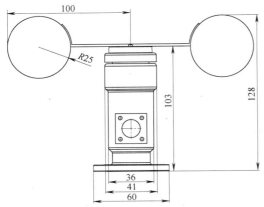

图 13.5-7　静力水准传感器结构示意图

图 13.5-6　静力水准传感器结构示意图

目前测量范围最大量程可达 1000mm（还可根据需要定制）；精度可达 0.1mm 传感器数据输出方式：RS-485 双向通信，二进制命令或数据。

（3）风速风压监测子系统

风速风压监测主要采用无线测试系统，主要分为风速和风压传感器。风速传感器通过单位时间内风杯的转动圈数来得到风速；风压传感器（图 13.5-8）通过监测处屋顶的负压值来得到风对建筑结构物的压强；测试值通过无线传感基站与上述各类传感器组成完整的组网监控系统。

（4）光纤光栅温度监测子系统

光纤光栅温度传感器一方面可以用来对光线光栅应变传感器的应变测值进行修正，另一方面，还可以对场馆温度进行监测，进行火灾报警。

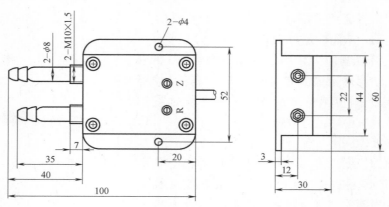

图 13.5-8 风压传感器示意图

温度监测主要采用了光纤光栅温度传感器系统和光纤光栅传感解调系统。它们与相应配套的软件系统、微机及各种附件一起组成了应力监测系统。

2）系统集成

（1）监测系统

远程监测硬件系统由设备厂商进行设计，包括相应的硬件设备。主要包括光纤传感器（应力、温度）及解调器、计算机服务器、静力水准挠度测量系统、风速风压传感器系统、便携式计算机等。系统构造如图 13.5-9 所示。

软件主要包括各项监测项目配套软件、数据库、数据管理系统、报警系统。

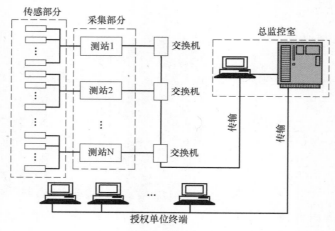

图 13.5-9 监测系统物理结构示意图

（2）系统层次

远程监测系统架构的系统层次如图 13.5-10 所示。

（3）仪器设备

重庆国际博览中心建筑结构安全监测系统主要采用的监测设备见表 13.5-1。

重庆国际博览中心建筑结构安全监测系统主要设备 表 13.5-1

序号	项目名称	数量	序号	项目名称	数量
1	光纤光栅应变传感器(个)	397	7	风速风压采集仪	9
2	光纤光栅温度传感器(个)	397	8	物联网传输模块	1
3	光纤光栅解调器(台)	4	9	集群中心服务器	1
4	静力水准传感器(个)	45	10	集群中心工作站	1
5	风速传感器(个)	30	11	交换机	1
6	风压传感器(个)	30	12	物联网传输系统	1

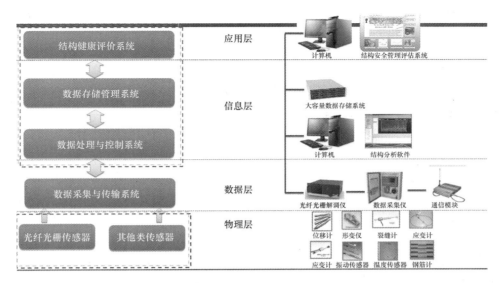

图 13.5-10 监测系统架构

3）监测数据采集、预处理及传输机制

（1）数据采集

重庆国际博览中心监测系统在设计中需要考虑应力、变形、风速、风压和温度等多种关键参数，所以在设计数据采集系统时，主要基于多传感器系统的融合来设计数据采集系统。

本系统监测的对象包含应力、挠度、风速、风压和温度等动态参量。运营阶段总体的变化是非常缓慢的。理论与试验都证明，结构的力学性能与结构损伤和结构整体工作性能的关系较为明显，且对结构的力学性能进行实时的监测有利于了解结构损伤的发生和结构整体的工作状态。另外，一般结构损伤的变化虽然很缓慢，但重大结构损伤的发生往往具有突然性，且后果较为严重。对于重大结构损伤的发生我们希望能尽快掌握损伤发生的情况以便采取积极的应对措施。

根据以上分析，动态监测由于需要连续不间断地进行，因此其数据量远大于静态监测的数据量，动态数据的采集是确定数据采集方案时应考虑的重点。考虑国际博览中心安全监测系统硬件的性能和软件，实现实时采集与多频次结合采集的方式进行。

（2）数据预处理

数据预处理系统主要包含动态数据实时统计、伪信号的干扰识别等预处理。对于动态实时采集数据，根据相关准则进行统计计算、保存统计计算结果、刷新动态数据，并在发生异常的情况下，将异常情况发生前后一段时间内的动态数据保留到数据库中。伪信号的干扰识别则是根据预定的识别模式，对各数据采集子系统采集到的原始数据进行计算，剔除数据采集和传输过程中因干扰引起的异常值，并将能反映监测项的数据传给数据库。

（3）基于 TCP/IP 协议的高可靠性数据传输

在国际博览中心安全监测系统中，保证数据的可靠传输是非常重要的。要实现从数据采集系统到数据库管理系统之间的数据传输，并保证系统的可靠性和可扩展性，最好是利用结构安全监测系统构造的内部局域网来实现数据传输，如以太网、NOVEL 网等，这些方案主要基于 TCP/IP 技术进行工作。

4）数据库管理

重庆国际博览中心安全监测系统设计传感器有几百个，每个传感器采集的数据最终都要提供给系统作为钢结构安全评估的依据。因此，数据库建设是极其重要的。

数据库建设是硬件、软件和干件的结合，三分技术，七分管理，十二分基础数据，技术与管理的界面称之为"干件"，数据库设计应该与应用系统设计相结合。结构（数据）设计：设计数据库框架或数据库结构；行为（处理）设计：设计应用程序、事务处理等，结构和行为分离的设计。

数据库管理系统是整个安全监测系统的重要组成部分之一，其主要任务是对数据采集系统采集的数据进行存储、查询、备份，同时，还根据系统需要，实现对于数据的预处理、远程动态采集等任务。所以，根据数据库管理系统结构功能分析，数据库管理系统设计需要考虑：数据库管理系统（DBMS）的选择、数据存储、用户管理分类和安全性考虑、数据备份等功能。

5）安全监测数据粗差控制

重庆国际博览中心安全监测系统数据粗差控制包含整个结构状态监测系统的各个环节，涉及信息获取环节、信息传输环节、安全评估环节三个方面，每个环节明确分工，紧密联系，保证最后交给评估环节数据的正确性和完整性。信息获取环节通过启动延时机制来保证数据应该与其他正确的数据在一个大致合理的范畴内。在数据传输环节，依靠成熟的局域网技术中的粗差控制机制来保证数据的正确性，主要通过自动重新发送（ARQ）来保证数据的正确性和合理性。该环节重点解决数据传输过程中产生的失真，即保证数据原样从信息获取环节传输到安全评估环节，不叠加新的失真。监测评价是数据处理的最后一个环节，从数据采集系统采集的数据通过数据传输信道传输到这里预先存储起来，由安全评价驱动针对存储的数据对结构状态的某一段时间的健康情况进行分析评价。前面两个环节没有处理或没有发现的错误数据全部汇聚到这个环节，很难判断数据失真的原因，有些错误可能由前面两个环节的叠加造成。而即使发现了错误，也不能启动传感器系统重新采集数据，因为此时采集的数据的时间和错误数据的时间已经差异较大，所以该环节是整个系统粗差控制的关键。

13.5.3.3　监测数据安全评价及预警关键技术

1. 安全评价方法

1）基于结构安全的阈值界限

基于结构安全阈值的评定是结构安全评定中最一般的、最简单的评定模式，直接以结构的功能指标进行评定，如应力、挠度、风速、风压和温度，把这些有关因素作为基本变量 X_1，X_2，$\cdots$，X_n 来考虑，由基本变量组成的描述结构功能的函数 $Z=g(X_1，X_2，\cdots，X_n)$ 称为结构功能函数。同时也可以将若干基本变量组合成综合变量，例如将作用方面的基本变量组合成综合作用效应 S，抗力方面的基本变量组合成综合抗力 R，从而结构的功能函数为：

$$Z=R-S \qquad\qquad（式 13.5-1）$$

$Z=R-S>0$ 表明结构处于安全状态；

$Z=R-S<0$ 表明结构已失效或破坏；

$Z=R-S=0$ 表明结构处于极限状态。

阈值确定主要基于工程实际所处阶段进行取值，工程阶段分为施工阶段和运营阶段。两个阶段采用不同的取值，阈值主要采用结构分析软件进行仿真分析，取得在标准荷载组合下的监测点的最大参数值。其中应力及挠度需要区分施工阶段和运营阶段进行取值，而环境参数的监测与工程阶段无关，施工阶段和运营阶段的取值一致。

（1）施工阶段应力及挠度阈值

施工阶段的取值主要依据建筑结构的设计要求进行结构仿真分析，获取结构施工阶段在荷载标准组合下的最大参数值。

① 钢结构应力及挠度

对重庆国际博览中心建筑结构的仿真分析，标准组合下的钢结构的取值见表 13.5-2。

标准组合下钢结构监测点最大应力及挠度取值　　　　　　表 13.5-2

监测点位	桁架弦杆应力（MPa）	桁架腹杆应力（MPa）	$L/2$ 跨挠度（mm）	$L/4$ 跨挠度（mm）	树状柱应力（MPa）
Se04	134	84	93	62	175
Sw02	155	122	108	75	141

续表

监测点位	桁架弦杆应力（MPa）	桁架腹杆应力（MPa）	$L/2$ 跨挠度（mm）	$L/4$ 跨挠度（mm）	树状柱应力（MPa）
Ne01	158	94	101	66	158
Ne03	125	99	98	65	172
会议中心	197	166	157	114	175
多功能厅	200	187	347	262	175

② 铝结构应力

对重庆国际博览中心建筑结构的仿真分析，标准组合下的铝结构的取值见表 13.5-3。

标准组合下铝结构监测点最大应力取值（单位：MPa）　　　　表 13.5-3

监测点位	铝格栅应力	监测点位	铝格栅应力
展馆生态包立柱	100	多功能厅和会议中心	135
展馆支点处格栅	115		

（2）运营阶段应力及挠度阈值

运营的取值主要依据建筑结构的设计要求进行结构仿真分析，获取结构自重工况下的各种参数指标 ξ_z，同时根据构件承载能力 ξ_q，即有运营期间的构件控制取值 $\xi_k = \xi_q - \xi_z$。

① 参数取值分析

a. 钢桁架控制应力

$$\sigma_{gk} = \sigma_{gs} - \sigma_{gz}$$　　　　　　　　（式 13.5-2）

式中：σ_{gk}——钢桁架运营期间应力控制值，即不包含整个结构自重荷载作用下的钢桁架应力；

σ_{gs}——Q345B 钢材的屈服强度；

σ_{gz}——测点在自重荷载（荷载组合＝钢桁架自重＋屋面系统自重＋铝格栅自重）作用下的应力。

注：其余荷载，如温度、风、雨、雪、地震等荷载作用不是恒荷载，则作为运营期间的荷载作用下的应力，含在 σ_{gk} 之内控制。

b. 钢桁架控制挠度

$$f_{gk} = f_{gs} - f_{gz}$$　　　　　　　　（式 13.5-3）

式中：f_{gk}——钢桁架运营期间挠度控制值，即不包含整个结构自重荷载作用下的挠度；

f_{gs}——当钢材达到屈服强度时（极限状态）的整个钢结构的 $L/4$、$L/2$、$3L/4$ 三个截面的挠度；

f_{gz}——钢桁架 $L/4$、$L/2$、$3L/4$ 三个截面在自重荷载（荷载组合＝钢桁架自重＋屋面系统自重＋铝格栅自重）作用下的挠度。

注：其余荷载，如风、雨、雪、地震等荷载作用不是恒荷载，作为运营期间的荷载作用下的挠度，含在 f_{gk} 之内控制。

c. 铝格栅控制应力

$$\sigma_{lk} = \sigma_{ls} - \sigma_{lz}$$　　　　　　　　（式 13.5-4）

式中：σ_{lk}——铝格栅的运营期间应力控制值，即不包含整个结构自重荷载作用下的铝格栅应力；

σ_{ls}——铝格栅挤压型材的非比例拉伸应力，$f_{0.2} = 240\text{MPa}$；

σ_{lz}——测点在自重荷载（铝格栅自重）作用下的应力。

注：其余荷载，如温度、风、雨、雪、地震等荷载作用不是恒荷载，则作为运营期间的荷载作用下的应力，含在 σ_{lk} 之内控制。

d. 树状柱的控制应力

$$\sigma_{zk} = \sigma_{zs} - \sigma_{zz}$$　　　　　　　　（式 13.5-5）

式中：σ_{zk}——树状柱钢材的运营期间应力控制值，即不包含整个结构自重荷载作用下的树状柱钢材的应力；

　　　　σ_{zs}——树状柱钢材的屈服强度，Q345B 钢材的屈服强度；

　　　　σ_{zz}——测点在自重荷载（树状柱自重＋铝格栅自重）作用下的应力。

注：其余荷载，如温度、风、雨、雪、地震等荷载作用不是恒荷载，则作为运营期间的荷载作用下的应力，含在 σ_{zk} 之内控制。

② 运营阶段应力及挠度控制值

a. 钢结构应力及挠度

对重庆国际博览中心建筑结构的仿真分析，钢结构控制阈值的取值见表 13.5-4。

运营期间钢结构监测点应力及挠度控制阈值取值　　　　　　　　表 13.5-4

监测点位	桁架弦杆应力（MPa）	桁架腹杆应力（MPa）	$L/2$ 跨挠度（mm）	$L/4$ 跨挠度（mm）	树状柱应力（MPa）
Se04	247	281	140	94	276
Sw02	254	266	152	105	263
Ne01	245	278	142	96	267
Ne03	239	259	159	107	271
会议中心	258	164	120	88	286
多功能厅	137	237	82	62	288

b. 铝结构应力

对重庆国际博览中心建筑结构的仿真分析，铝结构控制阈值的取值见表 13.5-5。

运营期间铝结构监测点应力及挠度控制阈值取值（单位：MPa）　　　　表 13.5-5

监测点位	铝格栅支点应力	生态包立柱应力	监测点位	铝格栅支点应力	生态包立柱应力
Se04	122	151	Ne03	140	120
Sw02	117	157	会议中心	183	—
Ne01	123	137	多功能厅	162	—

③ 风速风压监测阈值

风速和风压作为环境参数，仅对风速和风压进行监测即可，不进行预警控制。但根据设计文件的要求，重庆国际博览中心的风荷载设计为百年一遇，根据《建筑结构荷载规范》GB 50009—2001，重庆地区建筑百年一遇风荷载参数为风速 30m/s，基本风压为 450Pa。

④ 温度监测阈值

重庆国际博览中心温度传感器布设一方面为应变监测提供温度补偿，另一方面还可以进行火灾预警。火灾报警温度监测控制值为 120℃。

2）预警指标

预警控制为数据反馈的一个重要环节，根据结构工程维护的具体内容及其应力状态，结构关键杆件的工作状态的报警级别分为四级，分别由绿色、黄色、橙色和红色代表安全、三级、二级和一级报警。重庆国际博览中分级报警参数的取值分别如下：

（1）钢桁架应力

钢桁架应力 σ_{gk} 分级预警级别划分，见表 13.5-6。

钢桁架应力分级预警级别划分参数表 表 13.5-6

序号	预警级别	颜色	参数取值
1	安全	绿色	$\sigma_{gy} \leqslant 85\% \sigma_{gk}$
2	三级	黄色	$85\% \sigma_{gk} < \sigma_{gy} \leqslant 90\% \sigma_{gk}$
3	二级	橙色	$90\% \sigma_{gk} < \sigma_{gy} \leqslant 100\% \sigma_{gk}$
4	一级	红色	$100\% \sigma_{gk} < \sigma_{gy}$

（2）钢桁架挠度

钢桁架挠度 f_{gk} 分级预警级别划分，见表 13.5-7。

钢桁架挠度分级预警级别划分参数表 表 13.5-7

序号	预警级别	颜色	参数取值
1	安全	绿色	$f_{gy} \leqslant 85\% f_{gk}$
2	三级	黄色	$85\% f_{gk} < f_{gy} \leqslant 90\% f_{gk}$
3	二级	橙色	$90\% f_{gk} < f_{gy} \leqslant 100\% f_{gk}$
4	一级	红色	$100\% f_{gk} < f_{gy}$

（3）铝格栅应力

铝格栅应力 σ_{lk} 分级预警级别划分，见表 13.5-8。

钢桁架应力分级预警级别划分参数表 表 13.5-8

序号	预警级别	颜色	参数取值
1	安全	绿色	$\sigma_{ly} \leqslant 85\% \sigma_{lk}$
2	三级	黄色	$85\% \sigma_{lk} < \sigma_{ly} \leqslant 90\% \sigma_{lk}$
3	二级	橙色	$90\% \sigma_{lk} < \sigma_{ly} \leqslant 100\% \sigma_{lk}$
4	一级	红色	$100\% \sigma_{lk} < \sigma_{ly}$

（4）树状柱应力

树状柱应力 σ_{zy} 分级预警级别划分，见表 13.5-9。

钢桁架应力分级预警级别划分参数表 表 13.5-9

序号	预警级别	颜色	参数取值
1	安全	绿色	$\sigma_{zy} \leqslant 85\% \sigma_{zk}$
2	三级	黄色	$85\% \sigma_{zk} < \sigma_{zy} \leqslant 90\% \sigma_{zk}$
3	二级	橙色	$90\% \sigma_{zk} < \sigma_{zy} \leqslant 100\% \sigma_{zk}$
4	一级	红色	$100\% \sigma_{zk} < \sigma_{zy}$

（5）风速

风速 V 属于环境变量监测，不进行预警，可根据重庆地区不同的风速划分级别，见表 13.5-10。

风速分级指标级别划分参数表 表 13.5-10

序号	级别	颜色	参数取值（m/s）	状态
1	安全	绿色	$V < 17.2$	常风
2	三级	黄色	$17.2 \leqslant V < 20.8$	大风
3	二级	橙色	$20.8 \leqslant V < 24.5$	烈风
4	一级	红色	$V \geqslant 24.5$	狂风

（6）风压

风压 P 属于环境变量监测，不进行预警，可根据重庆地区不同的风压划分级别，见表 13.5-11。

风压分级指标级别划分参数表　　　　　　　　　　　　　　表 13.5-11

序号	级别	颜色	参数取值（Pa）	状态
1	安全	绿色	$P<250$	常风
2	三级	黄色	$250{\leqslant}P<400$	10 年一遇
3	二级	橙色	$400{\leqslant}P<500$	50 年一遇
4	一级	红色	$P{\geqslant}500$	100 年一遇

（7）温度

温度 T 属于环境变量监测，不进行预警，由于日照影响，部分金属构件在夏季的表面温度可达到七八十摄氏度，火灾可参考自然环境中不同材质可能达到的温度划分级别，见表 13.5-12。

温度分级指标级别划分参数表　　　　　　　　　　　　　　表 13.5-12

序号	级别	颜色	参数取值（℃）	状态
1	安全	绿色	$T<100$	常规
2	三级	黄色	$100{\leqslant}T<110$	较高
3	二级	橙色	$110{\leqslant}T<120$	高
4	一级	红色	$T{\geqslant}120$	极高

2. 结构安全监测预警

1）系统组成

重庆国际博览中心结构安全监测系统的主要作用在于通过传感器采集的数据对建筑结构安全状态进行监测评估。整个系统涵盖监控系统的数据采集、数据分析及数据反馈三部分。

（1）数据采集功能模块

数据采集模块主要具备以下功能：存储仪器自动采集的数据；存储人工输入的基本数据库，在结构进行相应荷载识别时进行调用。

（2）数据处理功能模块

安全报警系统作为重庆国际博览中心状态安全监测诊断系统的核心部分之一，主要目标是对结构整体及关键部位进行监测及安全报警。为此，在充分理解系统功能要求的基础上，数据处理功能模块将实现如下的功能：①结构状态记录功能。该功能的主要作用是记录日常的监测数据。②安全报警功能。对钢结构整体及关键部件的安全状况进行监测、对结构安全状态的重要变化报警。评估系统将在结构出现不安全征兆时，自动发出报警。同时评估系统也能实现人工实时评估的功能，即人工指定监测时间段的监测结果进行评估。③突发事件的监测数据保存功能。在重庆国际博览中心监测系统运营期间，实现对建筑结构"全天候"的监测，定期备份。④统计功能。对监测数据进行统计。⑤附加功能。该功能是一项辅助功能，包括对前面四种功能的可视化；报表的自动生成及打印；方便快捷的查询、修改功能；实时帮助功能等。

（3）数据反馈功能模块

数据反馈模块主要是在数据分析之后提供可供用户操纵的数据平台，根据数据分析的结果，提供相应的预警控制，并针对不同的预警控制，发出预警信号。

2）系统架构

预警系统拓扑结构如图 13.5-11 所示。

3）系统功能

重庆国际博览中心建筑结构安全预警系统的人机交互界面由系统设置和历史数据组成。系统设置模块

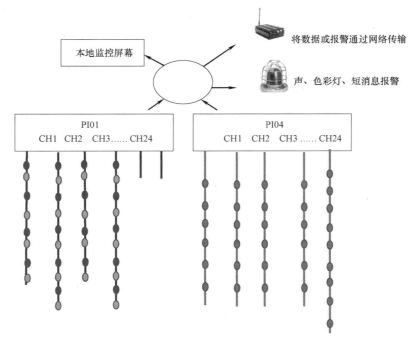

本地监控屏幕

将数据或报警通过网络传输

声、色彩灯、短消息报警

PI01
CH1　CH2　CH3 …… CH24

PI04
CH1　CH2　CH3 …… CH24

图 13.5-11　监控系统拓扑结构

包括操作员设置、场馆设置、测点设置、系统参数设置、报警短信接收人设置、操作员查询、场馆查询、测点查询、报警短信接收人查询和系统升级程序上载、系统日志共 11 个功能；历史数据分析模块主要提供对测点的数据查询、数据曲线的生成、报警信息查询、数据报表及导出和测点数据统计共 5 个功能。

13.5.4　启示与展望

13.5.4.1　研究结论

根据大型会展场馆结构安全监测和结构评估领域国内外发展现状，结合光栅光纤传感器网络技术、计算机网络等技术，设计了重庆国际博览中心实时、长期、可远程的安全监测系统。主要通过如下几个方面的工作对这类大型建筑结构结构安全状况的实时监测和评价进行了探讨。

（1）阐述了大型建筑结构工程安全监测系统的研究发展现状，分析了建筑结构工程损伤事故的原因，总结了结构安全监测系统集成的一般过程及集成模式并给出了结构安全监测系统技术研究的技术路线。

（2）建立结构功能函数和目标条件，并从工程地质、结构力学、风工程等角度对结构监测点的选择进行了综合分析，对监测点进行优化设计提供了理论支持，并完成了监测点的布置。

（3）给出大型建筑结构安全监测系统的组成架构，对各子系统的功能进行了详细分析并确定所采用的传感器、集成系统以及数据管理系统设计的原则。最终采用分布式光纤光栅应变及温度传感器、无线GPRS 静力水准挠度变形传感器、无线 GPRS 风速风压传感器进行监测。并确定由多个近端监测站与监控中心基于网络通信技术的远程监控相结合的监测集成方案，并给出相应的集成架构和传输流程。

（4）系统研究了重庆国际博览中心的结构安全监测预警系统，包括系统组成、工作原理、硬件系统及人机交互界面的实现。

13.5.4.2　展望

大型建筑结构的安全监测技术是跨越多种学科，多种理论技术相互交叉的新兴研究领域。大型建筑结构的结构形式和技术迅速发展，新型结构形式和建筑技术不断涌现，这对建筑结构安全监测系统的研制和应用都提出了新的要求。

（1）传感器的布置应进一步深入研究，以工程地质、结构力学和风工程为基础，并结合经验进行优化选择，但还可以寻求更加精准的优化布置准则，力求实现更全面、更合理的优化设计理论。

（2）安全监测评价系统参数指标为基于阈值实现，这种方法还存在监测参数失真造成的真值遗漏的问题，而且有必要对评价方法的科学性作进一步论证、研究以及总结该方法在应用实践中的可靠性。

（3）大型建筑结构安全监测目前尚无相应的全监测和评价方面的行业规范和标准，需要进一步研究、应用和理论升华。

13.6　上海地面沉降

13.6.1　工程概况

上海西南部有少数丘陵山脉，其他地区为低平的平原，是长江三角洲冲积平原的一部分，平均海拔高度为 4m 左右。整个地区从东向西倾斜，极易受到海平面上升和地层挤压的影响。上海土的结构是一层砂层、一层黏土层。砂土孔隙大，含水量丰富，存在 5 个含水砂层。

上海市 1921 年发现地面沉降，初期的地面沉降原因主要是地下水开采。20 世纪五六十年代的上海是全国重要的纺织业基地，由于能源短缺，为了节省成本，很多企业挖掘了大量工业用井，毫无节制地抽取地下水用于纺织厂的空调降温。过量开采某一含水砂层的地下水后，该砂层因为孔隙水被抽走而压缩固结，它上面的土层就整体往下压，抽水越多的地方，压得越低。上海于 1860 年开采地下水，1963 年上海地下水开采量达到顶峰，年开采总量达 2.03 亿 m^3。开采地下水最多的时期，也是上海沉降最严重的时期，1957 年至 1961 年上海各地区平均沉降 110mm，个别地区达到 170mm。上海地面沉降的发展历史，可以 1965 年为界分为两大时期，1921～1965 年为沉降发展时期，1966 年至今为沉降控制时期。在 1921～1965 年间，45 年内市区地面平均下沉 1.76m，年均沉降量约为 39mm，最大累计沉降量（西藏路北京路口）达 2.63m，地面沉降致使市区地面高程低于黄浦江最高潮位 2m 多；为控制市区严重的地面沉降，自 1966 年初起全面压缩地下水开采量，并对主要开采含水层进行人工回灌，调整地下水开采层次与布局，由此，上海地面沉降得到有效控制。另外，随着上海市经济的飞速发展，城市基础工程建设也随之加大。从 1990 年至今，上海相继建成了一批跨黄浦江的大桥、隧道、高架路、高速公路、轨道交通、磁浮列车以及浦东国际机场、上海中心等大型建筑工程，大规模深基坑降排水和密集重大建筑物荷载已成为上海地面沉降尤其是不均匀沉降的重要影响因素。

为了及时有效监测上海地面沉降，为地面沉降防治提供第一手资料，建立完善的地面沉降监测网和完整的地面沉降监测技术体系势在必行。

13.6.1.1　地面沉降监测技术概况

上海是我国地面沉降发生最早、影响最大、带来危害最严重的城市，自 1921 年发生地面沉降以来，至今沉降面积达 1000km^2，沉降中心最大沉降量达 2.63m。地面沉降监测技术由单一的一、二等水准测量的方法，逐步发展为一、二等水准测量、GNSS 测量、InSAR（合成孔径雷达干涉）测量等多种测量方法技术相辅相成、优势互补、有机融合的地面沉降监测体系。

采用"地下基岩标分层标监控—地面沉降水准测量—空中卫星监测"多技术耦合的地面沉降监测现代技术，利用 GNSS、InSAR 技术快速了解全区地面沉降趋势，利用水准测量技术精确掌握重点区块地面沉降情况，利用自动化监测技术实时了解分层沉降和地下水动态，提高了地面沉降监测精度和效率。

13.6.1.2　地面沉降监测设施概况

上海地区自 20 世纪 60 年代开始建设地面沉降监测网络以来，基本建成了空中、地面、地下多种监测手段相互结合的地面沉降监测网络。

目前，上海市地面沉降监测网络总体可以分为两类监测设施（截至 2017 年底）：一是土层变形监测设施，包括由 38 座地面沉降综合监测站组成的地面沉降监测站网络（图 13.6-1），由 6 座 GPS 永久观

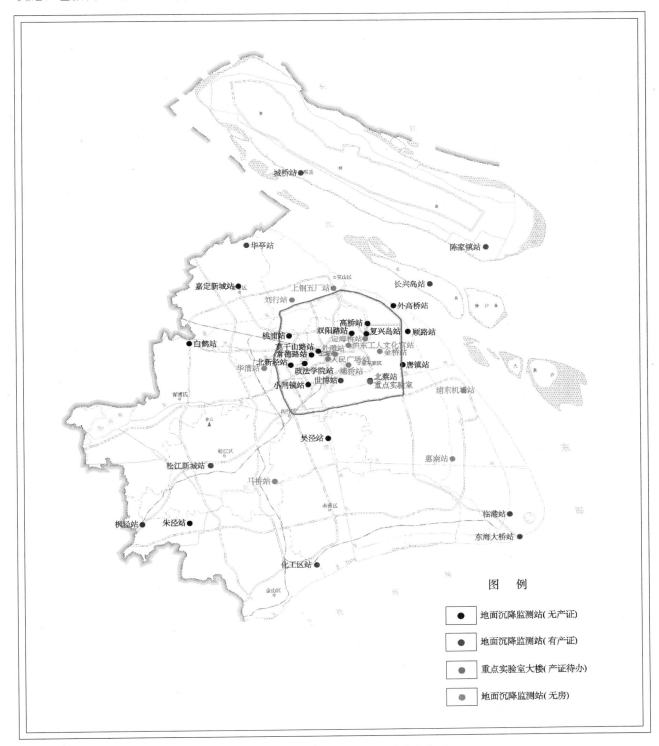

图 13.6-1　上海市地面沉降监测站分布图

测站、65 个 GPS 一级网监测点和 218 个 GPS 二级网监测点组成的 GPS 监测网络，由 2845 个水准点组成的覆盖中心城区的水准监测网络，由 82 座浅式分层标组及重大基础设施沿线地面水准点组成的骨干监测网络（图 13.6-2）；二是地下水动态监测设施，包括由 749 口各含水层监测井组成基本覆盖全市范围的地下水位监测网络，由各含水层地下水水质监测井以及 2 个地下水人工回灌试验场组成的地下水水质监测网络。

目前上海地区已经形成了由精密水准监测网、地面沉降监测站、地下水动态监测网、重大基础设施

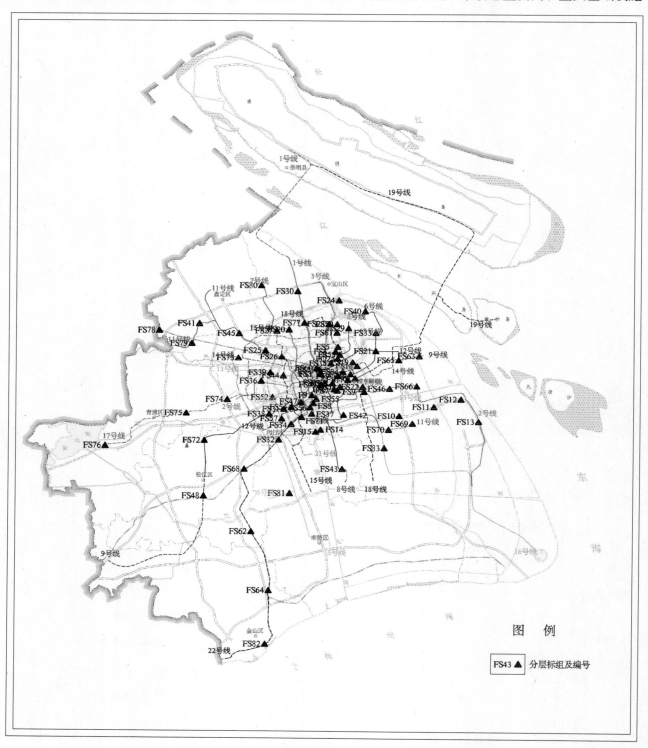

图 13.6-2　上海市重大基础设施沿线地面沉降分层标组分布图

地面沉降骨干监测网、GPS 地面沉降监测网和 InSAR 技术地面沉降监测组成的多技术方法融合的地面沉降监测网络，形成了多技术方法融合的地面沉降立体监测格局。

13.6.1.3　地面沉降监测成果

地面沉降监测内部成果和报表主要有月报、季报、年报（包括年度平均沉降量、地面沉降等值线图），对社会公众发布的有《上海市地质环境公报》《长江三角洲通报》。地面沉降监测成果的定期发布，为监测地面沉降动态、及时调整年度地下水采灌方案、完成年度地面沉降控制目标、地面沉降防治管理发挥了指标依据的作用。社会公众发布的成果对于提高公众知晓度、了解地面沉降控制和防治进展、长三角地区联防联控、地面沉降区域综合治理提供技术依据。

重大市政工程沉降监测成果主要有季报、半年报、年报和综合分析报告，这些成果对轨道交通、城市高架、桥梁、隧道、堤防设施、大型市政管网、磁浮列车等 7 类重大市政工程安全运营、维护保养、应急处置和保障整个城市安全发挥了重要作用。

13.6.2　关键问题

在开展上海地面沉降监测过程中，必须首先解决两个关键问题，一是如何在全市范围内建立沉降监测基准"一张网"；二是如何建立完善的上海市地面沉降监测技术体系。只有很好地解决了这两个关键问题，才能在全市范围内、长期的、系统性的开展地面沉降监测和重大市政工程设施沉降监测。

13.6.2.1　全市统一的沉降监测基准"一张网"

1. 选取稳定可靠的沉降监测基准点

上海坐落于软土覆盖层发育的临海滨海平原，第四纪地层深厚，给地面沉降监测稳定基准点选取工作带来较大困难：一是沉降监测基准点的选择；二是沉降监测基准点网型的合理分布；三是基准点长期稳定性的综合研判。

众所周知，布设基岩标是建立沉降监测基准点行之有效的方法。但是，对于上海这座进入微量沉降期的大城市而言，从长期连续沉降监测角度考虑，实际情况并不是那么简单，基岩标建设完成后立即启用其作为基准点显然欠妥当。在启用作为沉降监测基准点之前必须进行基岩标稳定性评价，因此多次联测分析必不可少，并有相应的评价标准和体系。当然，如果用于一般的建设工程工程控制网，联测几次后即可以固定高程值并将其作为高程控制点。

上海市早在 1871 年就开始进行水准测量基础工作的筹建，并确定了吴淞零点。早期的水准复测工作，第一次于 1910—1912 年，水准路线从吴淞经淮海东路到淀山湖；第二次于 1919 年，水准路线自关港到淮海东路；两次测量结果高程相差甚小（3.9mm），尚未发现地面沉降。

此后，由于吴淞零点不稳定，于 1922 年在松江佘山设立了基岩水准点。20 世纪 30 年代和 40 年代，在进行水准测量时发现水准点间不同时间观测的高差有变化，为此曾设若干有桩基水准点，试图获得稳定效果，但未达目的。有关测量专家于 1939 年在观测报告中提出 101 个水准点平均沉降 25.7mm 的结果。设立佘山基岩标后，在水准复测中发现黄浦公园及张华浜水准点相对于佘山基点高差值增加甚多，至 1947 年黄浦公园水准点下沉 200mm，张华浜水准点下沉 246mm，此后，上海市的水准测量一直沿用佘山基岩点，为吴淞高程系统的基准点。

1951 年上海港务局用精密水准测量，再次发现相对于佘山基点黄浦公园水准点下沉了 313mm，张华浜水准点下沉了 412mm，其他沿途水准点也有不同程度的下沉。1956 年上海市规划建设管理局建立了上海市高程控制网，以佘山为基点，按二、三、四等水准测量要求每年定期测量一次，测量结果更系统地证实了水准点的普遍下沉现象。1959 年上海建立二等附合水准网，进行除崇明县以外全市范围的水准测量。1960 年后在市区主网范围内开展了地面沉降点线面的测量，通过 1961 年、1962 年、1963

年的沉降观测，为上海存在地面沉降问题做出最终结论提供了可靠的依据。

在地面沉降监测过程中，为减弱佘山基点至市区的水准测量传递误差问题，于 1962—1964 年先后在小闸镇（J1-0）、吴淞中学（J2）、劳动公园（J4）、复兴岛公园（J3）、北新泾（J5）设置了五座基岩标，作为一等水准测量的结点。1964 年根据专家们对上海市地面沉降高程控制网布设的建议，增设了姜家桥（J6）和浦东塘桥（J7）两座基岩标，从而完善了网形结构，初步形成上海地面沉降监测高程控制网。

1965 年以后一等水准网自佘山新基点至浦西各基岩标构成三个水准环，1972 年增布 J5-J4 水准路线，改建成四个水准环，1975 年上海面粉厂（J8）和外滩儿童公园（J9）基岩标建成，水准环增加到五个。此后，随着高桥（J13）、农科院（J14）、桃浦（J16）、吴泾（J17）基岩标的相继建成，地面沉降监测水准网又进行了几次扩建。在水准监测网建成的初期阶段，由于从佘山接测到各基岩标的资料反映出这些基岩标的高程并不稳定，标杆与保护管均有不同程度周期性的相对升降现象，为进一步考察基岩标的稳定程度，在以后的数十年水准测量中市区基岩标仅作为水准测量结点。

1984 年，通过对大量观测资料的分析，确定小闸镇基岩标 J1-0 是稳定的，因此将水准网起算点从佘山新基岩点移至小闸镇基岩标 J1-0，网形也做了调整。

2008 年，为了解决地面沉降水准监测网由一个点起算的自由网"一次定向"引起的偏差，对仅由小闸镇 J1-0 一个起算点的监测网进行优化，启用了由 J1-0、J2、J5、J7 四座基岩标起算的附合水准网（图 13.6-3），地面沉降水准测量准确度进一步提高。

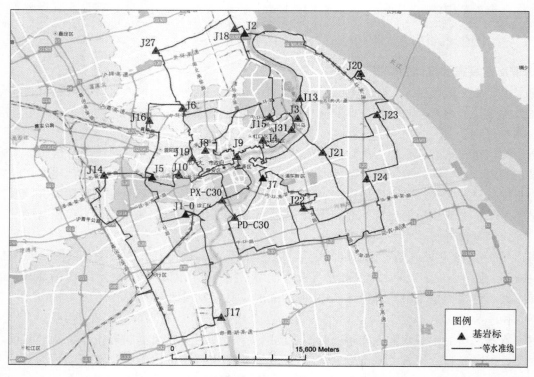

图 13.6-3　上海地面沉降监测附合水准网示意图

2. 建设大面积沉降监测基准"一张网"

从 20 世纪 90 年代开始，随着重大市政工程的建设和运营，各测绘单位陆续开展上海地面沉降监测和轨道交通、城市高架、桥梁、隧道、堤防设施、大型市政管网、磁浮列车等重大市政工程沉降监测，由于利益驱动各测绘单位竞争激烈、各自为政，根本不考虑监测基准的系统性，经常出现同一线性工程两个相邻标段接合处同名点沉降量不一致，甚至有时出现变形趋势相反的现象，给统计和安全运营管理带来麻烦。

建设并维持大面积沉降监测基准的一张网确实不是一件容易的事情,既要保持各类工程高程基准的统一不矛盾,又要有对沿线的高程控制点(深标、水准点、站台点)高程进行定期更新的机制,需要对不稳定和欠稳定的高程控制点定期更新并开展稳定性评价。

在地面沉降水准网平差过程中,以J1-0、J2、J5、J7四座基岩标为起算基准点,进行附合水准网平差,计算出其他基岩标、深标、浅标、城市水准点、站台控制点或其他工作基点的高程,从而实现监测基准的一张网,结合目前上海轨道交通高程控制网复测需要,更新频率定为2次/年。

3. 实现多种监测技术监测基准的统一

在地面沉降监测和7类重大市政工程沉降监测中,广泛采用了人工水准测量、GNSS测量、InSAR测量等方法,如何实现多种监测技术监测基准的统一是一个关键问题。因为只有基于统一的监测基准才能进行两种或多种方法的验证比对、外符合精度评价。

在水准测量方面,基岩标直接作为沉降监测基准点或者一、二等水准路线的结点,实现了对沿线深标、水准点、工作基点、轨道交通站台点控制。水准测量属几何水准,最经典、最普及,因此常常用作衡量其他监测方法外符合精度的依据。

在GPS测量方面,将部分GPS基准站直接建设在基岩标上,实现了基岩标对地面沉降GPS监测网的控制,从而保证了基岩标的起算基准作用。

在InSAR测量方面,通过建设在地面沉降监测站内的角反射器和部分水准点的沉降量对InSAR结果进行校正和融合处理,实现了基岩标起算基准作用。

除以上三种主要地面沉降监测方法外,还有静力水准(自动化监测)、光纤监测等。虽然技术手段、方法原理各异,但地面沉降监测基准只有一个,即基岩标,这个原则和思路在后文各种测量方法的控制网布设、监测网布设中均得以落实和体现。

13.6.2.2 上海地面沉降监测技术体系建设

建立了全市统一的沉降监测基准"一张网"后,在后续实施工作中还应解决三个难题,一是如何统一各测绘单位沉降监测技术要求;二是如何对监测数据进行管理和发布;三是形成测绘地理信息产品,开展地面沉降监测技术体系的建设。

经过多年的上海沉降监测和经验积累,以现代监测技术为支撑、技术规范为标准、法律法规为保障、集成应用为前提,建立了"监测技术方法-监测信息集成-监测体系应用"的上海市地面沉降监测现代技术体系(图13.6-4)。

在监测技术方法层,建立"地下-地面-空中"三位一体的全时空地面沉降监测网络,各种监测方法相辅相成、优势互补、有机融合,实现地面沉降动态监测、数据实时传输,为后期的监测信息集成层、监测体系应用层提供基础测量数据。

在监测信息集成层,基于长期地面沉降监测、城市基础设施沉降监测,建设完成了地面沉降信息系统,包括城市三维地质信息平台、上海市轨道交通数字化监护管理系统、上海市路政局设施变形监测管理系统、上海市堤防(泵闸)设施管理地理信息系统、长江三角洲地面沉降信息系统。地面沉降信息系统提供数据查询、预警管理、信息发布、数据共享等功能,提高了工作效率和运营管理的整体水平和快速反应、处置能力。

在监测体系应用层,基于监测信息集成层,为城市地质安全、重大市政工程安全运营管理提供了基础数据,为科学研究和分析提供了第一手资料。同时基于定期发布《上海市地质环境公报》《长江三角洲通报》等,为社会和广大市民提供社会应用服务。

技术标准与规范层,为整个地面沉降监测提供技术保障、法律保障,尤其是《上海市地面沉降防治管理条例》的发布为地面沉降防治工作提供了法律保障,为地面沉降调查、监测、防治工作开展创造了诸多便利,也为其他省份推进地面沉降防治工作法制化道路提供了参照和借鉴。

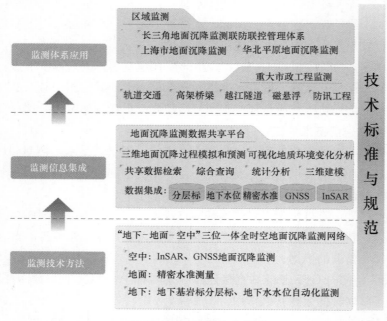

图 13.6-4 监测技术体系

13.6.3 方案与实施

13.6.3.1 地面沉降监测方案与实施

1. 控制网布设

控制网布设包括水准测量控制网布设、GNSS 基准站网布设、InSAR 角反射器布设三个部分。

1) 水准测量控制网布设

基于 53 座基岩标建成全市地面沉降监测基准网（图 13.6-5），实现了全市沉降监测基准"一张网"的目标，为全市地面沉降监测提供了稳定可靠的基准。

2) GNSS 基准站网布设

在地面沉降 GNSS 测量中，基准站作为沉降监测的基准点。为此，2003 年 8 月在中国地质调查局资助下建设完成了白鹤、崇明、外高桥、地质大厦、枫泾、东海大桥共计 6 座 GNSS 基准站（图 13.6-6），其中白鹤、外高桥、枫泾、东海大桥 4 座 GNSS 基准由基岩标接高建设而成，实现了基岩标对 GNSS 控制网的高程控制，将 GNSS 监测网沉降基准统一至基岩标上。同时，在每期全市 GNSS 监测网联测期间，6 座 GNSS 基准站发挥了时段间网联式组网、重复观测的作用。

3) InSAR 角反射器布设

在地面沉降 InSAR 测量实施过程中，角反射器发挥沉降基准点作用。角反射器一般布设在基岩标标房附近，其沉降量通过与基岩标联测获得。

在使用过程中对角反射器进行了多次改良，通过改良成功克服了以往诸如角度不能随意转动，只能针对某颗卫星等设计缺陷，大大提高了角反射器的使用效率。并在上海浦东国际机场地面沉降监测站内进行安装试验（图 13.6-7）。通过多期雷达图像验证（图 13.6-8），改良后的角反射器运行效果稳定，达到预期目的，不仅可为 InSAR 技术精度验证提供稳定比对目标，也为区域上无稳定点目标地区推广应用 InSAR 技术监测提供示范和技术支持。

2. 监测网布设

1) 水准监测网布设

774

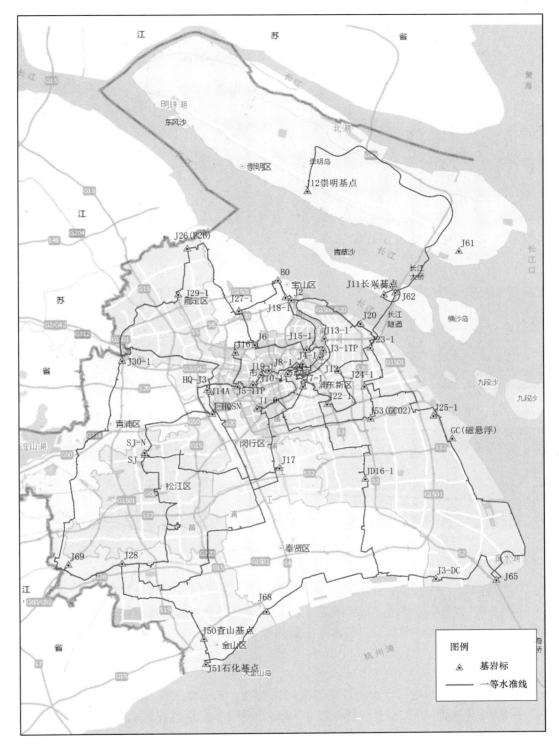

图 13.6-5　上海市地面沉降监测基准网

　　地面沉降水准监测网主要布设在外环线以内的中心城区（图 13.6-9），测量精度为一、二等水准。地面沉降水准测量有点、线、面三种布设方式，中心城区水准属于区域水准，故简称面积水准。近年来随着轨道交通 16 号线运营监测和临港新城地面沉降监测网布设，地面沉降一、二等水准网布设范围向东南部拓展。

　　结合重大工程监测的需要，面积水准路线的布设尽量与高架、地铁等重大工程监测项目的线路结合，以达到资料共用的目的，减少重复观测工作量。

图 13.6-6　GNSS 地面沉降监测基准站
（上海，东海大桥）

图 13.6-7　浦东机场地面沉降监测站内布
设的人工角反射器

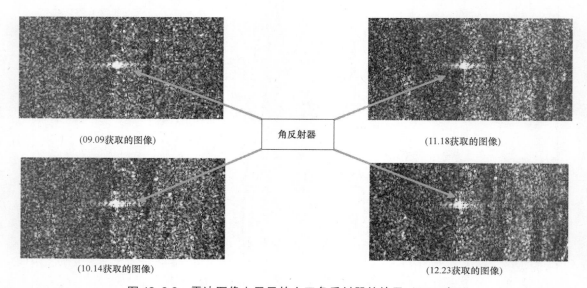

图 13.6-8　雷达图像上显示的人工角反射器的效果（2008 年）

面积水准监测网以一等水准网为首级控制网，中间以二等附合路线进行加密。一等水准监测网由 30 个闭合环组成（包括浦东、浦西之间 3 条隧道的联测），一等水准测量路线共计 66 条，编号为 A000～A065，路线总长度约 1360km 左右。二等水准测量路线共计 134 条，编号分别为 B001～B134，路线总长度约 900km 左右。

2）GPS 监测网布设

上海市为验证 GPS 技术应用于地面沉降监测的可行性，选择地面沉降变化比较显著的杨浦区布设试验网，并于 1998 年 4 月、1998 年 9 月、1999 年 4 月进行了三期监测试验，并同步进行一等水准测量。监测成果表明，GPS 与一等精密水准测量所取得的地面沉降成果在沉降量、沉降剖面、沉降速率面等方面均表现出良好的一致性。

在可行性研究的基础上，为了进一步推进应用 GPS 监测地面沉降工作，在全市范围内建设了 287 座 GPS 强制观测墩，建成全市均匀分布的地面沉降 GPS 监测网（图 13.6-10）。

3）InSAR 数据选取

在 2004—2006 年借助中国科技部－欧洲空间局"龙"计划合作项目，从欧洲空间局收集 ENVI-SAT（有关参数：2002—2012 年，轨道高度 800km，C 波段，极化方式 HH/VV，侧视角 15～45°，轨道倾角 98.55°，重复周期 35d，地面分辨率 25～100m，影像宽度 100～405km）SAR 星载数据。

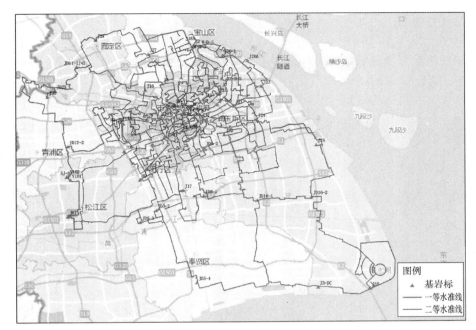

图 13.6-9 水准监测网络示意图

图 13.6-10 上海市 GPS 地面沉降监测网

2007—2010 年，收集了 ENVISAT SAR 数据（图 13.6-11），研究内容包括了上海全市范围的地面沉降调查。

2011 年开始使用具有更强识别能力，且对短周期微小形变更为敏感的德国卫星 TerraSAR-X（X 波段波长为 3.1cm）高分辨率 SAR 影像数据为数据源。

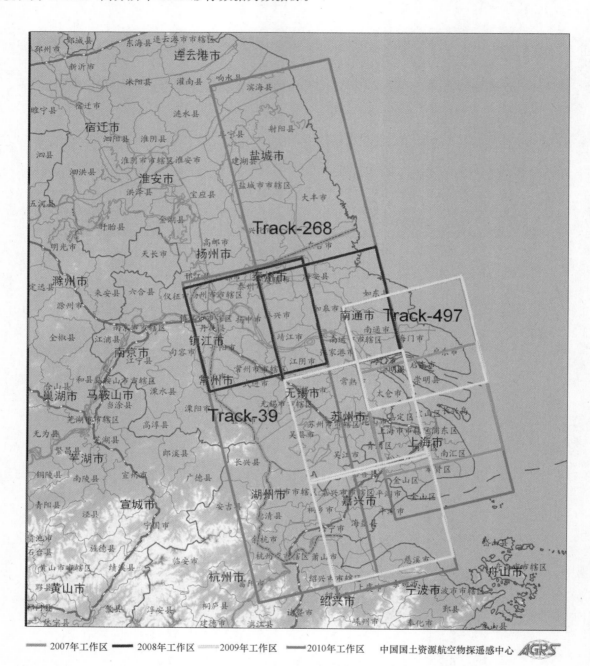

━━ 2007年工作区　━━ 2008年工作区　━━ 2009年工作区　━━ 2010年工作区　　中国国土资源航空物探遥感中心 *AGRS*

图 13.6-11　收集 SAR 数据范围图

3. 野外监测技术

1）水准测量

一、二等水准测量按照《地面沉降水准测量规范》、《国家一、二等水准测量规范》组织实施。

外业数据采集采用地面沉降测量 APP；每年 9～10 月开展中心城区及周边地区水准点的面积水准测量工作，11 月初完成内业计算，并于 11 月底前完成数据入库，绘制地面沉降等值线图。

2）GPS 测量

GPS 测量参照《全球定位系统（GPS）测量规范》、《地面沉降调查与监测规范》执行。2001—2003 年试测阶段，观测时段长度设置了 3h、6h、24h，通过延长观测时段长度进一步提高了测量精度；2004—2017 年进入正常测量阶段，观测时段长度固定为 24h。

3）InSAR 测量

在 2004—2010 年，完成了欧洲空间局 ENVISAT SAR 数据的预订和收集，实现了 SAR 卫星对上海地面沉降测量。

在多年实验研究的基础上，从 2013 年开始按年度进行 InSAR 监测，且年度监测时间和面积水准监测时间同步。

4. 监测频率

水准测量、InSAR 测量频率为每年一次；GNSS 测量频率随着研究的深入经历了一个调整的过程，2001—2003 年测量频率为 2 次/年，2004—2015 年 1 次/年，2016 年以后，2 次/5 年。

5. 数据处理

1）水准测量数据处理

在完成外业一、二等水准测量原始数据的检查验收、环闭合差检查、各项改正后，采用 VMPS 软件（地壳垂直运动数据处理软件包，国家地震局测量数据处理软件），固定 J1-0、J2、J5、J7 四座基岩标高程值，一、二等水准路线赋予不同的权整体平差，输出各监测点高程值，进而比较得出沉降量并绘制地面沉降等值线图。

2）GPS 数据处理

基线处理采用 GAMIT 软件。GAMIT 软件是美国麻省理工学院（MIT）与斯克利普斯（SCRIPPS）海洋研究所（SIO）共同开发的一套基于 UNIX/LINUX 操作系统下的用于高精度 GPS 数据处理分析软件。

网平差和形变量提取采用同济大学编制 GPSdeformation 软件，改变常规固定 GPS 控制点坐标的方式，输入由 GPS 基准站和基岩标组成的基准点坐标、速度，整体平差输出各站点的坐标、NEU 速度，其中 U 方向速率即为沉降速率。

3）InSAR 数据处理

InSAR 数据处理按照图 13.6-12 所示的基本流程进行。

6. 监测成果

1）地面沉降水准测量成果

地面沉降水准测量成果形式可以简单地归纳为"123"，即 1 张图、2 个地面沉降信息系统、3 份报告。具体为 1 张地面沉降等值线图，城市三维地质信息平台和长江三角洲地面沉降信息系统 2 个地面沉降信息系统，《上海市地面沉降年报》《上海市地质环境公报》和长三角地区联合编制的《长江三角洲地区地面沉降和地下水环境信息通报》3 份报告。1 张图和 3 份报告属于常规成果，在此不再赘述。2 个地面沉降信息系统作用如下：

（1）上海市城市三维地质信息平台

根据国土规划部门管理决策需要，通过专业人员分析研究，利用城市三维地质信息平台（图 13.6-13）提供可视化的地质成果，为政府部门开展地下水资源管理、地质环境保护、土地资源和城市规划建设管理决策提供技术支持。

（2）长江三角洲地面沉降信息系统

长江三角洲地面沉降信息系统（图 13.6-14）综合运用计算

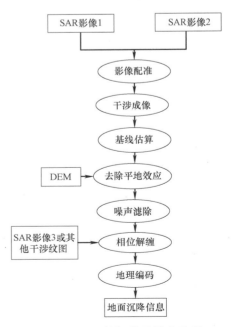

图 13.6-12　数据处理基本流程

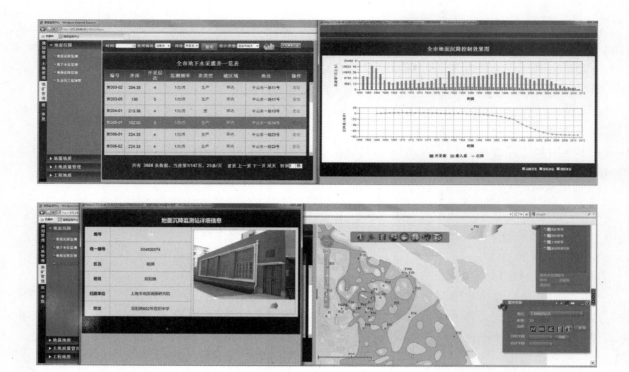

图 13.6-13　地面沉降信息平台服务于国土规划部门

机技术、数据技术、网络技术和通信技术,构建覆盖两省一市国土资源厅(局)和省级地质环境监测机构的高效、快速、通畅的信息网络系统,建立地面沉降信息共享平台,提升地面沉降预测分析能力与防治水平。

图 13.6-14　长江三角洲地面沉降信息平台

系统主要承担两省一市间地面沉降信息发布、数据共享等任务;用户包括国土资源部、两省一市国土资源厅(局)、地面沉降监测站等;系统发布及共享的数据为政府公报、法规、技术规程等文献资料及地面沉降成果图数据等。

2）地面沉降 GPS 监测成果

通过对 2001—2017 年对地面沉降 GPS 一级网的 17 期测量结果分析，进一步总结了上海市 GPS 沉降监测的规律和存在的不足，形成了《上海市地面沉降 GPS 测量若干技术规定（试行）》、《地面沉降调查与监测规范》（DZ/T 0283—2015，国土资源部行业标准）、《地面沉降测量规范》。

经历了重复观测及研究，地面沉降 GPS 监测技术取得了重要进展：

（1）在适宜观测时段长度选取、天线高量取两个方面进行了观测纲要优化。在 2001—2004 年的 7 期观测中，观测时段长度不断延长（图 13.6-15）。最终从第七期开始，将观测时段长度确定为 24h，标准偏差进一步减小，外附精度进一步提高。目前标准偏差在 ±5mm 左右，效果明显。

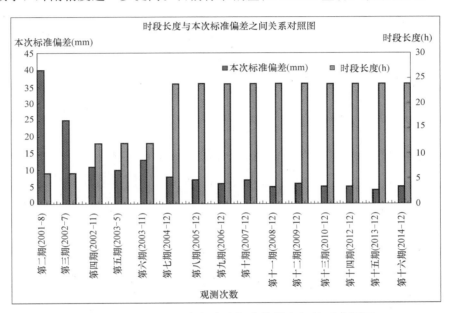

图 13.6-15　时段长度与本次标准偏差之间关系对照图

（2）在 GPS 网空间平差阶段，经历了从常规静态空间平差模型到采用沉降速率模型的转变。研究工作之初，采用了经典的静态平差模型，强制固定基准点的大地高；后来在此基础上进一步优化，改为固定每个沉降基准点的沉降速率，即地壳形变监测、地震监测上常用的沉降速率模型，有效地减少了因个别点观测数据质量不佳、精度不高引起整网扭曲变形。

（3）最初采用低精度的随机商用软件，后期采用美国麻省理工学院 GAMIT 软件，可以输入精密星历，提升了数据处理精度和可靠性。

3）地面沉降 InSAR 监测成果

（1）建立了应用 D-InSAR 技术监测地面沉降的理论和方法

取得了 D-InSAR 数据处理与分析在短时间序列的数据集上应用多子视相关算法提取稳定点目标的关键技术突破。

发展了 D-InSAR 方法中目标点提取、三维相位解缠、误差项剔除等关键技术，形成了完善并且成熟的技术方法。

创建了时间序列 InSAR 数据的时间-空间信息分布规律和统计模型。深入探讨了序列干涉影像各个分量的统计分布和频谱模型，包括幅度分量、相位分量和相干图在空间和时间两个方面的统计特征等，分析不同类型噪声的分布特性，为建立 D-InSAR 点目标方法的时间序列数据的分析方法提供理论依据。

根据序列 InSAR 影像信息的分布规律，完善了点目标识别的准则与提取方法。这些点目标经过了很长的时间间隔仍然可以保持相同的散射特性，在系列 SAR 影像中几乎没有斑点噪声的影响，表现出很好的相干性，但是也有在某一时间段人工改变地物属性的可能。在识别点目标时重点探讨了基于幅度信息、时间相干信息等多重判据的识别策略，针对不同地物特点提出了最优的点目标提取方案，并根据点目标的统计分布信息进一步精化了提取结果，得到准确、稳健的离散点目标。

（2）建立了上海地面沉降 InSAR 监测方法与工作流程

通过实地对比验证，研究提出了一套适合上海微量沉降地区的 InSAR 技术工作方案及工作流程，并运用高精度水准测量进行验证。

① 建立了 D-InSAR 数据处理流程。建立的 InSAR 技术工作流程如图 13.6-16 所示。

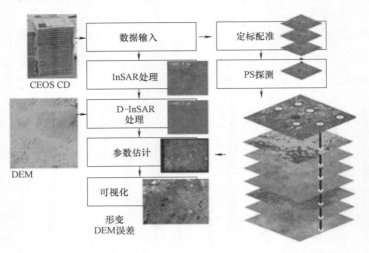

图 13.6-16　上海地面沉降 D-InSAR 监测技术主要处理流程

② 开展了稳定点目标的实地验证，总结出影响点目标提取的相关因素。从实地验证的结果来看，建筑物的材料容易产生稳定点目标：金属、玻璃、光滑的水泥表面。植被覆盖程度高的地区雷达反射率低，提取的点目标相应的就少。上海陆家嘴地区高程建筑物中，由于玻璃和水泥光滑表面所产生的稳定点目标如图 13.6-17、图 13.6-18 所示。

图 13.6-17　高层建筑群中点目标物理特性验证

③ 布设同步观测水准点，开展与卫星周期同步的高精度水准测量验证。为了能够精确测量 InSAR 技术提取的点目标的沉降值，专门挑选一批距基岩标近、沉降量大，且稳定的点目标，布设对应的水准点。利用基岩标进行引测，进行与卫星周期一致的高精度水准测量验证工作，从而比对 InSAR 解译成果的精度（图 13.6-19）。

图 13.6-18　油罐中点目标物理特性验证

图 13.6-19　点目标对应水准点布设情况
（深色点为布设的水准点，浅色为点目标）

（3）提出了地面沉降 InSAR 监测精度的综合评价方法

结合上海地区地面沉降现状，在国内首次提出以应用为前提的"点对点"、"点对面"、"面对面"等多方法、多数据、多技术融合的解译结果评价方法。

① 点对点——水准点对比分析。为了进一步评价每个 InSAR 技术提取的点目标的精度，采用欧空局采纳的最邻近法对 InSAR 技术解译结果进行评价。考虑到地面沉降差异性沉降问题和点目标提取的密度，选择在水准点 100m 范围与实测点最接近的点目标作为评价的验证点。经过 100m 范围内 140 个

地面沉降水准点计算评价，水准点平均沉降量为－12.88mm/a，所有最邻近点目标平均沉降为－14.89mm/a，平均误差为－2.01mm/a，误差的均方差为 4.30mm/a。最邻近法校正结果的误差分布符合正态分布（图 13.6-20）。

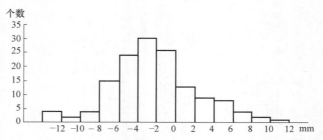

图 13.6-20　最邻近点目标沉降与水准点沉降之间的误差分布

　② 点对面——区域融合分析。区域融合对比分析是采用在某水准点一定半径（100m、200m）范围内平均所有点目标（图 13.6-21）沉降值以及在整个区域上用所有点目标沉降值生成沉降等值线面，以消除个别点目标带来的误差影响，避免整体误差偏大。

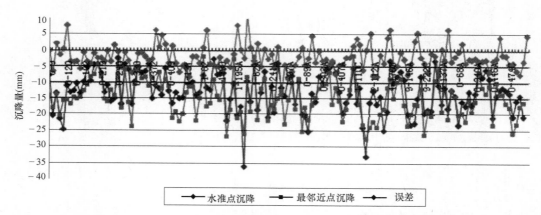

图 13.6-21　水准点一定半径（100m、200m）范围内的点目标
（方形点为水准点，大圆为一定半径的圆，小圆点为点目标）

　　此次选取分布在 InSAR 影像区域内，同时在半径为 100m 范围内有点目标分布的 140 个水准点进行对比。水准点平均沉降量为－12.88mm/a，半径为 100m 范围内点目标平均沉降为－14.69mm/a，平均误差为－1.81mm/a，误差的均方差为 3.87mm/a。校正结果的误差分布符合正态分布（图 13.6-22、

图 13.6-23）。

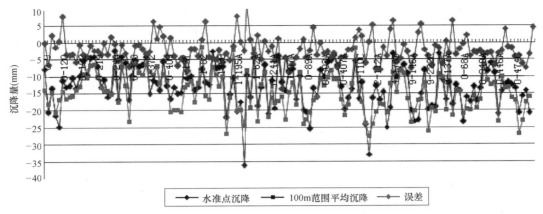

图 13.6-22 点目标平均沉降与水准点沉降之间的误差（半径为 100m 范围内）

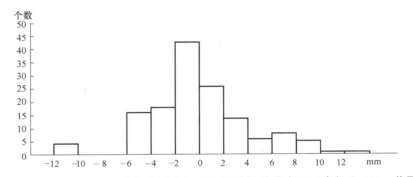

图 13.6-23 点目标平均沉降与水准点沉降之间的误差分布图（半径为 100m 范围内）

在 200m 范围内有点目标分布的水准点共 169 个。经计算，水准点平均沉降量为－12.94mm/a，半径为 200m 范围内点目标平均沉降为－14.59mm/a，平均误差为－1.66mm/a，误差的均方差为 4.25mm/a。校正结果的误差分布符合正态分布（图 13.6-24）。

图 13.6-24 点目标平均沉降与水准点沉降之间的误差分布图（半径为 200m 范围内）

从两个不同半径统计结果来看，由于地面沉降在区域上表现出来的不均匀性特征，导致半径越大评价效果反而越不好。

③ 面对面——沉降趋势分析。利用上海地区积累的海量区域高精度地面沉降水准测量成果，将水准实测结果与解译结果进行沉降趋势分析比对。根据 InSAR 成果图生成等值线图［图 13.6-25（a）］，同时搜集研究区范围内相同时间段内水准点高程数据 219 个，绘制地面沉降等值线图［图 13.6-25（b）］，从沉降趋势上进行对比分析、综合评价解译精度。

从水准等值线图［图 13.6-25（b）］上看，中心城区发育有两个主要地面沉降中心，一个为自西向东穿过闸北、虹口、杨浦并延伸至浦东杨园地区的地面沉降带，另一个自西北向东南穿越宝山、普陀、

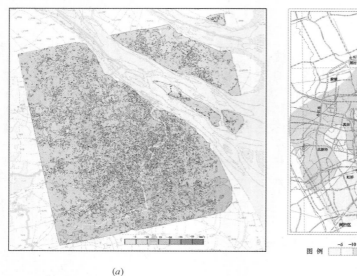
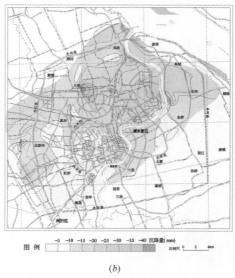

(a)　　　　　　　　　　　　　　　　　(b)

图 13.6-25　上海市中心城地面沉降监测成果 (2003—2005 年)
(a) InSAR 沉降累计等值线；(b) 水准沉降累计等值线图

长宁、卢湾、黄浦并延伸至浦东六里地区，并在其中发育若干地面沉降中心，分别为宝山区场中路附近、杨浦区翔殷路、浦东朱家门、闸北芷新不夜城、长宁区北新泾、黄浦区外滩地区等地面沉降中心。另外在郊区零星分布有宝山吴淞地区、闵行华漕和曹行镇等地面沉降中心。

从 InSAR 等值线图［图 13.6-25 (a)］上看，在 2003—2005 年间，自西向东穿过闸北、虹口、杨浦并延伸至浦东杨园地区的地面沉降带在解译结果图上反应明显，与实测图相符；另一个自北向南穿越宝山、杨浦、虹口、闸北、卢湾、黄浦并延伸至浦东六里地区，与实测成果图上的第二条地面沉降带相似，同时在复兴岛与东沟地区沉降明显，在实测图上也可以明显看出来，浦东陆家嘴地区沉降比较明显，实测图上也是如此，这主要是因为城市工程建设所带来的地面沉降影响。另外在北新泾地区也有明显的沉降漏斗，与实测图相符。

总体上看，这次 InSAR 解译结果图的沉降格局与实测成果图的沉降格局比较符合。

(4) 上海地区 InSAR 技术监测地面沉降应用实例

通过研究项目，研究提出了一套适用于上海地区缓慢沉降特点的 InSAR 技术监测地面沉降的具体实施方案，已在 2008 年、2009 年上海地面沉降常规监测中得到应用。

① 应用于上海地面沉降日常监测。在前期的有关项目研究成果提出的一套综合利用 InSAR 技术和传统监测方案的基础上，根据上海市沉降监测工作的实际需要，应用基于短时间序列 SAR 影像地面沉降监测的新方法，开展年度监测工作。

2008 年度，从 InSAR 技术解译的地面沉降看［图 13.6-26 (a)］，中心城沉降较大，浦东新区外高桥、高东镇、高行镇出现明显沉降。与水准测量成果对比 (图 13.6-26) 分析，总体趋势基本一致。

2009 年度，从 InSAR 解译结果图上看［图 13.6-27 (a)］，虹口区中部、浦东花木—张江地区—曹路镇—金桥镇、杨浦区翔殷路、三林—杨思地区、闵行华漕地区等地区沉降比较大，顾村镇、梅陇镇地区也有明显的沉降。从中心城 2009 年度面积水准测量情况来看［图 13.6-27 (b)］，中心城地面沉降量基本控制在 10mm 以内，沉降较大的地区主要有虹口区中部、浦东花木—张江地区、三林—杨思地区、闵行华漕地区等地区，局部地区地面沉降量超过 20mm。宝山区及黄浦、静安等市区局部地区出现回弹。总体上看，这次 InSAR 解译结果图的中心城区沉降格局与实测成果图的沉降格局比较符合。

② 重大市政工程地面沉降监测。由于工程建设引起的地面沉降往往具有明显的不均匀沉降特点，其空间和时间上的不均匀性对轨道交通等线型工程已造成了严重的影响。目前，针对重大工程地面沉降

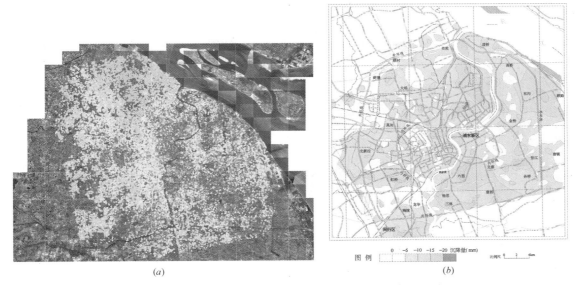

(a)   (b)

图 13.6-26　上海市中心城地面沉降监测成果（2008 年度）

（a）InSAR 沉降速率图；（b）水准沉降等值线图

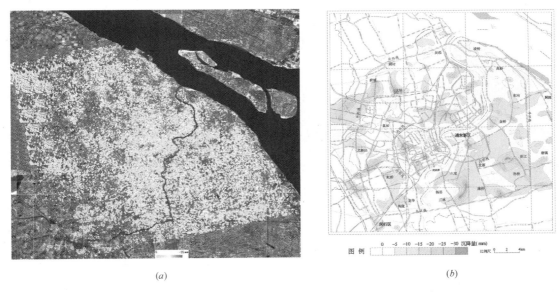

(a)   (b)

图 13.6-27　上海市中心城地面沉降等值线图（2009 年度）

（a）InSAR 沉降速率图；（b）水准沉降等值线图

（即大规模工程建设引起的地面沉降）的监测主要是在工程建设过程中的监测，对建成后的地面沉降监测覆盖面较小。监测手段主要是传统的精密水准测量和自动化监测。传统监测手段费时费力，同时只能针对个别工程。

　　根据以往传统监测技术所存在的问题，在上海轨道交通某线进行了应用监测（图 13.6-28、图 13.6-29、图 13.6-30），及时掌握了轨道交通周边地面沉降，有效制定防治措施。

13.6.3.2　重大市政工程设施监测方案与实施

1. 控制网布设

　　为加强地面沉降对重大市政工程安全运营影响的监测，进一步提高城市安全保障能力，"十一五"期间开始了重大基础设施（如轨道交通、防汛设施、磁浮列车、高架道路、重要桥梁等）地面沉降骨干

图 13.6-28　应用 InSAR 技术监测轨道交通某线周边地面沉降成果图（2008 年 4 月—2009 年 6 月）

图 13.6-29　应用 InSAR 技术监测轨道交通某线地面沉降成果图（2008 年 4 月—2009 年 6 月）

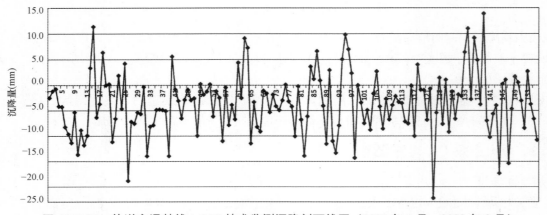

图 13.6-30　轨道交通某线 InSAR 技术监测沉降剖面线图（2008 年 4 月—2009 年 6 月）

监测网的建设（图 13.6-31）。一方面为建立控制性的地层分层沉降监测网，实现全方位立体监控与定期预报预警功能，以地面沉降监测体系为骨架，结合重大基础设施现状与规划布局、已有区域分层标组、地质结构、沉降发育现状、重要工程节点以及监测控制精度等方面建设了 61 组分层标组，形成了初步的重大基础设施地面沉降骨干监测网；另一方面在轨道交通、防汛墙等重大基础设施沿线补建了水准点，适当增加了重大基础设施沿线水准点密度，为地面沉降与重大基础设施沉降的对比分析提供了基础数据。

图 13.6-31　上海市重大基础设施地面沉降骨干监测网现状分布图

"十二五"期间，针对"十一五"期间所建初步骨干监测网缺少测量基准问题，在轨道交通、铁路、海塘等重大基础设施周边建设了 14 座基岩标，为骨干监测网提供了统一的测量基准；另一方面针对新建轨道交通等设施，进一步补充建设了 22 组分层标组。

2011 年 11 月 28 日，上海市规划和国土资源管理局与申通地铁集团在地铁一号线富锦路基地联合召开会议，正式启用了上海市轨道交通沉降监测基准网设施，这标志着全球首个轨道交通沉降监测基准网（图 13.6-32）正式投入运行。该基准网的建成全面提升了上海市城市安全的地质保障能级，解决了上海软土地区轨道交通沉降监测基准不统一、监测精度不高、监测数据分析不一致的难题，也为上海市"十二五"地面沉降防治工作开启了新局面。

上海市轨道交通沉降基准网是全球首个由国土资源管理部门和轨道交通企业合作建设的地面沉降监测网络，自 2010 年 5 月开始规划。该基准网通过整合城市地面沉降监测布局和轨道交通安全管理需求，采用基岩标与深标相结合、地面沉降基岩标与地铁基岩标相结合的形式，基本建成了由 41 个基岩点组成的轨道交通高程控制网，可以满足上海市轨道交通现有 11 条运营线路和 3 条建设线路沉降测量工作的需要。在基准网建成运行的基础上，上海市将进一步加快轨道交通信息化平台建设，将地铁隧道沉降

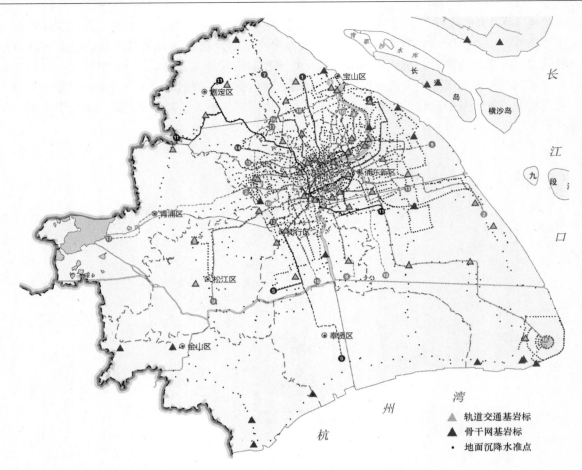

图 13.6-32　轨道交通沉降监测基准网

监测数据与区域地面沉降、地铁沿线工程地质水文地质等资料相结合，形成综合信息管理平台，进一步提高数据综合分析能力，全面提高轨道交通安全监测预警能力。

2. 监测网布设

基于全市沉降监测基准"一张网"，建立起轨道交通、城市高架、桥梁、隧道、堤防设施、大型市政管网、磁浮列车等 7 类重大市政工程沉降监测网（图 13.6-33）。

具体实施中，基于全市基岩标分布图，根据市政工程走向选取沿线适宜的基岩标作为高程控制点组成沉降监测网。沿线分层标、深标、水准点、轨道交通站台点作为工作基点，贯穿在一、二等水准路线之中。

根据 7 类重大市政工程相应规范和安全监测要求，布设沉降监测点。

3. 野外监测技术

一、二等水准路线测量应符合《地面沉降水准测量规范》DZ/T 0154、《国家一、二等水准测量规范》GB/T 12897、《上海市重大市政工程设施及周边地面沉降监测技术规定》（沪规土资矿〔2013〕823号）中一、二等水准测量的要求。

在采用中视法对监测点测定时，应观测相应等级要求视距范围内的监测点；主要技术要求应符合表13.6-1 的规定。

监测点沉降观测主要技术指标（单位：mm）　　　　　　　　　　　　　　　　　表 13.6-1

监测等级	水准仪最低型号选用	视线长度（m）	视线离地面高度(m)	基辅分划读数差(mm)	基辅分划高差之差(mm)
一等	DS05/DSZ05	≥4 且≤30	0.5	0.3	0.4
二等	DS1/DSZ1	≥3 且≤50	0.3	0.4	0.6

图 13.6-33　重大市政工程地面沉降监测网

对于轨道交通隧道、越江隧道等项目的沉降监测，一般在夜间观测，灯光照明宜采用 LED 灯代替传统手电筒侧向均匀照射。隧道内将部分监测点（每公里不少于 15 个监测点）纳入到二等水准路线进行往返观测，并固定测站、固定转点，其余监测点按中视法进行测定。

地面与隧道联系测量的技术要求在《国家一、二等水准测量规范》GB/T 12897 中二等水准测量要求基础上，对视线高度要求适当放宽，但必须保证物镜视场内三丝能读数。

4. 监测频率

根据地面沉降和重大市政工程建设完成时间和变形规律，选取确定了适宜的监测测量频率，表 13.6-2 列出了目前沉降监测频次。

重大市政工程设施一般监测频率　　　　　　　　　　　　　　　　　表 13.6-2

监测项目	监测频率	监测项目	监测频率
轨道交通	2 次/年	堤防设施	1 次/年
城市高架	1 次/年	大型市政管网	1 次/年
桥梁	1 次/年	磁浮列车	2 次/年
隧道	2~4 次/年		

5. 数据处理

1）外业数据检查

首先对测量线路中的水准点间测量高差的往返测高差不符值进行检查，根据限差要求，检查往返测高差不符值需满足二等水准测量要求。由全网中所有测段算得的往返测高差中数每公里之偶然中误差

M_Δ，需满足《国家一、二等水准测量规范》中所规定的要求。检查上下接测线路形成的水准闭合环，根据《测绘成果质量检查与验收》GB/T 24356—2009 中质量评分方法统计分析，评定优良率。

　　2）内业平差计算

地面高程控制点检测水准路线、地下高程控制网在对外业观测数据进行全面核对无误后，采用平差软件进行严密平差处理。平差时应注意各项精度指标是否符合二等水准测量的精度要求，对不符合要求的成果，应在分析后进行补测或重测。

测线闭合差或附合差计算完毕，按测站平差计算地铁沉降点高程值。计算公式为：

$$W = \sum_{i=1}^{n} h_i - (H_B - H_A) \tag{式 13.6-1}$$

$$H_{E(A)} = H_A + \sum_{i=1}^{n} h_i - \frac{k}{n}W \tag{式 13.6-2}$$

式中：W——测线闭合差或附合差；

　　　　h_i——测段高差；

　　　　k——主待求点的测段数；

　　　　n——测线总测段数；

　　　$H_{E(A)}$——由 A 点起算的待求点 E 的高程。

沉降量的计算是根据同名点的本次高程减去上一次的高程而得。计算公式为：

$$BC_i = H_i - H_{i-1} \tag{式 13.6-3}$$

$$LJ_i = H_i - H_0 \tag{式 13.6-4}$$

式中：BC_i——本次沉降量；

　　　　LJ_i——累计沉降量；

　　　　H_0——首次高程；

　　　　H_i——各次平差高程；

　　　　i——第 i 次观测。

6. 监测成果

监测成果主要包括监测报告（包括本次变形曲线、累计积曲线、变形因素分析、建议等），更新上海市轨道交通数字化监护管理系统、上海市路政局设施变形监测管理系统、上海市堤防（泵闸）设施管理地理信息系统。

　　1）上海市轨道交通数字化监护管理系统

上海市轨道交通数字化监护管理系统（图 13.6-34）为轨道交通、高架隧道等重大基础设施安全运营提供专业信息支撑。通过对地质信息的多层次挖掘，提供覆盖轨道交通规划、建设、运营管理全生命周期的专题服务。

轨道交通监护系统融合了地铁标图、地面沉降、地铁沉降、工程管理、地质信息管理等多领域、多技术手段的数据和研究方法，通过 GIS 平台，统一展现和管理。为地铁监护工作提供了综合、全面、高效的信息管理手段，为决策所需要的数据提供了实时的数据来源。

　　2）上海市路政局设施变形监测管理系统

上海市路政局设施变形监测管理系统（图 13.6-35）全面对接路政设施安全运营管理工作，提供覆盖原始数据、分析成果、信息系统等全系列定制信息化产品。

　　3）上海市堤防（泵闸）设施管理地理信息系统

上海市堤防（泵闸）设施管理地理信息系统（图 13.6-36），主要是在堤防处原有业务系统的基础上，集成堤防（海塘）重大水利专项整治的地质勘查资料、近堤防（海塘）地质勘查、地质环境监测资料。

集成资料的范围包括：（1）黄浦江、苏州河等"一江一河"堤防保护范围，横向为距堤防 200m 以

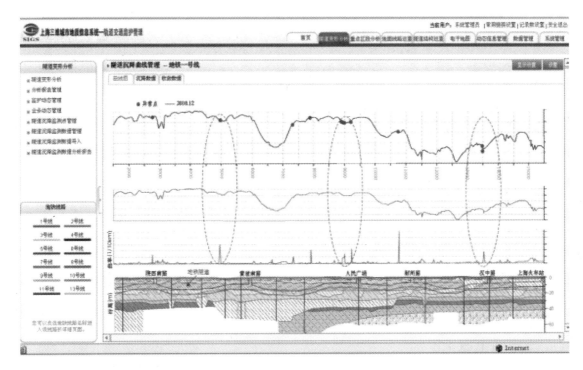

图 13.6-34　上海市轨道交通监护管理系统

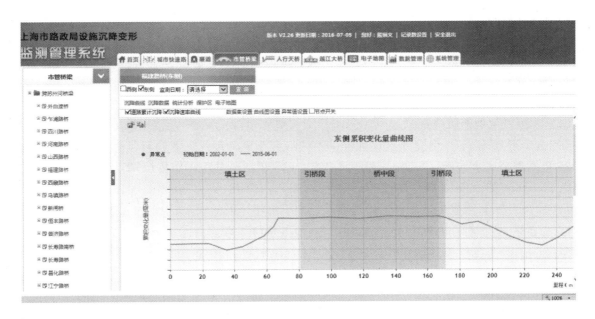

图 13.6-35　上海市路政局设施沉降变形监测管理系统

内地区；（2）沿海海塘保护范围，外海距海塘 1km 以内，内陆距堤防 200m 以内地区；（3）大型近墙工程如地下空间开发利用对堤防（海塘）可能造成影响的区域范围。

主要的数据内容包括：地质勘查钻孔、地质勘查报告、地质勘探试验和测试数据等工作；海塘沉降监测数据和地质环境条件最新成果。

该系统在原地质资料信息"1＋X"服务的基础上，依托上海市地质资料信息共享平台，借助"互联网＋"的思维模式，提供在线数据查询接口，通过移动端定位功能，可在现场查询到地质勘查、监测及成果数据。

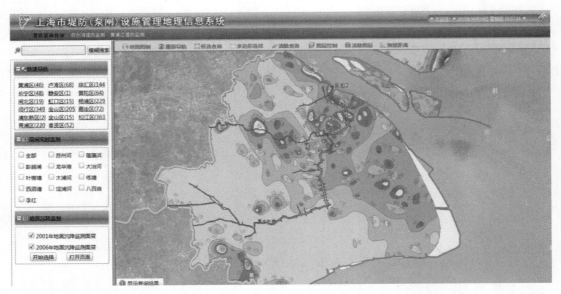

图 13.6-36　上海市堤防（泵闸）设施管理地理信息系统

13.6.4　启示与展望

地面沉降已成为我国平原地区城市主要的地质灾害之一。自 20 世纪 50 年代以来，随着经济建设的发展和城市化进程的加速，特别是 80 年代后期，发现存在地面沉降危害的城市急递增加。20 世纪 60 年代初，发生地面沉降灾害的城市主要有上海和天津；到 80 年代初，地面沉降危及的地区又扩展到北京、西安、常州、无锡、苏州、嘉兴、杭州、宁波、太原和河北平原等 10 余处。据 2002 年我国地面沉降学术讨论会有关报道，全国遭受地面沉降危害的大中城市已有 90 座以上。从地域上看我国地面沉降主要分布在长江三角洲平原区、华北平原、东南沿海平原（包括台湾西部沿海平原）、汾渭地堑等。

上海是我国发生地面沉降现象最早、影响最大、危害最深的城市，是我国最早发现地面沉降的城市。早在 1910 年上海就开始地下水的工业开采，1921 年后随着近代工业的形成使地下水开采量逐年增长；1936 年发现市区水准点存在明显的沉降现象，1938 年在公共租界布置沉降观测点 101 个，取得了平均下沉 25.7mm 的观测结果。1948 年市区平均累积沉降量已达 693mm，沉降量最大的地区已达 1136mm。1949 年后，随着工业生产的迅速发展，地下水年开采量从 1950 年的 0.9 亿 m^3 增加到 1960～1963 年的 2.0 亿 m^3，而且均集中于上海市区，使地下水位下降至 −30m，地面平均沉降亦从 35mm/a 增加到 105mm/a，地面沉降区域随着地下水降位漏斗由市区向四郊迅速扩展，至 1965 年上海市区最大累积沉降量达 2630mm。

受地面沉降影响，苏州河防汛墙墙顶标高逐年降低，防汛墙失去了原设计的防汛能力，不得不多次加高防汛墙；同时，地面沉降加重了洪涝灾害的影响，使苏州河上的桥梁净空大幅度减小影响通航能力，使轨道交通产生差异沉降等，地面沉降已严重影响了城市安全。为了及时监测地面沉降现状、动态发展并编制出行之有效的防治措施，为了保障上海城市安全和达到防灾减灾的效果，必须定期组织地面沉降监测。

2001 年以来，地面沉降防治法规建设工作不断取得新进展。2006 年 5 月，上海市政府根据 2003 年 11 月国务院发布的《地质灾害防治条例》，针对地面沉降这一本市主要地质灾害的防治目标和要求，发布了《上海市地面沉降防治管理办法》，系统全面地规范了上海地面沉降防治及其监督管理活动。

2013 年 7 月 1 日，全国第一部地面沉降法规《上海市地面沉降防治管理条例》正式施行，使上海的地面沉降防治有了更进一步的法律保障。《上海市地面沉降防治管理条例》的出台，是上海市地面沉降防治法规建设工作的一块里程碑，对上海市地面沉降防治工作的意义十分重大，由此上海市地面沉降防治、治理进入科学化、法治化阶段。

2017 年 12 月 22 日，"长三角地区地面沉降防治 2017 年度省际联席会议"在江苏常熟召开，上海、江苏、浙江、安徽四省国土资源厅在国土资源部地质环境司见证下签署了新一轮的《长江三角洲地面沉降防治区域合作协议》，正式将安徽纳入长三角地面沉降联防联控体系，长三角地面沉降联防联控迈向新台阶。

在监测方法方面，近年来，静力水准自动化监测、分布式光纤地表变形监测、一孔多标等监测技术在地面沉降监测中广泛应用。InSAR 测量的使用进入常规监测阶段，广泛用于重大市政工程、防汛大堤沉降监测等项目。

随着大云平移技术的迅速推广，用于地面沉降监测的方法技术更加丰富、智能、融合、共享、互联。

本章主要参考文献

[1] 王德厚. 大坝安全监测与监控 [M]. 北京：中国水利水电出版社，2004.

[2] GB/T 12897—2006《国家一、二等水准测量规范》[S]. 北京：中国标准出版社，2006.

[3] DL/T 5178—2003《混凝土坝安全监测技术规范》[S]. 北京：中国电力出版社，2003.

[4] DL/T 5209—2005《混凝土坝安全监测资料整编规程》[S]. 北京：中国电力出版社，2005.

[5] 三峡垂直位移全网复测技术总结. 中国水利水电第四工程局限公司.

[6] 刘德军，葛培清，何滨. 澜沧江糯扎渡水电站枢纽工程安全监测自动化系统综述 [C]//高坝建设与运行管理的技术发展：中国大坝协会 2014 年学术年会论文集：360-367.

[7] 冯小磊，葛培清，马能武. 超高心墙堆石坝渗压计埋设方法与渗透压力影响机理研究 [C]//高坝建设与运行管理的技术发展：中国大坝协会 2014 年学术年会论文集：491-496.

[8] 沈嗣元，马能武，葛培清，等. 超高心墙堆石坝安全监测工程的创新技术探讨 [J]. 人民长江，2010，41（20）：5-9.

[9] 马能武，唐培武，葛培清，等. 黏土心墙堆石坝施工初期渗流控制及渗流监测 [J]. 人民长江，2010，41（20）：82-85.

[10] 段国学，徐化伟，武方洁. 三峡大坝安全监测自动化系统简介 [J]. 人民长江，2009，40（23）：71-72.

[11] 刘伟，邹青. 糯扎渡水电站安全监测自动化系统设计 [J]. 水力发电，2013，39（12）：64-69.

[12] GB 50911—2013《城市轨道交通工程监测技术规范》[S]. 北京：中国建筑工业出版社，2013.

[13] DGJ32/J 195—2015《江苏省城市轨道交通工程监测规程》[S]. 南京：江苏凤凰科学技术出版社，2016.

[14] 储征伟，钟金宁，段伟，等. 自动化三维高精度智能监测系统在地铁变形监测中的应用 [J]. 东南大学学报（自然科学版），2013，43（S2）：225-229.

[15] 储征伟，段伟，赵兵帅，等. 基于频谱分析的多元回归模型在地铁自动化监测数据分析中的应用研究 [J]. 测绘通报，2014（S1）.

[16] 邹积亭，江恒彪. 北京地铁沉降监测方法及数据处理 [J]. 交通运输，2006，1：43-45.

[17] 李玉宝，李鹏，许立苑. 南京地铁二号线中-元段右线盾构隧道收敛监测数据分析 [J]//中国测绘学会工程测量专委会 2009 工程测量年会论文集. 2009：126-128.

[18] 祝小龙，向泽君，谢征海，等. 大型建筑结构长期安全健康监测系统设计. 测绘通报. 2015，11：76-79.

[19] 重庆国际博览中心风洞试验报告. 成都：西南交通大学，2012.

[20] 张阿根，魏子新，杨桂芳，等. 中国地面沉降 [M]. 上海：上海科学技术出版社，2005.

[21] 方志雷，王寒梅，杨丽君，等. 上海市地面沉降监测中的 InSAR 技术应用研究 [R]. 上海：上海市地质调查研究院，2008.

[22] 王书增，熊福文，詹龙喜，等. 上海市重大市政工程变形监测技术体系建设技术总结 [R]. 上海：上海市地

质调查研究院，2014.

[23] 杨天亮，张欢，朱晓强，等. 上海市地面沉降防治工作总结（2001—2015 年）[R]. 上海：上海市地质调查研究院，2017.

[24] 王瑞，全妙兴，杨柏宁. 上海市地面沉降监测水准网优化总结报告 [R]. 上海：上海市地质调查研究院，2007.

[25] 长江三角洲地区地面沉降和地下水环境信息通报（2016 年度）[R]. 上海市规划和国土资源管理局、江苏省国土资源厅、浙江省国土资源厅，2017.

本章主要编写人员（排名不分先后）

重庆市勘测院：谢征海　胡波　祝小龙　周成涛　王明权

中国水利水电第四工程局有限公司勘测设计研究院：乔世雄　王文玉　陈光龙

长江空间信息技术工程有限公司（武汉）：刘德军　马能武　冯小磊

南京市测绘勘察研究院股份有限公司：储征伟　郭文章　郭容寰

上海市地质调查研究院：杨建刚　王永　熊福文